Chemie für Studierende der Medizin und Biowissenschaften

Chemie
für Studierende der Medizin und Biowissenschaften

3., aktualisierte Auflage

Carsten Schmuck
Bernd Engels
Tanja Schirmeister
Reinhold Fink

Bibliografische Information Der Deutschen Nationalbibliothek
Die Deutsche Nationalbibliothek verzeichnet diese Publikation in der
Deutschen Nationalbibliografie; detaillierte bibliografische Daten sind im
Internet über *http://dnb.dnb.de* abrufbar.

Alle Rechte vorbehalten, auch die der fotomechanischen Wiedergabe und
der Speicherung in elektronischen Medien. Die gewerbliche Nutzung der
in diesem Produkt gezeigten Modelle und Arbeiten ist nicht zulässig.

Der Umwelt zuliebe verzichten wir auf Einschweißfolie.

10 9 8 7 6 5 4 3 2 1

27 26 25 24 23

ISBN 978-3-86894-434-1 (Buch)
ISBN 978-3-86326-335-5 (E-Book)

© 2023 by Pearson Deutschland GmbH
St.-Martin-Straße 82, D-81541 München
Alle Rechte vorbehalten
www.pearson.de
A part of Pearson plc worldwide
Programmleitung: Doris Knuff, doris.knuff@pearson.com
Lektorat: Elisabeth Prümm, epruemm@pearson.de
Korrektorat: Hildegard Graf, Germering
Herstellung: Claudia Bäurle, cbaeurle@pearson.de
Satz: Reemers Publishing Services GmbH, Krefeld
Druck und Verarbeitung: GraphyCems, Villatuerta, Navarra

Printed in Spain

Inhaltsverzeichnis

Vorwort   13

Vorwort zur dritten Auflage   17

Kapitel 1   Aufbau der Materie   19

1.1	Materie besteht aus Atomen	21
1.2	Elementarteilchen	21
1.3	Aufbau eines Atoms	21
1.4	Atommassen und Stoffmengen	23
1.5	Isotope	24
1.6	Radioaktivität und Anwendungen von Isotopen	25
1.7	Aufbau der Elektronenhülle	34
1.8	Das Periodensystem der Elemente	37
1.9	Wichtige Gruppen im Periodensystem	40
1.10	Wichtige Elemente in lebenden Organismen	44
1.11	Wechselwirkungen von Licht mit Materie und Grundlagen der Spektroskopie	45

Kapitel 2   Die chemische Bindung   59

2.1	Atomarer Aufbau von Stoffen	61
2.2	Die Edelgasregel	61
2.3	Die Ionenbindung	63
2.4	Die Metallbindung	69
2.5	Die kovalente Atombindung	72
2.6	Die polare Atombindung	79
2.7	Die koordinative Bindung	81
2.8	Vergleich der Bindungstypen	84
2.9	Vorhersage von Molekülstrukturen	85

Kapitel 3   Zustandsformen der Materie   91

3.1	Aggregatzustände		93
3.2	Arten zwischenmolekularer Kräfte		95
	3.2.1	Elektrostatische Wechselwirkungen	95
	3.2.2	Wasserstoffbrückenbindungen	96
	3.2.3	Van-der-Waals-Wechselwirkungen	99
	3.2.4	Hydrophobe Wechselwirkungen	100
3.3	Phasenumwandlungen		101

3.4	Reinstoffe und Stoffgemische	106
3.5	Homogene und heterogene Systeme	106
3.6	Ideale Gase	108
3.7	Flüssigkeiten	115
3.8	Feststoffe	117

Kapitel 4 Heterogene Phasengleichgewichte — 123

4.1	Einführung	125
4.2	Allgemeine Beschreibung von Verteilungsgleichgewichten	125
4.3	Löslichkeit von Gasen in Flüssigkeiten	127
4.4	Adsorption an Oberflächen	129
4.5	Verteilung zwischen zwei Flüssigkeiten	132
4.6	Vergleich der heterogenen Verteilungsgleichgewichte	139
4.7	Grundlagen der Stofftrennung	140
	4.7.1 Chromatographie	140
	4.7.2 Fraktionierende Destillation	145
	4.7.3 Gefriertrocknung	146
4.8	Löslichkeit von Feststoffen	146
4.9	Salzlösungen und das Löslichkeitsprodukt	148
	4.9.1 Der Lösungsvorgang	148
	4.9.2 Das Löslichkeitsprodukt	150
	4.9.3 Löslichkeit in Gegenwart von Fremdsalzen	154
4.10	Verteilungsgleichgewichte in Gegenwart von Membranen	156
	4.10.1 Diffusion	156
	4.10.2 Diffusion durch eine semipermeable Membran	157
	4.10.3 Osmose	159
	4.10.4 Donnan-Gleichgewicht	161

Kapitel 5 Chemische Reaktionen und Energetik — 167

5.1	Chemische Reaktionen sind Stoffumwandlungen	169
5.2	Die chemische Reaktionsgleichung	170
5.3	Quantitative Interpretation der Reaktionsgleichung	171
5.4	Energetische Betrachtung chemischer Reaktionen: Thermodynamik	173
	5.4.1 Erscheinungsformen von Energie	174
	5.4.2 Der thermodynamische Begriff „System"	178
	5.4.3 Die Reaktionsenthalpie $\Delta_R H$	178
	5.4.4 Die Lösungsenthalpie beim Auflösen von Salzen in Wasser	187
5.5	Die Triebkraft chemischer Reaktionen	188
	5.5.1 Die Entropie S	189
	5.5.2 Die freie Enthalpie G	191

5.6	Triebkraft und Geschwindigkeit einer chemischen Reaktion	195
5.7	Das chemische Gleichgewicht	195
5.8	Gibbs-Energie und chemisches Gleichgewicht	199
5.9	Das Prinzip des kleinsten Zwangs	203
	5.9.1 Änderung der Konzentrationen der Reaktionsteilnehmer	204
	5.9.2 Änderung von Druck oder Volumen	205
	5.9.3 Temperaturänderungen	206
5.10	Gekoppelte Reaktionen	208
5.11	Fließgleichgewichte	209

Kapitel 6 Säuren und Basen   215

6.1	Definition Säure/Base	217
6.2	Säure-Base-Reaktionen und konjugierte Säure-Base-Paare	219
6.3	Stärke von Säuren und Basen	222
6.4	Autoprotolyse von Wasser, pH-Wert	229
6.5	Berechnung von pH-Werten	236
	6.5.1 Berechnung des pH-Wertes einer starken einprotonigen Säure	236
	6.5.2 Berechnung des pH-Wertes einer schwachen einprotonigen Säure	237
	6.5.3 Berechnung des pH-Wertes starker und schwacher Basen	238
	6.5.4 Berechnung des pH-Wertes von Mischungen von Säuren und Basen	239
6.6	Messung von pH-Werten, Indikatoren	240
6.7	Neutralisation	241
6.8	Titration	243
	6.8.1 Titration von Salzsäure mit Natronlauge	244
	6.8.2 Titration von Essigsäure mit Natronlauge	246
	6.8.3 pH-Werte von Salzlösungen	247
	6.8.4 Titration von Phosphorsäure mit Natronlauge	250
6.9	Puffer	251

Kapitel 7 Redoxreaktionen   263

7.1	Oxidation und Reduktion	265
7.2	Oxidationszahlen	266
7.3	Redoxreaktionen	271
7.4	Aufstellen von Redoxgleichungen	275
	7.4.1 Aufstellen von Redoxgleichungen in wässriger Lösung	276
7.5	Elektrochemische Zellen	282

7.6	Die elektromotorische Kraft EMK	289
	7.6.1 Standard-Halbzellenpotenziale $E°$	289
	7.6.2 Elektrochemische Spannungsreihe – die Stärke von Reduktions- und Oxidationsmitteln	293
	7.6.3 Die Richtung von Redoxreaktionen: Zusammenhang von EMK und Gibbs-Energie	295
7.7	Die Nernst'sche Gleichung	298
	7.7.1 Konzentrationszellen	300
7.8	Elektrolyse	303
7.9	pH-Abhängigkeit von Redoxpotenzialen	305
7.10	Vergleich von Säure-Base-Reaktionen und Redoxreaktionen	308

Kapitel 8 Metallkomplexe 313

8.1	Metallkomplexe	315
8.2	Bindung in Metallkomplexen	317
8.3	Ladung von Metallkomplexen	319
8.4	Namen von Metallkomplexen	319
8.5	Struktur von Metallkomplexen	320
8.6	Stabilität von Metallkomplexen	325
8.7	Mehrzähnige Liganden	330
8.8	Eigenschaftsänderungen bei der Komplexbildung	338
	8.8.1 Veränderung der Farbe	338
	8.8.2 Veränderung der Löslichkeit	339
	8.8.3 Veränderung der Redoxeigenschaften	341
8.9	Biologisch wichtige Metallkomplexe	342
	8.9.1 Metallkomplexe zur Strukturbildung	342
	8.9.2 Metallkomplexe zur Substratbindung und -aktivierung	344

Kapitel 9 Aufbau und Struktur organischer Verbindungen 349

9.1	Was ist Organische Chemie?	351
9.2	Das Besondere am Kohlenstoff	352
9.3	Bindungsverhältnisse in organischen Verbindungen	355
	9.3.1 Einfachbindungen: sp^3-Hybridorbitale	355
	9.3.2 Doppelbindungen: sp^2-Hybridorbitale	359
	9.3.3 Dreifachbindungen: sp-Hybridorbitale	361
	9.3.4 Zusammenfassung der Hybridisierungstypen	362
9.4	Strichschreibweise von organischen Molekülen	364
9.5	Stoffklassen, homologe Reihen und funktionelle Gruppen	365
9.6	Strukturisomerie	371
9.7	Nomenklatur	374

9.8	Geometrische Isomere	378
9.9	Spiegelbildisomerie oder Enantiomerie	381
	9.9.1 Chirale Moleküle	381
	9.9.2 Eigenschaften chiraler Verbindungen	384
	9.9.3 Optische Aktivität	388
	9.9.4 Nomenklatur chiraler Verbindungen: die absolute Konfiguration	390
	9.9.5 Die *D/L*-Nomenklatur nach Fischer	394
9.10	Verbindungen mit zwei oder mehr Stereozentren	395
	9.10.1 Diastereomere	395
	9.10.2 *Meso*-Formen	396
	9.10.3 Racemische Gemische und Racematspaltung	398
9.11	Cycloalkane	400
9.12	Zusammenfassung: Isomeriearten	408

Kapitel 10 Grundtypen organisch-chemischer Reaktionen 413

10.1	Was ist ein Reaktionsmechanismus?	415
10.2	Das Reaktionsenergiediagramm	416
10.3	Die Geschwindigkeit einer chemischen Reaktion	419
	10.3.1 Die Reaktionsgeschwindigkeit v	420
	10.3.2 Faktoren, die die Reaktionsgeschwindigkeit v beeinflussen	421
	10.3.3 Konzentration und Reaktionsgeschwindigkeit: das Geschwindigkeitsgesetz	422
	10.3.4 Die Aktivierungsenergie E_A	424
	10.3.5 Katalyse	425
10.4	Grundtypen organisch-chemischer Reaktionen	427
10.5	Die nucleophile Substitutionsreaktion	428
	10.5.1 Die S_N2-Reaktion	431
	10.5.2 Die S_N1-Reaktion	435
	10.5.3 Vergleich zwischen S_N1- und S_N2-Reaktion	439
10.6	Die Eliminierung	442
	10.6.1 Die E2-Eliminierung	443
	10.6.2 Die E1-Eliminierung	446
	10.6.3 Vergleich zwischen E1- und E2-Reaktion	448
10.7	Die Addition	449
	10.7.1 Katalytische Hydrierung	449
	10.7.2 Elektrophile Addition von HX und H_2O	451
	10.7.3 Elektrophile Addition von Halogenen X_2	454

10.8	Elektrophile Substitution am Aromaten	456
	10.8.1 Bindungsverhältnisse im Benzen: delokalisierte Elektronen	457
	10.8.2 Der Mechanismus der elektrophilen aromatischen Substitution	465
10.9	Radikalreaktionen	471

Kapitel 11 Reaktionen von Carbonylverbindungen — 487

11.1	Einteilung von Carbonylverbindungen	489
11.2	Struktur und Bindungsverhältnisse	491
11.3	Reaktivität von Carbonylverbindungen	492
	11.3.1 Reaktionen an der Carbonylgruppe: Angriff eines Nucleophils	493
	11.3.2 Reaktionen an der Carbonylgruppe: Angriff eines Elektrophils	494
	11.3.3 Erhöhung der α-CH-Acidität: Angriff einer Base	495
11.4	Reaktionen von Aldehyden und Ketonen	497
	11.4.1 Reaktion mit Wasser: Bildung von Hydraten	498
	11.4.2 Reaktion mit Alkoholen: Bildung von Halbacetalen und Acetalen	501
	11.4.3 Reaktion mit Aminen: Bildung von Iminen und Enaminen	503
11.5	Keto-Enol-Tautomerie	510
11.6	Die Aldolreaktion: Knüpfung von C–C-Bindungen	514
11.7	Carbonsäuren	521
	11.7.1 Struktur und Bezeichnung	521
	11.7.2 Die Säurestärke von Carbonsäuren	523
11.8	Carbonsäurederivate	525
	11.8.1 Allgemeines Reaktionsschema	525
	11.8.2 Relative Reaktivität der Carbonsäurederivate	526
	11.8.3 Carbonsäureester	528
11.9	Ester anorganischer Säuren	535
11.10	Lipide und Seifen	538
11.11	Oxidation und Reduktion	549
	11.11.1 Reduktion	550
	11.11.2 Oxidation	554
11.12	Hydrochinone und Chinone	554

Kapitel 12 Kohlenhydrate — 561

12.1	Einteilung von Kohlenhydraten	563
12.2	Monosaccharide	565
12.3	Redoxreaktionen der Monosaccharide	573

12.4	Bildung cyclischer Halbacetale	582
12.5	Aminozucker	588
12.6	Glycosidbildung	591
12.7	Disaccharide	597
12.8	Polysaccharide	602

Kapitel 13 Aminosäuren, Peptide und Proteine — 613

13.1	Aminosäuren, Peptide und Proteine	615
13.2	Aufbau und Klassifizierung von Aminosäuren	616
13.3	Konfiguration der Aminosäuren	619
13.4	Säure-Base-Eigenschaften der Aminosäuren	620
13.5	Der isoelektrische Punkt IEP	624
13.6	Chemische Reaktionen mit Aminosäuren: Schutzgruppen	628
13.7	Peptide	629
13.8	Proteine	643
13.9	Enzyme	656

Kapitel 14 Nucleinsäuren — 673

14.1	Arten von Nucleinsäuren	675
14.2	Aufbau der Nucleinsäuren	675
14.3	Nucleotide	680
14.4	Strukturen der Nucleinsäuren	683
14.5	Chemische Stabilität der Nucleinsäuren	691
14.6	Die Replikation der DNA	692
14.7	Proteinbiosynthese	697

Lösungen zu den Übungsaufgaben — 717

Weiterführende Literatur — 725

Stichwortverzeichnis — 727

Vorwort

Sie werden sich vielleicht fragen: Warum muss man als Medizinstudent*in Chemie lernen? Anstatt etwas über Krankheiten und deren Behandlungen zu lernen, soll man sich mit chemischen Formeln und Reaktionsgleichungen beschäftigen? Wozu? Ganz einfach „**Medizin** hat eine *Menge* mit **Chemie** zu tun", wie uns erst neulich wieder eine Ärztin bestätigte. Alle physiologischen, biochemischen und pathophysiologischen Vorgänge im Körper und auch die Wirkung von Arzneistoffen beruhen auf chemischen Reaktionen. Das Konzept dieses Chemie-Lehrbuches ist es, diese Erkenntnis von der ersten Seite an zu vermitteln. Wir besprechen daher alle wesentlichen Zusammenhänge der Chemie immer aus dem Blickwinkel der Lebensvorgänge, damit Sie die für Ihr späteres ärztliches Handeln notwendigen chemischen Grundkenntnisse möglichst praxisbezogen erlernen. Am Anfang jedes Kapitels wird daher ein medizinisches Fallbeispiel vorgestellt, das die medizinische Relevanz des jeweiligen Themas unterstreicht. Ebenso sind in die Beschreibungen chemischer Zusammenhänge zahlreiche Anwendungsbeispiele aus der Medizin und auch aus dem täglichen Leben eingebaut. Dieser Praxis und Alltagsbezug wird zudem durch eine reichhaltige durchgehend farbige Bebilderung des gesamten Buches begleitet.

Die Themenauswahl orientiert sich am Gegenstandskatalog des Instituts für Medizinische und Pharmazeutische Prüfungsfragen (IMPP), sodass alle für die Ärztliche Vorprüfung relevanten Themengebiete der Chemie detailliert besprochen werden. Die ersten Kapitel beschäftigen sich mit dem Aufbau der Materie (▶ **Kapitel 1** und ▶ **Kapitel 2**) und ihren Erscheinungsformen (▶ **Kapitel 3** und ▶ **4**). In ▶ **Kapitel 5** besprechen wir allgemein chemische Reaktionen und die sie begleitenden Energieveränderungen, bevor dann ausführlicher Säure-Base-Reaktionen, Redoxreaktionen und Metallkomplexe behandelt werden (▶ **Kapitel 6**, ▶ **7** und ▶ **8**). Die Grundlagen der organischen Chemie und der wichtigsten organisch-chemischen Reaktionen folgen in ▶ **Kapitel 9** und ▶ **10**. Dabei haben wir bewusst auf eine, sonst häufig übliche umfassende Beschreibung der gesamten Stoffchemie (also der chemischen Eigenschaften der verschiedenen Substanzklassen) verzichtet und uns stattdessen auf die übergreifenden Zusammenhänge und Konzepte beschränkt, die für das Verständnis medizinisch relevanter Sachverhalte notwendig sind. Die Chemie der für die Medizin und die Lebenswissenschaften sehr wichtigen Carbonylverbindungen wird dagegen ausführlicher diskutiert (▶ **Kapitel 11**). Das letzte **Kapitel 12** bietet eine Einführung in den Aufbau und das Reaktionsverhalten der wichtigsten Biomoleküle (Zucker, Aminosäuren und Proteine sowie Nucleinsäuren).

Sie brauchen für das Durcharbeiten dieses Buches keinerlei Vorkenntnisse, da alle Sachverhalte von Grund auf ausführlich besprochen werden und die einzelnen Kapitel konsequent aufeinander aufbauen. Alle zum Verständnis notwendigen Grundlagen werden erklärt, wenn sie erstmals benötigt werden. Wo auf Grundlagen aus vorherigen Kapiteln aufgebaut wird, ist dies durch entsprechende Querverweise kenntlich gemacht. Ebenso weisen wir bei jedem Thema auf damit in Zusammenhang stehende Abschnitte in anderen Kapiteln hin. So können Sie die einzelnen Themen auch aus unterschiedlichen thematischen Blickwinkeln und damit in einem größeren, übergeordneten Zusammenhang betrachten. Einzelne Punkte werden außerdem in separat gesetzten Exkursen ausführlicher diskutiert. Ihnen als Leser bleibt somit die Wahl, ob und wie detailliert Sie sich mit diesen Zusatzinformationen auseinandersetzen möchten. Die wichtigsten Lerninhalte werden regelmäßig durch Merksätze, Definitionen und Übersichtstabellen hervorgehoben und für jedes Kapitel in einer Schlusszusammenfassung noch einmal komprimiert aufgelistet. Neben Beispielaufgaben mit vorgerechneten Lösungen im Text finden sich an jedem Kapitelende zudem zahlreiche Übungsaufgaben, die Ihnen helfen sollen, den gelernten Stoff eigenhändig anzuwenden. Diese Übungsaufgaben orientieren sich im Stil und Schwierigkeitsgrad an der medizinischen Zwischenprüfung. Die Lösungen dazu finden Sie am Ende des Buchs.

Ausführliche Lösungen zu den Übungsaufgaben im Buch, ergänzende Tabellen und zusätzliche Hintergrundinformationen finden Sie auf der begleitenden Website zum Buch unter **http://www.pearson.de**. Dort finden Sie auch ein Bonuskapitel „Mathematische Grundlagen" zum Herunterladen, in dem wir die für das Durcharbeiten dieses Buches hilfreichen mathematischen Methoden (zum Beispiel das Rechnen mit Logarithmen und Potenzen) erklärt und zusammengestellt haben.

Sie werden eventuell feststellen, dass Ihre Vorlesung „Chemie für Mediziner" einen etwas anderen thematischen Aufbau hat als den, den wir für dieses Buch gewählt haben. Daher kann es sein, dass Sie einige elementare chemische Grundlagen für Ihre Vorlesung bereits früher benötigen, als wir sie in unserem Buch besprechen. Die Themen, bei denen dies aus unserer Erfahrung am ehesten vorkommen kann, finden Sie an den folgenden Stellen im Buch:

- Grundlegende Regeln zum Aufbau von Molekülen (Edelgasregel) finden sich in ▶ **Kapitel 2.2**.
- Eine Einführung in die Lewis-Schreibweise, die mit Abstand wichtigste Formelschreibweise der Chemie, kann ▶ **Kapitel 2.5** entnommen werden.
- Die Strichschreibweise für organische Moleküle ist in ▶ **Kapitel 9.4** erläutert.
- Reaktionsgleichungen sind für die Chemie von so großer Bedeutung, dass sie in vielen Vorlesungen bereits von Beginn an verwendet werden. Wie man sie aufstellt und interpretiert wird in den ▶ **Kapiteln 5.2** und ▶ **5.3** diskutiert.
- Wie man mit Konzentrationen rechnet, wird im Zusatzkapitel „Mathematische Grundlagen" (auf der Website) erklärt. Dort findet sich auch eine Einführung zum Umgang mit physikalische Einheiten.

Dieses Buch richtet sich primär an Studierende der Medizin und der Zahnmedizin. Es bietet aber aus unserer Sicht auch eine solide Grundlage für Biologen/Biologinnen, Chemiker*innen, Pharmazeut*innen und Physiker*innen sowie für jeden, der sich für die chemischen Grundlagen der Lebensvorgänge interessiert.

Bei der Erstellung dieses Buches waren viele helfende Augen, Ohren und Hände beteiligt. Unser ganz besonderer Dank gilt unserer Kollegin Prof. Petra Högger, die uns bei allen medizinischen Inhalten kritisch begleitet hat und uns die ganze Zeit mit Rat und Tat aufmunternd zur Seite stand. Weiterhin bedanken wir uns für wichtige Informationen, Korrekturen und für viele hilfreiche Diskussionen, Hinweise und Ratschläge bei Frau Dr. med. Gesima Bahls, Prof. Wolfdieter Schenk, Prof. Claus Herdeis, Prof. Heidrun Kiewull-Schöne, Prof. Peter Scheid, Prof. Ingo Fischer, Dr. med. Elke von Haeften und Privatdozent Dr. Thorsten Schäfer. Für Korrekturlesen und Mithilfe bei der Erstellung des Manuskriptes danken wir unseren Mitarbeitern Alexander Paasche, Johannes Pfister, Verena Schulz, Thomas Schmidt, Svetlana Stepanenko, Markus Schiller, Dr. Mario Arnone, Dr. Milena Mladenovic, Dr. Sebastian Schlund, Dr. Radim Vicik, Gerd Gröger und Kathrin Eberl. Dem Verlagsteam von Pearson Education Deutschland danken wir für die angenehme und kompetente Zusammenarbeit; insbesondere Herrn Stephan Dietrich und Herrn Christian Schneider, die das gesamte Projekt von der ersten Idee bis zur Fertigstellung immer unterstützend begleitet haben. Frau Simone Ollrog und dem Produktionsteam von PTP-Berlin danken wir für die tatkräftige Unterstützung bei den Bildrecherchen und der sehr gut gelungenen graphischen Gestaltung des Buches.

Wir hoffen, dass Sie beim Durcharbeiten dieses Buches nicht nur die für das Verständnis von Lebensvorgängen wichtigen chemischen Grundlagen erlernen, sondern dabei auch selbst feststellen werden, dass Medizin tatsächlich eine Menge mit Chemie zu tun hat. Sollten Sie Fehler finden, die wir trotz aller Bemühungen übersehen haben, oder Anregungen und Verbesserungsvorschläge haben, dann teilen Sie uns diese bitte mit.

Carsten Schmuck,
Bernd Engels,
Tanja Schirmeister
und Reinhold Fink

Vorwort zur dritten Auflage

14 Jahre ist es nun schon her, seit die erste Auflage unseres Buches „Chemie für Mediziner" auf den Markt kam, und seitdem, so deuten es zumindest die Verkaufszahlen an, hat das Buch vielen angehenden Mediziner*innen und Zahnmediziner*innen geholfen, sich auf die Chemieprüfungen vorzubereiten. Wir hoffen, dass Ihnen das Buch nicht nur für die Prüfungen wertvoll war, sondern dass es auch geholfen hat, zu verstehen, warum Chemie wichtig ist, wenn man die im menschlichen Körper ablaufenden Prozesse verstehen möchte.

Seit der Veröffentlichung unseres Buches haben sich die Erkenntnisse der Chemie, insbesondere aber auch der Biologie, der Biochemie, der Pharmazie und der Medizin, rasant fortentwickelt. Aber, und das mag die Studierenden der Medizin und anderer Lebenswissenschaften beruhigen: An den **Grundlagen der Chemie**, die benötigt werden, um zu einem grundlegenden Verständnis der Zusammenhänge in den Lebens- und Biowissenschaften zu gelangen, hat sich nichts geändert. Daher ist bis auf einige Umformulierungen, Korrekturen und kleinere Ergänzungen der Inhalt dieser Auflage gleichgeblieben. Wir haben allerdings, um die Bedeutung der verschiedenen Klassen von Biomolekülen zu betonen und um Platz für **viele neue weiterführende Erkenntnisse** zu schaffen, das alte Kapitel 12 (Wichtige Klassen von Biomolekülen) erweitert und auf drei Kapitel (Kohlenhydrate, ▶ Kapitel 12, Peptide und Proteine, ▶ Kapitel 13, und Nucleinsäuren, ▶ Kapitel 14) aufgeteilt.

Da wir den wesentlichen Aufbau beibehalten haben, sind **Vorkenntnisse immer noch nicht notwendig** und wir verweisen auf das alte Vorwort, falls Sie den Eindruck haben, dass Ihre Chemievorlesung einen anderen thematischen Aufbau hat. Beibehalten wurde auch der bewährte Aufbau der Kapitel, beginnend mit einem Beispiel aus der medizinischen Praxis, mit Merksätzen, Beispielkästen, Einschüben aus der medizinischen, pharmazeutischen oder biochemischen Praxis, der ausführlichen Zusammenfassung und den Lernhilfen.

Wenn sich also „so wenig" geändert hat, womit ist der nun weiter gefasste Titel (Chemie für Studierende der Medizin und Biowissenschaften) gerechtfertigt? Tatsächlich wurden wir häufig darauf angesprochen, dass sich unser Buch nicht nur für Studierende der Medizin, sondern auch für Studierende anderer lebens- und biowissenschaftlicher Fächer, wie Biologie, Biochemie und Pharmazie, hervorragend eignen würde. Dies wollten wir durch die Titeländerung sichtbar machen. Da die wichtigen Grundlagen der Chemie für alle diese Gruppen gleich sind, mussten wir in diesem Bereich nichts ändern. Wir haben aber einige neue Exkurse zu Themen aufgenommen, die insbesondere für diese Gruppen von Interesse sein könnten.

Bei der Vorbereitung der neuen Auflage stellte sich insbesondere die Frage: „Wohin mit den vielen neuen, interessanten Entwicklungen?" Soll man sie diskutieren oder stören sie eher? Wenn man sie diskutiert, wie kann man das tun, ohne das Durcharbeiten der wirklich wichtigen chemischen Grundlagen zu unterbrechen? Wir fanden die neuen Erkenntnisse so interessant, dass wir entschieden haben, vieles davon aufzunehmen. Um die Lesenden aber nicht zu sehr von den Grundlagen abzulenken, präsentieren wir sie im Rahmen von Exkursen, einem Stilmittel, das sich bereits in den früheren Auflagen bewährt hat. Bei diesen Exkursen geht es weniger um die Vollständigkeit, und sie sind auch nicht für die Vorbereitung auf die (Chemie-)Prüfungen gedacht. Vielmehr sollen sie ein Hineinschnuppern in neue Erkenntnisse ermöglichen. Sie stellen sozusagen „Bonbons" dar, die das Lernen auflockern sollen, auch wenn uns klar ist, dass viele Studierende bei chemischen Sachverhalten eher an „Saures" denn an „Süßes" denken. In vielen Fällen werden diese Themen später, zum Beispiel in den weiterführenden Biochemie-Vorlesungen oder Vorlesungen der Medizinischen Chemie oder Pharmakologie vertieft. Ein Beispiel sind Ribonucleinsäuren (RNA), ein Feld, in dem das Wissen, nicht nur aufgrund der neuen mRNA-Vakzine gegen Covid-19, nahezu explodiert ist. Ein weiteres Beispiel sind monoklonale Antikörper, die einen immer größer werdenden Teil des Arzneistoffschatzes einnehmen. Weitere neue Exkurse behandeln die allseits diskutierte Genschere, Theranostika, Protonentherapie, photodynamische Therapie, Nanomedizin, bioabbaubare Polymere, 3D-Bioprinting, Prinzipien bei der Entwicklung von Arzneistoffen oder cancerogene Nitrosamine sowie Nervengifte aus der Nowytschok-Gruppe. Aber auch aktuelle Aspekte der Chemie im Alltag werden präsentiert, so zum Beispiel die Funktionsweise und die chemischen Grundlagen von E-Autos und Brennstoffzellen. Auch behandeln wir die bei homöopathischen Arzneimitteln auftretenden extrem niedrigen Stoffkonzentrationen, die wir genutzt haben, um das Rechnen mit Potenzen zu üben (siehe Online-Material). In anderen Fällen enthalten die Exkurse aber auch nur (zumindest in unseren Augen) interessante Zusammenhänge, die erst viel später im Laufe des Studiums oder vielleicht auch gar nicht mehr von Bedeutung sein werden, so zum Beispiel Zusammenhänge von Gentherapien und seltenen Erbkrankheiten.

Wir bedanken uns bei Frau Dr. Britta Hahn, die uns auf für Zahnmediziner*innen wichtige Sachverhalte hingewiesen hat. Unser herzlicher Dank geht auch an die Kolleginnen und Kollegen Prof. Dr. Thomas Efferth, Prof. Dr. Mark Helm, Dr. Markus Piel und Juniorprofessorin Dr. Marie-Luise Winz, die einige neue Exkurse und Ergänzungen korrekturgelesen haben. Wir danken Annabelle Weldert und Annika Kunkel für die Erstellung vieler Abbildungen und Steven Clower für die Implementierung der neuen Texte und Abbildungen.

Nicht nur in den Natur- und Lebenswissenschaften, sondern auch im Autorenteam hat es einschneidende Veränderungen gegeben. Unser Kollege und Freund, Prof. Dr. Carsten Schmuck, verstarb im Alter von nur 51 Jahren im August 2019. Er hatte maßgeblichen Anteil an Inhalt und Ausgestaltung des Buches. Seine tiefe Kenntnis der organischen und biologischen Chemie, seine vielen wichtigen Beiträge, seinen klaren und schnörkellosen Schreibstil und seine kritische Durchsicht unserer Texte haben wir schmerzlich vermisst. Wir widmen ihm diese neue Auflage!

Aufbau der Materie 1

1.1	Materie besteht aus Atomen	21
1.2	Elementarteilchen	21
1.3	Aufbau eines Atoms	21
1.4	Atommassen und Stoffmengen	23
1.5	Isotope	24
1.6	Radioaktivität und Anwendungen von Isotopen	25
1.7	Aufbau der Elektronenhülle	34
1.8	Das Periodensystem der Elemente	37
1.9	Wichtige Gruppen im Periodensystem	40
1.10	Wichtige Elemente in lebenden Organismen	44
1.11	Wechselwirkungen von Licht mit Materie und Grundlagen der Spektroskopie	45

1 Aufbau der Materie

■ **FALLBEISPIEL** Radioiodtherapie zur Tumorbekämpfung

Ein 65-jähriger Patient konsultiert den Hausarzt wegen eines Knotens auf der rechten Halsseite. Nach Schilddrüsenlabor (unauffällig) und Ultraschalluntersuchung wird ein 3,2 cm großer Knoten im rechten Schilddrüsenlappen diagnostiziert. Schilddrüsenszintigraphie mit radioaktivem Pertechnetat (enthält ^{99m}Tc) zeigt eine erhöhte Aufnahme des Technetiums im Bereich des Knotens im Vergleich zum restlichen Schilddrüsengewebe. Es handelt sich also um einen „heißen" Knoten, der im Gegensatz zu einem „kalten" Knoten aktiver als andere Bereiche der Schilddrüse Hormone produziert. „Heiß" und „kalt" hat also nichts mit der Temperatur zu tun, es beschreibt, wie sich ein Knoten in der Szintigraphie verhält. Wahrscheinlich handelt es sich um einen gutartigen Tumor. Da der Patient aufgrund seines schlechten Allgemeinzustandes nicht operiert werden kann, erfolgt eine Radioiodtherapie mit ^{131}I in Form von Natriumiodid-Gelatine-Kapseln.

Erklärung

Radiopharmaka werden zur Diagnostik und Therapie von Tumorerkrankungen eingesetzt. Technetium ^{99m}Tc ist ein instabiles Element, das unter Aussendung von energiereicher γ-Strahlung zerfällt. Diese Strahlung kann von außen detektiert und somit zur Diagnostik von Gewebe eingesetzt werden, in dem sich ^{99m}Tc angereichert hat, zum Beispiel wie in diesem Fall das Pertechnetat wegen seiner Ähnlichkeit zum Iodidanion (▶ Kapitel 2) in der Schilddrüse (Szintigraphie). Radioaktives Iodid (enthält ^{131}I$^-$) wird ebenfalls bevorzugt in der Schilddrüse angereichert und zerfällt dort unter Aussendung von energiereichen Elektronen (β$^-$-Strahlung). Diese haben im Gewebe nur eine kurze Reichweite (ca. 2 mm) und zerstören somit nur das unmittelbar umliegende Gewebe. Durch eine solche **Radioiodtherapie** wird daher das Schilddrüsengewebe selektiv zerstört.

LERNZIELE

Das Fallbeispiel zeigt, wie radioaktive Arzneistoffe im Rahmen der Diagnostik und Therapie eingesetzt werden. Um die Wirkungsweise von Radiopharmaka zu verstehen, muss man sich mit dem Aufbau der Materie beschäftigen. In diesem Kapitel werden wir daher lernen,

- dass alle Stoffe aus Atomen aufgebaut sind und Atome ihrerseits wiederum aus Protonen, Elektronen und Neutronen bestehen,
- dass sich Atome zählen und wiegen lassen und wie die Stoffmenge n mit der Anzahl der Atome zusammenhängt,
- dass Atome eines Elementes in verschieden schweren Formen, Isotopen, vorkommen können,
- dass manche Isotope instabil sind und unter Aussendung radioaktiver Strahlung zerfallen und dass man dies in der Medizin für bestimmte Therapie- und Diagnostikverfahren nutzen kann,
- dass sich Elektronen in der Atomhülle in bestimmter periodischer Art und Weise anordnen und dass diese Elektronenkonfiguration letztendlich die chemischen Eigenschaften eines Elementes bestimmt,
- dass Atome und Moleküle mit elektromagnetischer Strahlung in charakteristischer Art und Weise in Wechselwirkung treten können, was sich zum Nachweis und zur Quantifizierung von Stoffen nutzen lässt.

1.1 Materie besteht aus Atomen

Im fünften Jahrhundert vor Christus entwickelte der griechische Philosoph und Naturforscher Demokrit die Idee, dass alle Dinge aus kleinen, unsichtbaren Bausteinen, den sogenannten **Atomen** aufgebaut sind (von griechisch ατομος = unteilbar). Diese Atome sollten laut Demokrit die kleinsten unteilbaren Bestandteile der Materie sein. Das mit der Unteilbarkeit erwies sich zwar als falsch, aber ansonsten hatte Demokrit recht. Stoffe wie Gold oder Eisen enthalten jeweils nur eine Sorte von Atomen, die aber von Stoff zu Stoff verschieden ist. Solche Stoffe nennt man **chemische Elemente**. Setzt sich ein Stoff aus Atomen verschiedener Elemente in einem definierten Verhältnis zusammen, so spricht man von einer **chemischen Verbindung**. So bestehen die kleinsten Bausteine der Verbindung Wasser aus **Molekülen**, die jeweils durch die Wechselwirkung von zwei Atomen Wasserstoff mit einem Atom Sauerstoff gebildet werden (▶ Kapitel 2).

> **MERKE**
>
> Ein Element enthält nur eine Atomsorte.
>
> Eine chemische Verbindung enthält Atome verschiedener Elemente in einem definierten Zahlenverhältnis.

1.2 Elementarteilchen

Wir wissen heute, dass zwar in der Tat alle Materie letztendlich aus Atomen aufgebaut ist, allerdings sind die Atome selbst nicht, wie von Demokrit angenommen, unteilbar, sondern sie bestehen ihrerseits aus verschiedenen subatomaren Partikeln, den sogenannten **Elementarteilchen**. Von diesen sind nur drei für die Chemie wichtig (▶ Tabelle 1.1). Es sind: **Protonen** (p^+), **Elektronen** (e^-) und **Neutronen** (n). Protonen und Neutronen bestehen ihrerseits aus Quarks und Gluonen. Für die Chemie reicht aber die Betrachtung der Protonen, Neutronen und Elektronen aus.

Name	Ladung[a]	Absolute Masse	Masse in u[b]
Proton	+1	$1{,}672 \cdot 10^{-24}$ g	1,0073
Neutron	0	$1{,}675 \cdot 10^{-24}$ g	1,0087
Elektron	−1	$9{,}109 \cdot 10^{-28}$ g	0,0005

[a] angegeben in Einheiten der Elementarladung $e = 1{,}602 \cdot 10^{-19}$ Coulomb
[b] u = atomare Masseneinheit (Kapitel 1.4)

Tabelle 1.1: Vergleich der Eigenschaften verschiedener Elementarteilchen

1.3 Aufbau eines Atoms

▶ Atome haben einen ▶ **Atomkern** (Nucleus), der von der wesentlich größeren **Elektronenhülle** umgeben ist (▶ Abbildung 1.1). Die Protonen und Neutronen befinden sich im **Atomkern**, deswegen werden sie auch **Nucleonen** (Kernteilchen) genannt. Die Anzahl der Elektronen in der Hülle entspricht immer genau der Anzahl der Protonen im Kern. Ein Atom ist daher elektrisch neutral. Nahezu die gesamte Masse des Atoms konzentriert sich im Kern, auch wenn dieser gegenüber der wesentlich

> **MERKE**
>
> Ein Atom ist immer elektrisch neutral.
>
> Geladene Teilchen nennt man Ionen.

1 Aufbau der Materie

größeren Elektronenhülle nur einen verschwindend kleinen Anteil an der Größe und am Volumen des gesamten Atoms ausmacht.

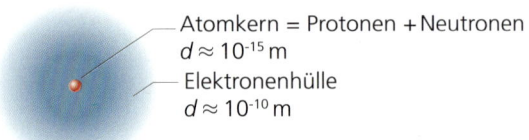

Abbildung 1.1: Schematischer Aufbau eines Atoms. Ein Atom besteht aus einem Atomkern und einer Elektronenhülle.
Nach: Brown, T. L., LeMay, H. E. & Bursten, E. B. (2007)

Atomkern:

- Durchmesser $d \approx 10^{-15}$ m
- Besteht aus positiv geladenen Protonen und Neutronen; in der Regel gilt: Anzahl der Neutronen ≥ Anzahl der Protonen
- Macht den Hauptbestandteil der Masse des Atoms aus

Atomhülle:

- Durchmesser $d \approx 10^{-10}$ m
- Aufenthaltsort der Elektronen („Elektronenwolke") ist negativ geladen
- Für die Masse des Atoms unbedeutend
- Bestimmt die chemischen Eigenschaften des Atoms.

Dieser prinzipielle Aufbau aus Atomkern und Elektronenhülle ist bei allen Atomen gleich. Verschiedene chemische Elemente unterscheiden sich in der Anzahl der Protonen und damit auch der Elektronen, aus denen ihre Atome bestehen. Die Masse kann allerdings bei Atomen eines chemischen Elementes durchaus unterschiedlich sein (▶ Kapitel 1.5).

> **DEFINITION**
>
> **Ordnungszahl und Massenzahl**
> - **Ordnungszahl** oder **Kernladungszahl Z** = Anzahl der Protonen = Anzahl der Elektronen; bestimmt, um welches chemische Element es sich handelt.
> - **Massenzahl A** = Anzahl der Protonen und der Neutronen

$^{23}_{11}$Na = Natriumatom mit 11 Protonen sowie 23 − 11 = 12 Neutronen im Kern und 11 Elektronen in der Hülle

Jedes Atom kann somit durch die Angabe der **Ordnungszahl Z** und der **Massenzahl A** eindeutig charakterisiert werden. Die Ordnungszahl Z bestimmt dabei, um welches chemische Element es sich handelt. Vom Namen des Elementes leitet sich das **Elementsymbol E** ab. Die Anzahl der Neutronen ergibt sich aus der Differenz der Massenzahl A und der Anzahl an Protonen im Kern, also der Ordnungszahl Z (Protonen und Neutronen werden als gleich schwer angesehen).

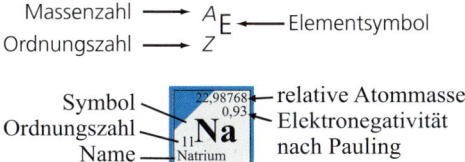

1.4 Atommassen und Stoffmengen

Die Masse und auch die Größe eines Atoms sind unvorstellbar klein. Ein Wasserstoffatom ($^{1}_{1}H$) wiegt zum Beispiel nur $1{,}67 \cdot 10^{-24}$ g, da seine Masse nur durch das eine Proton im Kern bestimmt wird und die Masse des Elektrons in der Hülle vernachlässigt werden kann. Ein Natriumatom ($^{21}_{11}Na$) wiegt entsprechend etwa 23-mal soviel, da es 23 Nucleonen enthält. Häufig reicht eine solche relative Angabe aus. Man spricht dann von **relativen Atommassen** (A_r) angegeben in der **atomaren Masseneinheit u**. Ein veralteter Name hierfür ist das Dalton Da, das aber im Bereich der Biochemie immer noch sehr häufig verwendet wird, um zum Beispiel die relative Molekülmasse eines Proteins anzugeben. Die moderne Definition der relativen Atommasse bezieht sich nicht mehr auf da H-Atom, sondern auf das Kohlenstoffatom $^{12}_{6}C$.

$$\text{Masse von } ^{12}_{6}C \equiv 12{,}000 \text{ u (per Definition)}$$

Relative Atommassen:
$^{12}_{6}C \equiv 12{,}000$ u per Definition
$^{1}_{1}H \approx 1$ u
$^{23}_{11}Na \approx 23$ u

In der Chemie reagieren immer sehr sehr viele Atome oder Moleküle miteinander. Viel wichtiger als die Massenangabe ist daher eine Maßzahl, die die Anzahl an Teilchen widerspiegelt. Chemiker benutzen dafür die **Stoffmenge n**, die die Zahl der Teilchen angibt, die in einer bestimmten Stoffportion vorhanden sind. Die Stoffmenge wird in der Einheit **Mol** angegeben.

Diese Anzahl an Teilchen, die in genau 12,000 g $^{12}_{6}C$ enthalten sind, nennt man die **Avogadro-Zahl N_A** (früher auch Loschmidt-Zahl genannt). Sie dient zur Definition der Stoffmenge n. 1 Mol eines Stoffes ist diejenige Stoffportion in Gramm, die gerade genau $6{,}02214076 \cdot 10^{+23}$ Teilchen enthält. Bei Atomen entspricht 1 Mol der relativen Atommasse in Gramm. Die Stoffmenge n spielt bei der Betrachtung chemischer Reaktionen und beim stöchiometrischen Rechnen eine wichtige Rolle (▶ Kapitel 5).

MERKE
$N_A = 6{,}022 \cdot 10^{+23}$ Teilchen

DEFINITION

Stoffmenge n
Die Stoffmenge n gibt an, wie viele Teilchen (Atome, Moleküle, Ionen) sich in einer bestimmten Stoffportion befinden. Sie wird in der Maßeinheit Mol angegeben (Einheitszeichen mol). Ein Mol eines Stoffes entspricht derjenigen Stoffportion in Gramm, die gerade genau $6{,}02214076 \cdot 10^{+23}$ Teilchen enthält.

1.5 Isotope

> **MERKE**
>
> Isotope = Nuclide (= Atomsorten) eines Elementes mit gleicher Kernladungszahl, aber unterschiedlicher Neutronenzahl

Elemente bestehen nur aus Atomen einer definierten Kernladungszahl (= Ordnungszahl) und besitzen damit auch die gleiche Anzahl von Elektronen. Die Anzahl der Neutronen kann allerdings in Atomen eines Elementes differieren. Es gibt somit je nach Zahl der Neutronen im Kern unterschiedlich schwere Versionen ein und desselben Elementes. Diese verschiedenen Atomsorten eines chemischen Elementes nennt man **Isotope**.

Für die Chemie maßgeblich entscheidend sind aber weniger die Atomkerne oder deren Masse als die Elektronen und der Aufbau der Elektronenhülle, der für alle Isotope identisch ist. Das chemische Verhalten der unterschiedlich schweren Kerne ist weitgehend sehr ähnlich, sodass man sich bei chemischen Reaktionen in erster Näherung keine Gedanken um die verschiedenen Isotope zu machen braucht. Bei allen Elementen außer beim Wasserstoff (▶ Tabelle 1.2) haben die verschiedenen Isotope keine eigenen Symbole, denn sie sind durch die Angabe der Massenzahl A oben links am Elementsymbol E eindeutig charakterisiert. Die Angabe der Ordnungszahl Z kann bei Isotopen des gleichen Elementes auch weggelassen werden, da sie sich nicht ändert.

Symbol	$_1^1H$	$_1^2H = D$	$_1^3H = T$
Name	Protium	Deuterium	Tritium
Natürliche Häufigkeit	99,99 Prozent	0,01 Prozent	Spuren

Tabelle 1.2: Isotope des Wasserstoffatoms

> **EXKURS**
>
> **Biologische Wirkung von schwerem Wasser**
>
> Schweres Wasser (D_2O) ist weniger reaktionsfähig als normales Wasser (H_2O) und besitzt eine niedrigere Lösefähigkeit. Deshalb verlaufen viele biochemische Reaktionen in D_2O stark verlangsamt ab. Schweres Wasser wirkt auf die meisten Organismen daher giftig. Normales Wasser enthält allerdings nur sehr geringe Mengen schweren Wassers: In einem Kubikmeter Meerwasser finden sich nur einige Gramm Deuterium. Schweres Wasser reichert sich aber im Rückstand der Elektrolyse (▶ Kapitel 7.8) wässriger Lösungen an und kann daraus in Reinform isoliert werden.

Wie der Wasserstoff kommen die meisten chemischen Elemente in der Natur als Gemische von verschiedenen Isotopen vor. Die relative Atommasse ergibt sich dann aus den prozentualen Beiträgen der verschieden schweren Isotope entsprechend ihrer natürlichen Häufigkeit. Die Isotopenzusammensetzung verschiedener Elemente ist unterschiedlich und muss experimentell bestimmt werden.

BEISPIEL

Chlor besteht aus zwei Isotopen, nämlich zu 75 Prozent aus $^{35}_{17}$Cl und zu 25 Prozent aus $^{35}_{17}$Cl.

Die relative Atommasse natürlich vorkommenden Chlors beträgt demnach:

$$0{,}75 \cdot 35 + 0{,}25 \cdot 37 = 35{,}5\,u$$

1.6 Radioaktivität und Anwendungen von Isotopen

Aus medizinischer Sicht sind Isotope vor allem wegen der bei manchen Isotopen auftretenden **Radioaktivität** wichtig. Als Radioaktivität bezeichnet man den spontanen Zerfall instabiler Atomkerne unter Aussendung von Strahlung (entdeckt von H. Becquerel im Jahre 1890). Ein Maß für die Stärke der Radioaktivität ist die Anzahl der Zerfälle pro Zeiteinheit (= Aktivität). Sie wird in der Einheit Becquerel angegeben (1 Bq = 1 Kernzerfall pro Sekunde). Eine ältere Maßeinheit ist das Curie (1 Ci = 3,7 · 10^{10} Bq). Je schneller eine Substanz zerfällt, desto intensiver strahlt sie. Man unterscheidet verschiedene Arten von radioaktiver Strahlung, je nachdem, welche Teilchen beim Zerfall der Atomkerne emittiert werden (▶ Tabelle 1.3).

Vorsicht: Radioaktivität

Die **effektive Äquivalentdosis** (Einheit Sievert oder veraltet rem, 1 Sv = 100 rem) ist ein Maß für die Strahlenbelastung des Menschen, die neben der Art der Strahlung auch die Empfindlichkeit verschiedener Organe gegenüber Strahlenschäden berücksichtigt.

Strahlungsart	Teilchen	Ladung	Abschirmung möglich durch
α	Heliumkerne $^4_2$He^{2+}	+2	Papier
β	Elektronen e$^-$	−1	Alufolie
γ	Photonen	0	Bleiplatten

Tabelle 1.3: Arten radioaktiver Strahlung

Grundsätzlich ist **radioaktive Strahlung** schädlich, da die emittierten Teilchen ihre Energie beim Durchgang durch biologisches Gewebe abgeben, was zur Zerstörung von Zellen führt (**Radiotoxizität**). Radioaktive Strahlung gehört zur sogenannten **ionisierenden Strahlung**, da ihre Energie ausreicht, um aus Atomen oder Molekülen Elektronen herauszuschlagen und so Ionen entstehen zu lassen (▶ Kapitel 2). Das Ausmaß der Schädigung hängt letztendlich von der Energie der Strahlung und deren Reichweite ab, für die allgemein gilt: $\alpha < \beta < \gamma$. Je geringer die Reichweite, desto höher ist in der Regel die Schädigung im betroffenen Gewebe (da mehr Energie auf kleinerem Raum abgegeben wird). Dafür kann die Strahlung aber auch leichter abgeschirmt werden (▶ Abbildung 1.2)

- **α-Strahlung:** Reichweite im menschlichen Gewebe nur im μm-Bereich, in Luft mehrere cm; hohe Radiotoxizität insbesondere beim Verschlucken entsprechender radioaktiver Elemente

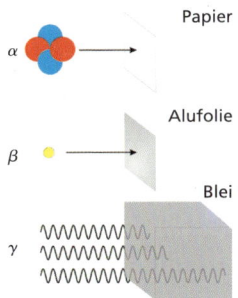

Abbildung 1.2: Die verschiedenen radioaktiven Strahlungsarten weisen eine unterschiedliche Reichweite auf und können daher mehr oder weniger leicht abgeschirmt werden.

- **β-Strahlung:** Reichweite im menschlichen Gewebe im cm-Bereich, in Luft je nach Energie cm bis m; mittlere Radiotoxizität
- **γ-Strahlung:** Reichweite um ein Vielfaches größer, schwer abschirmbar; Radiotoxizität abhängig von der Frequenz und der Intensität der Strahlung

Ursache für die radioaktive Strahlung sind Vorgänge im Atomkern, bei denen sich auch die Art und Anzahl der Nucleonen verändern kann, das heißt, radioaktive Prozesse sind häufig mit **Elementumwandlungen** verbunden. Ob ein bestimmtes Isotop radioaktiv ist, hängt im Wesentlichen von der Anzahl der Neutronen relativ zur Anzahl der Protonen im Kern ab. Insbesondere sehr große Atomkerne (zum Beispiel alle Isotope der Elemente ab Polonium Po oder auch Technetium Tc) sind instabil. Die hohe Anzahl an positiv geladenen Protonen und deren elektrostatische Abstoßung im Kern, die nur unzureichend von den Neutronen kompensiert wird, macht diese Kerne instabil. Die Atomkerne, wie ^{224}Ra, zerfallen dann zum Beispiel unter Aussendung eines Heliumkerns (= α-Strahlung) in einen leichteren Kern. Der neu entstandene Kern hat eine um 2 kleinere Ordnungszahl und eine um 4 kleinere Massenzahl (▶ Tabelle 1.4).

> **MERKE**
>
> Je stärker radioaktive Strahlung im menschlichen Körper aufgenommen wird, desto größer ist ihre Radiotoxizität:
> $α > β > γ$

$^{224}_{88}\text{Ra} \rightarrow {}^{220}_{86}\text{Rn} + {}^{4}_{2}\text{He}$
$^{224}\text{RaCl}_2$ wurde früher zur Therapie des Morbus Bechterew eingesetzt.

Strahlung	Zerfallsvorgang	Veränderte Eigenschaften des neu entstandenen Kerns	
		Ordnungszahl	Massenzahl
α	Abspaltung von Heliumkernen: $^{4}_{2}\text{He} = 2^{1}_{1}\text{p} + 2^{1}_{0}\text{n}$	−2	−4
β⁻	Umwandlung eines Neutrons in ein Proton unter Aussendung eines Elektrons: $^{1}_{0}\text{n} \rightarrow {}^{1}_{1}\text{p} + {}^{0}_{-1}\text{e}$	+1	±0
β⁺	Umwandlung eines Protons in ein Neutron unter Aussendung eines Positrons: $^{1}_{1}\text{p} \rightarrow {}^{1}_{0}\text{n} + {}^{0}_{+1}\text{e}$	−1	±0
γ	Abstrahlung von Energie (= Photonen)	±0	±0

Tabelle 1.4: Eigenschaften unterschiedlicher radioaktiver Zerfallsvorgänge

$^{131}_{53}\text{I} \rightarrow {}^{131}_{54}\text{Xe} + β^-$

Es gibt auch Atomkerne, die zu viele Neutronen enthalten. Bei diesen kann unter Aussendung eines Elektrons (β⁻-Strahlung) ein Neutron in ein Proton umgewandelt werden. Dabei entsteht ein Atomkern eines anderen Elementes, aber mit gleicher Massenzahl, ein sogenannter **isobarer Atomkern** (isobar = gleiche Masse). Die Ordnungszahl des neuen Kerns ist um eins erhöht.

Bei beiden Zerfallsvorgängen, α- und β⁻-Strahlung, wird oft noch γ-Strahlung frei. Hierbei werden energiereiche Photonen, also elektromagnetische Strahlung, ausgesendet. γ-Strahlung besitzt keine Ladung oder Masse. Ihre Abstrahlung aus dem Kern bewirkt keine Veränderung des Aufbaus der Atomkerne, sondern nur einen Verlust an Energie. Sie wird frei, wenn ein energiereiches metastabiles Isotop in ein energieärmeres stabileres Isotop übergeht. Solche metastabilen Isotope entstehen zum Beispiel bei der künstlichen Erzeugung von Isotopen durch Bestrahlung anderer Elemente (Kernumwandlung). Das medizinisch wichtigste meta-stabile Isotop ist ^{99m}Tc, das durch Bestrahlung von ^{98}Mo mit Neutronen hergestellt wird. Dabei entsteht zuerst durch Neutroneneinfang aus $^{98}_{42}$Mo das Isotop $^{99}_{42}$Mo, das in einem β^--Zerfall in $^{99m}_{43}$Tc übergeht.

Daneben tritt vor allem bei künstlich erzeugten Radionukliden auch **Positronen-Strahlung** (β^+-Strahlung) auf. Das Positron ist das Antiteilchen des Elektrons (gleiche Masse, aber entgegengesetzte Ladung, also +1). Sobald das emittierte Positron auf ein normales Elektron trifft, das heißt bei Kontakt mit jeglicher Materie, vernichten sich die Teilchen (Annihilation) unter Erzeugung von Energie (Umwandlung von Masse in Energie gemäß Einsteins berühmter Formel $E = m \cdot c^2$). Dabei wird eine charakteristische Strahlung ausgesandt (zwei γ-Quanten von je 511 keV Energie im Winkel von 180°). Diese Strahlen werden in der **Positronen-Emissions-Tomographie** (= PET) detektiert.

$^{18}_{9}F \rightarrow {}^{18}_{8}O + \beta^+$

Die Zeit, in der gerade die Hälfte der Menge eines instabilen radioaktiven Isotops zerfallen ist, nennt man **Halbwertszeit** (*HWZ* bzw. $t_{1/2}$, ▶ Kapitel 10.3.3). Es handelt sich um eine Stoffeigenschaft, die sich von außen kaum beeinflussen oder verändern lässt. Sie ist unabhängig von der Anzahl der vorliegenden Atome. Die Halbwertszeiten einiger für die Medizin wichtiger radioaktiver Isotope reichen von einigen Minuten bis hin zu mehreren Tausenden von Jahren (▶ Tabelle 1.5). Bei Einnahme eines radioaktiven Arzneistoffs nimmt die Radioaktivität im Organismus aber nicht nur durch den Zerfall des radioaktiven Stoffes ab (**physikalische** *HWZ*$_{phys}$), sondern auch dadurch, dass der Arzneistoff wieder aus dem Körper ausgeschieden wird (**biologische** *HWZ*$_{biol}$). Die **effektive Halbwertszeit** *HWZ*$_{eff}$ einer radioaktiven Substanz im Organismus lässt sich dann folgendermaßen berechnen:

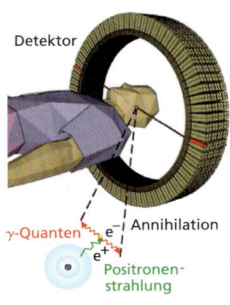

Positronen-Emissions-Tomographie
© Wikipedia: Positronen-Emissions-Tomographie, Prinzipielles Verarbeitungsschema der PET, Autor: Jens Langner, M.Comp.Sc. thesis, HTW Dresden u. FZ Dresden-Rossendorf (2003)

$$HWZ_{eff} = \frac{HWZ_{biol} \cdot HWZ_{phys}}{HWZ_{biol} + HWZ_{phys}}$$

Isotop	zerfällt in	$t^a_{1/2}$	Anwendung
$^{99m}_{43}$Tc	$^{99}_{43}$Tc + γ	6 h	Szintigraphie: ^{99m}Tc ist das „Arbeitspferd" der nuklearmedizinischen Diagnostik: Skelett, Schilddrüse, Gehirn, Herz, Lunge, Leber, Milz, Niere
$^{131}_{53}$I	$^{131}_{54}$Xe + β^- + γ	8 d	Radioiodtherapie zum Beispiel bei Schilddrüsenkarzinomen und -diagnostik, *Morbus Basedow*; häufigste nuklearmedizinische Therapie
$^{125}_{53}$I^b	$^{125}_{52}$Te + γ	60 d	Früher als Diagnostikum bei Schilddrüsenerkrankungen; heute in sogenannten „seeds", die bei Prostatakarzinom in die Prostata implantiert werden
$^{123}_{53}$I^b	$^{123}_{52}$Te + γ	13 h	Markierte Hirntracer zur Diagnostik von *Morbus Parkinson* und von Neuroblastomen; Schilddrüsendiagnostik; Nierenfunktionsszintigraphie
$^3_1$H	$^3_2$He + β^- + γ	12,3 a	Nachverfolgung von Stoffwechselprozessen mithilfe von tritiummarkierten Substanzen (Tracer-Methode); Altersbestimmung (bis zu etwa 30 Jahren) von Grundwasser und wasserhaltigen Stoffen (zum Beispiel alte Weine) (Tritiummethode)

Isotop	zerfällt in	$t_{1/2}^a$	Anwendung
$^{14}_{6}C$	$^{14}_{7}N + \beta^- + \gamma$	5568 a	Nachverfolgung von Stoffwechselprozessen mithilfe von ^{14}C-markierten Substanzen (Tracer-Methode); Radiokarbonmethode zur Altersbestimmung von Fossilien
$^{60}_{27}Co$	$^{60}_{28}Ni + \beta^- + \gamma$	5,2 a	Als Strahlungsquelle für externe Strahlentherapie zur Tumortherapie
$^{90}_{39}Y$	$^{90}_{40}Zr + \beta^- + \gamma$	64 h	Als ^{90}Y-Citrat zur Behandlung von Skelettmetastasen; in Form eines markierten Antikörpers zur Radioimmuntherapie des Non-Hodgkin-Lymphoms; Radiosynoviorthese[c]; als radioaktiv markiertes Somatostatin-Analogon ^{90}Y-DOTATOC in der Radiopeptidtherapie (RPT) zur Behandlung fortgeschrittener neuroendokriner Tumore (NET)
$^{18}_{9}F$	$^{18}_{8}O + \beta^+ + \gamma$	110 min	^{18}F-Deoxyglucose zur Tumordiagnostik in der Positronen-Emissions-Tomographie (PET)
$^{68}_{31}Ga$	$^{68}_{30}Zn + \beta^+ + \gamma$ (schwach)	68 min	In Form von ^{68}Ga-Chelatkomplexen zur PET-Diagnostik von Tumoren, zum Beispiel Prostatatumore
$^{177}_{71}Lu$	$^{177}_{172}Hf + \beta^- + \gamma$	6,65 d	In Form von ^{177}Lu-Chelatkomplexen zur Endoradiotherapie (auf Grund der β^--Strahlung) und zur therapiebegleitenden szintigraphischen Diagnostik (auf Grund der γ-Strahlung) von Tumoren
$^{111}_{49}In^b$	$^{111}_{48}Cd + \gamma$	2,8 d	In Form von ^{111}In-Chelatkomplexen zur Szintigraphie

[a] Zeitangaben in Minuten (min), Stunden (h), Tagen (d) oder Jahren (a)

[b] Zerfall unter *Elektroneneinfang*: Ein kernnahes Elektron aus der Hülle wird vom Kern aufgenommen und dort mit einem Proton in ein Neutron umgewandelt, es entsteht ein isobarer Kern mit einer um 1 verringerten Ordnungszahl; diese Zerfallsart kommt bei natürlichen Radionucliden sehr selten vor, jedoch häufig bei künstlichen Radionucliden wie zum Beispiel ^{123}I oder ^{125}I.

[c] Behandlung entzündlicher Verdickungen der Gelenkschleimhaut: β^--Strahler werden direkt in die betroffenen Gelenke injiziert. Die Auswahl des Radionuclids (zum Beispiel ^{90}Y, ^{169}Er, ^{186}Re) richtet sich nach der Größe des Gelenkes und nach der Strahlungsreichweite des Nuclids.

Tabelle 1.5: Auswahl einiger für die Medizin wichtiger radioaktiver Isotope

■ BEISPIEL Halbwertszeit

Bei radioaktiven Zerfallsprozessen nimmt die Menge an radioaktivem Material N exponentiell mit der Zeit t ab (**Kinetik 1. Ordnung:** ▶ Kapitel 10.3). Nach n Halbwertszeiten $t_{1/2}$ sind nur noch $(1/2)^n$ der ursprünglichen Menge N_0 vorhanden. Nach 3 Halbwertszeiten $t_{1/2}$ sind dies $(1/2)^3 = 1/8$ der ursprünglichen Menge, nach 10 Halbwertszeiten $(1/2)^{10} = 1/1024$ der ursprünglichen Menge.

Von 10 g eines radioaktiven Elementes wie ^{90}Sr (β^--Zerfall) mit einer Halbwertszeit von 29 Jahren sind nach 29 Jahren noch 5 g übrig, nach 58 Jahren noch 2,5 g, nach 87 Jahren noch 1,25 g, und so weiter. Nach 10 Halbwertszeiten (= 290 Jahren) sind noch ca. 0,01 g (= 0,1 Prozent) vorhanden bzw. ca. 99,9 Prozent zerfallen.

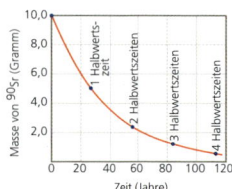

Zerfall von ^{90}Sr, $t_{1/2}$ = 29 Jahre
Aus: Brown, T. L., LeMay, H. E. & Bursten, E. B. (2007)

Radioaktive Isotope bzw. radioaktive Strahlung spielen in der Medizin vor allem zur Diagnostik und zur Behandlung verschiedener Krankheiten wie zum Beispiel Krebs eine wichtige Rolle. Hierbei werden entweder Radiopharmaka eingesetzt und/oder es findet eine externe Strahlentherapie statt. **Radiopharmaka** sind radioaktive Arzneistoffe, die in den Körper zum Zwecke der Diagnostik oder Therapie eingebracht werden. Aufgrund der unterschiedlichen Reichweiten (▶ Tabelle 1.5) werden in der Diagnostik γ-Strahler (geringe Radiotoxizität und große Reichweite = gut messbar), in der Therapie β^--Strahler (kleine Reichweite = lokal begrenzte Zerstörung des bestrahlten Gewebes) eingesetzt. In der Positronen-Emissions-Tomographie (PET) werden Positronenstrahler appliziert. Die externe **Strahlentherapie** wird fast ausschließlich zur Behandlung maligner Neoplasien (Krebs) eingesetzt. Zum Einsatz kommen meist energiereiche elektromagnetische Strahlen (zum Beispiel γ-Strahlen von ^{60}Co oder energiereiche Röntgenstrahlen), seltener Elektronenstrahlen. Um das Ziel, eine maximale Schädigung des Tumorgewebes bei möglichst geringer Beeinträchtigung des umliegenden gesunden Gewebes, zu erreichen, muss die Strahlung durch eine entsprechende Bestrahlungsgeometrie (gegebenenfalls mit mehreren beweglichen Strahlungsquellen) und durch die Regulierung der Eindringtiefe auf den Tumor zentriert werden. Jede Strahlungsquelle für sich liefert nur eine geringe Intensität, die nicht ausreicht, um Gewebe nachhaltig zu schädigen. Nur an der Stelle, an der mehrere Strahlen gleichzeitig fokussiert aufeinandertreffen, entsteht eine ausreichend hohe Strahlendosis, um zum Beispiel einen dort sitzenden Tumor zu zerstören.

EXKURS

Protonentherapie

Neben der Bestrahlung von Tumoren mit γ-, Röntgen- oder Elektronenstrahlen wird zunehmend auch die Protonenbestrahlung als Therapie angewandt. Mit ihr kann man eine bessere Fokussierung der schädigenden Strahlenwirkung auf das eigentliche Tumorgewebe erreichen, da sich die Eindringtiefe der Protonen gut steuern lässt und diese ihre Energie daher nur sehr lokal im Gewebe abgeben. Dies ist besonders wichtig bei Tumoren, die in enger räumlicher Nähe zu empfindlichem Gewebe liegen, zum Beispiel Augentumoren. Bei der Protonenbestrahlung werden Protonen auf ca. 180 000 km h^{-1} beschleunigt und besitzen dann eine Energie von bis zu 230 MeV (Mega-Elektronenvolt, 10^6 eV), das entspricht ca. 3,7 10^{11} J. Die beschleunigten Protonen dringen in das Gewebe ein und werden abgebremst. ▶ Abbildung 1.3 zeigt die von ihnen abgegebene Energiedosis als Funktion der Eindringtiefe (Tiefendosiskurve). Je langsamer die Teilchen werden, desto mehr Energie geben sie ab. Dann spielt ein besonderer physikalischer Effekt eine wichtige Rolle: der sog. „Bragg-Peak": Bei positiven Teilchen, also auch bei Protonen, wird die meiste Energie erst beim Stoppen im Tumor, an der sog. Bragg-Spitze, dem Bragg-Peak, in einer Art „Energieexplosion" abgegeben. Im Gegensatz dazu erreicht die Energieabgabe der Röntgenstrahlen, kurz nachdem sie in das Gewebe eingedrungen ist, ein Maximum und fällt dann langsam ab. Als Folge ist der geschädigte Bereich deutlich größer (▶ Abbildung 1.4).

1 Aufbau der Materie

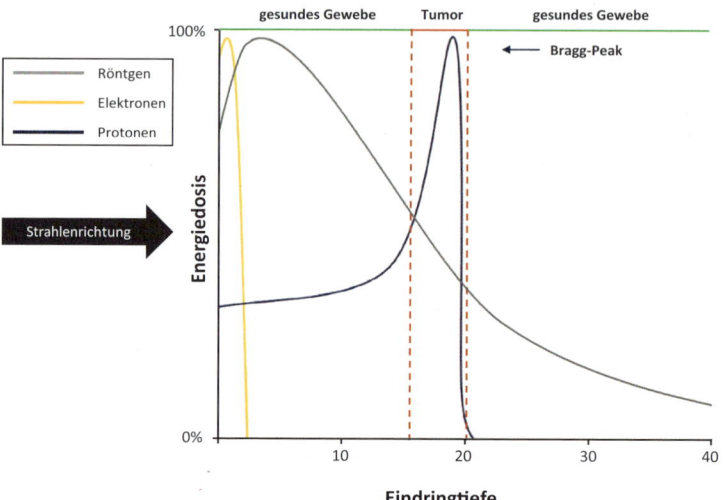

Abbildung 1.3: Tiefendosiskurve von Protonen, Elektronen und Röntgenstrahlen

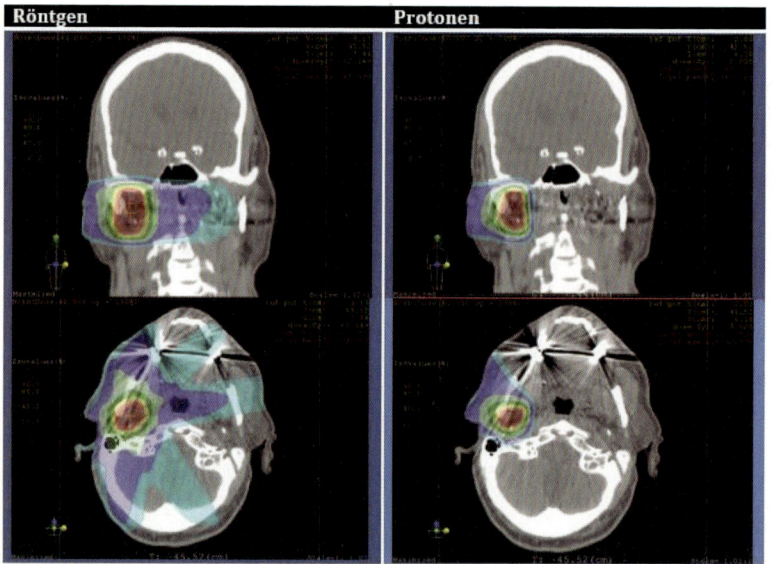

Abbildung 1.4: Eindringtiefe von Röntgen- oder γ-Strahlen (links) und Protonenstrahlen (rechts)

1.6 Radioaktivität und Anwendungen von Isotopen

> **AUS DER MEDIZINISCHEN PRAXIS**
> **Medizinische Anwendung von Radiopharmaka**

Radiopharmaka zur Diagnostik: Szintigraphie

Hierbei werden dem Patienten radioaktiv markierte Wirkstoffe verabreicht, die γ-Strahlen emittieren. Die Substanzen reichern sich in bestimmten Organen oder Geweben an, in denen sie umgesetzt oder gespeichert werden. Die radioaktive Strahlung kann von außen gemessen werden und erlaubt Rückschlüsse auf eventuelle Stoffwechselstörungen oder Tumore. Hierfür kommt heute meist **metastabiles Technetium-99** (^{99m}Tc) zum Einsatz. Dieses kann in einem speziellen Generator aus ^{99}Mo gebildet und abgetrennt werden. ^{99m}Tc geht nach kurzer Zeit ($t_{1/2}$ = 6 h) unter Aussendung langwelliger γ-Strahlung in ^{99}Tc über, das ein β^--Strahler mit einer Halbwertszeit von $t_{1/2}$ = 200 000 Jahren und damit relativ ungefährlich ist.

Beispiel: Ein Knochentumor benötigt aufgrund seines schnellen Zellwachstums eine größere Menge an Phosphaten als normales Knochengewebe. Verabreicht man ^{99m}Tc-Phosphat, so wird dieses an Stelle von Calcium-Phosphat in die Knochen eingebaut und reichert sich besonders im Tumorgewebe an. Das Sichtbarmachen der vom ^{99m}Tc ausgesendeten radioaktiven γ-Strahlung erfolgt durch die **Szintigraphie**. Hierbei nimmt eine Szintillationskamera Lichtblitze auf, die beim Auftreffen der γ-Strahlung auf einen Detektor (zum Beispiel NaI-Einkristall) entstehen (Radiolumineszenz).

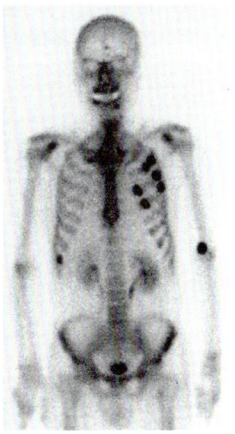

Nachweis von Knochentumoren durch Szintigraphie
© Dr. med. Martin Pachmann, München, www.nierenbuch.de

Radiopharmaka zur Diagnostik: PET

Der wichtigste Marker in der **Positronen-Emissions-Tomographie** (= PET) ist die ^{18}F-markierte 2-Fluor-2-deoxyglucose (^{18}F-FDG), eine radioaktive Variante des normalen Traubenzuckers (= Glucose, ▶ Kapitel 12.1). Die Substanz verteilt sich nach intravenöser Gabe auf dem Blutweg im Körper und wird besonders in Geweben mit erhöhtem Stoffwechsel und damit mit hohem Glucosebedarf angereichert. So lassen sich Tumore oder auch entzündetes Gewebe sichtbar machen. Ein PET-Scanner setzt sich aus einem Tunnel, in dem ein Ring von Detektoren die emittierte Strahlung des Patienten misst, einem beweglichen Lagerungstisch und einem Computersystem zur Bildberechnung zusammen. Das Herzstück des PET-Scanners besteht aus einigen hundert ringförmig angeordneten γ-Detektoren (Szintillationszähler), die in Koinzidenz geschaltet sind, um die beiden gleichzeitig in 180°-Richtung voneinander abgestrahlten γ-Quanten zu erfassen.

Neben ^{18}F-FDG werden zunehmend auch andere ^{18}F-markierte Verbindungen eingesetzt. ^{18}F-Fluorothymidin (FLT) ist ein fluoriertes Derivat eines ursprünglich als Virostatikum (Alovudin) entwickelten Nucleosids (▶ Kapitel 14.3), über das mithilfe der PET die DNA-Syntheserate in Tumoren und damit der Erfolg einer cytostatischen Therapie detektiert werden kann. Man spricht hier von Tumor-Monitoring. Ein weiteres Derivat ist ^{18}F-Fluoromisonidazol (FMISO) zur Visualisierung hypoxischen, das heißt unter Sauerstoffmangel leidenden Gewebes. Hypoxie ist ein negativer prognostischer Marker für solide Tumore. Niedrige Sauerstoffkonzentrationen in Tumoren fördern deren Metastasierung und lassen Tumore schlechter auf Strahlen- oder Chemotherapie ansprechen.

Ein neuer Ansatz, der eventuell sogar dem ^{18}F-FDG bei der Tumordiagnostik Konkurrenz machen könnte oder dieses zumindest ergänzen könnte, sind ^{68}Ga-markiertes FAPIs, Fibroblast Activation Protein (FAP) Inhibitors, Hemmstoffe des Enzyms FAP. Fibroblasten sind spezifische Zellen des Bindegewebes. Tumorfibroblasten bilden im Gegensatz zu gesunden Fibroblasten sehr viel mehr FAP. Die Methode

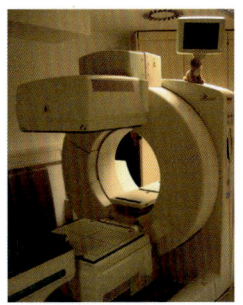

Szintigraph
© Mado et al. World Journal of Surgical Oncology 2006 4:3, doi: 10.1186/1477-7819-4-3

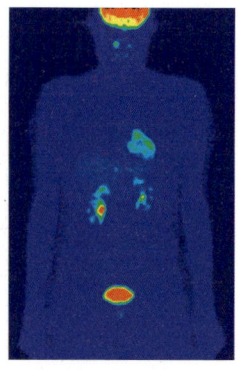

Typische Verteilung von ^{18}F-FDG im Körper (PET-Aufnahme)
© Wikipedia: Positronen- Emissions-Tomographie, Maximum Intensity Projection, Autor: Jens Langer

eignet sich daher für verschiedene Tumorarten, wie zum Beispiel Brust-, Pankreas-, Leber- oder kolorektale Tumore.

Radiopharmaka zur Therapie

Die **Radioiodtherapie** („Radioresektion") kommt vor allem bei bestimmten Formen des Schilddrüsenkarzinoms, bei Hyperthyreose (Schilddrüsenüberfunktion) oder *Struma basedowiana* (Morbus Basedow, „Kropf") mit diffuser Iodspeicherung und bei nichtoperablen Patienten zum Einsatz (▶ Kapitel 1.10). Hierbei werden höhere Dosen radioaktiven Iods (^{131}I) zugeführt, die sich in der Schilddrüse einlagern und das erkrankte Gewebe (zumindest teilweise) zerstören (metabolische Strahlentherapie).

Radiopharmaka zur Diagnostik und Therapie – Theranostika

Neben der Nutzung zur Diagnostik (Diagnostika) werden Radiopharmaka auch zur Therapie (Therapeutika) eingesetzt. Kann man die gleiche Verbindung für beides verwenden, spricht man von einem Theranostikum. Ein Beispiel für ein Theranostikum ist das Molekül PSMA617 (▶ Abbildung 1.5).

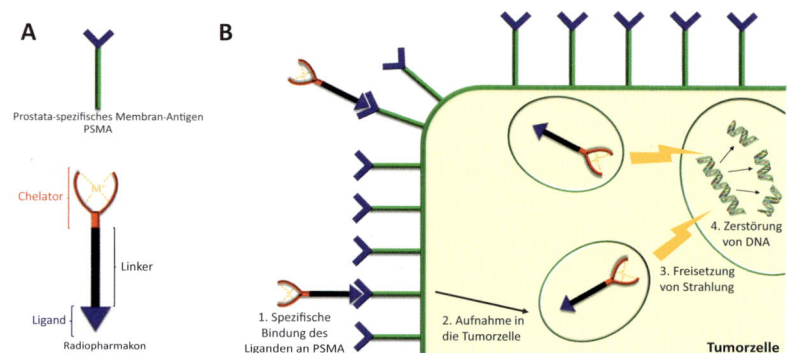

Abbildung 1.5: Das Radiopharmakon PSMA617 besteht aus einem Chelator (rot), der ein radioaktives Metallkation (gelb) binden kann. Verwendet werden ^{68}Ga^{3+}-Ionen als Positronenstrahler für die Diagnostik (PET) oder ^{177}Lu^{3+}-Ionen als β^--Strahler für die Therapie. Die Erkennungseinheit für PSMA (blau) ist über einen Linker (schwarz) mit dem Chelator verbunden.

Es besteht aus einem Liganden (blau), der über einen Linker (schwarz) an einen Chelator (rot) geknüpft ist. Der Ligand bindet als Erkennungseinheit des Theranostikums an ein Zielmolekül auf Krebszellen. PSMA617 ist nach dem prostataspezifischen Membran-Antigen (PSMA) benannt, an das sein Ligand spezifisch bindet. Da PSMA, das auf den Oberflächen aller Prostatazellen vorkommt, bei Tumorzellen aber in deutlich höherer Konzentration gebildet wird (1 Million Moleküle pro Krebszelle), reichert sich PSMA617 an Krebszellen an. Für die Diagnostik nutzt man aus, dass sein Chelator mit ^{68}Ga^{3+}-Ionen (gelb) beladen werden kann. Die Anreicherung des PSMA617 an den Krebszellen zieht also eine Anreicherung von ^{68}Ga^{3+}-Ionen nach sich. Da ^{68}Ga^{3+}-Ionen Positronen aussenden, sind sie und damit der Tumor im PET sichtbar. Zusätzlich wird eine Computertomographie (CT) durchgeführt und die ^{68}Ga-PET-Bilder werden mit den CT-Bildern überlagert (^{68}Ga-PSMA-PET/CT), um die in der PET gefundenen Tumore und Metastasen den anatomischen Strukturen präzise zuordnen zu können.

PSMA617 ist aber gleichzeitig ein Therapeutikum, da sein Chelator ebenfalls ^{177}Lu^{3+}-Ionen binden kann, die insbesondere β^--Strahlen emittieren. Bei einer β^--Strahlung werden energiereiche Elektronen emittiert, die das umliegende Gewebe zerstören (▶ Abbildung 1.6).

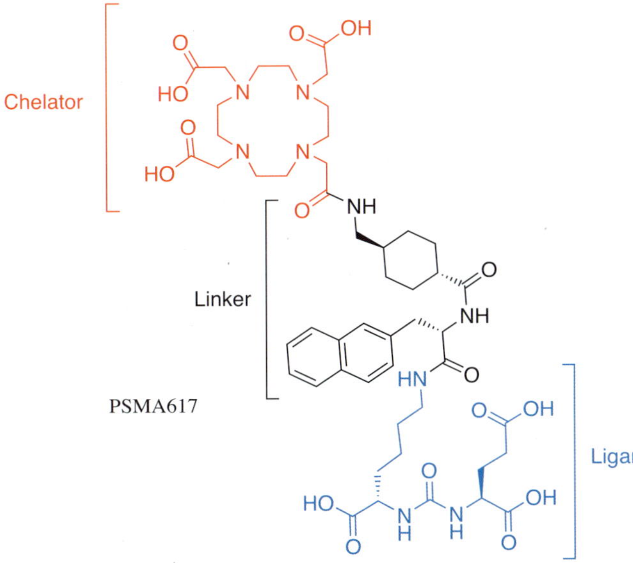

Abbildung 1.6: Nach Injektion in die Blutbahn reichert sich der mit ^{177}Lu^{3+} radioaktiv markierte Arzneistoff durch Bindung an PSMA auf der Oberfläche von Tumorzellen an, der Arzneistoff wird in die Zelle aufgenommen und die Krebszelle quasi von innen bestrahlt. Dadurch wird die DNA der Krebszelle zerstört und sie stirbt ab.

Die Methode, Tumore oder bestimmtes Gewebe über radioaktiv markierte Liganden sichtbar zu machen, welche spezifisch und mit hoher Affinität an Oberflächenproteine der Zellen binden, oder diese Zellen mithilfe der Liganden spezifisch mit Tumormedikamenten zu adressieren, findet bereits vielfältige Anwendung. Hierfür können zum Beispiel Hormone oder bestimmte Antikörper genutzt werden. Ein Beispiel für die Anwendung von Hormonen ist Edotreotid (DOTATOC). In diesem Molekül ist ein Chelator mit einem Analogon des Peptidhormons Somatostatin, dem Octreotid, verknüpft. DOTATOC kann wahlweise mit einem Radiometallkation für die Diagnostik (^{111}In, ^{68}Ga) oder die Therapie (^{90}Y, ^{177}Lu) neuroendokriner Tumore, die viele Somatostatin-Rezeptoren an ihren Zelloberflächen besitzen, versehen werden (Radiopeptidtherapie).

Werden Antikörper mit einem γ- oder Positronen (β^+)-Strahler markiert, spricht man von Immunszintigraphie oder Immuno-PET. Bei der Radioimmuntherapie werden dagegen die Antikörper mit einem β^--Strahler markiert. Ein Beispiel ist ^{90}Y-markiertes Ibritumomab-Tiuxetan (Zevalin®) zur Therapie von Non-Hodgkin-Lymphomen. ^{90}Y ist ein sogenannter „harter", das heißt hochenergetischer β^--Strahler mit einer maximalen Eindringtiefe von 11 mm.

1.7 Aufbau der Elektronenhülle

> **MERKE**
> Will man Chemie verstehen, muss man sich mit dem Aufbau der Elektronenhülle beschäftigen.

Für die chemischen Eigenschaften eines Stoffes maßgeblich entscheidend sind nicht die Atomkerne oder deren Masse, sondern die Elektronen und der Aufbau der Elektronenhülle.

Die Elektronen sind in der Hülle nicht wahllos angeordnet, sondern verteilen sich in einer ganz bestimmten Art und Weise auf unterschiedliche Energieniveaus (**Schalenstruktur der Elektronenhülle**). Diesen Aufbau der Elektronenhülle kann man nur mit der Quantenmechanik verstehen. Quantenmechanische Ansätze zur Beschreibung von Atomen wurden in den 1920er-Jahren unabhängig von Erwin Schrödinger und Werner Heisenberg entwickelt. In der **Quantenmechanik** werden Elektronen als Wellen betrachtet, deren Eigenschaften sich dann mit Differenzialgleichungen beschreiben lassen (Schrödinger-Gleichung). Das wohl wichtigste Ergebnis dieser Darstellung ist die Quantisierung der Energie von Atomen, Molekülen und anderen Teilchen von ähnlicher Größe. Demnach können diese in vielen Fällen nur bestimmte Zustände mit festen Energiemengen (Quanten) einnehmen, während andere Energiezustände nicht möglich sind. Für das nur ein Elektron enthaltende Wasserstoffatom (H-Atom) lässt sich der Aufbau der Elektronenhülle noch exakt angeben, für alle anderen Elemente mit mehr als einem Elektron in der Atomhülle gilt dies nicht mehr. Man verwendet allerdings ein vom H-Atom abgeleitetes Modell als Näherung. Die Grundzüge dieses **quantenmechanischen Atommodells** sind wie folgt:

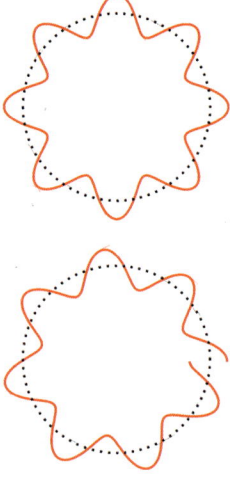

Stehende Welle und nicht stehende Welle

- Elektronen weisen sowohl Wellen- als auch Teilcheneigenschaften auf (Welle-Teilchen-Dualismus).
- In der Atomhülle können sich nur bestimmte, nämlich **stehende Elektronenwellen** ausbilden (alle anderen nicht stehenden Wellen löschen sich aus!).
- Für Elektronenwellen lassen sich wie für alle Wellen aber keine exakten Bahnen, sondern nur Bereiche mit bestimmten Aufenthaltswahrscheinlichkeiten angeben (= **Orbitale**).
- Die Klassifizierung der Orbitale erfolgt durch vier **Quantenzahlen**: die Hauptquantenzahl n, die Nebenquantenzahl ℓ, die Magnetquantenzahl m und die Spinquantenzahl s, wobei keine zwei Elektronen in einem Atom oder Molekül in allen vier Quantenzahlen übereinstimmen dürfen (**Pauli-Prinzip**).
- Die **Hauptquantenzahl n** (mit $n = 1, 2, 3, ...$) bezeichnet das grundlegende Energieniveau, also die Schale, auf der sich das Elektron befindet. Sie bestimmt die Ausdehnung der Orbitale und damit auch wesentlich deren Energie. Je näher die höchste Aufenthaltswahrscheinlichkeit eines Orbitals am Kern liegt, desto geringer ist die Energie der Elektronen in diesem Orbital.
- Für jede Hauptquantenzahl $n > 1$ gibt es Orbitale mit unterschiedlicher räumlicher Gestalt => **Nebenquantenzahl ℓ** mit $\ell = 0$ bis $(n-1)$.
- Für Orbitale mit $\ell > 0$ gibt es mehrere energiegleiche (= „entartete") Orbitale gleicher Gestalt und mit gleichem Abstand vom Kern, die aber in verschiedene Raumrichtungen weisen => **Magnetquantenzahl m** mit $m = -\ell$ bis $+\ell$.

- Jedes Orbital kann mit zwei Elektronen besetzt werden, die sich in einer bestimmten quantenmechanischen Eigenschaft, ihrem **Spin**, unterscheiden => **Spinquantenzahl** s mit $s = -½$ oder $+½$.
- Die einzelnen Orbitale werden entsprechend ihres Energiegehaltes von unten nach oben mit Elektronen besetzt (▶ Tabelle 1.6).
- Bei energiegleichen (= entarteten) Orbitalen (gleiche Quantenzahlen n und ℓ, aber verschiedene Magnetquantenzahl m) werden die entarteten Orbitale zuerst alle einfach besetzt (**Hundsche Regel**).

Schale	Hauptquanten-zahl n	Nebenquanten-zahl ℓ	Magnetquanten-zahl m	Orbital
K	1	0	0	s
L	2	0	0	s
		1	−1, 0, +1	p
M	3	0	0	s
		1	−1, 0, +1	p
		2	−2, −1, 0, +1, +2	d
...	...	...	...	...

Tabelle 1.6: Aufbau der Elektronenhülle

EXKURS

Welle-Teilchen-Dualismus

Früher ging man davon aus, dass Licht eine elektromagnetische Welle darstellt, wohingegen Materie, wie zum Beispiel Elektronen oder Atome, aus diskreten Partikeln bestehen. Heutzutage wissen wir (unter anderem durch Arbeiten von Einstein und deBroglie), dass sich Teilchen auch als Wellen und Wellen auch als Teilchen manifestieren können, je nachdem, was für ein Experiment man durchführt. Verhält sich Licht wie ein Teilchen, so spricht man von **Photonen**, bei Schallwellen von **Phononen**. Welche Eigenschaft jeweils im Vordergrund steht, hängt zum einen von der Masse der Teilchen und zum anderen vom betrachteten Experiment ab. Bei makroskopischen Teilchen, wie zum Beispiel einem Auto, spielen die Welleneigenschaften in der Regel keine Rolle (obwohl sie vorhanden sind). Bei subatomaren Teilchen hingegen beobachtet man je nach Experiment beide Eigenschaften.

▶ Abbildung 1.7 ist eine grafische Darstellung des 1s-Orbitals eines H-Atoms. Die Dichte der Punkte in der Abbildung gibt die Wahrscheinlichkeit an, ein Elektron an diesem Ort zu finden. Aufgrund seiner Welleneigenschaften kann man für das Elektron keinen genauen Ort angeben, an dem es sich befindet, und auch keine Bahn, auf der es sich bewegt. Man muss sich mit Wahrscheinlichkeitsaussagen begnügen. Häufig findet man Darstellungen fest umgrenzter Bereiche (▶ Abbildung 1.8). Am Rand dieser Bereiche hält sich das Elektron dann mit einer vorgegebenen Wahrscheinlichkeit auf. Aber man sollte im Hinterkopf behalten, dass streng genommen ein Orbital kein Ende hat, sondern eine unendliche Ausdehnung. Es gibt immer eine, wenn auch kleine Wahrscheinlichkeit,

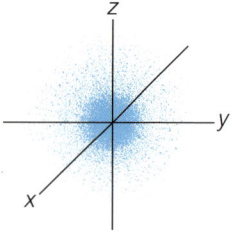

Abbildung 1.7: Schematische Darstellung eines 1s-Orbitals. Die Dichte der Punkte gibt die Wahrscheinlichkeit an, ein Elektron an diesem Ort anzutreffen.
Aus: Brown, T. L., LeMay, H. E. & Bursten, E. B. (2007)

ein Elektron auch woanders zu finden. Die unterschiedlichen Farben bei den 2p-Orbitalen kennzeichnen das Vorzeichen der mathematischen Wellenfunktion Ψ (+ oder −). Dies spielt für die Wahrscheinlichkeit, das Elektron dort zu finden, keine Rolle, da die Aufenthaltswahrscheinlichkeit vom Quadrat der Wellenfunktion, Ψ^2, abhängt. Die Vorzeichen sind aber später wichtig, wenn wir uns mit der chemischen Bindung beschäftigen (▶ Kapitel 2). Orbitale der gleichen Nebenquantenzahl ℓ sind energiegleich, man spricht von **entarteten Orbitalen**. Dies ist zum Beispiel bei den drei 2p-Orbitalen der Fall. Sie haben den gleichen Abstand vom Kern und die gleiche Gestalt, unterscheiden sich nur in der Raumrichtung, in die sie bevorzugt weisen. Jedes Orbital ist entlang einer der drei Achsen eines kartesischen Koordinatensystems orientiert. Diese räumliche Orientierung hat aber für die Wechselwirkung eines Elektrons in diesen Orbitalen mit dem Kern und damit für die Energie des Elektrons keine Auswirkung.

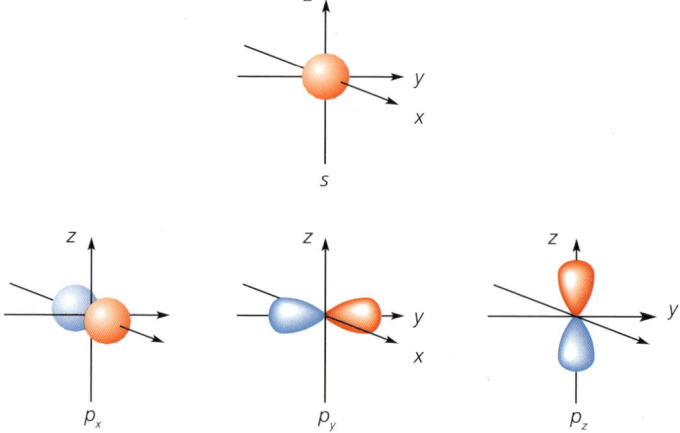

Abbildung 1.8: Darstellungen des 2s- und der drei 2p-Orbitale. In den angegebenen Bereichen hält sich ein Elektron mit gleicher Wahrscheinlichkeit auf. Die verschiedenen Farben der Orbitale symbolisieren das Vorzeichen der Wellenfunktion Ψ (+ oder −), sind aber für die Aufenthaltswahrscheinlichkeit unerheblich.
Aus: Housecroft, C. E. & Sharpe, A. G. (2006)

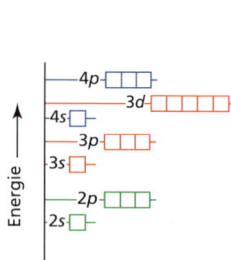

Abbildung 1.9: Energetische Abfolge der Orbitale. In dieser Reihenfolge werden die Orbitale von unten nach oben sukzessive mit jeweils zwei Elektronen mit unterschiedlichem Spin aufgefüllt.
Aus: Brown, T. L., LeMay, H. E. & Bursten, E. B. (2007)

Bei allen anderen Elementen verwendet man nun ebenfalls diese vom H-Atom abgeleiteten Orbitale als Näherung. Dies ist zwar nicht ganz korrekt, da sich durch die Wechselwirkung mehrerer Elektronen miteinander die Situation gegenüber dem H-Atom verkompliziert. Aber die prinzipielle Art und Abfolge der Orbitale bleibt ähnlich und wird daher in erster Näherung vom H-Atom übernommen. Die einzelnen Orbitale werden dann der Reihe nach entsprechend ihrer energetischen Lage mit Elektronen aufgefüllt (▶ Abbildung 1.9). Bei entarteten Orbitalen werden gemäß der Hundschen Regel erst alle Orbitale einfach besetzt. So ergeben sich die entsprechenden **Elektronenkonfigurationen** der einzelnen Elemente (= Verteilung der Elektronen auf die einzelnen Orbitale).

Lithium besitzt zum Beispiel insgesamt drei Elektronen. Die ersten beiden besetzen mit entgegengesetztem Spin das 1s-Orbital, das dritte Elektron das energetisch nächsthöhere 2s-Orbital. Beim Kohlenstoff (sechs Elektronen) ist neben dem 1s-Orbital auch das 2s-Orbital doppelt besetzt. Die verbleibenden beiden Elektronen besetzen dann jeweils eines der drei entarteten, energiegleichen 2p-Orbitale (Hundsche Regel). Beim Natrium mit elf Elektronen sind die erste und die zweite Schale jeweils komplett gefüllt. Auf der dritten Schale befindet sich ein Elektron im 3s-Orbital (Na: $1s^2\ 2s^2\ 2p^6\ 3s^1$). Da für die Chemie im Wesentlichen nur die **Valenzelektronen** wichtig sind, also die Elektronen auf der äußersten Schale, kann man für die inneren vollbesetzten Schalen (= **Rumpfelektronen**) auch als Abkürzung die Elektronenkonfiguration des entsprechenden Elementes mit der gleichen Elektronenkonfiguration angeben. Hierbei handelt es sich um die sogenannten Edelgase (▶ Kapitel 1.9). Natrium hat zum Beispiel bei den Rumpfelektronen ($1s^2\ 2s^2\ 2p^6$) die gleiche Besetzung wie das Element Neon. Das Elektron auf der dritten Schale ($3s^1$) ist das Valenzelektron. Also kann man die Elektronenkonfiguration für das Natrium auch angeben als [Ne] $3s^1$.

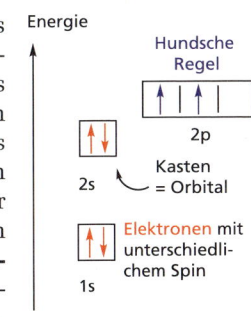

Elektronenkonfiguration von C: $1s^2\ 2s^2\ 2p^2$

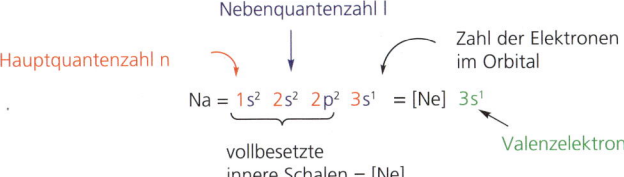

1.8 Das Periodensystem der Elemente

Durch die sukzessive Auffüllung der Orbitale ergeben sich bei den verschiedenen Elementen immer wieder ähnliche Elektronenkonfigurationen auf der äußeren Schale. So weisen zum Beispiel Natrium und Kalium jeweils auf ihrer äußersten besetzten Schale eine ns^1-Elektronenkonfiguration auf und Neon und Argon eine ns^2np^6-Konfiguration. Da die chemischen Eigenschaften eines Elementes im Wesentlichen von den **Valenzelektronen** (auch **Außenelektronen** genannt) bestimmt werden, wiederholen sich damit aber auch die chemischen Eigenschaften der Elemente in periodischer Abfolge (▶ Abbildung 1.10). Natrium und Kalium reagieren zum Beispiel heftig mit Wasser, wohingegen Neon und Argon so gut wie keine chemischen Reaktionen eingehen.

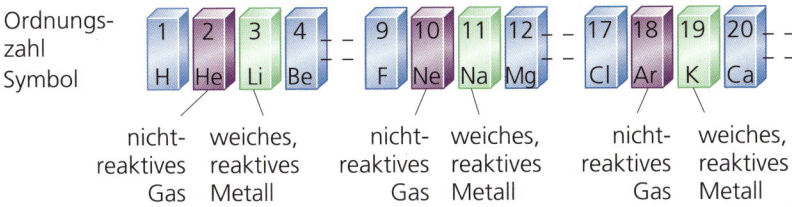

Abbildung 1.10: Mit steigender Ordnungszahl findet man in periodischen Wiederholungen Elemente mit ähnlichen chemischen Eigenschaften. Ursache sind analoge Elektronenkonfigurationen auf der äußeren Schale dieser Elemente.
Aus: Brown, T. L., LeMay, H. E. & Bursten, E. B. (2007)

Sortiert man nun die Elemente nach aufsteigender Ordnungszahl und fasst Elemente mit ähnlichen Eigenschaften (= gleicher Zahl an Valenzelektronen) zu Gruppen zusammen, so ergibt sich das **Periodensystem der Elemente (PSE)**. Aus dem Periodensystem (▶ Abbildung 1.11) lassen sich umgekehrt die Elektronenkonfigurationen und somit auch bestimmte Eigenschaften der Elemente, zum Beispiel ihre chemische Reaktivität, ablesen (▶ Kapitel 1.9). Die waagerechten Reihen im PSE nennt man **Perioden**, die senkrechten Spalten **Gruppen**.

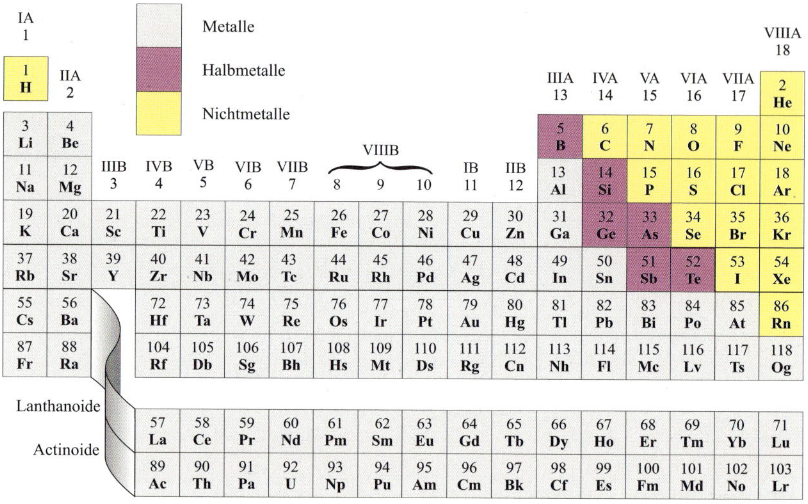

IA 1												IIIA 13	IVA 14	VA 15	VIA 16	VIIA 17	VIIIA 18
1 H	IIA 2																2 He
3 Li	4 Be											5 B	6 C	7 N	8 O	9 F	10 Ne
11 Na	12 Mg	IIIB 3	IVB 4	VB 5	VIB 6	VIIB 7	VIIIB 8	9	10	IB 11	IIB 12	13 Al	14 Si	15 P	16 S	17 Cl	18 Ar
19 K	20 Ca	21 Sc	22 Ti	23 V	24 Cr	25 Mn	26 Fe	27 Co	28 Ni	29 Cu	30 Zn	31 Ga	32 Ge	33 As	34 Se	35 Br	36 Kr
37 Rb	38 Sr	39 Y	40 Zr	41 Nb	42 Mo	43 Tc	44 Ru	45 Rh	46 Pd	47 Ag	48 Cd	49 In	50 Sn	51 Sb	52 Te	53 I	54 Xe
55 Cs	56 Ba		72 Hf	73 Ta	74 W	75 Re	76 Os	77 Ir	78 Pt	79 Au	80 Hg	81 Tl	82 Pb	83 Bi	84 Po	85 At	86 Rn
87 Fr	88 Ra		104 Rf	105 Db	106 Sg	107 Bh	108 Hs	109 Mt	110 Ds	111 Rg	112 Cn	113 Nh	114 Fl	115 Mc	116 Lv	117 Ts	118 Og

Lanthanoide

57 La	58 Ce	59 Pr	60 Nd	61 Pm	62 Sm	63 Eu	64 Gd	65 Tb	66 Dy	67 Ho	68 Er	69 Tm	70 Yb	71 Lu
89 Ac	90 Th	91 Pa	92 U	93 Np	94 Pu	95 Am	96 Cm	97 Bk	98 Cf	99 Es	100 Fm	101 Md	102 No	103 Lr

Actinoide

Metalle / Halbmetalle / Nichtmetalle

Abbildung 1.11: Periodensystem der Elemente. Die etwa 120 bekannten chemischen Elemente sind entsprechend ihrer Elektronenkonfiguration in waagerechten Perioden (Auffüllung von Orbitalen innerhalb einer Schale) und senkrechten Gruppen angeordnet (analoge Elektronenkonfigurationen auf der Valenzschale).

Im Periodensystem finden sich alle bekannten chemischen Elemente. Elemente, die innerhalb einer Gruppe untereinander stehen, haben ähnliche chemische Eigenschaften, da sie die gleiche Anzahl an Valenzelektronen aufweisen. Die Gruppen werden heutzutage von 1 bis 18 durchnummeriert. Man unterscheidet bei den Gruppen zwischen Haupt- und Nebengruppen. Bei den Gruppen 1, 2 und 13 bis 18 (**Hauptgruppen**) werden die innerhalb einer Periode von links nach rechts hinzukommenden Elektronen jeweils in den s- bzw. p-Orbitalen der äußersten Schale untergebracht (▶ Abbildung 1.12). Da diese Orbitale maximal acht Elektronen aufnehmen können, gibt es folglich acht Hauptgruppen im Periodensystem. Bei den Gruppen 3 bis 12 (**Nebengruppen**), auch Übergangselemente oder Übergangsmetalle genannt) besetzen die neu hinzukommenden Elektronen nicht Orbitale der äußersten Schale, sondern die (n–1)d-Orbitale der um eins tiefer liegenden Schale. Deren Besetzung erfolgt jeweils nach der Besetzung der ns-Orbitale, erstmals also innerhalb der vierten Periode nach dem Element Calcium.

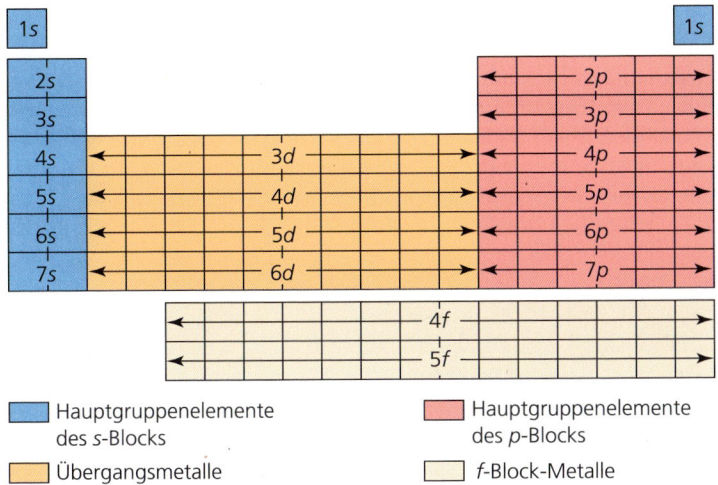

Abbildung 1.12: Darstellung des Periodensystems, die angibt, welche Orbitale bei den einzelnen Elementen innerhalb einer Periode jeweils mit Elektronen besetzt werden.

Wie man ▶ Abbildung 1.9 entnehmen kann, sind die energetisch nächsthöher liegenden Orbitale nach dem 4s-Orbital die fünf entarteten 3d-Orbitale. Erst wenn diese mit insgesamt zehn Elektronen besetzt worden sind (Elemente der Gruppen 3 bis 12, Scandium bis Zink), wird beim Gallium mit dem hinzukommenden 31sten Elektron erstmals eines der 4p-Orbitale besetzt (Ga: $1s^2\ 2s^2\ 2p^6\ 3s^2\ 3p^6\ 3d^{10}\ 4s^2\ 4p^1$ = [Ar] $3d^{10}\ 4s^2\ 4p^1$). Die Elemente der Gruppen 3 bis 12 haben somit bis auf einige Ausnahmen alle die gleiche ns^2-Elektronenkonfiguration auf der äußersten Schale. Eine weitere Besonderheit ergibt sich bei den jeweils auf das Lanthan und das Actinium folgenden 14 Elementen, bei denen die (n–2)f-Orbitale aufgefüllt werden. Diese Elemente bezeichnet man entsprechend als Lanthanoide und Actinoide oder, da die f-Orbitale stärker innerhalb der Atome liegen, als innere Übergangselemente. Scandium, Yttrium und die Lanthanoide nennt man auch **Seltenerdmetalle**. Sie haben alle sehr ähnliche chemische Eigenschaften, spielen in der Medizin aber kaum eine Rolle. Eine Ausnahme stellen Gandoliniumverbindungen dar, die als Kontrastmittel in der Kernspintomographie (MRT) verwendet werden (▶ Kapitel 8.7).

Seltenerdmetalle = Scandium, Yttrium und die Lanthanoide

Im Periodensystem links und in der Mitte stehen die **Metalle** (die überwiegende Mehrzahl der chemischen Elemente sind Metalle). Rechts findet man die typischen **Nichtmetalle** wie Kohlenstoff, Sauerstoff oder Chlor. Dazwischen gibt es eine Reihe von Elementen, die in einigen Aspekten eher metallische, in anderen eher nichtmetallische Eigenschaften haben, die **Halbmetalle**, zu denen meist die in ▶ Abbildung 1.11 violett gefärbten Elemente Bor (B), Silicium (Si), Germanium (Ge), Arsen (As), Antimon (Sb) und Tellur (Te) gezählt werden. Die Metalle der ersten und zweiten Hauptgruppe (zum Beispiel Kalium oder Calcium) sowie das Aluminium sind sogenannte **Leichtmetalle**. Übergangsmetalle (zum Beispiel Eisen) und innere Übergangsmetalle sind hingegen entsprechend

Kalium K
Atomradius 227 pm
Dichte 0,86 g/cm³
Eisen Fe
Atomradius 126 pm
Dichte 7,8 g/cm³

ihrer höheren Dichte (= Masse/Volumen) **Schwermetalle**. Die Masse der Atome nimmt innerhalb einer Gruppe von oben nach unten und meist in einer Periode von links nach rechts zu. Gleichzeitig haben die Elemente einer Periode von links nach rechts fortschreitend mehr Valenzelektronen zur Verfügung. Bis etwa zur Mitte jeder Periode verstärken und verkürzen sich dadurch die Bindungen zwischen den Atomen (▶ Kapitel 2.5), anschließend schwächen sie sich wieder ab. Folglich finden sich etwa in der Mitte einer Periode jeweils die Elemente mit der höchsten Dichte. Diese nimmt in der Regel in einer Gruppe von oben nach unten stark zu. Die höchste Dichte hat Osmium mit 22,6 g/cm³.

EXKURS

Historische Entwicklung des Periodensystems

Dimitri Mendelejeff
© Wikipedia: Dmitri Iwanowitsch Mendelejew

Der historische Weg zur Ordnung der chemischen Elemente im Periodensystem dauerte etwa zwei Jahrhunderte. Zunächst wurden Ähnlichkeiten im chemischen Verhalten einiger Elemente, zum Beispiel zwischen den Erdalkalimetallen Calcium, Strontium und Barium oder den Halogenen Chlor, Brom und Iod, erkannt. Später entdeckte man dann Beziehungen zwischen den Atomgewichten. Erst Ende des 19. Jahrhunderts gelang dann Lothar Meyer und Dimitri Mendelejeff unabhängig voneinander die Erstellung des ersten Periodensystems, in das alle bis dahin bekannten Elemente eingeordnet werden konnten. Mendelejeff sagte außerdem die Existenz einiger bis dahin noch nicht entdeckter Elemente voraus. Der genaue Aufbau von Atomen war zu dem Zeitpunkt allerdings noch nicht bekannt. Das heißt, die Aufstellung des Periodensystems erfolgte rein empirisch. Erst im Nachhinein wurde der Aufbau des Periodensystems durch die Periodizität der Elektronenkonfiguration der Elemente erklärbar.

1.9 Wichtige Gruppen im Periodensystem

Reaktion von Natrium in Wasser
Aus: Brown, T. L., LeMay, H. E. & Bursten, E. B. (2007)

Bei der ersten Gruppe im Periodensystem handelt es sich um die **Alkalimetalle** (Li, Na, K, Rb, Cs, Fr). Sie haben die Valenzelektronenkonfiguration **ns^1**. Der Wasserstoff wird nicht zu den Alkalimetallen gezählt, da er Eigenschaften eines typischen Nichtmetalls aufweist. Es handelt sich um hochreaktive, sehr leichte Metalle mit typischen metallischen Eigenschaften (▶ Kapitel 2.4), die sehr heftig zum Beispiel mit Wasser oder Luftsauerstoff reagieren. In der Natur kommen sie daher nur in Form von chemischen Verbindungen, aber nicht elementar vor. Entsprechende Verbindungen wie zum Beispiel Natriumchlorid (Kochsalz) oder Kaliumchlorid sind sehr häufig (Meerwasser enthält große Mengen Natriumchlorid), kommen auch im lebenden Organismus vor und spielen dort eine wichtige Rolle, zum Beispiel für die Erzeugung und Weiterleitung von Nervenimpulsen (▶ Kapitel 7.7).

Die zweite Gruppe im PSE sind die **Erdalkalimetalle** (Valenzelektronenkonfiguration **ns^2**: Be, Mg, Ca, Sr, Ba), die zwar etwas weniger reaktiv sind als die Alkalimetalle, aber immer noch spontan mit Wasser oder Luft reagieren und daher ebenfalls nur in Form von chemischen Verbindungen in der Natur vorkommen. Verbindungen wie Calciumcarbonat (Kalkstein) oder Magnesiumcarbonat finden sich sehr häufig auf der Erde in Form von Felsen und Bergmassiven (zum Beispiel die Dolomiten in Italien). Auch lebende Organismen enthalten viele Calciumverbindungen, zum Beispiel Calciumapatit (eine Form von Calciumphosphat), das den Hauptbestandteil von Knochen und Zähnen darstellt (▶ Kapitel 6.3).

Die Gruppe 14 bezeichnet man als die **Kohlenstoffgruppe**. Ihre Elemente (C, Si, Ge, Sn, Pb) haben die Valenzelektronenkonfiguration $ns^2\,np^2$ und bilden die Grenze zwischen den Metallen und den Nichtmetallen. Kohlenstoff ist ein typisches Nichtmetall, seine Verbindungen sind die Grundlage aller lebenden Organismen auf diesem Planeten (▶ Kapitel 9 bis ▶ Kapitel 14). In elementarer Form wird Medizinische Kohle (*Carbo activatus*) als Adsorbens zum Beispiel zur Adsorption von Bakterien bei Darminfektionen eingesetzt (▶ Kapitel 4.4). Silicium ist ein Halbmetall, das in Form von Verbindungen mit Sauerstoff, den Silikaten, den Hauptbestandteil der Erdkruste darstellt. Zum anderen ist elementares Silicium ein wichtiger Baustein für Computerchips. Zinn und Blei sind typische Schwermetalle, deren Verbindungen überwiegend giftig sind (▶ Kapitel 8.7).

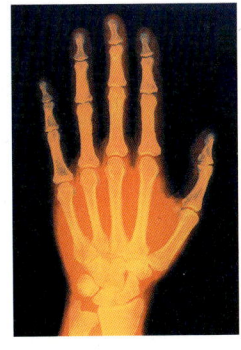

Knochen bestehen aus Calciumapatit.
Aus: Brown, T. L., LeMay, H. E. & Bursten, E. B. (2007)

Die Gruppe 15 wird als **Stickstoffgruppe** oder **Stickstoff-Phosphor-Gruppe** bezeichnet. Sie enthält die Elemente N, P, As, Sb und Bi, deren Valenzelektronenkonfiguration $ns^2\,np^3$ ist. In der Gruppe nimmt der Metallcharakter wie bei der Gruppe 14 von oben nach unten zu: Stickstoff und Phosphor sind Nichtmetalle, Arsen und Antimon Halbmetalle und Bismut ist ein typisches Metall. Erst 2003 fand man übrigens heraus, dass das natürlich vorkommende Bismut mit der Massenzahl 209 ein radioaktives Element ist, dessen Radioaktivität aber mit einer extrem langen Halbwertszeit von mehr als 10^{19} Jahren praktisch nicht relevant ist. Man vergleiche hierzu das Alter der Erde mit „nur" $4.6 \cdot 10^9$ Jahren! Stickstoff ist mit 78 Vol% Hauptbestandteil der Luft. Zusammen mit Kohlenstoff und Sauerstoff bildet er das Rückgrat von Proteinen (▶ Kapitel 13). Phosphor ist in Form von Phosphorsäureestern in den Nucleinsäuren (▶ Kapitel 14) enthalten und ist durch Adenosintriphosphat (ATP) (▶ Kapitel 14.3) für den Energiehaushalt des Körpers von zentraler Bedeutung. Arsen ist sicher eher als Mordgift denn als Arzneistoff bekannt (▶ Tabelle 2.1). Allerdings wird es in Form von Arsenik (Arsen(III)-oxid, Diarsentrioxid, Arsentrioxid, As_2O_3) tatsächlich als sogenanntes **Orphan-Arzneimittel** – Arzneimittel für seltene Erkrankungen – zur Behandlung bestimmter Formen der Leukämie eingesetzt. Auch Antimon-Verbindungen werden trotz ihrer Toxizität noch in einigen Ländern verwendet, nämlich zur Behandlung der durch bestimmte Parasiten verursachten Erkrankung Leishmaniose. Bismutsalze oder -komplexe finden Anwendung zur Kombinationstherapie von *Helicobacter-pylori*-Infektionen des Magens (▶ Tabelle 2.1).

Kohle-Compretten – zuverlässige Entgiftung und schnelle Hilfe bei Durchfallerkrankungen
© Merck Selbstmedikation GmbH, Darmstadt

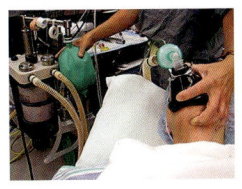

Sauerstoffbeatmung im Rettungsdienst
© Wikipedia: Beatmung, Beutel-Masken-Beatmung

Gruppe 16 enthält die **Chalcogene** (= Erzbildner) (Valenzelektronenkonfiguration $ns^2\,np^4$: O, S, Se, Te, Po). Die ersten Vertreter (O, S, Se) sind typische Nichtmetalle, die auch elementar in der Natur vorkommen. Sauerstoff spielt eine herausragende Rolle für nahezu alles Leben auf diesem

Planeten. Es ist essenzieller Reaktionspartner für alle Verbrennungs- und die meisten Oxidationsprozesse, also auch der biochemischen Vorgänge, die in unserem Körper zur Energieproduktion ablaufen (▶ Kapitel 5). Es wird in grünen Pflanzen bei der Photosynthese unter Einwirkung von Sonnenlicht gebildet. In der Medizin dient Sauerstoff als Beatmungsgas bei Hypoxie (Sauerstoffmangelzustände). Schwefel ist ein gelber Feststoff, *der als Sulfur ad usu*m externum (zum äußerlichen Gebrauch) bei Hautkrankheiten eingesetzt wird.

EXKURS

Arsenik: Mordgift und Arzneistoff

Jeder kennt die schwarze Komödie „Arsen und Spitzenhäubchen", in der zwei liebenswerte alte Tanten ältere, alleinstehende Männer mit einer bunten Giftmischung aus Wein, Arsenik, Strychnin und Cyankali ins Jenseits befördern. Arsen(III)-oxid ist schon seit langer Zeit als Mordgift bekannt, es war zeitweise sogar das meistgebräuchliche Gift und ist in einigen historischen Giftmischungen enthalten (zum Beispiel *Aqua tofana*, „entwickelt" und verkauft von Giulia Tofana im 17. Jahrhundert, um Ehefrauen bei der Beseitigung ihrer unliebsamen Ehemänner zu unterstützen). Bezeichnungen wie die euphemistische französische Umschreibung „poudre de succession", im Deutschen mit „Erbschaftspulver", „Thronfolgepulver" oder „Altsitzerpulver" übersetzt, deuten die Hintergründe der Morde mit Arsenik an. Wie andere Arsenverbindungen auch ist Arsen(III)-oxid ein Stoffwechselgift, das durch Reaktion mit Schwefelgruppen (Thiole, Mercaptane, Sulfhydrylgruppen) in Proteinen deren Struktur zerstören und deren Funktionen blockieren kann. So greift es in zahlreiche Reaktionen des Energiestoffwechsels, der DNA-Reparatur (daher ist Arsen(III)-oxid auch krebserregend!) oder in Transportvorgänge und in Signalweiterleitungskaskaden ein. Bei einer akuten Vergiftung treten Symptome nach wenigen Stunden nach der Einnahme auf: Krämpfe und gastrointestinale Beschwerden wie Übelkeit, Erbrechen, Durchfälle, Koliken und Blutungen, bis hin zu Nieren- und Kreislaufversagen. Dabei kann schon eine Dosis von 60 bis 170 mg tödlich sein. Bei einer chronischen Vergiftung kann die Zeit bis zum Auftreten von Symptomen, je nach täglicher Dosis, bis zu 30 Jahren betragen. Hier treten dann typische Hautverfärbungen und -veränderungen (sog. Arsenmelanosen und Arsenkeratosen) auf. Ebenso kommt es zu Störungen des Nervensystems mit Lähmungen, Parästhesien, Konzentrationsstörungen, Schwäche und Muskelatrophien. Durch regelmäßige Einnahmen geringer Mengen an Arsenik wird die Aufnahme in die Blutbahn verringert, sodass dann höhere orale Dosen vertragen werden, die für andere schon tödlich wären. Daher versuchten sich einige Herrscher, die sich in Gefahr von Giftanschlägen wähnten, durch regelmäßige Einnahme von Arsenik zu schützen (Mithridatisation). Es gab auch sog. Arsenikesser, die das Gift regelmäßig als Stimulanz einnahmen.

Über viele Jahrhunderte war Arsenik ein perfektes Gift, da man es nicht nachweisen konnte. Erst nach Einführung der sog. *Marsh'schen* Probe 1863 durch James Marsh nahmen die Mordanschläge mit Arsenik ab. Hierbei wird Arsen über die Bildung von Arsenwasserstoff AsH_3 und dessen Zersetzung an einer Porzellanschale unter Bildung eines metallisch aussehenden Arsenspiegels nachgewiesen. Heute kann die Arsenkonzentration im Blut oder im Urin über instrumentelle analytische Verfahren wie die Atomabsorptions- oder Atomemissionsspektroskopie bestimmt werden. Eine chronische Arsenbelastung wird am besten durch die Analyse von Haaren oder Nägeln diagnostiziert.

Bis in die 1940er-Jahre war die Behandlung einer Arsenvergiftung nur symptomatisch möglich. Dies änderte sich 1945 durch die Entwicklung des ersten Antidots Dimercaprol (BAL, British Anti Lewisit, als Antidot gegen das arsenhaltige Kampfgas Lewisit entwickelt) durch britische Chemiker. BAL wirkt als Chelat-Komplexbildner für Arsen- und andere Halbmetall- oder Schwermetallionen. Es entzieht so den blockierten Proteinen die giftigen Ionen, sodass deren Funktion wiederhergestellt wird. Neben BAL gibt es zwischenzeitlich noch weitere, nebenwirkungsärmere Derivate.

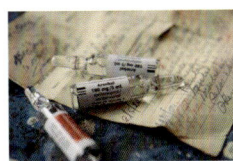
© Xavier Vahed-DNDi

Trotz der bekannten Toxizität von Arsenik und anderen Verbindungen haben Verbindungen des Arsens auch eine lange Tradition als Arzneistoffe. Ein Beispiel ist Paul Ehrlichs Salvarsan oder der heute noch verwendete Arzneistoff Melarsoprol zur Behandlung fortgeschrittener Stadien der Afrikanischen Schlafkrankheit. Und auch das berühmte Arsenik wird seit Beginn der 2000er-Jahre als Arzneistoff zur Reservetherapie bei einer bestimmten Form der Leukämie (Akute Promyelozytenleukämie, APL) eingesetzt. Es führt bei den entarteten Krebszellen den programmierten Zelltod (Apoptose) herbei. Aufgrund seiner hohen Toxizität darf das Medikament nur unter Aufsicht eines in der Behandlung akuter Leukämien erfahrenen Arztes verabreicht werden und unter Einhaltung spezieller Überwachungsvorschriften.

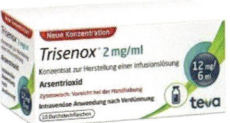
Arsenhaltige Arzneimittel
© Teva GmbH

Die **Halogene** (= Salzbildner) bilden die die Gruppe 17 im Periodensystem (F, Cl, Br, I, At). Alle Halogene sind Nichtmetalle. Sie haben die Valenzelektronenkonfiguration **$ns^2\ np^5$** und sind deutlich reaktiver als die Chalcogene. Ähnlich wie die ganz links im Periodensystem stehenden Alkalimetalle kommen die Halogene daher in der Natur nicht elementar, sondern nur in Form von chemischen Verbindungen vor. In lebenden Organismen sind insbesondere chemische Verbindungen des Chlors (zum Beispiel das Natriumchlorid) oder des Iods (Schilddrüsenhormone) sehr wichtig. Aber auch die elementaren Halogene finden Anwendung. Chlor wird zur Desinfektion von Wasser (zum Beispiel in Schwimmbädern) eingesetzt, und Iodlösungen bzw. eine Einschlussverbindung von Iod in ein Polymer (PVP-Iod, Polyvidon-Iod bzw. Povidon-Iod: Betaisodona®) werden zur Desinfektion von Wunden eingesetzt (▶ Kapitel 7.3).

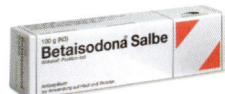
Betaisodona®-Salbe zur Wunddesinfektion
© Mundipharma GmbH, Limburg/Lahn

Die **Edelgase** in der Gruppe 18 des Periodensystems sind alle gasförmige Nichtmetalle, die chemisch äußerst inert sind (Valenzelektronenkonfiguration **$ns^2\ np^6$**) und daher nur elementar vorkommen (He, Ne, Ar, Kr, Xe, Rn). Sie werden als Bestandteil von Leuchtstoffröhren („Neonröhren") verwendet. In der Medizin wird Xenon als Inhalationsnarkotikum eingesetzt (▶ Kapitel 3.6). Helium findet als Zusatz für Beatmungs- und Atemgase (zum Beispiel beim Tauchen) Verwendung (▶ Kapitel 4.3). Einatmen von Helium verändert aufgrund der im Vergleich zu Luft höheren Schallgeschwindigkeit kurzzeitig die Stimmlage („Micky-Maus-Stimme").

Leuchtstoffröhren
© Bortly Neon Deutschland, Haag i.OB.

1.10 Wichtige Elemente in lebenden Organismen

Der Mensch besteht zu etwa 70 bis 80 Gewichtsprozent aus Wasser.

Insgesamt gibt es etwa 80 stabile Elemente in der Natur (sowie ca. 40 weitere radioaktive und damit instabile). Von diesen spielen aber nur etwa 20 Elemente für Lebewesen eine wichtige Rolle (▶ Abbildung 1.13). Wiederum nur vier chemische Elemente (O, C, H und N) machen etwa 96 Prozent der Masse eines Menschen aus (**biologische Grundelemente**). Zu den sogenannten **Mengenelementen** (> 50 mg/kg Körpergewicht) zählen ferner Na, K, Mg, Ca, Cl, P (als Phosphat) und S. Diese spielen unter anderem für die Regulation des Wasserhaushaltes, die elektrische Reizweiterleitung sowie die Funktion von Muskel-, Nerven- und Knochenzellen eine wichtige Rolle (▶ Kapitel 7.7). Einige andere Elemente kommen nur in sehr geringen Mengen (≤ 50 mg/kg Körpergewicht) vor, sind dennoch essenziell und müssen mit der Nahrung aufgenommen werden. Zu diesen sogenannten **Spurenelementen** gehören Metalle der Gruppen 6 bis 12 (Mo, Mn, Fe, Co, Cu, Zn) und Nichtmetalle (Se, I) sowie vermutlich auch V, Cr, Ni, Si. Diese Elemente spielen in chemisch gebundener Form zum Beispiel als Bestandteile von Proteinen (Se in Selenoproteinen, Fe im Hämoglobin), Enzymen (Fe, Mo, Cu in Enzymen der Atmungskette), Vitaminen (Co in Vitamin B_{12}) oder Hormonen (I im Schilddrüsenhormon Thyroxin, Zn im Insulin) wichtige Rollen (▶ Kapitel 8). Eine zu geringe Aufnahme der Spurenelemente kann zu Mangelerscheinungen führen.

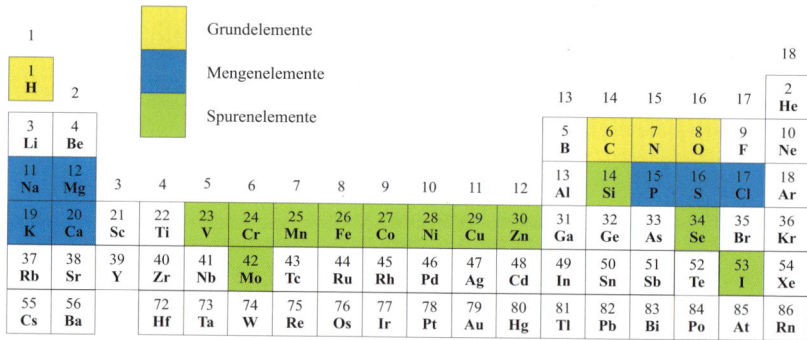

Abbildung 1.13: Biologisch essenzielle Elemente. Von den etwa 120 bekannten Elementen spielen nur ca. 20 für Lebewesen eine Rolle. Nach ihrem mengenmäßigen Vorkommen unterscheidet man Grundelemente (gelb), Mengenelemente (blau) und Spurenelemente (grün).

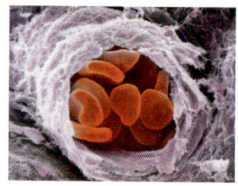

Erythrocyten
Aus: Brown, T. L., LeMay, H. E. & Bursten, E. B. (2007)

AUS DER MEDIZINISCHEN PRAXIS

Spurenelemente

Das **Eisen** im roten **Blutfarbstoff Hämoglobin** ist für den Sauerstofftransport in den Erythrocyten (= rote Blutkörperchen) zuständig, die Gesamtmenge im Körper beträgt allerdings nur etwa 4 bis 5 Gramm. Eisenmangelanämien können durch erhöhten Bedarf (zum Beispiel Schwangerschaft), erhöhten Verlust (zum Beispiel Blutungen aus dem Gastrointestinaltrakt) oder verminderte Zufuhr (zum Beispiel ungenügender Eisengehalt der Nahrung, Eisenresorptionsstörungen) entstehen.

Die Therapie erfolgt durch orale oder seltener parenterale Gabe von Eisenpräparaten (▶ Kapitel 8.9).

Die Schilddrüse steuert beim Menschen unter anderem den Stoffwechsel. Dafür produziert sie vor allem iodhaltige Hormone wie Triiodthyronin (T3) oder Thyroxin (T4), die stoffwechselsteigernd wirken. Diese Hormone enthalten sehr viel **Iod** (150 μg Thyroxin T4 ≙ 100 μg Iod). Für ihre Produktion ist daher eine ausreichende Iodzufuhr mit der Nahrung notwendig. Bei Iodmangel kommt es zu einer Wucherung der Schilddrüse, dem sogenannten **Kropf** (Struma). Um dieser weit verbreiteten Krankheit entgegenzuwirken, wird in den meisten Industrieländern dem Speisesalz heutzutage Natriumiodat hinzugefügt, das *in vivo* zu Iodid reduziert wird (▶ Kapitel 7.3).

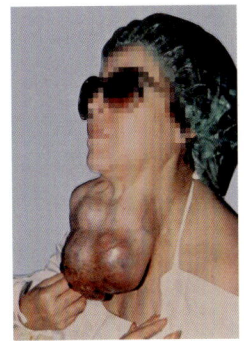

Ausgeprägte Struma
© Univ. Doz. Dr. Michael Hermann, Wien, Österreich

1.11 Wechselwirkungen von Licht mit Materie und Grundlagen der Spektroskopie

Als **Spektroskopie** bezeichnet man Untersuchungen, die auf der Wechselwirkung von elektromagnetischer Strahlung mit Materie beruhen. Hierdurch lassen sich wesentliche Informationen über die Art, den Aufbau, die Struktur und die Konzentration der untersuchten Stoffe erhalten. Je nach Art und Energie der eingesetzten Strahlung tritt diese in unterschiedlicher Weise mit Materie in Wechselwirkung. Dabei unterscheidet man nach Frequenz bzw. Wellenlänge der Strahlung verschiedene Arten von elektromagnetischer Strahlung, wie zum Beispiel Röntgenstrahlung, ultraviolette Strahlung, sichtbares Licht, Infrarot- oder Wärmestrahlung und Mikrowellenstrahlung (▶ Abbildung 1.14). Der vom menschlichen Auge wahrnehmbare Bereich des sichtbaren Lichtes umfasst nur einen sehr kleinen Teil des elektromagnetischen Spektrums im Wellenlängenbereich von etwa 400 bis 750 nm.

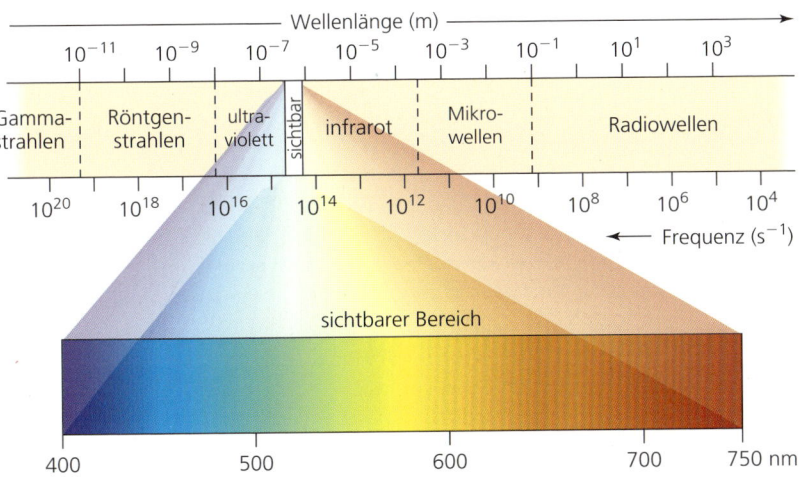

Abbildung 1.14: Das elektromagnetische Spektrum. Je nach Wellenlänge unterscheidet man verschiedene Strahlungsarten, wie zum Beispiel Röntgenstrahlen, sichtbares Licht oder Radiowellen.
Aus: Brown, T. L., LeMay, H. E. & Bursten, E. B. (2007)

EXKURS

Energie elektromagnetischer Strahlung

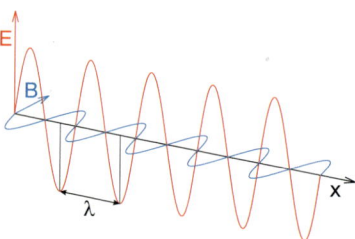

Elektromagnetische Strahlen können charakterisiert werden durch:

- ihre Wellenlänge λ (Einheiten: m, cm, nm),
- ihre Frequenz ν (Einheiten: Hz = s^{-1}, MHz),
- die Strahlungsenergie E (Einheiten: eV, J, kJ) eines Lichtquants (= Photons), wobei 1 eV = 1,6 · 10^{-19} J und 1 J = 0,239 cal ist.

Mit den Formeln

$$c = \lambda \cdot \nu \quad \text{und} \quad E = h \cdot \nu$$

können die einzelnen Größen ineinander umgerechnet werden.

Dabei sind c = 2,998 · 10^8 m · s^{-1} die Lichtgeschwindigkeit und h = 6,63 · 10^{-34} J · s die Planck-Konstante.

Die „offensichtlichste" elektromagnetische Strahlung ist Licht, da der Sehvorgang dadurch ausgelöst wird, dass Licht Nervenimpulse auf der Netzhaut erzeugt. Elektromagnetische Strahlung kann man sich als eine Welle vorstellen, bei der ein elektrisches Feld, E, und senkrecht dazu ein magnetisches Feld, B, sinusförmig schwanken (siehe Abbildung oben). Diese Wellen bewegen sich senkrecht zu den E- und B-Feldern in die Ausbreitungsrichtung (x) mit der Lichtgeschwindigkeit, die im Vakuum exakt 299 792 458 m · s^{-1} beträgt.

Fällt elektromagnetische Strahlung auf Materie, so spüren die Atome und Moleküle vor allem das hin und her schwingende (oszillierende) elektrische Feld, welches auf die geladenen Elektronen und Kerne Kräfte ausübt. Die Frequenz, ν, dieser Oszillationen charakterisiert elektromagnetische Strahlung und hängt über die Beziehung $\nu \cdot \lambda = c$ mit der Wellenlänge, λ, zusammen. Die Ausbreitungsgeschwindigkeit elektromagnetischer Strahlung in einem Stoff (Medium) unterscheidet sich von der im Vakuum, da Ladungen in der Materie zum Mitschwingen gebracht werden. In der Regel verringert sich dadurch die Wellenlänge λ. Die unterschiedlichen Geschwindigkeiten an der Grenzfläche zweier Medien wie zum Beispiel Luft und Augenlinse führen dazu, dass Licht dort gebrochen wird.

Genau wie Elektronen haben elektromagnetische Strahlen sowohl Wellen- als auch Teilchen-Eigenschaften. Die zugehörigen Teilchen werden als Photonen bezeichnet und besitzen eine Energie von $E = h \cdot \nu$, wobei ν die Frequenz der elektromagnetischen Strahlung und h das Planck'sche Wirkungsquantum (h = 6,63 · 10^{-34} J · s) bezeichnet. Die Energie eines Photons kann nur dann von Materie aufgenommen werden, wenn dort ein neuer Zustand besetzt wird, dessen Energie sich von dem ursprünglichen um $E = h \cdot \nu$ unterscheidet. Die Wahrscheinlichkeit für diese Zustandsänderungen hängt davon ab, wie stark die geänderte Bewegung der Elektronen und Atomkerne mit dem Strahlungsfeld in Wechselwirkung tritt. So kommt es, dass sichtbares und UV-Licht (λ=10–750 nm) von Zellgewebe hauptsächlich aufgenommen (absorbiert), elektromagnetische Strahlung mit Wellenlängen von 650–1350 nm (nahes Infrarot) dagegen relativ gut durchgelassen wird.

Elektromagnetische Strahlung kann von Materie aufgenommen (= absorbiert) werden. Dabei wird ihre Energie in andere Energieformen umgewandelt. So kann Infrarotstrahlung (IR-Strahlung) Schwingungen von Molekülen anregen. Eine Auftragung des absorbierten Anteils der Strahlung gegen deren Frequenz wird als IR-Spektrum bezeichnet. Solche Spektren erlauben es, Moleküle aufgrund ihrer unterschiedlichen Schwingungen zu unterscheiden und zu charakterisieren. Ganz analog kann ultraviolette und sichtbare Strahlung (UV-Vis-Strahlung) Valenzelektronen von Atomen und Molekülen anregen, wohingegen Röntgenstrahlen Elektronen aus den inneren, energetisch tief liegenden Schalen anregen. Dies wird in der UV-Vis- (▶ Abbildung 1.14) bzw. der Röntgenspektroskopie ausgenutzt. Sehr viel niedrigere Photonenenergien im Bereich von Radiowellen nutzt man in der Magnetresonanzspektroskopie. Hierbei wird der untersuchte Stoff in ein starkes Magnetfeld gebracht. Dadurch erhalten insbesondere Kernspins von Wasserstoffatomen unterschiedliche Energien, die in der Magnetresonanztomographie (MRT) detektiert werden.

Je größer die Frequenz, desto größer ist die Energie!
Je größer die Frequenz, desto geringer ist die Wellenlänge!

Betrachten wir die UV-Vis-Spektroskopie genauer. Im Normalfall weisen Atome eine Elektronenkonfiguration auf, bei der alle Orbitale entsprechend ihrer energetischen Abfolge mit Elektronen besetzt sind (= Grundzustand). Durch Energiezufuhr (zum Beispiel Wärme oder elektromagnetische Strahlung) von außen können Elektronen von niedrigeren in energetisch höhere Orbitale überführt werden (= angeregter Zustand). Bei der Rückkehr in den Grundzustand wird die Überschussenergie wieder abgegeben. Dies kann als **Emission** durch Ausstrahlung elektromagnetischer Strahlung einer ganz bestimmten Energie und damit auch einer bestimmten Wellenlänge (= Farbe) geschehen. Da in jedem Atom nur genau bestimmte, diskrete Energieniveaus vorkommen (▶ Kapitel 1.7), kann auch die Aufnahme bzw. Abgabe von Energie nur gequantelt, das heißt in bestimmten Energiemengen erfolgen, die für jedes Atom charakteristisch sind (▶ Abbildung 1.15). Die Energieübertragung erfolgt also ebenso gequantelt.

$$\Delta E = E_{\text{anfang}} - E_{\text{ende}} = h \cdot \nu$$

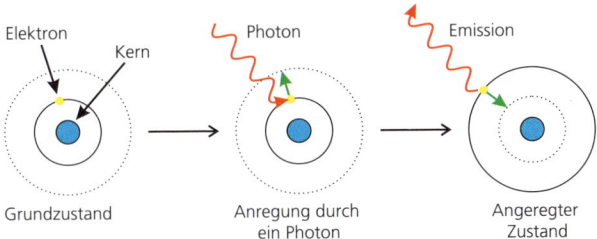

Abbildung 1.15: Elektronenanregung in einem Atom. Durch Aufnahme (= Absorption) von Photonen genau definierter Energie kann ein Elektron vom Grundzustand in ein energetisch höheres Orbital angeregt werden. Bei der Rückkehr in den Grundzustand wird wiederum Strahlung einer bestimmten Energie und damit Wellenlänge abgestrahlt (= emittiert).

Bei Atomen ergibt sich ein scharfes **Linienspektrum**. In Emission strahlen die Atome Serien definierter Frequenzen elektromagnetischer Wellen aus (▶ Abbildung 1.16), wenn man ihnen zuvor Energie zuführt und sie nach erfolgter Elektronenanregung anschließend wieder in den Grundzustand zurückfallen (Emissionsspektrum). Die gleichen Frequenzen fehlen in einem kontinuierlichen Spektrum, wenn man kontinuierliche Strahlung durch eine die entsprechenden Atome enthaltende Gasphase schickt (Absorption, ▶ Abbildung 1.17). Mithilfe dieser Methode lassen sich somit Atome eindeutig identifizieren, da die Energieniveaus der Elektronen und somit auch die ausgesandte oder absorbierte Strahlung für jedes Atom charakteristisch sind (zum Beispiel wichtig für Elementanalysen und die Astronomie).

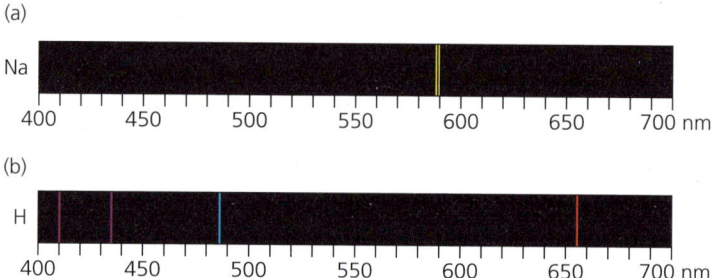

Abbildung 1.16: Spektrallinien. Durch elektrische Entladungen erzeugte Spektren von (a) Na und (b) H. Anhand der farbigen Linien im Spektrum ist zu erkennen, dass nur Licht einiger weniger spezifischer Wellenlängen entsteht.
Aus: Brown, T. L., LeMay, H. E. & Bursten, E. B. (2007)

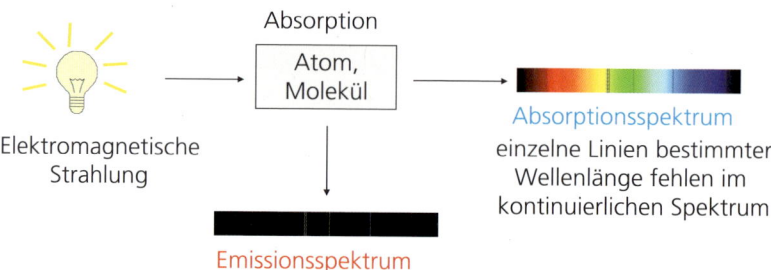

Abbildung 1.17: Wechselwirkung von Licht und Materie. Die Aufnahme von Strahlungsenergie unter Bildung angeregter Zustände führt zu einem Absorptionsspektrum. Auch die anschließende Emission von Strahlung bei der Rückkehr in den Grundzustand kann beobachtet werden (Emissionsspektrum).

CHEMIE IM ALLTAG

Flammenfärbung

Einige Elemente rufen in der heißen Brennerflamme charakteristische Färbungen hervor. In der analytischen Chemie wird dieser Effekt als empfindlicher Nachweis für diese Elemente benutzt. Die Temperatur der Gasflamme kann allerdings nur relativ wenige Metallsalze zum Leuchten anregen. Dazu zählen die Alkalimetall- und Erdalkalimetall- sowie einige Schwermetallsalze. So führt Lithium zu einer karminroten Flammenfärbung, Natrium zu einer gelben und Kalium zu einer violetten.

Bei den hohen Temperaturen in der Flamme kommt es vereinfacht gesprochen zu einer Spaltung der Salze, wobei unter anderem die entsprechenden Metallatome entstehen, deren Elektronen dann angeregt werden und unter Aufnahme von Energie ein höheres Energieniveau besetzen. Bei ihrer Rückkehr auf das Niveau des Grundzustands wird die zuvor aufgenommene Energie in Form von Licht einer bestimmten Farbe (Wellenlänge bzw. Frequenz und damit Energie) abgestrahlt. Natrium strahlt dabei gelbes Licht einer Wellenlänge von 589 nm ab (sogenannte Natrium-D-Linie), das die Flamme gelb färbt.

Flammenfärbung durch Lithium und Natrium
© Wikipedia: Flammenfärbung, Lithium, karminrot u. Natrium, natriumgelb, Autor: Herge

EXKURS

Farbigkeit von Stoffen

Nicht verwechseln: Der Eindruck der Farbigkeit von Stoffen entsteht dadurch, dass aus dem weißen Sonnenlicht (Gemisch aller Wellenlängen!) bestimmte Wellenlängen absorbiert werden. Der nicht absorbierte Rest wird reflektiert und ruft im Auge den Eindruck der Komplementärfarbe der absorbierten Wellenlänge hervor. So absorbiert ein gelb erscheinender Stoff dunkelblaues Licht der Wellenlänge 425 nm. Die gelbe Flammenfärbung durch Natrium ist jedoch emittiertes gelbes Licht der Wellenlänge 589 nm!

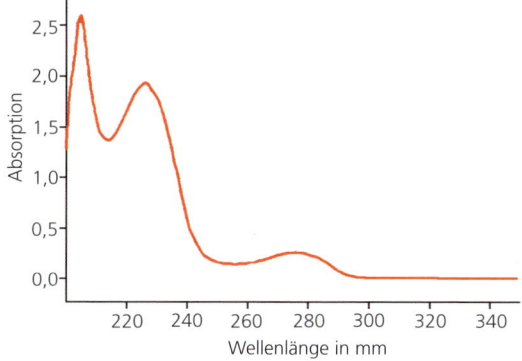

Abbildung 1.18: UV-Vis-Bandenspektrum von Acetylsalicylsäure (Aspirin®)

Bei mehratomigen Molekülen kommt es bei Energieaufnahme neben der Elektronenanregung auch zur Anregung von Schwingungs- und Rotationsbewegungen. Auch diese Prozesse sind gequantelt, das heißt, die Energieaufnahme oder -abgabe kann nur in bestimmten diskreten Energiemengen erfolgen. Allerdings liegen die Energieniveaus sehr dicht beieinander. Daher ergeben sich im Spektrum sehr eng nebeneinander liegende Linien, die letztendlich zu breiten Banden überlappen. Man beobachtet deshalb bei Molekülen in der Regel ein **Bandenspektrum** (▶ Abbildung 1.18).

Spektroskopie kann, wie bei der Flammenfärbung beschrieben, qualitativ zum Nachweis von Stoffen und bei Molekülen auch zur Strukturaufklärung eingesetzt werden. Ebenso kann man die Spektroskopie auch zur quantitativen Bestimmung der Konzentration des Stoffes in einer Probe einsetzen (wichtig für Gehaltsbestimmungen in der klinischen Diagnostik und für Reinheitsanalysen):

- **Qualitativ:** Messung der Wellenlänge λ der absorbierten bzw. emittierten Strahlung = charakteristisch für Identität und chemische Struktur des Teilchens
- **Quantitativ:** Messung der Intensität der absorbierten oder emittierten Strahlung = proportional zur Konzentration des Stoffes

Grundlage für die quantitative Analyse ist das **Lambert-Beer'sche Gesetz**. In den meisten Fällen ist die Lichtabsorption eine Eigenschaft individueller Moleküle. Dann ist die Absorption A (früher Extinktion genannt; dekadischer Logarithmus des Verhältnisses der Intensitäten von einfallendem und austretendem Licht, $\log_{10} I_0/I$) proportional der Schichtdicke d (in cm) und der Konzentration c (in mol/L) des Stoffes in der Lösung. Die Proportionalitätskonstante ist der molare Absorptionskoeffizient ε (früher Extinktionskoeffizient), der eine Stoffkonstante darstellt, aber für jede verwendete Wellenlänge einen anderen Wert hat.

DEFINITION

Lambert-Beer'sches Gesetz

$$\log_{10} \frac{I_0}{I} = \lg \frac{I_0}{I} = A = \varepsilon \cdot c \cdot d \text{ bzw. } \frac{I_0}{I} = 10^{\varepsilon \cdot c \cdot d}$$

I_0 bzw. I	Intensität des ein- und ausfallenden Lichtes
A	Absorbanz (auch Extinktion)
ε	Molarer Absorptionskoeffizient (auch Extinktionskoeffizient genannt) in L/(mol · cm): Stoffkonstante, die aber von der Wellenlänge abhängt
c	Konzentration des Stoffes in der Lösung in mol/L
d	Schichtdicke = Breite der Küvette in cm = Länge des Lichtweges durch die Probe

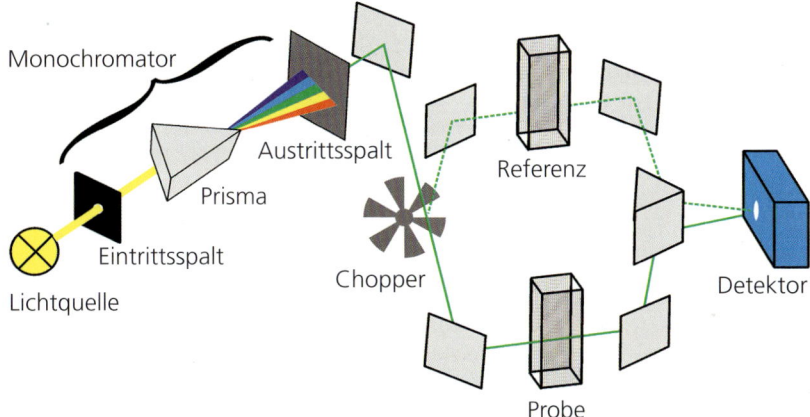

Abbildung 1.19: Schematischer Aufbau eines Spektralphotometers. Licht bestimmter Wellenlänge wird abwechselnd durch die Probe und eine Referenz geleitet. Aus dem Verhältnis der Intensitäten lassen sich Rückschlüsse auf die Menge und Art der Probe ziehen.

Die Messung der Strahlungsintensitäten erfolgt bei der UV-Vis-Spektroskopie mit einem **Spektralphotometer** (▶ Abbildung 1.19), das üblicherweise aus den folgenden Bauteilen besteht.

Prisma
© Prof. Dr. Hans Josef Paus, 2. Physikalisches Institut, Universität Stuttgart

- **Lichtquelle:** Zum Beispiel Wolframlampe oder Halogenlampe für sichtbaren Bereich, Deuteriumlampe für UV-Bereich.
- **Linse** bzw. **Kollimatorspiegel:** Ausblendung eines Strahlenbündels bzw. Zusammenfassung des Lichtes zu einem Strahlenbündel.
- **Prisma:** Erzeugt aus dem einfallenden polychromatischen weißen Licht (Gemisch aus vielen Wellenlängen) monochromatisches Licht (Licht einer Wellenlänge). Durch Drehung des Prismas lässt sich die gewünschte Wellenlänge einstellen, ebenso kann auch der gesamte Wellenlängenbereich abgefahren werden.
- **Rotierender Spiegel** („Chopper"): Teilung des Strahlenbündels in Proben- und Referenzstrahl, Licht wird abwechselnd durch Referenz- und Probenküvette geschickt.
- **Probenküvette, Referenzküvette:** Enthält Probe (liefert Intensität I) und Referenz (liefert Intensität I_0, Kompensation von Fehlern, die durch die Eigenabsorption des Lösemittels, Reflexion von Licht an der Küvette und Streuung des Lichts in der Küvette entstehen). Die Küvetten bestehen aus Glas für den sichtbaren Bereich bzw. aus Quarzglas für den UV-Bereich.
- **Gitterspiegel:** Führt die beiden Lichtstrahlen (Referenz und Probe) wieder zusammen.
- **Detektor:** Umwandlung der elektromagnetischen Strahlung in ein elektrisches Signal (zum Beispiel Photozelle, Photodiode, Photomultiplier).
- **Anzeigegerät, PC:** Berechnung und Anzeige der Absorption aus I und I_0, Registrierung des Spektrums, Steuerung des Spektrometers, Software zur Auswertung und Ausgabe der Ergebnisse.

1 Aufbau der Materie

AUS DER MEDIZINISCHEN PRAXIS
Medizinische Anwendungen der Photometrie

Pulsoxymetrie

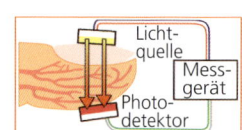

Pulsoxymetrie

Die **Pulsoxymetrie** ist ein Verfahren zur nichtinvasiven Ermittlung der Sauerstoffsättigung des Blutes (= S_aO_2) durch Messung der Lichtabsorption bzw. der Lichtemission bei Durchleuchtung der Haut (perkutan). Die Messung erfolgt mit einem aufsteckbaren Clip an einem leicht zugänglichen Körperteil, vorzugsweise an einem Finger, Zeh oder am Ohrläppchen.

Grundlage ist hierbei die Tatsache, dass sauerstoffreiches und -armes Blut eine unterschiedliche Farbe aufweisen (Oxyhämoglobin = „rot" bzw. Desoxyhämoglobin = „blau") (▶ Kapitel 8). Zur Bestimmung der Sauerstoffsättigung wird die Absorption bei zwei verschiedenen Wellenlängen gemessen, bei denen sich die Absorptionscharakteristika von Oxyhämoglobin und Desoxyhämoglobin deutlich unterscheiden. Genau genommen wird lediglich das Intensitätsverhältnis dieser beiden Absorptionen gemessen und erst durch den Vergleich dieses Quotienten mit empirisch ermittelten Werten einer Kalibrierungskurve (empirische Eichung) erhält man die Sauerstoffsättigung. Diese liegt im Normalfall bei 94 bis 98 Prozent. Um die Hintergrundabsorption durch das Gewebe, Knochen oder auch das venöse Blut herauszufiltern, werden nur die Absorptionsschwankungen durch den Pulsschlag als Messgrundlage verwendet.

Reflexionsphotometrie

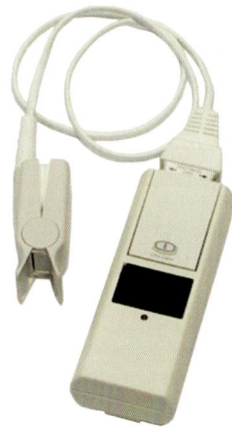

© Ferdinand Menzl Medizintechnik GmbH, Wien, Österreich

Auf dem Prinzip der **Reflexionsphotometrie** beruht das als Reflotron® bekannte Analysensystem zur Bestimmung von Parametern der klinischen Chemie aus Blut, Serum oder Plasma. Hierfür wird zum Beispiel ein Tropfen Blut auf einen Teststreifen gegeben, der mit bestimmten im Blut vorhandenen Stoffen wie zum Beispiel Glucose eine (meist enzymatische) Farbreaktion eingeht. Die auftretende Verfärbung wird dann mit einem Photometer ausgewertet und erlaubt eine schnelle und quantitative Bestimmung von Substanzen wie zum Beispiel Glucose, Cholesterol, Triglyceride, Leberenzyme, Harnstoff, Harnsäure, Hämoglobin, Bilirubin oder Kreatinin.

Heilen durch Licht und Wärme

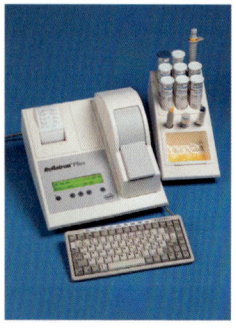

Reflotron®
© Roche Deutschland Holding GmbH, Grenzach-Wyhlen

Therapie mit Licht nutzt die Wirkung von elektromagnetischer Strahlung verschiedener Wellenlängen und Beleuchtungsstärken.

Die dunklen Wintermonate führen bei manchen Menschen zu Depressionen, oft auch Winter-Blues genannt. Hier kann unter Umständen der Einsatz von hellem Kunstlicht, welches Sonnenlicht des kurzen oder mittleren Wellenlängenbereichs entspricht (blaues, grünes, gelbes Licht, ca. 400 bis 600 nm; sogenannte **Tageslichtlampe**) und eine hohe Beleuchtungsstärke von 2500 bis 10 000 Lux besitzt, in Frage kommen. Die **innere Uhr**, die den **Schlaf-Wach-Rhythmus** steuert und dessen wichtigster Taktgeber das Sonnenlicht ist, durchläuft in etwa einen 24-Stunden-Zyklus. Ein Schlüsselhormon ist dabei **Melatonin** (▶ Kapitel 11.4.3, Tabelle 11.2), das sog. Schlafhormon. Es wird im Gehirn vom Hypothalamus ausgeschüttet. Auslöser ist Licht, das auf bestimmte Rezeptoren in der Netzhaut des Auges trifft. Der Melatoninspiegel ist bei Dunkelheit hoch und erreicht sein Maximum etwa um 3 Uhr nachts. Dies ist aber auch abhängig vom Chronotyp, das heißt, ob man zu den Lerchen oder Eulen gehört. Der Chronotyp ist tatsächlich genetisch festgelegt und man hat selbst nur wenig Einfluss darauf. Er kann sich im Laufe des Lebens aber auch ändern. Gegenspieler des Melatonins ist das Glucocorticoid Cortisol. Dieses Stresshormon aus der Gruppe der Steroide wird in den frühen Morgenstunden ausgeschüttet, lässt den Blutzucker ansteigen und liefert damit dem Körper Energie für den Start in den Tag. Werden die Tage kürzer oder gerät der Schlaf-Wach-Rhythmus zum Beispiel durch Schichtarbeit aus dem Gleichgewicht, wird die Produktion von Melatonin gesteigert. Gleichzeitig sinkt der Serotoninspiegel, denn der Körper wandelt Serotonin in Melatonin um. Eine **Lichttherapie** kann nun dieses Ungleichgewicht positiv beeinflussen. Für die Erforschung der inneren Uhr wurde übrigens 2017 der Nobelpreis für Medizin an J. C. Hall, M. Rosbash und M. W. Young vergeben.

Eine **Lichttherapie** wird auch bei Neugeborenen angewendet, wenn diese eine **Gelbsucht** (**Neugeborenen-Ikterus**) aufweisen, die länger oder stärker ist, als es üblicherweise nach der Geburt der Fall sein sollte. Hierbei steigt der Bilirubin-Spiegel im Blut so stark an, dass Schädigungen des Gehirns die Folge sein können. Bilirubin ist Abbauprodukt des roten Blutfarbstoffs Häm. Es wird nach Kopplung an Glucuronsäure (▶ Kapitel 12.3) in der Leber über den Darm ausgeschieden. Das Baby wird meist mit Blaulicht (ca. 450–475 nm) bestrahlt, was den Abbau von Bilirubin zu wasserlöslichen Formen beschleunigt, die direkt ohne vorherige Kopplung an Glucuronsäure ausgeschieden werden.

UV-A- und UV-B-Strahlen sind, wie fast jeder weiß, natürlich auch für die Bräunung der Haut verantwortlich. Dies dient jedoch nicht, wie viele Werbeslogans von Sonnenstudios suggerieren, dazu, den Menschen attraktiver und selbstbewusster zu machen, sondern es handelt sich um einen Schutzmechanismus der Haut vor den schädigenden Strahlen der Sonne. Treffen **UV-Strahlen** auf die Haut, so verdickt sich die obere Hornschicht durch die energiereicheren UV-B-Strahlen; es bildet sich die sogenannte Lichtschwiele, die die Haut vor der Sonne schützt. Dringen die Strahlen weiter in die Haut vor, so werden in tieferen Hautschichten die Melanin-Pigmente, unter anderem aus der Aminosäure Tyrosin ▶ (Kapitel 13.2) gebildet, die Haut wird braun. Das polymere Molekül Melanin, dessen Struktur tatsächlich noch nicht bis ins letzte Detail aufgeklärt ist, übt seine Schutzwirkung dadurch aus, dass es sich in der Zelle quasi wie ein Schutzschild um die DNA legt und durch Absorption der Strahlung und deren Umwandlung in Wärme vor strahlungsbedingten Schäden des Erbgutes schützt. Der Schutz ist aber zeitlich begrenzt. Je nach Hauttyp hält er nur einige Minuten bis Stunden. Zu hohe UV-B-, aber auch UV-A-Strahlung führt bei zu langer Exposition zu Sonnenbrand und zu Hautkrebs. Eine sogenannte „gesunde" Bräune, egal ob durch Sonne oder Solarium, gibt es daher nicht.

UV-A-Strahlung wird ebenfalls bei der **PUVA (Psoralen plus UV-A)** eingesetzt. Dabei wird die Haut zunächst mit einem **Lichtsensibilisator** (Psoralen) behandelt, anschließend erfolgt die Bestrahlung mit UV-A-Licht. Psoralen kann auch oral appliziert werden (systemische PUVA-Therapie). Die lokale (topische) PUVA-Therapie findet Anwendung bei Psoriasis und der Knötchenflechte (Lichen ruber), die systemische bei chronisch-akutem T-Zell-Lymphom und Vitiligo. Psoralen ist Inhaltsstoff verschiedener Pflanzen. Es sensibilisiert die Haut für Sonnenlicht und UV-Strahlung, sodass die Dosis der Strahlung gesenkt werden kann.

Die PUVA-Therapie ist eine sogenannte **photodynamische Therapie (PDT)**. Hierunter versteht man Behandlungen mit Licht, meist Rotlicht oder Tageslicht, in Kombination mit Photosensibilisatoren. Die PDT wird zum Beispiel zur Behandlung oberflächiger Hautkrebsformen und ihrer Vorstufen eingesetzt. Als Photosensibilisator bzw. als eine Vorläufersubstanz für einen solchen wird häufig eine Aminosäure, die **5-Aminolävulinsäure (5-ALA)** als Creme oder über Pflaster auf die betroffenen Stellen aufgetragen oder auch oral oder intravenös verabreicht. 5-ALA reichert sich in Tumorzellen stärker an als in gesunden Zellen und wird dort zu **Protoporphyrin IX (PPIX)** umgesetzt. PPIX nimmt Lichtenergie von Licht der Wellenlänge 635 nm auf und überträgt sie auf Sauerstoff, der dadurch zu hochreaktivem und toxischem Singulett-Sauerstoff $^1O_2$ angeregt wird. Dieser zerstört die kranken Hautzellen. PPIX ist als Vorläufer von Häm auch ein körpereigener Stoff. Es fluoresziert unter Bestrahlung mit Licht von 440 nm rot. Dieses Phänomen nutzt man in der Neurochirurgie (**Fluoreszenzgesteuerte Tumorresektion**) von bösartigen Tumoren (malignen Gliomen), um deren Ränder von gesundem Hirngewebe deutlicher unterscheiden zu können. Hierfür wird 5-ALA ca. 3 Stunden vor der Operation oral eingenommen.

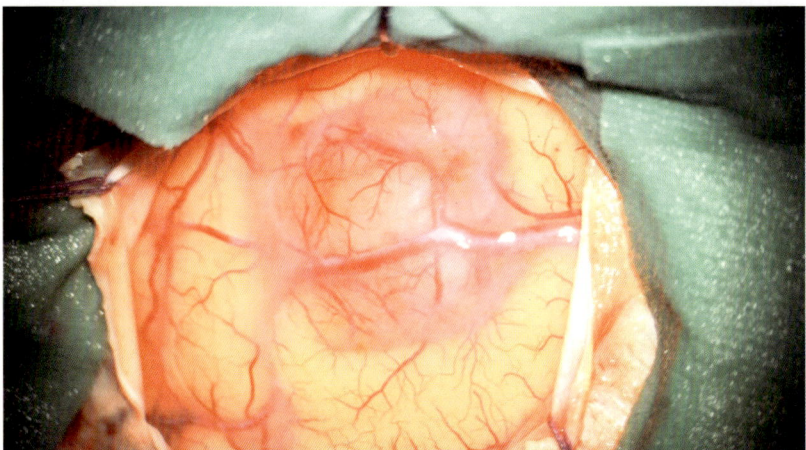

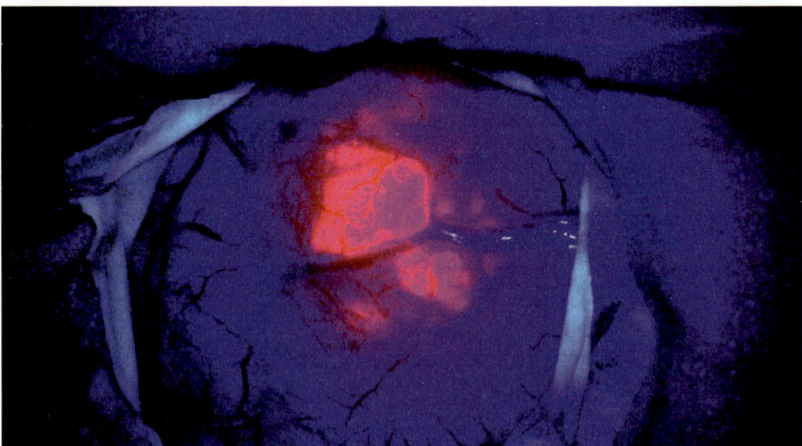

Abbildung 1.20: Blick auf einen Hirntumor nach Gabe von 5-ALA. Oben normale Beleuchtung, unten Beleuchtung mit blauem Licht. Hier färben sich das Tumorgewebe rot und das Übergangsgebiet zu gesundem Gewebe pink.
© Universitätsklinik für Neurochirurgie, Inselspital Bern

Auch IR-Strahlung (780 nm–1 mm) kann zu Heilzwecken, zum Beispiel bei Schmerzen des Bewegungsapparates eingesetzt werden. Sie ist ein Teilbereich der **Thermotherapie** (Wärmetherapie). Da insbesondere die kürzerwellige IR-A-Strahlung (780–1400 nm) 5 bis 6 mm tief in das bestrahlte Gewebe eindringen kann und dabei kaum absorbiert wird, werden auch durchblutete Bereiche der Haut erreicht und die lokale Blutzirkulation gesteigert. IR-B- (1400–3000 nm) und IR-C- (3000 nm–1 mm) Strahlung dagegen wird in den oberen Schichten der Haut absorbiert und führt dort durch Reizung der Wärmerezeptoren eher zu Überhitzung und Schmerzempfinden.

ZUSAMMENFASSUNG

In diesem Kapitel haben wir Folgendes über den Aufbau der Materie gelernt:

- Materie besteht aus Atomen. Chemische Elemente enthalten nur Atome einer Sorte; chemische Verbindungen dagegen weisen mindestens zwei verschiedene Sorten Atome in einem definierten Zahlenverhältnis auf.
- Atome wiederum bestehen aus einem Atomkern, der aus Protonen und Neutronen besteht und nahezu die gesamte Masse des Atoms enthält. Die wesentlich größere Elektronenhülle trägt nicht zur Masse bei, ihr Aufbau ist aber entscheidend für die chemischen Eigenschaften eines Atoms.
- Ein Atom wird charakterisiert durch die Ordnungszahl Z (= Zahl der Protonen = Zahl der Elektronen; sie bestimmt, um welches chemische Element es sich handelt) und die Massenzahl A (= Anzahl der Protonen plus Neutronen).
- Atome desselben Elementes mit unterschiedlicher Neutronen- und damit Massenzahl nennt man Isotope. Die chemischen Eigenschaften von Isotopen sind aber weitgehend identisch.
- Bei bestimmten Isotopen insbesondere von schweren Atomen sind die Atomkerne instabil und zerfallen unter Aussendung charakteristischer Strahlung in andere Isotope. Diese Radioaktivität kann man sich sowohl in der medizinischen Diagnostik als auch in der Therapie zunutze machen.
- Die Elektronenhülle weist eine Schalenstruktur auf, bei der sich die Elektronen nur in bestimmten Orbitalen befinden. Orbitale können sich in ihrem Abstand vom Kern, ihrer Gestalt und ihrer räumlichen Orientierung unterscheiden. Die Wahrscheinlichkeit, ein Elektron an einer Stelle zu finden, ist gleich dem Quadrat des dortigen Orbitalwertes.
- Die Orbitale werden entsprechend ihrer energetischen Abfolge mit Elektronen besetzt. Die daraus resultierende Verteilung der Elektronen in der Elektronenhülle (Elektronenkonfiguration) bestimmt die chemischen Eigenschaften des Elements, wobei im Wesentlichen die Anzahl und die Verteilung der Elektronen auf der äußersten Schale (Valenzelektronen) ausschlaggebend sind.

- Da sich aufgrund der Schalenstruktur der Elektronenhülle regelmäßig gleiche Valenzelektronenkonfigurationen ergeben, wiederholen sich auch die chemischen Eigenschaften der Elemente periodisch. Fasst man Elemente mit analogen Valenzelektronenkonfigurationen zu untereinanderstehenden Gruppen zusammen, ergibt sich das Periodensystem der Elemente. Aus der Stellung eines Elementes im Periodensystem der Elemente lassen sich daher seine chemischen Eigenschaften abschätzen.
- Von den dort aufgeführten ca. 110 bekannten chemischen Elementen spielen aber nur sehr wenige in lebenden Organismen eine wichtige Rolle (vor allem C, H, O, N, Ca, P, Na, K, Cl, Mg, S). Spurenelemente, die nur in geringen Mengen im Körper vorkommen, sind essenziell und ihr Mangel kann zu schweren Krankheiten oder biologischen Fehlfunktionen führen.
- Die Wechselwirkung von elektromagnetischer Strahlung und Materie (Spektroskopie) kann man zur Identifizierung der Art, Struktur und Konzentration von Stoffen nutzen. Für die quantitative Analyse ist das Lambert-Beer'sche Gesetz wichtig:

$$\lg \frac{I_0}{I} = A = \varepsilon \cdot c \cdot d$$

Übungsaufgaben

1 Welche Kennzahl bestimmt den Aufbau des Periodensystems der Elemente?

2 Wie viele Außenelektronen (= Valenzelektronen) bzw. Elektronen insgesamt besitzen die Elemente N, S, K, Cl?

3 Geben Sie die Elektronenkonfigurationen der folgenden Elemente an: Natrium Na, Neon Ne, Kohlenstoff C und Stickstoff N.

4 Wodurch unterscheiden sich Isotope voneinander und wie unterscheiden sie sich in ihren chemischen Eigenschaften?

5 Wie viele Elektronen, Protonen und Neutronen enthalten die folgenden Isotope: $^{2}_{1}H$ $\quad$ $^{35}_{17}Cl$ $\quad$ $^{32}_{15}P$ $\quad$ $^{235}_{92}U$.

6 Welche Elektronenkonfigurationen besitzen diese Elemente?

7 Das in der Medizin häufig eingesetzte Radioisotop ^{99m}Tc hat eine Halbwertszeit von $t_{1/2}$ = 6 Stunden. Wie viel Prozent des Isotops sind nach 24 Stunden bereits zerfallen?

8 Durch wie viele Quantenzahlen ist ein Atomorbital charakterisiert? Wie heißen diese und welche (vereinfachte) Bedeutung haben sie?

9 Manche Atomkerne sind instabil und zerfallen spontan durch Aussendung von Strahlung (= Radioaktivität). So wandelt sich im radioaktiven Kohlenstoffisotop ^{14}C im Kern ein Neutron unter Aussendung eines Elektrons in ein Proton um (β-Zerfall). Welches Element entsteht hierbei?

10 Entscheiden Sie, ob folgende Aussagen richtig oder falsch sind.
a) Die Anzahl der Neutronen entspricht der Ordnungszahl.
b) Der Atomradius nimmt von links nach rechts innerhalb einer Periode im Periodensystem zu, da die Anzahl der Protonen und Elektronen zunimmt.
c) In der Regel nimmt die Dichte der Metalle im Periodensystem von links nach rechts zu.

11 Ein Element „E" wird folgendermaßen charakterisiert: $^{35}_{17}E$.
a) Wie heißt das Element?
b) Wie viele Elektronen hat das Element?
c) Wie viele Neutronen hat das Element?
d) Wie viele Protonen hat das Element?

12 Erklären Sie das Zustandekommen der Linienspektren von Atomen in einer heißen Flamme („Flammenfärbung").

13 Wie hoch ist die Konzentration (in mol/L) eines Stoffes A in einer Küvette mit der Schichtdicke d = 30 mm, wenn bei 345 nm eine Absorbanz von A = 0,59 gemessen wurde und der molare Absorptionskoeffizient ε bei dieser Wellenlänge ε = 1053 cm²/mol beträgt?

14 Für die Beurteilung der Wirkung ionisierender Strahlung auf den menschlichen Körper ist die Äquivalentdosis eine wichtige Größe. In welcher Einheit wird sie angegeben?

15 Einem Patienten wird im Rahmen einer Untersuchung ein radioaktiver Arzneistoff appliziert. Die physikalische HWZ_{phys} beträgt 5 Stunden, die biologische HWZ_{biol} 10 Stunden. Nach wie vielen Stunden ist die Menge an radioaktivem Arzneistoff im Körper auf etwa 1/8 abgesunken?

16 Ein Arzneistoff besitzt bei einer Wellenlänge von λ = 600 nm einen molaren Absorptionskoeffizienten von ε = 40 L · mmol⁻¹ · cm⁻¹. Dieser Arzneistoff soll mithilfe der UV/Vis-Spektroskopie auf seinen Gehalt hin überprüft werden. Hierzu wird eine Lösung des Arzneistoffes im Verhältnis 1 : 800 verdünnt und bei λ = 600 nm gegen eine Kontrolllösung, die nur das Lösemittel enthält, vermessen. Die Schichtdicke beträgt 1 cm. Wie hoch ist die Konzentration des Arzneistoffes in der unverdünnten

Ausgangslösung (in mmol/L), wenn die Absorbanz $A = 0{,}4$ beträgt?

17 Eine radioaktive Substanz mit der HWZ = 2 Monate wurde im Labor verschüttet. Wie viel der ursprünglichen Radioaktivität (in Bruchteilen der ursprünglichen Menge) verbleibt nach einem Jahr noch, wenn die Substanz nicht entfernt wurde?

> Die Lösungen zu den Übungsaufgaben finden Sie im Anhang. Die ausführlichen Lösungen zu diesem Buchkapitel finden Sie auf der Website zum Buch unter **http://www.pearson.de**. Sie finden dort auch ein Bonuskapitel »Mathematische Grundlagen« sowie ergänzende Tabellen.

Die chemische Bindung   2

2.1	**Atomarer Aufbau von Stoffen**...............	61
2.2	**Die Edelgasregel**.............................	61
2.3	**Die Ionenbindung**............................	63
2.4	**Die Metallbindung**...........................	69
2.5	**Die kovalente Atombindung**................	72
2.6	**Die polare Atombindung**....................	79
2.7	**Die koordinative Bindung**...................	81
2.8	**Vergleich der Bindungstypen**................	84
2.9	**Vorhersage von Molekülstrukturen**..........	85

2 Die chemische Bindung

■ **FALLBEISPIEL** Chemie in der Presse

Häufig findet man in der aktuellen Tagespresse Aussagen wie die folgende zur Wirkung von Kochsalz (NaCl) auf Unkraut im Rasen: *„... Das Speisesalz bewirkt eine Umkehrosmose, bei der den einzelnen Zellen Wasser und damit die Lebensgrundlage entzogen wird; die Pflanze verwelkt. Da sich das Natriumchlorid in Natrium verwandelt, wirkt es zusätzlich als Dünger für den Rasen ..."* Zur Wirkung von Fluorid in Zahnpasta berichtet die Tagespresse hingegen: *„... Fluor in Zahnpasta macht Zahnschmelz ganz natürlich härter ..."* Was ist an diesen im Alltag in ähnlicher Form gebräuchlichen Aussagen falsch?

Erklärung

Beide Aussagen sind völlig falsch, was zum einen auf Unkenntnis bezüglich elementarer Grundlagen der Chemie, wie zum Beispiel den Unterschied zwischen einer chemischen Verbindung und einem Element oder einem Atom und einem Ion, zum anderen aber auch auf einer gewissen Achtlosigkeit im Ausdruck beruht.

Natriumchlorid (NaCl) ist ein aus Natriumkationen und Chloridanionen aufgebauter kristalliner Feststoff, der sich in Wasser löst, wobei hydratisierte (= mit einer Wasserhülle umgebene) und damit voneinander getrennte Ionen Na^+ und Cl^- entstehen. Die Na^+-Kationen wirken dann als Pflanzendünger. Aber NaCl oder Na^+-Kationen verwandeln sich sicherlich nicht beim Ausbringen auf den Rasen wie durch Zauberhand in das Element Natrium (Na), ein hochreaktives Alkalimetall (▶ Kapitel 1.9). Dieses würde mit der Bodenfeuchtigkeit allerhöchstens äußerst heftig – Kraut und Unkraut sprengend – unter Bildung von Natronlauge reagieren, was dem Rasen sicherlich nicht sehr gut bekäme. Im zweiten Fall ist gemeint, dass Fluorid (nicht Fluor!) in Zahnpasta den Zahnschmelz härtet (▶ Kapitel 6.3).

Offensichtlich nehmen es viele nicht so genau mit den Unterschieden zwischen elementarem Natrium (Na) und dem Natriumkation (Na^+) oder zwischen dem Element Fluor (F_2), einem hochgiftigen Gas, das ganz sicher nicht Inhaltsstoff von Zahnpasta ist, und dem Fluoridanion (F^-). Na und Na^+ oder Fluorid und Fluor sind eben nicht identisch, sondern es handelt sich jeweils um unterschiedliche chemische Teilchen mit völlig anderen Eigenschaften. Begriffe wie Fluor-Zahnpasta oder Fluor-Prophylaxe sind demnach (chemisch gesehen) Unsinn und – wörtlich genommen – lebensgefährlich.

LERNZIELE

Das Fallbeispiel zeigt, dass bestimmte Elemente in der Natur bevorzugt als Ionen und nicht als Atome vorkommen und dass sich die Eigenschaften von Atomen und Ionen ein und desselben Elementes drastisch unterscheiden. Genauso haben Moleküle meist völlig andere Eigenschaften als die Elemente, aus denen sie sich zusammensetzen. Um dies zu verstehen, muss man sich mit chemischen Bindungen beschäftigen. In diesem Kapitel werden wir daher lernen,

- dass Moleküle aus Atomen aufgebaut sind und wie man ihre Zusammensetzung und räumliche Struktur verstehen kann,
- dass es verschiedene Arten von chemischen Bindungen (ionisch, metallisch, kovalent) gibt und dass unterschiedliche Elemente miteinander unterschiedliche Bindungstypen bevorzugen,

- dass sich die Eigenschaften von Atomen bei der Ausbildung von chemischen Bindungen ändern,
- die Zusammensetzung von Salzen sowie ihre Benennung zu verstehen,
- dass kovalente Atombindungen polar sein können und dass es als Sonderfall koordinative Bindungen gibt,
- dass man die Bindungsverhältnisse in einem Molekül mithilfe der Lewis-Formeln anschaulich darstellen kann.

2.1 Atomarer Aufbau von Stoffen

Die Erfahrung zeigt, dass Elemente in der Natur bis auf wenige Ausnahmen (Edelgase = Gruppe 18 im Periodensystem) nicht atomar vorkommen. Offensichtlich ist es günstiger, durch die Wechselwirkung mit anderen Atomen stabile definierte **Moleküle** oder auch ausgedehnte Festkörper zu bilden. Beispielsweise gibt es keine einzelnen Stickstoff (N)-Atome in unserer Umwelt. Elementarer Stickstoff kommt stattdessen in Form von zweiatomigen N_2-Molekülen vor. In solchen Molekülen oder auch in Festkörpern werden die Atome durch eine **chemische Bindung** zusammengehalten. Es gibt drei Grundtypen der chemischen Bindung:

- Ionenbindung
- Metallische Bindung
- Kovalente Atombindung

> **MERKE**
> Moleküle sind definierte Teilchen, die aus mindestens zwei Atomen bestehen und durch eine chemische Bindung zusammengehalten werden.

Welche Art der Bindung Atome ausbilden und wie viele Atome sich zu einem Molekül zusammenlagern, hängt dabei von der Elektronenkonfiguration der beteiligten Atome ab, genauer der Anzahl ihrer **Valenzelektronen** (= Elektronen auf der äußersten Schale) (▶ Kapitel 1.7).

> **MERKE**
> Die Anzahl der Valenzelektronen bestimmt den Bindungstyp.

EXKURS

H-Atome im Weltall
Wir erfahren im Folgenden, dass es auf der Erde keine freien H-Atome gibt, da diese sofort mit anderen Atomen chemische Bindungen eingehen. Wenn jedoch kein anderer Reaktionspartner zur Verfügung steht, dann sind auch einzelne H-Atome stabil. Im Weltall ist die Atomkonzentration so klein, dass ein H-Atom nur sehr, sehr selten ein anderes Atom trifft. Es gibt daher atomaren Wasserstoff (= H-Atome) im Weltall. Wird dieser durch elektromagnetische Strahlung angeregt (▶ Kapitel 1.11), so bilden sich leuchtende Gaswolken.

Leuchtender Gasnebel im Weltall
© Wikipedia: Orionnebel, NASA, ESA, M. Robberto (Space Telescope Science Institute/ESA) and the Hubble Space Telescope Orion Treasury Project Team, Baltimore, MD, USA

2.2 Die Edelgasregel

Die einzigen Elemente, die in der Natur in atomarer Form vorkommen, sind die Edelgase (Gruppe 18 im Periodensystem). Wir haben im vorigen Kapitel bereits gesehen (▶ Kapitel 1.9 und ▶ 1.10), dass Edelgasatome sehr stabil sind und es so gut wie keine chemischen Verbindungen der Edelgase mit anderen Elementen gibt. Einer Valenzelektronenkonfiguration ns^2

> **MERKE**
> Edelgaskonfiguration: $ns^2\ np^6$ bzw. $1s^2$ (für die erste Schale)

np^6 (bzw. $1s^2$ beim Helium) kommt anscheinend eine so große energetische Stabilität zu (**Edelgaskonfiguration**), dass die Edelgasatome kein Bestreben haben, mit anderen Atomen chemische Bindungen einzugehen. Bei dieser Valenzelektronenkonfiguration (und nur bei dieser) sind gerade alle äußeren Valenzorbitale mit jeweils zwei Elektronen doppelt besetzt. Die vollbesetzte äußere Schale der Edelgasatome ist also energetisch sehr günstig. Bei allen anderen Elementen haben die Atome keine vollbesetzten Valenzschalen. Die Beobachtung zeigt, dass diese Atome durch die Ausbildung von chemischen Bindungen mit anderen Atomen versuchen, ebenfalls eine Edelgaskonfiguration zu erreichen (**Oktettregel**).

Für Elemente der Gruppen 1, 2 und 13 bis 18 (Hauptgruppenelemente) gilt die **Oktettregel**, nach der sie in ihren Verbindungen bevorzugt acht Außenelektronen besitzen. Dies gilt insbesondere für die biologisch wichtigen Elemente Kohlenstoff (C), Sauerstoff (O) und Stickstoff (N) (▶ Kapitel 1.9 und ▶ 1.10), die in chemischen Verbindungen niemals mehr als acht Außenelektronen zur Verfügung haben können.

> **DEFINITION**
>
> **Edelgasregel und Oktettregel**
> Alle Atome sind bestrebt, durch Ausbildung von chemischen Bindungen formal so viele Elektronen zur Verfügung zu haben wie die im Periodensystem davor oder dahinter liegenden Edelgase (Edelgasregel). Hauptgruppenelemente (Gruppen 1 bis 2 und 13 bis 18) haben demnach in den äußersten s- und p-Orbitalen acht Valenzelektronen: ein Oktett (von lateinisch: *octo* = acht).
>
> Dies wird als **Oktettregel** bezeichnet und gilt für fast alle stabilen Verbindungen der Grundelemente C, N und O. Wasserstoff (H) bevorzugt allerdings zwei Außenelektronen im 1s-Valenzorbital. Für die Elemente ab der dritten Periode ist eine **Oktettaufweitung** möglich, sodass Abweichungen von der Oktettregel auftreten.

„Ich will ein Edelgas werden."

Bei Hauptgruppenelementen ab der dritten Periode ist hingegen eine **Oktettaufweitung** möglich, sodass die Oktettregel für diese Elemente nur noch eine Faustregel darstellt. Nebengruppenelemente (Gruppen 3 bis 12, ▶ Kapitel 8.5) bilden häufig Verbindungen mit 18 Valenzelektronen mit der Edelgaskonfiguration $(n-1)\,d^{10}\,ns^2\,np^6$ (**18-Elektronen-Regel**). Es gibt allerdings genügend Verbindungen, bei denen die Edelgasregel nicht erfüllt ist. Dennoch ist sie insgesamt hilfreich, um die Bindungssituation unterschiedlicher Verbindungen plausibel zu machen und die Zusammensetzung vieler Moleküle vorherzusagen.

Es gibt nun prinzipiell zwei Möglichkeiten, wie Atome Edelgaskonfiguration erreichen können. Atome können:

- durch Abgabe überschüssiger Elektronen oder Aufnahme weiterer Elektronen geladene Ionen bilden: **Ionenbindung** und **metallische Bindung**.
- Elektronen mit anderen Atomen gemeinsam nutzen: **kovalente Atombindung**.

2.3 Die Ionenbindung

Betrachten wir zum Beispiel die vier Elemente Natrium, Chlor sowie die beiden Edelgase Neon und Argon und deren Elektronenkonfigurationen. Die Edelgase Neon und Argon besitzen beide jeweils acht Außenelektronen auf der zweiten bzw. der dritten Schale und weisen somit eine abgeschlossene äußere Schale auf (Ne: $1s^2\ 2s^2\ 2p^6$; Ar: $1s^2\ 2s^2\ 2p^6\ 3s^2\ 3p^6$). Natrium weist nur ein einzelnes Elektron auf der äußeren, der dritten Schale auf ($1s^2\ 2s^2\ 2p^6\ 3s^1$ = [Ne] $3s^1$), wohingegen Chlor sieben Außenelektronen hat ($1s^2\ 2s^2\ 2p^6\ 3s^2\ 3p^5$ = [Ne] $3s^2\ 3p^5$). Während die Edelgase mit sich und ihrer abgeschlossenen äußeren Valenzschale vollständig zufrieden sind und daher atomar vorkommen, sind sowohl Chlor als auch Natrium hochreaktive Elemente, die in der Natur elementar gar nicht vorkommen (▶ Kapitel 1.9). Chlor ist zum Beispiel ein sehr giftiges Gas, das im Ersten Weltkrieg als chemischer Kampfstoff eingesetzt wurde. Miteinander reagieren Chlor und Natrium explosionsartig unter Freisetzung großer Energiemengen (▶ Abbildung 2.1▶ und ▶ Abbildung 2.2). Dabei wird eine neue chemische Verbindung gebildet, das Natriumchlorid (NaCl). Was ist passiert?

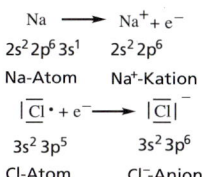

$Na \longrightarrow Na^+ + e^-$
$2s^2\ 2p^6\ 3s^1 \quad 2s^2\ 2p^6$
Na-Atom $\quad$ Na$^+$-Kation

$|\overline{Cl}|\cdot + e^- \longrightarrow |\overline{Cl}|^-$
$3s^2\ 3p^5 \quad\quad 3s^2\ 3p^6$
Cl-Atom $\quad\quad$ Cl$^-$-Anion

• = ungepaartes Elektron
| = Elektronpaar
(manchmal auch gekennzeichnet als **:**)

Achtung: Bei dieser Schreibweise wird nicht zwischen s- und p-Orbitalen unterschieden.

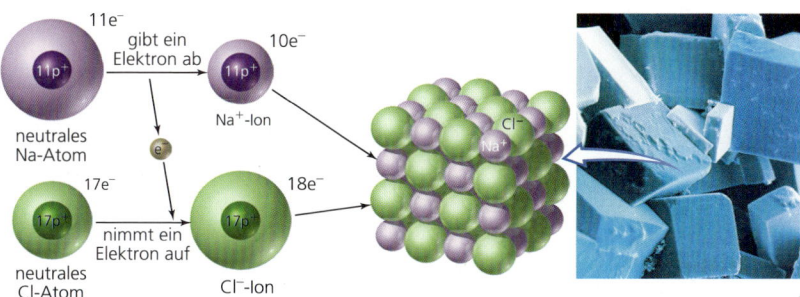

Abbildung 2.1: Bildung eines NaCl-Kristalls durch Reaktion von Natrium mit Chlor. Durch Elektronenübertragung von einem Natriumatom auf ein Chloratom entstehen entgegengesetzt geladene Ionen, das Na$^+$-Kation und das Cl$^-$-Anion. Die entgegengesetzt geladenen Ionen lagern sich dann zu einem ausgedehnten Ionenkristall (Kochsalz) zusammen.
Aus: Brown, T. L., LeMay, H. E. & Bursten, E. B. (2007)

Wenn das Natriumatom sein einzelnes 3s-Elektron abgibt, entsteht ein positiv geladenes **Kation** (Na$^+$), das die gleiche Elektronenkonfiguration aufweist wie das im Periodensystem vor ihm stehende Edelgas Neon (▶ Kapitel 1.8). Umgekehrt kann das Chloratom durch Aufnahme eines weiteren Elektrons zu einem negativ geladenen **Anion** (Cl$^-$) reagieren, das ebenfalls Edelgaskonfiguration aufweist und zwar die gleiche wie das im Periodensystem auf das Chlor folgende Edelgas Argon. Bei der Ionenbildung ändert sich übrigens die Größe der Teilchen (▶ Abbildung 2.1): Der Verlust des Valenzelektrons beim Übergang von Na zu Na$^+$ führt zu einer deutlichen Abnahme des Radius (Na: 186 pm versus Na$^+$: 95 pm). Die verbliebenen Elektronen im Na$^+$-Kation befinden sich auf weiter innen liegenden und damit kleineren Schalen. Die zuvor noch besetzte dritte Schale ist nach Abgabe des 3s-Elektrons leer und spielt für die Größe des Ions somit keine Rolle mehr. Zusätzlich sorgt die positive Überschussladung für eine stärkere Anziehung aller Elektronen, die sich

> **MERKE**
> 1 nm = 10^{-9} m
> 1 pm = 10^{-12} m,
> eine ältere Einheit ist das Ångström
> 1 Å = 10^{-10} m

daher näher am Kern aufhalten. Umgekehrt führt die Elektronenaufnahme im Chloridanion und die daraus resultierende negative Überschussladung zu einer stärkeren Abstoßung aller Elektronen; die Valenzschale weitet sich (Cl: 99 pm versus Cl$^-$: 181 pm).

> **MERKE**
> Ein Salz ist ein aus Ionen aufgebauter Festkörper.

Für den ersten Vorgang, die Ionisierung des Natriumatoms zum Natriumkation, muss Energie aufgewendet werden (**Ionisierungsenergie**). Die Ladungstrennung ist energetisch ungünstig, da ein negativ geladenes Elektron aus dem Anziehungsfeld des positiv geladenen Atomkerns entfernt wird. Bei der Bildung des Chloridanions wird hingegen Energie frei, die als **Elektronenaffinität** bezeichnet wird. Zwar stoßen die bereits vorhandenen Elektronen das neu hinzukommende Elektron ab, aber die ebenfalls vorhandene Anziehung durch den positiven Kern überwiegt. Die beiden entstandenen Ionen, das Natriumkation und das Chloridanion, ziehen sich als entgegengesetzt geladene Teilchen elektrostatisch an (= Coulomb-Wechselwirkung). Diese Wechselwirkung ist ungerichtet und führt dazu, dass jedes Natriumkation mehrere Chloridanionen anzieht und umgekehrt. Es entsteht ein ausgedehnter **Ionenkristall**, in dem Kationen und Anionen wechselseitig angeordnet sind und gegenseitig durch Coulomb-Wechselwirkungen zusammengehalten werden (▶ Abbildung 2.1). Man spricht von einem **Salz**. Diese gegenseitige Anziehung von Kationen und Anionen im **Salzkristall** ist letztendlich die energetische Triebkraft für die Ionenbildung (= **Gitterenergie**). Im Kristall ist jedes Natriumion von sechs Chloridanionen umgeben und umgekehrt. Die chemische Formel NaCl entspricht somit nur einer Formeleinheit, also dem relativen Zahlenverhältnis von Na$^+$ zu Cl$^-$ im Kristall. Es liegen keine definierten NaCl-Einheiten im Kristall vor. Die chemische Formel NaCl bringt den ionischen Aufbau der Verbindung leider nicht zum Ausdruck. Im NaCl liegen keine Na-Atome und Cl-Atome mehr vor.

> **MERKE**
> Chemische Reaktion = Umwandlung von Stoffen in neue Stoffe mit neuen Eigenschaften

Wichtig ist, sich zu vergegenwärtigen, dass die durch die Elektronenabgabe und -aufnahme entstandenen Natriumkationen und Chloridanionen völlig andere Eigenschaften aufweisen als die ursprünglichen Atome. Es hat eine **chemische Reaktion** stattgefunden, bei der ein neuer Stoff (Natriumchlorid) mit gänzlich anderen Eigenschaften entstanden ist (▶ Abbildung 2.2). Mehr zu chemischen Reaktionen werden wir in ▶ Kapitel 5 lernen.

> **MERKE**
> Metall + Nichtmetall → Salz

Die Neigung von Atomen, durch Elektronenabgabe oder -aufnahme zu Ionen zu reagieren, ist unterschiedlich stark ausgeprägt. Elemente, die im Periodensystem weit links stehen und die nur wenige Elektronen auf der äußersten Schale aufweisen, bilden durch Elektronenabgabe leicht Kationen. Diese Elemente besitzen eine niedrige Ionisierungsenergie, die immer positiv ist, also dem System zugefügt werden muss, um ein Elektron von dem Atom entfernen zu können. Leicht ionisierbar sind insbesondere die Metalle der ersten und zweiten Gruppe (Alkali- und Erdalkalimetalle). Elemente, die im Periodensystem weit rechts stehen und denen nur noch wenige Elektronen zur kompletten Auffüllung der äußeren Schale fehlen, bilden durch Elektronenaufnahme leicht Anionen (insbesondere die Chalkogene und Halogene, Gruppen 16 und 17). Diese Elemente besitzen eine hohe Elektronenaffinität.

2.3 Die Ionenbindung

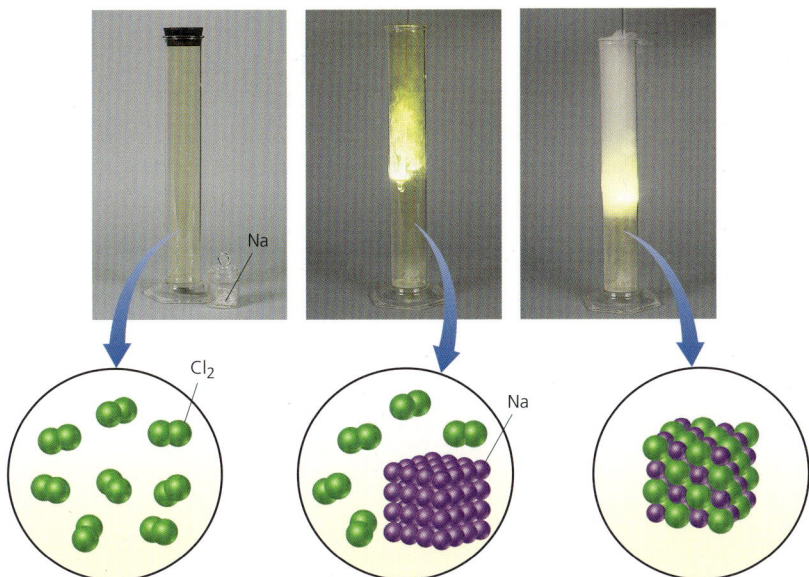

Abbildung 2.2: Chemische Reaktionen führen zu neuen Stoffen. Bei der Reaktion von elementarem Chlor (giftiges, grünes Gas) mit Natrium (glänzendes, weiches Metall) entsteht Kochsalz (weißer Feststoff), ein aus Na^+- und Cl^--Ionen aufgebauter Salzkristall.
Aus: Brown, T. L., LeMay, H. E. & Bursten, E. B. (2007)

Im Gegensatz zur Ionisierungsenergie kann die Elektronenaffinität positiv sein (Energie wird bei der Elektronenaufnahme frei) oder negativ sein (Energie muss zugeführt werden, um ein Elektron an dem Atom zu halten). Da Elektronen aber immer nur übertragen werden können (Ausnahme: die Metallbindung; ▶ Kapitel 2.4), tritt die Bildung von Ionen typischerweise nur dann auf, wenn ein Metall mit niedriger Ionisierungsenergie mit einem Nichtmetall mit hoher Elektronenaffinität reagiert. Dann findet eine Elektronenübertragung vom Metall zum Nichtmetall statt, eine sogenannte Redoxreaktion (▶ Kapitel 7). Es bilden sich Ionen, die sich zu einem Salzkristall zusammenlagern.

Die Tendenz zur Ausbildung der Edelgaskonfiguration ist bei den Alkali- und Erdalkalimetallen sowie bei den Halogenen so stark ausgeprägt, dass diese Elemente in der Natur fast ausschließlich in Salzen, das heißt als Kationen (M^+, M^{2+}) und Anionen (Hal^-), vorkommen! Die Zusammensetzung (= Formeleinheit) eines gebildeten Salzes lässt sich, zumindest bei **binären Salzen**, die nur aus einem Kation und einem Anion bestehen, sehr einfach aus der Zahl der Elektronen ableiten, die vom Metall abgegeben und vom Nichtmetall aufgenommen werden. Diese müssen jeweils übereinstimmen, da das Salz als Ganzes elektrisch neutral sein muss. Und die Zahl der von jedem Element abgegebenen und aufgenommenen Elektronen ergibt sich letztendlich aus der Stellung des Elementes im Periodensystem.

Beispiele für binäre Salze: $NaCl$, $CaCl_2$, MgO, K_2O, Na_2S

- Alkalimetalle (1. Gruppe): M^+, Abgabe des *einen* Elektrons der äußersten Schale; Ladung +1
- Erdalkalimetalle (2. Gruppe): M^{2+}, Abgabe der *beiden* Elektronen der äußersten Schale; Ladung +2
- Chalkogene (16. Gruppe): $Chal^{2-}$ oder Y^{2-}, Aufnahme von zwei Elektronen zum Erreichen der Edelgaskonfiguration; Ladung −2
- Halogene (17. Gruppe): Hal^- oder X^-, Aufnahme eines Elektrons zum Erreichen der Edelgaskonfiguration; Ladung −1

Allerdings ist die Aufnahme eines zweiten Elektrons bei den Chalkogenen energetisch ungünstig, da ein bereits negativ geladenes Anion noch eine zweite negative Ladung aufnehmen muss. Die Anziehung durch den Atomkern reicht nicht mehr aus, um die Abstoßung durch die anderen Elektronen zu kompensieren. Die Bildung zum Beispiel von O^{2-}-Ionen findet daher nur statt, wenn gleichzeitig durch die Wechselwirkung mit einem Kation ein Ionenkristall gebildet wird. Die freiwerdende Gitterenergie liefert dann die für die zweite Elektronenaufnahme des O^--Anions, also die Bildung des O^{2-}-Ions notwendige Energie.

Einige in der Medizin eingesetzte Salze sind in ▶ Tabelle 2.1 zusammengefasst.

Summenformel	Name (Trivialname)	Anwendung
NaCl	Natriumchlorid (Kochsalz)	Bestandteil von Elektrolytlösungen (zum Beispiel Ringer-Lösung) für Infusionen (Kapitel 4.10)
KI	Kaliumiodid	Bei Iodmangel, Prophylaktikum bei Reaktorunfällen
$NaHCO_3$	Natriumhydrogencarbonat (Natron)	Antacidum bei metabolischer Acidose, bei Vergiftungen mit sauren Arzneistoffen (Kapitel 6)
Na_2CO_3	Natriumcarbonat (Soda)	Badezusatz, Putzmittel im Haushalt
$MgSO_4$	Magnesiumsulfat (Bittersalz)	Laxans (Abführmittel)
Na_2SO_4	Natriumsulfat (Glaubersalz)	Laxans
$BaSO_4$	Bariumsulfat	Röntgenkontrastmittel (Kapitel 4.9)
$CaSO_4$	Calciumsulfat (Gips)	Früher in Gipsverbänden (heutzutage bestehen Stützverbände in der Regel aus Kunststoffen)
$AgNO_3$	Silbernitrat (Höllenstein)	Antiseptikum, Ätzmittel zur Warzenentfernung
$CaCO_3$	Calciumcarbonat (Kalk)	Antacidum
NaF	Natriumfluorid	Zur Kariesprophylaxe (Kapitel 6.3), bei Osteoporose
$FeSO_4$	Eisen(II)-sulfat	Therapie von Eisenmangelzuständen (Kapitel 8.9)
$KClO_4$	Kaliumperchlorat	Iodinationshemmer (bei Hyperthyreose)

2.3 Die Ionenbindung

Summenformel	Name (Trivialname)	Anwendung
KOCl	Kaliumhypochlorit („Eau de Javel")	Als Bleich- und Desinfektionsmittel zum Beispiel auch für Schwimmbäder (Kapitel 7.3)
$KMnO_4$	Kaliumpermanganat	Desinfektionsmittel (Kapitel 7.3)
Li_2CO_3	Lithiumcarbonat	Antidepressivum
$NaNO_2$	Natriumnitrit	Pökelsalz, Antidot bei Cyanid-Vergiftungen (Kapitel 8.6)
$Na_2S_2O_3$	Natriumthiosulfat	Antidot bei Cyanid-Vergiftungen (Kapitel 8.6)
As_2O_3	Arsen(III)-oxid (Arsenik)	Zur Behandlung einer bestimmten Leukämieform nach Versagen der Standardtherapie (Trisenox®)
$4[BiNO_3(OH)_2]$, $BiO(OH)$	Schweres Basisches Bismut(III)-nitrat, Bismutoxidnitrat	In Kombination mit Antibiotika und Protonenpumpenhemmern zur Eradikation von *Helicobacter pylori* Infektionen des Magens; verwendet werden auch Komplexe aus Bismut und Citrat (Bismutcitratkalium, Bismutcitrathydroxid)
$Ca(OH)_2$	Calciumhydroxid	Zur desinfizierenden Einlage im Wurzelkanal oder zur Karies profunda Therapie (Vitalerhaltung der Zahnpulpa)
NaOCl	Natriumhypochlorit	Desinfektion des Wurzelkanals
ZnO	Zinkoxid	Zinkoxid-Eugenolzemente als provisorische Verschlussmaterialien und zum provisorischen Einsetzen von Kronen und Brücken, Zinkoxidphosphatzement zum Zementieren von Kronen und Brücken in der Mundhöhle
		Zusatz zu Salben, Cremes, Pudern bei Hautkrankheiten

Tabelle 2.1: Gebräuchliche in der Medizin und im Alltag eingesetzte Salze

Der Aufbau der Ionenkristalle aus sich gegenseitig anziehenden Kationen und Anionen ist für die charakteristischen **Eigenschaften der Salze** verantwortlich:

- Hoher Schmelz- und Siedepunkt, da in Kristallen durch die weitreichenden und ungerichteten elektrostatischen Wechselwirkungen ein sehr stabiler Verbund über den gesamten Kristall entsteht.
- Nichtleitend im Kristall, aber stromleitend in der Schmelze oder in Lösung: Den Ladungstransport bewirken die in der Schmelze oder Lösung vorliegenden freien Ionen (Leiter 2. Ordnung). Im Kristall sitzen alle Ionen auf genau definierten Gitterplätzen und sind daher nicht frei beweglich.
- Ionenkristalle sind oft farblos, da die Valenzelektronen in den Ionen meist stark gebunden sind und nur durch Photonen höherer Energie als die des sichtbaren Lichtes angeregt werden können.
- Hart und spröde: Beim Verschieben der Gitterebenen gegeneinander zerplatzt der Kristall, da gleichgeladene Ionen übereinander zu liegen kommen, die sich gegenseitig abstoßen (▶ Abbildung 2.3).

MERKE

Bewegliche Elektronen in Metallen
= Leiter 1. Ordnung

Bewegliche Ionen
= Leiter 2. Ordnung

2 Die chemische Bindung

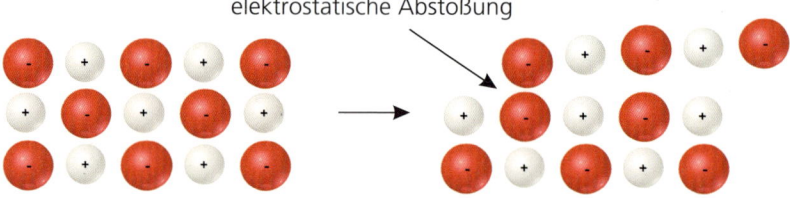

Abbildung 2.3: Salze sind spröde. Beim seitlichen Verschieben der Kristallebenen kommt es zu elektrostatischen Abstoßungen zwischen Kationen (silbern) und Anionen (rot). Der Kristall zerbricht.

DEFINITION

Namen wichtiger Ionen

- **Kationen**, die sich von Metallen ableiten, werden mit dem Elementnamen und dem Zusatz „Ion" benannt. Wenn mehrere verschiedene Kationen eines Elementes existieren, wird zusätzlich die Ladung als römische Ziffer in Klammern hinter dem Namen des Elementes angegeben:

Na^+ = Natriumion	Fe^{2+} = Eisen(II)-Ion	Fe^{3+} = Eisen(III)-Ion.

Kationen, die sich von Nichtmetallen ableiten, enden auf „*-iumion*".

NH_4^+ = Ammon*iumion*	H_3O^+ = Oxidan*iumion*

NH_4^+ = *Ammoniumion* H_3O^+ = *Oxidaniumion*[1]

- Namen von **Anionen** sind durch die Endsilben „*-id*", „*-it*" oder „*-at*" gekennzeichnet. Im Einzelnen gelten dafür die folgenden Regeln:
  - Einatomige und einfache zweiatomige Anionen erhalten die Endsilbe „*-id*".

Cl^- = Chlor*id*	O^{2-} = Ox*id*	OH^- = Hydrox*id*	CN^- = Cyan*id*

  - Bei mehratomigen Anionen, die sich von den Sauerstoffsäuren der Nichtmetalle ableiten (Oxoanionen, ▶ Kapitel 2.7), werden die Endsilben „*-it*" oder „*-at*" verwendet, wobei „*-at*" die sauerstoffreichere Form bezeichnet.

SO_3^{2-} = Sulf*it*	SO_4^{2-} = Sulf*at*	NO_2^- = Nitr*it*	NO_3^- = Nitr*at*

  - Gibt es mehr als zwei Oxoanionen eines Nichtmetalls, werden Präfixe verwendet; „*Per-*" für das Anion, das ein O-Atom mehr enthält als das auf „*-at*" endende Oxoanion, und „*Hypo-*" für das Anion, das ein O-Atom weniger enthält als das auf „*-it*" endende.

ClO_4^-	ClO_3^-	ClO_2^-	ClO^-
*Per*chlorat	Chlor*at*	Chlor*it*	*Hypo*chlorit

Vorsicht: Die Zahl der Sauerstoffatome und auch der Ladung kann trotz gleicher Endsilbe oder Präfix verschieden sein. Dies sieht man an der nachfolgenden Aufstellung der wichtigsten Oxoanionen der Nichtmetalle der zweiten und dritten Periode.

Periode	14	15	16	17
2	CO_3^{2-} Carbonat	NO_3^- Nitrat		
3		PO_4^{3-} Phosphat	SO_4^{2-} Sulfat	ClO_4^- Perchlorat

– Anionen, die durch Hinzufügen von einem oder zwei Wasserstoffen (genauer H⁺-Ionen: ▶ Kapitel 6) zu einem Oxoanion abgeleitet werden, erhalten die Vorsilbe „*Hydrogen-*" bzw. „*Dihydrogen-*". Dabei verringert sich jeweils die negative Ladung des ursprünglichen Oxoanions um 1.

PO_4^{3-}	HPO_4^{2-}	$H_2PO_4^-$
Phosph*at*	*Hydrogen*phosphat	*Dihydrogen*phosphat

- Der **Name eines Salzes** setzt sich dann zusammen aus dem Namen des Kations ohne die Endsilbe „-ion" und dem Namen des Anions. Die Stöchiometrie des Salzes ergibt sich aus der Notwendigkeit, dass das Salz als Ganzes elektrisch neutral sein muss (Summe der positiven Ladungen = Summe der negativen Ladungen). Sind mehr als ein Anion oder Kation vom gleichen Typ im Salz enthalten, so wird in der Summenformel deren Anzahl durch tiefgestellte Zahlen angegeben. Bei mehratomigen Ionen wird dann das Ion in eine Klammer gesetzt, die tiefgestellte Zahl bezieht sich auf das gesamte in der Klammer stehende Ion.

NaCl	Natriumchlorid	NaOH	Natriumhydroxid
$CaBr_2$	Calciumbromid	CaO	Calciumoxid
$(NH_4)_2HPO_4$	Ammoniumhydrogenphosphat		
$Fe(OH)_3$	Eisen(III)-hydroxid		

2.4 Die Metallbindung

Die Ausbildung von Ionenbindungen ist nur zwischen Metallen und Nichtmetallen möglich. In welcher Form liegt dann aber zum Beispiel elementares Natrium vor? Dieses hat mit 97,8 °C einen sehr viel höheren Schmelzpunkt als das im Periodensystem vor ihm stehende Edelgas Neon (Schmelzpunkt −248,7 °C). Offensichtlich muss es auch im metallischen Natrium eine starke Wechselwirkung zwischen den einzelnen Natriumatomen geben. Diese kommt dadurch zustande, dass die Natriumatome wiederum ihr einzelnes 3s¹-Außenelektron abgeben. Da nun aber kein Nichtmetall vorhanden ist, das dieses Elektron aufnehmen kann, verbleiben die Elektronen als frei bewegliches „**Elektronengas**" im Festkörper und halten die positiv geladenen Natriumionen zusammen.

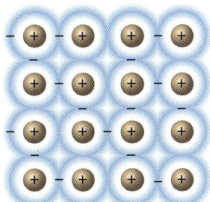

Schematischer Aufbau eines Metalls
Aus: Brown, T. L., LeMay, H. E. & Bursten, E. B. (2007)

Dieses vereinfachte Modell soll uns genügen. Eine exakte Beschreibung der Metallbindung ist nur mithilfe der Quantenmechanik möglich.

Die besonderen Eigenschaften dieses Elektronengases sind auch für die charakteristischen **Eigenschaften der Metalle** verantwortlich:

- Die gute elektrische Leitfähigkeit, da die Elektronen im Elektronengas zwischen den Atomrümpfen nahezu frei beweglich sind (Leiter 1. Ordnung)
- Die gute Wärmeleitfähigkeit: Allgemein findet man, dass Stoffe mit guter elektrischer Leitfähigkeit auch gute Wärmeleiter sind (Wiedemann-Franz'sches Gesetz). Grund hierfür ist, dass auch der Wärmetransport durch frei bewegliche Elektronen erfolgen kann.
- Der metallische Glanz: Elektromagnetische Strahlung wird weitgehend reflektiert, wenn sie auf die Oberfläche von Metallen trifft, da deren Elektronen sich leicht bewegen können und somit von den Strahlen zu Schwingungen angeregt werden.
- Die Verformbarkeit (Duktilität): Die Schichtebenen sind gegeneinander verschiebbar, da im Gegensatz zu Ionenkristallen die Gitterpositionen alle von identischen Teilchen besetzt sind (den Metallkationen). Die Struktur ändert sich beim Verschieben der Schichtebenen nicht (▶ Abbildung 2.4).

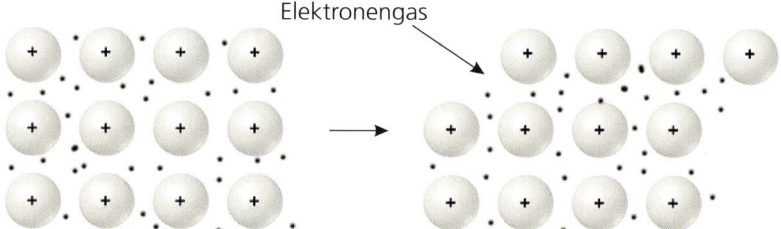

Abbildung 2.4: Reine Metalle sind leicht verformbar. Beim Verschieben der Gitterebenen in einem Metall ändert sich die Struktur nicht, da die Gitterpositionen alle von den gleichen Teilchen, den Metallkationen, besetzt sind.

> **MERKE**
>
> Legierungen = Mischungen von Metallen

Auch unterschiedliche Metalle können miteinander metallische Bindungen ausbilden. Man spricht dann von **Legierungen**. Diese haben häufig andere Eigenschaften als die einzelnen Metalle und sind von großer praktischer Bedeutung. Viele Legierungen sind zum Beispiel deutlich härter als die einzelnen Metalle, aus denen sie sich zusammensetzen (V2A-Stahl: Zulegieren von Chrom, Molybdän oder Nickel zu Eisen; Bronze: Cu/Sn oder Messing: Cu/Zn). Bei einer Legierung sind die Gitterpositionen mit mindestens zwei unterschiedlichen Metallkationen mit unterschiedlicher Größe und Ladungsdichte besetzt. Dies verhindert ein einfaches Verschieben der Schichtebenen gegeneinander, da dabei die Struktur zerstört würde.

2.4 Die Metallbindung

> **AUS DER MEDIZINISCHEN PRAXIS**
> **Medizinische Anwendung von Legierungen**

In der Zahnmedizin: Amalgamfüllung

In der Zahnmedizin spielten **Amalgame**, Legierungen mit dem bei Raumtemperatur flüssigen Metall Quecksilber, als Zahnfüllungen lange eine wichtige Rolle. Zahnärztliches Amalgam entsteht durch das Vermischen von jeweils etwa 50 Prozent eines Legierungspulvers und Quecksilber zu einer plastischen Masse, die nach kurzer Zeit erhärtet. Das Legierungspulver enthält mindestens 40 Prozent Silber, maximal 32 Prozent Zinn, maximal 30 Prozent Kupfer, maximal 5 Prozent Indium, maximal 3 Prozent Quecksilber und maximal 2 Prozent Zink. Aufgrund ihres Gefährdungspotenzials spielen Amalgamfüllungen kaum mehr eine Rolle, wobei zu beachten ist, dass Quecksilber nicht in seiner festen Form (als Füllung im Mund) giftig ist, sondern erst in Dampfform, die entsteht, wenn der Zahnarzt die Amalgamfüllung entfernt. Heutzutage wird das Legen einer Amalgamfüllung im Studium an vielen deutschen Universitätskliniken nicht einmal mehr geübt, wird von Krankenkassen aber immer noch als zuzahlungsfreie Füllung für Patienten über 15 Jahre vorgegeben.

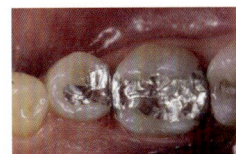

Neue Amalgam-Füllung
© Prof. Dr. med. dent. Gottfried Schmalz, Universitätsklinikum Regensburg

Kompositfüllungen, oft auch als **Kunststofffüllungen** bezeichnet, haben zwischenzeitlich Amalgam als „normale" Zahnfüllung abgelöst. Bei Komposit handelt es sich um einen zusammengesetzten (lat. componere = zusammensetzen) Werkstoff, der aus einer organischen Matrix, einer dispersen Phase (Füllkörper: Quarz, Keramik, Siliziumdioxid) und einer Verbundphase (Silane, Copolymere) besteht. Letztere ist für den chemischen Verbund der Füllkörper mit der organischen Matrix verantwortlich. Die organische Matrix enthält im nichtpolymerisierten Zustand Ester der Methacrylsäure (▶ Kapitel 10.9), wie zum Beispiel das hochviskose Bisphenol-A-Diglycidyl-Methacrylat (Bis-GMA) und Urethandimethacrylat (UDMA), denen oft Verdünnungsmonomere hinzugefügt werden. Weitere Bestandteile sind unter anderem Initiatoren, die zum Start der Vernetzung der in der Matrix enthaltenen Monomere zu Polymeren notwendig sind. Ausgelöst durch Licht werden diese Photoinitiatoren in Radikale überführt, die dann die zur Vernetzung führende Radikalpolymerisation starten. **Dentalkeramiken** kommen heutzutage bei großflächigen Zahndefekten zur Anwendung. Diese haben im Vergleich zu Kompositen eine höhere Verschleißfestigkeit und lagern weniger bakterielle Beläge an. Allerdings weisen moderne Komposite bei geringeren Schichtstärken höhere Bruchtoleranzen auf, sodass sich der Indikationsbereich beispielsweise für **Keramik-Inlays** deutlich verkleinert hat. Letztere haben den Nachteil, dass sie passgenau angefertigt werden müssen, was sie teurer macht. Daher und aufgrund ihrer positiven Eigenschaften werden plastisch formbare Komposite verwendet, solange ein Defekt freihändig (direkt) restauriert werden kann. Erst wenn man an manuelle Grenzen stößt, greift man zur indirekten Technik (laborgefertigte Teilkronen oder Inlays). In den letzten Jahren haben immer mehr Hersteller fertig polymerisierte Komposite für die indirekte Technik entwickelt. Diese werden in der Regel für die Herstellung gefräster indirekter Restaurationen (Inlays, Teil- und Vollkronen) verwendet und ergänzen die Dentalkeramiken im Bereich der minimalinvasiven Zahnmedizin. **Goldgussfüllungen** werden bei besonders tiefen Defekten angewendet, bei denen keine absolute Trockenlegung (Reinhaltung der Kavität von Speichel und Blut) möglich ist, da sowohl Komposite als auch Keramiken absolute Trockenheit bei der Verarbeitung verlangen.

2 Die chemische Bindung

Künstliches Hüftgelenk bzw. Stent
© Wikipedia: Hüftgelenksarthrose, Hüftgelenk-Endoprothese, Autor: Scubalimp (Hüftgelenk), Dr. Osypka GmbH, Rheinfelden (Stent)

In der Chirurgie: Prothesen und Implantate

Legierungen werden auch in der Knochenchirurgie in **Prothesen** und **Implantaten** verarbeitet. So besteht der Prothesenschaft einer Hüftprothese (künstliches Hüftgelenk) häufig aus Titan-Aluminium-Vanadium-Legierungen. Stents, die in bestimmte Gefäße (zum Beispiel Blutgefäße, Gallenwege, Luft- und Speiseröhre) eingebracht werden, um deren Wand abzustützen, bestehen meist aus 316-L-Edelstahl (Chirurgischer Stahl), einer Legierung, die neben Eisen noch Chrom, Nickel und Molybdän enthält.

2.5 Die kovalente Atombindung

Was machen nun die Nichtmetalle, um die Oktettregel zu erfüllen, wenn kein Metall als Reaktionspartner vorhanden ist? Sie reagieren mit sich selbst. So kommen typische Nichtmetalle wie Sauerstoff, Stickstoff oder Wasserstoff in der Natur in Form zweiatomiger Moleküle (O_2, N_2 oder H_2) vor. Wie kommt in diesen Molekülen eine Bindung zustande?

Prinzipiell lässt sich das Zustandekommen einer kovalenten Atombindung nur mit der Quantenmechanik verstehen. Ähnlich wie bei der Beschreibung der Elektronenhülle von Atomen mit mehr als einem Elektron (▶ Kapitel 1.7) muss man aber wieder mit Näherungen arbeiten, da die Quantenmechanik für Mehrelektronensysteme keine exakten Lösungen liefert. Das gängigste Modell ist die Molekülorbital-Theorie (**MO-Theorie**). Diese geht davon aus, dass es bei der Annäherung zweier Atome zu einer Überlappung der Atomorbitale (= AO) kommt. Dabei bilden sich neue Orbitale, die nicht mehr an einem Atom lokalisiert sind, sondern sich über das ganze Molekül erstrecken (**Molekülorbital MO**). Je nachdem, welche Atomorbitale (s, p, d, f) überlappen (▶ Kapitel 1.7) und wie die Überlappung stattfindet, entstehen unterschiedliche MOs mit unterschiedlicher Form und Stabilität. Die Elektronenkonfiguration eines Moleküls erhält man, indem man diese MOs – ähnlich wie bei Atomen die AOs – von unten nach oben mit den zur Verfügung stehenden Elektronen auffüllt. Dabei kann jedes MO zwei Elektronen mit unterschiedlichem Spin aufnehmen.

Betrachten wir das einfachste Atom, das Wasserstoffatom, mit seiner $1s^1$-Elektronenkonfiguration. Wenn sich die zwei H-Atome nähern, kommt es zu einer Überlappung der beiden je einfach besetzten 1s-AOs. Es entsteht ein MO, das sich über beide Atome erstreckt und sich im Wesentlichen entlang der Kern-Kern-Verbindungsachse konzentriert. Die beiden Elektronen bilden ein **bindendes Elektronenpaar**, das sich nun in einem Orbital befindet, das sich über beide H-Atome erstreckt (= MO). Dieses wird als σ-MO bezeichnet (▶ Kapitel 9.3). Die beiden Elektronen bewegen sich im Anziehungsbereich beider Atomkerne und stehen beiden Atomen im Sinne der Edelgasregel zur Verfügung. Die beiden Atome „teilen" sich das bindende Elektronenpaar. Man könnte nun annehmen, dass die Bindung entsteht, weil die Elektronen jetzt von zweien und nicht nur von einem Kern elektrostatisch angezogen werden. Diese (noch heute häufig gelehrte) Anschauung, die die Atombindung durch eine Verringerung der potenziellen Energie der Elektronen erklärt, ist aber falsch. Genaue quantenchemische Analysen zeigen, dass die Bindung vielmehr aus einer Verringerung der (= Bewegungsenergie) der Elektronen im Feld beider Atomkerne resultiert.

Was passiert aber nun mit den Atomkernen bei der Annäherung? Bisher haben wir uns nur um die Elektronen gekümmert. Kerne sind viel schwerer als Elektronen (▶ Kapitel 1.3), daher bewegen sich die Elektronen mehr als 100-mal schneller als die Kerne. Verändert sich die Anordnung der Atomkerne, passen sich die Elektronen praktisch sofort an diese neue Kerngeometrie an. Man kann also Elektronen- und Atomkernbewegungen unabhängig voneinander betrachten (Born-Oppenheimer-Näherung). Verwendet man diese Näherung, so erhält man für das H_2-Molekül die in ▶ Abbildung 2.5 skizzierte Potenzialkurve. Für weit entfernte Atomkerne liegen zwei getrennte H-Atome vor. Nähern sich jetzt die Kerne, so kommt es zu einer zunehmenden Überlappung der beiden 1s-AOs, die Bindung bildet sich und die Energie sinkt ab (Stabilisierung). Irgendwann kommen sich die beiden Atomkerne aber so nahe, dass ihre Abstoßung (beide sind positiv geladen) überwiegt. Die Energie steigt folglich nach Durchlaufen eines Minimums wieder an. Am Minimum (Abstand der Atomkerne 74 pm) hat das Molekül die niedrigste Energie. Da jedes Molekül versucht, seine Energie zu minimieren, stellt dieser Abstand daher den optimalen Bindungsabstand dar. Die bei der Annäherung der beiden Atome auf diesen Gleichgewichtsabstand freigewordene Energie bezeichnet man als die **Bindungsdissoziationsenergie (BDE)**, sie beträgt beim H_2-Molekül 436 kJ/mol.

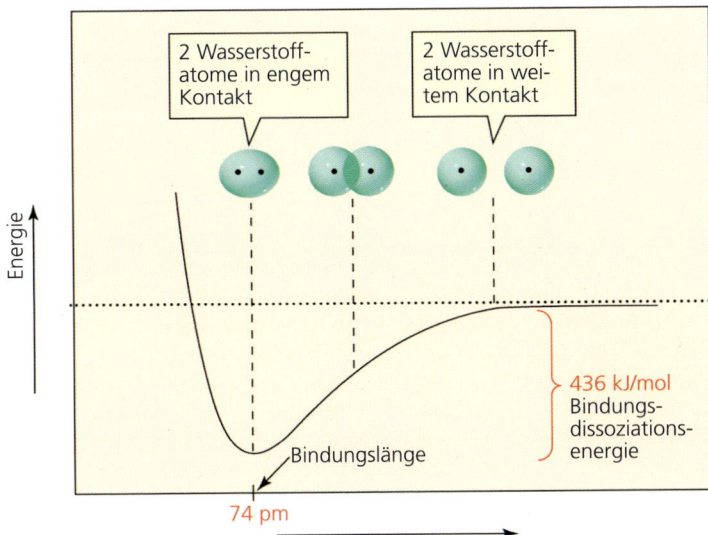

Abbildung 2.5: Potenzialkurve des H_2-Moleküls: Bei der Annäherung zweier H-Atome kommt es zur Ausbildung einer kovalenten Bindung. Ein H_2-Molekül mit einem Gleichgewichtsabstand von 74 pm entsteht. Danach steigt die Energie wegen der zunehmenden Kern-Kern-Abstoßung wieder an.
Nach: Bruice, P. Y. (2007)

> **EXKURS**
>
> **Molekülschwingungen**
>
> Atombindungen und damit Moleküle sind aber keine starren Gebilde, wie es in der Potenzialkurve (▶ Abbildung 2.5) vielleicht den Anschein erweckt. Es handelt sich vielmehr um dynamische Strukturen, bei denen die Atomkerne ständig ihren Abstand um den Gleichgewichtsabstand herum leicht variieren. Der Grund dafür liegt in der **Heisenberg'schen Unschärferelation**, die unter anderem aussagt, dass der Impuls (Geschwindigkeit) eines Teilchens nicht null sein darf, das heißt, beide Kerne müssen sich ständig bewegen. Was gibt dann aber die Bindungslänge an? Sie ist der Mittelwert des Abstandes der beiden Atomkerne. Die beiden Atomkerne schwingen im H_2-Molekül um eine mittlere Gleichgewichtslage mit einem gegenseitigen Abstand von 74 pm. Diese Schwingungsbewegungen sind so schnell (beim H_2 ca. 10^{15} Schwingungen pro Sekunde), dass für die Chemie nur das zeitliche Mittel des Abstands von Interesse ist.

Neben der Bildung dieses bindenden Molekülorbitals aus der Wechselwirkung der beiden 1s-Atomorbitale (AO) der beiden H-Atome ergibt sich aus der Quantenmechanik, dass zusätzlich auch noch ein energiereiches, nicht besetztes antibindendes Molekülorbital entsteht. Dies kann man sich erklären, wenn man sich vergegenwärtigt, dass die beiden ursprünglichen 1s-Atomorbitale insgesamt Platz für vier Elektronen bieten, das neu entstandene bindende Molekülorbital (MO) wie jedes Orbital aber nur zwei Elektronen aufnehmen kann. Es „fehlt" also prinzipiell noch Platz für zwei weitere Elektronen (auch wenn dieser Platz bei der Bildung des H_2-Moleküls, das nur zwei Elektronen besitzt, nicht gebraucht wird). Aus der Wechselwirkung der beiden Atomorbitale entsteht daher noch ein energetisch ungünstigeres **antibindendes Molekülorbital**, das σ^*-MO. Formal erhält man die beiden MOs, das bindende σ und das antibindende σ^*-MO, indem man die zugrunde liegenden Wellenfunktionen ψ_1 und ψ_2 der beiden 1s-AO einmal mit gleichem Vorzeichen addiert und einmal subtrahiert (▶ Abbildung 2.6). Hierfür braucht man nun also die im ▶ Kapitel 1.7 erwähnten Vorzeichen der Wellenfunktionen ψ. Die Addition der beiden AO (gleiches Vorzeichen) ergibt das bindende σ-MO; die Subtraktion (= Addition mit umgekehrtem Vorzeichen) das antibindende σ^*-MO. Das antibindende MO hat in der Mitte zwischen den beiden Atomkernen eine **Knotenebene** (die Aufenthaltswahrscheinlichkeit für Elektronen ist gleich null) und ist energetisch ungünstiger als die beiden ursprünglichen AO. Analog wie bei der Auffüllung der Elektronenhülle bei Atomen (▶ Kapitel 1.7) werden auch bei Molekülen die verschiedenen MO entsprechend ihres Energiegehaltes von unten nach oben nacheinander mit jeweils zwei Elektronen besetzt. Beim H_2-Molekül wird daher nur das bindende σ-MO mit zwei Elektronen doppelt besetzt. Das antibindende σ^*-MO bleibt leer.

2.5 Die kovalente Atombindung

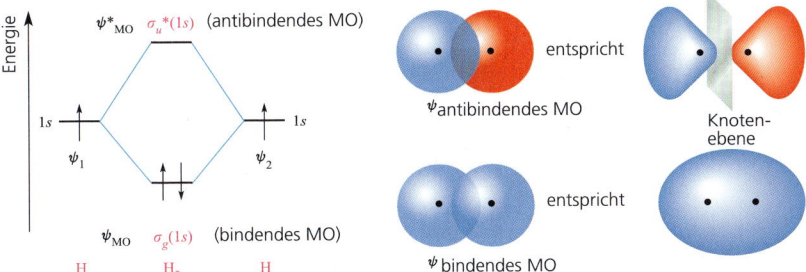

Abbildung 2.6: Schematische Darstellung der Bildung zweier MO, eines bindenden σ-MO und eines antibindenden σ^*-MO, durch Wechselwirkung der beiden 1s-AO zweier H-Atome. Die Farbe der AO symbolisiert das jeweilige Vorzeichen (+ oder –) der Wellenfunktion Ψ.
Nach: Housecroft, C. E. & Sharpe, A. G. (2006)

Die MO-Theorie kann uns auch erklären, warum es kein He_2-Molekül gibt. Im He_2-Molekül müssten insgesamt vier Elektronen in den beiden MO untergebracht werden (zwei von jedem He-Atom). Damit müsste auch das antibindende σ^*-MO mit zwei Elektronen doppelt besetzt werden. Wir haben also zwei Elektronen im bindenden und zwei im antibindenden MO, sodass insgesamt keine attraktive Wechselwirkung zwischen den beiden He-Atomen resultiert. Es entsteht keine chemische Bindung. Die anziehenden Effekte (bindende Orbitale) und abstoßenden Effekte (antibindende Orbitale) heben sich gegenseitig auf und das Molekül fällt auseinander. Die Tatsache, dass auch Helium bei ganz tiefen Temperaturen kondensiert, hat nichts mit einer kovalenten Atombindung zu tun, sondern beruht auf der Dispersionswechselwirkung (van-der-Waals-Wechselwirkung), die in ▶ Kapitel 3.2.3 diskutiert werden.

Betrachten wir als weiteres Beispiel das Chlor mit seiner $3s^2\ 3p^5$-Valenzelektronenkonfiguration. Es liegen drei doppelt besetzte Atomorbitale vor (das 3s sowie zwei der drei 3p-Orbitale) sowie ein einfach besetztes Atomorbital (eines der drei 3p-Orbitale). Im Sinne der oben vorgestellten MO-Theorie kann man nun die Bildung des Cl_2-Moleküls so beschreiben, dass die jeweils vier AO der Valenzschale der beiden Cl-Atome miteinander in Wechselwirkung treten, eine entsprechende Anzahl (nämlich vier bindende und vier antibindende) an neuen MO entsteht, von denen die niedrigsten sieben mit je zwei Elektronen besetzt werden. Für uns reicht aber auch eine vereinfachte Betrachtung aus. Bei Nichtmetallen mit fünf oder mehr Valenzelektronen macht man die zusätzliche Annahme, dass doppelt besetzte AO für die Bindungsbildung keine Rolle spielen. Man spricht von **freien Elektronenpaaren**. Beim Chloratom liegen bereits drei doppelt besetzte Orbitale vor. Eines der drei 3p-Orbitale ist hingegen nur einfach besetzt und enthält ähnlich wie das 1s-Orbital beim H-Atom ein ungepaartes Elektron. Nun können zwei Chloratome eine kovalente Atombindung ausbilden, wobei sich aufgrund der Überlappung der beiden einfach besetzten 3p-AO wiederum ein bindendes und ein antibindendes Molekülorbital bilden. Das bindende MO wird doppelt besetzt, das antibindende bleibt leer. Es bildet sich also wie beim

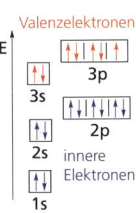

Elektronenkonfiguration von Chlor

H$_2$-Molekül eine kovalente Atombindung zwischen den beiden Chloratomen. Der Gleichgewichtsabstand der beiden Chloratome beträgt 198 pm, die Bindungsdissoziationsenergie 238 kJ/mol. Wir sehen also, dass verschiedene kovalente Atombindungen unterschiedlich lang und stark sein können (▶ Tabelle 2.2). Die Bindung im Cl$_2$-Molekül ist deutlich schwächer als im H$_2$-Molekül, was sowohl am größeren Abstand der beiden Atome liegt als auch an den freien Elektronenpaaren, die sich gegenseitig abstoßen. Ein etwas detaillierteres Modell zur Beschreibung der Bindungsverhältnisse bei Nichtmetallen, die sogenannte **Hybridisierung**, werden wir bei den Kohlenstoffverbindungen ausführlicher besprechen (▶ Kapitel 9.3).

	BDE	Länge		BDE	Länge		BDE	Länge
H–H	431	74	C–H	410	109	C=C	610	134
C–C	339	154	N–H	385	104	C≡C	828	120
O–O	148	200	O–H	425	97	N≡N	941	110
Cl–Cl	238	198	Cl–H	427	127	C=O	724	122
Br–Br	188	228	Br–H	364	140	C–O	331	142
I–I	151	267	I–H	297	160	C–N	276	147

Tabelle 2.2: Durchschnittliche Bindungsdissoziationsenergien (BDE in kJ/mol) und Bindungslängen (in pm) verschiedener kovalenter Atombindungen

Die in obigem Schema verwendeten Darstellungen von Atomen und Molekülen bezeichnet man nach ihrem Erfinder Gilbert Newton Lewis (1875–1946) als **Lewis-Formeln**. Dabei werden kovalente Atombindungen durch einen Strich zwischen den Atomkernen wiedergegeben. Der Strich soll das bindende Elektronenpaar symbolisieren. Freie Elektronenpaare werden als Striche neben den jeweiligen Atomzentren angegeben und ungepaarte Elektronen durch Punkte. Die Lewis-Formeln beschränken sich auf die Valenzelektronen. Die Elektronen der inneren Schalen werden nicht berücksichtigt, da sie für die Bindungsbildung und die chemischen Eigenschaften eines Stoffes in der Regel keine Rolle spielen. Ebenso wird in einer Lewis-Formel nicht zwischen s- und p-Elektronen unterschieden, auch wenn deren Energie nicht exakt gleich ist (▶ Kapitel 1.7). Man kann mit Fug und Recht behaupten, dass die Lewis-Formeln die mit Abstand wichtigste Formelschreibweise der Chemie darstellen.

Atome können auch mehr als ein Elektronenpaar gemeinsam nutzen. Es kommt dann zur Ausbildung von **Doppel-** oder **Dreifachbindungen** (▶ Kapitel 9.3). Dies beobachtet man vor allem bei Molekülen, die aus den Elementen der zweiten Periode wie Sauerstoff, Stickstoff oder Kohlenstoff aufgebaut sind. Die Bindungen sind entsprechend fester und die Atomkerne sind näher zusammen als bei Einfachbindungen. So werden die beiden Stickstoffatome im N_2-Molekül durch eine Dreifachbindung zusammengehalten. Es handelt sich hierbei um eine der stabilsten kovalenten Bindungen überhaupt (Bindungslänge 110 pm, BDE 941 kJ/mol).

$$|\overset{..}{\underset{..}{N}}\cdot \; + \; \cdot\overset{..}{\underset{..}{N}}| \longrightarrow |N\equiv N|$$

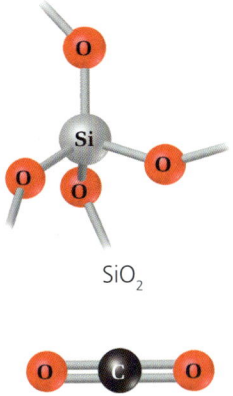

SiO$_2$

CO$_2$

Elemente ab der dritten Periode bilden nur ungern Mehrfachbindungen aus. Dies resultiert aus den unterschiedlichen Größen der Atome. Mehrfachbindungen können sich nur bilden, wenn die Atome sich sehr nahe kommen können, also kurze Bindungsabstände vorliegen. So bildet der Kohlenstoff mit Sauerstoff eine stabile molekulare Verbindung mit zwei C=O-Doppelbindungen, das Kohlendioxid CO_2. Die entsprechende Verbindung des Siliciums SiO_2 (Quarzsand) besteht dagegen aus ausgedehnten Netzwerken von Si-O-Einfachbindungen (▶ Kapitel 3.8).

In der Regel finden wir bei der Bildung chemischer Verbindungen, dass alle ungepaarten Elektronen an den jeweiligen Atomen zur Bindungsbildung benutzt werden und am Ende in einem Molekül nur noch Elektronenpaare vorliegen (entweder bindende oder freie). Man spricht von **geschlossenschaligen Verbindungen**. Es gibt allerdings auch sehr seltene Fälle, bei denen nicht alle ungepaarten Elektronen „verbraucht" werden, sondern am Ende ein oder mehrere ungepaarte Elektronen übrig bleiben. Dies ist zum Beispiel beim Stickstoffmonoxid NO der Fall. Das N-Atom hat drei ungepaarte Elektronen, das O-Atom zwei. Durch Ausbildung einer Doppelbindung zwischen N und O ist zwar das O-Atom im Sinne der Oktettregel zufrieden, da es nun acht Außenelektronen zur Verfügung hat (zwei freie Elektronenpaare und zwei bindende Elektronenpaare). Zählen wir aber die Elektronen am N-Atom, so stellen wir fest, dass dieses nur über sieben Außenelektronen verfügt und immer noch ein ungepaartes Elektron aufweist. Verbindungen mit ungepaarten Elektronen nennt man **Radikale**. Sie sind bis auf wenige Ausnahmen (wie das NO) instabil und hoch reaktiv, spielen aber durchaus bei chemischen Reaktionen als kurzlebige Zwischenstufen eine sehr wichtige Rolle, wie wir später noch sehen werden (▶ Kapitel 10).

> **MERKE**
> Teilchen mit ungepaarten Elektronen nennt man Radikale.

$$|\overset{..}{\underset{..}{N}}\cdot \; + \; \cdot\overline{\underset{..}{O}}\cdot \longrightarrow |\underset{\color{red}\cdot}{N}=\overset{..}{\underset{}{O}}|$$

ungepaartes Elektron

2 Die chemische Bindung

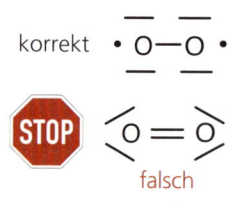

Molekularer Sauerstoff O_2

EXKURS

Sauerstoff ist ein Diradikal

Die Grenzen der Lewis-Formel erkennt man bei der Betrachtung des Sauerstoffs O_2. Da jedes O-Atom zwei ungepaarte Elektronen aufweist, würde man in der einfachen Lewis-Formel die Ausbildung einer Doppelbindung erwarten, ähnlich wie die Dreifachbindung beim N_2-Molekül. Alle Elektronen wären in einer solchen Lewis-Formel jeweils gepaart. Molekularer Sauerstoff O_2, also der in Luft vorkommende Sauerstoff besitzt aber zwei ungepaarte Elektronen, es handelt sich um ein Diradikal (Triplett-Sauerstoff). Dieser Bindungszustand ist tatsächlich spektroskopisch nachweisbar. Erklären kann man ihn auf der Basis der oben angedeuteten genaueren MO-Betrachtung. Die einfache Lewis-Formel vermittelt ein falsches Bild.

Man findet in der Chemie sehr oft die Situation, dass man irgendwann an einen Punkt stößt, an dem ein einfaches Modell nicht mehr verwendbar ist, sondern eine komplexere Betrachtungsweise nötig wird. Solange man sich der Grenzen der jeweiligen Modelle bewusst ist, spricht aber natürlich nichts dagegen, sich so lange wie möglich an die einfachen Bilder zu halten.

AUS DER MEDIZINISCHEN PRAXIS
Medizinische Bedeutung von Radikalen

Endogenes NO

Der Nobelpreis für Physiologie und Medizin wurde 1998 an die Wissenschaftler R. F. Furchgott, F. Murad und L. J. Ignarro für ihre Arbeiten zu Stickstoffmonoxid (NO) verliehen. Sie fanden heraus, dass NO identisch ist mit dem sogenannten EDRF (Endotheliumderived Relaxing Factor), einem Stoff, der im Organismus die glatte Muskulatur entspannt und dadurch zur Vasodilatation (Erweiterung der Blutgefäße) und damit auch zur Absenkung des Blutdruckes führt. Trotz seines Radikalcharakters hat NO eine relativ lange Halbwertszeit von etwa 2 bis 3 s im biologischen System und 400 s in Wasser. Neben seiner Wirkung auf glatte Muskeln ist NO ein wichtiger Botenstoff im Gehirn (Neurotransmitter) und spielt bei der Infektabwehr eine Rolle.

Nitrolingual® – Nitrospray zur Behandlung von Angina pectoris-Anfällen
© G. Pohl-Boskamp GmbH & Co. KG, Hohenlockstedt

NO als Wirkstoff

NO wird auch freigesetzt, wenn Glyceroltrinitrat („Nitroglycerin") bei einem Angina-pectoris-Anfall (Brustschmerzen, ausgelöst durch Durchblutungsstörungen in den Herzkranzgefäßen) als Spray („Nitrospray") appliziert wird: Die Blutgefäße weiten sich, das Engegefühl in der Brust verschwindet. Der Arzneistoff Sildenafil (Viagra®), eingesetzt bei erektiler Dysfunktion, wirkt indirekt ebenfalls über eine Verstärkung der Wirkung von NO. Auch bei Neugeborenen mit Lungenfunktionsstörungen oder Herzfehlern wird NO als Arzneistoff (INOMax®) eingesetzt. Zwischenzeitlich weiß man aber auch, dass NO bzw. daraus entstehendes Peroxynitrit ($ONOO^-$) für den sogenannten „nitrosativen Stress" verantwortlich ist und zusammen mit den ROS (Reactive Oxygen Species, reaktive Sauerstoffverbindungen), die den oxidativen Stress bewirken, zur Schädigung von Makromolekülen (zum Beispiel Proteinen) und dadurch zu Zellschädigungen führt.

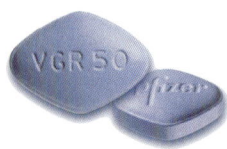

Viagra®
© Pfizer Deutschland GmbH, Karlsruhe

Zellschädigungen durch reaktive Sauerstoffradikale

Zu den ROS, die zum einen als Nebenprodukte der Zellatmung entstehen und für Alterungsprozesse verantwortlich gemacht werden, auf der anderen Seite aber auch in Entzündungszellen gebildet werden und dort der Infektabwehr dienen, zählen zum Beispiel Radikale wie das Hydroxylradikal •OH, das Hydroperoxylradikal •OOH oder das Hyperoxidradikal (Superoxidanion) •OO⁻, aber auch Moleküle wie Wasserstoffperoxid H_2O_2 und Singulett-Sauerstoff (eine angeregte, also energiereichere Variante des normalen Triplett-Sauerstoffs). Die oben angegebenen Radikale sind im Gegensatz zum relativ stabilen NO aber extrem reaktiv und daher nur sehr kurzlebig. Zigarettenrauch ist eine wesentliche externe Quelle für ROS! Oxidativer Stress und ROS spielen auch eine pathophysiologische Rolle beim Verlauf verschiedener Krankheiten wie Alzheimer, Parkinson oder Krebs. ROS können durch Antioxidantien (**Radikalfänger**) wie Vitamin C, E oder Inhaltsstoffe von Früchten, Gemüse oder Rotwein abgefangen und damit unschädlich gemacht werden (▶ Kapitel 10.9).

Frisches Obst: eine Quelle für Radikalfänger wie Vitamin C
© Michael Müller, Aachen, www.chempage.de

2.6 Die polare Atombindung

Atombindungen können nicht nur zwischen gleichen Atomen eines Elementes gebildet werden, sondern auch zwischen Atomen verschiedener Nichtmetalle. Wir haben dies bereits beim CO_2 und beim NO gesehen. Auch ein H-Atom kann mit einem Chloratom eine kovalente Atombindung ausbilden. Allerdings ist die Ladungsverteilung des bindenden Elektronenpaares nun nicht mehr symmetrisch wie beim H_2 oder beim Cl_2. Das bindende Elektronenpaar wird stärker vom Atomkern des Chloratoms angezogen als vom Atomkern des Wasserstoffatoms. Im zeitlichen Mittel befinden sich die beiden Elektronen daher öfter in der Nähe des Chloratoms als beim Wasserstoff. Das Chlor erhält dadurch eine negative Überschussladung, der Wasserstoff eine positive. Man spricht von **Partialladungen** (δ^+ bzw. δ^-).

$$H \cdot + \cdot \overline{\underline{Cl}}| \longrightarrow H - \overline{\underline{Cl}}| \quad \text{genauer} \quad \overset{\delta^+}{H} \blacktriangleleft \overset{\delta^-}{\overline{\underline{Cl}}}|$$

Die unsymmetrische Ladungsverteilung im HCl-Molekül verglichen mit dem Cl_2-Molekül lässt sich anschaulich durch das **Oberflächenpotenzial** darstellen, bei dem man vereinfacht gesagt die Ladungsverteilung durch eine entsprechende Farbgebung auf der räumlichen Oberfläche des Moleküls wiedergibt (rot = negative Ladungsdichte, blau = positive Ladungsdichte, Farben dazwischen entsprechend dem Farbspektrum geben neutrale und schwach positive oder negative Ladungsdichten an). Je polarer die Bindung ist, desto stärker variiert die Farbe innerhalb des Moleküls. Das Cl_2-Molekül ist unpolar, wir sehen ein nahezu einheitliches Grüngelb (▶ Abbildung 2.7). Das HCl-Molekül ist hingegen eindeutig stark polar. Das Cl-Atom weist eine deutliche Rotfärbung auf (negativ) und das H-Atom eine deutliche Blaufärbung (positiv).

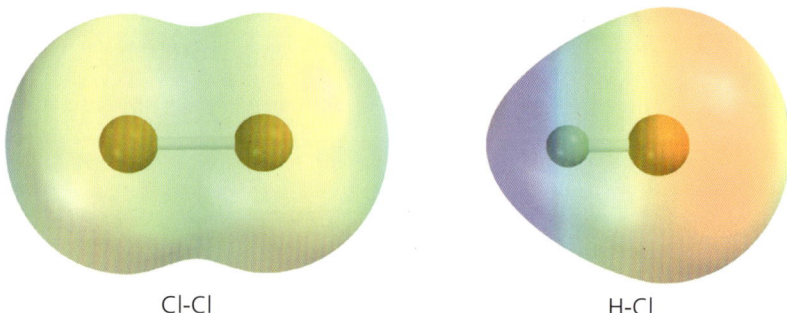

Abbildung 2.7: Oberflächenpotenziale von Chlor und Chlorwasserstoff. Das unpolare Cl$_2$-Molekül weist eine gleichmäßige Ladungsverteilung auf, im polaren HCl-Molekül sehen wir hingegen eine deutliche Polarisierung (= Ladungstrennung).

Als Maß für die Stärke, mit der ein Atom Bindungselektronen zu sich hinzieht, wird die **Elektronegativität EN** verwendet. Hierfür gibt es verschiedene empirisch aufgestellte Tabellen. Im Allgemeinen gilt, dass im Periodensystem die EN innerhalb einer Periode nach rechts hin zunimmt (Kernladungszahl steigt) und in einer Gruppe von oben nach unten abnimmt (Entfernung der Bindungselektronen zum Kern nimmt zu) (▶ Abbildung 2.8).

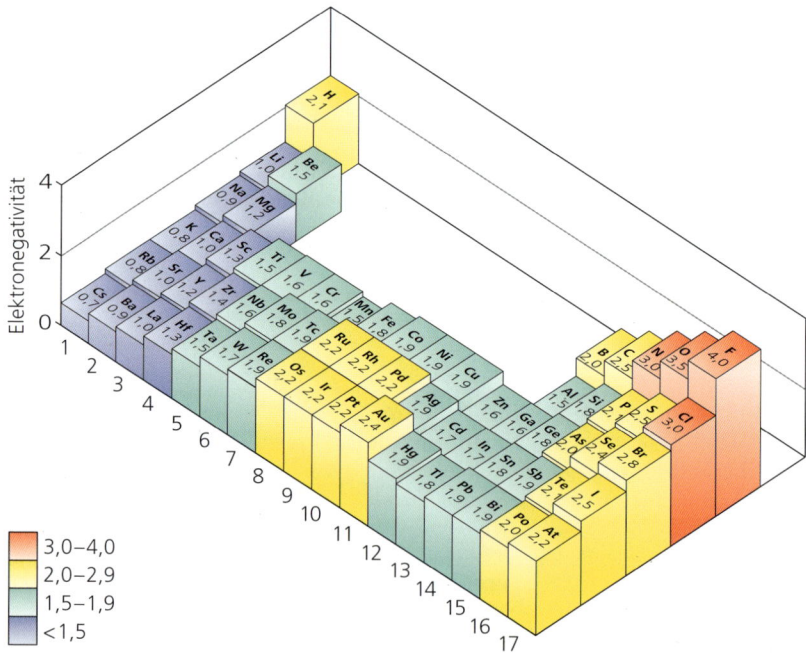

Abbildung 2.8: Elektronegativität nach Pauling. Im Periodensystem nimmt die Elektronegativität in der Regel von links nach rechts zu und von oben nach unten ab. Das elektronegativste Element ist Fluor (4,0), das elektropositivste Element ist Cäsium (0,7).
Aus: Brown, T. L., LeMay, H. E. & Bursten, E. B. (2007)

DEFINITION

Elektronegativität

Die Elektronegativität ist ein Maß für das Bestreben eines Elementes, Elektronen in einer kovalenten Bindung an sich zu ziehen.

Je größer der Elektronegativitätsunterschied zwischen zwei Bindungspartnern ist, desto polarer ist die Bindung. Dies sieht man zum Beispiel sehr anschaulich bei den Halogenwasserstoffen HX (▶ Abbildung 2.9). Vom HF zum HI nimmt der Unterschied in der Elektronegativität zwischen dem Wasserstoff und dem Halogen ständig ab. Folglich ist das HF ein sehr polares Molekül, das HI ist fast unpolar.

| HF | HCl | HBr | HI |

Abbildung 2.9: Unterschiedlich polare Bindungen der vier Halogenwasserstoffe. Die Polarisierung der H-X-Bindung nimmt aufgrund der im Periodensystem der Elemente von oben nach unten abnehmenden EN der Halogene ab.

Der Extremfall einer polaren Bindung tritt dann auf, wenn das Bindungselektronenpaar vollständig zum elektronegativeren Partner hin verschoben wird. Dann haben wir aber keine Atombindung mehr, sondern es hat eine Elektronenübertragung stattgefunden, es liegt eine Ionenbindung vor. Die völlig unpolare kovalente Atombindung (zum Beispiel Cl–Cl) und die klassische Ionenbindung (zum Beispiel NaCl) sind also nur Extremfälle, dazwischen gibt es einen fließenden Übergang von zunehmend polareren Atombindungen. Eine klare, definierte Grenze zwischen Atombindung und Ionenbindung lässt sich nicht ziehen: Genau genommen enthält auch die Bindung im NaCl kovalente Anteile und die im H_2-Molekül ionische Anteile.

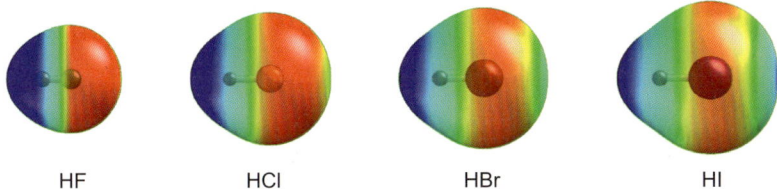

| unpolare Atombindung | polarisierte Atombindung | Ionenbindung |
| $\Delta EN = 0$ | 0,9 | 2,1 |

2.7 Die koordinative Bindung

Bisher haben wir eine kovalente Atombindung immer dadurch gebildet, dass jeder der beiden Bindungspartner ein Elektron zum bindenden Elektronenpaar beigesteuert hat (Fall 1). Eine andere Möglichkeit besteht darin, dass beide bindenden Elektronen von einem Atom stammen und

MERKE

Lewis-Säure = e^--Paar-Akzeptor

Lewis-Base = e^--Paar-Donor

der zweite Bindungspartner nur ein leeres Orbital zur Verfügung stellt (Fall 2). In beiden Fällen ist das Ergebnis das gleiche. Die beiden Atome A und B werden durch ein bindendes Elektronenpaar in einem sich über beide Atome erstreckenden Molekülorbital zusammengehalten. Wo die Elektronen ursprünglich herkamen, ist für die Bindung unerheblich. Man bezeichnet diese Art der Bildung einer kovalenten Atombindung als **koordinative Bindung** (manchmal auch **dative Bindung** genannt). Sie tritt besonders häufig bei der Bildung von Metallkomplexen auf (▶ Kapitel 8). Der Bindungspartner B, der die Elektronen liefert, wird als **Lewis-Base** bezeichnet, derjenige, der die Elektronenlücke aufweist (A), als **Lewis-Säure**. Damit entsteht eine koordinative Bindung durch eine Lewis-Säure-Lewis-Base-Reaktion (▶ Kapitel 6.1).

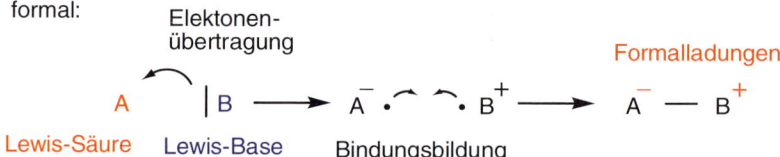

Ein wichtiger formaler Unterschied ist das Auftreten von **Formalladungen** in den Lewis-Formeln bei einer koordinativen Bindung. Das Atom B hat formal eines seiner Elektronen an das Atom A abgegeben, um es dann wieder mit diesem in der kovalenten Atombindung gemeinsam zu nutzen. Dadurch erhält B eine positive Formalladung. Umgekehrt hat A formal ein Elektron von B aufgenommen und somit eine negative Formalladung. Die Atombindung entsteht so zumindest rein gedanklich durch die Wechselwirkung von B^+ mit A^-, beide mit jeweils einem ungepaarten Elektron.

Die Formalladungen geben – wie der Name schon sagt – nicht die tatsächliche Ladungsverteilung im Molekül an. Sie sind nur nötig, um koordinative Bindungen in den Lewis-Formeln korrekt darzustellen. Dies kann man sich am Beispiel des Oxidaniumions (H_3O^+, früher Hydroniumion, Oxonium oder Hydroxoniumion) sehr gut verdeutlichen. An ein Wassermolekül kann sich an eines der beiden freien Elektronenpaare des Sauerstoffes ein Proton anlagern. Es kommt zu einer koordinativen Bindung und zur Bildung des H_3O^+-Teilchens, das uns bei der Besprechung von Säuren und Basen noch öfter begegnen wird (▶ Kapitel 6). Formal erhält der Sauerstoff eine positive Ladung. Schaut man sich aber die tatsächliche Ladungsverteilung an, so sieht man, dass der Großteil der positiven Ladungsdichte gleichmäßig über die drei Wasserstoffatome verteilt ist. Das Sauerstoffatom (rot) ist hingegen negativer polarisiert als die drei Wasserstoffatome (blau). Die Formalladungen sind somit zwar wichtig, da die Lewis-Formeln ohne sie falsch sind! Aber man hüte sich davor, Formalladungen als echte physikalische Ladungen zu interpretieren. Wir werden noch öfter Situationen kennenlernen, in denen Lewis-Formeln die Realität nicht adäquat beschreiben (zum Beispiel beim Phänomen der Resonanz, ▶ Kapitel 10).

Mit dem Konzept der koordinativen Bindung kann man nun auch die Bindungsverhältnisse in Ionen wie Nitrat (NO_3^-), Sulfat (SO_4^{2-}) oder Phosphat (PO_4^{3-}) verstehen. Schauen wir uns zuerst das Nitratanion (NO_3^-) an. Formal kann man sich Nitrat aufgebaut denken aus einem N-Atom, zwei O-Atomen und einem O^--Anion (das Nitrat weist eine negative Ladung auf). Wie im nachfolgenden Schema gezeigt, kann man nun jeweils Bindungen durch Paarung von je einem ungepaarten Elektron am N und am O bilden. Das N-Atom weist drei ungepaarte Elektronen auf, mit denen eines der beiden O-Atome durch eine Doppelbindung und das O^--Anion durch eine Einfachbindung gebunden werden. Nun haben wir immer noch ein O-Atom, aber keine ungepaarten Elektronen mehr am N-Atom, sondern nur noch ein freies Elektronenpaar. Daher muss man nun die Ausbildung einer koordinativen Bindung formulieren: Zuerst erfolgt die formale Elektronenübertragung vom N- auf das O-Atom. Man erhält ein weiteres O^--Anion und einen positiv geladenen Stickstoff, die beide jeweils ein ungepaartes Elektron aufweisen. Die Ausbildung einer kovalenten Bindung mit diesen beiden ungepaarten Elektronen führt dann zur korrekten Lewis-Formel für das Nitratanion. Entscheidend ist, dass das N-Atom eine positive Formalladung trägt. Man hüte sich davor, die positive und negative Formalladung durch eine Doppelbindung zu ersetzen. Dies würde zu einer Lewis-Formel mit einem fünfbindigen Stickstoff führen, also einem N-Atom, das zehn Außenelektronen aufweist. Dies ist aber für Elemente der zweiten Periode wegen der streng geltenden Oktettregel nicht möglich (▶ Kapitel 2.2). Eine solche Lewis- Formel ist falsch!

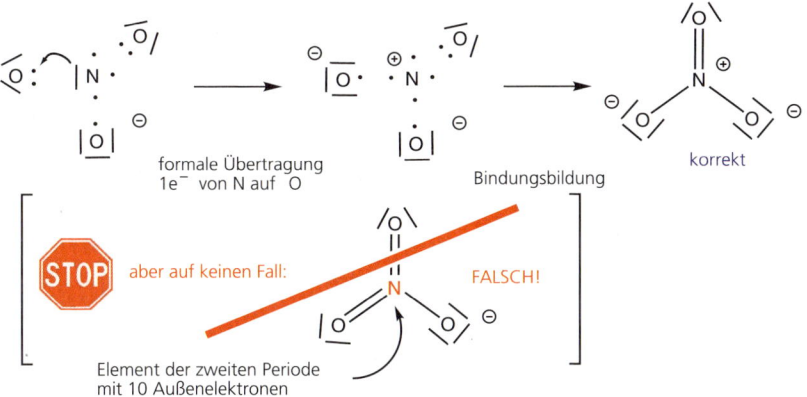

Anders ist dies bei Elementen der dritten und höheren Perioden wie Schwefel oder Phosphor, bei denen die Oktettregel nicht mehr streng gilt. Man kann durchaus Lewis-Formeln formulieren, bei denen zum Beispiel im Sulfatanion das S-Atom mehr als acht Außenelektronen aufweist (**Oktettaufweitung**). Aber auch hier zeigen genauere Untersuchungen, dass die tatsächliche Elektronenverteilung eher der Lewis-Formel mit nur acht Außenelektronen und dafür doppelter positiver Formalladung am S-Atom entspricht. Eine analoge Situation findet man beim Phosphatanion. Genau genommen handelt es sich bei den gezeigten Lewis-Formeln um **Resonanzformeln**, von denen keine tatsächlich exakt richtig ist. Aber die jeweils rechte Resonanzformel kommt der tatsächlichen Struktur am nächsten (▶ Kapitel 10).

Korrekte Lewis-Formeln für das Sulfat- bzw. Phosphat-Anion:

SO_4^{2-}

formal 12 e⁻ am S   oder   formal 10 e⁻ am S   oder   formal 8 e⁻ am S

PO_4^{3-}

formal 10 e⁻ am P   oder   formal 8 e⁻ am P

2.8 Vergleich der Bindungstypen

Schaut man sich nun die verschiedenen Elemente im Periodensystem an, so kann man folgende Verallgemeinerungen bezüglich der jeweiligen Bindungstypen ziehen (▶ Abbildung 2.10):

- Oben rechts im Periodensystem stehen die typischen Nichtmetalle, die untereinander kovalente oder koordinative Atombindungen ausbilden. Die Bindungen sind umso polarer, je größer die Elektronegativitätsdifferenz (ΔEN) der beteiligten Atome ist.
- Elemente der zweiten Periode können wegen ihrer geringen Größe auch kovalente Doppel- und Dreifachbindungen untereinander ausbilden. Ab der dritten Periode findet man nahezu ausschließlich Einfachbindungen.

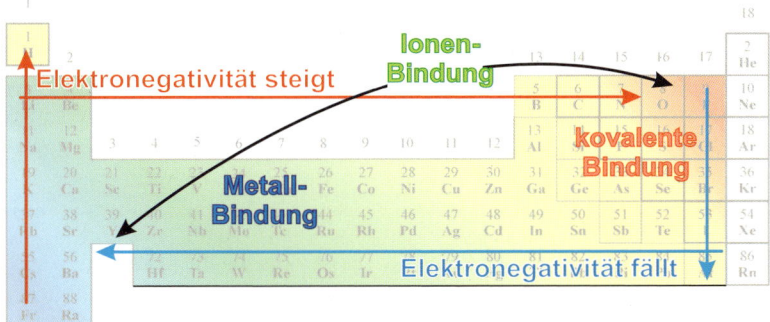

Abbildung 2.10: Vergleich der Bindungstypen. Je nach ihrer Stellung im Periodensystem bevorzugen die Elemente unterschiedliche Bindungstypen. Die typischen Metalle bilden alleine oder mit anderen Metallen metallische Bindungen aus, mit Nichtmetallen hingegen ionische Bindungen. Reagieren Nichtmetalle mit anderen Nichtmetallen, entstehen kovalente Atombindungen.

- Unten links im Periodensystem stehen die Metalle, die miteinander metallische Bindungen eingehen.
- Metalle und Nichtmetalle bilden miteinander Ionenbindungen aus.
- Die Übergänge zwischen den einzelnen Bindungstypen sind fließend.

2.9 Vorhersage von Molekülstrukturen

Die Lewis-Schreibweise gibt an, welche Atome in einem Molekül durch welche Art von Bindung zusammengehalten werden. Die zweidimensionalen Lewis-Formeln machen aber keine Aussage über die dreidimensionale Gestalt der Moleküle. Zweiatomige Moleküle wie H_2 oder auch HCl sind natürlich lineare Teilchen. Aber wie sieht es mit dreiatomigen Molekülen wie H_2O oder CO_2 aus? Das Experiment zeigt uns, dass H_2O gewinkelt ist, CO_2 hingegen linear. Es gibt ein einfaches Modell, das **VSEPR-Modell** (*Valence Shell Electron Pair Repulsion* = Valenzschalen-Elektronenpaar-Abstoßung), mit dem man die dreidimensionale Struktur von einfachen kovalenten Verbindungen vorhersagen kann (analog lassen sich auch Komplexgeometrien vorhersagen: ▶ Kapitel 8.5). Das VSEPR-Modell basiert auf folgenden einfachen Annahmen:

- Alle Elektronenpaare (= EP) in einem Molekül (also bindende und freie Elektronenpaare) stoßen sich gegenseitig ab und ordnen sich daher im Raum so an, dass der Abstand zwischen ihnen maximal ist.
- Aus der Gesamtanzahl der Elektronenpaare um ein Atom herum (Doppel- und Dreifachbindungen zählen dabei wie ein Elektronenpaar), ergibt sich dann der sogenannte **Strukturtyp**: linear (zwei EP), trigonal-planar (drei EP) oder tetraedrisch (vier EP).

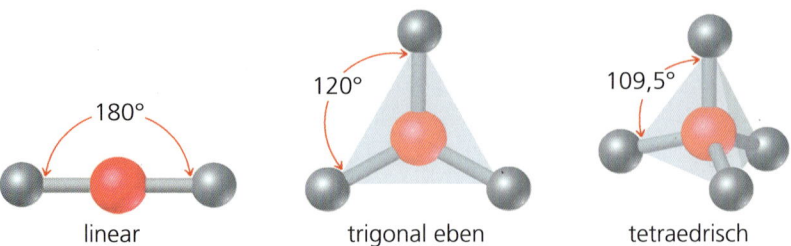

linear   trigonal eben   tetraedrisch

Nach: Brown, T. L., LeMay, H. E. & Bursten, E. B. (2007)

- Die Anordnung der gebundenen Atome (ohne Berücksichtigung der „nicht sichtbaren" freien Elektronenpaare) ergibt dann die tatsächliche **Molekülstruktur**.
- Freie Elektronenpaare brauchen etwas mehr Platz als bindende Elektronenpaare, daraus lassen sich die Bindungswinkel abschätzen.

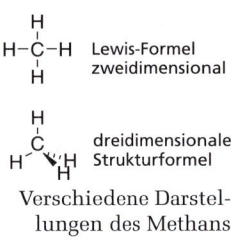

Verschiedene Darstellungen des Methans

Im CH_4-Molekül haben wir vier bindende Elektronenpaare, die demzufolge tetraedrisch um das C-Atom herum angeordnet sind. In der Tat weist das Methan eine regelmäßige tetraedrische Struktur auf mit einem Bindungswinkel von 109,5°. Die Bindungsverhältnisse im Methan und anderen kohlenstoffhaltigen Verbindungen werden wir später ausführlich besprechen (▶ Kapitel 9). Häufig versucht man die dreidimensionale Struktur auch in der Strichformel zum Ausdruck zu bringen, indem man für die räumliche Orientierung der Bindungen neben einfachen Bindungsstrichen (Bindung liegt in der Papierebene) noch gestrichelte Bindungen (hinter der Papierebene) und Keilstriche (Bindung vor der Papierebene) verwendet. Auch beim Ammoniak NH_3 haben wir es mit vier Elektronenpaaren zu tun (drei bindenden und einem freien Elektronenpaar). Der Strukturtyp ist daher wieder ein Tetraeder (▶ Abbildung 2.11). Allerdings ist eine Ecke des Tetraeders durch das freie Elektronenpaar besetzt. Dieses „sehen" wir aber nicht (obwohl es vorhanden ist und auch Raum beansprucht). Die drei sichtbaren N-H-Bindungen weisen dann in die drei verbleibenden Ecken des Tetraeders, das NH_3-Molekül ist somit trigonalpyramidal (Molekülstruktur).

NH_3 ⟹ H–N̈–H ⟹ Strukturtyp (tetraedrisch) ⟹ Molekülstruktur (trigonal pyramidal)

Lewis-Strukturformel

Abbildung 2.11: Das VSEPR-Modell. Aus der Lewis-Formel ergibt sich durch Abzählen der Bindungen zu anderen Atomen und der freien Elektronenpaare der Strukturtyp. Lässt man die „nicht sichtbaren" freien Elektronenpaare weg, erhält man die Molekülstruktur.
Nach: Brown, T. L., LeMay, H. E. & Bursten, E. B. (2007)

Beim Wasser H_2O haben wir nur noch zwei bindende Elektronenpaare, aber dafür zwei freie Elektronenpaare. Es verbleibt eine gewinkelte Anordnung der beiden O-H-Bindungen um das O-Atom herum. Die anderen beiden Tetraederecken sind wieder durch die „unsichtbaren" (aber vorhandenen) freien Elektronenpaare besetzt. Da die freien Elektronenpaare etwas mehr Platz benötigen als die bindenden Elektronenpaare, sind die Bindungswinkel im Ammoniak und im Wasser mit 107° und 104,5° etwas kleiner als im Methan mit 109,5° (▶ Abbildung 2.12).

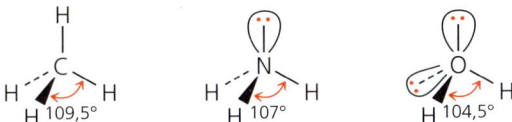

Abbildung 2.12: Freie Elektronenpaare brauchen mehr Platz. Da Bindungselektronenpaare von zwei Atomkernen angezogen werden, sind sie kleiner als freie Elektronenpaare. Beim Übergang vom Methan zu Ammoniak und Wasser verringert sich daher jedes Mal der H-X-H-Bindungswinkel ein wenig.
Aus: Brown, T. L., LeMay, H. E. & Bursten, E. B. (2007)

Beim VSEPR-Modell werden Doppel- und Dreifachbindungen wie ein Elektronenpaar gezählt. Beim Kohlendioxid ist das C-Atom mit den beiden O-Atomen jeweils durch eine Doppelbindung verbunden. Es liegen also formal zwei zu berücksichtigende Elektronenpaare vor. Das Molekül ist linear gebaut. Beim Schwefeldioxid SO_2 besitzt das Schwefelatom noch ein weiteres freies Elektronenpaar, somit insgesamt drei formal zu zählende Elektronenpaare. SO_2 leitet sich von einer trigonal-planaren Struktur ab und ist gewinkelt gebaut.

CO_2 O=C=O SO_2 O=S=O   oder   ⊖O−S⊕=O
          linear   **gewinkelt**

> ### ZUSAMMENFASSUNG
>
> In diesem Kapitel haben wir Folgendes über chemische Bindungen gelernt:
>
> - Alle Atome sind bestrebt, durch Ausbildung von chemischen Bindungen mit anderen Atomen Edelgaskonfiguration zu erreichen (Oktettregel). Edelgasatome besitzen bereits acht Außenelektronen und sind daher unreaktiv.
> - Dazu können Atome entweder durch Auf- oder Abnahme von Elektronen in geladene Ionen übergehen (Ionenbindung, metallische Bindung) oder Elektronen mit anderen Atomen gemeinsam nutzen (kovalente Atombindung).
> - Die Valenzelektronenkonfiguration und damit die Stellung im Periodensystem bestimmt, welchen Bindungstyp ein Element bevorzugt.
> - Metalle bilden mit Nichtmetallen ionische Verbindungen (Salze), wobei Elektronen vollständig vom Metall zum Nichtmetall übertragen werden. Es entsteht ein Festkörper, der aus entgegengesetzt geladenen Ionen aufgebaut ist, zwischen denen Coulomb-Kräfte wirken (Ionenbindung).

- Metalle alleine oder zusammen mit anderen Metallen (= Legierungen) bilden metallische Bindungen. Entsprechend einem einfachen Bindungsmodell geben die Atome ihre Valenzelektronen komplett ab und die resultierenden positiv geladenen Metallkationen werden durch ein „Gas" frei beweglicher Elektronen zusammengehalten.
- Nichtmetalle bilden untereinander kovalente Atombindungen, die (wie eigentlich auch die Metallbindung) nur quantenmechanisch genau verstanden werden können. Aus Atomorbitalen entstehen bindende und antibindende Molekülorbitale (MOs). Elektronen in bindenden MOs halten die Atome zusammen.
- Lewis-Formeln verwendet man, um die Bindungsverhältnisse in einem Molekül zweidimensional zu veranschaulichen. Bei den Valenzelektronen werden bindende Elektronenpaare und freie Elektronenpaare durch Striche, ungepaarte Elektronen durch Punkte dargestellt. Eine Unterscheidung zwischen s- und p-Elektronen erfolgt nicht.
- Für die Elemente der zweiten (ersten) Periode kann die Anzahl der Valenzelektronen niemals größer als acht (zwei) sein. Lewis-Formeln mit mehr als acht (zwei) Valenzelektronen an Elementen der zweiten (ersten) Periode sind falsch! Stattdessen verwendet man Lewis-Formeln mit Formalladungen. Für Elemente der höheren Perioden gilt die Oktettregel aber weniger streng (Oktettaufweitung).
- Die Elektronegativität EN ist das Maß für das Bestreben eines Elementes, Elektronen an sich zu ziehen.
- Kovalente Atombindungen zwischen Atomen mit ähnlicher Elektronegativität sind unpolar. Mit steigender Differenz der Elektronegativitäten der Bindungspartner werden die Bindungen zunehmend polar und gehen schließlich in ionische Bindungen über.
- Die koordinative Bindung ist ein Spezialfall der kovalenten Bindung, bei der beide Bindungselektronen von einem Bindungspartner stammen (Lewis-Base). Der andere Partner (Lewis-Säure) stellt ein leeres Orbital zur Verfügung. Die koordinative Bindung führt in der Lewis-Formel zu einer positiven Formalladung an der Lewis-Base und einer negativen Formalladung an der Lewis-Säure. Diese Formalladungen geben aber nicht die tatsächliche Elektronenverteilung im Molekül wieder.
- Das VSEPR-Modell kann die dreidimensionale Struktur einfacher Verbindungen vorhersagen. Die Gesamtzahl der Elektronenpaare an einem Atom bestimmt den Strukturtyp, aus dem sich dann die Molekülstruktur ergibt, wenn man die „nicht sichtbaren" freien Elektronenpaare weglässt.
- Den Strukturtyp erhält man, wenn man die Elektronenpaare (EP) so anordnet, dass der Abstand zwischen ihnen möglichst groß ist: Strukturtyp bei zwei zu berücksichtigenden EP = linear; drei EP = trigonal-planar; vier EP = tetraedrisch.

Übungsaufgaben

1. Bei welchen der nachfolgenden Verbindungen erwarten Sie eher eine Ionenbindung bzw. eher eine kovalente Atombindung: NH_3, $BaBr_2$, PCl_3, H_2O, CF_4, HBr und CsH?

2. Welche einatomigen Ionen erwarten Sie gemäß der Edelgasregel für die Elemente Phosphor P, Schwefel S, Brom Br, Strontium Sr, Kalium K, Calcium Ca und Cäsium Cs?

3. Zeichnen Sie alle möglichen Lewis-Formeln für H_2SO_4, HSO_4^-, HNO_3, H_3PO_4, C_2H_4 und C_2H_6.

4. Ordnen Sie die Elemente Lithium Li, Fluor F, Kalium K, Stickstoff N und Bor B nach
   a) zunehmendem Metallcharakter
   b) zunehmendem Atomradius
   c) abnehmender Elektronegativität

5. Geben Sie die Summenformeln der aufgeführten Verbindungen an bzw. vervollständigen Sie die Summenformeln. Falls mehrere Summenformeln möglich sind, schreiben Sie nur die stabilen Verbindungen auf:
Ca_xF_y; Na_xCl_y; $H_x(SO_4)_y$; $H_x(SO_4)_y^-$; $Na_x(CO_3)_y$; $Na_xH_y(PO_4)_z$; NO_x^-; Salpetersäure, Schwefelsäure, Salzsäure, Kochsalz, Silbernitrat, Natriumdihydrogenphosphat, Eisen(II)-chlorid.

6. Der Bindungswinkel HXH schrumpft von CH_4 über NH_3 zu H_2O von 109,5° bis auf 104,5°. Erklären Sie das Phänomen anhand des VSEPR-Modelles. Erklären Sie ebenfalls, warum Ammoniak NH_3 pyramidal aufgebaut ist, während Boran BH_3 planar ist.

7. Welche der folgenden Verbindungen weist die größte Zahl an freien Elektronenpaaren auf: HCl, H_2, NH_3, N_2?

> Die Lösungen zu den Übungsaufgaben finden Sie im Anhang. Die ausführlichen Lösungen zu diesem Buchkapitel finden Sie auf der Website zum Buch unter http://www.pearson.de. Sie finden dort auch ein Bonuskapitel »Mathematische Grundlagen« sowie ergänzende Tabellen.

Zustandsformen der Materie 3

3.1	**Aggregatzustände**	93
3.2	**Arten zwischenmolekularer Kräfte**	95
3.3	**Phasenumwandlungen**	101
3.4	**Reinstoffe und Stoffgemische**	106
3.5	**Homogene und heterogene Systeme**	106
3.6	**Ideale Gase**	108
3.7	**Flüssigkeiten**	115
3.8	**Feststoffe**	117

3 Zustandsformen der Materie

■ **FALLBEISPIEL** Kryochirurgie

Herr S. aus F. ist begeisterter Schwimmbadbesucher. Er entdeckt an der Fußsohle eine schmerzhafte Druckstelle, die mit vielen dunklen Punkten übersät ist. Der Arzt diagnostiziert eine Dornwarze (*Verruca plantares*), verursacht durch eine Infektion mit einem der 100 verschiedenen HP-Viren (Humane Papillomviren). Als erste Therapie empfiehlt der Arzt die Vereisung der Warze, die alle drei bis vier Wochen wiederholt wird. Zur Vereisung wird mit einem Applikator für 10 bis 40 Sekunden ein Kühlmittel aufgetragen, ein Dimethylether-Propan-Gemisch. Die beim Verdampfen des Kühlmittels entstehende Verdunstungskälte führt zum Absterben des Gewebes. So kann die Warze nach und nach entfernt werden.

Erklärung

Dornwarzen bilden sich an den Zehenunterseiten und den Fußsohlen und wachsen dort dornartig in die Tiefe. Die dicke Hornhautschicht der Fußsohle ist oft mit vielen kleinen roten oder schwarzen Punkten gesprenkelt, die durch kleine Einblutungen zwischen Lederhaut (Dermis) und Oberhaut (Epidermis) entstehen. Beim Auftreten können sie durch die Belastung des eigenen Körpergewichts bis an die sehr empfindliche Knochenhaut (Periost) stoßen und dadurch beim Gehen heftige stechende Schmerzen auslösen. Bei der Vereisung der Warzen, einem **kryochirurgischen Verfahren**, werden durch Druck verflüssigte Gase verdampft. Die dadurch entstehende Verdunstungskälte kühlt die Warze auf mindestens −50 °C ab. Dies bewirkt das Absterben (Nekrose) des Gewebes. Hinzu kommt die Zerstörung von Zellen durch die Bildung von Eiskristallen beim Einfrieren und die massive Wasseraufnahme in die Zellen beim Auftauen. Verwendet wird hierzu ein Dimethylether-Propan-Gemisch (DMEP). Das verflüssigte Gas geht vom flüssigen in den gasförmigen Aggregatzustand über, dafür müssen die Anziehungskräfte zwischen den Molekülen überwunden werden. Dieser Vorgang kostet Energie, die aus der Umgebung aufgenommen werden muss, und führt daher zu einer Temperatursenkung. Kryochirurgische Verfahren werden vornehmlich in der Dermatologie (Warzenentfernung, Narbenbehandlung, Tumorbehandlung), aber auch zur Behandlung von Organtumoren eingesetzt. Hierfür lassen sich neben verdampfenden Flüssigkeiten auch unmittelbar kalte Stoffe einsetzen, wie zum Beispiel flüssiger Stickstoff N_2 (−196 °C), flüssiges Lachgas (Distickstoffmonoxid, N_2O, −86 °C) oder auch Kohlensäureschnee (Trockeneis, CO_2, −78,5 °C).

LERNZIELE

Das Fallbeispiel zeigt, wie Verdunstungskälte zur Warzenentfernung ausgenutzt wird. Um zu verstehen, woher die Verdunstungskälte beim Verdampfen von verflüssigten Gasen kommt, müssen wir uns mit den Zustandsformen der Materie beschäftigen. In diesem Kapitel werden wir daher lernen,

- dass Stoffe in drei verschiedenen Aggregatzuständen auftreten können: fest, flüssig und gasförmig,
- dass zwischen den Teilchen eines oder mehrerer Stoffe verschiedene nichtkovalente Wechselwirkungen auftreten,
- dass bei Temperatur- oder Druckänderungen Phasenübergänge stattfinden können, die mit Energieänderungen verbunden sind,
- dass Stoffmischungen heterogen oder homogen sein können,

- dass sich das Verhalten von Gasen und Gasmischungen sehr einfach mithilfe des idealen Gasgesetzes beschreiben lässt,
- dass der Grundsatz „Gleiches löst Gleiches" die Mischbarkeit von Flüssigkeiten und die Löslichkeit von Feststoffen beschreibt,
- dass Festkörper kristallin oder amorph sein können.

3.1 Aggregatzustände

Die Materie um uns herum tritt in drei verschiedenen Formen auf, den Aggregatzuständen **fest**, **flüssig** und **gasförmig** (▶ Abbildung 3.1). Das häufig als vierter Aggregatzustand bezeichnete Plasma, das zum Beispiel die Sonne umgibt, soll hier nicht weiter diskutiert werden. Welchen Aggregatzustand ein bestimmter Stoff einnimmt, hängt dabei von den äußeren Bedingungen, nämlich der Temperatur und dem Druck ab. Wir kennen dies aus dem Alltag vom Wasser. Bei Normaldruck ist reines Wasser bei Temperaturen unterhalb von 0 °C ein Festkörper (Eis). Erhöht man die Temperatur (bei konstantem Druck), so wird Wasser zunächst bei 0 °C flüssig (**Schmelzpunkt**), um dann bei weiterer Temperaturerhöhung oberhalb von 100 °C gasförmig zu werden (**Siedepunkt**). Andere Stoffe besitzen unter gleichen äußeren Bedingungen hingegen andere Schmelz- und Siedepunkte. So besteht Luft im Wesentlichen aus molekularem Stickstoff N_2, der erst bei Temperaturen von −196 °C flüssig und dann aber bereits unterhalb von −210 °C fest wird. Kerzenwachs (Paraffin) wird hingegen erst bei Temperaturen von etwa 50 °C flüssig.

> **MERKE**
>
> Als Indices zur Kennzeichnung von Aggregatzuständen verwendet man:
>
> fest = s (solid)
> flüssig = fl oder l (liquid)
> gasförmig = g

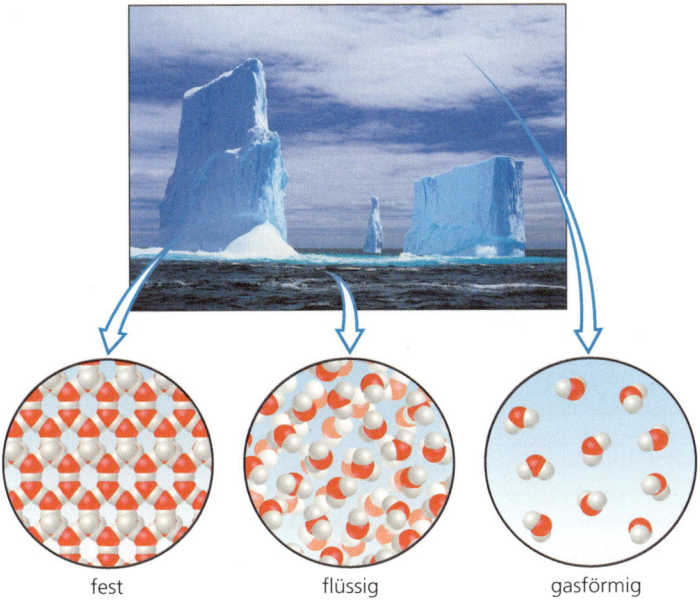

Abbildung 3.1: Die drei Aggregatzustände fest, flüssig und gasförmig. Wasser kann in fester Form (Eis), als Flüssigkeit sowie gasförmig vorkommen (Wasserdampf).
Aus: Brown, T. L., LeMay, H. E. & Bursten, E. B. (2007)

Wieso bilden Teilchen überhaupt Festkörper oder Flüssigkeiten? Wir haben im vorherigen Kapitel gesehen, dass Salze und Metalle deswegen fest sind, weil zwischen den Teilchen starke anziehende elektrostatische Kräfte existieren. Aber was hält die neutralen Wassermoleküle im festen Eis zusammen? Es muss auch im festen Eis irgendeine Art von anziehenden Kräften geben, sonst würde der Eiskristall zerfallen. Man spricht von **zwischenmolekularen (= intermolekularen) Kräften** oder **nicht kovalenten Wechselwirkungen**. Diese können je nach Molekül unterschiedlicher Natur sein (▶ Kapitel 3.2), sind aber in der Regel sehr viel schwächer als die zuvor besprochenen Kräfte, die bei chemischen Bindungen auftreten (▶ Kapitel 2). Es reicht bereits eine relativ geringe Energiezufuhr, zum Beispiel eine Temperaturerhöhung von etwas über 0 °C, aus, um die Anziehungskräfte zwischen den Wassermolekülen im Eis zu überwinden und aus hoch geordnetem, festem Eis zuerst flüssiges Wasser und dann oberhalb von 100 °C ungeordneten gasförmigen Wasserdampf zu machen, in dem keine erkennbaren Wechselwirkungen zwischen den Teilchen mehr existieren. Um die chemischen Bindungen im Wassermolekül selber zu brechen, wären hingegen Temperaturen von einigen Tausend Grad notwendig.

> **MERKE**
> Wärme = ungerichtete Bewegung von Teilchen

Zwischenmolekulare Kräfte können zwar unterschiedlich stark sein, sind aber im zeitlichen Mittel immer anziehend. Wieso liegt dann nicht jeder Stoff als Feststoff vor? Was veranlasst die Wassermoleküle im festen Eis, bei einer Temperaturerhöhung in den weniger geordneten Zustand einer Flüssigkeit überzugehen? Was bringt die Wassermoleküle dann beim Übergang in die Gasphase dazu, hierbei scheinbar jegliche Wechselwirkung mit anderen Teilchen aufzugeben? Es gibt also offensichtlich auch eine der Anziehung entgegengerichtete Eigenschaft der Teilchen, die mit der Temperaturerhöhung verknüpft sein muss. Eine erste Erklärung hierfür lieferte Francis Bacon (17. Jahrhundert), der erkannte, dass Wärme eine Form der Bewegung von Teilchen ist. Heute weiß man, dass die Wärme eines Stoffes mit der Bewegungsenergie (= kinetische Energie E_{kin}) der Teilchen zusammenhängt. Diese wiederum hängt mit der Geschwindigkeit der Teilchen zusammen. Es besteht also ein direkter Zusammenhang zwischen der Temperatur eines Stoffes und der Bewegungsenergie der Teilchen. Diese **thermischen Bewegungen** sind ungerichtet und treiben die Teilchen auseinander. In welchem Aggregatzustand ein Stoff vorliegt, hängt daher von der relativen Stärke der zwischenmolekularen Kräfte E_{inter} im Vergleich zur Bewegungsenergie E_{kin} der Teilchen und damit der Temperatur ab.

- **Gasförmig:** Die Wechselwirkungsenergie der Teilchen ist kleiner als deren kinetische Energie ($E_{inter} \ll E_{kin}$). Die Teilchen bewegen sich meistens völlig frei in alle Richtungen des zur Verfügung stehenden Raumes, nur ab und zu kommt es zu elastischen Zusammenstößen zwischen einzelnen Gasteilchen. Gase haben keine feste Form und ihr Volumen passt sich den äußeren Bedingungen an. Gasteilchen füllen immer den gesamten ihnen zur Verfügung stehenden Raum aus.
- **Flüssig:** Bewegungsenergie und zwischenmolekulare Anziehung sind ähnlich stark ($E_{inter} \approx E_{kin}$). Benachbarte Teilchen stoßen ständig aneinander und werden durch die zwischen ihnen herrschenden Wech-

selwirkungen spürbar zusammengehalten. Sie können sich aber immer noch aneinander vorbei bewegen. Es liegt eine Nahordnung, aber keine Fernordnung vor. Flüssigkeiten haben ein festes Volumen, aber keine feste Form.
- **Fest:** Die anziehenden Kräfte zwischen den Teilchen sind deutlich stärker als ihre Bewegungsenergie ($E_{inter} \gg E_{kin}$). Die Teilchen werden durch ihre Nachbarn an ihrem Platz festgehalten und können sich nicht frei bewegen (▶ Kapitel 2.3). Sie führen lediglich Schwingungsbewegungen im Festkörper aus. Festkörper haben sowohl ein festes Volumen als auch eine feste Form.

3.2 Arten zwischenmolekularer Kräfte

Wie stark Teilchen durch zwischenmolekulare Wechselwirkungen zusammengehalten werden, hängt im Wesentlichen von der chemischen Natur der Teilchen ab. Die vielleicht naheliegende Vermutung, dass ihre Masse hierbei eine Rolle spielt, ist falsch. Die wechselseitige Anziehung von Teilchen aufgrund ihrer Masse (= Gravitation) ist so schwach, dass dies vernachlässigbar ist. Selbst die Wechselwirkungen von Molekülen mit dem Gravitationsfeld der Erde sind vernachlässigbar. Es gibt aber eine Reihe von spezifischen zwischenmolekularen Wechselwirkungen, die ihre Ursache im chemischen Aufbau der Teilchen haben. Die wichtigsten nichtkovalenten Wechselwirkungen sind:

- Elektrostatische Wechselwirkungen wie zum Beispiel Ion-Ion-, Ion-Dipol- oder Dipol-Dipol-Wechselwirkungen
- Wasserstoffbrückenbindungen (eigentlich ein Spezialfall der Dipol-Dipol-Wechselwirkung)
- Van-der-Waals-Wechselwirkungen
- Hydrophobe Wechselwirkungen

3.2.1 Elektrostatische Wechselwirkungen

Betrachten wir noch einmal das schon besprochene HCl-Molekül (▶ Kapitel 2.6). Aufgrund der größeren Elektronegativität des Chloratoms ist das bindende Elektronenpaar im zeitlichen Mittel näher am Chlor- als am Wasserstoffatom. Die Ladungsverteilung ist unsymmetrisch, dadurch resultiert ein elektrischer Dipol. Die Stärke dieser Ladungstrennung und Polarisierung wird durch das **Dipolmoment μ** ausgedrückt, das sich aus der Größe der Partialladungen Q (Einheit Coulomb C) und deren Abstand r (Einheit Meter m) berechnet (▶ Abbildung 3.2). Beim Dipolmoment μ handelt es sich um eine gerichtete (= vektorielle) Größe, die vom negativen zum positiven Ende des Dipols weist. Als Einheit verwendet man Debye D (1 D = $3,33 \cdot 10^{-33}$ C · m). Das Dipolmoment eines HCl-Moleküls beträgt zum Beispiel 1,08 D.

Achtung: Früher wurde die Richtung des Dipolmomentes in der Chemie oft auch anders herum, also vom positiven zum negativen Ende, angegeben. Die hier benutzte Definition entspricht der aktuellen Empfehlung.

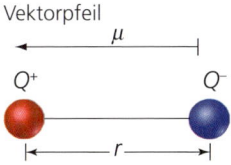

Dipolmoment $\mu = Q \cdot r$

Abbildung 3.2: Polare Moleküle haben ein Dipolmoment. Das Dipolmoment μ ergibt sich aus dem Produkt der Ladungen Q und deren Abstand r.
Nach: Brown, T. L., LeMay, H. E. & Bursten, E. B. (2007)

Nähern sich nun zwei oder mehr HCl-Moleküle einander an, dann kommt es zu elektrostatischen Wechselwirkungen zwischen den permanenten Dipolmomenten der einzelnen Moleküle (▶ Abbildung 3.4). Diese ziehen sich entweder an oder stoßen sich ab, je nachdem, ob eher die entgegengesetzten oder gleichen Enden der Dipole zueinanderweisen (▶ Abbildung 3.3). Da die Moleküle anziehende Orientierungen bevorzugen, resultiert insgesamt im zeitlichen Mittel aber immer eine Anziehungskraft zwischen den Molekülen, die **Dipol-Dipol-Wechselwirkung**.

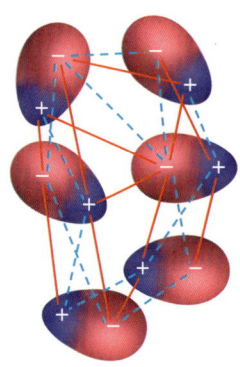

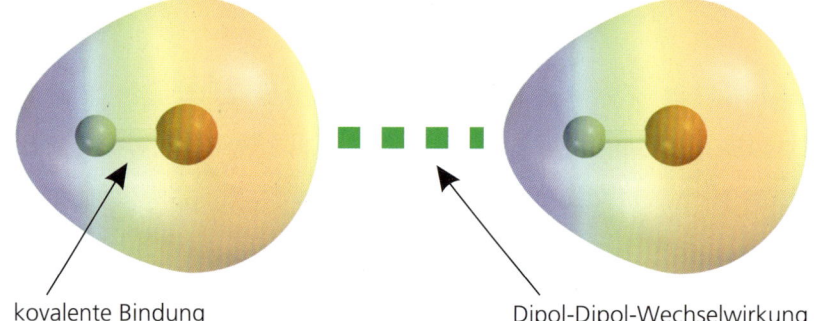

Abbildung 3.3: Anziehende (rot) und abstoßende (blau) Kräfte bei der Wechselwirkung mehrerer Dipole. Je nach ihrer gegenseitigen Orientierung können sich Dipole anziehen oder auch abstoßen. Die Moleküle orientieren sich bevorzugt so, dass im zeitlichen Mittel insgesamt immer eine Anziehung resultiert.
Aus: Brown, T. L., LeMay, H. E. & Bursten, E. B. (2007)

kovalente Bindung (stark: 431 kJ/mol)

Dipol-Dipol-Wechselwirkung (schwach: ca. 16 kJ/mol)

Abbildung 3.4: Nichtkovalente Wechselwirkung zwischen zwei HCl-Molekülen. Die intermolekulare Dipol-Dipol-Anziehung ist deutlich schwächer als die chemische Bindung innerhalb des Moleküls.

Auch permanent geladene Ionen können mit Dipolen in Wechselwirkung treten. Wird zum Beispiel Kochsalz (NaCl) in Wasser gelöst, so entstehen in der Lösung freie Ionen, die von den Dipolen der Wassermoleküle stabilisiert werden. Ein positiv geladenes Natriumkation wird dabei von Wassermolekülen so umgeben, dass das negative Dipolende, also das Sauerstoffatom, zum Na$^+$-Ion weist. Umgekehrt werden sich die Wassermoleküle um das negativ geladene Chloridanion so anordnen, dass das positive Dipolende, also die Wasserstoffatome, zum Cl$^-$ zeigen. Dadurch sind jeweils anziehende Wechselwirkungen zwischen den Ionen und den Dipolen der Wassermoleküle möglich. Man spricht in diesem Fall von **Hydratisierung**. Ohne diese Ionen-Dipol-Wechselwirkungen würde sich ein Ionenkristall wie NaCl in Wasser nicht auflösen. Wir kommen hierauf noch genauer in ▶ Kapitel 4.9 zurück.

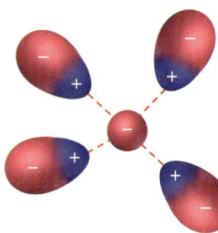

Kation-Dipol-Anziehungskräfte

Anion-Dipol-Anziehungskräfte

Ionen-Dipol-Wechselwirkungen
Aus: Brown, T. L., LeMay, H. E. & Bursten, E. B. (2007)

3.2.2 Wasserstoffbrückenbindungen

Betrachten wir das Wassermolekül noch einmal etwas genauer. Das Molekül besitzt ein relativ großes Dipolmoment von $\mu = 1{,}84$ D, das aus der Überlagerung der beiden Einzeldipolmomente der beiden OH-Bindungen resultiert. Wäre Wasser linear und nicht gewinkelt, wäre das Molekül unpolar, da sich dann die beiden Dipolmomente der beiden OH-Bindungen genau aufheben würden (das Dipolmoment ist eine vektorielle Größe). Jede OH-Bindung im Wassermolekül ist stark polarisiert, da die Wasserstoffatome an einen sehr elektronegativen Bindungspartner, das Sauerstoffatom, gebunden sind. Die Elektronegativitätsdifferenz zwischen beiden Atomen beträgt ΔEN = 1,4 (▶ Kapitel 2.6, ▶ Abbildung 2.8). Die beiden H-Atome besitzen daher eine ausgeprägte positive Partialladung, wie man anschaulich an der blauen Färbung des Oberflächenpotenzials erkennt. Die positiv polarisierten H-Atome können nun zum negativ polarisierten Sauerstoffatom eines anderen Wassermoleküls relativ starke und gerichtete nichtkovalente Bindungen ausbilden (▶ Abbildung 3.5). Die Wechselwirkung der H-Atome erfolgt hierbei mit den freien Elektronenpaaren des Sauerstoffatoms (negativ polarisiert, rote Färbung beim Oberflächenpotenzial). Diesen Spezialfall der Dipol-Dipol-Wechselwirkung nennt man **Wasserstoffbrückenbindung** (= H-Brücke). Man beobachtet H-Brücken immer dann, wenn ein H-Atom an ein sehr elektronegatives Element wie Stickstoff, Sauerstoff oder Fluor gebunden ist und ein zweites elektronegatives Atom als Akzeptor vorhanden ist. H-Brücken spielen in der Biochemie zum Beispiel bei der Struktur von Proteinen und der DNA eine wichtige Rolle (▶ Kapitel 12).

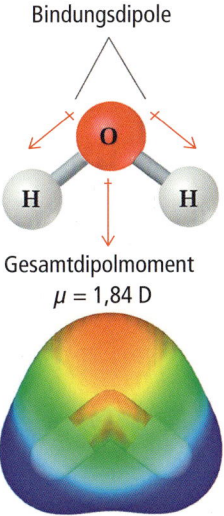

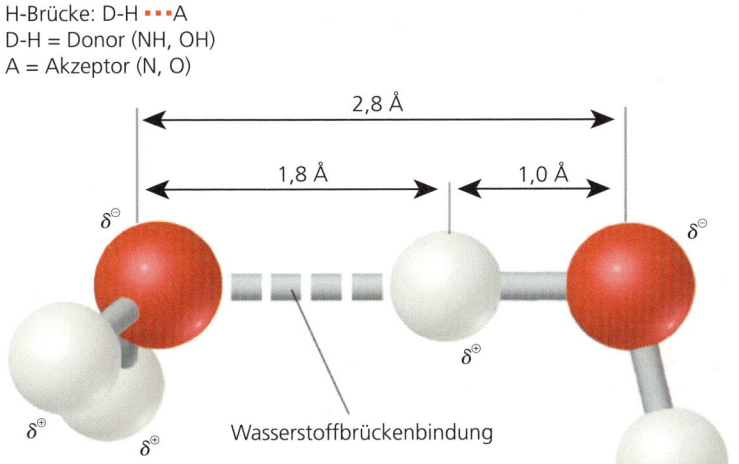

Abbildung 3.5: Wasserstoffbrücke zwischen zwei H_2O-Molekülen. Das positiv polarisierte H-Atom des einen Moleküls wird von einem der beiden freien Elektronenpaare des Sauerstoffatoms des zweiten Moleküls angezogen.
Nach: Brown, T. L., LeMay, H. E. & Bursten, E. B. (2007)

Da jedes Wassermolekül zwei positiv polarisierte H-Atome als H-Brückendonoren besitzt sowie zwei freie Elektronenpaare am Sauerstoff, die H-Brückenakzeptoren sind, kann jedes Wassermolekül maximal an vier H-Brücken gleichzeitig beteiligt sein. Dadurch resultieren relativ starke Wechselwirkungen zwischen den einzelnen Wassermolekülen, die wesentlich für die besonderen Eigenschaften des Wassers verantwortlich sind. Vergleichen wir zum Beispiel Wasser (H_2O) mit dem nächsthöheren Homologen im Periodensystem, dem Schwefelwasserstoff (H_2S): Obwohl H_2S deutlich größer und schwerer ist als H_2O, ist der Siedepunkt von H_2S mit −60 °C sehr viel niedriger. Aufgrund der sehr viel kleineren Elektronegativitätsdifferenz zwischen Schwefel und Wasserstoff (▶ Kapitel 2.6) ist die S-H-Bindung kaum polar (ΔEN = 0,4 vs. 1,4 bei der O-H-Bindung). Dadurch ist Schwefelwasserstoff nicht in der Lage, H-Brücken auszubilden. Die intermolekularen Wechselwirkungen sind somit deutlich schwächer. Wir sehen also, dass die H-Brücken im H_2O einen entscheidenden Einfluss auf die physikalischen Eigenschaften von Wasser haben. Anders verhält es sich zum Beispiel beim Vergleich von Chlorwasserstoff (HCl) und Bromwasserstoff (HBr). Keines der Moleküle ist in der Lage, H-Brücken auszubilden. Zum einen ist die Polarisierung der X-H-Bindung aufgrund des geringen Unterschiedes in den Elektronegativitäten kleiner als die der O-H-Bindung oder auch die der F-H-Bindung in Fluorwasserstoff (HF) (ΔEN = 0,9 bei HCl, 0,7 bei HBr, aber 1,78 bei HF). Zum anderen sind die Halogenatome Cl und Br sehr groß, sodass deren Ladungsdichte viel kleiner ist als beim Sauerstoff oder Stickstoff (▶ Abbildung 2.9). Die Halogenwasserstoffe HBr und HCl sind bei Raumtemperatur und Normaldruck gasförmig, dagegen ist HF aufgrund der starken H-Brücken flüssig (Siedepunkt 19,5 °C). Der Siedepunkt von HBr ist mit −66,7 °C etwas höher als der von HCl mit −86,1 °C. Diese Zunahme hat aber nichts mit der Ladungsverteilung zu tun, sondern resultiert aus der größeren Polarisierbarkeit des Bromatoms (▶ Kapitel 3.2.3). Beide Verbindungen haben aber deutlich niedrigere Siedepunkte als Wasser (100 °C).

Die H-Brücken sorgen noch für eine andere Besonderheit des Wassers. Festes Wasser, Eis, hat eine geringere Dichte als flüssiges Wassers (▶ Kapitel 3.3). In der Regel sind in einem Festkörper die Teilchen dichter gepackt als in der Flüssigkeit. Die Dichte des Feststoffes ist bei den meisten Stoffen größer als die der Flüssigkeit. Flüssiges Kerzenwachs schwimmt auf dem festen Wachs. Festes Eis hat aber bei 0 °C eine geringere Dichte (0,917 g/mL) im Vergleich zu flüssigem Wasser (1,00 g/mL). Eis schwimmt daher auf Wasser (**Dichte-Anomalie des Wassers**). Diese geringere Dichte von Eis ist auf die offene Struktur im Festkörper zurückzuführen. Die Wassermoleküle ordnen sich so an, dass jedes Molekül optimale H-Brücken mit seinen Nachbarn ausbilden kann. Dadurch ergibt sich eine wabenförmige Struktur mit Hohlräumen.

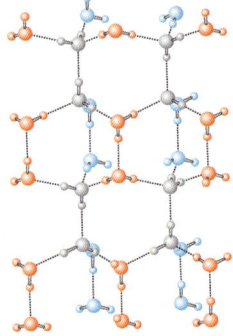

Eine mögliche Struktur von Eis
Aus: Housecroft, C. E. & Sharpe, A. G. (2006)

$$\text{Dichte} = \frac{\text{Masse}}{\text{Volumen}}$$
$$\rho = \frac{m}{v}$$

Wasser dehnt sich beim Gefrieren aus.
Aus: Brown, T. L., LeMay, H. E. & Bursten, E. B. (2007)

CHEMIE IM ALLTAG

Die Dichte von Eis

Die geringere Dichte von Eis im Vergleich zu flüssigem Wasser hat ganz entscheidende Bedeutung für den Alltag und auch für das Leben überhaupt auf unserem Planeten. Zum einen bedeutet dies, dass sich Wasser beim Gefrieren ausdehnt. Wer kennt nicht die zerplatzten Getränkeflaschen im Gefrierfach? Zum anderen schwimmt Eis auf Wasser, wie jeder Eisberg eindrucksvoll beweist. Bei den meisten anderen Stoffen sinken die „Eisberge" auf den Grund der Flüssigkeit ab. Im Winter frieren Seen daher nur oberflächlich zu, unter der Eisschicht bleibt das Wasser flüssig. Wäre Eis schwerer als flüssiges Wasser, würde das Eis absinken und der gesamte See würde komplett einfrieren: der Tod für alle im Wasser lebenden Tiere und Organismen. Unter solchen Bedingungen hätte sich Leben auf unserem Planeten wahrscheinlich nicht entwickeln können.

3.2.3 Van-der-Waals-Wechselwirkungen

Auch zwischen unpolaren Molekülen wie zum Beispiel den Edelgasen wirken intermolekulare Kräfte, wenn auch nur sehr, sehr schwache. So hat Helium, das kleinste der Edelgase, einen Siedepunkt von −268,9 °C und selbst das sehr viel größere und schwerere Radon siedet bereits bei −62 °C. Trotzdem gibt es offensichtlich auch zwischen den vollkommen unpolaren und symmetrischen Edelgasatomen anziehende zwischenmolekulare Kräfte. Im ersten Kapitel haben wir bereits gelernt, dass die Elektronen in der Elektronenhülle in ständiger Bewegung sind (▶ Kapitel 1.7). Im zeitlichen Mittel ist die Verteilung der Elektronen um den Atomkern zum Beispiel eines Edelgases somit gleichmäßig und symmetrisch. Das gilt aber nicht für jeden einzelnen Zeitpunkt. Es kann kurzzeitig dazu kommen, dass sich die Elektronen hauptsächlich auf einer Seite des Atoms aufhalten. Eine solche unsymmetrische Ladungsverteilung führt zu einem **temporären elektrischen Dipol**. Dieser ist im Gegensatz zur Situation bei polaren Atombindungen aber nicht permanent, sondern verschwindet, sobald sich die Elektronen wieder anders verteilen. Trotzdem reicht dieser nur für eine unglaubliche kurze Zeit von etwa 10^{-16} Sekunden bestehende Dipol aus, um in der Elektronenwolke eines anderen Atoms eine entgegengesetzte Verschiebung der Ladungsdichte zu induzieren. So entsteht im benachbarten Atom ein entgegengerichteter **induzierter Dipol**. Es kommt zu einer anziehenden Wechselwirkung zwischen den beiden Edelgasatomen. Diese Wechselwirkung, die aufgrund von Fluktuationen in der Elektronenhülle entsteht und zur Anziehung von induzierten Dipolen in benachbarten Teilchen führt, nennt man **Van-der-Waals-Wechselwirkung**. Es gibt sie bei jedem Molekül, aber eine entscheidende Rolle spielen sie nur bei unpolaren Molekülen, bei denen keine permanenten Dipole existieren. Ansonsten sind die oben besprochenen elektrostatischen Wechselwirkungen deutlich stärker und dominieren die zwischenmolekularen Anziehungen. Van-der-Waals-Kräfte nehmen mit der Größe der Moleküle zu, da dann die **Polarisierbarkeit** der Elektronenhülle, also die Leichtigkeit, mit der sich induzierte Dipole durch Verschiebung der Elektronen durch elektrische Felder von außen erzeugen lassen, zunimmt.

Kohlenwasserstoffe, die wir in ▶ Kapitel 9 noch genauer kennenlernen werden, sind typische unpolare Moleküle, die untereinander nur durch Van-der-Waals-Kräfte zusammengehalten werden. Je größer die Moleküle werden, desto stärker wird dieser Zusammenhalt. Die kleinen Kohlenwasserstoffe wie Methan oder Ethan sind daher gasförmig, die größeren wie Pentan oder Hexan flüssig, und die noch größeren wie Paraffin sind fest. Den Einfluss, den die Molekülgestalt auf die Van-der-Waals-Wechselwirkungen hat, sieht man sehr schön beim Vergleich von Pentan und Neopentan. Hierbei handelt es sich um zwei Isomere (▶ Kapitel 9.6), die aus der gleichen Anzahl an Atomen aufgebaut sind (Summenformel jeweils C_5H_{12}). Pentan hat allerdings eine gestreckte zylindrische Struktur, während Neopentan kugelförmig ist. Da eine Kugel eine kleinere Oberfläche aufweist als ein volumengleicher Zylinder, sind die Van-der-Waals-Wechselwirkungen beim Neopentan kleiner. Der Siedepunkt von Neopentan ist mit 9,5 °C deutlich kleiner als beim Pentan mit 36,1 °C.

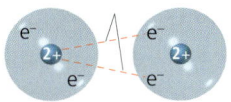

Anziehung zwischen induzierten Dipolen bei Edelgasatomen
Nach: Brown, T. L., LeMay, H. E. & Bursten, E. B. (2007)

Pentan (oben) und Neopentan (unten)
Nach: Brown, T. L., LeMay, H. E. & Bursten, E. B. (2007)

3.2.4 Hydrophobe Wechselwirkungen

Eine besondere Art von zwischenmolekularen Wechselwirkungen beobachtet man, wenn unpolare Stoffe mit polaren Stoffen in Kontakt kommen. Gibt man zum Beispiel Speiseöl, ein typisches unpolares Molekül, in Wasser, ein typisches polares Molekül, so beobachtet man, dass sich Öl und Wasser nicht miteinander mischen. Selbst wenn man anfänglich die beiden Stoffe durch intensives Schütteln gut vermischt hatte, so kommt es beim Stehenlassen schnell wieder zu einer Entmischung. Die im Wasser anfangs fein verteilten Öltröpfchen lagern sich immer weiter zusammen zu größeren Tröpfchen, bis letztendlich das Öl wieder als separate Phase auf dem Wasser schwimmt. Die Wechselwirkungen, die zu dieser Zusammenlagerung zwischen den unpolaren Einheiten führen, fasst man unter dem Begriff **hydrophobe Wechselwirkungen** zusammen. Unpolare Teilchen können zu den sie umgebenden Wassermolekülen nur sehr schwache Van-der-Waals-Bindungen ausbilden, während die Wassermoleküle untereinander aufgrund der starken Wasserstoffbrückenbindungen das schon diskutierte energetisch sehr günstige Netzwerk von H-Brücken formen. Die unpolaren Teilchen können selber keine H-Brücken ausbilden und stören daher die Struktur des Wassers. Diese Störungen haben je nach Größe der unpolaren Teilchen unterschiedliche Auswirkungen.

Bei sehr kleinen unpolaren Molekülen (zum Beispiel kleine Alkanmoleküle oder die kurzkettigen Alkanreste von Alkoholen; ▶ Kapitel 9.5) kann das Wassernetzwerk ohne Verlust von Bindungen um diese unpolaren Einheiten herum aufrechterhalten werden. Da die Wassermoleküle hierzu aber ganz bestimmte Orientierungen einnehmen müssen, wird die Ordnung des Systems erhöht. Dies ist energetisch ungünstig (**entropischer Effekt**; ▶ Kapitel 5.5). Der mit der Erhöhung der Ordnung der Wassermoleküle verbundene Energieaufwand ist für die geringe Löslichkeit kleiner unpolarer Moleküle in Wasser verantwortlich.

Überschreiten die unpolaren Teilchen eine bestimmte Größe, so kann das Netzwerk an Wassermolekülen um diese Teilchen herum überhaupt nicht mehr vollständig aufrechterhalten werden. Es müssen H-Brücken im Wassernetzwerk gebrochen werden. Um die Anzahl der gebrochenen H-Brücken möglichst gering zu halten, wenden sich die Wassermoleküle von der Oberfläche der unpolaren Teilchen weg. Die Wassermoleküle an dieser Grenzfläche haben einen höheren Energiegehalt als im Inneren der Lösung (▶ Abbildung 3.6). Je größer daher die Grenzfläche zwischen Wassermolekülen und den unpolaren Teilchen ist, desto ungünstiger ist das Ganze. Lagern sich nun zwei unpolare Moleküle zusammen, so verringert sich die Kontaktfläche zum Wasser, mehr Wassermoleküle können wieder am normalen H-Brückennetzwerk in der Lösung teilnehmen. Die Triebkraft der hydrophoben Wechselwirkung ist also die Verringerung der Kontaktfläche unpolarer Moleküle zum Wasser, was zu einer Aggregation der unpolaren Teilchen führt. Genau genommen spielt also nicht die Anziehung zwischen den unpolaren Teilchen die entscheidende Rolle, sondern es sind die Wassermoleküle, die die unpolaren Moleküle aus ihrer Nachbarschaft vertreiben.

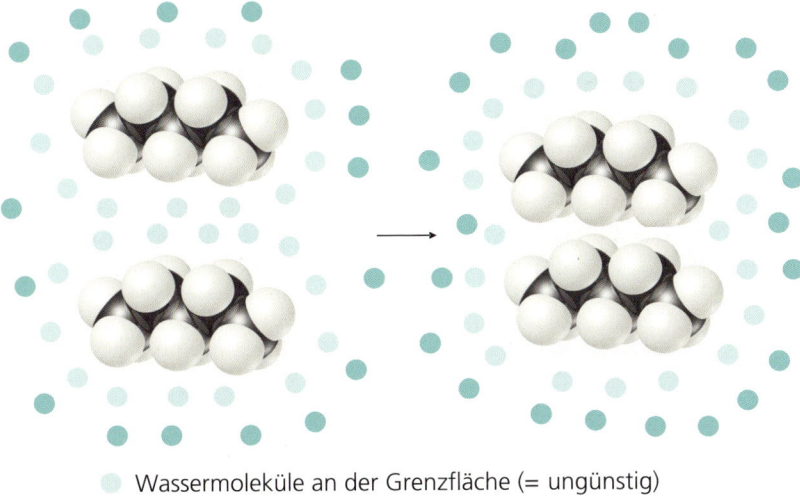

- Wassermoleküle an der Grenzfläche (= ungünstig)
- Wassermoleküle im Lösungsinneren (= günstig)

Abbildung 3.6: Die hydrophobe Wechselwirkung. Unpolare Moleküle lagern sich in Wasser zusammen. Triebkraft ist die Verringerung der Kontaktfläche der unpolaren Moleküle zum Wasser, da sich dann insgesamt weniger Wassermoleküle an der energiereichen Grenzfläche befinden müssen.

3.3 Phasenumwandlungen

Die zwischenmolekularen Kräfte sind in erster Näherung nur von der Art der Teilchen abhängig und werden von den äußeren Bedingungen wie Druck und Temperatur nur wenig beeinflusst. Die kinetische Energie der Teilchen nimmt hingegen mit der Temperatur zu. Dies bedeutet, dass feste Stoffe mit zunehmender Temperatur in der Regel erst in den flüssigen und dann in den gasförmigen Zustand übergehen. Diese Wechsel nennt man **Phasenumwandlung** oder **Phasenübergang** (▶ Abbildung 3.7). Die Temperaturen, bei denen diese Phasenumwandlungen stattfindet, auch **Schmelz-** bzw. **Siedepunkt** genannt, sind von Stoff zu Stoff verschieden und können zur Identifizierung von Substanzen verwendet werden. Allerdings hängt die Temperatur, bei der eine Phasenumwandlung erfolgt, auch vom äußeren Druck p ab. Daher verwendet man besser den Begriff **Siedetemperatur** oder **Schmelztemperatur**. Man kann bei konstanter Temperatur auch durch Erhöhung des äußeren Druckes ein Gas zum Kondensieren und eine Flüssigkeit unter bestimmten Umständen sogar zum Erstarren bringen.

> **MERKE**
>
> Phase = Stoffsystem in einheitlichem Aggregatzustand

3 Zustandsformen der Materie

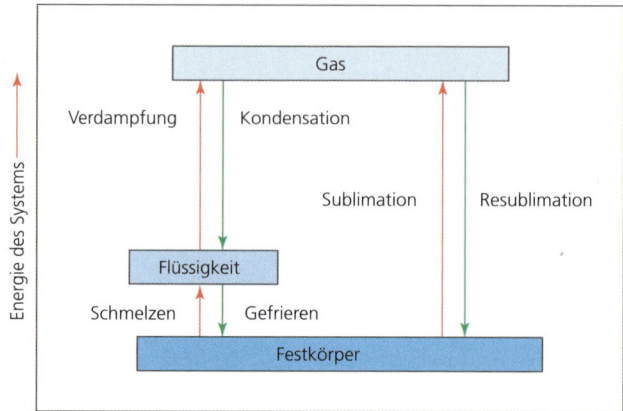

Abbildung 3.7: Phasenübergänge. Bei Druck- und Temperaturänderung kann ein Stoff aus einem Aggregatzustand in einen anderen übergehen. So wird zum Beispiel aus einer Flüssigkeit durch Verdampfung ein Gas. Bei Phasenübergängen muss entweder Energie aufgebracht werden (rote Pfeile) oder es wird Energie frei (grüne Pfeile).
Aus: Brown, T. L., LeMay, H. E. & Bursten, E. B. (2007)

CHEMIE IM ALLTAG

Der Dampfkochtopf

Wasser siedet bei Normaldruck bei 100 °C. Im Hochgebirge siedet Wasser allerdings aufgrund des geringeren Drucks bereits bei deutlich tieferen Temperaturen, zum Beispiel auf der Zugspitze (knapp 3000 m Höhe) bei etwa 85 bis 90 °C. In Schnellkochtöpfen wird hingegen der Druck erhöht, sodass Wasser erst bei höheren Temperaturen als 100 °C siedet. In handelsüblichen Dampfkochtöpfen herrschen Drücke von etwa 1,8 bar und Temperaturen von bis zu 120 °C. Dadurch werden Nahrungsmittel schneller gar, die Kochzeiten verkürzen sich.

Dampfkochtopf
© Fissler GmbH, Idar-Oberstein

> **MERKE**
>
> Gleichgewicht = Zustand, der sich im zeitlichen Verlauf makroskopisch nicht mehr ändert

Trägt man in ein Diagramm ein, welchen Aggregatzustand ein Stoff bei einer bestimmten Temperatur und einem bestimmten Druck einnimmt, so erhält man ein **Phasendiagramm** (▶ Abbildung 3.8). Entlang der eingezeichneten Kurven liegen jeweils zwei Phasen miteinander im Gleichgewicht vor (zum Beispiel fest/flüssig oder flüssig/gasförmig). Entlang dieser Kurven findet man also zum Beispiel die Schmelztemperaturen (Kurve A–D: **Schmelzkurve**) und Siedetemperaturen (Kurve A–B: **Siedekurve**) des Stoffes in Abhängigkeit vom äußeren Druck. Es gibt im Phasendiagramm genau einen Punkt A, den **Tripelpunkt**, an dem alle drei Phasen gleichzeitig nebeneinander im Gleichgewicht vorliegen. Dies ist für den Reinstoff nur unter genau diesen Druck- und Temperaturbedingungen möglich. Jeder Punkt in dem Phasendiagramm, der nicht auf einer der Kurven liegt, entspricht Bedingungen, an denen nur eine Phase stabil ist. Bei niedrigen Drücken und hoher Temperatur ist zum Beispiel einzig die Gasphase stabil (unten rechts), während bei hohen Drücken und niedriger Temperatur nur die Festphase vorliegt (oben links). Die Verdampfungskurve endet am **kritischen Punkt** B. An diesem sind Flüssigkeit und Gasphase nicht mehr voneinander unterscheidbar. Beide haben die gleiche Dichte.

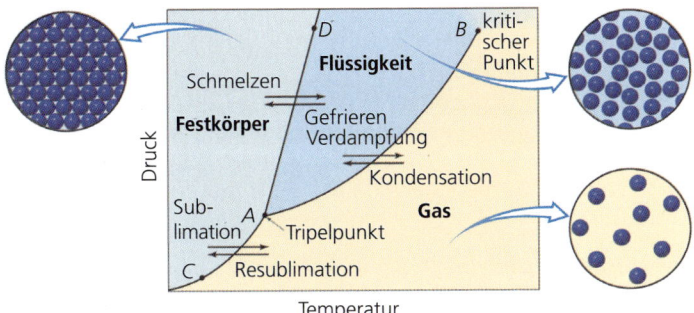

Abbildung 3.8: Allgemeines Phasendiagramm. Je nach Druck und Temperatur sind unterschiedliche Aggregatzustände eines Stoffes stabil, wobei entlang der Kurven immer zwei Aggregatzustände nebeneinander im Gleichgewicht vorliegen.
Aus: Brown, T. L., LeMay, H. E. & Bursten, E. B. (2007)

Betrachten wir zusätzlich neben diesem allgemeinen Phasendiagramm auch noch die Phasendiagramme von Wasser und Kohlendioxid (▶ Abbildung 3.9). Beim Wasser fällt zum einen auf, dass die Schmelzkurve eine negative Steigung hat. Bei zunehmendem Druck wandelt sich daher bei gleicher Temperatur Eis in flüssiges Wasser um. Dies ist die schon erwähnte **Anomalie des Wassers** (▶ Kapitel 3.2.2), die ihre Ursache in der geringeren Dichte von Eis gegenüber flüssigem Wasser hat. Der Tripelpunkt von Wasser liegt bei 6 mbar und 0,01 °C. Wieso haben wir dann in ▶ Abbildung 3.1 auch gasförmiges Wasser (Wasserdampf) neben Eis und flüssigem Wasser vorliegen, obwohl diese Bedingungen (1 atm Druck = 1013 mbar = $1{,}013 \cdot 10^5$ Pa und 0 °C) nicht dem Tripelpunkt des Wassers entsprechen? Der entscheidende Unterschied ist, dass wir es bei der Situation in ▶ Abbildung 3.1 nicht mit einem Reinstoff zu tun haben (▶ Kapitel 3.4). Neben gasförmigem Wasserdampf enthält die Luft noch eine ganze Reihe weiterer Gase (auch in deutlich größeren Mengen). Für ein solches Stoffgemisch gelten andere Regeln als für Reinstoffe.

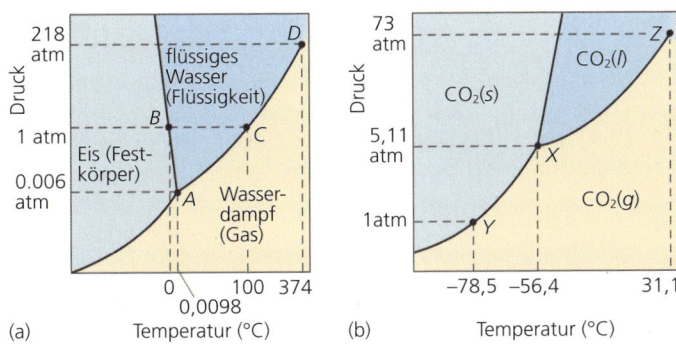

Abbildung 3.9: Phasendiagramme von Wasser (H_2O) und Kohlendioxid (CO_2). Im Gegensatz zu Kohlendioxid (und den meisten anderen Stoffen) hat bei Wasser die Schmelzkurve eine negative Steigung. Kohlendioxid sublimiert bei Normaldruck, geht also direkt vom festen in den gasförmigen Aggregatzustand über.
Nach: Brown, T. L., LeMay, H. E. & Bursten, E. B. (2007)

3 Zustandsformen der Materie

Trockeneis
© Eisvogel Nutzeis Produktions GmbH, Berlin, www.eisvogel-nutzeis.com

Beim Kohlendioxid ist wie bei den meisten Stoffen hingegen die Dichte des Eises größer als die der Flüssigkeit. Dafür finden wir beim Kohlendioxid eine andere Besonderheit. Der Tripelpunkt X liegt bei 5,11 atm Druck. Unterhalb dieses Druckes ist keine flüssige Phase existent. Das heißt, bei 1 atm Druck geht festes Kohlendioxid bei −78,5 °C direkt in den gasförmigen Zustand über. Das Eis schmilzt nicht, sondern verdampft sofort (Sublimation). Daher kommt auch der Name **Trockeneis** für festes Kohlendioxid.

Phasenumwandlungen sind mit einer Energieänderung verbunden. So müssen zum Beispiel beim Verdampfen, also beim Phasenübergang vom flüssigen in den gasförmigen Zustand, die Anziehungskräfte zwischen den Teilchen überwunden werden. Die zwischenmolekularen Bindungen müssen gelöst werden. Dazu ist ähnlich wie beim Brechen einer kovalenten Bindung eine Energiezufuhr von außen notwendig, die im einfachsten Fall in Form von Wärme aus der Umgebung abgezogen wird (**Verdampfungswärme = Verdunstungskälte**). Natürlich sind diese Energiebeträge deutlich kleiner als bei echten kovalenten Bindungen. Während kovalente Bindungen in der Größenordnung von einigen Hundert kJ/mol liegen (▶ Tabelle 2.2), betragen nicht kovalente Wechselwirkungen zumindest bei kleinen Molekülen selten mehr als 10 bis 20 kJ/mol, häufig sind die Kräfte sogar noch schwächer. Umgekehrt wird zum Beispiel beim Kondensieren, also beim Phasenübergang gasförmig/flüssig, Energie frei, die als Wärme wieder an die Umgebung abgegeben wird.

CHEMIE IM ALLTAG

Kann man auf Trockeneis Schlittschuh laufen?

Schlittschuhläufer
© Pilsensee in der Ammerseeregion (5-Seenland Oberbayern)/© KWJ www.ammersee-region.de

Überlegen Sie einmal anhand der Phasendiagramme (▶ Abbildung 3.9), ob man auch auf Trockeneis Schlittschuh laufen könnte? Was passiert beim Schlittschuh laufen? Das Körpergewicht übt über die sehr kleinen Kufen einen starken Druck auf das Wassereis aus. Diese Druckerhöhung führt zu einem Schmelzen des Eises (Anomalie des Wassers: Wasser hat eine höhere Dichte als Eis, die Schmelzkurve also eine negative Steigung). Auf diesem Wasserfilm gleitet der Schlittschuhläufer dann weitgehend reibungsfrei über das Eis. Man ist also eigentlich kein Eisläufer, sondern ein Wasserläufer. Beim Kohlendioxid führt die Druckerhöhung aber nicht zum Schmelzen. Hier hat der Feststoff eine höhere Dichte als die Flüssigkeit. Es entsteht somit kein Flüssigkeitsfilm und es ist kein Schlittschuhlaufen möglich. Die Reibung zwischen den Kufen und dem festen Eis ist zu groß.

AUS DER MEDIZINISCHEN PRAXIS

Dampfsterilisation

Erhitzt man Wasser in einem offenen Gefäß, so fängt das Wasser bei 100 °C an zu sieden, es entsteht Wasserdampf, der entweicht. Die Temperatur des Wasserdampfes beträgt dabei genau 100 °C. In einem geschlossenen Gefäß, einem Autoklav, hingegen kann der Wasserdampf nicht entweichen und lässt sich weiter aufheizen. Man erhält unter Druck stehenden Wasserdampf mit einer Temperatur von deutlich über 100 °C. Diesen kann man hervorragend nutzen, um Bakterien abzutöten.

Je nach Erreger betragen bei dieser **Dampfsterilisation** die Abtötungszeiten bei 120 °C Dampftemperatur zwischen 5 und 60 Minuten. Der Dampf wirkt dabei nicht nur durch seine hohe Temperatur als Wärmeüberträger, sondern übt auch eine direkte bakterizide Wirkung aus. Der Dampf steht im Autoklaven unter einem solchen Druck, dass seine Siedetemperatur genau 120 °C entspricht. Wir befinden uns im Phasendiagramm direkt auf der Siedekurve (= **gespannter Dampf**). Beim Kontakt des Dampfes mit dem Sterilgut, zum Beispiel einem medizinischen Gerät, kommt es zur Kondensation des Dampfes. Dabei wird die Verdampfungswärme frei, die auf das Sterilgut übertragen wird. Anhaftende Bakterien werden dadurch miterhitzt und abgetötet. Außerdem führt die Feuchtigkeit zum Aufquellen der Bakterien, was diese hitzeempfindlicher macht. Trockene Luft ist hingegen sehr viel schlechter zur Sterilisation geeignet. Sie leitet Wärme nur sehr schlecht und beim Kontakt mit Materie wird keine Verdampfungswärme frei. Trockene Luft wirkt also nur durch ihre Temperatur. Man benötigt daher bei der Heißluftsterilisation Temperaturen oberhalb von 200 °C und sehr viel längere Einwirkzeiten. Die Dampfsterilisation im Autoklaven ist daher heutzutage die Methode der Wahl zur Sterilisation von medizinischem Gerät.

Autoklav
© MELAG oHG Medizintechnik, Berlin

AUS DER MEDIZINISCHEN PRAXIS
Verdunstungskälte

Wärmeregulation durch Schwitzen

Menschen sind Warmblüter, das heißt, ihre Körperkerntemperatur liegt konstant bei etwa 36,50 °C. Nun wird im Körper ständig Energie und damit auch Wärme produziert (zum Beispiel beim Stoffwechsel, wie dem Abbau von Nahrung), die nach außen abgeführt werden muss, um einen Anstieg der Körpertemperatur zu vermeiden (▶ Kapitel 5.4). Dies geschieht unter anderem durch **Schwitzen**. Der abgesonderte Schweiß verdunstet auf der Hautoberfläche, wobei Energie aus der Umgebung abgezogen wird. Die entstehende **Verdunstungskälte** kühlt den Körper ab.

Kältesprays

Früher verwendete man für die **Lokalanästhesie** leicht verdampfende Flüssigkeiten wie Ethylchlorid. Diese wurden auf die Haut gesprüht und die beim Verdampfen entstehende starke Verdunstungskälte führte zu einer Betäubung der Hautbereiche. Ethylchlorid wird heutzutage wegen gesundheitlicher Bedenken nicht mehr verwendet. Das gleiche Prinzip liegt aber auch den heutzutage weit verbreiteten **Kältesprays** zugrunde, die gerne bei Sportverletzungen zur Kühlung eingesetzt werden. Hierbei handelt es sich um Mischungen leichtflüchtiger Verbindungen wie Propan, Butan und Pentan, die beim Sprühen verdampfen und entsprechend zu einer starken lokalen Abkühlung und damit Schmerzbetäubung führen. Auch die im Fallbeispiel eingangs erwähnte kryochirurgische Warzenbehandlung nutzt diesen Effekt.

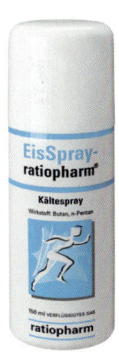

EisSpray-ratiopharm®
© Ratiopharm GmbH, Ulm

3.4 Reinstoffe und Stoffgemische

Neben der Einteilung der Materie entsprechend des Aggregatzustandes ist zudem die Unterscheidung in Reinstoffe und Stoffgemische sinnvoll. **Reinstoffe** haben eine definierte chemische Zusammensetzung und somit definierte physikalische Eigenschaften. Wasser ist ein Reinstoff, ebenso wie zum Beispiel metallisches Gold. Reinstoffe können also entweder chemische Verbindungen (Wasser) oder chemische Elemente (Gold) sein. Entscheidend ist, dass sich ein Reinstoff nicht durch physikalische Trennverfahren wie Destillieren oder Kristallisieren weiter trennen lässt. Eine weitere Zerlegung einer chemischen Verbindung in die enthaltenen Elemente ist nur mit chemischen Methoden möglich, da es sich dann um eine Stoffumwandlung handelt.

Ein **Stoffgemisch** besteht hingegen aus mehreren Reinstoffen in variabler Zusammensetzung. Luft ist zum Beispiel ein Stoffgemisch, das sich im Wesentlichen aus den drei Reinstoffen Stickstoff (78 Prozent), Sauerstoff (21 Prozent) und Argon (1 Prozent) zusammensetzt. Die physikalischen Eigenschaften eines Gemisches hängen von der Zusammensetzung ab und verändern sich entsprechend, wenn sich die Anteile der einzelnen Reinstoffe am Gemisch verändern. Stoffgemische lassen sich durch physikalische Trennverfahren in die entsprechenden Reinstoffe trennen. Flüssige Luft kann man zum Beispiel durch fraktionierende Destillation (▶ Kapitel 4.7.2) in die drei Gase Stickstoff, Sauerstoff und Argon trennen. Auch eine Lösung von Kochsalz NaCl in Wasser ist ein Gemisch. Die Zusammensetzung kann in großen Bereichen variieren. So kann man in 100 mL Wasser bis zu 40 g Kochsalz auflösen. Lässt man die Salzlösung aber einfach stehen, erhält man durch das Verdunsten des Wassers (physikalischer Vorgang) das Kochsalz (und prinzipiell auch das Wasser) wieder zurück.

3.5 Homogene und heterogene Systeme

MERKE

Homogen = eine Phase
Heterogen = mehrere Phasen

Reinstoffe, aber auch Stoffgemische können zudem homogen oder heterogen sein. Als **homogen** bezeichnet man einen Stoff oder ein Stoffgemisch dann, wenn nach außen einheitlich nur eine Phase erkennbar ist. **Heterogen** ist ein Stoff oder Stoffgemisch hingegen, wenn erkennbar mindestens zwei verschiedene Phasen vorliegen, die aber durchaus auch den gleichen Aggregatzustand haben können. Luft ist zum Beispiel ein homogenes Gasgemisch. Auch die erwähnte Kochsalzlösung ist homogen, ebenso wie Wein. Beides sind homogene Mischungen. Ein Goldbarren ist ein homogener Reinstoff. Eiswürfel in Wasser bilden hingegen ein heterogenes Zweiphasensystem eines Reinstoffes. Milch ist eine heterogene Mischung, ebenso wie eine Emulsion von Öl in Wasser. Auch eine Aspirintablette ist eine heterogene Mischung, die aus mehreren festen Phasen besteht. Ebenso sind die meisten Gesteine (zum Beispiel Granit) heterogene Gemische mehrerer fester Bestandteile (▶ Tabelle 3.1).

Wein: homogene Mischung
© Prof. Dr. Carsten Schmuck, Universität Würzburg

3.5 Homogene und heterogene Systeme

Aggregatzustand	Bezeichnung	Beispiel
fest/fest	Gemenge, Konglomerat	Granit, Aspirintablette
fest/flüssig	Aufschlämmung, Suspension	getrübtes Wasser, Kalkmilch
flüssig/flüssig	Emulsion	Creme, Milch
fest/gasförmig	Aerosol	Staub, Rauch
flüssig/gasförmig	Aerosol	Nebel, Schaum
gasförmig/gasförmig	gibt es nicht!	

Tabelle 3.1: Heterogene Stoffgemische

Granit: heterogene Mischung
© Prof. Dr. Carsten Schmuck, Universität Würzburg

Die Einteilung homogen/heterogen ist leider etwas unscharf, da die Definition auch davon abhängt, wie genau man hinsieht. Beim Granit ist klar zu sehen, dass mehrere Stoffe nebeneinander vorliegen. Mit bloßem Auge erscheinen aber zum Beispiel sowohl Milch als auch eine Aspirintablette homogen. Betrachtet man jedoch das Ganze mit einem Mikroskop, erkennt man den heterogenen Charakter der Stoffgemische. Es gibt aber durchaus Fälle, bei denen eine Einteilung nicht klar möglich ist, da es sich um Grenzfälle handelt. Dies ist zum Beispiel bei **kolloidalen Lösungen** der Fall. Hierbei liegt die Größe der „gelösten" Teilchen bei ca. 3 bis 200 nm. Solche Lösungen verhalten sich anders als **echte Lösungen** (Teilchengröße < 3 nm, zum Beispiel Kochsalzlösung), aber auch anders als heterogene Gemische.

MERKE

Es gibt auch heterogene Mischungen aus mehr als zwei Phasen.

Viele Medikamente und Arzneistoffe werden in Form von heterogenen Mischungen eingesetzt. Dazu gehören halbfeste Dermatika wie Salben, Cremes (wasserhaltige Salben, Emulsionen), Gele (Kolloide) und Pasten (Salben mit hohem Feststoffanteil) oder verschiedene inhalative Arzneiformen (▶ Tabelle 3.2).

Medikamentenform	Aufbau
Dosieraerosole	Ein Arzneistoff ist in einem unter Druck flüssigen Treibgas gelöst oder suspendiert. Beim Verdampfen entstehen feinstverteilte Mikropartikel in einer Gasphase, die inhaliert werden. Beispiel: Berodual® N Dosier-Aerosol
Vernebler	Elektrische Vernebler erzeugen aus wässrigen Arzneistofflösungen oder -suspensionen feine Aerosoltröpfchen, die inhaliert werden. Beispiel: Salbutamol AL Fertiginhalat-Lösung für einen Vernebler, Sanasthmax® Suspension für einen Vernebler
Pulverinhalate	Ein Pulverinhalator enthält wirkstoffhaltiges Pulver (mit einer sehr geringen Partikelgröße < 5 µm) in definierten Agglomeraten. Beim Inhalieren werden diese durch Scherkräfte zerstäubt, die Agglomerate zerfallen in die einzelnen Partikel, welche mit dem Luftstrom bis in die Lunge gelangen. Beispiel: Pulmicort® Turbohaler®

Tabelle 3.2: Heterogene Stoffgemische als Arzneiformen für die Inhalation

3 Zustandsformen der Materie

AUS DER MEDIZINISCHEN PRAXIS

Blut – die besondere Flüssigkeit

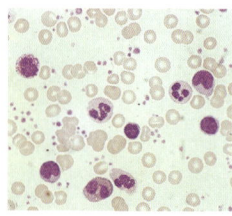

Blut
© Wikipedia: Blut, Laufendes Blut an einem frischen Schnitt, Crystal (Crystl), Bloomington, IN, USA, flickr.com/photos/crystalflickr/52317211/

Blut ist die Grundlage unseres Lebens und jedes Vampirs. Man spricht gerne vom Saft des Lebens. Diese Aussage ist streng genommen nicht ganz korrekt. Denn Blut ist keine reine Flüssigkeit, sondern eine sehr komplex zusammengesetzte **heterogene Suspension**. Im Wesentlichen besteht Blut zu etwa 45 Prozent aus festen zellulären Bestandteilen (Erythrocyten, Leukocyten, Thrombocyten) und zu 55 Prozent aus einer Flüssigkeit, dem Blutplasma. Das Blutplasma selbst wiederum ist eine homogene Mischung, die aus Wasser (ca. 90 Prozent), Proteinen (ca. 7 Prozent), Lipoproteinen (incl. Cholesterol, ca. 1 bis 2 Prozent), Monosacchariden (Zuckern, ca. 1 Prozent), Fetten (ca. 1 Prozent), Salzen, Hormonen, gelösten Gasen usw. besteht. Unter Blutserum versteht man hingegen das Plasma ohne die Gerinnungsfaktoren. Man erhält es, wenn man aus einer geronnenen Blutprobe die zellulären Bestandteile durch Zentrifugieren abtrennt.

3.6 Ideale Gase

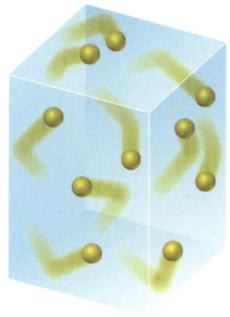

Zelluläre Bestandteile
© Prof. Dr. Ilse Vollmar-Hesse, Universität Ulm, www.histonet2000.de

Bei Gasen sind die intermolekularen Wechselwirkungen zwischen den Teilchen geringer als deren kinetische Energie, sodass sich die Gasteilchen wahllos im Raum hin und her bewegen. Durch diese ständige Bewegung der Teilchen hat ein Gas weder eine feste Form noch ein festes Volumen, sondern die Gasteilchen füllen den gesamten ihnen zur Verfügung stehenden Raum aus. Verschiedene Gase sind zudem in jedem Verhältnis miteinander mischbar. Zwei oder mehr Gase bilden immer eine homogene Mischung. Das beste Beispiel ist hierfür die schon erwähnte Luft, die neben den drei Hauptbestandteilen Stickstoff N_2 (78 Prozent), Sauerstoff O_2 (21 Prozent) und Argon Ar (1 Prozent) noch jede Menge weiterer Gase wie Wasserdampf, Kohlenstoffdioxid, andere Edelgase, Methan etc. enthält.

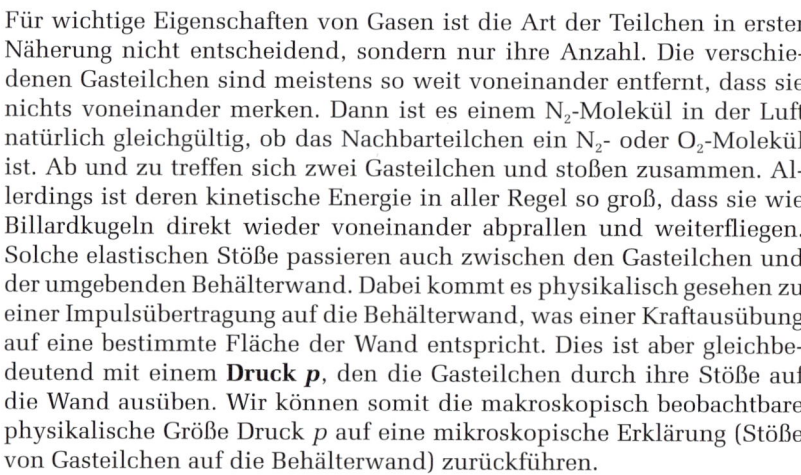

Stöße der Gasteilchen auf die Gefäßwand = Druck
Druck = $\frac{\text{Kraft}}{\text{Fläche}}$
Aus: Brown, T. L., LeMay, H. E. & Bursten, E. B. (2007)

Für wichtige Eigenschaften von Gasen ist die Art der Teilchen in erster Näherung nicht entscheidend, sondern nur ihre Anzahl. Die verschiedenen Gasteilchen sind meistens so weit voneinander entfernt, dass sie nichts voneinander merken. Dann ist es einem N_2-Molekül in der Luft natürlich gleichgültig, ob das Nachbarteilchen ein N_2- oder O_2-Molekül ist. Ab und zu treffen sich zwei Gasteilchen und stoßen zusammen. Allerdings ist deren kinetische Energie in aller Regel so groß, dass sie wie Billardkugeln direkt wieder voneinander abprallen und weiterfliegen. Solche elastischen Stöße passieren auch zwischen den Gasteilchen und der umgebenden Behälterwand. Dabei kommt es physikalisch gesehen zu einer Impulsübertragung auf die Behälterwand, was einer Kraftausübung auf eine bestimmte Fläche der Wand entspricht. Dies ist aber gleichbedeutend mit einem **Druck p**, den die Gasteilchen durch ihre Stöße auf die Wand ausüben. Wir können somit die makroskopisch beobachtbare physikalische Größe Druck p auf eine mikroskopische Erklärung (Stöße von Gasteilchen auf die Behälterwand) zurückführen.

Dieser Druck ist umso größer, je mehr Teilchen gegen die Wand stoßen und je größer deren kinetische Energie ist. Der Druck nimmt also bei gleichbleibender Teilchenzahl und Temperatur mit abnehmenden Volumen eines Gases zu (höhere Teilchendichte = mehr Stöße auf die Wand) (**Gesetz von Boyle-Mariotte**). Ebenso erhöht sich mit zunehmender Temperatur (= höhere kinetische Energie) das Volumen eines Gases bei ansonsten gleichbleibender Teilchenzahl und gleichem Druck (**Gesetz von Gay-Lussac**). Auch mit zunehmender Anzahl n an Gasteilchen nehmen Druck und Volumen zu (bei gleichbleibender Temperatur). Der Druck ist nur von der Gesamtteilchenzahl abhängig. Es gibt also einen Zusammenhang zwischen dem Druck p, der absoluten Temperatur T, dem Volumen V und der Stoffmenge n (= Teilchenzahl) eines Gases oder einer Gasmischung, das **ideale Gasgesetz**.

Gesetz von Boyle-Mariotte:
für $T, n =$ konstant gilt
$p \sim \frac{1}{V} =$ oder $p \cdot V =$ konstant

Gesetz von Gay-Lussac:
für $p, n =$ konstant gilt
$V \sim T$ oder $\frac{V}{T} =$ konstant

> **DEFINITION**
>
> **Das ideale Gasgesetz**
> Für den Zusammenhang zwischen den Zustandsgrößen Druck, Temperatur und Volumen eines idealen Gases gilt:
> $$p \cdot V = n \cdot R \cdot T$$
> p = Druck (in Pascal, Pa)
> V = Volumen (in Kubikmeter, m³)
> n = Stoffmenge (in Mol, mol)
> R = ideale Gaskonstante ($R = 8,314$ J · mol^{-1} · K^{-1})
> T = absolute Temperatur (in Kelvin, K)
>
> Ein Gas verhält sich ideal, wenn
> - zwischen den Gasteilchen keinerlei Wechselwirkungen bestehen,
> - die Gasteilchen als punktförmig angesehen werden können (kein Eigenvolumen)
> - und alle Stöße zwischen den Gasteilchen oder den Gasteilchen und der Wand elastisch sind.
>
> Diese Annahmen sind umso besser erfüllt, je höher die Temperatur und je niedriger der Druck eines Gases ist. Für die in der Medizin wichtigen Gase und unter physiologischen Bedingungen ist das ideale Gasgesetz praktisch immer gültig.

Wichtig ist bei der Benutzung solcher Gleichungen, dass man auf die richtigen Einheiten achtet. Ein Volumen kann man zum Beispiel in Liter oder in Kubikmeter oder auch in Pint oder Barrel angeben (wie jeder Englandurlauber weiß). Für den Druck sind ebenfalls sehr viele verschiedene Einheiten gebräuchlich, wie zum Beispiel Atmosphären, Bar, Pascal oder Torr. Natürlich lassen sich alle diese Einheiten jeweils ineinander umrechnen, aber man kann nicht jede dieser Einheiten wahllos in eine gegebene Formel einsetzen. Um ein wenig Ordnung in diese Vielzahl an Einheiten und Größen zu bringen, von denen viele historisch bedingt sind, wurden die **SI-Einheiten** geschaffen (SI = Systéme Internationale), ein weltweit gültiges System an physikalischen Größen und

Maßeinheiten. Man sollte sich grundsätzlich angewöhnen, physikalische Größen immer nur in SI-Einheiten zu verwenden oder zumindest bei der Benutzung von Formeln und Gleichungen SI-Einheiten zu benutzen. Im obigen idealen Gasgesetz hat die Gaskonstante R nur den angegebenen Zahlenwert, wenn man das Volumen V in Kubikmeter m^3 und den Druck p in Pascal Pa einsetzt sowie die Temperatur als absolute Temperatur T in Kelvin. Setzt man die Temperatur ϑ in Grad Celsius (°C) ein, gilt das ideale Gasgesetz zum Beispiel in der angegebenen Form nicht mehr.

EXKURS

Die absolute Temperatur

Die normalerweise im Alltag benutzte Celsius-Temperaturskala ϑ orientiert sich an der Schmelz- und der Siedetemperatur von Wasser, die als Bezugspunkte gewählt wurden. Dies sind natürlich völlig willkürlich gewählte Bezugspunkte und man könnte auch jeden anderen Bezugspunkt nehmen. So benutzt die nach wie vor in den USA verwendete Fahrenheit-Skala als oberen Bezugspunkt die (leicht erhöhte) Körpertemperatur des Menschen (100 F = 37,8 °C) und als unteren die Temperatur einer Salmiaksalz/Eis-Kältemischung (0 F = –17,8 °C). Leider entspricht 1 °C nicht genau 1 F, was die Umrechnung schwierig macht, wie sicherlich jeder USA-Urlauber schon einmal leidvoll erfahren hat. Schöner wäre es daher, wenn man eine absolute Temperaturskala hätte, die unter allen Bedingungen und überall auf der Welt identisch anzuwenden ist. Aufbauend auf dem idealen Gasgesetz kann man eine solche **absolute Temperaturskala** entwickeln. Da nach dem idealen Gasgesetz das Volumen V eines idealen Gases linear mit fallender Temperatur T schrumpft, wenn man den Druck p und die Gasmenge n konstant hält, ergibt sich, dass das Volumen bei einer gewissen Temperatur auf null schrumpft und bei einem Absenken der Temperatur über diesen Punkt hinaus negativ würde. Diese Überlegung gilt natürlich nur formal, da jedes reale Gas beim Absinken der Temperatur irgendwann kondensiert. Da ein negatives Volumen physikalisch keinen Sinn macht, stellt die Temperatur, bei der das Volumen eines idealen Gases theoretisch auf null geschrumpft ist, den absoluten Temperaturnullpunkt dar, der nicht unterschritten werden kann. Dieser absolute Nullpunkt liegt bei –273,15 °C. Tatsächlich sind alle bisherigen experimentellen Versuche, diese Temperatur zu unterschreiten, gescheitert, das heißt, das ideale Gasgesetz wurde eindrucksvoll bestätigt. Die auf diesem absoluten Nullpunkt beruhende Temperaturskala wurde 1848 von Lord Kelvin eingeführt und anschließend nach ihm benannt. Die Temperaturdifferenz von einem Kelvin entspricht der üblicherweise verwendeten Celsius-Skala, beide Temperaturskalen unterscheiden sich somit nur im Nullpunkt.

Achtung: Man spricht nur von Kelvin, nicht von „Grad Kelvin". Temperaturen werden also in der Form „300 K" angegeben.

So können wir mit dem idealen Gasgesetz zum Beispiel ausrechnen, welches Volumen 1 mol eines idealen Gases bei 0 °C und einem Druck von 1 atm aufweist. Hierzu müssen wir die Temperatur zuerst in Kelvin umrechnen (T in K = 273,15 + ϑ in °C) und den Druck von Atmosphären in Pa (1 atm = 1,013 bar = 1,013 · 10^5 Pa). Man erhält:

$$V = \frac{n \cdot R \cdot T}{p} = \frac{(1{,}00 \text{ mol}) \cdot (8{,}314 \text{ J/(mol K)}) \cdot 273{,}15 \text{ K}}{1{,}013 \cdot 10^5 \text{ Pa}} = 0{,}0224 \text{ m}^3$$

Ein Mol eines idealen Gases nimmt also bei einer Temperatur von 0 °C und 1 atm Druck ein Volumen von 0,0224 m³ = 22,4 L ein. Dies gilt universell für jedes Gas, das sich ideal verhält, unabhängig von dessen chemischer Zusammensetzung (**Satz von Avogadro**).

Die Bedingungen 0 °C und 10^5 Pa Druck bezeichnet man als **Standardbedingungen** (**STP**: Standard Temperature and Pressure). Früher wurde als Standarddruck 1 atm, also $1,013 \cdot 10^5$ Pa, verwendet. In manchen Büchern ist das nach wie vor der Fall. Physikalische Eigenschaften von Gasen und Flüssigkeiten werden sehr oft für diese Bedingungen aufgelistet und tabelliert. Häufig werden die Standardbedingungen auch auf 25 °C = 298,15 K bezogen. Bei Luft geht man zusätzlich noch davon aus, dass diese keinen Wasserdampf enthält, und spricht dann von **STPD-Bedingungen** (D = dry).

1 atm = 1,013 bar = 760 Torr = $1,013 \cdot 10^5$ Pa
$T(K) = \vartheta\,(°C) + 273,15$
1 Pa = N/m²
1 J = 1 N · m

Das ideale Gasgesetz gilt auch für **Gasmischungen**, da nur die Gesamtanzahl an Gasteilchen ausschlaggebend ist. Ihre chemische Beschaffenheit spielt keine Rolle. Betrachtet man nur die Gasteilchen einer Sorte, so üben diese allein natürlich auch durch ihre Stöße einen Druck auf die sie umgebende Behälterwand aus. Man spricht vom **Partialdruck p_i**. Der Gesamtdruck der Gasmischung setzt sich dann additiv aus den Partialdrücken der einzelnen Komponenten zusammen:

$$p_{\text{gesamt}} = p_1 + p_2 + p_3 + p_4 \cdots$$
$$p_i = x_i \cdot p_{\text{gesamt}}$$
$$x_i = \frac{n_i}{n_{\text{gesamt}}} = \frac{p_i}{p_{\text{gesamt}}}$$

Das Verhältnis des Partialdrucks p_i zum Gesamtdruck p_{gesamt}, der **Molenbruch x_i**, entspricht somit auch dem Verhältnis der Teilchenzahl n_i zur Gesamtteilchenzahl n_{gesamt}. Da das Volumen ebenfalls direkt proportional zur Teilchenzahl n ist, kann man also auch aus der prozentualen Zusammensetzung einer Gasmischung die Partialdrücke berechnen. Betrachten wir Luft von 1 atm Druck als Beispiel. Luft besteht in erster Näherung zu 78 Prozent aus Stickstoffmolekülen und zu 21 Prozent aus Sauerstoffmolekülen. Der Partialdruck des Stickstoffes in der Luft beträgt dann 0,78 atm und der Partialdruck des Sauerstoffes 0,21 atm.

Den Druck, den ein Gas ausübt, kann man sehr einfach mit einem **Manometer** messen. Betrachten wir zum Beispiel ein Quecksilbermanometer. Die Gasteilchen der Luft üben einen Druck auf die Quecksilberoberfläche aus. Dieser Druck führt dazu, dass in dem geschlossenen, evakuierten Glasrohr so lange Quecksilber nach oben gedrückt wird, bis der durch die Schwerkraft bedingte hydrostatische Druck dieser Flüssigkeitssäule gerade genau dem Gasdruck entspricht. Die Höhe der Quecksilbersäule kann man also als Maß für den Gasdruck verwenden. Je höher der Druck, desto höher die Flüssigkeitssäule. Ein Druck von 1 atm entspricht einer Quecksilbersäule von 760 mm Höhe. Man spricht von der Einheit Torr oder mmHg nach dem italienischen Physiker Torricelli, der diese Art der Druckmessung im 17. Jahrhundert erfunden hat. Wichtig ist hierbei, dass das Glasrohr oben verschlossen ist und kein Gas enthält, sondern Vakuum. Ansonsten würden die Gasteilchen in dem Rohr natürlich die Flüs-

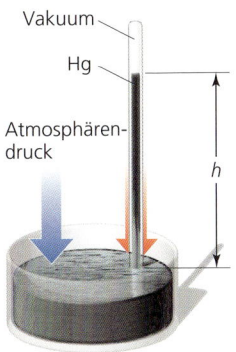

Quecksilbermanometer
Aus: Brown, T. L., LeMay, H. E. & Bursten, E. B. (2007)

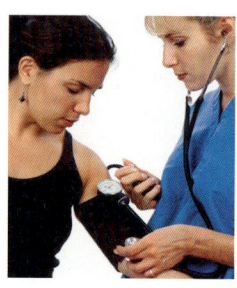

Blutdruckmessung
Aus: Brown, T. L., LeMay, H. E. & Bursten, E. B. (2007)

sigkeitssäule entsprechend ihrem eigenen Gasdruck wieder nach unten drücken. Die Höhe der Säule ist abhängig von der Dichte der Flüssigkeit, aber nicht vom Durchmesser der Säule. Nimmt man statt Quecksilber Wasser, so entspricht 1 atm Druck einer Wassersäule von etwa 10 m.

Solche Quecksilbermanometer setzte man früher in der Medizin zum Blutdruckmessen ein. Heutzutage verwendet man sie nur noch sehr selten, da es Druckmessgeräte gibt, deren Handhabung einfacher ist. Außerdem sind Quecksilberdämpfe giftig, was beim Zerbrechen der Manometer zu Problemen führen kann. Der Blutdruck wird aber nach wie vor in der Einheit Torr oder mmHg angegeben. Eine Blutdruckangabe von „RR = 120/80" bedeutet, dass der systolische Blutdruck (= Druck, mit dem das Blut bei der Herzkompression in die Arterien gepresst wird) 120 mmHg = 120 Torr = 0,157 atm beträgt. Der diastolische Druck (= minimaler Restdruck während der Erschlaffungsphase des Herzens) beträgt 80 mmHg = 80 Torr = 0,105 atm.

AUS DER MEDIZINISCHEN PRAXIS

Standardbedingungen in der Medizin

Wie wichtig exakt definierte Standardbedingungen auch in der Medizin sind, kann man im Zusammenhang mit der Messung von Lungenvolumina sehen (**Spirometrie**). Die Lunge dient dem Gasaustausch (äußere Atmung). Hierzu wird über die Atemwege ein bestimmtes Volumen Luft bis in die Alveolen (Lungenbläschen) transportiert, in denen dann der Gasaustausch zwischen Atemluft und Blut stattfindet.

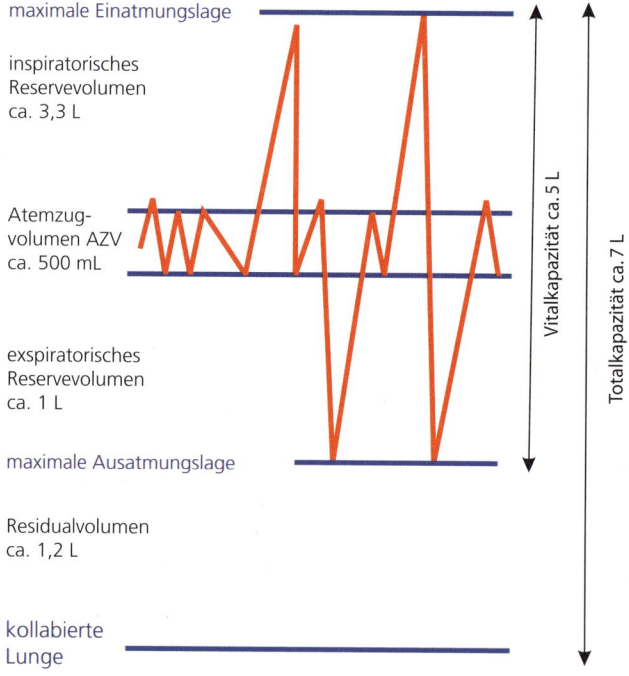

Das gesamte Lungenvolumen (Totalkapazität) beträgt ca. 5 bis 7 L. Bei einem normalen Atemzug werden aber nur ca. 0,5 L ein- und ausgeatmet (Atemzugvolumen). Ein Maß für die Ausdehnungsfähigkeit der Lunge ist die sogenannte Vitalkapazität, die ca. 3,5 bis 5,6 L umfasst. Auch nach maximaler Ausatmung verbleibt in der Lunge ein Residualvolumen (ca. 1,5 L). Da das Gasvolumen von Druck und Temperatur abhängt, müssen eindeutige Standardbedingungen definiert werden, um Messergebnisse in der Klinik vergleichen zu können. Die oben definierten physikalischen Standardbedingungen sind dafür aber nur schlecht geeignet. Wenn die Lufttemperatur in der Lunge 0 °C beträgt, so ist meist nur noch der Pathologe gefragt.

In der Medizin verwendet man daher in der Regel die **BTPS-Bedingungen** (Body Temperature, Pressure, Saturated). Hierbei geht man von einer Körpertemperatur von 310 K (37 °C) aus und berücksichtigt noch, dass die Atemluft mit Wasserdampf gesättigt ist. Daher kommt zum aktuellen Gasdruck noch der Partialdruck des Wassers hinzu (47 mmHg = 63 mbar; entspricht 100 Prozent Wasserdampfsättigung). Der Partialdruck der Atemluft (p_{Luft}) ergibt sich also aus dem gemessenen Druck (p_{gesamt}) abzüglich des Partialdruckes des Wasserdampfes (p_{H_2O}).

$$p_{gesamt} = p_{Luft} + p_{H_2O} \Rightarrow p_{Luft} = p_{gesamt} - p_{H_2O}$$

Eine Umrechnung von Volumenmessungen unter BTPS-Bedingungen in STPD-Bedingungen ist natürlich über die ideale Gasgleichung möglich. Setzt man den Druck in Torr ein (wie in der Medizin häufig üblich), erhält man folgende Umrechnungsformel:

$$V_{STPD} = V_{BTPS} \cdot \frac{p_{gesamt} - 47}{863}$$

Einige wichtige Anwendungen von Gasen in der Medizin oder im Alltag sind in ▶ Tabelle 3.3 aufgeführt.

Gas	Anwendung
He	Helium-Sauerstoff-Gemische (80 : 20) dienen als Beatmungsgas – die Viskosität des Gasgemisches ist wesentlich geringer als die von Luft und es lässt sich daher leichter atmen. Beim kommerziellen Tauchen werden verschiedene Gemische mit Helium (bestehend aus Sauerstoff, Stickstoff und Helium) als Atemgas verwendet (Kapitel 4.3).
Xe	Inhalationsnarkotikum: Xenon führt zu einer reversiblen Funktionshemmung von Teilen des zentralen Nervensystems (ZNS), die zu Bewusstlosigkeit, Abschalten des Schmerzempfindens, der vegetativen Abwehrreflexe und der Muskelspannung führt. Ursache ist wahrscheinlich eine Einlagerung in die Zellmembran der Nervenzellen, wodurch die Erregungsleitung gehemmt wird. Neben Xenon werden auch leichtflüchtige Flüssigkeiten (**Enfluran, Isofluran, Desfluran, Sevofluran**) eingesetzt. Die **Flurane** haben das seit den 1950er-Jahren verwendete Halothan weitgehend abgelöst. Chloroform ($CHCl_3$) und Diethylether („Ether zur Narkose") wurden früher verwendet, finden aber wegen starker Nebenwirkungen beim Menschen heute keinen Einsatz mehr (Kapitel 4.3). $$F-\underset{F}{\overset{F}{C}}-\underset{Cl}{\overset{H}{C}}-O-\underset{F}{\overset{F}{C}}-H$$ Isofluran – ein Inhalationsnarkotikum

3 Zustandsformen der Materie

Gas	Anwendung
NO	Stickstoffmonoxid ist zur Behandlung Neugeborener zugelassen, die an hypoxisch-respiratorischer Insuffizienz mit Anzeichen von pulmonaler Hypertonie leiden.
N_2O	Distickstoffmonoxid, Inhalationsnarkotikum (s. o.): Die besonderen Eigenschaften von Lachgas entdeckte der Chemiker H. Davy 1799 durch Selbstversuche. Der erste Zahnarzt, der Lachgas zur Narkose verwendete, war H. Wells. Er setzte das Gas ab 1844 bei Zahnextraktionen ein, nachdem er dessen Wirkung zufällig bei einer Jahrmarktsvorführung beobachtet hatte. Durch das Einatmen können krampfartiges Lachen (durch Verkrampfungen des Zwerchfells) und euphorische Rauschzustände hervorgerufen werden.
Luft	Luft zur medizinischen Anwendung (*Aer medicalis*), verwendet bei Hypoxie (Sauerstoffmangelzuständen). Der Sauerstoffanteil ist identisch mit dem der Umgebungsluft (21 Prozent). Edelgase, Kohlendioxid, Wasserdampf, Ozon etc., die ebenfalls in der Umgebungsluft enthalten sind, werden aber entfernt. Künstliche medizinische Luft (*Aer medicinalis artificiosus*) ist ein Gemisch aus 21,0–22,5 Prozent Sauerstoff in Stickstoff.
O_2	Reiner Sauerstoff wird ebenfalls zur Behandlung von Hypoxien eingesetzt, darf aber nur kurzzeitig eingeatmet werden, 50-prozentiger Sauerstoff wird ohne Schäden vertragen. Ein Gehalt < 7 Prozent in der Atemluft führt zu Bewusstlosigkeit.
O_3	Ozon, zur Desinfektion (zum Beispiel von Trinkwasser)
CO_2	Atemanaleptikum zur Stimulation der Atmung (Kapitel 6)

Tabelle 3.3: Anwendung von Gasen in der Medizin

Graphit und Diamant
Aus: Brown, T. L., LeMay, H. E. & Bursten, E. B. (2007)

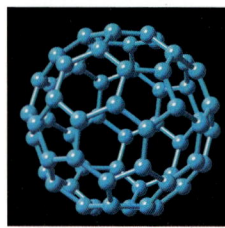

C60-Fulleren
Aus: Brown, T. L., LeMay, H. E. & Bursten, E. B. (2007)

EXKURS

Allotropie = ein Element – mehrere Formen

Ozon, O_3, ist eine allotrope Modifikation des normalen Sauerstoffes O_2. **Allotrope** sind verschiedene Formen des gleichen Elementes im gleichen Aggregatzustand. Ozon und „normaler" Sauerstoff sind beide gasförmig, haben aber völlig andere physikalische und auch chemische Eigenschaften. Aufgrund seiner stark oxidierenden Wirkung ist Ozon zum Beispiel für den Menschen giftig und führt beim Einatmen zunächst zu Kopfschmerzen. Das Gas riecht in hohen Konzentrationen aufgrund der oxidierenden Wirkung auf die Nasenschleimhaut charakteristisch stechend. Es ist das Gas, dessen natürliche Konzentration am ehesten in der Lage ist, den Menschen zu schädigen. Meiden Sie also Gegenden mit der im Reiseprospekt angepriesenen „ozonhaltigen" Luft. In der oberen Erdatmosphäre ist Ozon hingegen essenziell, um die energiereiche UV-Strahlung der Sonne abzufangen. Ohne diese schützende Ozonschicht wäre menschliches Leben auf unserem Planeten nicht möglich (▶ Kapitel 10.9).

Allotrope findet man bei vielen Elementen. Bekanntestes Beispiel ist wahrscheinlich der Kohlenstoff, der im Wesentlichen in den allotropen Formen Graphit und **Diamant** vorkommt. Graphit ist schwarz, elektrisch leitend, weich und schmiert (daher sein Einsatz in Bleistiftminen). Diamant ist hingegen farblos, nicht leitend und das härteste bekannte Mineral überhaupt. Daneben gibt es beim Kohlenstoff noch eine dritte allotrope Modifikation, die **Fullerene**. Bei ihnen handelt es sich um definierte käfigförmige Moleküle aus Kohlenstoffatomen, wie zum Beispiel das C_{60}, das die Form eines Fußballs hat.

■ **BEISPIEL** Rechnen mit dem idealen Gasgesetz

Das Edelgas Xenon wird, wie oben erwähnt, als Inhalationsnarkotikum verwendet. Es ist hierfür hervorragend geeignet, da es schnell wirkt und keinerlei Nebenwirkungen aufweist. Dem flächendeckenden Einsatz von Xenon als Narkosemittel steht allerdings sein hoher Preis gegenüber: 1 g Xenon kosten derzeit etwa 2 Euro. Für eine Vollnarkose mit Xenon als Narkosemittel werden für eine zweistündige Operation etwa 12 Liter Xenon-Gas benötigt (bei Normaldruck und einer Körpertemperatur von 37 °C). Berechnen Sie mithilfe des idealen Gasgesetzes die Kosten einer solchen Narkose.

Gesucht: Wie viel Gramm entsprechen 12 L Xenon?
Lösung: 1.) Berechnung der Stoffmenge n (in Mol) über das ideale Gasgesetz
2.) Umrechnung der Stoffmenge n in die Masse m (in Gramm)

Ideales Gasgesetz: $p \cdot V = n \cdot R \cdot T \Rightarrow n = \frac{p \cdot V}{R \cdot T}$

$V = 12 \text{ L} = 12 \cdot 10^{-3} \text{ m}^3 \text{ Xe}$
$p = 1 \text{ atm} = 1{,}013 \cdot 10^5 \text{ Pa}$
$T = 37°\text{C} + 273 = 310 \text{ K}$
$\Rightarrow n = 0{,}472 \text{ mol}$

mit $m = n \cdot M$ und $M(\text{Xe}) = 131 \text{ g/mol}$ folgt $m = 61{,}8 \text{ g Xe} \Rightarrow 124$ Euro

Die Kosten einer zweistündigen Xenon-Narkose betragen also etwa 124 Euro. Das ist etwa das Zwanzigfache einer herkömmlichen Narkose mit Isofluran.

3.7 Flüssigkeiten

Im Gegensatz zu Gasen üben bei Flüssigkeiten die Teilchen ständig Anziehungskräfte aufeinander aus. Die Teilchen sind praktisch immer in direktem Kontakt miteinander, weswegen das Volumen einer Flüssigkeit im Gegensatz zu Gasen auch kaum durch äußeren Druck beeinflusst wird. Je stärker der Zusammenhalt der Teilchen untereinander in der Flüssigkeit ist, desto schwieriger ist es für die Teilchen, sich aneinander vorbeizubewegen. Die Beweglichkeit der Teilchen und damit die Fließeigenschaften einer Flüssigkeit (**Viskosität**) hängen also von den zwischenmolekularen Kräften ab. Flüssigkeiten wie Benzin mit nur geringen Van-der-Waals-Wechselwirkungen zwischen den Teilchen haben eine deutlich niedrigere Viskosität als zum Beispiel Wasser mit seinen ausgeprägten H-Brücken zwischen den Wassermolekülen.

AUS DER MEDIZINISCHEN PRAXIS

Doping erhöht das Herzinfarktrisiko

Im Sport werden immer wieder Dopingfälle mit **EPO** (Erythropoetin) aufgedeckt. EPO ist ein in der Niere produzierter Wachstumsfaktor, der die Bildung roter Blutkörperchen im Knochenmark anregt. Als Arzneistoff wird gentechnisch hergestelltes EPO (Epoetin beta) zur Behandlung von Dialysepatienten oder Krebspatienten nach Chemotherapie eingesetzt, bei denen die Blutbildung (Hämatopoese) ge-

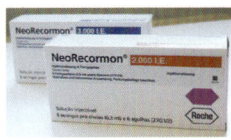

Erythropoetin
© Roche Pharma AG, Grenzach-Wyhlen

Wasserläufer
Aus: Brown, T. L., LeMay, H. E. & Bursten, E. B. (2007)

stört ist. Sportler nutzen es, um illegal ihre Leistungsfähigkeit zu steigern. Diese ist umso höher, je mehr rote Blutkörperchen das Blut enthält, da dann mehr Sauerstoff transportiert werden kann (▶ Kapitel 8.9). Immer wieder kommt es dabei zu Todesfällen, bei denen scheinbar kerngesunde Spitzensportler aufgrund eines Herzinfarktes tot umfallen. Das Problem beim EPO-Doping ist, dass hierbei durch die vermehrte Zahl roter Blutkörperchen der **Hämatokrit**, der Anteil zellulärer Bestandteile am Volumen des Blutes (▶ Kapitel 3.5), massiv ansteigt. Die Suspension wird dickflüssiger, die Viskosität des Blutes steigt. Dadurch vergrößert sich das Risiko einer Thrombosebildung (Bildung von Blutgerinnseln in Gefäßen) massiv. Denn Blut beginnt sofort zu gerinnen, sobald es nicht mehr in Bewegung ist oder sich die Fließgeschwindigkeit, zum Beispiel durch einen zu hohen Hämatokrit, verlangsamt und unter einen kritischen Wert abfällt.

Abbildung 3.10: Intramolekulare Anziehungskräfte in einer Flüssigkeit. Teilchen an der Grenzfläche zur Gasphase erfahren im Gegensatz zu Teilchen im Inneren der Flüssigkeit eine nach innen gerichtete Kraft, aus der die Oberflächenspannung resultiert.
Aus: Brown, T. L., LeMay, H. E. & Bursten, E. B. (2007)

Auch an der Oberfläche einer Flüssigkeit machen sich die anziehenden Kräfte zwischen den Teilchen bemerkbar. Sie erzeugen die **Oberflächenspannung** (auch **Grenzflächenspannung** genannt), die zum Beispiel dafür sorgt, dass Wassertropfen kugelförmig sind oder dass Insekten wie der Wasserläufer auf Wasser laufen können, ohne unterzugehen. Ein Wassermolekül im Inneren einer Flüssigkeit ist gleichmäßig von allen Seiten von anderen Wassermolekülen umgeben und wird daher aus allen Richtungen gleichermaßen angezogen (▶ Abbildung 3.10). Ein Wassermolekül an der Oberfläche, also an der Grenzfläche zur Luft, erfährt nur von Molekülen aus dem Inneren der Flüssigkeit eine Anziehung, aber nicht von den Gasteilchen. Es resultiert also eine Kraft, die das Wassermolekül von der Grenzfläche ins Innere der Flüssigkeit zieht. Diese von der Grenzfläche nach innen gerichtete Kraft versucht daher, die Oberfläche der Flüssigkeit zu minimieren. Da eine Kugel die kleinste Oberfläche bezogen auf das Volumen hat, nehmen Wassertropfen eine runde Form an.

AUS DER MEDIZINISCHEN PRAXIS
Oberflächenspannung

Seifenblasen

Die Oberflächenspannung ist auch für die Existenz von Gasblasen in Flüssigkeiten, zum Beispiel Seifenblasen, verantwortlich. Die einmal gebildeten Blasen haben aufgrund ihrer Oberflächenspannung eine gewisse Elastizität, die ihr Zerplatzen verzögert. Wir kennen das von Seifenblasen, die auf einer glatten Oberfläche aufsetzen und trotzdem bestehen bleiben oder gar von einer Oberfläche elastisch abprallen und weiterfliegen.

Spülmittelvergiftung

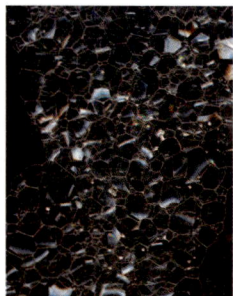

Seifenblasen
© Wikipedia: Seifenblase, Anordnung von Seifenblasen im Schaum, André Karwath

Solche Seifenblasen können aber auch medizinische Probleme bereiten. Eine häufige Vergiftung im Kindesalter ist die Vergiftung mit (meist bunten) Spülmitteln, die mit dem Wasser im Magen zu starker Schaumbildung führen. Der Schaum kann vom Magen hochschäumen, eingeatmet werden und zu Schädigungen der Lunge führen. Bei Spülmittelvergiftungen daher dem Kind niemals Wasser zum Nachtrinken geben oder Erbrechen auslösen! Spülmittelvergiftungen können mit dem Entschäumer Dimeticon bzw. Simeticon (zum Beispiel Sab Simplex®) behandelt werden. Hierbei handelt es sich um ein Silikonöl, das im Magen-Darm-Trakt die

Oberflächenspannung verändert und damit zum Auflösen der Seifenblasen führt. Ähnliche Stoffe werden auch bei Blähungen zur Entfernung von Gasansammlungen im Magen-Darm-Trakt eingesetzt (zum Beispiel Lefax®).

Sab Simplex®
© Pfizer Deutschland GmbH, Berlin

Im Gegensatz zu Gasmischungen, die immer homogen sind, müssen Mischungen von zwei oder mehr Flüssigkeiten nicht unbedingt homogen sein. Dies haben wir schon bei der Besprechung der hydrophoben Wechselwirkungen kennengelernt (▶ Kapitel 3.2.4). Ob sich zwei Flüssigkeiten A und B miteinander mischen oder nicht, hängt letztendlich von den intermolekularen Wechselwirkungen ab. Wenn zwischen den Teilchen A und B ähnlich starke Kräfte herrschen, dann mischen sich die Flüssigkeiten. Sind die Wechselwirkungen zwischen den Teilchen A von ganz anderer Art oder Stärke als die zwischen den Teilchen B, dann werden sich die Flüssigkeiten nicht mischen. So sind zum Beispiel Wasser und Ethanol, der gewöhnliche Trinkalkohol, in jedem Verhältnis miteinander mischbar. Beides sind polare Moleküle. Ethanol besitzt ähnlich wie Wasser eine OH-Gruppe, die H-Brücken ausbilden kann. Ethanolmoleküle können daher mit Wassermolekülen ähnlich gut in Wechselwirkung treten wie mit sich selbst und umgekehrt (▶ Kapitel 9.5). Man erhält eine homogene Mischung. Wasser und Öl, wie bereits in ▶ Kapitel 3.2.4 diskutiert, sind hingegen nicht mischbar. Zwischen den unpolaren Ölteilchen (im Wesentlichen langkettige Kohlenwasserstoffe, ▶ Kapitel 11.10, ▶ Kapitel 3.2.4) sind nur Van-der-Waals-Wechselwirkungen möglich. Ölteilchen können daher nicht mit Wassermolekülen in Wechselwirkung treten, jede Teilchensorte bleibt lieber unter sich. Die Flüssigkeiten mischen sich nicht, wie jeder aus dem Alltag aus eigener Erfahrung weiß. Öl mischt sich hingegen mit Benzin, das ebenfalls aus unpolaren Molekülen besteht (▶ Kapitel 9), zwischen denen nur Van-der-Waals-Kräfte auftreten. Daher verwendet man zur Entfernung von Fettflecken Waschbenzin.

H–O–H   Wasser

H–O–C$_2$H$_5$ Ethanol

Allgemein findet man: **Gleiches löst Gleiches**. Polare Stoffe lösen sich in polaren Stoffen und unpolare Stoffe lösen sich in unpolaren Stoffen. Dies gilt übrigens nicht nur für die Mischbarkeit von Flüssigkeiten, sondern auch für das Auflösen von Feststoffen in Flüssigkeiten. Neben den Begriffen **polar** und **unpolar** verwendet man häufig auch die Bezeichnungen **hydrophil** und **hydrophob** oder **lipopob** und **lipophil**. Hydrophil = lipophob sind Stoffe, die sich in Wasser lösen, aber nicht in unpolaren Stoffen. Öl hingegen ist hydrophob = lipophil. Solche Stoffe sind unpolar und lösen oder mischen sich mit anderen unpolaren Stoffen.

> **MERKE**
>
> „Gleiches löst Gleiches"
>
> Aus dem Griechischen:
>
> hydro = Wasser
>
> lipo = Fett
>
> -phil = liebend
>
> -phob = ablehnend

3.8 Feststoffe

In Gasen und auch Flüssigkeiten sind Atome leicht beweglich. Im Gegensatz dazu befinden sie sich in Feststoffen an genau definierten Positionen, von denen sie sich nicht oder nur langsam fortbewegen können. Wir haben dies am Beispiel des Ionenkristalles bereits besprochen (▶ Kapitel 2.3). Der Aufbau ist im Idealfall über den gesamten **Kristall** hinweg identisch. Ein kristalliner Feststoff weist eine **Fernordnung** auf. An jeder

Position im Festkörper sind Aufbau und Bindungsumgebung der einzelnen Teilchen exakt identisch. Es reicht daher aus, zur Charakterisierung einen kleinen Ausschnitt aus der Struktur anzugeben, die **Elementarzelle**. Der gesamte Festkörper ergibt sich dann durch eine periodische Wiederholung dieser Elementarzelle in allen drei Raumrichtungen. Aufgrund der hohen Ordnung im Aufbau treten kristalline Festkörper zum Beispiel in ganz charakteristischer Weise mit Röntgenstrahlen in Wechselwirkung. Die Röntgenstrahlen werden an den Gitterebenen des Kristalles gebeugt (▶ Abbildung 3.11). Aus dem erhaltenen Beugungsmuster kann man umgekehrt wiederum den Aufbau des Kristalles bestimmen. Diese **Röntgenstrukturanalyse** ist heutzutage zu einer der wichtigsten Methoden der Strukturbestimmung geworden. Auch die Struktur von Proteinen, DNA oder ganzen Viren kann man heutzutage mittels Röntgenbeugung aufklären. Voraussetzung ist allerdings immer, dass die Stoffe als kristalline Festkörper vorliegen. Dies kann gerade bei Proteinen sehr schwierig sein. Der größte Aufwand bei der Strukturaufklärung von Proteinen ist daher häufig, die Proteine zu kristallisieren. Hat man einmal einen Kristall erhalten, ist die Strukturaufklärung zwar nicht trivial, aber in aller Regel machbar.

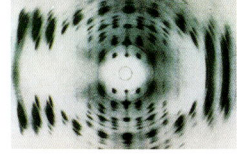

Abbildung 3.11: Röntgenbeugungsmuster von DNA. Aus solchen Mustern lässt sich die molekulare Struktur kristalliner Festkörper bestimmen.
Aus: Brown, T. L., LeMay, H. E. & Bursten, E. B. (2007)

Nicht alle Festkörper sind allerdings kristallin und haben somit einen regelmäßigen Aufbau. Festkörper, die keine Fernordnung aufweisen, werden als **amorph** bezeichnet. Glas ist ein typisches Beispiel. Im Gegensatz zu kristallinen Festkörpern, die einen genau definierten Schmelzpunkt haben, beobachten wir bei amorphen Stoffen ein Aufweichen und Schmelzen über einen größeren Temperaturbereich hinweg. Dies liegt daran, dass bei amorphen Stoffen die einzelnen Teilchen teilweise sehr unterschiedliche Bindungsumgebungen und damit auch Wechselwirkungen mit ihren Nachbarn aufweisen. Die intermolekularen Kräfte sind daher nicht über den gesamten Festkörper hinweg identisch wie bei einem Kristall. Bei einer Temperaturerhöhung werden daher zuerst die schwächeren Wechselwirkungen gebrochen und dann nach und nach die stärkeren. Der Feststoff weicht auf und wird zähflüssig, bevor er dann irgendwann komplett schmilzt. Amorphe Materialien lassen sich wegen des fehlenden regelmäßigen Aufbaus nicht mit der Röntgenbeugung analysieren.

Ein und derselbe Stoff kann durchaus sowohl kristallin als auch amorph vorliegen, je nach den Bedingungen seiner Herstellung. Siliciumdioxid (SiO_2) bildet normalerweise einen Festkörper mit einer regelmäßigen Kristallstruktur, in der jedes Siliciumatom (silbern) an vier Sauerstoffatome (rot) und diese jeweils an zwei Siliciumatome gebunden sind (▶ Abbildung 3.12). Diese kristalline Form des Siliciumdioxids nennt man Quarz, wir finden sie im normalen Sand. Erhitzt man Quarz, so schmilzt er bei etwa 1600 °C zu einer zähen Flüssigkeit. Dabei werden einzelne Si-O-Sauerstoffbindungen gebrochen und der starre, kristalline Aufbau geht verloren. Beim schnellen Abkühlen erstarrt die Flüssigkeit aber nun amorph, man erhält Quarzglas. Den Atomen bleibt beim Erstarren keine Zeit, in die hoch geordnete, kristalline Anordnung des Quarzes zurückzukehren. Die Atome werden in der ungeordneteren Struktur der Flüssigkeit „eingefroren", der Festkörper weist keine Fernordnung auf und ist daher amorph. Im Laufe der Zeit wandelt sich aber durchaus das amorphe Glas in den kristallinen Quarz zurück, der energetisch günstiger ist. Deswegen werden (amorphe) Bleikristallgläser zum Beispiel in der Spülmaschine im Laufe der Jahre trüb. Durch das Erhitzen beim Spülvorgang wird das Auskristallisieren beschleunigt.

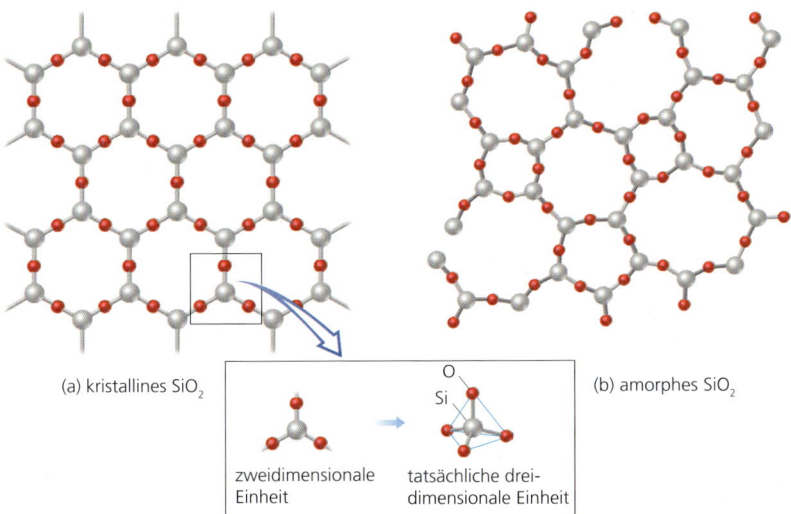

Abbildung 3.12: Vergleich von kristallinem SiO_2 (Quarz) und amorphem SiO_2 (Quarzglas). Quarz weist einen regelmäßigen dreidimensionalen Aufbau aus tetraedrisch gebauten SiO_4-Einheiten auf (gezeigt ist nur eine schematische zweidimensionale Struktur, das vierte O-Atom befindet sich oberhalb der Papierebene). Im Glas sind die SiO_4-Einheiten unregelmäßig verknüpft. Es liegt keine Fernordnung vor.
Aus: Brown, T. L., LeMay, H. E. & Bursten, E. B. (2007)

AUS DER MEDIZINISCHEN PRAXIS

Polymorphie bei Arzneistoffen

Ein Feststoff kann aber auch in mehreren unterschiedlichen kristallinen Formen (Modifikationen genannt) vorkommen. Man spricht allgemein von **Polymorphie**. Auch bei festen Arzneistoffen beobachtet man sehr häufig Polymorphie. Unterschiedliche Modifikationen ein und desselben Arzneistoffes können sich aber beträchtlich in der Zeit bis zum Wirkungseintritt und in ihrer Wirkstärke unterscheiden. Dies liegt an der veränderten Resorption (Aufnahme eines Stoffes vom Applikationsort in den Blutkreislauf) und damit auch einer anderen Bioverfügbarkeit. Meist sind die amorphen Modifikationen besser und schneller löslich als die kristallinen. Ein bekanntes Beispiel ist Insulin, ein von der Bauchspeicheldrüse zur Regulierung des Blutzuckerspiegels produziertes Polypeptid-Hormon (▶ Kapitel 12.2.7), das bei Diabetikern als Medikament gespritzt werden muss. Bis vor kurzem verwendete man Zinkionen, um die Wirkdauer von Insulin zu verlängern. Die Zink-Insuline wurden als Suspensionen von amorphem oder kristallinem Zink-Insulin in Puffer eingesetzt. Die amorphen Zink-Insuline besitzen eine mittlere Wirkdauer. Kristallsuspensionen, die einen höheren Zinkgehalt aufweisen, haben hingegen einen verzögerten Wirkungseintritt, da sich das kristalline Zink-Insulin nach der Injektion langsamer auf-

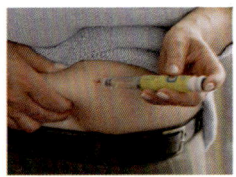

Insulin-Pen
© *Lilly Deutschland GmbH, Bad Homburg*

löst. Sie besitzen dafür aber eine längere Wirkdauer. Beide Formen müssen sehr sorgfältig vorbereitet werden (Mischung durch Rollen der Ampulle, aber nicht durch Schütteln). Aufgrund dieser Handhabungsprobleme und der oft unregelmäßigen Wirkung haben sie immer mehr an Bedeutung verloren. Heute werden bevorzugt chemisch modifizierte Insuline eingesetzt, bei denen zum Beispiel gentechnisch die Aminosäuresequenz verändert wurde. Diese haben die gleiche biologische Wirkung wie Normalinsulin, aber bessere Resorptionseigenschaften. Man kann so besonders schnell (zum Beispiel Insulin lispro) oder langsam (zum Beispiel Insulin glargin) wirkende Insuline erhalten. Insuline mit einem verzögerten Wirkungseintritt (Verzögerungsinsuline) können auch durch galenische Maßnahmen, zum Beispiel durch Zusatz basischer Proteine, bei der Herstellung der Darreichungsform erhalten werden (zum Beispiel NPH-Insulin = Neutrales-Protamin-Hagedorn-Insulin). Diese Insuline sind leichter zu handhaben und können einfach mit einem Insulin-Pen verabreicht werden. Die längere Wirkdauer von Kristallsuspensionen (Depot-Effekt, Retardierung), macht man sich zum Beispiel auch bei entzündungshemmenden Arzneistoffen zur Behandlung von chronisch-entzündlichen Gelenkerkrankungen zunutze (zum Beispiel Triam Injekt® Kristallsuspension zur intraartikulären Injektion [= in die Gelenkhöhle hinein]). Außerdem spielt Polymorphie bei der Stabilität von Arzneistoffen (unterschiedliche Modifikationen können sich in ihrer Stabilität gegenüber Licht, Luft und Feuchtigkeit unterscheiden), bei der Verarbeitung der Arzneistoffe zu Arzneiformen (zum Beispiel Verpressbarkeit bei der Herstellung von Tabletten) sowie bei Zulassung und Patentierung eine wichtige Rolle. Jede Modifikation muss einzeln zugelassen werden und kann einzeln patentiert werden.

ZUSAMMENFASSUNG

In diesem Kapitel haben wir Folgendes über die Zustandsformen der Materie gelernt:

- Stoffe kommen in der Natur in den drei Aggregatzuständen fest, flüssig und gasförmig vor. Welcher Aggregatzustand eingenommen wird, hängt von der Stärke der intermolekularen Wechselwirkungen im Vergleich zur Bewegung der Teilchen und der damit verbundenen kinetischen Energie ab, die durch Temperatur und Druck bestimmt werden.
- Die wichtigsten intermolekularen Wechselwirkungen sind elektrostatische Wechselwirkung, Wasserstoffbrückenbindungen, hydrophobe Wechselwirkungen und Van-der-Waals-Wechselwirkungen.
- Bei Druck- und Temperaturänderungen erfahren Stoffe Phasenumwandlungen. Welche Aggregatzustände bei welchen Bedingungen (p, V, T) stabil sind oder nebeneinander im Gleichgewicht vorliegen, kann einem Phasendiagramm entnommen werden.
- Stoffe können sowohl als Reinstoffe (chemisches Element oder Verbindung) oder als Stoffgemische (= Mischungen von Reinstoffen) vorliegen. Beide können homogen oder heterogen sein, je nachdem ob nur eine Phase oder mehrere Phasen vorliegen.
- Heterogene Stoffgemische sind zum Beispiel Gemenge, Konglomerate, Suspensionen, Emulsionen oder Aerosole.

- Das Verhalten von Gasen lässt sich durch das ideale Gasgesetz beschreiben. Dies stellt einen Zusammenhang zwischen den Zustandsgrößen Druck, Temperatur, Volumen und Stoffmenge eines Gases her:

$$p \cdot V = n \cdot R \cdot T$$

- Die unterschiedlichen intermolekularen Wechselwirkungen entscheiden, ob sich Flüssigkeiten mischen und Feststoffe in Flüssigkeiten lösen. Allgemein gilt: „Gleiches löst sich in Gleichem."
- Feststoffe können kristallin (hohe Fernordnung) oder amorph (keine Fernordnung) vorliegen. Unterschiedliche kristalline Formen ein und desselben Stoffes bezeichnet man als polymorph.

Übungsaufgaben

1. Ordnen Sie die folgenden Wechselwirkungen nach ihrer Stärke: Van-der-Waals, Wasserstoffbrückenbindungen, Dipol-Dipol-Wechselwirkung, ionische Wechselwirkungen (in NaCl).

2. Wasser H_2O und Schwefelwasserstoff H_2S weisen sehr unterschiedliche Siedepunkte auf. a) Berechnen Sie die Molmasse von beiden Stoffen. b) Welcher der beiden Stoffe siedet bei der höheren Temperatur und warum ist das so?

3. Die Oberflächenspannung von Wasser (72,75 mN/m) ist deutlich höher als die von Hexan (18,4 mN/m). Erklären Sie dieses Phänomen anhand der zwischenmolekularen Wechselwirkungen in Wasser und Hexan (= Benzin).

4. Besitzt HCl ein permanentes Dipolmoment?

5. Auf dem Mount Everest kann man Eier beliebig lang in einem offenen Topf kochen, ohne dass sie hart werden. Warum?

6. Was versteht man unter einem idealen Gas? Wovon hängt der Druck ab, den ein ideales Gas bei einer bestimmten Temperatur auf die umgebende Behälterwand ausübt?

7. Warum benutzt man in der Lokalanästhesie leicht verdampfende Kühlmittel, um zum Beispiel Hautpartien vor chirurgischen Eingriffen zu vereisen?

8. Was versteht man unter Sublimation? Nennen Sie einen Stoff, bei dem man Sublimation beobachtet.

9. Charakterisieren Sie die folgenden Stoffe als Gemische oder Reinstoffe, homogen oder heterogen:

    Aspirintablette, Milch, Shampoo, Zigarettenrauch, Backmischung.

10. Welches Volumen nehmen 14 g Stickstoff bei einer Temperatur von 37,5 °C und einem Druck von 740 Torr ein?

11. Ein Gasgemisch besteht zu 70 Volumenprozent aus Stickstoff, zu 20 Volumenprozent aus Sauerstoff und zu 10 Volumenprozent aus Argon. Das Gasgemisch besitzt einen Druck von 1,5 bar. Berechnen Sie die Partialdrücke der einzelnen Gase. Wie verändert sich der Gesamtdruck, wenn der Sauerstoff durch eine chemische Reaktion vollständig entfernt wird?

12. Bei der Atmung kommt es zu einem Gasaustausch zwischen der Luft in der Lunge und dem Blut. Das normale Atemzugvolumen AZV eines Erwachsenen im Ruhezustand beträgt dabei etwa 500 mL Luft pro Atemzug bei einer Atemfrequenz von 15 Zügen pro Minute. Berechnen Sie die Menge Sauerstoff in Gramm, die dabei bei Normaldruck (= 1 atm) pro Minute in die Lunge gelangt, unter der Annahme, dass es sich bei Luft um ein Gemisch idealer Gase handelt und in der Lunge eine Temperatur von 37 °C herrscht. (Luft = 78 Prozent N_2, 21 Prozent O_2 und 1 Prozent Edelgase).

> Die Lösungen zu den Übungsaufgaben finden Sie im Anhang. Die ausführlichen Lösungen zu diesem Buchkapitel finden Sie auf der Website zum Buch unter http://www.pearson.de. Sie finden dort auch ein Bonuskapitel »Mathematische Grundlagen« sowie ergänzende Tabellen.

Heterogene Phasengleichgewichte

4

4.1	Einführung	125
4.2	Allgemeine Beschreibung von Verteilungsgleichgewichten	125
4.3	Löslichkeit von Gasen in Flüssigkeiten	127
4.4	Adsorption an Oberflächen	129
4.5	Verteilung zwischen zwei Flüssigkeiten	132
4.6	Vergleich der heterogenen Verteilungsgleichgewichte	139
4.7	Grundlagen der Stofftrennung	140
4.8	Löslichkeit von Feststoffen	146
4.9	Salzlösungen und das Löslichkeitsprodukt	148
4.10	Verteilungsgleichgewichte in Gegenwart von Membranen	156

4 Heterogene Phasengleichgewichte

■ **FALLBEISPIEL** Der Tauchunfall

P., 18 Jahre, unerfahren im Tauchen, wird nach einer Party am Baggersee spätabends von seinem Freund überredet, einen Gerätetauchgang zu absolvieren. Die beiden führen einen zweistündigen Tauchgang am Boden des Baggersees durch. Im Laufe der Nacht bekommt P. Kopfschmerzen, er fühlt sich schlapp und müde, was er zunächst für eine Folge der feuchtfröhlichen Party hält. Hinzu kommen rote, juckende Flecken auf der Haut (sogenannte Taucherflöhe) und stärker werdende Gliederschmerzen (sogenannte „bends"). Am nächsten Morgen geht es P. so schlecht – er hat Gleichgewichts- und Empfindungsstörungen, Schmerzen hinter dem Brustbein und leidet unter trockenen Hustenattacken (sogenannte „chokes") –, dass sein Freund den Notarzt ruft.

Erklärung

P. hat einen Tauchunfall erlitten, ein mit zeitlicher Verzögerung (bis zu 36 Stunden) auftretendes Dekompressionssyndrom (Synonyme: DCS, Caisson-Krankheit, *Morbus Caisson*, Bläschenkrankheit, Druckfallkrankheit). Ursache hierfür ist die bei erhöhtem Druck zunehmende Löslichkeit von Gasen in Flüssigkeiten. Beim Abtauchen erhöht sich der Umgebungsdruck, dem der menschliche Körper ausgesetzt wird, pro 10 m Wassertiefe um etwa 1 bar. Die Gase, die beim Tauchen über die Druckluftflasche eingeatmet werden, lösen sich bei dem erhöhten Druck vermehrt im Gewebe und in den Körperflüssigkeiten. Die Luft enthält 78 Prozent Stickstoff, der jedoch nicht verstoffwechselt wird. Je länger ein Taucher also unter Wasser bleibt, desto mehr Stickstoff löst sich im Blut und in den Gewebeflüssigkeiten. Während des Auftauchens muss der vermehrt aufgenommene Stickstoff abgeatmet werden. Aus manchen Geweben wird der Stickstoff aber nur langsam freigesetzt, was bei Nichteinhalten der Dekompressionszeiten beim Auftauchen dazu führt, dass sich noch erhebliche Mengen des Gases im Gewebe befinden. Durch den Druckabfall beginnt das Gas im Gewebe auszuperlen (Bläschenbildung). In parenchymatösen Organen (zum Beispiel Leber, Milz, Niere) führen die Gasbläschen zur direkten Gewebsschädigung, in den Gefäßen treten Verschlüsse und in Folge davon wiederum Organschäden auf. Es entsteht ein DCS. Typisch für das DCS ist, dass es auf einen längeren Tauchgang in einer Tiefe von mehr als zehn Meter folgt.

LERNZIELE

Das Fallbeispiel zeigt, wie sich die Löslichkeit von Gasen in einer Flüssigkeit mit dem Druck verändert. Um dies zu verstehen, muss man sich mit heterogenen Verteilungsgleichgewichten beschäftigen. In diesem Kapitel werden wir daher lernen,

- ■ was ein dynamisches Gleichgewicht ist und wie man damit die Verteilung eines Stoffes zwischen zwei Phasen quantitativ beschreiben kann,
- ■ wie heterogene Verteilungsgleichgewichte zur Stofftrennung genutzt werden können,
- ■ wovon die Löslichkeit eines Salzes in einer Flüssigkeit abhängt und wie man diese mithilfe des Löslichkeitsproduktes quantitativ beschreiben kann,
- ■ wie Verteilungsgleichgewichte durch eine semipermeable Membran beeinflusst werden und warum Prozesse wie Dialyse und Osmose wichtige Rollen in der Physiologie spielen.

4.1 Einführung

Betrachten wir als erstes Beispiel ein Gas, das mit einer Flüssigkeit in Kontakt steht. Ein Teil des Gases wird sich, wie oben beschrieben, in der Flüssigkeit lösen, bis das dynamische Verteilungsgleichgewicht erreicht ist. Für die quantitative Beschreibung brauchen wir eine Maßzahl für die Anzahl der Gasteilchen. Hierfür haben wir bereits den Partialdruck p_A kennengelernt (▶ Kapitel 3.6). Die Menge an gelöstem Gas A in der Flüssigkeit lässt sich als Stoffmengenkonzentration [A] (in mol/l) angeben. Wir erhalten das **Henry-Dalton'sche Gesetz** zur quantitativen Beschreibung der Löslichkeit von Gasen in Flüssigkeiten.

Heterogene Verteilungsgleichgewichte zwischen zwei Phasen spielen im menschlichen Körper eine sehr wichtige Rolle. Sie kontrollieren den **Stofftransport** und bestimmen zum Beispiel, wie sich Arzneistoffe im Körper auf bestimmte Organe und Gewebetypen verteilen. Ebenso bilden heterogene Verteilungsgleichgewichte die Grundlage für die physikalische **Trennung von Stoffgemischen**. Sie sind daher auch für die Analytik wichtig.

> **DEFINITION**
>
> **Gleichgewicht**
> Unter einem **Gleichgewicht** versteht man den Zustand eines Systems, der sich bei konstanten äußeren Bedingungen einstellt, wenn man so lange wartet, bis sich makroskopisch an dem System nichts mehr ändert.
>
> **Chemische Gleichgewichte** sind dynamische Gleichgewichte, bei denen sich auf molekularer Ebene zwei oder mehrere gegenläufige Vorgänge gerade so kompensieren, dass makroskopisch keine Veränderung des Systems mehr beobachtbar ist.

4.2 Allgemeine Beschreibung von Verteilungsgleichgewichten

Wie kann man solche Verteilungsgleichgewichte quantitativ beschreiben? Zuerst einmal ist es wichtig, sich vor Augen zu führen, dass es sich bei Gleichgewichten in der Chemie grundsätzlich um **dynamische Gleichgewichte** handelt. Dynamische Gleichgewichte unterscheiden sich von statischen Gleichgewichten in der Physik dadurch, dass sich zwar makroskopisch am Zustand des Systems nichts mehr ändert, auf mikroskopischer, also molekularer Ebene aber immer noch ständig die gleichen Prozesse wie vorher ablaufen. Der makroskopisch beobachtete scheinbare Stillstand resultiert lediglich daraus, dass sich alle ablaufenden mikroskopischen Prozesse in Summe kompensieren.

> **MERKE**
> Verteilungsgleichgewichte sind dynamisch!

Betrachten wir einmal allgemein die Verteilung eines Stoffes A zwischen zwei miteinander in Kontakt stehenden Phasen P1 und P2. Am Anfang soll Stoff A ausschließlich in Phase P1 vorliegen (▶ Abbildung 4.1). Die

Teilchen A bewegen sich frei in der Phase P1 und stehen mit den sie umgebenden Molekülen der Phase P1 in Wechselwirkung. Beim Auftreffen auf die Grenzfläche zwischen den beiden Phasen P1 und P2 können die Teilchen A auch in die Phase P2 übergehen, wo sie sich ebenfalls frei bewegen und mit den Molekülen P2 in Wechselwirkung treten werden. Diese nach P2 gewechselten Teilchen A können beim erneuten Auftreffen auf die Grenzfläche natürlich wieder in die Phase P1 zurückkehren. Wie oft diese Phasenübergänge passieren, hängt im Wesentlichen von zwei Faktoren ab:

- Der **Anzahl an Teilchen** A in den jeweiligen Phasen P1 und P2. Je höher die Teilchenzahl (**Konzentration**) in einer Phase ist, desto wahrscheinlicher ist ein Auftreffen der Teilchen auf die Grenzfläche und somit ein Übergang in die andere Phase.
- Der **Stärke der intermolekularen Wechselwirkungen** der Teilchen A mit den beiden Phasen. Der Übergang von einer Phase in eine andere ist umso leichter, je weniger stark die intermolekularen Wechselwirkungen zwischen den Teilchen A und den sie umgebenden Molekülen der Phase sind. Umgekehrt werden die Teilchen umso stärker in einer Phase festgehalten, je stärker die Wechselwirkungen mit den umgebenden Molekülen sind.

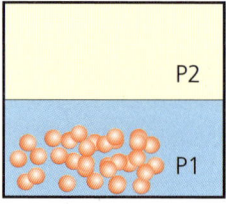
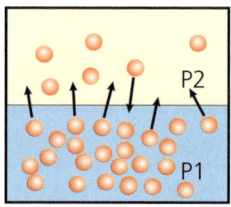
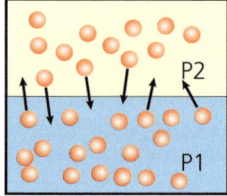

Anfangszustand   Gleichgewicht

Abbildung 4.1: Einstellung eines heterogenen Verteilungsgleichgewichtes. Ein Stoff A, der sich anfangs nur in einer Phase P1 befindet, geht so lange bevorzugt in die Phase P2 über, bis ein dynamisches Verteilungsgleichgewicht erreicht ist. Dann wechseln im zeitlichen Mittel genauso viele Teilchen von P1 nach P2 wie umgekehrt, sodass sich die Konzentrationen in den Phasen nicht mehr ändern.

In diesem Gedankenexperiment werden anfangs also mehr Teilchen A aus der Phase P1 in die Phase P2 übergehen. Allerdings nur so lange, bis sich die Konzentrationen (Anzahl) der Teilchen so ausgeglichen haben, dass die Wahrscheinlichkeit des Überganges nach P2 genauso groß ist wie die des Überganges nach P1. Im zeitlichen Mittel wechseln dann also genauso viele Teilchen A von P1 nach P2 wie von P2 nach P1. Beide Prozesse heben sich auf und die Anzahl (Konzentration) der Teilchen A in P1 und P2 ändert sich im Mittel nicht mehr. Die im Gleichgewicht vorliegenden Konzentrationen des Stoffes A in den beiden Phasen P1 und P2 hängen dann von der Stärke der intermolekularen Wechselwirkungen zwischen A und P1 bzw. A und P2 ab. Wenn nun A stärker mit den Molekülen der Phase P1 wechselwirkt als mit denen der Phase P2, dann ist es für A schwieriger, beim Auftreffen auf die Grenzfläche in die Phase P2 überzugehen als umgekehrt, da beim Phasenübergang die Wechselwirkungen zwischen A und P1 gelöst werden müssen. Im zeitlichen Mittel sind dann mehr Teilchen A in der Phase P1 als in P2.

Man kann jedes heterogene Verteilungsgleichgewicht durch eine **Gleichgewichtskonstante K** beschreiben, die für jedes Verteilungsgleichgewicht einen charakteristischen Wert hat. Zusätzlich hängt K aber auch von den äußeren Bedingungen (zum Beispiel der Temperatur) ab. Die verschiedenen Formen von Verteilungsgleichgewichten, die wir in den nachfolgenden Unterkapiteln besprechen werden, unterscheiden sich nur darin, wie wir die Konzentration der Teilchen in den jeweiligen Phasen beschreiben.

$$K(T) = \frac{\text{Konzentration der Teilchen in Phase P1}}{\text{Konzentration der Teilchen in Phase P2}} = \text{konstant}$$

$K(T)$ bedeutet, K ist abhängig von der Temperatur T.

4.3 Löslichkeit von Gasen in Flüssigkeiten

Betrachten wir als erstes Beispiel ein Gas, das mit einer Flüssigkeit in Kontakt steht. Ein Teil des Gases wird sich, wie oben beschrieben, in der Flüssigkeit lösen, bis das dynamische Verteilungsgleichgewicht erreicht ist. Für die quantitative Beschreibung brauchen wir eine Maßzahl für die Anzahl der Gasteilchen. Hierfür haben wir bereits den Partialdruck p_A kennengelernt (▶ Kapitel 3.6). Die Menge an gelöstem Gas A in der Flüssigkeit lässt sich als Stoffmengenkonzentration [A] (in mol/L) angeben. Wir erhalten das **Henry-Dalton'sche Gesetz** zur quantitativen Beschreibung der Löslichkeit von Gasen in Flüssigkeiten.

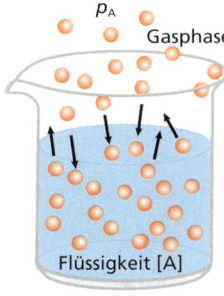

$$K = \frac{p_A}{[A]_{\text{Flüssigkeit}}} \Rightarrow p_A = K \cdot [A]_{\text{Flüssigkeit}}$$

Die Gleichgewichtskonstante K bezeichnet man als **Henry-Konstante** (häufig auch als kH bezeichnet). Sie hat für jedes Gas und jedes Lösemittel einen eigenen Wert, der zudem temperaturabhängig ist. *Achtung:* Man findet oft auch die umgekehrte Definition des Henry-Dalton'schen Gesetzes in der Literatur ([A]$_{\text{Flüssigkeit}} = K \cdot p_A$). Erhöht man den Partialdruck eines Gases, so erhöht sich entsprechend dem Henry-Dalton'schen Gesetz dessen Löslichkeit in einer Flüssigkeit. Wir kennen dies von Sprudelflaschen. Beim Abfüllen CO_2-haltiger Getränke wird Überdruck verwendet (hoher CO_2-Partialdruck), sodass sich vermehrt CO_2 im Wasser löst. Beim Öffnen der Sprudelflasche sinkt der CO_2-Partialdruck auf den deutlich geringeren Wert der Umgebungsluft ab und die Löslichkeit des Gases im Wasser verringert sich. Da der Druckabfall sehr schnell geschieht, sprudelt das überschüssige CO_2 spontan aus der Lösung heraus.

Gas-Flüssigkeits-Verteilungsgleichgewicht

Beim Öffnen einer Sprudelflasche perlt CO_2 aus.
Aus: Brown, T. L., LeMay, H. E. & Bursten, E. B. (2007)

Wegen der Temperaturabhängigkeit der Henry-Konstante sinkt in der Regel die Löslichkeit von Gasen in Flüssigkeiten mit steigender Temperatur. Deswegen kommt es zum Beispiel beim Erwärmen von Wasser zur Blasenbildung. Bei der erhöhten Temperatur entweicht ein Teil der ursprünglich im Wasser gelösten Luft.

4 Heterogene Phasengleichgewichte

AUS DER MEDIZINISCHEN PRAXIS

Taucherkrankheit

Gas-Flüssigkeits-Verteilungsgleichgewichte spielen auch in der Physiologie, zum Beispiel bei der Atmung, eine enorme Rolle. Sauerstoff aus der Luft löst sich in der Lunge im Blut und kann so zu den Zellen transportiert werden. Die physikalische Löslichkeit der Luftgase im Blut bei Normaldruck ist aber eher gering. Sauerstoff wird im Blut jedoch chemisch an den roten Blutfarbstoff Hämoglobin gebunden, was die Löslichkeit deutlich erhöht (▶ Kapitel 8.9). Beim Tauchen kann dagegen die physikalische Löslichkeit der Luftgase im Blut durchaus zu ernstzunehmenden Komplikationen führen, nämlich zur **Taucherkrankheit**. Mit zunehmender Wassertiefe steigt der Umgebungsdruck und damit entsprechend dem Henry-Dalton'schen Gesetz auch die Löslichkeit der Luftgase im Blut. Problematisch ist hierbei vor allem der Stickstoff, zum einen, weil er den größten Partialdruck aufweist, und zum anderen, weil er nicht verstoffwechselt wird (im Gegensatz zu Sauerstoff). Er kann nur über die Atmung aufgenommen und abgegeben werden. Bei einem längeren Tauchaufenthalt erhöht sich daher stetig die Menge an gelöstem Stickstoff im Blut. Zu schnelles Auftauchen kann dann dazu führen, dass der überschüssige Stickstoff aus dem Blut ausperlt – ähnlich wie das CO_2 beim Öffnen der Sprudelflasche. Diese Gasblasen können zu tödlichen Komplikationen wie Nervenschäden oder Embolien führen. Deswegen wird beim Tauchen häufig ein künstliches Gasgemisch aus Sauerstoff und Helium verwendet (▶ Tabelle 3.3), da Helium unter gleichen äußeren Bedingungen im Blut eine geringere Löslichkeit aufweist als Stickstoff. Die Gefahr der Emboliebildung beim Auftauchen ist daher geringer. Trotzdem müssen zum Beispiel Tiefseetaucher lange Dekompressionszeiten in Druckbehältern mitmachen, um ein stetes Abatmen der nach und nach ausperlenden Atemgase zu ermöglichen.

Taucher
Aus: Brown, T. L., LeMay, H. E. & Bursten, E. B. (2007)

Außer der erhöhten Löslichkeit im Blut kann auch das bei zunehmendem Druck abnehmende Volumen der Tauchergase in der Lunge (ideales Gasgesetz, ▶ Kapitel 3.6) eine Rolle bei Taucherkrankheiten spielen: Wird beim Auftauchen das intrapulmonale (= in der Lunge befindliche) Luftvolumen nicht ausreichend abgeatmet, wie zum Beispiel bei einem Panikaufstieg, so dehnt sich die in der Lunge verbleibende Luft bei abfallendem Druck aus ($V \propto 1/p$) und führt bei Überschreiten der Dehnbarkeit des Lungengewebes zu Rissen in den Membranen der alveolären Kapillaren. Außerdem können große Luftmengen in das Blutgefäßsystem übertreten (arterielle Gasembolie, AGE) und im Herzen oder im Gehirn zu Gefäßverstopfungen führen, was neurologische Ausfälle und Störungen der Herzfunktion verursachen kann. Es entsteht ein **Barotrauma**. Dieses kann auch schon im flachen Wasser bei 1 bis 2 m Tiefe unabhängig von der Tauchzeit entstehen, da bereits die Volumenänderungen bei diesen Druckunterschieden für Risse im Lungengewebe ausreichen.

Dekompressionskammer
© Wikipedia: Dekompressionskammer, Jayme Pastoric, U.S. Navy, www.news.navy.mil

AUS DER MEDIZINISCHEN PRAXIS

Inhalationsnarkotika

Heutzutage werden Narkosen vielfach mit Inhalationsnarkotika durchgeführt, wenn auch die eigentliche Narkoseeinleitung zuerst mittels eines Injektionsnarkotikums erfolgt (zum Beispiel Thiopental, Etomidat, Ketamin oder Methohexital). Die zur Narkose eingesetzten gasförmigen oder leicht verdampfbaren Arzneistoffe müssen gut dosierbar sein, um die Narkosetiefe den Notwendigkeiten der Operation anzupassen und am Ende eine schnelle Ausleitung zu gewährleisten. Die Steuerbarkeit eines Narkosemittels ist umso besser, je schneller das Mittel an- und abflutet, was vor allem vom Konzentrationsgradienten zwischen alveolärer Atemluft und Blut und somit von der Löslichkeit des Narkosemittels im Blut abhängt. Beschreiben lässt sich dies mit dem **Blut/Gas-Verteilungskoeffizienten** (BGV). Dieser gibt an, welches Gasvolumen sich bei gegebenem Druck und gegebener Temperatur in einem bestimmten Flüssigkeitsvolumen löst. Es handelt sich also um eine modifizierte Form der Henry-Konstante. Ein hoher Koeffizient bedeutet, dass sich bei gleichem Partialdruck mehr Narkotikum im Blut löst als bei einem kleinen Koeffizienten. Man könnte also annehmen, dass ein Narkotikum mit einem großen BGV Vorteile besitzt. Dies ist aber nicht der Fall! Entscheidend für die Narkosewirkung ist nicht die im Blut gelöste Menge an Narkotikum, sondern die Menge, die vom Blut wieder an das umgebende Gewebe abgegeben wird. Bei einer sehr guten Löslichkeit im Blut dauert es sehr viel länger, bis sich die für die Narkose wichtige Sättigungskonzentration im Gewebe eingestellt hat. Bei Narkotika mit großem BGV kommt es also zu einer verzögerten Abgabe des Narkotikums in das zentrale Nervensystem (ZNS), die Wirkung ist schlechter steuerbar und die Ein- und Ausleitungsphasen dauern länger. Außerdem wird mehr Narkotikum verbraucht. Ein niedriger BGV ist dagegen gleichbedeutend mit schnellen An- und Abflutungszeiten und daher günstiger. Ein Grund, warum Diethylether oder Chloroform nicht mehr verwendet werden, sind ihre hohen BGV-Werte: 12,1 für Diethylether und 8,4 für Chloroform ($CHCl_3$). Auch das lange verwendete Halothan ist mit einem BGV-Wert von 2,3 ungünstiger als die heute üblichen Inhalationsnarkotika (▶ Tabelle 3.3), die niedrigere BGV-Werte besitzen: Enfluran 1,9, Isofluran 1,46, Sevofluran 0,65, Lachgas 0,47, Desfluran 0,42, Xenon 0,14. Für die Wirkstärke der verschiedenen Narkotika ist es zudem noch wichtig, wie lipophil sie sind. Hierfür wird zur Charakterisierung ein **Öl/Gas-Verteilungskoeffizient** verwendet. Je lipophiler die Narkotika, desto stärker ist ihre Wirksamkeit, wahrscheinlich aufgrund der besseren Einlagerung in die ebenfalls lipophile Membran der Nervenzellen (▶ Kapitel 11.10).

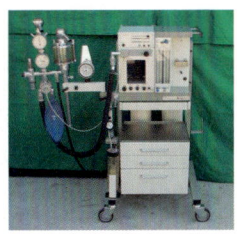

Modernes Narkosegerät
© Dr. Wilfried Müller GmbH, Prittriching

4.4 Adsorption an Oberflächen

Gase oder Flüssigkeiten oder in einer Flüssigkeit gelöste Stoffe können auch an der Oberfläche eines Feststoffes adsorbiert werden. Wir haben es dann mit einem **Verteilungsgleichgewicht gasförmig/fest** oder **flüssig/fest** zu tun. Die Menge eines Stoffes A, die hierbei auf einer Oberfläche abgeschieden wird, hängt neben der Konzentration des Stoffes A und seiner Wechselwirkung mit der Oberfläche vor allem auch von der Größe der Oberfläche des Adsorbens ab. Je größer die Oberfläche ist, die mit dem Stoff in Kontakt kommt, desto mehr wird von dem Stoff auf der Oberfläche adsorbiert. Daher besitzen Stoffe wie Aktivkohle oder Kieselgel, die eine hohe Oberfläche aufweisen, sehr gute Adsorptionseigenschaften. Dies macht man sich bei der Verwendung von Medizinischer Kohle (*Carbo activatus*) zur Adsorption von Bakterien oder deren Toxinen bei Darminfektionen zunutze (▶ Kapitel 1.9). Medizinische Kohle wird durch Verkohlungsverfahren gewonnen, durch die die Oberfläche und dadurch das **Adsorptionsvermögen** enorm vergrößert werden. Aktivkohle findet sich auch als Adsorbens in den Filtern von Atemschutzmasken

> **MERKE**
>
> Adsorption = auf der Oberfläche
> Absorption = im Phaseninneren

4 Heterogene Phasengleichgewichte

Abbildung 4.2: Absorption oder Adsorption? Absorption ist die Aufnahme eines Stoffes ins Innere einer Phase (links), wohingegen die Adsorption die Wechselwirkung des Stoffes mit einer Oberfläche darstellt (rechts).

Langmuir'sche Adsorptionsisotherme

$$\Theta = \frac{K \cdot p_A}{1 + K \cdot p_A}$$

$$\Theta = \frac{N_{\text{adsorbierte Teilchen}}}{N_{\text{Adsorptionsplätze}}}$$

$1 - \Theta$ = freie Oberfläche

(Gasmasken), die ihren Träger gegen giftige Gase oder Aerosole schützen. Von der Adsorption zu unterscheiden ist hingegen die Absorption, also die Aufnahme eines Teilchens ins Innere einer Phase (▶ Abbildung 4.2, ▶ Abbildung 4.3).

Quantitativ lässt sich die Adsorption eines Stoffes A auf einer Festkörperoberfläche (▶ Abbildung 4.3) mithilfe einer **Adsorptionsisotherme** beschreiben. Dabei wird als Maß für die Anzahl der Teilchen an der Oberfläche der Bedeckungsgrad Θ (gesprochen: Theta) verwendet. Man geht davon aus, dass die Oberfläche des Adsorbens aus verschiedenen Adsorptionsplätzen besteht, an die jeweils ein Teilchen des Stoffes A gebunden werden kann. Der Bedeckungsgrad gibt dann die Menge an adsorbierten Teilchen im Verhältnis zur Gesamtzahl an Adsorptionsplätzen an. Je nachdem, ob die verschiedenen Adsorptionsplätze sich gegenseitig beeinflussen oder nicht, erhält man unterschiedliche Modelle für die quantitative Beschreibung der Abhängigkeit des Bedeckungsgrades von der Konzentration des Stoffes A in der Gasphase oder der Flüssigkeit. Ein gebräuchliches Modell ist die **Langmuir'sche Adsorptionsisotherme** (▶ Abbildung 4.4). Man sieht, dass bei zunehmender Konzentration der Bedeckungsgrad Θ dem Grenzwert 1 entgegenstrebt. Es können nicht mehr Teilchen auf der Oberfläche adsorbiert werden, als Adsorptionsplätze vorhanden sind. Bei niedrigen Konzentrationen nimmt hingegen die Bedeckung linear mit dem Druck zu. Es gilt $\theta \approx K \cdot [A]k$ (linearer Kurvenverlauf links in ▶ Abbildung 4.4).

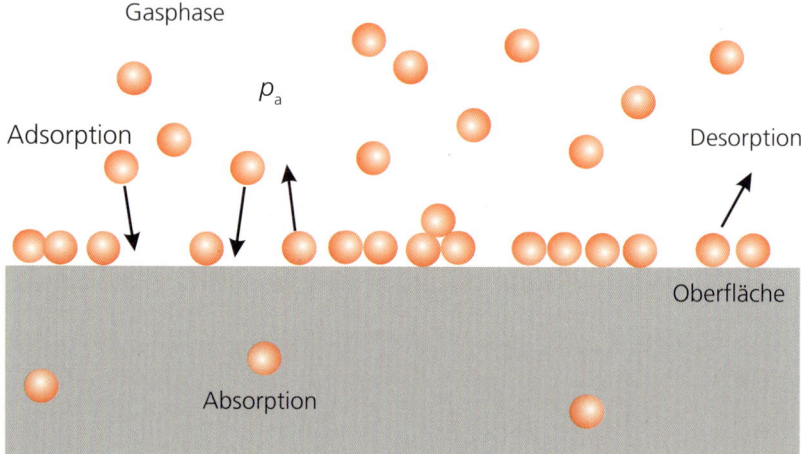

Abbildung 4.3: Adsorption eines Gases auf der Oberfläche eines Adsorbens. Je größer der Partialdruck des Gases ist, desto mehr Teilchen werden auf der Oberfläche adsorbiert, desto größer ist der Bedeckungsgrad.

4.4 Adsorption an Oberflächen

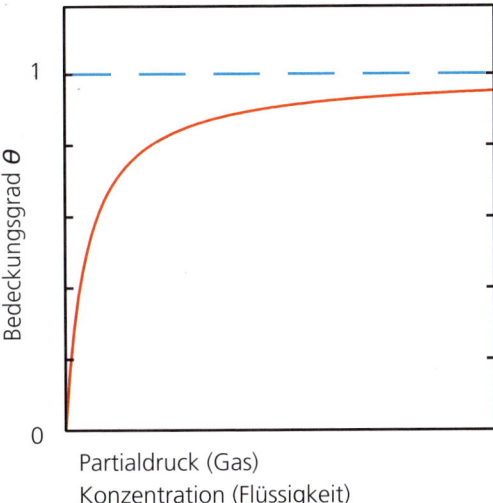

Abbildung 4.4: Langmuir'sche Adsorptionsisotherme. Für kleine Werte steigt der Bedeckungsgrad linear mit dem Druck oder der Konzentration an und nähert sich dann asymptotisch dem Wert 1. Dies entspricht einer vollständigen Belegung aller Adsorptionsplätze auf der Oberfläche.

DEFINITION

Ähnliche Begriffe – unterschiedliche Bedeutungen

Als **Adsorption** (lateinisch *adsorbere* = festhalten) bezeichnet man Vorgänge, bei denen ein Gas oder eine Flüssigkeit an der Oberfläche eines anderen Stoffes festgehalten wird.

Das Gegenteil, die Abgabe einer adsorbierten Spezies an die Gas- oder Flüssigphase, wird **Desorption** genannt.

Als **Absorption** bezeichnet man in der **Chemie** die Lösung eines Teilchens im Inneren einer Phase, also zum Beispiel die Aufnahme eines Gasteilchens ins Innere einer Flüssigkeit oder eines Festkörpers.

In der **Physik** ist mit **Absorption** auch die Aufnahme von elektromagnetischer Strahlung durch Materie gemeint (▶ Kapitel 1.11).

In der **Medizin**/Biochemie bezeichnet die **Absorption** (= **Resorption**, lateinisch *absorbere* = verschlucken, aufsaugen) hingegen die Aufnahme eines Wirkstoffes aus dem Gastrointestinaltrakt oder einem anderen Applikationsort in das Blutsystem, durch das der Wirkstoff seinen Wirkort erreicht.

4.5 Verteilung zwischen zwei Flüssigkeiten

Nernst'sches Verteilungsgesetz

$$K = \frac{[A]_{P1}}{[A]_{P2}}$$

Steht ein Stoff A mit zwei flüssigen Phasen im Kontakt, so wird er sich in diesen in unterschiedlichem Maße lösen und verteilen. Als Maß für die Teilchenzahl kann für beide Phasen jeweils die Stoffmengenkonzentration [A] (in mol/L verwendet werden. Die Stoffmengenkonzentration wird auch als c(A) angegeben. Wir verwenden der Einfachheit und der besseren Übersicht wegen die (ältere) Bezeichnung [A]. Im Gleichgewicht gilt dann, dass das Verhältnis der Stoffmengenkonzentrationen des Stoffes A in den beiden Phasen P1 und P2 bei gegebener Temperatur konstant ist (**Nernst'sches Verteilungsgesetz**).

AUS DER MEDIZINISCHEN PRAXIS

Arzneimittel und die Blut-Hirn-Schranke

Arzneimittel, die im zentralen Nervensystem (ZNS) aktiv sein sollen wie zum Beispiel Schlafmittel, müssen ausreichend lipophil, das heißt fettlöslich, sein, damit sie die sogenannte **Blut-Hirn-Schranke** (BBB, Blood Brain Barrier) überwinden können. Hierbei handelt es sich um eine physiologische Barriere an den Blutgefäßen des ZNS, die im Wesentlichen aus eng verzahnten unpolaren Membranproteinen besteht. Heroin, Nicotin, Coffein und Ethanol können aufgrund ihrer Lipophilie die Blut-Hirn-Schranke sehr gut und schnell überschreiten. Sie haben daher ausgeprägte zentralnervöse Wirkungen. Umgekehrt dürfen Arzneistoffe, die hauptsächlich in der Peripherie wirken sollen, die Blut-Hirn-Schranke möglichst nicht überqueren, um Nebenwirkungen im ZNS zu vermeiden. Ein Beispiel sind H1-Antihistaminika der ersten und zweiten Generation, die zur Behandlung von Allergien eingesetzt werden. Ältere Arzneistoffe sind so lipophil, dass sie ZNS-gängig sind und dadurch häufig als Nebenwirkung zu Müdigkeit führen. Deswegen werden manche auch als milde Schlafmittel eingesetzt (zum Beispiel Diphenhydramin). Neuere Antihistaminika (zum Beispiel Cetirizin, Fexofenadin) sind meist nicht ZNS-gängig und weisen diese Nebenwirkung daher nicht auf. Die Lipophilie ist aber natürlich nicht der einzige Parameter, der über die ZNS-Gängigkeit eines Arzneistoffes entscheidet. So spielt auch eine Rolle, ob der Arzneistoff als Fremdstoff von bestimmten Effluxpumpen erkannt wird, die Fremdstoffe wieder aktiv aus den Zellen transportieren, zum Beispiel das P-Glycoprotein (PGP, MDR1, Multidrug Resistance Protein 1).

Als Maßzahl zur Charakterisierung der Lipophilie (▶ Kapitel 3.7) von Arzneistoffen wird oft der dekadische Logarithmus des Verteilungskoeffizienten n-Octanol/Wasser (lg K_{OW} oder log P) verwendet, wobei n-Octanol als unpolares Lösemittel als ein Modell für die unpolaren Kompartimente im Körper (wie zum Beispiel Zellmembranen oder die Blut-Hirn-Schranke) dient. Je größer log P ist, desto lipophiler ist der Arzneistoff und desto leichter membrangängig ist er.

EXKURS

Pharmakokinetik: Was macht der Körper mit dem Arzneistoff (drug)?
Pharmakodynamik: Was macht das Drug mit dem Körper?

Die **Pharmakokinetik** beantwortet die Fragen nach den Effekten, denen das Arzneimittel im Organismus unterliegt. Man unterscheidet nach dem **LADME**-Prinzip die **Liberation** (Freisetzung des Arzneistoffs aus dem Arzneimittel, zum Beispiel der Tablette oder Kapsel), die **Absorption** (Resorption) (▶ Kapitel 4.4) des Arzneistoffs aus dem Applikationsort in den Blutkreislauf, die **Distribution** (Verteilung) im Körper, die **Metabolisierung** (Biotransformation), die hauptsächlich in der Leber stattfindet und die **Exkretion** (Elimination, Ausscheidung). Letztere erfolgt meist über die Niere (renal) oder die Galle (biliär), also letztlich über den Verdauungstrakt. In nur sehr wenigen Fällen erfolgt die Exkretion über Speichel, Schweiß, Muttermilch oder mit dem Atem. Aufgrund ihrer Bedeutung bei der Metabolisierung muss bei Patienten mit Nieren- oder Leberinsuffizienz die Dosierung von Arzneimitteln angepasst werden. Zuweilen wird zu dem LADME-Konzept auch die Toxizität dazu gezählt (**LADMET**), obwohl dies eigentlich ein pharmakodynamischer Aspekt ist.

Die **Pharmakodynamik** beschreibt die Wirkung des Arzneistoffs im Organismus, also dessen biochemischen und physiologischen Effekte, wobei man zwischen erwünschten und unerwünschten Wirkungen (UAW, unerwünschte Arzneimittelwirkung) unterscheidet. Pharmakodynamische Effekte beruhen auf den Interaktionen des Arzneistoffs mit **Zielmolekülen** (**Targets**) des Körpers, zum Beispiel Enzymen, Rezeptoren, Transportproteinen, Ionenkanälen, RNA, DNA oder der Zellmembran. Arzneistoffe können an diesen Zielmolekülen stimulierend (agonistisch) oder inhibierend (blockierend, antagonistisch) wirken. Arzneistoffe können natürlich auch mit falschen Zielmolekülen wechselwirken, eine Ursache für die erwähnten UAWs; man spricht bei diesen falschen Targets von sogenannten **Off-Targets**.

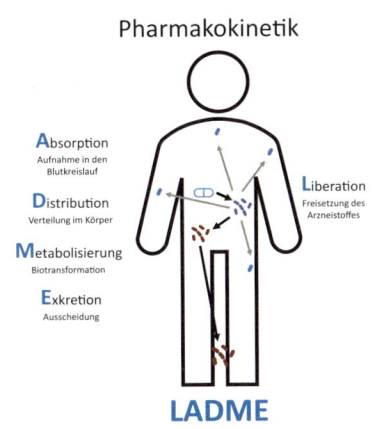
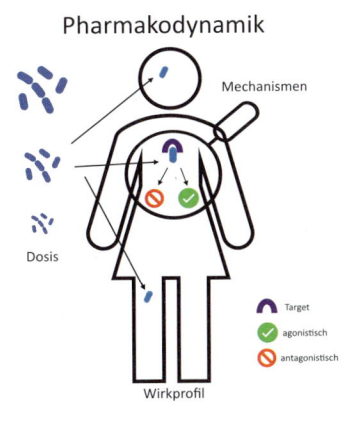

4 Heterogene Phasengleichgewichte

Die unterschiedliche Löslichkeit und Verteilung eines Stoffes in zwei nicht mischbaren Phasen kann man auch zur **Stofftrennung** und **-isolierung** ausnutzen. Hat man einen lipophilen Stoff wie das Analgetikum Ibuprofen (▶ Kapitel 9.9.4) (Löslichkeit 21 mg/L Wasser) zusammen mit Kochsalz in einer Wasserphase vorliegen und versetzt diese Lösung mit einer weniger polaren Phase wie zum Beispiel Ether oder Dichlormethan (unpolare organische Lösemittel), so wird sich – bei kräftigem Umschütteln oder Rühren (= Ausschütteln) – der lipophile Stoff bevorzugt in der organischen Phase anreichern. Das Kochsalz bleibt hingegen in der Wasserphase. Trennt man die organische Phase anschließend ab, so hat man den unpolaren Stoff isoliert und vom Kochsalz getrennt. In der Praxis wird hierfür ein Scheidetrichter verwendet, der eine leichte Trennung der beiden Phasen erlaubt (▶ Abbildung 4.5). Betrachtet man das Nernst'sche Verteilungsgesetz, so muss aber – selbst bei günstigem Verteilungskoeffizienten – immer noch eine gewisse Restmenge des unpolaren Stoffes in der Wasserphase verblieben sein. Durch mehrfache Wiederholung dieser **Extraktion** kann man aber praktisch den gesamten unpolaren Stoff isolieren.

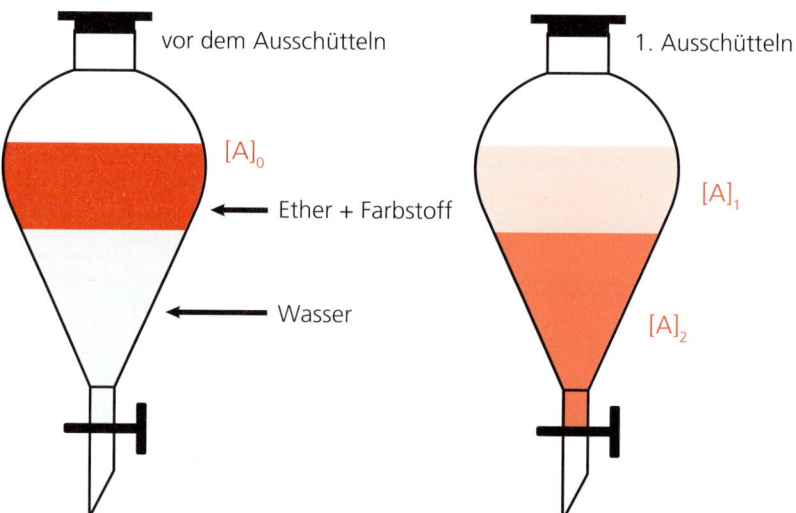

Abbildung 4.5: Stofftrennung durch Ausschütteln (Extraktion). Die unterschiedliche Verteilung eines Stoffes A (in diesem Fall ein polarer Farbstoff) zwischen zwei nichtmischbaren Phasen (Ether und Wasser) kann zur Stofftrennung und damit zur Reinigung und Isolierung ausgenutzt werden.

■ BEISPIEL   Einmal oder mehrmals? Wann ist eine Extraktion effektiv?

Ein Arzneistoff wird in gleichen Volumina Wasser und *n*-Octanol verteilt. Nach intensivem Schütteln findet man 75 Prozent des Stoffes in der Octanolphase. Wie groß ist demnach der Nernst'sche Verteilungskoeffizient Octanol/Wasser für diesen Stoff?

4.5 Verteilung zwischen zwei Flüssigkeiten

Von einer gegebenen Stoffmenge n des Stoffes X befinden sich 75 Prozent in der Octanolphase und demnach 25 Prozent in der Wasserphase, also gilt für den Nernst'schen Verteilungskoeffizienten:

$$K = \frac{[X]_{Octanol}}{[X]_{Wasser}} = \frac{75}{25} = 3$$

Der lg P-Wert beträgt somit 0,477. Welche Stoffmenge verbleibt von dem Stoff in der wässrigen Phase, wenn man 1 mol dieser Substanz in 100 mL Wasser löst und diese Lösung dreimal hintereinander mit jeweils 100 mL Octanol ausschüttelt? Da die Volumina der beiden Phasen identisch sind, kann man leicht die nach dem Ausschütteln noch verbleibende Menge berechnen. Beim ersten Ausschütteln verteilt sich der Stoff im Verhältnis 3 : 1 (Octanol : Wasser). Danach trennt man die Octanolphase ab und ersetzt sie durch frisches Octanol. Beim zweiten Ausschütteln verteilt sich der im ersten Schritt im Wasser verbliebene Rest des Stoffes (25 Prozent) wieder im Verhältnis 3 : 1 in Octanol und Wasser. Man findet 18,75 Prozent der ursprünglichen Menge in der neuen Octanolphase, während nur noch 6,25 Prozent in der Wasserphase verbleiben. Analog erfolgen die Berechnungen für jeden weiteren Extraktionsschritt.

Phase	Vorher	Zahl der Extraktionsschritte			Summe
		1 x	2 x	3 x	
Octanol	0	0,75	0,25 · 0,75 = 0,1875	0,0625 · 0,75 = 0,047	0,75 + 0,1875 + 0,047 = 0,9845
Wasser	1	0,25	0,25 · 0,25 = 0,0625	0,0625 · 0,25 = 0,0156	

Also befinden sich nach dreimal Ausschütteln nur noch 1,56 Prozent des Stoffes in der Wasserphase, während sich 98,45 Prozent in den drei vereinigten Octanolphasen befinden. Würde man hingegen nur einmal mit 300 mL Octanol ausschütteln, so würde wesentlich mehr in der wässrigen Phase verbleiben, nämlich 10 Prozent des Stoffes:

$$K = \frac{[X]_{Octanol}}{[X]_{Wasser}} = \frac{n_{Octanol}}{n_{Wasser}} \cdot \frac{V_{Wasser}}{V_{Octanol}} = 3 \, \text{da} \, [X] = \frac{n}{V}$$

$$\Rightarrow \frac{n_{Octanol}}{n_{Wasser}} = K \cdot \frac{V_{Octanol}}{V_{Wasser}}$$

mit $V_{Octanol} = 3 \cdot V_{Wasser}$

$$\Rightarrow \frac{n_{Octanol}}{n_{Wasser}} = 9$$

Wir sehen also, dass mehrmaliges Ausschütteln mit kleinen Volumina insgesamt besser ist als einmaliges Ausschütteln mit einem größeren Volumen.

> **AUS DER MEDIZINISCHEN PRAXIS**
> **Orale Bioverfügbarkeit – Lipinskis Rule of Five (RoF)**
>
> **Von *hits* über *leads* zu *drugs***
>
> Verteilungsgleichgewichte sind auch dafür entscheidend, wie gut ein Stoff vom Körper aufgenommen (resorbiert) wird und wie viel damit zum Beispiel nach oraler Aufnahme überhaupt im Blutkreislauf ankommt. Die orale Bioverfügbarkeit spielt für Arzneistoffentwicklungen eine große Rolle. Als Daumenregel zur Abschätzung der oralen Bioverfügbarkeit einer chemischen Verbindung wurde Ende der 1990er-Jahre von Christopher Lipinski die sogenannte „Rule of Five" eingeführt. Diese Regel besagt, dass eine Verbindung dann besonders gut bioverfügbar ist, wenn sie
>
> - nicht mehr als fünf H-Brücken-Donatoren (HBD; zum Beispiel OH- oder NH-Gruppen) und
> - nicht mehr als zehn H-Brücken-Akzeptoren (HBA; zum Beispiel Sauerstoff- oder Stickstoffatome) aufweist,
> - eine Molmasse von nicht mehr als 500 g/mol und
> - einen log P (dekadischer Logarithmus des n-Octanol-Wasser-Verteilungskoeffizienten K_{OW}, P-Wert) von maximal 5 hat.
>
> Es fällt auf, dass die RoF nur vier Regeln beinhaltet. *Rule of Five* und auch die weiter unten genannte *Rule of Three* bedeuten nicht, dass es sich um fünf oder drei Regeln handelt, sondern dass die für die Kriterien festgelegten Zahlen durch fünf bzw. drei teilbar sind.
>
> Anders formuliert sind also insbesondere kleine ($M < 500$ g/mol) und weder zu polare (nur wenige H-Brückendonatoren und -akzeptoren) noch zu lipophile Moleküle (lg $P < 5$) gut bioverfügbar. Diese Regeln leitete Lipinski, ein Medizinalchemiker bei einer der großen Pharmafirmen, aus der Analyse der Moleküleigenschaften einer Vielzahl von damals bekannten und oralwirksamen Arzneistoffen ab. Mittlerweile ist aber eine Vielzahl von Arzneistoffen bekannt, die diese Regeln nicht erfüllen und trotzdem oral-bioverfügbar sind. So verletzen auch viele Naturstoffe mit großer Molmasse die RoF. Um insbesondere solche Moleküle nicht zu früh aus der Arzneistoffentwicklung auszuschließen und möglicherweise vielversprechende Arzneistoffkandidaten zu übersehen, wurden die Regeln zwischenzeitlich erweitert. So gibt es **Extended RoF** (**eRoF**) und **Beyond RoF** (**bRoF**), die die genannten Kriterien weniger streng auslegen, zum Beispiel mehr H-Brücken-Donor- und Akzeptor-Atome und eine größere Molmasse erlauben, oder auch die Zahl der rotierbaren Bindungen (**Number of Rotatable Bonds**, **NRotB**) als Maß für die Flexibilität eines Moleküls und die sog. **polare Oberfläche (*Polar Surface Area*, PSA in Å^2**, auch TPSA, Topological Polar Surface Area genannt) zur Beurteilung heranziehen. Die (T)PSA ist ein Maß dafür, wie polar die gesamte Oberfläche eines Arzneistoffmoleküls ist. Bei den Berechnungen der (T)PSA werden hauptsächlich O- und N- und daran gebundene H-Atome berücksichtigt. Je polarer, desto besser wasserlöslich ist die Substanz, aber je unpolarer, desto besser membrangängig. Die PSA hängt bei größeren Molekülen auch davon ab, wie sie gefaltet sind, das heißt, welche Konformation (▶ Kapitel 9.8) sie einnehmen. Diese kann in Wasser anders sein, als in der lipophilen Umgebung der Zellmembran. Man versucht insbesondere mit den bRoF auch Arzneistoffkandidaten zu finden, die an große, flache Bindetaschen in Zielstrukturen, zum Beispiel Enzymen oder Rezeptoren binden können, die man mit Molekülen, die streng der RoF folgen, nicht adressieren könnte. Der

sog. **chemische Raum** (*Chemical Space*) für potenzielle Arzneistoffe wird damit also erweitert.

Ähnliche Regeln und Kriterien werden auch angewandt, um die sogenannte **Lead-** oder **Drug-Likeness** eines Moleküls zu beurteilen. Als *drug-like* wird ein Molekül bezeichnet, wenn es entsprechend der Regeln als Arzneistoffkandidat in Frage kommt. Dahingegen ist eine *lead-like* Verbindung ein Molekül, das sich zunächst einmal nur als **Leitstruktur** (*Lead*) für eine Optimierung hin zu einem Arzneistoff eignet. Für solche Leads zieht man gelegentlich auch die sog. **Rule of Three** zur Beurteilung heran: Das Molekül sollte eine Molmasse < 300 g/mol, einen log $P \leq$ 3, HBD $\leq$ 3, HBA $\leq$ 3, NRotB $\leq$ 3 und PSA $\leq$ 60 Å^2 aufweisen. Ein Lead ist also prinzipiell kleiner als ein Arzneistoffkandidat und kann noch angepasst und verbessert werden. Leitstrukturen werden aus sogenannten **Hits** entwickelt oder aus einer Gruppe von Hits als Leads identifiziert. Hits wiederum sind Verbindungen, die in einem **Screening** als biologisch aktiv gefunden wurden. Die sogenannte **H2L-Phase** (*Hit-to-Lead*) ist Teil der modernen Arzneistoffentwicklung, die folgende Schritte umfasst:

1. die **Validierung einer Zielstruktur** (**target validation**), das heißt die Verifizierung, dass zum Beispiel die Hemmung eines bestimmten Enzyms einen bestimmten, für eine Therapie gewünschten Effekt hervorruft;
2. die Entwicklung entsprechender für das **Hochdurchsatz-Screening** (**HTS, high-throughput screening**) von großen Molekülbibliotheken von bis zu 1 Millionen Molekülen geeigneten **Testsystemen** (**assays**), durch welche zunächst
3. **Hits** gefunden werden, die dann in
4. der **Hit-to-lead**-Phase (**H2L**) genauer evaluiert werden und auch zum Teil schon ein wenig verbessert werden, um vielversprechende leads zu identifizieren oder zu generieren. Anschließend erfolgt die
5. **Optimierung der Leitstruktur** (*lead optimization*, **LO**) und daran anschließend
6. die **präklinische** und
7. **klinische Weiterentwicklung**.

Dabei schaffen es nur sehr wenige Verbindungen bis zum Schluss: von etwa 5000 Kandidaten, die die präklinische Entwicklung erreichen, wird nur aus einem ein zugelassener Arzneistoff.

Man versucht heutzutage schon sehr früh, das heißt bereits in der H2L-Phase oder im Rahmen der *lead optimization* **pharmakokinetische Aspekte** zu berücksichtigen, also Aspekte, welche zum Beispiel die Bioverfügbarkeit oder den Metabolismus des Arzneistoffs betreffen.

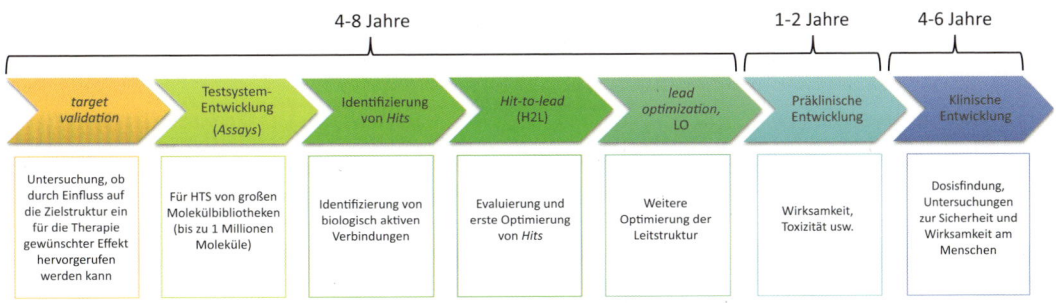

4 Heterogene Phasengleichgewichte

> **MERKE**
>
> Bioverfügbarkeit (BV) = prozentualer Anteil des Arzneistoffs aus der Arzneimitteldosis, der unverändert im systemischen (das heißt, den gesamten Organismus betreffenden) Kreislauf zur Verfügung steht. Bei intravenös applizierten Arzneimitteln ist die BV definitionsgemäß 100 Prozent.

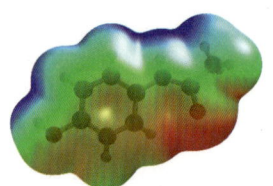

Paracetamol: log P: 0.4; PSA: 49; Mw: 151; NRotb: 1; HBA: 2; HBD: 2

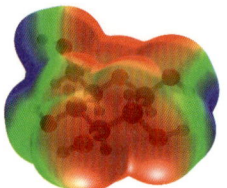

Glucose: log P: −2.9; PSA: 118; Mw: 180; NRotB: 1; HBA: 6; HBD: 5

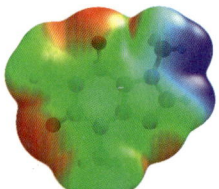

Coffein: log P: −0.07; PSA: 59; Mw: 194; NRotB: 0; HBA: 3; HBD: 0

Abbildung 4.6: Elektrostatisches Oberflächenpotenzial von Paracetamol (oben), einem Schmerz- und Fiebermittel; sowie von Glucose (Mitte) und Coffein (unten). Polare Anteile sind in **rot/gelb** (stark/schwächer **negativ**), **blau/hellblau** (stark/schwächer positiv) dargestellt. **Grüne** Bereiche sind **neutral**. Glucose mit einem log P von −2.9 und einer relativ polaren Oberfläche ist trotzdem sehr gut membrangängig. Wie kann das sein? Glucose wird nicht über passive Diffusion in Zellen aufgenommen, sondern über aktiven Transport: es gibt diverse transmembranäre Transportproteine, GLUT genannt, die D-Glucose in Zellen transportieren. Die Transporter sind spezifisch für D-Glucose, L-Glucose muss daher passiv aufgenommen werden und ist unter anderem deswegen nur sehr schlecht bioverfügbar. Außerdem wird L-Glucose nicht in den biochemischen Stoffwechselwegen als Substrat akzeptiert. In der Natur kommt ausschließlich D-Glucose vor.

CHEMIE IM ALLTAG

DDT und Bioakkumulation

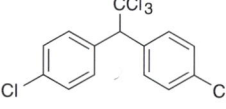

DDT – ein Insektizid mit zwei Seiten

Die Verteilung und Anreicherung von Stoffen in unterschiedlichen Phasen spielt auch bei der **Bioakkumulation** eine wichtige Rolle. Hierunter versteht man die Anreicherung von Stoffen im Organismus nach Aufnahme aus der Umgebung, zum Beispiel über die Nahrung. Das Insektizid DDT (Dichlor-diphenyl-trichlorethan) ist wohl das bekannteste Beispiel für die Problematik, die sich daraus ergeben kann. DDT wurde von etwa 1940 bis 1970 in großen Mengen als Insektizid eingesetzt, da es eine geringe akute Toxizität bei Warmblütern besitzt. Es ist aber eine sehr beständige (persistente) Substanz, die in der Umwelt nur langsam abgebaut wird (Halbwertszeit mehrere Monate in tropischen und subtropischen Gebieten und mehrere Jahre in gemäßigten Zonen). DDT wird von Mikroorganismen aufgenommen und gelangt so in die Nahrungskette. Es ist eine sehr lipophile Substanz (lg K_{OW} = 6,36), die sich daher nach der Aufnahme bevorzugt im Fettgewebe anreichert. Da es auch im Organismus nur langsam abgebaut wird, sammelt es sich in Lebewesen an. Entlang der Nahrungskette steigt daher die DDT-Konzentration erheblich an. Auf diese Weise werden selbst aus geringsten Spuren im Wasser gesundheitsbedenkliche Konzentrationen im Organismus, die um einen Faktor 106 oder mehr höher sein können als im ursprünglichen Wasser. Bei vielen Vogelarten, insbesondere Greifvögeln wie dem amerikanischen Weißkopfseeadler und dem europäischen Wanderfalken, wurde ab Mitte der 1950er- Jahre ein erheblicher Bestandsrückgang beobachtet, da durch das DDT die Wandstärke der Eier dieser Vögel geringer wurde und diese daher leichter zerbrachen. Auch fand man signifikante Konzentrationen von DDT im Fettgewebe von Menschen und in der Muttermilch. Die Produktion und der Einsatz von DDT als Insektizid wurden deshalb in den 1960er-Jahren weltweit zunächst deutlich eingeschränkt und später im sogenannten Stockholmer Übereinkommen praktisch weltweit verboten.

Allerdings hat DDT auch eine gute Seite, da es sich hervorragend zur Seuchenbekämpfung eignet, indem es zum Beispiel Läuse, die Typhus übertragen, oder die Anopheles-Mücke, die Malariaerreger überträgt, abtötet. Aus diesem Grund wurde Paul Müller, der 1939 die insektizide Wirkung von DDT entdeckt hatte, 1948 mit dem Nobelpreis für Medizin ausgezeichnet. Mit einem Programm der Weltgesundheitsorganisation wurde die Malaria vor allem durch den großflächigen Einsatz von DDT zwischen 1947 und 1960 in den USA, Europa, Taiwan, großen Teilen der karibischen Inseln und des Südpazifiks dauerhaft ausgerottet. Für einige Jahre konnte die Krankheit auch in Indien, Ceylon (heute Sri Lanka) und einigen Ländern Mittel- und Südamerikas erheblich eingedämmt werden. Mit der beginnenden Ächtung des DDT Ende der 1960er-Jahre wurde aber auch der DDT-Einsatz zur Seuchenbekämpfung weitgehend eingeschränkt, sodass die Malaria als Folge wieder verstärkt ausbrach (Neuerkrankungen in Ceylon 1948: ca. 2,8 Millionen, 1963: 17 (!), 1968/69: ca. 2,5 Millionen). Die weltweite Neuerkrankungsrate an Malaria liegt heute bei ca. 240 Millionen Menschen pro Jahr. Etwa 620 000 Menschen, meist Kinder unter fünf Jahren in Afrika, sterben jährlich an Malaria. Seit 2006 hat die Weltgesundheitsorganisation WHO den begrenzten Einsatz von DDT zur Malariabekämpfung ausdrücklich wieder erlaubt.

Stechmücke
© Hans Pfletschiger/Archiv Angerm

4.6 Vergleich der heterogenen Verteilungsgleichgewichte

Die quantitative Beschreibung der unterschiedlichen heterogenen Verteilungsgleichgewichte ist also immer sehr ähnlich (▶ Tabelle 4.1). Unterschiede ergeben sich eigentlich nur darin, welche physikalische Größe für die Teilchenzahl und die Konzentration in einer bestimmten Phase genutzt wird.

4 Heterogene Phasengleichgewichte

Phase 1	Phase 2	Maß für die Teilchenzahl in Phase		Gesetz	Einheit der Konstante
		P1	P2		
gasförmig	fest	Partialdruck p_A	Bedeckungsgrad Θ	Adsorptionsisotherme $\Theta = \frac{K \cdot p_A}{1 + K \cdot p_A}$	$\frac{1}{Pa}$
flüssig	fest	Stoffmengenkonzentration [A]	Bedeckungsgrad Θ	Adsorptionsisotherme $\Theta = \frac{K \cdot [A]}{1 + K \cdot [A]}$	$\frac{L}{mol}$
gasförmig	flüssig	Partialdruck p_A	Stoffmengenkonzentration [A]	Henry-Dalton'sches Gesetz $p_A = K \cdot [A]_{fl}$	$\frac{Pa \cdot L}{mol}$
flüssig	flüssig	Stoffmengenkonzentration [A]	Stoffmengenkonzentration [A]	Nernst'sches Verteilungsgesetz $K = \frac{[A]_{P1}}{[A]_{P2}}$	keine Einheit

Tabelle 4.1: Heterogene Verteilungsgleichgewichte

4.7 Grundlagen der Stofftrennung

4.7.1 Chromatographie

Heterogene Verteilungs- und Adsorptionsgleichgewichte spielen auch für die Trennung von Stoffgemischen eine wichtige Rolle. Dies haben wir in ▶ Kapitel 4.5 bereits am Beispiel der Extraktion (Verteilungsgleichgewicht flüssig/flüssig) gesehen. Auch bei einer der leistungsfähigsten Trennmethode in der Chemie und der klinischen Analytik, der **Chromatographie**, spielen diese Gleichgewichte eine entscheidende Rolle. Auch wenn es verschiedene Arten von Chromatographie gibt, so ist das zugrunde liegende Prinzip doch immer das gleiche: die unterschiedliche Verteilung von Stoffen zwischen zwei nichtmischbaren Phasen und/oder deren Adsorption an einer Phase. Die eine Phase ist dabei ortsfest (stationär), während die zweite Phase mobil ist und in einer Richtung an der stationären Phase vorbeibewegt wird. Ein Stoffgemisch wird in der mobilen Phase gelöst und wandert mit dieser über die stationäre Phase hinweg. Dabei stellen sich kontinuierlich Gleichgewichte der einzelnen Stoffe zwischen den beiden Phasen ein. Je stärker ein Stoff mit der stationären Phase wechselwirkt, desto langsamer wird er mit der mobilen Phase über die stationäre Phase hinwegbewegt. Dadurch werden die einzelnen Stoffe entsprechend ihrer unterschiedlichen Affinitäten zu den beiden Phasen getrennt.

Ein Beispiel aus dem Alltag soll dieses chromatographische Trennprinzip veranschaulichen. Zwei Gruppen von Studierenden beginnen gemeinsam einen Einkaufsbummel am Anfang einer Geschäftsstraße. Bei der einen Gruppe handelt es sich um technikbegeisterte Sportstudierende, bei der anderen um bücherliebende Studierende der Musikwissenschaften. Beim Entlangschlendern an den Schaufenstern werden die Mitglieder der Gruppe in unterschiedlichem Maße von den verschiedenen Geschäften (= stationäre Phase) angezogen. Sie bleiben stehen, schauen sich die Auslage an und wandern dann wieder mit dem allgemeinen

Fußgängerstrom (= mobile Phase) weiter die Straße entlang. Während die Sportstudierenden in der Gruppe längere Zeiten vor den zahlreichen Sport-, Outdoor-, Fahrrad-, Mobiltelefon- und Elektroartikelgeschäften verbringen, wandern die Musikstudierenden ohne allzu großes Interesse für diese Auslagen weiter. Sie kommen daher eher als die Sportstudierenden am Ende der Einkaufsstraße an. Es hat eine Auftrennung der Sport- und Musikstudierenden stattgefunden, hervorgerufen durch die unterschiedliche Affinität der beiden Gruppen zur stationären Phase. Wahlweise könnte man natürlich auch eine Einkaufsstraße mit Buchläden und Musikgeschäften nehmen (also eine andere stationäre Phase), um die Musikstudierenden zurückzuhalten, sodass diesmal die Studierenden der Sportwissenschaften schneller wären.

Auf diesem Prinzip beruhen alle Chromatographieverfahren. Sie unterscheiden sich nur im Aggregatzustand der jeweiligen stationären und flüssigen Phase sowie in der apparativen Durchführung. Gängige Chromatographiemethoden sind zum Beispiel die **Gaschromatographie** (mobile Phase gasförmig, stationäre Phase flüssig oder fest), die **Flüssigkeitschromatographie** (mobile Phase flüssig, stationäre Phase fest, ▶ Abbildung 4.6) oder die **Papierchromatographie** (mobile Phase flüssig, stationäre Phase flüssig, nämlich das in der Cellulose enthaltene Wasser, ▶ Abbildung 4.7).

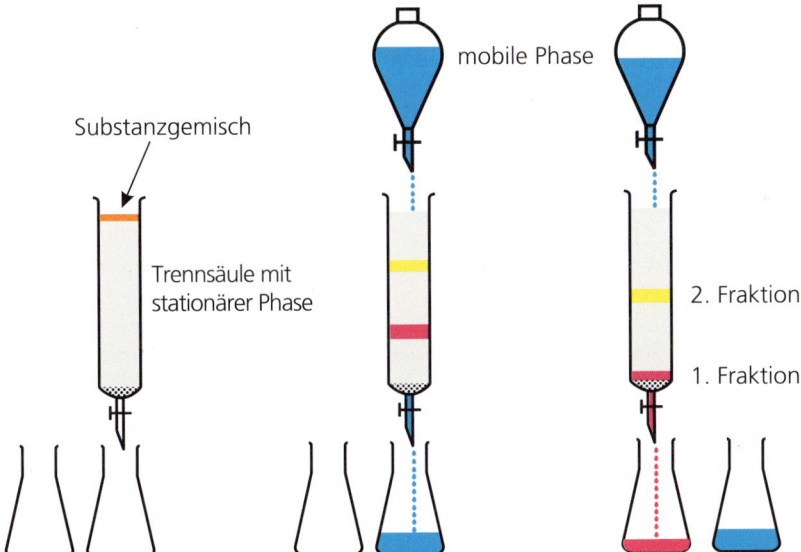

Abbildung 4.6: Prinzip der Flüssigkeitschromatographie. Ein Stoffgemisch wird durch eine mobile Phase (Laufmittel) über eine stationäre Phase hinwegbewegt. Die verschieden starken Wechselwirkungen der einzelnen Komponenten mit den beiden Phasen bewirken eine unterschiedliche Wanderungsgeschwindigkeit und damit eine Trennung des Gemisches.

Abbildung 4.7: Papierchromatographie. Ein Laufmittel steigt aufgrund von Kapillarkräften an einem Filterpapier hoch. Dabei bewegt sich die mobile Phase über einen schwarzen Tintenfleck hinweg und transportiert die verschiedenen Bestandteile der Tinte mit unterschiedlicher Geschwindigkeit mit. Der Tintenfleck wird in seine Bestandteile getrennt.
Aus: Brown, T. L., LeMay, H. E. & Bursten, E. B. (2007)

Je nachdem, welche Materialien als stationäre oder mobile Phase verwendet werden, kann man unterschiedliche Stoffe trennen. Neben der Adsorption (Verteilung gasförmig/fest oder flüssig/fest) und der Verteilung eines Stoffes zwischen zwei nichtmischbaren Phasen können bei der Chromatographie auch Siebeffekte ausgenutzt werden. Hierbei erfolgt die „Wechselwirkung" der gelösten Stoffe mit Hohlräumen in der stationären Phase, sodass die unterschiedlichen Affinitäten im Wesentlichen von der Größe der Teilchen abhängen (**Größenausschlusschromatographie**, wie zum Beispiel Gelfiltration oder Gelpermeation). Kleinere Teilchen können in diese Poren eindringen, verbleiben daher länger in der stationären Phase und werden dementsprechend später aus der Säule austreten (= eluiert) (inverser Siebeffekt). Teilchen, die zu groß für die Poren sind, werden nicht zurückgehalten (sie werden „ausgeschlossen") und früher eluiert. Auch spezifische nichtkovalente Interaktionen (▶ Kapitel 3.2) mit einem auf der stationären Phase immobilisierten Teilchen können ausgenutzt werden (**Affinitätschromatographie**). Es werden dann bevorzugt die Moleküle aus der mobilen Phase zurückgehalten, die mit den immobilisierten Teilchen spezifische Wechselwirkungen eingehen können. Hierfür verwendet man häufig die spezifische Bindung von immobilisierten Antikörpern an ihre entsprechenden (gelösten) Antigene (oder auch umgekehrt). Dies ist das gleiche Prinzip, das auch bei **Immunoassays** ausgenutzt wird, die in der Bioanalytik sehr häufig eingesetzt werden (Schwangerschaftstest, Nachweis von Dopingmitteln, Analytik von Blutparametern, Nachweis von Krankheitserregern, Drogentests).

Um eine höhere Trennleistung zu erreichen, benutzt man bei der Flüssigkeitschromatographie in der Regel sehr dicht gepackte stationäre Phasen, um den Kontakt zwischen mobiler und stationärer Phase zu maximieren. Die mobile Phase muss dann mit erhöhtem Druck über die stationäre Phase gepumpt werden (▶ Abbildung 4.8). Man bezeichnet diese Form der Chromatographie als **HPLC** (HP = high pressure oder high performance, LC = liquid chromatography). Am häufigsten wird heutzutage in der Analytik die Umkehrphasen-Hochdruckflüssigkeitschromatographie (= reversed phase HPLC, **RP-HPLC**) verwendet. Stationäre Phase ist dabei ein modifiziertes, unpolares Kieselgel (Siliciumdioxid SiO_2, dessen Oberfläche mit langen Alkylketten (▶ Kapitel 3.2.3) chemisch verändert wurde). Die mobile Phase besteht aus polaren Lösemitteln wie Wasser/Alkohol-Mischungen. Je unpolarer eine Substanz ist, desto höher ist ihre Affinität zur stationären Phase und desto langsamer wird sie mit der mobilen Phase mitbewegt.

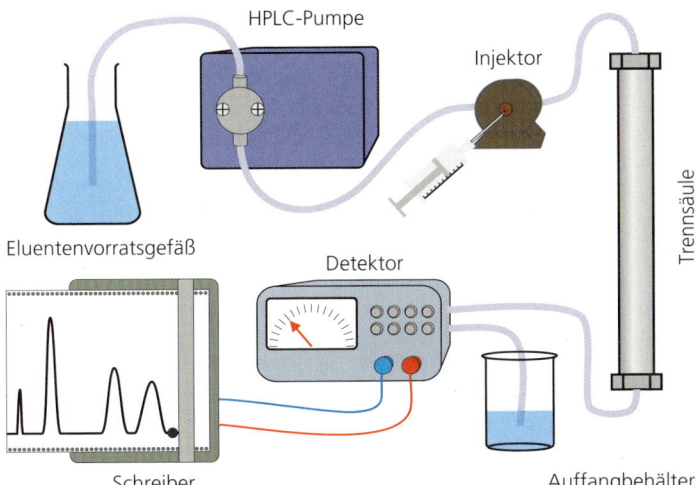

Abbildung 4.8: Schematischer Aufbau einer HPLC-Anlage. Die mobile Phase wird mit Hochdruck über die Trennsäule gepumpt und nimmt dabei die Bestandteile der aufgebrachten Probe mit. Nach dem Verlassen der Säule werden die einzelnen Fraktionen detektiert und das Ergebnis in Form eines Chromatogramms ausgegeben.

EXKURS

Die Hochdruckflüssigkeitschromatographie (HPLC)

Bei einer modernen für die Analytik eingesetzten **HPLC-Anlage** (▶ Abbildung 4.8) nimmt die mobile Phase, die von einer Hochdruckpumpe mit bis zu 400 bar und einer Flussrate von 0,1 bis zu 5 mL/min gefördert wird, am Probeneinlass die zu trennende Stoffmischung auf und befördert diese auf die eigentliche Trennsäule. Hierbei handelt es sich in der Regel um eine 5 bis 30 cm lange Stahlsäule mit einem inneren Durchmesser von 2 bis 8 mm, die mit der für die Trennung benötigten stationären Phase gefüllt ist. Beim Durchgang durch die Säule wird die Stoffmischung getrennt. Sie passiert dann in einzelnen Fraktionen nacheinander den Detektor, der den Durchfluss eines Stoffes durch ein sich veränderndes physikalisches Signal anzeigt. Häufig verwendet werden UV/Vis-Detektoren, die auf dem bereits kennengelernten Prinzip der Lichtabsorption beruhen (▶ Kapitel 1.11), Fluoreszenzdetektoren (für Substanzen, die zur Fluoreszenz angeregt werden können), Leitfähigkeitsdetektoren (zur Detektion von Ionen), massenselektive Detektoren oder elektrochemische Detektoren (zum Nachweis von oxidierbaren/reduzierbaren Substanzen). Die Detektorsignale können dann in Form eines **Chromatogramms** ausgegeben werden. Hierbei wird auf der x-Achse die verstrichene Zeit aufgetragen und auf der y-Achse das Signal des Detektors. Das Durchlaufen einer Substanz durch den Detektor führt dann zu einem Peak, dessen **Netto-Retentionszeit** (= Zeit, die die Substanz an der stationären Phase verbringt, auch reduzierte Retentionszeit genannt) charakteristisch für diesen Stoff unter diesen Trennbedingungen ist. Je größer die Retentionszeit, desto stärker ist die Affinität des Stoffes zur stationären Phase. Ein Stoff, der gar nicht festgehalten wird, eluiert nach der sogenannten **Totzeit** (= Durchflusszeit) von der Säule.

Schauen wir uns als Beispiel die Trennung verschiedener Hypnotika (Schlafmittel) aus der Benzodiazepingruppe an einer RP-Phase an (▶ Abbildung 4.9). Medazepam ist am unpolarsten, wechselwirkt am stärksten mit der ebenfalls unpolaren stationären Phase und wird daher zuletzt eluiert. Der Peak ist deutlich breiter (wegen der längeren Retentionszeit) als die Peaks für die polareren und somit schneller eluierenden Stoffe Diazepam, Oxazepam oder Nitrazepam. Die Fläche unter den Peaks ist jeweils ein Maß für die Konzentration der Stoffe in der ursprünglichen Mischung. Die Chromatographie erlaubt also nicht nur eine Trennung eines Stoffgemisches in seine Komponenten, sondern gleichzeitig auch eine quantitative Gehaltsbestimmung.

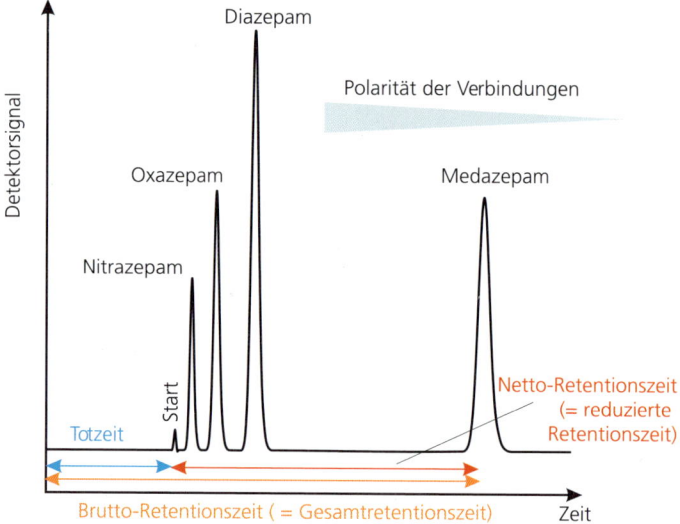

Abbildung 4.9: RP-HPLC-Chromatogramm einer Mischung verschiedener Schlafmittel. Je unpolarer der Wirkstoff (Medazepam), desto später wird er von einer unpolaren Phase eluiert (desto größer ist die Retentionszeit). Polare Wirkstoffe wie Nitrazepam werden dagegen schnell eluiert, da sie nur wenig mit der unpolaren stationären Phase interagieren.

Die Güte der Trennung (**Trennleistung**) ist bei der Chromatographie von verschiedenen Faktoren abhängig.

- **Ausmaß der Wechselwirkung** der Teilchen mit den beiden Phasen: Je höher die Affinität der Teilchen zur stationären Phase relativ zur mobilen Phase ist, desto länger werden die Teilchen zurückgehalten.
- **Fließgeschwindigkeit (Flussrate)** der mobilen Phase: Je höher die Fließgeschwindigkeit, desto schlechter ist die Trennung, da weniger Zeit für die Einstellung der Verteilungs- und Adsorptionsgleichgewichte bleibt. Allerdings verringert auch eine zu langsame Fließgeschwindigkeit die Trennleistung aufgrund von Diffusionsvorgängen (▶ Kapitel 4.10). Es gibt also eine optimale Flussrate mit maximaler Trennwirkung.

- **Länge der Trennstrecke:** Im Prinzip ist das Ausmaß der Trennung umso besser, je länger die Trennstrecke ist. In der Praxis ergeben sich aber Begrenzungen, da mit zunehmender Trennstrecke (Retentionszeit) aufgrund von Druck- und Diffusionsvorgängen die Breite der Peaks immer mehr zunimmt, was wieder zu einer Verschlechterung der Trennleistung führt.

4.7.2 Fraktionierende Destillation

Auch der unterschiedliche Dampfdruck (▶ Kapitel 3.3) zweier Flüssigkeiten kann zur Stofftrennung durch fraktionierende Destillation genutzt werden. Je größer der Dampfdruck einer Flüssigkeit, desto mehr Teilchen befinden sich bei gegebenen äußeren Bedingungen (Druck und Temperatur) in der Gasphase. Ausgehend von einem Gemisch zweier Flüssigkeiten wird sich daher das Gas-Flüssigkeits-Verteilungsgleichgewicht so einstellen, dass die leichter flüchtige Verbindung (die mit dem höheren Dampfdruck) in der Gasphase einen höheren Partialdruck aufweist. Kondensiert man diese Dampfphase, so erhält man ein Flüssigkeitsgemisch, in dem folglich die leichter flüchtige Komponente angereichert ist. Umgekehrt wird die schwerer flüchtige Verbindung (die mit dem geringeren Dampfdruck) vermehrt in der ursprünglichen flüssigen Phase zurückbleiben. Man kann also durch wiederholtes Verdampfen und Kondensieren letztendlich das Stoffgemisch trennen (fraktionierende Destillation) (▶ Abbildung 4.10).

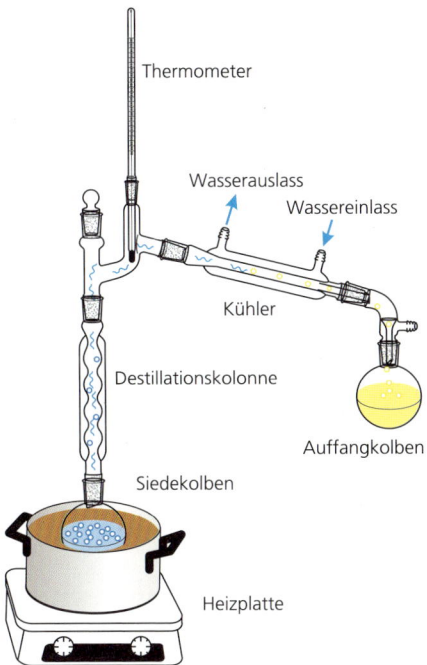

Abbildung 4.10: Stofftrennung durch fraktionierende Destillation. Die leichter flüchtige Komponente kann durch wiederholtes Verdampfen und Kondensieren in der Destillationskolonne letztendlich von der schwerer flüchtigen Komponente abgetrennt werden.

4.7.3 Gefriertrocknung

Eine sehr schonende Methode zur Isolierung von Feststoffen, zum Beispiel biologischen Proben, aus wässrigen Lösungen ist die Gefriertrocknung (**Lyophilisation**). Die wässrige Lösung wird in einem Gefäß eingefroren. Anschließend wird Vakuum angelegt, also die Luft aus dem Gefäß gepumpt. Bei dem niedrigen Druck und den tiefen Temperaturen der gefrorenen Probe sublimiert das Eis (▶ Kapitel 3.3), es geht also direkt vom festen in den gasförmigen Zustand über. Die bei der Sublimation auftretende Verdunstungskälte sorgt dafür, dass das Eis nicht auftaut, sondern gefroren bleibt. Der Wasserdampf in der Gasphase wird durch Kondensation an einem Kühlaggregat kontinuierlich der Gasphase entzogen. Dadurch sublimiert nach und nach das gesamte Eis, bis nur noch die feste Probe zurückbleibt. Die Gefriertrocknung wird auch großtechnisch eingesetzt, um zum Beispiel löslichen Kaffee und andere Instant-Getränkepulver herzustellen.

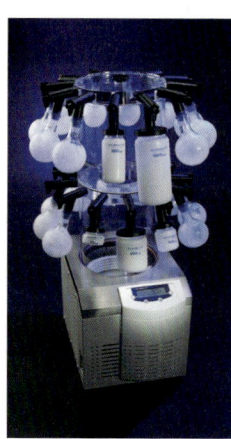

Labor-Gefriertrocknungsanlage
© Martin Christ Gefriertrocknungsanlagen GmbH, Osterode am Harz

4.8 Löslichkeit von Feststoffen

Auch bei der Auflösung eines festen Stoffes A in einem Lösemittel (Solvens) kommt es zu einem heterogenen Verteilungsgleichgewicht, diesmal der Art fest/flüssig. Betrachten wir zum Beispiel das Auflösen von Zucker in Wasser. Gibt man nur eine geringe Menge Zucker in Wasser, so löst sich dieser nach einiger Zeit und Umrühren vollständig auf. Erhöht man nun stetig die Menge an zugegebenem Zucker, so wird irgendwann ein Punkt erreicht, bei dem kein weiterer Zucker mehr in Lösung geht. Man erhält einen festen **Bodensatz** von Zucker in einer überstehenden **gesättigten Lösung**. Auch hier liegt ein dynamisches Gleichgewicht vor, das heißt an der Grenzfläche fest/flüssig gehen permanent Zuckermoleküle in Lösung, während sich pro Zeiteinheit wieder genauso viele Zuckermoleküle aus der Lösung im Festkörper abscheiden. Die Zusammensetzung der Lösung und damit die Menge an gelöstem Zucker ändert sich aber nicht mehr. Diese gelöste Menge ist bei gegebener Temperatur für ein bestimmtes Lösemittel charakteristisch. Man kann diese **Sättigungskonzentration** entweder in mol/L oder g/L angeben. Für Zucker beträgt die Löslichkeit etwa 2 kg Zucker pro 1 L Wasser. Unterschiedliche Stoffe unterscheiden sich in ihrer Löslichkeit. Von Kochsalz (NaCl) kann man maximal 358 g/L Wasser auflösen. Bei den meisten Stoffen nimmt die Löslichkeit mit zunehmender Temperatur zu (▶ Kapitel 5.4). Beim Abkühlen einer heißen gesättigten Lösung kristallisiert dann der zu viel gelöste Stoff wieder aus. Diese auskristallisierte feste Phase ist meist sehr rein, sodass man **Umkristallisieren** zur Reinigung eines Feststoffes einsetzen kann.

In manchen Fällen beobachtet man bei Lösungen aber auch, dass die gelöste Konzentration eines Stoffes höher ist als die Sättigungskonzentration. Solche **übersättigten Lösungen** entstehen, wenn die Auskristallisation gehemmt ist. Die Teilchen in der Lösung benötigen sogenannte Kristallisationskeime (zum Beispiel auch Staubpartikel), an deren Oberfläche die Kristallisation stattfinden kann. Sind keine Kristallisationskeime vorhanden, bleiben die Teilchen zwangsweise in Lösung. Die Kristallisation kann

> **MERKE**
> Sättigungskonzentration in mol/L oder g/L = maximale Stoffmenge oder Masse eines Stoffes, die sich bei gegebener Temperatur in 1 L Wasser löst

dann durch Animpfen mit einem Kristall, aber auch durch Erschütterung oder Umrühren ausgelöst werden. Bei der Einengung (= Aufkonzentrierung) des Urins in der Niere (▶ Kapitel 4.10) bilden sich häufig übersättigte Lösungen, da im Urin kaum Kristallisationskeime vorhanden sind. Zusätzlich enthält der Urin Substanzen, die die Bildung und das Wachstum von Kristallen unterdrücken. Bevor schwerlösliche Substanzen daher im Urin auskristallisieren können und Nierensteine entstehen, werden die Substanzen als übersättigte Lösungen in der Regel bereits ausgeschieden.

AUS DER MEDIZINISCHEN PRAXIS

Warum beginnt ein akuter Gichtanfall im großen Zeh?

Gicht ist eine chronisch verlaufende Stoffwechselkrankheit, die mit Störungen im Purinstoffwechsel und/oder einer gestörten renalen Ausscheidung von Harnsäure zusammenhängt, die beim Menschen als Endprodukt des Abbaus der Purin-Basen der DNA entsteht (▶ Kapitel 14). Pro Tag müssen etwa 250 bis 750 mg Harnsäure über die Niere mit dem Harn ausgeschieden werden. Harnsäure ist aber relativ schlecht löslich in Wasser. Die Harnsäurekonzentration im Blutserum beträgt im Normalfall 2,2 bis 7,8 mg/100 ml Serum und liegt damit bereits dicht an der Löslichkeitsgrenze oder leicht darüber (etwa 6 mg/100 ml bei Körpertemperatur). Harnsäure neigt aber zur Bildung von übersättigten Lösungen, sodass es nicht sofort beim Überschreiten der Löslichkeitsgrenze zum Ausfällen kommt. Der noch gelöste Überschuss wird in der Regel über die Niere ausgeschieden, bevor es zum Auskristallisieren kommen kann. Liegt der Harnsäurespiegel aber deutlich und für längere Zeit über dem normalen Maß (Hyperurikämie), begünstigt dies das Entstehen von Gicht. Hyperurikämie wird zum Beispiel auch durch purinreiche Nahrung wie Fleisch oder große Mengen Bier gefördert. Ein akuter Gichtanfall wird durch das Auskristallisieren von Harnsäure oder ihrem Natriumsalz (Natriumurat) in den Gelenken ausgelöst. Da die Löslichkeit der Harnsäure mit sinkender Temperatur abnimmt, besteht an kalten Stellen im Körper am ehesten die Gefahr, dass die Sättigungskonzentration überschritten wird und Harnsäure ausfällt. Es wandern Makrophagen (Fresszellen) in das Gelenk, um die ausgefallenen Kristalle zu phagocytieren. Es kommt zu einer Entzündung, die zu einem Absinken des pH-Wertes im betroffenen Gewebe führt. Dadurch wird Urat, die konjugierte Base der Harnsäure protoniert (▶ Kapitel 6) und es fällt noch mehr Harnsäure aus, da Harnsäure schlechter löslich ist als das Urat. Ein Teufelskreislauf beginnt. Welches ist eine der kältesten Stellen im Körper? Der große Zeh! Darum beginnt ein akuter Gichtanfall häufig im Gelenk des großen Zehs.

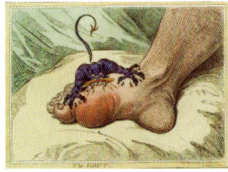

Die Gicht
© Wikipedia (engl.): Gout, The Gout, Cartoon by James Gillray

EXKURS

Löslichkeit von Arzneistoffen

Arzneistoffe können nur in gelöster Form resorbiert werden. Oft sind Arzneistoffe jedoch schwer bis praktisch gar nicht in Wasser löslich. Ein Beispiel ist das Schlafmittel Diazepam (Valium®). Es ist praktisch unlöslich, das heißt, es lösen sich weniger als 0,1 mg in 1 mL Wasser. Für eine einmalige Dosis von 5 mg müsste man also eine Lösung mit einem Volumen von > 50 mL einnehmen. Eine wichtige Aufgabe der **pharmazeutischen Technologie** (Galenik, Arzneiformenlehre) ist es daher, schwerlösliche Arzneistoffe so in eine Arzneiform (Tablette, Kapsel etc.) zu ver-

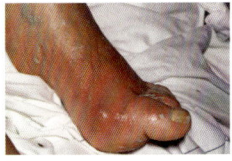

Akuter Gichtanfall im Großzehengelenk
© Peter Fritsch, Dermatologie, Venerologie, 2. Aufl. (3-540-00332-0), Springer: Berlin, Heidelberg, New York 2004, Abbildung 14.7

4 Heterogene Phasengleichgewichte

Diazepam

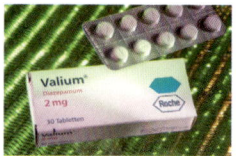

Valiumtabletten
© Roche Deutschland Holding GmbH, Grenzach-Wyhlen

packen, dass deren Löslichkeit und damit ihre Bioverfügbarkeit verbessert werden. Möglichkeiten, die unter anderem auch für Diazepam genutzt werden, sind die Verkleinerung der Partikelgröße (Mikronisierung) unter 2 μm oder die Verwendung von lösungsvermittelnden Hilfsstoffen.

Damit er über den Gastrointestinaltrakt (GI-Trakt) resorbiert werden kann, muss ein Arzneistoff in der gastrointestinalen Flüssigkeit gelöst vorliegen. Warum werden dann praktisch unlösliche Stoffe überhaupt vom Körper aufgenommen? Dabei spielt der dynamische Charakter des Löslichkeitsgleichgewichtes eine wichtige Rolle. Der Teil des Arzneistoffes, der resorbiert wurde, wird dem Lösungsgleichgewicht entzogen. Das heißt, das Gleichgewicht wird gestört und stellt sich dadurch wieder neu ein, sodass sich vom bisher ungelösten Teil wieder etwas nachlöst (▶ Kapitel 5.9). Zudem werden Arzneistoffe an Plasmaproteine gebunden (Adsorption) und dadurch ebenfalls dem Lösungsgleichgewicht entzogen. So wird nach und nach der gesamte Arzneistoff in Lösung gebracht und kann resorbiert werden.

4.9 Salzlösungen und das Löslichkeitsprodukt

4.9.1 Der Lösungsvorgang

Das Fest/flüssig-Verteilungsgleichgewicht bei der Lösung von Kochsalz (NaCl) in Wasser unterscheidet sich in einem wichtigen Punkt von der schon beschriebenen Löslichkeit von Zucker in Wasser (▶ Kapitel 4.8). **Salze dissoziieren in Wasser in Ionen**. Wir haben in ▶ Kapitel 2.3 schon den Aufbau von Ionenkristallen besprochen. Im Kristallgitter werden die Kationen und Anionen durch starke Coulomb-Wechselwirkungen aneinander gebunden. Wieso löst sich ein Salzkristall dann überhaupt in Wasser auf? Auch die Antwort hierfür kennen wir teilweise bereits. Wir haben in ▶ Kapitel 3.2 gelernt, dass Wasser ein Dipol ist, der sowohl mit Kationen als auch mit Anionen wechselwirken kann (Ionen-Dipol-Wechselwirkung). Durch die bei dieser **Hydratisierung** frei werdende Energie kann die starke Anziehung der Ionen im Kristall (Gitterenergie) aufgebrochen werden. Ein zweiter wichtiger Aspekt ist die Zunahme der Unordnung bei der Auflösung des Kristalls (▶ Kapitel 5.5). Das Salz **dissoziiert** in hydratisierte Kationen und Anionen (▶ Abbildung 4.11). Die Anzahl der Wassermoleküle, die ein Ion in der Hydrathülle umgeben, variiert in Abhängigkeit von der Größe und Ladung des Ions. Meist findet man vier oder sechs Wassermoleküle, die sich um ein Ion herum anordnen. Die Hydratisierung kennzeichnet man durch den Index „aq" am Ion (lateinisch *aqua* = Wasser). Häufig lässt man den Index „aq" aber auch weg. Man sollte sich aber immer bewusst sein, dass Ionen in Wasser grundsätzlich hydratisiert vorliegen.

Na^+_{aq} = hydratisiertes Ion

$$NaCl_{(s)} \xrightarrow{H_2O} Na^+_{(aq)} + Cl^-_{(aq)} \quad \text{oder} \quad NaCl_{(s)} \xrightarrow{H_2O} Na^+ + Cl^-$$

4.9 Salzlösungen und das Löslichkeitsprodukt

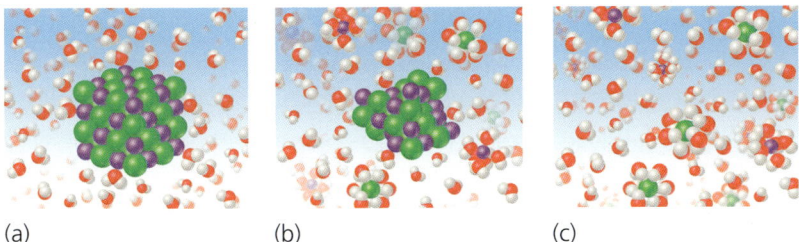

(a)　　　　　　　　(b)　　　　　　　　(c)

Abbildung 4.11: Auflösung eines Ionenkristalles in Wasser. Ein ionischer Festkörper (a) löst sich dadurch in Wasser auf, dass die einzelnen Ionen von Wassermolekülen aus dem Kristallverband herausgelöst werden (b). In Lösung liegen dann hydratisierte Ionen vor (c).
Aus: Brown, T. L., LeMay, H. E. & Bursten, E. B. (2007)

Bei manchen Ionen ist die Hydrathülle so fest an die Ionen gebunden, dass die Wassermoleküle beim Kristallisieren in das Kristallgitter mit eingebaut werden. Dies ist insbesondere bei Kationen der Übergangsmetalle der Fall (▶ Kapitel 1.8). Die hydratisierten und die wasserfreien Übergangsmetallkationen haben häufig unterschiedliche Farben (▶ Kapitel 8.8). So sind zum Beispiel hydratisierte Cobalt(II)-Kationen $[Co(H_2O)_6^{2+}]$ rosa, wohingegen wasserfreie, „nackte" Co^{2+}-Kationen blau sind. Solche Farbänderungen zwischen wasserhaltigen und wasserfreien Salzen nutzt man manchmal zum qualitativen Nachweis der Luftfeuchtigkeit. Ein bekanntes Beispiel ist Blaugel, ein mit Co(II)-Salzen beschichtetes Siliciumdioxid, das in Tütchen verpackt zum Trockenhalten von empfindlichen elektronischen Geräten wie zum Beispiel Kameras eingesetzt wird. Ist die Trocknungskapazität des Siliciumdioxids erschöpft, verfärbt sich das Blaugel bei weiterer Aufnahme von Luftfeuchtigkeit und wird blassrosa bzw. nahezu farblos.

Hydratisiertes (links) und wasserfreies (rechts) Kobalt(II)-chlorid
Aus: Brown, T. L., LeMay, H. E. & Bursten, E. B. (2007)

EXKURS

Selektivität von Ionenkanälen

Die Hydratisierung von Ionen spielt eine wichtige Rolle für die Selektivität von Ionenkanälen in Zellen. Ionenkanäle sind Proteine, die in die Zellmembran wie Tunnel im Gebirge eingelagert sind und es geladenen Ionen ermöglichen, die unpolare Zellmembran zu passieren. Ein Vorgang, der für die gesamte Elektrophysiologie, also zum Beispiel die Entstehung und Weiterleitung von Nervenimpulsen, wichtig ist (▶ Kapitel 7.7). Wie kann ein Kanal nun zwischen zwei Ionen wie Na^+ und K^+ unterscheiden, wenn selektiv nur das eine oder das andere durchgelassen werden soll? Eine Möglichkeit ist die Größenselektion. Bevor ein Ion den Kanal passieren kann, muss die Hydrathülle abgestreift werden. Es wandern also die „nackten" Ionen durch den Kanal. Ein Na^+-Ion ist aber deutlich kleiner als ein K^+-Ion (97 pm vs. 133 pm). Ist der Kanaleingang entsprechend eng, passt nur das kleinere der beiden Ionen hindurch, also Na^+. Aber wie erreicht man eine Selektivität für das größere Kaliumion? Das Abstreifen der Hydrathülle kostet Energie und kann nur erfolgen, wenn gleichzeitig durch Ionen-Dipol-Wechselwirkungen des Ions mit dem Kanal selbst ein entsprechend ähnlicher Energiebetrag wieder frei wird. Nun ist die Hydrathülle beim Natriumion aber deutlich fester gebunden als beim Kaliumion (Na^+ ist kleiner als K^+ und hat damit eine höhere Ladungsdichte). Das Kaliumion kann also leichter dehydratisiert werden. Die Wechselwirkungen des Ions mit dem Ionenkanal sind nun gerade so stark, dass zwar K^+-Ionen, aber eben keine Na^+-Ionen

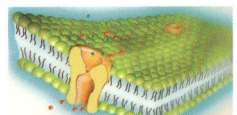

Ionenkanäle (orange) sind auf den Transport anorganischer Ionen (rot bzw. dunkelgrün) spezialisierte Proteine, die in die Membran (grün) von Zellen eingebettet sind.

desolvatisiert werden können (Desolvatisierung = Abstreifen der Hydrathülle). Die hydratisierten Na⁺-Ionen sind aber zu groß und passen nicht durch den Ionenkanal. Der Kanal ist somit selektiv für (dehydratisierte) K⁺-Ionen.

4.9.2 Das Löslichkeitsprodukt

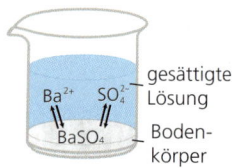

Lösungsgleichgewicht

Nicht alle Salze sind in Wasser gleich gut löslich. Manche Salze wie Kochsalz (Natriumchlorid NaCl) oder Salpeter (Kaliumnitrat KNO$_3$) lösen sich sehr gut in Wasser. Sie sind leicht löslich. Bei diesen Salzen ist die Hydratisierungsenergie ausreichend groß, um die Gitterenergie zu überwinden und den Kristallverband aufzubrechen. Salze wie Silberchlorid (AgCl) oder Bariumsulfat (BaSO$_4$) sind hingegen schwerlöslich. Die Wechselwirkung der Ionen im Kristall ist deutlich stärker als die Hydratisierung. In einer gesättigten Lösung mit einem Bodenkörper des schwerlöslichen Salzes liegt wieder ein dynamisches Verteilungsgleichgewicht vor. Pro Zeiteinheit dissoziieren genauso viele Ionen aus dem Kristall in die Lösung, wie sich umgekehrt Ionen aus der Lösung wieder am Kristall abscheiden. Quantitativ lässt sich dieses Gleichgewicht und damit die Löslichkeit von Salzen durch das **Löslichkeitsprodukt L_P** beschreiben. Es ist analog zu den bisherigen Gesetzen aufgebaut. Allerdings muss jedes Ion des Salzes in der Lösung berücksichtigt werden. Man findet daher in der allgemeinen Gesetzmäßigkeit für Verteilungsgleichgewichte das Produkt der Konzentrationen der gelösten Ionen. Die Konzentration des gelösten, nicht dissoziierten Salzes ist in einer gesättigten Lösung (mit Bodenkörper) konstant und kann daher mit der Gleichgewichtskonstante K zu eine neuen Konstante, dem Löslichkeitsprodukt L_P, zusammengefasst werden.

$$BaSO_{4(aq)} \overset{H_2O}{\rightleftharpoons} Ba^{2+}_{(aq)} + SO^{2-}_{4(aq)}$$

$$K = \frac{[Ba^{2+}]_{aq} \cdot [SO_4^{2-}]_{aq}}{[BaSO_4]_{aq}} \quad \text{mit} \quad [BaSO_4]_{aq} = \text{konstant}$$

$$\text{folgt} \quad L_P = K \cdot [Ba^{2+}]_{aq} [BaSO_4]_{aq} = [Ba^{2+}]_{aq} \cdot [SO_4^{2-}]$$

Im Folgenden werden wir außer bei speziellen Fällen den Index „aq" zur Kennzeichnung der hydratisierten Ionen der Einfachheit halber weglassen, wohl wissend, dass alle Ionen in Wasser grundsätzlich immer hydratisiert vorliegen.

■ BEISPIEL Löslichkeit von Bariumsulfat

Mithilfe des Löslichkeitsproduktes kann man die Löslichkeit eines Salzes (= seine Sättigungskonzentration) wie Bariumsulfat in g/L Wasser berechnen. Bei der Dissoziation des reinen Salzes BaSO$_4$ entsteht für jedes Ba^{2+}-Kation, das in Lösung geht, auch ein SO$_4^{2-}$-Anion. Die wässrige Lösung muss immer genauso viele Kationen wie Anionen enthalten (**Prinzip der Elektroneutralität**). Es gelten also die beiden folgenden Bedingungen:

Löslichkeitsprodukt: $L_P = [Ba^{2+}] \cdot [SO_4^{2-}] = 10^{-10} \text{mol}^2/\text{L}^2$

Elektroneutralität: $[Ba^{2+}] = [SO_4^{2-}]$

4.9 Salzlösungen und das Löslichkeitsprodukt

Setzt man diese Elektroneutralitätsbedingung in das Löslichkeitsprodukt ein, so kann man die Stoffmengenkonzentration an Barium- und Sulfationen in der Lösung berechnen:

$$L_P = [Ba^{2+}] \cdot [SO_4^{2-}] = [Ba^{2+}]^2 = 10^{-10}\ mol^2/L^2$$
$$\Rightarrow [B^{2+}] = \sqrt{L_P} = 10^{-5}\ mol/L$$

Die Stoffmenge Bariumsulfat, die in Lösung gegangen ist, entspricht gerade der Menge an Barium- und Sulfationen, also 10^{-5} mol/L. Mit der molaren Masse von Bariumsulfat ($M(BaSO_4) = 233$ g/mol) kann man daraus die Löslichkeit berechnen (2,3 mg $BaSO_4$ pro Liter Wasser).

$$m_{gelöst} = n_{gelöst} \cdot M$$

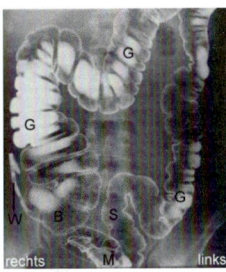

Röntgenkontrastaufnahme des Dickdarms
© Radiologie, Sankt-Johannes-Hospital, Katholisches-Klinikum Duisburg

Es löst sich also nur eine verschwindend kleine Menge an Bariumsulfat in Wasser. Dies erklärt auch, warum man in der Medizin Bariumsulfat als Röntgenkontrastmittel für den Gastrointestinaltrakt einsetzen kann (▶ Tabelle 2.1), obwohl Bariumsalze giftig sind. Die für einen Erwachsenen letale Dosis liegt zwischen 1 g und 15 g, abhängig von der Löslichkeit des Salzes! Denn giftig sind nur die gelösten, hydratisierten $Ba^{2+}_{(aq)}$-Ionen. Davon enthält eine Bariumsulfatlösung wegen der geringen Löslichkeit aber nur 1,4 mg/L, sodass hier keine Vergiftungsgefahr besteht. Dies wäre beim Bariumchlorid $BaCl_2$ ganz anders. Bariumchlorid ist relativ gut löslich (360 g/L Wasser). Verschlucken oder gar eine Injektion führt zu schweren Vergiftungserscheinungen bis hin zum Tode. Bariumchlorid wurde früher als Rattengift verwendet.

Für Salze, die nicht wie Bariumsulfat eine 1 : 1-Stöchiometrie von Kation zu Anion haben, sieht das Löslichkeitsprodukt entsprechend anders aus. Für ein allgemeines Salz der Form A_xB_y, das bei der Dissoziation in x Kationen A^{m+} und y Anionen B^{n-} zerfällt, müssen im Löslichkeitsprodukt die Konzentrationen der Ionen mit den jeweiligen **stöchiometrischen Faktoren** x und y potenziert werden.

$$A_xB_{y(s)} \overset{H_2O}{\rightleftharpoons} xA^{m+} + yB^{n-}$$

Löslichkeitsprodukt: $L_P = [A^{m+}]^x \cdot [B^{n-}]^y$

Wegen der Elektroneutralität gilt dann: $y \cdot [A^{m+}] = x \cdot [B^{n-}]$

Die Berechnung der Löslichkeit des Salzes erfolgt analog, man muss nur auf die Verwendung der richtigen Potenzen achten. So gilt für die gelöste Stoffmenge n und damit auch für die Stoffmengenkonzentration $[A_xB_y]$ des Salzes:

$$n(A_xB_y)_{gelöst} = \frac{1}{x}n(A^{m+}) = \frac{1}{y}n(B^{n-})$$

$$[A_xB_y]_{gelöst} = \frac{1}{x}[A^{m+}] = \frac{1}{y}[B^{n-}]$$

Das Auftreten der stöchiometrischen Faktoren als Potenzen im Löslichkeitsprodukt kann man sich leicht plausibel machen, wenn man die Dissoziation eines schwerlöslichen Salzes wie zum Beispiel Calciumphosphat $Ca_3(PO_4)_2$ (Hauptbestandteil der Knochen) ausführlich hinschreibt:

$$Ca_3(PO_4)_{2(s)} \overset{H_2O}{\rightleftharpoons} Ca^{2+} + Ca^{2+} + Ca^{2+} + PO_4^{3-} + PO_4^{3-}$$

Schreibt man hierfür auch das Löslichkeitsprodukt ausführlich auf, so erhält man:

$$L_P = [Ca^{2+}] \cdot [Ca^{2+}] \cdot [Ca^{2+}] \cdot [PO_4^{3-}] \cdot [PO_4^{3-}] = [Ca^{2+}]^3 \cdot [PO_4^{3-}]^2$$

Die Löslichkeit von Calciumphosphat ($L_P = 2 \cdot 10^{-33}$ mol^5/l^5) in reinem Wasser kann man dann folgendermaßen berechnen:

$$Ca_3(PO_4)_{2(s)} \xrightleftharpoons{H_2O} 3Ca^{2+} + 2PO_4^{3-}$$

$$L_P = [Ca^{2+}]^3 \cdot [PO_4^{3-}]^2 = 2 \cdot 10^{-33} \text{ mol}^5/L^5$$

$$[Ca^{2+}] = \frac{3}{2} \cdot [PO_4^{3-}]$$

also $[Ca^{2+}]^3 = \left(\frac{3}{2}[PO_4^{3-}]\right)^3 = \left(\frac{3}{2}\right)^3 \cdot [PO_4^{3-}]^3$

$$\Rightarrow L_P = \left(\frac{3}{2}\right)^3 \cdot [PO_4^{3-}]^5 = \frac{27}{8} \cdot [PO_4^{3-}]^5 = 2 \cdot 10^{-33} \text{ mol}^5/L^5$$

$$\Rightarrow [PO_4^{3-}] = \sqrt[5]{\frac{8}{27} \cdot 2 \cdot 10^{-33}} = 2{,}3 \cdot 10^{-7} \text{ mol}/L$$

$$[Ca_3(PO_4)_2]_{gelöst} = 1/2 \cdot [PO_4^{3-}] = 1{,}15 \cdot 10^{-7} \text{ mol}/L$$

mit $M(Ca_3(PO_4)_2) = 310{,}2$ g/mol

ergibt sich also

$$m(Ca_3(PO_4)_2)_{gelöst} = 3{,}5 \cdot 10^{-5} \text{ g}$$

In einem Liter Wasser lösen sich also nur etwa 35 µg Calciumphosphat!

AUS DER MEDIZINISCHEN PRAXIS

Schwerlöslichkeit als Antidot-Prinzip

Ein schwerlöslicher Stoff kann nicht aus dem Magen-Darm-Trakt in den Blutkreislauf übergehen, er kann also nicht resorbiert werden. Daher können **akute Vergiftungen** mit den Schwermetallionen Ba^{2+} und Pb^{2+} durch Gabe einer Lösung eines Anions behandelt werden, das mit den Kationen ein schwerlösliches Salz bildet (zum Beispiel Sulfat). Im Gastrointestinaltrakt fällt das Salz aus und wird im Stuhl ausgeschieden oder bei einer Magenspülung ausgespült. Das funktioniert aber nur bei akuten Vergiftungen, wenn das Schwermetallion noch nicht resorbiert wurde. Eingesetzt wird Natriumsulfat (Glaubersalz), das in Natriumkationen und schwer resorbierbare Sulfationen dissoziiert. Aus denen entsteht dann mit den Schwermetallkationen unlösliches $BaSO_4$ bzw. $PbSO_4$. Als osmotisch wirkendes Abführmittel beschleunigt Natriumsulfat zudem noch die Darmpassage. Das funktioniert natürlich auch umgekehrt: Ca^{2+}-Salze (wie Ca-Gluconat) werden als Antidot für Verätzungen mit Flusssäure (HF) benutzt, es entsteht schwerlösliches CaF_2.

Eine andere Möglichkeit zur Behandlung von Schwermetallvergiftungen ist der Einsatz von Chelatbildnern (▶ Kapitel 8.7).

AUS DER MEDIZINISCHEN PRAXIS
Schwerlösliche Salze – Fluch und Segen zugleich

Calciumphosphat – Bausteine der Zähne und Knochen

Knochen bestehen zum Großteil aus schwerlöslichem **Hydroxylapatit** (▶ Kapitel 1.9 und ▶ Kapitel 6.3), einem Mischsalz aus Calciumphosphat und Calciumhydroxid mit der Zusammensetzung 3 $Ca_3(PO_4)_2 \cdot Ca(OH)_2$. Dieses Salz wird gezielt in eine biologische Gerüstmatrix (bestehend aus dem Protein Collagen) eingelagert und dadurch beim Auskristallisieren in die gewünschte Form gebracht (**Biomineralisation**). Die Schwerlöslichkeit der Salze verhindert ein nachträgliches Wiederauflösen im Körper und verleiht den Knochen ihre Widerstandsfähigkeit und Stabilität. Kristallisieren Salze wie Calciumphosphat aber an unerwünschter Stelle im Körper aus, so kann dies zu Komplikationen wie zum Beispiel der Bildung von Nierensteinen führen.

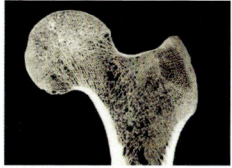

Knochen bestehen aus schwerlöslichem Calciumphosphat.
© Thomas Seilnacht, Bern, Schweiz, www.seilnacht.com

Harnsteine und Nierensteine

Harn- und **Nierensteine** entstehen durch das Auskristallisieren von schwerlöslichen Substanzen in den ableitenden Harnwegen oder den Nierengängen. Am häufigsten sind **Calciumoxalatsteine**, gefolgt von Harnsäure-Steinen und Magnesiumammonium- oder Calciumphosphatsteinen. Mischformen sind ebenfalls möglich. Die Ursachen für die Entstehung von Nierensteinen sind sehr komplex. Dabei spielen neben Harnwegsinfektionen und verschiedenen Stoffwechselerkrankungen mangelnde Flüssigkeitszufuhr und die Ernährung eine wichtige Rolle. Mit der Nahrung kann direkt Oxalat aufgenommen werden (beispielsweise beim Verzehr von Rhabarber). Davon wird aber nur wenig resorbiert, da es bereits im Magen-Darm-Trakt schwerlösliches Calciumoxalat bildet, das mit dem Stuhl ausgeschieden wird. Bei bestimmten Erkrankungen wie zum Beispiel dem Fettstuhl (= Steatorrhoe) kann die direkte Resorption von Oxalat aus der Nahrung aber deutlich zunehmen. Der Großteil des im Blut befindlichen Oxalats (ca. 90 Prozent) wird aber im Körper durch den metabolischen Abbau anderer Substanzen, wie zum Beispiel auch der **Ascorbinsäure** (Vitamin C), produziert. Deswegen sollte man auch bei der Aufnahme größerer Mengen Vitamin C viel und regelmäßig trinken. Gerade ältere Menschen neigen aber dazu, zu wenig Flüssigkeit zu sich zu nehmen. Die Harnproduktion verringert sich und die Nieren werden nur ungenügend gespült. Dadurch erhöht sich die Konzentration der schwerlöslichen Verbindungen im Harn und das führt schneller zu einer Überschreitung des Löslichkeitsproduktes und der Sättigungskonzentration. Die schwerlöslichen Substanzen beginnen auszufallen. Es bilden sich Nierengries (Ansammlungen vieler kleiner Steine) oder Nierensteine, die, wenn sie zu groß sind, die ableitenden Harnwege nicht mehr passieren können. Die Beschwerden bei Nierensteinen hängen von der Lage und der Beweglichkeit der Steine ab. Häufig bleiben Nierensteine unentdeckt oder sie sind ein Zufallsbefund. Sie können jedoch auch zu Nierenkoliken führen, was mit sehr starken Schmerzen im Rücken- oder Unterbauchbereich verbunden ist. Alkalisierende Medikamente (Alkalisalze der Citronensäure oder Natriumhydrogencarbonat) überführen Harnsäure in die besser wasserlöslichen Alkalimetall-Salze (▶ Kapitel 6). Durch physikalische Methoden (extrakorporal durch Stoßwellen oder endoskopisch durch Ultraschall oder Laser) können die Steine so weit zertrümmert werden, dass eine Entfernung auf natürlichem Wege oder durch Operation möglich ist.

Blasenstein aus scharfkantigen Calciumoxalatkristallen („Weddellit") von 3,2 · 2,2 cm Größe
© Klinik für Urologie, Universitätsklinikum Jena

4.9.3 Löslichkeit in Gegenwart von Fremdsalzen

Eine weitere Besonderheit ergibt sich aus dem Löslichkeitsprodukt, wenn man die Auflösung eines schwerlöslichen Salzes nicht in reinem Wasser betrachtet, sondern in einer Lösung, die bereits andere Salze (= Fremdsalze) enthält. Dissoziiert ein solches Fremdsalz in Ionen, die auch bei der Dissoziation des schwerlöslichen Salzes entstehen, so wird die Löslichkeit des schwerlöslichen Salzes stark verringert. Betrachten wir zum Beispiel die Löslichkeit von Silberchlorid (AgCl) einmal in reinem Wasser und einmal in 0,1 M Kochsalzlösung. Das Löslichkeitsprodukt von Silberchlorid beträgt $L_p = 10^{-10}$ mol²/L². Entsprechend der oben ausgeführten Berechnung ergibt sich daraus eine Löslichkeit von 10^{-5} mol/L in reinem Wasser (= 0,00143 g/L oder 1,43 mg/L).

Wie groß ist nun die Löslichkeit von Silberchlorid in der Kochsalzlösung? Durch die Auflösung des Kochsalzes enthält die wässrige Lösung bereits Chloridionen in einer Konzentration von 0,1 mol/L (**gleichioniger Zusatz**). Durch die Dissoziation des Silberchlorids kommen nun weitere Chloridionen hinzu. Für die Berechnung des Löslichkeitsproduktes macht es aber keinen Unterschied, woher die Ionen letztendlich kommen. Es muss nur gelten, dass das Produkt der Konzentrationen kleiner oder gleich dem Löslichkeitsprodukt ist. Die bei der Berechnung der Löslichkeit in reinem Wasser angegebene einfache Massenbilanz gilt also nicht mehr. Silber- und Chloridionen stammen aus unterschiedlichen Quellen: Silberionen ausschließlich aus AgCl, die Chloridionen sowohl aus dem AgCl als auch aus NaCl.

Im Löslichkeitsprodukt kann man in erster Näherung die sich aus der Auflösung des Kochsalzes ergebende Chloridionenkonzentration $[Cl^-]_{NaCl}$ ansetzen. Streng genommen müsste man natürlich die durch die Dissoziation des Silberchlorids noch hinzukommende Menge an Chloridionen $[Cl^-]_{AgCl}$ ebenfalls berücksichtigen. Diese Menge ist aber im Vergleich zu den Chloridionen, die aus dem Kochsalz stammen, verschwindend gering und kann daher ohne große Fehler vernachlässigt werden. Man erhält somit:

$$L_p = [Ag^+] \cdot [Cl^-]_{gesamt} \text{ aber mit } [Ag^+] \neq [Cl^-]_{gesamt}$$

es gilt:

$$[Cl^-]_{gesamt} = [Cl^-]_{NaCl} + [Cl^-]_{AgCl}$$

$$\Rightarrow [Cl^-]_{gesamt} \approx [Cl^-]_{NaCl}, \text{ wenn } [Cl^-]_{NaCl} \gg [Cl^-]_{AgCl}$$

$$\Rightarrow L_p \approx [Ag^+] \cdot [Cl^-]_{NaCl}$$

$$\Rightarrow [Ag^+] \approx \frac{L_p}{[Cl^-]_{NaCl}} = \frac{10^{-10}}{0,1} \text{mol/L} = 10^{-9} \text{mol/L}$$

4.9 Salzlösungen und das Löslichkeitsprodukt

Die Löslichkeit von Silberchlorid (10^{-9} mol/L, also 0,000143 mg/L) in einer 0,1 molaren Kochsalzlösung ist also um den Faktor 10^4 geringer als in reinem Wasser!

Überschreitet das Produkt der Konzentrationen der Ionen eines schwerlöslichen Salzes in einer Lösung das entsprechende Löslichkeitsprodukt, so kristallisiert so lange das Salz aus, bis das Produkt der Konzentrationen in der überstehenden Lösung wieder genau dem Löslichkeitsprodukt entspricht. Dieses **Ausfällen eines Salzes** (▶ Abbildung 4.12) kann man auch für die quantitative Analyse nutzen. Versetzt man zum Beispiel eine Lösung, die Ag^+-Ionen enthält, mit einem Überschuss an NaCl, so fällt das Silber quantitativ als AgCl aus. Dieses kann man abtrennen, trocknen und daraus durch Wiegen den Anteil Silberionen in der ursprünglichen Lösung bestimmen (**Gravimetrie**). Der nach dem Ausfällen entsprechend dem Löslichkeitsprodukt verbleibende geringe Anteil von Silberionen in der Lösung ist vernachlässigbar, da er unterhalb der Messgenauigkeit liegt.

> **MERKE**
> Ein gleichioniger Zusatz verringert die Löslichkeit eines Salzes in Wasser.

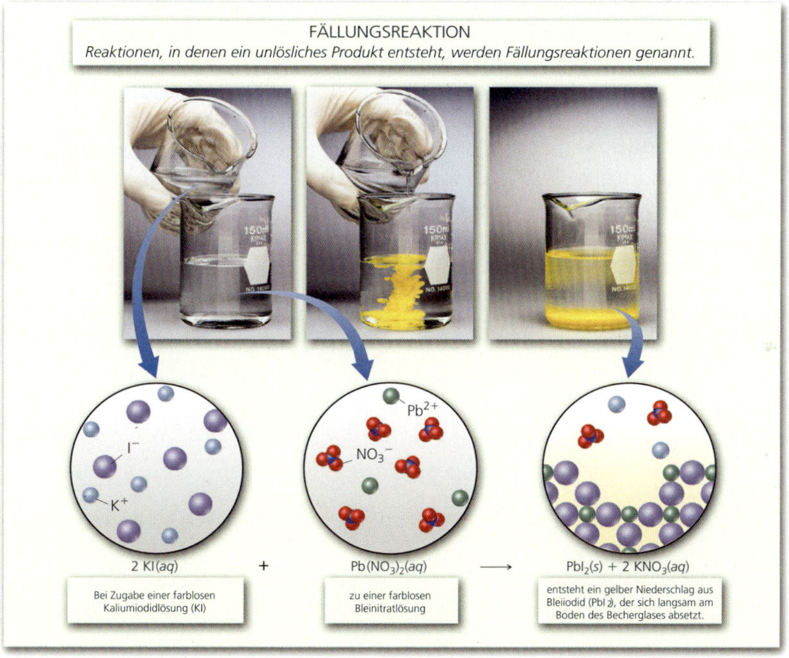

FÄLLUNGSREAKTION
Reaktionen, in denen ein unlösliches Produkt entsteht, werden Fällungsreaktionen genannt.

$2\,KI(aq)$ + $Pb(NO_3)_2(aq)$ ⟶ $PbI_2(s) + 2\,KNO_3(aq)$

Bei Zugabe einer farblosen Kaliumiodidlösung (KI) zu einer farblosen Bleinitratlösung entsteht ein gelber Niederschlag aus Bleiiodid (PbI_2), der sich langsam am Boden des Becherglases absetzt.

Abbildung 4.12: Ausfällen eines Salzes. Sowohl Kaliumiodid als auch Bleinitrat sind gut lösliche Salze. Bleiiodid ist hingegen schwerlöslich. Beim Zusammengeben der Lösung wird daher das Löslichkeitsprodukt von Bleiiodid überschritten, das Salz fällt aus.
Aus: Brown, T. L., LeMay, H. E. & Bursten, E. B. (2007)

4.10 Verteilungsgleichgewichte in Gegenwart von Membranen

Bisher haben wir Verteilungsgleichgewichte betrachtet, bei denen der Stoffübergang von der einen in die andere Phase ungehindert erfolgen konnte (vorausgesetzt, dem System wurde genügend Zeit gelassen). Viele Verteilungsgleichgewichte im menschlichen Körper finden aber zwischen Phasen statt, die zusätzlich durch semipermeable Membranen getrennt sind, die nicht für alle vorliegenden Stoffe durchlässig sind. Die Anwesenheit einer solchen **semipermeablen Membran** verändert natürlich die ablaufenden Prozesse an der Phasengrenze ganz entscheidend.

4.10.1 Diffusion

Diffusion von Kaliumpermanganat in Wasser
© Thomas Seilnacht, Bern, Schweiz, www.seilnacht.com

Gibt man in ein Glas Wasser einen Kristall violettes Kaliumpermanganat ($KMnO_4$) oder ein Stück Würfelzucker, so löst sich der Stoff auf und wird sich im Laufe der Zeit langsam, aber sicher gleichmäßig im gesamten Flüssigkeitsvolumen verteilen, bis überall die gleiche Konzentration herrscht. Man spricht von **passiver Diffusion**. Ursache für diese Stoffverteilung ist der zu Beginn herrschende **Konzentrationsgradient**. An der Stelle, wo der Permanganatkristall im Wasser liegt oder sich das Stück Würfelzucker befindet, liegt anfangs eine sehr hohe Konzentration des gelösten Stoffes vor. Im Rest der Flüssigkeit ist die Konzentration zu Beginn hingegen gleich null. Aufgrund der schon besprochenen thermischen Eigenbewegung der Teilchen (▶ Kapitel 4.1) kommt es im Laufe der Zeit zu einer vollkommenen homogenen Gleichverteilung. Die Teilchen wandern von den Stellen hoher Konzentration zu den Stellen niedriger Konzentration, also entlang des Konzentrationsgradienten, bis im Gleichgewicht überall in der Lösung die gleiche Konzentration herrscht. Auch dann bewegen sich die Teilchen nach wie vor durch die Lösung, aber es findet makroskopisch keine Veränderung mehr statt. Wir haben es wiederum mit einem dynamischen Gleichgewicht zu tun. Die Natur ist stets bestrebt, Konzentrationsgradienten (also ungleiche Konzentrationen innerhalb einer Lösung) durch passive Diffusion auszugleichen und eine Gleichverteilung zu erreichen. Wie wir später sehen werden, ist die mit der Ordnung (oder genauer der Unordnung) des Systems verknüpfte Entropie (▶ Kapitel 5.5) die Triebkraft für diesen Konzentrationsausgleich. Diese Größe trägt der Erfahrung Rechnung, dass sich eine einmal erreichte homogene Gleichverteilung in einer Lösung niemals spontan unter Ausbildung eines Konzentrationsgradienten wieder verändert. Ist der Würfelzucker einmal in der Lösung gleichmäßig verteilt, werden sich die Zuckermoleküle nicht plötzlich alle in einer Ecke der Flüssigkeit sammeln und so wieder einen Konzentrationsgradienten in der Lösung aufbauen. In dieser Hinsicht ist die Natur streng sozialistisch eingestellt. Sie mag keine Ungleichverteilungen. Eine vollständige Gleichverteilung aller Komponenten in einer Zelle ist allerdings gleichbedeutend mit dem Zelltod. Leben ist also an das Vorhandensein und den ständigen Auf- und Abbau von Konzentrationsgradienten geknüpft (▶ Kapitel 5.11).

Die passive Diffusion entlang eines existierenden Konzentrationsgradienten ist einer der wichtigsten Vorgänge in lebenden Zellen. So fundamentale Prozesse wie die Entstehung und Weiterleitung von Nervenreizen (▶ Kapitel 7.7) oder die Energieproduktion in den Zellen beruhen auf ihm. Zur Ausbildung von Konzentrationsgradienten ist immer Energie notwendig (= **aktiver Transport**). Außerdem kann ein Konzentrationsgradient nur in Gegenwart einer Membran aufgebaut werden, die die sofortige passive Diffusion und Wiederherstellung der Gleichverteilung verhindert. Dies ist zum Beispiel bei der Sekretion der Magensäure aus den Belegzellen der Fall. Hierbei wird Salzsäure (HCl) entgegen des vorliegenden Konzentrationsgradienten in den Magen abgegeben. Dies kann nur unter Energieaufwendung passieren.

4.10.2 Diffusion durch eine semipermeable Membran

Ein typischer Prozess in lebenden Zellen ist die Diffusion durch eine **semipermeable Membran**. Hierbei handelt es sich um eine Trennschicht, die Poren einer bestimmten Größe enthält (zum Beispiel < 10 nm), durch die nur kleine Teilchen wie Wassermoleküle oder einfache Ionen ungehindert hindurchwandern können, größere Teilchen wie Proteine dagegen nicht. Hat man eine Mischung von kleinen Ionen und Proteinen, die durch eine semipermeable Membran von einer reinen Wasserphase getrennt sind, so existiert für beide Teilchensorten zwar ein Konzentrationsgradient, der im Prinzip eine Wanderung der Teilchen in die Wasserphase in Gang setzt (Diffusion). Die großen Proteine können die kleinen Poren in der Membran aber nicht durchqueren und werden daher zurückgehalten (▶ Abbildung 4.13). Es kommt also zu einer Trennung der großen, hochmolekularen Proteine von den kleinen, niedermolekularen Ionen. Diese Art der Stofftrennung nennt man **Dialyse**. Wird dabei immer wieder frisches Wasser an der semipermeablen Membran vorbeigeleitet, so erreicht man eine vollständige Trennung.

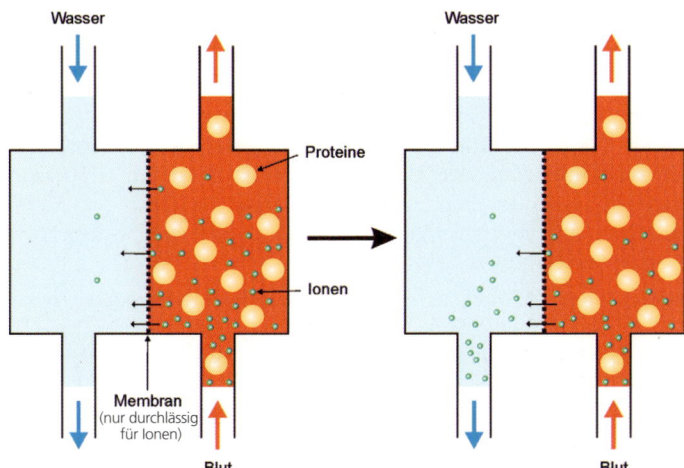

Abbildung 4.13: Das Prinzip der Dialyse: Blut und eine Spülflüssigkeit werden, getrennt durch eine semipermeable Membran, im Gegenstrom aneinander vorbeigepumpt. Salze und niedermolekulare Substanzen wie Harnstoff können die Membran passieren und werden so aus dem Blut entfernt, während die großen Proteine im Blut verbleiben.

AUS DER MEDIZINISCHEN PRAXIS

Niere und Dialyse

Die Niere spielt eine zentrale Rolle bei der Aufrechterhaltung des Flüssigkeits- und Elektrolytgleichgewichts im Organismus. Beim Stoffwechsel entstehen ständig wasserlösliche Abbauprodukte wie Harnstoff oder auch Salze, die über die Niere mit dem Harn aus dem Körper entfernt werden müssen. Gleichzeitig muss aber auch verhindert werden, dass nützliche Stoffe wie Glucose oder Proteine auf diesem Weg verloren gehen. Deswegen findet in der Niere eine Stofftrennung nach dem Prinzip der Dialyse statt. Das gesamte Blutvolumen (ca. 5 L) strömt pro Tag etwa dreihundert Mal durch die Nieren, das sind pro Tag also etwa 1500 L. In den Nierenkörperchen erfolgt an einer semipermeablen Membran im Gegenstromprinzip eine Dialyse des Blutes, es entstehen so etwa 170 L Primärharn pro Tag. Dieser enthält membrangängige kleine Moleküle wie Glucose, Aminosäuren oder Harnstoff (> 30 g/Tag, abhängig von der Proteinzufuhr) sowie Elektrolyte (= Salze). Blutzellen und gelöste große Moleküle (zum Beispiel Proteine) werden bei der Nierenfiltration zurückgehalten. Aber ein Verlust von 170 L Wasser pro Tag kann nie und nimmer ausgeglichen werden! Soviel Flüssigkeit kann kein Mensch trinken. Daher werden anschließend in den Nierenkanälchen (Tubuli) die gesamte Glucose, mindestens 96 Prozent der Aminosäuren sowie ein Großteil der Elektrolyte (99 Prozent der Na^+-, K^+- und Cl^--Ionen) und ein Teil des Harnstoffes wieder rückresorbiert. Da die Rückresorption gegen den Konzentrationsgradienten erfolgt, muss hierzu natürlich Energie aufgewendet werden. Mit den wieder aufgenommenen Salzen wird gleichzeitig auch ein Großteil des Wassers (80 bis 90 Prozent) wieder resorbiert. Ursache hierfür ist die noch zu besprechende Osmose (▶ Kapitel 4.10.3). So werden die 170 L Primärharn auf etwa 1,5 L Urin (Sekundärharn) „eingeengt", die dann tatsächlich ausgeschieden werden. Umgekehrt werden auch in den Tubuli zusätzlich noch etliche Substanzen aktiv in den Sekundärharn sezerniert.

Störungen in der Nierenfunktion können dazu führen, dass zu wenige Elektrolyte ausgeschieden werden, wodurch ebenfalls Wasser zurückgehalten wird. Ödeme entstehen und der Blutdruck steigt. Um die Harnproduktion zu erhöhen, werden **Diuretika** eingesetzt, also Arzneistoffe, die zu einer vermehrten Ausscheidung von Elektrolyten und damit auch von Wasser führen. Arzneistoffe wie zum Beispiel Hydrochlorothiazid blockieren dabei die Mechanismen, die für die Rückresorption der Elektrolyte aus dem Primärharn verantwortlich sind. Es werden also vermehrt Elektrolyte und damit auch Wasser mit dem Harn ausgeschieden. Osmotische Diuretika wie Mannitol werden bei akuten Hirn- oder Lungenödemen eingesetzt. Sie führen weniger zur Ausschwemmung von Elektrolyten, sondern binden in den Tubuli Wasser, sodass dieses nicht rückresorbiert werden kann.

Kann die Niere ihre Filterfunktion nicht aufrechterhalten (**Nierenversagen**), muss das Blut außerhalb des Körpers künstlich filtriert werden (Blutwäsche, Dialyse). Hierbei wird das Blut zum Beispiel durch künstliche Kunststoff-Hohlfasern geleitet, die als semipermeable Membranen dienen. Außerhalb der Fasern wird im Gegenstrom eine Dialyseflüssigkeit vorbeigeführt, die alle relevanten Plasmaelektrolyte in physiologischen Konzentrationen enthält. So kommt es zu der gewünschten Blutreinigung, also der Abtrennung von Stoffwechselabfallprodukten wie Harnstoff, ohne dass gleichzeitig wertvolle Elektrolyte verloren gehen. Ganz besonders wichtig ist die Ausscheidung der großen Mengen Harnstoff, die beim Abbau von Proteinen entstehen (▶ Kapitel 13.8). Nicht ausgeschiedener Harnstoff würde sonst im Körper in das zelltoxische Ammoniak NH_3 umgewandelt.

Man wendet prinzipiell zwei verschiedene Verfahren der Dialyse an, die **Hämodialyse** (Blutwäsche) und, weniger verbreitet, die **Peritonealdialyse** (Bauchfelldialyse). Die Bauchfelldialyse findet im Gegensatz zur Hämodialyse innerhalb des Körpers statt. Die Dialyseflüssigkeit wird dabei in die Bauchhöhle geleitet. Das Bauchfell enthält viele Blutgefäße und funktioniert daher wie eine semipermeable Membran zwischen Blut und Dialyseflüssigkeit, die manche Stoffe durchlässt und andere zurückhält. Die Dialyseflüssigkeit lässt der Patient dabei in Eigenregie mehrmals täglich über einen vorher angebrachten Katheter in die Bauchhöhle ein- und nach mehreren Stunden wieder ablaufen.

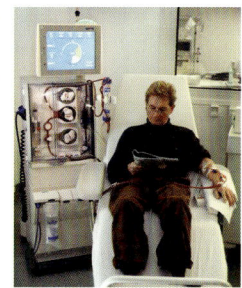

Dialyse
© Fresenius Medical Care Deutschland GmbH, Bad Homburg

4.10.3 Osmose

Ist hingegen eine Membran nur für das Lösemittel durchlässig (also zum Beispiel Wasser), nicht jedoch für die gelösten Teilchen, so spricht man von **Osmose**. Die Natur versucht nun, den Konzentrationsgradienten dadurch abzubauen, dass Wassermoleküle aus der reinen Wasserphase in die konzentrierte Lösung wandern (▶ Abbildung 4.14). Dadurch wird die Lösung verdünnt, die Konzentrationen der gelösten Stoffe nehmen ab und der Konzentrationsgradient verringert sich. Durch das Hereinströmen des Lösemittels steigt aber in der Lösung der **hydrostatische Druck**. Das Volumen der Flüssigkeit nimmt zu. Dadurch baut sich eine Triebkraft in die umgekehrte Richtung auf, die die Wassermoleküle wieder aus der Lösung in die reine Wasserphase zurückdrängen will. Der Konzentrationsgradient bewirkt also eine Wanderung der Wassermoleküle in die Lösung, der sich dadurch aufbauende hydrostatische Druck wirkt dem entgegen. Man erhält also letztendlich einen Gleichgewichtszustand, bei dem genauso viele Wassermoleküle pro Zeiteinheit von der Wasserphase in die Lösung diffundieren wie umgekehrt. Der im Gleichgewicht herrschende Druck wird als **osmotischer Druck** p_{Osmose} bezeichnet (**van't Hoff'sches Gesetz**).

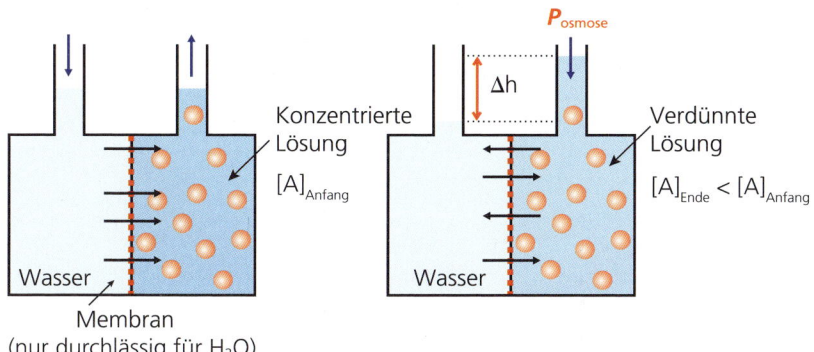

Abbildung 4.14: Das Prinzip der Osmose. Zwei Lösungen unterschiedlicher Konzentration sind über eine semipermeable Membran miteinander verbunden, die nur für das Lösemittel durchlässig ist. Aufgrund des osmotischen Drucks diffundiert das Lösemittel in den Bereich höherer Konzentration.

Osmotischer Druck
(van't Hoff'sches Gesetz)

$$p_{\text{Osmose}} = z \cdot [A] \cdot R \cdot T$$

Der osmotische Druck ist von der Zahl der gelösten Teilchen abhängig, nicht aber von ihrer chemischen Natur (zum Beispiel Größe oder Ladung). Das bedeutet, dass bei Teilchen, die in Wasser dissoziieren, wie zum Beispiel Salzen, letztendlich die Anzahl der bei der Dissoziation gebildeten Teilchen z zur Berechnung des osmotischen Drucks berücksichtigt werden muss. Löst man ein Mol Glucose in 1 L Wasser, so hat die Lösung einen osmotischen Druck von 22 700 hPa (bei 0 °C). Eine 1 M Kochsalzlösung weist hingegen einen doppelt so großen osmotischen Druck von 54 400 hPa auf, da die Lösung aufgrund der Dissoziation des Kochsalzes zwei Mol Teilchen enthält (1 Mol Na$^+$-Ionen und 1 Mol Cl$^-$-Ionen = 2 Mol Ionen). Die Anzahl aller osmotisch wirksamen Teilchen (in Mol) pro 1 l Lösung bezeichnet man als die **Osmolarität** der Lösung (bezogen auf 1 kg Lösemittel statt 1 l spricht man von Osmolalität).

MERKE
Bedeutung der Präfixe:
hypo = tief, niedrig
iso = gleich
hyper = hoch, viel

Es können sich also an semipermeablen Membranen vergleichsweise hohe osmotische Drücke aufbauen. Dies ist ein permanentes Problem von lebenden Zellen. Die biologische Zellmembran ist für die meisten Stoffe undurchlässig, Wasser kann sie hingegen passieren. Da eine Zelle eine Vielzahl von gelösten Teilchen enthält, baut sich in der Zelle gegenüber einer umgebenden Flüssigkeit ein osmotischer Druck auf. Wird dieser zu groß, platzt die Zelle. Gibt man zum Beispiel rote Blutkörperchen (Erythrocyten) in reines Wasser, so hat dieses einen niedrigeren osmotischen Druck als das Zellinnere (hypotone Lösung), es strömt so lange Wasser in das Zellinnere, bis die Erythrocyten platzen (▶ Abbildung 4.15). Gibt man die Erythrocyten hingegen in eine konzentrierte Kochsalzlösung, die einen höheren osmotischen Druck als das Zellinnere aufweist (hypertone Lösung), so strömt umgekehrt Wasser aus der Zelle nach draußen, die Erythrocyten schrumpfen. Eine Zelle kann also nur dann funktionieren, wenn die umgebende Flüssigkeit den gleichen osmotischen Druck wie das Zellinnere der Erythrocyten aufweist (isotonische Lösung).

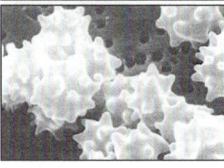

Abbildung 4.15: Einfluss des osmotischen Drucks auf Erythrocyten. Normale Erythrocyten in isotonischer Lösung (Mitte). In einer hypotonen Lösung (oben) blähen sich die Erythrocyten auf, bis sie platzen. In einer hypertonen Lösung (unten) hingegen schrumpfen sie und werden stachelig.
© *Sheetz et al. 1976. Originally published in M. P. Sheetz, R.G. Painter, and S. J. Singer, The Journal of Cell Biology 70: 193–203*

■ BEISPIEL Rechnen mit dem osmotischen Druck

In der Notfallmedizin wird als Blutersatz bei Infusionen eine sogenannte physiologische Kochsalzlösung (NaCl-Lösung) verwendet. Diese enthält 0,9 Prozent (*m/V*) NaCl. Berechnen Sie den osmotischen Druck (in bar) einer solchen Lösung bei Körpertemperatur (37 °C).

Es gilt: $p_{\text{Osmose}} = z \cdot [A] \cdot R \cdot T$. Gesucht ist die Konzentration der Salzlösung in mol/L.

0,9 % (*m/V*) Salzlösung = 9 g NaCl pro Liter

$n = m/M$ mit $M_{\text{NaCl}} = 58{,}5$ g/mol, also $n = 0{,}154$ mol

$[NaCl] = n/V = 0{,}154$ mol/L = 154 mol/m^3

Einsetzen in die Gleichung für den osmotischen Druck ergibt dann unter Berücksichtigung der Tatsache, dass NaCl in Wasser in zwei Ionen zerfällt (NaCl → Na$^+$ + Cl$^-$) und somit $z = 2$ ist: $p_{\text{Osmose}} = z \cdot [NaCl] \cdot R \cdot T = 7{,}9382 \cdot 10^5$ Pa = 7,9382 bar

4.10 Verteilungsgleichgewichte in Gegenwart von Membranen

> ### AUS DER MEDIZINISCHEN PRAXIS
>
> **Infusionslösungen**
>
> In der Notfallmedizin verwendet man zur Infusion als Blutersatz kein reines Wasser, sondern eine **isotonische Kochsalzlösung**. Diese hat einen Gehalt von 0,9 Prozent (*m/m*) (= 9 g pro 1000 g Wasser) und weist somit praktisch den gleichen osmotischen Druck auf wie das Blutplasma. Bei der Infusion kommt es daher zu keiner nennenswerten Flüssigkeitsverschiebung zwischen dem intrazellulären und dem extrazellulären Raum (= Raum zwischen den Zellen im Gewebe). Auch die Blutzellen werden nicht beeinflusst. Noch besser geeignet sind Ringer-Lösungen, die neben Kochsalz noch andere Elektrolyte wie Kalium- und Calciumchlorid enthalten. Sie entsprechen in ihrer Elektrolytzusammensetzung noch genauer dem Blutplasma.
>
> Man kann zur Infusion bei Volumenmangel aber auch gezielt hypertonische Lösungen einsetzen. Solche **Plasmaexpander** bewirken aufgrund ihres erhöhten osmotischen Drucks eine zusätzliche Umverteilung von Flüssigkeit aus dem extrazellulären Raum hinein in den Blutkreislauf. Zum Einsatz kommen kolloidale Lösungen (▶ Kapitel 3.5) von Gelatine (zum Beispiel Gelafundin), Dextranen (hochmolekularen Zuckern, zum Beispiel Macrodex) oder modifizierter Stärke (HAES). Sie weisen eine größere Volumenwirkung auf als reine Elektrolytlösungen, besitzen aber den Nachteil, dass sie möglicherweise allergische Reaktionen auslösen können (anaphylaktischer Schock).

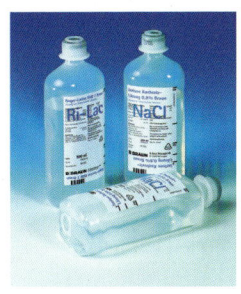

B. Braun Ecoflac Plus Infusionsflasche
© B. Braun Melsungen AG, Melsungen

4.10.4 Donnan-Gleichgewicht

Bei Dialyse und Osmose wird der angestrebte Konzentrationsausgleich durch eine nicht für alle Teilchen durchlässige semipermeable Membran beeinflusst. So können bei der Dialyse nur Wassermoleküle und zum Beispiel alle kleinen Elektrolyte (wie Na^+-, K^+- oder Cl^--Ionen) die Membran in Richtung des Konzentrationsgradienten ungehindert passieren. Wenn auch die größeren Teilchen wie Proteine, die die Membran nicht passieren können, geladen sind, dann ist aber auch für die kleinen Ionen keine freie Wanderung mehr möglich. Grund hierfür ist die Elektroneutralität auf beiden Seiten der Membran, die erhalten bleiben muss. Es müssen auf beiden Seiten der Membran in Summe immer genauso viele positive wie negative Ladungen vorhanden sein. Eine Verletzung der Elektroneutralität, also eine Ladungstrennung über die Membran hinweg, findet daher praktisch nicht statt.

Stellen wir uns zur Veranschaulichung eine Zelle vor, die fünf einfach-negativ geladene Proteine und entsprechend fünf positiv geladene Kaliumionen enthält (▶ Abbildung 4.16). Sie ist umgeben von einer extrazellulären Flüssigkeit, die in unserem Gedankenexperiment zehn Kalium- und zehn Chloridionen enthält. Die semipermeable Zellmembran kann von den K^+- und den Cl^--Ionen passiert werden, nicht aber von den negativ geladenen Proteinen. Aufgrund des bestehenden Konzentrationsgradienten sollten nun eigentlich zwei K^+-Ionen und fünf Cl^--Ionen über die Membran hinweg in die Zelle hineinwandern. Dann wären auf beiden Seiten der Zellmembran in etwa gleich viele Kaliumionen (sieben bzw. acht) und gleich viele Chloridionen (fünf). Allerdings wäre dann die Elektroneutralität nicht mehr gewahrt. Wir hätten im Zellinneren sieben Kaliumionen, fünf negativ geladene Proteine und fünf Chloridionen vorliegen, also einen Überschuss von drei negativen Ladungen. Umgekehrt wären außerhalb der Zelle noch acht Kaliumionen und fünf Chloridionen, was zu einem Überschuss von drei positiven Ladungen führt. Die Elektroneutralität wäre eindeutig verletzt. Kationen und Anionen können bei passiver Diffusion daher immer nur paarweise durch die Membran wandern, da nur dies nicht zu einer Ladungstrennung führt. Alternativ kann auch für jedes Ion, das in die eine Richtung wandert, ein anderes Ion gleicher Ladung in die andere Richtung wandern. Die Elektroneutralität bleibt also auch erhalten, wenn für ein K^+-Ion, das in eine Zelle hineinwandert, gleichzeitig zum Beispiel ein Na^+-Ion hinauswandert. Das Gleichgewicht ist dann erreicht, wenn für die wanderungsfähigen Ionen (und nur die sind von Bedeutung) das Produkt aus den Konzentrationen der Anionen und Kationen auf beiden Seiten der Membran jeweils identisch ist.

$$[K^+]_{innen} \cdot [Cl^-]_{innen} = [K^+]_{außen} \cdot [Cl^-]_{außen}$$

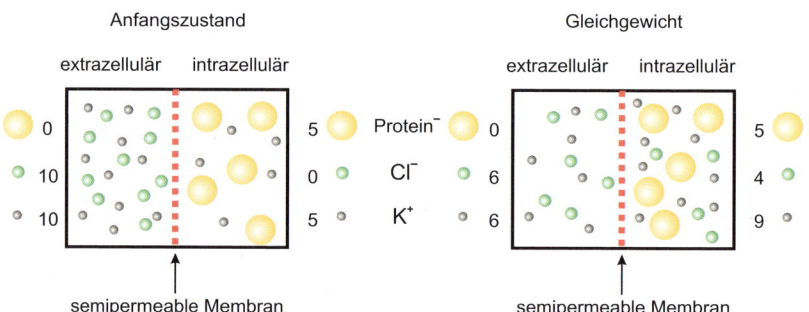

Abbildung 4.16: Das Donnan-Gleichgewicht. Wenn zwei Elektrolytlösungen unterschiedlicher Konzentration durch eine Membran getrennt sind, so versuchen die Ionen ihre Konzentrationen auf beiden Seiten der Membran durch Diffusion anzugleichen. Wenn die Membran semipermeabel ist und nur von einem Teil der Ionen passiert werden kann (hier negativ geladene Proteine), so kann sich kein Konzentrationsausgleich einstellen. Die notwendige Elektroneutralität der Lösungen erzwingt eine Ungleichverteilung einzelner Ionensorten auf beiden Seiten der Membran.

In unserem Beispiel bedeutet dies, dass sowohl vier K^+-Ionen als auch vier Cl^--Ionen in die Zelle hineindiffundieren. Es liegen dann innerhalb der Zelle neun Kaliumionen und vier Chloridionen vor, während außerhalb der Zelle noch jeweils sechs Kalium- und Chloridionen verbleiben. Das Donnan-Gleichgewicht hat sich eingestellt ($9 \cdot 4 = 6 \cdot 6$). Es wandern also mehr Kationen als allein aufgrund des Konzentrationsgradienten möglich wären, aber gleichzeitig auch etwas weniger Anionen als zum Ausgleich des Konzentrationsgradienten nötig wären. Es kommt weder für die Anionen noch für die Kationen zum Konzentrationsausgleich. Die nicht wanderungsfähigen Ionen verhindern also den Konzentrationsausgleich der wanderungsfähigen Ionen. Das sich einstellende Gleichgewicht in der Ionenverteilung nennt man **Donnan-Gleichgewicht**. Es bildet sich zum Beispiel an den Membranen der Blutgefäße aus und ist von großer Bedeutung für den Flüssigkeitsaustausch zwischen Blutgefäßen und Interstitium (= Raum zwischen den Organen und Geweben). Die aus dem Donnan-Gleichgewicht resultierende unterschiedliche Teilchenzahl auf beiden Seiten der Gefäßmembran führt zum Aufbau eines osmotischen Drucks (etwa 25 mmHg). Der daraus resultierende Wasserfluss aus dem Interstitium in das Blutgefäß wird allerdings durch den Blutdruck in den Kapillaren größtenteils wieder ausgeglichen. Auch bei der Ausbildung des Membranpotenzials von Nervenzellen spielt das Donnan-Gleichgewicht eine Rolle, obwohl in diesem Fall die Situation zusätzlich durch den aktiven Transport einzelner Ionen durch sogenannte Ionenpumpen noch komplizierter ist.

ZUSAMMENFASSUNG

In diesem Kapitel haben wir Folgendes über heterogene Verteilungsgleichgewichte gelernt:

- In der Chemie auftretende Gleichgewichte sind keine statischen, sondern dynamische Gleichgewichte, bei denen sich auf molekularer Ebene zwei oder mehr gegenläufige Vorgänge gerade kompensieren, sodass makroskopisch keine Veränderung des Systems mehr sichtbar ist.
- Die Verteilung eines Stoffes A zwischen zwei nicht mischbaren Phasen ist daher ein dynamisches Verteilungsgleichgewicht. Wenn sich das Gleichgewicht eingestellt hat, gilt allgemein, dass das Verhältnis der Konzentrationen des Stoffes A in den beiden Phasen konstant ist. Die Gleichgewichtskonstante K hängt ab vom Stoff A, den beteiligten Phasen und der Temperatur T.
- Für die Löslichkeit eines Gases in einer Flüssigkeit gilt das Henry-Dalton'sche Gesetz. Die Löslichkeit steigt mit dem Partialdruck und abnehmender Temperatur, da die Henry-Konstante K von der Temperatur abhängt.

$$p_A = K \cdot [A]_{fl}$$

- Für zwei flüssige Phasen gilt der Nernst'sche Verteilungssatz, der auch die Grundlage der Stofftrennung durch Extraktion darstellt.

$$K = \frac{[A]_{P1}}{[A]_{P2}}$$

Hieraus folgt, dass mehrmaliges Ausschütteln mit kleinen Volumina günstiger ist als einmaliges Ausschütteln mit einer größeren Menge.

- Die Adsorption eines Stoffes aus einer Gasphase oder Flüssigkeit auf einer festen Oberfläche lässt sich mit der Langmuir'schen Adsorptionsisotherme beschreiben. Der Bedeckungsgrad Θ steigt mit zunehmendem Partialdruck (für Gase) oder zunehmender Konzentration (für gelöste Stoffe). Je größer die Oberfläche des Feststoffes ist, desto mehr wird adsorbiert.

$$\Theta = \frac{K \cdot p_A}{1 + K \cdot p_A} \quad \text{und} \quad \Theta = \frac{K \cdot [A]}{1 + K \cdot [A]}$$

- Beim Lösen eines Salzes in einer Flüssigkeit muss Energie aufgewendet werden, um das Kristallgitter aufzubrechen. Gleichzeitig wird durch die Solvatisierung der Ionen aber auch Energie frei.
- Die Löslichkeit (= Sättigungskonzentration) eines Salzes der Zusammensetzung A_xB_y lässt sich quantitativ mit dem Löslichkeitsprodukt L_p beschreiben.

$$L_p = [A^{m+}]^x \cdot [B^{n-}]^y$$

Dabei ist es unerheblich, woher die einzelnen Ionen stammen. Fremdsalze, bei deren Dissoziation eines der am Löslichkeitsgleichgewicht beteiligten Ionen entsteht, verringern die Löslichkeit des Salzes (gleichioniger Zusatz).

- In einer Flüssigkeit vorliegende Konzentrationsunterschiede (= Konzentrationsgradienten) gleichen sich im Laufe der Zeit aufgrund der thermischen Eigenbewegung der Teilchen vollständig aus (passive Diffusion).
- Semipermeable Membranen lassen selektiv nur bestimmte Teilchen (zum Beispiel einer maximalen Größe) passieren. Stofftrennung an einer semipermeablen Membran bezeichnet man als Dialyse. Ist die Membran nur für das Lösemittel durchlässig, entsteht ein einseitiger Druck auf die Membran, der osmotische Druck p_{Osmose}. Dieser ist nur von der Anzahl der gelösten Teilchen, nicht aber von ihrer Größe oder Ladung abhängig. Osmotische Prozesse spielen an jeder Zellmembran eine große Rolle.

$$p_{Osmose} = z \cdot [A] \cdot R \cdot T$$

- Sind an der Diffusion durch eine semipermeable Membran geladene Teilchen beteiligt, so bestimmt der Konzentrationsgradient nicht mehr alleine die Wanderungsrichtung eines Teilchens, da zusätzlich die Elektroneutralität auf beiden Seiten der Membran gewährleistet sein muss. Für einzelne Ionen kann sich daher – auch im Gleichgewicht – eine Ungleichverteilung auf beiden Seiten der Membran ergeben.

Übungsaufgaben

1 Warum verwendet man beim Tiefseetauchen anstelle von normaler Luft ein Gemisch aus Helium und Sauerstoff?

2 Ein Stoff mit einem Nernst'schen Verteilungskoeffizienten von K = 0,25 wird zwischen gleichen Volumina zweier nichtmischbarer Flüssigkeiten P1 und P2 verteilt. Wie viel Prozent des Stoffes befinden sich nach Einstellung des Gleichgewichtes in der Phase P1, in der sich der Stoff schlechter löst? Die Phase P1 wird nun abgetrennt und das gleiche Volumen frisches Lösemittel P2 wird erneut zur abgetrennten Phase P1 zugegeben. Wie viel Prozent des ursprünglich vorhandenen Stoffes befindet sich nach einer erneuten Einstellung des Gleichgewichtes noch in der Phase P1?

3 Das Löslichkeitsprodukt für Calciumcarbonat (Kalk, Marmor) $CaCO_3$ beträgt $L_p = 4{,}8 \cdot 10^{-9}$ mol^2/L^2. Wie viel mg Kalk lösen sich demnach in 1 L Wasser?

4 Was passiert qualitativ, wenn Sie zu einer gesättigten Lösung von Silberbromid einige Tropfen einer 0,1 molaren Lösung von Kaliumchlorid oder Kaliumiodid geben?

$L_p(AgCl) = 1 \cdot 10^{-10}$ mol^2/L^2

$L_p(AgBr) = 1 \cdot 10^{-13}$ mol^2/L^2

$L_p(AgI) = 1 \cdot 10^{-16}$ mol^2/L^2

5 In einem Behälter steht Luft bei einem Druck von 1 bar mit Wasser im Gleichgewicht. Vergleichen Sie die Konzentrationen von Stickstoff und Sauerstoff im Wasser. Die Henry-Konstanten von O_2 und N_2 betragen 892 und 1630 bar · L/mol. Luft enthält ca. 78 Prozent Stickstoff und 21 Prozent Sauerstoff.

6 Sie bestimmen den osmotischen Druck von drei wässrigen Lösungen gleicher Stoffmengenkonzentration: Traubenzucker, Kaliumchlorid KCl und Natriumsulfid Na_2S. Bei welcher Lösung ist der osmotische Druck am größten?

7 Berechnen Sie den osmotischen Druck (in bar) einer isotonischen (= 0,9 Prozent (m/V)) Kochsalzlösung (NaCl-Lösung) bei einer Körpertemperatur von 37 °C.

8 Wie viel festes Kochsalz (in Gramm) muss zur Herstellung von 2 L einer isotonischen Lösung abgewogen werden?

9 Sind die folgenden Aussagen korrekt?
a) Die Konzentration an gelöstem CO_2 hängt von dem CO_2-Partialdruck in der Gasphase ab.
b) Die Löslichkeit von CO_2 in Wasser nimmt mit steigender Temperatur ab.

10 Zwei flüssige Phasen, ein reines Lösemittel (P1) und eine Lösung (P2), sind durch eine semipermeable Membran getrennt. Die Konzentration osmotisch wirksamer Teilchen in der Lösung P2 wird bei gleich bleibender Temperatur von 25 °C um 0,1 mol/L erhöht. Um welchen Betrag (in Pa) verändert sich der osmotische Druck zwischen den beiden Phasen?

11 Sind die folgenden Aussagen zum Nernst'schen Verteilungsgesetz korrekt?
a) Der Verteilungskoeffizient K ist die Summe der Konzentrationen des Stoffes in beiden Phasen.
b) K ist temperaturunabhängig.
c) Wird die Konzentration des Stoffes in einer Phase erhöht, erhöht sich auch die Konzentration in der anderen Phase.
d) Ein Stoffaustausch zwischen beiden Phasen findet ausschließlich im Gleichgewichtszustand statt.
e) K ist unabhängig von der Art der beiden Phasen.

12 Wodurch kann die Sublimation von Wasser bei der Gefriertrocknung am besten erreicht werden?

13. Eine wässrige Lösung weist gegenüber reinem Wasser einen osmotischen Druck von 175 kPa auf (bei $\vartheta = 37\ °C$). Wie groß ist die Osmolarität, also die Konzentration aller osmotisch wirksamen Teilchen, in der Lösung?

Chemische Reaktionen und Energetik

5

- 5.1 Chemische Reaktionen sind Stoffumwandlungen 169
- 5.2 Die chemische Reaktionsgleichung 170
- 5.3 Quantitative Interpretation der Reaktionsgleichung 171
- 5.4 Energetische Betrachtung chemischer Reaktionen: Thermodynamik 173
- 5.5 Die Triebkraft chemischer Reaktionen 188
- 5.6 Triebkraft und Geschwindigkeit einer chemischen Reaktion 195
- 5.7 Das chemische Gleichgewicht 195
- 5.8 Gibbs-Energie und chemisches Gleichgewicht 199
- 5.9 Das Prinzip des kleinsten Zwangs 203
- 5.10 Gekoppelte Reaktionen 208
- 5.11 Fließgleichgewichte 209

5 Chemische Reaktionen und Energetik

■ FALLBEISPIEL Sportverletzung

Beim jährlichen Sportfest der Schule knickt ein Mädchen beim 100-Meter-Lauf um und kann danach nur unter Schmerzen auftreten. Der Aufsicht führende Klassenlehrer versorgt das Mädchen nach den Regeln der Erstversorgung: PECH; P = Pause, E = Eis, C = Compression, H = Hochlagerung. Er hat einen Instant-Cold-Pack (Schnell-Kühlkompresse) bereit, mit dem das Gelenk gekühlt wird, um die auftretende Schwellung zu reduzieren. Die Kühlkompresse wird mit einer elastischen Binde befestigt. Zur Aktivierung der Kühlkompresse muss das Behältnis zuvor geknetet werden.

Erklärung

Beim Kneten der Kühlkompresse wird eine Innenversiegelung aufgebrochen, die festes Ammoniumnitrat (NH_4NO_3) von Wasser trennt. Ammoniumnitrat löst sich in Wasser, die Lösungswärme ist in diesem Fall positiv (**endotherme Auflösung**), daher nimmt die Temperatur der Lösung im Vergleich zur Außentemperatur ab (auf ca. 0 °C für etwa 30 Minuten). Die Kälte lindert die Schmerzen. Außerdem verengen sich die Blutgefäße, und der Stoffwechsel verlangsamt sich. Damit tritt weniger Flüssigkeit ins Gewebe aus und das Ausmaß der Hämatombildung und der Schwellung wird reduziert. Es sollte aber darauf geachtet werden, die Kühlkompresse nicht direkt mit der Haut in Berührung zu bringen. Umgekehrt gibt es auch Instant-Hot-Packs zur Erzeugung von Wärme. Das zugrunde liegende Prinzip ist das gleiche, nur ist die Lösungswärme des verwendeten Salzes diesmal negativ (**exotherme Auflösung**) und die Lösung erwärmt sich auf Temperaturen bis 40 °C. Verwendet werden hierzu zum Beispiel Salze wie Magnesiumsulfat ($MgSO_4$).

LERNZIELE

Das Fallbeispiel zeigt, dass das Auflösen von Salzen in Wasser mit Temperaturänderungen verbunden sein kann. Um dies zu verstehen, müssen wir uns mit chemischen Reaktionen und deren Energetik beschäftigen. In diesem Kapitel werden wir daher lernen,

- ■ was chemische Reaktionen sind, wie man chemische Reaktionsgleichungen aufstellt und sowohl qualitativ als auch quantitativ interpretiert,
- ■ wie man mithilfe der Thermodynamik die Energieumsätze einer Reaktion berechnet,
- ■ was Enthalpie und Entropie bedeuten und wie ihr Zusammenspiel die Triebkraft einer Reaktion so beeinflusst, dass eine chemische Reaktion sogar freiwillig ablaufen kann, obwohl sie Wärme aus der Umgebung benötigt,
- ■ warum sich bei einer chemischen Reaktion selten das gesamte Edukt zum Produkt umsetzt und wie man das Massenwirkungsgesetz zur Berechnung des zu erwartenden Umsatzes verwenden kann,
- ■ wie das Prinzip von Le Châtelier den Einfluss von äußeren Störungen auf chemische Gleichgewichte vorhersagt.

5.1 Chemische Reaktionen sind Stoffumwandlungen

Bisher haben wir uns mit dem Aufbau der Materie (▶ Kapitel 1 und ▶ Kapitel 2) sowie ihren physikalischen Erscheinungsformen beschäftigt (▶ Kapitel 3 und ▶ Kapitel 4). Nun wollen wir uns dem eigentlichen Wesen der Chemie zuwenden, nämlich der **Umwandlung von Stoffen** ineinander. Ein erstes Beispiel für eine derartige chemische Reaktion hatten wir bereits kennengelernt, als wir die Bildung von Natriumchlorid durch Reaktion von metallischem Natrium mit elementarem Chlor als Beispiel für das Zustandekommen einer ionischen Bindung besprochen hatten (▶ Kapitel 2.3). Wir hatten auch bereits darauf hingewiesen, dass es bei einer solchen chemischen Reaktion zu einer Veränderung der Eigenschaften der beteiligten Stoffe kommt: Aus zwei hochgiftigen und gefährlichen Stoffen, Natrium und Chlor, wird durch eine chemische Reaktion das lebenswichtige Kochsalz (▶ Abbildung 2.2).

> **MERKE**
> Chemische Reaktion = Stoffumwandlung

Allgemein reagieren bei einer chemischen Reaktion einer oder mehrere Stoffe, die **Reaktanten** oder **Edukte**, und wandeln sich in neue Stoffe mit neuen Eigenschaften, die **Produkte**, um (▶ Abbildung 5.1).

$$\text{Edukt(e)} \xrightarrow{\text{chem. Reaktion}} \text{Produkt(e)}$$

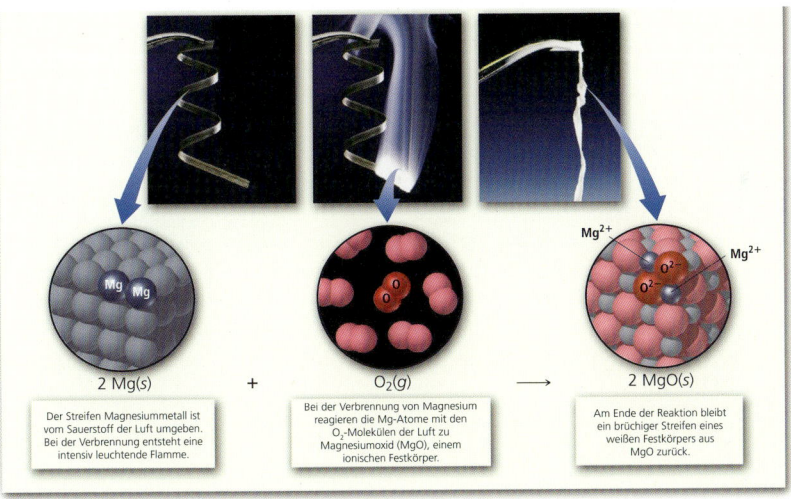

Abbildung 5.1: Chemische Reaktion. Bei der Verbrennung von Magnesium an der Luft entsteht durch die Reaktion der beiden Edukte Mg und O_2 das Produkt Magnesiumoxid MgO, eine neue chemische Verbindung mit neuen Eigenschaften.
Nach: Brown, T. L., LeMay, H. E. & Bursten, E. B. (2007)

5.2 Die chemische Reaktionsgleichung

Kernreaktion = Elementumwandlung

Chemische Reaktion = keine Elementumwandlung, nur Neuverknüpfung von Atomen (Gesamtzahl der Atome eines jeden Elementes bleibt konstant)

Beschrieben wird eine chemische Reaktion durch eine Reaktionsgleichung. Dabei stehen links die Edukte und rechts die Produkte. Der Reaktionspfeil gibt die Richtung der chemischen Reaktion an. Eine **Reaktionsgleichung** enthält neben der rein qualitativen Aussage (was reagiert mit wem wozu?) auch wichtige quantitative Informationen. So macht sie Aussagen über die Mengenverhältnisse der miteinander reagierenden Stoffe (**Stöchiometrie**). Grundlage hierfür ist die Tatsache, dass bei einer chemischen Reaktion Atome nicht erschaffen oder vernichtet werden können, sondern dass es lediglich zu einer Umgruppierung von Atomen kommt. Das heißt, es werden chemische Bindungen in den Edukten gebrochen, die Atome werden neu gruppiert und es werden neue chemische Bindungen gebildet. Die Produkte entstehen. Die Atome selbst verändern sich dabei aber nicht, nur ihre Bindungsumgebung. Die einzige Ausnahme sind Kernreaktionen (zum Beispiel radioaktive Zerfallsreaktionen), bei denen es tatsächlich zu einer Umwandlung von Atomkernen und damit Elementen kommt (▶ Kapitel 1.6). Wenn keine Atome verändert werden, bedeutet das aber, dass die Gesamtzahl der Atome eines jeden Elementes bei einer chemischen Reaktion erhalten bleibt. Eine chemische Reaktionsgleichung muss also links und rechts die gleiche Anzahl an Atomen einer jeden Atomsorte aufweisen. Wenn das nicht der Fall ist, ist die Reaktionsgleichung nicht korrekt!

Betrachten wir die chemische Reaktion von Wasserstoff mit Sauerstoff unter Bildung von Wasser (**Knallgasreaktion**). Das Aufstellen einer chemischen Reaktionsgleichung erfolgt in zwei Schritten. Zuerst muss man natürlich qualitativ wissen, welche Stoffe miteinander reagieren und welche Produkte bei der Reaktion gebildet werden (Schritt 1). In diesem Fall ist das relativ einfach. Das Reaktionsprodukt ist Wasser (H_2O). Die Edukte sind Wasserstoff und Sauerstoff, die aber beide, wie wir bereits gelernt haben (▶ Kapitel 2.5), nicht atomar, sondern nur molekular in Form zweiatomiger Moleküle vorkommen. Edukte sind also H_2 und O_2 und nicht H und O! Hier muss man sehr aufpassen; eine Reaktionsgleichung mit H und O als Edukten ist falsch. Das Aufstellen der Reaktionsgleichung erfolgt dann so, dass die Anzahl der Atome einer jeden Atomsorte auf beiden Seiten der Gleichung identisch ist. Hierzu müssen die richtigen stöchiometrischen Faktoren für jeden Reaktionsteilnehmer ermittelt werden (Schritt 2). Da links zwei O-Atome (im O_2-Molekül) vorliegen, müssen auch rechts auf der Produktseite genau zwei O-Atome auftauchen. Da Wasser nur ein O-Atom enthält, brauchen wir zwei Wassermoleküle auf der Produktseite. Diese beiden Wassermoleküle enthalten insgesamt vier H-Atome, sodass wir auf der Eduktseite zwei H_2-Moleküle angeben müssen. Die korrekte Reaktionsgleichung lautet also wie folgt:

> **MERKE**
> Ein stöchiometrischer Faktor 1 wird weggelassen.

Natürlich ist auch jede Gleichung, bei der Edukte und Produkte mit einem Vielfachen der korrekten stöchiometrischen Faktoren auftauchen, richtig. Jede andere Variante ist aber falsch. Üblicherweise verwendet man aber die Gleichung mit dem kleinsten möglichen ganzzahligen Zahlenverhältnis. Auch die Verwendung von gebrochenzahligen stöchiometrischen Faktoren, wie in der dritten Gleichung im nachfolgenden Bild, findet man häufig. Diese Gleichung ist stöchiometrisch natürlich ebenfalls korrekt, auch wenn man sie aus molekularer Sicht nicht wörtlich nehmen darf. Es gibt keine „halben Moleküle". Diese Gleichung beschreibt aber genau die Bildung von 1 Mol Produkt (Wasser in diesem Fall), was für die Berechnung von Bildungsenthalpien bei chemischen Reaktionen wichtig ist (▶ Kapitel 5.4).

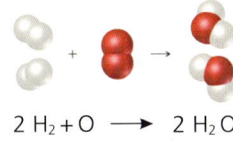

$2 H_2 + O \longrightarrow 2 H_2O$

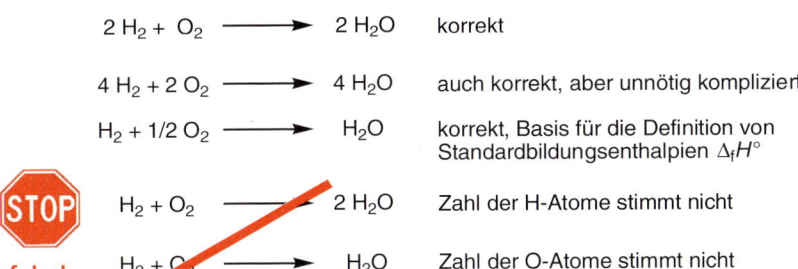

Den der jeweiligen Reaktionsgleichung entsprechenden Umsatz bezeichnet man als den **molaren Formelumsatz**. Für die erste Reaktionsgleichung im folgenden Bild ist der molare Formelumsatz also die Umsetzung von 2 mol Wasserstoff mit 1 mol Sauerstoff zu 2 mol Wasser, für die zweite Gleichung hingegen die Umsetzung von 4 mol Wasserstoff mit 2 mol Sauerstoff zu 4 mol Wasser. Die Angabe eines molaren Formelumsatzes ist also nur in Verbindung mit einer Reaktionsgleichung sinnvoll. Häufig wird für den molaren Formelumsatz die Reaktionsgleichung mit dem kleinsten ganzzahligen stöchiometrischen Koeffizienten verwendet. Da die bei einer chemischen Reaktion auftretenden Energieänderungen von der Menge der reagierenden Stoffe abhängen, ist es sehr wichtig, sich klar zu machen, auf welche Reaktionsgleichung, also auf welchen Formelumsatz sich eine Energieangabe jeweils bezieht.

MERKE

Der molare Formelumsatz (Einheit mol) ist der Umsatz entsprechend der Reaktionsgleichung.

5.3 Quantitative Interpretation der Reaktionsgleichung

Betrachten wir die quantitativen Informationen, die in einer solchen Reaktionsgleichung enthalten sind, etwas genauer. Zwei Moleküle Wasserstoff reagieren mit einem Molekül Sauerstoff unter Bildung von zwei Molekülen Wasser (**molekulare Interpretation**, elementarer Formelumsatz). Dies bedeutet aber auch, dass zwei Mol Wasserstoff mit einem Mol Sauerstoff unter Bildung von zwei Mol Wasser reagieren (molarer Formelumsatz). Denn hierzu haben wir formal nur die Reaktionsgleichung mit der Avogadro-Zahl N_A (▶ Kapitel 1.4) multipliziert. Daraus lässt sich dann auch unter Verwendung der molaren Masse M der beteiligten Stoffe ableiten, dass 4 g Wasserstoff mit 32 g Sauerstoff zu 36 g Wasser reagieren (**makroskopische Interpretation**).

Die stöchiometrischen Faktoren einer chemischen Reaktionsgleichung geben also an:

- wie viele Moleküle,
- welche Stoffmengen n in mol,
- und welche Massen m in g (aus $m = n \cdot M$)

der jeweiligen Edukte und Produkte an einer chemischen Reaktion beteiligt sind (▶ Tabelle 5.1).

Gleichung	2 H_2	+	O_2	→	2 H_2O
Moleküle	2 Moleküle H_2	+	1 Molekül O_2	→	2 Moleküle H_2O
Molare Masse M (in g/mol)	2 g/mol	+	32 g/mol	→	18 g/mol
Stoffmenge n (in mol)	2 mol H_2	+	1 mol O_2	→	2 mol H_2O
Makroskopische Masse m (in g)	4,0 g H_2	+	32,0 g O_2	→	36,0 g H_2O

Tabelle 5.1: Informationen aus einer ausgeglichenen Reaktionsgleichung

Diese quantitativen Informationen und Zusammenhänge, die sich aus einer abgestimmten, also stöchiometrisch korrekten chemischen Reaktionsgleichung entnehmen lassen, sind sehr wichtig. Sie sind zum Beispiel nötig, um auszurechnen, wie viel Gramm eines bestimmten Produktes bei einer chemischen Reaktion entstehen oder wie viele Mol eines Eduktes man benötigt, um eine bestimmte Menge eines Produktes darzustellen (**stöchiometrisches Rechnen**). Hierzu benötigt man die molaren Massen der Verbindungen und die korrekten stöchiometrischen Faktoren (▶ Abbildung 5.2).

Neben der Anzahl der Atome einer jeden Atomsorte und der Gesamtmasse bleibt auch die Summe der elektrischen Ladungen bei einer chemischen Reaktion konstant. Hierauf werden wir noch ausführlicher bei der Besprechung von Redoxreaktionen eingehen (▶ Kapitel 7).

MERKE

Erhaltungsgrößen bei chemischen Reaktionen:

- Zahl der Atome
- Masse
- Elektrische Ladung

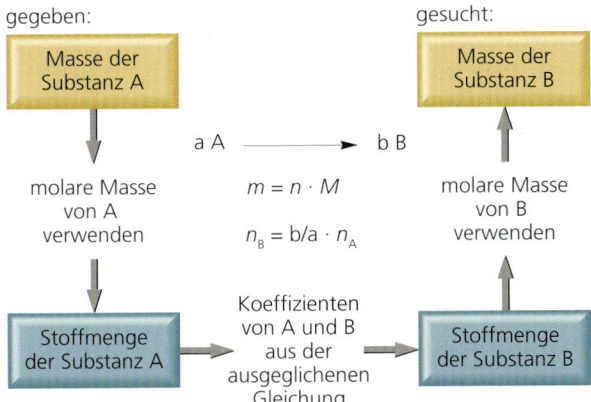

Abbildung 5.2: Stöchiometrisches Rechnen. Die Masse m eines in einer Reaktion gebildeten Produktes B kann mithilfe der Masse des verbrauchten Eduktes A berechnet werden. Benötigt werden dazu die molaren Massen M und die richtigen stöchiometrischen Koeffizienten a und b.
Nach: Brown, T. L., LeMay, H. E. & Bursten, E. B. (2007)

■ BEISPIEL Stöchiometrisches Rechnen

Wie viel Liter Chlorwasserstoffgas HCl (bei $\vartheta = 30\,°C$, $p = 766$ Torr) benötigen Sie, um durch die Umsetzung mit Calciumhydroxid $Ca(OH)_2$ 100 g Calciumchlorid $CaCl_2$ darzustellen (vollständigen Umsatz vorausgesetzt)?

Die Reaktionsgleichung gibt uns über die stöchiometrischen Koeffizienten den Zusammenhang zwischen den Stoffmengen n von Edukten und Produkten an, die wiederum aus den Massen m und den molaren Massen M berechnet werden können (▶ Abbildung 5.2). Das benötigte Volumen an Chlorwasserstoffgas lässt sich aus der entsprechenden Stoffmenge mithilfe des idealen Gasgesetzes bestimmen (▶ Kapitel 3.6).

$Ca(OH)_2 + 2\,HCl \rightarrow CaCl_2 + 2\,H_2O$ $M(CaCl_2) = M(Ca^{2+}) + 2 \cdot M(Cl^-) = 40{,}1 + 2 \cdot 35{,}45 = 111{,}0$ g/mol $\Rightarrow n(CaCl_2) = m/M = (100\text{ g})/(111\text{ g/mol}) = 0{,}9$ mol

Pro 1 Mol $CaCl_2$ werden gemäß der Reaktionsgleichung 2 Mol HCl benötigt:

$$\Rightarrow n(HCl) = 2 \cdot n(CaCl_2) = 1{,}8 \text{ mol}$$
$$\Rightarrow V = (n \cdot R \cdot T)/p = 44{,}4 \text{ L HCl-Gas}$$

5.4 Energetische Betrachtung chemischer Reaktionen: Thermodynamik

Schauen wir uns die Umsetzung von Wasserstoff und Sauerstoff zu Wasser noch einmal etwas genauer an. Wenn man die Reaktion im Labor durchführt, stellt man fest, dass die Wasserbildung mit der Freisetzung einer beträchtlichen Menge Energie in Form von Wärme verbunden ist (▶ Abbildung 5.3). Es findet eine heftige Explosion statt (Knallgasreaktion). Offensichtlich hat bei der chemischen Reaktion nicht nur eine Umverteilung und Neugruppierung der Atome stattgefunden, sondern es hat sich auch der Energiegehalt der Stoffe verändert. Ist der Energiegehalt der Edukte größer als der der Produkte, wird bei einer chemischen Reaktion Energie frei, andernfalls wird Energie aus der Umgebung aufgenommen. Man kann diese Energieänderung ebenfalls in die Reaktionsgleichung aufnehmen.

$$2H_2 + O_2 \rightarrow 2H_2O + \text{Energie}$$

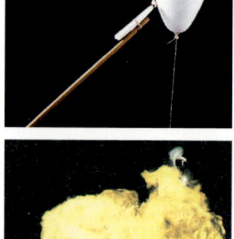

Dass es bei einer chemischen Reaktion neben der stofflichen Veränderung überhaupt zu einer Energieänderung kommen kann, ist leicht verständlich. Wir haben bereits davon gesprochen, dass bei einer Reaktion vorhandene chemische Bindungen in den Edukten gebrochen und neue Bindungen in den Produkten gebildet werden. Wir haben ebenfalls bereits gelernt, dass je nach Art der beteiligten Atome und des Bindungstyps chemische Bindungen sehr unterschiedliche Energien aufweisen können (▶ Kapitel 2.5 und ▶ Tabelle 2.2). Daher wird es in der Regel bei einer Veränderung der Bindungssituation auch zu einer Energieänderung kommen. Bei der Knallgasreaktion werden die chemischen Bindungen in den H_2- und O_2-Molekülen gebrochen, dafür muss die jeweilige Bindungsdissoziationsenergie BDE aufgewendet werden (▶ Kapitel 2.5, ▶ Tabelle 2.2). Anschließend wird bei der Neubildung der H_2O-Moleküle wieder Energie frei (BDE der OH-Bindungen). Da die chemischen Bindungen im Wasser in Summe weniger Energie enthalten als die chemischen Bindungen in H_2 und O_2, wird insgesamt Energie frei. Diese führt bei der Knallgasreaktion zu einer Erhöhung der thermischen Bewegungsenergie der gebildeten Wasserteilchen, die daher explosionsartig auseinanderfliegen.

Abbildung 5.3: Die Knallgasreaktion. Wasserstoff reagiert nach Zündung durch eine Kerzenflamme in einer heftigen Reaktion mit Luftsauerstoff zu Wasser. Dabei wird eine große Menge Energie in Form von Wärme explosionsartig an die Umgebung abgegeben.
Nach: Brown, T. L., LeMay, H. E. & Bursten, E. B. (2007)

Von solchen Energieänderungen, die zum Beispiel bei chemischen Reaktionen im Stoffwechsel oder bei der Photosynthese stattfinden, hängt letztendlich das gesamte Leben auf unserem Planeten ab. Die Betrachtung solcher Energieänderungen gehört zu einer wissenschaftlichen Disziplin, die man als **Thermodynamik** bezeichnet. Nur mit ihr kann man diese fundamental wichtigen Lebensprozesse richtig verstehen.

5.4.1 Erscheinungsformen von Energie

Energie E kann in vielfältiger Weise in Erscheinung treten und zwar als

- Chemische Energie = in chemischen Bindungen gespeicherte Energie (▶ Kapitel 2.5)
- Wärme = thermische Energie, Eigenbewegung molekularer Teilchen (▶ Kapitel 3.1)
- Licht = elektromagnetische Strahlung (▶ Kapitel 1.11)
- Elektrische Energie (▶ Kapitel 7)
- Mechanische Energie (kinetische und potenzielle Energie)

5.4 Energetische Betrachtung chemischer Reaktionen: Thermodynamik

Energie kann grundsätzlich nicht erschaffen oder vernichtet werden, sondern nur von einer Erscheinungsform in eine andere umgewandelt werden. Diese Erfahrungstatsache bezeichnet man als den **ersten Hauptsatz der Thermodynamik**. Bei einer chemischen Reaktion kann also nur zuvor als chemische Bindungsenergie gespeicherte Energie frei werden, die dann an die Umgebung abgegeben wird. Bei der Knallgasreaktion erfolgt die Energieabgabe in Form von frei werdender **Reaktionswärme**. Man kann die gleiche chemische Reaktion auch so ablaufen lassen, dass die frei werdende chemische Energie nicht als Wärme, sondern als elektrische Energie abgegeben wird. Dies passiert in einer Brennstoffzelle und hat den Vorteil, dass elektrische Energie besser für andere Zwecke genutzt werden kann als reine Wärmeenergie. Wie man dies macht, werden wir später bei der Behandlung von Redoxreaktionen lernen (▶ Kapitel 7). Im Prinzip läuft die Knallgasreaktion auch zur Bereitstellung von Energie im Körper ab, allerdings sind diese Reaktionen ungleich komplizierter. Bei diesen Prozessen wird die frei werdende Energie als chemische Energie (in Form von ATP, ▶ Kapitel 5.4.3) gespeichert. Energie kann auch in Form von Licht, also elektromagnetischer Strahlung, aufgenommen oder abgegeben werden. Wir haben dies bereits am Beispiel der Lichtabsorption bei physikalischen Prozessen kennengelernt (▶ Kapitel 1.11). Auch die bei einer Reaktion frei werdende chemische Energie kann als Licht abgegeben werden (Chemolumineszenz). In der Natur beobachten wir dieses Phänomen zum Beispiel beim Glühwürmchen (Biolumineszenz).

> **MERKE**
> Energie E wird in Joule (J) angegeben.
> Die alte Einheit ist die Kalorie (cal).
> 1 J = 0,24 cal
> 1 cal = 4,19 J
> 1 J = 1 N · m = 1 W · s

Jeder Stoff hat einen bestimmten Energiegehalt, den man als **innere Energie U** bezeichnet. In der Thermodynamik werden Änderungen einer physikalischen Größe wie der **inneren Energie U** immer in der Form $\Delta U = U_{Endzustand} - U_{Anfangszustand}$ angegeben. Wird Energie bei der Änderung frei, ist $\Delta U < 0$, also negativ (▶ Abbildung 5.4). Ist der Energiegehalt des Endzustandes größer als der des Anfangszustandes, ist hingegen $\Delta U > 0$ und somit positiv. Dies ist eine reine Definitionsfrage. Man hätte diese Festlegung auch anders herum treffen können.

> **MERKE**
> Energie wird
> aufgenommen: $\Delta U > 0$
> abgegeben: $\Delta U < 0$

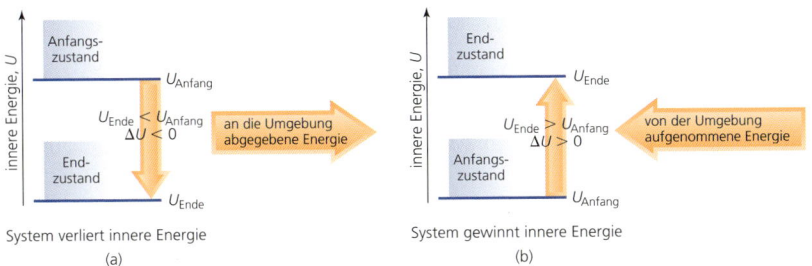

Abbildung 5.4: Änderung der inneren Energie ΔU. Die Änderung thermodynamischer Zustandsgrößen wie der inneren Energie U ist so definiert, dass $\Delta U < 0$ ist, wenn ein System Energie an die Umgebung abgibt (a). Umgekehrt ist $\Delta U > 0$, wenn das System Energie aus der Umgebung aufnimmt (b).
Aus: Brown, T. L., LeMay, H. E. & Bursten, E. B. (2007)

5 Chemische Reaktionen und Energetik

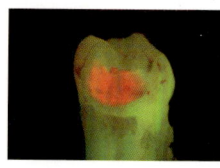

Extrahierter Zahn mit ausgedehnter Karies. Die rote Fluoreszenz bakteriell infizierter Bereiche ist gut von der gelb-grünen Fluoreszenz nicht infizierter Bereiche unterscheidbar.
© Wolfgang Buchalla

Leuchtkäfer (Glühwürmchen)
© Wikipedia: Leuchtkäfer, Weibchen des Großen Leuchtkäfers (Lampyris noctiluca), Autor: Wofl

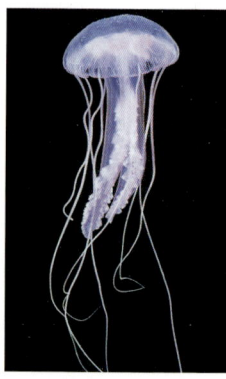

Leuchtqualle
© Pascal Goetgheluck, Science Photo Library, Agentur Focus, Hamburg

EXKURS

Biolumineszenz

Beim Glühwürmchen (Leuchtkäfer, *Lampyridae*) findet durch Luftsauerstoff die Oxidation einer bestimmten chemischen Verbindung, des Luciferins, statt. Die bei dieser Reaktion frei werdende Energie wird nicht in Form von Wärme, sondern als Licht abgegeben. Das Glühwürmchen leuchtet. Der Wirkungsgrad hierbei ist enorm. Etwa 95 Prozent der freigesetzten Energie dieser chemischen Reaktion werden als Licht abgegeben. Eine elektrische Glühbirne, bei der elektrische Energie in Licht umgewandelt wird, hat hingegen nur einen Wirkungsgrad von etwa 5 Prozent. Der Rest der Energie (95 Prozent) wird in Form von (in diesem Fall unerwünschter) Wärme an die Umgebung abgegeben. Die moderneren Leuchtdioden (LED, *light-emitting diode*) kommen immerhin auf Effizienzen von etwa 50 Prozent, sind also immer noch weit von der Effizienz der Glühwürmchen entfernt.

Eine solche Biolumineszenz kommt bei vielen Bakterien, niederen Tieren und Pflanzen vor. Die pazifische Qualle *Aequorea victoria* besitzt ein blau-lumineszierendes Protein (Aequorin), das eine dem Luciferin ähnliche chemische Gruppe enthält. Das Aequorin gibt die mit einer bestimmten chemischen Umsetzung verbundene Reaktionsenergie als Licht in Form eines blauen Photons (λ = 469 nm) ab (▶ Kapitel 1.11). Solche lichtemittierenden (fluoreszierenden) Proteine (zum Beispiel YFP, Yellow Fluorescent Protein, und GFP, Green Fluorescent Protein) werden vielfach als nichttoxische Marker in der Biochemie und Zellbiologie anstelle radioaktiver Marker eingesetzt. GFP oder genauer die entsprechende genetische Information (DNA) kann mit anderen Proteinen und deren genetischen Informationen fusioniert werden. Nach Einbringen der fusionierten DNA in die zu untersuchende Zelle (Organismus) und Expression des Fusionsproteins (Umwandlung der genetischen Information in ein Protein) kann durch die Beobachtung der Fluoreszenz des GFP unter dem Fluoreszenzmikroskop die räumliche und zeitliche Verteilung des anderen Proteins in lebenden Zellen, Geweben oder Organismen nachvollzogen werden. Zwischenzeitlich gibt es eine ganze Farbpalette an fluoreszierenden Proteinen. Diese sind heutzutage wichtige Werkzeuge für molekularbiologische Studien.

Die Tatsache, dass Bakterienstämme, die in kariöser Zahnhartsubstanz vorkommen, beim Bestrahlen mit violettem Licht (390-420 nm) rot fluoreszieren, wird bei der fluoreszenzunterstützten Kariesexkavation (FACE: *fluorescence aided caries excavation*) ausgenutzt. Bestrahlt man einen kariösen Zahn mit violettem Licht, so leuchten Bereiche mit kariös verändertem Dentin rot, während gesunde Bereiche grün fluoreszieren. Diese rote **Fluoreszenz** resultiert aus Porphyrinverbindungen (▶ Tabelle 8.2), die von den im Karies vorkommenden Bakterienstämmen (insbesondere Laktobazillen, Actinomyceten und *Prevotella intermedia*) synthetisiert werden. Mithilfe moderner Geräte kann der Arzt bei der Entfernung von Karies überprüfen, inwieweit noch kariöses Dentin vorhanden ist. Vergleichsstudien zeigen, dass bei der Verwendung von FACE die nicht entfernten bakteriellen Bereiche um das 1500-fache sanken[1].

Die Vorzeichenregelung kann man sich am Beispiel eines Radfahrers auf einem Berg veranschaulichen (▶ Abbildung 5.5). Oben auf dem Berg (= Ausgangszustand) hat der Radfahrer eine große potenzielle Energie. Beim Herunterfahren nimmt die potenzielle Energie ab, die frei werdende Energie wird in kinetische Energie (= Geschwindigkeit des Fahrrads) umgewandelt. Am Fuß des Berges angekommen (= Endzustand) hat die potenzielle Energie insgesamt gegenüber dem Ausgangszustand abgenommen, also ist $\Delta E_{pot} < 0$.

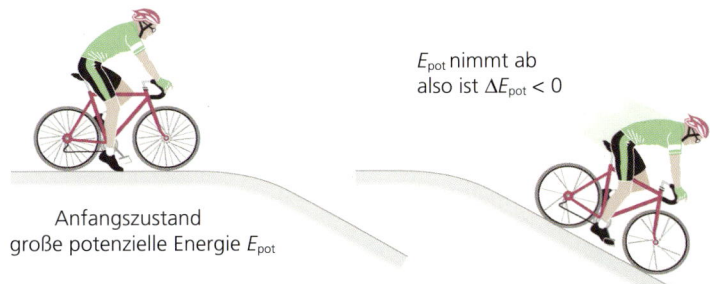

Abbildung 5.5: Änderung der potenziellen Energie E_{pot}. Die anfangs hohe potenzielle Energie des Radfahrers oben auf dem Berg verringert sich beim Herunterfahren. Also wird E_{pot} kleiner und somit ist $\Delta E_{pot} = E_{pot}(\text{Ende}) - E_{pot}(\text{Anfang}) < 0$.
Nach: Brown, T. L., LeMay, H. E. & Bursten, E. B. (2007)

Wenn die Änderung der inneren Energie ΔU auf einer chemischen Reaktion beruht, so spricht man von $\Delta_R U$ (R für Reaktion). Der erste Hauptsatz der Thermodynamik lautet dann für eine chemische Reaktion:

$$\Delta_R U = U_{\text{Ende}} - U_{\text{Anfang}} = Q + W$$

Die innere Energie eines Systems kann sich also nur dann ändern, wenn Wärme Q vom System aufgenommen oder abgegeben wird, am System Arbeit W geleistet wird oder das System Arbeit an der Umgebung leistet. Physikalisch ist Arbeit W ganz allgemein eine Energiemenge, die von einem Objekt auf ein anderes übertragen wird, zum Beispiel durch das Wirken einer Kraft F entlang eines Weges s. Die Einheit der Arbeit ist daher – wie bei der Energie – ebenfalls das Joule (J). Die pro Zeiteinheit geleistete Arbeit wird als Leistung P bezeichnet (Einheit Watt, 1 W = 1 J/s). Die im Alltag häufig verwendete Einheit kWh (Kilowattstunde = $3{,}6 \cdot 10^6$ J) ist ebenfalls eine Einheit der Arbeit oder Energie. Die in der Physik verwendeten Begriffe Arbeit, Energie, Kraft und Leistung sind nicht identisch mit ihrer Bedeutung in der Umgangssprache. Dies gibt leider häufig Anlass zu Missverständnissen.

Arbeit = Kraft · Weg
$W = F \cdot s$

Betrachten wir noch einmal die Knallgasreaktion. Die bei der Reaktion frei werdende chemische Energie wird in thermische Bewegungsenergie umgewandelt, was zu einer explosionsartigen Ausdehnung der Gasmischung führt. Bei dieser Expansion wird sogenannte Volumenarbeit an der Umgebung geleistet, da die anderen (unbeteiligten) Luftteilchen verdrängt werden müssen, um Platz für das sich ausdehnende Reaktionsgemisch zu schaffen. Zusätzlich wird noch Wärme an die Umgebung abgegeben, das Reaktionsgemisch wird heiß. Die frei werdende Energie $\Delta_R U$ ist also sowohl als Arbeit W als auch als Wärme Q an die Umgebung abgegeben worden.

5.4.2 Der thermodynamische Begriff „System"

Im Zusammenhang mit der Thermodynamik haben wir bereits mehrfach den Begriff des **Systems** verwendet. Hierbei handelt es sich um einen (real oder gedanklich) abgetrennten Reaktionsraum, der alle betreffenden Teilchen (Edukte und Produkte) enthält und in dem die betrachtete chemische Reaktion stattfindet. Alles andere wird als **Umgebung** bezeichnet. Je nach Art der möglichen Wechselwirkung zwischen System und Umgebung unterscheidet man drei verschiedene Typen von Systemen.

- **Offenes System:** Sowohl Materie- als auch Energieaustausch mit der Umgebung sind möglich.
- **Geschlossenes System:** Kein Materie-, wohl aber Energieaustausch mit der Umgebung ist möglich.
- **Abgeschlossenes System:** Weder Materie- noch Energieaustausch mit der Umgebung sind möglich.

> Der Mensch ist ein offenes System!

Ein Beispiel für ein geschlossenes thermodynamisches System ist ein Dampfkochtopf (▶ Abbildung 5.6), der zwar Energie in Form von Wärme aufnimmt und abstrahlt, jedoch keinen Wasserdampf abgeben kann (also kein Materieaustausch). Ein Topf ohne Deckel, in dem Wasser zum Kochen gebracht wird, ist hingegen ein offenes System, da Materie entweichen kann. Eine Thermoskanne ist in erster Näherung ein abgeschlossenes System, da weder Energie- noch Materieaustausch stattfindet.

Abbildung 5.6: Der Begriff System in der Thermodynamik. Je nachdem, ob zwischen System und Umgebung Stoff- und Energieaustausch stattfindet, unterscheidet man zwischen offenen, geschlossenen und abgeschlossenen Systemen.

Da in der Regel bei einer chemischen Reaktion Energie aufgenommen oder abgegeben wird, sind chemische Reaktionen keine abgeschlossenen Systeme, sondern geschlossene oder sogar offene Systeme. Nur bei einer sehr speziellen Reaktionsführung (zum Beispiel in einem Bombenkalorimeter, ▶ Kapitel 5.4.3) finden chemische Reaktionen in abgeschlossenen Systemen statt.

5.4.3 Die Reaktionsenthalpie $\Delta_R H$

> **MERKE**
> Exotherm: $\Delta_R H < 0$
> Endotherm: $\Delta_R H > 0$

In den allermeisten Fällen erfolgt bei einer chemischen Reaktion in einem geschlossenen oder offenen System eine Änderung der inneren Energie U durch die Zufuhr oder Abgabe von Wärme Q. Eine Energieaufnahme oder -abgabe durch Licht findet – wie oben erwähnt – nur sehr

5.4 Energetische Betrachtung chemischer Reaktionen: Thermodynamik

selten statt und um chemische Energie in elektrische Energie zu überführen, ist eine sehr spezielle Reaktionsführung (▶ Kapitel 7) notwendig. Wir betrachten daher zuerst einmal chemische Prozesse, bei denen Wärmeänderungen auftreten. Die bei einer chemischen Reaktion unter konstantem Druck (p = konstant) aufgenommene oder abgegebene Wärmemenge Q bezeichnet man als **Reaktionsenthalpie $\Delta_R H$**. Wird Wärme frei, ist also $\Delta_R H < 0$, nennt man die Reaktion **exotherm**. Ist hingegen $\Delta_R H > 0$, ist die Reaktion **endotherm**. Diese **Wärmetönung** einer chemischen Reaktion kann man experimentell quantitativ messen, zum Beispiel mithilfe der **Verbrennungskalorimetrie**. Bei der Knallgasreaktion wird bei der Bildung von 2 Mol flüssigen Wassers eine Energiemenge von −572 kJ gemäß dem Formelumsatz der nachfolgenden Reaktionsgleichung frei.

$$2\,H_2 + O_2 \longrightarrow 2\,H_2O \qquad \Delta_R H° = -572\,\text{kJ/mol}$$

Achtung: Die auftretende Enthalpieänderung ist natürlich von der Menge der reagierenden Stoffe abhängig. Bezieht man sich auf eine andere Reaktionsgleichung, so ändern sich der Formelumsatz und natürlich auch die Menge der frei werdenden Energie.

$$H_2 + 1/2\,O_2 \longrightarrow H_2O \qquad \Delta_R H° = -286\,\text{kJ/mol}$$

In beiden Fällen wird die Energie in kJ *pro mol Formelumsatz*, also verkürzt als kJ/mol angegeben. Man muss bei Energieangaben immer darauf achten, auf was für eine Reaktionsgleichung man sich bezieht.

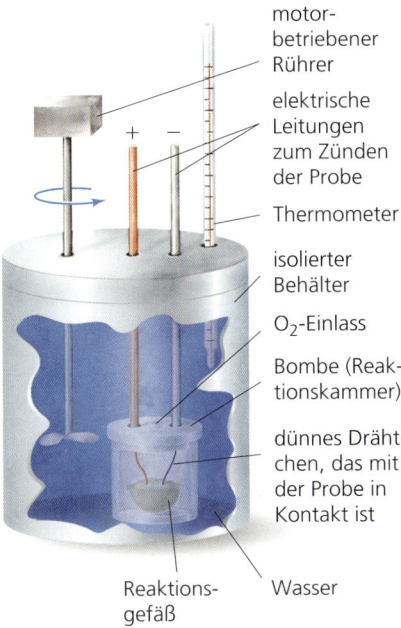

- motorbetriebener Rührer
- elektrische Leitungen zum Zünden der Probe
- Thermometer
- isolierter Behälter
- O_2-Einlass
- Bombe (Reaktionskammer)
- dünnes Drähtchen, das mit der Probe in Kontakt ist
- Reaktionsgefäß
- Wasser

Bombenkalorimeter
Aus: Brown, T. L., LeMay, H. E. & Bursten, E. B. (2007)

5 Chemische Reaktionen und Energetik

EXKURS

Verbrennungskalorimetrie

Die **Kalorimetrie** ist die Messung von Wärmemengen, die bei biologischen, chemischen oder physikalischen Vorgängen aufgenommen oder abgegeben werden. Bei chemischen Verbrennungsprozessen verwendet man ein Bombenkalorimeter. Dieses misst die bei der Verbrennung eines Stoffes frei werdende Wärmemenge Q, indem die dadurch hervorgerufene Temperaturänderung in einem Wasserbad bestimmt wird. Das Kalorimeter besteht aus einem isolierten, abgeschlossenen dickwandigen Stahlgefäß (Bombe), in dem man eine genau abgewogene Menge einer festen oder flüssigen Substanz mit reinem Sauerstoff bei einem Druck von 25 bis 35 MPa (= 250 bis 350 bar) verbrennt. Die Zündung der Verbrennung erfolgt elektrisch. Die Bombe befindet sich in einem Wasserbad, dessen Temperatur sich durch die frei werdende Verbrennungswärme erhöht. Diese Temperaturerhöhung wird gemessen, aus ihr bestimmt man die abgegebene Wärmemenge ($\Delta T \sim Q$).

AUS DER MEDIZINISCHEN PRAXIS

Verbrennungskalorimetrie im Menschen

Menschen und Tiere decken ihren Energiebedarf durch Verbrennung von Nahrung. Wie viel Energie ein Mensch tatsächlich pro Tag verbraucht, hängt unter anderem vom **Grundumsatz** (abhängig von Alter, Geschlecht, Gewicht, Körpergröße), Aktivitätsfaktor, Ernährungszustand, Krankheit oder Trauma ab. So beträgt der durchschnittliche Grundumsatz beim Mann pro Stunde ca. 4,2 kJ pro kg Körpergewicht (KG), bei einer Frau hingegen ca. 3,8 kJ/kg KG. Bei bestimmten Erkrankungen (zum Beispiel Schilddrüsenüber- oder -unterfunktion, Fieber) ändert sich der Energieumsatz. Daher kommt der Bestimmung des Energieumsatzes eine klinische Bedeutung zu.

Wie bestimmt man den Energieumsatz? Man kann ähnlich wie beim Bombenkalorimeter die Temperaturänderung messen, die in einem abgeschlossenen Raum durch die von einem Menschen abgestrahlte Wärmemenge hervorgerufen wird (**direkte Kalorimetrie**). Dieses Vorgehen ist aber sehr aufwendig und relativ ungenau. Einfacher ist es, den Energieumsatz aus dem Sauerstoffverbrauch des Menschen zu bestimmen (**indirekte Kalorimetrie**). Für die Energieproduktion im Organismus durch Oxidation (Verbrennung) von Nährstoffen wird Sauerstoff O_2 verbraucht. Da der Körper keine nennenswerten Mengen Sauerstoff speichern kann, muss der für die Verbrennung benötigte Sauerstoff kontinuierlich über die Atmung zugeführt werden. Je mehr Energie produziert wird, desto mehr Sauerstoff muss eingeatmet werden und desto mehr Kohlendioxid (ein Endprodukt der Verbrennungsprozesse) wird abgeatmet. Die pro Zeiteinheit aufgenommene Menge an Luftsauerstoff kann daher als Maß für den Energieumsatz benutzt werden. Zur quantitativen Beschreibung benötigt man das. Dies ist die Energiemenge, die 1 Liter O_2 bei der Verbrennung von Nahrung im Organismus freisetzt. Natürlich hängt das **kalorische Äquivalent** von der Art der Nahrung ab, da zum Beispiel Fette einen höheren **Brennwert** haben als Proteine und Kohlenhydrate. Als Brennwert bezeichnet man dabei die Energie, die bei Verbrennung von einem Gramm Nährstoff frei wird. Häufig wird als kalorisches Äquivalent ein mittlerer Wert von 20,0 kJ/L O_2 (für Mischkost) angesetzt.

5.4 Energetische Betrachtung chemischer Reaktionen: Thermodynamik

Beispiel:
Eine Person besitzt ein Atemzeitvolumen von 400 L/h. Der O_2-Anteil der Einatemluft beträgt 20 Prozent, der der Ausatemluft 15 Prozent, das heißt, die pro Stunde aufgenommene O_2-Menge entspricht 5 Prozent von 400 L = 20 L. Bei einem mittleren kalorischen Äquivalent von 20,0 kJ/L O_2 beträgt der Energieumsatz somit:
20 L O_2/h · 20 kJ/L O_2 = 400 kJ/h.

Will man genauer wissen, welche Nahrung tatsächlich verbrannt wurde, kann man den **respiratorischen Quotienten** (*RQ*) bestimmen, also das Verhältnis von abgegebenem Kohlendioxid zu aufgenommenem Sauerstoff. Vergleichen wir die Verbrennung von Glucose mit der eines typischen Fettes (Tristearin; ▶ Kapitel 11.10):

$$RQ = V(CO_2)/V(O_2)$$

Glucose:
$$C_6H_{12}O_6 + 6\,O_2 \rightarrow 6\,CO_2 + 6\,H_2O \quad (\Delta_R H° = -2815 \text{ kJ/mol})$$

Fett:
$$2\,C_{57}H_{110}O_6 + 163\,O_2 \rightarrow 114\,CO_2 + 110\,H_2O \quad (\Delta_R H° = -75.520 \text{ kJ/mol})$$

Wir sehen, dass bei der Glucose pro Mol verbrauchtem Sauerstoff auch ein Mol Kohlendioxid frei wird, also ist *RQ*(Glucose) = 1. Beim Fett werden 163 Mol Sauerstoff verbraucht, aber nur 114 Mol Kohlendioxid erzeugt, also ist *RQ*(Fett) = 114/163 = 0,7 und damit kleiner als bei Glucose. Je niedriger der *RQ* ist, desto höher ist der Fettanteil der verbrannten Nahrung!

Für die Erzeugung der 2815 kJ Energie bei der Verbrennung von 1 Mol Glucose werden 6 Mol Sauerstoff, also unter Standardbedingungen 6 · 22,4 L = 134,4 L O_2 verbraucht. Das kalorische Äquivalent der Glucose ist daher 21 kJ/L (= 2815/134,4). Da 1 Mol Glucose 180 g entspricht, beträgt der Brennwert für Glucose 15,6 kJ/g (= 2815/180). Analog lassen sich die Daten für die Fettverbrennung berechnen (▶ Tabelle 5.2).

Nährstoff	Physiologischer Brennwert in kJ/g (kcal/g)	Kalorisches Äquivalent in kJ/L O_2 (kcal/L)	Respiratorischer Quotient
Kohlenhydrate	17,2 (4,1)	21,1 (5,0)	1,00
Proteine	17,2 (4,1)	18,8 (4,5)	0,81
Fette	38,9 (9,3)	19,6 (4,7)	0,70
Mischkost		20,0 (4,8)	0,87
Alkohol	29,7 (7,1)	15,4 (3,7)	0,57

Tabelle 5.2: Durchschnittliche Brennwerte und kalorische Äquivalente einzelner Nahrungsbestandteile

Der *RQ*, das Atemzeitvolumen sowie der Gehalt an O_2 in Ein- und Ausatemluft werden meist durch indirekte Kalorimetrie mithilfe von **Spiroergometern** gemessen (▶ Kapitel 3.6). Soll damit der Grundumsatz bestimmt werden, müssen, um eine Vergleichbarkeit zu gewährleisten, standardisierte Bedingungen (frühmorgens, nüchtern, Ruhelage, indifferente Umgebungstemperatur und normale Körpertemperatur) eingehalten werden.

5 Chemische Reaktionen und Energetik

Energiezufuhr durch Nahrung
© Dr. Matthias Vöckler, Universitätsklinikum Jena

Körperliche und geistige Aktivität erhöhen den Energieumsatz. Es muss mehr Nahrung verbrannt werden. Ist andererseits die zugeführte Energiemenge durch die Nahrung größer als der aktuelle Energieverbrauch (positive Energiebilanz), erhöht sich das Körpergewicht, da die überschüssige Energie als chemische Energie in Form von Fett gespeichert wird. Wie aus der Tabelle hervorgeht, ist zum Beispiel der Brennwert von Alkohol sehr hoch. Hoher Alkoholkonsum fördert daher die Fettleibigkeit (= Adipositas). Um das Körpergewicht zu reduzieren, hilft, auch wenn viele Diäten anderes behaupten, nur eines: mehr Energie durch körperliche und geistige Aktivität verbrauchen, als durch Nahrung und Genussmittel zugeführt werden!

EXKURS

Der Mensch als Glühbirne

Energieverbrauch durch Bewegung
© frubiase SPORT

Der durchschnittliche Grundumsatz des Menschen beträgt pro Stunde etwa 4 kJ/kg Körpergewicht (KG), also pro Tag etwa 100 kJ/kg KG. Bei einem 70 kg schweren Erwachsenen sind dies etwa 7000 kJ/d. Das entspricht einer Leistung von 80 Watt (1 W = 1 J/s = 3,6 kJ/h = 86,4 kJ/d). Der Mensch erzeugt also durch seinen Stoffwechsel etwa so viel Energie, wie eine handelsübliche 80-W-Glühbirne verbraucht. Der Wirkungsgrad des Menschen ist aber besser als bei der Glühbirne (5 Prozent). Im Normalfall werden ca. 30 bis 50 Prozent der durch die Nahrung aufgenommenen Energie vom Körper in Form chemischer Energie genutzt (der größte Teil davon für die Muskelarbeit), der Rest wird als Wärme frei.

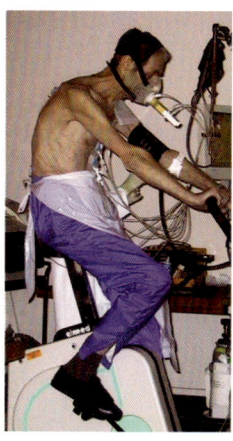

Spiroergometer
© Dr. Rolf F. Kroidl, Universitätsklinikum Heidelberg

Die Reaktionsenthalpie $\Delta_R H$ ist abhängig von den äußeren Bedingungen, wie zum Beispiel Druck und Temperatur. Die **Standardreaktionsenthalpie** $\Delta_R H°$ bezieht sich auf einen Druck von $p = 10^5$ Pa = 1 bar und eine Temperatur von $\theta = 25\ °C$ (anstelle der sonst für Standardbedingungen üblichen 0 °C). Diese **Standardbedingungen** gibt man durch eine hochgestellte Null ^{0} am Symbol an. Für die Knallgasreaktion findet man, dass pro Mol flüssigen Wassers, das gebildet wird, eine Energiemenge von −286 kJ (= 286 000 J) als Wärme frei wird. Wichtig ist hierbei die genaue Berücksichtigung der Aggregatzustände, in denen die Stoffe vorliegen oder gebildet werden. Wir haben bereits diskutiert, dass auch Phasenumwandlungen mit Energieänderungen verbunden sind (▶ Kapitel 3.3). Entsteht bei der Reaktion nicht flüssiges, sondern gasförmiges Wasser, ist die Reaktionsenthalpie um 44 kJ pro Mol gebildeten Wassers geringer entsprechend der molaren Verdampfungsenthalpie des Wassers. Dieser Teil der bei der Reaktion frei werdenden Energie wird nämlich nicht als Wärme an die Umgebung abgegeben, sondern er wird benötigt, um das flüssige Wasser zu verdampfen.

$$2\ H_2(g) + O_2(g) \longrightarrow 2\ H_2O(l) \quad \Delta_R H° = -572\ \text{kJ/mol}$$

$$2\ H_2(g) + O_2(g) \longrightarrow 2\ H_2O(g) \quad \Delta_R H° = -484\ \text{kJ/mol}$$

Man kann sich diesen Vorgang auch auf einem anderen Weg, nämlich in zwei aufeinanderfolgenden Schritten vorstellen. Zuerst wird bei der Knallgasreaktion flüssiges Wasser gebildet (= $\Delta_R H°$). In einem zweiten Schritt wird dieses dann verdampft, wofür die Verdampfungsenthalpie ($\Delta_{verd} H$) aufgewendet werden muss (▶ Kapitel 3.3). Eine fundamentale Erkenntnis der Thermodynamik besagt, dass die gesamte Enthalpieänderung für diesen in zwei Schritten ablaufenden Weg 2 identisch zu der von Weg 1 sein muss, bei dem man direkt gasförmiges Wasser herstellt (**Satz von Hess**). Die Enthalpie hängt also nur vom Anfangs- und Endzustand eines Systems, aber nicht vom Weg ab.

Weg 1: $2\,H_2(g) + O_2(g) \xrightarrow{\Delta_R H_{Weg\,1}} 2\,H_2O(g)$

Weg 2: $2\,H_2(g) + O_2(g) \xrightarrow{\Delta_R H°} 2\,H_2O(l) \xrightarrow{\Delta_{verd} H} 2\,H_2O(g)$

Satz von Hess:

$$\Delta_R H_{Weg\,1} = \underbrace{\Delta_R H° + \Delta_{verd} H}_{\Delta_R H_{Weg\,2}}$$

Der Satz von Hess ist enorm hilfreich, da er eine einfache Berechnung von Enthalpieänderungen erlaubt. Man kann eine Reaktion gedanklich beliebig in mehrere Teilschritte zerlegen, deren Enthalpieänderungen man kennt oder leicht messen kann, und dann die gesuchte Enthalpieänderung additiv aus den Enthalpieänderungen der einzelnen Reaktionsschritte berechnen. Ob die einzelnen Teilschritte tatsächlich realistisch oder gar machbar sind, spielt überhaupt keine Rolle. Entscheidend ist nur, dass man am Ende am gewünschten Ziel ankommt. Wird dabei wieder der Anfangszustand erreicht, spricht man von einem **thermodynamischen Kreisprozess**. Dies erlaubt zum Beispiel die Berechnung von Reaktionsenthalpien aus tabellierten Standardbildungsenthalpien $\Delta_f H°$ (f = *formation*, englisch für Bildung) oder den leicht zu messenden Verbrennungsenthalpien. Unter der **Standardbildungsenthalpie $\Delta_f H°$** versteht man die Reaktionsenthalpie, die bei der Bildung von 1 Mol einer chemischen Verbindung aus den Elementen in ihrer stabilsten Modifikation unter Standardbedingungen frei wird. Die Standardbildungsenthalpie der Elemente in ihrer stabilsten Modifikation ist dabei definitionsgemäß gleich null. Diese willkürliche Nullsetzung ist möglich, da für die Chemie nur *relative* Energieänderungen, aber keine absoluten Energien wichtig sind. Für flüssiges Wasser entspricht damit die Standardbildungsenthalpie der Reaktionsenthalpie der Knallgasreaktion. Für die Bildung von 2 Mol Wasser beträgt $\Delta_R H° = -572$ kJ/mol. Also wird bei der Bildung von nur einem Mol Wasser genau die halbe Energiemenge frei.

5 Chemische Reaktionen und Energetik

■ **BEISPIEL** Rechnen mit dem Satz von Hess

Berechnen Sie aus den nachfolgenden Angaben für die Zersetzung von Wasserstoffperoxid (H_2O_2) in Wasser und Sauerstoff unter Verwendung des Satzes von Hess die molare Verdampfungsenthalpie von Wasser, also die Energiemenge, die Sie zur Verdampfung von 1 Mol Wasser benötigen.

Gleichung 1: $2\,H_2O_2\,(l) \rightarrow 2\,H_2O\,(g) + O_2\,(g)$ $\Delta_R H°\,(I) = -101{,}42\ \text{kJ/mol}$
Gleichung 2: $2\,H_2O_2\,(l) \rightarrow 2\,H_2O\,(l) + O_2\,(g)$ $\Delta_R H°\,(II) = -189{,}46\ \text{kJ/mol}$

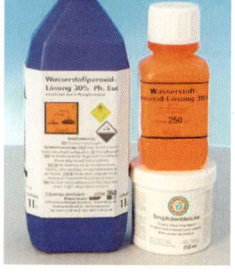

Wasserstoffperoxid-Lösung
© Jan Sonnenberg, Wachler-Farben, Rochlitz

Gesucht wird also die Enthalpieänderung für den Prozess $H_2O\,(l) \rightarrow H_2O\,(g)$. Enthalpien lassen sich, da es sich um thermodynamische Zustandsgrößen handelt, wie mathematische Formeln addieren und subtrahieren (nichts anderes besagt der Satz von Hess). Wir müssen uns überlegen, wie man die beiden Reaktionsgleichungen kombinieren muss, damit man den gesuchten Prozess erhält. In der Gleichung 1 taucht gasförmiges Wasser auf der Produktseite auf, bei Gleichung 2 hingegen flüssiges Wasser. Beim gesuchten Prozess ist $H_2O\,(l)$ das Edukt, also muss die zweite Gleichung „umgedreht" werden. Dann addiert man die beiden erhaltenen Gleichungen. Oder anders gesagt, man subtrahiert die zweite Gleichung von der ersten.

Gleichung 1 – Gleichung 2:

$$2\,H_2O_2\,(l) + 2\,H_2O\,(l) + O_2\,(g) \rightarrow 2\,H_2O\,(g) + O_2\,(g) + 2\,H_2O_2\,(l)$$

Dann streicht man alle Teilchen weg, die sowohl links als auch rechts in der Reaktionsgleichung vorkommen. Diese Stoffe werden während der Reaktion anscheinend nicht verändert und spielen somit für die Reaktion keine Rolle.

$$\Rightarrow 2\,H_2O\,(l) \rightarrow 2\,H_2O\,(g)$$

Analog ergibt sich dann die Enthalpieänderung für diesen Prozess als

$$\Delta_R H° = \Delta_R H°\,(I) - \Delta_R H°\,(II) = -101{,}42 + 189{,}46 = +88{,}04\ \text{kJ}$$

Der erhaltene Zahlenwert für die Gesamtreaktion von $\Delta_R H° = 88{,}04$ kJ gilt entsprechend der Reaktionsgleichung aber für die Verdampfung von 2 Mol Wasser. Also ist die **molare Verdampfungsenthalpie**, die für 1 Mol Wasser benötigte Energiemenge, halb so groß:

$$\Delta_{verd} H° = +44{,}02\ \text{kJ/mol}$$

Auf der Zersetzung von Wasserstoffperoxid in Wasser und Sauerstoff beruht übrigens die Verwendung von Wasserstoffperoxid als Desinfektionsmittel in der Medizin, da der freigesetzte Sauerstoff bakterizid wirkt (▶ Kapitel 7.3). Ebenso wird es zum Bleichen von Zähnen (Bleaching), zur Reinigung von Kontaktlinsen oder zum Blondieren von Haaren verwendet. Im Haushalt ist H_2O_2 (oder davon abgeleitete Verbindungen) Bestandteil vieler Reinigungs- und Bleichmittel („Oxi Clean").

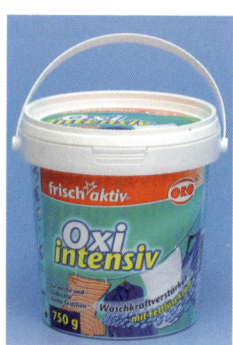

H_2O_2-haltiges Reinigungsmittel
© OROProdukte Marketing International GmbH, Herford

Somit ist die Standardbildungsenthalpie $\Delta_f H° = -286$ kJ/mol. Für Kohlendioxid ist hingegen $\Delta_f H° = -394$ kJ/mol. In diesem Fall entsprechen sich die Standardreaktionsenthalpie und die Standardbildungsenthalpie, da der molare Formelumsatz genau die Bildung von 1 Mol Produkt beschreibt (im Gegensatz zur Knallgasreaktion).

$$2\ H_2(g) + O_2(g) \longrightarrow 2\ H_2O(l) \quad \Delta_R H° = -572\ kJ/mol$$
also $\Delta_f H° = 1/2\ \Delta_R H° = -286\ kJ/mol$

$$C(s) + O_2(g) \longrightarrow 1\ CO_2(g) \quad \Delta_R H° = -394\ kJ/mol$$
also $\Delta_f H° = \Delta_R H° = -394\ kJ/mol$

Die Standardbildungsenthalpie von Kohlenstoffdioxid bezieht sich auf die Bildung von CO_2 aus Kohlenstoff in Form von Graphit und Sauerstoff. Bei der Verbrennung von Diamant, der anderen allotropen Form des Kohlenstoffes (▶ Kapitel 3.6), wenn man es denn täte, würde man eine etwas größere Reaktionsenthalpie von $\Delta_R H° = -396\ kJ/mol$ messen, da Diamant um 2 kJ/mol energiereicher ist als Graphit.

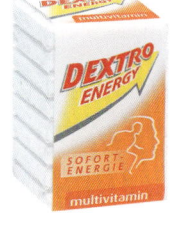

Traubenzucker
© Dextro Energy GmbH & Co. KG, Krefeld

Die Standardbildungsenthalpie von Glucose (Traubenzucker, $C_6H_{12}O_6$) kann man im Gegensatz zur Standardbildungsenthalpie von Wasser oder Kohlendioxid nicht experimentell aus der Reaktion von Graphit, Wasserstoff und Sauerstoff zu Glucose bestimmen, da diese Reaktion so nicht spontan abläuft. Man kann die Standardbildungsenthalpie aber leicht aus der Verbrennungsenthalpie der Glucose berechnen. Die Verbrennung von Glucose mit Sauerstoff zu Kohlendioxid und Wasser kann man im Bombenkalorimeter experimentell durchführen und dabei eine Enthalpieänderung von $\Delta_R H° = -2815\ kJ/mol$ bestimmen. Wie ergibt sich daraus nun die Standardbildungsenthalpie der Glucose? Gedanklich zerlegt man die Glucose in die Elemente Kohlenstoff, Wasserstoff und Sauerstoff, dafür muss die negative Standardbildungsenthalpie aufgewendet werden ($-\Delta_f H°$ [Glucose]). Dann bildet man aus den Elementen die Produkte CO_2 und H_2O, wobei deren Standardbildungsenthalpien $\Delta_f H°$ (Produkte) frei werden. Da sich die Standardbildungsenthalpien aber nicht auf die aktuell betrachtete Reaktionsgleichung beziehen, sondern immer auf die Bildung von 1 Mol des Stoffes, muss man natürlich die jeweiligen stöchiometrischen Faktoren berücksichtigen. In diesem Fall werden sechs Moleküle CO_2 und sechs Moleküle Wasser gebildet. Man muss also die Standardbildungsenthalpien aller einzelnen Produktteilchen entsprechend ihrer stöchiometrischen Faktoren aufsummieren, was durch das Summenzeichen Σ ausgedrückt wird: $\Sigma \Delta_f H°$ (Produkte).

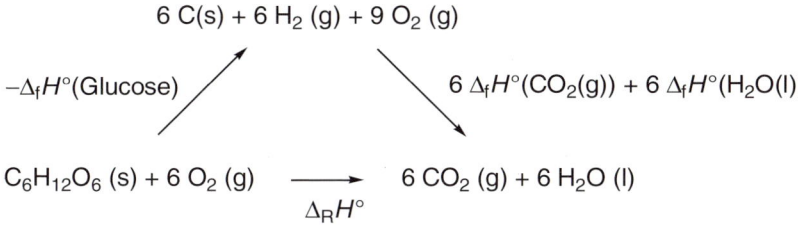

Die Standardbildungsenthalpie der Glucose ergibt sich dann aus der Summe dieser beiden Enthalpieänderungen entsprechend des oben dargestellten Kreisprozesses:

$$\Delta_f H°(\text{Glucose}) = 6 \cdot \Delta_f H°(CO_2\,(g)) + 6 \cdot \Delta_f H°(H_2O\,(l)) - \Delta_R H°$$
$$\Rightarrow \Delta_f H°(\text{Glucose}) = 6 \cdot (-393{,}5) + 6 \cdot (-286) - (-2815) = -1262 \text{ kJ/mol}$$

Allgemein gilt für jede chemische Reaktion, dass sich die Standardreaktionsenthalpie wie folgt aus den Bildungsenthalpien der beteiligten Edukte und Produkte berechnen lässt.

$$\Delta_R H° = \Sigma \Delta_f H°(\text{Produkte}) - \Sigma \Delta_f H°(\text{Edukte})$$

Es gibt noch eine Reihe anderer Größen, die wie die Enthalpie nur vom Anfangs- und Endzustand eines Systems abhängen, aber nicht vom Weg, auf dem der Endzustand erreicht wurde. Solche Größen nennt man **Zustandsfunktionen**. Auch die Temperatur T oder die Stoffmenge n, ebenso wie die Entropie S und die Gibbs-Energie G, die wir nachfolgend noch kennenlernen werden (▶ Kapitel 5.8), sind Zustandsfunktionen.

> **MERKE**
> Andere Zustandsfunktionen sind zum Beispiel Masse, Volumen, Druck, Stoffmenge, Temperatur.

EXKURS

Die Atmungskette – Knallgasreaktion im Körper

Bei der Verbrennung von Glucose in einem Bombenkalorimeter wird eine Reaktionsenthalpie von $\Delta_R H° = -2815$ kJ/mol als Wärme frei. Die gleiche Energiemenge wird auch frei, wenn Glucose im menschlichen Körper „verbrannt" wird. Die Verbrennung von Glucose findet allerdings im Körper nicht in einem Schritt statt wie bei der direkten Verbrennung in einem Bombenkalorimeter, sondern sie erfolgt in den Mitochondrien in mehreren aufeinanderfolgenden Teilschritten, bei denen die Glucose Stück für Stück abgebaut und letztendlich in CO_2 und H_2O umgewandelt wird. In einer ersten Kette von Reaktionen, die man als **Glycolyse**, oxidative Decarboxylierung und Citronensäurecyclus bezeichnet, wird Glucose in Kohlendioxid und Wasserstoff gespalten. Dabei entsteht natürlich kein molekularer Wasserstoff (H_2) im Körper, sondern vereinfacht formuliert H^+-Ionen und Elektronen. Die Elektronen werden als **Reduktionsäquivalente** in chemischen Verbindungen wie zum Beispiel NADH (Coenzym 1) gespeichert (▶ Kapitel 11.11).

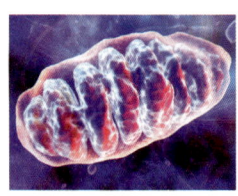

Mitochondrium
© Hybrid medical animation,
Science Photo Library, Agentur Focus,
Hamburg

I. $C_6H_{12}O_6 + 6\,H_2O \rightarrow 6\,CO_2 + 24\,H^+ + 24\,e^-$

In einer zweiten Reaktionskette, der Atmungskette, läuft letztendlich auch nichts anderes als die Knallgasreaktion ab. Die gespeicherten Reduktionsäquivalente reagieren mit Sauerstoff zu Wasser.

II. $6\,O_2 + 24\,H^+ + 24\,e^- \rightarrow 12\,H_2O$

Gemäß des Satzes von Hess wird über beide Reaktionsketten aber insgesamt genauso viel Energie frei wie bei der direkten Verbrennung von Glucose ($\Delta_R H = -2815$ kJ/mol). Die frei werdende Energie wird in Form von chemischer Energie in Adenosintriphosphat ATP gespeichert. ATP ist ein Molekül, das eine sehr energiereiche chemische Bindung enthält, bei deren Spaltung entsprechend Energie frei wird. Diese frei werdende Energie kann dann für andere Prozesse genutzt werden (▶ Kapitel 5.10). Insgesamt entstehen pro 1 mol Glucose 38 mol ATP, davon 32 mol in der Atmungskette (= 84 Prozent). Der größte Teil der Energie wird also bei der Atmungskette frei und gespeichert.

In manchen Fällen erfolgt die Verbrennung von Glucose aber nicht vollständig bis zu Kohlendioxid und Wasser, sondern bleibt auf halber Strecke stehen. Vereinfacht gesprochen wird die Glucose nur in der Mitte gespalten und es entstehen 2 Moleküle Lactat (= Milchsäure). Auch dabei wird bereits Energie frei, aber natürlich wesentlich weniger als bei der vollständigen Verbrennung. Der Vorteil hierbei ist, dass für diese Reaktion kein Sauerstoff benötigt wird. Es handelt sich um einen **anaeroben Vorgang** im Gegensatz zur vollständigen **aeroben Verbrennung** in Gegenwart von Sauerstoff.

Die Erzeugung von Milchsäure (Lactat) findet zum Beispiel in Muskeln statt, wenn diese bei körperlicher Aktivität sehr schnell Energie produzieren müssen. Wir wissen bereits, dass Sauerstoff im Körper nicht gespeichert wird, sondern immer wieder neu durch die Atmung zugeführt werden muss. Dies ist aber ein recht langsamer Prozess. Kommt die Sauerstoffzufuhr nicht nach, schaltet die Zelle daher auf die anaerobe Verbrennung um. Die Milchsäure führt aber zu einer Übersäuerung des Muskelgewebes (▶ Kapitel 6.9). Die anaerobe Verbrennung kann daher nur für kurze Zeit betrieben werden, ohne dass die Zellen Schaden nehmen. Die Milchsäure hat man früher für das Entstehen von Muskelkater verantwortlich gemacht. Heutzutage geht man davon aus, dass mikroskopische Muskelrisse die Ursache sind.

5.4.4 Die Lösungsenthalpie beim Auflösen von Salzen in Wasser

Auch das Auflösen eines Salzes in Wasser (▶ Abbildung 5.7) ist mit einer Enthalpieänderung verbunden, die man in diesem Fall als **Lösungsenthalpie** $\Delta_L H$ bezeichnet. Sie hängt von der Gitterenergie $\Delta_G U$ ab und der Hydratisierungsenthalpie $\Delta_{Hydr.} H$. Die Gitterenergie ist die Energie, die benötigt wird, um die Ionen aus dem Kristallverband in die Gasphase zu überführen (▶ Kapitel 2.3). Sie muss zum Aufbrechen des Kristalles aufgewendet werden und ist daher positiv. Die **Hydratisierungsenthalpie** ist die Energie, die bei der Überführung gasförmiger Ionen in eine wässrige Lösung aufgrund der Ionen-Dipol-Wechselwirkungen (▶ Kapitel 3.2, ▶ Kapitel 4.9) frei wird. Wenn, wie bei Calciumchlorid $CaCl_2$, bei der Hydratisierung der Ionen mehr Energie frei wird, als zum Aufbrechen des Kristalles benötigt wird, so ist der Lösungsvorgang exotherm, die Lösung erwärmt sich. Ammoniumnitrat NH_4NO_3 löst sich hingegen endotherm, die Gitterenergie ist größer als die frei werdende **Hydratisierungsenthalpie**, die Lösung kühlt sich ab. Dies macht man sich – wie im Fallbeispiel am Kapitelanfang – bei den in der medizinischen Erstversorgung verwendeten Kühlpacks zunutze. Kühlpacks enthalten einen Innenbeutel, der festes Ammoniumnitrat von Wasser trennt. Beim Kneten zerbricht der Innenbeutel und das NH_4NO_3 löst sich unter Energieverbrauch endotherm auf. Die Lösung kühlt sich ab und Schwellungen oder andere Sportverletzungen können gekühlt werden.

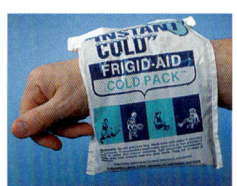

Kühlpack
Aus: Brown, T. L., LeMay, H. E. & Bursten, E. B. (2007)

5 Chemische Reaktionen und Energetik

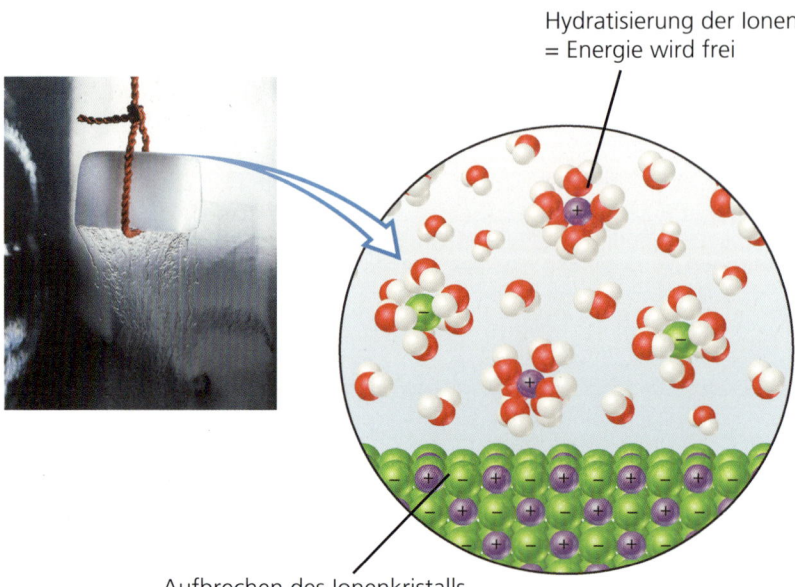

Abbildung 5.7: Energieänderungen beim Auflösen eines Ionenkristalles. Die Ionen werden im Kristallgitter durch die Gitterenergie zusammengehalten. Das Aufbrechen des Kristalles erfordert daher Energie (endotherm). Die freigesetzten Ionen werden dann hydratisiert, wobei Energie frei wird (exotherm).
Aus: Brown, T. L., LeMay, H. E. & Bursten, E. B. (2007)

$$\Delta_L H = \Delta_G U(\text{Salz}) + \Delta_{\text{Hydr}} H(\text{Kation}) + \Delta_{\text{Hydr}} H(\text{Anion})$$

5.5 Die Triebkraft chemischer Reaktionen

Man könnte nun annehmen, dass chemische Reaktionen immer dann freiwillig ablaufen, wenn bei ihnen Reaktionswärme frei wird, also die Reaktion exotherm ist. Dies ist auf den ersten Blick auch einleuchtend, da sich so energetisch günstigere Stoffe bilden. Wir haben aber im vorherigen Unterkapitel und auch im Fallbeispiel zu Beginn des Kapitels gesehen, dass sich manche Salze spontan und freiwillig auflösen, obwohl die Reaktion endotherm ist, also eine Wärmezufuhr von außen nötig ist. Die Salzlösung kühlt sich ab. Also nimmt die Lösung Energie von der Umgebung auf. Auch das Verdampfen einer Flüssigkeit ist endotherm (Verdunstungskälte) und erfordert Energie, da die zwischenmolekularen Kräfte zwischen den Teilchen in der Flüssigkeit beim Übergang in die Gasphase aufgebrochen werden müssen (▶ Kapitel 3.3). Trotzdem wissen wir alle aus der Erfahrung, dass Wasser tatsächlich von alleine und spontan verdampft, auch wenn sich dabei die Enthalpie des Systems erhöht (um +44 kJ/mol, ▶ Kapitel 5.4.3).

5.5.1 Die Entropie S

Die Reaktionsenthalpie kann also alleine nicht ausschlaggebend dafür sein, ob eine Reaktion freiwillig abläuft oder nicht. Es muss offensichtlich noch einen zweiten Faktor geben, der zu berücksichtigen ist. Betrachten wir die endotherme Auflösung eines Salzes wie Ammoniumnitrat in Wasser noch einmal etwas genauer. Beim Lösungsvorgang gehen aus einem hoch geordneten Kristall Ionen in Lösung, in der sie sich weitgehend frei bewegen können (▶ Abbildung 5.7). Wie wir bei der Diffusion besprochen haben (▶ Kapitel 4.10), führt die ungerichtete Eigenbewegung der Teilchen dann letztendlich zu einer homogenen Gleichverteilung der Ionen in der Lösung. Diese Zunahme der Beweglichkeit der Teilchen beim Übergang vom Kristall zur Lösung bedeutet eine Zunahme der Unordnung des Systems. Der Ordnungsgrad der Lösung ist deutlich kleiner als der des Kristalls. Neben der Veränderung der Enthalpie H spielt die **Veränderung des Ordnungsgrades** eines Systems ebenfalls eine wichtige Rolle dafür, ob ein Vorgang thermodynamisch freiwillig abläuft oder nicht. Als Maß für den Ordnungsgrad eines Systems wird die **Entropie S** verwendet. Die Erfahrung zeigt uns, dass ein System immer dem Zustand möglichst großer Unordnung zustrebt.

1. $\Delta S > 0$ Ordnung nimmt ab, Unordnung nimmt zu
2. $\Delta S < 0$ Ordnung nimmt zu, Unordnung nimmt ab

Zahlreiche Beobachtungen aus dem Alltag bestätigen dies. Die Diffusion haben wir schon erwähnt (▶ Kapitel 4.10). Auch beim endothermen Verdampfen von Flüssigkeiten ist die Entropie maßgebend. Der Ordnungsgrad eines Gases ist deutlich kleiner als der einer Flüssigkeit (▶ Kapitel 3.1). Deswegen verdampft eine Flüssigkeit spontan unter Energieverbrauch, da dabei die Entropie stark zunimmt. Oder betrachten wir zwei über einen Hahn miteinander verbundene Glaskolben, von denen der eine luftleer, also evakuiert ist, wohingegen der andere mit einem idealen Gas, zum Beispiel Luft, gefüllt ist. Beim Öffnen des Hahnes wird die Luft in den evakuierten Kolben strömen, bis beide Kolben gleichmäßig gefüllt sind. Aber noch nie hat jemand beobachtet, dass die Luft spontan aus einem der beiden Kolben herauswandert und in diesem Kolben ein Vakuum entsteht. Obwohl aus enthalpischer (= energetischer) Sicht auch dies möglich wäre, da bei der Expansion eines idealen Gases in ein Vakuum weder Energie verbraucht noch abgegeben wird ($\Delta H = 0$). Die Entropie sorgt aber dafür, dass dieser Vorgang nur in einer Richtung tatsächlich abläuft und das Gas ins Vakuum expandiert, aber eben niemals zurück. Solche nicht umkehrbaren Vorgänge nennt man **irreversibel** (im Gegensatz zu umkehrbaren, **reversiblen Prozessen**).

Diese Erfahrungstatsache hat man im **zweiten Hauptsatz der Thermodynamik** zusammengefasst. Für die Entropieänderungen **in einem abgeschlossenen System** gilt $\Delta S \geq 0$! Es können also in einem abgeschlossenen System nur solche Prozesse freiwillig ablaufen, bei denen die Entropie entweder konstant bleibt ($\Delta S = 0$; reversible Prozesse) oder bei denen die Entropie zunimmt ($\Delta S > 0$; irreversible Prozesse). Letztere sind dann – wie die Gasexpansion ins Vakuum – nicht umkehrbar.

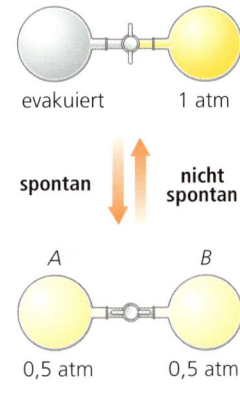

Expansion eines idealen Gases ins Vakuum
Aus: Brown, T. L., LeMay, H. E. & Bursten, E. B. (2007)

MERKE

Reversibel = umkehrbar, $\Delta S = 0$

Irreversibel = nicht umkehrbar, $\Delta S > 0$

Wunderbar, könnte man meinen. Die Thermodynamik, speziell der zweite Hauptsatz, verbietet es mir, mein Zimmer aufzuräumen, da dabei die Ordnung zunehmen würde. Leider gilt der zweite Hauptsatz nur für (aus thermodynamischer Sicht) abgeschlossene Systeme, was für das Zimmeraufräumen nicht zutrifft (es nützt auch nichts, wenn Sie die Tür zumachen). Sie verbrauchen nämlich beim Zimmeraufräumen Energie und die dabei frei werdende Wärme, die an die Umgebung abgegeben wird, führt ebenfalls zu einer Zunahme der Entropie ($\Delta S_{Umgebung} > 0$; zum Beispiel erhöht sich die Wärmebewegung der Luftmoleküle und damit deren Unordnung). Und diese Entropiezunahme ist größer als die Abnahme der Unordnung durch das dann aufgeräumte Zimmer ($\Delta S_{Zimmer} < 0$). Insgesamt nimmt also auch beim Zimmeraufräumen die Gesamtentropie (und nur die ist leider entscheidend) tatsächlich zu ($\Delta S_{Zimmer} + \Delta S_{Umgebung} = \Delta S_{gesamt} > 0$). In einem geschlossenen oder offenen System kann daher – im Gegensatz zu einem abgeschlossenen System – die Entropieänderung sehr wohl kleiner als null sein ($\Delta S < 0$).

EXKURS

Was passiert bei der Expansion realer Gase?

Reale Gase

Bei der Expansion eines idealen Gases tritt keine Enthalpieänderung auf, da man bei einem idealen Gas davon ausgeht, dass keine Wechselwirkungen zwischen den Gasteilchen bestehen. Es spielt also aus energetischer Sicht keine Rolle, wie weit die Gasteilchen voneinander entfernt sind. Sie merken eh nichts voneinander. Das ideale Gas ist aber eine vereinfachende (idealisierte) Beschreibung (▶ Kapitel 3.6). In Wirklichkeit gibt es immer Wechselwirkungen zwischen den Gasmolekülen. Gerade bei niedrigen Temperaturen und hohen Drücken spielen die schwachen intermolekularen Wechselwirkungskräfte zwischen den Gasteilchen eine zunehmend wichtigere Rolle. Man spricht von einem **realen Gas**. Bei der Expansion und der Kompression von realen Gasen treten sehr wohl Enthalpieänderungen auf.

Wie funktioniert ein Kühlschrank?

Das macht man sich bei einem Kühlschrank zunutze. Man erreicht hier eine Temperatursenkung im Kühlraum, indem ein komprimiertes Gas expandiert wird. Die Gasteilchen nehmen nach der Expansion im Mittel einen größeren Abstand voneinander ein. Dadurch wird die gegenseitige Anziehung schwächer. Bei der Expansion wird Energie verbraucht (endothermer Vorgang), die der thermischen Bewegungsenergie (Wärme) der Umgebung entzogen wird. Das Innere des Kühlschrankes kühlt sich ab. Anschließend wird das Gas außerhalb des Kühlraumes komprimiert. Dabei wird umgekehrt Wärme frei, die über die Kühlschlangen an der Rückseite des Gerätes abgegeben wird.

Feuerlöscher

CO$_2$-Feuerlöscher im Einsatz
Aus: Brown, T. L., LeMay, H. E. & Bursten, E. B. (2007)

Noch deutlicher wird die endotherme Expansion realer Gase beim Kohlensäurelöscher, einem Feuerlöscher, der unter Druck stehendes CO_2 enthält. Dieses kühlt sich beim Herausströmen so stark ab, dass das CO_2 kondensiert und festes Trockeneis entsteht. Dieser Kohlensäureschnee hat eine Temperatur von −78 °C und kühlt das Flammgut entsprechend ab. Gleichzeitig verdrängt das CO_2 den Luftsauerstoff und erstickt dadurch die Flamme.

DEFINITION

Thermodynamische Hauptsätze

Erster Hauptsatz (Energieerhaltungssatz)

Energie kann grundsätzlich nicht erschaffen oder vernichtet werden, sondern nur von einer Erscheinungsform in eine andere umgewandelt werden.

$$\Delta_R U = U_{Ende} - U_{Anfang} = Q + W$$

Zweiter Hauptsatz

In einem **abgeschlossenen System** können nur solche Prozesse freiwillig ablaufen, bei denen die Entropie entweder konstant bleibt ($\Delta S = 0$; reversible Prozesse) oder bei denen die Entropie zunimmt ($\Delta S > 0$; irreversible Prozesse).

$$\Delta_{System} S \geq 0$$

Für chemische Reaktionen, die in einem geschlossenen und offenen System ablaufen, gilt dies aber nicht (zum Beispiel für Reaktionen in einfachen Kolben oder Reagenzgläsern, aber auch für biochemische Reaktionen im Menschen).

5.5.2 Die freie Enthalpie G

Es gibt somit zwei thermodynamische Größen, die bestimmen, ob chemische Prozesse freiwillig ablaufen oder nicht: die **Enthalpie H** und die **Entropie S**. Einerseits strebt jedes System einem Zustand möglichst geringer Energie zu (Abnahme der Enthalpie $\Delta H < 0$), andererseits aber auch einem Zustand möglichst großer Unordnung (Zunahme der Entropie $\Delta S > 0$). Beide thermodynamischen Triebkräfte können in die gleiche Richtung wirken oder aber auch in entgegengesetzte, wie bei der endothermen Verdampfung einer Flüssigkeit. In diesem Fall überwiegt die Entropiezunahme die Enthalpieabnahme. Man kann beide Größen, Enthalpie H und Entropie S, zu einer einzigen Größe zusammenfassen, die eine Aussage erlaubt, ob ein Prozess freiwillig abläuft oder nicht. Diese neue thermodynamische Zustandfunktion ist die **Gibbs-Energie G** (auch oder Gibbs freie Energie genannt). Die Namensgebung freie Enthalpie ist etwas unglücklich, da man so G leicht mit der Enthalpie H verwechseln kann. Wir werden daher immer den Zusatz „Gibbs" verwenden und von Gibbs-Energie sprechen, um Verwechslungen mit der Enthalpie H zu vermeiden. Für den Zusammenhang der Gibbs-Energie G mit der Enthalpie H und der Entropie S gilt die **Gibbs-Helmholtz-Gleichung**:

$$G = H - T \cdot S$$

und somit für die Änderung der Gibbs-Energie ΔG

$$\Delta G = \Delta H - T \cdot \Delta S$$

Die **Entropie** geht also mit der Temperatur verknüpft in die Gibbs-Energie ein. Dies bedeutet, dass der Einfluss der Entropie gegenüber der Enthalpie mit steigender Temperatur zunimmt.

Josiah Willard Gibbs
Aus: Brown, T. L., LeMay, H. E. & Bursten, E. B. (2007)

Für eine chemische Reaktion gilt analog für die Gibbs-Reaktionsenergie $\Delta_R G$:

$$\Delta_R G = \Delta_R H - T \cdot \Delta_R S$$

Die Gibbs-Reaktionsenergie $\Delta_R G$ ist ein Maß für die Triebkraft einer chemischen Reaktion und entscheidet darüber, ob eine Reaktion freiwillig abläuft oder nicht.

1 $\Delta_R G > 0$ Reaktion ist nicht freiwillig (**endergonischer Prozess**)
2 $\Delta_R G < 0$ Reaktion ist freiwillig (**exergonischer Prozess**)

Ein chemischer Prozess kann also nur dann freiwillig ablaufen, wenn $\Delta_R G$ abnimmt. Prozesse, bei denen $\Delta_R G > 0$ ist, laufen nicht freiwillig ab. Da chemische Reaktionen in der Regel in geschlossenen oder offenen Systemen ablaufen, können sowohl $\Delta_R H$ als auch $\Delta_R S$ größer oder kleiner null sein. Ob $\Delta_R G$ dann größer oder kleiner null ist und somit eine Reaktion freiwillig abläuft oder nicht, hängt sowohl vom Vorzeichen und vom Betrag von $\Delta_R H$ und $\Delta_R S$ als auch von der Temperatur ab (▶ Tabelle 5.3).

ΔH	ΔS	ΔG	Prozess ist
< 0	> 0	< 0	immer freiwillig
> 0	< 0	> 0	nie freiwillig
< 0	< 0	> 0	bei hoher Temperatur nicht freiwillig
		< 0	bei niedriger Temperatur freiwillig, wenn $T < \Delta H / \Delta S$
> 0	> 0	> 0	bei niedriger Temperatur nicht freiwillig
		< 0	bei hoher Temperatur freiwillig, wenn $T > \Delta H / \Delta S$

Tabelle 5.3: Zusammenhang zwischen Gibbs-Energie, Enthalpie und Entropie

Bezieht man sich auf Standardbedingungen ($T = 298$ K und $p = 1$ bar), erhält man die **Gibbs-Standardreaktionsenergie $\Delta_R G°$**, die sich gemäß der Gibbs-Helmholtz-Gleichung aus der Standardreaktionsenthalpie $\Delta_R H°$ und der Standardreaktionsentropie $\Delta_R S°$ ergibt. Die Standardreaktionsenthalpie $\Delta_R H°$ lässt sich, wie wir weiter oben schon gesehen haben (▶ Kapitel 5.4), aus den tabellierten Standardbildungsenthalpien $\Delta_f H°$ der beteiligten Reaktionsteilnehmer berechnen. Die Standardreaktionsentropie $\Delta_R S°$ kann man auf ähnliche Weise aus den Standardentropien $S°$ der Reaktionsteilnehmer ermitteln, da auch sie eine Zustandsfunktion darstellt. Standardentropien $S°$ sind für viele Stoffe tabelliert.

> **DEFINITION**
>
> **Triebkraft einer chemischen Reaktion**
> Die thermodynamische Triebkraft einer chemischen Reaktion unter Standardbedingungen ist die Gibbs-Standardreaktionsenergie $\Delta_R G°$, die sich gemäß der Gibbs-Helmholtz-Gleichung aus der Standardreaktionsenthalpie $\Delta_R H°$ und der Standardreaktionsentropie $\Delta_R S°$ berechnen lässt. Eine Reaktion läuft dann freiwillig ab, wenn die Gibbs-Standardreaktionsenergie $\Delta_R G°$ negativ ist.

$$\Delta_R G° = \Delta_R H° - T \cdot \Delta_R S°$$
$$\Delta_R G° < 0 \Rightarrow \text{Reaktion ist freiwillig}$$
$$\Delta_R G° > 0 \Rightarrow \text{Reaktion ist nicht freiwillig}$$

Die Standardreaktionsenthalpie $\Delta_R H°$ erhält man aus den (tabellierten) Standardbildungsenthalpien $\Delta_f H°$ von Produkten und Edukten und analog ergibt sich die Standardreaktionsentropie $\Delta_R S°$ aus den (tabellierten) Standardentropien $S°$ der Reaktionsteilnehmer.

$$\Delta_R H° = \Sigma \Delta_f H°(\text{Produkte}) - \Sigma \Delta_f H°(\text{Edukte})$$
$$\Delta_R S° = \Sigma S°(\text{Produkte}) - \Sigma S°(\text{Edukte})$$

Die Standardbildungsenthalpien $\Delta_f H°$ und Standardentropien $S°$ sind pro mol Produkt oder Edukt angegeben. Diese Zahlenwerte müssen also jeweils noch entsprechend der Reaktionsgleichung mit den stöchiometrischen Koeffizienten der Produkte und Edukte multipliziert werden.

$$a\,A + b\,B \longrightarrow c\,C + d\,D$$

$$\Delta_R H° = c \cdot \Delta_f H°(C) + d \cdot \Delta_f H°(D) - [a \cdot \Delta_f H°(A) + b \cdot \Delta_f H°(B)]$$
$$\Delta_R S° = c \cdot S°(C) + d \cdot S°(D) - [a \cdot S°(A) + b \cdot S°(B)]$$

Hinweis: Im Gegensatz zur Enthalpie gibt es bei der Entropie einen absoluten Bezugspunkt (die Entropie von Reinstoffen bei $T = 0$ K ist gleich null), deswegen werden Standardentropien von Reinstoffen häufig ohne Δ nur als $S°$ angegeben. Reaktionsentropien (und nur die sind für uns von Interesse) sind natürlich wieder Differenzen, also erfolgt die Angabe mit Δ als $\Delta_R S°$.

■ BEISPIEL   Rechenbeispiel $\Delta_R G°$

Berechnen Sie für die Verbrennung von Glucose zu Kohlendioxid und Wasser aus den gegebenen Zahlenwerten die Gibbs-Standardreaktionsenergie $\Delta_R G°$.

	Glucose	Sauerstoff (g)	Kohlendioxid (g)	Wasser (fl)
$\Delta_f H°$ in kJ/mol	−1262,0	0 (per Definition)	−393,5	−286
$S°$ in J/(mol·K) (in kJ/(mol·K))	212 (0,212)	205 (0,205)	214 (0,214)	70 (0,07)

1. Schritt: Aufstellen der korrekten stöchiometrisch ausgeglichenen Reaktionsgleichung

$$C_6H_{12}O_6 + 6\,O_2 \rightarrow 6\,CO_2 + 6\,H_2O$$

2. Schritt: Berechnung von $\Delta_R H°$ aus den Standardbildungsenthalpien

$$\Delta_R H° = \Sigma \Delta_f H°(\text{Produkte}) - \Delta_f H°(\text{Edukte})$$
$$\Delta_R H° = 6 \cdot \Delta_f H°(H_2O) + 6 \cdot \Delta_f H°(CO_2) - 6 \cdot \Delta_f H°(O_2) - \Delta_f H°(\text{Glucose})$$
$$\Delta_R H° = 6 \cdot (-286) + 6 \cdot (-393,5) - 6 \cdot 0 + 1262,0 = -2815 \text{ kJ/mol}$$

3. Schritt: Berechnung von $\Delta_R S°$ aus den Standardentropien

$$\Delta_R S° = \Sigma S°(\text{Produkte}) - \Sigma S°(\text{Edukte})$$
$$\Delta_R S° = 6 \cdot S°(H_2O) + 6 \cdot S°(CO_2) - 6 \cdot S°(O_2) - S°(\text{Glucose})$$
$$\Delta_R S° = 6 \cdot 70 + 6 \cdot 214 - 6 \cdot 205 - 212 = +262 \text{ J/(mol} \cdot \text{K)} = +0{,}262 \text{ kJ/(mol} \cdot \text{K)}$$

4. Schritt: Berechnung von $\Delta_R G°$ mit der Gibbs-Helmholtz-Gleichung

$$\Delta_R G° = \Delta_R H° - T \cdot \Delta_R S°$$
$$\Delta_R G° = -2815 - 298 \cdot (+0{,}262) = -2893 \text{ kJ/mol}$$

Die Gibbs-Standardreaktionsenergie für die Verbrennung von Glucose beträgt also $\Delta_R G° = -2893$ kJ/mol. Je nachdem, welche Tabellenwerte man benutzt, findet man in der Literatur auch leicht andere Zahlenwerte.

Auch bei der Angabe der Gibbs-Standardreaktionsenergie $\Delta_R G°$ einer Reaktion muss man wieder daran denken, dass der tatsächliche Zahlenwert vom angegebenen Formelumsatz der Reaktionsgleichung abhängt.

$$2 H_2 + O_2 \longrightarrow 2 H_2O \quad \Delta_R G° = -474 \text{ kJ/mol}$$
$$H_2 + 1/2\, O_2 \longrightarrow 1 H_2O \quad \Delta_R G° = -237 \text{ kJ/mol}$$

In der Biochemie und der Medizin werden Energieangaben zum Beispiel bei Stoffwechselreaktionen in der Regel nicht auf die physikalischen Standardbedingungen bezogen (0 °C bzw. 25 °C, 1 bar Druck und alle Reaktionspartner in einer Standardkonzentration von 1 mol/L), sondern auf die im Körper vorliegenden biologischen Standardbedingungen. Diese unterscheiden sich von den physikalischen Standardbedingungen. Für Reaktionen in wässriger Lösung wurden die physikalischen Standardbedingungen auf einen pH-Wert von 0 festgelegt, bei dem $[H^+] = 1$ mol/L ist (▶ Kapitel 6). Solche stark sauren Bedingungen herrschen aber nicht einmal im Magen vor. Körperflüssigkeiten *haben* einen annähernd neutralen pH-Wert von 7, also $[H^+] = 10^{-7}$ mol/L. Auch die Konzentration von Wasser in einer wässrigen Lösung ($[H_2O] = 55{,}5$ mol/L) hat nicht viel mit dem physikalischen Standardzustand ($[H_2O] = 1$ mol/L) zu tun. Da Wasser immer in einem großen Überschuss zu allen anderen Reaktionspartnern vorliegt, ändert sich bei chemischen Reaktionen in wässriger Lösung diese Konzentration praktisch auch nicht.

Man bezieht sich daher bei Reaktionen in der Biologie oder Medizin immer auf einen pH-Wert von 7, eine Wasserkonzentration von 55,5 mol/L und eine Temperatur von 37 °C. Die auf solche biologischen Standardbedingungen bezogenen Zahlenwerte bezeichnet man als $\Delta_R G°'$-Werte. Der Strich ' gibt an, dass es sich um biologische Standardbedingungen handelt. Diese Werte können sich von den $\Delta_R G°$-Werten unterscheiden, bei denen sowohl $[H_2O] = 1$ mol/L als auch $[H^+] = 1$ mol/L ist. Man muss also bei Rechnungen aufpassen, welche Zahlenwerte konkret verwendet werden. Wenn an einer Reaktion weder Wasser noch H^+ beteiligt sind, stimmen $\Delta_R G°$ und $\Delta_R G°'$ natürlich überein.

Praktisch bedeutet das Rechnen mit $\Delta_R G°'$-Werten (oder auch entsprechenden $\Delta_R H°'$- und $\Delta_R S°'$-Werten), dass man die Reaktionsgleichung aufstellt, dann aber H₂O oder H⁺ (und damit auch OH⁻) als Reaktionspartner bei den Energieberechnungen nicht berücksichtigt. Deren Energiebeiträge sind bereits in den verwendeten $\Delta_R G^{\circ\prime}$-Werten enthalten.

5.6 Triebkraft und Geschwindigkeit einer chemischen Reaktion

Die Gibbs-Energie $\Delta_R G^\circ$ entscheidet darüber, ob eine Reaktion freiwillig und spontan abläuft oder nicht. Spontan heißt dabei aber lediglich, dass für die Reaktion aus thermodynamischer Sicht eine Triebkraft besteht, die Reaktion also **prinzipiell ablaufen kann**. Dies bedeutet noch lange nicht, dass die Reaktion unter den gegebenen Bedingungen auch **tatsächlich ablaufen wird**. Betrachten wir noch einmal die Verbrennung von Glucose zu Kohlendioxid und Wasser.

$$C_6H_{12}O_6\,(s) + 6\,O_2\,(g) \rightarrow 6\,CO_2\,(g) + 6\,H_2O\,(l) \quad \Delta_R G^\circ = -2893\ \text{kJ/mol}$$

Diese Reaktion weist eine sehr große Triebkraft von $\Delta_R G^\circ = -2893$ kJ/mol auf, sie ist stark exergonisch. Trotzdem verbrennt Traubenzucker, wie wir alle wissen, nicht spontan beim Kontakt mit Luft. Obwohl die Reaktion thermodynamisch günstig ist, findet sie nicht statt. Eine Reaktion findet nur dann in vernünftigem Umfang statt, wenn sie mit einer nennenswerten Geschwindigkeit abläuft. Alles, was mit der Geschwindigkeit einer Reaktion zusammenhängt, wird unter dem Begriff **Reaktionskinetik** zusammengefasst. Die Geschwindigkeit der Glucoseverbrennung ist unter normalen Bedingungen so langsam, dass die Umsetzung praktisch nicht stattfindet (**kinetisch gehemmte Reaktion**). Glucose ist also aus thermodynamischer Sicht eine meta-stabile Verbindung. Dass die Reaktion aber prinzipiell spontan abläuft, kann man am Vergilben von Papier beobachten. Papier besteht aus langen Ketten von Glucosemolekülen (Cellulose, ▶ Kapitel 12.1.7) und das Gelbwerden ist Zeichen eines langsamen Oxidationsprozesses. Glucose „verbrennt" in Gegenwart von Sauerstoff also tatsächlich spontan; nur eben sehr, sehr langsam.

Vergilbtes Papier
© Wikipedia: Titanic, New York Herald front page about the Titanic disaster, The Library of Congress, Washington, DC, USA, Autor: Kevin Saff

Wichtig ist, sich zu vergegenwärtigen, dass die thermodynamische Triebkraft keine unmittelbare Aussage über die Kinetik, also Geschwindigkeit, einer chemischen Reaktion macht. Wovon die Geschwindigkeit einer chemischen Reaktion abhängt und wie man diese verändern kann (zum Beispiel durch Katalyse), werden wir noch genauer besprechen (▶ Kapitel 10.3).

5.7 Das chemische Gleichgewicht

Die bereits mehrfach angesprochene Knallgasreaktion, die Bildung von Wasser aus den Elementen, ist eine chemische Reaktion, die praktisch vollständig abläuft. Die Edukte werden komplett zu Wasser umgesetzt. Am Ende der Reaktion liegen keine messbaren Mengen Wasserstoff und Sauerstoff mehr vor (zumindest, wenn die Edukte im richtigen stöchiometrischen Verhältnis von 2 : 1 vorhanden waren). Aber nicht jede chemische Reaktion verläuft vollständig. Es gibt sehr viele chemische Reaktionen, gerade auch im Bereich biochemischer Prozesse, die äußerlich scheinbar zum Stillstand kommen, obwohl noch Edukte vorhanden sind. Man erhält dann eine Reaktionsmischung, die sowohl Edukte als auch Produkte enthält, aber deren Zusammensetzung sich im zeitlichen Verlauf nicht mehr ändert (▶ Abbildung 5.8). Bei solchen Reaktionen handelt es sich um **Gleichgewichtsreaktionen**. Im Gegensatz zu den schon besprochenen heterogenen Verteilungsgleichgewichten (▶ Kapitel 4) liegt diesmal nur eine homogene Phase (in der Regel eine flüssige Mischung oder eine Gasmischung) vor. Man spricht daher von einem homogenen chemischen Gleichgewicht. Man kennzeichnet Gleichgewichtsreaktionen in der Reaktionsgleichung durch zwei gegenläufige Pfeile, womit angegeben wird, dass sowohl die Hin- als auch die Rückreaktion stattfinden. Die Reaktion ist reversibel. Im Gleichgewicht sind beide Reaktionen gleich schnell, sodass sich an der Zusammensetzung der Reaktionsmischung makroskopisch nichts mehr ändert. Wir haben es aber wiederum mit einem dynamischen Gleichgewicht zu tun, da nach wie vor Edukte in Produkte umgewandelt werden (**Hinreaktion**), aber pro Zeiteinheit genauso viele Produkte wieder zu Edukten zurück reagieren (**Rückreaktion**).

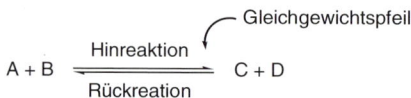

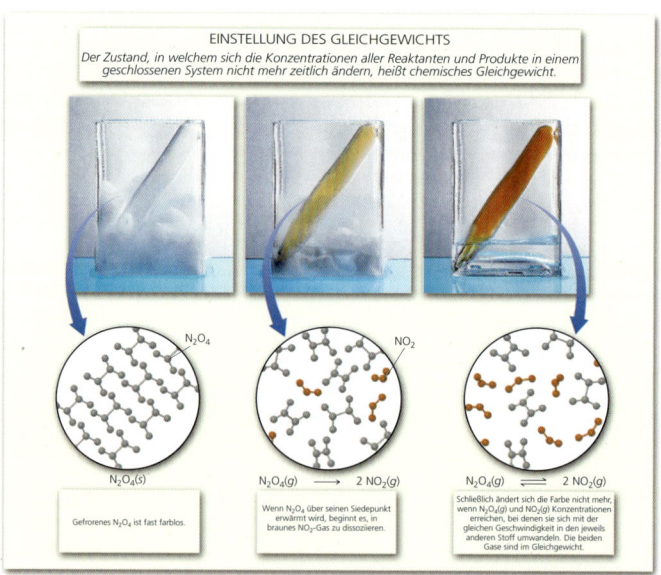

Abbildung 5.8: Chemisches Gleichgewicht. Farbloses N_2O_4 dissoziiert spontan in braunes NO_2. Allerdings läuft die Reaktion nicht vollständig ab. Es stellt sich nach einiger Zeit ein chemisches Gleichgewicht ein, bei dem N_2O_4 und NO_2 nebeneinander vorliegen. Die Reaktion läuft also nicht vollständig ab, sondern bleibt nach einiger Zeit „stehen". Im Gleichgewicht zerfällt dann genauso viel N_2O_4 in NO_2 (Hinreaktion) wie sich umgekehrt aus NO_2 wieder N_2O_4 bildet (Rückreaktion). Die makroskopische Zusammensetzung des Gemisches ändert sich nicht mehr.
Aus: Brown, T. L., LeMay, H. E. & Bursten, E. B. (2007)

Chemisches Gleichgewicht bedeutet nicht, dass Edukte und Produkte in gleichen Mengen oder Konzentrationen vorliegen müssen. Die Lage des Gleichgewichtes ist von Reaktion zu Reaktion unterschiedlich (▶ Abbildung 5.9). Es gibt Gleichgewichtsreaktionen, bei denen mehr Edukte als Produkte vorliegen. Man sagt, das Gleichgewicht liegt links, auf der Seite der Edukte. Genauso können aber auch mehr Produkte als Edukte vorliegen, das Gleichgewicht liegt dann auf der rechten Seite. Quantitativ kann man die Lage des Gleichgewichtes durch eine **Gleichgewichtskonstante** K angeben (deren konkreter Zahlenwert aber nicht nur von der Reaktion, sondern auch von den äußeren Bedingungen wie der Temperatur abhängt).

$$a\,A + b\,B \; \xrightleftharpoons{K} \; c\,C + d\,D$$

mit

$$K_c(T) = \frac{[C]^c \cdot [D]^d}{[A]^a \cdot [B]^b} = \frac{[\text{Produkte}]}{[\text{Edukte}]}$$

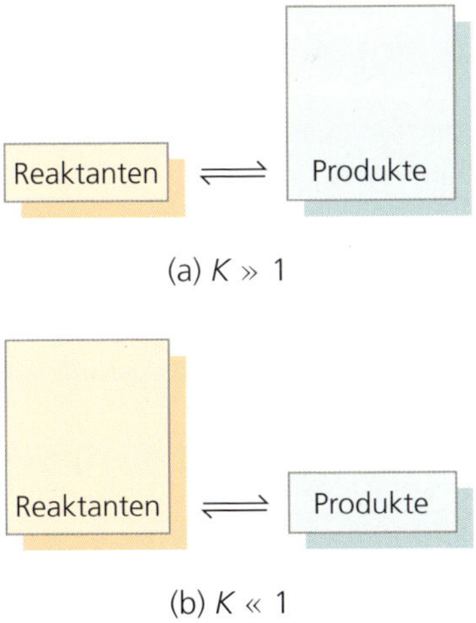

(a) $K \gg 1$

(b) $K \ll 1$

Abbildung 5.9: Lage des Gleichgewichtes. Im Massenwirkungsgesetz stehen die Produkte im Zähler und die Edukte (= Reaktanten) im Nenner. Wenn im Gleichgewicht mehr Produkte als Edukte vorliegen, ist $K > 1$, und man sagt, dass das Gleichgewicht rechts liegt (a). Wenn im Gleichgewicht mehr Reaktanten (Edukte) als Produkte vorliegen, ist $K < 1$, und man sagt, dass das Gleichgewicht links liegt (b).
Aus: Brown, T. L., LeMay, H. E. & Bursten, E. B. (2007)

Diesen quantitativen Zusammenhang zwischen der Gleichgewichtskonstante K und den Konzentrationen der beteiligten Reaktionspartner bezeichnet man als **Massenwirkungsgesetz** (**MWG**). Die Angabe K_C bedeutet, dass man das MWG mit Stoffmengenkonzentrationen [X] formuliert. Dies ist die übliche Beschreibung von Gleichgewichten in Lösung. Für Gasreaktionen haben wir als Konzentrationsangabe den Partialdruck p_A kennengelernt (▶ Kapitel 3.6). Folglich lautet das MWG für eine Gasreaktion:

5 Chemische Reaktionen und Energetik

$$K_p(T) = \frac{p_C^c \cdot p_D^d}{p_A^a \cdot p_B^b}$$

Für die **Lage eines chemischen Gleichgewichtes** gilt:

- Ist $K > 1$, läuft die Reaktion bevorzugt in Richtung der Produkte ab (Hinreaktion). Das Gleichgewicht liegt rechts.
- Ist $K = 1$, liegt das Gleichgewicht genau in der Mitte. Alle Reaktionsteilnehmer (Edukte und Produkte) liegen in ähnlichen Konzentrationen vor.
- Ist $K < 1$, läuft bevorzugt die Rückreaktion ab. Das Gleichgewicht liegt auf der Seite der Edukte, also links.

Ammoniakverbindungen werden als Dünger verwendet.
Aus: Brown, T. L., LeMay, H. E. & Bursten, E. B. (2007)

■ BEISPIEL   Rechnen mit der Gleichgewichtskonstanten K

Ein sehr wichtiges chemisches Gleichgewicht spielt bei der Darstellung von Ammoniak NH_3 eine große Rolle. Ammoniak wird als Dünger für die Landwirtschaft benötigt und aus molekularem Stickstoff und Wasserstoff hergestellt. Wegen der hohen Stabilität von N_2 (▶ Tabelle 2.2) erfordert diese Reaktion sehr drastische Reaktionsbedingungen wie hohen Druck und hohe Temperatur (**Haber-Bosch-Verfahren**). Die Gleichgewichtskonstante K hat bei 500 °C einen Wert von $1{,}45 \cdot 10^{-5}$ bar^{-2}, das Gleichgewicht liegt also weit auf der Eduktseite.

In einem Gleichgewichtsgemisch der drei Gase bei 500 °C sei der Partialdruck von H_2 0,928 bar und der von N_2 0,432 bar. Wie groß ist dann der Partialdruck von Ammoniak im Gleichgewicht?

$$N_2 + 3\,H_2 \rightleftharpoons 2\,NH_3$$

1. Schritt: Formulieren des Massenwirkungsgesetzes

$$K_p = \frac{p^2(NH_3)}{p(N_2) \cdot p^3(H_2)} = 1{,}45 \cdot 10^{-5}\,\text{bar}^{-2}$$

Die einzige unbekannte Größe in diesem Ausdruck ist der gesuchte Partialdruck von Ammoniak.

2. Schritt: Umformung des Massenwirkungsgesetzes und Berechnung des gesuchten Partialdrucks.

$$p^2(NH_3) = K_p \cdot p(N_2) \cdot p^3(H_2)$$
$$\Rightarrow p(NH_3) = \sqrt{K_p \cdot p(N_2) \cdot p^3(H_2)} = \sqrt{1{,}45 \cdot 10^{-5} \cdot 0{,}432 \cdot 0{,}928^3}$$
$$\Rightarrow p(NH_3) = 2{,}24 \cdot 10^{-3}\,\text{bar}$$

Es liegt also nur eine sehr geringe Menge Ammoniak im Gleichgewicht vor. Es gibt aber Möglichkeiten, die Ausbeute an Ammoniak im Gleichgewicht zu erhöhen (▶ Kapitel 5.9).

5.8 Gibbs-Energie und chemisches Gleichgewicht

Betrachten wir die allgemeine Gleichgewichtsreaktion:

$$a\,A + b\,B \; \overset{K}{\rightleftharpoons} \; c\,C + d\,D$$

Wenn wir von den reinen Edukten A und B ausgehen, so findet anfangs nur die Hinreaktion statt, da noch keine Produkte C und D vorhanden sind, die wieder zu den Edukten zurückreagieren könnten. Die Hinreaktion ist also unter diesen Bedingungen freiwillig und spontan, folglich muss $\Delta_R G(\text{Hin}) < 0$ sein. In dem Maße, wie Produkte entstehen, findet zunehmend auch die Rückreaktion statt, bis im Gleichgewicht beide Reaktionen gleich schnell ablaufen. Man kann das Gleichgewicht aber auch von der anderen Seite her erreichen. Wenn wir von den reinen „Produkten" C und D ausgehen, so findet erst einmal nur die Rückreaktion statt, bis sich ausreichend A und B gebildet haben, sodass die Hinreaktion genauso schnell wie die Rückreaktion abläuft. Das chemische Gleichgewicht hat sich wieder eingestellt. Also muss, falls nur Produkte vorliegen, auch für die Rückreaktion gelten $\Delta_R G(\text{Rück}) < 0$. Wenn das Gleichgewicht erreicht ist, findet keine der beiden Reaktionen mehr bevorzugt statt. Offensichtlich existiert im Gleichgewicht keine weitere Triebkraft mehr, die Zusammensetzung der Reaktionsmischung zu verändern. Da $\Delta_R G$ ein Maß für diese Triebkraft darstellt, muss im Gleichgewicht $\Delta_R G = 0$ sein. Anscheinend verändert sich also $\Delta_R G$ im Laufe der Reaktion in dem Maße, wie sich die Konzentrationen der einzelnen Reaktionsteilnehmer verändern (▶ Abbildung 5.10). Man findet hierfür den folgenden Zusammenhang:

$$\Delta_R G = \Delta_R G^\circ + R \cdot T \cdot \ln \frac{[C]^c \cdot [D]^d}{[A]^a \cdot [B]^b}$$

$$\Delta_R G = \Delta_R G^\circ + R \cdot T \cdot \ln Q$$

Aufpassen sollte man hierbei, dass man $\Delta_R G$ nicht mit $\Delta_R G^\circ$ verwechselt. $\Delta_R G$ ist die **tatsächliche Triebkraft** der realen Reaktion für bestimmte Konzentrationen der Reaktionspartner. Der Zahlenwert von $\Delta_R G$ ist abhängig von den jeweiligen Stoffmengenkonzentrationen [X] der Reaktionsteilnehmer. Diese sich zeitlich verändernden Stoffmengenkonzentrationen [X] entsprechen *nicht* den späteren Konzentrationen im Gleichgewicht $[X]_{Gl}$. Den Quotienten der Konzentrationen [X] auch unter Nicht-Gleichgewichtsbedingungen bezeichnet man allgemein als **Reaktionsquotienten Q**. Dieser verändert sich im Verlauf der Reaktion und erreicht erst im Gleichgewicht (und nur dann) den Wert der Gleichgewichtskonstanten K. Also verändert sich auch $\Delta_R G$ in dem Maße, wie sich die Zusammensetzung der Reaktionsmischung und damit der Reaktionsquotient Q ändert (▶ Abbildung 5.10). Ist das Gleichgewicht erreicht, hat $\Delta_R G$ den Wert null erreicht. Da keine Triebkraft für die Reaktion mehr vorhanden ist, beobachtet man makroskopisch keine Veränderung mehr. Die Reaktion kommt scheinbar zum Stillstand. Ausgehend von den Produkten erhält man für die Rückreaktion die gleichen Zusammenhänge.

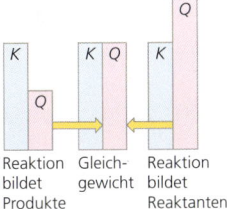

Reaktion bildet Produkte | Gleichgewicht | Reaktion bildet Reaktanten

Zusammenhang von Q und K
Aus: Brown, T. L., LeMay, H. E. & Bursten, E. B. (2007)

5 Chemische Reaktionen und Energetik

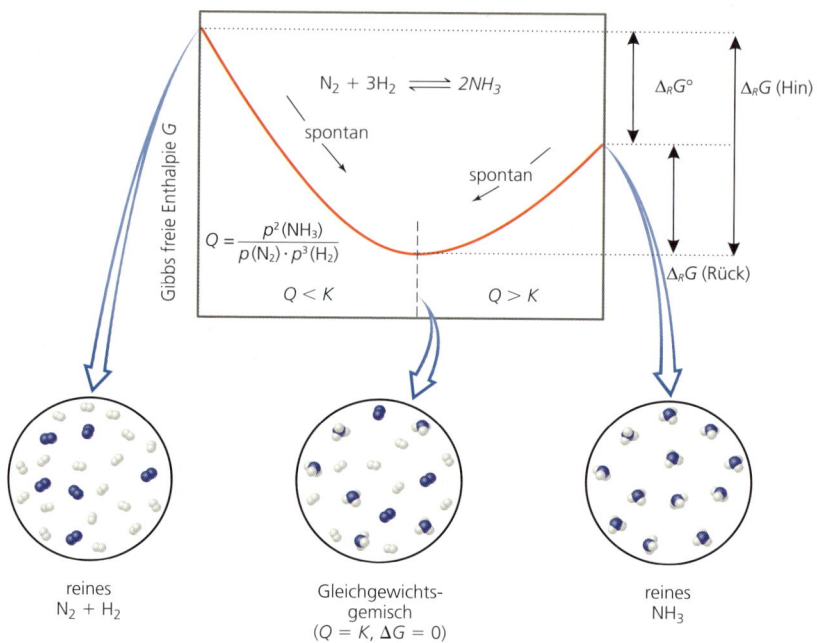

Abbildung 5.10: Gibbs-Energie G und Gleichgewicht. Wenn beim Haber-Bosch-Verfahren die Reaktionsmischung zu viel N_2 und H_2 enthält ($Q < K$), findet spontan die Hinreaktion statt ($\Delta_R G(\text{Hin}) < 0$). Ist hingegen zu viel Ammoniak vorhanden und ist damit $Q > K$, dann findet spontan die Rückreaktion statt ($\Delta_R G(\text{Rück}) < 0$). Im Gleichgewicht ist dann $Q = K$ und $\Delta_R G(\text{Hin}) = \Delta_R G(\text{Rück})$ und damit $\Delta_R G = 0$.
Nach: Brown, T. L., LeMay, H. E. & Bursten, E. B. (2007)

$\Delta_R G°$ gibt hingegen die Änderung der Gibbs-Energie G an, wenn die Edukte im Standardzustand entsprechend der Reaktionsgleichung vollständig, also mit 100 Prozent Umsatz, in die Produkte umgewandelt werden, wenn also die Hinreaktion vollständig ablaufen würde (▶ Abbildung 5.10). Für die obige Reaktion müssten also a Mol A mit b Mol B vollständig zu c Mol und d Mol D reagieren. Dies ist bei der realen Gleichgewichtsreaktion, bei der die Reaktion (scheinbar) zum Stillstand kommt, bevor alle Edukte verbraucht sind, aber gerade nicht der Fall. Wie hängt $\Delta_R G°$ nun mit der Triebkraft $\Delta_R G$ einer tatsächlichen Reaktionsmischung zusammen? Entsprechend der nachfolgenden Gleichung entspricht $\Delta_R G°$ gerade genau dann der Triebkraft der Reaktion (also $\Delta_R G$), wenn $Q = 1$ und somit $\ln Q = 0$ ist. Dies ist zum Beispiel der Fall, wenn alle Reaktionspartner, Edukte und Produkte, in einer Konzentration von genau 1 mol/L vorliegen, was genau der Definition der physikalischen Standardbedingungen entspricht.

> **MERKE**
> $\Delta_R G°$: für jede Reaktion eine charakteristische Konstante
>
> $\Delta_R G°$: konzentrationsabhängige Variable, deren Wert sich im Verlauf der Reaktion ändert

$$\Delta_R G = \Delta_R G° + R \cdot T \cdot \ln \frac{[C]^c \cdot [D]^d}{[A]^a \cdot [B]^b} = \Delta_R G° + R \cdot T \cdot \ln 1$$

$$\Delta_R G = \Delta_R G° \quad \text{unter Standardbedingungen}$$

Deswegen haben wir bisher immer davon gesprochen, dass $\Delta_R G°$ die Triebkraft einer chemischen Reaktion unter Standardbedingungen darstellt. $\Delta_R G°$ hat für jede chemische Reaktion – unabhängig von der realen

Zusammensetzung der tatsächlichen Reaktionsmischung – einen festen, konstanten Zahlenwert und eignet sich daher zum Vergleich verschiedener Reaktionen miteinander. $\Delta_R G°$ macht aber keine Aussage darüber, wie weit zum Beispiel ein tatsächlich vorliegendes, reales Reaktionsgemisch noch von der Gleichgewichtslage entfernt ist. Dafür muss man sich $\Delta_R G$ anschauen.

Als Variable, die von der Zusammensetzung der Reaktionsmischung abhängt, verändert sich $\Delta_R G$ im Verlauf der Reaktion und erreicht letztendlich im Gleichgewicht den Wert null. Aus $\Delta_R G = 0$ und $Q = K$ ergibt sich folgender wichtiger Zusammenhang zwischen $\Delta_R G°$ und der Gleichgewichtskonstanten K:

$$\Delta_R G = \Delta_R G° + R \cdot T \cdot \ln \frac{[C]_{Gl}^c \cdot [D]_{Gl}^d}{[A]_{Gl}^a \cdot [B]_{Gl}^b} = 0 \quad \text{im Gleichgewicht}$$

$$\Rightarrow \Delta_R G° = -R \cdot T \cdot \ln \frac{[C]_{Gl}^c \cdot [D]_{Gl}^d}{[A]_{Gl}^a \cdot [B]_{Gl}^b}$$

$$\Rightarrow \Delta_R G° = -R \cdot T \cdot \ln K_c$$

In der Regel lässt man den Index „Gl" bei den Stoffmengenkonzentrationen im MWG weg und schreibt nur [X]. Gemeint ist aber diejenige Konzentration nach Erreichen des Gleichgewichtes und nicht die vorgegebenen Startkonzentrationen zu Beginn einer Reaktion.

			K	$\Delta_R G°$	Gleichgewicht liegt
A + B	⇌	C + D	> 1	< 0	rechts
A + B	⇌	C + D	= 1	= 0	genau in der Mitte
A + B	⇌	C + D	< 1	> 0	links

Je nach Lage des chemischen Gleichgewichtes (charakterisiert durch $\Delta_R G°$) bildet sich bei einer Reaktion mehr oder weniger Produkt, das Gleichgewicht liegt also mehr oder weniger stark auf der Seite der Produkte („rechts"). Um bei einer einfachen chemischen Reaktionen A → B einen vernünftigen Umsatz zu erzielen, also eine Ausbeute an Produkt von mehr als zum Beispiel 90 Prozent, muss $K > 9$ und $\Delta_R G° < -5{,}4$ kJ/mol (bei $\vartheta = 25$ °C) sein (▶ Tabelle 5.4).

% Edukt A	% Produkt B	K	$\Delta_R G°$ in kJ/mol
50	50	1	0
25	75	3	−2,7
10	90	9	−5,4
1	99	99	−11,4
0,1	99,9	999	−17,1

Tabelle 5.4: Zusammenhang zwischen der Zusammensetzung eines Reaktionsgemisches und der Gleichgewichtskonstanten K und der Gibbs-Standardreaktionsenergie $\Delta_R G°$ bei $\vartheta = 25$ °C

5 Chemische Reaktionen und Energetik

■ **BEISPIEL** Rechenbeispiel

Wir betrachten eine einfache Reaktion A → B. Wie ist die prozentuale Zusammensetzung einer Reaktionsmischung im Gleichgewicht, wenn die Gleichgewichtskonstante K einen Wert von 1,53 hat?

$$A \underset{}{\overset{K}{\rightleftarrows}} B$$

Zuerst stellen wir das Massenwirkungsgesetz auf:

$$K = 1{,}53 = \frac{[B]}{[A]} = \frac{1{,}53}{1}$$

Da uns nur die prozentuale Zusammensetzung der Reaktionsmischung interessiert, können wir einfach von einer hypothetischen Reaktionsmischung ausgehen, für die im Gleichgewicht [B] = 1,53 mol/L und [A] = 1 mol/L seien. Diese Zusammensetzung entspricht dem K-Wert von 1,53. Genauso könnten wie auch eine Gleichgewichtsmischung mit [B] = 4,59 mol/L und [A] = 3 mol/L annehmen. Aber warum soll man unnötig kompliziert rechnen?

Wir gehen nun von einer Reaktionsmischung mit einem Volumen von 1 L aus. Für die Berechnung der prozentualen Zusammensetzung ist das tatsächliche Volumen unerheblich. Das wäre nur von Bedeutung, wenn wir die absoluten Mengen in der Gleichgewichtsmischung berechnen sollten. Wir können also jedes beliebige Volumen annehmen und nehmen daher das einfachste, also 1 L. Die gesamte Stoffmenge in dieser hypothetischen Reaktionsmischung ist dann 2,53 mol (1,53 mol B und 1 mol A). Die prozentuale Zusammensetzung beträgt also:

$$\text{Prozent B} = \frac{1{,}53}{2{,}53} \cdot 100 = 60{,}5\%$$

$$\text{Prozent A} = \frac{1}{2{,}53} \cdot 100 = 39{,}5\%$$

Oxidation von NO zu NO_2
Nach: Brown, T. L., LeMay, H. E. & Bursten, E. B. (2007)

■ **BEISPIEL** Rechnen mit $\Delta_R G°$ und K

In den 1980er-Jahren wurde entdeckt, dass „Nitropräparate", die unter anderem zur Behandlung von Herzinfarkten eingesetzt werden, dadurch wirken, dass aus ihnen im menschlichen Körper Stickstoffmonoxid NO entsteht, das gefäßerweiternd wirkt (▶ Kapitel 2.5). An der Luft wird NO von Sauerstoff O_2 sofort zu braunrotem Stickstoffdioxid NO_2 oxidiert (▶ Kapitel 7). Gemische aus NO und NO_2 bezeichnet man allgemein als „nitrose Gase".

Berechnen Sie die Gleichgewichtskonstante K für diese Reaktion aus den gegebenen thermodynamischen Daten (▶ Tabelle 5.5).

	NO (g)	O_2 (g)	NO_2 (g)
$\Delta_f H°$ in kJ/mol	90,4	0	33,9
$S°$ in J/mol K	210,7	205,2	240,62

Tabelle 5.5: Thermodynamische Daten für die Oxidation von NO zu NO_2

1. Schritt: Aufstellen einer abgestimmten chemischen Reaktionsgleichung:

$$2\ NO + O_2 \rightleftharpoons 2\ NO_2$$

2. Schritt: Berechnung von $\Delta_R G°$ aus den angegebenen thermodynamischen Daten:

$$\Delta_R G° = \Delta_R H° - T \cdot \Delta_R S°$$
$$\Delta_R H° = \Sigma \Delta_f H°(\text{Produkte}) - \Sigma \Delta_f H°(\text{Edukte})$$
$$\Delta_R S° = \Sigma S°(\text{Produkte}) - \Sigma S°(\text{Edukte})$$

$\Delta_R H° = 2 \cdot (33{,}9) - 0 - 2 \cdot 90{,}4 = -113$ kJ/mol (= exotherme Reaktion)
$\Delta S° = 2 \cdot 240{,}62 - 205{,}2 - 2 \cdot 210{,}7 = -145{,}36$ J/(mol · K) = $-0{,}1454$ kJ/(mol · K)

Bei $T = 298$ K folgt daraus $\Delta_R G° = -113 - 298 \cdot (-0{,}1454) = -69{,}7$ kJ/mol = -69.700 J/mol. Achtung, diese Angabe bezieht sich auf den angegebenen molaren Formelumsatz, also auf die Darstellung von 2 Mol NO_2.

3. Schritt: Berechnung von K aus $\Delta_R G°$

$$\Delta_R G° = -R \cdot T \cdot \ln K_p \Rightarrow K_p = e^{-\frac{\Delta_R G°}{R \cdot T}}$$

Wichtig: Man muss darauf achten, dass $\Delta_R G°$ in J und nicht in kJ eingesetzt wird, da die Gaskonstante R in der Einheit J · mol^{-1} · K^{-1} eingesetzt wurde. Somit ergibt sich eine Gleichgewichtskonstante für obige Reaktion von

$$K = 1{,}65 \cdot 10^{12}$$

Diese Gleichgewichtskonstante bezieht sich genau auf die in der Reaktionsgleichung angegebene Umsetzung, also die Darstellung von 2 Mol NO_2 aus 2 Mol NO.

$$2\ NO + O_2 \rightleftharpoons 2\ NO_2$$

$$\Delta_R G° = -69{,}7 \text{ kJ/mol} \quad \text{und somit} \quad K = 1{,}65 \cdot 10^{12}$$

Genauso wie Energieangaben von der Formulierung der Reaktionsgleichung abhängen, ändern sich auch die K-Werte, wenn man von einem anderen Formelumsatz ausgeht. Betrachtet man die Darstellung von nur einem Mol NO_2, erhält man einen K-Wert, der die Wurzel aus obigem Zahlenwert darstellt, da auch $\Delta_R G°$ nur halb so groß ist.

$$NO + 1/2\ O_2 \rightleftharpoons NO_2$$

$$\Delta_R G° = -34{,}85 \text{ kJ/mol} \quad \text{und somit} \quad K = 1{,}28 \cdot 10^6$$

5.9 Das Prinzip des kleinsten Zwangs

Wie wir bei der Betrachtung der Ammoniaksynthese gesehen haben, sind Gleichgewichtskonstanten nicht immer günstig. Bei 500 °C beträgt $K_p = 10^{-5}$, das Gleichgewicht liegt weit auf der Seite der Edukte. Gibt es nun eine Möglichkeit, die Gleichgewichtslage zu verändern, also das Gleichgewicht stärker auf die Produktseite hin zu verschieben? Wir wissen bereits, dass die Lage eines chemischen Gleichgewichtes abhängig ist von den herrschenden äußeren Bedingungen (Druck und Temperatur). Verändert man diese Bedingungen, dann verschiebt sich auch das Gleichgewicht und zwar immer so, dass das System dieser äußeren Störung ausweicht (**Prinzip von Le Châtelier** oder Prinzip des kleinsten Zwangs).

> **DEFINITION**
>
> **Prinzip von Le Châtelier**
> Wird ein im chemischen Gleichgewicht befindliches System durch eine Änderung von Temperatur, Druck oder Konzentrationen einzelner Reaktionsteilnehmer gestört, so verschiebt sich das Gleichgewicht derart, dass dieser Störung entgegengewirkt wird.

Die Störung eines Gleichgewichtes kann man im Wesentlichen auf drei Arten erreichen:

- Änderung der Konzentrationen der Reaktionsteilnehmer
- Änderung von Druck oder Volumen (bei Reaktionen, an denen Gase beteiligt sind)
- Temperaturänderung

Betrachten wir diese drei Punkte im Einzelnen.

5.9.1 Änderung der Konzentrationen der Reaktionsteilnehmer

Ein chemisches Gleichgewicht ist ein dynamisches Gleichgewicht. Erhöhen wir bei einem sich im Gleichgewicht befindlichen System zum Beispiel die Konzentration der Edukte, so liegt kein Gleichgewichtszustand mehr vor. Es ist zu viel Edukt vorhanden. Da die Gleichgewichtskonstante K einer chemischen Reaktion von den Konzentrationen unabhängig ist, folgt aus dem MWG, dass so lange vermehrt Edukt zu Produkt reagiert, bis der Reaktionsquotient Q wieder der Gleichgewichtskonstanten K entspricht (▶ Tabelle 5.6). Umgekehrt verschiebt sich ein Gleichgewicht auf die Eduktseite, wenn wir ein Produkt hinzugeben. Entfernen wir hingegen ein Produkt aus dem Reaktionsgemisch, so wird das Gleichgewicht wiederum nach rechts verschoben, das Produkt bildet sich nach.

A+B⇌C+D	Veränderung der Gleichgewichtslage
Zugabe von A oder B	Verschiebung nach rechts
Entfernung von A oder B	Verschiebung nach links
Zugabe von C oder D	Verschiebung nach links
Entfernung von C oder D	Verschiebung nach rechts

Tabelle 5.6: Einfluss von Konzentrationsänderungen auf die Gleichgewichtslage

Erhöht man die Konzentrationen aller Edukte gleichermaßen, wird zwar absolut mehr Produkt gebildet, aber die prozentuale Zusammensetzung der Gleichgewichtsmischung ändert sich natürlich nicht.

Dies macht man sich bei der Ammoniaksynthese nach Haber-Bosch zunutze. Das bei der Reaktion entstehende NH_3 wird kontinuierlich durch Verflüssigung aus dem Gleichgewicht entfernt. Das ist möglich, da der Siedepunkt von NH_3 deutlich höher (−33 °C) als der von N_2 (−196 °C) oder H_2 (−253 °C) ist. Aufgrund des MWG muss ständig Ammoniak nachgebildet werden und nach und nach reagieren die gesamten Edukte vollständig ab.

5.9.2 Änderung von Druck oder Volumen

Erhöhen wir beim Ammoniakgleichgewicht den äußeren Druck (oder verringern wir das Volumen, was auf das Gleiche hinausläuft), so versucht das System wiederum, diesem Zwang auszuweichen. Wir wissen, dass der Druck von der Teilchenzahl abhängt (▶ Kapitel 3.6). Um den Druck zu vermindern, muss also die Teilchenzahl verringert werden. Bei der Ammoniaksynthese stehen vier Eduktmolekülen nur zwei Produktmoleküle gegenüber. Das System kann also dem äußeren Zwang, der Druckerhöhung, dadurch ausweichen, dass sich das Gleichgewicht auf die Produktseite verschiebt. Umgekehrt würde eine Druckerniedrigung (oder Volumenerhöhung) das Gleichgewicht auf die Eduktseite verschieben. Die Ammoniaksynthese wird daher technisch bei einem Druck von 30 MPa (= 300 bar) und einer Temperatur von 500 °C durchgeführt. Diese Bedingungen erfordern technisch einen sehr hohen Aufwand. Großtechnische Anlagen zur Ammoniaksynthese stellten daher Pionierleistungen des Maschinen- und Anlagenbaus dar.

$3 H_2 + N_2 \rightleftharpoons 2 NH_3$
4 Teilchen — 2 Teilchen

Auch bei Druck- und Volumenänderungen bleibt der Zahlenwert der Gleichgewichtskonstanten K gleich, es ändern sich lediglich die Partialdrücke der an der Reaktion beteiligten Stoffe, da der Gesamtdruck anders ist. Die neuen Partialdrücke entsprechen daher nicht mehr dem Gleichgewichtszustand und die Lage des Gleichgewichtes verschiebt sich, bis das Verhältnis der Partialdrücke wieder dem Zahlenwert der Gleichgewichtskonstanten entspricht.

Sehr schön kann man den Einfluss einer Druckänderung auf die Gleichgewichtslage bei der Dimerisierung von Stickstoffdioxid NO_2 zu Distickstofftetroxid N_2O_4 beobachten. Stickstoffdioxid ist ein braunes, giftiges Gas, das vor der Einführung des Autokatalysators in geringen Mengen in Autoabgasen vorkam und für den Sommersmog in den Städten mit verantwortlich war. Durch eine Druckerhöhung verschiebt sich dieses Gleichgewicht nach rechts, aus dem braunen NO_2 wird vermehrt das farblose N_2O_4 (▶ Abbildung 5.11).

> **MERKE**
>
> Druck- und Volumenänderungen verschieben ein Gleichgewicht nur dann, wenn sich die Anzahl der Gasteilchen bei der Reaktion verändert.

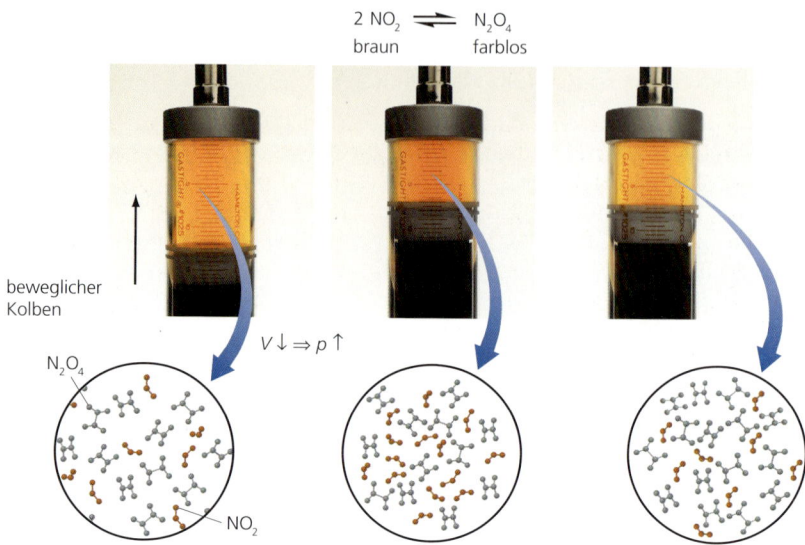

Abbildung 5.11: Das Prinzip von Le Châtelier. Die Druckerhöhung führt zu einer Erhöhung der Partialdrücke der Reaktionsteilnehmer. Das Gemisch befindet sich nicht mehr im Gleichgewicht. Um die Teilchenzahl zu verringern und damit den Druck zu verkleinern, verschiebt sich das Gleichgewicht auf die Seite der Reaktionsgleichung, wo weniger Teilchen stehen. In diesem Fall dimerisiert braunes NO_2 vermehrt zu farblosem N_2O_4.
Nach: Brown, T. L., LeMay, H. E. & Bursten, E. B. (2007)

5.9.3 Temperaturänderungen

Bei der Änderung der Temperatur wird dem System entweder Wärmeenergie zugeführt (Temperaturerhöhung) oder entzogen (Temperatursenkung). Diesem äußeren Zwang kann das System dadurch ausweichen, dass entweder vermehrt Energie verbraucht wird oder Energie freigesetzt wird. In welche Richtung sich das Gleichgewicht verschiebt, hängt also davon ab, ob die Reaktion endotherm oder exotherm ist:

endotherm
A + Energie ⇌ B

exotherm
A ⇌ B + Energie

- Bei endothermen Reaktionen verschiebt eine Temperaturerhöhung das Gleichgewicht zur Produktseite hin, eine Temperatursenkung hingegen zur Eduktseite.
- Bei exothermen Reaktionen verschiebt eine Temperaturerhöhung das Gleichgewicht zur Eduktseite hin, eine Temperatursenkung hingegen zur Produktseite.

Hydratisierte Co(II)-Ionen $[Co(H_2O)_6]^{2+}$ (blassrosa) reagieren in wässriger Lösung mit Chloridionen zu einem blauen Anion, $CoCl_4^{2-}$. Dies ist ein typisches Beispiel für die Bildung einer Komplexverbindung (▶ Kapitel 8). Die Reaktion ist endotherm. Wärme wird also aus der Umgebung aufgenommen, wenn sich das Komplexanion bildet.

Co^{2+} + 4 Cl⁻ ⇌ $CoCl_4^{2-}$ $\Delta_R H° > 0$ (endotherm)
rosa   blau

Anfangs enthält die wässrige Lösung beide Teilchen in ähnlichen Mengen, die Lösung ist violett gefärbt (▶ Abbildung 5.12). Bei einer Temperaturerhöhung bildet sich zunehmend blaues $CoCl_4^{2-}$, da durch dessen vermehrt ablaufende endotherme Bildung die von außen zugeführte Wärme „verbraucht" werden kann. Das Gleichgewicht verschiebt sich nach rechts. Die Lösung wird blau. Umgekehrt führt eine Abkühlung zu einer Verschiebung des Gleichgewichtes nach links, es wird vermehrt unter Freisetzung von Energie rosa Co^{2+} gebildet.

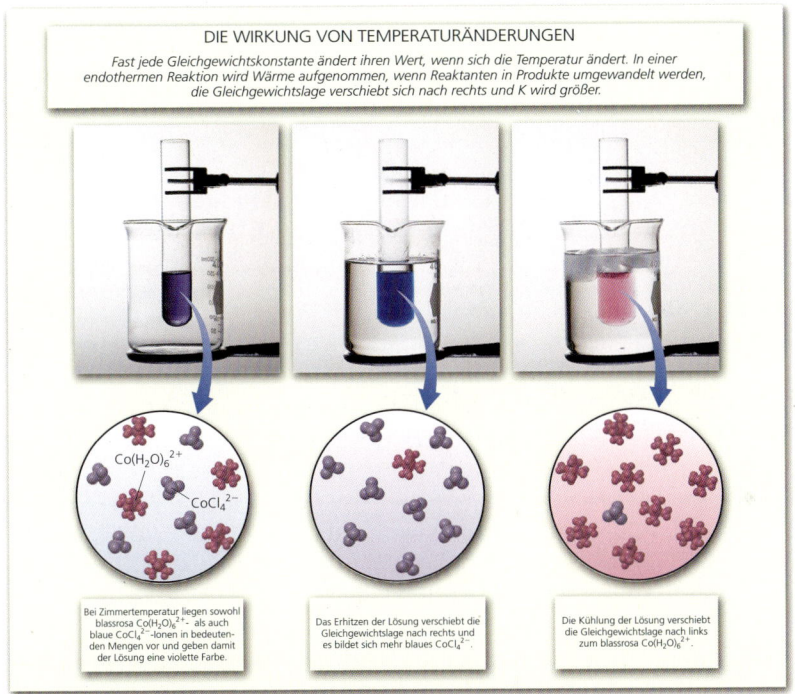

Abbildung 5.12: Gleichgewichtsverschiebung durch Temperaturänderung. Hydratisierte Cobalt(II)-Ionen (blassrosa) reagieren in einer endothermen Reaktion mit Chloridionen zu blauen $CoCl_4^{2-}$-Ionen. Eine Temperaturerhöhung verschiebt das Gleichgewicht nach rechts, eine Abkühlung hingegen nach links.
Aus: Brown, T. L., LeMay, H. E. & Bursten, E. B. (2007)

Im Gegensatz zu einer Änderung der Konzentrationen oder von Druck und Volumen ändert sich bei Temperaturänderungen auch der Wert der Gleichgewichtskonstanten K, da diese temperaturabhängig ist.

5.10 Gekoppelte Reaktionen

Man kann eine ungünstige Gleichgewichtslage auch dadurch verändern, dass man die Reaktion mit einer zweiten chemischen Reaktion koppelt, deren Gleichgewichtslage günstig ist und die dadurch die erste Reaktion auf die Produktseite „herüberzieht". Wenn ein Stoff A mit einem Stoff B im Gleichgewicht steht und B wiederum mit einem Stoff C, so stehen über die beiden gekoppelten Gleichgewichte natürlich auch A und C miteinander im Gleichgewicht. Die Triebkraft für die Reaktion von A zu C ergibt sich dann aus der Addition der Gibbs-Reaktionsenergien für die beiden Einzelreaktionen (*Erinnerung:* $\Delta_R G$ ist eine Zustandsgröße!):

$$
\begin{aligned}
A &\rightleftharpoons B & \Delta_R G(1) \\
\underline{B &\rightleftharpoons C} & \underline{\Delta_R G(2)} \\
A &\rightleftharpoons C & \Delta_R G = \Delta_R G(1) + \Delta_R G(2)
\end{aligned}
$$

Auf diese Weise kann man eine ungünstige, endergonische Reaktion 1 ($\Delta_R G(1) > 0$) mit einer stark exergonischen Reaktion 2 koppeln ($\Delta_R G(2) < 0$). Damit A tatsächlich in B umgewandelt wird (und dieses dann zu C weiter reagiert), muss lediglich die Gesamtreaktion exergonisch sein, also $\Delta_R G = [\Delta_R G(1) + \Delta_R G(2)] < 0$. Wenn die Triebkraft für die zweite Reaktion groß genug ist, darf die erste Reaktion also aus thermodynamischer Sicht ruhig ungünstig sein. Ob eine Reaktion dazu genutzt werden kann, eine andere anzutreiben, entscheidet im Allgemeinen $\Delta_R G$ und nicht $\Delta_R G°$, denn wir müssen die reale Triebkraft bei der tatsächlichen Zusammensetzung des Reaktionsgemisches betrachten. Nur wenn Standardbedingungen vorliegen, kann man $\Delta_R G°$ verwenden.

■ BEISPIEL   Gekoppelte Reaktion

Die direkte Phosphorylierung von Glucose zu Glucose-6-phosphat – ein Teilschritt der Glycolyse – ist eine thermodynamisch ungünstige Reaktion ($\Delta_R G°' = +13{,}8$ kJ/mol). Das Gleichgewicht liegt also weit auf der Seite der Edukte ($K = 3{,}81 \cdot 10^{-3}$). Kann diese Reaktion unter biologischen Standardbedingungen durch Kopplung an die Hydrolyse von einem Molekül ATP zu ADP und Phosphat P zur Produktseite hin verschoben werden ($\Delta_R G°' = -30{,}5$ kJ/mol, also $K = 2{,}22 \cdot 10^5$)?

Reaktion 1: Glucose + P → Glucose-6-phosphat + Wasser

Reaktion 2: ATP + Wasser → ADP + P

1. Schritt: Aufstellen der gekoppelten Reaktionsgleichungen

Glucose + P + ATP + Wasser → Glucose-6-phosphat + Wasser + ADP + P => Glucose + ATP → Glucose-6-phosphat + ADP

2. Schritt: Berechnung von $\Delta_R G°'$ für die gekoppelte Reaktion

$$\Delta_R G°' = \Delta_R G°'(1) + \Delta_R G°'(2) = +13{,}8 - 30{,}5 = -16{,}7 \text{ kJ/mol}.$$

3. Schritt: Berechnung der Gleichgewichtskonstanten K der gekoppelten Reaktion

$$K = e^{-\frac{\Delta_R G^{\circ\prime}}{R \cdot T}}$$

Somit ergibt sich für die gekoppelte Reaktion eine Gleichgewichtskonstante von $K = 846$. Diese Gleichgewichtskonstante ist wie folgt definiert:

$$K = \frac{[\text{Glucose-6-phosphat}] \cdot [\text{ADP}]}{[\text{Glucose}] \cdot [\text{ADP}]}$$

$$\Rightarrow K = \frac{[\text{Glucose-6-phosphat}] \cdot [\text{ADP}]}{[\text{Glucose}] \cdot [\text{ATP}]} \cdot \frac{[\text{P}]}{[\text{P}]}$$

$$\Rightarrow K = \frac{[\text{Glucose-6-phosphat}]}{[\text{Glucose}] \cdot [\text{P}]} \cdot \frac{[\text{ADP}] \cdot [\text{P}]}{\text{ATP}}$$

$$\Rightarrow K = K_1 \cdot K_2$$

Die Gleichgewichtskonstante für die Phosphorylierung von Glucose kann also unter biologischen Standardbedingungen durch die Kopplung an die Hydrolyse von ATP um fünf Zehnerpotenzen zur Produktseite hin verschoben werden! Da durch aktive Transportprozesse (▶ Kapitel 5.11) das Verhältnis von ATP zu ADP + P in den Zellen größer ist als unter den hier verwendeten Gleichgewichtsbedingungen, besitzt die ATP-Hydrolyse tatsächlich eine noch größere Triebkraft. So wird unter realen Bedingungen in den Zellen die Gleichgewichtskonstante der Glucose-Phosphorylierung um bis zu acht Zehnerpotenzen verschoben.

Im menschlichen Stoffwechsel findet man sehr häufig **gekoppelte Gleichgewichtsreaktionen**. So werden energetisch ungünstige Reaktionen häufig mit der Hydrolyse von ATP (ATP + H_2O → ADP + Phosphat) gekoppelt. Die Hydrolyse von ATP ist eine stark exergone Reaktion, die unter biologischen Standardbedingungen $\Delta_R G^{\circ\prime} = -30{,}5$ kJ/mol Energie liefert. Der unter realen physiologischen Bedingungen in den Zellen vorliegende hohe Überschuss von ATP im Vergleich zu ADP sorgt dafür, dass die ATP-Hydrolyse sogar eine noch viel größere *t*atsächliche Triebkraft von etwa $\Delta_R G^{\circ\prime} = -45$ bis zu -50 kJ/mol aufweist. Im Körper kann so die Energie, die letztendlich aus dem Abbau der Nahrung stammt und in Form von ATP (Atmungskette) zwischengespeichert wurde, zur endergonen Biosynthese verschiedenster Biomoleküle und zur Aufrechterhaltung anderer Energie verbrauchender Stoffwechselprozesse verwendet werden.

5.11 Fließgleichgewichte

Eine weitere Besonderheit von chemischen Prozessen in Zellen ist, dass es sich in der Regel um **Fließgleichgewichte** handelt. Eine Zelle ist kein geschlossenes System, es findet ständig **Materieaustausch** mit der Umgebung statt. Nährstoffe und Sauerstoff werden aufgenommen, in der Zelle chemisch umgesetzt und anschließend werden Stoffwechselabfallprodukte und Kohlendioxid wieder abgegeben. Alle bisherigen Ausführungen zu Gleichgewichten gelten aber nur für geschlossene Systeme! Ändern wir in einem **offenen System** permanent die Konzentrationen von Reaktionspartnern durch das Zuführen und Abführen von Stoffen, so kann sich kein echtes chemisches Gleichgewicht einstellen. Wir haben dieses Problem bereits bei der Ammoniaksynthese erwähnt (▶ Kapitel 5.9). Wird NH$_3$ ständig durch Kondensation aus dem Gleichgewicht entfernt, läuft die Reaktion letztendlich so lange ab, bis alle Edukte verbraucht sind. Werden nun aber auch die Edukte ständig neu zugeführt, so bildet sich irgendwann ebenfalls ein stationärer Zustand („**steady state**") aus, in dem sich die Zusammensetzung der Reaktionsmischung im Reaktionsgefäß nicht mehr ändert, weil das Produkt genauso schnell aus dem Gleichgewicht entfernt wird, wie es umgekehrt ständig durch die Reaktion der Edukte miteinander nachgebildet wird. Man spricht von einem **Fließgleichgewicht**, das aber nichts mit den zuvor besprochenen thermodynamischen Gleichgewichten in einem geschlossenen System zu tun hat. Für ein Fließgleichgewicht in einem offenen System gilt *nicht* $\Delta_R G° = 0$. Die sich einstellenden Stationärkonzentrationen der Stoffe hängen von den Geschwindigkeiten des Stofftransportes ab und nicht von der thermodynamischen Gleichgewichtskonstanten K.

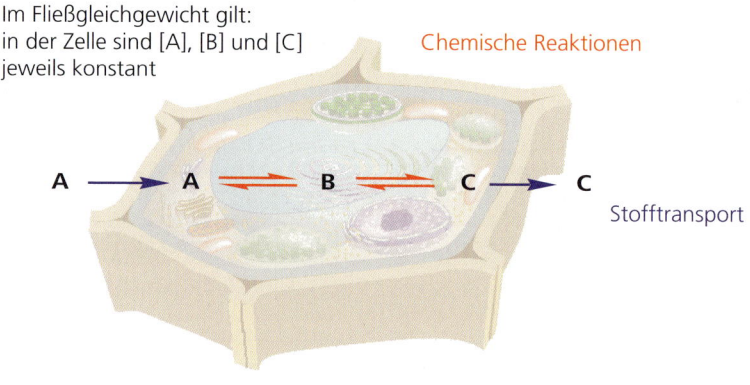

Abbildung 5.13: Fließgleichgewicht. Das Fließgleichgewicht hat sich dann eingestellt, wenn A genauso schnell zugeführt wird, wie C aus der Zelle abgeführt wird. Die Stationärkonzentration des Stoffes B hängt daher von den Geschwindigkeiten der Stofftransporte von A und C ab.

Jeder Mensch und jede Zelle stellen natürlich offene Systeme dar, die in vielfältiger Weise Energie und Stoffe mit der Umgebung austauschen. Nahrung wird aufgenommen und mit Sauerstoff in der Atmungskette verbrannt, um Energie zu produzieren. Diese Energie wird in Form von ATP gespeichert. Mithilfe von ATP werden über gekoppelte Reaktionen (▶ Kapitel 5.10) andere Stoffe produziert, die teilweise zu anderen Stellen im Körper transportiert werden. Abfallprodukte wie Kohlendioxid oder Harnstoff werden über die Lunge oder die Niere ausgeschieden (▶ Kapitel 6.9). In den Körperzellen findet also ein reger Stofftransport statt. Man kann sich eine Zelle als chemische Fabrik vorstellen. Edukte werden herantransportiert, chemisch unter Einsatz von Energie zu neuen Produkten umgesetzt, die zusammen mit Abfallprodukten wieder abtransportiert werden. Damit in einer Fabrik keine Maschinen still stehen oder zu viele Edukte auf Halde gelagert werden müssen, werden immer so viele Edukte nachgeliefert, wie Produkte das Werk verlassen. Es stellt sich in der Fabrik – ebenso wie in der Zelle – im Idealfall ein Fließgleichgewicht ein.

Fließgleichgewichte sind im Gegensatz zu echten chemischen Gleichgewichten in der Lage, kontinuierlich Arbeit zu leisten, und lassen sich von außen regulieren und steuern. Bei einem echten chemischen Gleichgewicht kann keine Arbeit mehr geleistet werden, sobald das Gleichgewicht erreicht ist, also $\Delta_R G = 0$ ist. Fließgleichgewichte erfordern aber zu ihrer Aufrechterhaltung eine permanente Energiezufuhr von außen, da ein Stofftransport nur bei Vorhandensein eines Konzentrationsgradienten stattfindet (▶ Kapitel 4.10). Ohne Energiezufuhr würden sich die Konzentrationsgradienten früher oder später ausgleichen, der Stofftransport käme zum Erliegen und es würde sich ein echtes thermodynamisches Gleichgewicht zwischen den vorhandenen Stoffen einstellen. Eine Zelle oder ein Lebewesen im thermodynamischen Gleichgewicht ist tot.

ZUSAMMENFASSUNG

In diesem Kapitel haben wir Folgendes über chemische Reaktionen und die damit einhergehenden Energieänderungen gelernt:

- Chemische Reaktionen sind Stoffumwandlungen.
- Chemische Reaktionen werden durch Reaktionsgleichungen beschrieben. Diese lassen sich sowohl molekular als auch makroskopisch sowie qualitativ und quantitativ interpretieren.
- Bei einer chemischen Reaktion bleiben die Anzahl der Atome jeder Atomsorte, die Gesamtmasse und die Gesamtladung erhalten.
- Chemische Reaktionen sind in der Regel mit Energieänderungen verbunden. Die Energie wird meist in Form von Wärme, Arbeit oder elektromagnetischer Strahlung abgegeben oder aufgenommen.
- Die Energieänderungen bei chemischen Reaktionen werden mithilfe der Thermodynamik beschrieben. Man betrachtet dabei den Energieaustausch zwischen System und Umgebung. Ein System kann entweder offen (Materie- und Energieaustausch mit der Umgebung), geschlossen (nur Energieaustausch) oder abgeschlossen sein (weder Austausch von Materie noch von Energie mit der Umgebung). Chemische Reaktionen laufen in der Regel in geschlossenen oder offenen Systemen ab.
- Bei der thermodynamischen Betrachtung treten verschiedene Zustandsfunktionen (innere Energie, Enthalpie, Entropie, Gibbs-Energie) auf. Zustandsfunktionen hängen nur vom Anfangs- und Endzustand des Systems ab, aber nicht vom Weg, auf dem der Endzustand erreicht wurde. Wichtige Zustandsfunktionen sind: Die Reaktionsenthalpie $\Delta_R H$ ist die bei einer chemischen Reaktion unter konstantem Druck frei werdende (exotherm) oder aus der Umgebung aufgenommene (endotherm) Wärmemenge. Die Entropie S ist ein Maß für den Ordnungsgrad des Systems. Bei $\Delta_R S < 0$ nimmt die Ordnung eines Systems zu, bei $\Delta_R S > 0$ ab. Die Triebkraft einer chemischen Reaktion ist die Änderung der Gibbs-Energie $\Delta_R G$ einer Reaktion, die sich aus der Enthalpie und der Entropie zusammensetzt:

$$\Delta_R G = \Delta_R H - T \cdot \Delta_R S \ (T = \text{absolute Temperatur})$$

Reaktionen, bei denen G zunimmt ($\Delta_R G > 0$), laufen nicht freiwillig ab (endergon). Nimmt hingegen die Gibbs-Energie ab ($\Delta_R G < 0$), so läuft die Reaktion freiwillig ab (exergon).

- Da ΔH, ΔS und ΔG Zustandsfunktionen sind, kann man sie über sogenannte Kreisprozesse aus anderen bekannten Daten berechnen (Satz von Hess).
- Reaktionen laufen nie vollständig ab, es stellt sich immer ein dynamisches chemisches Gleichgewicht ein ($\Delta_R G < 0$). Im Reaktionsgemisch, dessen Zusammensetzung sich dann zeitlich nicht mehr ändert, liegen sowohl Edukte als auch Produkte vor. Quantitativ wird ein Gleichgewicht durch das Massenwirkungsgesetz mit einer temperaturabhängigen Gleichgewichtskonstanten K beschrieben. Für die Reaktion

$$a\,A + b\,B \rightarrow c\,C + d\,D$$

lautet es

$$K_c(T) = \frac{[C]^c \cdot [D]^d}{[A]^a \cdot [B]^b}$$

Bei K-Werten $> 10^4$ (= mehr als 99,99 Prozent Umsatz) kann man aber praktisch von einer vollständig ablaufenden Reaktion ausgehen.

- Die Gleichgewichtskonstante K hängt mit der Gibbs-Standardreaktionsenergie $\Delta_R G°$ zusammen. Man kann die Gleichgewichtskonstante K aus der Gibbs-Reaktionsenergie für einen (hypothetischen) vollständigen Umsatz der Edukte zu den Produkten berechnen:

$$\Delta_R G° = -R \cdot T \cdot \ln \frac{[C]_{Gl}^c \cdot [D]_{Gl}^d}{[A]_{Gl}^a \cdot [B]_{Gl}^b} = -R \cdot T \cdot \ln K_c$$

und $K = e^{-\frac{\Delta_R G°}{R \cdot T}}$

- Die Lage eines chemischen Gleichgewichts lässt sich von außen verschieben (Prinzip von Le Châtelier oder Prinzip des kleinsten Zwanges): „Wird auf ein im Gleichgewicht befindliches System ein äußerer Zwang ausgeübt, verschiebt sich das Gleichgewicht so, dass dem Zwang entgegengewirkt wird."
- Ungünstige Gleichgewichtsreaktionen ($\Delta_R G(1) > 0$) können mit einer stark exergonischen zweiten Reaktionen ($\Delta_R G(2) < 0$) gekoppelt werden, sodass $\Delta_R G(\text{gesamt}) < 0$ wird.
- In lebenden Systemen findet Stoffaustausch mit der Umgebung statt, es handelt sich also um offene Systeme. Es kann sich daher kein thermodynamisches Gleichgewicht einstellen, stattdessen liegen Fließgleichgewichte vor. Die stationären Konzentrationen der Stoffe in einem solchen Gleichgewicht hängen von den Geschwindigkeiten des Stofftransportes und nicht von den Gleichgewichtskonstanten K der jeweiligen Reaktionen ab. Fließgleichgewichte können kontinuierlich Arbeit leisten, erfordern aber eine permanente Energiezufuhr von außen.

Übungsaufgaben

1 Gegeben ist folgende Gleichgewichtskonstante K. Entscheiden Sie, ob die unten angegebenen Aussagen korrekt sind.

$$K = \frac{[A] \cdot [B]}{[C] \cdot [D]}$$

a) Der Ausdruck beschreibt das MWG der Reaktion $A + B \rightarrow C + D$.
b) Will man die Ausbeute an A erhöhen, ist es nützlich, B aus dem Gleichgewicht zu entfernen.
c) Will man die Ausbeute an A erhöhen, ist es nützlich, die Konzentration an C oder an D zu erhöhen.
d) Wenn $K > 1$, ist die Reaktion exergon.
e) Die Gibbs-Standardreaktionsenergie $\Delta_R G°$ kann aus dem Wert von K berechnet werden.

2 Eine Reaktion $A + B \rightarrow C + D$ befinde sich im Gleichgewicht. Welche Auswirkung hat die Zugabe von C (bei konstantem T und p) auf a) den Wert der Gleichgewichtskonstanten K und b) die Konzentrationen von A und B?

3 Sind die folgenden Aussagen zu chemischen Gleichgewichten korrekt?
a) $\Delta_R G$ ist bei einer exergonen Reaktion stets > 0.
b) Soll eine Reaktion spontan ablaufen, muss $\Delta_R G < 0$ sein.
c) Bei einer exergonen Reaktion ist $\Delta_R S$ stets > 0.
d) Bei einer exergonen Reaktion ist $\Delta_R H$ stets < 0.
e) Eine exergone Reaktion kann keine Arbeit verrichten.
f) Bei gekoppelten Reaktionen errechnet sich K für die Gesamtreaktion als Summe der Gleichgewichtskonstanten der einzelnen Reaktionen.
g) K ist von der Temperatur abhängig.
h) K ist direkt proportional zu $\Delta_R G°$.
i) Im Gleichgewicht hat K stets den Wert 0.

4 Wie viel Gramm Stärke haben denselben physiologischen Brennwert wie 50 g Alkohol?

5 Welche Einheiten für die Energie kennen Sie?

6 Was versteht man unter einem offenen, einem geschlossenen und einem abgeschlossenen System? Geben Sie jeweils ein Beispiel.

7 Für die Darstellung von Schwefeltrioxid SO_3 aus Schwefeldioxid SO_2 und Sauerstoff O_2 findet man nach Einstellung des chemischen Gleichgewichtes in einem Gasgemisch die folgenden Partialdrücke: $p(SO_3) = 0{,}335$ bar; $p(SO_2) = 0{,}566$ bar und $p(O_2) = 0{,}102$ bar. Stellen Sie eine abgestimmte Reaktionsgleichung auf und berechnen Sie die Gleichgewichtskonstante K. Was passiert (qualitativ) mit den Konzentrationen der Gase, wenn der Gesamtdruck im System auf die Hälfte gesenkt wird?

8 Welche Aussage zum Fließgleichgewicht trifft zu?
a) Fließgleichgewichte können in geschlossenen Systemen auftreten.
b) Systeme im Fließgleichgewicht können Arbeit leisten.
c) Fließgleichgewichte können nur unter Zufuhr von Energie aufrechterhalten werden.
d) Die Konzentrationen der am Fließgleichgewicht beteiligten Stoffe sind konstant.
e) Im Fließgleichgewicht sind die Geschwindigkeiten der Teilreaktionen gleich groß.

> Die Lösungen zu den Übungsaufgaben finden Sie im Anhang. Die ausführlichen Lösungen zu diesem Buchkapitel finden Sie auf der Website zum Buch unter http://www.pearson.de. Sie finden dort auch ein Bonuskapitel »Mathematische Grundlagen« sowie ergänzende Tabellen.

Säuren und Basen

6

6.1	Definition Säure/Base	217
6.2	Säure-Base-Reaktionen und konjugierte Säure-Base-Paare	219
6.3	Stärke von Säuren und Basen	222
6.4	Autoprotolyse von Wasser, pH-Wert	229
6.5	Berechnung von pH-Werten	236
6.6	Messung von pH-Werten, Indikatoren	240
6.7	Neutralisation	241
6.8	Titration	243
6.9	Puffer	251

6 Säuren und Basen

■ **FALLBEISPIEL** Metabolische Alkalose

Jonas, ein vier Wochen alter Säugling wird von seinen Eltern in die Notfallambulanz gebracht, da er kaum noch atmet. Der Junge reagiert kaum, die tiefviolett verfärbte Haut zieht sich nach Zusammendrücken nicht zurück. Die Atmung ist deutlich verlangsamt, die Sauerstoffsättigung schlecht. Der Junge zeigt einen gequälten, leidenden Gesichtsausdruck. Die Eltern berichten, dass er sich schon während oder kurz nach jeder Mahlzeit schwallartig erbricht. Das Erbrochene rieche leicht säuerlich und sei hell und schaumig. Der Junge habe in letzter Zeit an Gewicht verloren. Jonas bekommt Sauerstoff. Innerhalb von Minuten färbt sich seine Haut blassrosa. Die Atmung ist weiterhin schwach, aber die Sauerstoffsättigung verbessert sich deutlich. Nach genauer röntgenologischer Untersuchung wird festgestellt, dass der Junge operiert werden muss.

Erklärung

Der obige Fall schildert einen Säugling mit Magenausgangsstenose (*Pylorushypertrophie*), einer Verengung des Magenausgangs, die den Übergang des Mageninhaltes in den Darm verhindert und die bei Jungen häufiger auftritt als bei Mädchen. Bei Nahrungszufuhr tritt heftiges Erbrechen auf. Da der Mageninhalt stark sauer ist und Salzsäure (HCl) enthält, kommt es – neben der Dehydrierung durch Flüssigkeitsverlust – unter anderem zu einer signifikanten Störung des Säure-Base-Haushaltes des Körpers – einer hypochlorämischen metabolischen Alkalose, die in letzter Konsequenz tödlich verlaufen kann. Die Einhaltung des physiologischen Säure-Base-Haushaltes ist eine der wichtigsten Aufgaben im Organismus. Fehler im Säure-Base-Haushalt können durch Zufuhr von sauren oder basischen Substanzen auftreten. Häufiger sind aber die Abgabe von saurem Mageninhalt (Erbrechen) oder basischem Darminhalt (Diarrhöe) oder von saurem Urin (Nierenversagen). Die dadurch bedingten Störungen im Säure-Base-Haushalt versucht der Körper primär durch die Atmung zu kompensieren, was zu verlangsamter (obiger Fall) oder beschleunigter Atmung führen kann.

LERNZIELE

Das Fallbeispiel zeigt, wie wichtig der Säure-Base-Haushalt für den Menschen ist und dass Störungen im Säure-Base-Haushalt in gewissen Grenzen durch die Atmung kompensiert werden können. Um dies zu verstehen, müssen wir uns mit Säuren und Basen beschäftigen. In diesem Kapitel werden wir daher lernen,

- was Säuren und Basen sind,
- dass an Protonenübertragungsreaktionen (Protolysen) immer zwei konjugierte Säure-Base-Paare beteiligt sind,
- wie sich die Stärke von Säuren und Basen durch die Säurekonstante K_s und die Basenkonstante K_b quantitativ beschreiben lässt,
- dass sich aufgrund der Autoprotolyse des Wassers der pH-Wert als einheitliches Maß für den sauren und basischen Charakter von Lösungen eignet,
- wie man pH-Werte berechnen oder mit Farbindikatoren messen kann,
- dass sich Säuren und Basen unter Salzbildung neutralisieren und wie man dies zur quantitativen Gehaltsbestimmung bei Titrationen nutzen kann,
- wie ein Puffer in einer Lösung den pH-Wert weitgehend konstant hält.

6.1 Definition Säure/Base

Der Begriff **Säure** leitet sich vom Geschmack bestimmter Substanzen ab, die wie Essig oder Zitronensaft sauer schmecken. Solche Substanzen besitzen gleichzeitig die Eigenschaft, den Pflanzenfarbstoff Lackmus rot zu färben. Substanzen, die wie Seifenlauge einen scharfen und seifigen Geschmack aufweisen, bezeichnete man historisch als **Laugen** und später, als man erkannt hatte, dass diese Substanzen mit Säuren zu Salzen reagieren, als **Basen** (= Basis von Salzen). Viele Dinge, die wir aus dem Alltag kennen, enthalten Säuren oder Basen, wie zum Beispiel Kalklöser, Backpulver, Haushaltsreiniger sowie Wasch- und Putzmittel.

Säuren und Laugen im Haushalt
Aus: Brown, T. L., LeMay, H. E. & Bursten, E. B. (2007)

Auch im Körper liegen eine Vielzahl von sauren und basischen Stoffen vor, die durch den Stoffwechsel ständig neu gebildet werden. Jeder kennt die Säure im Magen, die für den Nahrungsaufschluss lebenswichtig ist. Aber auch in den Zellen werden ständig Säuren und Basen gebildet. Das Verständnis ihrer Eigenschaften, also von **Säure-Base-Reaktionen**, ist somit wichtig, da eine Vielzahl von Körper- und Zellfunktionen entscheidend von einem ausgeglichenen Säure-Base-Verhältnis abhängen; beispielsweise die Funktion von Nervenzellen, die Struktur und somit Aktivität von Enzymen (▶ Kapitel 13.9), die Regulation des Stoffwechsels, die Durchlässigkeit von Zellmembranen oder auch die Wirksamkeit bestimmter Medikamente. Ein ausgeglichener **Säure-Base-Haushalt** ist somit lebenswichtig.

Nach einer allgemeinen **Definition von Brønstedt** bezeichnet man Stoffe wie zum Beispiel Essigsäure (CH_3CO_2H) oder Salzsäure (HCl), die Protonen abgeben können, als Säuren. Stoffe, wie Natronlauge (NaOH) oder Ammoniak (NH_3), die Protonen aufnehmen können, werden als Basen bezeichnet. Es gibt auch weitergefasste Säure-Base-Definitionen (zum Beispiel die Definition nach Lewis), die aber für ein physiologisches Verständnis des Säure-Base-Haushaltes nicht relevant sind. Wir haben die Lewis-Definition bei der Besprechung der koordinativen Bindung bereits kennengelernt (▶ Kapitel 2.7)

> **MERKE**
> Säure: $HA \rightarrow H^+ + A^-$
> Base: $B + H^+ \rightarrow HB^+$

Die Säure-Base-Eigenschaften eines Stoffes werden also durch seine Fähigkeit bestimmt, Protonen (= H^+-Ionen, ▶ Kapitel 1.2) aufzunehmen oder abzugeben. Bei der Abspaltung eines Protons muss eine chemische Bindung gebrochen werden. Prinzipiell gibt es zwei Möglichkeiten, wie eine kovalente Atombindung gespalten werden kann: die Heterolyse und die Homolyse.

- Unter einer **Heterolyse** versteht man die Spaltung einer (polaren) kovalenten Bindung so, dass das Bindungselektronenpaar dem elektronegativeren Bindungspartner zugeteilt wird. Es entstehen **Ionen**. Heterolyse kann in Lösung nur stattfinden, wenn die entstehenden Ionen durch Wechselwirkung mit dem Lösemittel stabilisiert werden (▶ Kapitel 4.9). In der Gasphase findet normalerweise keine Heterolyse statt.
- Unter einer **Homolyse** versteht man die Spaltung einer kovalenten Atombindung so, dass das Bindungselektronenpaar gleichmäßig auf beide Bindungspartner verteilt wird. Es entstehen **Radikale** (▶ Kapitel 10.9). Homolyse kann sowohl in der Gasphase als auch in Lösung stattfinden.

6 Säuren und Basen

$$\text{Heterolyse} \quad \overset{\delta^+ \;\; \delta^-}{A-B} \longrightarrow A^+ + |B^-$$
polare Atombindung → Ionen

$$\text{Homolyse} \quad A-B \longrightarrow A\cdot + \cdot B$$
→ Radikale

> **MERKE**
> Säure = Teilchen mit polarisierter H–X-Bindung
>
> Base = Teilchen mit freiem Elektronenpaar

Bei Säure-Base-Reaktionen haben wir es ausschließlich mit dem heterolytischen Brechen und Knüpfen von Bindungen zu tun. Damit ein Teilchen eine Säure sein kann, muss es ein H-Atom besitzen, das an ein elektronegatives Atom X gebunden ist (zum Beispiel Halogen, O, N). Die X–H-Bindung ist dann bereits so polarisiert (▶ Kapitel 2.6), dass die Bindung in Lösung leicht heterolytisch unter Abgabe eines Protons gespalten werden kann. Damit ein Teilchen ein Proton aufnehmen kann, also als Base wirkt, muss es ein freies Elektronenpaar besitzen, an das sich das Proton unter Ausbildung einer neuen (koordinativen) Atombindung anlagern kann. Basen sind häufig – aber nicht zwingend – Anionen (B:⁻).

Base B:⁻ + H—X (**Säure**, $\delta^+ \;\; \delta^-$) **Heterolyse** → B—H + X:⁻

koordinative Bindung

> **DEFINITION**
>
> **Säuren und Basen**
>
> Säure = Protonendonor: gibt Protonen ab
>
> Base = Protonenakzeptor: nimmt Protonen auf
>
> Säure-Base-Reaktionen (Protolysen) sind Protonenübertragungen von einer Säure auf eine Base.
>
> Hierbei handelt es sich um die Definition von Säuren und Basen nach Brønsted.

CHEMIE IM ALLTAG

Der saure „Geschmack" von Protonen

Der saure Geschmack von Säuren wird von den Protonen hervorgerufen. Über die Zungenoberfläche sind verschiedene Geschmackspapillen verteilt, die spezifische Sinneszellen für die fünf Geschmacksrichtungen enthalten (süß, sauer, salzig, bitter, herzhaft bzw. umami). Die Säure wahrnehmenden Sinneszellen enthalten Kaliumkanäle, über die normalerweise Kaliumionen aus den Zellen nach außen strömen (▶ Kapitel 4.9). Sind jedoch im umgebenden Medium (Speichel, Speise, Getränk) H⁺-Ionen (genauer: H_3O^+-Ionen) vorhanden, werden die Kaliumkanäle verschlossen und Kalium kann nicht mehr nach außen wandern. Dies bewirkt in der Sinneszelle eine erhöhte Kaliumkonzentration, was zur Auslösung eines Nervenimpulses und somit zur Sinneswahrnehmung „sauer" führt.

Sauer macht lustig
© Daniel Bomblat, life + science 2007/ 03, www.lifeandscience.de

AUS DER MEDIZINISCHEN PRAXIS

Verletzungen durch Säuren und Basen

Säuren und Basen können **Verätzungen** der Haut und Schleimhaut verursachen! Eine Verätzung durch Basen führt in der Regel zu schwereren Schädigungen der Haut als eine durch Säuren! Laugen dringen im Vergleich zu Säuren tiefer in das Gewebe ein und breiten sich daher weit über den Ort der eigentlichen Einwirkung hinaus aus. Häufig vergehen Stunden bis Tage, bis ein ödematöses Erythem (= meist entzündlich bedingte Hautrötung) mit nachfolgender Nekrose und oft Narbenbildung auftritt. Verätzungen mit Säuren führen hingegen zu Koagulationsnekrosen, die häufig scharf begrenzt und oberflächlich sind. Eine Ausnahme stellt die Flusssäure HF dar. Als schwache Säure wird diese schnell von der Haut resorbiert, dringt somit in tiefe Gewebeschichten ein und führt dort zu massiven Schäden. Selbst scheinbar kleine Verätzungen mit Flusssäure können daher tödlich enden.

Vorsicht: ätzend

Erste Hilfe: Kontaminierte Kleidung entfernen! Mit fließendem Wasser ausgiebig abspülen! Basen vorher abtupfen! Beim Verschlucken von Säuren oder Basen kein Erbrechen auslösen, sondern Wasser trinken lassen zum Verdünnen. Bei Flusssäureverätzungen reicht Spülen mit Wasser nicht aus. Hier muss zusätzlich mit Calciumgluconat als Antidot die Flusssäure als schwerlösliches CaF_2 unschädlich gemacht werden.

6.2 Säure-Base-Reaktionen und konjugierte Säure-Base-Paare

Bei der Protonenübertragung (= **Protolyse**) entsteht aus einer Säure durch die Abgabe eines Protons ein Teilchen, das selbst wiederum ein Proton aufnehmen kann, also eine Base. Umgekehrt wird aus einer Base bei einer Protonenaufnahme eine Säure. Aus der Salzsäure HCl wird so durch Protonenabgabe eine Base, das Chloridion Cl⁻. Dieses kann durch Protonenaufnahme wieder in die Säure HCl übergehen. Man spricht von einem **konjugierten Säure-Base-Paar**. Ebenso gebräuchlich ist der Ausdruck „korrespondierendes Säure-Base-Paar". Freie Protonen sind viel zu energiereich, als dass sie bei einer chemischen Reaktion allein auftreten könnten. Daher kann eine Säure ihr Proton nur abgeben, wenn eine Base vorhanden ist, die es aufnimmt. Bei Säure-Base-Reaktionen finden also immer **Protonenübertragungen** statt. An einer Säure-Base-Reaktion sind demnach stets zwei verschiedene konjugierte Säure-Base-Paare beteiligt. Ein Beispiel ist die Reaktion von Chlorwasserstoffgas mit gasförmigem Ammoniak. In der Säure-Base-Reaktion entsteht durch Protonenübertragung Ammoniumchlorid NH_4Cl, ein Salz (▶ Abbildung 6.1).

Konjugierte Säure-Base-Paare:
Paar 1: HCl/Cl⁻
Paar 2: NH_4^+/NH_3

6 Säuren und Basen

Abbildung 6.1: Säure-Base-Reaktion. Gasförmiges HCl reagiert mit gasförmigem NH$_3$ in einer Säure-Base-Reaktion zu Ammoniumchlorid NH$_4$Cl, einem festen Salz (weiße Rauchschwaden).
© Thomas Seilnacht, Bern, Schweiz, www.seilnacht.com

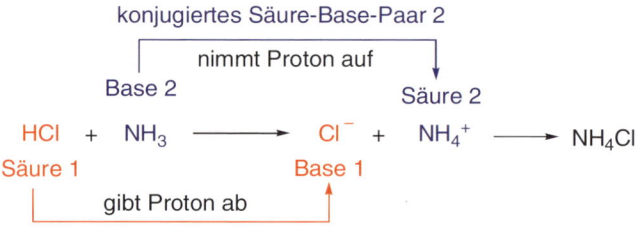

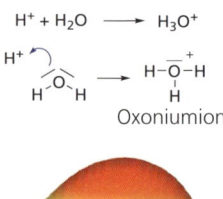

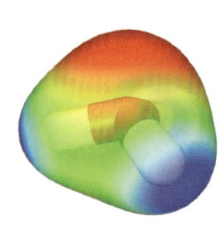

Es gibt auch Säure-Base-Reaktionen, bei denen auf den ersten Blick scheinbar kein zweites konjugiertes Säure-Base-Paar vorhanden ist. Löst man zum Beispiel Chlorwasserstoff HCl in Wasser, so schmeckt die Lösung sauer (Salzsäure) und weist alle Eigenschaften einer Säure auf. Es müssen also Protonen abgegeben worden sein. Aber an welche Base? In diesem Fall ist das Lösemittel selbst, also Wasser, die Base und nimmt das Proton der Salzsäure unter Bildung eines sogenannten **Oxidaniumion** (H$_3$O$^+$) auf.

$$\text{HCl} + \text{H}_2\text{O} \longrightarrow \text{Cl}^- + \text{H}_3\text{O}^+$$
Säure 1 / Base 2 → Base 1 / Säure 2

Das erste korrespondierende Säure-Base-Paar ist HCl/Cl$^-$, das zweite H$_3$O$^+$/H$_2$O. Das Oxidaniumion (Oxoniumion, H$_3$O$^+$) haben wir bereits bei der Besprechung der koordinativen Bindung kennengelernt (▶ Kapitel 2.7). Nach IUPAC wird das Oxidanium formal korrekter als Oxidaniumion bezeichnet. Früher waren auch die Namen Hydroniumion oder Hydroxoniumion gebräuchlich. Eigentlich muss man also jede Säure-

Base-Reaktion in wässriger Lösung immer mit H_3O^+ anstelle von H^+ formulieren. Häufig ist man aber etwas nachlässig und schreibt vereinfacht:

$$HCl \longrightarrow Cl^- + H^+$$

Manchmal findet man auch die folgenden Formulierungen:

$$HCl \xrightarrow{H_2O} Cl^- + H^+ \quad \text{oder} \quad HCl_{aq} \longrightarrow Cl^-_{aq} + H^+_{aq}$$

Letztendlich bedeuten alle Gleichungen das Gleiche. Die Säure HCl gibt in wässriger Lösung ihr Proton an die Base H_2O ab, wobei in einer Säure-Base-Reaktion Cl^- und H_3O^+-Ionen entstehen. Auch wenn man vereinfacht nur H^+ schreibt, sollte man sich immer bewusst sein, dass man in wässriger Lösung immer H_3O^+ meint.

Wasser kann aber auch ein Proton an eine Base abgeben, also als Säure wirken. Dies geschieht zum Beispiel, wenn man gasförmiges Ammoniak in Wasser auflöst. Man erhält eine basisch reagierende Lösung, da entsprechend der nachfolgend gezeigten Säure-Base-Reaktion **Hydroxidionen** (OH^-) entstehen. Das zweite korrespondierende Säure-Base-Paar (neben NH_4^+/NH_3) ist in diesem Fall also H_2O/OH^-.

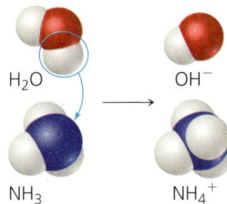

$NH_3 \qquad NH_4^+$

Aus: Brown, T. L., LeMay, H. E. & Bursten, E. B. (2007)

$$NH_3 + H_2O \longrightarrow NH_4^+ + OH^-$$

Wasser kann also je nach Reaktionspartner sowohl als Base (zum Beispiel gegenüber HCl) als auch als Säure (zum Beispiel gegenüber Ammoniak) reagieren. Solche Stoffe bezeichnet man als **Ampholyte**, die entsprechende Eigenschaft als **amphoter**. Wie sich ein solcher Ampholyt verhält, hängt von der relativen Säure- und Base-Stärke des Reaktionspartners ab. Nehmen wir zum Beispiel den bereits diskutierten Ampholyten Wasser. Ist der Reaktionspartner eine stärkere Base als Wasser selbst, dann gibt Wasser als Säure ein Proton an diesen ab. Neben Wasser gibt es auch viele andere Ampholyte. Die in der Biochemie und Medizin wichtigsten Ampholyte sind **Aminosäuren** und Proteine (▶ Kapitel 13). Aminosäuren sind die Grundbausteine der Proteine, also der Eiweißmoleküle. Sie besitzen sowohl eine Säuregruppe (CO_2H-Gruppe) als auch eine Basengruppe (NH_2-Gruppe) im gleichen Molekül. Aminosäuren liegen daher in reinem Wasser und im Festkörper als Zwitterionen vor, bei denen intramolekular eine Protonenübertragung von der Säure- auf die Basengruppe stattgefunden hat. Ähnlich wie Salze sind Aminosäuren daher Festkörper und besitzen hohe Schmelzpunkte. Die Strichschreibweise organischer Moleküle wird in ▶ Kapitel 9.4 erklärt.

> **MERKE**
>
> Ampholyt = Teilchen, das sowohl als Säure als auch als Base reagieren kann.

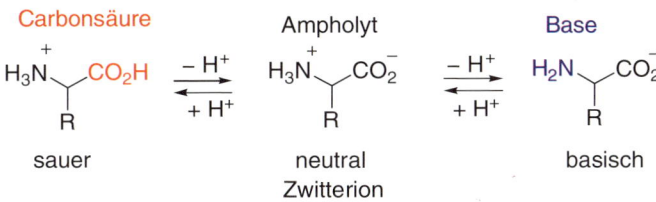

Es gibt auch Teilchen, die mehr als ein Proton abgeben oder aufnehmen können. Solche Substanzen bezeichnet man als **mehrprotonige Säuren** und **Basen**. Ein typisches Beispiel ist die Schwefelsäure H_2SO_4, die unter Abgabe eines Protons in das Hydrogensulfation (HSO_4^-) übergeht. Dieses ist ein Ampholyt, der entweder unter Protonenaufnahme zurück zur Schwefelsäure reagieren kann oder unter Abgabe eines weiteren Protons zum Sulfation (SO_4^{2-}) reagiert.

$$H_2SO_4 \underset{+H^+}{\overset{-H^+}{\rightleftharpoons}} HSO_4^- \underset{+H^+}{\overset{-H^+}{\rightleftharpoons}} SO_4^{2-}$$

Andere wichtige mehrprotonige Säuren sind die Phosphorsäure (H_3PO_4), die Kohlensäure ($CO_2 + H_2O \rightarrow H_2CO_3$) oder die Citronensäure. Sie ist eine der am weitesten verbreiteten Säuren im Pflanzenreich, ein wichtiges Säuerungsmittel und tritt als Zwischenprodukt im Stoffwechsel der Kohlenhydrate (Citratcyclus) auf. Natriumcitrat wird verwendet, um die Gerinnung von Blutproben zu verhindern (▶ Kapitel 8.7).

Citronensäure — Dihydrogencitrat* — Hydrogencitrat* — Citrat

$pK_s = 3{,}1$; $pK_b = 10{,}9$ | $pK_s = 4{,}8$; $pK_b = 9{,}2$ | $pK_s = 6{,}4$; $pK_b = 7{,}6$

* Ampholyt

Hinweis: Die Bedeutung der pK_s- und pK_b-Werte als Maß für die Stärke von Säure und Basen wird im nächsten Abschnitt erklärt (▶ Kapitel 6.3).

6.3 Stärke von Säuren und Basen

Prinzipiell sind Protonenübertragungen **reversible Gleichgewichtsreaktionen** (▶ Kapitel 5.7), da aus einer Säure immer eine neue konjugierte Base und umgekehrt aus der ursprünglichen Base eine neue konjugierte Säure entsteht. Wie weit das Gleichgewicht auf der Seite der Edukte oder Produkte liegt, hängt von der Stärke der einzelnen Säuren und Basen ab. Im ersten Beispiel, der Reaktion von HCl mit Ammoniak, findet die Protonenübertragung praktisch vollständig statt. Dies liegt daran, dass HCl eine sehr starke Säure ist, also eine ausgeprägte Tendenz besitzt, ihr Proton abzugeben, das bereitwillig von der mittelstarken Base Ammoniak aufgenommen wird. Umgekehrt ist das Ammoniumion NH_4^+ (= konjugierte Säure zu NH_3) nur eine schwache Säure und seine Protonendonor-Eigenschaften reichen nicht aus, die sehr schwache Base Cl^- zu protonieren. Die Rückreaktion findet also nicht statt.

mittelstarke Base

$$HCl + NH_3 \longrightarrow Cl^- + NH_4^+$$

starke Säure — praktisch vollständige Reaktion

Man findet aber nicht immer eine vollständige Protonenübertragung. Bei der Reaktion von Essigsäure mit Wasser ist dies zum Beispiel nicht der Fall. Essigsäure ist nur eine mittelstarke Säure, die ihr Proton daher nur teilweise an die schwache Base Wasser abgibt. Das Gleichgewicht liegt weit auf der Eduktseite. In Haushaltsessig (ca. 1 M Essigsäurelösung) haben zum Beispiel weniger als ein Prozent der Essigsäuremoleküle ihr Proton abgegeben (▶ Kapitel 6.5.2).

$$CH_3CO_2H + H_2O \rightleftharpoons CH_3CO_2^- + H_3O^+$$

Kann man die unterschiedliche Stärke von Säuren und Basen quantitativ fassen? Da, wie erwähnt, Protonen immer nur von einem konjugierten Säure-Base-Paar auf ein anderes übertragen werden, kann man keine absolute Stärke angeben. Ob eine Säure das Proton leichter oder schwerer abgibt, hängt auch davon ab, wie stark der Partner (die Base) zieht. Aber man kann die unterschiedliche Stärke von Säuren (oder Basen) vergleichen, wenn man das Ausmaß der Protonenübertragung gegenüber einer einheitlichen Referenzbase (oder Säure) angibt. Es hat sich als sinnvoll erwiesen, in beiden Fällen den Ampholyten **Wasser als Referenz** zu verwenden, da die meisten Säure-Base-Reaktionen in wässriger Lösung stattfinden. Man könnte auch jede andere Säure oder Base als Referenzsystem verwenden, aber aus praktischen Gründen bietet sich Wasser an.

Wie stark eine Säure oder Base ist, kann man also daran erkennen, wo das Dissoziationsgleichgewicht gegenüber Wasser als Reaktionspartner liegt. Da HCl in einem größeren Ausmaß Protonen auf Wasser überträgt als Essigsäure, ist Salzsäure eine stärkere Säure als die Essigsäure. Quantitativ kann man dies bei Anwendung des Massenwirkungsgesetzes (▶ Kapitel 5.7) auf das Dissoziationsgleichgewicht in wässriger Lösung durch den sogenannten K_s- und pK_s-Wert bei Säuren und analog den K_b- und pK_b-Wert bei Basen beschreiben.

Betrachten wir allgemein die Dissoziation einer Säure HA in Wasser:

$$HA + H_2O \rightleftharpoons A^- + H_3O^+$$

Für dieses Gleichgewicht gilt das Massenwirkungsgesetz:

$$K = \frac{[H_3O^+] \cdot [A^-]}{[HA] \cdot [H_2O]}$$

Da sich die Konzentration des Wassers [H_2O] wegen des großen Überschusses in wässriger Lösung ([H_2O] = 55,5 mol/L in reinem Wasser) faktisch nicht ändert, kann man diesen Wert in die Gleichgewichtskonstante K mit einbeziehen und erhält so eine neue Konstante, die man als **Säurekonstante K_s** bezeichnet. Da es sich bei den Säurekonstanten häufig um sehr kleine Zahlen handelt, führt man der Handlichkeit halber den sogenannten **pK_s-Wert** ein, den mit −1 multiplizierten dekadischen Logarithmus von K_s (= „negativer dekadischer Logarithmus").

$$K_s = K \cdot [H_2O] = \frac{[H_3O^+] \cdot [A^-]}{[HA]}$$

> **MERKE**
> pX = −lg X

und

$$pK_s = -\lg K_s = -\lg \frac{[H_3O^+]\cdot[A^-]}{[HA]}$$

Analog kann man natürlich für eine Base B die **Basenkonstante** K_b und den **pK_b-Wert** definieren:

B + H$_2$O $\rightleftharpoons$ HB$^+$ + OH$^-$

$$K_b = K\cdot[H_2O] = \frac{[HB^+]\cdot[OH^-]}{[B]}$$

und

$$pK_b = -\lg K_b = -\lg \frac{[HB^+]\cdot[OH^-]}{[B]}$$

Allgemein gilt:

- Je kleiner der pK_s-Wert ist, desto stärker ist eine Säure.
- Je kleiner der pK_b-Wert ist, desto stärker ist eine Base.

Die entsprechenden Säure- und Basenkonstanten für gängige Säuren und Basen kann man in Tabellen nachschlagen (▶ Tabelle 6.1).

Säure/konjugierte Base Chemische Formel pK_s/pK_b	Bedeutung
Chlorwasserstoff/Chlorid HCl/Cl$^-$ −6/20	Starke Mineralsäure, eine Lösung von HCl-Gas in Wasser heißt Salzsäure, Magensaft (pH 1–2) enthält Salzsäure.
Salpetersäure/Nitrat HNO$_3$/NO$_3^-$ −1,3/15,3	Starke Mineralsäure, wird zum Trennen von Gold und Silber verwendet (Scheidewasser), Nitrate sind Bestandteil von Düngemitteln.
Ameisensäure/Formiat HCO$_2$H/HCO$_2^-$ 3,8/10,2	Konservierungsstoff, Nesselgift bei Pflanzen und Tieren (zum Beispiel Brennnessel, Ameise)
Essigsäure/Acetat H$_3$C-CO$_2$H/H$_3$C-CO$_2^-$ 4,8/9,2	Haushaltsessig enthält ca. 5 Prozent Essigsäure, Essigsäure wird als Säuerungsmittel in der Lebensmittelindustrie verwendet.
Hypochlorige Säure/Hypochlorit HOCl/OCl$^-$ 7,5/6,5	Desinfektionsmittel mit bleichender und oxidierender Wirkung (Kapitel 7.3), Eau de Javelle ist eine wässrige Lösung von Kaliumhypochlorit.
Ammoniumion/Ammoniak NH$_4^+$/NH$_3$ 9,3/4,7	Eine Lösung von NH$_3$-Gas in Wasser heißt Salmiak-Geist, NH$_3$ ist ein starkes Zellgift, bei Niereninsuffizienz oder genetischen Defekten im Harnstoffzyklus (Kapitel 14.2) wird vermehrt Ammoniak gebildet.
Blausäure/Cyanid HCN/CN$^-$ 9,4/4,6	Hochtoxisch durch Blockade der Atmungskette, Tod durch inneres Ersticken (Kapitel 8.6), Bittermandelgeruch

6.3 Stärke von Säuren und Basen

Säure/konjugierte Base Chemische Formel pK_s/pK_b	Bedeutung
Milchsäure/Lactat $H_3C-CH(OH)-CO_2H$ / $H_3C-CH(OH)-CO_2^-$ 3,9/10,1	Entsteht im Muskelstoffwechsel bei anaerober Zellatmung (Kapitel 5.5), Lebensmittelzusatzstoff (E270), antibakterieller Zusatz zu Flüssigseifen (Formelschreibweise Kapitel 9.4)
Brenztraubensäure/Pyruvat $H_3C-CO-CO_2H$ / $H_3C-CO-CO_2^-$ 2,5/11,5	Wichtige Rolle im Stoffwechsel der Kohlenhydrate (Kapitel 12)
Buttersäure/Butyrat $CH_3CH_2CH_2-CO_2H$ / $CH_3CH_2CH_2-CO_2^-$ 4,8/9,2	Einfachste Fettsäure (langkettige Carbonsäure, Kapitel 11.10), Fettsäuren sind Bestandteile von Lipiden (Fetten); der unangenehme Geruch von Erbrochenem oder ranziger Butter wird durch Buttersäure verursacht; Seifen sind Alkalisalze von Fettsäuren, sie reagieren in Wasser alkalisch.
Guanidinium/Guanidin $H_2N-C(NH_2^+)-NH_2$ / $H_2N-C(NH)-NH_2$ 13,6/0,4	Guanidin ist eine der stärksten organischen Basen, enthalten in Molekülen wie Kreatin, Kreatinin oder Arginin (Kapitel 13) sowie in Arzneistoffen wie Metformin (orales Antidiabetikum) oder Chlorhexidin (Antiseptikum).

Tabelle 6.1: Wichtige einprotonige Säuren und Basen

Ameisensäure (HCO_2H) hat zum Beispiel einen pK_s-Wert von 3,8 (mittelstarke Säure), wohingegen Essigsäure nur einen pK_s-Wert von 4,8 hat (schwach). Ameisensäure überträgt daher (bei gleicher Konzentration) eher Protonen auf Wasser als Essigsäure. Salzsäure ist eine noch stärkere Säure als Ameisensäure und liegt in Wasser vollständig, also zu 100 Prozent dissoziiert vor. Dies gilt auch für andere starke Säuren wie Salpetersäure (HNO_3) oder Schwefelsäure (H_2SO_4). Wenn diese Säuren aber alle in Wasser vollständig dissoziiert vorliegen, wie kann man dann deren Stärke vergleichen? Sind sie alle gleich stark, da das Dissoziationsgleichgewicht in Wasser in allen Fällen praktisch vollständig auf der rechten Seite liegt? Nein, nur eignet sich Wasser in diesem Fall nicht als Referenzsystem. Diese Säuren sind alle so stark, dass die konjugierte Säure der Base Wasser, das Oxidaniumion H_3O^+, nicht in der Lage ist, die entsprechenden konjugierten Basen dieser Säuren zu protonieren. Die Rückreaktion findet also praktisch nicht statt. Man kann auch anders formulieren, dass Wasser als Base zu stark ist und somit zu einer vollständigen Deprotonierung der Säuren führt. Würde man eine schwächere Base als Wasser als Bezugspunkt verwenden, könnte man sehr wohl Unterschiede in den Säurestärken von Salzsäure, Salpetersäure und Schwefelsäure feststellen. Analoges gilt umgekehrt für sehr starke Basen.

Ameise
© Wikipedia: Ameisen, Rossameise, Autor: Richard Bartz, München

Ameisensäure

Essigsäure

6 Säuren und Basen

Es handelt sich hierbei um ein prinzipielles Problem, da wir keine absoluten Säuren- und Basenstärken angeben können. Und jedes relative Bezugssystem hat nun einmal seine Grenzen. Für Protonenübertragungen in Wasser bedeutet dies, dass keine Säuren verglichen werden können, die stärker sind als H_3O^+, und keine Basen, die stärker sind als OH^--Ionen. In beiden Fällen liegen die Säuren bzw. Basen dann bereits vollständig dissoziiert vor. Man nennt dies den **nivellierenden Effekt des Wassers**. Anders formuliert, die stärkste Säure, die in Wasser existieren kann, ist das Oxidaniumion H_3O^+. Ebenso ist die stärkste Base, die in Wasser existieren kann, das Hydroxidion OH^-. Die relativen Säurestärken von sehr starken Säuren wie Salzsäure oder Schwefelsäure kann man somit nur bestimmen, wenn man ein anderes Bezugssystem wählt, das weniger basisch ist als Wasser, also dessen korrespondierende Säure saurer ist als H_3O^+. Man kann zum Beispiel Essigsäure verwenden, die als extrem schwache Base von extrem starken Säuren wie Salz- oder Schwefelsäure protoniert werden kann. Die dabei entstehende protonierte Essigsäure (das sogenannte Acetacidium-Ion $CH_3CO_2H_2^+$) ist so stark sauer, dass sie auch sehr schwach basische Anionen wie Cl^- oder HSO_4^- protonieren kann.

> **MERKE**
> In Wasser gilt:
> stärkste Säure:
> H_3O^+ pK_s = –1,7
> stärkste Base:
> OH^- pK_b = –1,7

Bei mehrprotonigen Säuren wie der Phosphorsäure kann man für jeden der Protolyseschritte einen entsprechenden pK_s- und pK_b-Wert angeben (▶ Tabelle 6.2). Dabei nimmt die Säurestärke für jeden Protolyseschritt kontinuierlich ab (und die Stärke der konjugierten Base nimmt kontinuierlich zu). Die **Phosphorsäure** ist eine mittelstarke Säure (pK_s-Wert = 2,1), das Dihydrogenphosphat-Ion ($H_2PO_4^-$) ist mit einem pK_s-Wert von 7,2 nur noch schwach sauer, wohingegen das Hydrogenphosphat-Ion (HPO_4^{2-}: pK_s-Wert = 12,3) eigentlich kaum noch als Säure reagiert. Umgekehrt ist das Phosphation (PO_4^{3-}) eine sehr starke Base (pK_b-Wert = 1,7), während das Dihydrogenphosphation nur noch eine extrem schwache Base darstellt (pK_b-Wert = 11,9).

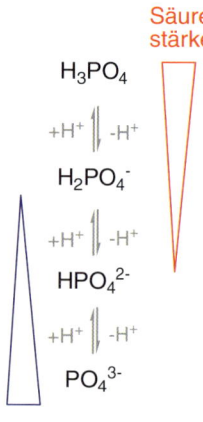

Säure/konjugierte Base Chemische Formel pK_s/pK_b	Bedeutung
Schwefelsäure/Hydrogensulfat H_2SO_4/HSO_4^- –3/17	Starke Mineralsäure; eine der wichtigsten Chemikalien für die chemische Industrie
Hydrogensulfat/Sulfat HSO_4^-/SO_4^{2-} 1,9/12,1	Gips ($CaSO_4$), Bittersalz ($MgSO_4$) und Glaubersalz ($Na_2SO_4 \cdot 10\,H_2O$) werden als Laxantien (Abführmittel) eingesetzt (Kapitel 4.9).
Kohlensäure/Hydrogencarbonat (CO_2+H_2O)/HCO_3^- 6,3/7,7	Wichtiges Puffersystem im Menschen (Kapitel 6.9), Natron (Backpulver) = $NaHCO_3$
Hydrogencarbonat/Carbonat HCO_3^-/CO_3^{2-} 10,3/3,7	Carbonate bilden wichtige Gesteine (Kapitel 1.9), Na_2CO_3 = Soda

Säure/konjugierte Base Chemische Formel pK_s/pK_b	Bedeutung
Oxalsäure/Hydrogenoxalat HO_2C-CO_2H/$HO_2C-CO_2^-$ 1,5/12,5	Rhabarber enthält viel Oxalsäure (in Form von Salzen)
Hydrogenoxalat/Oxalat $HO_2C-CO_2^-$/$^-O_2C-CO_2^-$ 4,2/9,8	Nierensteine bestehen häufig aus Calciumoxalat (Kapitel 4.9).
Phosphorsäure/Dihydrogenphosphat H_3PO_4/$H_2PO_4^-$ 2,1/11,9	Als Ester (Kapitel 11.9) zum Beispiel Bestandteil von ATP (Energieüberträger), RNA und DNA, Phospholipiden; Lebensmittelzusatzstoff (zum Beispiel in Cola)
Dihydrogenphosphat/Hydrogenphosphat $H_2PO_4^-$/HPO_4^{2-} 7,2/6,8	Wichtige Puffersubstanzen in der Biochemie (Kapitel 6.9)
Hydrogenphosphat/Phosphat HPO_4^{2-}/PO_4^{3-} 12,3/1,7	Als Hydroxylapatit Bestandteil der Knochen, als Fluorapatit Bestandteil des Zahnschmelzes (Kapitel 4.9); Phosphate sind Bestandteil von Dünger.
Schwefelwasserstoff/Hydrogensulfid H_2S/HS^- 7,0/7,0	Übel riechendes, sehr giftiges Gas, Geruch nach faulen Eiern, entsteht bei der Zersetzung von Proteinen (Eiweiß), Atemgift (Giftigkeit vergleichbar mit Blausäure!)
Hydrogensulfid/Sulfid HS^-/S^{2-} 13,0/1,0	Mineralien und Erze enthalten häufig Metallsulfide, wichtige Quellen für die Darstellung von Metallen.
Weinsäure/Hydrogentartrat $HO_2C-CH(OH)-CH(OH)-CO_2H$ / $HO_2C-CH(OH)-CH(OH)-CO_2^-$ 3,0/11,0	Lebensmittelzusatzstoff, Säure und Salze kommen in vielen Früchten vor, Weinsäure bestimmt den Säuregehalt von Wein, Kaliumhydrogentartrat (Weinstein) entsteht bei der Weinbereitung.
Hydrogentartrat/Tartrat $HO_2C-CH(OH)-CH(OH)-CO_2^-$ / $^-O_2C-CH(OH)-CH(OH)-CO_2^-$ 4,3/9,7	An Ammoniumnatriumtartrat gelang Pasteur 1847 die erste Racematspaltung (Kapitel 9.10.3).

Tabelle 6.2: Wichtige mehrprotonige Säuren und Basen

Für den Zusammenhang zwischen der Stärke der Säure und Base eines korrespondierenden Säure-Base-Paares gilt:

- Je stärker eine Säure, desto schwächer ist die konjugierte Base.
- Je schwächer eine Säure, desto stärker ist die konjugierte Base.

AUS DER MEDIZINISCHEN PRAXIS

Fluorid gegen Karies

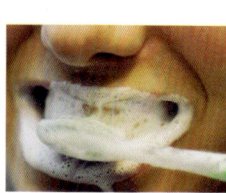

Kariesprophylaxe durch Zähneputzen
© Jörn Pollex, ddp Deutscher Depeschendienst GmbH, Berlin

Die Wirkung von fluoridhaltiger Zahnpasta zum Schutz vor Karies (**Kariesprophylaxe**) hat mit der geringeren Basenstärke des Fluoridions F^- (pK_b = 10,8) im Vergleich zum Hydroxidion OH^- (pK_b = −1,7) zu tun. Zahnschmelz besteht größtenteils aus dem schwerlöslichen Mineral Hydroxylapatit [$Ca_5(PO_4)_3(OH)$] (▶ Kapitel 4.9). Karies entsteht, wenn der Zahnschmelz von Säuren, die durch die Verstoffwechslung von Zuckern durch säurebildende und säureausscheidende Bakterien der Mundschleimhaut entstehen, aufgelöst wird. Hier haben Streptokokken und Lactobacillen eine große Bedeutung, es gibt aber deutlich mehr Spezies, die kariogene Eigenschaften haben. Durch die von den Bakterien produzierten Säuren werden sowohl Phosphat zu Hydrogenphosphat als auch Hydroxid zu Wasser protoniert, da beides relativ starke Basen sind. Das Protolysegleichgewicht liegt weitgehend rechts. Dadurch wird der schwerlösliche Hydroxylapatit nach und nach aufgelöst, da die freien Calcium- und Hydrogenphosphationen durch den Speichel aus dem Zahnschmelz ausgewaschen werden. Es entsteht Karies.

$$Ca_5(PO_4)_3(OH) + 4H^+ \rightleftarrows 5Ca^{2+} + 3HPO_4^{2-} + H_2O$$

Die Veränderung des pH-Wertes als Funktion der Zeit nach der Aufnahme von Zucker wurde zum ersten Mal 1944 von Stephan und Miller diskutiert. Der typische Verlauf des pH-Werts auf der Zahnoberfläche wird daher als sogenannte **Stephan-Kurve** bezeichnet.

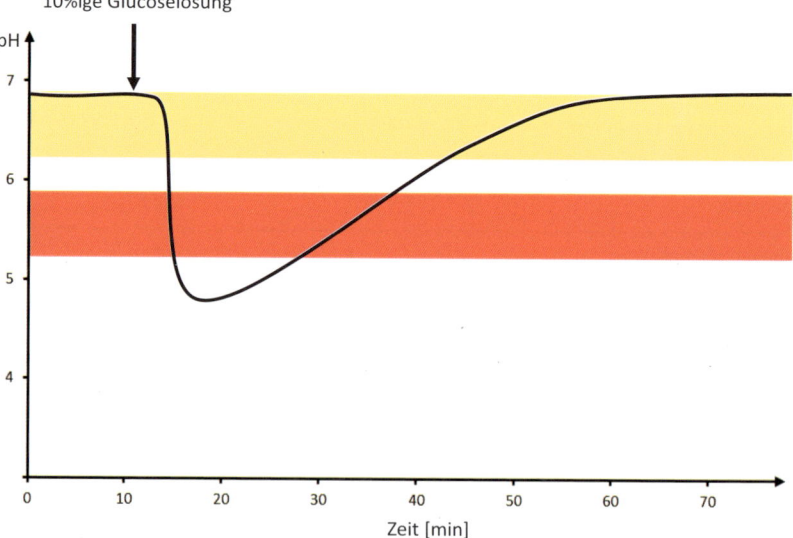

Abbildung 6.2: Stephan-Kurve: Sie gibt die typische zeitliche Veränderung des pH-Werts auf der Zahnoberfläche nach einer Spülung mit einer 10%igen Glucoselösung wieder.

Nach Aufnahme des Zuckers – in dem von Stephan und Miller durchgeführten Experiment mussten die Probanden für 2 Minuten mit einer 10%igen Glucoselösung spülen – fällt der pH-Wert bereits nach 5 bis 10 Minuten auf einen Wert von unter 5 ab, da Bakterien mit kariogenen Eigenschaften die Zucker zu organischen Säuren wie Acetaten, Lactat und Formiat verstoffwechseln. Nach diesem starken Abfall steigt der pH-Wert langsam wieder an und erreicht nach 50 bis 60 Minuten erst wieder den Ausgangswert von knapp unter 7. In ▶ Abbildung 6.2 sind die kritischen pH-Werte für Zahnschmelz (pH = 5–5,5) und Dentin (pH = 6–6,9) eingezeichnet. Unterhalb dieser pH-Werte kommt es zur Auswaschung der Calcium- und Hydrogenphosphationen.

Fluorid (aus Zahnpasta, fluoridhaltigem Salz oder fluoriertem Trinkwasser) wandelt Hydroxylapatit in Fluorapatit um [$Ca_5(PO_4)_3(F)$]. Das stark basische OH^- wird also gegen das weniger basische F^- ausgetauscht. Die Struktur beider Mineralien ist praktisch gleich, sodass sich die Stabilität und die mechanischen Eigenschaften des Zahnschmelzes nicht ändern. Da das Fluoridion weniger basisch und damit schwerer zu protonieren ist als das Hydroxidion, ist Fluorapatit gegenüber Säuren jedoch deutlich stabiler. Dadurch liegt das Protolysegleichgewicht auf der linken Seite, der Zahnschmelz bleibt stabil.

$$Ca_5(PO_4)_3(F) + 4H^+ \rightleftarrows 5Ca^{2+} + 3HPO_4^{2-} + HF$$

6.4 Autoprotolyse von Wasser, pH-Wert

Wir haben oben bereits gesehen, dass Wasser sowohl als Säure als auch als Base reagieren kann. Kann es dann auch mit sich selbst reagieren? Tatsächlich findet in Wasser in geringem, aber messbarem Umfang eine Protonenübertragung von einem Molekül Wasser als Säure auf ein zweites Molekül Wasser als Base statt, wobei H_3O^+- und OH^--Ionen entstehen.

$$2\,H_2O \rightleftarrows H_3O^+ + OH^-$$

Da Wasser sowohl eine schwache Säure als auch eine schwache Base ist, liegt das Gleichgewicht für diese **Autoprotolyse** (oder Autodissoziation) nahezu vollständig auf der linken Seite. Wendet man auf diese Eigendissoziation das Massenwirkungsgesetz an und berücksichtigt, dass die Konzentration von Wasser wiederum als konstant angesehen werden kann, so findet man, dass das Produkt aus den Konzentrationen von H_3O^+- und OH^--Ionen in Wasser eine Konstante ist. Diese bezeichnet man als **Ionenprodukt des Wassers K_W**. Bei 22 °C (Gleichgewichtskonstanten sind temperaturabhängig, ▶ Kapitel 5.9) beträgt der Zahlenwert für das Ionenprodukt genau $10^{-14}\,mol^2/L^2$.

$$K_W = K \cdot [H_2O]^2 = [H_3O^+] \cdot [OH^-] = 10^{-14}\,mol^2/L^2$$

In reinem Wasser liegen natürlich exakt genauso viele H_3O^+- wie OH^--Ionen vor ($[H_3O^+] = [OH^-]$), da sie in gleichem Maße bei der Eigendissoziation gebildet werden (Elektroneutralität). Für jedes Proton, das ein Wassermolekül unter Bildung von H_3O^+ auf ein anderes H_2O-Molekül überträgt, entsteht auch ein OH^--Ion. In reinem Wasser haben wir also gerade einmal 10^{-7} mol/L H_3O^+-Ionen vorliegen (und genauso viele OH^--Ionen). Eine fast verschwindend kleine Menge, die aber, wie wir noch sehen werden, für viele Vorgänge im Körper enorm wichtig ist.

In reinem Wasser gilt also:

$$[H_3O^+] = [OH^-] = \sqrt{K_W} = 10^{-7} \text{mol/L}$$

Nicht zu verwechseln ist der K_W-Wert mit der Säurestärke K_s von Wasser. Der K_s-Wert von Wasser ergibt sich entsprechend der angegebenen Definition der Säurekonstante (▶ Kapitel 6.3) zu:

Referenzsystem

$H_2O + H_2O \longrightarrow OH^- + H_3O^+$

H_2O als Säure

$$K_s = \frac{[H_3O^+] \cdot [OH^-]}{[H_2O]} = \frac{K_W}{[H_2O]} = \frac{10^{-14}}{55{,}5} \text{mol/L} = 10^{-15{,}7} \text{mol/L}$$
$$\Rightarrow pK_s = 15{,}7$$

Entsprechend gilt für den K_b-Wert von Wasser:

Referenzsystem

$H_2O + H_2O \longrightarrow H_3O^+ + OH^-$

H_2O als Base

$$K_b = \frac{[H_3O^+] \cdot [OH^-]}{[H_2O]} = \frac{K_W}{[H_2O]} = \frac{10^{-14}}{55{,}5} \text{mol/L} = 10^{-15{,}7} \text{mol}/l$$
$$\Rightarrow pK_b = 15{,}7$$

Vorsicht, es handelt sich um den K_s- und K_b-Wert von zwei verschiedenen konjugierten Säure-Base-Paaren, nämlich um den K_s-Wert für das Säure-Base-Paar H_2O/OH^- und um den K_b-Wert für das Säure-Base-Paar H_3O^+/H_2O.

$H_3O^+ \xleftarrow[pK_b = 15{,}7]{+ H^+} H_2O \xrightarrow[pK_s = 15{,}7]{- H^+} OH^-$

H_2O als Base H_2O als Säure

6.4 Autoprotolyse von Wasser, pH-Wert

Was passiert mit der Autoprotolyse des Wassers, wenn eine weitere Säure oder Base zur Lösung hinzugegeben wird? Die Säure wird Protonen auf Wassermoleküle unter Bildung von H_3O^+-Ionen übertragen. Deren Konzentration steigt dadurch in der Lösung an. Das Ionenprodukt ist aber eine universelle thermodynamische Konstante, für die es unerheblich ist, woher die Ionen stammen. Daher muss, wenn sich $[H_3O^+]$ erhöht, gleichzeitig die Konzentration der OH^--Ionen in der wässrigen Lösung abnehmen, bis das Produkt der beiden Konzentrationen gerade wieder genau $[H_3O^+] \cdot [OH^-] = 10^{-14}$ mol²/L² beträgt. Die Zugabe der H_3O^+-Ionen stellt eine äußere Störung des Autoprotolysegleichgewichtes dar, dem das System gemäß dem Prinzip von Le Châtelier (▶ Kapitel 5.9) so ausweicht, dass der Störung entgegengearbeitet wird. Also verschiebt sich das Autoprotolysegleichgewicht so, dass H_3O^+-Ionen durch Reaktion mit OH^--Ionen unter Wasserbildung verbraucht werden. Dabei reagieren so lange OH^--Ionen mit H_3O^+-Ionen zu Wasser, bis das Ionenprodukt wieder eingestellt ist. Analog führt die Zugabe einer Base zu Wasser zu einer Erhöhung der Konzentration an OH^--Ionen und damit entsprechend gleichzeitig zu einem Absinken der H_3O^+-Ionenkonzentration. Ein völlig analoges Verhalten haben wir bei den Fällungsgleichgewichten im Zusammenhang mit einem gleichionigen Zusatz kennengelernt (▶ Kapitel 4.9). Für das Löslichkeitsprodukt eines schwerlöslichen Salzes ist es ebenfalls egal, woher die Ionen stammen. Gibt man zu einem eingestellten Lösungsgleichgewicht von außen eines der Ionen aus einer anderen Quelle hinzu, fällt so lange schwerlösliches Salz aus, bis das Produkt der Konzentrationen wieder dem Löslichkeitsprodukt entspricht. Bei der Verschiebung des Autoprotolysegleichgewichtes fällt allerdings nichts aus, sondern H_3O^+- und OH^--Ionen reagieren miteinander zu undissoziiertem Wasser und verschwinden dadurch aus der Lösung.

Für alle wässrigen Lösungen gilt also: Kennt man entweder die Konzentration der H_3O^+- oder der OH^--Ionen, so kann man die Konzentration des anderen Ions über das Ionenprodukt des Wassers berechnen. Für die Beschreibung des sauren oder basischen Charakters einer Lösung reicht daher eine der beiden Konzentrationen aus (▶ Abbildung 6.3). Üblicherweise verwendet man die Konzentration der H_3O^+-Ionen. Säuren geben Protonen ab, erzeugen also in Wasser H_3O^+-Ionen. Saure Lösungen weisen daher eine erhöhte H_3O^+-Ionenkonzentration *relativ zu reinem* Wasser auf. Bei Basen ist es genau umgekehrt. Basen nehmen vom Wasser Protonen auf und erzeugen dadurch OH^--Ionen. Basische Lösungen weisen daher eine erhöhte OH^--Ionenkonzentration *relativ zu reinem* Wasser auf. Gleichzeitig muss dann die Konzentration der H_3O^+-Ionen kleiner als in reinem Wasser sein. Da es sehr unhandlich ist, mit so kleinen Zahlen wie den tatsächlichen Konzentrationen zu hantieren, verwendet man wieder den negativen dekadischen Logarithmus der H_3O^+-Ionenkonzentration, den sogenannten **pH-Wert** (pH = $-\lg[H_3O^+]$; lateinisch = *potentia hydrogenii*). Reines Wasser weist also einen pH-Wert von 7,0 auf, saure Lösungen einen pH-Wert < 7,0 und basische Lösungen einen pH-Wert > 7,0.

$$pH = -\lg[H_3O^+]$$

> **MERKE**
> pH-Wert einer Lösung:
> sauer:
> pH < 7 $[H_3O^+]$ > $[OH^-]$
> neutral:
> pH = 7 $[H_3O^+]$ = $[OH^-]$
> basisch:
> pH > 7 $[H_3O^+]$ < $[OH^-]$

> **MERKE**
> Physiologischer
> pH-Wert: 7,40 ± 0,05

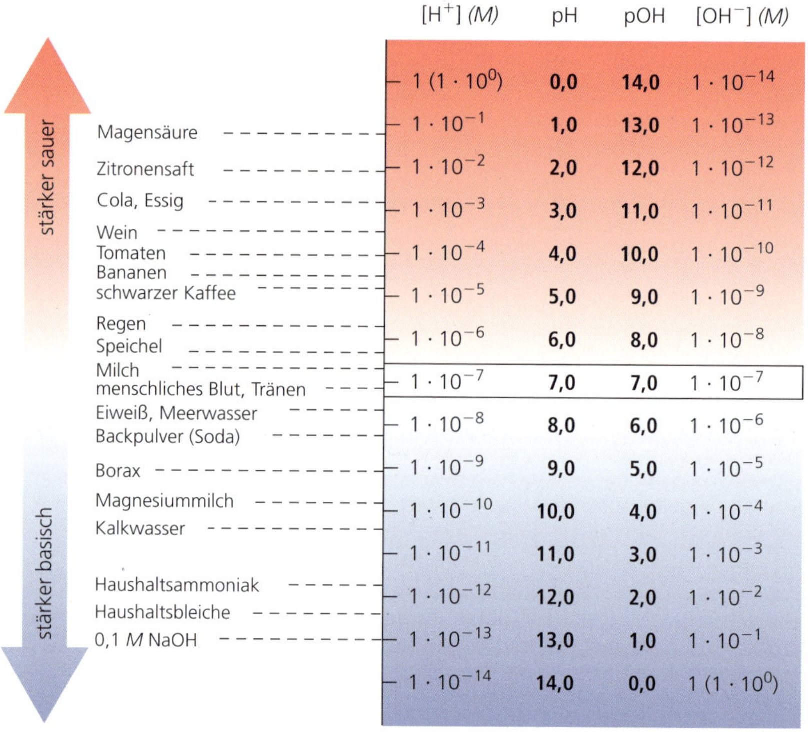

6 Säuren und Basen

Stoff	[H⁺] (M)	pH	pOH	[OH⁻] (M)
	$1\,(1\cdot 10^0)$	0,0	14,0	$1\cdot 10^{-14}$
Magensäure	$1\cdot 10^{-1}$	1,0	13,0	$1\cdot 10^{-13}$
Zitronensaft	$1\cdot 10^{-2}$	2,0	12,0	$1\cdot 10^{-12}$
Cola, Essig	$1\cdot 10^{-3}$	3,0	11,0	$1\cdot 10^{-11}$
Wein, Tomaten	$1\cdot 10^{-4}$	4,0	10,0	$1\cdot 10^{-10}$
Bananen, schwarzer Kaffee	$1\cdot 10^{-5}$	5,0	9,0	$1\cdot 10^{-9}$
Regen, Speichel	$1\cdot 10^{-6}$	6,0	8,0	$1\cdot 10^{-8}$
Milch, menschliches Blut, Tränen	$1\cdot 10^{-7}$	7,0	7,0	$1\cdot 10^{-7}$
Eiweiß, Meerwasser, Backpulver (Soda)	$1\cdot 10^{-8}$	8,0	6,0	$1\cdot 10^{-6}$
Borax	$1\cdot 10^{-9}$	9,0	5,0	$1\cdot 10^{-5}$
Magnesiummilch, Kalkwasser	$1\cdot 10^{-10}$	10,0	4,0	$1\cdot 10^{-4}$
	$1\cdot 10^{-11}$	11,0	3,0	$1\cdot 10^{-3}$
Haushaltsammoniak, Haushaltsbleiche	$1\cdot 10^{-12}$	12,0	2,0	$1\cdot 10^{-2}$
0,1 M NaOH	$1\cdot 10^{-13}$	13,0	1,0	$1\cdot 10^{-1}$
	$1\cdot 10^{-14}$	14,0	0,0	$1\,(1\cdot 10^0)$

(stärker sauer ↑ / stärker basisch ↓)

Abbildung 6.3: pH-Werte von Lösungen gebräuchlicher Stoffe (bei 25 °C). Man kann sowohl die H₃O⁺- als auch die OH⁻-Ionenkonzentration zur Charakterisierung der sauren und basischen Eigenschaften von Lösungen verwenden. Üblich ist die Verwendung des pH-Wertes, also von [H₃O⁺].
Aus: Brown, T. L., LeMay, H. E. & Bursten, E. B. (2007)

Man könnte analog natürlich auch den **pOH-Wert** zur Beschreibung von Säuren und Basen verwenden: pOH = −lg[OH⁻] (mit pOH: sauer > 7; neutral = 7, basisch < 7).

$$\text{pOH} = -\lg[\text{OH}^-]$$

Der Zusammenhang zwischen pH- und pOH-Wert ergibt sich aus dem Ionenprodukt des Wassers.

$$[\text{H}_3\text{O}^+]\cdot[\text{OH}^-] = K_\text{W} = 10^{-14}$$
$$\Rightarrow -\lg[\text{H}_3\text{O}^+] + (-\lg[\text{OH}^-]) = \text{p}K_\text{W} = 14$$
$$\Rightarrow \text{pH}+\text{pOH} = 14$$

Über das Ionenprodukt des Wassers können wir nun auch die Stärke von korrespondierenden Säure-Base-Paaren miteinander in Beziehung bringen. Betrachten wir ein allgemeines Säure-Base-Paar HA/A⁻.

$$\text{HA} + \text{H}_2\text{O} \xrightarrow{\text{p}K_\text{s}} \text{A}^- + \text{H}_3\text{O}^+$$
$$\text{A}^- + \text{H}_2\text{O} \xrightarrow{\text{p}K_\text{b}} \text{HA} + \text{OH}^-$$

$$K_s = \frac{[H_3O^+]\cdot[A^-]}{[HA]} \quad \text{und} \quad K_b = \frac{[HA]\cdot[OH^-]}{[A^-]}$$

$$\Rightarrow K_s \cdot K_b = \frac{[H_3O^+]\cdot[A^-]}{[HA]} \cdot \frac{[HA]\cdot[OH^-]}{[A^-]} = [H_3O^+]\cdot[OH^-] = K_W = 10^{-14}$$

$$\Rightarrow pK_s + pK_b = 14$$

Diese Beziehung ist die quantitative Basis für die oben bereits erwähnte qualitative Beobachtung, dass die konjugierte Base einer starken Säure schwach, die einer schwachen Säure hingegen stark ist. So weist Ameisensäure als mittelstarke Säure einen pK_s-Wert von 3,8 auf, das Formiation als konjugierte Base also einen pK_b-Wert von 14 − 3,8 = 10,2 (was einer schwachen Base entspricht). Wichtig ist, dass man bei Ampholyten aufpasst und deren unterschiedliche Säure-Base-Paare auseinander hält. Wasser ist zum Beispiel sowohl eine schwache Säure als auch eine schwache Base. Ist dies kein Widerspruch zu unserer Aussage, dass eine schwache Säure zu einer starken Base gehört (und umgekehrt)? Nein, denn es handelt sich wieder um zwei verschiedene Säure-Base-Paare, an denen Wasser beteiligt ist. Als korrespondierende Säure zur starken Base OH⁻ ist Wasser eine schwache Säure. Als korrespondierende Base zur starken Säure H_3O^+ ist Wasser eine schwache Base.

starke Säure
H_3O^+ $\underset{pK_b = 15,7}{\overset{pK_s = -1,7}{\rightleftharpoons}}$ H_2O + H⁺ sehr schwache Base

sehr schwache Säure
H_2O $\underset{pK_b = -1,7}{\overset{pK_s = 15,7}{\rightleftharpoons}}$ OH⁻ + H⁺ starke Base

MERKE

Wasser als Ampholyt:
$H_3O^+/H_2O : pK_s = -1,7$
$H_2O/OH^- : pK_s = 15,7$

AUS DER MEDIZINISCHEN PRAXIS

Der physiologische pH-Wert

Ein ausgeglichener Säure-Base-Haushalt ist lebenswichtig für den Organismus. In der Medizin liefert die Erfassung des **Säure-Base-Status** (= pH-Wert) des Blutes bei der Blutgasanalyse und des Harns wichtige Informationen für die Diagnose von Fehlfunktionen und Krankheiten. Im Plasma des arteriellen Blutes liegt der physiologische pH-Wert bei 7,40 ± 0,05 also leicht im basischen Bereich. Im Magen liegt hingegen ein pH-Wert von etwa 1–2 vor, der nötig ist, um die Nahrung chemisch in ihre Bestandteile zu zersetzen, die dann vom Körper weiterverwertet werden können. In entzündetem Gewebe ist der pH-Wert ebenfalls erniedrigt und beträgt etwa 4,5–6,5. Auch Krebszellen weisen häufig einen leicht erniedrigten pH-Wert von etwa 5,5–6,5 auf, was auf einer verstärkten Stoffwechselaktivität beruht, verursacht durch schnelleres Zellwachstum und der damit verbundenen vermehrten Bildung von Säuren. Diese Unterschiede im pH-Wert von gesunden Zellen und Krebszellen versucht man sich heutzutage gezielt bei der Chemotherapie zunutze zu machen. So werden Medikamente entwickelt, die nur in saurer Lösung (im Krebsgewebe) wirken, aber nicht in schwach basischer Lösung (= gesundes Gewebe).

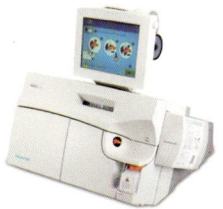

Gerät zur Blutgasanalyse
© Siemens-Pressebild, Siemens AG, München

Säure-Base-Eigenschaften von Arzneistoffen
Resorption von sauren und basischen Arzneistoffen

Die Säure- und Base-Eigenschaften eines Arzneistoffes bestimmen unter anderem auch das Ausmaß der Resorption (Aufnahme aus dem Magen-Darm-Trakt in den Blutkreislauf), seine Verteilung im Organismus und seine Ausscheidung (Elimination). Damit Arzneistoffe nach oraler Gabe resorbiert werden können, müssen sie in der Regel in der Lage sein, die unpolaren Zellmembranen durch passive Diffusion zu passieren (▶ Kapitel 4.10). Dazu ist nur die undissoziierte und damit ungeladene Form des Arzneistoffes in der Lage; die polare, geladene Form hingegen nicht (▶ Abbildung 6.4). Der **Dünndarm** ist der wichtigste Ort der **Resorption** für Arzneistoffe. Der pH-Wert reicht hier von leicht sauer (pH 6,5) im oberen Teil (Duodenum, Zwölffingerdarm) bis zu schwach alkalisch (pH 8) in tieferen Dünndarmabschnitten. Schwach saure Arzneistoffe werden daher eher in den oberen Dünndarmbereichen, schwach basische in den unteren Dünndarmbereichen resorbiert. So wird sichergestellt, dass sowohl schwach saure als auch schwach basische Stoffe vom Körper resorbiert werden können. Entscheidend ist ebenfalls, dass die Dünndarmoberfläche, die für die Resorption zur Verfügung steht, sehr groß ist (200 m²). Auch geringe Mengen eines ungeladenen Arzneistoffes werden daher wegen der großen Kontaktfläche gut resorbiert und damit dem Protolysegleichgewicht entzogen. Dies führt zur „Nachbildung" der Neutralform durch Verschiebung des reversiblen Dissoziationsgleichgewichtes (Prinzip von Le Châtelier; ▶ Kapitel 5.9). So wird nach und nach ein Großteil der Arzneistoffe über die Neutralform resorbiert.

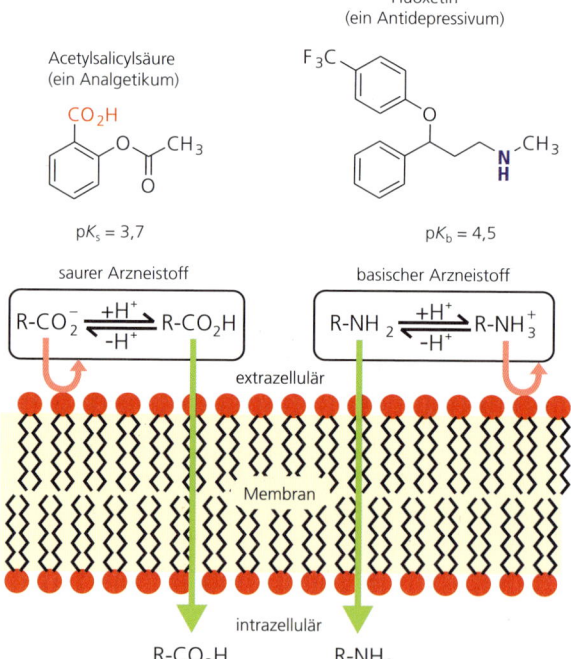

Abbildung 6.4: Resorption von Arzneistoffen. Nur die neutrale Form eines Arzneistoffes kann die Zellmembran passieren. Die geladenen Formen sind zu polar und können die unpolare Zellmembran nicht durch Diffusion durchwandern.

Prodrug-Prinzip

Man kann die Resorptionsquote schlecht resorbierbarer Arzneistoffe auch mit einem Trick erhöhen: dem **Prodrug-Prinzip**. Die Säuregruppe eines aktiven, aber da unter physiologischen Bedingungen als negativ geladenes Anion vorliegenden und somit schlecht resorbierbaren sauren Arzneistoffes wird umgewandelt in einen neutralen Ester (▶ Kapitel 11.8.3). Dieser ist zwar pharmakologisch inaktiv, wird aber als neutrales Teilchen aufgrund der höheren Lipophilie besser resorbiert. Da Ester im Körper durch Enzyme wieder zu Säuren gespalten werden (▶ Kapitel 12.2.8), wird nach der Durchdringung der Darmwand die aktive Säureform, das „Drug", freigesetzt. Ein Beispiel für dieses Prinzip ist der Blutdruck senkende Arzneistoff **Enalapril**, ein sogenannter ACE-Hemmer, der *in vivo* in das „Drug" Enalaprilat umgewandelt wird.

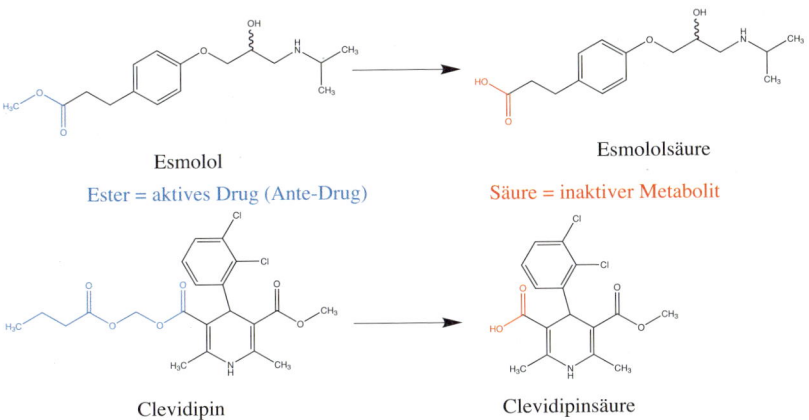

Enalapril — Ester = inaktives Prodrug

Enalaprilat — Säure = aktiver Arzneistoff

Antedrug-Prinzip

Während Prodrugs inaktive Vorläufer von Arzneistoffen sind, die im Körper zu den eigentlichen, wirksamen Arzneistoffen metabolisiert werden, sind **Antedrugs**, auch **Soft Drugs** genannt, wirksame Arzneistoffe, die schnell und vorhersagbar zu inaktiven Metaboliten umgewandelt werden. Beispiele sind ultrakurzwirksame blutdruck- und herzfrequenzsenkende Arzneistoffe wie Clevidipin oder Esmolol, die nach intravenöser Verabreichung sehr schnell wirken und dann innerhalb von Minuten durch Spaltung einer Esterfunktion zur Säure inaktiviert werden. Warum benötigt man solche Arzneistoffe? Zum Beispiel zur Akutbehandlung von Herzrhythmusstörungen oder bei einer hypertensiven Krise während einer Operation.

Esmolol — Ester = aktives Drug (Ante-Drug)

Esmololsäure — Säure = inaktiver Metabolit

Clevidipin

Clevidipinsäure

Verteilung von Arzneistoffen im Körper

Die Säure-Base-Eigenschaften von Arzneistoffen sind zudem entscheidend für deren Verteilung im Körper. Saure Arzneistoffe liegen im Blut eher deprotoniert und damit geladen vor. In dieser Form können sie die unpolare Blut-Hirn-Schranke (Schrankeneffekt der besonders dicht miteinander verbundenen Zellen der Blutgefäße des Gehirns; ▶ Kapitel 4.5) in der Regel nicht passieren. Daher finden sich unter den Arzneistoffen, die im Gehirn wirken können (zum Beispiel Psychopharmaka), wenige saure, aber viele neutrale oder leicht basische Arzneistoffe, da diese bei pH 7,4 zumindest anteilig undissoziiert vorliegen und in dieser neutralen Form die Blut-Hirn-Schranke besser passieren können. Auch die Alkaloide, stickstoffhaltige Naturstoffe, sind leicht basisch und haben daher häufig ausgeprägte zentralnervöse pharmakologische Wirkungen (wie zum Beispiel Morphin, Nicotin oder Strychnin).

6.5 Berechnung von pH-Werten

Die Kenntnis des pH-Wertes einer Lösung ist für viele Bereiche wichtig. Seine Berechnung ist nicht immer einfach, da die tatsächliche Konzentration an H_3O^+-Ionen in einer Lösung häufig von mehreren Teilchen und deren Protolysegleichgewichten abhängt. Zumindest liegen immer zwei Protolysegleichgewichte nebeneinander vor; das der zur Lösung hinzugegebenen Säure bzw. Base und die Autoprotolyse des Wassers. Es handelt sich um gekoppelte Gleichgewichte (▶ Kapitel 5.10), die sich gegenseitig beeinflussen, sodass die Berechnung des pH-Wertes sehr kompliziert werden kann. In der Regel lässt sich die pH-Wert-Berechnung mithilfe einiger realistischer Annahmen aber sehr vereinfachen.

6.5.1 Berechnung des pH-Wertes einer starken einprotonigen Säure

$[X]_0$ = Anfangskonzentration von X vor einer Reaktion

Eine starke Säure HA (pK_s-Wert $< -1,7$) dissoziiert in einer wässrigen Lösung vollständig. Folglich ist die Konzentration der Oxidaniumionen $[H_3O^+]$, die aus der Säure stammen, nach der Dissoziation gleich der Konzentration der ursprünglich eingesetzten Säure $[HA]_0$ (1. vereinfachende Annahme). Die Menge der durch die Dissoziation der Säure entstandenen H_3O^+-Ionen ist in der Regel deutlich größer als die geringen Mengen H_3O^+-Ionen aus der Autoprotolyse des Wassers, die man somit vernachlässigen kann, zumal das Autoprotolysegleichgewicht durch die Säurezugabe zusätzlich zurückgedrängt wird (Prinzip von Le Châtelier). Der pH-Wert wird somit allein durch die H_3O^+-Ionen, die aus der Dissoziation der Säure HA stammen, bestimmt (2. vereinfachende Annahme). Mit diesen beiden vereinfachenden Annahmen kann man den **pH-Wert einer starken Säure** wie folgt berechnen:

$$HA + H_2O \longrightarrow A^- + H_3O^+ \quad \text{vollständige Protolyse}$$

$$2\,H_2O \rightleftharpoons H_3O^+ + OH^- \quad \text{vernachlässigbar}$$

$$[H_3O^+]_{gesamt} = [H_3O^+]_{HA} + [H_3O^+]_{Wasser} = [HA]_0 + [H_3O^+]_{Wasser}$$

wenn $[HA]_0 \gg [H_3O^+]_{Wasser}$, dann ist $[H_3O^+]_{gesamt} \approx [HA]_0$

$\Rightarrow pH = -\lg[HA]_0$

Magensaft besteht zum Beispiel aus einer Salzsäurelösung mit einer Konzentration von etwa $[HCl]_0 = 0{,}01$ mol/L. Der pH-Wert des Magensaftes beträgt somit pH = $-\lg 0{,}01 = 2$, Magensaft ist also stark sauer. Eine 0,0001 M Salzsäure besitzt hingegen einen pH-Wert von $-\lg(10^{-4}) = 4$. Berücksichtigt man zusätzlich die H_3O^+-Ionen aus der Autoprotolyse des Wassers, ergibt sich der *exakte* pH-Wert zu pH = 3,9999996. Man kann H_3O^+-Ionen aus der Eigendissoziation des Wassers bei starken Säuren also getrost vernachlässigen, zumindest solange $[HA]_0 > 10^{-5}$ mol/L ist. Im Allgemeinen ist der Fehler < 0,1 Prozent.

6.5.2 Berechnung des pH-Wertes einer schwachen einprotonigen Säure

Bei einer schwachen Säure dissoziiert dagegen nur ein Teil der Säure. Bei höheren Konzentrationen $[HA]_0$ kann man aber die H_3O^+-Ionen aus der Eigendissoziation des Wassers wiederum vernachlässigen.

$HA + H_2O \xrightleftharpoons{K_s} A^- + H_3O^+$ teilweise Protolyse

$2\,H_2O \rightleftharpoons H_3O^+ + OH^-$ vernachlässigbar

Da ein Säuremolekül HA bei der Reaktion mit einem Wassermolekül zu einem A^- und einem H_3O^+ reagiert, gilt für die Konzentrationen (Elektroneutralität):

$$[H_3O^+] = [A^-]$$

■ **BEISPIEL** **Rechenbeispiel pH-Wert**

Wie groß ist der pH-Wert einer 10^{-8} mol/L-Salzsäurelösung? Natürlich ist der pH-Wert nicht 8, auch wenn die Salzsäure durch ihre Dissoziation gerade genau 10^{-8} mol/L H_3O^+-Ionen erzeugt. Wenn die Konzentration der Säure in die gleiche Größenordnung kommt wie der Anteil an H_3O^+-Ionen aus der Autoprotolyse des Wassers, dann darf man diesen Anteil natürlich nicht mehr vernachlässigen. Geht man vereinfachend davon aus, dass die Autoprotolyse einen konstanten Anteil an 10^{-7} mol/L H_3O^+-Ionen liefert (was nicht ganz richtig ist, da sich die beiden Protolysegleichgewichte gegenseitig beeinflussen, aber als erste Näherung soll diese vereinfachte Betrachtung reichen), dann beträgt der pH-Wert:

$$[H_3O^+] = 10^{-8} + 10^{-7} = 1{,}1 \cdot 10^{-7} \Rightarrow pH = 6{,}97$$

(Ohne diese Näherung erhält man pH = 6,98).

Verdünnt man die Säure weiter, so nähert sich der pH-Wert der Lösung immer mehr dem **Neutralpunkt** von pH = 7 an. Aber einen pH-Wert > 7 kann es bei der Verdünnung einer Säure natürlich nicht geben, da in der Lösung immer mehr H_3O^+-Ionen als OH^--Ionen vorhanden sind.

Die Summe der neu gebildeten A⁻ und der verbliebenen HA muss natürlich der ursprünglichen Menge an Säure entsprechen (Massenbilanz):

$$[HA]_0 = [HA] + [A^-] = [HA] + [H_3O^+]$$

Setzt man diese beiden Gleichungen in die Definition der Säurekonstante K_s der Säure ein, so erhält man:

$$K_s = \frac{[H_3O^+] \cdot [A^-]}{[HA]} = \frac{[H_3O^+]^2}{[HA]_0 - [H_3O^+]}$$

Dies ist eine quadratische Gleichung in [H₃O⁺], die sich mit einfachen mathematischen Methoden lösen lässt. Allerdings kann man noch eine weitere Näherung einführen. Bei nicht zu kleinen Säurekonzentrationen [HA]₀ ist das Ausmaß der Dissoziation im Vergleich zur Gesamtmenge an zugesetzter Säure relativ gering. Es gilt dann näherungsweise:

$$[HA] = [HA]_0 - [H_3O^+] \approx [HA]_0$$

Damit lässt sich der Ausdruck für den pH-Wert weiter vereinfachen:

$$K_s = \frac{[H_3O^+]^2}{[HA]_0 - [H_3O^+]} \approx \frac{[H_3O^+]^2}{[HA]_0}$$

$$\Rightarrow [H_3O^+] = \sqrt{K_s \cdot [HA]_0}$$

$$\Rightarrow pH = \frac{1}{2} \cdot \left(pK_s - \lg\left([HA]_0\right)\right)$$

Für sehr verdünnte Lösung gilt diese Vereinfachung nicht. Je verdünnter die Lösung wird, desto mehr verschiebt sich das Protolysegleichgewicht gemäß des Prinzips von Le Châtelier auf die Seite der dissoziierten Form. In einer unendlich verdünnten Lösung ist auch eine sehr schwache Säure vollständig, also zu 100 Prozent dissoziiert. Man beachte, dass beim Verdünnen nur der relative (prozentuale) Anteil an dissoziierter (= deprotonierter) Säure ansteigt. Aufgrund der hohen Verdünnung ist die absolute Konzentration an H₃O⁺-Ionen, die die Säure liefert, natürlich sehr gering und nur die ist für den pH-Wert entscheidend. In einer sehr verdünnten Lösung ist also auch eine schwache Säure zu 100 Prozent dissoziiert, aber der pH-Wert ist trotzdem nur geringfügig kleiner als 7. So ist Essigsäure in einer Lösung mit der Konzentration 1 mol/L (= Haushaltsessig) gerade einmal zu 0,42 Prozent dissoziiert, der pH-Wert beträgt 2,37. Verdünnt man die Lösung auf eine Konzentration von 0,001 mol/L, nimmt zwar der **Dissoziationsgrad** der Essigsäure auf 12,6 Prozent zu, aber der pH-Wert ist wegen der geringen absoluten Konzentration der H₃O⁺-Ionen mit pH 3,90 trotzdem weniger sauer. Den sogenannten Ostwald'schen Protolysegrad oder Dissoziationsgrad kann man wie folgt berechnen:

$$\text{Dissoziationsgrad} = \frac{[A^-]}{[HA]+[A^-]} \cdot 100\% = \frac{[A^-]}{[HA]_0} \cdot 100\%$$

6.5.3 Berechnung des pH-Wertes starker und schwacher Basen

Für starke und schwache Basen kann man die Konzentration an OH⁻-Ionen und den pOH-Wert völlig analog berechnen wie für starke und schwache Säuren den pH-Wert. Aus dem pOH-Wert lässt sich dann aus der Beziehung pH + pOH = 14 der pH-Wert ermitteln. Die entsprechenden Formeln lassen sich genauso ableiten, wie diejenigen zur pH-Wert-Berechnung.

- Starke Base mit einer Ausgangskonzentration $[B]_0$:

$$pOH = -\lg[B]_0$$
$$\Rightarrow pH = 14 - pOH = 14 + \lg[B]_0$$

- Schwache Base mit einer Ausgangskonzentration $[B]_0$:

$$pOH = \tfrac{1}{2} \cdot \left(pK_b - \lg[B]_0\right)$$
$$pH = 14 - \tfrac{1}{2} \cdot \left(pK_b - \lg[B]_0\right)$$

Auch bei Basen gilt natürlich, dass der pH-Wert einer sehr verdünnten Lösung einer Base immer > 7 sein muss.

6.5.4 Berechnung des pH-Wertes von Mischungen von Säuren und Basen

Komplizierter wird die Berechnung des pH-Wertes, wenn in einer Lösung gleichzeitig mehrere Säuren oder Basen vorliegen. Dann gelten die vereinfachenden Näherungen, die wir zuvor verwendet haben, nicht mehr. Man kann den pH-Wert der Lösung zwar berechnen, die entsprechenden mathematischen Ableitungen sind aber deutlich komplizierter. Wir wollen uns nur noch einen Spezialfall anschauen. Für den pH-Wert einer wässrigen Lösung eines **Ampholyten** HA^- gilt näherungsweise (sofern das Gegenkation selbst keinen Einfluss auf den pH-Wert besitzt):

$$H_2A \;\underset{+H^+}{\overset{-H^+}{\rightleftharpoons}}\; \underbrace{HA^-}_{\text{Ampholyt}} \;\underset{+H^+}{\overset{-H^+}{\rightleftharpoons}}\; A^{2-}$$

$$pK_{s1} \qquad\qquad pK_{s2}$$

$$pH = \tfrac{1}{2} \cdot (pK_{s1} + pK_{s2})$$

mit

$$K_{s1} = \frac{[H_3O^+] \cdot [HA^-]}{[H_2A]} \quad \text{und} \quad K_{s2} = \frac{[H_3O^+] \cdot [A^{2-}]}{[HA^-]}$$

Damit ist der Wert in erster Näherung unabhängig von der Gesamtkonzentration des Ampholyten! Eine Lösung von NaH_2PO_4 besitzt (▶ Tabelle 6.2) einen pH-Wert von pH = ½(2,1 + 7,2) = 4,65 und eine Lösung von Na_2HPO_4 einen pH-Wert von pH = ½(7,2 + 12,7) = 9,95 jeweils unabhängig von der Konzentration der Lösung.

6 Säuren und Basen

6.6 Messung von pH-Werten, Indikatoren

pH-Meter
Aus: Brown, T. L., LeMay, H. E. & Bursten, E. B. (2007)

Wie kann man den pH-Wert einer Lösung messen? Der bereits zu Kapitelbeginn erwähnte, historisch durchaus übliche Geschmackstest scheidet heutzutage in den meisten Fällen aus. Generell stehen für pH-Messungen zwei Methoden zur Verfügung:

- Elektrochemisch mittels eines pH-Meters (▶ Kapitel 7.9)
- Mithilfe von Farbindikatoren

Bei **Farbindikatoren** handelt es sich in der Regel um schwache organische Säuren oder Basen, deren konjugierte Säure- (HInd) und Baseform (Ind⁻) unterschiedliche Farben aufweisen (▶ Abbildung 6.5). Gibt man einen solchen Farbindikator in geringen Mengen zu einer wässrigen Lösung einer Säure oder Base, so bestimmt der pH-Wert der Lösung die Lage des Protolysegleichgewichts des Indikators. In saurer Lösung wird mehr von der protonierten Säureform und in basischer Lösung mehr von der deprotonierten Form des Indikators vorliegen. Wenn beide Formen unterschiedliche Farben aufweisen, so wird sich je nach dem Verhältnis von Säureform zu Baseform HInd/Ind⁻ die Farbe der Lösung ändern.

$$\text{HInd} + \text{H}_2\text{O} \rightleftharpoons \text{Ind}^- + \text{H}_3\text{O}^+$$

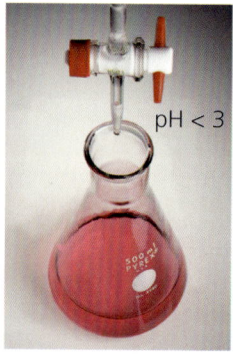

pH < 3

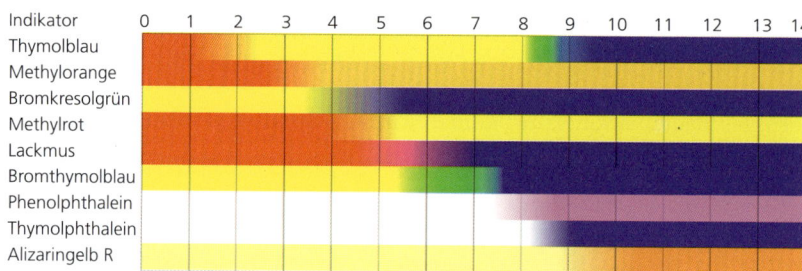

Abbildung 6.5: Farbindikatoren. Je nach Säure- und Basestärke der Indikatoren sind diese in verschiedenen pH-Bereichen einsetzbar. Der Umschlagspunkt umfasst in etwa 2 pH-Einheiten. Manche Indikatoren, wie zum Beispiel Thymolblau, ändern ihre Farbe zweimal.
© Wikipedia: Indikator (Chemie), pH-Indikatoren und ihre Farbskala, Autor: MarkusZi

pH > 5

Farbumschlag des Indikators Methylorange
Aus: Brown, T. L., LeMay, H. E. & Bursten, E. B. (2007)

Rotkohlsaft enthält zum Beispiel solche Indikatoren, deren Farbe sich von blau in basischer Lösung zu rot in saurer Lösung verändert. Je nach der eigenen Säure- und Basestärke des Indikators findet dieser Farbumschlag bei unterschiedlichen pH-Werten statt. Entspricht der pH-Wert der Lösung genau dem pK_s-Wert des Indikators, so liegen Säureform HInd und Baseform Ind⁻ in exakt gleichen Konzentrationen vor; die Lösung zeigt entsprechend die Mischfarbe, zusammengesetzt aus den einzelnen Farben beider Formen, beim Rotkohlsaft zum Beispiel eine violette Farbe. Das menschliche Auge erkennt Farben aber erst dann gut, wenn sie gegenüber einer anderen Farbe in etwa zehnmal höherer Konzentration vorliegen. Das heißt, damit die reine Farbe der Säureform HInd gut erkannt wird, muss [HInd] > 10 · [Ind⁻] sein (und umgekehrt). Eingesetzt in das Massenwirkungsgesetz ergibt sich daraus als Merkregel für den **Umschlagsbereich** eines Farbindikators:

$$K_{Ind} = \frac{[H_3O^+] \cdot [Ind^-]}{[HInd]}$$

$$\Rightarrow [H_3O^+] = K_{Ind} \cdot \frac{[HInd]}{[Ind^-]}$$

$$\Rightarrow pH = pK_{Ind} + \lg \frac{[Ind^-]}{[HInd]}$$

$$\Rightarrow pK_{Ind} + \lg \frac{1}{10} < pH < pK_{Ind} + \lg \frac{10}{1}$$

$$\Rightarrow pH = pK_{Ind} \pm 1$$

Die pH-Wert-Bestimmung einer Lösung mit einem Farbindikator ist also relativ ungenau. Man kann zum Beispiel nur sagen, dass die Lösung von Lackmus, dem Indikator, der sich auch im Rotkohlsaft findet, bei Rotfärbung einen pH < 5 und bei Blaufärbung einen pH > 7 aufweist. Ein anderer häufig verwendeter Farbindikator ist Phenolphthalein mit einem Umschlagspunkt im Bereich von pH = 8–10. Man kann die pH-Wertbestimmung deutlich verbessern, wenn man mehrere Farbindikatoren mit unterschiedlichen Umschlagsbereichen gleichzeitig nebeneinander vergleicht. Jeder pH-Wert führt dann zu einem charakteristischen Farbmuster. So lassen sich pH-Werte auf bis zu 0,2 Einheiten genau mithilfe von **pH-Teststreifen** oder **Universalindikatorpapier** bestimmen. Für klinische pH-Wertbestimmungen („Blutgasanalyse") reicht dies immer noch nicht aus. Für eine noch genauere Bestimmung von pH-Werten verwendet man daher die angesprochenen elektrochemische Messmethoden (pH-Elektrode; ▶ Kapitel 7.9).

Farbveränderung von Rotkohlsaft beim Übergang von basischer (links) zu saurer Lösung (rechts)
© Michael Müller, Aachen, www.chempage.de

Wichtig sind pH-Indikatoren aber im Zusammenhang mit der Neutralisation und Gehaltsbestimmungen durch Titrationen (▶ Kapitel 6.8), da sich hierbei der pH-Wert einer Lösung sprunghaft über mehrere pH-Einheiten hinweg ändert. Ein solcher pH-Sprung lässt sich auch mit einem einzelnen Farbindikator gut nachweisen.

Universalindikatorpapier
© Fachinformationszentrum Chemie GmbH, Berlin, www.ChemgaPedia.de, Kurs „Säuren und Basen" Nr. 68590

6.7 Neutralisation

Die sauren Eigenschaften einer Lösung lassen sich durch Zugabe einer Base, die die überzähligen Protonen aufnimmt, vermindern. Umgekehrt kann eine basische Lösung durch Zugabe einer Säure abgeschwächt werden. Die Verringerung der sauren oder basischen Eigenschaften der ursprünglichen Lösung beruht auf der sogenannten **Neutralisationsreaktion**, der Umkehrung der Autoprotolyse des Wassers.

$$H_3O^+ + OH^- \longrightarrow 2\,H_2O$$

Gibt man zum Beispiel zu einer Salzsäurelösung Natronlauge (NaOH) hinzu, so müssen entsprechend des Ionenprodukts des Wassers so lange H_3O^+- und OH^--Ionen miteinander zu Wasser reagieren, bis das Ionenprodukt wieder eingestellt ist, also das Produkt aus beiden Konzentrationen wiederum gerade genau 10^{-14} mol²/L² beträgt. Die im Überschuss vorhandenen OH^--Ionen der Natronlauge reagieren dabei mit den im Überschuss vorhandenen H_3O^+-Ionen der Salzsäure unter Bildung von neutralem Wasser. Die Eigenschaften der Säure und der Base heben sich

> **MERKE**
>
> Säure + Base → Salz + Wasser

dabei gegenseitig auf (= Neutralisation). Was in der Lösung übrig bleibt, wenn gerade genau so viel Natronlauge zugesetzt worden ist, wie ursprünglich Salzsäure in der Lösung vorhanden war, sind das konjugierte Anion der Säure (Cl^-) und das Kation der zugesetzten Base (Na^+), die zusammen ein Salz – in diesem Fall Kochsalz NaCl – bilden. Durch eine Neutralisation entstehen also aus einer Säure und einer Base ein Salz und Wasser (▶ Abbildung 6.6).

Abbildung 6.6: Neutralisationsreaktion. Magnesiumhydroxid $Mg(OH)_2$ bildet eine basische Suspension in Wasser (Magnesiamilch). Zugabe von Salzsäure (HCl) führt zur Neutralisation und zur Bildung von leicht löslichem Magnesiumchlorid: $Mg(OH)_2 + 2\ HCl \rightarrow MgCl_2 + 2\ H_2O$.
Nach: Brown, T. L., LeMay, H. E. & Bursten, E. B. (2007)

Da die eigentliche Neutralisationsreaktion, die Bildung von Wasser aus H_3O^+ und OH^--Ionen, stark exotherm ist ($\Delta_R H°$ ca. -56 kJ/mol, ▶ Kapitel 5.4), ist die Neutralisationsreaktion von einer starken Erwärmung der Lösung begleitet (**Neutralisationswärme**).

Auch beim Verdünnen einer konzentrierten Säure, wie zum Beispiel Schwefelsäure, entsteht viel Wärme, was zu unkontrolliertem Verspritzen führen kann. Daher gilt beim Verdünnen die Regel: „Erst das Wasser, dann die Säure, sonst geschieht das Ungeheure."

AUS DER MEDIZINISCHEN PRAXIS

Die Neutralisationsreaktion in der Medizin

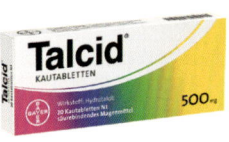

Talcid® – zur Linderung von Sodbrennen und säurebedingten Magenbeschwerden
© Bayer Vital GmbH, Leverkusen

Zur symptomatischen Behandlung von Erkrankungen, wie Sodbrennen, saurem Aufstoßen oder säurebedingten Schmerzen bei Magen- oder Zwölf-Finger-Darm-Geschwüren werden **Antacida** eingesetzt (▶ Tabelle 2.1), bei denen man die Neutralisationswirkung von Basen auf Säuren ausnutzt. Die überschüssige Salzsäure im Magen wird dabei durch eine Base neutralisiert. Hierbei kann natürlich nicht wie im obigen Beispiel Natronlauge eingesetzt werden, da diese als starke Base zum einen zu einer sehr gefährlichen Verätzung der Speiseröhre führen würde. Zum anderen würde die starke auftretende Neutralisationswärme zu Gewebeschäden durch Verbrennung führen. Also nimmt man schwache Basen, die zudem in Wasser nur schwer löslich sind und sich erst langsam im Laufe der Neutralisation auflösen (zum Beispiel Magnesium- und Aluminiumhydroxid (und/oder -carbonat) in Form sogenannter Schichtgitter-Antacida wie Magaldrat oder Hydrotalcit). Zur Ulcus-Behandlung (Ulcus = Geschwür) werden Antacida heutzutage kaum noch eingesetzt, da hier mit sogenannten Protonenpumpenhemmern (zum Beispiel Omeprazol), die direkt die Bildung von Magensäure reduzieren, eine wirksamere Therapie möglich ist. Ebenso weiß man mittlerweile, dass bei der Entstehung von Magengeschwüren ein Bakterium, *Helicobacter pylori*, beteiligt ist. Für diese Entdeckung erhielten Barry J. Marshall und J. Robin Warren 2005 den Nobelpreis für Medizin. Die Behandlung von Magengeschwüren erfolgt daher heute ursächlich durch eine Antibiotikatherapie.

Magaldrat®
© Heumann Pharma GmbH & Co. Generica KG, Nürnberg

6.8 Titration

Die Tatsache, dass sich die sauren und basischen Eigenschaften von Lösungen gegenseitig aufheben (neutralisieren), kann man sich auch zunutze machen, um quantitativ den Gehalt einer Lösung an einer Säure oder Base zu bestimmen. Diesen Vorgang bezeichnet man als **Säure-Base-Titration**. Man gibt mit einer Bürette eine NaOH-Standardlösung (auch Maßlösung genannt) bekannter Konzentration zu einer HCl-Lösung, deren Gehalt man bestimmen möchte (▶ Abbildung 6.7). Um eine homogene Durchmischung sicherzustellen, wird die HCl-Lösung gerührt oder manuell geschwenkt. Im Laufe der Neutralisation ändert sich der pH-Wert der Lösung in charakteristischer Weise (**Titrationskurve**). In der Nähe des sogenannten Äquivalenzpunktes, bei dem die Stoffmenge der zugegebenen Base gleich der Stoffmenge der ursprünglich vorhandenen Säure entspricht, findet ein **pH-Sprung** statt, der sich eindeutig mit einem Farbindikator nachweisen lässt.

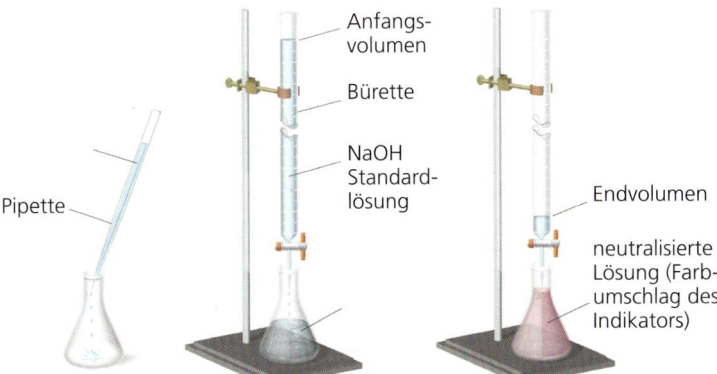

Abbildung 6.7: Titration. Der Gehalt einer Säurelösung unbekannter Konzentration kann durch die Zugabe einer NaOH-Standardlösung bekannter Konzentration bestimmt werden. Säure und Lauge neutralisieren sich. Am Äquivalenzpunkt tritt ein pH-Sprung auf, der sich mit Farbindikatoren anzeigen lässt. Aus dem verbrauchten Volumen Maßlösung kann dann der Gehalt der Säurelösung berechnet werden.
Aus: Brown, T. L., LeMay, H. E. & Bursten, E. B. (2007)

Kennt man die Konzentration der zugesetzten Base c_1, kann man aus dem Verbrauch bis zum Äquivalenzpunkt V_1 die Stoffmenge n_1 und damit die Stoffmenge n_2 und daraus die Konzentration c_2 der ursprünglich vorhandenen Säure in der Lösung berechnen. Für die Berechnung von Titrationen gilt, wenn die Stoffmenge des Stoffes 2 mithilfe einer aus dem Stoff 1 hergestellten Maßlösung bekannter Konzentration bestimmt werden soll:

$$z_2 \cdot n_2 = z_1 \cdot n_1$$
mit $n = c \cdot V$
$$\Rightarrow z_2 \cdot n_2 = z_1 \cdot c_1 \cdot V_1$$

z_1	Zahl der übertragbaren Protonen der Maßlösung
z_2	Zahl der übertragbaren Protonen des zu bestimmenden Stoffes
n_2	Stoffmenge des zu bestimmenden Stoffes [mol]
c_1	Stoffmengenkonzentration der Maßlösung [mol/mL]
V_1	verbrauchtes Volumen an Maßlösung [mL]

6.8.1 Titration von Salzsäure mit Natronlauge

Bei der Titration starker Säuren mit starken Basen – und umgekehrt – fällt der Äquivalenzpunkt mit dem Neutralpunkt (pH = 7) zusammen, denn es liegt am Ende der Neutralisation eine neutrale Salzlösung vor. Wird, nachdem der Äquivalenzpunkt erreicht wurde, weiterhin Natronlauge zugegeben, bestimmt das überschüssige NaOH den pH-Wert.

Den Verlauf der **Titrationskurve** einer starken Säure mit einer starken Base (▶ Abbildung 6.8) soll eine Rechnung verdeutlichen: 100 mL 0,01 M Salzsäure enthalten 0,1 L · 0,01 mol/L = 0,001 mol H_3O^+-Ionen. Der pH-Wert ist 2 ([H_3O^+] = 10^{-2} mol/L; => pH = 2). Setzt man dieser Lösung 5 mL 0,1 M Natronlauge zu (= 0,005 L · 0,1 mol/L = 0,0005 mol OH^--Ionen), so wird die Hälfte der vorhandenen H_3O^+-Ionen umgesetzt, das heißt neutralisiert, [H_3O^+] fällt auf die Hälfte ([H_3O^+] = 0,5 · 10^{-2} mol/L => pH = 2,3). Hat man 9 mL 0,1 M Natronlauge zugesetzt, so sind 90 Prozent der ursprünglich vorhandenen H_3O^+-Ionen neutralisiert (=> pH = 3). Eine weitere Zugabe von nur 0,9 mL 0,1 M Natronlauge neutralisiert 90 Prozent der noch vorhandenen H_3O^+-Ionen. Ihre Konzentration fällt nochmals auf ein Zehntel (=> pH = 4). Nun erreicht man schon durch Zugabe von nur noch 0,09 mL 0,1 M Natronlauge pH = 5 und so weiter. Man erkennt, dass nahe am Äquivalenzpunkt bereits kleine Mengen an zugesetzter Base große pH-Änderungen bewirken und zu dem schon erwähnten pH-Sprung führen.

6.8 Titration

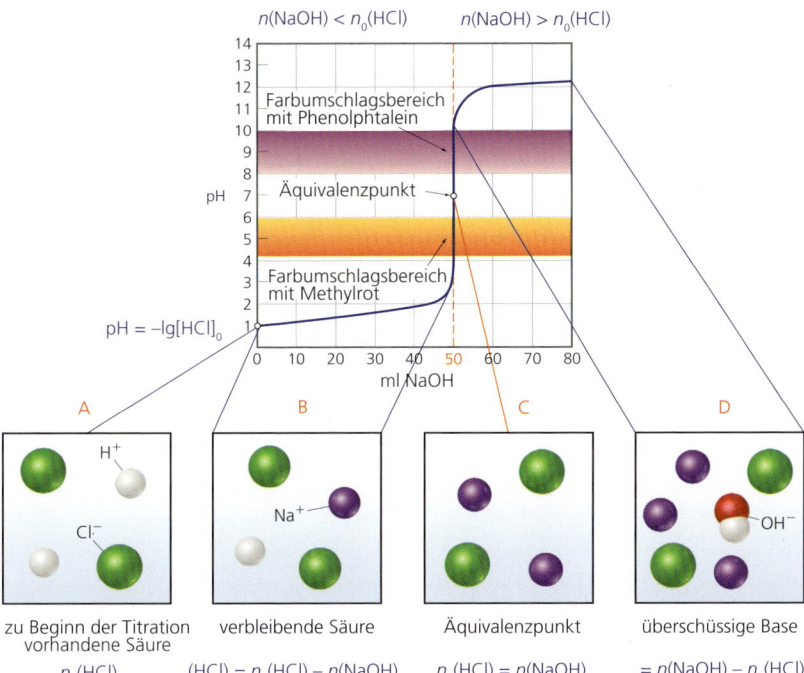

Abbildung 6.8: Titration einer starken Säure (HCl) mit einer starken Base (NaOH). Dargestellt ist die pH-Kurve der Titration von 50,0 mL einer 0,100 M-Salzsäurelösung mit einer 0,100 M-NaOH-Lösung. Der pH-Wert beginnt mit dem sehr kleinen Wert der Säure und steigt bei Zugabe der Base an. Am Äquivalenzpunkt findet ein ausgeprägter pH-Sprung statt, der sich sowohl mit Phenolphthalein als auch mit Methylrot detektieren lässt. Nach dem Äquivalenzpunkt bestimmt der Überschuss an NaOH (starke Base) den weiteren Verlauf des pH-Wertes.
Nach: Brown, T. L., LeMay, H. E. & Bursten, E. B. (2007)

Damit wird auch der charakteristische Verlauf der Titrationskurve verständlich:

- Der Startpunkt A entspricht dem pH-Wert der vorliegenden HCl-Lösung (starke Säure, vollständige Dissoziation):

$$\Rightarrow \mathrm{pH} = -\lg[\mathrm{HCl}]_0$$

- Im Bereich B wird die Säure nach und nach neutralisiert, aber solange $n(\mathrm{NaOH}) < n_0(\mathrm{HCl})$ ist, liegt immer noch eine (verdünntere) HCl-Lösung vor:

$$\Rightarrow \mathrm{pH} = -\lg[\mathrm{HCl}] = -\lg \frac{n_0(\mathrm{HCl}) - n(\mathrm{NaOH})}{V_{\mathrm{Lösung}}}$$

- Am **Äquivalenzpunkt** C gilt $n(\mathrm{NaOH}) = n_0(\mathrm{HCl})$. Die ursprüngliche Säure wurde vollständig neutralisiert. Es liegt eine Kochsalzlösung vor (NaCl). Der Äquivalenzpunkt fällt daher mit dem Neutralpunkt (pH = 7) zusammen:

$$\Rightarrow \mathrm{pH} = 7$$

- Nach Überschreiten des Äquivalenzpunktes gilt im Bereich D $n(\text{NaOH}) > n_0(\text{HCl})$, sodass der dann vorliegende Überschuss an Natronlauge den weiteren Verlauf des pH-Wertes bestimmt (= Lösung einer starken Base):

$$\Rightarrow \text{pH} = 14 + \lg[\text{NaOH}] = 14 + \lg\frac{n(\text{NaOH}) - n_0(\text{HCl})}{V_{\text{Lösung}}}$$

6.8.2 Titration von Essigsäure mit Natronlauge

Der Verlauf der Titrationskurve einer schwachen Säure HA, wie zum Beispiel Essigsäure (▶ Abbildung 6.9), mit einer starken Base ist etwas komplizierter und unterscheidet sich in einigen wesentlichen Punkten von der oben beschriebenen Titration einer starken Säure mit einer starken Base.

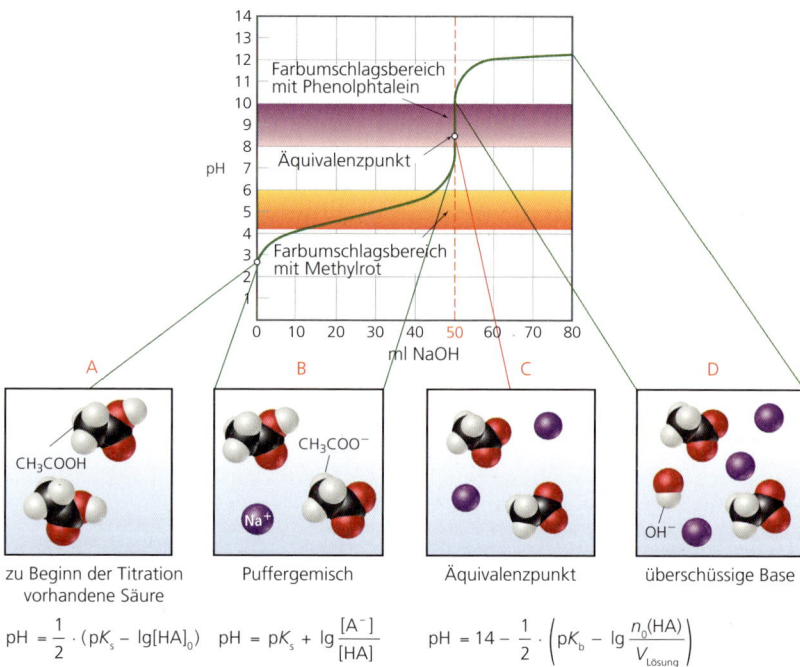

Abbildung 6.9: Titration einer schwachen Säure HA mit einer starken Base. Dargestellt ist die Änderung des pH-Wertes bei Zugabe einer 0,100 M NaOH-Lösung zu 50,0 mL einer 0,100 M-Essigsäurelösung. Phenolphthalein ändert am Äquivalenzpunkt seine Farbe, Methylrot schlägt dagegen schon zu früh um und eignet sich nicht als Indikator für diese Titration.
Nach: Brown, T. L., LeMay, H. E. & Bursten, E. B. (2007)

- Der Startpunkt A entspricht dem pH-Wert der vorliegenden Essigsäurelösung (schwache Säure, unvollständige Dissoziation):

$$\Rightarrow \text{pH} = \frac{1}{2} \cdot \left(pK_s - \lg([\text{HA}]_0)\right)$$

- Im Bereich B wird die Säure nach und nach neutralisiert, es liegen gleichzeitig HA und A⁻ nebeneinander vor. Der pH-Wert ändert sich trotz weiterer Basenzugabe nur wenig (**Pufferbereich**, ▶ Kapitel 6.9).

$$\Rightarrow pH = pK_s + \lg \frac{[A^-]}{[HA]}$$

mit $[HA] = \dfrac{n_0(HA) - n(NaOH)}{V_{\text{Lösung}}}$ und $[A^-] = \dfrac{n(NaOH)}{V_{\text{Lösung}}}$

- Der pH-Sprung am Äquivalenzpunkt C ist weniger ausgeprägt als bei einer starken Säure. Daher ist auch der Umschlag des Indikators schlechter zu erkennen. Je kleiner der K_s-Wert der Säure, desto weniger steil fällt der pH-Sprung aus.

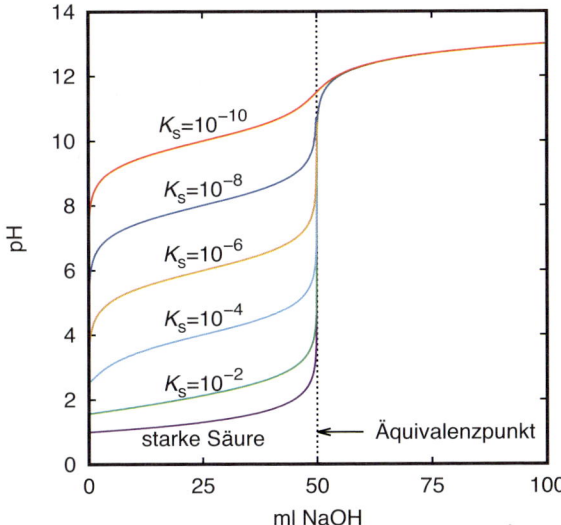

Je kleiner der K_s-Wert, desto kleiner ist der pH-Sprung am Äquivalenzpunkt.

- Am Äquivalenzpunkt liegt eine Natriumacetatlösung vor (schwache Base). Die Lösung reagiert basisch (pH > 7), der Äquivalenzpunkt C fällt nicht mit dem Neutralpunkt zusammen.

$$\Rightarrow pH = 14 - \frac{1}{2} \cdot \left(pK_b - \lg \frac{n_0(HA)}{V_{\text{Lösung}}} \right)$$

- Nach Überschreiten des Äquivalenzpunktes (Bereich D) bestimmt der Überschuss an Natronlauge den weiteren Verlauf des pH-Wertes (= Lösung einer starken Base):

$$\Rightarrow pH = 14 + \lg[NaOH] = 14 + \lg \frac{n(NaOH) - n_0(HA)}{V_{\text{Lösung}}}$$

6.8.3 pH-Werte von Salzlösungen

Wieso fällt der Äquivalenzpunkt bei der Titration einer schwachen Säure mit einer starken Base nicht mehr mit dem Neutralpunkt zusammen? Betrachten wir wiederum die Titration von Essigsäure mit Natronlauge. Am Äquivalenzpunkt liegt eine Lösung von Natriumacetat vor. Da Essigsäure nur eine schwache Säure ist (pK_s = 4,8), besitzt das Acetation als konjugierte Base eine merkliche Basenstärke (pK_b = 9,2). Das Acetation ist also im Gegensatz zum Beispiel zum Chloridion (pK_b ≈ 20) in der Lage, mit Wasser in gewissem Umfang unter Protolyse zu reagieren, wobei Essigsäure und OH⁻-Ionen gebildet werden. Auch wenn diese Protolysereaktion nur in geringem Maße abläuft, so ist der pH-Wert einer Natriumacetatlösung wegen dieser zusätzlichen OH⁻-Ionen > 7. Die Lösung reagiert schwach basisch.

$$CH_3CO_2^- + H_2O \xrightleftharpoons[]{pK_b = 9{,}2} CH_3CO_2H + HO^-$$

$$\text{aber } Cl^- + H_2O \not\rightleftharpoons HCl + HO^-$$

Entsprechendes gilt für Salzlösungen, die durch Neutralisation von starken Säuren und schwachen Basen entstehen. Nun liegt am Äquivalenzpunkt die konjugierte Säure der schwachen Base vor, die entsprechend eine merkliche Säurestärke aufweist und mit Wasser unter Bildung von H$_3$O⁺-Ionen reagiert. Deswegen reagiert eine Lösung von Ammoniumchlorid, die entsteht, wenn die starke Säure HCl mit der schwachen Base NH$_3$ titriert wird, schwach sauer (pH < 7).

$$NH_4^+ + H_2O \xrightleftharpoons[]{pK_s = 9{,}3} NH_3 + H_3O^+$$

Bei der Titration einer schwachen Säure mit einer schwachen Base hängt der pH-Wert am Äquivalenzpunkt von den relativen Säure- und Basenstärken der vorliegenden Ionen ab. Die Lösung kann sowohl sauer, neutral als auch basisch sein. Betrachten wir die Titration von Ammoniak (NH$_3$, pK_b = 4,7) mit Blausäure (HCN, pK_s = 9,4): Am Äquivalenzpunkt liegt eine Lösung von Ammoniumcyanid NH$_4$CN vor, die das saure NH$_4^+$-Ion und das basische CN⁻-Ion enthält. Prinzipiell wird der pH-Wert einer Salzlösung durch das Ion bestimmt, dessen Protolysegleichgewicht weiter rechts liegt. In diesem Fall ist die Basenstärke des Cyanidions (pK_b = 4,6) größer als die Säurestärke des Ammoniumions (pK_s = 9,3).

$$NH_4^+ + H_2O \rightleftharpoons NH_3 + H_3O^+$$
$$CN^- + H_2O \rightleftharpoons HCN + OH^-$$

pK_{s1} > pK_{b2}

Der pH-Wert der Lösung eines Salzes aus einer schwachen Säure und einer schwachen Base errechnet sich in erster Näherung analog wie bei einem Ampholyten:

$$pH = \frac{1}{2} \cdot (pK_{s1} + pK_{s2})$$

Eine Ammoniumcyanidlösung hat also etwa einen pH-Wert von ½ · (9,3 + 9,4) = 9,35 und reagiert somit deutlich basisch.

Eine Lösung von Ammoniumacetat $NH_4CH_3CO_2$, aus der Titration von Ammoniak mit Essigsäure enthält saure NH_4^+-Ionen ($pK_s = 9{,}3$) und basische Acetationen ($pK_b = 9{,}2$). Diesmal sind die NH_4^+-Ionen ähnlich stark sauer, wie die Acetationen basisch sind. Die Lösung reagiert insgesamt also weitgehend neutral (pH = ½ · (9,3 + 4,8) ≈ 7).

Eine Lösung von Ammoniumformiat NH_4HCO_2 aus der Titration von Ammoniak mit Ameisensäure reagiert hingegen insgesamt schwach sauer, da diesmal die NH_4^+-Ionen ($pK_s = 9{,}3$) stärker sauer sind als die Formiationen ($pK_b = 10{,}2$) basisch (pH = 1/2 · (9,3 + 3,8) ≈ 6,5).

Man kann also durch die Betrachtung der möglichen Protolysereaktionen der in einer Salzlösung vorliegenden Kationen und Anionen den pH-Wert von Salzlösungen abschätzen (▶ Tabelle 6.3).

Säure	Base	Lösung	Beispiele
stark	stark	neutral (pH = 7)	NaCl, KNO$_3$, Na$_2$SO$_4$
schwach	stark	basisch (pH > 7)	NaCN, NaCH$_3$CO$_2$, Na$_2$S, NaOCl
stark	schwach	sauer (pH < 7)	NH$_4$Cl, NH$_4$NO$_3$
schwach	schwach	$pK_s > pK_b$ → basisch	NH$_4$CN
schwach	schwach	$pK_s \approx pK_b$ → neutral	NH$_4$CH$_3$CO$_2$
schwach	schwach	$pK_s < pK_b$ → sauer	NH$_4$HCO$_2$

Tabelle 6.3: pH-Werte von Salzlösungen

EXKURS

Warum ist Borsäure eine Säure? Warum reagiert eine Eisen(III)chloridlösung sauer?

Borsäure hat die Summenformel H_3BO_3 oder, was den Aufbau des Moleküls etwas besser beschreibt, $B(OH)_3$. Wie der Name besagt, handelt es sich um eine Substanz, die in wässriger Lösung sauer reagiert. Mit einem pK_s-Wert von 9,25 ist Borsäure zwar nur eine schwache Säure, aber der pH-Wert einer wässrigen Lösung ist merklich sauer. Man könnte nun auf die Idee kommen, dass Borsäure wie andere Säuren auch Protonen abgibt:

$$H_3BO_3 + H_2O \longrightarrow H_2BO_3^- + H_3O^+ \quad \text{STOP}$$

Das ist aber völlig falsch! Denn Borsäure ist keine protonenabgebende Säure (Brønsted-Säure) wie Essigsäure oder HCl, sondern eine sog. Lewis-Säure.

In Wasser findet eine Lewis-Säure-Lewis-Base-Reaktion statt: Borsäure nimmt von der Lewis-Base Wasser ein Hydroxidion auf, es entsteht das Tetrahydroxoborat-Anion $[B(OH)_4]^-$; das verbleibende Proton geht auf ein anderes Wassermolekül über.

$$B(OH)_3 + 2\,H_2O \longrightarrow [B(OH)_4]^- + H_3O^+$$

Die Protonen, die zur Senkung des pH-Wertes führen, stammen also nicht von der Borsäure, sondern vom Wasser!

Ein ähnliches Phänomen finden wir vor, wenn sich manche Metallsalze in Wasser auflösen. Warum reagiert eine Eisen(III)chloridlösung sauer (obwohl keine Protonen zur Abgabe zur Verfügung stehen), eine Natriumchloridlösung dagegen nicht?

Metallionen wie Na^+ oder K^+ haben keinen Einfluss auf den pH-Wert einer Salzlösung. In diesen Fällen bestimmt daher alleine die Basenstärke des Anions den pH-Wert. Deswegen reagieren eine Natriumchloridlösung neutral und eine Natriumacetatlösung basisch. Dies ist bei Übergangsmetallkationen wie zum Beispiel Fe^{3+} anders. Die in Wasser vorliegenden Aquakomplexe dieser Kationen (▶ Kapitel 8) reagieren sauer. Mit einem pK_s-Wert von 2,2 ist das Fe(III)-Ion sogar eine genauso starke Säure wie die Phosphorsäure.

$$[Fe(H_2O)_6]^{3+} + H_2O \rightleftharpoons [Fe(H_2O)_5OH]^{2+} + H_3O^+$$

6.8.4 Titration von Phosphorsäure mit Natronlauge

Der Verlauf der Titrationskurve einer schwachen Säure HA, wie zum Beispiel Essigsäure (▶ Abbildung 6.9), mit einer starken Base ist etwas komplizierter und unterscheidet sich in einigen wesentlichen Punkten von der oben beschriebenen Titration einer starken Säure mit einer starken Base.

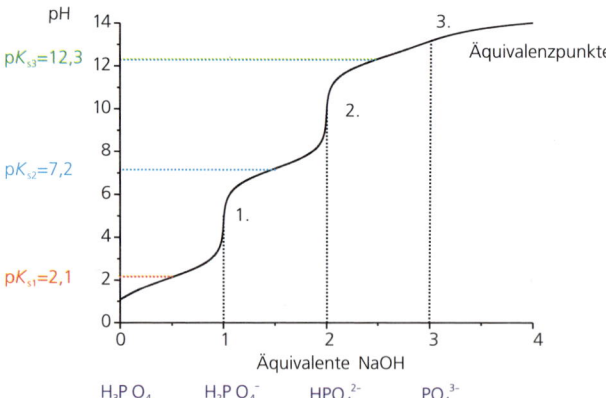

Abbildung 6.10: Titrationskurve der Phosphorsäure. Die Phosphorsäure ist insgesamt eine dreibasige Säure, allerdings ist der dritte Äquivalenzpunkt wegen der großen Basenstärke des PO_4^{3-}-Ions und des nivellierenden Effektes des Wassers kaum erkennbar. Das $H_2PO_4^-/HPO_4^{2-}$-Säure-Base-Paar ist ein effizienter Puffer im physiologischen pH-Bereich.

6.9 Puffer

Im Stoffwechsel laufen zahlreiche Reaktionen ab, bei denen H_3O^+-Ionen freigesetzt oder verbraucht werden. Andererseits ist ein konstanter pH-Wert im Cytoplasma und insbesondere im Blut lebenswichtig. Bereits sehr kleine Abweichungen um 0,05 vom physiologischen pH-Wert führen zu schweren Krankheiten, etwas stärkere pH-Wert-Änderungen zum Tod. So können sich zum Beispiel die Struktur und damit auch die Funktion von Proteinen bei pH-Wert-Änderungen so stark verändern, dass die Proteine ihre Funktion verlieren oder sogar unlöslich werden (Denaturierung, ▶ Kapitel 12.2.7).

Durch den Stoffwechsel werden aus der Zersetzung von Proteinen pro Tag netto etwa 50 mmol H_3O^+-Ionen gebildet, die letztendlich über die Niere ausgeschieden werden müssen. Diese würden aber zuvor den pH-Wert des Blutes (ca. 5 L beim Erwachsenen) von 7,4 auf etwa pH = 2 senken, was unweigerlich zum Tode führen würde. Stoffwechselbedingte pH-Veränderungen müssen also abgepuffert werden. Wie erreicht der Körper diese für ihn lebenswichtige pH-Konstanz?

50 mmol H_3O^+-Ionen in 5 L
=> $[H_3O^+]$ = 10 mmol/L
=> pH = 2

Wir haben bei der Titration einer schwachen Säure mit einer starken Base gesehen (▶ Abbildung 6.8), dass im Verlauf der Titration ein Bereich auftritt, bei dem die weitere Zugabe von Base nur zu sehr geringen Änderungen im pH-Wert führt. Allgemein werden solche Lösungen, deren pH-Wert sich bei der Zugabe von Säure oder Base nur wenig verändert, als **Pufferlösungen** bezeichnet. Sie enthalten ein konjugiertes Säure-Base-Paar, wobei die Säure zugesetzte OH^--Ionen neutralisiert und die Base die zugesetzten H_3O^+-Ionen. Damit beide Reaktionen stattfinden können, müssen also sowohl die Säure als auch die konjugierte Base eine merkliche Stärke aufweisen. Pufferlösungen lassen sich also herstellen, indem man

- schwache Säuren mit ihrem Salz zum Beispiel der Acetatpuffer aus Essigsäure und Natriumacetat
- schwache Basen mit ihrem Salz zum Beispiel der Ammoniumpuffer aus Ammoniumchlorid und Ammoniak

mischt. Ein klassisches Puffersystem ist der **Essigsäure/Acetat-Puffer**, der aus einer Lösung besteht, die sowohl Essigsäure als auch Acetationen enthält. Seine Pufferwirkung beruht auf den folgenden beiden Reaktionen:

$$CH_3CO_2^- + H_3O^+ \rightleftharpoons CH_3CO_2H + H_2O$$
$$CH_3CO_2H + OH^- \rightleftharpoons CH_3CO_2^- + H_2O$$

Hinzukommende H_3O^+-Ionen werden durch die in der Lösung vorliegenden Acetationen unter Bildung von Essigsäure abgefangen. Zugesetzte OH^--Ionen werden hingegen von Essigsäure zu Wasser protoniert, wobei wiederum Acetationen entstehen. Solange also nennenswerte Mengen von Essigsäure und Acetationen nebeneinander in der Lösung vorliegen, führt die Zugabe von OH^-- oder H_3O^+-Ionen zu keiner signifikanten Än-

Pufferlösungen
Aus: Brown, T. L., LeMay, H. E. & Bursten, E. B. (2007)

derung des pH-Wertes. Es ändert sich lediglich das Verhältnis von Essigsäure zu Acetat.

Das Verhalten einer Pufferlösung lässt sich quantitativ wie folgt beschreiben. Ausgehend vom Massenwirkungsgesetz für die Dissoziation einer Säure erhält man zum Beispiel für den Acetatpuffer:

$$K_s = \frac{[H_3O^+]\cdot[CH_3CO_2^-]}{[CH_3CO_2H]} \quad \text{und somit} \quad [H_3O^+] = K_s \cdot \frac{[CH_3CO_2H]}{[CH_3CO_2^-]}$$

$$\Rightarrow \mathrm{pH} = \mathrm{p}K_s + \lg\frac{[CH_3CO_2^-]}{[CH_3CO_2H]}$$

Die Gleichung zeigt, dass der pH-Wert der Pufferlösung vom $\mathrm{p}K_s$-Wert der Essigsäure und vom Verhältnis Acetat/Essigsäure bestimmt wird. In allgemeiner Form für ein konjugiertes Säure-Base-Paar HA/A⁻ ist die Puffergleichung als **Henderson-Hasselbalch-Gleichung** bekannt.

$$\mathrm{pH} = \mathrm{p}K_s + \lg\frac{[A^-]}{[HA]}$$

Wichtig ist, dass für einen Puffer *nicht* unbedingt gilt $[H_3O^+] = [A^-]$. Der Puffer besteht aus einer Mischung der Säure HA und ihrem Salz. Beide Teilchen stammen somit aus verschiedenen Quellen. Ihre Konzentrationen haben somit nichts miteinander zu tun. Für einen Puffer gelten weiterhin die folgenden wichtigen Regeln:

> **MERKE**
>
> *Achtung:* Bei Puffern muss nicht unbedingt $[H_3O^+] = [A^-]$ sein, da die beiden Ionen aus verschiedenen Quellen stammen.

- Im Bereich eines pH-Wertes von $\mathrm{pH} = \mathrm{p}K_s \pm 1$ kann zugesetzte Säure oder Base optimal abgepuffert werden (sogenannter **Pufferbereich**).
- Der pH-Wert bleibt beim Verdünnen konstant, da zwar die absoluten Konzentrationen von A⁻ und HA kleiner werden, aber das Verhältnis von [A⁻] zu [HA] konstant bleibt.
- Die Pufferkapazität ist hingegen abhängig von der Gesamtkonzentration; je konzentrierter die Pufferlösung, desto mehr Säure/Base kann abgepuffert werden.

Ein Puffersystem, das in der Medizin und Biochemie eine wichtige Rolle spielt, ist der **Dihydrogenphosphat-Hydrogenphosphat-Puffer** (häufig kurz Phosphatpuffer genannt). Wie sich aus der Titrationskurve der Phosphorsäure ergibt (▶ Abbildung 6.9), besitzt gerade dieses korrespondierende Säure-Base-Paar bei physiologischem pH-Wert eine gute Pufferwirkung ($\mathrm{p}K_s$-Wert von $H_2PO_4^-$ = 7,2 bei 25 °C und 6,8 bei 37 °C).

Wie berechnet sich die pH-Wert-Änderung in der Pufferlösung, wenn man eine starke Säure oder Base hinzugibt (▶ Abbildung 6.11)? Wir betrachten zunächst, welchen Einfluss die Neutralisationsreaktion zwischen der zugefügten starken Säure oder starken Base und dem Puffer auf die Zusammensetzung des Puffers hat (**stöchiometrische Berechnung**). Dabei geht man von einer vollständigen Neutralisation der zugesetzten Säure oder Base aus. Das heißt, die gesamte zugesetzte Menge an starker Säure (oder Base) reagiert quantitativ mit der schwachen Base (oder schwachen Säure) des Puffers. Das Verhältnis von HA zu A⁻ ändert sich dadurch. Anschließend wird der pH-Wert entsprechend dieser neuen Zusammensetzung des Puffers berechnet (Gleichgewichtsberechnung). Solange die Menge der hinzugefügten Säure oder Base die Pufferkapazität *nicht* übersteigt, kann die pH-Wert-Berechnung mithilfe der Henderson-Hasselbalch-Gleichung durchgeführt werden.

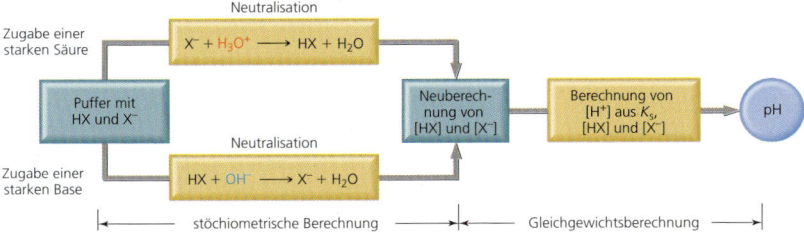

Abbildung 6.11: pH-Wert-Änderung in einer Pufferlösung bei Zugabe von Säure oder Base. Eine zugesetzte Säure oder Base wird quantitativ durch die Base oder Säure des Puffers abgefangen (neutralisiert). Dadurch ändert sich das Verhältnis von X^- zu HX des Puffers. Die Neuberechnung des pH-Wertes erfolgt wiederum mit der Henderson-Hasselbalch-Gleichung.
Aus: Brown, T. L., LeMay, H. E. & Bursten, E. B. (2007)

■ BEISPIEL   Rechnen mit der Puffergleichung

Ein in biologischen Zellen vorkommendes wichtiges Puffersystem ist der Phosphatpuffer, der auf dem folgenden Säure-Base-Gleichgewicht beruht.

$$H_2PO_4^- + H_2O \rightleftharpoons HPO_4^{2-} + H_3O^+$$

Berechnen Sie die Säurekonstante K_s für dieses Säure-Base-Gleichgewicht, wenn ein Puffer mit einem Verhältnis von $H_2PO_4^-$ zu HPO_4^{2-} von 6 : 1 einen pH-Wert von 6,42 aufweist.

Der pH-Wert von Pufferlösung wird mit der Henderson-Hasselbalch-Gleichung berechnet und hängt neben dem K_s-Wert vom Verhältnis von Base zu korrespondierender Säure ab. Durch Umformen und Einsetzen der gegebenen Zahlenwerte lässt sich pK_s und damit K_s berechnen.

$$pH = pK_s + \lg\frac{[HPO_4^{2-}]}{H_2PO_4^-}$$
$$\Rightarrow 6{,}42 = pK_s + \lg\frac{1}{6} = pK_s - 0{,}78$$
$$\Rightarrow pK_s = 6{,}42 + 0{,}78 = 7{,}2$$
$$\Rightarrow K_s = 10^{-7{,}2}\,mol/L = 6{,}3 \cdot 10^{-8}\,mol/L$$

Berechnen wir auf diese Weise einmal, welche pH-Wert-Änderung sich durch die zuvor erwähnten 50 mmol H_3O^+-Ionen, die durch den Stoffwechsel pro Tag erzeugt werden, im Blut (pH = 7,4) ergibt. Vereinfacht gehen wir einmal davon aus, dass Blut einem 100 mM-Phosphatpuffer entspricht.

Zunächst müssen wir das Verhältnis von HPO_4^{2-} zu $H_2PO_4^-$ berechnen. Dies können wir, indem wir den pH-Wert des Blutes (7,4) und den pK_s-Wert des Hydrogenphosphates bei 37 °C von 6,8 in die Henderson-Hasselbalch-Gleichung einsetzen.

$$7{,}4 = 6{,}8 + \lg\frac{[HPO_4^{2-}]}{H_2PO_4^-} \Rightarrow \lg\frac{[HPO_4^{2-}]}{H_2PO_4^-} = 0{,}6$$

$$10^{0{,}6} = 4$$

$$\Rightarrow \frac{[HPO_4^{2-}]}{H_2PO_4^-} = 4 = \frac{80}{20}$$

Man erhält ein Verhältnis von $[HPO_4^{2-}]/[H_2PO_4^-]$ von 4 : 1, also liegen bei einem 100 millimolaren-Phosphatpuffer (100 mM, 100 mmol/L) bei einem pH-Wert von 7,4 80 mM HPO_4^{2-}- und 20 mM $H_2PO_4^-$-Ionen vor.

Durch den Stoffwechsel entstehen in 5 L Blut 50 mmol H_3O^+-Ionen, also 10 mmol H_3O^+-Ionen pro Liter. Diese werden durch die Hydrogenphosphationen im Puffer vollständig neutralisiert. Nach Zugabe von 10 mmol H_3O^+-Ionen pro Liter nimmt also die Konzentration der Base entsprechend um 10 mmol ab, die der korrespondierenden Säure entsprechend um 10 mmol zu. Der neue pH-Wert der Lösung errechnet sich dann wie folgt:

$$\frac{[HPO_4^{2-}]}{H_2PO_4^-} = \frac{80-10}{20+10} = \frac{70}{30}$$

$$\Rightarrow pH = 6{,}8 + \lg\frac{70}{30} = 7{,}2$$

In einem 100 mM-Phosphatpuffer mit einem pH-Wert von 7,4 führen die 50 mmol H_3O^+-Ionen, die aus dem Proteinstoffwechsel pro Tag entstehen, also lediglich zu einer pH-Wert-Senkung von 7,4 auf 7,2; im Vergleich zur pH-Wert-Änderung von reinem Wasser von pH = 7 auf pH = 2 also eine deutliche Pufferwirkung. Allerdings spielt der Phosphatpuffer tatsächlich nur eine untergeordnete Rolle, um den Blut-pH-Wert konstant zu halten. Dieser Puffer wäre nämlich ziemlich schnell erschöpft. Nach zwei bis drei Tagen hätte sich durch das stetige Abpuffern der beim Stoffwechsel erzeugten H_3O^+-Ionen das Verhältnis von $[HPO_4^{2-}]/[H_2PO_4^-]$ so weit verändert, dass die Zusammensetzung der Lösung den Pufferbereich verlassen hätte. Die Pufferkapazität des Phosphatpuffers ist also beschränkt, er kann nur eine begrenzte Menge an zugegebener Säure abfangen.

> **MERKE**
>
> Offenes Puffersystem: Kohlensäurepuffer
>
> Geschlossene Puffersysteme: Hämoglobin, Plasmaproteine, Phosphat

Im menschlichen Körper existieren daher mehrere verschiedene Puffersysteme, die dafür sorgen, dass der pH-Wert konstant bleibt. Dabei spielt für den Blut-pH-Wert der sogenannte **Kohlensäurepuffer** (oder Bicarbonatpuffer) die wichtigste Rolle, der für etwa zwei Drittel der Pufferkapazität des Blutes verantwortlich ist. Das verbleibende Drittel Pufferkapazität wird im Wesentlichen von gelösten Proteinen im Blut und nur in geringem Umfang vom Phosphatpuffer geliefert. Die Konzentration an **Gesamtpufferbasen** im Blut beträgt ca. 48 mmol/L.

Der Kohlensäurepuffer ist im Gegensatz zum Phosphatpuffer ein sogenanntes **offenes Puffersystem**. Der Vorteil gegenüber einem geschlossenen Puffer ist, dass es zu einer ständigen Regeneration der Pufferkapazität kommt. Damit kann ein offener Puffer kontinuierlich arbeiten, während ein geschlossener Puffer irgendwann erschöpft ist. Wie erfolgt die Regeneration der Pufferkapazität bei einem offenen Puffer? Betrachten wir dazu den Kohlensäurepuffer etwas genauer. Dieser beruht auf der folgenden Säure-Base-Reaktion:

$$CO_2 + 2H_2O \rightleftharpoons \underset{\text{nicht isolierbar}}{H_2CO_3} \overset{H_2O}{\rightleftharpoons} HCO_3^- + H_3O^+$$

Das Blut enthält im Wesentlichen physikalisch gelöstes Kohlendioxid, das in geringem Umfang mit dem Wasser zu Hydrogencarbonat HCO_3^- und H_3O^+-Ionen reagiert ($pK_s = 6{,}3$). Eine Lösung von CO_2 in Wasser reagiert daher sauer (▶ Abbildung 6.12). Die Kohlensäure („H_2CO_3") selbst ist instabil. Beim Versuch, sie zu isolieren, zerfällt sie sofort wieder in CO_2 und Wasser. Allerdings lassen sich Hydrogencarbonate (Bicarbonate) oder Carbonate (CO_3^{2-}) als Salze gewinnen. Hydrogencarbonat ist ein Ampholyt (▶ Kapitel 6.2), dessen basische Eigenschaften ausgeprägter sind als seine sauren. Lösungen von Hydrogencarbonaten reagieren in Wasser daher schwach basisch ($pK_b = 7{,}7$). Carbonate sind deutlich stärkere Basen ($pK_b = 3{,}7$). Die zweite Dissoziationsstufe der Kohlensäure ($HCO_3^- + H_2O \rightarrow CO_3^{2-} + H_3O^+$) spielt daher unter physiologischen Bedingungen keine Rolle.

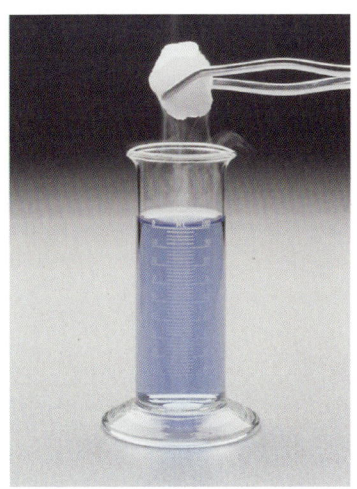
(a)

(b)

Abbildung 6.12: Reaktion von CO_2 mit Wasser. Gibt man ein Stück Trockeneis (festes CO_2) in Wasser, entstehen durch Protolyse Hydrogencarbonat- und H_3O^+-Ionen. Die Lösung reagiert daher sauer, was durch den Farbumschlag des Indikators Bromthymolblau von blau nach gelb angezeigt wird.
Aus: Brown, T. L., LeMay, H. E. & Bursten, E. B. (2007)

Bei einem normalen Blut-pH-Wert von 7,4 beträgt entsprechend der Henderson-Hasselbalch-Gleichung das Verhältnis von $[CO_2]$ zu $[HCO_3^-]$ etwa 1 : 20 ($pK_s = 6{,}1$ bei 37 °C). Der Puffer enthält also einen Überschuss an Hydrogencarbonat (HCO_3^-) und eignet sich besonders gut zum Abpuffern von H_3O^+-Ionen, die – wie wir gesehen haben – bei Stoffwechselvorgängen in großen Mengen entstehen. Durch das Neutralisieren der H_3O^+-Ionen durch die **Pufferbase** HCO_3^- verschiebt sich das Puffergleichgewicht nach links, es wird vermehrt Kohlendioxid gebildet. Die Konzentration von CO_2 im arteriellen Blut wird über seine Löslichkeit im Blut gesteuert, die über den Gasaustausch in der Lunge vom Partialdruck des CO_2

MERKE
Normwerte:
pH: 7,4 ± 0,05
$p(CO_2)$: 35–45 mmHg
BE: −2 bis +2
(je nach Labor auch −5 bis +5)
$[HCO_3^-]$: 22–25 mmol/L

in der Alveolarluft abhängt (Henry-Dalton'sches Gesetz; ▶ Kapitel 4.3). Als Maß für die Konzentration von CO_2 im Blut $[CO_2]$ wird daher in der Regel der Partialdruck $p(CO_2)$ verwendet. Bei einer Zunahme der Konzentration von $p(CO_2)$ im Blut durch die abgepufferten H_3O^+-Ionen kann überschüssiges CO_2 über die Atmung abgegeben werden. Der Puffer wird regeneriert, da so das Verhältnis von $[CO_2]$ zu $[HCO_3^-]$ weitgehend konstant gehalten wird (▶ Abbildung 6.13). Aber durch die Abatmung von CO_2 würde natürlich die absolute Konzentration der Pufferbase $[HCO_3^-]$ im Blut (im Normalfall etwa 24 mM) sinken. Durch dieses **Basendefizit** ($[HCO_3^-]$ kleiner als normal) würde die Pufferkapazität kontinuierlich abnehmen und der Puffer wäre bald erschöpft. In den Zellen entsteht aber ständig als Stoffwechselendprodukt zum Beispiel bei der Glycolyse (▶ Kapitel 5.5) CO_2, das ins Blut abgegeben wird. Die Konzentrationen an CO_2 und damit auch der wichtigen Pufferbase HCO_3^- bleiben daher weitgehend konstant, genauso wie das Verhältnis von $[CO_2]$ zu $[HCO_3^-]$ und somit auch der pH-Wert im Blut. Dem Blut zugeführte OH^--Ionen werden durch CO_2 unter Bildung von Hydrogencarbonat abgepuffert. Hydrogencarbonat kann über die Niere ausgeschieden werden, sodass auch diese Seite des Puffersystems reguliert werden kann. Der Kohlensäurepuffer ist ein typisches Beispiel für ein Fließgleichgewicht (▶ Kapitel 5.11).

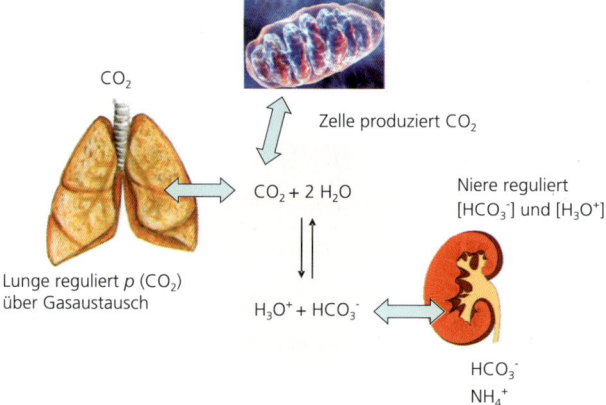

Abbildung 6.13: Vereinfachtes Schema des Kohlensäurepuffers im Blut. CO_2 wird in den Zellen produziert, ans Blut abgegeben und über die Atmung ausgeschieden. Es stellt sich ein Fließgleichgewicht mit konstantem Partialdruck $p(CO_2)$ im Blut ein. Durch Protolyse entstehen daraus HCO_3^-- und H_3O^+-Ionen, deren Konzentrationen über die Niere reguliert werden. Es resultiert ein offenes Puffersystem, das sehr gut geeignet ist, H_3O^+-Ionen abzupuffern und den Blut-pH-Wert bei etwa 7,4 konstant zu halten.

© RUF Lebensmittelwerk KG, Quakenbrück

CHEMIE IM ALLTAG

Backpulver

Natriumhydrogencarbonat ($NaHCO_3$, Natron) ist der Hauptbestandteil von Backpulver. Daneben enthält Backpulver ein Säuerungsmittel wie zum Beispiel Weinsäure oder Dinatriumdihydrogendiphosphat und ein Trennmittel wie Stärke. In der Hitze und durch Feuchtigkeit reagiert das Natron mit der Säure und setzt dabei CO_2 frei.

DEFINITION

Basenabweichung BE

Die Pufferkapazität des Blutes wird zu etwa zwei Drittel durch Hydrogencarbonat bestimmt, daneben spielen noch Hämoglobin, Plasmaproteine und Hydrogenphosphat eine Rolle. Die Gesamtkonzentration aller Pufferbasen im Blut beträgt etwa 48 mmol/L. Abweichungen der Konzentration der Gesamtpufferbasen von diesem Normwert bezeichnet man als **Basenabweichung** (**BE**: base excess). Der Normalwert liegt bei BE = 0 ± 2.*

1. BE > +2 **Basenüberschuss** (> 50 mmol/L)
2. BE < –2 **Basendefizit** (< 46 mmol/L)

* Je nach klinischem Labor auch BE = 0 ± 5.

AUS DER MEDIZINISCHEN PRAXIS

Störung des Säure-Base-Haushalts

Störungen des Säure-Base-Haushalts im Körper können durch Funktionsstörungen der Regulationsorgane (Lunge, Niere) oder durch verstärkte Verluste oder Zufuhr von sauren oder basischen Substanzen entstehen. Stärkere Abweichungen vom physiologischen pH-Wert führen letztendlich zum Tod. Abweichungen des pH-Wertes in den sauren Bereich (pH < 7,4) bezeichnet man als **Acidose**, Abweichungen in den basischen Bereich (pH > 7,4) als **Alkalose**. Ursache hierfür kann eine veränderte Konzentration von CO_2 im Blut sein (**respiratorische Störung**). Die Abatmung von CO_2 ist gestört, dadurch verändert sich der Partialdruck $p(CO_2)$ und damit entsprechend dem Henry-Dalton'schen Gesetz auch $[CO_2]$ im Blut. Alternativ kann eine veränderte Konzentration von Hydrogencarbonat (zum Beispiel durch eine erhöhte renale Ausscheidung, durch Verlust oder eine Zunahme von H_3O^+-Ionen durch Stoffwechselprozesse oder Vergiftungen) die Ursache für ein Versagen der Pufferwirkung sein (**metabolische Störung**). Die Parameter Blut-pH, $p(CO_2)$ und BE, die durch eine Blutgasanalyse bestimmt werden können, erlauben eine Unterscheidung der verschiedenen Arten von Störungen des Säure-Base-Haushaltes (▶ Tabelle 6.4).

Störung	Mögliche Ursachen	Blut-pH	$p(CO_2)$	BE
Respiratorische Acidose	Ersticken, chronische Bronchitis, Asthma, Emphysem	< 7,4	erhöht (Hyperkapnie)	= 0 (nicht kompensiert) > +2 (metabolisch kompensiert)
Respiratorische Alkalose	Hyperventilation	> 7,4	erniedrigt (Hypokapnie)	= 0 (nicht kompensiert) < –2 (metabolisch kompensiert)

6 Säuren und Basen

Störung	Mögliche Ursachen	Blut-pH	$p(CO_2)$	BE
Metabolische Acidose	Niereninsuffizienz, *Diabetes mellitus*, Diarrhö, Vergiftung mit sauren Arzneistoffen	< 7,4	erniedrigt (Hypokapnie)	< −2
Metabolische Alkalose	Langandauerndes Erbrechen	> 7,4	erhöht (Hyperkapnie)	> +2

Tabelle 6.4: Störungen des Säure-Base-Haushalts

Diabetisches Koma

Durch eine Stoffwechselfehlfunktion wie zum Beispiel bei entgleistem *Diabetes mellitus* („Zuckerkrankheit") kann es vermehrt zur Bildung von Säuren in den Zellen kommen (metabolische Acidose, Fallbeispiel ▶ Kapitel 11), der Blut-pH-Wert sinkt ab. Durch eine verstärkte Abatmung von CO_2 wirkt der Körper der Erhöhung von $[H_3O^+]$ entgegen. Die Entfernung von CO_2 verschiebt gemäß des Prinzips von Le Châtelier (▶ Kapitel 5.9) das Dissoziationsgleichgewicht nach links, H_3O^+-Ionen werden verbraucht.

$$CO_2 + 2\,H_2O \rightleftharpoons HCO_3^- + H_3O^+$$

Man beobachtet daher bei einer Hyperglykämie eine sogenannte Kussmaul-Acidose-Atmung, eine deutlich vertiefte Atmung mit erhöhter Frequenz, um das vermehrt gebildete CO_2 abzuatmen. Dadurch sinkt der $p(CO_2)$. Eine respiratorische Kompensation wirkt im Allgemeinen sehr schnell (innerhalb von Sekunden bis Minuten), aber dadurch sinkt stetig die Konzentration der Pufferbasen im Blut (BE < −2), da diese für die Neutralisation der H_3O^+-Ionen verbraucht werden. Nun greift die Niere ein. Eine verstärkte Ausscheidung von H_3O^+ (als NH_4^+ in Folge einer erhöhten Produktion von basischem NH_3 in der Niere) steigert dann langsam wieder die Konzentration an Pufferbasen (Entfernung eines Produktes verschiebt das Puffergleichgewicht nach rechts = vermehrte Bildung von HCO_3^-). Der mit der verstärkten renalen Ausscheidung von H_3O^+ (als NH_4^+) und Glucose (Glucosurie) einhergehende erhöhte Flüssigkeitsverlust ist letztendlich für die neurologischen Ausfälle bei einem diabetischen Koma verantwortlich. Da die metabolische Regulation nur langsam anläuft, entwickelt sich das diabetische Koma über einen längeren Zeitraum von Stunden bis hin zu Tagen.

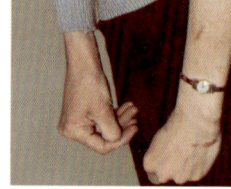

„Pfötchenstellung"
© *Roche Lexikon Medizin*, 5. Aufl. (978-3-437-15150-7) © Elsevier GmbH, Urban & Fischer: München 2003

Hyperventilation

Hyperventilation, wie sie manchmal bei (meist weiblichen) Teenagern auf Rockkonzerten zu beobachten ist, führt dagegen zu einer respiratorischen Alkalose. Psychisch bedingte zu schnelle Atmung bewirkt eine verstärkte Abatmung von Kohlendioxid, der Partialdruck $p(CO_2)$ im Blut sinkt. Dadurch verschiebt sich das Dissoziationsgleichgewicht der Kohlensäure nach links. HCO_3^- reagiert mit H_3O^+ unter Nachbildung von CO_2, der Blut-pH-Wert steigt an. Durch den erhöhten pH-Wert verändert sich der Calciumspiegel (wichtig für Nervenimpulse), was Krampferscheinungen an Händen und Füßen („Pfötchenstellung") und der Gesichtsmuskulatur („Karpfenmaul") auslöst. Die Rückatmung in einen Plastikbeutel, in dem durch die Ausatemluft mehr CO_2 als in der normalen Atemluft vorhanden ist, erhöht den CO_2-Spiegel im Blut und senkt so den Blut-pH-Wert wieder in den Normalbereich.

CO_2-Rückatmung bei Hyperventilation
© W. Söhngen GmbH, Taunusstein-Wehen

Chronisch obstruktive Bronchitis

Ist hingegen die Abatmung von CO_2 beeinträchtigt (zum Beispiel aufgrund von Atemstörungen bei chronischer Bronchitis oder auch beim Ersticken), so kommt es zu einer **respiratorischen Acidose**. Die Konzentration an CO_2 im Blut erhöht sich, der Partialdruck $p(CO_2)$ steigt. Das Dissoziationsgleichgewicht verschiebt sich nach rechts. Es entsteht vermehrt H_3O^+, der pH-Wert sinkt ab, das Blut wird übersäuert.

In der Notfallmedizin wird zum Beispiel Natriumbicarbonat (= Natriumhydrogencarbonat, $NaHCO_3$) als Notfallmedikament im Rahmen der Reanimation bei Herz-Kreislauf-Stillstand eingesetzt, um den durch den Atemstillstand erniedrigten pH-Wert des Blutes schnell und kurzfristig wieder in den physiologischen Bereich zu erhöhen. $NaHCO_3$ wird ebenfalls als Antidot bei Vergiftungen mit sauren Arzneistoffen (zum Beispiel Acetylsalicylsäure), die zu einer metabolischen Acidose führen, eingesetzt.

Chronisches Erbrechen

Im Fallbeispiel am Kapitelanfang erleidet der Patient eine metabolische Alkalose. Durch ständiges Erbrechen verliert der Körper Magensäure, also H_3O^+- und Chloridionen (Hypochlorämie). In Folge steigt auch der Blut-pH-Wert an. Der Körper versucht dies durch die Atmung zu kompensieren, indem er weniger CO_2 abatmet (Hypoventilation). Dadurch steigt $p(CO_2)$ im Blut, das Dissoziationsgleichgewicht wird nach rechts verschoben. Damit erhöht sich auch die Konzentration an Pufferbasen (BE > +2).

ZUSAMMENFASSUNG

In diesem Kapitel haben wir Folgendes über Säuren und Basen gelernt:

- Nach der Definition von Brønsted sind Säuren Protonendonoren und Basen Protonenakzeptoren.
- Gibt eine Säure ihr Proton ab, wird sie zu einer Base. Umgekehrt wird eine Base, die ein Proton aufnimmt, zu einer Säure. Man spricht von korrespondierenden Säure-Base-Paaren.
- An einer Säure-Base-Reaktion (Protolyse) sind immer zwei korrespondierende Säure-Base-Paare beteiligt.

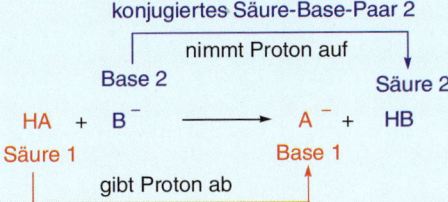

- Säure-Base-Reaktionen sind Gleichgewichtsreaktionen. Ein Maß für die Stärke einer Säure (K_s- und pK_s-Wert) oder einer Base (K_b- und pK_b-Wert) ist daher die Lage des Protolysegleichgewichtes mit Wasser als Bezugssystem.

$$pK_s = -\lg K_s = -\lg \frac{[H_3O^+] \cdot [A^-]}{[HA]} \qquad pK_b = -\lg K_b = -\lg \frac{[HB^+] \cdot [OH^-]}{[B]}$$

- Für korrespondierende Säure-Base-Paare gilt:

$$pK_s + pK_b = 14$$

- Teilchen, die sowohl als Säure als auch als Base reagieren können, nennt man Ampholyte. Wasser ist ein Ampholyt. Das Autoprotolysegleichgewicht liegt aber weit auf der Seite des undissoziierten Wassers, das Ionenprodukt K_W beträgt gerade einmal:

$$K_W = [H_3O^+] \cdot [OH^-] = 10^{-14} \text{ mol}^2/\text{L}^2$$

- Durch das Ionenprodukt sind die Konzentrationen von H_3O^+ und OH^- in jeder wässrigen Lösung miteinander verknüpft. Als einheitliches Maß für den Säure- oder Basencharakter einer Lösung verwendet man daher den pH-Wert mit pH = $-\lg[H_3O^+]$. Eine Lösung ist sauer bei pH < 7, neutral bei pH = 7 und basisch bei pH > 7.
- Für die Berechnung von pH-Werten von Lösungen reiner Säuren und Basen verwendet man folgende genäherten Gleichungen:

	Säure	Base
stark	$pH = -\lg[HA]_0$	$pH = 14 + \lg[B]_0$
schwach	$pH = \frac{1}{2} \cdot (pK_s - \lg[HA]_0)$	$pH = 14 - \frac{1}{2} \cdot (pK_b - \lg[B]_0)$

- Für den pH-Wert der Lösung eines Ampholyten gilt näherungsweise:

$$pH = \frac{1}{2} \cdot (pK_{s1} + pK_{s2})$$

- Puffer sind Mischungen einer schwachen Säure oder Base mit ihrem jeweiligen Salz. Sie halten den pH-Wert einer Lösung in gewissen Grenzen konstant. Der pH-Wert eines Puffers berechnet sich nach der Hendersson-Hasselbalch-Gleichung:

$$pH = pK_s + \lg \frac{[A^-]}{[HA]}$$

- Experimentell lassen sich pH-Werte mittels Farbindikatoren oder elektrochemisch mit einem pH-Meter bestimmen.
- Die Konzentrationen von Säuren und Basen kann man quantitativ mithilfe einer Titration bestimmen. Dabei wird eine Säure durch eine zugesetzte Base neutralisiert (oder umgekehrt). Je nach Stärke der verwendeten Säuren und Basen erhält man charakteristische Titrationskurven.

Übungsaufgaben

1. Welcher der folgenden Stoffe ist eine Säure, eine Base oder amphoter?
   H_2O, HCO_2H, NH_3, SO_4^{2-}, CN^-, CH_4, HCl, PH_3

2. Welchen pH-Wert haben eine 0,01 M HCl-Lösung, eine 0,005 M Essigsäurelösung und eine 0,001 M KOH-Lösung?

3. Welchen pH-Wert hat ein Acetatpuffer, bei dem [AcOH]/[AcO$^-$] = 1/5 ist?

4. Die pK_s-Werte von Kohlensäure sind pK_{s1} = 6,3 und pK_{s2} = 10,3, wobei sich der erste Wert auf die Reaktion CO_2 + 2 H_2O → H_3O^+ + HCO_3^- bezieht. Ein Leitungswasser hat einen pH-Wert von 7,4 und enthält 44 mg/L gelöstes CO_2 pro Liter.
   a) Wie hoch sind die Konzentrationen von CO_2 und H_3O^+ in mol/L?
   b) Wie hoch ist die Bicarbonatkonzentration [HCO_3^-] in diesem Leitungswasser?
   c) Wie hoch ist dann die Konzentration von [CO_3^{2-}]?

5. 4 mg Calcium werden mit 200 mL Wasser zur Reaktion gebracht. Wie hoch ist der pH-Wert der entstehenden Lösung? Berücksichtigen Sie hierzu die folgende Reaktionsgleichung: Ca + 2 H_2O → Ca(OH)$_2$ + H_2. Die Reaktion läuft vollständig ab.

6. In welche Richtung verschiebt sich das Gleichgewicht CO_2 + 2 H_2O → H_3O^+ + HCO_3^-, wenn man
   a) den CO_2-Partialdruck erhöht oder
   b) den pH-Wert erhöht?

7. Ein Puffersystem mit einem pH-Wert von 7,0 soll hergestellt werden. Welche in etwa äquimolaren wässrigen Lösungen eignen sich dazu am besten?
   – Mischung aus $NaHSO_4$ und Na_2SO_4
   – Mischung aus NH_3 und NH_4Cl
   – Mischung aus NaH_2PO_4 und Na_3PO_4
   – Mischung aus CH_3CO_2H und $NaCH_3CO_2$
   – Mischung aus Na_2HPO_4 und NaH_2PO_4
   – Mischung aus NaOH und H_2SO_4

8. Weisen die folgenden wässrigen Lösungen einen sauren/neutralen/basischen pH-Wert auf?
   KCN, Na-Acetat, NH_4Cl, CO_2, $NaHCO_3$, Na_2CO_3, NaH_2PO_4, Na_2HPO_4, Na_3PO_4, Na_2SO_4, $NaHSO_4$

9. Eine Salzsäurelösung (pH = 2, V = 1 mL) soll durch Zugabe von Wasser auf pH 4 (5, 6, 7) eingestellt werden. Wie viel mL Wasser müssen Sie jeweils zugeben?

10. Kohlendioxid CO_2 löst sich in Wasser, der pH-Wert wird sauer. Ähnliches passiert, wenn SO_3-Gas in Wasser gelöst wird. Formulieren Sie die entsprechende Reaktionsgleichung!

11. Wie hoch ist die Konzentration an H_3O^+-Ionen in einer wässrigen Lösung mit einem pH-Wert von 4, 5 oder 6?

12. In 1 L Wasser sollen 1; 0,1 oder 0,01 mmol HCl gelöst vorliegen. 10 mL dieser Lösung werden mit 90 mL Wasser gemischt. Welchen pH-Wert besitzen diese Lösungen nun?

> Die Lösungen zu den Übungsaufgaben finden Sie im Anhang. Die ausführlichen Lösungen zu diesem Buchkapitel finden Sie auf der Website zum Buch unter http://www.pearson.de. Sie finden dort auch ein Bonuskapitel »Mathematische Grundlagen« sowie ergänzende Tabellen.

Redoxreaktionen 7

7.1	Oxidation und Reduktion	265
7.2	Oxidationszahlen	266
7.3	Redoxreaktionen	271
7.4	Aufstellen von Redoxgleichungen	275
7.5	Elektrochemische Zellen	282
7.6	Die elektromotorische Kraft EMK	289
7.7	Die Nernst'sche Gleichung	298
7.8	Elektrolyse	303
7.9	pH-Abhängigkeit von Redoxpotenzialen	305
7.10	Vergleich von Säure-Base-Reaktionen und Redoxreaktionen	308

7 Redoxreaktionen

■ **FALLBEISPIEL Herzinfarkt**

Herr R., 50 Jahre, angestellt als Systemadministrator, starker Raucher und Bluthochdruck-Patient (ca. 160/100 mmHg) mit erhöhten LDL-Cholesterol-Werten (200 mg/dL), deutlich übergewichtig, verspürt seit einigen Tagen beim Treppensteigen einen leichten Druck hinter dem Brustbein, der beim Stehenbleiben wieder nachlässt. Als er morgens die gerade abfahrende Straßenbahn durch einen Spurt erreichen will, verspürt er plötzlich einen zusammenschnürenden Schmerz hinter dem Brustbein, der sich bis in den linken Arm ausbreitet. Er bekommt einen Schweißausbruch und es tritt Brechreiz, dann auch Erbrechen auf. Herbeigeeilte Passanten rufen den Notarzt, der einen fadenförmigen Puls und einen Blutdruck von ca. 125/85 mm Hg feststellt und daraufhin Nitrospray verabreicht. Im Krankenhaus wird ein EKG abgeleitet, das massive ST-Streckenhebungen in den Brustwandableitungen V2 bis V6 zeigt.

Erklärung

Herr R., typischer Risikopatient für koronare Herzkrankheiten, hat einen akuten Myokardinfarkt erlitten. Aufgrund einer eventuellen genetischen Disposition und einer ungesunden Lebensweise bilden sich in den Herzgefäßen durch jahrelang erhöhte LDL-Cholesterol-Werte sogenannte vulnerable Plaques, die die Koronararterie verengen (Arteriosklerose) und zu Minderdurchblutung des Herzmuskels und dadurch zu verminderter Sauerstoffversorgung führen. Eine Ruptur der Plaques führt zum Verschluss einer Arterie und zum Koronarspasmus (krampfartige Gefäßverengung). Die dadurch verursachte akute Sauerstoffunterversorgung des Herzmuskelgewebes bewirkt ein Absterben (Nekrose) des Gewebes, es kommt zu einem Herzinfarkt.

Die Aufnahme eines Elektrokardiogramms (EKG, Herzspannungskurve) ist das wichtigste Diagnoseverfahren bei einem akuten Herzinfarkt. Jeder Pumpfunktion des Herzens geht eine elektrische Erregung voraus, die im Normalfall vom Sinusknoten (den sogenannten Schrittmacherzellen) ausgeht und über das herzeigene Erregungsleitungssystem zu den Muskelzellen läuft, die daraufhin kontrahieren. Ursache dieser elektrischen Erregungen sind elektrochemische Vorgänge an den Zellmembranen. Die Summe der elektrischen Potenzialänderungen aller Herzmuskelzellen kann man an der Körperoberfläche ableiten und im EKG grafisch darstellen (Ordinate: Potenzialänderung in mV; Abszisse: Zeitachse in s). Die einzelnen Abschnitte eines EKG entsprechen den verschiedenen Phasen der Erregungsweiterleitung während eines Herzschlages.

LERNZIELE

Das obige Fallbeispiel zeigt, dass elektrochemische Prozesse an Zellmembranen für die Herzmuskelaktivität und die Diagnose von Krankheiten eine wichtige Rolle spielen. Um dies zu verstehen, müssen wir uns mit Redoxreaktionen beschäftigen. In diesem Kapitel werden wir daher lernen,

- was man unter Oxidation und Reduktion versteht,
- dass an einer Redoxreaktionen immer zwei korrespondierende Redoxpaare beteiligt sind,
- wie man Redoxgleichungen aufstellt und interpretiert,

- dass man Oxidation und Reduktion in einer elektrochemischen Zelle (Batterie) räumlich so trennen kann, dass die frei werdende chemische Energie als elektrischer Strom genutzt werden kann,
- wovon die elektrische Spannung einer elektrochemischen Zelle abhängt und wie man sie mithilfe der Nernst'schen Gleichung berechnen kann,
- wie Konzentrationsgradienten für die Entstehung von Membranpotenzialen verantwortlich sind,
- wie man durch Energiezufuhr von außen nicht freiwillig ablaufende Redoxreaktionen erzwingen kann (Elektrolyse).

7.1 Oxidation und Reduktion

Wir haben in den vorherigen Kapiteln chemische Reaktionen kennengelernt, bei denen ein Stoff mit Sauerstoff verbrannt wurde. Ein typisches Beispiel ist die Knallgasreaktion, die Verbrennung von H_2 zu H_2O. Auch das Rosten von Eisen oder die Energiegewinnung aus Glucose bei der Atmungskette (▶ Kapitel 5.4.4) gehören zu solchen Verbrennungsreaktionen, die man historisch als **Oxidation** bezeichnet (= Aufnahme von Sauerstoff). Umgekehrt gibt es auch chemische Reaktionen, bei denen Sauerstoff aus einem Molekül entfernt wird, zum Beispiel bei der industriell wichtigen Herstellung von metallischem Eisen (Stahl) aus Eisenerz. Bei dieser Reaktion werden Eisenoxide, wie Eisen(III)-oxid Fe_2O_3, mit Koks (= elementarem Kohlenstoff) umgesetzt, wobei gemäß nachfolgender Gesamtreaktion in mehreren Reaktionsschritten letztendlich Eisen und Kohlendioxid entstehen.

Rosten: Beispiel für eine Oxidation
Nach: Brown, T. L., LeMay, H. E. & Bursten, E. B. (2007)

$$2\ Fe_2O_3 + 3\ C \longrightarrow 4\ Fe + 3\ CO_2$$

Dem Eisenoxid wird der Sauerstoff entzogen. Eine solche chemische Reaktion nennt man historisch **Reduktion** (= Abgabe von Sauerstoff). Gleichzeitig wird der Kohlenstoff zu Kohlendioxid oxidiert.

Es gibt sehr viele chemische Reaktionen, die ähnlich ablaufen, auch wenn nicht unmittelbar Sauerstoff als Reaktionspartner beteiligt ist. Betrachten wir die Umsetzung von Natrium einmal mit Sauerstoff und einmal mit Chlor.

$$4\ Na + O_2 \longrightarrow 2\ Na_2O$$
$$2\ Na + Cl_2 \longrightarrow 2\ NaCl$$

Bei der ersten Reaktion wird das Natrium verbrannt, also oxidiert. Es entsteht Natriumoxid (Na_2O), eine ionische Verbindung, aufgebaut aus Na^+- und O^{2-}-Ionen. Bei der zweiten Reaktion entsteht Natriumchlorid, das ebenfalls aus Ionen aufgebaut ist, diesmal Na^+- und Cl^--Ionen (▶ Kapitel 2.3). In beiden Fällen hat das Natrium sein Außenelektron an ein deutlich elektronegativeres Nichtmetall (Sauerstoff oder Chlor) abgegeben. Aus chemischer Sicht sind beide Reaktionen somit sehr ähnlich. Man spricht daher im zweiten Fall ebenfalls von einer Oxidation, auch wenn kein Sauerstoff beteiligt ist.

Stahlerzeugung: Beispiel für eine Reduktion
Aus: Brown, T. L., LeMay, H. E. & Bursten, E. B. (2007)

7 Redoxreaktionen

Wie lassen sich die Begriffe Oxidation und Reduktion verallgemeinern? Dazu schauen wir uns noch eine dritte Reaktion an, die Chlorknallgasreaktion, also die Umsetzung von Wasserstoff mit Chlor.

$$H_2 + Cl_2 \longrightarrow 2\ HCl$$

Bei dieser Reaktion werden zwar keine Ionen gebildet, da im Chlorwasserstoff HCl eine kovalente Atombindung vorliegt. Allerdings ist diese Atombindung polar (▶ Kapitel 2.6). Das heißt, die Bindungselektronen befinden sich wegen der höheren Elektronegativität des Chlors im Vergleich zum Wasserstoff im zeitlichen Mittel näher beim Chloratom als beim H-Atom. Also hat das H-Atom auch bei dieser Reaktion sein Außenelektron zumindest teilweise abgegeben.

Diese Übertragung von Elektronen von einem Atom auf ein anderes ist das gemeinsame Merkmal aller Oxidationen und Reduktionen, die man heutzutage wie folgt definiert:

Oxidation = Abgabe von Elektronen

Reduktion = Aufnahme von Elektronen

Dabei spielt es keine Rolle, ob die Elektronen vollständig abgegeben oder aufgenommen werden (also Ionen entstehen) oder nur teilweise, wie bei der Bildung polarer kovalenter Atombindungen.

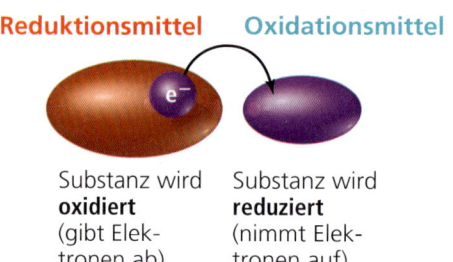

Nach: Brown, T. L, LeMay, H. E. & Bursten, E. B. (2007)

Ähnlich, wie wir bei den Säure-Base-Reaktionen gesehen haben (▶ Kapitel 6), können Oxidation und Reduktion immer nur zusammen auftreten. Bei einer chemischen Reaktion treten in der Regel keine freien Elektronen auf, da sie zu energiereich sind. Folglich muss immer ein Partner da sein, der die Elektronen aufnimmt, die ein anderer abgeben will. Man spricht von gekoppelten **Redoxreaktionen**.

7.2 Oxidationszahlen

Nicht immer sind Redoxreaktionen so eindeutig zu erkennen wie bei den obigen Reaktionen. Handelt es sich zum Beispiel bei der Umsetzung von Kaliumpermanganat ($KMnO_4$) mit Wasserstoffperoxid (H_2O_2) in basischer Lösung, die zu Sauerstoff, Braunstein (MnO_2) und Wasser führt, um eine Redoxreaktion? Dies ist auf den ersten Blick sicherlich nicht so ohne Weiteres zu beantworten, da alle Reaktanten und Produkte nach wie vor Sauerstoff enthalten und auch Elektronenübertragungen nicht einfach auszumachen sind.

$$2\ KMnO_4 + 3\ H_2O_2 \longrightarrow 2\ MnO_2 + 3\ O_2 + 2\ KOH + 2\ H_2O$$

Um entscheiden zu können, ob eine solche komplexe Reaktion eine Redoxreaktion darstellt oder nicht, verwendet man die **Oxidationszahl** (= **OZ**) als formale Hilfsgröße. Es handelt sich bei der Oxidationszahl um eine Art Buchhaltungssystem, anhand dessen man feststellen kann, welche Substanzen Elektronen aufgenommen haben (= reduziert wurden) und welche Substanzen Elektronen abgegeben haben (= oxidiert wurden).

Jedem Atom in einem Molekül oder Ion wird eine bestimmte Oxidationszahl zugeordnet. Ändert sich die Oxidationszahl mindestens eines Atoms eines Reaktionsteilnehmers bei einer chemischen Reaktion, liegt eine Redoxreaktion vor. Bei einer Oxidation erhöht sich die Oxidationszahl, während sie sich bei einer Reduktion erniedrigt.

> **MERKE**
>
> Bei Redoxreaktionen ändert sich die Oxidationszahl mindestens eines Atoms.

Oxidation = Erhöhung der Oxidationszahl

Reduktion = Erniedrigung der Oxidationszahl

Wie bestimmt man die Oxidationszahl? Ausgehend von einer Lewis-Formel zerlegt man gedanklich jedes chemische Molekül in einatomige Ionen, wobei die Bindungselektronen einer kovalenten Atombindung vollständig dem jeweils elektronegativeren Bindungspartner zugeteilt werden. Man spaltet also alle Atombindungen heterolytisch (▶ Kapitel 6.1). Die Ladung der dabei hypothetisch entstehenden Ionen entspricht der Oxidationszahl des Atoms. Oxidationszahlen werden in arabischen Ziffern oberhalb des jeweiligen Atoms in einem Teilchen angegeben. Alternativ kann man auch römische Ziffern zur Angabe der Oxidationszahlen verwenden. Wir werden aber ausschließlich arabische Ziffern benutzen. So ermittelt man für das Chlorwasserstoffmolekül HCl eine Oxidationszahl von +1 für das H-Atom und von −1 für das Cl-Atom.

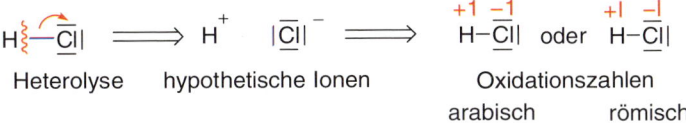

Heterolyse   hypothetische Ionen   Oxidationszahlen
                                     arabisch   römisch

Betrachten wir das Kaliumpermanganat $KMnO_4$, das aus K^+-Ionen und MnO_4^--Ionen besteht. Welche Oxidationszahlen haben das Mangan und der Sauerstoff im MnO_4^--Ion? Zerlegen wir das Permanganation heterolytisch in hypothetische Ionen, dann sehen wir, dass das Mangan im Permanganat die Oxidationszahl +7 und der Sauerstoff −2 aufweist.

Kaliumpermanganat
Aus: Brown, T. L., LeMay, H. E. & Bursten, E. B. (2007)

7 Redoxreaktionen

$$MnO_4^- \Rightarrow \left[\begin{array}{c}O\\O-Mn^{3+}-O\\O\end{array}\right]^- \longleftrightarrow \left[\begin{array}{c}O\\O-Mn^0-O\\O\end{array}\right]^-$$

Formalladung

Oxidationszahl
+7 −2
$$MnO_4^- \Rightarrow O=Mn=O \Rightarrow Mn^{7+} + 4\,O^{2-} \Rightarrow MnO_4^-$$

MERKE

Oxidationszahl = Heterolyse, unabhängig von verwendeter Lewis-Formel

Formalladung = Homolyse, abhängig von verwendeter Lewis-Formel

Aufpassen muss man, dass man die Oxidationszahl und die Formalladung nicht durcheinanderbringt. Zwar sind beides rein formale Hilfsgrößen, sie werden aber auf unterschiedliche Weise ermittelt: Die **Formalladung** wird durch Vergleich der ursprünglichen Zahl an Valenzelektronen eines Atoms und der nach **Homolyse** verbleibenden Elektronenzahl in einer bestimmten Lewis-Formel ermittelt (▶ Kapitel 2.7). Für verschiedene Resonanzformeln ergeben sich daher unterschiedliche Formalladungen. Die **Oxidationszahl** ist hingegen die Ladung der hypothetischen einatomigen Ionen, in die man ein Molekül durch **Heterolyse** aller Bindungen zerlegt. Sie ist unabhängig von der betrachteten Resonanzformel immer gleich.

Man kann sich das Ermitteln von Oxidationszahlen vereinfachen, wenn man sich folgende Regeln merkt.

- In elementarer Form (zum Beispiel O_2, Na-Metall oder Kohlenstoff in Diamant oder Graphit) haben alle Atome immer die Oxidationszahl (**OZ**) null.

Im Element sind immer zwei identische Atome an der Bindung beteiligt, egal ob metallische oder kovalente Bindungen vorliegen. Es kann daher keine Heterolyse, sondern nur eine Homolyse erfolgen (beide Bindungspartner haben die gleiche Elektronegativität). Die formale Zerlegung führt zu ungeladenen Radikalen. Die Oxidationszahl ist folglich null. So haben beide H-Atome im H_2-Molekül ebenso wie beide Cl-Atome im Cl_2-Molekül die OZ 0.

- Bei **einatomigen Ionen** entspricht die Oxidationszahl der Ladung des Ions. K^+ oder Na^+ haben also die OZ +1, Br^- oder F^- die OZ −1 und Sulfid S^{2-} die OZ −2.
- **Fluor** hat als elektronegativstes Element in Verbindungen immer die OZ −1. Im Element hat es die OZ 0.
- **Sauerstoff** hat fast immer die OZ −2, außer im elementaren Sauerstoff O_2 (OZ 0), in Peroxiden wie H_2O_2 (OZ −1) und in Verbindung mit dem Element Fluor (das einzige Element im Periodensystem, das elektronegativer ist als Sauerstoff).
- **Wasserstoff** hat fast immer die OZ +1, außer im H_2 (OZ 0) oder wenn er an Metalle gebunden ist wie im Natriumhydrid NaH (OZ −1).
- Die **Alkalimetalle** haben in Verbindungen fast ausschließlich die OZ +1, die **Erdalkalimetalle** fast immer +2 und Aluminium oder Bor +3.
- Die **Halogene** haben meistens die OZ −1. Aber Vorsicht: Es gibt wichtige Ausnahmen, zum Beispiel wenn Halogene wie Chlor oder Brom

an Sauerstoff gebunden sind. Dann weisen sie positive Oxidationszahlen auf (zum Beispiel hat das Chloratom im Perchloration ClO_4^- die OZ +7).

- Die **maximale** und **minimale OZ**, die ein Atom haben kann, ergibt sich aus seiner Stellung im Periodensystem. Die maximale OZ ist gleich der Anzahl der vorhandenen Außenelektronen und die minimale OZ entspricht der Zahl an Elektronen, die zum Erreichen der nachfolgenden Edelgaskonfiguration noch fehlen. Alle anderen OZ zwischen diesen beiden Extremen sind ebenfalls möglich.

Als Atom der Gruppe 15 hat Stickstoff fünf Außenelektronen. Ein N-Atom kann also maximal die OZ +5 (zum Beispiel in der Salpetersäure HNO_3) oder minimal die OZ −3 haben (zum Beispiel im Ammoniak NH_3). Für Kohlenstoff (Gruppe 14) findet man Oxidationszahlen zwischen OZ −4 (im Methan CH_4) und OZ +4 (im CO_2). Diese Regel gibt den Bereich der möglichen OZ an, sagt aber nichts darüber aus, ob diese in realen Verbindungen auch tatsächlich vorkommen. Für die Alkalimetalle wie Natrium findet man eigentlich nur die beiden OZ +1 (im Na^+-Kation) und 0 (im Na-Metall). Man kennt zum Beispiel bisher keine Verbindung, in der Natrium die (im Prinzip mögliche) OZ −7 aufweist. Bei chemischen Umsetzungen tritt die OZ +2 beim Natrium nicht auf, ebenso wenig wie eine OZ +6 beim Kohlenstoff.

- Die Summe der Oxidationszahlen aller Atome eines Moleküls entspricht seiner Ladung.

> **MERKE**
>
> Summe der Oxidationszahlen = Ladung des Teilchens

Gerade diese letzte Regel ist sehr hilfreich für das Ermitteln von Oxidationszahlen in den häufig auftretenden Oxoanionen. Im Permanganat MnO_4^- haben die vier Sauerstoffe jeweils die OZ −2 und das gesamte Ion hat eine einfache negative Ladung −1. Also muss das Mangan die Oxidationszahl +7 haben, denn $4 \cdot (-2) + 7 = -1$. Im Nitrat NO_3^- ergibt sich analog für das Stickstoffatom die OZ +5 ($-1 = 5 + 3 \cdot (-2)$).

Da es unterschiedliche Werte und Tabellen für die Elektronegativität der Atome gibt (▶ Kapitel 2.6), kann es vorkommen, dass man je nach verwendeten EN-Werten unterschiedliche Oxidationszahlen erhält. Da es bei **Redoxreaktionen** aber um **Änderungen von Oxidationszahlen** geht und nicht um deren absolute Werte, stellt dies kein Problem im Zusammenhang mit Redoxreaktionen dar. Man muss nur beim Aufstellen einer Redoxgleichung für Edukte und Produkte die gleiche Tabelle verwenden.

■ **BEISPIEL** Oxidationszahlen von Schwefel

elementarer Schwefel   Schwefeldioxid

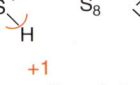

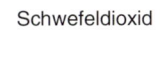
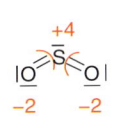
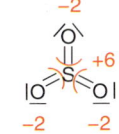

Schwefelwasserstoff   Schwefelmonoxid (instabil)   Schwefeltrioxid

7 Redoxreaktionen

AUS DER MEDIZINISCHEN PRAXIS

Eisen in verschiedenen Oxidationsstufen im Körper

Ein Element kann durchaus in verschiedenen Oxidationsstufen vorliegen. Sehr häufig findet man dies bei den Übergangsmetallen (▶ Kapitel 8), die mehrere verschieden geladene einfache Ionen bilden können. Eisen bildet zweifach und dreifach positiv geladene Kationen, Fe^{2+} und Fe^{3+}, in denen das Eisen die OZ +2 oder +3 hat. Diese Ionen haben, wie wir noch genauer sehen werden, durchaus sehr unterschiedliche chemische und physikalische Eigenschaften.

Eisen(II) dient zum Sauerstofftransport

Hämoglobin und Met-Hämoglobin
© Univ. Doz. Dr. med. Wolfgang Hübl, Zentrallabor Wilhelminenspital der Stadt Wien, Wien, Österreich

Fe^{2+} ist im roten Blutfarbstoff (genauer Blutpigment) in den Erythrocyten, dem **Hämoglobin** (Hb), für die Bindung und damit den Transport von molekularem Sauerstoff verantwortlich. Das Eisen(II) bildet mit einem Häm-b-Molekül einen Chelatkomplex (▶ Kapitel 8.7), der in ein Protein eingebunden ist (▶ Kapitel 13.8). An das Eisen(II) kann dann zusätzlich noch O_2 binden. Durch Vergiftungen mit Stoffen, wie Nitrite (zum Beispiel sogenannte Poppers = Partydrogen, aliphatische Ester der Salpetrigen Säure wie Amylnitrit, die früher als Arzneistoffe zur Erweiterung der Herzgefäße eingesetzt wurden [▶ Kapitel 2.5]), aromatische Amine und Nitroverbindungen, aber auch durch Arzneistoffe wie Lidocain oder Sulfonamide, kann Eisen(II) in einer komplexen Reaktionsfolge letztendlich in Eisen(III) umgewandelt werden. Es entsteht **Met-Hämoglobin** (Met-Hb), das eine braune Farbe besitzt. Dieses bindet zwar immer noch Sauerstoff, der aber schlechter an das Gewebe abgeben wird. Der Sauerstofftransport wird gestört. Auch unter physiologischen Bedingungen entstehen im Körper ständig geringe Mengen Met-Hb, die aber durch das Enzym Met-Hb-Reduktase wieder zu normalem Hämoglobin reduziert werden. Der Met-Hb-Anteil liegt daher normalerweise unter 1 Prozent. Bei Säuglingen ist diese Enzymfunktion noch nicht vollständig ausgeprägt, sodass sie besonders empfindlich gegenüber Met-Hb-Bildnern sind. Vergiftungen können zum Beispiel durch einen zu hohen Nitratanteil in der Nahrung oder dem Trinkwasser zustande kommen, Nitrat (NO_3^-) wird dabei im Körper durch Bakterien der Darmflora zu Nitrit (NO_2^-) reduziert. Das Nitrit wandelt dann wie erwähnt Hb in Met-Hb um.

Ab einem Met-Hb-Anteil von 15 Prozent entsteht eine Cyanose (blaue Verfärbung von Lippen und Haut), 30 bis 40 Prozent verursachen Symptome des Sauerstoffmangels im Gewebe, insbesondere im Gehirn (Verwirrtheit, Schwindel, Bewusstseinsstörung). Werte zwischen 60 und 80 Prozent sind tödlich (Tod durch innere Erstickung). Die Therapie erfolgt mit Methylenblau, das zwar selbst ein Met-Hb-Bildner ist, jedoch auch – und dies ist entscheidend – die enzymatische Met-Hb-Reduktion beschleunigt, sodass der Met-Hb-Anteil schnell wieder auf etwa 10 Prozent sinkt.

Eisen(III) dient zur Sauerstoffaktivierung

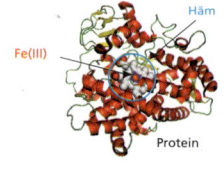

Eisen(III) im Cytochrom P450

In anderen wichtigen Enzymen, den Cytochrom-P450-abhängigen Oxidoreduktasen, findet sich hingegen Eisen(III) in einem Chelatkomplex mit einem Häm-Molekül. Diese Enzyme binden ebenfalls Sauerstoff, der aber durch die Bindung für chemische Oxidationsprozesse aktiviert wird. Wichtige Aufgaben von Cytochrom-P450-abhängigen Enzymen im Körper sind der oxidative Abbau von Fremdstoffen (Xenobiotika, ▶ Kapitel 12.1.5) und die Biosynthese zum Beispiel von Steroiden (▶ Kapitel 10.8.1). Je nach Oxidationszahl nimmt das Eisen also völlig unterschiedliche Aufgaben wahr.

7.3 Redoxreaktionen

Bei chemischen (und biochemischen) Reaktionen treten Oxidation und Reduktion immer gemeinsam auf, wobei die Zahl der (formal) übertragenen Elektronen bei beiden Teilprozessen identisch sein muss. Zum besseren Verständnis einer **Redoxreaktion** ist es sinnvoll, die Oxidation und die Reduktion als zwei getrennte Teilprozesse zu betrachten, an denen jeweils ein **korrespondierendes Redoxpaar** beteiligt ist (völlig analog zu den in ▶ Kapitel 6.2 kennengelernten korrespondierenden Säure-Base-Paaren).

Dabei muss die Zahl der Elektronen, die bei der Oxidation frei werden, der Anzahl der bei der Reduktion aufgenommenen Elektronen entsprechen. Für die Chlorknallgasreaktion erhält man die beiden folgenden Teilreaktionen, deren Addition die Gesamtreaktion ergibt.

$$\text{Oxidation} \quad \overset{0}{H_2} \longrightarrow 2\,\overset{+1}{H^+} + 2\,e^-$$

$$\text{Reduktion} \quad \overset{0}{Cl_2} + 2\,e^- \longrightarrow 2\,\overset{-1}{Cl^-}$$

$$\implies \quad H_2 + Cl_2 + \cancel{2\,e^-} \longrightarrow 2\,H^+ + \cancel{2\,e^-} + 2\,Cl^-$$

$$\quad H_2 + Cl_2 \longrightarrow \underbrace{2\,H^+ + 2\,Cl^-}_{= 2\,HCl}$$

Die Elektronen, die der Wasserstoff bei der Oxidation abgibt, werden vom Chlor aufgenommen, das dadurch zu Chlorid reduziert wird. Der Wasserstoff ist somit ein **Reduktionsmittel** und wird selbst oxidiert. Umgekehrt ist Chlor ein **Oxidationsmittel**, das dem Wasserstoff Elektronen entzieht, diesen also zu H^+ oxidiert, während es selbst zu Chlorid reduziert wird. Beide Teilreaktionen sind durch die übertragenen Elektronen gekoppelt. Die Elektronen „fließen" dabei vom Reduktionsmittel zum Oxidationsmittel. Das Fließen kann man durchaus wörtlich verstehen. Redoxprozesse lassen sich durch eine räumliche Trennung von Oxidation und Reduktion so durchführen, dass der Elektronenfluss über einen Draht tatsächlich als elektrischer Strom genutzt werden kann (▶ Kapitel 7.5).

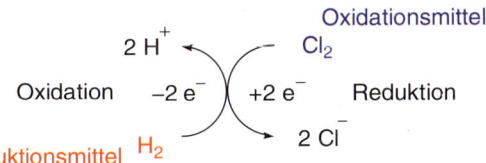

- Oxidationsmittel = nimmt Elektronen auf (= Elektronenakzeptor), wird selbst reduziert
- Reduktionsmittel = gibt Elektronen ab (= Elektronendonor), wird selbst oxidiert

7 Redoxreaktionen

Genauso kann natürlich Chlorid auch wieder ein Elektron abgeben (Reduktionsmittel) und zu Chlor oxidiert werden, ebenso wie H^+ Elektronen aufnehmen kann (Oxidationsmittel) und wieder zu Wasserstoff reduziert wird. Es handelt sich jeweils um korrespondierende Redoxpaare. Aus einem Oxidationsmittel wird durch Elektronenaufnahme ein Reduktionsmittel und umgekehrt aus einem Reduktionsmittel durch Elektronenabgabe ein Oxidationsmittel. Diese Situation ist völlig analog zu den korrespondierenden Säure-Base-Paaren (▶ Kapitel 6.2). Aus einer Säure wird durch Protonenabgabe eine Base, aus einer Base durch Protonenaufnahme eine Säure.

An einer Redoxreaktion sind also immer zwei korrespondierende Redoxpaare beteiligt. Im obigen Beispiel der Chlorknallgasreaktion sind dies die beiden Redoxpaare H^+/H_2 und Cl_2/Cl^-. Diese Schreibweise **Ox/Red** soll nur angeben, was die oxidierte Form (Ox) und was die reduzierte Form (Red) des korrespondierenden Redoxpaares darstellt. Der stöchiometrische Zusammenhang ist natürlich nicht korrekt, denn es werden 2 H^+-Ionen zu einem Molekül H_2 reduziert. Korrekterweise müsste man also 2 H^+/H_2 schreiben. Wir werden Redoxpaare aber in der einfachsten, eventuell auch stöchiometrisch nicht korrekten Form schreiben.

Kurzschreibweise
für ein
korrespondierendes
Redoxpaar

Ox/Red

bedeutet

$$Ox \underset{-ze^-}{\overset{+ze^-}{\rightleftharpoons}} Red$$

Die zur Beschreibung eines korrespondierenden Redoxpaares verwendeten Begriffe und Zusammenhänge sind nachfolgend noch einmal zusammengefasst.

Elektronenakzeptor + $z\,e^-$ ⇌ Elektronendonor

Oxidationsmittel + $z\,e^-$ ⇌ Reduktionsmittel

oxidierte Form + $z\,e^-$ ⇌ reduzierte Form

$$\boxed{Ox + z\,e^- \rightleftharpoons Red}$$

Es gibt auch chemische Reaktionen, bei denen auf den ersten Blick nur ein Redoxpaar beteiligt zu sein scheint. Leitet man zum Beispiel Chlorgas in Wasser ein, so entstehen Salzsäure und hypochlorige Säure:

$$\overset{0}{Cl_2} + \overset{+1\ -2}{H_2O} \rightleftharpoons \overset{+1\ -1}{HCl} + \overset{+1\ -2\ +1}{HOCl}$$

Redoxpaare OCl^-/Cl_2 und Cl_2/Cl^-

Eine Betrachtung der Oxidationszahlen zeigt: Nur das Chlor ändert seine Oxidationszahl, ist also an einer Redoxreaktion beteiligt. Aber wer ist der Partner? Mit wem reagiert das Chlor? Es reagiert mit sich selbst. Das Chlor wird sowohl oxidiert (von 0 im Chlor zu +1 in der hypochlorigen Säure HOCl) als auch reduziert (von 0 im Chlor zu −1 in der Salzsäure). Eine solche Reaktion, bei der der gleiche Stoff sowohl oxidiert als auch reduziert wird, nennt man **Disproportionierung**. Auch an dieser Reaktion sind also zwei Redoxpaare beteiligt, einmal OCl^-/Cl_2 und einmal Cl_2/Cl^-. Die umgekehrte Reaktion ist eine **Komproportionierung** (auch Synproportionierung genannt).

$$Cl_2 + H_2O \underset{\text{Komproportionierung}}{\overset{\text{Disproportionierung}}{\rightleftharpoons}} HCl + HOCl$$

CHEMIE IM ALLTAG

Desinfektion mit Oxidationsmitteln

Oxidationsmittel wie Iod, Chlor, Kaliumpermanganat oder Wasserstoffperoxid werden in der Medizin und im Alltag als Desinfektionsmittel verwendet. Dabei wirkt Kaliumpermanganat direkt oxidierend auf Mikroorganismen, Chlor und Wasserstoffperoxid wirken aber indirekt. Chlor disproportioniert in wässriger Lösung zu Salzsäure und hypochloriger Säure HOCl; Letztere ist das eigentliche Desinfektionsmittel.ch

$$Cl_2 + H_2O \rightleftharpoons HCl + HOCl \xrightarrow{2\,OH^-} Cl^- + OCl^- + 2\,H_2O$$

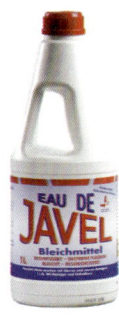

Dieses Gleichgewicht liegt in saurer Lösung weitgehend links, auf der Seite der Edukte, in alkalischer Lösung aber rechts auf der Seite der Produkte.

Anstelle von Chlor, das ein sehr giftiges und schwer zu handhabendes Gas ist, kann man auch direkt Hypochlorit zur Desinfektion einsetzen. Natriumhypochlorit (NaOCl, Eau de Labarrague) oder Kaliumhypochlorit (KOCl, Eau de Javel) werden heute zur Desinfektion von Schwimmbädern verwendet.

Chlorhaltiges Bleichmittel
© FLOREAL Haagen GmbH, Saarbrücken

Die desinfizierende Wirkung von Chlor und Hypochlorit wurde 1847 von Ignaz Semmelweis erkannt. Er wies seine Arbeitskollegen an, sich die Hände mit Chlorwasser und später mit dem stabileren Chlorkalk (CaCl(OCl)) zu waschen, bevor sie Patientinnen in der Klinik für Geburtshilfe untersuchten. Dadurch gelang es, die damals enorm hohe Sterblichkeitsrate an Kindbettfieber von 12 Prozent auf unter 2 Prozent zu senken. Damit hat Semmelweis wesentlich zur Entwicklung von Hygienemaßnahmen beigetragen, also der medizinischen Erkenntnis, durch die bisher wahrscheinlich die meisten Menschenleben gerettet werden konnten.

Wasserstoffperoxid disproportioniert zu Wasser und Sauerstoff, der das eigentliche oxidierende Agens ist. Eine dreiprozentige Lösung von Wasserstoffperoxid wird in der Medizin zur Wunddesinfektion verwendet.

$$2\,H_2O_2 \longrightarrow O_2 + 2\,H_2O$$

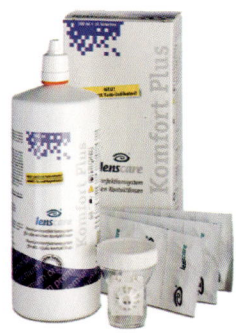

H_2O_2-haltiger Reiniger für Kontaktlinsen
© 4CARE AG, Kiel

Auch Iod wird als mildes Oxidationsmittel in der Medizin eingesetzt (PVP-Iod, Betaisodona-Salbe; ▶ Kapitel 1.9). Iod ist unpolar und damit relativ gut zellgängig. Es dringt daher leicht durch die Haut und in Bakterien und andere Mikroorganismen ein, wo es dann durch seine Oxidationswirkung zum Absterben der Mikroorganismen führt.

EXKURS

Vorsicht beim Umgang mit Reinigungsmitteln

Auf hypochlorithaltigen, alkalischen Desinfektionsmitteln steht der Hinweis, dass man diese nicht mit säurehaltigen Reinigungsmitteln, zum Beispiel Essigreinigern oder WC-Reinigern, in Kontakt bringen darf, da dann giftige Chlordämpfe entstehen können. Was steckt chemisch dahinter? Hypochlorithaltige Desinfektionsmittel enthalten meist auch Chlorid. Durch die Säure im Reiniger verschiebt sich das oben angegebene Disproportionierungsgleichgewicht nach rechts. Hypochlorit (pK_b-Wert = 6,5) wird protoniert und HOCl reagiert mit Chlorid in einer Komproportionierung zu elementarem Chlor. Es findet also letztendlich die Umkehrreaktion der Hypochloritbildung statt.

$$Cl^- + OCl^- + 2\,H^+ \longrightarrow HCl + HOCl \rightleftharpoons Cl_2 + H_2O$$

Bei Kontakt von chlorhaltigen Reinigern mit WC-Reinigern kann Chlorgas entstehen!
© Werner Thum, chemie-master.de

Wie jede chemische Reaktion ist die Disproportionierung von Chlor zu Hypochlorit und Chlorid eine Gleichgewichtsreaktion. In diesem Fall ist das Gleichgewicht pH-abhängig: Im Basischen liegt es auf der Seite von Hypochlorit und Chlorid, im Sauren hingegen auf der Seite des Chlors. Dies ist der chemische Hintergrund der Warnung, niemals chlorhaltige Desinfektionsmittel mit sauren Haushaltreinigern zu mischen.

Wieso enthält iodiertes Speisesalz Iodat und kein Iodid?

Wie wir bereits gelernt haben, benötigt der Körper pro Tag ca. 100 µg Iodid I^- als Spurenelement zur Synthese der Schilddrüsenhormone (▶ Kapitel 1.10). Um Iodmangel und damit einer Kropfbildung vorzubeugen, wird heutzutage fast in allen Ländern iodiertes Speisesalz verwendet. Dieses enthält aber nicht, wie man denken könnte, einfach nur Natriumiodid NaI neben normalem Speisesalz NaCl. Iodidsalze sind gegenüber Sauerstoff und Licht instabil und werden relativ leicht zu elementarem Iod oxidiert. Das Iodid im Speisesalz würde daher beim Stehenlassen langsam zu Iod oxidiert, das Salz würde sich bräunlich verfärben und das Iod schließlich durch Sublimation verschwinden. Iodidhaltiges Speisesalz ist also nicht haltbar (und sieht durch die Braunfärbung auch nicht appetitlich aus). Stattdessen setzt man dem Salz das wesentlich stabilere Iodat IO_3^- zu. Das Iodat wird im Körper zu Iodid reduziert, welches für die Synthese der Schilddrüsenhormone genutzt werden kann.

Bad Reichenhaller Marken-JodSalz mit Fluorid und Folsäure
© SÜDSALZ GmbH, Heilbronn

$$IO_3^- + 6\,e^- + 6\,H^+ \longrightarrow I^- + 3\,H_2O$$

Redoxpaar: IO_3^- / I^-

DEFINITION

Wichtige Definitionen: Redoxreaktionen

Begriff	Bedeutung
Oxidation	Abgabe von Elektronen Erhöhung der Oxidationszahl
Reduktion	Aufnahme von Elektronen Erniedrigung der Oxidationszahl
Oxidationszahl OZ	Formale Hilfsgröße bei Redoxvorgängen, Zerlegung eines Moleküls durch Heterolyse aller Bindungen in einatomige Ionen; OZ = Ladung dieser hypothetischen einatomigen Ionen
Oxidierte Form (Ox)	Oxidationsmittel, Elektronenakzeptor
Reduzierte Form (Red)	Reduktionsmittel, Elektronendonor
Korrespondierendes Redoxpaar	$Ox + z\,e^- \rightleftharpoons Red$
Redoxreaktion	Elektronenübertragung von einem Redoxpaar zum anderen

Tabelle 7.1: Wichtige Begriffe für Redoxreaktionen

7.4 Aufstellen von Redoxgleichungen

Nicht immer lassen sich Redoxgleichungen so einfach aufstellen wie im obigen Beispiel der Chlorknallgasreaktion. Bereits bei der normalen Knallgasreaktion stößt man auf ein Problem. Bei der Oxidation des Wasserstoffs werden weniger Elektronen frei, als bei der Reduktion des Sauerstoffs benötigt werden. Elektronen können aber weder aus dem Nichts entstehen, noch können sie am Ende einer Redoxreaktion übrig bleiben. Wir müssen also die Teilgleichungen so mit Faktoren multiplizieren, dass bei beiden Vorgängen gleich viele Elektronen beteiligt sind.

$$\text{Oxidation} \quad \overset{0}{H_2} \longrightarrow 2\,\overset{+1}{H^+} + 2e^- \quad |\cdot 2$$

$$2\,H_2 \longrightarrow 4\,H^+ + 4e^-$$

$$\text{Reduktion} \quad \overset{0}{O_2} + 4e^- \longrightarrow 2\,\overset{-2}{O^{2-}}$$

$$2\,H_2 + O_2 \longrightarrow 2\,H_2O$$

Bei noch komplexeren Redoxreaktionen (wir erinnern uns an die Umsetzung von Permanganat mit Wasserstoffperoxid) muss man sehr systematisch vorgehen, wenn man eine chemisch und stöchiometrisch korrekte Redoxgleichung aufstellen will.

7.4.1 Aufstellen von Redoxgleichungen in wässriger Lösung

1 Bestimmung der Oxidationszahlen: Welcher Stoff wird oxidiert und welcher wird reduziert?

2 Nur für diese Teilchen werden die Teilgleichungen für die Oxidation und die Reduktion aufgestellt. Der Ladungsausgleich der einzelnen Teilgleichungen erfolgt – je nach Bedingungen (sauer oder basisch) – durch Wasser und H_3O^+ (sauer) oder Wasser und OH^- (basisch). Hierbei muss darauf geachtet werden, dass in der Gleichung nur Teilchen vorkommen, die in wässriger Lösung stabil sind.

3 Die Teilgleichungen werden jeweils so multipliziert, dass die Anzahl der aufgenommenen und abgegebenen Elektronen übereinstimmt.

4 Die Teilgleichungen werden addiert und alle auf beiden Seiten der Gleichung auftauchenden Stoffe werden gestrichen oder gekürzt.

5 Abschließend erfolgt gegebenenfalls noch die Ergänzung fehlender Gegenionen, die an der Redoxreaktion selbst nicht beteiligt sind.

An Redoxreaktionen sind häufig einzelne Anionen oder Kationen wie zum Beispiel MnO_4^- oder Zn^{2+} beteiligt. Natürlich kann man diese Ionen nicht als solche einsetzen, sondern immer nur in Form eines Salzes. Die jeweiligen Gegenionen (also das Kation beim MnO_4^- und das Anion beim Zn^{2+}) spielen für die eigentliche Redoxreaktion keine Rolle. Es ist egal, ob man zum Beispiel Kaliumpermanganat $KMnO_4$ oder Natriumpermanganat $NaMnO_4$ einsetzt. Beim Betrachten der Redoxprozesse braucht man diese Gegenionen also erst einmal nicht zu berücksichtigen.

Betrachten wir das Beispiel aus ▶ Kapitel 7.2; die Umsetzung von Kaliumpermanganat mit Wasserstoffperoxid in basischer wässriger Lösung zu Sauerstoff und Braunstein.

1. Schritt: Identifizierung der Edukte und Produkte, Bestimmung der Oxidationszahlen

$$\text{Edukte: } \overset{+7\ -2}{MnO_4^-} \text{ und } \overset{+1\ -1}{H_2O_2} \qquad \text{Produkte: } \overset{+4\ -2}{MnO_2} \text{ und } \overset{0}{O_2}$$

Anhand der Oxidationszahlen sehen wir, dass das Mangan von +7 im Permanganat zu +4 im Braunstein reduziert und der Sauerstoff von −1 im Wasserstoffperoxid zu ±0 im molekularen Sauerstoff oxidiert wird.

=> beteiligte Redoxpaare: MnO_4^-/MnO_2 und O_2/H_2O_2

2. Schritt Teil A: Aufstellen der Teilgleichung für die Oxidation

Hierfür müssen wir das Redoxpaar betrachten, dessen Oxidationszahl sich bei der Reaktion erhöht hat, also in diesem Fall das Redoxpaar O_2/H_2O_2. Achtung: Man darf sich durch diese Angabe nicht verwirren lassen. Bei der Reaktion wird H_2O_2 zu Sauerstoff O_2 oxidiert, aber die Angabe eines Redoxpaares erfolgt immer in der Form Ox/Red, sowohl für das Redoxpaar, das oxidiert wird, als auch für das Redoxpaar, das reduziert wird.

Zuerst stellen wir die Teilgleichung auf, ohne zu berücksichtigen, ob es sich um eine saure oder basische Lösung handelt.

Oxidation: $\overset{-1}{H_2O_2} \longrightarrow \overset{0}{O_2} + 2\,\overset{+}{H} + 2\,\overset{-}{e}$

Da die Reaktion im Basischen stattfindet, reagieren die frei werdenden H^+-Ionen natürlich sofort mit den im Überschuss vorhandenen OH^--Ionen zu Wasser (▶ Kapitel 6.7). Diese Säure-Base-Reaktion hat mit der eigentlichen Redoxreaktion nichts zu tun (die OZ des Wasserstoffes im H^+ und im H_2O ist jeweils +1). Sie ist aber notwendig, da die Teilgleichungen nur chemisch sinnvolle Teilchen enthalten dürfen. Die korrekte Teilgleichung lautet daher:

> **MERKE**
> Zum Ladungs- und Stoffausgleich verwendet man je nach pH-Wert:
>
> in saurer Lösung: H_3O^+ und H_2O
>
> in basischer Lösung: OH^- und H_2O

Oxidation: $\overset{-1}{H_2O_2} + 2\,OH^- \longrightarrow \overset{0}{O_2} + 2\,H_2O + 2\,e^-$

2. Schritt Teil B: Aufstellen der Teilgleichung für die Reduktion

Hierfür müssen wir das Redoxpaar betrachten, dessen Oxidationszahl sich bei der Reaktion erniedrigt hat, also in diesem Fall das Redoxpaar MnO_4^-/MnO_2.

Reduktion: $\overset{+7}{MnO_4^-} + 3\,e^- + 2\,H_2O \longrightarrow \overset{+4}{MnO_2} + 4\,OH^-$

Bei der Teilgleichung für die Reduktion benötigen wir zwei Moleküle Wasser auf der linken Seite. Formal würden bei der Reduktion von Permanganat neben MnO_2 zwei Oxidanionen O^{2-} entstehen. Diese sind aber in wässriger Lösung nicht existent, da sie zu stark basisch sind ($pK_b = -10$) und sofort mit Wasser wiederum in einer Säure-Base-Reaktion zu Hydroxidionen reagieren (nivellierender Effekt des Wassers, ▶ Kapitel 6.3). Diese Säure-Base-Reaktion hat wiederum mit der eigentlichen Redoxreaktion nichts zu tun (die OZ des Sauerstoffes im Permanganat, im O^{2-}-Ion und im Hydroxidion beträgt jeweils −2). Sie ist aber notwendig, da die Teilgleichungen nur chemisch sinnvolle Teilchen enthalten dürfen.

Reduktion: $\overset{+7}{MnO_4^-} + 3\,e^- \longrightarrow \overset{+4}{MnO_2} + 2\,O^{2-} \xrightarrow{+\,2\,H_2O} \overset{+4}{MnO_2} + 4\,OH^-$
$\qquad\qquad\qquad\qquad\qquad\qquad$ extrem starke Base
$\qquad\qquad\qquad\qquad\qquad\qquad$ $pK_b = -10$

also

Reduktion: $\overset{+7}{MnO_4^-} + 3\,e^- + 2\,H_2O \longrightarrow \overset{+4}{MnO_2} + 4\,OH^-$

3. und 4. Schritt: Multiplikation der Teilgleichungen mit Faktoren so, dass bei beiden Teilgleichungen die gleiche Anzahl an Elektronen auftritt.

Bei der Oxidation des Wasserstoffperoxids werden zwei Elektronen frei, für die Reduktion des Permanganats zu Braunstein werden aber drei Elektronen benötigt. Das kleinste gemeinsame Vielfache sind sechs Elektronen, also muss die Teilgleichung für die Oxidation mit 3 und die für die Reduktion mit 2 multipliziert werden.

Oxidation:
$$H_2O_2 + 2\,OH^- \longrightarrow O_2 + 2\,H_2O + 2\,e^- \quad |\cdot 3$$
$$3\,H_2O_2 + 6\,OH^- \longrightarrow 3\,O_2 + 6\,H_2O + 6\,e^-$$

Reduktion:
$$MnO_4^- + 3\,e^- + 2\,H_2O \longrightarrow MnO_2 + 4\,OH^- \quad |\cdot 2$$
$$2\,MnO_4^- + 6\,e^- + 4\,H_2O \longrightarrow 2\,MnO_2 + 8\,OH^-$$

Anschließend werden die beiden Teilgleichungen addiert und neben den Elektronen auch Teilchen wie H_2O oder OH^--Ionen, die sowohl auf der linken als auch der rechten Seite der Reaktionsgleichung auftauchen, gekürzt.

$$3\,H_2O_2 + 6\,OH^- \longrightarrow 3\,O_2 + 6\,H_2O + 6\,e^-$$
$$2\,MnO_4^- + 6\,e^- + 4\,H_2O \longrightarrow 2\,MnO_2 + 8\,OH^-$$

$$3\,H_2O_2 + 6\,\cancel{OH^-} + 2\,MnO_4^- + \cancel{6\,e^-} + 4\,H_2O$$
$$\longrightarrow 3\,O_2 + 6\,\cancel{H_2O} + \cancel{6\,e^-} + 2\,MnO_2 + 8\,\cancel{OH^-}$$

$$\boxed{3\,H_2O_2 + 2\,MnO_4^- \longrightarrow 3\,O_2 + 2\,MnO_2 + 2\,H_2O + 2\,OH^-}$$

5. Schritt: Ergänzung der nicht an der Redoxreaktion beteiligten Gegenionen

Die oben angegebene Redoxgleichung ist stöchiometrisch vollkommen richtig. Man kann die Gleichung nun abschließend noch mit den fehlenden Gegenionen ergänzen. Das Permanganat haben wir in Form von Kaliumpermanganat eingesetzt ($KMnO_4$). Also haben wir links noch zwei K^+-Ionen vorliegen. Diese werden bei der Reaktion nicht verändert, liegen also rechts auch wieder vor und sind dort die Gegenionen für die Hydroxidionen.

$$3\,H_2O_2 + 2\,KMnO_4 \longrightarrow 3\,O_2 + 2\,MnO_2 + 2\,H_2O + 2\,KOH$$

Dies ist die oben zu Beginn des ▶ Kapitels 7.2 angegebene Redoxgleichung.

Im obigen Beispiel war Wasserstoffperoxid das Reduktionsmittel, es hat Elektronen abgegeben. Viel häufiger wird Wasserstoffperoxid aber als Oxidationsmittel eingesetzt und wird dann selbst reduziert. So verwendet man Wasserstoffperoxid („Aktiv-Sauerstoff") zum Beispiel zum Blondieren von Haaren („wasserstoffblond") oder bei der Papierherstellung zum Bleichen von Zellstoff.

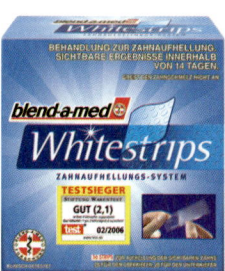

Zahnaufhellung durch „Aktiv-Sauerstoff"
© blend-a-med Forschung, Procter & Gamble Service GmbH, Schwalbach am Taunus

Wasserstoffperoxid ist ebenfalls der Wirkstoff, der zum Bleichen von Zähnen eingesetzt wird. Man unterscheidet zwischen externem und internem Bleichen (Bleaching). Bei externem Bleaching wird das Bleichmittel von außen (extern) auf die Zähne aufgebracht. Internes Bleaching umfasst dagegen die Aufhellung von Verfärbungen, die bei wurzelbehandelten Zähnen auftreten. Insbesondere bei diesen kann es im Bereich der Zahnkrone zu Verfärbungen kommen, deren Ursachen in Blutungen innerhalb der Pulpa, Ablösung von Pulpagewebe oder ähnlichem liegen. Die zugehörigen chromogenen (farbgebenden) Substrate sind ungesättigte organische Verbindungen (▶ Kapitel 9.3.2). Deren Doppelbindungen reagieren mit Wasserstoffperoxid zu farblosen Verbindungen. Wasserstoffperoxid ist besonders gut geeignet, da es ein sehr gutes Penetrationsvermögen in Schmelz und Dentin besitzt.

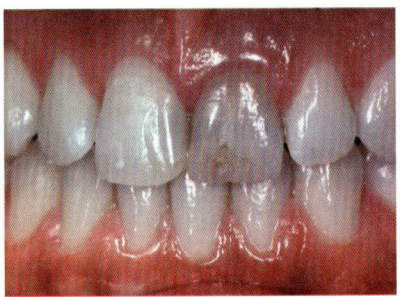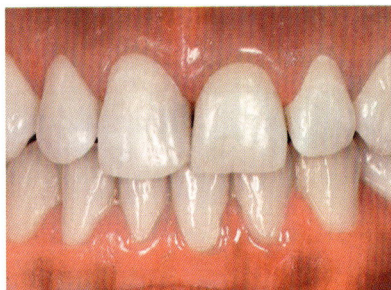

Abbildung links: Unbehandelter, extrem verfärbter, wurzelkanalbehandelter Zahn zu Therapiebeginn.
Abbildung rechts: Derselbe Patient vier Wochen später nach Bleichende.
© Univ.-Prof. Dr. Rainer Hahn

$$2\,Na^+ + [\text{Perborat}] \xrightarrow{4\,H_2O} 2\,H_2O_2 + 2\,Na^+ + 2\,B(OH)_4^-$$

Formel von Natriumperborat $Na_2B_2(O_2)_2(OH)_4$ und Freisetzung von Wasserstoffperoxid.

Bei der Behandlung wird Wasserstoffperoxid zumeist aber nicht selbst verwendet, sondern aus Natriumperborat ($Na_2B_2(O_2)_2(OH)_4$) oder seltener aus Carbamidperoxid erzeugt. Letzteres ist ein Wasserstoffperoxid-Harnstoff-Addukt. Natriumperborat ist ein weißes, geruchloses, kristallines Pulver, das in Wasser in Wasserstoffperoxid und Tetrahydroxoborat zerfällt. Bei der Behandlung wird die Wurzelkanalfüllung teilweise entfernt. In diesen Kanal wird ein Natriumperborat-Wasser-Mischung eingebracht und der Kanal temporär geschlossen. Nach dem Bleichen muss der Kanal unbedingt nachbehandelt werden. Durch eine Spülung mit Hypochloritlösung entfernt man Peroxidrückstände ($OCl^- + H_2O_2 \rightarrow Cl^- + H_2O + O_2$), und es muss insbesondere der erniedrigte pH-Wert durch eine temporäre Calciumhydroxideinlage neutralisiert werden. Das Beispiel zeigt deutlich, dass der Erfolg der Behandlung von der Beachtung einiger sehr unterschiedlichen chemischen Zusammenhänge abhängt.

7 Redoxreaktionen

$$H_2O_2 \longrightarrow O_2 + 2\,H^+ + 2\,e^- \qquad H_2O_2 \text{ als Reduktionsmittel}$$

Redoxpaar O_2/H_2O_2

$$H_2O_2 + 2\,H^+ + 2\,e^- \longrightarrow 2\,H_2O \qquad H_2O_2 \text{ als Oxidationsmittel}$$

Redoxpaar H_2O_2/H_2O

Einen Stoff, der wie H_2O_2 je nach Reaktionspartner sowohl oxidiert als auch reduziert werden kann, nennt man **redoxamphoter**.

■ BEISPIEL Redoxgleichung der Marsh'schen Probe

In ▶ Kapitel 1 haben wir Arsentrioxid (**Arsenik**) als Gift und Arzneistoff kennengelernt. Viele Jahrhunderte war eine Vergiftung mit Arsenik nicht nachweisbar, bis James Marsh im 19. Jahrhundert die **Marsh'sche Probe** einführte. In Anwesenheit eines starken Reduktionsmittels kann As^{3+}, wie es in Arsen(III)-oxid vorliegt, leicht zu Arsenwasserstoff AsH_3 (Arsan, Arsin) reduziert werden. Hierzu wird die zu analysierende, Arsenik enthaltende Substanz mit einem Zinkstückchen und Säure versetzt. Der entstandene gasförmige Arsenwasserstoff wird abgeleitet und zusammen mit dem entstandenen Wasserstoff abgefackelt. Hält man nun ein Porzellanstückchen, zum Beispiel in Form der Unterseite einer Abdampfschale über die Flamme, schlägt sich Arsen als metallischer Spiegel nieder, da sich Arsan in der Hitze zu Arsen und Wasserstoff zersetzt. Arsenwasserstoff ist sehr giftig! Daher muss die Marsh'sche Probe immer unter einem Abzug durchgeführt werden. Heute wird diese Probe kaum mehr eingesetzt, aber ihr liegen interessante Redoxreaktionen zu Grunde:

1. Die Reaktion von Zn mit Säure zu sog. nascierendem Wasserstoff:

$$Zn + 2\,H^+ \rightarrow Zn^{2+} + 2\,H_{nasc}$$

Nascierender (*in statu nascendi*, im Zustand des Entstehens) Wasserstoff ist atomarer Wasserstoff, der kurz nach seiner Entstehung eben noch atomar und dazu noch in einem energetisch angeregten Zustand vorliegt und dadurch ein höheres Reduktionsvermögen hat als molekularer Wasserstoff. Bei dieser Reaktion wird Zink oxidiert, und die Protonen aus der Säure werden reduziert.

2. Die Reaktion von Wasserstoff mit Arsentrioxid zu Arsenwasserstoff und Wasser:

$$As_2O_3 + 12\,H_{nasc} \rightarrow 2\,AsH_3 + 3\,H_2O$$

Beachten Sie: In Arsentrioxid hat Arsen die Oxidationsstufe +3, in Arsan dagegen –3. Das heißt, bei dieser Reaktion wird As^{3+} zu As^{3-} reduziert und Wasserstoff H_{nasc} wird zu H^+ oxidiert.

3. Die Zersetzung von Arsenwasserstoff in der Hitze:

$$2\,AsH_3 + \rightarrow 2\,As + 3\,H_2$$

Bei dieser Reaktion wird also As^{3-} zu elementarem As (Oxidationsstufe 0) oxidiert und H^+ wird zu Wasserstoff reduziert, der dann anschließend mit Luftsauerstoff zu Wasser reagiert.

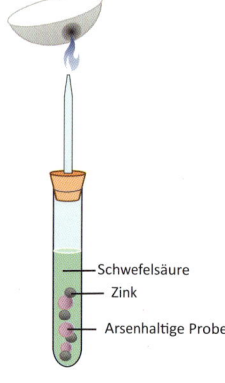

Schwefelsäure
Zink
Arsenhaltige Probe

7.4 Aufstellen von Redoxgleichungen

■ BEISPIEL   Redoxgleichung des *Alcotest*

Bei Polizeikontrollen im Straßenverkehr wurden früher zur Bestimmung des Alkoholgehaltes in der Atemluft die sogenannten Alcotest-Röhrchen verwendet. Dabei bläst der Autofahrer durch ein Röhrchen, das mit Kaliumdichromat in saurer Lösung gefüllt ist, einen Ballon auf. Mit alkoholhaltiger Atemluft erfolgt ein Farbumschlag, der auf der Umwandlung von orangerotem Dichromat ($Cr_2O_7^{2-}$) zu grünem Chromoxid (Cr_2O_3) beruht. Der Alkohol (Ethanol CH_3CH_2OH) wird dabei im ersten Schritt zum Acetaldehyd (CH_3CHO) umgesetzt (▶ Kapitel 11.11). Je mehr Alkohol in der Atemluft vorhanden ist, desto größer wird die grün verfärbte Zone im Prüfröhrchen. Stellen Sie für diesen Redoxprozess eine abgestimmte Reaktionsgleichung auf.

Ethanol

Acetaldehyd

Zuerst muss anhand der Oxidationszahlen geklärt werden, welche Stoffe oxidiert und welche reduziert werden. Man sieht, dass das Chrom beim Übergang von Dichromat (OZ +6) zu Chromoxid (OZ +3) reduziert wird und ein Kohlenstoffatom des Ethanols (OZ −1) oxidiert wird (OZ +1 in Acetaldehyd).

Alkoholtest im Straßenverkehr
© M.O.R.: Kai-Uwe Koth, ddp Deutscher Depeschendienst GmbH, Berlin

Hinweis: Die Oxidationszahl des zweiten C-Atoms (OZ −3) ändert sich bei der Reaktion nicht.

Es finden also folgende Redoxteilprozesse statt:

Reduktion $Cr_2O_7^{2-} + 6\,e^- + 8\,H^+ \longrightarrow Cr_2O_3 + 4\,H_2O$

Da im Dichromat zwei Chromatome vorhanden sind, deren Oxidationszahl sich von +6 auf +3 erniedrigt, werden natürlich für die Reduktion insgesamt sechs Elektronen benötigt.

Oxidation $CH_3CH_2OH \longrightarrow CH_3CHO + 2\,e^- + 2\,H^+ \quad |\cdot 3$

$3\,CH_3CH_2OH \longrightarrow 3\,CH_3CHO + 6\,e^- + 6\,H^+$

Die Gesamtgleichung des Redoxprozesses lautet somit:

$Cr_2O_7^{2-} + 3\,CH_3CH_2OH + 2\,H^+ \longrightarrow Cr_2O_3 + 3\,CH_3CHO + 4\,H_2O$

Heutzutage verwendet man dieses Nachweisverfahren nicht mehr, da Dichromat in mehrerlei Hinsicht bedenklich ist (zum Beispiel krebserregend) und es außerdem genauere elektrochemische oder infrarotspektroskopische Verfahren gibt. Der Alkoholgehalt einer Blutprobe wird mittels Gaschromatographie oder durch ein enzymatisches Verfahren (Alkoholdehydrogenase) bestimmt (▶ Kapitel 7.5).

7.5 Elektrochemische Zellen

Wir haben bereits angedeutet, dass man den Elektronenfluss bei einer spontan, also freiwillig ablaufenden Redoxreaktion als elektrischen Strom nutzen kann. Hierzu muss man die Redoxreaktion so durchführen, dass die beiden **Halbreaktionen**, Oxidation und Reduktion, tatsächlich räumlich voneinander getrennt ablaufen. Betrachten wir ein einfaches Beispiel. Wenn wir ein Zinkblech in eine blaue Lösung von Kupfer(II)-sulfat in Wasser halten, so entfärbt sich die Lösung und es scheidet sich metallisches Kupfer auf dem Zinkblech ab (▶ Abbildung 7.1). Es hat eine Redoxreaktion stattgefunden, bei der Cu^{2+}-Ionen (in Wasser blau; ▶ Kapitel 8.8) offensichtlich zu metallischem Kupfer reduziert wurden. Die für die Reduktion notwendigen Elektronen stammen vom metallischen Zink Zn, das zu Zn^{2+}-Ionen oxidiert wurde.

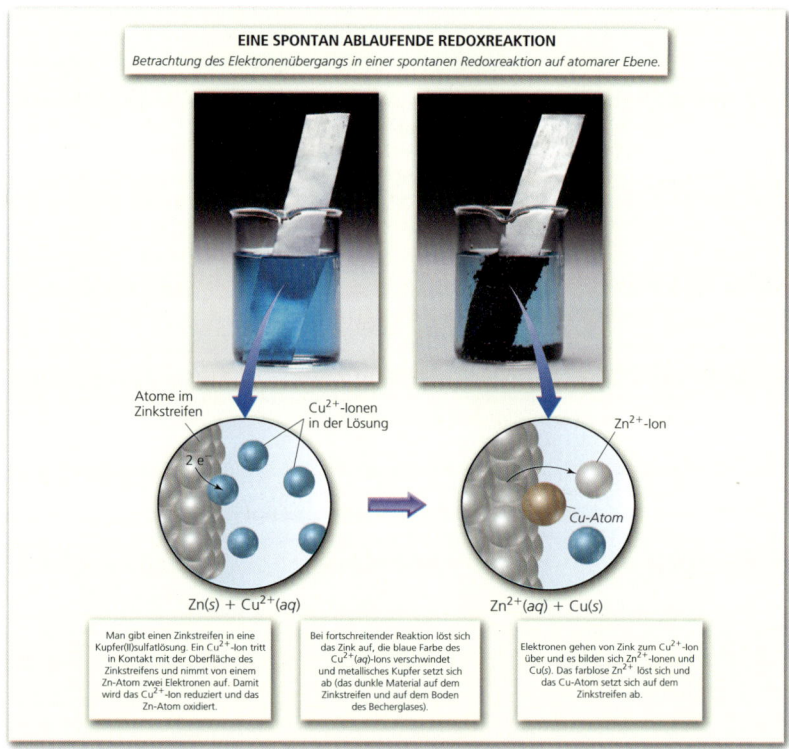

Abbildung 7.1: Redoxreaktion zwischen Cu(II) und Zn. Elementares Zink reduziert Cu(II)-Ionen (in Wasser blau) zu elementarem Kupfer (braunroter Niederschlag). Dabei gehen Zn(II)-Ionen in Lösung. Die Reaktion findet auf der Oberfläche des Zinkblechs statt.
Aus: Brown, T. L., LeMay, H. E. & Bursten, E. B. (2007)

$$Zn + Cu^{2+} \longrightarrow Zn^{2+} + Cu \qquad \text{Redoxpaare: } Zn^{2+}/Zn \text{ und } Cu^{2+}/Cu$$

Die Redoxreaktion findet dabei auf der Oberfläche des Zinkblechs statt. Die bei der Oxidation frei werdenden Elektronen gehen unmittelbar auf Cu^{2+}-Ionen über, die mit der Metalloberfläche in Kontakt kommen.

Man kann die gleiche Redoxreaktion aber auch in einer **galvanischen Zelle** ablaufen lassen, in der man die beiden Teilreaktionen, Oxidation und Reduktion, räumlich voneinander trennt (Abbildung 7.2): Ein Zinkblech taucht in einem Becherglas in eine Lösung von Zn^{2+}-Ionen (1 M) ein. Eine solche Anordnung nennt man eine **Halbzelle**. In einem zweiten Becherglas taucht ein Kupferblech in eine Lösung von Cu^{2+}-Ionen (1 M) ein. Die beiden Metalle werden elektrisch leitend über einen Draht verbunden. Gleichzeitig werden die beiden Salzlösungen mit einer Salzbrücke verbunden, einem Glasrohr, das mit einem inerten Salz, zum Beispiel Natriumnitrat ($NaNO_3$), gefüllt ist. Diese spezielle galvanische Zelle nennt man **Daniell-Element**. Es beginnt sofort eine Entfärbung der Kupfersulfatlösung, wobei sich gleichzeitig metallisches Kupfer auf dem Kupferblech abscheidet. Das Zinkblech hingegen löst sich auf, Zn^{2+}-Ionen gehen in Lösung. Am Draht kann man einen Stromfluss mit einer Spannung von 1,1 V messen. Dieser Stromfluss kann zum Beispiel dazu verwendet werden, eine Glühbirne zum Leuchten zu bringen. In einer solchen **elektrochemischen Zelle** wird also chemische Energie (die beim Redoxprozess frei werdende Gibbs-Energie $\Delta_R G$) in elektrische Energie (den Stromfluss) umgewandelt.

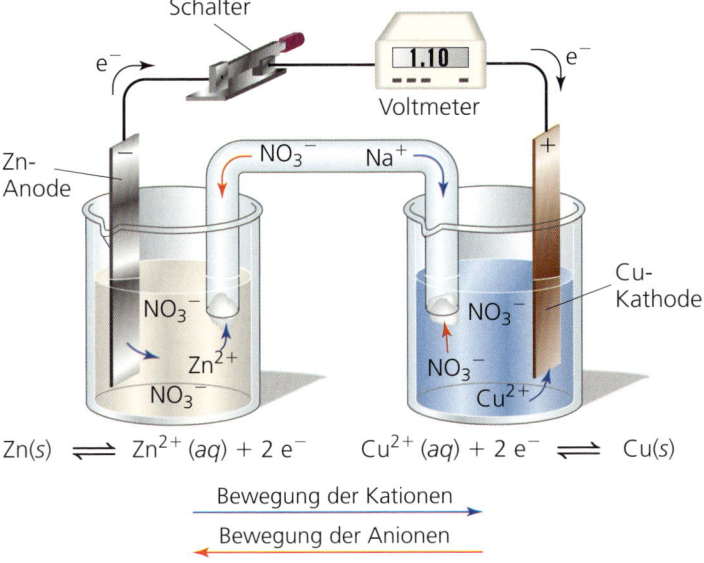

Abbildung 7.2: Galvanische Zelle. Die Oxidation und die Reduktion laufen in zwei räumlich voneinander getrennten Halbzellen ab. Die Elektronen fließen über den äußeren Draht von einer Halbzelle in die andere und können dabei elektrische Arbeit verrichten. Gleichzeitig findet über die Salzbrücke eine Wanderung von Ionen zum Ladungsausgleich zwischen den Halbzellen statt.
Aus: Brown, T. L., LeMay, H. E. & Bursten, E. B. (2007)

Was passiert hierbei? Schauen wir uns die ablaufenden Prozesse genauer an. Es findet die gleiche freiwillig ablaufende Redoxreaktion statt wie im vorherigen Versuch (▶ Abbildung 7.1). Das metallische Zink wird oxidiert, Zn^{2+}-Ionen gehen in Lösung. Die frei werdenden Elektronen können nun aber nicht direkt auf die Cu^{2+}-Ionen übertragen werden, da diese durch die räumliche Trennung nicht mit dem Zinkblech in Kontakt kommen. Die Elektronen müssen also durch den Draht in die andere Halbzelle wandern, wo sie dann auf der Oberfläche des Kupferblechs Cu^{2+}-Ionen aus der Lösung reduzieren können. Dadurch ergibt sich aber eine Verschiebung von Ladungen zwischen den beiden Lösungen. In der Zink-Halbzelle entstehen zusätzliche Kationen und in der Kupfer-Halbzelle verschwinden Kationen. Da wässrige Lösungen immer als Ganzes neutral sein müssen (Prinzip der Elektroneutralität), müssen gleichzeitig zum Ladungsausgleich entweder Anionen, die an dem Redoxprozess nicht beteiligt sind, von der Kupfer-Halbzelle in die Zink-Halbzelle wandern oder Zinkkationen aus der Zink-Halbzelle in die Kupfer-Halbzelle. Dies wird durch die **Salzbrücke** ermöglicht. Ohne die Salzbrücke würden weder Reaktion noch Stromfluss stattfinden. Statt einer Salzbrücke kann man die beiden Halbzellen auch durch eine poröse Membran verbinden (▶ Abbildung 7.3), die eine Ionenwanderung erlaubt (ein sogenanntes Diaphragma).

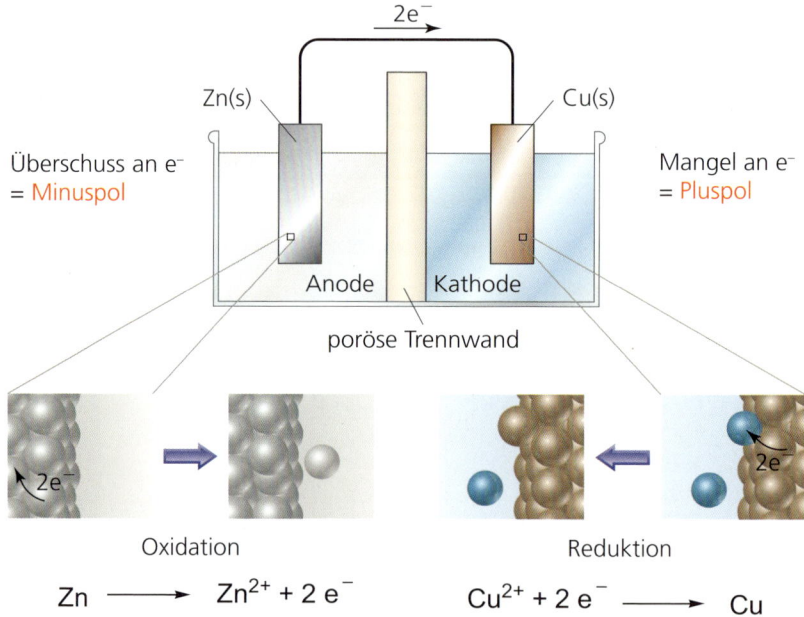

Abbildung 7.3: Schematische Darstellung einer galvanischen Zelle. An der Anode findet die Oxidation statt. Metallionen gehen in Lösung. Die zurückbleibenden Elektronen fließen durch den äußeren Draht zur Kathode und reduzieren dort Metallionen aus der Lösung. Die poröse Trennwand erlaubt die Wanderung der Anionen und damit den Ladungsausgleich.
Nach: Brown, T. L., LeMay, H. E. & Bursten, E. B. (2007)

7.5 Elektrochemische Zellen

Allgemein bezeichnet man die elektrischen Leiter in einer galvanischen Zelle als **Elektroden**, in diesem Fall also die beiden Metallbleche. Die Elektrode, an der die Oxidation stattfindet (in der Zink-Halbzelle), bezeichnet man als **Anode**; die Elektrode, an der die Reduktion stattfindet (in der Kupfer-Halbzelle), heißt **Kathode**. Die Elektronen fließen von der Anode, wo sie bei der Oxidation des Zinks zu Zn^{2+} freigesetzt werden, zur Kathode, an der sie dann die Cu^{2+}-Ionen zu Cu reduzieren.

> **MERKE**
> AOK-Regel:
> Anode = Oxidation
> Kathode = Reduktion

Die Anode weist also einen Überschuss an Elektronen auf, sie ist negativ geladen, bildet also den Minuspol unseres Stromkreises. Die Kathode weist einen Mangel an Elektronen auf, sie ist positiv geladen, stellt also den Pluspol unseres Stromkreises dar. Die Elektronen fließen von der Anode zur Kathode, also vom Minus- zum Pluspol. Physikalisch ist die Stromrichtung leider genau anders herum definiert worden, nämlich entsprechend der Wanderungsrichtung positiver Ladungen. Damals wusste man noch nicht, dass es tatsächlich Elektronen (also negative Ladungsträger) sind, die für einen Stromfluss in einem Draht verantwortlich sind.

CHEMIE IM ALLTAG

Der Bleiakkumulator im Auto

Ein bedeutendes Einsatzgebiet galvanischer Zellen sind mobile und eigenständige Energiequellen, die man als **Batterien** bezeichnet. Ein Beispiel, das jeder kennt, ist die Autobatterie, bei der es sich um eine Blei-Schwefelsäure-Zelle handelt. Die Anode besteht aus Blei, das zu Pb^{2+}-Ionen oxidiert wird und mit der als Elektrolyt verwendeten Schwefelsäure zu schwerlöslichem Bleisulfat ($PbSO_4$) reagiert (▶ Kapitel 4.9). Als Kathode verwendet man Bleidioxid (PbO_2), das auf einem Metallgitter aufgebracht ist. Durch Reduktion entstehen wiederum Pb^{2+}-Ionen, die mit der Schwefelsäure Bleisulfat liefern. Die zugehörigen (vereinfachten) Reaktionen lauten:

$$\text{Anode:} \quad \overset{0}{Pb} + H_2SO_4 \longrightarrow \overset{+2}{PbSO_4} + 2\,e^- + 2\,H^+$$

$$\text{Kathode:} \quad \overset{+4}{PbO_2} + 2\,e^- + 2\,H_2SO_4 \longrightarrow \overset{+2}{PbSO_4} + 2\,H_2O + SO_4^{2-}$$

$$\overline{\quad Pb + PbO_2 + 2\,H_2SO_4 \longrightarrow 2\,PbSO_4 + 2\,H_2O \quad}$$

Redoxpaare Pb^{2+}/Pb und PbO_2/Pb^{2+}

Es findet also eine **Komproportionierung** statt. Diese galvanische Zelle liefert eine Spannung von 2 V. Um die für das Auto benötigte Spannung von 12 V zu erhalten, werden sechs dieser Batterien hintereinander in Reihe geschaltet.

Bei der Energiegewinnung wird entsprechend obiger Gleichung Schwefelsäure verbraucht. Deshalb kann man über den Säuregehalt der Autobatterie den Ladungszustand bestimmen. Wie jede chemische Reaktion lässt sich auch diese umkehren, allerdings nur durch Energiezufuhr von außen (die Rückreaktion ist endergonisch). Dies passiert beim Wiederaufladen der Batterie während der Fahrt durch die von der Lichtmaschine produzierte elektrische Energie (▶ Kapitel 7.8).

Autobatterie: Blei-Schwefelsäure-Akku
© Robert Bosch GmbH, Gerlingen-Schillerhöhe

7 Redoxreaktionen

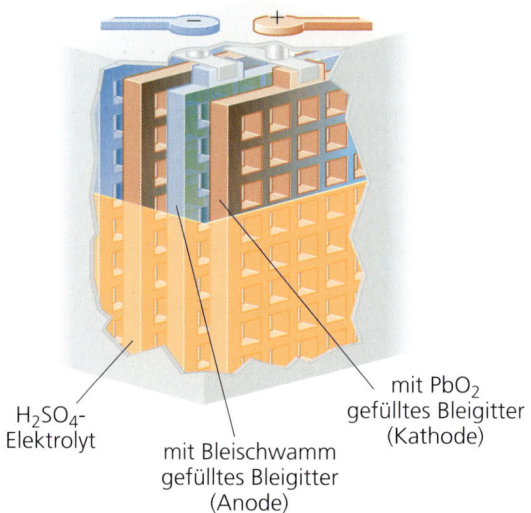

Schematischer Aufbau des Bleiakkus
Aus: Brown, T. L., LeMay, H. E. & Bursten, E. B. (2007)

Wie funktionieren E-Autos und Wasserstoffautos?

Auch bei E-Autos und Wasserstoffautos laufen Redoxreaktionen ab. Die Energie, mit der Elektroautos fahren (und Mobiltelefone funktionieren), stammt meist aus einem Lithium-Ionen-Akkumulator. Dessen Minuspol (Anode bei der Entladung) besteht aus Graphit, in das Lithiumkationen eingelagert sind (Li_xC_n, Interkalationsverbindung), und nutzt eine Kupferfolie als elektronenleitendes Material (Elektrode). Der Pluspol (bei Entladung die Kathode) ist eine Aluminium-Elektrode in Kontakt mit einem lithiumionenhaltigen Metalloxid, wie das heutzutage häufig verwendete Lithium-Nickel-Mangan-Cobalt-Oxid ($LiNi_{1/3}Co_{1/3}Mn_{1/3}O_2$) oder das schon länger benutzte Lithium-Cobalt-Oxid ($LiCoO_2$). Die in das Metalloxid und zwischen den Graphitschichten eingelagerten Lithiumionen (Li^+) übernehmen den Ladungstransport in dem Akku, wobei diese aber nicht selbst zu elementarem Li(0) reduziert werden oder aus diesem durch Oxidation entstehen. Beim Entladevorgang wandern Lithiumkationen von der Anode durch einen Separator, der nur diese Ionen durchlässt, zur Kathode. Gleichzeitig wird das Li^+ beladene Graphit (Li_xC_n) an der Anode oxidiert. Es gibt Elektronen ab, die als Strom zu der Kathode fließen und dort von den Übergangsmetallkationen aufgenommen werden (Reduktion). Dieser Vorgang ist exergonisch und liefert eine Spannung von etwa 2,5 bis 3,5 V bzw. Energie, die man für das Elektroauto (oder das Mobiltelefon) nutzt.

Beim Ladevorgang werden Elektronen am Minuspol (jetzt Kathode) eingespeist, die hier aus Graphit (C_n) und den zuwandernden Lithium-Kationen das Li_xC_n zurückbilden. Der Pluspol ist jetzt die Anode, von der Elektronen (durch die Elektrode) und Li^+-Ionen (durch den Separator) wegfließen. Zum Beispiel $LiCoO_2 \rightarrow Li_{1-x}CoO_2 + x\ Li^+ + x\ e^-$. Hier wird nur ein Anteil x (< 1) der Li^+ Ionen aus dem $LiCoO_2$ abgegeben und Cobalt wird für diesen Anteil von der OZ +3 zu +4 oxidiert. Die Akkumulatoren von E-Autos benötigen ein Thermomanagement-System, welches eine Überhitzung verhindert und auch bei Kälte die Funktion garantiert.

7.5 Elektrochemische Zellen

Für die formale Reaktion mit $x = 1$ finden folgende Redoxreaktionen statt:

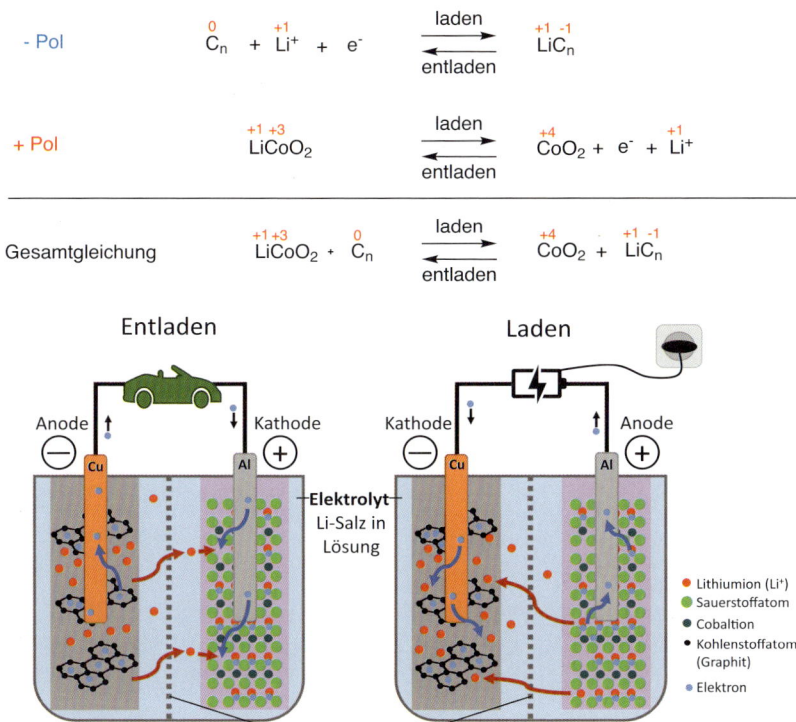

- Pol: $\overset{0}{C_n} + \overset{+1}{Li^+} + e^- \underset{\text{entladen}}{\overset{\text{laden}}{\rightleftharpoons}} \overset{+1\ -1}{LiC_n}$

+ Pol: $\overset{+1\ +3}{LiCoO_2} \underset{\text{entladen}}{\overset{\text{laden}}{\rightleftharpoons}} \overset{+4}{CoO_2} + e^- + \overset{+1}{Li^+}$

Gesamtgleichung: $\overset{+1\ +3}{LiCoO_2} + \overset{0}{C_n} \underset{\text{entladen}}{\overset{\text{laden}}{\rightleftharpoons}} \overset{+4}{CoO_2} + \overset{+1\ -1}{LiC_n}$

Auch Wasserstoffautos, oder besser Brennstoffzellen-Autos, sind prinzipiell Elektrofahrzeuge. In der Brennstoffzelle wird elektrischer Strom aus Wasserstoff gewonnen, und zwar durch Umkehr der Elektrolyse des Wassers: Wasserstoff reagiert mit Sauerstoff aus der Luft in der Knallgasreaktion zu Wasser. Dabei wird Energie frei, die teilweise in elektrischen Strom umgewandelt wird, um den Elektromotor anzutreiben. Wasserstoff aus einem Tank wird an den Minuspol (Anode) der Brennstoffzelle geleitet, zerfällt dort an einem Katalysator in Protonen und Elektronen. Die Elektronen fließen über einen Leiter vom Minuspol zum Pluspol (Kathode) und geben dabei elektrische Energie ab. Am Pluspol treffen die Elektronen auf Sauerstoff aus der angesaugten Luft und reagieren dort mit den Protonen, die durch eine sogenannte Polymerelektrolytmembran zum Pluspol diffundieren, zu Wasser. Diese Reaktionsgleichung haben wir bereits kennengelernt (▶ Kapitel 7.4)!

Oxidation: $\overset{0}{H_2} \longrightarrow 2\ \overset{+1}{H^+} + 2\ e^- \ |\cdot 2$

$2\ H_2 \longrightarrow 4\ H^+ + 4\ e^-$

Reduktion: $\overset{0}{O_2} + 4\ e^- \longrightarrow 2\ \overset{-2}{O^{2-}}$

$2\ H_2 + O_2 \longrightarrow 2\ H_2O$

7 Redoxreaktionen

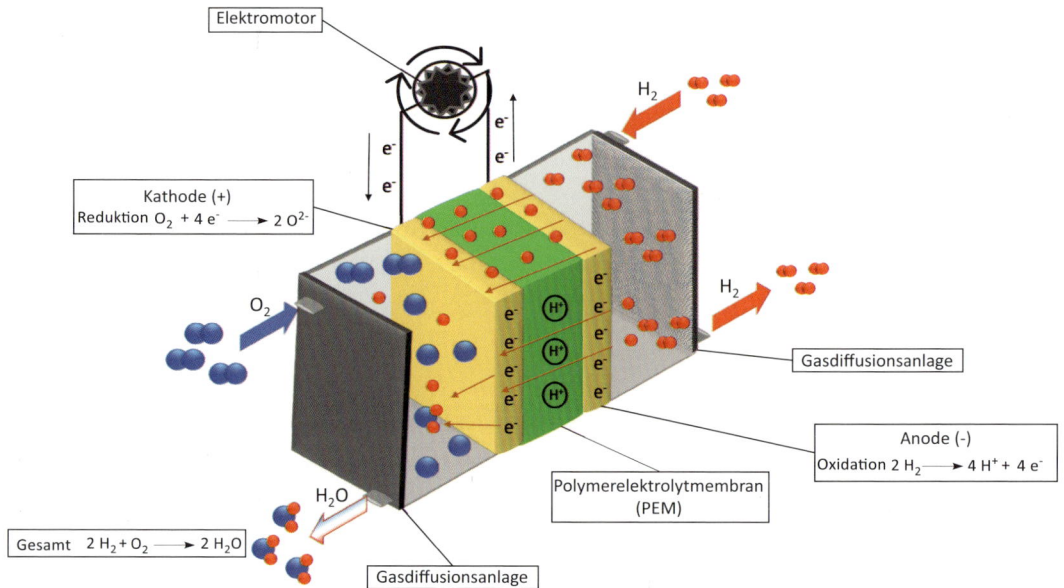

Moderne Geräte zur Messung des Alkoholgehaltes im Atem sind ebenfalls Brennstoffzellen. Der wesentliche Unterschied zur Brennstoffzelle eines Autos liegt darin, dass anstelle von Wasserstoff der alkoholhaltige Atem in die Anodenkammer einströmt. Die Nutzung von Brennstoffzellen zur Messung des Alkoholgehalts im Atem hat eine lange Geschichte. Rolla Neil Harger entwickelte das „Drunkometer" 1931 und patentierte es 1936. Es war aber noch nicht transportabel. Der erste tragbare Apparat wurde von Tom Parry Johnes entwickelt (1974). Seit 1979 kamen dann einige Geräte von unterschiedlichen Herstellern auf den Markt.

Die an der Kathode der Alkoholbrennstoffzelle ablaufende Reaktion entspricht der Kathodenreaktion der Wasserstoffbrennstoffzelle. An der Anode können aber drei unterschiedliche Reaktionen ablaufen:

$$CH_3CH_2OH + 3\,H_2O \longrightarrow 2\,CO_2 + 12\,e^- + 12\,H^+$$
$$CH_3CH_2OH + H_2O \longrightarrow CH_3COOH + 4\,e^- + 4\,H^+$$
$$CH_3CH_2OH \longrightarrow CH_3CHO + 2\,e^- + 2\,H^+$$

(Oxidationszahlen: $CH_3\overset{-3}{C}H_2OH$ mit -1 am C, $\overset{+4}{CO_2}$, $CH_3\overset{+3}{C}OOH$, $CH_3\overset{+1}{C}HO$)

© Drägerwerk AG & Co. KGaA, Lübeck. Alle Rechte vorbehalten.

wobei die Oxidation zu Essigsäure (CH_3COOH, ▶ Tabelle 11.1) die wichtigste Reaktion ist. Es werden aber auch Kohlenstoffdioxid (CO_2) und Acetaldehyd (CH_3CHO, ▶ Tabelle 11.1) gebildet. Da der entstehende Strom oder die entstehende Spannung natürlich davon abhängen, zu wie viel Prozent welche Reaktion abläuft, muss jede Zelle vor der Verwendung geeicht werden. Bislang ist diese Methode trotz der immer wieder gezeigten Verlässlichkeit allerdings immer noch nicht als alleiniges Messverfahren auch im Fall eines Ordnungswidrigkeitsverfahren zugelassen. Gesetzliche Bestimmungen schreiben vor, dass der Atemalkoholgehalt mit zwei unterschiedlichen Verfahren bestimmt werden muss. Ein von der Firma Dräger entwickeltes Gerät misst daher den Alkoholgehalt im Atem mit einer Brennstoffzelle und gleichzeitig mithilfe der IR-Spektroskopie (▶ Kapitel 1.11). Bei dieser Methode wird der Alkoholgehalt auf Basis der Intensität einer markanten Schwingung des Ethanolmoleküls gemessen.

7.6 Die elektromotorische Kraft EMK

Physikalisch betrachtet findet ein Stromfluss dann statt, wenn zwischen den beiden Halbzellen einer galvanischen Zelle eine Potenzialdifferenz besteht. Diese bezeichnet man bei elektrochemischen Zellen als **elektromotorische Kraft EMK**ΔE_{Zelle} (auch Zellspannung genannt). Sie ist abhängig von:

- der Art des ablaufenden Redoxprozesses,
- der Konzentration der beteiligten Teilchen,
- der Temperatur.

Bezieht man sich auf **Standardbedingungen** (eine Temperatur von 25 °C, einen Druck von 1 bar und alle gelösten Reaktanten und Produkte in einer Konzentration von 1 mol/L), so spricht man von **Standard-EMK** $\Delta E°_{Zelle}$.

Die EMK einer elektrochemischen Zelle hängt von der Art der Kathode und der Anode ab. Verschiedene Kombinationen von Kathoden und Anoden ergeben unterschiedliche EMKs. So liefert das Daniell-Element, wie wir oben bereits ausgeführt haben, eine EMK von 1,10 V.

$$Zn + Cu^{2+} \longrightarrow Zn^{2+} + Cu \quad \Delta E°_{Zelle} = +1{,}10\ V$$

Kombiniert man hingegen eine Kupferanode mit einer Silberkathode, so erhält man eine elektrochemische Zelle mit einer Standard-EMK von +0,46 V.

$$Cu + 2\ Ag^+ \longrightarrow Cu^{2+} + 2\ Ag \quad \Delta E°_{Zelle} = +0{,}46\ V$$

Die Kombination einer Zinkanode mit einer Silberkathode liefert hingegen eine Standard-EMK von +1,56 V.

$$Zn + 2\ Ag^+ \longrightarrow Zn^{2+} + 2\ Ag \quad \Delta E°_{Zelle} = +1{,}56\ V$$

7.6.1 Standard-Halbzellenpotenziale $E°$

Auch wenn sich immer nur eine Potenzialdifferenz (= Spannung) zwischen zwei Halbzellen messen lässt, so deuten die obigen Beispiele bereits an, dass sich die EMK additiv aus Einzelpotenzialen E der beiden Halbzellen Kathode und Anode zusammensetzt (▶ Abbildung 7.4):

MERKE

Elektromotorische Kraft EMK:

$\Delta E_{Zelle} = E_{Kathode} - E_{Anode}$

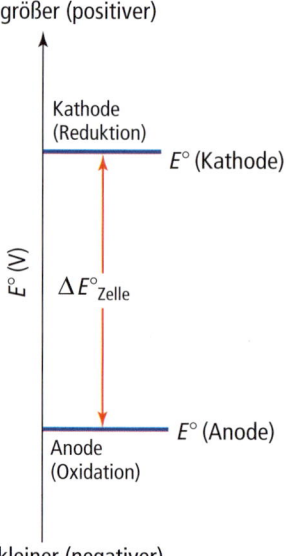

Abbildung 7.4: Definition der elektromotorischen Kraft EMK. Die Standard-EMK ΔE°_{Zelle} einer galvanischen Zelle ergibt sich aus der Differenz der Normalpotenziale der Kathode (Reduktion) und der Anode (Oxidation).
Aus: Brown, T. L., LeMay, H. E. & Bursten, E. B. (2007)

$$\Delta E_{Zelle} = E_{Kathode} - E_{Anode}$$

Unter Standardbedingungen (25 °C, Konzentration aller Reaktionsteilnehmer 1 mol/L) spricht man entsprechend vom **Standard-Halbzellenpotenzial E°** (auch **Normalpotenzial** genannt).

$$\Delta E^\circ_{Zelle} = E^\circ_{Kathode} - E^\circ_{Anode}$$

Daher kann man nun – willkürlich – eine bestimmte Halbzelle als **Referenzhalbzelle** auswählen und deren Potenzial per Definition festlegen. Die Potenziale aller anderen Halbzellen werden dann bezogen auf dieses Referenzsystem angegeben. Aus diesen tabellierten Standard-Halbzellenpotenzialen E° lässt sich dann für jede beliebige Redoxreaktion die EMK gemäß obiger Gleichung berechnen.

Als Referenzhalbzelle wählte man die **Standard-Wasserstoffelektrode (Normal-Wasserstoffelektrode NHE**, *Normal Hydrogen Electrode*) aus (▶ Abbildung 7.5). Es handelt sich um ein von Wasserstoffgas ($p(H_2)$ = 1 bar = 10^5 Pa) umspültes Platinblech, das in eine Lösung mit einem pH-Wert von 0 eintaucht (also $[H_3O^+]$ = 1 mol/L).

An der Platin-Metalloberfläche, die an der eigentlichen Redoxreaktion nicht beteiligt ist, sondern lediglich als Leiter für die Elektronen dient, stellt sich das folgende Redoxgleichgewicht ein: die Umwandlung von elementarem Wasserstoff in H⁺-Ionen und umgekehrt. Dieser Halbzelle wird per Definition ein Standard-Halbzellenpotenzial von $E^\circ(H^+/H_2) \equiv$ 0,00 V zugeordnet.

7.6 Die elektromotorische Kraft EMK

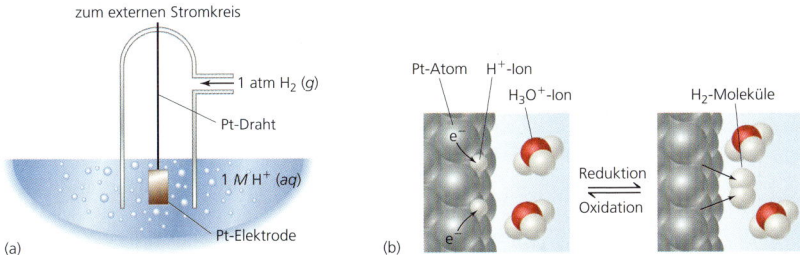

Abbildung 7.5: Standard-Wasserstoffelektrode. Ein Platinblech taucht in eine Lösung mit [H$_3$O$^+$] = 1 mol/L, also pH = 0 ein und wird von Wasserstoffgas (p = 1 bar) umspült. Dieser Halbzelle wird per Definition ein Standardpotenzial von $E°$(H$^+$/H$_2$) ≡ 0,00 V zugeordnet.
Aus: Brown, T. L., LeMay, H. E. & Bursten, E. B. (2007)

$$2\,H^+ + 2\,e^- \rightleftharpoons H_2 \qquad E°(H^+/H_2) = 0{,}00\ \text{V (per Definition)}$$

Die Halbzellenpotenziale aller anderen Redoxreaktionen lassen sich dann durch Messung gegen diese Normalwasserstoffelektrode (NHE) bestimmen (▶ Abbildung 7.6). Kombiniert man zum Beispiel die NHE mit einer Zink-Halbzelle, so reduziert metallisches Zink H$^+$-Ionen zu Wasserstoff. Man misst eine EMK von $\Delta E°_\text{Zelle} = E°(H^+/H_2) - E°(Zn^{2+}/Zn) = +0{,}76$ V. Die NHE stellt in dieser Anordnung die Kathode dar mit einem Standard-Halbzellenpotenzial von $E°(H^+/H_2) = 0{,}00$ V. Folglich ergibt sich für das Standard-Halbzellenpotenzial des Redoxpaares Zn^{2+}/Zn ein Wert von $E°(Zn^{2+}/Zn) = -0{,}76$ V. Analog lassen sich die Halbzellenpotenziale aller anderen Redoxpaare bestimmen (▶ Tabelle 7.2). Dieses Vorgehen erfolgt analog zur Definition der Säure- und Basestärke (▶ Kapitel 6.3). Dafür werden als einheitliche Bezugssysteme die Säure-Base-Paare H$_3$O$^+$/H$_2$O für Säuren und H$_2$O/OH$^-$ für Basen verwendet und die Stärke einer beliebigen Säure oder Base wird relativ zur Stärke dieser Säure-Base-Paare angegeben.

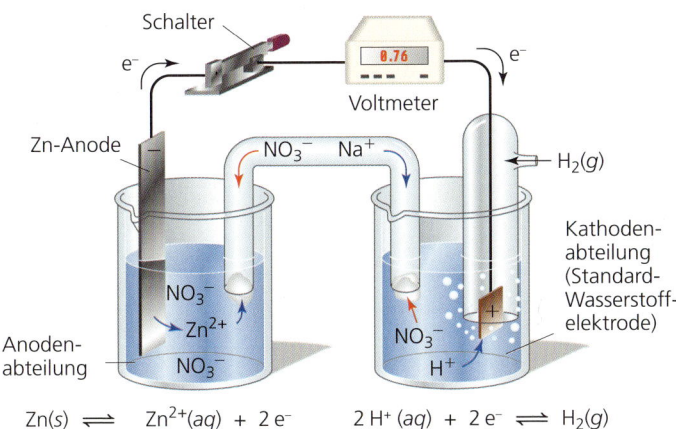

Abbildung 7.6: Bestimmung von $E°$-Werten. Die gegen die Standard-Wasserstoffelektrode gemessene Potenzialdifferenz ist per Definition das Standard-Halbzellenpotenzial $E°$ des entsprechenden Redoxpaares.
Aus: Brown, T. L., LeMay, H. E. & Bursten, E. B. (2007)

7 Redoxreaktionen

$E°$ in V	Korrespondierendes Redoxpaar	Ox/Red
+2,87	$F_2(g) + 2\,e^- \rightleftharpoons 2F^-$	F_2/F^-
+1,51	$MnO_4^-(aq) + 8H^+(aq) + 5\,e^- \rightleftharpoons Mn^{2+}(aq) + 4H_2O(l)$	MnO_4^-/Mn^{2+}
+1,36	$Cl_2(g) + 2\,e^- \rightleftharpoons 2\,Cl^-(aq)$	Cl_2/Cl^-
+1,33	$Cr_2O_7^{2-}(aq) + 14\,H^+(aq) + 5\,e^- \rightleftharpoons 2\,Cr^{3+}(aq) + 7\,H_2$	$Cr_2O_7^{2-}/Cr^{3+}$
+1,23	$O_2(g) + 4\,H^+(aq) + 4\,e^- \rightleftharpoons 2\,H_2O(l)$	O_2/H_2O
+1,06	$Br_2(l) + 2\,e^- \rightleftharpoons 2\,Br^-(aq)$	Br_2/Br^-
+0,96	$NO_3^-(aq) + 4\,H^+(aq) + 3\,e^- \rightleftharpoons NO(g) + 2\,H_2O(l)$	NO_3^-/NO
+0,80	$Ag^+(aq) + e^- \rightleftharpoons Ag(s)$	Ag^+/Ag
+0,77	$Fe^{3+}(aq) + e^- \rightleftharpoons Fe^{2+}(aq)$	Fe^{3+}/Fe^{2+}
+0,68	$O_2(g) + 2\,H^+(aq) + 2\,e^- \rightleftharpoons H_2O_2(aq)$	O_2/H_2O_2
+0,59	$MnO_4^-(aq) + 2\,H_2O(l) + 3\,e^- \rightleftharpoons MnO_2(s) + 4\,OH^-(aq)$	MnO_4^-/MnO_2
+0,54	$I_2(s) + 2\,e^- \rightleftharpoons 2\,I^-(aq)$	I_2/I^-
+0,40	$O_2(g) + 2\,H_2O(l) + 4\,e^- \rightleftharpoons 4\,OH^-(aq)$	O_2/OH^-
+0,34	$Cu^{2+}(aq) + 2\,e^- \rightleftharpoons Cu(s)$	Cu^{2+}/Cu
0 [definiert]	$H^+(aq) + 2\,e^- \rightleftharpoons H_2(g)$	H^+/H_2
–0,28	$Ni^{2+}(aq) + 2\,e^- \rightleftharpoons Ni(s)$	Ni^{2+}/Ni
–0,44	$Fe^{2+}(aq) + 2\,e^- \rightleftharpoons Fe(s)$	Fe^{2+}/Fe
–0,76	$Zn^{2+}(aq) + 2\,e^- \rightleftharpoons Zn(s)$	Zn^{2+}/Zn
–0,83	$2\,H_2O(l) + 2\,e^- \rightleftharpoons H_2(g) + 2\,OH^-(aq)$	H_2O/H_2
–1,66	$Al^{3+}(aq) + 3\,e^- \rightleftharpoons Al(s)$	Al^{3+}/Al
–2,71	$Na^+(aq) + e^- \rightleftharpoons Na(s)$	Na^+/Na
–3,05	$Li^+(aq) + e^- \rightleftharpoons Li(s)$	Li^+/Li

Tabelle 7.2: Elektrochemische Spannungsreihe (Standard-Halbzellenpotenziale) einiger ausgewählter Redoxpaare (bei 25 °C in Wasser)

7.6.2 Elektrochemische Spannungsreihe – die Stärke von Reduktions- und Oxidationsmitteln

Die Auflistung von Redoxpaaren entsprechend ihres gegen die Normalwasserstoffelektrode bestimmten Halbzellenpotenzials bezeichnet man als die **elektrochemische Spannungsreihe**. Die Größe des **Halbzellenpotenzials** erlaubt eine Aussage über die Stärke eines Oxidations- oder Reduktionsmittels.

Je positiver das Halbzellenpotenzial $E°$ ist, desto stärker wirkt die oxidierte Form des Redoxpaares als Oxidationsmittel.

Je negativer das Halbzellenpotenzial $E°$ ist, desto stärker wirkt die reduzierte Form des Redoxpaares als Reduktionsmittel.

Das Redoxpaar F_2/F^- hat das positivste Halbzellenpotenzial $E° = +2,87$ V. Elementares Fluor, die oxidierte Form dieses Redoxpaares, ist also das stärkste bekannte chemische Oxidationsmittel. Umgekehrt besitzen die Alkalimetalle alle sehr stark negative Halbzellenpotenziale, zum Beispiel $E°(Na^+/Na) = -2,71$ V. Metallisches Natrium, die reduzierte Form des Redoxpaares, ist also ein starkes Reduktionsmittel. Die elektrochemische Spannungsreihe quantifiziert die allgemeinen Trends zum **Redoxvermögen** von Stoffen (▶ Abbildung 7.7), die wir teilweise zuvor schon kennengelernt haben. Auch Stoffe wie Permanganat, Chlor oder Dichromat haben stark positive Halbzellenpotenziale und sind somit starke Oxidationsmittel.

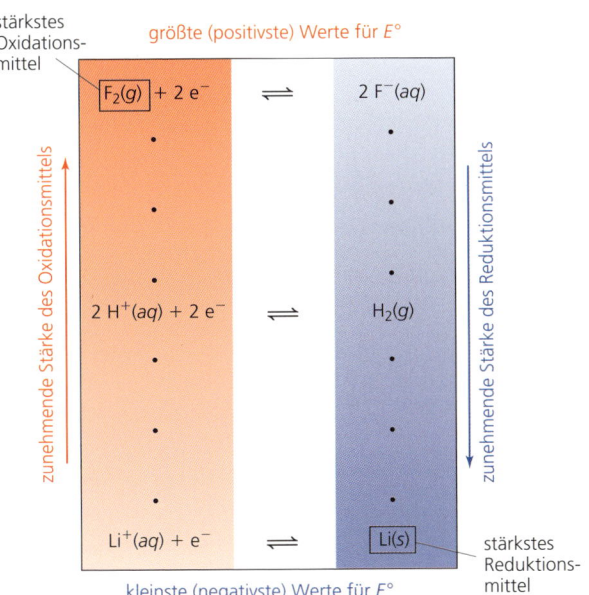

Abbildung 7.7: Das Redoxvermögen. Das Normalpotenzial $E°$ bestimmt die Stärke von Oxidations- und Reduktionsmitteln. Unten rechts finden wir die stärksten Reduktionsmittel (zum Beispiel die Alkalimetalle), oben links die stärksten Oxidationsmittel (zum Beispiel Fluor und Chlor).
Aus: Brown, T. L., LeMay, H. E. & Bursten, E. B. (2007)

7 Redoxreaktionen

> **MERKE**
>
> Negativeres $E°$ = wird oxidiert = Anode
>
> Positiveres $E°$ = wird reduziert = Kathode

Kombiniert man nun beliebige Redoxpaare, so lässt sich auf der Basis der Halbzellenpotenziale sowohl die Richtung der Redoxreaktionen vorhersagen als auch die EMK berechnen. Das Redoxpaar mit dem negativeren Halbzellenpotenzial wirkt als Anode, das mit dem positiven Halbzellenpotenzial als Kathode. Anhand der Spannungsreihe wird auch klar, wieso sich nur unedle Metalle wie Zink oder Eisen mit $E° < 0$ in Säuren unter Wasserstoffentwicklung auflösen (▶ Abbildung 7.8). Edle Metalle wie Kupfer oder Silber mit $E° > 0$ lösen sich hingegen nicht in Säuren auf, bei denen nur H+ als Oxidationsmittel vorliegt (verwirrender Weise als nichtoxidierende Säuren bezeichnet). Die Reduktionskraft des Metalls reicht nicht aus, um H⁺ zu reduzieren.

$$Zn + 2\,H^+ \longrightarrow Zn^{2+} + H_2 \quad \text{aber} \quad Cu + 2\,H^+ \not\longrightarrow Cu^{2+} + H_2$$

Abbildung 7.8: Reaktion von Zink mit Salzsäure. Unedle Metalle mit einem Standard-Halbzellenpotenzial von $E° < 0$ lösen sich in Säuren auf. Das Metall wird oxidiert und gleichzeitig wird H⁺ zu elementarem Wasserstoff reduziert, der gasförmig entweicht.
Aus: Brown, T. L., LeMay, H. E. & Bursten, E. B. (2007)

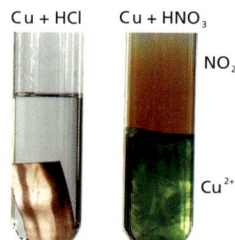

Kupfer in Säuren
© Thomas Seilnacht, Bern, Schweiz, www.seilnacht.com

Stattdessen findet die Rückreaktion freiwillig statt, also die Reduktion von Cu^{2+} durch Wasserstoff. Die Metallkationen werden durch Wasserstoff zum Metall reduziert. Es findet also spontan und freiwillig die umgekehrte Reaktion statt.

$$Cu^{2+} + H_2 \longrightarrow Cu + 2\,H^+$$

Daher lösen sich edle Metalle wie Kupfer oder Silber zum Beispiel nicht in Salzsäure auf, wohl aber in Salpetersäure, da diese mit dem Nitration ein zusätzliches Oxidationsmittel enthält (daher oxidierende Säure genannt). Dieses ist stark genug, um auch Metalle bis zu einem Standardnormalpotenzial von $E° < +0{,}96$ V zu oxidieren (▶ Tabelle 7.2). Dabei entsteht zuerst Stickstoffmonoxid NO, das an der Luft sofort zu braunem Stickstoffdioxid NO_2 (nitrose Gase) oxidiert wird (▶ Kapitel 5.7).

$$3\,Ag + NO_3^- + 4\,H^+ \longrightarrow 3\,Ag^+ + NO + 2\,H_2O$$

Redoxpaare: Ag^+/Ag und NO_3^-/NO

Während sich Kupfer und Silber in Salpetersäure auflösen, reicht die Oxidationskraft des Nitrations ($E° = +0{,}96$ V) nicht aus, um Gold ($E° = +1{,}50$ V) oder Platin ($E° = +1{,}20$ V) aufzulösen. Daher wurde die Salpetersäure schon im Mittelalter zum Trennen von Gold und Silber verwendet (**Scheidewasser**). Beide Metalle kommen in der Natur in elementarer Form häufig miteinander vermischt vor. Durch die Behandlung mit Salpetersäure kann man Silber auflösen, während Gold elementar zurückbleibt. Um auch Gold aufzulösen, braucht man noch stärkere Oxidationsmittel. Fluor als stärkstes Oxidationsmittel überhaupt käme natürlich in Frage, ist aber schwer zu handhaben und sehr gefährlich. Stattdessen verwendet man ein Gemisch aus einem Teil konzentrierter Salpetersäure und drei Teilen konzentrierter Salzsäure (**Königswasser**, *aqua regia*). Dieses Gemisch ist in der Lage, das Gold zu oxidieren. Es wird vermutet, dass bei der Reaktion von Salzsäure mit Salpetersäure auch hochreaktive Chloratome entstehen. Man spricht von Chlor *in statu nascendi* (wörtlich = im Zustand des Geborenwerdens, also des Entstehens).

$$HNO_3 + 3\,HCl \longrightarrow NOCl + 2\,\text{Cl} + 2\,H_2O$$
hochreaktiv

Anhand dieser Reaktionsgleichung wird auch verständlich, wieso man HNO_3 und HCl im Verhältnis 1 : 3 mischen muss. Die Oxidation wird durch die hohe Konzentration an Cl^--Ionen ebenfalls begünstigt, da die entstehenden Gold(III)-Kationen stabile Chlorokomplexe bilden können (▶ Kapitel 8) und somit das Lösungsgleichgewicht auf die Produktseite hin verschoben wird. Silber löst sich übrigens nicht in Königswasser, da sich auf der Metalloberfläche sofort eine fest anhaftende Schicht von unlöslichem Silberchlorid AgCl bildet (▶ Kapitel 4.9), die das darunter liegende Silbermetall vor weiterer Oxidation schützt.

Gold in Säuren
© Thomas Seilnacht, Bern, Schweiz, www.seilnacht.com

7.6.3 Die Richtung von Redoxreaktionen: Zusammenhang von EMK und Gibbs-Energie

Ein Redoxprozess läuft nur dann freiwillig und spontan ab, wenn die EMK > 0 ist.

Freiwillige Reaktion:

$$\Delta E°_{Zelle} = E°_{Kathode} - E°_{Anode} > 0$$

Da die Gibbs-Standardreaktionsenergie das Maß für die Triebkraft chemischer Reaktionen ist (▶ Kapitel 5.5), muss also die EMK $\Delta E°$ irgendwie mit $\Delta_R G°$ zusammenhängen. Für diesen Zusammenhang zwischen der EMK $\Delta E°$ und der Gibbs-Standardreaktionsenergie $\Delta_R G°$ gilt:

$$\Delta_R G^0 = -z \cdot F \cdot \Delta E°$$

wobei z die Zahl der übertragenen Elektronen und F die sogenannte **Faraday-Konstante** ist (F = 96.485 C · mol^{-1}). Die Faraday-Konstante ist der Betrag der elektrischen Ladungsmenge von einem Mol Elektronen.

Für das Daniell-Element (▶ Kapitel 7.5) ergibt sich eine Standard-EMK von $\Delta E° = E°(Cu^{2+}/Cu) - E°(Zn^{2+}/Zn) = +0,34 - (-0,76)$ V = +1,11 V. Dies ist genau die Spannung, die wir am Voltmeter gemessen haben (▶ Abbildung 7.2). Es ist also $\Delta E° > 0$ und somit $\Delta G° < 0$. Das steht im Einklang mit der beobachteten spontan ablaufenden Redoxreaktion, bei der Cu^{2+}-Ionen durch Zn zu metallischem Kupfer reduziert werden und gleichzeitig Zn zu Zn^{2+} oxidiert wird.

Betrachten wir hingegen noch einmal die Reaktion von elementarem Kupfer mit Salzsäure. Die EMK errechnet sich entsprechend den tabellierten Standard-Halbzellenpotenzialen zu $\Delta E° = E°(H^+/H_2) - E°(Cu^{2+}/Cu) = 0 - (+0,34)$ V = $-0,34$ V. Also ist $\Delta E° < 0$ und somit $\Delta G° > 0$. Die Reaktion läuft in der angegebenen Richtung also nicht freiwillig ab. Kupfer löst sich nicht in Salzsäure auf. Die umgekehrte Reaktion hat hingegen eine positive EMK von $\Delta E° = +0,34$ V und läuft freiwillig und spontan ab.

$$Cu + 2 H^+ \xrightarrow{\Delta E° = -0,34 \text{ V}} Cu^{2+} + H_2 \quad \text{nicht freiwillig}$$

$$Cu^{2+} + H_2 \xrightarrow{\Delta E° = +0,34 \text{ V}} Cu + 2 H^+ \quad \text{freiwillig}$$

CHEMIE IM ALLTAG

Korrosion von Eisen

Auch das Rosten von Eisen („**Korrosion**") ist ein Redoxprozess, nämlich die Oxidation von metallischem Eisen ($E°(Fe^{2+}/Fe) = -0,44$ V) durch Luftsauerstoff ($E°(O_2/H_2O) = 1,23$ V).

$$O_2 + 2 Fe + 4 H^+ \longrightarrow 2 Fe^{2+} + 2 H_2O$$

Da an der Reaktion Protonen beteiligt sind, hängt das Ausmaß der Redoxreaktion vom pH-Wert ab (▶ Kapitel 7.9). Eisen korrodiert nicht mehr, wenn der pH-Wert größer als 9 ist. Die bei der Oxidation gebildeten Fe^{2+}-Ionen werden in einem Folgeschritt zu Fe^{3+} oxidiert, das mit Wasser und Sauerstoff hydratisiertes Eisen(III)-oxid Fe_2O_3 bildet, das den eigentlichen uns bekannten Rost darstellt. Eine Zerstörung der Metallgegenstände resultiert daraus, dass Eisen(III)-oxid eine voluminösere Struktur besitzt als Eisen, sodass es vom metallischen Festkörper abblättert. Dadurch werden wieder Eisenschichten freigelegt, die erneut oxidiert werden, also rosten.

7.6 Die elektromotorische Kraft EMK

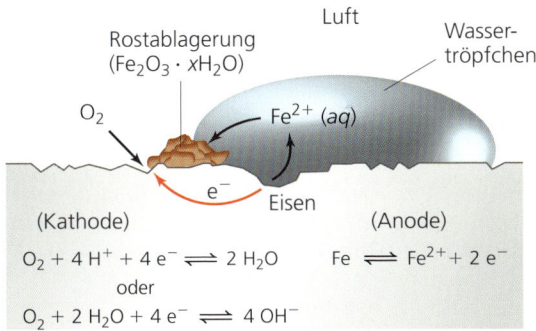

Korrosion von Eisen
Aus: Brown, T. L., LeMay, H. E. & Bursten, E. B. (2007)

Um Eisen vor dem Rosten zu schützen, kann man es mit Farbe bestreichen, um den Kontakt mit Luftsauerstoff und Wasser zu verhindern. Dieser Schutz bricht aber zusammen, wenn die Schutzschicht Löcher bekommt. Überzieht man Eisen jedoch mit einer Schutzschicht aus Zink, so rostet Eisen auch dann nicht, wenn die Oberflächenschicht teilweise beschädigt wird. Zink ist noch unedler als Eisen ($E°(Zn^{2+}/Zn)$ = –0,76 V) und wird daher anstelle des Eisens oxidiert. Deswegen verwendet man zum Ausbessern von Roststellen beim Auto Zinkfarbe. Diese Technik nutzt man ebenfalls, um unterirdische Pipelines oder Schiffsrümpfe vor dem Rosten zu schützen. Man bringt sie in Kontakt mit einem leichter zu oxidierenden Metall („**Opferanode**"), da dann dieses anstelle des Eisens oxidiert wird.

Rost
© Volker Diekamp, Bremen

Warum aber rostet die schützende Zinkschicht nicht selbst? Das tut sie in der Tat, aber ZnO weist eine vergleichbare Struktur auf wie metallisches Zink, sodass die Zinkoxidschicht fest auf dem Zink haftet. Der „Zinkrost" blättert nicht ab wie beim Eisen, sodass kein „frisches" Zink in Kontakt mit Luft kommt. Es bildet sich stattdessen eine ZnO-Schutzschicht, die das darunterliegende Metall schützt (**Passivierung**). Eine solche Passivierung findet man auch beim Aluminium, das noch unedler ist und sogar spontan mit Wasser reagiert ($E°(Al^{3+}/Al)$ = –1,66 V). Ohne die schützende Aluminiumoxidschicht wäre Aluminium als moderner Werkstoff zum Beispiel in Flugzeugrümpfen oder auch beim Campingkochgeschirr nicht einsetzbar. Da die natürliche Oxidschicht des Aluminiums nur wenige Nanometer dick ist, wendet man das **Eloxal-Verfahren** (**el**ektrolytische **Ox**idation von **Al**uminium) an, um technisch die Schutzschicht auf eine Dicke von 5–25 Mikrometer zu vergrößern und somit Aluminiumgegenstände noch widerstandsfähiger gegenüber Oxidation zu machen.

Zinkfarbe als Rostschutz
© Weigel + Schmidt Lackchemie GmbH, Karlstein

AUS DER MEDIZINISCHEN PRAXIS

Lokalelement

Legierungen von Quecksilber mit anderen Metallen wie Zinn oder Kupfer (Amalgame) werden seit etwa 200 Jahren in der Zahnheilkunde als Füllmasse verwendet (▶ Kapitel 2.4). Auch diese Zahnfüllungen „rosten" natürlich beim Kontakt mit Luftsauerstoff. Dabei wird aber zuerst das unedlere Metall Zinn oxidiert. Die in kurzer Zeit entstehende Zinnoxidschicht schützt die darunter liegende Füllung vor weiterer Zersetzung. Ein Problem kann dann auftreten, wenn in Nachbarschaft zu einer solchen Amalgamfüllung eine Füllung aus einem edleren Metall (zum Beispiel Gold) eingesetzt wird. Wenn eine leitende Verbindungen zwischen der Amalgam- und der Goldfüllung besteht (durch direkten Kontakt oder auch über den Kiefer), so bildet sich ein **Lokalelement** aus (▶ Abbildung 7.9). Bei der Ausbildung des Lokalelementes erfolgt eine stark beschleunigte Korrosion der unedleren Metalle. Die bei der Oxidation des Zinns frei werdenden Elektronen wandern nun zum Gold und reduzieren dort den Luftsauerstoff zu Wasser. Es entsteht keine passivierende Zinnoxidschicht. Die Folge ist eine verstärkte Zersetzung der Amalgamfüllung, wobei im Laufe der Zeit auch geringe Mengen Quecksilber oxidiert werden. Dies kann zu gesundheitlichen Problemen führen, da Hg^{2+}-Ionen giftig sind (▶ Kapitel 8.7).

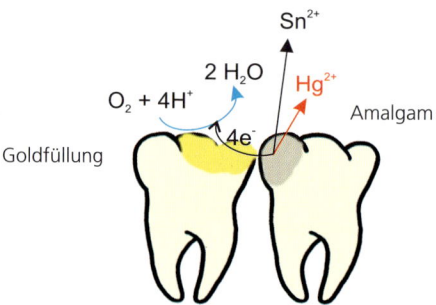

Abbildung 7.9: Lokalelement. Kommt eine Amalgamfüllung mit einer Goldfüllung leitend in Kontakt, bildet sich ein Lokalelement aus. Luftsauerstoff kann – im Gegensatz zur passivierten Amalgamoberfläche – an der Goldoberfläche reduziert werden. Die Elektronen stammen aus der Oxidation von Zinn zu Sn^{2+}-Ionen in der Amalgamfüllung, die leitend mit der Goldfüllung verbunden ist. Daneben wird in geringen Mengen auch Quecksilber oxidiert und als Hg^{2+} freigesetzt.

7.7 Die Nernst'sche Gleichung

Bisher haben wir nur Redoxreaktionen unter Standardbedingungen betrachtet, bei denen alle löslichen Reaktanten und Produkte in einer Konzentration von 1 mol/L vorliegen. Wie ändert sich die EMK, wenn dies nicht mehr der Fall ist? Qualitativ kann man sich dies bereits mithilfe des Prinzips von Le Châtelier überlegen (▶ Kapitel 5.9). Betrachten wir wiederum die Halbzelle Zn^{2+}/Zn, die unter Standardbedingungen ([Zn^{2+}] = 1 mol/L) ein Halbzellenpotenzial von $E°$(Zn^{2+}/Zn) = –0,76 V aufweist.

$$Zn^{2+} + 2\,e^- \rightleftharpoons Zn \qquad E°(Zn^{2+}/Zn) = -0{,}76\ V$$

Verringert man die Konzentration an Zn^{2+}-Ionen in der Lösung, verschiebt sich das Redoxgleichgewicht nach links, die Reduktionskraft des Zinks nimmt zu (es gibt leichter Elektronen ab). Umgekehrt verschiebt eine Erhöhung der Konzentration an Zn^{2+}-Ionen das Redoxgleichgewicht nach rechts, die Reduktionskraft des Zinks nimmt ab. Quantitativ lässt sich dieser Zusammenhang für ein Redoxpaar Ox/Red in allgemeiner Form mit der **Nernst'schen Gleichung** beschreiben:

$$Ox^{z+} + z\,e^- \rightleftharpoons Red$$

$$E = E° + \frac{R \cdot T}{z \cdot F} \ln \frac{[\text{Ox}]}{[\text{Red}]}$$

wobei z wiederum die Zahl der übertragenen Elektronen und F die Faraday-Konstante ist. **Ox** ist die oxidierte Form und **Red** die reduzierte Form des beteiligten Redoxpaares (▶ Kapitel 7.3).

Für 25 °C erhält man eine vereinfachte Form der Nernst'schen Gleichung, bei der man gleichzeitig auch bereits den natürlichen in den dekadischen Logarithmus umgerechnet und die beiden Konstanten R und F mit eingerechnet hat.

$$E = E° + \frac{0{,}059\,\text{V}}{z} \lg \frac{[\text{Ox}]}{[\text{Red}]} \quad \text{bei 25 °C}$$

Für ein Redoxpaar der Form Me^{z+}/Me ist die reduzierte Form das elementare Metall. Dieses stellt eine reine Phase dar und hat somit per Definition eine Konzentration von $[\text{Me}] = 1\,\text{mol/L}$. Die Nernst'sche Gleichung für ein Redoxpaar Me^{z+}/Me lautet daher:

$$E = E° + \frac{R \cdot T}{z \cdot F} \ln [\text{Me}^{z+}]$$

Für die EMK einer Redoxreaktion unter Nicht-Standardbedingungen ΔE und die entsprechende Gibbs-Energie $\Delta_R G$ gilt:

$$\Delta E = E_{\text{Kathode}} - E_{\text{Anode}}$$

$$\Delta_R G = -z \cdot F \cdot \Delta E$$

Berechnet man nun das Potenzial der Zink-Halbzelle in 0,1 M Zinksulfatlösung, so findet man:

$$E_{0{,}1} = E° + \frac{0{,}059\,\text{V}}{2} \lg(0{,}1) = -0{,}76\,\text{V} - 0{,}0295\,\text{V} = -0{,}7895\,\text{V}$$

Bei kleinerer Zinkionenkonzentration wird das Halbzellenpotenzial negativer, die Reduktionskraft des Metalls nimmt zu. Umgekehrt wird bei höherer Zinkionenkonzentration das Halbzellenpotenzial positiver, die Reduktionskraft des Metalls nimmt ab. In einer 10 M Zinksulfatlösung beträgt das Halbzellenpotenzial:

$$E_{10} = E° + \frac{0{,}059\,\text{V}}{2} \lg(10) = -0{,}76\,\text{V} + 0{,}0295\,\text{V} = -0{,}7305\,\text{V}$$

Die Konzentrationsabhängigkeit des Halbzellenpotenzials erklärt uns auch, warum eine Batterie irgendwann erschöpft (entladen) ist. Wenn beim Daniell-Element Elektronen durch den Draht von der Zinkanode zur Kupferkathode fließen, verändern sich die Konzentrationen der beiden Metallionen Zn^{2+} und Cu^{2+} in den jeweiligen Halbzellen. Die Konzentration der Zinkionen nimmt zu, die der Kupferionen sinkt dagegen. Dadurch wird aber das Halbzellenpotenzial der Kupferkathode stetig negativer und das der Zink-Anode stetig positiver. Irgendwann sind beide Halbzellenpotenziale identisch und die EMK ist gleich null ($\Delta E = 0$). Dann besteht keine thermodynamische Triebkraft mehr für die Redoxreaktion, da dann auch $\Delta_R G = 0$ ist. Es hat sich ein chemisches Gleichgewicht eingestellt. Die Batterie ist leer.

7.7.1 Konzentrationszellen

Entsprechend der Nernst'schen Gleichung hat die Konzentration der an einem Redoxprozess beteiligten gelösten Teilchen einen direkten Einfluss auf das Halbzellenpotenzial. Eine Spannung entsteht also auch dann, wenn man zwei Halbzellen eines identischen Redoxpaares mit unterschiedlichen Konzentrationen miteinander kombiniert (▶ Abbildung 7.10). Es müssen also nicht unbedingt zwei verschiedene Redoxpaare an einer elektrochemischen Zelle beteiligt sein. Kommen wir auf das obige Beispiel der beiden Zink-Halbzellen zurück. Verbindet man diese beiden Zellen leitend miteinander, erhält man eine **Konzentrationszelle** (auch **Konzentrationskette** genannt). In der Halbzelle mit der höheren Ionenkonzentration ($[Me^{z+}]_{höher}$) findet bevorzugt die Reduktion statt (= Kathode), in der Halbzelle mit niedrigerer Ionenkonzentration ($[Me^{z+}]_{niedriger}$) die Oxidation (= Anode). Man erhält also als EMK dieser Konzentrationskette einen Wert von $\Delta E = -0{,}7305 - (-0{,}7895) = 0{,}059$ V. Allgemein berechnet sich die EMK einer solchen Konzentrationszelle gemäß der Nernst'schen Gleichung wie folgt:

$$\Delta E = E_{Kathode} - E_{Anode}$$

$$E_{Kathode} = E° + \frac{R \cdot T}{z \cdot F} \ln [Me^{z+}]_{höher} \quad \text{und} \quad E_{Anode} = E° + \frac{R \cdot T}{z \cdot F} \ln [Me^{z+}]_{niedriger}$$

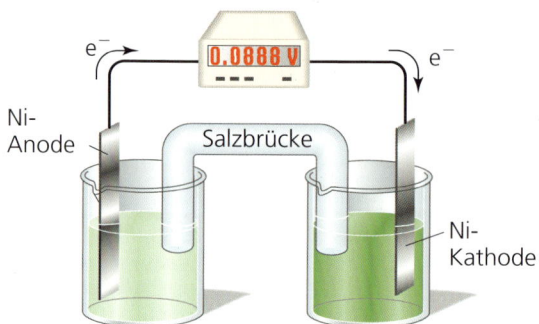

$[Ni^{2+}] = 1{,}00 \times 10^{-3}$ M $\quad [Ni^{2+}] = 1{,}00$ M

Abbildung 7.10: Konzentrationszelle. Zwischen zwei Nickelsalzlösungen mit unterschiedlicher Konzentration bildet sich eine Potenzialdifferenz aus. Die Halbzelle mit der geringeren Salzkonzentration ist die Anode, diejenige mit der höheren Salzkonzentration die Kathode.
Aus: Brown, T. L., LeMay, H. E. & Bursten, E. B. (2007)

$$\Rightarrow \Delta E = \left(E° + \frac{R \cdot T}{z \cdot F} \ln [Me^{z+}]_{höher}\right) - \left(E° + \frac{R \cdot T}{z \cdot F} \ln [Me^{z+}]_{niedriger}\right)$$

$$\Rightarrow \Delta E = \frac{R \cdot T}{z \cdot F} \ln \frac{[Me^{z+}]_{höher}}{[Me^{z+}]_{niedriger}}$$

$$\Rightarrow \Delta E = \frac{0{,}059\,V}{z} \lg \frac{[Me^{z+}]_{höher}}{[Me^{z+}]_{niedriger}} \quad \text{bei 25 °C}$$

> **MERKE**
> Die Spannung der Konzentrationskette hängt nicht von der Art des Metalls ab.

Da das Standard-Halbzellenpotenzial $E°$ des Redoxpaares in dieser Gleichung nicht auftaucht, ist die Spannung einer Konzentrationszelle unabhängig vom konkreten Metall und hängt nur vom Konzentrationsverhältnis und der Anzahl der übertragenen Elektronen ab.

AUS DER MEDIZINISCHEN PRAXIS

Ruhepotenzial von Zellmembranen

Den vielleicht wichtigsten Typ von Konzentrationszellen überhaupt finden wir an jeder **Zellmembran**. Wir haben bei der Besprechung des Donnan-Gleichgewichtes bereits gelernt, dass an einer Zellmembran eine Ungleichverteilung von Ionen existiert (▶ Kapitel 4.10.4). Insbesondere Kationen wie K^+ und Na^+ haben auf beiden Seiten der Membran sehr unterschiedliche Konzentrationen. So findet man im intrazellulären Raum eine K^+-Ionenkonzentration von ca. $[K^+] = 120$ mM und im extrazellulären Raum von nur 4 mM. Für Na^+-Ionen ist die Situation gerade umgekehrt: Im intrazellulären Raum beträgt $[Na^+] = 12$ mM und im extrazellulären Raum etwa 145 mM. Allerdings ist die Membran im Normalzustand für Na^+-Ionen nur sehr schwer passierbar, für K^+-Ionen hingegen etwa 30-mal besser durchlässig. Für eine elektrochemische Zelle dürfen aber nur die wanderungsfähigen Ionen betrachtet werden, in diesem Fall also in erster Näherung nur die K^+-Ionen. Nur diese können tatsächlich an einer (in diesem Fall hypothetischen) Redoxreaktion teilnehmen.

Berechnen wir für eine Körpertemperatur von 37 °C mit der Nernst'schen Gleichung die EMK der Konzentrationszelle, die sich aus den unterschiedlichen Konzentrationen der K^+-Ionen innerhalb und außerhalb der Zelle ergibt:

$$\Delta E = \frac{R \cdot T}{F} \ln \frac{[K^+]_{höher}}{[K^+]_{niedriger}} = \frac{R \cdot T}{F} \ln \frac{[K^+]_{innen}}{[K^+]_{außen}}$$

Bei 37 °C (Körpertemperatur) ergibt sich für den Vorfaktor in der Nernst'schen Gleichung (bei gleichzeitiger Umrechnung auf den dekadischen Logarithmus) der Wert 0,061 V.

$$\Rightarrow \Delta E = 0,061 \cdot \lg \frac{[K^+]_{höher}}{[K^+]_{niedriger}} \quad \text{bei 37 °C}$$

$$\Rightarrow \Delta E = 0,061 \cdot \lg \frac{[K^+]_{innen}}{[K^+]_{außen}} = 0,061 \cdot \lg \frac{120}{4} = 0,0908 \text{ V} = 90,8 \text{ mV}$$

Üblicherweise wird dieses **Ruhepotenzial** einer biologischen Membran als negativer Wert angegeben (–91 mV). Das negative Vorzeichen soll dabei andeuten, dass die Bewegung von Kaliumionen ins Zellinnere Arbeit erfordert, also nicht freiwillig abläuft. Diese Festlegung entspricht der Berechnung der Spannungsdifferenz ΔE dieser Konzentrationskette in genau umgekehrter Weise.

$$\Delta E = 0,061 \cdot \lg \frac{[M^+]_{außen}}{[M^+]_{innen}} \quad \text{bei 37 °C}$$

Membranpotenziale werden in der Elektrophysiologie grundsätzlich immer entsprechend dieser Konvention nach dieser Gleichung berechnet, also unabhängig davon, ob innerhalb oder außerhalb der Zelle die höhere Ionenkonzentration herrscht. In der Realität misst man häufig Ruhepotenziale im Bereich von –50 bis –100 mV. Das Gleichgewichtspotenzial der Kaliumionen von –91 mV wird in geringem Maße auch durch die unterschiedliche Ionenverteilung der Natriumionen entlang der Membran verändert (Natriumleckströme).

Bei Nervenzellen kann sich durch einen äußeren Reiz die Durchlässigkeit der Membran für die einzelnen Ionen drastisch ändern (durch das Öffnen von Ionenkanälen in der Membran). Dadurch kommt es zuerst zu einem sehr schnellen Einströmen von Natriumionen und einem langsamer einsetzenden Ausströmen von Kaliumionen. Damit einhergehend verändert sich das Membranpotenzial zu positiven

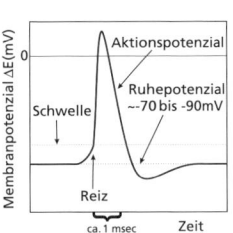

Aktionspotenzial

7 Redoxreaktionen

Zitteraale
© Wikipedia: Zitteraal, Electrophorus electricus at the Steinhart Aquarium in San Francisco, Autor: Stan Shebs

Werten (**Depolarisation**). Nach kurzer Zeit schließen sich die Ionenkanäle wieder und es stellt sich erneut das ursprüngliche Ruhepotenzial ein. Es ist ein elektrischer Spannungspuls aufgetreten (**Aktionspotenzial**). Die in diesem Spannungspuls steckende Information kann an andere Zellen weitergeleitet (Nervenleitung) oder für das Auslösen spezifischer Aktionen (zum Beispiel Muskelkontraktionen) genutzt werden.

Nach dem gleichen Prinzip funktionieren übrigens auch Elektrizitätsorgane vieler Fische, die zur aktiven (Süßwasserfische in Afrika) oder passiven (Haie) Ortung und sogar als Waffe eingesetzt werden (Zitterrochen, Zitteraal).

EXKURS

EKG und EEG

Die durch die Verschiebung der Ionenverteilung an einer Membran entstehenden Aktionspotenziale kann man als elektrische Potenzialdifferenz zwischen dem Inneren (intrazellulär) und Äußeren (extrazellulär) von praktisch jeder Zelle messen. Dazu muss allerdings eine Elektrode ins Innere der Zelle eingebracht werden, während sich die zweite Elektrode im extrazellulären Raum befindet. Für Zellen, deren Polarisation sich gerade ändert – wenn also zum Beispiel gerade ein Nervenimpuls durch das Gewebe weitergeleitet wird – kann man aber auch auf der Hautoberfläche eine Spannungsdifferenz ableiten.

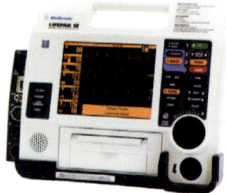

Ableitung der Erregungsleitung am Herzen in einem EKG
Aus: Brown, T. L., LeMay, H. E. & Bursten, E. B. (2007)

Die wichtigste Anwendung dieses Effektes ist das **Elektrokardiogramm** (**EKG**), bei dem elektrische Potenzialänderungen gemessen werden, die durch die Wanderung der Erregungsfront durch den Herzmuskel entstehen. Dadurch kommt es zu Spannungen von bis zu 4 mV, deren zeitliche und räumliche Veränderung wichtige Aussagen über das Herz und seine Funktion zulassen. Insbesondere können damit – wie in unserem Fallbeispiel am Kapitelanfang – neben der Herzlage und dem Erregungsmechanismus auch etwaige Krankheiten wie Herzinfarkt oder Angina pectoris diagnostiziert werden.

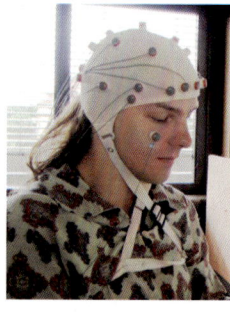

EKG-Monitor für den Rettungsdienst
© Medtronic GmbH, Meerbusch

Bei der **Elektroenzephalographie** (**EEG**) werden Spannungen registriert, die durch Reizweiterleitung der Neuronen im Gehirn entstehen. Dazu werden Elektroden an definierten Stellen der Schädeloberfläche angebracht und die zeitliche Veränderung der Potenzialdifferenzen zwischen diesen Elektroden oder zwischen einer dieser Elektroden und einer Referenzelektrode am Ohr aufgetragen. Die messbaren Spannungen (einige μV) machen es möglich, komplexe Hirnfunktionen zu analysieren. Das EEG wird als nicht invasive Methode zur Ermittlung des Reifungsgrades des Gehirns, zur Narkoseüberwachung oder zur Bestimmung des Hirntods ebenso eingesetzt wie zur Diagnostik von Hirnfunktionsstörungen (zum Beispiel Epilepsie).

Hirnstrommessung (EEG)
© Wikipedia: Elektroenzephalografie, Hirnstrommessung, Autor: Unknown

AUS DER MEDIZINISCHEN PRAXIS

Epilepsie = Gewitter im Gehirn

Im Gehirn tauschen Millionen von Nervenzellen ständig Informationen über elektrische Impulse und Neurotransmitter (chemische Botenstoffe) aus, die sich erregend oder auch hemmend auf die Nervenfunktionen auswirken können. Eine geordnete Funktion des Gehirns ist nur möglich, wenn ein Gleichgewicht zwischen Hemmung und Erregung besteht, das heißt, wenn Membrandepolarisationen und nachfolgende Aktionspotenziale sowohl örtlich als auch zeitlich begrenzt werden. Bei einem **epileptischen Anfall** wird dieses Gleichgewicht zugunsten der Erregung gestört. Abnorme elektrische Entladungen greifen von einer Zelle auf ein ganzes Areal (kleiner Anfall) oder das ganze Gehirn (großer Anfall) über. Als Folge kommt es zu unkontrollierten Bewegungen, Krämpfen und Bewusstseinsstörungen oder Bewusstlosigkeit. Bei einem Teil der Epilepsieformen handelt es sich wahrscheinlich um Ionenkanalerkrankungen, die Kalium-, Natrium- oder Calciumkanäle betreffen können. **Antiepileptika** sind eine strukturell sehr uneinheitliche Klasse von Arzneistoffen. Der klinische Effekt der Arzneistoffe beruht meist auf einer Summe von unterschiedlichen pharmakodynamischen Einzeleffekten. Nach ihrem Hauptwirkmechanismus teilt man Antiepileptika in Arzneistoffe ein, die an Natrium- (Phenytoin) oder Calciumkanälen (Ethosuccinimid) angreifen, Einfluss auf inhibitorische (Benzodiazepine) und/oder exzitatorische (Topiramat) Neurotransmitter haben oder deren Mechanismus noch nicht bekannt ist (Gabapentin).

7.8 Elektrolyse

In den bisher besprochenen elektrochemischen Zellen finden freiwillige, spontan ablaufende Redoxreaktionen statt. Legt man an eine elektrochemische Zelle aber von außen einen Gleichstrom mit ausreichender Spannung an, so kann man – durch die zugeführte elektrische Energie – eine nicht freiwillig ablaufende Redoxreaktion erzwingen. Man spricht von **Elektrolyse**. Diese spielt zum Beispiel beim Wiederaufladen von Batterien und Akkus eine wichtige Rolle. Wir haben darauf bereits im Zusammenhang mit der Autobatterie hingewiesen.

> **MERKE**
>
> Elektrolyse = durch eine von außen angelegte Spannung erzwungener, nicht freiwillig ablaufender Redoxprozess

Auch bei vielen technischen Prozessen spielen Elektrolysen eine wichtige Rolle. Allerdings setzt man dabei häufig nicht wässrige Lösungen, sondern geschmolzene Salze ein (**Schmelzflusselektrolyse**). So werden zum Beispiel Metalle wie Natrium oder Aluminium großtechnisch durch Elektrolyse hergestellt (▶ Abbildung 7.11). Taucht man zwei inerte Elektroden (zum Beispiel aus Graphit) in eine Schmelze von Natriumchlorid und schließt von außen eine Spannungsquelle mit mindestens 4,07 V an, so werden an der Kathode Na^+-Ionen zu metallischem Natrium reduziert und an der Anode Cl^--Ionen zu Chlorgas (Cl_2) oxidiert – beides wichtige Ausgangsstoffe für die chemische Industrie. Für eine solche Schmelzflusselektrolyse werden wegen der hohen Schmelzpunkte von Salzen sehr hohe Temperaturen benötigt. Die Herstellung geeigneter Schmelzen und insbesondere die Elektrolyse selbst benötigen viel Energie (einer der Gründe, warum die chemische Industrie einen enorm hohen Energieverbrauch hat).

7 Redoxreaktionen

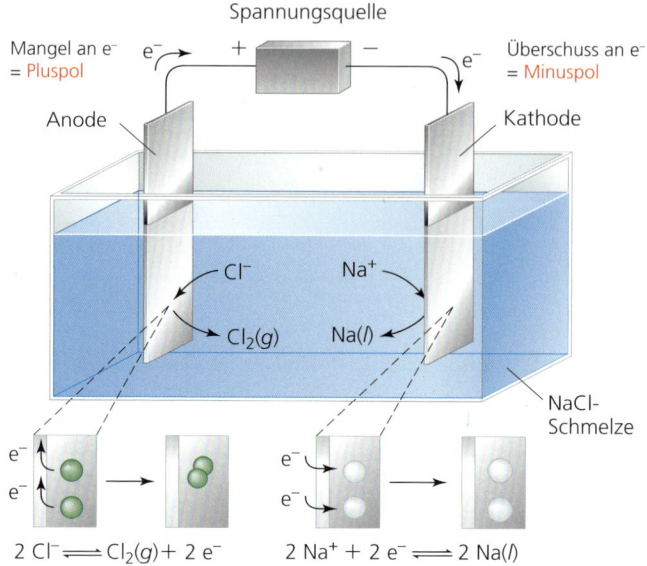

Abbildung 7.11: Schmelzflusselektrolyse von Natriumchlorid: Durch eine von außen angelegte Spannung werden bei einer Elektrolyse nicht freiwillig ablaufende Redoxprozesse erzwungen.
Aus: Brown, T. L., LeMay, H. E. & Bursten, E. B. (2007)

In Analogie zur elektrochemischen Zelle bezeichnet man die Elektrode, an der die Reduktion abläuft, als Kathode und diejenige, an der die Oxidation abläuft, als Anode. Diesmal wird aber durch eine externe Stromquelle eine Spannung von außen anlegt. Diese Stromquelle saugt Elektronen von der Anode ab und pumpt diese zur Kathode. Also ist die Anode positiv geladen und bildet den Pluspol, während die Kathode negativ geladen ist, also den Minuspol darstellt. Im Vergleich zur elektrochemischen Zelle sind also Plus- und Minuspol vertauscht (▶ Abbildung 7.3). Achtung, die für die Elektrolyse aufzuwendende Spannung ergibt sich wieder aus der Gleichung $\Delta E = E_{\text{Kathode}} - E_{\text{Anode}}$. Da aber diesmal nicht freiwillig ablaufende Prozesse betrachtet werden, sind Kathode und Anode gegenüber einer freiwilligen Redoxreaktion vertauscht. Man erhält also einen negativen Wert für ΔE. Dies muss auch so sein, denn der Elektrolyseprozess ist nicht freiwillig, sondern wird durch die von außen angelegte Spannung erzwungen ($\Delta E < 0$ und somit $\Delta G > 0$).

Kathode: $2\,Na^+ + 2\,e^- \longrightarrow 2\,Na$ $\qquad E° = -2{,}71\,V$

Anode: $2\,Cl^- \longrightarrow Cl_2 + 2\,e^-$ $\qquad E° = +1{,}36\,V$

$2\,Na^+ + 2\,Cl^- \longrightarrow 2\,Na + Cl_2$ $\quad \Delta E° = -4{,}07$

Die Elektrolyse einer wässrigen NaCl-Lösung führt nicht zur Darstellung von Natrium und Chlor. Wie wir der Spannungsreihe (▶ Tabelle 7.2) entnehmen können, sollte stattdessen bei einer wässrigen Kochsalzlösung an der Anode Wasser zu Sauerstoff oxidiert und an der Kathode

Wasser zu Wasserstoff reduziert werden, da diese Redoxprozesse günstigere Normalpotenziale aufweisen als die Reduktion von Na⁺ und die Oxidation von Cl⁻. Allgemein wird bei einer Elektrolyse von mehreren möglichen Redoxpaaren an der Anode immer das Redoxpaar mit dem kleinsten Normalpotenzial oxidiert und an der Kathode das Redoxpaar mit dem höchsten Normalpotenzial reduziert.

Kathode: $4\,H^+ + 4\,e^- \longrightarrow 2\,H_2 \qquad E° = 0{,}00\,V$

Anode: $2\,H_2O \longrightarrow O_2 + 4\,H^+ + 4\,e^- \quad E° = +1{,}23\,V$

$2\,H_2O \longrightarrow 2\,H_2 + O_2 \qquad \Delta E° = -1{,}23\,V$

Tatsächlich beobachtet man bei der Elektrolyse einer NaCl-Lösung zum Beispiel mit Kohleelektroden (Graphit) aber die Bildung von Wasserstoff und Chlor. Wieso wird an der Anode doch Chlorid zu Chlor oxidiert, obwohl die Oxidation von Wasser zu Sauerstoff ein günstigeres Normalpotenzial aufweist? Der Grund ist die **Überspannung**. Die Abscheidung von Gasen an einer Elektrode ist häufig aufgrund kinetischer Hemmungen schwieriger, als durch das Gleichgewichtsnormalpotenzial angegeben wird. Es wird eine höhere Spannung benötigt, damit die Reaktion wirklich stattfindet (die sogenannte **Zersetzungsspannung**). Diese Überspannung ist vom Elektrodenmaterial und vom gebildeten Gas abhängig und beträgt für die Abscheidung von Sauerstoff an einer Graphitelektrode zum Beispiel +0,95 V. Die tatsächliche Zersetzungsspannung für die Oxidation von Wasser beträgt dann $E = 1{,}23 + 0{,}95 = +2{,}18\,V$ und ist somit deutlich größer als die der Oxidation von Chlorid zu Chlor mit +1,36 V, da die Abscheidung von Chlorgas an Graphit kaum eine Überspannung aufweist.

Die Elektrolyse einer wässrigen Kochsalzlösung wird heutzutage auch für eine chlorfreie Desinfektion von Swimmingpools eingesetzt: Salzhaltiges Wasser wird elektrolysiert, es entstehen Cl_2 und H_2. Das Chlor disproportioniert zu desinfizierend wirkendem Hypochlorit und Chlorid (▶ Kapitel 7.3). Man muss nur darauf achten, dass die Salzkonzentration immer hoch genug ist und der pH-Wert leicht alkalisch, damit das Disproportionierungsgleichgewicht auf Seiten des Hypochlorits liegt!

7.9 pH-Abhängigkeit von Redoxpotenzialen

Sind an Redoxreaktionen H_3O^+-Ionen oder OH^--Ionen als Reaktionspartner beteiligt, so ist entsprechend der Nernst'schen Gleichung bei diesen Redoxpaaren das Normalpotenzial vom pH-Wert abhängig. Dies ist zum Beispiel häufig der Fall, wenn mit der Redoxreaktion gleichzeitig die chemische Umwandlung eines oder mehrerer Stoffe verbunden ist. Betrachten wir als Beispiel die Wasserstoffelektrode bei $p(H_2) = 1$ bar.

$2\,H^+ + 2\,e^- \rightleftharpoons H_2 \qquad E°(H^+/H_2) = 0{,}0\,V$ (per Definition)

7 Redoxreaktionen

$$E = E° + \frac{0{,}059}{2}\lg\frac{[H^+]^2}{p(H_2)} \quad \text{mit } p(H_2) = 1$$

$$E = 0\,V + 0{,}059 \cdot \lg[H^+] = -0{,}059 \cdot pH$$

Das Potenzial der Normalwasserstoffelektrode hängt also direkt vom pH-Wert der Lösung ab. Bei einem pH-Wert von 0 (Standardbedingungen) ist $E = E° = 0$ V. Bei einem physiologischen pH-Wert von 7,4 ist aber $E = -0{,}44$ V. Das heißt, der Wasserstoff ist in neutraler Lösung ein stärkeres Reduktionsmittel als im Sauren.

Ähnliches gilt für die Oxidationskraft des Sauerstoffes. Seine Reduktion ist letztendlich der abschließende Schritt aller Stoffwechselvorgänge in der Atmungskette. Die bei der Oxidation von Nahrung frei gewordenen Elektronen werden auf Sauerstoff übertragen, der dadurch zu Wasser reduziert wird (▶ Kapitel 5.4).

$$O_2 + 4\,H^+ + 4\,e^- \rightleftharpoons 2\,H_2O \quad E° = +1{,}23\,V$$

$$E = E° + \frac{0{,}059}{4}\lg\frac{p(O_2)\cdot[H_3O^+]^4}{[H_2O]^2} \text{ mit } p(O_2)=1 \text{ und } [H_2O]=\text{konstant}$$

$$E = +1{,}23\,V + 0{,}059 \cdot \lg[H_3O^+] = 1{,}23\,V - 0{,}059 \cdot pH$$

Die Konzentration von Wasser ist in der wässrigen Lösung konstant (55,3 mol/L) und ist daher bereits in $E°$ enthalten (▶ Kapitel 6.3). Relevant für das Elektrodenpotenzial ist daher nur die Konzentration an $[H_3O^+]$.

Bei einem pH-Wert von 7,4 ist $E = +0{,}79$ V. Sauerstoff ist also unter physiologischen Bedingungen ein schwächeres Oxidationsmittel als in saurer Lösung.

In der Biochemie verwendet man in der Regel für die Halbzellenpotenziale solcher pH-abhängigen Redoxpaare nicht das Standard-Halbzellenpotenzial bei pH = 0, sondern den entsprechenden Wert bei einem pH-Wert von 7,0. Diesen bezeichnet man als $E°'$-Halbzellenpotenzial. $E°$ und $E°'$ haben natürlich nur dann unterschiedliche Werte, wenn H_3O^+ oder OH^--Ionen am Redoxprozess direkt beteiligt sind. Dies ist analog zur Verwendung von $\Delta_R G°'$ anstelle von $\Delta_R G°$ für die thermodynamische Triebkraft unter physiologischen Bedingungen (▶ Kapitel 5.5).

EXKURS

Die Glaselektrode

Die pH-Abhängigkeit eines Redoxpotenzials kann man umgekehrt natürlich auch zur pH-Wert-Messung ausnutzen. Dazu verwendet man heutzutage fast ausschließlich Glaselektroden. Diese besitzen eine spezielle Glasmembran (ungefähre Zusammensetzung: SiO_2 72 Prozent, Na_2O 22 Prozent, CaO 6 Prozent), an der sich ebenfalls ein Potenzial aufbaut, wenn die Membran innen und außen mit Lösungen unterschiedlicher pH-Werte in Kontakt kommt. Liegt innen ein Puffer (▶ Kapitel

6.9) mit einem konstanten pH-Wert vor, so ist das sich einstellende Potenzial nur vom pH-Wert der äußeren Lösung abhängig. Dieses Potenzial kann man gegen eine zweite Referenzelektrode messen, um dann aus der Potenzialdifferenz den pH-Wert zu bestimmen. Meistens ist die Referenzelektrode bereits in die Glaselektrode mit eingebaut (Einstabmesskette). Diese Doppelelektrode steht über ein seitlich angebrachtes Diaphragma mit der zu untersuchenden Lösung in Kontakt.

Warum ist das Potenzial der Glasmembran pH-abhängig? Zwischen Glas und Lösung findet ein Ionenaustausch statt. Während Na^+-Ionen aus der Oberfläche des Glases (Quellschicht) in die Lösung diffundieren, wandern umgekehrt H_3O^+-Ionen aus der Lösung in die Quellschicht hinein. Diese Quellschicht muss durch Aufbewahrung der Elektrode in einer KCl-Lösung konditioniert sein, um einen bestimmten, genau reproduzierbaren Quellzustand zu erreichen. Glaselektroden dürfen daher niemals trocken gelagert werden. In welchem Ausmaß die Ionenverdrängung innerhalb der Quellschicht abläuft, hängt natürlich von der H_3O^+-Ionenkonzentration und damit dem pH-Wert der Innen- und Außenlösung ab. Da der pH-Wert der Innenlösung durch den Puffer konstant gehalten wird, ist das Potenzial der Glaselektrode direkt abhängig vom pH-Wert der zu untersuchenden äußeren Lösung.

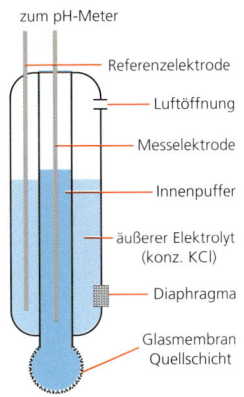

Glaselektrode zur pH-Messung

■ BEISPIEL Rechnen mit $\Delta E°$ und $\Delta_R G°$: Wirkungsgrad der Atmungskette

Bei der Energieproduktion in menschlichen Zellen findet letztendlich die Knallgasreaktion statt. Allerdings werden die für die Reduktion des Sauerstoffes benötigten Elektronen von organischen Substraten wie zum Beispiel NADH übertragen (Reduktionsäquivalente, ▶ Kapitel 5.4 und ▶ 12.3.2). Bei der Atmungskette findet somit die folgende Gesamtredoxreaktion statt:

$$O_2 + 2\,NADH + 2\,H^+ \longrightarrow 2\,NAD^+ + 2\,H_2O$$

Die bei dieser Reaktion frei werdende Energie wird chemisch in Form von ATP gespeichert. Bei der Reduktion von Sauerstoff durch NADH unter Bildung von 1 Mol Wasser werden im Stoffwechsel letztendlich 3 Mol ATP gebildet, für deren Produktion jeweils 30,5 kJ/mol Energie benötigt wurden.

Wie groß ist der Wirkungsgrad dieser wichtigen Reaktion des menschlichen Stoffwechsels?

$$NAD^+ + H^+ + 2e^- \rightleftharpoons NADH \qquad E^{°'} = -0{,}32\,V$$
$$O_2 + 4\,H^+ + 4\,e^- \rightleftharpoons 2\,H_2O \qquad E^{°'} = +0{,}81\,V$$

1. Schritt: Berechnung der Gibbs-Energie $\Delta_R G^{°'}$

Bei der Atmungskette wird Sauerstoff zu Wasser reduziert (Kathode) und NADH zu NAD^+ und H^+ oxidiert (Anode). Aus der EMK der entsprechenden Redoxreaktion lässt sich die Gibbs-Energie $\Delta_R G^{°'}$ berechnen. Berücksichtigt werden muss noch, dass bei dieser Redoxreaktion entsprechend obiger Formel 2 Mol Wasser gebildet werden.

$$\Delta_R G^{o\prime} = -Z \cdot F \cdot \Delta E^{o\prime} = -Z \cdot F \cdot [E^{o\prime}{}_{Kathode} - E^{o\prime}{}_{Anode}]$$
$$\Delta_R G^{o\prime} = -Z \cdot F \cdot [+0{,}81\,V - (-0{,}32\,V)] = -Z \cdot F \cdot 1{,}13\,V$$
$$\Delta_R G^{o\prime} = -4 \cdot 96485 \cdot 1{,}13 = -436\,KJ \text{ pro } 2\,Mol\,H_2O$$
$$\Delta_R G^{o\prime} = -218\,kJ/mol$$

2. Schritt: Umrechnung der frei werdenden Energie in ATP-Einheiten

Mit 218 kJ Energie könnten 218/30,5 = 7,15 Mol ATP hergestellt werden.

3. Schritt: Berechnung des Wirkungsgrades

Tatsächlich werden aber nur 3 Mol ATP produziert. Der Wirkungsgrad beträgt also nur 3/7,15 = 0,42 also 42 Prozent. Die übrigen 58 Prozent der Energie werden in Form von Wärme an die Umgebung abgegeben. Deshalb wird es uns bei körperlicher Betätigung warm.

7.10 Vergleich von Säure-Base-Reaktionen und Redoxreaktionen

Die zuvor bereits diskutierten Säure-Base-Reaktionen (▶ Kapitel 6) und die Redoxreaktionen weisen einige Gemeinsamkeiten auf (▶ Tabelle 7.3):

	Säure/Base	Redox
Übertragenes Teilchen	Proton	Elektron
Donor	Säure	Reduktionsmittel
Akzeptor	Base	Oxidationsmittel
Angabe der Stärke	Relativ zu den Säure-Base-Eigenschaften des Wassers	Relativ zu den Redoxeigenschaften von Wasserstoff
Donor-/Akzeptorstärke eines Stoffes (unter Standardbedingungen)	pK_s/pK_b	E^o
Donor-/Akzeptorstärke einer tatsächlichen Lösung	pH	E
Berechnung der Konzentrationsabhängigkeit der Donor-/Akzeptorstärke eines Stoffes	Henderson-Hasselbalch-Gleichung $pH = pK_s + \lg\frac{[Base]}{[Säure]}$	Nernst'sche Gleichung $E = E^o + \frac{R \cdot T}{n \cdot F}\ln\frac{[OX]}{[Red]}$

Tabelle 7.3: Analogie zwischen Säure-Base-Reaktionen und Redoxreaktionen

- Bei beiden Reaktionen werden Elementarteilchen übertragen (Protonen oder Elektronen).
- Die Übertragung kann nur stattfinden, wenn gleichzeitig Donor und Akzeptor vorliegen.
- Die Reaktionen sind reversibel, es liegen also jeweils korrespondierende Paare von Donor und Akzeptor vor.
- Man kann die relative Stärke eines Donors oder Akzeptors quantitativ fassen, dabei bezieht man sich jeweils auf ein willkürlich gewähltes Referenzsystem.

Die zentrale Rolle, die das Wasser bei Säure-Base-Reaktionen spielt, finden wir bei den Redoxreaktionen hingegen nicht. Allerdings haben wir uns auf Säure-Base-Reaktionen in wässriger Lösung konzentriert, da nur sie von medizinischer Bedeutung sind. Weitere Gemeinsamkeiten würden sich über die Definition von Lewis-Säuren und -Basen ergeben (▶ Kapitel 2.7), die den Begriff der Brønsted-Säuren und -Basen verallgemeinern.

ZUSAMMENFASSUNG

Im vorliegenden Kapitel haben wir Folgendes über Redoxreaktionen gelernt:

- Ein Stoff wird oxidiert (reduziert), wenn er Elektronen abgibt (aufnimmt). Beide Prozesse laufen bei chemischen (und natürlich auch bei biochemischen) Reaktionen immer gleichzeitig ab (Redoxreaktion).
- Oxidationszahlen sind formale Hilfsgrößen zur Beschreibung von Redoxreaktionen, die die Ladungen der hypothetischen Ionen angeben, die man erhält, wenn man alle Bindungen in einer Verbindung heterolytisch spaltet.
- Redoxgleichungen stellt man wie folgt auf: Durch Bestimmung der Oxidationszahlen von Edukten und Produkten identifiziert man die bei der Reaktion oxidierten oder reduzierten Stoffe. Danach erfolgt das Aufstellen der Teilgleichungen für die Oxidation und die Reduktion sowie der Ausgleich der Ladungen der Teilreaktionen mithilfe von H_3O^+- (saures Milieu) oder OH^--Ionen (basisches Milieu). Die Multiplikation der Teilgleichungen erfolgt so, dass die gleiche Anzahl von Elektronen erzeugt und verbraucht wird. Durch Addition der Teilgleichungen erhält man die Gesamtgleichung. Diese wird durch Streichen oder Zufügen von Teilchen vereinfacht oder vervollständigt.
- In elektrochemischen Zellen laufen die Oxidation und die Reduktion räumlich getrennt voneinander ab. Beide Halbzellen sind durch einen elektrischen Leiter verbunden, sodass die entstehenden Elektronen (Anode, Oxidation, Minuspol) über den Leiter zur anderen Halbzelle gelangen können, wo sie verbraucht werden (Kathode, Reduktion, Pluspol). Eine weitere leitende Verbindung (Salzbrücke, Diaphragma) ermöglicht den notwendigen Ladungsausgleich zwischen den Lösungen.
- Die zwischen den beiden Halbzellen bestehende Potenzialdifferenz nennt man elektromotorische Kraft (EMK = ΔE_{Zelle}), die sich additiv aus den Potenzialen der jeweiligen Halbzellen zusammensetzt: $\Delta E_{Zelle} = E_{Kathode} - E_{Anode}$. Die Halbzellenpotenziale E sind ein Maß für die oxidative/reduktive Kraft eines Stoffes. Ordnet man Redoxpaare entsprechend ihres Reduktions- oder Oxidationsvermögens an, erhält man die Spannungsreihe. Bezugspunkt ist die Oxidationsfähigkeit der Normal-Wasserstoffelektrode (Redoxpaar H^+/H_2, pH = 0, $p(H_2)$ = 1 bar), deren Halbzellenpotenzial gleich null gesetzt wird.

- Für eine freiwillig ablaufende Redoxreaktion (elektrochemische Zelle) muss $\Delta E = E_{\text{Kathode}} - E_{\text{Anode}} > 0$ sein.
- Die Gibbs-Energie ($\Delta_R G$) als Maß für die Triebkraft einer Redoxreaktion hängt mit der elektromotorischen Kraft der zugehörigen elektrochemischen Zelle (ΔE_{Zelle}) zusammen:

$$\Delta_R G = -z \cdot F \cdot \Delta E$$

- Das Potenzial einer Halbzelle hängt nicht nur von der Art des ablaufenden Prozesses ab, sondern ebenfalls von der Konzentration der Reaktionsteilnehmer und der Temperatur. Eine Berechnung erlaubt die Nernst'sche Gleichung:

$$E = E° + \frac{R \cdot T}{z \cdot F} \ln \frac{[\text{OX}]}{[\text{Red}]}$$

oder

$$E = E° + \frac{0{,}059\,\text{V}}{z} \lg \frac{[\text{OX}]}{[\text{Red}]} \quad \text{bei } 25\,°C$$

- Auch zwischen zwei Halbzellen, die sich nur in der Konzentration des an der Redoxreaktion beteiligten Ions X unterscheiden, baut sich eine Spannungsdifferenz auf (Konzentrationskette).

$$\Delta E = \frac{R \cdot T}{z \cdot F} \ln \frac{[X]_{\text{höher}}}{[X]_{\text{niedriger}}}$$

- Die Umkehrung einer freiwillig ablaufenden Redoxreaktion durch das Anlegen einer äußeren Spannung nennt man Elektrolyse. Die von außen zugeführte elektrische Energie muss größer sein als die Gibbs-Energie der freiwillig ablaufenden Reaktion. Besonders bei der Abscheidung von Gasen kann zusätzlich noch eine Überspannung hinzukommen.

Übungsaufgaben

Für nicht angegebene $E°$-Werte siehe ▶ Tabelle 7.1.

1 Geben Sie für die folgenden Verbindungen jeweils die Oxidationszahlen der einzelnen Atome an:
HNO_3, H_2SO_4, HCl, N^{3-}, N_2H_4, NO_2, NO, H_3PO_4, CO, H_2O_2, SO_3^{2-}, H_2SO_3, PCl_5, ICl, OF_2

2 Handelt es sich bei den folgenden Reaktionen um Redoxprozesse? Geben Sie für die Redoxprozesse an:
– welche Substanz reduziert wird,
– welche oxidiert wird,
– was das Reduktionsmittel ist und
– was das Oxidationsmittel ist:
  a) $2\ K + Cl_2 \rightarrow 2\ KCl$
  b) $2\ KCl + H_2SO_4 \rightarrow K_2SO_4 + 2\ HCl$
  c) $2\ CuSO_4 + 5\ KI \rightarrow 2\ CuI + KI_3 + 2\ K_2SO_4$
  d) $Ag^+ + KCl \rightarrow AgCl + K^+$
  e) $2\ Ca + TiCl_4 \rightarrow 2\ CaCl_2 + Ti$
  f) $3\ Cl_2 + 6\ OH^- \rightarrow ClO_3^- + 5\ Cl^- + 3\ H_2O$
  g) $CO_2 + 2\ H_2O \rightarrow H_3O^+ + HCO_3^-$
  h) $H_2 + Cl_2 \rightarrow 2\ HCl$
  i) $2\ O_3 \rightarrow 3\ O_2$

3 Stellen Sie jeweils stöchiometrisch korrekte Gleichungen für die folgenden Redoxreaktionen auf:
  a) $KI + Cl_2 \rightarrow KCl + I_2$
  b) $Zn + AgNO_3 \rightarrow Zn(NO_3)_2 + Ag$
  c) $ClO_3^- + SO_3^{2-} \rightarrow Cl^- + SO_4^{2-}$
  d) $Fe^{2+} + Cr_2O_7^{2-} + H^+ \rightarrow Fe^{3+} + Cr^{3+}$
  e) $MnO_4^- + H_2S + H^+ \rightarrow Mn^{2+} + S$
  f) $KMnO_4 + NH_3 \rightarrow MnO_2 + NO_3^- + HO^-$
  g) $K_2Cr_2O_7 + HI + H^+ \rightarrow Cr^{3+} + I_2$

4 Die unerwünschte Korrosion von Eisen („Rosten") lässt sich durch einen Anstrich mit metallischem Zink verhindern (zum Beispiel beim Ausbessern von Roststellen am Auto). Könnte man hierfür auch einen Zinnanstrich verwenden?
$E°(Sn^{2+}|Sn) = -0{,}14\ V$

5 Warum weisen Konzentrationszellen mit demselben Konzentrationsverhältnis und gleicher Anzahl an übertragenen Elektronen immer dasselbe Zellenpotenzial auf, ganz gleich, welches Redoxpaar die Zelle bildet?

6 Prüfen Sie, ob die folgenden Ausgangsstoffe unter Standardbedingungen miteinander reagieren, und formulieren Sie gegebenenfalls eine Redoxgleichung:
a) Natrium mit Wasser;
b) Kupfer und Eisen(II)-sulfatlösung und
c) Silber und Iod?

7 Welches Halbzellenpotenzial hat eine Silberelektrode, die in eine 0,01 M-Silbernitratlösung eintaucht?

8 Berechnen Sie für die folgenden Redoxreaktionen die elektromotorische Kraft EMK. Laufen diese Reaktionen freiwillig ab (Standardbedingungen vorausgesetzt)?
a) $2\ AgCl \rightarrow Ag + Cl_2$
b) $4\ Ag + O_2 + 4\ H^+ \rightarrow 4\ Ag^+ + 2\ H_2O$
c) $Fe + Cl_2 \rightarrow Fe^{2+} + 2\ Cl^-$

9 Unter welchen der folgenden Konstellationen ist der Nettoionenstrom für K^+ durch die Zellmembran bei 37 °C und hoher K^+-Leitfähigkeit (Durchlässigkeit) etwa null?

	$[K^+]_{innen}$ (mmol/L)	$[K^+]_{außen}$ (mmol/L)	$E_{Membran}$ (mV)
A	5	5	–90
B	5	5	–61
C	50	10	–90
D	50	5	–61

10 Welche Aussagen sind korrekt?
a) Bei der Verbrennung von Schwefel zu SO_2 ist S das Reduktionsmittel.
b) Dabei nimmt die Oxidationszahl des Sauerstoffes zu.
c) S hat in SO_2 die Oxidationszahl +2.
d) SO_2 kann mit Wasserstoff zu SO_3 oxidiert werden.

11 Bei der Elektrotherapie müssen die Metallelektroden mit gut durchfeuchteten Unterpolsterungen versehen werden, da sonst die Feuchtigkeit der Haut (vereinfacht eine wässrige NaCl-Lösung) elektrolysiert würde. Formulieren Sie die Reaktionsgleichungen der Reaktionen, die an der Kathode/an der Anode ablaufen würden!

12 Handelt es sich bei der Gleichgewichtsreaktion $CO_2 + 2\,H_2O \rightarrow H_3O^+ + HCO_3^-$ um eine Säure-Base- oder Redoxreaktion?

> Die Lösungen zu den Übungsaufgaben finden Sie im Anhang. Die ausführlichen Lösungen zu diesem Buchkapitel finden Sie auf der Website zum Buch unter **http://www.pearson.de**. Sie finden dort auch ein Bonuskapitel »Mathematische Grundlagen« sowie ergänzende Tabellen.

Metallkomplexe   8

8.1	Metallkomplexe	315
8.2	Bindung in Metallkomplexen	317
8.3	Ladung von Metallkomplexen	319
8.4	Namen von Metallkomplexen	319
8.5	Struktur von Metallkomplexen	320
8.6	Stabilität von Metallkomplexen	325
8.7	Mehrzähnige Liganden	330
8.8	Eigenschaftsänderungen bei der Komplexbildung	338
8.9	Biologisch wichtige Metallkomplexe	342

8 Metallkomplexe

■ **FALLBEISPIEL** Kohlenmonoxidvergiftung

Über einen Notruf wird ein Rettungswagen (RTW) zu einer 75-jährigen Patientin gerufen, die unter Kreislaufschwäche, leichten Bewusstseinsstörungen, Kopfschmerzen, Übelkeit und Atemnot leidet. Blutdruck und Herzfrequenz sind normal, die Patientin hat eine leicht rosige Gesichtsfarbe, auch EKG und Pulsoxymetrie zeigen keine auffälligen Veränderungen. Während die Patientin in der Wohnung untersucht wird, treten plötzlich auch bei den Rettungssanitätern starke Kopfschmerzen und Übelkeit auf. Da in der Wohnung mit einem Holzofen geheizt wird, drängt sich der Verdacht einer Vergiftung durch Kohlenmonoxid CO auf. Alle Bewohner des Hauses werden evakuiert und angewiesen, keine Lichtschalter oder elektrischen Geräte zu betätigen, die Feuerwehr wird informiert, ein weiterer RTW sowie der Notarzt werden angefordert. Die Patientin wird unter maximaler Sauerstoffgabe über eine Maske zur weiteren Diagnostik und intensivmedizinischen Versorgung in das Krankenhaus gebracht. Auch die Besatzung des ersten RTW muss dort mit Sauerstoff behandelt werden, da eine Blutgasanalyse einen CO-Hb-Gehalt von 15 Prozent zeigt.

Erklärung

Vergiftungen mit CO gehören in den Industrienationen zu den häufigsten tödlich verlaufenden Vergiftungen (in Deutschland etwa 1500 bis 2000 Todesfälle pro Jahr). CO entsteht als Produkt unvollständiger Verbrennung kohlenstoffhaltiger Materialien, zum Beispiel bei Kohleöfen oder auch bei Holzkohlengrills (niemals einen Grill zum Heizen eines geschlossenen Raumes verwenden!). Ebenso bildet sich CO bei Schwelbränden. CO ist ein brennbares, explosives und – da farblos und geruchlos – tückisches Gas, das etwa gleich schwer ist wie Luft. Kohlenmonoxid verdrängt den Sauerstoff aus seiner Komplexbildung mit dem Hämoglobin (roter Blutfarbstoff), da CO eine etwa 300-mal höhere Affinität zum Hämoglobin aufweist als O_2. Der Sauerstofftransport wird gestört, es resultiert eine Hypoxie (Sauerstoffmangel). Schon 0,07 Volumenprozent in der Atemluft können toxisch sein, denn dann ist bereits die Hälfte des Hämoglobins durch CO blockiert! Zu beachten ist, dass bei einer CO-Vergiftung Pulsoxymetrie und die Hautfarbe des Patienten keinen Hinweis auf die Hypoxie liefern. Im Gegenteil, die Hautfarbe ist nicht cyanotisch (bläulich verfärbt), sondern häufig eher rosig, da der Komplex aus Hämoglobin und CO rosa erscheint. (*Anmerkung*: Deswegen wird zum Beispiel Frischfleisch oft unter CO-haltiger Atmosphäre verpackt, damit es auch nach längerer Lagerung nicht grau wird.) Die Notfalltherapie besteht in der Zufuhr von Sauerstoff (Sauerstoffmaske oder Intubation), eventuell auch in Form der hyperbaren Oxygenierung (Inhalation von O_2 unter erhöhtem Druck), Ausgleich der Acidose, Ausgleich von Störungen des Elektrolythaushaltes und der Behandlung eventuell auftretender Krämpfe. In vielen Fällen (10–40 Prozent der Patienten) treten Spätschäden an Herz- und Nervensystem auf. Bei der Bergung von Patienten mit CO-Vergiftung, wie sie auch häufig bei Unfällen in Bergwerken oder Höhlen notwendig ist, muss eine mögliche Eigengefährdung beachtet werden (Sauerstoffgerät erforderlich)!

LERNZIELE

Das Fallbeispiel zeigt, dass Kohlenmonoxid CO einen Komplex mit Hämoglobin bildet und so den Transport von Sauerstoff stört, was zum Tod durch Ersticken führen kann. Um dies zu verstehen, müssen wir uns mit Metallkomplexen beschäftigen. In diesem Kapitel werden wir daher lernen,

- wie Metallkomplexe aufgebaut sind und wie man sie benennt,
- was die Stabilität und die Struktur von Metallkomplexen bestimmt,
- was mehrzähnige Liganden sind und warum sie in der Regel stabilere Komplexe bilden als einzähnige Liganden,
- wo Metallkomplexe in lebenden Organismen vorkommen und welche Bedeutung und Funktion sie haben.

8.1 Metallkomplexe

Ein Großteil der Elemente im Periodensystem sind Metalle, von denen eine Vielzahl wichtige biologische Funktionen aufweisen (▶ Kapitel 1.10). Eisen ist zum Beispiel in Form von Fe(II) im roten Blutfarbstoff Hämoglobin enthalten und dort für die Bindung und den Transport von Sauerstoff verantwortlich (▶ Kapitel 7.2). Die Funktion der Metalle beruht häufig auf ihrer ausgeprägten Fähigkeit zur Ausbildung von **Metallkomplexen** (auch **Koordinationsverbindungen** genannt). Bei einem Komplex ist ein **Zentralteilchen** (meistens ein Metallion, seltener auch ein neutrales Metallatom) von einem oder mehreren **Liganden** umgeben.

MERKE
Komplex = Zentralteilchen + Liganden

Ein einfaches Beispiel für einen Metallkomplex ist der Diamminsilberkomplex. Gibt man zu einer wässrigen Lösung von Silbernitrat ($AgNO_3$) langsam Ammoniakwasser (Lösung von NH_3 in Wasser), so beobachtet man anfangs das Ausfallen von schwerlöslichem Silberhydroxid (hervorgerufen durch die Hydroxidionen in der basischen Ammoniaklösung). Bei weiterer Zugabe von Ammoniakwasser löst sich der Niederschlag aber wieder auf und man erhält eine klare Lösung, die den Diamminsilberkomplex $[Ag(NH_3)_2]^+$ enthält. In Form dieses Komplexes ist Ag^+ also in basischer Lösung löslich. Auch bei Zugabe von Chloridionen fällt kein Silberchlorid aus, obwohl wir AgCl bereits als schwerlösliches Salz kennengelernt haben (▶ Kapitel 4.9). Man kann sogar einen Niederschlag von AgCl durch Zugabe von Ammoniak wieder auflösen (▶ Abbildung 8.1).

8 Metallkomplexe

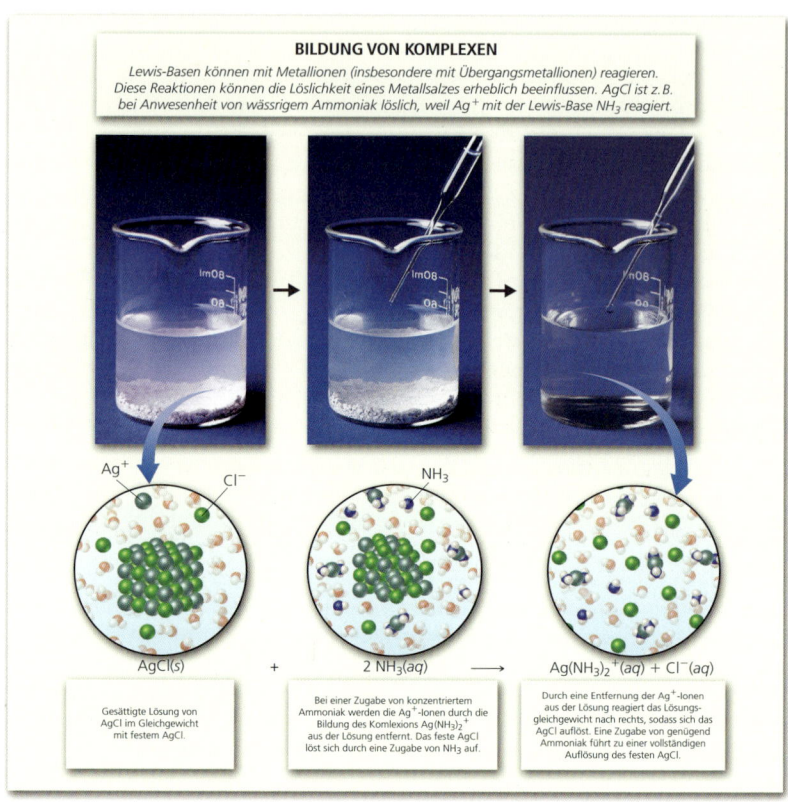

Abbildung 8.1: Auflösung eines Niederschlags durch Komplexbildung. Schwerlösliches Silberchlorid AgCl löst sich bei der Zugabe von Ammoniakwasser auf, da Ammoniak mit den Ag⁺-Ionen in der Lösung den löslichen Diamminsilberkomplex $[Ag(NH_3)_2]^+$ bildet. Dadurch wird das Löslichkeitsgleichgewicht gestört und festes AgCl löst sich nach und nach auf.
Aus: Brown, T. L., LeMay, H. E. & Bursten, E. B. (2007)

Offensichtlich hat das Silberion im Komplex $[Ag(NH_3)_2]^+$ andere Eigenschaften als das freie Ag^+-Ion in Lösung. Wir werden darauf später noch genauer zurückkommen (▶ Kapitel 8.8).

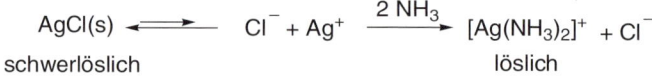

$$AgCl(s) \rightleftharpoons Cl^- + Ag^+ \xrightarrow{2\ NH_3} [Ag(NH_3)_2]^+ + Cl^-$$

schwerlöslich · · · löslich

Der Diamminsilberkomplex wurde früher als Tollens-Reagenz zum Nachweis von Aldehyden und reduzierenden Zuckern (▶ Kapitel 12.1.2) verwendet. Bei der Nachweisreaktion wird Silber(I) im Komplex zu elementarem Silber reduziert, das sich in Form eines Silberspiegels an der Reagenzglaswand niederschlägt. Tollens-Reagenz bildet beim Kontakt mit organischen Verbindungen explosives Silberfulminat AgCNO (Knallsilber), sodass es mittlerweile eigentlich eher in den Bereich der Chemiegeschichte gehört. Nach einem analogen Verfahren werden aber heutzutage nach wie vor Gegenstände versilbert und Spiegel hergestellt.

Silberspiegel
© Wikipedia: Silberspiegel im Kolben, Liebig-Museum, Gießen, Autor: Terabyte

8.2 Bindung in Metallkomplexen

Die Bindung in Metallkomplexen beruht auf der Ausbildung von **koordinativen Bindungen** zwischen dem Zentralteilchen (Lewis-Säure, Elektronenpaarakzeptor) und den Liganden (Lewis-Base, Elektronenpaardonor). Diesen Bindungstyp haben wir bereits kennengelernt (▶ Kapitel 2.7). Es entsteht eine kovalente Atombindung, allerdings stammen beide Bindungselektronen von einem der beiden Bindungspartner, in diesem Fall vom Liganden. In der Regel gibt man bei Komplexen keine exakten Lewis-Formeln an, sondern schreibt nur den Komplex mit seiner Zusammensetzung in eckige Klammern. Die **eckigen Klammern** sind aber nicht zwingend nötig. Man findet auch häufig die Schreibweise ohne eckige Klammern, wie zum Beispiel $Ag(NH_3)_2^+$ für den Diamminsilberkomplex. *Achtung:* Die eckige Klammer hat also eine doppelte Bedeutung in der Chemie: einmal zur Kennzeichnung von Komplexen und einmal zur Angabe von Stoffmengenkonzentrationen.

> **MERKE**
>
> Bedeutung von eckigen Klammern:
>
> $[ML_2]^{n+}$ Komplex
>
> $[X]$ Stoffmengenkonzentration von X (Einheit mol/L, M)

Lewis-Base — Lewis-Säure

$H_3N| \quad Ag^+ \quad |NH_3 \longrightarrow H_3\overset{+}{N}-\overset{-}{Ag}-\overset{+}{N}H_3$

koordinative Bindung — korrekte Lewis-Formel mit Formalladungen

veraltete Schreibweise: $H_3N \longrightarrow \overset{+}{Ag} \longleftarrow NH_3$

vereinfachte Schreibweise: $[H_3N-Ag-NH_3]^+$

gebräuchliche Schreibweise (ohne Angabe der räumlichen Struktur)

Zentralion (Lewis-Säure) — Ladung des Komplexes

$$[Ag(NH_3)_2]^+$$

Ligand (Lewis-Base) — Koordinationszahl = Anzahl einzähniger Liganden

Als Liganden treten häufig polare Moleküle wie Wasser und Ammoniak, Anionen wie Hydroxid oder Cyanid (CN^-), aber auch wenig polare Moleküle wie Sauerstoff oder Kohlenmonoxid auf. Ihnen allen ist gemeinsam, dass es sich um Lewis-Basen, also Teilchen mit freien Elektronenpaaren, handelt. Das Atom des Liganden, das unmittelbar an das Zentralteilchen gebunden ist (im $[Ag(NH_3)_2]^+$ das Stickstoffatom von NH_3) wird als Donoratom bezeichnet. Bei Carbonyl (CO)- und Cyano (CN)-Komplexen ist das Kohlenstoffatom das Donoratom, also zum Metallatom hin ausgerichtet. Die Anzahl der an das Zentralteilchen gebundenen Donoratome ist die **Koordinationszahl KZ.** Dabei kann ein Ligand mehrere Donoratome besitzen (▶ Kapitel 8.7). Weiterhin können verschiedene Liganden an ein Zentralteilchen gebunden sein.

In der Regel zeichnet man bei Komplexverbindungen keine korrekten Lewis-Formeln, da man auf die Angabe der Formalladungen verzichtet. Anstatt dem Zentralteilchen und den Donoratomen aller Liganden ihre exakte Formalladung zuzuweisen, wird nur die Gesamtladung des Komplexes (= Summe aller Formalladungen) angegeben. Komplexformeln mit allen Formalladungen sind sonst häufig sehr unübersichtlich.

$[Co(NH_3)_6]^{3+}$ anstatt Lewis-Formel

- Komplex
- Zentralteilchen
- Donoratom
- Gesamtladung
- Ligand
- koordinative Bindung

$^-|C\equiv N|$

$^-|C\equiv O|^+$

Donoratome

Außerdem erhalten die Zentralteilchen in den korrekten Lewis-Formeln häufig sehr große negative Formalladungen. So ergibt sich zum Beispiel eine Formalladung von −3 für das Cobaltion im Komplex $[Co(NH_3)_6]^{3+}$, obwohl seine Oxidationszahl +3 ist. Das Cobalt-Zentralteilchen ist sicher nicht dreifach negativ geladen. Die Formalladungen haben mit der tatsächlichen physikalischen Ladungsverteilung nicht viel zu tun (▶ Kapitel 2.7). Ein Großteil der negativen Ladungen, die bei der Komplexbildung von den Liganden auf das Zentralteilchen übertragen werden, gibt das Metall wieder an die Liganden zurück. Mit unserem sehr einfachen Modell der chemischen Bindung in Metallkomplexen können wir diese Rückbindung nicht beschreiben. Sie spielt aber für das aus physiologischer Sicht notwendige Verständnis von Metallkomplexen keine Rolle.

Ein Nachteil der vereinfachten Formelschreibweise ohne Formalladungen ist, dass es nicht immer einfach ist, die Zahl der an den Bindungen beteiligten Elektronen zu ermitteln. Man sollte sich also merken, dass Komplexformeln keine Lewis-Formeln im Sinne der zuvor besprochenen Regeln darstellen (▶ Kapitel 2.7). Sie dienen nur zur Veranschaulichung der räumlichen Struktur der Komplexe. Früher wurden die koordinativen Bindungen in Komplexen mit Pfeilen dargestellt, wobei die Pfeilrichtungen die Formalladungen quasi enthalten. Da sich die koordinative Metall-Ligand-Bindung aber nicht generell von anderen Atombindungen unterscheidet, verzichten wir auf die Verwendung der Pfeile. Wenn also Formeln in eckigen Klammern angegeben sind, dann handelt es sich um Komplexe, bei denen keine Formalladungen angegeben werden.

Obwohl alle Metallionen prinzipiell Komplexe bilden können, findet man die stabilsten und wichtigsten Komplexe bei den Übergangsmetallen, also Metallen mit energetisch tiefliegenden leeren oder nur teilweise besetzten d-Orbitalen (▶ Kapitel 1.7). Diese Orbitale können die bei der koordinativen Bindung vom Ligand übertragenen Elektronen besonders gut aufnehmen. Hauptgruppenmetalle, wie Na^+ oder Ca^{2+}, bilden hingegen weniger stabile Komplexe. Zwischen Lewis-Basen wie zum Beispiel Wasser und Hauptgruppenmetallkationen wie Na^+ kommt es eher zur Ausbildung von Ionen-Dipol-Wechselwirkungen (▶ Kapitel 3.2). Wir haben dies bereits im Zusammenhang mit der Ausbildung der Hydrathülle bei der Auflösung von Ionenkristallen in Wasser besprochen (▶ Kapitel 4.9). Es gibt einen fließenden Übergang zwischen der rein elektrostatischen Wechselwirkung eines Kations mit Lösemittelmolekülen unter Ausbildung einer Hydrathülle und der kovalenten Komplexbildung mit einem Liganden.

8.3 Ladung von Metallkomplexen

Die Ladung eines Metallkomplexes ist die Summe aus den Ladungen des Metallzentralteilchens und der Liganden. Handelt es sich bei den Liganden um neutrale Moleküle, so entspricht die Komplexladung unmittelbar der Ladung des Metalls. Negativ geladene Liganden hingegen verringern die Gesamtladung des Komplexes und können sogar zu insgesamt negativ geladenen Komplexanionen führen. Dies verdeutlicht die nachfolgende Reihe von Platin(II)-Komplexen.

$[Pt(NH_3)_4]^{2+}$	$[Pt(NH_3)_2Cl_2]$	$[Pt(CN)_4]^{2-}$
Komplexkation	neutraler Komplex	Komplexanion

Aus der Gesamtladung des Komplexes und den Ladungen und der Anzahl der Liganden kann man auch die Ladung und damit die **Oxidationsstufe** (= Oxidationszahl) des Zentralteilchens ableiten. Betrachten wir den Komplex $K_4[Ni(CN)_4]$. Wir wissen, dass Kaliumionen immer einfach positiv geladen sind (▶ Kapitel 7.2). Der Komplex muss daher die Gesamtladung −4 haben, um die Ladung der vier K^+-Ionen zu kompensieren: $[Ni(CN)_4]^{4-}$. Jeder Cyanidligand ist einfach negativ geladen, sodass das Nickel die Oxidationszahl 0 haben muss. Es können also auch neutrale Metallatome als Zentralteilchen in Komplexen auftreten.

$$0 + 4 \cdot (-1) = -4$$
$$[Ni(CN)_4]^{4-}$$

8.4 Namen von Metallkomplexen

Für viele Metallkomplexe existieren historisch bedingte Namen, wie zum Beispiel für das rote Blutlaugensalz $K_3[Fe(CN)_6]$; eine Koordinationsverbindung, die einen Fe(III)-Komplex in Form des Komplexanions $[Fe(CN)_6]^{3-}$ enthält. Nachdem im Laufe der Zeit die Chemiker den Aufbau und die Struktur von Metallkomplexen immer besser verstanden haben, wurde die Einführung einer systematischen Bezeichnungsweise, einer **Nomenklatur**, möglich. Die Namen der Komplexe bestehen aus der Anzahl und den Namen der Liganden, gefolgt vom Namen des Zentralteilchens und dessen Oxidationsstufe.

- Bei Salzen wird der Name des Kations vor dem des Anions angegeben.
- Sowohl bei neutralen Komplexen als auch bei Anionen oder Kationen werden die Liganden in alphabetischer Reihenfolge *vor* dem Zentralteilchen genannt.

Achtung: Bei der Angabe der chemischen Formel eines Komplexes wird allerdings zuerst das Zentralteilchen aufgeführt, ehe die Liganden folgen.

- Die Anzahl identischer Liganden wird durch griechische Präfixe angegeben: di- (2), tri- (3), tetra- (4), penta- (5) oder hexa- (6).
- Neutrale und positiv geladene Liganden werden durch den Namen des Teilchens angegeben, allerdings mit einigen Ausnahmen bei häufig vorkommenden Liganden wie zum Beispiel H_2O = aqua; NH_3 = ammin (mit Doppel-m!) oder CO = carbonyl.
  Anmerkung: Früher nannte man den Wasserliganden „aquo".
- Bei Anionen als Liganden wird die Endung „o" an den Namen des Anions angehängt: Cl^- = chlorido, I^- = iodido, CN^- = cyanido
  Häufig findet man auch noch die alten Bezeichnungen: Cl^- = chloro, I^- = iodo, CN^- = cyano
- Bei einem Komplexanion wird dem gesamten Namen die Endung „-at" angehängt. Der Name leitet sich manchmal vom lateinischen Wortstamm des Metalls ab: Ein Komplexanion mit Eisen als Zentralmetall endet zum Beispiel auf die Bezeichnung „-ferrat"; Silber wird im Anion zu „-argentat".
- Die Oxidationszahl des Zentralteilchens wird in römischen Ziffern in Klammern hinter den Namen des Metalls gesetzt.

chemische Formel			Kation	Anion
$[Pt(NH_3)_4]Cl_2$	=	$[Pt(NH_3)_4]^{2+} + 2\,Cl^-$	Tetraamminplatin(II)-chlorid	
			4 x NH_3	Platin im Oxidationszustand +2
$K_4[Fe(CN)_6]$	=	$4\,K^+ + [Fe(CN)_6]^{4-}$	Kalium-hexacyanidoferrat(II)	
			6 x CN^-	Eisen im Oxidationszustand +2
$[Cr(H_2O)_4Cl_2]Cl$	=	$[Cr(H_2O)_4Cl_2]^+ + Cl^-$	Tetraaquadichloridochrom(III)-chlorid	
			4 x H_2O \ \ 2 x Cl^-	Chrom im Oxidationszustand +3
$[Ni(CO)_4]$	=	$[Ni(CO)_4]$	Tetracarbonylnickel(0)	
			4 x CO	Nickel im Oxidationszustand 0

8.5 Struktur von Metallkomplexen

Die Struktur eines Metallkomplexes hängt unmittelbar mit der Koordinationszahl, also der Anzahl gebundener Liganden, zusammen. Gängige Koordinationszahlen (KZ) sind 2, 4 und 6, für die man meist die folgenden Komplexstrukturen findet (▶ Abbildung 8.2):

8.5 Struktur von Metallkomplexen

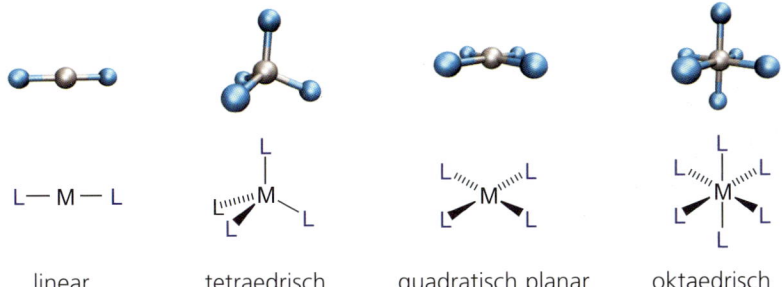

linear   tetraedrisch   quadratisch planar   oktaedrisch

Abbildung 8.2: Häufige Strukturen von Komplexen mit den Koordinationszahlen 2 (linear), 4 (tetraedrisch oder quadratisch planar) und 6 (oktaedrisch)
Nach: McMurry, J. & Fay, R. C. (2007)

- KZ = 2: linear
- KZ = 4: tetraedrisch oder (seltener) quadratisch planar
- KZ = 6: oktaedrisch

Diese Vorzugsgeometrien ergeben sich aus dem Bestreben der Liganden und der freien Elektronenpaare am Zentralteilchen, sich möglichst weit voneinander entfernt um das Zentralteilchen herum anzuordnen (analog zum VSEPR-Modell, ▶ Kapitel 2.9).

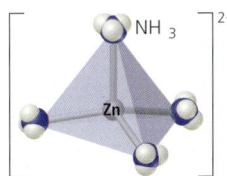

Tetraedrischer Komplex
(Tetraeder = Vierflächner)
Aus: Brown, T. L., LeMay, H. E. & Bursten, E. B. (2007)

Wie viele Liganden ein Zentralteilchen binden kann und welche Struktur sich bei einer KZ = 4 ergibt (tetraedrisch oder quadratisch planar) hängt vom Zentralteilchen, seiner Oxidationsstufe und vom Liganden selbst ab (▶ Tabelle 8.1). Genauere Bindungstheorien (zum Beispiel Ligandenfeldtheorie), die dies erklären können, übersteigen aber den Rahmen unserer einfachen Betrachtungen. Wir wollen daher nicht näher darauf eingehen, sondern uns nur einige allgemeine Trends anschauen.

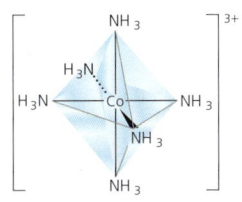

Oktaedrischer Komplex
(Oktaeder = Achtflächner)
Aus: Brown, T. L., LeMay, H. E. & Bursten, E. B. (2007)

Ligand	Beispielkomplex	Name	Komplexgeometrie	Anmerkung
CN^-	$[Ag(CN)_2]^-$	-dicyanidoargentat(I)	Linear	Entsteht bei der Gewinnung von Silber durch Cyanidlaugerei
NO	$[Fe(CN)_5NO]^{2-}$	-pentacyanidonitrosylferrat(II)	Oktaedrisch	Nitroprussid-Natrium, *in vivo* Freisetzung von NO, Arzneistoff zur Gefäßerweiterung, Blutdrucksenkung, Applikation i. v.
H_2O	$[Cu(H_2O)_4]^{2+}$	Tetraaquakupfer(II)-	Quadratisch planar	Farbloses $CuSO_4$ färbt sich bei Anwesenheit von Wasser hellblau: Nachweis für Wasser
OH^-	$[Al(OH)_4]^-$	-tetrahydroxidoaluminat(III)	Tetraedrisch	Bildet sich bei der Gewinnung von Aluminium aus Erz (Al_2O_3)

8 Metallkomplexe

Ligand	Beispiel-komplex	Name	Komplex-geometrie	Anmerkung
NH_3	$[Cu(NH_3)_4]^{2+}$	Tetraamminkupfer(II)-	Quadratisch planar	Tiefblaue Farbe
Cl^-	$[Pt(NH_3)_2Cl_2]$	Diammindichlorido-platin(II)	Quadratisch planar	Cisplatin, Cytostatikum
CO	$[Ni(CO)_4]$	Tetracarbonyl-nickel(0)	Tetraedrisch	Hochgiftige Flüssigkeit

Tabelle 8.1: Wichtige einzähnige Liganden und Beispiele für Komplexe

- Je größer der Ligand, desto weniger Liganden haben um ein Zentralteilchen herum Platz.
- Mehr als sechs Liganden haben wegen ihrer räumlichen Ausdehnung (man sagt dazu: aus sterischen Gründen) nur sehr selten gleichzeitig um ein Metallzentralteilchen herum Platz. Daher findet man Koordinationszahlen > 6 nur in Ausnahmefällen und nur bei sehr großen Zentralteilchen (zum Beispiel Übergangsmetalle der sechsten Periode).
- Komplexe mit anionischen Liganden haben häufig niedrigere Koordinationszahlen als solche mit neutralen Liganden, da sich die Liganden aufgrund ihrer negativen Ladungen stärker gegenseitig abstoßen.

$$[Ni(NH_3)_6]^{2+}, \text{ aber } [Ni(CN)_4]^{2-}$$

- Die Gesamtzahl der Liganden hängt vom Zentralteilchen und seiner Elektronenkonfiguration ab.

$$[Cr(CO)_6], \text{ aber } [Ni(CO)_4]$$

Häufig bilden sich Komplexe, bei denen insgesamt 18 Elektronen auf der Valenzschale des Zentralteilchens vorhanden sind, wobei bei den Übergangsmetallen der n-ten Periode die $(n-1)$d-Orbitale auch noch zur Valenzschale gezählt werden. Bei 18 Elektronen sind die fünf $(n-1)$d-Orbitale, das ns-Orbital und die drei np-Orbitale alle doppelt mit Elektronen besetzt. Dies ist eine Edelgaskonfiguration. Die **18-Elektronen-Regel** bei den Übergangsmetallkomplexen entspricht der Oktettregel bei den Hauptgruppenelementen (▶ Kapitel 2.2). Mit der 18-Elektronen-Regel können wir erklären, wieso Chrom(0) sechs Carbonylliganden bindet, Nickel(0) aber nur vier. Das Elektronenzählen bei Komplexen kann man sehr schön mithilfe von Kästchenschemata vornehmen, ähnlich wie wir sie zur Beschreibung der Elektronenkonfiguration von Atomen verwendet haben (▶ Kapitel 1.7).

Betrachten wir die gerade erwähnten Carbonylkomplexe von Chrom(0) und Nickel(0). Es handelt sich um 3d-Übergangsmetalle, bei denen die fünf 3d-Orbitale, das 4s- und die drei 4p-Orbitale als Valenzorbitale zur Verfügung stehen. Zunächst ermittelt man die Gesamtzahl der vorhandenen $(n-1)$d- und ns-Elektronen des Metalls. Dazu muss man natürlich die Oxidationszahl des Zentralteilchens kennen. So enthält der Komplex $[Cr(CO)_6]$ Chromin der Oxidationsstufe 0, also Cr(0). Die richtige Anzahl an Valenzelektronen von Cr(0) entnehmen wir am besten einem

Periodensystem. Cr(0) hat die Valenzelektronenkonfiguration [Ar] $3d^5$ $4s^1$. Eigentlich hätten wir die Elektronenkonfiguration [Ar] $3d^4$ $4s^2$ erwartet (▶ Kapitel 1.7). Die Elektronenkonfigurationen der Übergangsmetalle weichen aber teilweise von dem zuvor beschriebenen einfachen Schema (▶ Abbildung 1.9) ab, da zum Beispiel halbgefüllten d-Schalen eine erhöhte Stabilität zukommt. Mit den insgesamt am Metall vorhandenen Elektronen füllen wir die 3d-Orbitale auf. Bei Komplexen mit sogenannten starken Liganden wie CO, die sehr stabile Metallkomplexe bilden, werden die Orbitale alle jeweils mit zwei Elektronen doppelt besetzt. Um die Anzahl der Liganden abzuschätzen, zählen wir, wie viele Orbitale dann noch leer sind. Diese stehen für die Elektronen der Liganden zur Verfügung. Chrom(0) hat sechs Valenzelektronen, mit denen wir drei der fünf 3d-Orbitale doppelt besetzen. Wir benötigen noch zwölf weitere Elektronen von den Liganden, um einen Komplex mit 18 Elektronen und damit voll besetzter Valenzschale zu bilden. Da jeder Ligand durch die koordinative Bindung zwei Elektronen liefert, bildet Chrom(0) häufig Komplexe mit der KZ 6 (wie zum Beispiel das Hexacarbonylchrom(0) $[Cr(CO)_6]$).

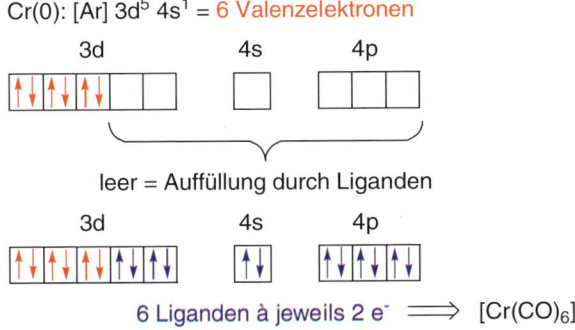

AUS DER MEDIZINISCHEN PRAXIS

Metallkomplexe in der Medizin

Wir haben bereits in ▶ Kapitel 1 Metallkomplexe mit radioaktiven Metallkationen kennengelernt. Fest in Chelat-Komplexen gebunden und über spezifische Liganden direkt an die Oberfläche von Tumoren transportiert, können sie trotz ihrer eigentlichen Giftigkeit relativ nebenwirkungsarm zur Therapie und/oder Diagnostik eingesetzt werden. Auch nicht radioaktive Schwermetallkationen sind in der Regel toxisch, da sie sehr leicht Komplexe mit zellulären Bestandteilen wie Proteinen und DNA bilden und dadurch deren Funktionen beeinträchtigen. Diese toxische Wirkung von Schwermetallkationen kann aber auch zur Therapie von Krankheiten ausgenutzt werden! Zum Beispiel wird der Diammindichloridoplatin(II)-Komplex cis-$[Pt(NH_3)_2Cl_2]$ in der Medizin als Krebsmedikament eingesetzt. $[Pt(NH_3)_2Cl_2]$ ist ein quadratisch planarer Komplex. In dieser Anordnung können die jeweils gleichen Liganden entweder nebeneinander oder gegenüberliegend angeordnet sein. Es liegen zwei **geometrische Isomere** vor, die man als cis- und trans- Form bezeichnet (▶ Kapitel 9.8). Bei diesen beiden Isomeren handelt es sich um unterschiedliche Verbindungen mit unterschiedlichen chemischen, physikalischen und pharmako-

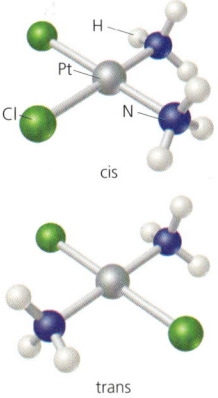

Geometrische Isomere von $[Pt(NH_3)_2Cl_2]$
Aus: Brown, T. L., LeMay, H. E. & Bursten, E. B. (2007)

8 Metallkomplexe

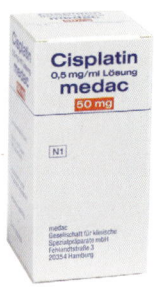

Cisplatin
© medac Gesellschaft für klinische
Spezialpräparate mbH, Wedel

logischen Eigenschaften. Nur das cis-Isomer ist ein wirksames Krebsmedikament (**Cisplatin**), wohingegen das trans-Isomer inaktiv ist.

Cisplatin reagiert mit Donoratomen in den DNA-Basen (▶ Kapitel 14.2), also den Bausteinen der Erbinformation, unter Ligandenaustausch. Bei der cis-Form kommt es über die eigentliche Wirkform, den positiv geladenen Aquakomplex cis-$[Pt(H_2O)(NH_3)_2Cl]^+$, durch Austausch sowohl des Chlor- als auch des Wasserliganden durch N-Atome zum Beispiel von Guanin zu einer Quervernetzung der DNA (Cross-linking). Bei der trans-Form ist eine solche Quervernetzung nicht möglich. Durch die Quervernetzung wird die Tumorzelle an der Teilung gehindert, weil die DNA nicht mehr korrekt durch die DNA-Polymerase abgelesen und vervielfältigt werden kann (▶ Kapitel 14.6). Da die Zellteilung gestört ist, schädigt das Medikament hauptsächlich sich schnell teilende Zellen, wie eben Krebszellen. Natürlich wird auch jede andere sich schnell teilende gesunde Zelle, wie zum Beispiel Haarzellen oder Magenzellen, in ihrem Wachstum behindert. Dies bedingt die generelle hohe Toxizität von Krebsmedikamenten und die starken Nebenwirkungen einer **Chemotherapie** (Haarausfall, Übelkeit). Heutzutage werden Cisplatin und davon abgeleitete Weiterentwicklungen wie Carboplatin häufig in Kombination mit weiteren Medikamenten zur Kombinationschemotherapie eingesetzt. Cisplatin muss allerdings als Infusion verabreicht werden und hat zahlreiche Nebenwirkungen (unter anderem eine dosislimitierende Nierenschädigung). Trotzdem zählt Cisplatin mit zu den am häufigsten eingesetzten Chemotherapeutika.

Salvarsan auf einem alten
200-DM-Schein
© Wikipedia: Deutsche Mark,
200-DM-Schein Serie 4, Vorderseite,
Deutsche Bundesbank, Frankfurt am
Main, Deutschland

Die Entdeckung von Cisplatin als Cytostatikum geht übrigens auf einen Zufall zurück. In der Annahme, dass elektromagnetische Felder die Zellteilung hemmen, legte B. Rosenberg 1965 an das Nährmedium von E.-coli-Bakterien ein elektrisches Feld an. Dafür wurden Platinelektroden benutzt. Auch nach Abschalten des Stroms wuchsen die Bakterien nicht mehr, was auf die Bildung von Cisplatin zurückzuführen war. Durch Elektrolyse (▶ Kapitel 7.8) aus der Platinelektrode herausgelöste Platinionen reagierten mit Ammonium- und Chloridsalzen aus dem Nährmedium unter Lichteinfluss zu Cisplatin.

Auch viele andere Schwermetalle finden sich in Wirkstoffen. Erinnern Sie sich an den alten 200-DM-Schein? Abgebildet war dort **Salvarsan**, ein von Paul Ehrlich entwickelter arsenhaltiger Arzneistoff zur Behandlung der Syphilis. Auch heute noch werden schwermetallhaltige Arzneistoffe eingesetzt: Melarsoprol (Arsobal®), arsenhaltig, zur Behandlung der Afrikanischen Trypanosomiasis (Schlafkrankheit), Pentostam, antimonhaltig, zur Behandlung der Leishmaniose oder goldhaltige Verbindungen (Aurothiomalat, Auranofin) bei Rheuma. Da diese Arzneistoffe kaum zwischen gesunden und kranken Zellen unterscheiden, sind sie sehr toxisch! Alleine bei Melarsoprol, so schätzt man, sterben 10 Prozent der Patienten an der Therapie ▶ (Kapitel 1)!

Im Tetracarbonylnickel(0)-Komplex liegt ebenfalls wieder ein Zentralteilchen in der Oxidationsstufe 0 vor. Nickel(0) hat die Elektronenkonfiguration $[Ar]\ 3d^8\ 4s^2$ und somit bereits zehn Valenzelektronen. Mit diesen besetzt man nun alle fünf 3d-Orbitale doppelt. Es verbleiben noch vier leere Orbitale (das 4s- und die drei 4p-Orbitale), die mit Elektronen von vier Liganden gefüllt werden können. Es bildet sich der Komplex Tetracarbonylnickel(0) $[Ni(CO)_4]$.

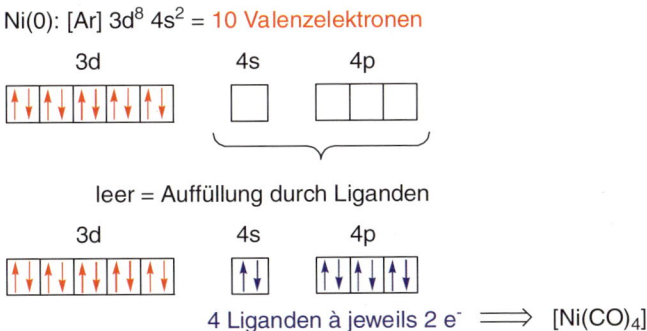

Die hier betrachteten Komplexe nennt man **Low-spin-Komplexe**, da möglichst viele (in unserem Beispiel alle) Elektronen gepaart sind. Bei anderen Kombinationen von Zentralteilchen und Liganden können aber auch Elektronenkonfigurationen stabiler sein, in denen mehrere Orbitale nur mit einem Elektron besetzt sind (**High-spin-Komplexe**). Diese Komplexe haben magnetische Eigenschaften und werden zum Beispiel bei der Magnetresonanztomographie (MRT) verwendet (▶ Kapitel 8.7). Eine ausführliche Diskussion der Zusammenhänge, wann Low-spin- und wann High-spin-Komplexe auftreten, würde den Rahmen des Buches aber übersteigen.

Die 18-Elektronen-Regel gilt nicht so streng wie die Oktettregel für die Elemente der zweiten Periode und sollte nur als grobe Richtgröße verstanden werden (▶ Kapitel 2.2). Es gibt genügend Beispiele für Komplexe mit ungerader Elektronenzahl (zum Beispiel 17 oder 15) oder mit nur 14 oder 16 Elektronen. Letztere sind allerdings chemisch häufig reaktiver als Komplexe mit 18 Elektronen.

$[Co(NH_3)_6]^{3+}$ $6\,e^-(Co^{3+}) + 6 \cdot 2\,e^-(NH_3) = 18\,e^-$

$[Cu(NH_3)_4]^{2+}$ $9\,e^-(Cu^{2+}) + 4 \cdot 2\,e^-(NH_3) = 17\,e^-$

$[Pt(NH_3)_4]^{2+}$ $8\,e^-(Pt^{2+}) + 4 \cdot 2\,e^-(NH_3) = 16\,e^-$

$[Cr(NH_3)_6]^{3+}$ $3\,e^-(Cr^{3+}) + 6 \cdot 2\,e^-(NH_3) = 15\,e^-$

$[Ag(NH_3)_2]^{+}$ $10\,e^-(Ag^{+}) + 2 \cdot 2\,e^-(NH_3) = 14\,e^-$

8.6 Stabilität von Metallkomplexen

Auch die Bildung eines Komplexes durch Reaktion eines Metallkations mit einem oder mehreren Liganden ist eine chemische **Gleichgewichtsreaktion**, für die sich entsprechend dem Massenwirkungsgesetz (▶ Kapitel 5.7) eine Gleichgewichtskonstante K angeben lässt.

$$Me^{n+} + z\,L \underset{}{\overset{K_B}{\rightleftharpoons}} MeL_z^{n+}$$

Je weiter das Gleichgewicht auf der rechten Seite liegt, desto stabiler ist der Komplex. Die Gleichgewichtskonstante bezeichnet man als **Bildungskonstante K_B** oder β. Der Kehrwert ist die **Zerfallskonstante K_Z** (= $1/K_B$), die angibt, wie leicht der Komplex wieder in Zentralteilchen und Liganden dissoziiert.

$$K_B = \beta = \frac{[MeL_Z^{n+}]}{[Me^{n+}] \cdot [L]^Z} = \frac{1}{K_Z}$$

Bildungskonstanten für Metallkomplexe haben häufig sehr große Werte, das heißt, das Gleichgewicht liegt sehr, sehr weit auf der Seite des Komplexes. So hat die Bildungskonstante für den Tetraamminkupfer(II)-Komplex einen Wert von 10^{13}. Es liegt in der Lösung daher nur sehr wenig unkomplexiertes Cu^{2+} vor (in einer 1 M Lösung sind nur 0,8 Promille des Komplexes zerfallen).

$$Cu^{2+} + 4\ NH_3 \rightleftharpoons [Cu(NH_3)_4]^{2+}$$

$$\beta = \frac{[Cu(NH_3)_4^{2+}]}{[Cu^{2+}] \cdot [NH_3]^4} = 10^3\ L^4/mol^4$$

Also eigentlich:

$$Cu^{2+} + 4\ NH_3 \longrightarrow [Cu(NH_3)_4]^{2+} \quad \text{praktisch vollständige Reaktion}$$

Die Bildungskonstante β bezieht sich auf die Bruttoreaktion der Komplexbildung. Der Tetraamminkupfer(II)-Komplex bildet sich natürlich nicht auf einmal, sondern schrittweise. Für jeden dieser einzelnen Schritte kann man daher ebenfalls eine Gleichgewichtskonstante angeben. Da aber in der Regel in der Lösung nur der Komplex mit der maximalen Anzahl an Liganden tatsächlich vorliegt, beschränkt man sich auf die Bruttoreaktion.

$$Cu^{2+} \xrightleftharpoons{+ NH_3} [CuNH_3]^{2+} \xrightleftharpoons{+ NH_3} [Cu(NH_3)_2]^{2+}$$
$$\xrightleftharpoons{+ NH_3} [Cu(NH_3)_3]^{2+} \xrightleftharpoons{+ NH_3} [Cu(NH_3)_4]^{2+}$$

Für ein besseres Verständnis der Komplexstabilität müssen wir die Komplexbildung sogar noch etwas genauer formulieren. Wir wissen bereits, dass Metallionen in wässriger Lösung von einer Hydrathülle umgeben sind (▶ Kapitel 4.9.1). Die Wassermoleküle der Hydrathülle müssen bei der Komplexbildung zuerst verdrängt werden. Also handelt es sich bei der Bildung des Tetraamminkupfer(II)-Komplexes um eine **Ligandenaustauschreaktion**. Der schwach gebundene Ligand Wasser wird durch den stärker gebundenen Liganden Ammoniak verdrängt.

$$[Cu(H_2O)_4]^{2+} + 4\ NH_3 \rightleftharpoons [Cu(NH_3)_4]^{2+} + 4\ H_2O$$

schwacher Ligand   starker Ligand

Das wird bei der Besprechung der Stabilität von Chelatkomplexen noch mal wichtig sein (▶ Kapitel 8.7). Die Stärke, mit der ein Ligand an ein

Zentralteilchen bindet, bezeichnet man auch als **Affinität**. Ammoniak hat also eine höhere Affinität zu Cu^{2+} als Wasser.

Die Stabilität eines Metallkomplexes kann so groß sein, dass in Lösung so gut wie kein Zerfall festzustellen ist. So ist zum Beispiel der Komplex $K_4[Fe(CN)_6]$, den man als gelbes Blutlaugensalz (▶ Abbildung 8.3) bezeichnet, sehr stabil ($\beta = 10^{37}$ L^6/mol^6).

$$Fe^{2+} + 6\,CN^- \rightleftharpoons [Fe(CN)_6]^{4-}$$

$$\beta = \frac{[Fe(CN_3)_6^{2+}]}{[Fe^{2+}]\cdot[CN_3]^{6-}} = 10^{37}\ L^6/mol^6$$

Aufgrund der hohen Stabilitätskonstante ist in diesem Komplex das Cyanidion so fest gebunden, dass kein freies Cyanid in Lösung im Gleichgewicht vorliegt. Gelbes Blutlaugensalz ist daher im Gegensatz zu Kaliumcyanid KCN auch nicht toxisch. In der Lebensmittelindustrie wird Kaliumhexacyanidoferrat(II) (früher auch Ferrocyanid genannt) sogar in geringen Mengen als Zusatzstoff (E536) zu Kochsalz verwendet (Trennmittel und Stabilisator). Nur durch Erhitzen mit starken Säuren wird das Blutlaugensalz unter Freisetzung von Blausäure zersetzt.

Es gibt auch einen entsprechenden Fe(III)-Komplex, $K_3[Fe(CN)_6]$, das rote Blutlaugensalz (früher auch Ferricyanid genannt), der ebenfalls sehr stabil ist ($\beta = 10^{44}$ L^6/mol^6). Die beiden Blutlaugensalze unterscheiden sich in der elektronischen Struktur der Komplexe und damit zum Beispiel auch in ihrer Farbe (▶ Abbildung 8.3). Der Fe(II)-Komplex erfüllt die 18-Elektronen-Regel, der Fe(III)-Komplex hat hingegen nur 17 Elektronen. Der Fe(III)-Komplex ist daher reaktiver und wirkt zum Beispiel als mildes Oxidationsmittel, da das Eisen leicht aus der Oxidationsstufe +3 in die günstigere Oxidationsstufe +2 übergeht.

Reagieren gelbes oder rotes Blutlaugensalz mit Eisen(III)- oder Eisen(II)-Ionen (▶ Abbildung 8.4), so entsteht ein dunkelblaues Farbstoffpigment, das Berliner Blau $Fe_4[Fe(CN)_6]_3$ (andere Namen: Preußisch Blau, Turnbulls Blau). Die Bildung von Berliner Blau kann auch als Nachweisreaktion für Cyanid verwendet werden. Wird eine Lösung von Kaliumcyanid KCN mit einer Lösung versetzt, die Eisen(II)- und Eisen(III)-Ionen enthält (zum Beispiel auch eine Lösung von $FeSO_4$, die mit Luftsauerstoff in Kontakt steht), bildet sich sofort ein blauer Niederschlag. Aus dem Berliner Blau wurde übrigens durch Umsetzung mit starken Säuren 1782 erstmals der Cyanwasserstoff HCN dargestellt (daher auch der Name Blausäure).

Abbildung 8.3: Gelbes und rotes Blutlaugensalz. Je nach Oxidationszustand des Eisenions bildet sich mit Cyanid ein gelber Eisen(II)-Komplex oder ein roter Eisen(III)-Komplex. In beiden Komplexen sind sechs Cyanidionen an das Eisenion gebunden, aber die Gesamtelektronenzahl ist unterschiedlich. Hexacyanidoferrat(II) erfüllt die 18-Elektronen-Regel im Gegensatz zu Hexacyanidoferrat(III), das nur 17 Elektronen hat.
Aus: Brown, T. L., LeMay, H. E. & Bursten, E. B. (2007)

8 Metallkomplexe

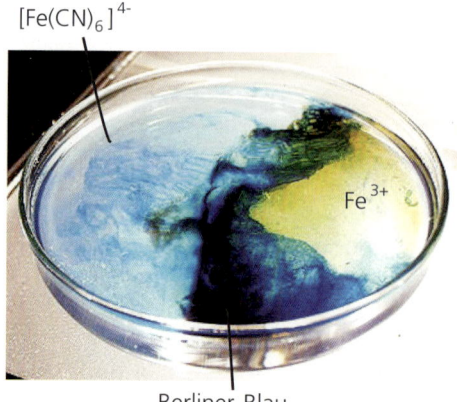

Abbildung 8.4: Berliner Blau. Eine farblose Lösung von Kaliumhexacyanidoferrat(II) (links) reagiert mit einer gelben Lösung von Eisen(III)-Chlorid (rechts) unter Bildung von Berliner Blau. Dieses war einer der ersten synthetischen Farbstoffe.
© Thomas Seilnacht, Bern, Schweiz, www.seilnacht.com

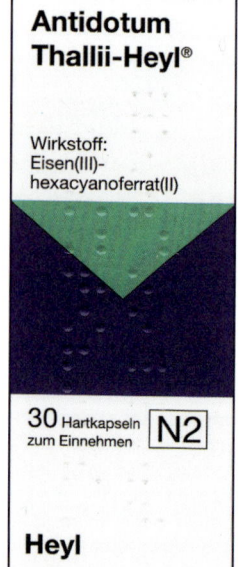

Antidotum Thallii-Heyl®
© HEYL Chemischpharmazeutische Fabrik GmbH und Co. KG, Berlin

Berliner Blau wird in oraler Dosis von bis zu 20 g/d als Antidot bei Thalliumvergiftungen (Antidotum Thallii-Heyl®) und zur Verhinderung der Aufnahme von radioaktivem Cäsium^{137}Cs verwendet (Radiogardase®Cs). Nach der Reaktorkatastrophe in Tschernobyl (1986) wurde Berliner Blau in Europa in großen Mengen als Tierfutterzusatz eingesetzt. Die therapeutische Wirkung hat aber nichts mit Komplexbildung zu tun, sondern mit der Einlagerung der giftigen Tl^+- und radioaktiven Cs^+-Ionen in das Kristallgitter des Berliner Blau. Da Berliner Blau nahezu völlig unlöslich ist und somit praktisch nicht resorbiert wird, werden die schädlichen Kationen im Darm gebunden und dann über den Stuhl ausgeschieden.

AUS DER MEDIZINISCHEN PRAXIS

Giftige Komplexliganden

Cyanid oder Kohlenmonoxid CO sind hervorragende Liganden, die sehr stabile Komplexe bilden. Darauf beruht auch ihre hohe Giftigkeit. Die primäre Giftwirkung von Cyanid CN^- oder Blausäure HCN besteht in der Blockade der Cytochrom-c-Oxidase, eines Enzyms der Atmungskette, während CO den Sauerstofftransport durch Bindung an das Hämoglobin stört. Beide Moleküle, die Cytochrom-c-Oxidase und das Hämoglobin (Hb), enthalten einen Eisenkomplex mit einem Häm-Liganden (▶ Kapitel 8.9). Im Cytochrom ist dies Eisen in der Oxidationsstufe +3, im Hämoglobin in der Oxidationsstufe +2 (▶ Kapitel 7.2). In beiden Komplexen verfügt das Eisen noch über eine freie Koordinationsstelle, die zum Beispiel im Fall des Hämoglobins zur Bindung und zum Transport von Sauerstoffmolekülen im Blut dient. Bei der Cytochrom-c-Oxidase wird an die freie Koordinationsstelle Sauerstoff gebunden, der dadurch so aktiviert wird, dass dann andere Substanzen oxidiert werden können. Cyanid oder auch Kohlenmonoxid besitzen eine deutlich höhere Affinität zum Eisen als Sauerstoff. CO verdrängt daher Sauerstoff vom Eisen(II) im Hämoglobin, Cyanid analog vom Eisen(III) der Cytochrom-c-Oxidase.

Bei einer CO-Vergiftung (wie im Fallbeispiel am Kapitelanfang) wird daher der Sauerstofftransport im Blut gestört, die Personen weisen – trotz der Hypoxie – eine rosige Hautfarbe auf (der Komplex aus CO an das Eisen im Hämoglobin [Hb] hat eine rosa Farbe). Schon 0,07 Volumenprozent CO in der Atemluft können toxisch sein, denn dann ist etwa die Hälfte des Hb durch CO blockiert und steht nicht mehr für den Sauerstofftransport zur Verfügung! Ein CO-Hb-Gehalt (Carboxyhämoglobin) im arteriellen Blut von bis zu 10 Prozent tritt auch bei Rauchern auf und ist meist symptomlos. 15 bis 25 Prozent führen zu Kopfschmerzen, Übelkeit, Erbrechen, Schwindelgefühlen; ab 30 Prozent treten Herzkreislaufbeschwerden und Verwirrung bis hin zur Bewusstlosigkeit auf. Bei 50 bis 60 Prozent fällt der Betroffene ins Koma und es kommt schließlich zum Tod durch Ersticken. Durch eine Beatmung mit reinem Sauerstoff kann das CO von der Bindungsstelle wieder verdrängt werden (Komplexbildungen sind Gleichgewichtsreaktionen).

CO-Quelle Autoabgase
© Karsten Smid, Greenpeace e.V., Hamburg

Ähnlich wirkt übrigens auch Schwefelwasserstoff H_2S, ein nach faulen Eiern riechendes Gas, das genauso giftig ist wie Blausäure! Es blockiert wie CO das Eisen im Hämoglobin, unterbindet dadurch den Sauerstofftransport und führt zum Tod durch Ersticken. Im Gegensatz zum geruchlosen CO macht sich H_2S aber durch seinen unangenehmen Geruch selbst in geringsten Spuren bemerkbar. Deshalb wurde es früher zum Beispiel dem Stadtgas zugesetzt, um das Auftreten von Gaslecks anzuzeigen. Allerdings werden ab Konzentrationen von 250 ppm die Geruchsrezeptoren blockiert, sodass höhere Konzentrationen nicht mehr wahrgenommen werden können! Dann ist es aber meistens eh schon fast zu spät.

Bei einer Cyanidvergiftung wird hingegen nicht der Sauerstofftransport im Blut (Hautfarbe ist normal), sondern die Zellatmung gestört. Man erstickt innerlich. Symptome einer Cyanidvergiftung sind starke Krämpfe, Erbrechen, gefolgt von Bewusstlosigkeit. 70 mg Cyankali (Kaliumcyanid, KCN) sind bei oraler Aufnahme letal. Die Ausatemluft hat den charakteristischen Bittermandelgeruch der Blausäure HCN, der jedoch genetisch bedingt nicht von allen Personen wahrgenommen werden kann. Bei einer Cyanidvergiftung wird als Antidot der Met-Hb-Bildner (▶ Kapitel 7.2) DMAP (4-Dimethylaminophenol) oder, falls dieses nicht zur Verfügung steht, Natriumnitrit verwendet (intravenöse Applikation). Warum? Salopp gesprochen treibt man hier den Teufel mit dem Beelzebub aus. Wird Hb durch einen Met-Hb-Bildner zu Met-Hb oxidiert (▶ Kapitel 7.2), kann Cyanid auch an das Eisen(III) des Met-Hb binden. Dadurch wird es der Cytochrom-c-Oxidase entzogen, die Zellatmung funktioniert wieder, allerdings auf Kosten des Sauerstofftransports im Blut. Gemessen am gesamten Hb genügt aber schon eine geringe Menge an Met-Hb, um den Großteil des Cyanids zu binden. Weitere Maßnahmen bei einer Cyanidvergiftung sind: O_2-Beatmung, die Gabe von Natriumthiosulfat $Na_2S_2O_3$ (dieses wandelt Cyanid in das untoxische Thiocyanat = Rhodanid, SCN^- um) oder von Vitamin B_{12} (Hydroxycobalamin), das ebenfalls Cyanid durch Komplexbildung bindet (▶ Kapitel 8.9). Es entsteht das untoxische Cyanocobalamin.

EXKURS

Unterschied zwischen CO und CO_2

Kohlenmonoxid CO ist ein echtes Gift, das eine lebensnotwendige Funktion des Körpers – die reversible Bindung von Sauerstoff an Hämoglobin – blockiert. Im Gegensatz dazu ist Kohlenstoffdioxid CO_2 kein Komplexligand und beeinträchtigt daher auch nicht den Sauerstofftransport. Trotzdem führt CO_2 auch zum **Tod**. Seine Wirkung auf den Menschen ist allerdings komplizierter. Da CO_2 1,6-mal schwerer als Luft ist, kann es sich dort, wo CO_2 entsteht, am Boden ansammeln (in Silos oder Weinkellern durch Gärprozesse, in Brunnen oder Felsgrotten durch geologische oder andere Prozesse oder bei der Sublimation von Trockeneis [künstlicher Nebel]).

Wenn der CO_2-Anteil der Einatemluft 12 Prozent übersteigt, wird die Situation lebensbedrohlich. So erlangte zum Beispiel der Kratersee Nios in Kamerun 1986 traurige Berühmtheit, als durch einen unterirdischen Vulkanausbruch große Mengen Kohlenstoffdioxid entwichen und in einem Umkreis von 25 km 1800 Menschen starben. Gefährlich ist das CO_2 unter anderem wegen der schnell einsetzenden Bewusstlosigkeit, die bei einem Gehalt von etwa 30 Prozent CO_2 in der Atemluft innerhalb von Sekunden einsetzt (normale Luft enthält hingegen nur etwa 0,04 Prozent CO_2). Ein CO_2-Gehalt von etwa 15 Prozent ist nach etwa 30 Minuten tödlich. Warum? Bei sehr hohen CO_2-Anteilen steht zu wenig Sauerstoff zur Verfügung. Dies ist allerdings nicht der ausschlaggebende Grund für die Toxizität. Denn ein 30/70 Prozent-CO_2/Luft-Gemisch hat immer noch so viel Sauerstoff – genaugenommen einen O_2-Partialdruck – wie er auf der Zugspitze herrscht. Da dieser höchste Punkt Deutschlands etwa 3000 m über dem Meeresspiegel liegt, herrscht dort ein um 30 Prozent verringerter Luftdruck. Dennoch besuchen jährlich mehr als eine halbe Million Menschen (in aller Regel ohne Sauerstoffgerät) diesen Ort. Eine entscheidende Rolle spielt die durch CO_2 hervorgerufene respiratorische Acidose (▶ Kapitel 6.9), durch die schon wenige Prozent CO_2 in der Atemluft als sehr unangenehm empfunden werden und die zu einer stark verstärkten Atmung führen. Bei dem erniedrigten Blut-pH-Wert vermindert sich die Sauerstoffbindungskapazität des Hämoglobins (Bohr-Effekt). Bereits eine Senkung des Blut-pH-Wertes um 0,2 Einheiten hat einen 20-prozentigen Affinitätsverlust zur Folge. Ab etwa 10 Prozent CO_2 in der Einatemluft setzt dazu noch eine stark narkotische Wirkung des Kohlendioxids ein, die den Atemantrieb hemmt.

Bei solch einer CO_2-Vergiftung ist die Sauerstoffsättigung des Blutes herabgesetzt und daher ist die Gesichtsfarbe – im Gegensatz zu CO- oder Cyanidvergiftungen – durch das dunkler gefärbte Desoxyhämoglobin cyanotisch.

Achtung: Der Begriff **Cyanose** (= violette bis bläuliche Verfärbung der Haut, der Schleimhäute, der Lippen und der Fingernägel als Folge von Hypoxie) hat nichts mit Cyanid zu tun. Beides bedeutet nichts anderes als „blau" – bei der Cyanose deswegen, weil das Desoxyhämoglobin dunkelrot bis blaurot ist, und beim Cyanid, weil die Blausäure historisch erstmals aus Berliner Blau gewonnen wurde.

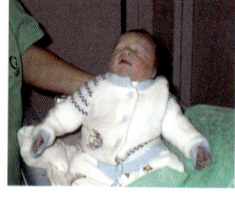

Säugling mit cyanotischen Händen
© Wikipedia: Zyanose, zyanotisches Kleinkind, Autor: Cornelia Csuk

8.7 Mehrzähnige Liganden

Bisher haben wir Liganden wie NH_3, Cl^- oder CO betrachtet, die über ein Donoratom jeweils eine koordinative Bindung zum Zentralteilchen ausbilden. Man spricht von **einzähnigen Liganden**. Es gibt aber auch Liganden mit mehr als einem Donoratom (▶ Tabelle 8.2), die gleichzeitig an das Zentralteilchen koordinieren können (**mehrzähnige Liganden**). Es kommt zur Ausbildung von **Chelatkomplexen**, die häufig deutlich stabiler sind als Komplexe mit einzähnigen Liganden. Der Name leitet sich vom griechischen Wort *chele* ab, was Krebsschere bedeutet, da ein Chelatligand das Zentralteilchen mit mehreren Armen umgreift und im übertragenen Sinne in die Zange nimmt.

8.7 Mehrzähnige Liganden

Ligand Zähnigkeit	Struktur	Bedeutung
Ethylendiamin = en zweizähnig	$H_2N\text{-}CH_2\text{-}CH_2\text{-}NH_2$	Einer der einfachsten mehrzähnigen Liganden
Ethylendiamintetraacetat = EDTA sechszähnig	(Struktur EDTA)	Antidot bei Schwermetallvergiftungen, Verhinderung der Blutgerinnung, quantitative Bestimmung von Metallionen
Penicillamin dreizähnig (S, N, O) oder zweizähnig (S, N)	(Struktur Penicillamin)	Antidot bei Schwermetallvergiftungen, Antirheumatikum der zweiten Wahl (Kapitel 9.9.2)
Dimercaptobernsteinsäure = DMSA zweizähnig	(Struktur DMSA)	Antidot bei Schwermetallvergiftungen
2,3-Dimercapto-1-propansulfonsäure = DMPS dreizähnig	(Struktur DMPS)	Antidot bei Schwermetallvergiftungen
Gluconat	(Struktur Gluconat)	Ligand zum Beispiel in Pentostam (Na-Stibogluconat) (Mittel gegen die Schlafkrankheit) (Kapitel 12.3)
Phenanthrolin zweizähnig	(Struktur Phenanthrolin)	Ferroin (Eisen(II)-Komplex) ist ein wichtiger Indikator für Redoxtitrationen (= Gehaltsbestimmungen, die auf Redoxreaktionen beruhen).
Porphyrin vierzähnig	(Struktur Porphyrin)	Sehr wichtiger Chelatligand, Abkömmlinge (Derivate) finden sich im Chlorophyll und Häm-Proteinen.

Tabelle 8.2: Wichtige mehrzähnige Liganden (rot = Donoratome)

Ein typischer zweizähniger Ligand ist das **Ethylendiamin** (abgekürzt *en*). Beide Stickstoffdonoratome binden gleichzeitig an ein Metallzentrum. Es bildet sich ein fünfgliedriger Chelatring aus. Ein stellt damit also dem Zentralteilchen bei der Komplexierung vier Elektronen zur Verfügung.

Bei Metallen mit einer Koordinationszahl $KZ = 6$ bilden sich also $M(en)_3$-Komplexe, wie zum Beispiel das $[Co(en)_3]^{3+}$-Kation.

Ethylendiamin = en

$H_2N-CH_2-CH_2-NH_2$

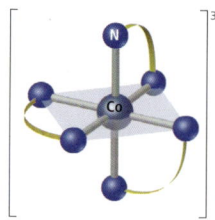

[Co(en)$_3$]$^{3+}$
Aus: Brown, T. L., LeMay, H. E. & Bursten, E. B. (2007)

Ethylendiamintetraacetat (EDTA^{4-}) ist hingegen ein sechszähniger Ligand (zwei N-Atome und vier O-Atome als Donoratome), der in der Lage ist, ein Metallion vollständig zu umgeben und dabei alle sechs Koordinationsstellen gleichzeitig zu besetzen (▶ Abbildung 8.5). Es entstehen oktaedrische 1 : 1-Komplexe. Der Ligand stellt dem Metallzentralteilchen zwölf Elektronen zur Verfügung. Solche Komplexe sind extrem stabil, weswegen Na_4H_2 EDTA als Antidot für Schwermetallvergiftungen und zur Therapie von Calcium-Funktionsstörungen eingesetzt wird.

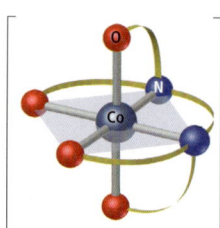

[Co(EDTA)]$^-$
Aus: Brown, T. L., LeMay, H. E. & Bursten, E. B. (2007)

Abbildung 8.5: Komplexbildung durch EDTA. Das Tetraanion EDTA^{4-} ist ein sechszähniger Komplexligand, der mit vielen Metallen sehr stabile 1 : 1-Komplexe bildet, bei denen das Metallion oktaedrisch von sechs Donoratomen (viermal N, zweimal O) des Liganden umgeben ist.
Aus: oben: Brown, T. L., LeMay, H. E. & Bursten, E. B. (2007); unten: Housecroft, C. E. & Sharpe, A.G. (2006)

Mehrzähnige Komplexliganden werden auch zur **Verhinderung der Blutgerinnung** eingesetzt. Frisches Blut, das stehengelassen wird, gerinnt, indem eine Kaskade von enzymatischen Reaktionen in Gang gesetzt wird, die letztendlich in der Quervernetzung von Fibrin und dadurch der Bildung von Thromben (Blutgerinnseln) endet. Nahezu alle Phasen der Blutgerinnung sind Ca^{2+}-abhängig. Entfernt man die Ca^{2+}-Ionen durch

Komplexierung aus dem Blut, kann keine Blutgerinnung mehr stattfinden. Als Komplexliganden verwendet man zum Beispiel Citrat (= Salz der Citronensäure, ▶ Kapitel 6.2) oder Na$_4$EDTA. Beide Anionen bilden mit Ca^{2+} stabile Chelatkomplexe und verhindern so die Blutgerinnung. Bei einer Blutabnahme für eine Laboruntersuchung sind die Gerinnungshemmer bereits in den Blutentnahmeröhrchen enthalten, was durch deren Farbcodierung angegeben ist (zum Beispiel rote EDTA- oder grüne Citrat-Entnahmeröhrchen). Man erhält sogenanntes Citrat-Blut oder EDTA-Blut, welches ungerinnbar ist und für nachfolgende klinische Untersuchungen verwendet werden kann.

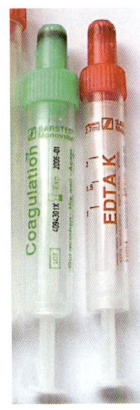

Blutentnahmeröhrchen
© Wikipedia: Blutentnahmeröhrchen, verschiedene Blutröhrchen – Farbcodierung nach EN 14820, Autor: Markus Würfel

Wieso sind Chelatkomplexe besonders stabil? Dies verstehen wir, wenn wir bedenken, dass die Komplexbildung eine Ligandenaustauschreaktion ist (▶ Kapitel 8.6). Vergleichen wir die Bildung des Hexaamminnickel(II)-Komplexes [Ni(NH$_3$)$_6$]$^{2+}$ mit der des Triethylendiaminnickel(II)-Komplexes [Ni(en)$_3$]$^{2+}$. Beide entstehen aus dem Hexaaquakomplex [Ni(H$_2$O)$_6$]$^{2+}$ durch Verdrängung der sechs Wassermoleküle. Beide Liganden weisen die gleichen Donoratome in einer ähnlichen chemischen Umgebung auf, nämlich Stickstoff als Amin RNH$_2$. In beiden Komplexen ist das Nickelion oktaedrisch von sechs N-Atomen umgeben. Trotzdem ist die Stabilität des Chelatkomplexes deutlich größer (**Chelateffekt**).

[Ni(H$_2$O)$_6$]$^{2+}$ + 6 NH$_3$ ⇌ [Ni(NH$_3$)$_6$]$^{2+}$ + 6 H$_2$O $\beta = 10^9$ L^6/mol^6

[Ni(H$_2$O)$_6$]$^{2+}$ + 3 en ⇌ [Ni(en)$_3$]$^{2+}$ + 6 H$_2$O $\beta = 10^{18}$ L^3/mol^3

AUS DER MEDIZINISCHEN PRAXIS

Chelatbildner als Antidota in der Medizin

Schwermetallkationen (zum Beispiel Pb^{2+}, As^{3+}, Cd^{2+} oder Hg^{2+}) sind sehr giftig (▶ Kapitel 7.6). Warum? Diese Kationen haben eine hohe Affinität zu Schwefel, sie bilden schwerlösliche Sulfide und reagieren auch mit organisch gebundenem Schwefel (zum Beispiel in Proteinen) unter Ausbildung von Komplexen. Dadurch werden die Strukturen und die Funktionen dieser Proteine gestört (▶ Kapitel 13.8). Die Halbwertszeiten im Körper betragen je nach Schwermetallion Tage bis hin zu mehreren Jahren oder Jahrzehnten (zum Beispiel 80 Tage bei Hg(II) und 10 bis 20 Jahre für Pb(II) oder Cd(II)). Obwohl allen Schwermetallkationen im Prinzip der gleiche Toxizitätsmechanismus zugrunde liegt, lösen sie völlig unterschiedliche Krankheiten und Vergiftungssymptome aus. Dies hängt mit der unterschiedlichen Verteilung der einzelnen Metallionen im Organismus zusammen. Bei chronischer Bleivergiftung ist zum Beispiel insbesondere die Häm-Biosynthese betroffen. Zudem wirkt Pb^{2+} neurotoxisch und führt zu Koordinationsschwächen der Muskulatur und zu Ödemen am *Nervus opticus*.

Symptome einer chronischen Hg-Vergiftung (Minamata-Krankheit)
© Wikipedia (engl.): Minamata disease, Tomoko's hand, Autor: W. Eugen Smith

Eine tragische Umweltkatastrophe ereignete sich in den 1950er-Jahren in dem japanischen Fischerdorf Minamata. Quecksilberhaltige Abfälle, die das Methylquecksilberkation Hg(CH$_3$)$^+$ enthielten, wurden aus einer chemischen Fabrik jahrelang ins Meer entsorgt und reicherten sich in den Fischen und Algen an (Bioakkumulation, ▶ Kapitel 4.5). Als Folge traten bei Tausenden von Menschen, die sich von den Fischen ernährten, chronische Quecksilbervergiftungen auf (Symptome: Ataxien, Lähmungen, Psychosen und Koma bis hin zum Tod).

8 Metallkomplexe

Wie werden Vergiftungen mit Schwermetallen behandelt? Durch Antidota, die mit dem Schwermetallkation stabile Chelatkomplexe bilden. Dadurch werden die Schwermetallionen den Komplexen mit den Proteinen entzogen und die Chelatkomplexe mit den Antidota werden, weil sie wasserlöslich sind, leichter aus dem Körper eliminiert (= ausgeschieden). Als Chelatkomplexbildner zur Therapie von Vergiftungen werden zum Beispiel EDTA (Ethylendiamintetraacetat), DMPS (2,3-Dimercapto-1-propansulfonsäure), Penicillamin (übrigens auch ein Antirheumatikum der zweiten Wahl), DTPA (Diethylentriaminpentaacetat), DMSA (Dimercaptobernsteinsäure) oder Desferrioxamin (Deferoxamin) verwendet (▶ Tabelle 8.2). Letzteres gehört zu den sogenannten Siderophoren (Eisenträger), von Peptiden abgeleitete Moleküle, die von Bakterien, Pilzen oder Pflanzen gebildet werden, um Fe(III)-Ionen aus dem umgebenden Medium in die Zellen aufzunehmen (▶ Kapitel 8.9).

Warum darf man bestimmte Antibiotika nicht mit Milch nehmen?

In der Packungsbeilage von Antibiotika aus der Gruppe der Tetracycline steht „… mit reichlich Flüssigkeit (keine Milch) einnehmen." Warum? Tetracycline hemmen das Bakterienwachstum, indem sie an die 30S-Untereinheit der Bakterien-Ribosomen binden und dadurch deren Proteinbiosynthese (▶ Kapitel 14.7) hemmen. Die Bindung an die Ribosomen kommt durch eine Chelatkomplexbildung zustande, an der der „obere" Teil des Tetracyclinmoleküls, Phosphatgruppen der ribosomalen RNA und ein Mg^{2+}-Ion beteiligt sind. Dieser obere Teil des Moleküls ist bei allen Tetracyclinen gleich und stellt das sogenannte **Pharmakophor** dar, also denjenigen Teil des Moleküls, der für die eigentliche pharmakologische Wirkung verantwortlich ist. Dieses Pharmakophor kann natürlich auch mit Ca^{2+}-Ionen aus der Milch einen Chelatkomplex bilden (Mg^{2+} und Ca^{2+} gehören beide zu den Erdalkalimetallen, sind also chemisch sehr ähnlich; ▶ Kapitel 1.9). Die gebildeten Komplexe sind schwerlöslich, das Antibiotikum wird schlechter resorbiert und seine Wirksamkeit wird reduziert! Daher rührt auch der Hinweis, Mg- oder Al-haltige Antacida (▶ Kapitel 6.7) nicht gleichzeitig mit diesen Antibiotika einzunehmen.

schwerlöslicher Mg-Chelatkomplex

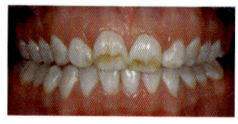

Zahnverfärbung durch Tetracycline
© Dr. Georg Taffet, Rielasingen

Gleiches gilt übrigens auch für Wirkstoffe aus der Klasse der Gyraseinhibitoren (zum Beispiel Ciprofloxacin, ▶ Kapitel 14.6), die ebenfalls stabile Komplexe mit Magnesium und Calciumionen bilden. In der Wachstumsphase werden Tetracycline in hohem Maße in calciumhaltige Gewebe wie Knochen oder Zähne eingelagert, was zu einer Gelbfärbung der Zähne führt. Daher ist die Einnahme von Tetracyclinen in der Schwangerschaft sowie bei kleinen Kindern kontraindiziert!

Die Erklärung für den Chelateffekt liefert die Entropie. Wir wissen bereits, dass die Gleichgewichtskonstante β mit der Gibbs-Energie $\Delta_R G$ zusammenhängt (▶ Kapitel 5.5.2), die sich wiederum gemäß der Gibbs-Helmholtz-Gleichung aus der Enthalpie- und der Entropieänderung, $\Delta_R H$ und $\Delta_R S$, der Reaktion zusammensetzt ($\Delta_R G = \Delta_R H - T \cdot \Delta_R S$). Die Enthalpieänderung $\Delta_R H$ ist in erster Näherung bei beiden Reaktionen identisch, da jeweils die gleichen Donoratome vorliegen und somit Bindungen ähnlicher Stabilität zum Metall ausgebildet werden. Bei der Umsetzung mit Ammoniak bleibt zudem die Teilchenzahl während des Ligandenaustauschs unverändert. Sechs Ammoniakliganden verdrängen sechs Wassermoleküle. Anders ist dies beim Ethylendiamin, hier verdrängen lediglich drei en-Liganden sechs Wassermoleküle. Die Teilchenzahl nimmt daher bei der Komplexbildung zu. Dies führt zu einer Erhöhung der Unordnung, was entropisch günstig ist ($\Delta_R S > 0$). Der Chelateffekt ist also im Wesentlichen ein entropischer Effekt (▶ Abbildung 8.6).

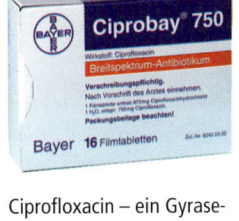

Ciprofloxacin – ein Gyrasehemmer
© Bayer Vital GmbH, Leverkusen

MERKE

Früher wurden Salze der Schwermetalle Arsen oder Thallium als Rattengift eingesetzt.

MERKE

Die Verdrängung mehrerer einzähniger Liganden durch einen mehrzähnigen Liganden ist entropisch günstig.

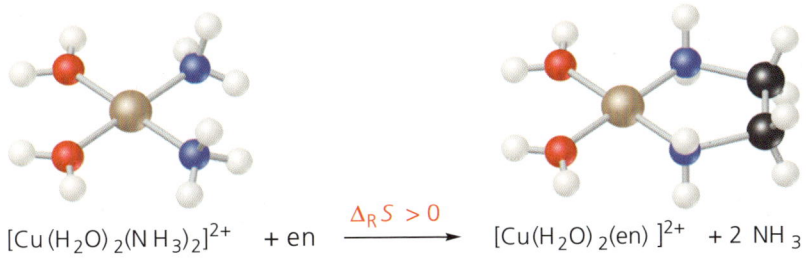

$[Cu(H_2O)_2(NH_3)_2]^{2+}$ + en $\xrightarrow{\Delta_R S > 0}$ $[Cu(H_2O)_2(en)]^{2+}$ + 2 NH_3

Abbildung 8.6: Chelateffekt. Die quadratisch planaren Komplexe $[Cu(H_2O)_2(NH_3)_2]^{2+}$ und $[Cu(H_2O)_2(en)]^{2+}$ haben Metall-Ligand-Bindungen ähnlicher Stärke (gleiche Donoratome). Die Bildung des Chelatkomplexes ist aber entropisch begünstigt, da bei der Komplexbildung durch Ligandenaustausch ein en-Ligand zwei Ammoniakmoleküle verdrängt.
Nach: Brown, T. L., LeMay, H. E. & Bursten, E. B. (2007)

AUS DER MEDIZINISCHEN PRAXIS

Gadoliniumkomplexe in der MRT

Verbindungen, die Gadolinium der Oxidationsstufe +3 enthalten (Gd^{3+}), werden als Kontrastmittel in der Magnetresonanztomographie (MRT) eingesetzt. Wegen der sieben ungepaarten Elektronen in der f-Schale des Gd(III) sind diese Substanzen stark paramagnetisch. Das heißt, sie verhalten sich wie kleine Stabmagnete, die das magnetische Verhalten von Wassermolekülen im Körper beeinflussen. Die Atomkerne von Wasserstoff besitzen nämlich ebenfalls ein magnetisches Moment. Bei der MRT misst man, wie die Wasserstoffatomkerne der Wassermoleküle in verschiedenen Gewebetypen durch ein äußeres Magnetfeld ausgerichtet werden. Gd(III) beeinflusst die Geschwindigkeit dieser Ausrichtung und verbessert dadurch die Qualität und Aussagefähigkeit einer MRT-Aufnahme.

Dazu muss allerdings im Blut eine Konzentration von etwa 1 mmol/L an Gadolinium vorliegen, was etwa 100-mal mehr ist als die letale (tödliche) Dosis von freien Gd^{3+}-Ionen. Es können also nicht einfach Gd-Salze eingesetzt werden. Stattdessen werden Chelatkomplexe verwendet, die eine so hohe Stabilität aufweisen, dass die Konzentration an freien Gd^{3+}-Ionen, die durch die Dissoziation des Komplexes entstehen, unbedenklich ist.

8 Metallkomplexe

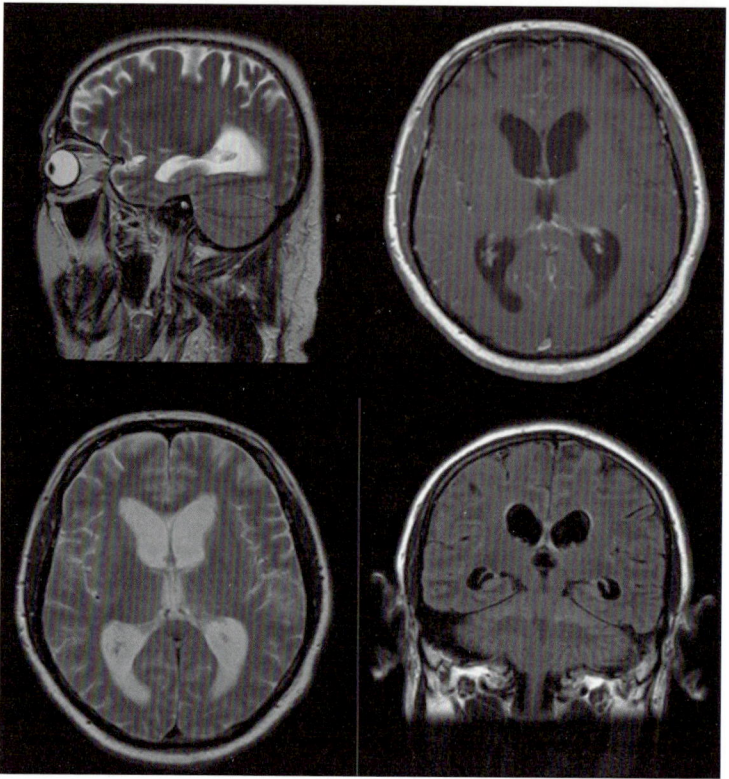

MRT-Aufnahmen
© Institut für Diagnostische Radiologie, Interventionelle Radiologie, Neuroradiologie und Nuklearmedizin, Klinikum der Ruhr-Universität Bochum, Knappschaftskrankenhaus Bochum-Langendreer

Wir hatten bereits beim gelben Blutlaugensalz gesehen, dass dieses wegen seiner hohen Komplexstabilität ungiftig ist, obwohl es giftige Cyanidionen als Liganden enthält (▶ Kapitel 8.6). Diesmal ist es umgekehrt. Nicht der Ligand, sondern ein giftiges Zentralteilchen muss durch Komplexierung maskiert werden. Ein möglicher Chelatbildner ist DTPA (Diethylentriaminpentaessigsäure), das auch als Antidot bei Schwermetallvergiftungen eingesetzt wird. Ein anderer häufig eingesetzter Komplexligand ist DOTA (1,4,7,10-Tetraazacyclododecantetraessigsäure). Diesen Chelator haben wir bereits in ▶ Kapitel 1 als Chelator für radioaktive Metallkationen kennengelernt. Sowohl bei DPTA als auch bei DOTA handelt es sich um achtzähnige Chelatliganden, die mit Gd^{3+} äußerst stabile Komplexe bilden. Den Gd(III)-Komplex mit DOTA bezeichnet man als Gadotersäure (Dotarem®).

Gadotersäure ist hydrophil und passiert daher nicht die Blut-Hirn-Schranke. Das Kontrastmittel wird intravenös appliziert. Nach Injektion kommt es zu einer raschen Verteilung im Körper; eine Bevorzugung eines bestimmten Organs ist nicht zu beobachten. Wegen der stärkeren Durchblutung von Krebszellen findet jedoch eine schnelle Anreicherung der Kontrastmittel in Krebszellen statt. Ein Vorteil der Gadotersäure liegt darin, dass der Komplex innerhalb weniger Stunden unverändert über die Nieren ausgeschieden wird. Die Halbwertszeit der Gadotersäure im Körper beträgt daher nur etwa 90 Minuten, das heißt, nach drei Stunden sind bereits 75 Prozent wieder eliminiert. Diese kurze biologische Halbwertszeit (▶ Kapitel 1.6) ist auch mitverantwortlich für die Ungiftigkeit der Gadotersäure.

Für die Stabilitätskonstante der Gadotersäure gilt

$$Gd^{3+} + DOTA \rightleftharpoons Gadotersäure$$

$$\beta = \frac{[Gadotersäure]}{[Gd^{3+}] \cdot [DOTA]} = 10^{25} \text{ L/mol}$$

In einer Lösung, die 1 mM Gadotersäure enthält, also die übliche Konzentration für MRT-Messungen, liegen durch die Dissoziation des Komplexes nur 10^{-14} mol/L freie Gd^{3+}-Ionen vor. Es gilt:

$$[Gd^{3+}] = [DOTA]$$
$$\Rightarrow [Gd^{3+}] = \sqrt{\frac{[Gadotersäure]}{\beta}} = 10^{-14} \text{ mol/L}$$

Allerdings stellt sich im Blut tatsächlich eine deutlich höhere Gadolinium(III)-Gleichgewichtskonzentration ein, da der Ligand, DOTA, durch Protonierung und durch Komplexierung mit anderen Metallionen (zum Beispiel Ca^{2+}, Cu^{2+} und Zn^{2+}) aus dem Dissoziationsgleichgewicht entfernt wird und sich dieses daher unter erneuter Freisetzung von DOTA und damit auch Gd^{3+} verschiebt (▶ Kapitel 5.9.1 und ▶ 5.10). Wegen der kurzen biologischen Halbwertszeit von Gadotersäure kommt es im Körper aber erst gar nicht zu einer Einstellung eines Gleichgewichtes. Die Zerfallsgeschwindigkeit der Gadotersäure ist nämlich sehr langsam (Halbwertszeit 60 Stunden). Das heißt, es dauert sehr, sehr lange, bis sich das Dissoziationsgleichgewicht tatsächlich eingestellt hat. Vorher ist der allergrößte Teil der Gadotersäure bereits über die Niere ausgeschieden worden. Bei Patienten mit einer Niereninsuffizienz kann es aber zu gravierenden Problemen bis hin zu Todesfällen kommen (nephrogene systemische Fibrose).

Die verwendeten Gd-Komplexe sind also nicht nur thermodynamisch sehr stabil (große Bildungskonstante β), sondern weisen auch eine hohe **kinetische Stabilität** auf. Diese ergibt sich aus der Geschwindigkeit, mit der ein Ligand am Metallzentrum gegen einen anderen Liganden ausgetauscht wird, und ist unabhängig von der Gleichgewichtslage (▶ Kapitel 10.3). Für die Ungiftigkeit der bei der MRT eingesetzten Gd-Komplexen sind also mehrere Faktoren verantwortlich: zum einen die hohe thermodynamische Stabilität (= geringe Konzentration an freien Gd^{3+}-Ionen) und zum anderen die kurze biologische Halbwertszeit in Kombination mit der hohen kinetischen Stabilität der Komplexe.

8.8 Eigenschaftsänderungen bei der Komplexbildung

Durch eine Komplexbildung ändern sich die Eigenschaften der Metallionen teilweise sehr deutlich. Betroffen können hiervon zum Beispiel sein:

- Farbe
- Löslichkeit
- Redoxeigenschaften

Schauen wir uns diese drei Punkte im Einzelnen an.

8.8.1 Veränderung der Farbe

Auffällig ist insbesondere die Farbveränderung, die häufig mit einer Komplexbildung einhergeht. So ist das hydratisierte Cu(II)-Ion $[Cu(H_2O)_4]^{2+}$ blassblau, wohingegen der Tetraamminkomplex $[Cu(NH_3)_4]^{2+}$ tief blau-violett gefärbt ist (▶ Abbildung 8.7). Wir haben bereits gelernt, dass die Farbigkeit einer Verbindung von der Absorption elektromagnetischer Strahlung bestimmter Energie und damit Wellenlänge herrührt (▶ Kapitel 1.11). Durch die Komplexbildung und die Übertragung von Elektronen von den Liganden auf das Zentralteilchen ändert sich die Lage der Energieniveaus des Metallions bei der Komplexbildung. Dadurch verändert sich ebenfalls die Energie, die notwendig ist, um ein Elektron anzuregen. In der Regel werden auch neue Elektronenübergänge bei niedrigerer Energie möglich, sogenannte Charge-Transfer-Banden. Der Name kommt daher, dass bei der Anregung Ladung zwischen den Liganden und dem Zentralteilchen übertragen wird. Die Anregungswellenlängen verschieben sich in den sichtbaren Bereich des Spektrums und die Komplexe erscheinen daher intensiv farbig.

Abbildung 8.7: Einfluss der Liganden auf die Farbe eines Komplexes. Eine wässrige Lösung von $CuSO_4$ ist aufgrund der Bildung des Komplexes $[Cu(H_2O)_4]^{2+}$ hellblau (links). Nach dem Hinzufügen von Ammoniak NH_3(aq) (Mitte und rechts) bildet sich der blau-violette $[Cu(NH_3)_4]^{2+}$-Komplex.
Aus: Brown, T. L., LeMay, H. E. & Bursten, E. B. (2007)

8.8.2 Veränderung der Löslichkeit

Wie zu Anfang dieses Kapitels schon erwähnt, kann die Löslichkeit von Salzen wie die des schwerlöslichen Silberchlorids AgCl ($L_P = 10^{-10}$ mol²/L²) durch Komplexbildung wesentlich erhöht werden. In einer gesättigten Lösung von Silberchlorid in Wasser betragen die Konzentrationen $[Ag^+] = [Cl^-] = 10^{-5}$ mol/L, es lösen sich also nur 1,4 mg AgCl in einem Liter Wasser (▶ Kapitel 4.9.2). Überschüssiges Silberchlorid setzt sich als weißer Feststoff am Boden der Lösung ab (▶ Abbildung 8.1). Gibt man zu dieser Suspension Ammoniakwasser, so reagieren die Ag^+-Ionen in der Lösung mit Ammoniak zu dem schon erwähnten Diamminsilber(I)-Komplex $[Ag(NH_3)_2]^+$. Dadurch wird die Konzentration an freien Ag^+-Ionen gesenkt, das Löslichkeitsprodukt wird unterschritten und das feste Silberchlorid im Bodensatz löst sich auf.

$$AgCl(s) \rightleftharpoons Cl^- + Ag^+ \xrightarrow{2\ NH_3} [Ag(NH_3)_2]^+ + Cl^-$$

schwerlöslich   löslich

Berechnen wir einmal, wie viel AgCl sich in einer 10-molaren Lösung von NH_3 in Wasser löst:

Die Komplexbildungskonstante des Diamminsilber(I)-Komplexes ist so hoch, dass das Silber in der Lösung praktisch vollständig in der Form des Komplexes vorliegt.

$$\beta = \frac{[Ag(NH_3)_2^+]}{[Ag^+]\cdot[NH_3]^2} = 10^7\ L^2/mol^2$$

Die geringe Menge an freien Ag^+-Ionen, die durch die Dissoziation des Komplexes entstehen, setzen wir ins Löslichkeitsprodukt des AgCl ein.

$$L_P = [Ag^+]\cdot[Cl^-] = \frac{[Ag(NH_3)_2^+]}{\beta\cdot[NH_3]^2}\cdot[Cl^-]$$

In dieser Lösung ist die Konzentration an Diamminsilber(I)- und Chloridionen gleich groß, da beide aus AgCl gebildet werden.

$$[Ag(NH_3)_2^+] = [Cl^-] = \sqrt{L_P\cdot[NH_3]^2\cdot\beta}$$
$$\Rightarrow [Ag(NH_3)_2^+] = \sqrt{10^{-10}\cdot 10^2\cdot 10^7} = \sqrt{0{,}1} = 0{,}31\ mol/L$$

Demnach kann man in einer 10-molaren NH_3-Lösung bis zu 0,3 mol/L an AgCl auflösen, was einer Menge von 43 g AgCl in einem Liter entspricht! Wir erhalten eine ziemlich konzentrierte Lösung, die etwa halb so viel Chlorid enthält wie Meerwasser ($[Cl^-] \approx 0{,}55$ mol/L) und etwa dreimal so viel wie die Extrazellulärflüssigkeit (0,125 mol/L = 125 mM).

Dass aber auch in der ammoniakalischen Lösung des Diamminsilberkomplexes immer noch freie Silberionen Ag^+ vorhanden sind, kann man sehen, wenn wir Kaliumiodidlösung hinzufügen. Es fällt sofort das sehr schwerlösliche gelb-weiße Silberiodid AgI aus ($L_P = 10^{-16}$ mol²/L²). Die geringe Konzentration an freien Ag^+-Ionen reicht also aus, um bei Zugabe von KI das Löslichkeitsprodukt von AgI zu überschreiten und somit festes AgI auszufällen. Anders formuliert, ist die Stabilität des Diamminsilberkomplexes nicht groß genug, um AgI aufzulösen. Dies gelingt aber durch die Zugabe von Cyanidionen. Es bildet sich der noch stabilere Dicyanidoargentat(I)-Komplex ($\beta = 10^{20}$ L^2/mol^2). Das Silberiodid löst sich auf.

$$\text{AgI(s)} \rightleftharpoons \text{I}^- + \text{Ag}^+ \xrightarrow{2\ \text{CN}^-} [\text{Ag(CN)}_2]^- + \text{I}^-$$

schwerlöslich   löslich

Aber selbst aus dieser Lösung lässt sich Ag$^+$ wieder ausfällen, indem man Natriumsulfid (Na$_2$S) zufügt. Jetzt entsteht das extrem stabile und schwerlösliche schwarze Silbersulfid Ag$_2$S ($L_P = 10^{-50}$ mol^3/L^3). Wir kennen es als den dunklen Belag, der sich nach einiger Zeit auf Silbergeschirr und Silbergegenständen bildet. In der Natur kommt Silber übrigens auch meistens in der Form des Sulfides vor. Reinigen kann man angelaufenes Silber elektrochemisch, indem man die Silberlöffel in einer NaHCO$_3$-Lösung auf Alufolie legt. Entsprechend der elektrochemischen Spannungsreihe (▶ Kapitel 7.6) reduziert unter diesen Bedingungen das Aluminium die Ag$^+$-Ionen im Ag$_2$S wieder zu metallischem Silber (▶ Kapitel 7.6). Es handelt sich also nicht um eine Komplexbildung, sondern um eine Redoxreaktion.

> **EXKURS**
>
> **Komplexierung von Alkalimetallen**
>
> Auch die Natur nutzt die Komplexbildung in vielfältiger Weise, um zum Beispiel die Löslichkeitseigenschaften von Metallionen zu verändern. Zellen sind von einer Lipid-Doppelschicht-Membran umgeben, die ähnlich unpolar ist wie Speiseöl (▶ Kapitel 11.10). Wir wissen aber bereits, dass sich ein polarer Stoff wie Kochsalz NaCl in einem unpolaren Lösemittel wie Speiseöl nicht löst (▶ Kapitel 3.7). Trotzdem müssen aber Ionen wie K$^+$ oder Na$^+$ irgendwie durch die Membran in die Zelle gelangen können. Neben dem Durchtritt durch Ionenkanäle, also tunnelartigen Röhren in der Membran (▶ Kapitel 4.9.1), können Ionen auch durch Komplexbildung so maskiert werden, dass sie die unpolare Zellmembran passieren können. Ein Beispiel ist das Antibiotikum **Valinomycin**, ein cyclisches, von Aminosäuren abgeleitetes Molekül, das in der Lage ist, selektiv K$^+$-Ionen zu komplexieren ($\beta = 10^6$ L/mol für K$^+$, aber $\beta < 10$ L/mol für Na$^+$).
>
>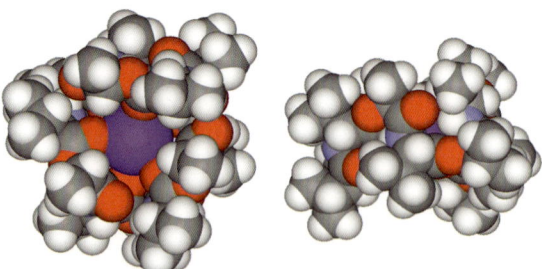
>
> **Abbildung 8.8:** Valinomycin bildet einen 1 : 1-Komplex mit Kaliumionen. Vom geladenen Kaliumion (violett) im Inneren ist kaum noch etwas zu erkennen. Dafür präsentiert der Komplex nach außen die hydrophoben Alkylgruppen (grau/weiß) des Liganden. In dieser maskierten Form kann K$^+$ durch eine Zellmembran diffundieren.

Im Komplex wird das Kaliumion von mehreren Sauerstoffatomen ähnlich wie in einer Hydrathülle umgeben (▶ Abbildung 8.8). Nach außen hin präsentiert der Komplex aber nur unpolare Alkylgruppen; der Gesamtkomplex erscheint also nach außen hin hydrophob. In dieser maskierten Form kann das Kaliumion dann durch eine Zellmembran diffundieren. Valinomycin ist ein sogenanntes **Ionophor**, ein Teilchen, das den Transport von Ionen durch eine Membran hindurch ermöglicht. Durch die nun mögliche Diffusion (▶ Kapitel 4.10.4) des Komplexes durch die Membran gleichen sich die K^+-Konzentrationen innerhalb und außerhalb der Zelle aus. Das Membranpotenzial bricht zusammen (▶ Kapitel 7.7). Die Bakterienzelle stirbt. Bei humanen Zellen geschieht allerdings das Gleiche, daher ist Valinomycin auch für Menschen toxisch.

Das gleiche Prinzip findet sich in der Chemie bei den **Kronenethern**: cyclische Polyether, die ebenfalls in ihrem Inneren Alkalimetallkationen komplexieren können. Dadurch können anorganische Salze wie Kaliumpermanganat $KMnO_4$ in unpolaren organischen Lösemitteln aufgelöst werden (▶ Abbildung 8.9), was neue chemische Reaktionen möglich macht. Die K^+-Ionen werden durch den Kronenether komplexiert und dadurch in der unpolaren organischen Phase löslich. Aufgrund der Elektroneutralität müssen aber auch die Gegenionen, also die MnO_4^--Ionen, in die organische Phase wandern. Die Entdeckung der Kronenether durch Charles Pedersen Ende der 1960er-Jahre wurde 1987 mit dem Nobelpreis für Chemie gewürdigt.

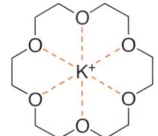

18-Krone-6-Kaliumkomplex

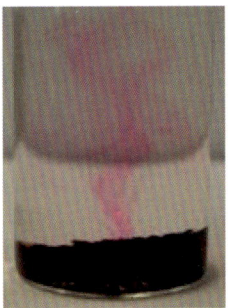  

Abbildung 8.9: Auflösung von Permanganat in unpolarem Lösungsmittel. Kaliumpermanganat ist als Salz in unpolaren Lösemitteln wie Dichlormethan (CH_2Cl_2) unlöslich (links). Nach Zugabe eines Kronenethers (Mitte) bildet sich ein Komplex, der unpolar ist, sodass das Permanganat in Lösung geht (rechts).
© Fachinformationszentrum Chemie GmbH, Berlin, www.ChemgaPedia.de, Kurs „Ether" Nr. 56237

8.8.3 Veränderung der Redoxeigenschaften

Auch die Redoxeigenschaften des Metallions können sich durch eine Komplexbildung ändern. Viele Übergangsmetalle können in mehreren Oxidationsstufen auftreten (▶ Kapitel 8.1). Wird nun eine Oxidationsstufe durch eine Komplexbildung besonders stabilisiert, verändert sich natürlich das Normalpotenzial des beteiligten Redoxpaares (▶ Kapitel 7.6). Das klassische Beispiel ist das Redoxpaar Co^{2+}/Co^{3+}. Normalerweise ist Co^{3+} – genauer gesagt der Hexaaquakomplex $[Co(H_2O)_6]^{3+}$ – in wässriger Lösung nicht stabil, da er ein so starkes Oxidationsmittel ist ($E° = +1,81$ V), dass er Wasser zu Sauerstoff oxidieren kann ($E° = +1,23$ V) und dabei selbst zu Co(II) reduziert wird.

$$4\,[\text{Co}(\text{H}_2\text{O})_6]^{3+} + 2\,\text{H}_2\text{O} \xrightarrow{\Delta E° > 0} 4\,[\text{Co}(\text{H}_2\text{O})_6]^{2+} + \text{O}_2 + 4\,\text{H}^+$$

$$\Delta E° = 1{,}81 - 1{,}23\,\text{V} = 0{,}58\,\text{V}$$

$$[\text{Co}(\text{H}_2\text{O})_6]^{3+} + e^- \rightleftharpoons [\text{Co}(\text{H}_2\text{O})_6]^{2+} \qquad E° = +1{,}81\,\text{V}$$

$$\text{O}_2 + 4\,\text{H}^+ + 4\,e^- \rightleftharpoons 2\,\text{H}_2\text{O} \qquad E° = +1{,}23\,\text{V}$$

Im Hexaamminkomplex $[\text{Co}(\text{NH}_3)_6]^{3+}$ wird dagegen die Oxidationsstufe +3 des Cobalts so stark durch die Wechselwirkung mit den Ammoniakliganden stabilisiert, dass das Normalpotenzial auf $E° = +0{,}11\,\text{V}$ absinkt. Nun wird umgekehrt Co(II) durch Sauerstoff zu Co(III) oxidiert. Gibt man Ammoniak zu einer wässrigen Lösung von Co^{2+}, so entsteht der violett gefärbte Hexaammincobalt(II)-Komplex $[\text{Co}(\text{NH}_3)_6]^{2+}$, der dann langsam durch Luftsauerstoff ($E° = +0{,}40\,\text{V}$ in basischer Lösung) zum orange-roten Hexaammincobalt(III)-Komplex $[\text{Co}(\text{NH}_3)_6]^{3+}$ oxidiert wird.

$$2\,[\text{Co}(\text{NH}_3)_6]^{2+} + \text{O}_2 + 2\,\text{H}_2\text{O} \xrightarrow{\Delta E° > 0} 2\,[\text{Co}(\text{NH}_3)_6]^{3+} + 4\,\text{OH}^-$$

$$\Delta E° = 0{,}40 - 0{,}11\,\text{V} = 0{,}29\,\text{V}$$

$$[\text{Co}(\text{NH}_3)_6]^{3+} + e^- \rightleftharpoons [\text{Co}(\text{NH}_3)_6]^{2+} \qquad E° = +0{,}11\,\text{V}$$

$$\text{O}_2 + 2\,\text{H}_2\text{O} + 4\,e^- \rightleftharpoons 4\,\text{OH}^- \qquad E° = +0{,}40\,\text{V}$$

8.9 Biologisch wichtige Metallkomplexe

Wir haben bereits mehrfach gesehen, dass in Zellen viele Moleküle vorliegen, die gute Komplexliganden sind. Diese bilden aber nicht nur mit extern aufgenommenen Metallionen Komplexe, was zu Schwermetallvergiftungen führen kann oder für die Wirksamkeit von Metallionen in Medikamenten verantwortlich ist. Auch mit den im Körper vorhandenen Spurenelementen (▶ Kapitel 1.10) werden Metallkomplexe gebildet. Diese Metallkomplexe haben wichtige biologische Funktionen. Die Natur nutzt die Komplexbildung, um ganz gezielt die Eigenschaften der komplexierten Metallionen so zu verändern, dass sie dem gewünschten Zweck optimal entsprechen (zum Beispiel durch Veränderung des Redoxpotenzials der Metallionen) (▶ Kapitel 8.8).

Metallkomplexe haben im Körper im Wesentlichen zwei Funktionen. Sie können rein **strukturbildende Aufgaben** übernehmen oder als **chemisch-reaktive Zentren** in Proteinen oder Vitaminen für den Transport oder die chemische Umwandlung anderer Stoffe verantwortlich sein.

8.9.1 Metallkomplexe zur Strukturbildung

Die biologische Funktion vieler Moleküle wie der Proteine (▶ Kapitel 13.8) oder der Nucleinsäuren (▶ Kapitel 14) hängt von der dreidimensionalen Gestalt dieser Moleküle ab. Diese sogenannte **Konformation** (▶ Kapitel 9.6) wird in vielen Fällen durch nichtkovalente Wechselwirkungen wie H-Brücken (▶ Kapitel 3.2.2) zwischen verschiedenen funktionellen Gruppen innerhalb desMoleküls bestimmt. Aber auch die Bildung von Metallkomplexen kann genutzt werden, um ein Molekül in eine bestimmte Konformation zu falten.

Ein klassisches Beispiel hierfür sind die **Zink-Finger-Proteine** (▶ Abbildung 8.10). Den Aufbau von Proteinen (= lineare Polymere aus Aminosäuren) werden wir in ▶ Kapitel 13 genauer besprechen. Momentan ist für uns nur wichtig zu wissen, dass Proteine aus langen Molekülfäden bestehen, die in Lösung erst einmal völlig ungeordnet wie ein Spaghetti-Knäuel vorliegen. Durch intramolekulare Wechselwirkungen wird dieses ungeordnete Knäuel in eine genau definierte dreidimensionale Gestalt gefaltet. Bei den Zink-Finger-Proteinen spielt hierbei die Komplexierung eines Zn^{2+}-Ions durch zwei Schwefel- und zwei Stickstoffatome eine wichtige Rolle. Diese Donoratome befinden sich in den Seitenketten der Aminosäuren Cystein (Donoratom S) oder Histidin (Donoratom N, ▶ Tabelle 13.1). Das Zn^{2+}- Ion bildet mit den vier Liganden einen tetraedrischen Komplex, was nur möglich ist, wenn der Proteinfaden sich gerade so faltet, dass diese vier Donoratome sich an der richtigen Position um das Zinkion herum befinden. Meistens nimmt das Protein dabei eine schleifenförmige Struktur an, die wiederum dazu dient, DNA zu erkennen. Zink-Finger-Proteine sind häufig Transkriptionsfaktoren, also Moleküle, die durch Wechselwirkung mit der DNA das Ablesen des genetischen Codes und damit letztendlich die Biosynthese von Proteinen kontrollieren (▶ Kapitel 14.7).

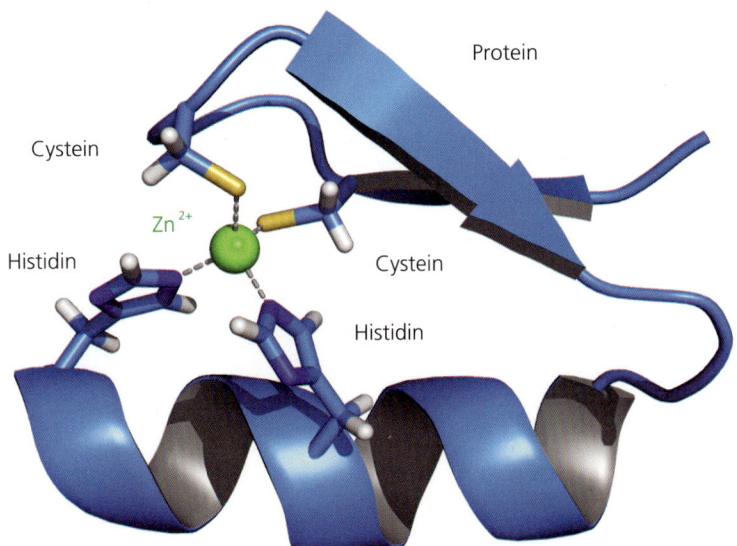

Abbildung 8.10: Zink-Finger-Protein. Ein Zn^{2+}-Ion bildet einen tetraedrischen Komplex mit vier Aminosäureseitenketten eines Proteins. Dadurch wird das Protein in eine genau vorgegebene dreidimensionale Struktur gefaltet.
© Wikipedia: Zinkfingerprotein, Autor: Thomas Splettstoesser

8.9.2 Metallkomplexe zur Substratbindung und -aktivierung

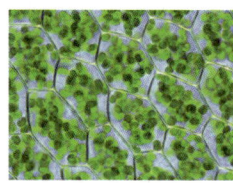

Chlorophyll in den Chloroplasten einer Grünpflanze
© Wikipedia: Chloroplast, Plagiomnium affine, Laminazellen, Autor: Kristian Peters

Einige der wichtigsten Metallkomplexe leiten sich von vierzähnigen Porphyrin-Liganden ab. Hierbei handelt es sich um cyclische Moleküle, bei denen vier N-Donoratome ins Innere eines Ringes weisen. Dort können unterschiedliche Metallionen in Form von Chelatkomplexen gebunden werden. In den schon öfter erwähnten Sauerstoffüberträgern **Hämoglobin** (Blut) und **Myoglobin** (Muskel) liegen Eisen(II)-Komplexe vor, im Chlorophyll, einem Farbpigment, das in grünen Pflanzen für die Photosynthese verantwortlich ist, ein Magnesium(II)-Komplex und im Vitamin B_{12} ein Cobalt(II)-Komplex.

Porphyrin-Ligand

Hämoglobin-Fe(II)-Komplex

Im Fall der Häm-Proteine und des Chlorophylls sind die Metallkomplexe in ein Protein eingebettet. Die Metalle bilden oktaedrische Komplexe. Die vier Koordinationsstellen in der Ebene sind durch die vier N-Atome des Porphyrins besetzt, die weiteren Koordinationsstellen sind durch Liganden aus dem Protein, wie zum Beispiel Histidin (N-Atom) oder Cystein (S-Atom), besetzt. In den Häm-Proteinen Myoglobin und Hämoglobin befindet sich an der fünften Koordinationsstelle ein Histidin (Donoratom N). Die sechste Koordinationsstelle dient zur reversiblen Bindung des Sauerstoffes (▶ Abbildung 8.11).

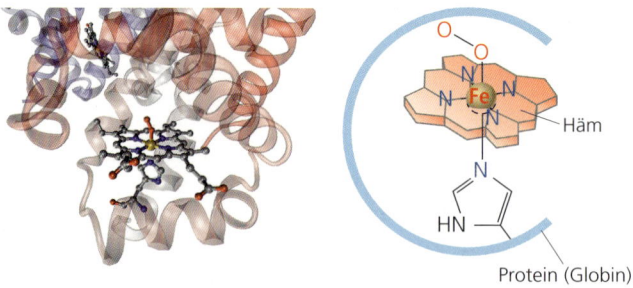

Abbildung 8.11: Sauerstoffbindung im Myoglobin. Myoglobin ist ein Protein, das in Zellen (zum Beispiel im Muskel) Sauerstoff speichert. Es enthält einen Häm-Fe(II)-Komplex, der über einen weiteren stickstoffhaltigen Liganden an das Protein gebunden ist. Die sechste Koordinationsstelle des Eisens dient zur reversiblen Bindung von Sauerstoff.
Nach: Brown, T. L., LeMay, H. E. & Bursten, E. B. (2007)

8.10 Biologisch wichtige Metallkomplexe

Im **Vitamin B$_{12}$** (Cobalamin), das für die Blutbildung und die Funktion von Nervenzellen wichtig ist, liegt ein Cobaltkomplex vor, in dem das Cobaltkation ebenfalls von einem Porphyrinliganden umgeben ist. Die fünfte Koordinationsstelle bindet ein weiteres N-Atom des Liganden. Die sechste Koordinationsstelle kann durch einen austauschbaren Liganden besetzt werden. Dies kann zum Beispiel eine Methylgruppe sein, das resultierende **Methylcobalamin** ist an Biomethylierungen, also der Übertragung einer Methylgruppe auf andere Biomoleküle wie Aminosäuren oder DNA-Basen, beteiligt (▶ Kapitel 10.5). In Vitaminpräparaten und in der Medizin wird das Cyanocobalamin verwendet, in dem ein Cyanidligand die sechste Koordinationsstelle besetzt. Der Hydroxidokomplex (Hydroxycobalamin) dient hingegen zur Behandlung von Cyanidvergiftungen (Cyanokit®). Cobalt hat eine sehr viel höhere Affinität zu Cyanid als zu OH$^-$ und entzieht daher der Cytochrom-c-Oxidase das Cyanid, wodurch deren Funktion wiederhergestellt wird (▶ Kapitel 8.6). Cyanokit® kann auch bei Verdacht auf eine Cyanidvergiftung eingesetzt werden, da es selbst nicht toxisch ist.

> **MERKE**
> Vitamin B$_{12}$-Mangel führt zu Blutarmut (Anämie).

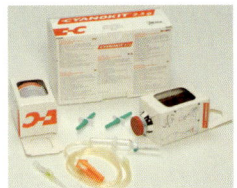

Cyanokit®
© Merck Santé s.a.s., Lyon, Frankreich

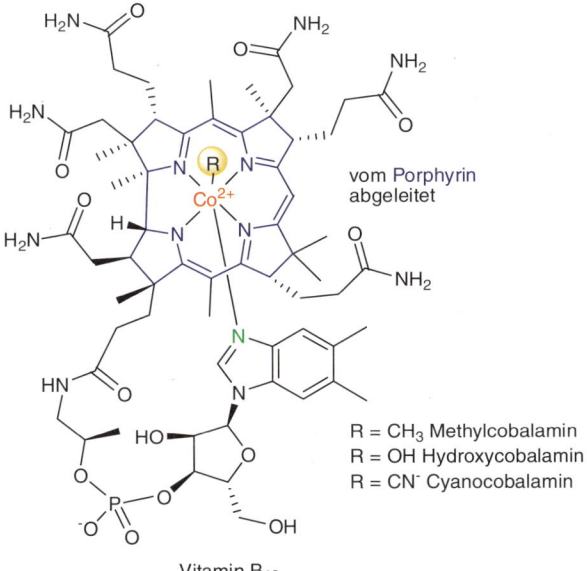

R = CH$_3$ Methylcobalamin
R = OH Hydroxycobalamin
R = CN$^-$ Cyanocobalamin

Vitamin B$_{12}$

> **EXKURS**
>
> **Warum Spinat doch nicht so gut für die Eisenversorgung ist**
>
> Früher wurden vor allem Kinder gerne mit Spinat gefüttert, weil man dachte, dass Spinat viel Eisen enthält. Mittlerweile weiß man, dass dies nicht stimmt, da der Eisengehalt von Spinat falsch berechnet wurde. Die ursprüngliche Angabe bezog sich auf getrockneten Spinat, der etwa 35 mg Eisen pro 100 g enthält. Frischer Spinat besteht aber zu 90 Prozent aus Wasser und enthält somit nur noch 3,5 mg Eisen pro 100 g. Spinat ist sicherlich gesund, aber nicht des Eisens wegen! Ganz im Gegenteil, Eisen wird aus Spinat, wie übrigens aus jeder pflanzlichen Nahrung, schlechter resorbiert als aus tierischer Nahrung. Warum?

Spinat
© Wikipedia: Spinat, National Cancer Institute's 5 A Day Resources & Tools, USA

8 Metallkomplexe

Zum einen liegt Eisen in Pflanzen hauptsächlich in der Oxidationsstufe +3 vor, die vom Magendarmtrakt nicht resorbiert werden kann, sondern zuerst durch das Enzym Ferrireduktase in den Membranen der Dünndarmzellen zu Eisen(II) reduziert werden muss. Nach der Reduktion wird Eisen(II) mithilfe eines Transportproteins durch die Membranen in das Innere der Darmzellen transportiert und dort von einem Protein (Apoferritin) aufgenommen und gespeichert. Wenn Eisen gebraucht wird, kann es aus diesem Ferritin genannten Speicherkomplex wieder freigesetzt werden. Der Transport im Blut erfolgt dann aber als Eisen(III) in Form eines Komplexes mit dem Protein Transferrin. Deswegen enthalten intravenös applizierte Eisenpräparate auch Fe^{3+}, im Gegensatz zu oral verabreichten, die Fe^{2+} enthalten.

Eisen weist in Pflanzen also die falsche Oxidationsstufe auf und wird daher nur sehr schlecht resorbiert. In tierischer Nahrung liegt Eisen meistens in Form von Fe^{2+} gebunden an Häm vor, für das ein eigenes Transportprotein zur Aufnahme zur Verfügung steht. Deshalb kann tierisches Eisen besonders gut im Darm resorbiert werden. Bei rein vegetarischer und noch mehr bei veganischer Ernährung besteht daher die Gefahr einer Eisenmangelernährung. Man sollte dann auf ausreichende Eisenzufuhr achten.

IP6

Ein weiteres Problem bei pflanzlichen Eisenquellen ist zudem das gleichzeitige Vorliegen anderer Pflanzeninhaltsstoffe wie Oxalat oder Phytate, die Eisen und andere Mineralstoffe in Form von sehr stabilen Chelatkomplexen binden. Diese Komplexe sind so stabil, dass die Metallkationen daraus nicht resorbiert werden können. Phytate sind chemisch gesehen Hexaphosphorsäureester (▶ Kapitel 11.9) des Inosits (IP6). Die Phosphatgruppen sind gute Komplexliganden, die Metallkationen komplexieren. Das Garkochen von Gemüse zerstört einen Teil der Phytate, sodass Eisen und andere Mineralstoffe wieder freigesetzt und damit bioverfügbar werden. Den höchsten Gehalt an Phytaten weist übrigens die Sojabohne auf. Andere Pflanzeninhaltsstoffe, die durch Komplexbildung die Resorption von Eisen verringern können, sind Tannine, zum Beispiel aus Tee (Schwarztee, Grüntee) oder Alginate (eingesetzt als Verdickungsmittel).

Übrigens: Aufgrund der starken metallkomplexierenden Wirkung werden Phytate auch zur Behandlung von Uranvergiftungen verwendet.

ZUSAMMENFASSUNG

Im vorliegenden Kapitel haben wir Folgendes über Metallkomplexe gelernt:

- Wird ein Zentralteilchen von mehreren Liganden umgeben, die durch koordinative Bindungen an das Metall binden, so entsteht ein Metallkomplex.
- Die Koordinationszahl (KZ) ist die Anzahl der Ligandenatome, die chemisch an das Metallatom oder Metallion gebunden sind. Sie hängt von der Valenzelektronenkonfiguration des Zentralteilchens und dem Platzbedarf der Liganden ab. Häufig bilden sich Komplexe, bei denen alle $(n-1)$d-Orbitale sowie das ns- und die np-Orbitale des Zentralmetalls mit insgesamt 18 Elektronen doppelt besetzt sind (18-Elektronen-Regel). Diese Regel gilt aber nicht so streng wie die Oktettregel bei den Elementen der zweiten Periode.
- Die Struktur des Komplexes wird durch die sterischen Ansprüche der Liganden stark beeinflusst. Die Donoratome der Liganden ordnen sich meist so um das Zentralatom herum an, dass sie möglichst weit voneinander entfernt sind. Folglich sind Komplexe mit KZ = 2 linear und mit KZ = 6 oktaedrisch. Komplexe mit KZ = 4 sind zumeist tetraedrisch, seltener quadratisch planar. Dies hängt von der elektronischen Struktur des Zentralteilchens ab.
- Metallkomplexe sind häufig sehr stabil, das Gleichgewicht der Komplexbildung liegt also nahezu vollständig auf der Seite des Komplexes. Die Stabilität des Komplexes kann mit der Bildungskonstante β quantitativ beschrieben werden. Ihr Kehrwert ist die Zerfallskonstante K_Z.

$$K_B = \beta = \frac{[\text{MeL}_Z^{n+}]}{[\text{Me}^{n+}] \cdot [\text{L}]^z} = \frac{1}{K_Z}$$

- Mehrzähnige Liganden bilden zwei oder mehrere koordinative Bindungen gleichzeitig zum Zentralteilchen aus. Es entstehen Chelatkomplexe, die bei gleichen Donoratomen aus entropischen Gründen stabiler sind als analoge Komplexe mit einzähnigen Liganden (Komplexbildungen sind Ligandenaustauschreaktionen).
- Bei der Komplexbildung ändern sich die Eigenschaften des Zentralatoms oder -ions in der Regel deutlich. Dies betrifft insbesondere die Farbigkeit, die Löslichkeit und die Redoxeigenschaften dieses Metallatoms oder -ions.
- In lebenden Organismen bestimmen Metallkomplexe die dreidimensionale Struktur und damit die Funktionsweise vieler Proteine. Sie werden ebenfalls zur Substratbindung und -aktivierung genutzt (zum Beispiel bei der reversiblen Bindung von O_2 durch Hämoglobin oder Myoglobin).

Übungsaufgaben

1 Geben Sie für die folgenden Komplexe die Koordinationszahl und die Ladung des Metallions an: $[Co(NH_3)_6]^{3+}$, $[Cu(CN)_4]^{2-}$, $K_3[Fe(CN)_6]$, $[Fe(H_2O)_4(SCN)_2]^+$ und $[Ca(EDTA)]^{2-}$

2 Welche Zähnigkeit weisen die folgenden Liganden auf?

$H_2N\frown NH_2$ CO $R-O-R$

$H_2N-CO_2^-$ $R-OH$ $R-CO_2^-$

$HO\frown N(H)\frown OH$

3 $[Zn(NH_3)_4]^{2+}$ und $[Zn(CN)_4]^{2-}$ haben die folgenden Bildungskonstanten: $\lg \beta = 10$ und 17. Wenn Sie zu einer ammoniakalischen Zinksulfatlösung Cyanidionen hinzugeben, welcher Komplex bildet sich dann bevorzugt?

4 Was passiert, wenn Sie zu einer Lösung des Komplexes $[Ni(en)_3]^{2+}$ in Wasser Ammoniak (NH_3) oder Cyanidionen (CN^-) hinzugeben?
$[Ni(en)_3]^{2+}$ $\lg \beta = 18$
$[Ni(NH_3)_6]^{2+}$ $\lg \beta = 9$
$[Ni(CN)_4]^{2-}$ $\lg \beta = 30$

5 Ethylendiamintetraacetat $EDTA^{4-}$ ist ein Komplexligand, der sehr stabile Komplexe mit Metallionen bildet und in der Medizin zum Beispiel als Gegengift bei Schwermetallvergiftungen eingesetzt wird. EDTA wird dabei häufig in Form des Calciumkomplexes $[CaEDTA]^{2-}$ eingesetzt. Für welche Schwermetalle können Sie basierend auf den unten angegebenen Komplexbildungskonstanten ($\lg \beta$-Werte) diesen Ca-Komplex als Gegengift einsetzen und für welche Metalle geht dies nicht?

Ion	Ca^{2+}	Pb^{2+}	Ba^{2+}	Cd^{2+}
$\lg \beta$	10,7	18,0	7,9	14,5

6 Gegeben seien folgende Reaktionen:
A: $[Co(H_2O)_6]^{2+} + 6\ NH_3 \rightarrow [Co(NH_3)_6]^{2+} + 6\ H_2O$
B: $[Co(H_2O)_6]^{2+} \rightarrow [Co(H_2O)_6]^{3+} + 1\ e^-$
C: $[Cu(H_2O)_4]^{2+} + 2\ Cl^- \rightarrow [Cu(H_2O)_2Cl_2] + 2\ H_2O$
Welche Aussagen sind korrekt?
a) A ist eine Komplexreaktion.
b) Bei B findet ein Ligandenaustausch statt.
c) In A ist das Zentralion dreifach positiv geladen.
d) B ist eine Reduktion.
e) Die Koordinationszahlen des Co sind in A und B unterschiedlich.
f) In C wird Cu^{2+} reduziert.
g) In C wird Cl^- oxidiert.
h) Bei C findet ein Ligandenaustausch statt.
i) C ist eine Neutralisationsreaktion.

7 Streichen Sie falsche Angaben im Text durch:
a) Im Häm liegt das Eisen in der Oxidationsstufe +2 / +3 vor.
b) Im Vitamin B_{12} liegt Eisen(II) / Eisen(III) / Cobalt(II) vor.
c) Im Desoxyhämoglobin liegt Eisen(II) / Eisen(III) vor.
d) Im Cytochrom c liegt Co(II) / Cu(II) / Fe(III) / Mg(II) / Zn(II) vor.

> Die Lösungen zu den Übungsaufgaben finden Sie im Anhang. Die ausführlichen Lösungen zu diesem Buchkapitel finden Sie auf der Website zum Buch unter http://www.pearson.de. Sie finden dort auch ein Bonuskapitel »Mathematische Grundlagen« sowie ergänzende Tabellen.

Aufbau und Struktur organischer Verbindungen

9

9.1	Was ist Organische Chemie?	351
9.2	Das Besondere am Kohlenstoff	352
9.3	Bindungsverhältnisse in organischen Verbindungen	355
9.4	Strichschreibweise von organischen Molekülen	364
9.5	Stoffklassen, homologe Reihen und funktionelle Gruppen	365
9.6	Strukturisomerie	371
9.7	Nomenklatur	374
9.8	Geometrische Isomere	378
9.9	Spiegelbildisomerie oder Enantiomerie	381
9.10	Verbindungen mit zwei oder mehr Stereozentren	395
9.11	Cycloalkane	400
9.12	Zusammenfassung: Isomeriearten	408

■ **FALLBEISPIEL** Methanolvergiftung

Ein 39-jähriger Patient wird mit Koma, beatmungspflichtiger respiratorischer Insuffizienz (eingeschränkte Funktionsfähigkeit der Lunge), rezidivierenden (wieder auftretenden) Krampfanfällen und schwerer metabolischer Acidose (pH 6,8) unklarer Genese auf einer Intensivstation aufgenommen. Die Ehefrau berichtet, dass er zwei Tage zuvor von einem Arbeitskollegen selbst gebrannten Schnaps mit nach Hause gebracht hätte. Nach durchzechter Nacht habe er tagsüber zuerst seinen Rausch ausgeschlafen und danach über Übelkeit, Erbrechen, Schwindel und Kopfschmerzen geklagt. Am darauffolgenden Tag kamen Sehstörungen hinzu, bevor er dann bewusstlos wurde. Im Verlauf der Untersuchungen wurde ein Methanolgehalt im Blut von 6,0 Promille festgestellt. Trotz Antidotbehandlung mit Ethanol und Hämodialyse verschlechterte sich der Zustand des Patienten, es bildete sich ein schweres Hirnödem. Der Patient verstarb nach fünf Tagen.

Erklärung

Der Patient ist an einer Methanolvergiftung verstorben, die er sich durch selbstgebrannte Alkoholika zugezogen hatte. Methanol (H_3C-OH) und Ethanol, der normale Trinkalkohol (H_3C-CH_2-OH), sind homologe Alkohole. Sie wirken ähnlich berauschend (Methanol wirkt etwas schwächer, aber dafür länger) und werden auch ähnlich metabolisiert. Allerdings ist Methanol im Vergleich zum Ethanol sehr viel giftiger. Beide werden zunächst durch das Enzym Alkoholdehydrogenase oxidiert, Methanol zu Formaldehyd (HCHO), Ethanol zum homologen Acetaldehyd (H_3C-CHO). Durch die Aldehyddehydrogenase wird anschließend Formaldehyd zu Ameisensäure (HCO_2H), Acetaldehyd zu Essigsäure (H_3C-CO_2H) oxidiert. Die Oxidation zu Formaldehyd verläuft relativ langsam, die weitere Oxidation zu Ameisensäure dagegen schnell. Da Ameisensäure nur langsam weiter verstoffwechselt wird (zu CO_2 und Wasser) und auch nur langsam mit dem Harn ausgeschieden wird, reichert sich diese Säure im Körper an und löst zahlreiche Vergiftungssymptome aus. Es kommt zur metabolischen Acidose (▶ Kapitel 6.9). Ödeme in der Retina führen zu (anfangs noch reversiblen) Sehstörungen, letztendlich wird der Sehnerv irreversibel geschädigt. Die Sterblichkeit ist hoch, schon 30 bis 100 mL Methanol können tödlich sein. Eine Methanolvergiftung kann durch Gabe von 4-Methylpyrazol (Fomepizol, Antizol®) oder Ethanol behandelt werden. Beide haben eine höhere Affinität zur Alkohol- und Aldehyddehydrogenase und verdrängen Methanol und Formaldehyd. Dadurch wird die Metabolisierung von Methanol zu Ameisensäure gehemmt. 4-Methylpyrazol wird intravenös mit einer Anfangsdosis von 15 mg/kg Körpergewicht über 30 Minuten verabreicht. Wenn 4-Methylpyrazol nicht verfügbar ist, stellt die intravenöse Infusion von 0,6 g Ethanol/kg Körpergewicht eine Alternative dar. Dabei sollte ein Blutalkoholgehalt von 1 Promille über mehrere Tage aufrechterhalten werden, bis das Methanol vollständig ausgeschieden wurde. Die metabolische Acidose wird durch Gabe von $NaHCO_3$ und Puffern ausgeglichen. Die Eliminierung der toxischen Ameisensäure lässt sich durch Gabe von Folsäure beschleunigen. In sehr schweren Fällen kann eine Hämodialyse notwendig sein.

> **LERNZIELE**
>
> Das Fallbeispiel zeigt, dass strukturell sehr ähnliche Stoffe sehr unterschiedliche Wirkungen auf den Menschen haben können. Um dies zu verstehen, müssen wir uns mit dem Aufbau und der Struktur organischer Verbindungen beschäftigen. In diesem Kapitel werden wir daher lernen,
>
> - warum der Kohlenstoff eine so zentrale Rolle in der Chemie einnimmt, dass seine Verbindungen die Grundlage des größten Teilgebietes der Chemie, der Organischen Chemie, bilden,
> - wie man die chemischen Bindungen in organischen Verbindungen mit dem Modell der Hybridisierung beschreiben kann,
> - dass die Eigenschaften organischer Verbindungen von funktionellen Gruppen bestimmt werden,
> - wie man organische Verbindungen systematisch benennt,
> - dass zwei Moleküle trotz gleicher Summenformel verschieden sind (Isomerie), wenn sie sich in der Verknüpfung der Atome oder in ihrem dreidimensionalen Aufbau unterscheiden.

9.1 Was ist Organische Chemie?

Von den ca. 110 chemischen Elementen im Periodensystem kommt einem Element eine besondere Bedeutung zu, nämlich dem **Kohlenstoff**. Vom Kohlenstoff gibt es viel mehr chemische Verbindungen als von allen anderen Elementen zusammen. Wir kennen heute weit über 12 Millionen chemische Verbindungen, von denen sich ca. 10 Millionen vom Kohlenstoff ableiten. Viele dieser sogenannten **Kohlenstoffverbindungen** finden sich in Pflanzen, Tieren oder im Mensch und haben dort wichtige biologische Funktionen, wie zum Beispiel die Glucose (▶ Kapitel 12) oder auch der Häm-Ligand (▶ Kapitel 8.9). Historisch nennt man daher auch die Chemie der kohlenstoffhaltigen Verbindungen die **Organische Chemie**. In dem Namen sollte zum Ausdruck kommen, dass es sich um die Chemie der belebten Natur handelt. Im Gegensatz dazu beschäftigt sich die Anorganische Chemie zum Beispiel mit den Eigenschaften von Silicaten und Erzen, also chemischen Verbindungen, die sich in Gesteinen (= unbelebter Materie) finden. Man dachte früher einmal, dass die Chemie der belebten Natur, die Organische Chemie, etwas Besonderes sei und sich grundsätzlich von der Anorganischen Chemie unterscheiden würde. Nur lebende Zellen sollten in der Lage sein, organische Verbindungen wie Harnstoff oder Glucose herzustellen, da dazu eine besondere Lebenskraft (*vis vitalis*) nötig sei.

> **MERKE**
> Organische Chemie = Chemie der Kohlenstoffverbindungen

Wir wissen mittlerweile, dass diese Vorstellung falsch ist. Im Jahre 1828 erhitzte Friedrich Wöhler Ammoniumcyanat, NH_4OCN, ein typisch anorganisches Salz im Reagenzglas und isolierte aus dem Rückstand Harnstoff, eine typische organische Substanz.

Friedrich Wöhler
© Wikipedia: Friedrich Wöhler

$$NH_4^+ \; OCN^- \xrightarrow{\Delta T} H_2N-\underset{\underset{NH_2}{}}{\overset{O}{C}}$$

Ammoniumcyanat
anorganisches Salz

Harnstoff
organische Verbindung

Harnstoffsynthese
© Wikipedia: Friedrich Wöhler, Gedenkmarke zum hundertsten Todesstag von Friedrich Wöhler (1800–1882) (Entwicklung der Harnstoffsynthese), Deutsche Bundespost

Wie der Name bereits andeutet, handelt es sich um eine Verbindung, die aus dem Urin isoliert werden kann. Der Körper nutzt Harnstoff, um giftige Abbauprodukte des Eiweißstoffwechsels (▶ Kapitel 14.2) auszuscheiden. Dieser Versuch zeigte: Organische Verbindungen lassen sich genauso im Reagenzglas darstellen wie anorganische Verbindungen. Eine geheimnisvolle Lebenskraft war nicht notwendig. Die Organische Chemie folgt den gleichen Gesetzen und Prinzipien, die wir bisher schon besprochen haben. Nur die Anzahl organischer Verbindungen ist viel, viel größer als die anorganischer Verbindungen.

9.2 Das Besondere am Kohlenstoff

| 3A | 4A | 5A | 6A |
13	14	15	16
5 B	6 C	7 N	8 O
13 Al	14 Si	15 P	16 S

Ausschnitt aus dem Periodensystem

Wieso gibt es gerade vom Kohlenstoff derartig viele chemische Verbindungen und wieso nicht vom Silicium (dem nächsthöheren Homologen des Kohlenstoffes im Periodensystem) oder vom Bor oder Stickstoff, seinen beiden Nachbarn? Dies liegt an den besonderen elektronischen Eigenschaften des Kohlenstoffes, die wir nun besprechen wollen. Vergleichen wir von diesen vier Elementen die einfachsten Wasserstoffverbindungen: Boran BH_3, Methan CH_4, Ammoniak NH_3 und Silan SiH_4. Boran und Silan sind instabile Substanzen, die bei Kontakt mit Luftsauerstoff sofort in Flammen aufgehen. Methan und Ammoniak sind hingegen wesentlich stabilere Verbindungen. Zwar lässt sich auch Methan verbrennen, wenn es mit Luft (Sauerstoff) in Kontakt kommt. Aber es ist nicht selbst entzündlich und muss erst durch Energiezufuhr von außen entzündet werden (zum Beispiel durch ein Streichholz oder einen elektrischen Funken). Ammoniak brennt nur unter sehr drastischen Bedingungen. Im Gegensatz zum Ammoniak ist aber Methan nur der erste Vertreter einer ganzen Reihe von analog gebauten Verbindungen, die ausschließlich aus Kohlenstoff und Wasserstoff bestehen, den Alkanen. Bei diesen sind Kohlenstoffatome untereinander über Einfachbindungen zu Ketten verbunden und an allen übrigen Positionen befinden sich Wasserstoffatome (▶ Kapitel 9.5). Die Verbindung mit zwei Kohlenstoffatomen ist das Ethan C_2H_6, die nächste das Propan C_3H_8, das zum Beispiel als Campinggas eingesetzt wird. Es können Tausende von C-Atomen in einer Kette miteinander verbunden sein. Man erhält das Polyethylen, das wir von Plastiktüten und Plastikflaschen her kennen. Aus leidvoller Erfahrung wissen wir auch, wie stabil diese Verbindungen sind. Plastiktüten verrotten nicht wie zum Beispiel Papier oder Obst, sondern bleiben über Jahrzehnte hinweg erhalten. Auch durch Säuren oder Laugen wird Polyethylen nicht angegriffen.

Ganz anders verhält es sich beim Stickstoff. Das nächsthöhere Homologe des Ammoniaks ist das Hydrazin N_2H_4, das bereits leicht zerfällt und als Raketentreibstoff zum Beispiel beim Spaceshuttle eingesetzt wird. Verbindungen mit drei oder mehr N-Atomen in einer Kette sind gar nicht mehr stabil. Ähnliches gilt auch für die anderen Elemente der zweiten Periode. Wasser H_2O ist eine sehr stabile Verbindung, aber bereits das Wasserstoffperoxid H_2O_2 ist deutlich weniger stabil. Es zerfällt sehr leicht in Sauerstoff und wirkt dadurch oxidierend und desinfizierend (▶ Kapitel 7.3). H_2O_3 ist bereits keine stabile Verbindung mehr. Was für ein Unterschied ist dies zum Polyethylen mit seinen Tausenden C-Atomen in einer Kette!

Methan CH_4, die einfachste organische Verbindung

Plastikmüll
© Nic Botha, dpa Deutsche Presse-Agentur GmbH, Hamburg

	C_nH_{2n+2}	N_nH_{n+2}	O_nH_2
n=1	H–CH₃ (H–C–H mit H oben/unten)	H₂N–H	H–O–H
	alle gleich stabil	**stabil**	
n=2	H₃C–CH₃	H₂N–NH₂	H–O–O–H
		zerfallen leicht	
n=3	H₃C–CH₂–CH₃	H₂N–NH–NH₂	H–O–O–O–H
		bereits nicht mehr stabil	

Wir sehen, dass nur der Kohlenstoff als einziges Element im Periodensystem in der Lage ist, chemisch stabile Bindungen in großer Zahl auch mit sich selbst auszubilden. Wieso ist das so? Beim Bor haben wir das Problem, dass Bor zu wenige Elektronen besitzt. Bor hat als Element der Gruppe 13 nur drei Valenzelektronen (Elektronenkonfiguration $2s^2\ 2p^1$) und kann durch das Ausbilden kovalenter Atombindungen maximal auf sechs Außenelektronen kommen; zwei zu wenig, um Edelgaskonfiguration zu erreichen. Borverbindungen sind daher **Elektronenmangelverbindungen** und reagieren als Lewis-Säuren mit Lewis-Basen (▶ Kapitel 6.8.3) (zum Beispiel auch Luftsauerstoff) unter Komplexbildung und Ausbildung einer weiteren koordinativen Bindung. Elemente der fünften, sechsten und siebten Hauptgruppe wie Stickstoff oder Sauerstoff können zwar durch kovalente Atombindungen Edelgaskonfiguration erreichen, sie besitzen aber zusätzlich **freie Elektronenpaare**, die sich bei entsprechenden Element-Element-Einfachbindungen gegenseitig abstoßen (▶ Kapitel 2.5). Außerdem bieten die freien Elektronenpaare Angriffsmöglichkeiten für andere Teilchen (zum Beispiel Elektrophile, ▶ Kapitel 10.4), was zu einer größeren chemischen Reaktivität führt. Dadurch werden Verbindungen wie Hydrazin oder Wasserstoffperoxid instabil, wie man gut an den entsprechenden Bindungsdissoziationsenergien sehen kann (▶ Tabelle 9.1). Der Extremfall ist das Fluormolekül F_2.

Mit nur 155 kJ/mol ist die F–F-Bindung sehr schwach, was auch daran liegt, dass jedes Fluoratom noch drei freie Elektronenpaare aufweist und diese sich wegen der geringen Größe der Fluoratome zudem sehr nahe kommen und daher abstoßen.

Verbindung	H$_3$C–CH$_3$	H$_2$N–NH$_2$	HO–OH	F–F
BDE/kJ mol^{-1}	380	280	200	155

Tabelle 9.1: Bindungsdissoziationsenergien ausgewählter Element-Element-Bindungen

Nur Elemente der Gruppe 14 können also durch kovalente Atombindungen Edelgaskonfiguration erreichen, ohne dass die Moleküle durch die gegenseitige Abstoßung freier Elektronenpaare instabil werden. Wieso bildet das Silicium dann keine ähnlich stabilen Verbindungen wie der Kohlenstoff? Ein Grund ist die geringere Elektronegativität des Siliciums im Vergleich zum Kohlenstoff (▶ Kapitel 2.6). Dadurch ist das Silicium elektropositiver als der Wasserstoff und kann zum Beispiel leichter von Lewis-Basen wie Sauerstoff angegriffen werden. Zudem sind Si–O-Bindungen wesentlich stabiler als Si–Si-Bindungen. Jede siliciumhaltige Verbindung wird daher in Gegenwart von Sauerstoff sehr leicht zu SiO$_2$ (Quarz, ▶ Kapitel 3.8) oxidiert. Siliciumdioxid SiO$_2$ bildet übrigens in Form der Silicate die meisten Gesteine und stellt somit den Hauptbestandteil der festen Kruste unseres Planeten (Lithosphäre) dar.

>C$^{\delta-}$–H$^{\delta+}$

wenig reaktiv

>Si$^{\delta+}$–H$^{\delta-}$

leichter angreifbar

Ähnlich wie beim Silicium sind aus thermodynamischer Sicht auch alle kohlenstoffhaltigen Verbindungen in Gegenwart von Sauerstoff instabil und sollten zu Kohlenstoffdioxid CO$_2$ reagieren. Wir wissen aber aus der Erfahrung mit der Plastiktüte, dass dies nicht passiert. Grund für die Reaktionsträgheit gegenüber Sauerstoff ist die Kinetik (▶ Kapitel 10.3). Unter normalen Bedingungen ist wegen der stabilen und wenig polaren Bindungen, die Kohlenstoff ausbildet, die Geschwindigkeit der Oxidation so langsam, dass man sie nicht beobachten kann. Wir haben dies am Beispiel der Verbrennung von Glucose und dem Vergilben von Papier bereits besprochen (▶ Kapitel 5.6).

> **MERKE**
> Heteroatom = alle Elemente außer C und H in organischen Verbindungen

In seinen Verbindungen kann der Kohlenstoff entweder mit anderen Kohlenstoffatomen, mit Wasserstoff oder auch mit sogenannten **Heteroatomen** wie Sauerstoff, Stickstoff oder den Halogenen Bindungen bilden. Er kann dabei entweder zu vier anderen Atomen jeweils Einfachbindungen ausbilden oder mit einem oder zwei Atomen über mehr als eine Bindung (Doppel- oder Dreifachbindungen) verknüpft sein. Diese Mehrfachbindungen sind beim Kohlenstoff ebenfalls sehr stabil. Auch dies steht im Gegensatz zum Silicium, das als Element der dritten Periode Einfachbindungen gegenüber Mehrfachbindungen deutlich bevorzugt (▶ Kapitel 2.5).

9.3 Bindungsverhältnisse in organischen Verbindungen

Wir wollen nun die Bindungsverhältnisse in organischen Verbindungen etwas genauer betrachten. Atomarer Kohlenstoff hat im Grundzustand die Valenzelektronenkonfiguration $2s^2\ 2p^2$ und somit zwei gepaarte ($2s^2$) und zwei ungepaarte Elektronen ($2p^2$) auf der zweiten Schale. Bei der Ausbildung von nur zwei kovalenten Atombindungen (= zweiwertig) wird aber keine Edelgaskonfiguration erreicht (▶ Kapitel 2.2). Bildet Kohlenstoff stattdessen vier kovalente Atombindungen aus, erreicht er dadurch die Elektronenkonfiguration des nach ihm folgenden Edelgases Neon. Kohlenstoff ist in seinen stabilen Verbindungen daher vierwertig. Als **Wertigkeit** oder **Bindigkeit** (= Valenz) bezeichnet man die Anzahl der Bindungen, die ein Atom ausbildet. Zweiwertige Verbindungen des Kohlenstoffes (Carbene) gibt es auch. Sie sind aber wie zum Beispiel das Methylen CH_2 sehr instabil und hochreaktiv. Solche Verbindungen treten daher meistens nur als energiereiche Zwischenstufen bei bestimmten chemischen Reaktionen auf, die wir aber nicht näher besprechen wollen, da sie aus physiologischer Sicht keine Bedeutung haben.

> **MERKE**
> In stabilen Verbindungen bildet Kohlenstoff immer vier kovalente Bindungen aus.

Für die Beschreibung der Bindungsverhältnisse in organischen Verbindungen nutzt man häufig das Modell der sogenannten **Hybridisierung**. Dieses ist so einfach wie anschaulich und erklärt die meisten Eigenschaften der verschiedenen Bindungstypen sehr gut. Deswegen werden wir im Folgenden dieses Modell verwenden.

9.3.1 Einfachbindungen: sp³-Hybridorbitale

Wie erklärt das Modell der Hybridisierung nun die Ausbildung von vier Einfachbindungen beim Kohlenstoff, obwohl die Elektronenkonfiguration im Grundzustand nur zwei kovalente Atombindungen erwarten lässt? Man mischt vor der eigentlichen Bindungsbildung das 2s mit den drei 2p-Orbitalen und erhält dadurch vier äquivalente **sp³-Hybridorbitale** (▶ Abbildung 9.1). Der Name (lateinisch *hibrida* = Mischling) gibt an, aus welchen ursprünglichen Atomorbitalen die neuen Hybridorbitale gebildet wurden (1 · s und 3 · p). Jedes dieser vier sp³-Hybridorbitale, die in die Ecken eines gleichseitigen Tetraeders zeigen, ist entsprechend der Hund'schen Regel einfach besetzt und kann daher zur Ausbildung einer kovalenten Atombindungen genutzt werden, so wie wir es bereits in ▶ Kapitel 2.5 gelernt haben.

> **MERKE**
> sp³-Hybridorbitale bilden Einfachbindungen.

9 Aufbau und Struktur organischer Verbindungen

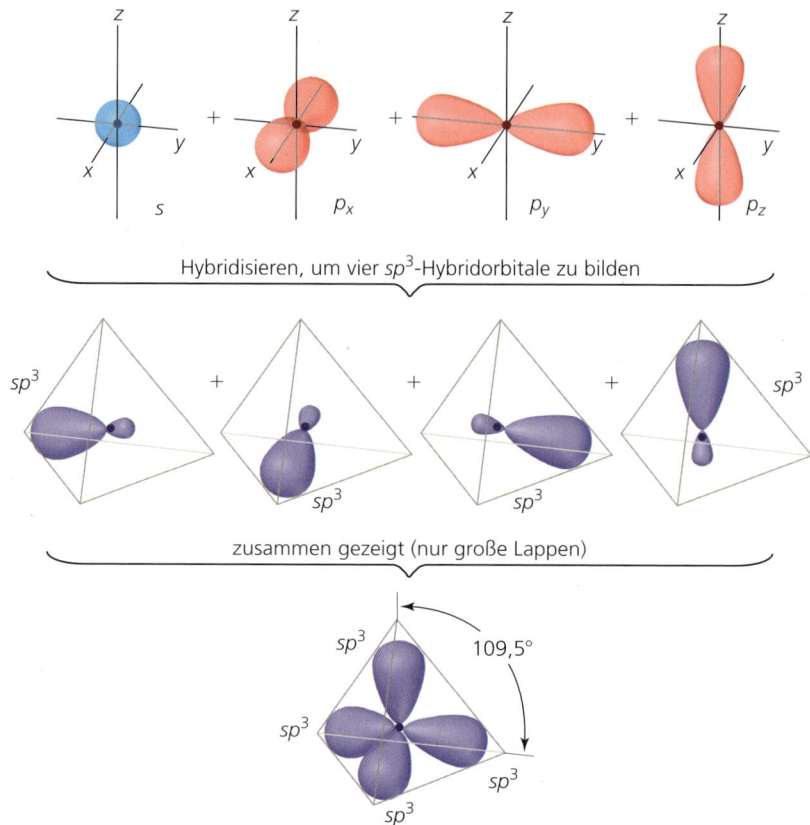

Abbildung 9.1: Bildung von sp³-Hybridorbitalen. Ein s-Orbital und drei p-Orbitale können hybridisieren, um vier äquivalente sp³-Hybridorbitale zu bilden. Die großen Lappen der Hybridorbitale zeigen zu den Ecken eines Tetraeders.
Aus: Brown, T. L., LeMay, H. E. & Bursten, E. B. (2007)

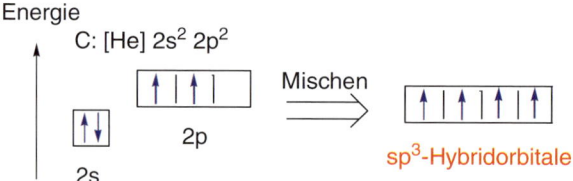

Mit Wasserstoff als Bindungspartner entsteht so das Methan CH_4 (▶ Abbildung 9.2). Die **C–H-Einfachbindungenbilden** sich also jeweils durch die Überlappung eines sp³-Hybridorbitals am C-Atom mit dem 1s-Orbital eines H-Atoms. Für das Methanmolekül ergibt sich damit in Übereinstimmung mit dem VSEPR-Modell, das wir bereits kennengelernt haben (▶ Kapitel 2.9), die Struktur eines symmetrischen Tetraeders: Die vier C–H-Bindungslängen sind mit 110 pm Bindungslänge alle gleich lang und die Bindungswinkel betragen alle 109,5° (Tetraederwinkel).

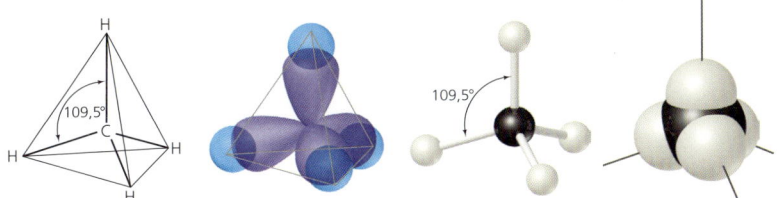

Abbildung 9.2: Verschiedene Darstellungen des Methanmoleküls: a) dreidimensionale Lewis-Struktur, b) schematische Darstellung der Bindungen im Hybridisierungsmodell, c) Kugel-Stab-Modell und d) sogenanntes CPK-Modell oder Kalottenmodell, das die räumliche Ausdehnung der Atome berücksichtigt.
Aus: Brown, T. L., LeMay, H. E. & Bursten, E. B. (2007)

Auch die Bindungen im Ethan C_2H_6 kann man mit dem sp^3-Hybridmodell beschreiben (▶ Abbildung 9.3). Zuerst entsteht durch Überlappung je eines sp^3-Hybridorbitals an jedem der beiden C-Atome eine C–C-Einfachbindung. Die verbleibenden sechs sp^3-Hybridorbitale (an jedem C-Atom drei) bilden dann wiederum Bindungen zu H-Atomen aus.

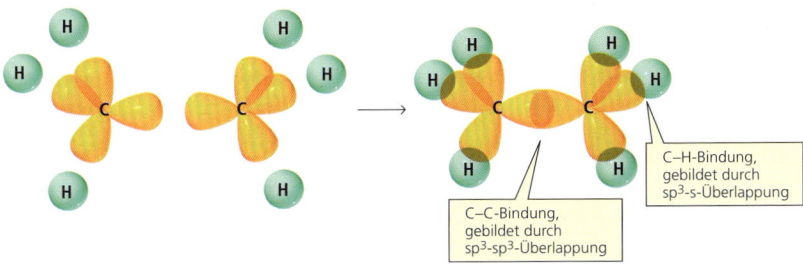

Abbildung 9.3: Ein schematisches Orbitalbild des Ethanmoleküls. Die C–C-Bindung wird durch Überlappung zweier sp^3-Hybridorbitale gebildet. Jede der C–H-Bindungen entsteht durch Überlappung eines sp^3-Hybridorbitals am C-Atom mit einem 1s-Orbital an einem H-Atom.
Aus: Bruice, P. Y. (2007)

Völlig analog kann man auch die Einfachbindungen in den höheren Alkanen (C_3H_8, C_4H_{10}, C_5H_{12} ...) beschreiben: Die C-Atome werden jeweils durch sp^3-sp^3-Einfachbindungen zusammengehalten. Die verbleibenden sp^3-Hybridorbitale an jedem C-Atom dienen zur Bindung der H-Atome (sp^3-s-Einfachbindungen).

Bei einer **Einfachbindung** konzentriert sich die Elektronendichte entlang der Kern-Kern-Verbindungsachse. Eine solche Bindung, die rotationssymmetrisch entlang der Kern-Kern-Verbindungsachse ist, nennt man eine σ-Bindung. Daher ändert sich die Elektronenverteilung auch nicht, wenn man zum Beispiel im Ethan die beiden CH_3-Gruppen gegeneinander verdreht. Es resultiert eine **freie Drehbarkeit** um die zentrale C–C-Einfachbindung, jedenfalls in erster Näherung. Tatsächlich existiert im Ethan eine geringfügige **Rotationsbarriere** von etwa 12 kJ/mol. Diese Energiebarriere ist aber so gering, dass sich das Molekül sehr leicht um die C–C-Einfachbindung drehen kann. Diese Rotation ist bei Raumtemperatur so schnell (mehrere Milliarden Mal pro Sekunde), dass wir

MERKE
Um eine C–C-Einfachbindung besteht freie Drehbarkeit.

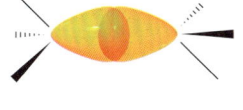

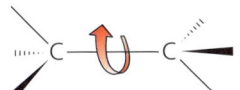

Rotation um eine C–C-Einfachbindung
Aus: Bruice, P. Y. (2007)

die Rotationsbarriere für unsere Zwecke vernachlässigen und von einer freien Drehbarkeit um eine Einfachbindung ausgehen können.

Dreht man um die C–C-Einfachbindung im Ethan, so ändert sich die relative Anordnung der sechs H-Atome zueinander. Bei der Rotation durchläuft man zwei Extrempositionen, bei denen die H-Atome an den beiden C-Atomen einmal auf Lücke stehen und einmal paarweise auf Deckung.

Dazwischen gibt es unendlich viele Zwischenstufen. Solche unterschiedlichen räumlichen Anordnungen der Atome in einem Molekül, die sich durch Rotation um Einfachbindungen ergeben, nennt man **Konformationen** des Moleküls. Eine einzelne Anordnung wird als **Konformer** bezeichnet. Die beiden oben beschriebenen Konformationen im Ethan (und analog auch in anderen Molekülen) nennt man **gestaffelte Konformation** (H-Atome auf Lücke) oder verdeckte bzw. **ekliptische Konformation** (H-Atome paarweise auf Deckung).

Man kann diese Konformationen anhand der sogenannten **Newman-Projektion** darstellen. Dazu schaut man exakt auf eine C–C-Bindung, sodass die beiden C-Atome direkt hintereinander liegen. Das in Blickrichtung vordere C-Atom wird durch den Schnittpunkt der drei Bindungslinien zu den übrigen drei Bindungspartnern dieses C-Atoms dargestellt. Das dahinterliegende C-Atom, das bei dieser Betrachtung eigentlich verdeckt wäre, wird durch einen Kreis dargestellt. Die drei aus dem Kreis hervortretenden Linien sind die drei Bindungen, die von dem hinteren C-Atom ausgehen. Man sieht sehr schön, dass die H-Atome tatsächlich einmal auf Lücke und einmal verdeckt angeordnet sind. Auch in der sogenannten **Sägebock-Darstellung**, bei der man das Molekül perspektivisch entlang einer C–C-Bindung betrachtet, sind die beiden Konformationen gut zu erkennen.

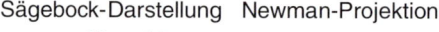

> **MERKE**
> Eine gestaffelte Konformation ist stabiler als eine ekliptische.

Beide Konformationen können durch Rotationen um die C–C-Einfachbindung ineinander überführt werden. Die gestaffelte Konformation ist um 12 kJ/mol energetisch günstiger als die ekliptische, da die C–H-Bindungen sich abstoßen. Diese Rotationsbarriere von 12 kJ/mol ist aber so niedrig, dass sich bei Raumtemperatur – wie erwähnt – die Konformere so schnell ineinander umwandeln, dass sie nicht getrennt isoliert werden können.

9.3.2 Doppelbindungen: sp²-Hybridorbitale

Zwei C-Atome können aber auch durch eine Doppelbindung miteinander verbunden werden. Anstelle von sp³-Hybridorbitalen verwendet man zur Beschreibung von Doppelbindungen **sp²-Hybridorbitale**. Diese entstehen durch das Mischen des 2s mit nur zwei der drei 2p-Orbitalen (▶ Abbildung 9.4). Die drei neuen sp²-Hybridorbitale liegen in einer Ebene und zeigen in die Ecken eines gleichseitigen Dreiecks (Winkel 120°). Da nur zwei 2p-Orbitale zur Hybridisierung verwendet wurden, verbleibt noch ein 2p-Orbital am C-Atom, das man üblicherweise als **2p$_z$-Orbital** bezeichnet. Dieses steht senkrecht auf der Ebene, die aus den drei sp²-Hybridorbitalen gebildet wird.

> **MERKE**
> Man erhält immer genauso viele Hybridorbitale, wie man Atomorbitale zur Hybridisierung verwendet hat.

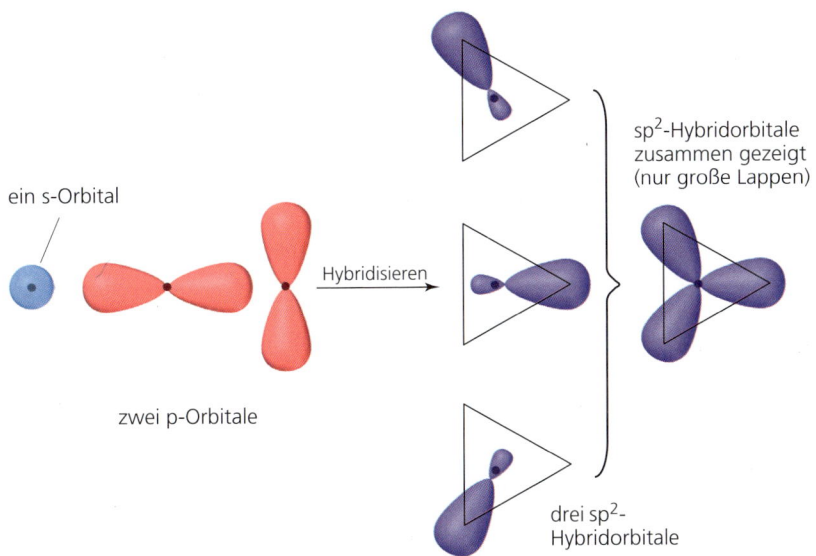

Abbildung 9.4: Bildung von sp²-Hybridorbitalen. Ein s-Orbital und zwei p-Orbitale können hybridisieren, um drei äquivalente sp²-Hybridorbitale zu bilden. Die großen Lappen der Hybridorbitale zeigen zu den Ecken eines gleichseitigen Dreiecks.
Aus: Brown, T. L., LeMay, H. E. & Bursten, E. B. (2007)

Eine C=C-Doppelbindung besteht in diesem Modell nun aus zwei verschiedenen Arten von Bindungen (▶ Abbildung 9.5). Zum einen bildet sich ähnlich wie beim Ethan durch Überlappung von zwei sp²-Hybridorbitalen eine σ-Bindung zwischen den beiden C-Atomen aus. Zum anderen überlappen seitlich die beiden parallel angeordneten 2p$_z$-Orbitale an jedem C-Atom. Es entsteht eine zweite C–C-Bindung, bei der sich die Elektronendichte aber nicht entlang der Kern-Kern-Verbindungsachse konzentriert, sondern oberhalb und unterhalb der C–C-Bindungsachse. Diesen Bindungstyp nennt man eine **π-Bindung.** Mit den verbleibenden vier sp²-Hybridorbitalen kann man dann zum Beispiel wiederum Wasserstoffatome binden (über σ-Bindungen). Man erhält das Ethylen C_2H_4, den einfachsten Vertreter der homologen Reihe der sogenannten **Alkene**. Dies sind Kohlenwasserstoffe mit **einer C=C-Doppelbindung**. Statt Alken wird auch oft die ältere Bezeichnung **Olefin** verwendet. Allgemein nennt

> **MERKE**
> Eine Doppelbindung besteht aus einer σ- und einer π-Bindung.

man Verbindungen mit Doppel- oder Dreifachbindungen **ungesättigte Verbindungen**, im Gegensatz zu gesättigten Verbindungen, die nur Einfachbindungen enthalten.

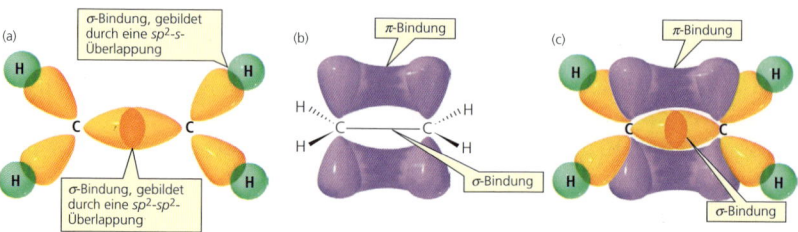

Abbildung 9.5: Schematisches Orbitalbild des Ethens. Die C=C-Doppelbindung besteht aus einer σ- und einer π-Bindung. Die σ-Bindung entsteht aus zwei sp²-Hybridorbitalen und die π-Bindung durch seitliche Überlappung von zwei p-Orbitalen. Die C–H-Bindungen bilden sich durch Überlappung der sp²-Hybridorbitale an den C-Atomen mit den 1s-Orbitalen der H-Atome.
Aus: Bruice, P. Y. (2007)

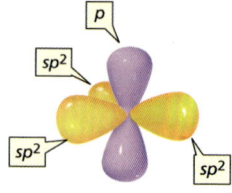

sp²-Hybridorbitale
Aus: Bruice, P. Y. (2007)

MERKE
Um eine C=C-Doppelbindung besteht keine freie Drehbarkeit.

Um eine Doppelbindung besteht im Gegensatz zu einer Einfachbindung bei Raumtemperatur keine freie Drehbarkeit. Verdreht man die Molekülhälften gegeneinander, bleibt zwar die Überlappung der sp²-Hybridorbitale der σ-Bindung erhalten, die seitliche Überlappung der p_z-Orbitale der π-Bindung ändert sich aber. Die Überlappung ist nur maximal, wenn die beiden p_z-Orbitale parallel zueinander angeordnet sind. Stehen sie senkrecht zueinander, ist keine Wechselwirkung zwischen den beiden p-Orbitalen möglich, da jedes p-Orbital genau in der Knotenebene des anderen liegt (▶ Abbildung 9.6). Beim Ethen erfordert dieses Aufbrechen der π-Bindung 270 kJ/mol – ein Energiebetrag, der so hoch ist, dass bei Raumtemperatur keine Rotation um die C=C-Doppelbindung stattfindet. Grob geschätzt beträgt die Halbwertszeit für die Rotation bei Raumtemperatur etwa 10^{25} Jahre, was deutlich länger ist als das Alter des Universums von etwa 13 Milliarden Jahren (10^{10} Jahre). Wir werden später noch sehen, dass diese hohe Energiebarriere für die Rotation zum Auftreten von geometrischen Isomeren bei Alkenen führt (▶ Kapitel 9.8).

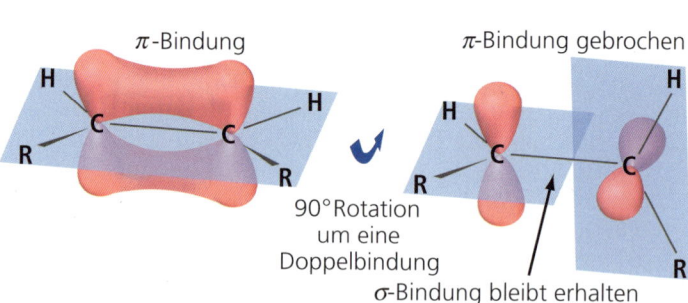

Abbildung 9.6: Rotation um eine C=C-Doppelbindung. Wegen der seitlichen Überlappung der beiden p-Orbitale wird bei einer Rotation um die Doppelbindung die π-Bindung gebrochen. Dies kostet so viel Energie, dass bei Raumtemperatur keine freie Drehbarkeit besteht.
Aus: Brown, T. L., LeMay, H. E. & Bursten, E. B. (2007)

9.3.3 Dreifachbindungen: sp-Hybridorbitale

Verwendet man zur Hybridisierung nur eines der 2p-Orbitale und das 2s-Orbital, so erhält man zwei **sp-Hybridorbitale**, die vom Kohlenstoffatom aus in entgegengesetzte Richtungen zeigen, also linear zueinander angeordnet sind (▶ Abbildung 9.7). Am C-Atom verbleiben dann noch zwei 2p-Orbitale, die wiederum senkrecht zu den **sp-Hybridorbitalen** und auch senkrecht zum jeweils anderen 2p-Orbital angeordnet sind. Mit diesem Hybridisierungstyp kann man Dreifachbindungen beschreiben (▶ Abbildung 9.8). Zum einen werden zwei C-Atome durch Überlappung von jeweils einem sp-Hybridorbital durch eine σ-Bindung verbunden. Zum anderen überlappen wie bei der Doppelbindung dann seitlich jeweils die sich gegenüberliegenden p-Orbitale an jedem C-Atom. Man erhält zwei π-Bindungen. An jedem C-Atom verbleibt noch ein einfach besetztes sp-Hybridorbital, das zum Beispiel zur Bindung eines H-Atoms genutzt werden kann. Man erhält das Ethin C_2H_2 (Trivialname Acetylen), das zum Beispiel zum Schweißen verwendet wird. Es ist der einfachste Vertreter der homologen Reihe der **Alkine**. Dies sind Kohlenwasserstoffe mit **einer C≡C-Dreifachbindung**.

> **MERKE**
> Eine Dreifachbindung besteht aus einer σ- und zwei π-Bindungen.

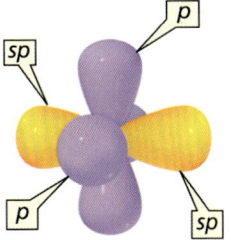

sp-Hybrid
Aus: Bruice, P. Y. (2007)

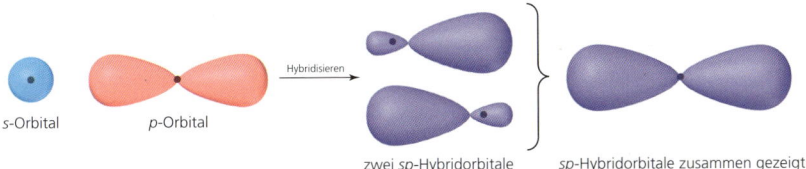

Abbildung 9.7: Bildung von sp-Hybridorbitalen. Ein s-Orbital und ein p-Orbital können hybridisieren, um zwei äquivalente sp-Hybridorbitale zu bilden. Die großen Lappen der beiden Hybridorbitale zeigen in entgegengesetzte Richtungen.
Aus: Brown, T. L., LeMay, H. E. & Bursten, E. B. (2007)

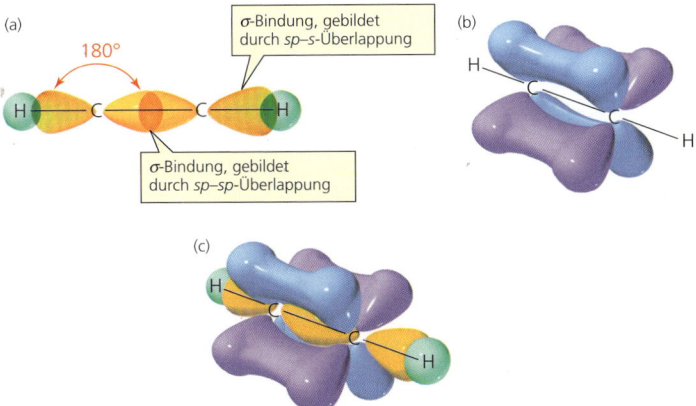

Abbildung 9.8: Schematisches Orbitalbild des Ethins. Die C≡C-Dreifachbindung besteht aus einer σ- und zwei π-Bindungen. Die σ-Bindung entsteht durch Überlappung von zwei sp-Hybridorbitalen entlang der Kern-Kern-Verbindungsachse, die beiden π-Bindungen hingegen durch seitliche Überlappung von je zwei p-Orbitalen. Die C–H-Bindungen bilden sich durch Überlappung der sp-Hybridorbitale an den C-Atomen mit den 1s-Orbitalen der H-Atome.
Aus: Bruice, P. Y. (2007)

Da die Atome einer Dreifachbindung wegen der sp-Hybridisierung linear angeordnet sind, ist es nicht sinnvoll, so etwas wie eine Drehbarkeit um eine Dreifachbindung zu diskutieren (auch wenn manche Bücher dies tun).

9.3.4 Zusammenfassung der Hybridisierungstypen

Die wichtigsten Eigenschaften im Hinblick auf Struktur und Bindungslängen, die sich für die verschiedenen Hybridisierungen ergeben, sind am Beispiel der einfachsten Vertreter Ethan, Ethen und Ethin noch einmal gegenübergestellt (▶ Abbildung 9.9).

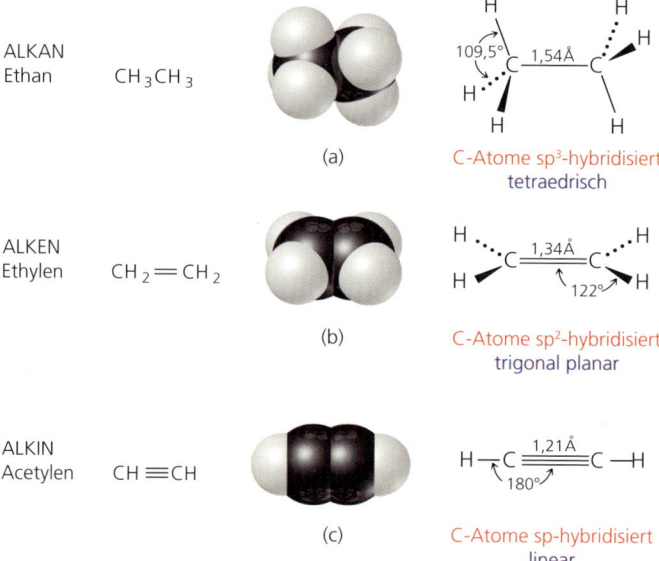

Abbildung 9.9: Übersicht über Hybridisierung und Struktur. Einfach-, Doppel- und Dreifachbindungen werden durch unterschiedliche Hybridisierungen beschrieben, aus denen sich jeweils bestimmte Bindungsgeometrien um die C-Atome herum und charakteristische C–C-Bindungslängen ergeben.
Nach: Brown, T. L., LeMay, H. E. & Bursten, E. B. (2007)

Die soeben besprochenen Hybridisierungstypen gelten natürlich auch für andere Elemente außer Kohlenstoff (▶ Tabelle 9.2). Diese Heteroatome sind dann ebenfalls sp^3- (Einfachbindung), sp^2- (Doppelbindung) oder sp-hybridisiert (Dreifachbindung) (▶ Tabelle 9.3). Der einzige Unterschied liegt darin, dass nicht alle Hybridorbitale an den Heteroatomen für Bindungen genutzt werden, da bereits einige doppelt besetzt sind (= freie Elektronenpaare).

9.3 Bindungsverhältnisse in organischen Verbindungen

Strukturelement	Hybridisierung	Geometrie der beiden Bindungspartner
C–C	sp^3-sp^3	tetraedrisch-tetraedrisch
C–H	sp^3-s	tetraedrisch-punktförmig
C=C	sp^2-sp^2	trigonal planar-trigonal planar
C=X	sp^2-sp^2	trigonal planar-trigonal planar
C≡C	sp-sp	linear-linear
C≡X	sp-sp	linear-linear
=C=C	sp-sp^2	linear-trigonal planar
=C=X	sp-sp^2	linear-trigonal planar

Tabelle 9.2: Hybridisierungen wichtiger Strukturelemente (X = Heteroatom)

Verbindung	Strukturformel	Hybridisierung
Ammoniak NH_3	H–N̄–H, H	sp^3
Methylamin H_3C-NH_2	H–C–N̄–H, H H H	C: sp^3, N: sp^3
Wasser H_2O	H–Ō–H	sp^3
Methanol H_3C-OH	H–C–Ō–H, H H	C: sp^3, O: sp^3
Formaldehyd HCHO	H₂C=Ō	C: sp^2, O: sp^2
Methan CH_4	H–C–H, H H	sp^3
Ethen $H_2C=CH_2$	H₂C=CH₂	sp^2
Ethin HC≡CH	H–C≡C–H	sp
ein Imin R-HC=N-R'	RHC=N̄R'	C: sp^2, N: sp^2

Verbindung	Strukturformel	Hybridisierung
Kohlenstoffdioxid CO_2	⟨O=C=O⟩	C: sp; O: sp^2
Acetonitril H_3C^1-C^2≡N	H–C(H)(H)–C≡N|	C^1: sp^3; C^2: sp; N: sp
Kohlenmonoxid CO	$^-$|C≡O|$^+$	C: sp; O: sp

Tabelle 9.3: Hybridisierungen von Kohlenstoff und Heteroatomen in einigen wichtigen Verbindungen

Betrachten wir die Hybridisierung von Heteroatomen in ▶ Tabelle 9.3 am Beispiel des Sauerstoffatoms in Methanol und Formaldehyd: In Methanol besitzt das Sauerstoffzentrum zwei Bindungspartner und zwei freie Elektronenpaare, es benötigt also vier Orbitale, zwei für die Bindungselektronen und zwei für die freien Elektronenpaare. Das würde bei einem Kohlenstoffatom vier Bindungspartnern entsprechen. Folglich ist das Sauerstoffatom sp^3-hybridisiert und die Anordnung seiner Bindungspartner und freien Elektronenpaaren entspricht der Anordnung im Wassermolekül (▶ Kapitel 2.9). Im Formaldehyd besitzt das Sauerstoffatom einen Bindungspartner und zwei freie Elektronenpaare, es benötigt drei Orbitale. Dies entspricht drei Bindungspartnern beim Kohlenstoffatom. Folglich ist das Sauerstoffatom sp^2-hybridisiert. Im Kohlenstoffmonoxid CO hat das Sauerstoffatom einen Bindungspartner und ein freies Elektronenpaar, es benötigt zwei Orbitale. Dies entspricht zwei Bindungspartnern beim Kohlenstoffatom. Folglich ist das Sauerstoffatom sp-hybridisiert. Im CO besitzt übrigens auch das Kohlenstoffzentrum ein freies Elektronenpaar anstelle eines weiteren Bindungspartners.

9.4 Strichschreibweise von organischen Molekülen

Bevor wir uns weiter den Eigenschaften von organischen Verbindungen widmen, ist es sinnvoll, sich mit einer vereinfachten grafischen Darstellung zu befassen. Die Moleküle werden schnell so groß und kompliziert, dass die ausführliche Schreibweise mit Angabe aller Atome unübersichtlich wird. Man hat daher verschiedene vereinfachte grafische Darstellungen für chemische Verbindungen entwickelt, die wir teilweise schon in vorherigen Kapiteln genutzt haben.

Die wichtigste Vereinfachung ist sicherlich das Weglassen der Atomsymbole in den Lewis-Formeln. Diese Strichformeln sind so zu „lesen", dass sich an jeder Ecke und an jedem Ende eines Bindungsstriches ein C-Atom befindet. Jedes C-Atom ist zudem vierbindig (▶ Kapitel 9.2) und die noch fehlenden Bindungen bis vier, die nicht explizit eingezeichnet sind, sind automatisch C–H-Bindungen.

MERKE

Bei der Strichschreibweise werden die Atomsymbole für C- und H-Atome und die C–H-Bindungen meistens weggelassen.

[Strukturformel-Beispiele]

$\triangle$ = H₃C–CH₂–CH₃ (Darstellung mit H₂-Gruppe in der Mitte)

$\triangle$O = H₃C–CH=O

H–C–C–C–C–H   H₃C-CH₂-CH₂-CH₃
  | | | | oder   oder   /\/
  H H H H   CH₃CH₂CH₂CH₃

- C-Atom, von dem 2 Striche (= Bindungen) ausgehen = -CH₂-
- C-Atom, von dem 1 Strich (= Bindung) ausgeht = H₃C–

Doppel- und Dreifachbindungen werden durch zwei oder drei Striche zwischen zwei C-Atomen angegeben.

H–C=C–C≡C–H = (Strichformel mit Doppel- und Dreifachbindung)
  | |
  H H

Um mit dem Umgang solcher Darstellungen besser vertraut zu werden, benutzen wir diese im Folgenden teilweise nebeneinander. Wir werden also in manchen Abbildungen Moleküle sowohl mit der ausführlichen Lewis-Formel unter Angabe aller Atome als auch mit der vereinfachten Strichschreibweise wiedergeben.

Weitere Schreibweisen, die auch die dreidimensionale Struktur der Moleküle wiedergeben, sind zum Beispiel die schon kennengelernte Newman-Projektion (▶ Kapitel 9.3), die Keilstrichformel (▶ Kapitel 9.9) und die Fischer-Projektion (▶ Kapitel 9.10). Die Angabe der tatsächlichen dreidimensionalen Struktur eines Moleküls kann sehr wichtig sein, da die Eigenschaften und das Reaktionsverhalten der Moleküle häufig von der tatsächlichen Struktur abhängen (▶ Kapitel 10).

9.5 Stoffklassen, homologe Reihen und funktionelle Gruppen

Bei der Vielzahl der existierenden organischen Verbindungen könnte man auf den ersten Blick leicht verzweifeln. Wie soll man sich das Reaktionsverhalten von Millionen organischer Verbindungen merken? Ganz so ausweglos ist die Situation glücklicherweise nicht. Organische Verbindungen lassen sich anhand ihrer Zusammensetzung und ihres strukturellen Aufbaus systematisch zu **Klassen ähnlicher Verbindungen** (= Familien) zusammenfassen. Häufig sind bestimmte Anordnungen von Atomen oder

> **MERKE**
>
> Funktionelle Gruppen sind Atomgruppen, die die Stoffeigenschaften und das Reaktionsverhalten einer Verbindung maßgeblich bestimmen.

Atomgruppen ausschlaggebend für die Eigenschaften und das Reaktionsverhalten einer Verbindung. Diese charakteristischen Atomgruppen nennt man **funktionelle Gruppen**. Man muss also „nur" die Chemie der verschiedenen funktionellen Gruppen verstehen und lernen. Erfreulicherweise ist die Anzahl funktioneller Gruppen überschaubar, im Gegensatz zu den Millionen einzelner Verbindungen. Die Eigenschaften einer organischen Verbindung ergeben sich dann (zumindest in erster Näherung) aus den Eigenschaften der vorhandenen funktionellen Gruppen. Diese Systematik erleichtert das Verständnis der organischen Chemie ganz erheblich. Besonderheiten ergeben sich nur dann, wenn sich mehrere funktionelle Gruppen am gleichen C-Atom befinden. Dann beeinflussen sich die Gruppen, zum Beispiel durch Resonanzwechselwirkungen (▶ Kapitel 10.8.1), so stark, dass neue Eigenschaften hinzukommen. Daher wird in solchen Fällen direkt eine neue funktionelle Gruppe definiert.

> **MERKE**
> Allgemeine Summenformel der Alkane:
> C_nH_{2n+2}

Betrachten wir ein Beispiel für eine Stoffklasse. Wir haben bereits das Methan CH_4 und seine höheren Verwandten, das Ethan C_2H_6, Propan C_3H_8 oder Butan C_4H_{10} bis hin zum Polyethylen, kennengelernt. Bei diesen Verbindungen handelt es sich um völlig analog aufgebaute chemische Verbindungen. Sie bestehen aus sp^3-hybridisierten C-Atomen, die durch σ-Bindungen zu langen Ketten verbunden sind. An den beiden Kettenenden sitzt jeweils eine CH_3-Gruppe, in der Mitte der Kette befinden sich CH_2-Gruppen. Mit zunehmender Kettenlänge kommt also jeweils eine CH_2-Gruppe hinzu. Solch eine systematische Reihe von analog aufgebauten chemischen Verbindungen, die sich jeweils nur durch ein bestimmtes Strukturelement (hier CH_2) unterscheiden, nennt man eine **homologe Reihe**. In diesem Fall handelt es sich um die homologe Reihe der **Alkane** oder **gesättigten Kohlenwasserstoffe**, die alle die allgemeine Summenformel C_nH_{2n+2} aufweisen (▶ Tabelle 9.4). Innerhalb einer homologen Reihe ändern sich zwar die physikalischen Eigenschaften der einzelnen Verbindungen, allerdings nur allmählich. So nehmen zum Beispiel mit ansteigender Kettenlänge aufgrund der zunehmenden Van-der-Waals-Wechselwirkungen (▶ Kapitel 3.2.3) Schmelz- und Siedetemperatur zu: Die niederen Vertreter vom Methan (1 C-Atom) bis zum Butan (4 C-Atome) sind Gase, ab Pentan (5 C-Atome) handelt es sich um Flüssigkeiten und ab Eicosan (20 C-Atome) um Feststoffe. Bei allen Verbindungen handelt es sich aber um unpolare, lipophile Substanzen, die sich nur wenig in Wasser lösen bzw. kaum mit Wasser mischbar sind. Auch die chemischen Eigenschaften sind sehr ähnlich. Alle Alkane sind – ähnlich wie die Plastiktüte – sehr reaktionsträge Verbindungen, die sich zwar in Gegenwart von Sauerstoff verbrennen lassen, aber ansonsten sehr widerstandsfähig sind und nur wenige chemische Reaktionen eingehen (Radikalreaktionen, ▶ Kapitel 10.9). Ihre Verbrennung wird zur Energiegewinnung genutzt: Methan im Erdgas, Propan als Campinggas, Butan als Flüssiggas in Feuerzeugen. Flüssige Vertreter wie Octan finden sich im Autokraftstoff (Benzin), noch höhere Vertreter im Flugzeugbenzin (Kerosin), als Bestandteile im Erdöl oder als festes Paraffin im Kerzenwachs. Wir sehen also, auch wenn es sich um Hunderttausende individueller Verbindungen handelt, verhalten sich die Alkane alle sehr ähnlich. Ihre Eigenschaften werden von den unpolaren C–H- und C–C-Einfachbindungen bestimmt.

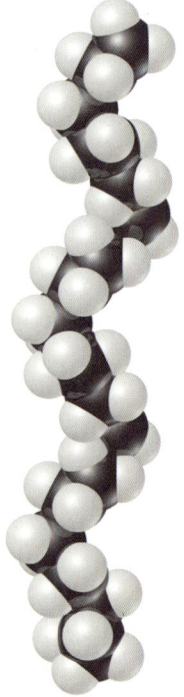

Ausschnitt aus einer Polyethylenkette
Aus: Brown, T. L., LeMay, H. E. & Bursten, E. B. (2007)

9.5 Stoffklassen, homologe Reihen und funktionelle Gruppen

Alkan		Alkylrest	
Name	Summenformel	Name	Summenformel
Methan	CH_4	Methyl- (= Me-)	$-CH_3$
Ethan	C_2H_6	Ethyl- (= Et-)	$-C_2H_5$
Propan	C_3H_8	Propyl- (= Pr-)	$-C_3H_7$
Butan	C_4H_{10}	Butyl- (= Bu-)	$-C_4H_9$
Pentan	C_5H_{12}	Pentyl-	$-C_5H_{11}$
Hexan	C_6H_{14}	Hexyl-	$-C_6H_{13}$
Heptan	C_7H_{16}	Heptyl-	$-C_7H_{15}$
Octan	C_8H_{18}	Octyl-	$-C_8H_{17}$
Nonan	C_9H_{20}	Nonyl-	$-C_9H_{19}$
Dekan	$C_{10}H_{22}$	Decyl-	$-C_{10}H_{21}$
Undecan	$C_{11}H_{24}$	Undecyl-	$-C_{11}H_{23}$
allgemein	C_nH_{2n+2}	Alkyl-	$-R$

Tabelle 9.4: Homologe Reihe der Alkane

Auch bei allen anderen organischen Verbindungen, wie zum Beispiel den Alkenen (allgemeine Summenformel C_nH_{2n}), gibt es Konstitutionsisomere. Vom Alken mit der Summenformel C_4H_8 existieren drei Konstitutionsisomere. Zwei leiten sich vom Butan mit einer linearen C4-Kette und eines vom verzweigten 2-Methylpropan (C3 und C1) ab.

Die systematische Nomenklatur bezeichnet die Alkylreste und die davon abgeleiteten Derivate, die sich durch den Ersatz der unterschiedlichen H-Atome ergeben, durch die Angabe der Nummer des C-Atoms, an das der Substituent gebunden ist. Die Positionsangabe 1 wird jedoch häufig weggelassen. Allerdings gibt es für manche Alkylreste auch noch eine historisch bedingte Bezeichnung, zum Beispiel *n*-Propylrest (von *n* = normal = lineares Alkan mit einer unverzweigten Alkylkette) für einen 1-Propylrest oder **iso**-Propyl- bzw. Isopropylrest für einen 2-Propylrest.

MERKE
Derivat = Verbindung, die sich von einer anderen ableitet

Die historischen Namen für die Alkylreste, die sich vom Propan, vom Butan und seinem Konstitutionsisomer, dem Isobutan (▶ Kapitel 9.6), ableiten, sollte man auswendig wissen, da uns diese Alkylreste immer wieder begegnen werden (und auch schon mal im Physikum gefragt werden). Je nachdem, welche H-Atome formal entfernt wurden, also an welcher Stelle sich ein anderer Substituent befindet, benutzt man die Präfixe *n-*, *iso-*, *sek-* oder *tert-* zur Bezeichnung der Alkylreste. Die beim Präfix *iso-* auch übliche Zusammenschreibung, zum Beispiel Isopropyl anstelle von *iso-*Propyl, ist bei den anderen Präfixen eher unüblich.

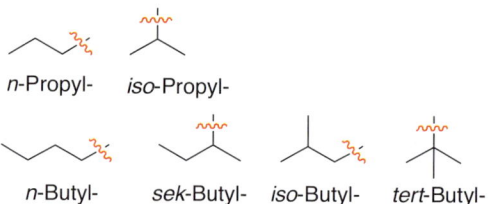

n-Propyl-   *iso*-Propyl-

n-Butyl-   *sek*-Butyl-   *iso*-Butyl-   *tert*-Butyl-

Ersetzen wir in den Alkanen eines der H-Atome durch eine OH-Gruppe, so erhält man die homologe Reihe der Alkohole. Früher hat man die Namen dieser Alkohole durch Anhängen des Zusatzes *-alkohol* an den Namen des entsprechenden Alkylrestes gebildet: Methylalkohol, Ethylalkohol, Propylalkohol und so weiter. Die moderne Bezeichnung hängt die Endsilbe *-ol* (für Alkoh*ol*) an den Stammnamen des Alkans: Methanol, Ethanol, Propanol und so weiter. Beim Ethanol handelt es sich übrigens um den normalen Trinkalkohol, der sich in alkoholischen Getränken findet. Methanol ist hingegen, wie wir im Fallbeispiel gesehen haben, sehr viel giftiger als Ethanol. Durch die **OH-Gruppe** erhält das Molekül neue physikalische und chemische Eigenschaften im Vergleich zu dem Alkan, von dem es sich ableitet. Die O–H-Bindung ist polar, sodass die OH-Gruppe zum Beispiel H-Brücken ausbilden kann (▶ Kapitel 3.2). Der Wasserstoff ist acide und kann durch starke Basen als Proton abgespalten werden (pK_s-Wert ca. 16–20, ▶ Kapitel 6.3).

Erwartungsgemäß finden wir, dass bei den kleinen Vertretern wie zum Beispiel dem Ethanol (C2-Kette) diese neuen Eigenschaften der OH-Gruppe stärker bestimmend sind als bei größeren Vertretern wie zum Beispiel dem Decanol (C10-Kette), bei dem die polare OH-Gruppe gegenüber dem unpolaren Alkylrest weniger stark ins Gewicht fällt. Ethanol ist eine insgesamt polare Verbindung, die in jedem Verhältnis mit Wasser mischbar ist. Decanol ist eine überwiegend unpolare Verbindung, die nicht mehr mit Wasser mischbar ist. Trotzdem weist auch das Decanol charakteristische chemische Eigenschaften der OH-Gruppe, also eines Alkohols, auf.

polare OH-Gruppe — Ethanol — OH-Gruppe bestimmender

unpolarer Alkylrest — Decanol — Alkylrest bestimmender

Einige wichtige funktionelle Gruppen, die für uns noch eine Rolle spielen werden, sind in der nachfolgenden Abbildung zusammengefasst. In der Regel enthalten die für die Medizin interessanten Moleküle mehrere funktionelle Gruppen.

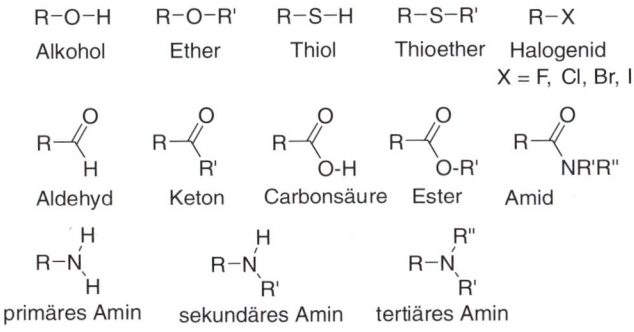

> **MERKE**
>
> Allgemeine Bezeichnung für unterschiedliche Alkylreste:
>
> –R, –R′, –R″ usw.

AUS DER MEDIZINISCHEN PRAXIS

Funktionelle Gruppen in Arzneistoffen

Arzneistoffe enthalten häufig mehrere unterschiedliche funktionelle Gruppen. Ein Beispiel ist das Paclitaxel (Taxol®), ein Inhaltsstoff der Pazifischen Eibe (*Taxus brevifolia*). Paclitaxel wird zur Behandlung verschiedener Krebsarten (zum Beispiel Brustkrebs) eingesetzt. Wir sehen, dass Paclitaxel neben einer Amidgruppe zum Beispiel vier Estergruppen und drei Alkoholgruppen enthält. Auch eine Doppelbindung, eine Ketogruppe und eine Ethergruppe sind vorhanden. Diese vielen verschiedenen funktionellen Gruppen bestimmen gemeinsam die chemischen Eigenschaften des Paclitaxel.

Paclitaxel

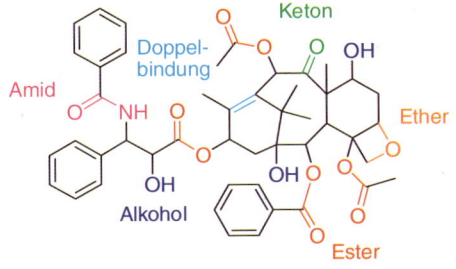

Pazifische Eibe
© Wikimedia Commons: Taxus brevifolia, T. brevifolia, Corvallis, Oregon MacDonald-Dunn Research Forest, Autor: Walter Siegmund

> **EXKURS**
>
> ### C–H-Bindungen sichtbar machen: Stimulierte Raman-Histopathologie (SRH) zur Analyse von Gewebeproben
>
> Die Histopathologie, das heißt, die Analyse von Gewebeproben zur Erkennung krankhafter Gewebeveränderungen, ist für die Diagnose einer Vielzahl von Krankheiten notwendig. Zur Aufbereitung der Proben hat sich die Hämatoxylin-Eosin-Färbung von formalinfixiertem, in Paraffin eingebettetem Gewebe als Goldstandard etabliert (H&E-Histologie). Durch Automatisierungsprozesse beträgt die Zeit für die Durchführung der Untersuchung nur etwa 30 Minuten, sodass eine für viele Krebsoperationen notwendige schnelle operationsbegleitende Analyse möglich ist. Um diese Zeit weiter zu verkürzen und den bei einer solchen Analytik hohen Aufwand zu senken, wird seit einiger Zeit versucht, vergleichbare Informationen durch spektroskopische Methoden zu erhalten. Sehr weit gediehen ist dies durch die Nutzung der **Ramanspektroskopie**, die Schwingungen von Molekülen analysieren kann. Wir haben in ▶ Kapitel 1.11 und ▶ Kapitel 2.5 gelernt, dass Moleküle nicht starr sind, sondern immer Schwingungen durchführen, bei denen die Atomkerne ständig ihren Abstand um den Gleichgewichtsabstand herum leicht variieren. Wir haben ebenfalls gelernt, dass diese Bewegung gequantelt ist und man Schwingungen mit elektromagnetischer Strahlung anregen kann. Hierbei werden Photonen absorbiert (Infrarotspektroskopie, ▶ Kapitel 1.11) oder unter Verlust der Schwingungsenergie gestreut (Ramanspektroskopie). Wie viel Energie für die Anregung notwendig ist, hängt von der Stärke der Bindungen und der Masse der beteiligten Atome ab. Da sich diese für CH_3-, CH_2- und CH-Gruppen unterscheidet, kann man zum Beispiel zwischen Proteinen (hoher CH_3-Anteil, Signal bei 2920 cm^{-1}) und Lipiden (hoher CH_2-Anteil, Signal bei 2850 cm^{-1}) unterscheiden. Es können auch das Cytoplasma und die Organellen einer Zelle anhand der CH_2-Schwingungen und durch Differenzbilder von CH_2- und CH_3-Schwingungen isolierte Kerne sichtbar gemacht werden. Mithilfe spezieller Einfärbungen kann man die Bilder noch mehr an die bekannten H&E-Bilder anpassen (siehe Abbildung). Bei einigen Tumorarten konnte bereits gezeigt werden, dass diese neue Methode hinsichtlich der Erkennung von Tumorzellen durchaus mit der H&E-Technik konkurrieren kann.
>
>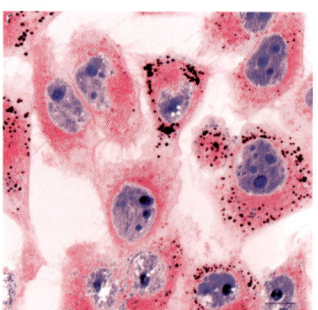
>
> Bild einer Gewebeprobe, analysiert mit stimulierter Raman-Histopathologie (SRH). Ausgewertet wurden die Daten der CH_2-Schwingungen bei 2840 cm^{-1} und der CH_3-Schwingungen bei 2930 cm^{-1}. Das Bild wurde durch Neueinfärbung an die Farben einer H&E-Histologie angepasst.
>
> © Stimulated Raman, https://www.cibss.uni-freiburg.de/de/publication/display/stimulated-raman-histology-in-the-neurosurgical-workflow-of-a-major-european-neurosurgical-center-part-a; Neidert N, Straehle J, Erny D, Sacalean V, El Rahal A, Steybe D, Schmelzeisen R, Vlachos A, Reinacher PC, Coenen VA, Mizaikoff B, Heiland DH, Prinz M, Beck J, Schnell O.: Stimulated Raman histology in the neurosurgical workfow of a major European neurosurgical center — part A, Neurosurg Rev. 2021; doi:10.1007/s10143-021-01712-0., CC BY 4.0, https://link.springer.com/content/pdf/10.1007/s10143-021-01712-0.pdf

9.6 Strukturisomerie

Betrachten wir noch einmal die homologe Reihe der Alkane, also der **gesättigten Kohlenwasserstoffe,** bei denen alle C-Atome sp³-hybridisiert sind und nur C–C- und C–H-Einfachbindungen vorliegen. Ab dem Butan C_4H_{10} existieren zwei Möglichkeiten, wie man die C-Atome untereinander verknüpfen kann. Zum einen in einer linearen Kette aus vier C-Atomen (Butan, C4-Kette). Zum anderen kann man aber auch eine verzweigte Kette bilden, indem man das vierte C-Atom mit dem mittleren C-Atom (C^2) einer Dreierkette verknüpft (Isobutan, C3- und C1-Kette). Man erhält zwei unterschiedliche chemische Verbindungen, die zwar die gleiche Summenformel C_4H_{10} haben, aber sich trotzdem unterscheiden (▶ Abbildung 9.10). Allgemein spricht man in solchen Fällen von **Isomerie**. Diesen speziellen Fall, bei dem sich die Moleküle dadurch unterscheiden, dass die Verknüpfungsreihenfolge (= **Konnektivität** oder **Konstitution**) der Atome unterschiedlich ist, nennt man **Strukturisomerie** oder auch **Konstitutionsisomerie**. Es gibt auch andere Arten der Isomerie, zum Beispiel die Stereoisomerie, mit denen wir uns in den nächsten Unterkapiteln befassen werden (▶ Kapitel 9.8).

Cn = Kohlenstoffkette aus n C-Atomen

C^n = C-Atom mit der Nummer n

MERKE

Isomere = unterschiedliche chemische Verbindungen mit identischer Summenformel

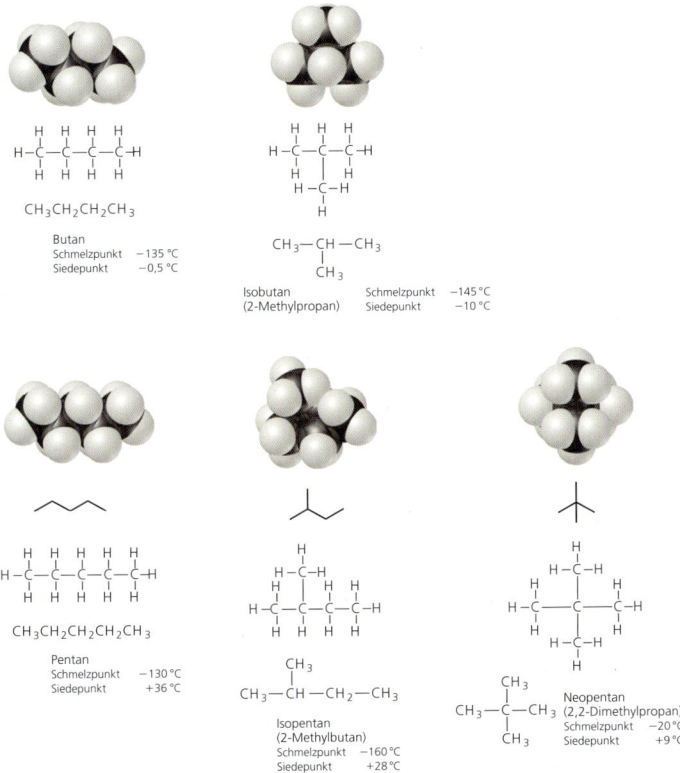

Abbildung 9.10: Strukturisomere bei Kohlenwasserstoffen. Es gibt zwei Strukturisomere mit der Formel C_4H_{10}: Butan und Isobutan. Für die Summenformel C_5H_{12} sind drei Strukturisomere möglich: Pentan, Isopentan und Neopentan.

Nach: Brown, T. L., LeMay, H. E. & Bursten, E. B. (2007)

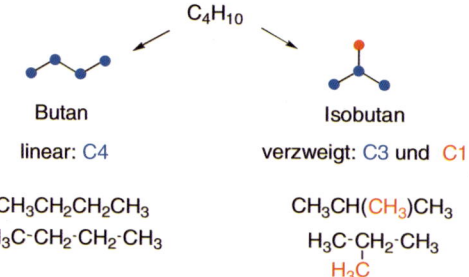

Bei den Alkanen nimmt die Anzahl an Strukturisomeren natürlich mit der Anzahl an C-Atomen schnell zu (▶ Abbildung 9.10). Vom Alkan mit der Summenformel C_4H_{10} (Butan) gibt es zwei, von C_5H_{12} (Pentan) drei, von C_6H_{14} (Hexan) fünf, von C_7H_{16} (Heptan) neun und von C_8H_{18} (Octan) bereits achtzehn Strukturisomere. Vom Decan ($C_{10}H_{22}$) existieren 75 und vom Eicosan ($C_{20}H_{42}$) bereits > 300 000 Strukturisomere (diese sind aber noch nicht alle auch tatsächlich isoliert oder synthetisiert worden). Die enorme Zahl an solchen Konstitutionsisomeren ist ein weiterer Grund für die große Vielzahl an organischen Verbindungen.

Auch bei allen anderen organischen Verbindungen, wie zum Beispiel den Alkenen (allgemeine Summenformel C_nH_{2n}), gibt es Konstitutionsisomere. Vom Alken mit der Summenformel C_4H_8 existieren drei Konstitutionsisomere. Zwei leiten sich vom Butan mit einer linearen C4-Kette und eines vom verzweigten 2-Methylpropan (C3 und C1) ab.

Alkene mit der Summenformel C_4H_8

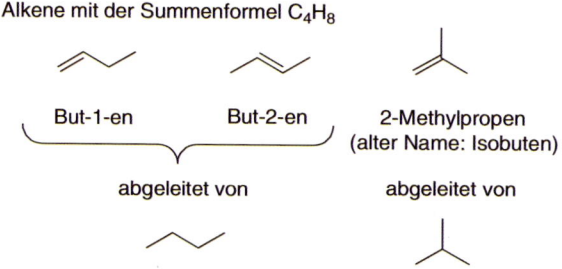

EXKURS

Pethidin

Dass Verbindungen mit unterschiedlicher Verknüpfungsreihenfolge der Atome tatsächlich Isomere mit unterschiedlichen Eigenschaften sind, zeigte auf sehr tragischer Weise auch ein Vorfall in den USA. Bei einem jungen Drogensüchtigen wurden 1977 parkinsonähnliche Symptome (Parkinsonismus) festgestellt, obwohl Parkinson als neurodegenerative Erkrankung üblicherweise erst ab dem 50. Lebensjahr auftritt. Später zeigten sich ähnliche Vorkommnisse auch bei anderen Drogensüchtigen. Genauere Untersuchungen der Todesumstände ergaben schließlich, dass verunreinigte „Designerdrogen" für das Auftreten des Parkinsonismus verantwortlich waren. Designerdrogen sind Wirkstoffe, die strukturell ähnlich aufgebaut sind wie bekannte Opioide oder Hypnotika, die aber leichter herzustellen und häufig auch noch nicht verboten sind. Eine solche Designerdroge ist das MPPP, das sich vom Pethidin ableitet. Pethidin war das erste vollsynthetische Opioid-Analgetikum mit morphinähnlicher Wirkung. Als sogenanntes „synthetisches Heroin" wurde das Strukturisomer MPPP entwickelt, das in seinen Wirkungen dem Pethidin und auch dem Heroin sehr ähnlich ist. Im Vergleich zum Pethidin ist beim MPPP die Verknüpfungsreihenfolge der Atome in der Estergruppe genau umgedreht. Dadurch ist aber das MPPP als Ester eines tertiären Alkohols (= OH-Gruppe an einem tertiären C-Atom) chemisch sehr viel instabiler. Es spaltet zum Beispiel beim Erwärmen leicht Propansäure ab (Eliminierungsreaktion, ▶ Kapitel 10.6), wobei das Alken MPTP entsteht. Dieses ist daher sehr oft als Nebenprodukt im MPPP enthalten. MPTP wird *in vivo* durch Oxidation in Zellen in das neurotoxische MPP^+ umgewandelt. Als geladene Substanz kann MPP^+ die unpolare Zellmembran nicht mehr passieren (▶ Kapitel 6.4), es reichert sich daher intrazellulär an und führt anschließend zum Zelltod. Insbesondere werden dopaminerge Neuronen zerstört und dadurch parkinsonähnliche Symptome ausgelöst.

Pethidin, ein Analgetikum
aus der Opioid-Gruppe

Designerdroge
= Strukturisomer von Pethidin

Heutzutage wird MPP^+ in der experimentellen Medizin in Tierversuchen zur Erforschung der Parkinson-Krankheit eingesetzt, um sogenannten experimentellen Parkinsonismus zu erzeugen.

Vorsicht: Bei den nachfolgend gezeigten Molekülen handelt es sich nicht um Strukturisomere, sondern nur um andere Darstellungen des gleichen Moleküls, nämlich Butan C_4H_{10}.

In allen Fällen liegt eine lineare Kette aus vier C-Atomen vor, die Verknüpfung ist also in allen gezeigten Molekülen identisch. Was sich unterscheidet, sind lediglich die Bindungswinkel, also die räumliche dreidimensionale Gestalt. Es handelt sich wiederum um verschiedene Konformere (▶ Kapitel 9.3). Da um Einfachbindungen freie Drehbarkeit

MERKE

Konformere = Isomere, die sich durch Rotation um Einfachbindungen ineinander umwandeln lassen herrscht, wandeln sie sich alle bei Raumtemperatur schnell ineinander um. Die verschiedenen **Konformere** sind also – zumindest bei Alkanen – keine unterschiedlichen chemischen Verbindungen, sondern nur ein und dasselbe Molekül in verschiedenen, allerdings nicht isolierbaren Formen.

Man kann sich dies am Beispiel eines Pullovers veranschaulichen. Egal, wie man den Pullover auch im Schrank faltet, ob man ihn anzieht, aufs Bett wirft oder in der Waschmaschine schleudert, er sieht jedes Mal anders aus und hat eine andere dreidimensionale Gestalt. Es ist aber – egal, welche Form (= Konformation) er hat – immer der gleiche Pullover. Seine „Verknüpfung" ändert sich nicht. Erst wenn man zum Beispiel einen der Ärmel abtrennt und auf der anderen Seite wieder annäht, erhält man ein anderes (also strukturisomeres) Kleidungsstück. Dies entspricht dem „Abtrennen" einer endständigen Methylgruppe beim Butan und dem „Wiederannähen" an C^2. Man erhält das 2-Methylpropan, das Konstitutionsisomer des Butans.

Dies bedeutet aber nicht, dass ein Molekül in beliebigen Konformationen vorkommt. Wir haben bereits gelernt, dass jedes Atom entsprechend seiner Hybridisierung bestimmte Bindungswinkel bevorzugt (zum Beispiel 109,5° bei sp^3-hybridisierten Atomen; ▶ Abbildung 9.9). Lange Alkylketten bevorzugen eine Zickzack-Konformation. Insofern unterscheiden sich Moleküle dann doch vom Pullover, dem es egal ist, wie er gefaltet wird. Daher sollte man beim Zeichnen von Molekülen darauf achten, dass man die richtigen Konformere und keine Moleküle mit völlig falschen Bindungswinkeln zeichnet.

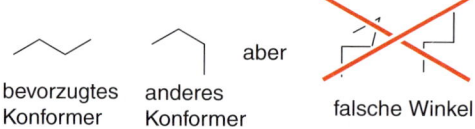

bevorzugtes Konformer · anderes Konformer · aber · falsche Winkel

9.7 Nomenklatur

Die bisher besprochenen, strukturell noch sehr einfachen Beispiele zeigen bereits, dass es dringend nötig ist, eine vernünftige und vor allem eindeutige Bezeichnungsweise (Nomenklatur) für isomere Verbindungen bzw. organisch-chemische Verbindungen im Allgemeinen zu haben. Zwar gibt es häufig historisch bedingte Namen wie Isobutan oder Neopentan. Diese sogenannten **Trivialnamen** muss man aber wie Vokabeln auswendig lernen. Deshalb wurde eine **systematische Nomenklatur** von der International Union of Pure and Applied Chemistry (IUPAC) festgelegt, mit der man jede organische Substanz bezeichnen kann. Dabei zerlegt man jede Verbindung in einen Molekülstamm und die verschiedenen funktionellen Gruppen, die an bestimmten Positionen an den Molekülstamm angeknüpft sind. Der Name des Molekülstammes ergibt sich dabei aus der Anzahl der C-Atome.

9.7 Nomenklatur

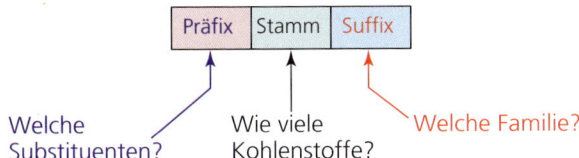

Welche Substituenten? Wie viele Kohlenstoffe? Welche Familie?

Aus: Brown, T. L., LeMay, H. E. & Bursten, E. B. (2007)

Die Namen der verschiedenen Substituenten und funktionellen Gruppen muss man allerdings wiederum lernen (▶ Tabelle 9.5). Die systematische Bezeichnung organischer Verbindungen erfolgt dann nach den folgenden Regeln.

Funktionelle Gruppe Formel	Funktionelle Gruppe (= Verbindungsklasse)	Präfix	Suffix
R–CO$_2$H	Carbonsäure	Carboxy-	-(carbon)säure
R-CO$_2^-$	Carbonsäureanion (Carboxylat)	Carboxylato-	-carboxylat, -oat
R–CO$_2$R′	(Carbonsäure-)Ester	Carbonyloxy- oder Oxycarbonyl-	-oat, -ester
R–C(=O)X	Carbonsäurehalogenid	Halogenformyl- Halocarbonyl-	-säurehalogenid, -oylhalogenid
R–C(=O)NR′R″ primär: R′ = R″ = H sekundär: R′ = Alkyl-, R″ = H tertiär: R′, R″ = Alkyl-	Amid (primär/sekundär/tertiär)	Carbamoyl- (prim.), -amido- (sek.)	-säureamid, -carboxamid
R–CN	Nitril	Cyan-	-nitril, -carbonitril
R–CHO	Aldehyd	Formyl-	-al (-carb(ox)aldehyd)
RR′C=O	Keton	Oxo-	-on
R$_2$C(OR′)$_2$	Acetal	Di(alkyloxy)-	-acetal
R–OH	Alkohol	Hydroxy-	-ol
RNR′R″	Amin primär: R′ = R″ = H sekundär: R′ = Alkyl-, R″ = H tertiär: R′, R″ = Alkyl	Amino-	-amin
R–O–R′	Ether	Alkoxy-	-ether

Tabelle 9.5: Ausgewählte funktionelle Gruppen und ihre Bezeichnungen (geordnet nach fallender Priorität)

9 Aufbau und Struktur organischer Verbindungen

1. Man bestimmt die längste ununterbrochene Kette aus Kohlenstoffatomen. Dieser Molekülstamm gibt der Verbindung den Stammnamen.
2. Dann identifiziert man die verschiedenen Substituenten und funktionellen Gruppen, die an oder in diesem Molekülstamm vorhanden sind.
3. Die funktionelle Gruppe mit der höchsten Priorität wird als Suffix benutzt. Sie bestimmt, um welche Verbindungsklasse (= Familie) es sich handelt. Die anderen funktionellen Gruppen werden als Präfixe vorangestellt.
4. Die Position der Substituenten und funktionellen Gruppen wird durch Angabe der Nummer des C-Atoms des Molekülstamms angegeben, an dem sich der Substituent befindet. Dabei wird der Molekülstamm so durchnummeriert, dass die Nummern möglichst klein sind. Die Position 1 gibt man in der Regel nicht explizit an.
5. Bei mehreren Substituenten werden diese in alphabetischer Reihenfolge aufgeführt. Mehrere identische Substituenten werden durch Präfixe (*di, tri, tetra* ...) angegeben.

Wir haben diese Nomenklatur bei den Alkoholen bereits genutzt (▶ Kapitel 9.5). Für eine OH-Gruppe wird an den Stammnamen des zugrunde liegenden Alkans (längste Kohlenstoffkette) das Suffix „-*ol*" für die funktionelle Gruppe „-OH" angehängt. Wir wissen dann, dass es sich um einen Vertreter der Verbindungsklasse der Alkohole handelt.

längste C-Kette = 4 C-Atome
ein Butanderivat
OH-Gruppe
Suffix -ol

Butan-1-ol oder vereinfacht Butanol

Vom Isobutan (Trivialname) bzw. 2-Methylpropan (systematischer Name) existieren zwei strukturisomere Alkohole, ein primärer und ein tertiärer, deren Namen sich wie folgt ermitteln lassen:

CH$_3$-Gruppe = Methyl- an C^2
C3-Kette
OH-Gruppe
2-Methyl-propan-1-ol
Trivialname: *iso*-Butanol

oder

2-Methyl-propan-2-ol
Trivialname: *tert*-Butanol

R–CH$_2$OH   primärer Alkohol
R–CHOH   sekundärer Alkohol
 |
 R'
R–C(R'')(R')–OH   tertiärer Alkohol

Aufpassen muss man, dass man sich von der Art und Weise, wie ein Molekül gezeichnet ist, nicht verunsichern lässt, wenn man die längste durchgehende Kohlenstoffkette sucht. Auch bei der Durchnummerierung muss man achtgeben. Im nachfolgenden Beispiel fängt man unten an zu nummerieren und nicht oben, damit die Positionsnummern der Substituenten möglichst klein sind.

9.7 Nomenklatur

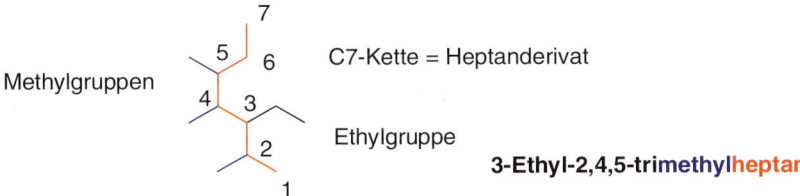

C7-Kette = Heptanderivat

Ethylgruppe

3-Ethyl-2,4,5-trimethylheptan

Bei Doppel- oder Dreifachbindungen innerhalb der Kohlenstoffkette leitet sich der Stammname nicht mehr vom Alkan ab, sondern vom entsprechenden Alken oder Alkin. Die Position der Doppel- oder Dreifachbindung wird durch die Nummer des ersten C-Atoms angegeben, das an der Mehrfachbindung beteiligt ist.

Methylgruppe an C^2

C6-Kette = Hexanderivat

Bromsubstituent an C^5

Doppelbindung beginnend an C^2

→ ein Alk**en**

5-Brom-2-methyl-2-hexen

oder 5-Brom-2-methylhex-2-en

Mehrere Doppel- oder Dreifachbindungen werden analog wie mehrere Alkylgruppen durch Angabe der jeweiligen Endung und der jeweiligen Positionsnummern bezeichnet:

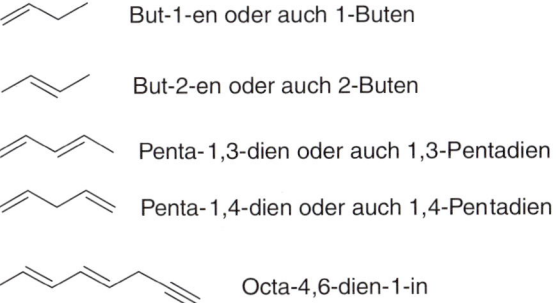

But-1-en oder auch 1-Buten

But-2-en oder auch 2-Buten

Penta-1,3-dien oder auch 1,3-Pentadien

Penta-1,4-dien oder auch 1,4-Pentadien

Octa-4,6-dien-1-in

EXKURS

Am Anfang steht eine Nummer

Am Anfang der Entwicklung eines neuen Arzneistoffes werden häufig Zehntausende von Substanzen synthetisiert und *in vitro* getestet. Da die systematischen Namen für chemische Verbindungen sehr komplex sein können, wird jeder potenzielle Wirkstoff erst einmal firmenintern nur mit einer Nummer versehen. Zum Beispiel wurde der Arzneistoff mit der IUPAC-Bezeichnung Natrium-2-(2,6-dichloranilino)phenyl-acetat von der damaligen Firma Geigy unter dem Kürzel GP-45840 entwickelt. Welcher Arzneistoff verbirgt sich dahinter? Es handelt sich um Diclofenac-Natrium, den Wirkstoff des Medikamentes Voltaren®. Diclofenac ist der **internationale markenfreie Name** (= **IN-Name**) (INN) von englisch *International Nonproprietary Name*; im Deutschen auch als Freiname oder Generika-Name bezeichnet), Voltaren® hingegen ist der Markenname des Herstellers. IN-Namen werden von der Weltgesundheitsorganisation WHO auf Vorschlag des Herstellers vergeben, um die Identifizierung des Wirkstoffes zu erleichtern. Die Auswahl erfolgt nach bestimmten Regeln, die zum Beispiel die Zugehörigkeit zu einer Gruppe von Arzneistoffen aufzeigen soll. Im Gegensatz zu **Markennamen**, die als registrierte Warenzeichen exklusiv einem bestimmten Hersteller gehören, sind IN-Namen allgemein zugänglich und nicht geschützt. Sobald das Patent für einen Arzneistoff abgelaufen ist, können Generika, die meist den IN-Namen in Kombination mit dem Firmennamen des Herstellers tragen, auf den Markt gebracht werden.

Diclofenac-Natrium

Ibuprofen

Im IN-Namen vieler Arzneistoffe verbergen sich Informationen über die chemische Struktur: Im Diclofenac steht das Diclo für dichlor und fenac bedeutet, dass es sich um ein Phenylessigsäure-Derivat handelt (fen steht für phenyl und ac für acetic acid = Essigsäure). In Ibuprofen verbirgt sich die Isobutylgruppe (Ibu) und die Zugehörigkeit zur Gruppe der Phenylpropionsäuren (= Profene).

9.8 Geometrische Isomere

Wir haben bei Isomeren bisher nur Strukturisomere betrachtet, also chemische Verbindungen mit identischer Summenformel, aber unterschiedlicher Verknüpfungsreihenfolge der Atome untereinander. So sind das 1-Buten und das 2-Buten Strukturisomere. Sie haben beide die gleiche Summenformel C_4H_8, weisen aber eine unterschiedliche Verknüpfungsreihenfolge (= Konstitution) auf. Dies erkennt man zum Beispiel daran, dass beim 1-Buten eines der beiden sp^2-C-Atome mit den verbleibenden zwei Einfachbindungen an zwei H-Atome gebunden ist, das andere hingegen an ein H-Atom und ein weiteres C-Atom. Im anderen Isomer, dem 2-Buten, sind hingegen beide sp^2-C-Atome der Doppelbindung jeweils an ein H- und ein C-Atom gebunden.

● =CH_2
● =CH-C

Betrachten wir das 2-Buten noch einmal etwas genauer. Wir haben bereits darüber gesprochen, dass um eine π-Bindung keine freie Drehbarkeit herrscht, da bei der Drehung die seitliche Überlappung der beiden

p_z-Orbitale aufgebrochen wird, was energetisch sehr ungünstig ist (▶ Abbildung 9.6). Das bedeutet aber, dass es zwei verschiedene Möglichkeiten gibt, wie die Methylgruppen (oder die beiden H-Atome) an den beiden sp^2-C-Atomen *relativ zueinander* angeordnet sein können. Die Methylgruppen können einmal auf der gleichen Seite der Doppelbindung (*Z* für zusammen oder in einer älteren Bezeichnung *cis*) und einmal auf verschiedenen Seiten (*E* für entgegen oder in der älteren Bezeichnung *trans*) angeordnet sein.

Me-Gruppen auf verschiedenen Seiten der Doppelbindung	Me-Gruppen auf gleicher Seite der Doppelbindung
E (= entgegen) oder *trans*	*Z* (= zusammen) oder *cis*
Siedetemperatur = +1 °C	+4 °C
Standardbildungsenthalpie $\Delta_f H° = -11$ kJ/mol	-7 kJ/mol

Diese beiden Formen wandeln sich – zumindest bei Raumtemperatur – nicht ineinander um. Obwohl die Verknüpfungsreihenfolge (also die Konstitution) der Atome in beiden Molekülen identisch ist, handelt es sich doch um verschiedene chemische Verbindungen, die sich zum Beispiel in ihrer thermodynamischen Stabilität (*E*-2-Buten ist etwas stabiler als *Z*-2-Buten) oder ihren physikalischen Eigenschaften (*E*-2-Buten hat eine etwas niedrigere Siedetemperatur) voneinander unterscheiden. Der Unterschied zwischen beiden Verbindungen liegt in der *relativen dreidimensionalen Anordnung* der Atome oder Atomgruppen im Raum. Unterscheiden sich zwei Moleküle nicht in der Verknüpfungsfolge, sondern nur in der relativen dreidimensionalen Anordnung ihrer Atome im Raum, so spricht man allgemein von **Stereoisomerie**. Die Bezeichnung Stereoisomerie bringt zum Ausdruck, dass tatsächlich der dreidimensionale Bau des Moleküls, also die räumliche Anordnung der Substituenten, betrachtet werden muss, um die Unterschiede zwischen den Isomeren zu erkennen. Wie wir noch sehen werden, gibt es verschiedene Ursachen für das Auftreten von Stereoisomerie. Wenn, wie im Fall von *Z*- und *E*-2-Buten, die **Konfiguration** einer Doppelbindung die Ursache ist, spricht man von geometrischer Isomerie. Als Konfiguration bezeichnet man allgemein die dreidimensionale räumliche Anordnung der Atome (ohne Berücksichtigung von Formen, die sich durch Rotationen um Einfachbindungen ineinander überführen lassen).

Durch Energiezufuhr von außen, zum Beispiel durch Erhitzen oder durch die Absorption von elektromagnetischer Strahlung, können die beiden **E/Z**-Isomere einer Doppelbindung ineinander überführt (= isomerisiert) werden, da so die für die Spaltung der π-Bindung notwendige Energie zur Verfügung gestellt werden kann. Bei 500 °C beträgt zum Beispiel die Halbwertszeit für die Rotation um die C=C-Doppelbindung im Ethen nur noch etwa vier Stunden (im Gegensatz zu ca. 10^{25} Jahren bei Raumtemperatur). Im thermodynamischen Gleichgewicht überwiegt meistens das *E*-Isomer, da in diesem die sterischen Wechselwirkungen kleiner sind als im *Z*-Isomer. So ist beim 2-Buten das *E*-Isomer um 4 kJ/mol stabiler als das *Z*-Isomer.

stabiler — weniger stabil

> **DEFINITION**
>
> **Wichtige Begriffe zur Struktur von Verbindungen**
>
> Die **Konstitution** gibt die Art und Reihenfolge der Verknüpfung der Atome in einem Molekül an (auch **Konnektivität** genannt).
>
> Die **Konfiguration** bezeichnet die dreidimensionale räumliche Anordnung der Atome ohne Berücksichtigung von Rotationen um Einfachbindungen. Um die Konfiguration eines Moleküls zu ändern, müssen chemische Bindungen gebrochen werden.
>
> Die **Konformation** berücksichtigt zusätzlich noch die Rotationen um Einfachbindungen und gibt daher die exakte dreidimensionale Lage aller Atome im Raum an. Um die Konformation eines Moleküls zu ändern, müssen keine Bindungen gebrochen werden, sondern nur Rotationen um Einfachbindungen erfolgen.

Enthält ein Molekül mehr als eine Doppelbindung, können diese entweder isoliert oder konjugiert sein. **Konjugierte Doppelbindungen** liegen dann vor, wenn zwei oder mehr Doppelbindungen über Csp^2–Csp^2-Einfachbindungen unmittelbar miteinander verknüpft und nicht durch sp^3-hybridisierte C-Atome voneinander getrennt sind.

isolierte — konjugierte
Doppelbindungen

AUS DER MEDIZINISCHEN PRAXIS

Vitamin A

Beim Sehvorgang spielt die Isomerisierung einer Doppelbindung eine wichtige Rolle. Der lichtempfindliche Sehpurpur in den Sinneszellen des Auges ist das Rhodopsin, das aus dem Protein Opsin besteht, an das kovalent als Schiff'sche Base (▶ Kapitel 11.4.3) der Aldehyd Retinal gebunden ist. Dieser entsteht *in vivo* aus dem β-Carotin (= Provitamin A), dem Farbstoff von Möhren bzw. Karotten. Daher stammt auch die Aussage, dass Möhren gut für die Augen seien. Retinal enthält fünf C=C-Doppelbindungen, von denen die vier Doppelbindungen in der Kette E oder Z konfiguriert sein können (die fünfte Doppelbindung im Sechsring kann nur die gezeigte Konfiguration haben). Im Sehpurpur ist die Doppelbindung an Position 11 Z-konfiguriert (also cis), die anderen drei Doppelbindungen in der Kette sind hingegen E-konfiguriert. Das Auftreffen von Licht bewirkt eine Isomerisierung der cis-Doppelbindung in die trans-Form. Die damit einhergehende Änderung der Konformation des Retinals, das sich von einer gefalteten in eine gestreckte Form umwandelt, verändert auch die Struktur des Rhodopsins insgesamt. Diese Konformationsänderung des Proteins bewirkt letztendlich das Auslösen eines Nervenimpulses.

11-*cis*-Retinal

↓ Licht

all-*trans*-Retinal

Carbonsäuren des Retinals wie Tretinoin (= Vitamin-A-Säure, all-*trans*-Retinsäure) und Isotretinoin (13-*cis*-Retinsäure) werden zur Akne- und Psoriasis-Therapie eingesetzt.

Bei konjugierten Doppelbindungen ist die Rotationsbarriere wesentlich kleiner als bei einer isolierten Doppelbindung (▶ Kapitel 9.3). Daher reagiert zum Beispiel das all-*trans*-Retinal im Rhodopsin auch bei Raumtemperatur bereits leicht wieder zum 11-*cis*-Retinal. Grund für die leichtere Rotation ist die Resonanzwechselwirkung zwischen den konjugierten Doppelbindungen (▶ Kapitel 10.8.1).

9.9 Spiegelbildisomerie oder Enantiomerie

9.9.1 Chirale Moleküle

Eine weitere Form der Stereoisomerie ist noch schwieriger zu erkennen als die geometrische E/Z-Isomerie. So lässt die zweidimensionale Strichformel des Pentan-2-ols (2-Pentanol) nicht so ohne Weiteres erkennen, dass es von dieser Verbindung tatsächlich zwei Stereoisomere gibt. Hierzu muss man sich die tatsächliche dreidimensionale Struktur anschauen und bedenken, dass jedes sp³-C-Atom tetraedrisch substituiert ist. Um diesen dreidimensionalen Aufbau auch in einer zweidimensionalen

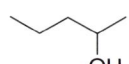

2-Pentanol

Strichformel auf dem Papier wiedergeben zu können, verwendet man unterschiedliche Linien für die einzelnen Bindungen (sogenannte **Keilstrichformeln**):

- durchgezogene Linie = Bindung in der Papierebene
- keilförmige oder fette Linie = Bindung vor der Papierebene
- gestrichelte oder gepunktete Linie = Bindung hinter der Papierebene
- geschlängelte Linie = keine Angaben, Bindung kann entweder vor oder hinter der Papierebene sein

Anordnung einer Bindung

relativ zur Papierebene

vor H in OH hinter

HO H

OH
vor oder hinter

In der Regel gibt man nur für einen Teil des gesamten Moleküls die dreidimensionale Struktur durch diese verschiedenen Bindungen genauer an, nämlich für den Molekülteil, dessen Konfiguration zum Beispiel für das Auftreten von Stereoisomeren oder für den Ablauf einer chemischen Reaktion wichtig ist. Den Umgang mit solchen Moleküldarstellungen sollte man gut üben, um sie richtig interpretieren zu können. Beim 2-Pentanol kann einmal die OH-Gruppe hinter und das H-Atom vor der Papierebene angeordnet sein und einmal genau anders herum. Sind diese Verbindungen identisch oder handelt es sich tatsächlich um verschiedene Moleküle, also um Isomere? Am besten baut man diese beiden Moleküle einmal mithilfe eines Molekülbaukastens zusammen und untersucht sie etwas genauer. Man wird feststellen, dass diese beiden Verbindungen tatsächlich nicht deckungsgleich sind! Man kann die Moleküle drehen und wenden wie man will, man wird niemals jedes Atom des einen Moleküls auf das äquivalente Atom des anderen legen können.

Es liegen also wiederum Stereoisomere vor, denn die Verknüpfungsreihenfolge ist identisch, aber die relative dreidimensionale Anordnung der Substituenten ist verschieden. Im Gegensatz zu den vorher besprochenen geometrischen Isomeren verhalten sich diese beiden Moleküle aber wie Bild und Spiegelbild zueinander. Diese Art der Stereoisomerie nennt man daher Spiegelbildisomerie oder **Enantiomerie**. Die beiden Isomere bezeichnet man als **Enantiomere** (▶ Abbildung 9.11). Ein 1 : 1-Gemisch der beiden Enantiomere ist ein **racemisches Gemisch** oder ein **Racemat** (▶ Kapitel 9.8).

MERKE

Enantiomere sind Stereoisomere, die sich wie Bild und Spiegelbild verhalten (aber nicht deckungsgleich sind).

9.9 Spiegelbildisomerie oder Enantiomerie

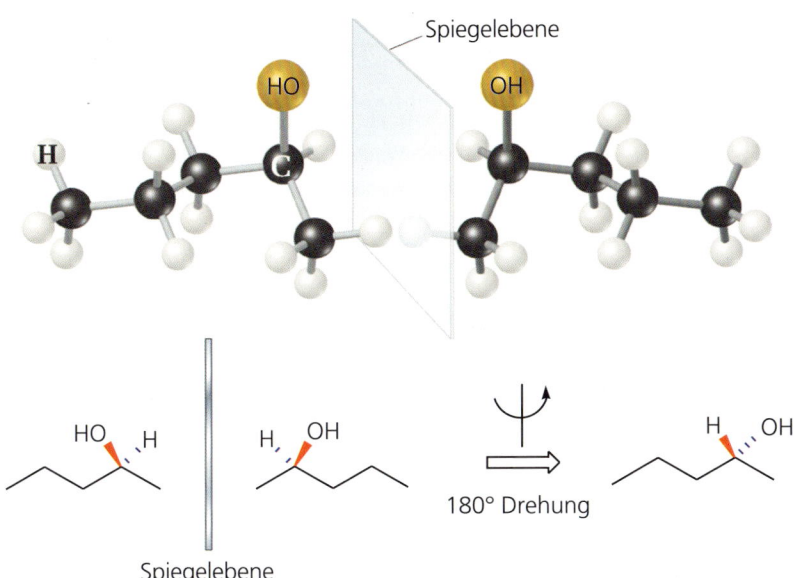

Abbildung 9.11: Enantiomere. Bei 2-Pentanol sind Bild und Spiegelbild nicht deckungsgleich. Die beiden Verbindungen unterscheiden sich in der dreidimensionalen Anordnung der Atome (Konfiguration) und lassen sich nicht durch Drehungen ineinander überführen.
Nach: Brown, T. L., LeMay, H. E. & Bursten, E. B. (2007)

Beim strukturisomeren 3-Pentanol sind hingegen Bild und Spiegelbild identisch. Es existieren keine Stereoisomere.

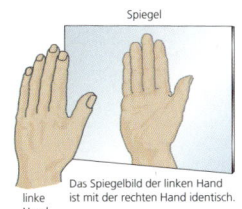

Das Spiegelbild der linken Hand ist mit der rechten Hand identisch.

Aus: Bruice, P. Y. (2007)

Moleküle, die wie 2-Pentanol mit ihrem Spiegelbild nicht deckungsgleich sind und somit in Form von zwei Enantiomeren vorkommen, bezeichnet man auch als chirale Moleküle. Der Begriff leitet sich von dem griechischen Ausdruck für Hand *cheiros* ab. Denn auch unsere Hände sind chiral. Die rechte und die linke Hand sind Spiegelbilder voneinander und sie sind nicht deckungsgleich! Auch andere makroskopische Objekte wie zum Beispiel Schneckenhäuser oder eine Schere sind chiral, da sie ebenfalls nicht mit ihrem Spiegelbild zur Deckung zu bringen sind.

Bei Molekülen können Enantiomere dann auftreten, wenn ein sp^3-C-Atom vorhanden ist, das vier verschiedene Substituenten trägt. Beim 2-Pentanol ist dies das C^2, an das eine Methylgruppe (CH_3), eine Propylgruppe (C_3H_7), ein H-Atom sowie eine OH-Gruppe gebunden sind. Ein solches C-Atom nennt man ein **Stereozentrum** oder **stereogenes Zent-**

9 Aufbau und Struktur organischer Verbindungen

Stereozentrum

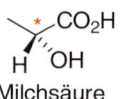
Milchsäure

rum (alternativer Begriff Chiralitätszentrum). Wir werden im Folgenden immer vom Stereozentrum sprechen. In einem solchen Fall lassen sich Bild und Spiegelbild nicht miteinander zur Deckung bringen (▶ Abbildung 9.12). In einer Formel wird ein Stereozentrum häufig durch einen Stern (∗) gekennzeichnet. Hat ein C-Atom aber nur drei oder noch weniger verschiedene Substituenten, sind also mindestens zwei Substituenten identisch, wie beim 3-Pentanol, so sind Bild und Spiegelbild hingegen deckungsgleich. Es existieren keine Enantiomere, die Verbindung ist also nicht chiral (= achiral).

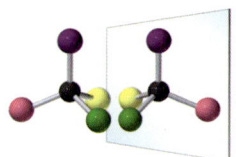

C-Atom mit vier verschiedenen Substituenten
Aus: Brown, T. L., LeMay, H. E. & Bursten, E. B. (2007)

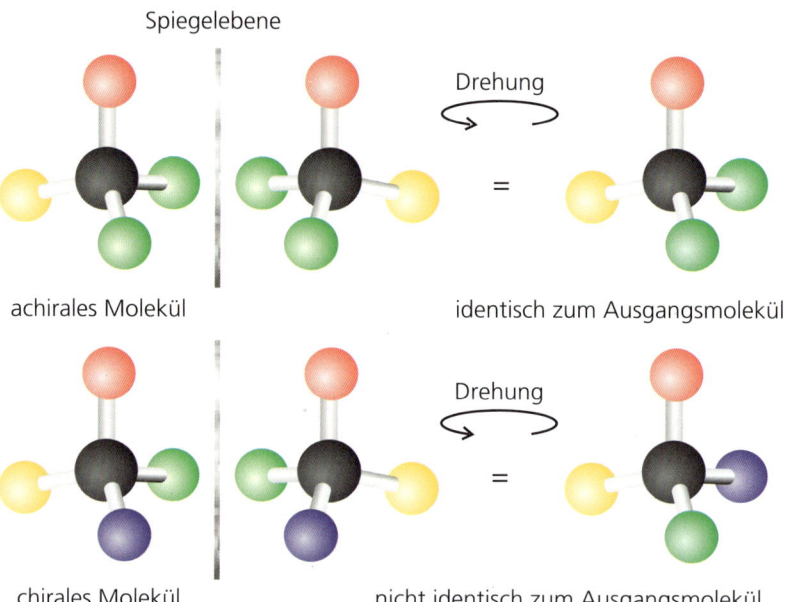

Abbildung 9.12: Spiegelbildisomerie. Bei einem chiralen Molekül mit einem Stereozentrum, also einem C-Atom mit vier verschiedenen Substituenten, sind Bild und Spiegelbild im Gegensatz zu einem achiralen Molekül nicht deckungsgleich.

9.9.2 Eigenschaften chiraler Verbindungen

Zwar handelt es sich bei Enantiomeren tatsächlich um verschiedene Verbindungen, die Unterschiede in ihren Eigenschaften sind aber etwas weniger offensichtlich als bei anderen Isomeren. Enantiomere verhalten sich nur dann unterschiedlich, wenn sie mit einem anderen chiralen Objekt in Wechselwirkung treten, nicht aber gegenüber anderen nicht chiralen (= achiralen) Objekten oder Molekülen. Enantiomere haben daher weitgehend die gleichen chemischen und physikalischen Eigenschaften. Sie haben auch die gleichen Schmelz- und Siedetemperaturen und man kann sie daher nicht durch rein physikalische Methoden wie fraktionierende Destillation (▶ Kapitel 4.7) voneinander trennen. Da unser Körper überwiegend aus chiralen Molekülen besteht (alle Proteine sind chiral, ▶ Kapitel 13.8), haben Enantiomere in der Regel sehr unterschiedliche biologische Eigenschaften (▶ Abbildung 9.13).

> **MERKE**
>
> Enantiomere unterscheiden sich nur in ihrem Verhalten gegenüber anderen chiralen Objekten, aber nicht gegenüber achiralen.

9.9 Spiegelbildisomerie oder Enantiomerie

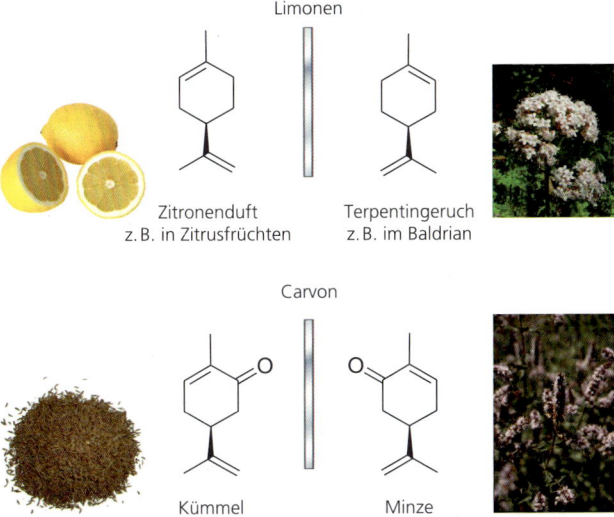

Abbildung 9.13: Unterschiedliche biologische Wirkung von Enantiomeren. Die beiden Enantiomere von Aromastoffen wie Limonen oder Carvon haben völlig unterschiedliche Gerüche.
© Wikipedia: Zitrone, Eine ganze und eine aufgeschnittene Zitrone, Autor: André Karwath (Zitrone), Wikipedia: Baldrian, Val'eriane officinale, J. F. Gaffard, Bucy-l'es-Gy (Baldrian), Silvia Lauss, Auerbach, www.gesundwuerzen.de (Kümmel), Hexal AG Holzkirchen (Minze)

Um dies zu verstehen, betrachten wir wieder unsere Hände. Wir können sowohl mit der rechten als auch mit der linken Hand problemlos einen Ball aufheben oder eine Kaffeetasse greifen (beides achirale Objekte). Aber reichen wir einmal jemand anderem, der uns die rechte Hand (ein chirales Objekt) zum Händeschütteln hinhält, entweder unsere eigene rechte oder linke Hand (▶ Abbildung 9.14), dann ergeben sich völlig unterschiedliche Situationen.

Händeschütteln

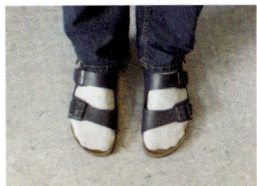
Füße und Sandalen

zwei rechte Hände

rechts und rechts
links und links

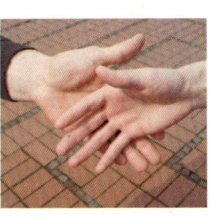

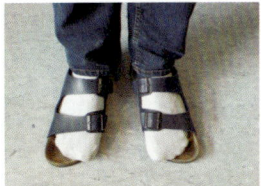

rechte und linke Hand

rechts und links

Abbildung 9.14: Wechselwirkungen von chiralen Objekten. Während sich chirale Objekte (wie Hände oder Füße) gegenüber achiralen Objekten völlig identisch verhalten, weisen sie gegenüber anderen chiralen Objekten unterschiedliche Eigenschaften auf.

Die unterschiedliche biologische Wirkung von Enantiomeren kann man anschaulich mit dem sogenannten Drei-Punkt-Modell erklären (▶ Abbildung 9.15). Betrachten wir zum Beispiel ein Enzym, also ein Protein, das eine bestimmte chemische Reaktion katalysiert (▶ Kapitel 13.9). Häufig wird von einem Enzym ein Enantiomer eines Substrates umgesetzt, während das andere Enantiomer nicht reagiert. Die Bindung des Substrates im aktiven Zentrum des Enzyms erfolgt dann über mindestens drei Wechselwirkungen, da nur so Enantiomere voneinander unterschieden werden können. Nur zwei Wechselwirkungen reichen hierfür nicht.

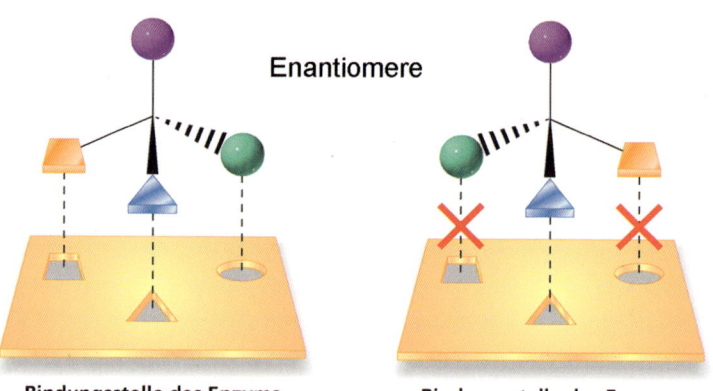

Abbildung 9.15: Die Drei-Punkt-Erkennung chiraler Substanzen. Um zwei Enantiomere voneinander unterscheiden zu können, müssen mindestens drei Wechselwirkungen zwischen den beiden chiralen Substanzen, also zum Beispiel einem Enzym und einem chiralen Wirkstoff, auftreten. Dann passt das eine Enantiomer in die Bindungstasche und das andere nicht.
Aus: Bruice, P. Y. (2007)

AUS DER MEDIZINISCHEN PRAXIS

Die „bessere Hälfte" von Arzneistoffen

Die einzelnen Enantiomere von Natur- und Arzneistoffen unterscheiden sich sehr häufig in vielerlei Hinsicht: Sie können qualitativ eine andere Wirkung (und/oder Toxizität) oder quantitativ eine andere Wirkstärke besitzen und sie können sich auch in pharmakokinetischer Hinsicht unterscheiden, das heißt zum Beispiel schneller/langsamer resorbiert, unterschiedlich metabolisiert und schneller/langsamer eliminiert werden. Das aktive Enantiomer, das die biologische Wirkung aufweist, wird als **Eutomer** bezeichnet, das inaktive oder weniger wirksame als **Distomer**. Der Quotient der Wirkstärken ist das **eudismische Verhältnis**, der entsprechende dekadische Logarithmus der **eudismische Index**.

Während früher meist Racemate, also 1 : 1-Gemische der beiden Enantiomere, als Wirkstoffe in den Handel kamen, werden heutzutage bevorzugt die wirksamen Enantiomere als Reinstoffe eingesetzt. Denn ein racemisches Gemisch, bei dem nur ein Enantiomer wirkt, ist eigentlich *ein zu 50 Prozent verunreinigtes Medikament*. Bei einem reinen Enantiomer kann die Dosis des Arzneistoffes um die Hälfte reduziert werden, der Körper wird weniger durch den Fremdstoff belastet. Die Zulassungsbehörden (in Deutschland das Bundesinstitut für Arzneimittel und Medizinprodukte [BfArM], in den USA die Food and Drug Administration [FDA]) empfehlen daher den sogenannten „chiral switch", also die Zulassung der wirksamen Enantiomere dort, wo bisher das Racemat auf dem Markt ist. Soll ein Arzneistoff hingegen als Racemat zugelassen werden, müssen – seit dem Conterganskandal – beide Enantiomere auf Toxizität geprüft werden. Zeigt das andere Enantiomer, das Distomer, unerwünschte Nebenwirkungen oder ist es toxisch, darf der Wirkstoff nur in enantiomerenreiner Form in den Handel gebracht werden (dies ist zum Beispiel beim *D*-Penicillamin oder beim *L*-DOPA der Fall).

Contergan

Ende der 1950er-Jahre kam es zum ersten großen Arzneimittelskandal der Bundesrepublik Deutschland, hervorgerufen durch das Schlafmittel Contergan®. Dieses wurde damals wegen seiner guten Verträglichkeit vielfach schwangeren Frauen verschrieben. Das Medikament musste in Deutschland 1961 vom Markt genommen werden, als klar geworden war, dass es bei Einnahme in der Schwangerschaft zu massiven Schädigungen des Fötus führt (= teratogene Wirkung). Tausende missgebildete Kinder wurden zwischen 1958 und 1962 geboren.

Thalidomid

Der Arzneistoff im Contergan® ist das Thalidomid, das ein Stereozentrum enthält. Vom Thalidomid existieren daher zwei Enantiomere. Das Medikament bestand wegen der leichteren synthetischen Zugänglichkeit aus einem Gemisch beider Enantiomere (ein racemisches Gemisch). Dass Enantiomere sehr unterschiedliche biologische Wirkungen haben können, wurde damals nicht beachtet. Erste Untersuchungen im Anschluss an die schrecklichen Vorfälle deuteten dann tatsächlich darauf hin, dass nur eines der beiden Enantiomere die gewünschte beruhigende Wirkung aufweist, während das andere teratogen wirkt.

Über die Wirkungen und Nebenwirkungen der einzelnen Enantiomere von Thalidomid wurde viel geschrieben und diskutiert. Tatsache ist, dass sich *in vivo* beide Enantiomere sehr schnell ineinander umwandeln (= racemisieren). Grund dafür ist die relativ hohe CH-Acidität des Wasserstoffs am Stereozentrum und die damit verbundene leichte Bildung eines achiralen Enols (▶ Kapitel 11.5). Es liegen also im Körper schon nach kurzer Zeit immer beide Enantiomere vor, egal ob das racemische Gemisch oder eines der beiden Enantiomere eingesetzt werden. Da das (*S*)-Enantiomer schneller eliminiert wird als das (*R*)-Enantiomer, stellt sich *in vivo* nach einigen Stunden ein konstantes (*R*)/(*S*)-Verhältnis von 1,7/1 ein (die R/S-Nomenklatur von Enantiomeren wird später erklärt; ▶ Kapitel 9.9.4). Daher kann, auch im Tierversuch, nicht eindeutig festgestellt werden, welchem Enantiomer tatsächlich die teratogene Wirkung zuzuschreiben ist. Studien an strukturell verwandten Verbindungen, die langsamer racemisieren, deuten aber darauf hin, dass wahrscheinlich das (*R*)-Enantiomer beruhigend wirkt und das (*S*)-Enantiomer teratogen ist.

Allerdings gibt es auch Hinweise darauf, dass im Körper aus beiden Enantiomeren durch Hydrolyse und Oxidationen (▶ Kapitel 12.5) toxische Metabolite entstehen könnten. Dann wäre es letztendlich egal, welches Enantiomer für sich alleine ungefährlich und welches teratogen wirkt. Denn aus beiden Enantiomeren entstehen die gleichen Metabolite.

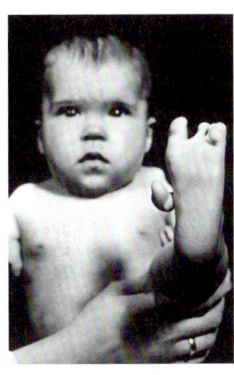

Missbildungen durch Thalidomid
© Wikipedia: Contergan-Skandal, Fehlbildung durch den von Grünenthal entwickelten Wirkstoff Thalidomid, National Cancer Institute, USA

Thalidomid ist heute aufgrund seiner immunmodulierenden Wirkung in einigen Ländern (vor allem in Südamerika) zur Behandlung einer schweren Verlaufsform der Lepra zugelassen. Ebenso hemmt Thalidomid die Angiogenese (= Neubildung von Blutgefäßen) und kann zur Behandlung verschiedener Tumorarten verwendet werden. Diese die Angiogenese hemmende Wirkung ist möglicherweise mitverantwortlich für die Missbildungen. Ein Derivat des Thalidomids, das Lenalidomid, wurde kürzlich zur Behandlung von Patienten mit multiplem Myelom (= bösartige Krebserkrankung der B-Lymphozyten) zugelassen (Handelsname Revlimid®). Allerdings darf dieses Medikament nicht bei gebärfähigen Frauen eingesetzt werden, außer es werden alle Bedingungen eines Schwangerschaftsverhütungsprogramms eingehalten.

9.9.3 Optische Aktivität

Enantiomere unterscheiden sich auch in einer besonderen physikalischen Eigenschaft, die sich zu ihrer experimentellen Unterscheidung verwenden lässt. Chirale Moleküle sind optisch aktiv. Als **optische Aktivität** bezeichnet man die Eigenschaft bestimmter Stoffe, die Schwingungsebene von linear polarisiertem Licht zu drehen. Die beiden Enantiomere eines chiralen Moleküls drehen dabei die Schwingungsebene von linear polarisiertem Licht zwar in gleichem Maße, aber in unterschiedliche Richtungen. Wir haben bereits gelernt, dass Licht eine elektromagnetische Welle ist (▶ Kapitel 1.11). Eine normale Lichtquelle wie eine Glühbirne emittiert Strahlung, bei der die Schwingungsebene dieser elektromagnetischen Welle wahllos statistisch um die Ausbreitungsrichtung herum orientiert ist. Man kann nun mit einem besonderen Filter (einem Polarisator) eine bestimmte Schwingungsebene herausfiltern. Nach dem Durchgang durch den Polarisator schwingen alle Lichtstrahlen in der gleichen Ebene. Man spricht von **linear polarisiertem Licht**. Das menschliche Auge kann linear polarisiertes Licht nicht von unpolarisiertem Licht unterscheiden. Wir sehen daher auch keine Veränderung der Schwingungsebene durch eine optisch aktive Substanz. Dazu braucht man einen zweiten Filter, den Analysator. Wie der Polarisator, lässt auch der Analysator nur Licht mit einer ganz bestimmten Polarisationsrichtung durch. Anfangs sind beide Filter parallel angeordnet, sodass das linear polarisierte Licht beide Filter ungehindert passieren kann.

Bringt man nun die Lösung einer chiralen Substanz in den Lichtstrahl zwischen Polarisator und Analysator, so wird die Polarisationsebene des Lichts durch die optisch aktive Substanz gedreht. Dadurch hat dann aber der Analysator relativ zur gedrehten Schwingungsebene des Lichts die falsche Orientierung und lässt entsprechend weniger Licht durch. Damit wieder das gesamte Licht durchgelassen wird, muss man den Analysator ebenfalls drehen, bis er wieder parallel zur Polarisationsrichtung des Lichts ausgerichtet ist. An dem relativen Winkel der beiden Polarisationsfilter kann man dann ablesen, wie stark und in welche Richtung die Polarisationsebene des Lichts durch die chirale Substanz gedreht wurde. Die experimentelle Anordnung zur Messung der optischen Aktivität bezeichnet man als **Polarimeter** (▶ Abbildung 9.16). Das eine Enantiomer einer chiralen Substanz ist rechtsdrehend (+), das andere ist linksdrehend (−). Das Racemat, also die 1 : 1-Mischung der beiden Enantiomere, ist optisch inaktiv.

9.9 Spiegelbildisomerie oder Enantiomerie

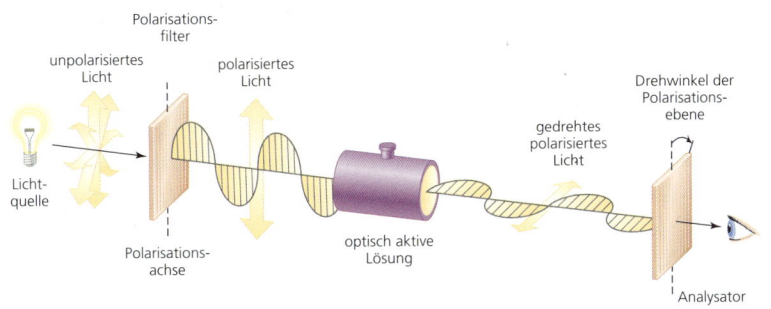

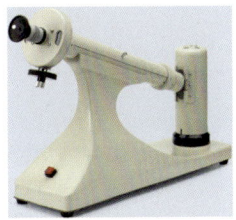

Polarimeter
© EUROMEX Mikroskope BV,
Arnheim, Niederlande

Abbildung 9.16: Optische Aktivität. Unpolarisiertes Licht passiert einen Polarisator. Anschließend wird das linear polarisierte Licht durch eine Lösung einer optischen aktiven Substanz geleitet. Aus der Perspektive eines in Richtung der Lichtquelle blickenden Beobachters wird in diesem Beispiel die Polarisationsebene des Lichts beim Durchgang durch die Probe nach rechts gedreht. Die Substanz ist rechtsdrehend.
Aus: Brown, T. L., LeMay, H. E. & Bursten, E. B. (2007)

Der **Drehwinkel** α ist charakteristisch für die chirale Substanz, hängt aber auch von deren Konzentration c und dem verwendeten Lösemittel, der Länge l der verwendeten Messzelle sowie der verwendeten Wellenlänge des Lichts und der Temperatur ab. Die Stoffkonstante $[\alpha]$ bezeichnet man als spezifischen Drehwert oder **spezifische Drehung**. Verwendet man Licht mit der Wellenlänge der Natrium- (▶ Kapitel 1.11) und misst bei 25 °C, so bezeichnet man die spezifische Drehung als $[\alpha]_D^{25}$. Enantiomere weisen die gleiche absolute Drehung, aber mit unterschiedlichem Vorzeichen auf. Das heißt, das eine Enantiomer ist **rechtsdrehend** und das andere **linksdrehend**. Man gibt dies durch die Angabe (+) für rechtsdrehend und (−) für linksdrehend an. Früher verwendete man auch die Präfixe *dextro*- für rechtsdrehend und *levo*- für linksdrehend.

$\alpha = [\alpha]_D^{25} \cdot c \cdot l$
(+) = rechtsdrehend
(−) = linksdrehend

EXKURS

Rechtsdrehender Joghurt

In seinem 1871 veröffentlichten Buch „Through the Looking Glass" (Alice im Spiegelland) beschreibt Lewis Carroll, wie Alice durch einen Spiegel in eine spiegelbildliche Welt schlüpft:

„Also, wenn du einmal ordentlich zuhörst, Mieze, und nicht dauernd dazwischenredest, will ich dir erzählen, wie ich mir das Haus hinterm Spiegel vorstelle. Zuerst einmal kommt das Zimmer, das du hinter dem Glas siehst – das ist genau wie unser Wohnzimmer, nur ist alles verkehrt herum. [...] Wie gefiele dir das, Mieze, wenn du in dem Haus hinterm Spiegel wohnen müsstest? Ob sie dir dort auch deine Milch zu trinken gäben? Aber vielleicht schmeckt Spiegelmilch nicht besonders gut!"

Wir wissen nicht, ob Spiegelmilch anders schmeckt, aber man findet häufig die Aussage, dass rechtsdrehender Joghurt im Vergleich zum linksdrehenden „Spiegeljoghurt" besonders gesund sei.

Rechtsdrehend ist natürlich nicht der Joghurt und schon gar nicht ist er rechtsgerührt, sondern die in ihm enthaltene Milchsäure ist rechtsdrehend. Milchsäure (2-Hydroxypropansäure) ist eine chirale Verbindung, die entsteht, wenn Milchsäurebakterien (die auch unseren Darm und unsere Schleimhäute besiedeln) Kohlenhydrate abbauen. Je nachdem, um welche Bakterien es sich handelt, entstehen (+)- und/oder (–)- Milchsäure. Rechtsdrehende (+)-Milchsäure wird auch vom menschlichen Körper selbst beim anaeroben Abbau von Glucose in Muskelzellen gebildet (▶ Kapitel 5.4) und daher sehr schnell weiter verstoffwechselt. Linksdrehende (–)-Milchsäure dagegen findet sich normalerweise nur in sehr geringen Konzentrationen im Körper. Auch von außen mit der Nahrung zugeführte linksdrehende Milchsäure wird nur sehr langsam verstoffwechselt und reichert sich daher zwischenzeitlich an. Für gesunde Menschen stellt die linksdrehende Milchsäure kein Problem dar. Bei Säuglingen, deren Stoffwechsel noch nicht vollständig ausgereift ist, kann die sich anreichernde linksdrehende Milchsäure aber zu gesundheitlichen Problemen führen. In der industriell hergestellten Säuglingsnahrung wird deswegen keine linksdrehende Milchsäure verwendet.

Um auf die Frage vom Anfang zurückzukommen: Joghurt und „Spiegeljoghurt" sollen sich tatsächlich im Geschmack unterscheiden: Joghurt, der hauptsächlich rechtsdrehende Milchsäure enthält, soll milder schmecken.

9.9.4 Nomenklatur chiraler Verbindungen: die absolute Konfiguration

> **MERKE**
>
> Aus der absoluten Konfiguration lässt sich nicht auf das Vorzeichen der optischen Aktivität schließen (und umgekehrt).

Durch die Messung der optischen Aktivität und die Angabe der Drehrichtung (+) oder (–) kann man die beiden Enantiomere einer chiralen Verbindung eindeutig voneinander unterscheiden. Wir wissen dann aber immer noch nicht, welche dreidimensionale Struktur jedes Enantiomer hat. Aus der Drehrichtung lässt sich nämlich nicht angeben, wie die vier unterschiedlichen Substituenten tatsächlich um das Stereozentrum herum angeordnet sind (**absolute Konfiguration**). Das Vorzeichen der optischen Aktivität einer chiralen Substanz kann sich bereits bei unterschiedlichen Wellenlängen oder Temperaturen umdrehen.

Da die absolute Konfiguration einer chiralen Substanz aber sehr wichtig ist (zum Beispiel zum Abschätzen von Reaktivitäten gegenüber anderen chiralen Molekülen), hat man eine eindeutige Nomenklatur festgelegt, mit der man die absolute Konfiguration an einem Stereozentrum angibt. Für diese *R*/*S*-Nomenklatur, auch **CIP-Nomenklatur** genannt (nach den drei Chemikern Cahn, Ingold und Prelog, die diese Regeln aufgestellt haben), geht man wie folgt vor:

1. Man gibt den vier verschiedenen Substituenten am Stereozentrum eine Priorität, 1 > 2 > 3 > 4, die man folgendermaßen ermittelt:
   - Bei den direkt gebundenen Atomen steigt die Priorität mit der Ordnungszahl.
   - Bei gleichen Bindungspartnern am Stereozentrum entscheidet die Ordnungszahl der jeweils an diese Bindungspartner gebundenen Atome.
   - Doppelt gebundene Atome zählen dabei wie zwei einfach gebundene Atome der gleichen Art und haben damit eine höhere Priorität als ein analoges einfach gebundenes Atom.

9.9 Spiegelbildisomerie oder Enantiomerie

2 Dann dreht man das Molekül so, dass ausgehend vom Betrachter die Bindung zum Substituenten mit der niedrigsten Priorität (4) nach hinten zeigt. Häufig ist dies das H-Atom.

3 Die anderen drei Substituenten werden dann in Richtung fallender Priorität betrachtet: 1 → 2 → 3. Dabei ergibt sich eine Kreisbewegung im Uhrzeigersinn (*R*) oder gegen den Uhrzeigersinn (*S*). Die Bezeichnungen kommen aus dem lateinischen: *R* von *rectus* = rechtsrum, *S* von *sinister* = linksrum.

Neben diesen einfachen Regeln gibt es natürlich noch eine ganze Reihe weiterer Regeln für Spezialfälle, die uns aber nicht weiter interessieren sollen.

Betrachten wir als Beispiel das nachfolgend gezeigte Enantiomer der Milchsäure. Die Anwendung der Regeln zeigt uns, dass es sich um die (*R*)-Milchsäure handelt.

Priorität: $OH > CO_2H > CH_3 > H$

aber falsche Blickrichtung

180° Molekül so drehen, dass das H-Aom nach hinten zeigt

Kreisbewegung im Uhrzeigersinn = *R*

Bestimmt man zusätzlich noch experimentell die optische Aktivität, so findet man, dass das Enantiomer mit der *R*-Konfiguration linksdrehend ist. Die eindeutige Bezeichnung wäre daher (*R*)-(–)-Milchsäure. Das entsprechende Enantiomer (nicht gezeigt), das beim anaeroben Glucoseabbau in den Muskelzellen entsteht und im „rechtsdrehenden" Joghurt vorkommt, ist folglich die (*S*)-(+)-Milchsäure.

Achtung: Die Kreisbewegung im oder gegen den Uhrzeigersinn zur Bestimmung von (*R*) und (*S*) hat nichts mit der optischen Aktivität und der dabei ermittelten Drehrichtung der Schwingungsebene von linear polarisiertem Licht, (+) oder (–), zu tun. Diese Drehrichtung muss experimentell bestimmt werden. So ist die rechtsdrehende (+)-Milchsäure (= optische Aktivität) *S*-konfiguriert (= absolute Konfiguration), also (*S*)-(+)-Milchsäure. Hingegen ist das entsprechende Natriumsalz, das immer noch die gleiche absolute Konfiguration (*S*) aufweist, linksdrehend, also (*S*)-(–)-Natriumlactat.

9 Aufbau und Struktur organischer Verbindungen

H₃C︵*S*︵CO₂H
H︱OH

rechtsdrehend: (+)

H₃C︵*S*︵CO₂⁻ Na⁺
H︱OH

linksdrehend: (−)

Um die *R*/*S*-Nomenklatur korrekt anwenden zu können, muss der Substituent mit der niedrigsten Priorität hinten stehen. Hat man eine Strukturformel vorliegen, in der dies nicht der Fall ist, muss man das Molekül zuerst in die richtige Anordnung drehen. Dies ist nicht immer einfach und bereitet gerade bei komplizierten Molekülen häufig Schwierigkeiten. Ein Trick hilft, zumindest wenn die Formel so gezeichnet ist, dass der Substituent mit der niedrigsten Priorität (meistens also ein H-Atom) *nach vorne zeigt*. Man schaut dann also genau von der falschen Seite auf das Molekül. Betrachtet man die anderen drei Substituenten entsprechend fallender Priorität, erhält man eine Kreisbewegung, die genau andersherum ist als die korrekte, also im Uhrzeigersinn statt gegen den Uhrzeigersinn bzw. gegen den Uhrzeigersinn statt im Uhrzeigersinn. Betrachten wir wieder unser Beispiel. Die Drehrichtung beim Betrachten der gezeichneten Struktur, in der der Wasserstoff nach vorne zeigt, ist gegen den Uhrzeigersinn. Also ist die korrekte Drehrichtung, wenn das H nach hinten zeigt, genau andersherum, also im Uhrzeigersinn. Die absolute Konfiguration ist dementsprechend *R*.

Priorität: OH > CO₂H > CH₃ > H

Kreisbewegung gegen den Uhrzeigersinn

ABER: Blickrichtung genau von der falschen Seite

⟹ korrekte Kreisbewegung = im Uhrzeigersinn = *R*

■ BEISPIEL   Ibuprofen – ein chiraler Arzneistoff

(*S*)-(+)-Ibuprofen

Ibuprofen ist ein nichtsteroidales Antiphlogistikum (ein sogenanntes „kleines" Analgetikum; englische Bezeichnung NSAID = *Non-steroidal Anti-inflammatory Drug*), das bei Schmerzen und Entzündungen eingesetzt wird. Es ist sowohl als Racemat (Dolormin®) als auch als (*S*)-Enantiomer Dexibuprofen (Deltaran®) im Handel. Das (*S*)-Enantiomer ist wie bei allen Arzneistoffen aus der Gruppe der Profene (= Arylpropionsäuren) das Eutomer, das *R*-Enantiomer ist weniger wirksam. Bestimmt man zusätzlich die optische Aktivität des (*S*)-Enantiomers, so misst man, dass dieses rechtsdrehend, also (+), ist. Daher kommt auch der Name Dexibuprofen (von *dextro*-Ibuprofen).

9.9 Spiegelbildisomerie oder Enantiomerie

Das nicht wirksame (R)-Enantiomer wird *in vivo* in das (S)-Enantiomer umgewandelt. Es findet eine sogenannte **Inversion der Konfiguration** statt. Allerdings ist dieser Vorgang unidirektional, das heißt, es wird nur das (R)-Enantiomer in das (S)-Enantiomer umgewandelt und nicht umgekehrt. Wunderbar, könnte man meinen, dann ist es doch tatsächlich sehr sinnvoll, das billigere Racemat einzusetzen, da *in vivo* das Distomer in das Eutomer umgewandelt wird. Allerdings werden nur etwa 50 bis 60 Prozent der applizierten Dosis des (R)-Enantiomers tatsächlich umgewandelt. Außerdem verläuft diese Inversion insgesamt sehr langsam, sie ist zudem von Person zu Person sehr unterschiedlich und hängt auch vom Zustand des Patienten ab. So ist bei Patienten, die an akuten Schmerzen leiden und gerade deswegen Ibuprofen einnehmen, die Geschwindigkeit dieser Inversion deutlich vermindert. *In vivo* wirkt also eigentlich doch nur das (S)-Enantiomer. So konnte in klinischen Studien tatsächlich gezeigt werden, dass mit der halben Dosis von (S)-Ibuprofen (200 mg) die gleichen analgetischen Effekte erzielt werden können wie mit der doppelten Dosis des Racemats (400 mg).

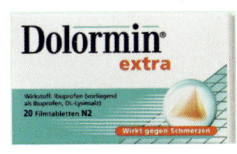

Racemisches Ibuprofen
© McNeil Consumer Healthcare GmbH, Neuss

Häufig erkennt man bei chiralen Arzneistoffen (▶ Tabelle 9.6) schon am Namen, um welches Enantiomer es sich handelt. So wird zum Beispiel das Vorzeichen der optischen Aktivität im Namen angegeben (*levo* = linksdrehend, *dextro* = rechtsdrehend): Levothyroxin, Levofloxacin, Levodopa, Levomethadon, Levonorgestrel oder Dextromethorphan, Dexibuprofen, Dexketoprofen, Dexpanthenol. Auch die absolute Konfiguration lässt sich manchmal aus dem Namen erschließen: Esomeprazol steht für (S)-Omeprazol, Escitalopram für (S)-Citalopram oder Esketamin für (S)-Ketamin.

Wirkstoff	(R)-Enantiomer	(S)-Enantiomer
Penicillamin	toxisch, allergen	Arzneistoff
		Antidot bei Schwermetallvergiftungen, langfristig wirksames
		Antirheumatikum, Morbus Wilson
Methadon	analgetisch	unwirksam
	Levomethadon	
Pantothensäure (Vitamin B$_5$)	Vitamin-B-Wirkung	unwirksam

Wirkstoff	(R)-Enantiomer	(S)-Enantiomer
Naproxen	unwirksam	nichtsteroidales Antiphlogistikum (NSAID)
DOPA	passiver Transport, Blutbildschädigung	Mittel zur Behandlung der Parkinson-Krankheit aktiver Transport ins ZNS, dort Umwandlung zu Dopamin (Kapitel 11.4.3)
Adrenalin (Epinephrin) (Neurotransmitter)	Eutomer Therapie des Herzstillstandes, der Anaphylaxie	Distomer 20–50-mal schwächer wirksam

Tabelle 9.6: Beispiele für chirale Wirkstoffe

9.9.5 Die D/L-Nomenklatur nach Fischer

Häufig findet man im Zusammenhang mit Enantiomeren noch eine weitere Bezeichnungsweise, die D/L-Nomenklatur nach Fischer. Diese wurde von Emil Fischer Ende des 19. Jahrhunderts zur Bezeichnung von Kohlenhydraten entwickelt (▶ Kapitel 12). Obwohl diese Nomenklatur auch nur für Verbindungen wie Kohlenhydrate und Aminosäuren eindeutig definiert ist, wird sie häufig – fälschlicherweise – auch ganz allgemein zur Bezeichnung von Enantiomeren verwendet. Betrachten wir den Glycerinaldehyd, den einfachsten Vertreter der Kohlenhydrate. Für die Fischer-Nomenklatur muss man das Molekül in einer ganz genau definierten Weise zeichnen.

- Die längste Kohlenstoffkette des Moleküls wird senkrecht gezeichnet.
- Das am höchsten oxidierte C-Atom der Kette steht oben. Bei den Kohlenhydraten ist dies wie beim Glycerinaldehyd eine Aldehydgruppe (-CHO) oder wie bei der Fructose eine Ketogruppe (-C(O)R) und bei den Aminosäuren eine Carbonsäure (CO_2H).
- Die senkrechten Bindungen liegen definitionsgemäß hinter der Papierebene, die waagerechten Bindungen liegen vor der Papierebene.
- Dann betrachtet man das Stereozentrum (oder wenn mehrere Stereozentren vorhanden sind, dasjenige, das am weitesten vom höchstoxidierten C-Atom entfernt ist): Zeigt die funktionelle Gruppe nach rechts, so handelt es sich um die D-Form, zeigt die Gruppe hingegen nach links, so ist es die L-Form.

9.10 Verbindungen mit zwei oder mehr Stereozentren

Die Bezeichnung *D/L* sollte man ausschließlich für Kohlenhydrate und Aminosäuren oder davon abgeleitete Verbindungen verwenden und für keine andere Klasse von Enantiomeren. Man darf auf keinen Fall die verschiedenen Bezeichnungen für chirale Verbindungen wie *D/L*, *R/S* oder (+) und (−) durcheinanderwerfen (▶ Tabelle 9.7), was leider (fälschlicherweise) häufig gemacht wird.

> **MERKE**
>
> *D/L* sollte man nur für Kohlenhydrate, Aminosäuren und davon abgeleitete Verbindungen verwenden.

Bezeichnung	Bedeutung	Wie bestimmt?
(*R*) und (*S*)	absolute Konfiguration, kann für jedes Stereozentrum einer Verbindung bestimmt werden	CIP-Regeln
D und *L*	absolute Konfiguration eines ganz bestimmten Stereozentrums in einer Aminosäure oder in einem Zucker	Fischer-Projektion
(+) und (−)	Vorzeichen der optischen Aktivität (des gesamten Moleküls)	experimentell

Tabelle 9.7: Verschiedene Bezeichnungen chiraler Verbindungen

9.10 Verbindungen mit zwei oder mehr Stereozentren

9.10.1 Diastereomere

Natürlich können auch mehrere Stereozentren in einem Molekül vorhanden sein. So sind im 2-Brom-3-butanol sowohl das C^2 als auch das C^3 Stereozentren, die beide die absolute Konfiguration R oder S aufweisen können. Es resultieren also insgesamt 2 · 2 = 4 Stereoisomere. Das (*R*,*R*)- und das (*S*,*S*)-Isomer sind ebenso wie das (*R*,*S*)- und das (*S*,*R*)-Isomer jeweils Bild und Spiegelbild zueinander. Es handelt sich daher jeweils um Enantiomere. Das (*R*,*R*)- und das (*R*,*S*)-Isomer oder das (*S*,*S*)- und das (*R*,*S*)-Enantiomer sind natürlich keine Spiegelbilder zueinander. Diese Art von Stereoisomeren bezeichnet man als **Diastereomere** (= Stereoisomere, die keine Enantiomere sind). Wir haben also insgesamt vier Stereoisomere vorliegen: zwei Paare von Enantiomeren, die jeweils zueinander diastereomer sind. Alle vier Stereoisomere sind chirale Verbindungen und somit optisch aktiv.

Auch die schon besprochenen geometrischen *E/Z*-Isomere bei Alkenen (▶ Kapitel 9.8) sind übrigens Diastereomere.

> **MERKE**
> Diastereomere = Stereoisomere, die keine Enantiomere sind

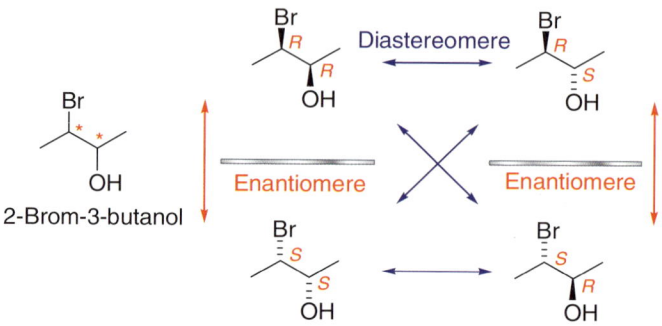

2-Brom-3-butanol

> **MERKE**
> Die maximale Anzahl von Stereoisomeren bei n Stereozentren in einem Molekül beträgt 2^n.

Diastereomere unterscheiden sich im Gegensatz zu Enantiomeren auch in ihren physikalischen Eigenschaften und haben zum Beispiel unterschiedliche Schmelz- und Siedetemperaturen. Sie lassen sich daher von anderen Diastereomeren durch einfache physikalische Trennverfahren wie fraktionierende Destillation oder Kristallisation abtrennen. Die maximale Anzahl an Stereoisomeren bei n Stereozentren in einem Molekül ist 2^n. Von diesen 2^n Stereoisomeren sind immer nur jeweils zwei Verbindungen paarweise zueinander enantiomer, nämlich die, die an allen (!) Stereozentren spiegelbildliche Konfigurationen aufweisen! Alle anderen Verbindungen sind diastereomer zueinander.

Captopril

So weist der Arzneistoff Captopril, der als sogenannter ACE-Hemmer zur Blutdrucksenkung eingesetzt wird, zwei Stereozentren auf. Es existieren also insgesamt vier Stereoisomere. Stark wirksam ist aber nur das (S,S)-Stereoisomer (Eutomer), alle anderen drei sind deutlich schwächer wirksam (Distomere).

9.10.2 *Meso*-Formen

Nicht immer existiert tatsächlich die maximale Anzahl an $2n$ Stereoisomeren. Bei manchen Verbindungen gibt es weniger Stereoisomere als erwartet und zwar immer dann, wenn zwei oder mehr Stereozentren die gleichen vier unterschiedlichen Substituenten aufweisen. Das klassische Beispiel ist die **Weinsäure**. Die Weinsäure besitzt zwar zwei Stereozentren (C^2 und C^3), aber es existieren nur drei Stereoisomere: ein Enantiomerenpaar (das (R,R)-(+)- und das (S,S)-(−)-Isomer) und eine dazu diastereomere, aber achirale Verbindung, die sogenannte ***meso*-Form**. Bei der Weinsäure sind nämlich das (R,S)- und das (S,R)-Isomer identisch, wie man durch Drehung der Moleküle sehen kann.

9.10 Verbindungen mit zwei oder mehr Stereozentren

[Strukturformeln: (S,S)- und (R,R)-Weinsäure als Enantiomere, (S,R)- und (R,S)-Form als Diastereomere bzw. meso-Form, die durch Drehung um 180° ineinander überführbar sind. Rechts: allgemeine Struktur der Weinsäure mit zwei Stereozentren.]

Das Auftreten einer achiralen *meso*-Form bei der Weinsäure kann man auch anhand der Fischer-Projektionen erkennen. Die Fischer-Projektion des (S,R)-Isomers lässt sich durch Drehung um 180° in der Papierebene in die Fischer-Projektion des (R,S)-Isomers überführen (und umgekehrt). Da sich bei einer Drehung um 180° die Anordnung der Bindungen (vor oder hinter der Papierebene) der Fischer-Projektion nicht ändert, liegt das gleiche Molekül vor. Die (R,S)- und (S,R)-Form stellen also das gleiche Molekül dar.

[Fischer-Projektionen: Enantiomere (R,R) und (S,S) sowie meso-Weinsäure mit Rotation in der Ebene um 180°.]

Dass dieses Isomer achiral sein muss (und somit keine Enantiomere existieren können), erkennt man auch daran, dass die *meso*-Form eine interne Spiegelebene enthält. Die obere Hälfte des Moleküls lässt sich an dieser Spiegelebene auf die untere Hälfte abbilden. Dann muss aber auch jede Spiegelung an einer externen Spiegelebene zum gleichen Molekül führen. Ein Molekül, das eine interne Spiegelebene besitzt, kann nicht chiral sein.

[Fischer-Projektion der meso-Weinsäure mit eingezeichneter interner Spiegelebene.]

meso-Weinsäure

Weinstein
© Wikipedia: Weinstein, Weinstein eines Rotweins auf einem Korken, Autor: Awakening

Von den drei Stereoisomeren kommt fast ausschließlich das (R,R)-(+)-Stereoisomer in der Natur vor, sowohl als freie Säure (unter anderem in Weintrauben) als auch in Form von Salzen, die man Tartrate nennt. So scheidet sich zum Beispiel Kaliumhydrogentartrat als Weinstein beim Lagern in Weinflaschen ab. Das (S,S)-(−)-Stereoisomer findet sich nur in den Blättern eines bestimmten westafrikanischen Baumes, die *meso*-Weinsäure kommt in der Natur gar nicht vor.

Auch bei Arzneistoffen hat man es manchmal mit *meso*-Formen zu tun. Beim Ethambutol wird das (S,S)-Enantiomer zur Behandlung der Tuberkulose eingesetzt (Myambutol®). Es verursacht allerdings erhebliche Nebenwirkungen, insbesondere Sehstörungen. Das (R,R)-Enantiomer ist hingegen tuberkulostatisch unwirksam und führt in noch stärkerem Maße zu Augenschäden. Die *meso*-Form ist schwach tuberkulostatisch wirksam.

Ethambutol

9.10.3 Racemische Gemische und Racematspaltung

Eine Mischung von zwei Enantiomeren im Verhältnis 1 : 1 ist natürlich optisch inaktiv, da sich die unterschiedlichen Drehrichtungen der beiden Enantiomere gerade kompensieren. Eine solche Mischung nennt man ein **racemisches Gemisch** oder auch **Racemat**.

Racemische Weinsäure (auch Traubensäure genannt) ist also nicht zu verwechseln mit der *meso*-Weinsäure, auch wenn beides optisch inaktive Stoffe sind. Bei einer *meso*-Form ist das Molekül an sich achiral. Die Traubensäure besteht hingegen aus einer 1 : 1-Mischung der (+)- und der (−)-Weinsäure, also aus chiralen Molekülen. Will man dieses racemische Gemisch trennen, muss man eine sogenannte **Racematspaltung** durchführen. Da die beiden Enantiomere – bis auf die optische Aktivität – in nahezu allen physikalischen Eigenschaften identisch sind, überführt man die Enantiomere zuvor in Diastereomere, die sich dann physikalisch trennen lassen. So kann man zum Beispiel Traubensäure, also die 1 : 1-Mischung des (R)- und des (S)-Isomers, durch Umsetzung mit einem chiralen (R)-Amin in einer Säure-Base-Reaktion (▶ Kapitel 6) in ein diastereomeres Salzpaar überführen. Nach dem Trennen kann man aus den isolierten diastereomeren Salzen dann durch Ansäuern die reinen Enantiomere der Weinsäure freisetzen. Das Amin, das man als **chirales Hilfsreagenz** einsetzt, muss natürlich bereits in enantiomerenreiner Form vorliegen. Daher greift man meistens auf natürlich vorkommende chirale Verbindungen zurück (*chiral pool*), da in der Natur von vielen Verbindungen, wie zum Beispiel Aminosäuren (▶ Kapitel 13) oder Alkaloiden, nur eines der beiden Enantiomere vorkommt.

9.10 Verbindungen mit zwei oder mehr Stereozentren

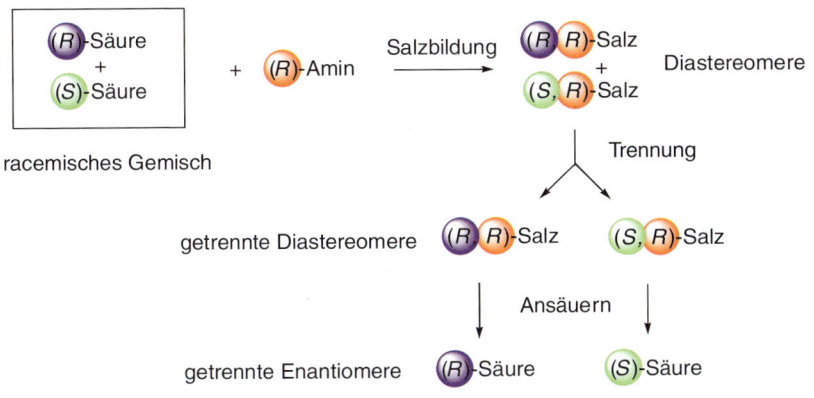

EXKURS

Die erste Racematspaltung der Geschichte

„Ich hab's!", rief **Louis Pasteur** 1848! Sein Herz, so berichtete er, raste und er war so aufgeregt, dass er sich nicht traute, nochmals durch das Polarimeter zu schauen. Er stürzte auf den Korridor und umarmte den zufällig vorbeilaufenden Institutsdiener, zerrte ihn ins Freie und erklärte ihm die gerade gemachte Entdeckung, die erste Racematspaltung, ein Meilenstein der Chemie.

Wir haben am Beispiel der Weinsäure gelernt, dass es zwei zueinander spiegelbildliche Enantiomere der Weinsäuren gibt, die (+)- und die (–)-Weinsäure (sowie ein drittes achirales Stereoisomer, die *meso*-Weinsäure). Pasteur erhielt beim Auskristallisieren eines racemischen Gemisches der Natrium-Ammonium-Salze der (+)- und (–)-Weinsäure zueinander spiegelbildliche Kristalle. Diese trennte er mithilfe einer Lupe durch einfaches Aussortieren. Als er die getrennten Kristalle wieder auflöste und die beiden Lösungen im Polarimeter untersuchte, waren beide Lösungen optisch aktiv! Pasteur hatte die erste Racematspaltung der Geschichte durchgeführt. Zwei von ihm hergestellte Kristalle befinden sich im Deutschen Museum in München.

Louis Pasteur
© Wikipedia: Louis Pasteur, history. amedd.army.mil/booksdocs/misc/evprev, Office of Medical History, U.S. Army, USA, Autor: Stefi

Pasteur hatte bei seinen Versuchen auch eine Portion Glück, denn die von ihm synthetisierten und kristallisierten Natrium-Ammonium-Tartrate sind die einzigen Tartrate, die als Kristallmischung (Konglomerat) der reinen (+)- und (–)-Enantiomere auskristallisieren und dies auch nur unterhalb von 27 °C. Alle anderen Tartrate kristallisieren als Racemat aus, das heißt, in den einzelnen Kristallen finden sich beide Enantiomere.

Wenn man ein racemisches Gemisch eines chiralen Amins trennen will, kann man natürlich genauso vorgehen, nur dass man dann eine chirale Säure als Hilfsstoff verwendet. Diese Art der Racematspaltung wird häufig bei der Synthese enantiomerenreiner Arzneistoffe eingesetzt. Die Enantiomere des Ibuprofens, eine Carbonsäure, werden zum Beispiel durch fraktionierende Kristallisation ihrer diastereomeren Salze mit einem Enantiomer des basischen Amins 2-Phenylethylamin getrennt. Sollen basische Arzneistoffe getrennt werden, werden häufig die diastereomeren Salze mit einem Enantiomer der Weinsäure gebildet, meist dem natürlich vorkommenden und dadurch billigeren (R,R)-Enantiomer, oder anderen in der Natur vorkommenden chiralen Säuren (wie zum Beispiel (R)-Mandelsäure oder (S)-Äpfelsäure). Das Antihypertonikum Penbutolol aus der Gruppe der sogenannte Betablocker (β-Adrenorezeptor-Antagonist) wird zum Beispiel durch fraktionierende Kristallisation als Salz mit der (R)-Mandelsäure als reines (S)-Enantiomer gewonnen.

9.11 Cycloalkane

Die Kohlenstoffatome in organischen Verbindungen können untereinander nicht nur zu Ketten, sondern auch zu Ringen verbunden sein. Man spricht von **Cycloalkanen** oder Carbocyclen. Sie weisen ähnliche Eigenschaften auf wie die acyclischen Alkane (▶ Kapitel 9.5), da sie genau wie diese ebenfalls aus unpolaren C–H-Bindungen bestehen. Auch die Cycloalkane bilden eine homologe Reihe. Das kleinste mögliche Cycloalkan ist das Cyclopropan C_3H_6 mit drei C-Atomen. Dann folgen das Cyclobutan (C_4H_8), das Cyclopentan (C_5H_{10}) und das Cyclohexan (C_6H_{12}) und so weiter.

Cyclopropan   Cyclobutan   Cyclopentan   Cyclohexan

Die Cycloalkane weisen die gleichen Summenformeln auf wie die entsprechenden Alkene mit gleicher Anzahl an C-Atomen. Sie sind deshalb Strukturisomere der Alkene, obwohl sie keine Doppelbindung besitzen. In den unsubstituierten Cycloalkanen liegen ausschließlich CH_2-Gruppen vor. Im Vergleich zu den acyclischen Alkanen sind daher alle Positionen identisch. Es gibt somit nur ein Cyclopentan oder nur ein Cyclohexan und es existiert auch nur eine Möglichkeit, Derivate zu bilden.

Cyclohexan

nur ein Cyclohexylderivat

Hexan

drei strukturisomere Hexylderivate

9.11 Cycloalkane

Cycloalkane sind wichtige Bestandteile von Arznei- und Wirkstoffen. Wir haben bereits das Taxol kennengelernt, das unter anderem zwei Sechsringe und einen Achtring enthält. Der Cyclopropanring findet sich zum Beispiel im Antidepressivum Tranylcypromin (eingesetzt wird das Racemat des *trans*-Diastereomers). Derivate der Chrysanthemum- und Pyrethrumsäure (sogenannte Pyrethroide) werden als Insektizide verwendet und auch zur Behandlung des Kopflausbefalls eingesetzt (Permethrin, Infectopedicul®, eingesetzt als 1 : 3-Gemisch der Racemate des *cis*- und des *trans*-Diastereomers).

Tranylcypromin

Permethrin

Vor allem Cyclopropan und Cyclobutan weisen – im Gegensatz zu den acyclischen Alkanen – eine sogenannte **Ringspannung** auf. Um zu verstehen, woher diese Ringspannung kommt, betrachten wir das Cyclopropan. Wir erwarten für alle drei C-Atome eine sp^3-Hybridisierung, da es sich um eine Verbindung handelt, die nur Einfachbindungen aufweist. Der ideale Bindungswinkel eines sp^3-hybridisierten C-Atoms beträgt 109,5° (▶ Kapitel 9.3), die Innenwinkel in einem Dreieck betragen aber nur 60°. Diese Abweichung von 49,5° zwischen dem realen und dem idealen Bindungswinkel destabilisiert das Cyclopropan. Es hat daher einen höheren Energiegehalt als zum Beispiel das lineare Propan und ist deutlich reaktiver. Mit zunehmender Ringgröße der Cycloalkane nimmt die Ringspannung ab. Cyclobutan ist ebenfalls noch stark gespannt, Cyclopentan ist fast nicht mehr gespannt und Cyclohexan ist spannungsfrei.

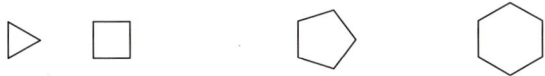

stark gespannt   leicht gespannt   spannungsfrei

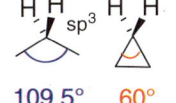

109,5°   60°
Ringspannung

Cyclohexan ist aber nur deswegen spannungsfrei, weil es eine **nichtplanare Struktur** hat (▶ Abbildung 9.17), da nur so Bindungswinkel von 109,5° möglich sind (in einem planaren Cyclohexan würden die Innenwinkel 120° betragen). Abgesehen von der ungünstigen Winkelspannung wären in einem planaren Cycloalkan zudem alle C–H-Bindungen an den jeweils benachbarten C-Atomen ekliptisch angeordnet. Wie wir bei der Besprechung der Konformationen des Ethans bereits gelernt haben, ist diese ekliptische Anordnung energetisch ungünstig, C–H-Bindungen bevorzugen eine gestaffelte Konformation (▶ Kapitel 9.3). Mit Ausnahme des Cyclopropans haben daher alle Cycloalkane eine nichtplanare Struktur. Da cyclische Verbindungen in der Natur sehr häufig sechsgliedrige Ringe, also Cyclohexanderivate, enthalten, wollen wir uns die Struktur des Cyclohexans etwas genauer ansehen. Dieses liegt in einer sogenannten **Sesselkonformation** vor, die vollkommen spannungsfrei ist. Alle Bindungswinkel entsprechen dem idealen Tetraederwinkel von 109,5° und alle C–H-Bindungen sind gestaffelt.

Abbildung 9.17: Verschiedene Darstellung des Cyclohexans. Die Newman-Projektion zeigt, dass alle Bindungen gestaffelt stehen.
Aus: Bruice, P. Y. (2007)

planarer Sechsring

gespannt, da
1. C-H-Bindungen ekliptisch
2. Bindungswinkel 120°

Sesselkonformation

spannungsfrei, da
1. C-H-Bindungen gestaffelt
2. Bindungswinkel 109,5°

Betrachten wir diese Sesselkonformation etwas genauer, dann stellen wir fest, dass es zwei verschiedene Arten von H-Atomen gibt. Eine Sorte H-Atome steht von der gedachten Ringebene, in der die sechs C-Atome liegen, senkrecht nach oben oder nach unten (**axiale** H-Atome). Die zweite Sorte von H-Atomen liegt in der gedachten Ringebene. Man spricht daher von **äquatorialen** H-Atomen.

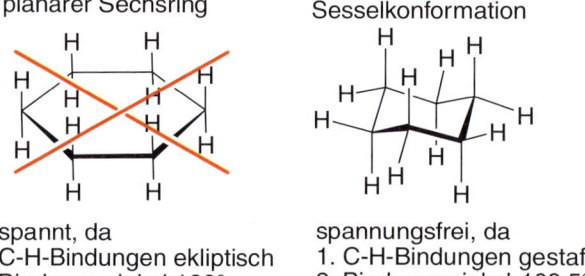

Durch Rotationen um die C–C-Einfachbindungen kann Cyclohexan in eine zweite Sesselkonformation übergehen, bei der axiale und äquatoriale Positionen gerade genau vertauscht sind (**Ringinversion**). Ein H-Atom, das vorher axial war, ist nun äquatorial angeordnet und umgekehrt.

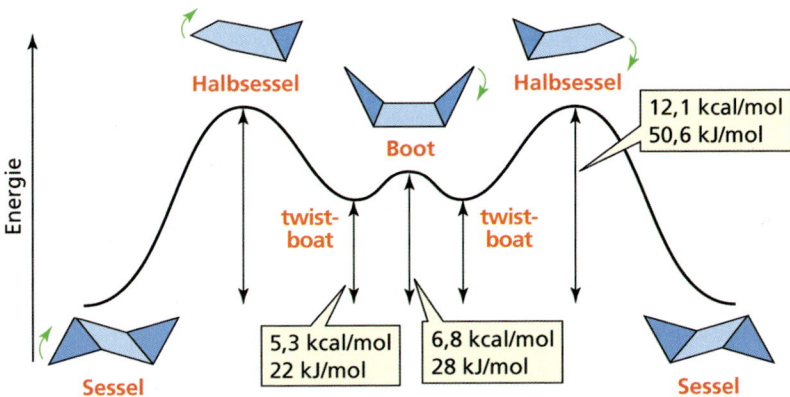

Da um mehrere C–C-Einfachbindungen gleichzeitig rotiert werden muss, um die beiden Sesselkonformationen ineinander zu überführen, erfolgt die Ringinversion nicht mehr ganz so schnell wie die Rotation um die C–C-Bindung im Ethan (▶ Kapitel 9.3); aber immer noch so schnell, dass man die beiden Konformere bei Raumtemperatur nicht isolieren kann. Am besten veranschaulicht man sich diese Ringinversion einmal mithilfe eines Molekülmodells. Neben diesen beiden Sesselkonformationen gibt es noch eine Vielzahl anderer Konformationen, wie zum Beispiel eine Boot- bzw. Wannenform oder eine verdrehte Wanne (*twist-boat*), die aber alle deutlich instabiler sind als die Sesselkonformationen. Die Ringinversion von einer Sesselkonformation in die andere findet über diese verschiedenen Konformationen statt (▶ Abbildung 9.18). Für unsere weiteren Betrachtungen spielen diese Konformere aber keine Rolle.

Abbildung 9.18: Die Konformere des Cyclohexans und ihre relativen Energien im Verlauf der Überführung (Ringinversion) der einen Sesselkonformation in die andere.
Aus: Brown, T. L., LeMay, H. E. & Bursten, E. B. (2007)

Beim Cyclohexan sind die beiden Sesselkonformationen energetisch identisch. Das ändert sich aber, wenn wir substituierte Cyclohexane, wie zum Beispiel das Methylcyclohexan, betrachten. Ein Substituent in einer axialen Position hat weniger Platz zur Verfügung als ein Substituent in einer äquatorialen Position. Es kommt zu ungünstigen sterischen Wechselwirkungen mit den axialen H-Atomen auf der gleichen Seite des Ringes (sogenannte 1,3-diaxiale Wechselwirkung). In der äquatorialen Position sind hingegen die benachbarten H-Atome viel weiter von der Methylgruppe entfernt. Substituenten bevorzugen daher äquatoriale Positionen. Der Energieunterschied zwischen beiden Konformationen beträgt beim Methylcyclohexan $\Delta G° = -7{,}1$ kJ/mol. Das Methylcyclohe-

MERKE

Substituenten bevorzugen äquatoriale Positionen.

xan liegt somit als ein Gemisch zweier sich schnell ineinander umwandelnder Sesselkonformationen vor, wobei das Gleichgewicht aber auf der Seite der Konformation mit äquatorialer Methylgruppe liegt.

ungünstig

Ringinversion

$\Delta G° = -7{,}1$ kJ/mol

günstiger

Bei zwei Substituenten an einem Cyclohexanring können diese entweder auf der gleichen (*cis*) oder auf verschiedenen Seiten (*trans*) relativ zur gedachten Ringebene angeordnet sein. Die cis- und die trans-Form sind zwei verschiedene Verbindungen, die zwar die gleiche Verknüpfungsreihenfolge, aber eine unterschiedliche dreidimensionale Anordnung der Atome aufweisen. Es handelt sich also um Stereoisomere. Da es sich aber nicht um Bild und Spiegelbild handelt, haben wir es mit Diastereomeren zu tun (▶ Kapitel 9.10). Wenn die beiden Substituenten identisch sind, wie beim 1,2-Dimethylcyclohexan, ist das *cis*-Diastereomer eine achirale *meso*-Form, während die *trans*-Form eine chirale Verbindung ist, von der es zwei enantiomere Formen gibt.

cis

trans

interne Spiegelebene

cis
meso-Form

trans
Enantiomere

Diastereomere

Von jedem Stereoisomer gibt es wiederum jeweils zwei Sesselkonformationen, die durch Ringinversion ineinander übergehen können. Bei der *cis*-Form sind die beiden Sesselkonformationen identisch. Jeweils eine Methylgruppe steht axial und eine äquatorial. Man sollte sich nicht von der Keilstrichformel irritieren lassen, in der beide Methylgruppen vor (oder beide hinter) die Papierebene zeigen. Ob ein Substituent vor oder hinter der Papierebene (und damit auch der gedachten Ringebene) liegt, hat nichts damit zu tun, ob es ein äquatorialer oder axialer Substituent ist. Dies hängt davon ab, an welches C-Atom er gebunden ist und welche der beiden möglichen Sesselkonformationen man betrachtet. Bei den beiden Enantiomeren der *trans*-Form sind die Konformationen hingegen unterschiedlich. In einer Konformation stehen beide Methylgruppen äquatorial, in der anderen hingegen beide axial. Der Energieunterschied ist mit $\Delta G° = -8{,}4$ kJ/mol so groß, dass im Gleichgewicht mehr als 90 Prozent der diäquatorialen und weniger als 10 Prozent der diaxialen Konformation vorliegen (▶ Tabelle 5.4).

9.11 Cycloalkane

cis

$\Delta G° = 0$ kJ/mol

trans

$\Delta G° = -8{,}4$ kJ/mol

diaxiale Konformation diäquatoriale Konformation

Je nach Anzahl, Größe und Position der Substituenten kann der Energieunterschied zwischen der axialen und der äquatorialen Anordnung eines Substituenten so groß werden, dass nahezu ausschließlich eine der beiden möglichen Sesselkonformationen im Gleichgewicht vorliegt. Dies ist bei einer *tert*-Butylgruppe der Fall. Diese ist so voluminös, dass die sterischen Wechselwirkungen bei einer axialen Anordnung so groß sind, dass mehr als 99,9 Prozent der Moleküle in der Konformation vorliegen, bei der die *tert*-Butylgruppe äquatorial positioniert ist.

tert-Butylgruppe steht immer äquatorial

Verknüpft man zwei Sechsringe miteinander, erhält man das **Decalin** $C_{10}H_{18}$. Die beiden Cyclohexanringe können wiederum entweder *cis*- oder *trans*-verknüpft vorliegen.

beide H-Atome auf der gleichen Seite
⇒ *cis*-Decalin

bedeutet: hier steht ein H-Atom nach oben

beide H-Atome auf verschiedenen Seiten
⇒ *trans*-Decalin

Dadurch unterscheiden sich die Strukturen und Eigenschaften der beiden Diastereomere *cis*- und *trans*-Decalin ganz erheblich voneinander. *Cis*-Decalin ist ein gewinkeltes Molekül, das in zwei energiegleichen

Konformationen **A** und **A'** vorliegt, die durch Ringinversion ineinander übergehen. Betrachtet man diese beiden Konformationen etwas genauer, sieht man, dass es sich um nicht deckungsgleiche Spiegelbilder, also Enantiomere, handelt, die aber durch Ringinversion ineinander umgewandelt werden können. *Cis*-Decalin ist also insgesamt ein achirales Molekül. *Trans*-Decalin ist hingegen ein gestrecktes Molekül, das ausschließlich in der diäquatorialen Konformation vorliegt. Durch Ringinversion würde eine Konformation entstehen, bei der der zweite Ring diaxial mit dem ersten verbunden ist. Das ist aus geometrischen Gründen nicht möglich. Obwohl *trans*-Decalin nur aus Einfachbindungen besteht, handelt es sich trotzdem um ein nahezu vollkommen starres, rigides Molekül.

cis-Decalin

A ⇌ A' = A

zwei energiegleiche, enantiomere Konformationen

trans-Decalin

unmöglich

nur eine stabile Konformation = rigides Molekül

Aus dem gleichen Grund sind die **Steroide** starre, konformativ rigide Moleküle. Die Steroide leiten sich vom Steran ab, in dem drei Cyclohexanringe (A, B, C) und ein Cyclopentanring (D) miteinander verbunden sind. Es handelt sich also um tetracyclische Verbindungen.

Steran = alle Ringe *trans*-verknüpft

Das wichtigste Steroid in Menschen und Tieren ist das Cholesterol (früher Cholesterin genannt), aus dem alle anderen Steroide (Sexualhormone, Glucocorticoide, Mineralocorticoide, Gallensäuren und Vitamin D) im Körper biosynthetisch hergestellt werden. Cholesterol enthält übrigens acht Stereozentren und kommt somit theoretisch in 256 möglichen Stereoisomeren vor, von denen aber nur eines in der belebten Natur existiert. Von den humanen Steroiden leiten sich zahlreiche Arzneistoffe ab, die Anwendung in Kontrazeptiva (Antibabypille), als antientzündliche Arzneistoffe oder auch zur Therapie hormonabhängiger Tumore finden. Auch die als Dopingmittel missbrauchten Anabolika sind Derivate der humanen Steroide. Die Ringe B und C sind in Steroiden immer *trans*-verknüpft, die Ringe A und B meistens *trans* und seltener *cis* (in den Gallensäuren und Herzglykosiden). Viele Steroide besitzen in Ring A (Sexualhormone) oder B (Cholesterol) Doppelbindungen und haben daher in diesen beiden Ringen eine mehr oder weniger planare Struktur. Die Ringe C und D sind in den Sexualhormonen, den Gallensäuren und den Corticoiden trans-verknüpft. In den Herzglykosiden (Digitalisglykoside, Inhaltsstoffe aus dem roten und wolligen Fingerhut *Digitalis purpurea* und *Digitalis lanata*) sind diese Ringe dagegen *cis*-verknüpft. Da alle Steroide mindestens eine *trans*-Verknüpfung aufweisen (zwischen den Ringen B und C), handelt es sich um weitgehend starre Moleküle, bei denen keine Ringinversion möglich ist.

Cholesterol

trans-trans-trans

Cholansäure, Stammverbindung der Gallensäuren

cis-trans-trans

Digitoxigenin, ein Baustein des Herzglykosids Digitoxin

cis-trans-cis

EXKURS

Gutes und böses Cholesterol

Aufgrund ihrer geringen Wasserlöslichkeit müssen Cholesterol und andere Lipide im Blut in Form von Mizellen transportiert werden (▶ Kapitel 11.10). Diese bestehen aus den Lipiden und einem Protein, man spricht daher von **Lipoproteinen**. Diese unterteilt man aufgrund ihrer Dichte unter anderem in HDL und LDL (High Density Lipoprotein und Low Density Lipoprotein). Aus dem **LDL** wird das Cholesterol an Zellen abgegeben, wo es zum Beispiel zum Aufbau von Membranen und zur Biosynthese der Steroidhormone benötigt wird. Ablagerungen (Plaques) von

Cholesterol und seinen Estern aus dem LDL in den Membranen an der Innenseite der Blutgefäße führen zur Verdickung und Verhärtung der Blutgefäße und zur Einschränkung des Lumens (Arteriosklerose, Atherosklerose). Es resultiert eine arterielle Durchblutungsstörung, die bei einer Ruptur der Plaques zu einem Verschluss arterieller Gefäße führen kann (Manifestation als Schlaganfall, Embolie, Herzinfarkt). Das arteriosklerotische Risiko steigt mit hohem LDL-Gehalt im Blut. LDL wird daher oft als das „böse" Cholesterol bezeichnet. Als optimal wird ein LDL-Cholesterol-Wert von < 100 mg/dL angesehen.

HDL kann dagegen Cholesterol von den Zellen und den Membranoberflächen zurück in die Leber transportieren. Hohe HDL-Werte senken das Arteriosklerose-Risiko (kardioprotektiver Effekt). Es wird daher oft als das „gute" Cholesterol bezeichnet. Seine Konzentration im Blut sollte optimalerweise > 60 mg/dL betragen. Durch Diät und die Gabe von Hemmstoffen der Cholesterolbiosynthese (sogenannte Statine) kann der Cholesterolspiegel im Blut gesenkt werden.

Cholesterol und seine Ester werden zu den Fetten (= Lipiden) gezählt (▶ Kapitel 11.10). Es sind unpolare Verbindungen, die kaum wasserlöslich sind, sich dafür aber leicht in der ebenfalls unpolaren Zellmembran einlagern. Aufgrund seiner Starrheit trägt Cholesterol so ganz maßgeblich zur mechanischen Stabilität der Membranen bei. Ohne das eingelagerte Cholesterol hätten Zellmembranen eher die Konsistenz von dickflüssigem Speiseöl und sie wären kaum in der Lage, das Zellinnere wirksam vor der Außenwelt zu schützen. Der Cholesterolgehalt im Körper beträgt daher auch etwa 140 g, jeden Tag werden etwa 2 g Cholesterol im Körper hergestellt.

9.12 Zusammenfassung: Isomeriearten

Wir haben in diesem Kapitel eine Reihe unterschiedlicher Arten von Isomerie kennengelernt (▶ Abbildung 9.19). Isomerie liegt immer dann vor, wenn zwei Verbindungen nicht identisch sind, obwohl sie die gleiche Summenformel haben. Der Grund hierfür kann entweder in der Verknüpfungsreihenfolge der Atome (Konstitutionsisomere) oder – bei identischer Verknüpfungsreihenfolge – in der dreidimensionalen Anordnung der Atome im Raum (Stereoisomere) liegen. Bei den Stereoisomeren unterscheidet man die Konformere, die sich durch Rotationen um Einfachbindungen ineinander überführen lassen, von den Konfigurationsisomeren, bei denen dazu Bindungen gebrochen werden müssen. Wenn Konfigurationsisomere sich wie nicht deckungsgleiche Spiegelbilder verhalten, nennt man diese Enantiomere, ansonsten spricht man von Diastereomeren.

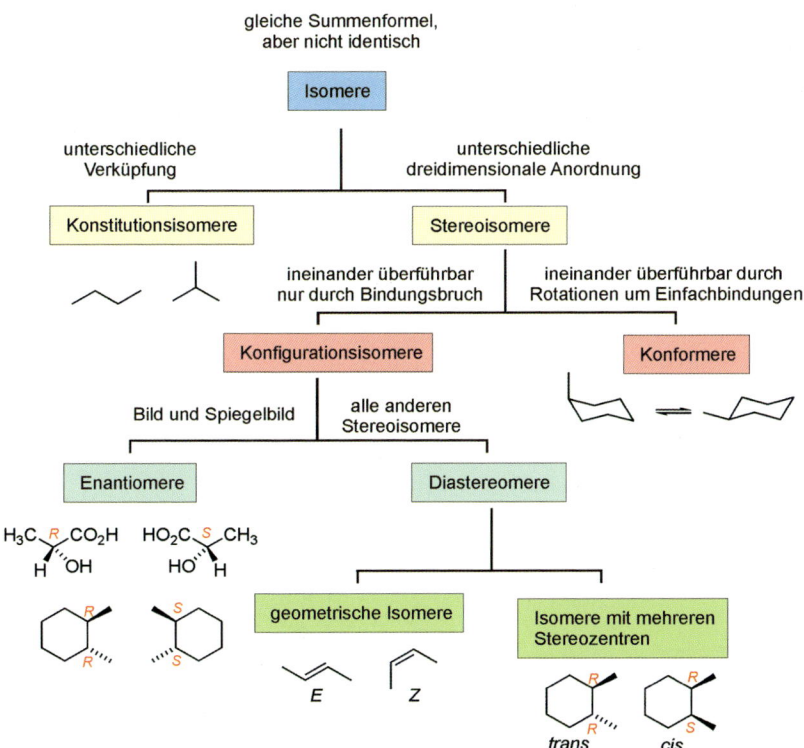

Abbildung 9.19: Zusammenfassung der verschiedenen Isomeriearten

ZUSAMMENFASSUNG

Im vorliegenden Kapitel haben wir Folgendes über den Aufbau und die Struktur organischer Verbindungen gelernt:

- Kohlenstoff nimmt eine Sonderstellung unter den Elementen ein, da er vier stabile Bindungen mit sich selbst und vielen anderen Elementen bildet. Wie die anderen Elemente der zweiten Periode kann Kohlenstoff sowohl Einfach- wie auch Mehrfachbindungen (Doppel- und Dreifachbindungen) ausbilden.
- Zur Beschreibung der Bindungen kann man das Modell der Hybridisierung verwenden: sp^3-Hybridorbitale für Einfachbindungen, sp^2-Hybridorbitale für Doppelbindungen und sp-Hybridorbitale für Dreifachbindungen. Aus diesen Hybridisierungen ergeben sich charakteristische Bindungsgeometrien, die die Strukturen der Moleküle bestimmen (sp^3: tetraedrisch, sp^2: trigonal planar, sp: linear).
- Um eine σ-Einfachbindung kann nahezu frei gedreht werden, die Rotation um eine Doppelbindung, die aus einer σ- und einer π-Bindung besteht, ist hingegen bei Raumtemperatur nicht möglich, da dabei die π-Bindung gebrochen werden muss. Dies führt zum Auftreten von geometrischen Isomeren bei Alkenen.

- Die chemischen und physikalischen Eigenschaften organischer Verbindungen werden durch funktionelle Gruppen bestimmt. Dies erlaubt eine systematische Einteilung in verschiedene Stoffklassen und homologe Reihen.
- Als Isomere bezeichnet man zwei Verbindungen, die in der Summenformel übereinstimmen, aber trotzdem nicht identisch sind. Es gibt verschiedene Arten von Isomerie:
  - Struktur- oder Konstitutionsisomere unterscheiden sich in der Verknüpfungsreihenfolge der Atome.
  - Stereoisomere weisen die gleiche Verknüpfungsreihenfolge auf, unterscheiden sich aber im dreidimensionalen räumlichen Aufbau. Sie werden unterteilt in Konformere, die schon durch eine Rotation um eine Einfachbindung ineinander überführt werden können, und in Konfigurationsisomere, bei denen dazu chemische Bindungen gebrochen werden müssen.
  - Konfigurationsisomere unterteilen sich in:
    - Enantiomere, die sich wie Bild und Spiegelbild verhalten, aber nicht deckungsgleich sind. Enantiomere unterscheiden sich nur in ihren Reaktionen mit anderen chiralen Molekülen oder in ihrer Wechselwirkung mit linear polarisiertem Licht (optische Aktivität). Gegenüber achiralen Molekülen verhalten sie sich hingegen völlig identisch und sie besitzen ebenfalls gleiche physikalische Eigenschaften wie Siede- und Schmelzpunkte.
    - Diastereomere sind alle anderen Stereoisomere, die sich nicht wie Bild und Spiegelbild verhalten. Dies können zum Beispiel Verbindungen mit mehreren Stereozentren sein oder auch *E/Z*-Isomere bei Alkenen oder *cis/trans*-Isomere bei Cycloalkanen.
- Besitzt ein Molekül n Stereozentren (= C-Atom mit vier unterschiedlichen Substituenten), so existieren maximal 2^n Stereoisomere, von denen jeweils immer zwei Stereoisomere Enantiomere sind (Bild/Spiegelbild), während die restlichen Isomere diastereomer zueinander sind. Bei zwei oder mehreren Stereozentren mit identischen Substituenten existieren achirale *meso*-Formen, die mit ihrem Spiegelbild deckungsgleich sind. Es gibt dann insgesamt weniger als die maximale Anzahl von $2n$ Stereoisomeren.
- Zur Bestimmung der absoluten Konfiguration eines Stereozentrums kann man die *R/S*-Nomenklatur verwenden. Die optische Aktivität, (+) oder (−), muss hingegen experimentell bestimmt werden und korreliert nicht mit der absoluten Konfiguration des Moleküls. Für Zucker und Aminosäuren wird auch häufig noch die *D/L*-Nomenklatur nach Fischer verwendet.
- Racemische Gemische sind Mischungen von Enantiomeren im Verhältnis 1 : 1, die optisch inaktiv sind. Sie können durch eine Racematspaltung (= Überführung der Enantiomere in trennbare Diastereomere durch Umsetzung mit einem chiralen Reagenz) in die beiden Enantiomere getrennt werden.

Übungsaufgaben

1 Der Arzneistoff Scopolamin ist ein Derivat des Atropins aus *Atropa belladonna*, der Tollkirsche. Welche funktionellen Gruppen enthält Scopolamin? Ist Scopolamin ein chirales Molekül?

2 Zeichnen Sie alle möglichen Isomere einer Verbindung mit der Summenformel $C_4H_{10}O$. Welche Arten von Isomerie treten auf?

3 Welche Beziehungen bestehen jeweils zwischen den nachfolgenden Verbindungen?

(a)

(b)

4 Wie viele Stereoisomere des Arzneistoffes Ephedrin gibt es? Wie verhalten sie sich jeweils zueinander (enantiomer oder diastereomer)? Zeichnen Sie alle existierenden Stereoisomere und geben Sie jeweils die absoluten Konfigurationen aller Stereozentren an!

5 Welche Aussagen treffen auf Diastereomere zu?
a) Es sind Verbindungen, die prinzipiell keine optische Aktivität zeigen.
b) Es sind Stereoisomere, die keine Enantiomere sind.
c) Sie verhalten sich wie Bild und Spiegelbild.
d) (+)- und (−)-Weinsäuren sind Diastereomere.
e) Ein 1 : 1-Gemisch aus zwei Diastereomeren wird als Racemat bezeichnet.
f) Sie können sich in Schmelz- und Siedetemperatur unterscheiden.
g) Sie weisen den gleichen absoluten Betrag der spezifischen Drehung auf.
h) Es sind Konstitutionsisomere.

6 Fosfomycin ist ein Antibiotikum. Wie viele Stereozentren enthält es? Wie viele Stereoisomere sind möglich? Welche absolute (*R*- oder *S*-) Konfiguration besitzen die Stereozentren in der abgebildeten Formel? Welche relative Konfiguration (*cis* oder *trans*) besitzt das Molekül?

7 Welche funktionellen Gruppen finden Sie in Glycerol (früher Glycerin genannt)?

a) tertiäre Alkoholgruppe
b) sekundäre Alkoholgruppe
c) primäre Alkoholgruppe
d) Aldehydgruppe
e) Keton
f) Carbonsäure
Ist Glycerol ein chirales Molekül?

8 Die *D*-Fructose besitzt in wässriger Lösung eine spezifische Drehung von $[\alpha]_D^{25} = -92°$ pro Gramm Fructose in 1 mL Lösung bei einer Küvettenlänge von 10 cm. Berechnen Sie den Drehwinkel α, den eine Lösung von 3,2 g *D*-Fructose in 50 mL Lösung in einer Küvette von 7,5 cm Länge aufweist.

9 Zeichnen Sie die beiden Sesselkonformationen des *trans*-1,4-Dimethylcyclohexans. Welche der beiden Konformationen ist energetisch stabiler? Wie sieht die Situation beim *cis*-Diastereomer aus?

10 Abgebildet ist Norethisteron, ein Gestagen, das in Kontrazeptiva zum Einsatz kommt. Welche funktionellen Gruppen finden Sie? Wie (*cis* oder *trans*) sind die Ringe B und C (C und D) verknüpft?

12 Welche funktionellen Gruppen sind in Morphin und in Heroin zu finden? Wie viele Stereozentren sind jeweils enthalten?

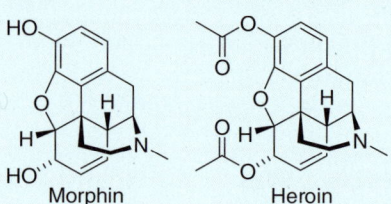

Morphin Heroin

11 Abgebildet ist das Sedativum Diazepam. Welche funktionellen Gruppen sind in dem Molekül zu finden?

a) tertiäres Amin
b) Amid
c) Imin
d) Keton
Ist Diazepam chiral?

> Die Lösungen zu den Übungsaufgaben finden Sie im Anhang. Die ausführlichen Lösungen zu diesem Buchkapitel finden Sie auf der Website zum Buch unter http://www.pearson.de. Sie finden dort auch ein Bonuskapitel »Mathematische Grundlagen« sowie ergänzende Tabellen.

Grundtypen organisch-chemischer Reaktionen

10

- **10.1** Was ist ein Reaktionsmechanismus? 415
- **10.2** Das Reaktionsenergiediagramm 416
- **10.3** Die Geschwindigkeit einer chemischen Reaktion 419
- **10.4** Grundtypen organisch-chemischer Reaktionen 427
- **10.5** Die nucleophile Substitutionsreaktion 428
- **10.6** Die Eliminierung 442
- **10.7** Die Addition 449
- **10.8** Elektrophile Substitution am Aromaten 456
- **10.9** Radikalreaktionen 471

10 Grundtypen organisch-chemischer Reaktionen

■ **FALLBEISPIEL** Chemische Kampfstoffe

Ein 50-jähriger Mitarbeiter eines Unternehmens zur Bergung von Kampfstoffen meldet sich wegen eines ca. 5 cm² großen Geschwürs am linken Bein im Krankenhaus. Im Rahmen seiner Tätigkeit war ihm vor einer Woche aus einem Behältnis aus dem 1. Weltkrieg unbemerkt etwas Senfgas über die Hose getropft. In den darauffolgenden Tagen entwickelten sich ausgedehnte stark juckende Schwellungen und Rötungen am ganzen Körper, die besonders in der Leistengegend stark ausgeprägt sind. Am Bein bildete sich eine mit Flüssigkeit gefüllte Blase, die nach ungefähr zwei Tagen aufplatzte und eine schmerzhafte, schlecht heilende Wunde hinterließ.

Erklärung

Senfgas (Bis(2-chlorethyl)sulfid, Synonyme: Lost, S-Lost, Gelbkreuzgas, Yperit) wurde im 1. Weltkrieg, aber auch noch im Iran-Irak-Krieg (1983–1988) als chemischer Kampfstoff eingesetzt. Es wird hauptsächlich über die Lunge resorbiert, aber aufgrund seiner Lipophilie auch über die Haut aufgenommen und es greift zusätzlich die Augen an. Im Körper wirkt es als starkes Zellgift, da es wegen seiner besonderen Struktur leicht mit Proteinen und der DNA reagiert. Zum einen entsteht dadurch ätzender Chlorwasserstoff, zum anderen werden die Biomoleküle durch die Anlagerung des Senfgases erheblich geschädigt. In Folge führt dies zu einer erhöhten Inzidenz für Krebserkrankungen. Nach einer Latenzzeit von 6 bis 8 Stunden bilden sich auf der Haut tiefgründige Blasen, die erst nach zwei bis drei Monaten vollständig ausheilen. Entgiftung der Haut kann nur durch sofortiges Abwaschen mit starker Seifenlauge oder durch Besprühen der betroffenen Stellen mit Chlorkalklösung (CaCl(OCl), Calciumhypochlorit) erfolgen, um die Salzsäure zu neutralisieren und das Sulfid im Senfgas zum nicht toxischen Sulfoxid und Sulfon zu oxidieren. Statt Chlorkalk wird auch Clorina® (Chloramin-T, Tosylchloramid-Natrium) verwendet. Die Zeichen einer systemischen (= den gesamten Organismus betreffenden) Vergiftung mit Senfgas sind: Übelkeit, Erbrechen, Diarrhöe, Knochenmarksschädigung und Immunsuppression.

LERNZIELE

Das Fallbeispiel zeigt, dass organische Verbindungen mit körpereigenen Molekülen wie Proteinen oder DNA reagieren können. Um dies zu verstehen, müssen wir uns mit den grundlegenden Mechanismen organisch-chemischer Reaktionen beschäftigen. In diesem Kapitel werden wir daher lernen,

- was Reaktionsmechanismen und Reaktionsenergiediagramme sind und wie man damit den Ablauf chemischer Reaktionen beschreibt,
- wie die Geschwindigkeit einer chemischen Reaktion definiert ist und wie sie von den Konzentrationen der Reaktionsteilnehmer abhängen kann,
- wie die Geschwindigkeit einer Reaktion durch die Temperatur oder durch Katalysatoren verändert werden kann,
- was Nucleophile und Elektrophile sind und dass die meisten organischen Reaktionen so ablaufen, dass ein Nucleophil mit einem Elektrophil reagiert,
- wie die Mechanismen der grundlegenden organischen Reaktionen ablaufen (nucleophile Substitution, β-Eliminierung und elektrophile Addition),

- was aromatische Kohlenwasserstoffe sind und warum diese aufgrund ihrer Elektronendelokalisierung unter elektrophiler Substitution anstatt unter Addition reagieren,
- wie Radikalkettenreaktionen ablaufen, wie man mit ihnen Kunststoffe herstellen kann und welche Bedeutung sie in der Zahnmedizin haben.

10.1 Was ist ein Reaktionsmechanismus?

Wir haben uns im letzten Kapitel ausführlich mit dem Aufbau und der Struktur organischer Verbindungen beschäftigt (▶ Kapitel 9). Nun wollen wir uns etwas eingehender mit den Reaktionen organischer Verbindungen auseinandersetzen. Bei einer chemischen Reaktion sind drei Fragen von Interesse.

1 Was?
Welche Produkte entstehen bei der Reaktion? → qualitative Analyse
2 Wie viel?
Wie viel Produkt entsteht bei der Reaktion (Umsatz der Reaktion)? → Thermodynamik
3 Wie schnell?
Wie schnell läuft die Reaktion ab? → chemische Kinetik

Bisher haben wir uns bei der Besprechung chemischer Reaktionen nur mit den ersten beiden Fragen befasst. Die Frage nach dem Umsatz beantwortet uns das Massenwirkungsgesetz und damit die Thermodynamik (▶ Kapitel 5.7). Die Knallgasreaktion, bei der zwei Mol Wasserstoff mit einem Mol Sauerstoff unter Bildung von zwei Mol Wasser reagieren, verläuft zum Beispiel praktisch quantitativ, da sie eine stark exergonische Reaktion ist. Wir haben uns aber noch keine Gedanken darüber gemacht, wie schnell die Knallgasreaktion oder chemische Reaktionen allgemein ablaufen. Alles, was mit dieser Frage zusammenhängt, behandelt die **chemische Kinetik**. Um die Kinetik einer Reaktion verstehen zu können, müssen wir den genauen molekularen Ablauf und damit die Bewegungen der Atome kennen. Um auf die Knallgasreaktion zurückzukommen, wie genau bildet sich das Wasser? Wir wissen zwar, dass sowohl die Bindungen im Wasserstoffmolekül H_2 als auch die im Sauerstoffmolekül O_2 gebrochen werden müssen und dafür neue Bindungen, die O–H-Bindungen im Wasser, gebildet werden. Wir haben aber bisher nicht geklärt, in welcher *zeitlichen Abfolge* dies passiert. Werden zuerst alle vorhandenen Bindungen gebrochen, die dabei entstehenden Atome dann neu sortiert und anschließend unter Bildung von Wasser neu verknüpft? Oder wird zum Beispiel zuerst die Bindung im O_2 gebrochen und die O-Atome reagieren dann mit H_2-Molekülen zu Wasser? Für die thermodynamische Betrachtung einer Reaktion spielen diese molekularen Details keine Rolle, da die Gibbs-Energie G (▶ Kapitel 5.5.2) oder die Reaktionsenthalpie $\Delta_R H°$ (▶ Kapitel 5.4.3) Zustandsgrößen sind (▶ Kapitel 5.4), also vom Weg, auf dem eine chemische Reaktion abläuft, unabhängig sind. Dies ist bei der Kinetik ganz anders. Sie hängt entscheidend vom genauen molekularen Ablauf der Reaktion ab. Eine Reaktion wird nur dann mit vernünftiger Geschwindigkeit ablaufen, wenn es auch einen vernünftigen, also energetisch günstigen Weg

MERKE

Entscheidend für den Ablauf einer chemischen Reaktion:

1. Thermodynamik = betrachtet Anfangs- und Endzustand = Lage des Gleichgewichtes
2. Chemische Kinetik = betrachtet genauen Ablauf der Reaktion = Reaktionsgeschwindigkeit

gibt, auf dem die Reaktion stattfinden kann. Diesen genauen Ablauf auf molekularer Ebene, also die Reihenfolge, in der Bindungen gebrochen und neu geknüpft werden, und die damit verbundenen Energieänderungen, bezeichnet man ganz allgemein als den **Mechanismus der Reaktion**.

> **DEFINITION**
>
> **Reaktionsmechanismus**
> Der Reaktionsmechanismus beschreibt den genauen molekularen Ablauf, auf dem die Edukte in die Produkte umgewandelt werden. Er gibt die zeitliche Reihenfolge der Bindungsbrüche und -bildungen und die dazugehörenden Energieänderungen ebenso an, wie die Strukturen der Moleküle bzw. die Strukturänderungen entlang des Reaktionsweges. Der Reaktionsmechanismus hat entscheidenden Einfluss darauf, wie schnell eine Reaktion abläuft.

10.2 Das Reaktionsenergiediagramm

Nur für sehr wenige und sehr einfache Reaktionen kennt man den Mechanismus vollständig. Das heißt, man weiß wirklich exakt zu jedem Zeitpunkt der Reaktion, wie sich die Atome gerade anordnen und wie hoch die Energie dieser Struktur ist. In den meisten Fällen ist eine solche Detailkenntnis aber auch gar nicht notwendig. Es reicht häufig, wenn man bestimmte wichtige Stationen entlang des Reaktionsweges kennt, auch wenn man über den Weg dazwischen nichts weiß. Stellen wir uns vor, wir fahren mit dem Auto nach Italien in den Urlaub. Wir fahren zuhause los (= Ausgangssituation), fahren über verschiedene Autobahnen und Landstraßen und gelangen letztendlich an unser Urlaubsziel (= Endzustand). Eine exakte Beschreibung des Weges (= Reaktionsmechanismus) würde bedeuten, dass wir zu jedem Zeitpunkt der Reise genau angeben, auf welcher Straße wir gefahren sind, wie schnell wir gefahren sind, ob wir die linke oder die rechte Spur auf der Autobahn benutzt haben und so weiter und so fort. Eine derart detaillierte Beschreibung ist aber meistens gar nicht nötig. Es reicht völlig aus, dass wir angeben, welche Straßen wir benutzt haben, an welcher Kreuzung wir wohin abgebogen sind und wo wir eventuell eine Rast eingelegt haben. Durch die Angabe solcher ausgezeichneten Punkte ist die Fahrt hinreichend genau charakterisiert. Ähnlich ist es bei einer chemischen Reaktion.

> **MERKE**
> Eine konzertierte Reaktion verläuft in einem einzigen Schritt ohne Zwischenstufen.

Was sind nun die wichtigen Stationen und Punkte entlang eines Reaktionsweges? Zuallererst natürlich die Edukte und die Produkte, also **Ausgangs- und Endzustand der Reaktion**. Im einfachsten Fall verläuft die Reaktion so, dass sich direkt aus den Edukten die Produkte bilden. Man nennt solche **Reaktionen einstufig** oder **konzertiert**. Im Beispiel unserer Urlaubsfahrt bedeutet dies, wir fahren auf einer Straße ohne Zwischenstopp und ohne Abzweigung direkt zum gewünschten Ziel.

Betrachten wir zusätzlich noch die **Energieänderung während der Reaktion**. Bei den bisherigen Energiebetrachtungen (▶ Kapitel 5) haben wir nur Anfangs- und Endzustand miteinander verglichen (Thermodynamik).

Aber auch exergonische Reaktionen laufen nicht immer spontan ab. So müssen zum Beispiel bei fast allen organisch-chemischen Reaktionen zuerst vorhandene Bindungen in den Edukten gebrochen werden, bevor neue Bindungen in den Produkten gebildet werden können. Das bedeutet, zunächst muss Energie aufgebracht werden, um die alten Bindungen teilweise zu brechen, bevor Energie anschließend durch die sich neu bildenden Bindungen frei wird. Daher liegt zwischen dem Anfangs- und Endzustand ein **Energieberg**. Seine Überwindung gleicht einer Bergwanderung von einem Tal zum nächsten. Ausgehend vom ersten Tal (Edukt) steigt der Weg zunächst an, durchläuft ein Maximum, den sogenannten **Übergangszustand**, und fällt dann wieder ab zum nächsten Tal, den Produkten. Ähnlich müssen wir bei unserer Urlaubsfahrt nach Italien zum Beispiel die Alpen überwinden, bevor wir danach hinunter ans Meer fahren. **Eine chemische Reaktion folgt dabei dem Weg, bei dem der Energieberg möglichst klein ist.** Um die Alpen zu überqueren, würden wir bei unserer Urlaubsreise nach Italien ebenfalls den Weg über den Brennerpass (1374 m) einer Reise über die Spitze des Mont Blanc (4810 m) vorziehen.

Trägt man diese Energieänderungen entlang des Reaktionsweges grafisch auf (▶ Abbildung 10.1), so erhält man ein **Reaktionsenergiediagramm** (auch Energieprofil oder Reaktionsprofil genannt), das nützliche Informationen über den Ablauf einer Reaktion, also den Mechanismus enthält. Wir werden uns im Folgenden häufig solche Energiediagramme anschauen, wenn wir Reaktionen besprechen. Meistens verwendet man Gibbsfreie Energie G oder die Enthalpie H als Energiegröße für das Reaktionsenergiediagramm. Sehr häufig wird aber auch gar nicht genau angegeben, welche Energie man tatsächlich meint. Die x-Achse ist die sogenannte **Reaktionskoordinate**. Sie ist ein Maß für das Fortschreiten der Reaktion, was aber nicht bedeutet, dass sie den zeitlichen Verlauf der Reaktion erfasst. Sie beschreibt vielmehr die geometrische Umordnung der Edukte in die Produkte.

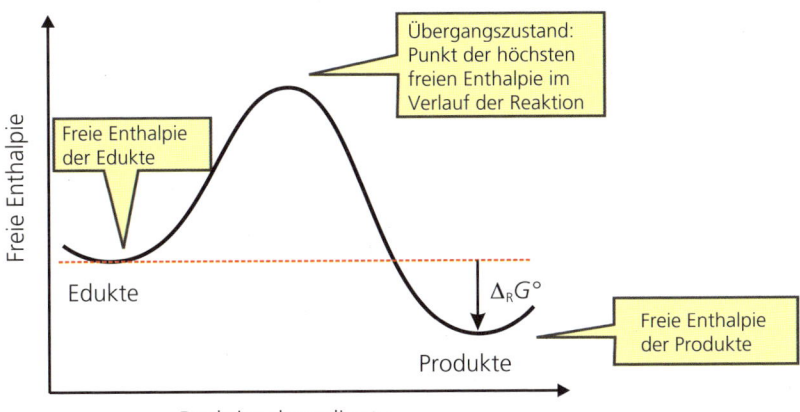

Abbildung 10.1: Reaktionsenergiediagramm einer exergonischen Reaktion. Der Energiegehalt der Produkte ist kleiner als der der Edukte, das Gleichgewicht (Kapitel 5.7) liegt auf der Produktseite (K > 1). Allerdings müssen die Reaktionspartner zuerst einen Energieberg überwinden, den Übergangszustand. Die Reaktionskoordinate ist ein Maß für das Fortschreiten der Reaktion.

Bei sehr einfachen chemischen Reaktionen entspricht die Reaktionskoordinate zum Beispiel dem Abstand zwischen zwei Teilchen. In der Regel entspricht die Reaktionskoordinate aber einer komplizierten, gleichzeitigen Änderung der Positionen aller Atome. Man sollte sich einfach merken, dass entlang der Reaktionskoordinate die Edukte auf einem energetisch günstigen Weg in die Produkte umgewandelt werden.

Man kann zum Beispiel aus einem Energiediagramm ablesen, ob bei einer Reaktion der Energiegehalt der Produkte kleiner oder größer als der der Edukte ist, die Reaktion also exergonisch oder endergonisch (bei Verwendung von G als Energiegröße im Energiediagramm ▶ Kapitel 5.5.2) bzw. exotherm oderendotherm ist (bei Verwendung von H) (▶ Kapitel 5.4.3).

Viele organisch-chemische Reaktionen, mit denen wir uns noch beschäftigen werden, verlaufen aber nicht in einem Schritt, sondern es treten **Zwischenstufen** (oder **Intermediate**) auf. Es handelt sich dann um **mehrstufige Reaktionen**. Meistens handelt es sich bei einem Intermediat um ein instabiles Teilchen, das sich nicht isolieren lässt, sondern nur während einer Reaktion kurzzeitig auftritt und direkt weiter reagiert. Häufige Intermediate bei organischen Reaktionen sind **Carbokationen**, **Carbanionen**, **Radikale** oder **Carbene**. Das Energiediagramm einer mehrstufigen Reaktion ist komplexer als das einer einstufigen Reaktion, da es mehrere Energieberge und -täler enthält (▶ Abbildung 10.2).

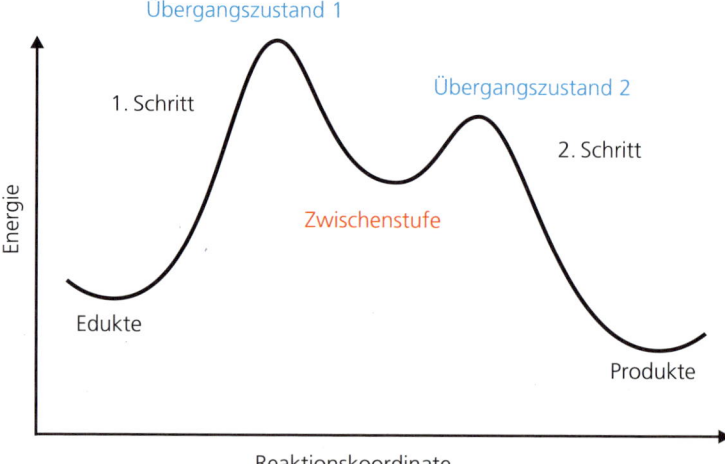

Abbildung 10.2: Energiediagramm einer zweistufigen Reaktion. Zwischen Edukten und Produkten liegt eine instabile Zwischenstufe in einem Minimum. Es existieren zwei Übergangszustände (Maxima).

In den meisten Fällen ist die Lebensdauer einer Zwischenstufe sehr kurz. Man kann sie daher selten bei Raumtemperatur in eine Flasche füllen, also in Substanz isolieren. Dies gelingt häufig nur unter sehr stark veränderten Bedingungen (zum Beispiel bei sehr tiefer Temperatur). Aber man kann kurzlebige Zwischenstufen häufig mit modernen spektroskopischen Techniken nachweisen („sehen"). Solche Untersuchungen sind für das **Aufklären eines Reaktionsmechanismus** sehr wichtig. Vor allem in der zweiten Hälfte des 20. Jahrhunderts hat man sich sehr intensiv mit dem Nachweis und der Charakterisierung von Zwischenstufen bei organischen Reaktionen beschäftigt. Daher haben wir heute für viele Reaktionen eine gute Vorstellung davon, was auf der Größenskala der Atome und Moleküle (= mikroskopische oder molekulare Ebene) bei der Reaktion passiert. Hierbei spielen quantenchemische Berechnungen, die auf der MO-Theorie beruhen (▶ Kapitel 2.5) eine immer größer werdende Rolle. Trotzdem kann man für jeden Reaktionsmechanismus immer nur Modelle angeben. Es kommt immer wieder vor, dass postulierte Mechanismen an neue experimentelle Erkenntnisse angepasst oder manchmal sogar komplett verworfen werden müssen.

Nicht verwechseln mit einer Zwischenstufe darf man den **Übergangszustand** (**ÜZ**, engl. *Transition State*, TS) im Energiediagramm, also den Punkt maximaler Energie entlang des Reaktionsweges. Bei einem Übergangszustand handelt es sich nicht um ein isolierbares Molekül. Er entspricht einer instabilen Anordnung der Reaktionspartner mit einer Geometrie, die innerhalb einer Zeitspanne von etwa 10^{-14} Sekunden durchlaufen wird (also der Dauer einer molekularen Schwingung). Man kann daher einen Übergangszustand – im Gegensatz zu einer Zwischenstufe – prinzipiell nicht isolieren (egal, unter welchen Bedingungen). Man setzt einen Übergangszustand daher in einem Reaktionsschema häufig in eckige Klammern und kennzeichnet ihn durch das Zeichen ‡.

$$A + B \longrightarrow [A\text{----}B]^\ddagger \longrightarrow A\text{--}B$$

Edukte — Übergangszustand — Produkt

(partielle Bindung, Symbol für ÜZ)

10.3 Die Geschwindigkeit einer chemischen Reaktion

Im Vergleich zu vielen Reaktionen, die wir bisher besprochen haben, wie Säure-Base-Reaktionen (▶ Kapitel 6) oder Fällungsreaktionen (▶ Kapitel 4.9), sind gerade organisch-chemische Reaktionen häufig langsamer.

Dies hat nichts mit der Thermodynamik zu tun. Auch viele organische Reaktionen sind stark exergon, besitzen also eine große thermodynamische Triebkraft. Die Thermodynamik macht keine unmittelbare Aussage über die Geschwindigkeit einer chemischen Reaktion (▶ Kapitel 5.6). Bevor wir uns aber anschauen, wovon die Geschwindigkeit einer Reaktion abhängt, müssen wir klären, was überhaupt die Geschwindigkeit einer Reaktion ist.

> **MERKE**
>
> Die Thermodynamik sagt nichts über die Kinetik einer Reaktion aus.

10.3.1 Die Reaktionsgeschwindigkeit v

Die **Reaktionsgeschwindigkeit v** (von lateinisch: *velocitas*) ist die zeitliche Änderung der Konzentrationen der Reaktionspartner. Mathematisch handelt es sich um den Differenzialquotienten, also die Ableitung der Konzentration [X] nach der Zeit t. Man kann dabei entweder die Abnahme der Konzentration der Edukte [A] oder [B] oder die Zunahme der Konzentration der Produkte [P] betrachten.

$$A + B \longrightarrow P$$

$$v = -\frac{d[A]}{dt} = -\frac{d[B]}{dt} = +\frac{d[P]}{dt}$$

Die Einheit der Reaktionsgeschwindigkeit v ist mol/(L · s). Experimentell kann man die Reaktionsgeschwindigkeit bestimmen, indem man zu bestimmten Zeitpunkten einer Reaktion die Konzentration wenigstens eines Reaktionsteilnehmers misst. Man erhält so eine **Umsatz-Zeit-Kurve**. Die Reaktionsgeschwindigkeit zu einem beliebigen Zeitpunkt t der Reaktion ist dann die Steigung der Tangente an diesem Punkt der Kurve (▶ Abbildung 10.3). Vor allem bei relativ langsamen Reaktionen bestimmt man häufig auch nur den Differenzenquotienten $\Delta[X]/\Delta t$ anstelle des Differenzialquotienten, da dies experimentell einfacher ist.

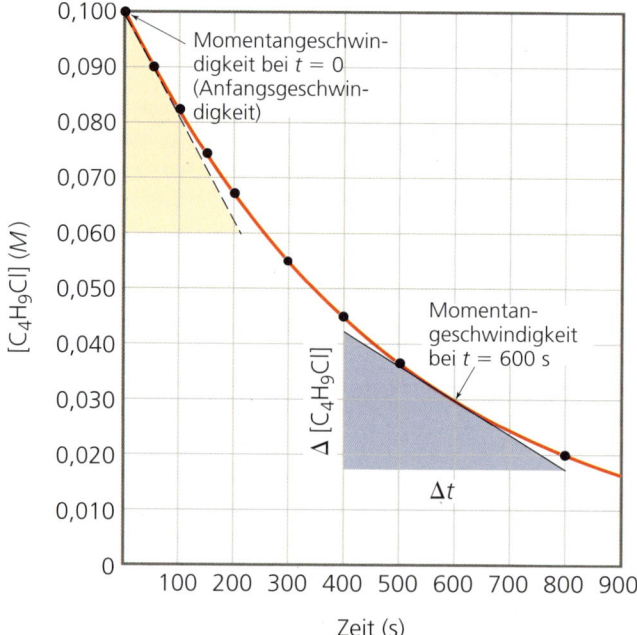

Abbildung 10.3: Reaktionsgeschwindigkeit. Aufgetragen ist die Umsatz-Zeit-Kurve für die Hydrolyse von Butylchlorid (C_4H_9Cl) in Wasser (Kapitel 10.5.2). Die Geschwindigkeit der Reaktion zu einem Zeitpunkt t ist die Steigung der Tangente an die Kurve zu diesem Zeitpunkt. Da C_4H_9Cl verbraucht wird, ist die Reaktionsgeschwindigkeit gleich dem negativen Wert der Steigung ($v = -d[C_4H_9Cl]/dt$).
Aus: Brown, T. L., LeMay, H. E. & Bursten, E. B. (2007)

Die Reaktionsgeschwindigkeit ändert sich während der Reaktion. Spätestens wenn das Edukt vollständig verbraucht ist, muss die Reaktionsgeschwindigkeit auf null abfallen.

10.3.2 Faktoren, die die Reaktionsgeschwindigkeit v beeinflussen

Wovon hängt die Geschwindigkeit v einer chemischen Reaktion ab? Im Wesentlichen sind dies die folgenden Faktoren:

1. Um miteinander reagieren zu können, müssen sich die Teilchen treffen. Ob oder wie oft dies geschieht, hängt von der Beweglichkeit der Reaktionspartner und damit von ihrem **Aggregatzustand** ab. So sind zum Beispiel Reaktionen zwischen Feststoffen meistens wesentlich langsamer als Reaktionen in Lösungen oder Reaktionen von Gasen.
2. Bei den meisten Reaktionen hängt die Geschwindigkeit von den **Konzentrationen** der Reaktionspartner ab (▶ Abbildung 10.4). Mit steigender Konzentration erhöht sich die Anzahl der Stöße zwischen den Reaktionspartnern. Dies führt in der Regel zu schnelleren Reaktionen.

(a) (b)

Abbildung 10.4: Einfluss der Konzentration auf die Reaktionsgeschwindigkeit. An Luft (20 Prozent O_2) verbrennt Stahlwolle relativ langsam (a). In reinem Sauerstoff ist die Geschwindigkeit der Reaktion deutlich größer (b), da die Konzentration des Sauerstoffes höher ist.
Aus: Brown, T. L., LeMay, H. E. & Bursten, E. B. (2007)

3. Um den Energieberg bei der Reaktion überwinden zu können, müssen die Teilchen eine ausreichende kinetische Energie haben. Diese ist abhängig von der **Temperatur** der Teilchen. Deshalb verlaufen chemische Reaktionen in der Regel bei hohen Temperaturen schneller als bei tieferen. Deswegen werden zum Beispiel verderbliche Lebensmittel oder Arzneistoffe im Kühlschrank gelagert.
4. Ein **Katalysator** kann den Energieberg der Reaktion verringern, indem er einen neuen Reaktionsweg ermöglicht, ohne dass der Katalysator selbst bei der Reaktion verbraucht wird. Dadurch wird die Reaktion beschleunigt. Die meisten biochemischen Prozesse im Körper würden ohne Katalysatoren, die Enzyme (▶ Kapitel 13.9), viel zu langsam ablaufen.

10.3.3 Konzentration und Reaktionsgeschwindigkeit: das Geschwindigkeitsgesetz

Die Geschwindigkeit einer chemischen Reaktion ist häufig (aber nicht immer) abhängig von den Konzentrationen der Reaktionspartner (▶ Abbildung 10.4). Denn je größer die Konzentration eines Stoffes ist, desto mehr kann von diesem Stoff pro Zeiteinheit reagieren. Genauso ist es auch beim radioaktiven Zerfall, den wir bereits kennengelernt haben (▶ Kapitel 1.6). Dabei wandelt sich ein instabiler Atomkern unter Aussendung von Strahlung in einen anderen, stabileren Atomkern um. Beim Zerfall von metastabilem Technetium (^{99m}Tc → ^{99}Tc + γ) zerfällt pro Zeiteinheit umso mehr ^{99m}Tc, je mehr davon vorliegt. Die Geschwindigkeit v, also die Anzahl der Zerfälle pro Zeit, ist somit proportional zur Menge N (^{99m}Tc). Die Halbwertszeit HWZ oder $t_{1/2}$ ist hingegen unabhängig von der Menge N (▶ Kapitel 1.6).

$$v \propto N(^{99m}Tc)$$
$$\Rightarrow v = k \cdot N(^{99m}Tc)$$

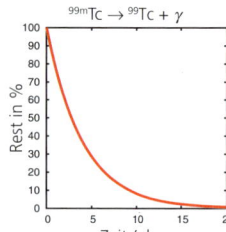

Umsatz-Zeit-Kurve für eine Reaktion 1. Ordnung

Diesen Zusammenhang zwischen der Geschwindigkeit einer Reaktion und der Konzentration der beteiligten Stoffe nennt man allgemein das **Geschwindigkeitsgesetz** der Reaktion. Die Proportionalitätskonstante ist die **Geschwindigkeitskonstante k**.

Reagieren zwei Teilchen A und B miteinander, so kann die Geschwindigkeit der Reaktion von den Konzentrationen *beider* Reaktionspartner abhängen. Ein Beispiel ist die Umsetzung von Methylchlorid mit Natronlauge zu Methanol und Chlorid, eine nucleophile Substitutionsreaktion (▶ Kapitel 10.5).

$$HO^- + H_3C-Cl \longrightarrow H_3C-OH + Cl^-$$

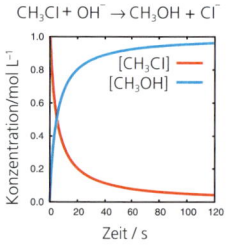

Umsatz-Zeit-Kurve für eine Reaktion 2. Ordnung

Damit die Reaktion stattfinden kann, müssen sich die beiden Reaktionspartner treffen. Die Häufigkeit dieser Zusammenstöße steigt sowohl mit zunehmender Konzentration der Hydroxidionen als auch des Methylchlorids.

$$v \propto [OH^-] \text{ und } v \propto [CH_3Cl]$$
$$\Rightarrow v = k \cdot [OH^-] \cdot [CH_3Cl]$$

Es gibt auch chemische Reaktionen, bei denen die Geschwindigkeit unabhängig von der Konzentration der umgesetzten Stoffe ist. Ein Beispiel ist der Abbau von Alkohol im Blut. Unabhängig von der Menge Alkohol, die man zu sich genommen hat, werden in einer Stunde konstant etwa 100 mg Alkohol pro Kilogramm Körpergewicht abgebaut (etwa 0,1 Promille pro Stunde). In diesem Fall gilt also für die Geschwindigkeit:

$$v = k$$

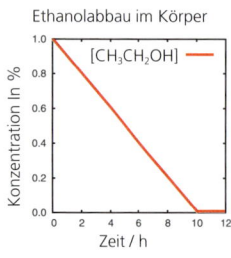

Umsatz-Zeit-Kurve für eine Reaktion 0. Ordnung

In der Regel findet man für eine Reaktion A + B → P ein Geschwindigkeitsgesetz der Form:

$$v = k \cdot [A]^n \cdot [B]^m$$

10.3 Die Geschwindigkeit einer chemischen Reaktion

mit n und m als **Reaktionsordnungen** in Bezug auf die Reaktionspartner A und B (wobei n oder m auch null sein können). Die Summe $n + m$ ist die Reaktionsordnung der Gesamtreaktion. Wenn nicht explizit angegeben ist, dass man die Ordnung auf einen bestimmten Reaktanden bezieht, meint man immer die Reaktionsordnung der Gesamtreaktion. Der radioaktive Zerfall folgt also einer Kinetik 1. Ordnung, die nucleophile Substitution zwischen Methylchlorid und Natronlauge ist eine Reaktion 2. Ordnung (1. Ordnung in Methylchlorid und 1. Ordnung in Natronlauge) und der Alkoholabbau im Blut stellt eine Reaktion 0. Ordnung dar. Für die einzelnen Reaktanden X lässt sich die jeweilige Reaktionsordnung experimentell bestimmen, indem man zum Beispiel misst, wie sich die Geschwindigkeit der Reaktion verändert, wenn man die Konzentration genau dieses Reaktanden X verdoppelt.

> **MERKE**
> Reaktionsordnung:
> n bezogen auf A
> m bezogen auf B
> $n + m$ bezogen auf die Gesamtreaktion

Kennt man das Geschwindigkeitsgesetz und die Geschwindigkeitskonstante k, kann man die Geschwindigkeit v einer Reaktion bei unterschiedlichen Startkonzentrationen der Reaktionsteilnehmer berechnen. Man kann aber auch die Geschwindigkeitsgesetze in Gleichungen umwandeln, mit denen sich die Konzentration zu jedem Zeitpunkt einer Reaktion ausrechnen lässt (= integrierte Form der Differenzialgleichungen, ▶ Tabelle 10.1).

Reaktion	Geschwindigkeitsgesetz	Einheit von k	Beispiele
0. Ordnung A → P	$v = k$ $[A]_t = [A]_0 - k \cdot t$	mol/(L·s)	Alkoholabbau im Blut
1. Ordnung A → P	$v = k \cdot [A]$ $[A]_t = [A]_0 \cdot e^{-k \cdot t}$	1/s	Radioaktiver Zerfall (Kapitel 1.6) Bakterienwachstum
2. Ordnung 2 A → P	$v = k \cdot [A]^2$ $[A]_t = \frac{1}{k \cdot t + 1/[A]_0}$	L/(mol·s)	$2\,NO_2 \rightarrow N_2O_4$ (Kapitel 5.9)
2. Ordnung A + B → P	$v = k \cdot [A] \cdot [B]$ $[A]_t = \frac{1}{k \cdot t + 1/[A]_0}$ für $[A]_0 = [B]_0$	L/(mol·s)	$CH_3Cl + OH^- \rightarrow CH_3OH + Cl^-$ (Kapitel 10.5)

Tabelle 10.1: Geschwindigkeitsgesetze einfacher chemischer Elementarreaktionen

Eine kinetische Besonderheit tritt bei Reaktionen dann auf, wenn einer der Reaktionsteilnehmer in einem so großen Überschuss vorliegt, dass sich seine Konzentration bei der Reaktion praktisch nicht ändert. Dies gilt zum Beispiel für Wasser als Reaktionspartner bei allen Reaktionen, die in wässriger Lösung stattfinden, wie zum Beispiel bei den meisten Reaktionen in der Physiologie und Biochemie. Wenn die Konzentration eines Reaktionspartners X konstant bleibt, kann man diese Konzentration mit der Geschwindigkeitskonstanten k zu einer neuen Geschwindigkeitskonstanten k' zusammenfassen. Völlig analog hatten wir bei der Definition der Säure- und Basenstärke die Konzentration des Wassers in die Gleichgewichtskonstante mit einbezogen (▶ Kapitel 6.3). Dadurch erhält man bei einer Reaktion 1. Ordnung ein vereinfachtes Geschwindigkeitsgesetz, das formal einer Reaktion 0. Ordnung entspricht. Man spricht von einer Reaktion **pseudo-nullter Ordnung**.

Reaktion 1. Ordnung: $v = k \cdot [X]$ mit [X]=konstant
$\Rightarrow v = k'$ mit $k' = k \cdot [X]$ pseudo-nullter Ordnung

Ebenso wird aus einer Reaktion 2. Ordnung eine Reaktion **pseudo-erster Ordnung**.

Reaktion 2. Ordnung: $v = k \cdot [A] \cdot [X]$ mit [X]=konstant
$\Rightarrow v = k' \cdot [A]$ mit $k' = k \cdot [X]$ pseudo-erster Ordnung

Dies bedeutet nicht, dass die Reaktionsgeschwindigkeit nicht von [X] abhängt. Nur „sieht" man diese Abhängigkeit nicht, da [X] als konstante Größe in der Geschwindigkeitskonstanten k' enthalten ist. Um aber die tatsächliche Geschwindigkeitskonstante 1. oder 2. Ordnung aus k' zu berechnen, muss man [X] kennen.

10.3.4 Die Aktivierungsenergie E_A

> **MERKE**
>
> Je größer die Aktivierungsenergie (= der Energieberg zwischen Edukt und Produkt) ist, desto langsamer ist die Reaktion.

Den oben diskutierten Energieberg zwischen Edukt und Produkt nennt man auch **Aktivierungsenergie** E_A (▶ Abbildung 10.5). Da nur die Teilchen reagieren können, deren kinetische Energie größer ist als die Aktivierungsenergie (▶ Abbildung 10.6), können bei einer Reaktion mit niedriger Aktivierungsenergie viel mehr Teilchen reagieren. Reaktionen mit niedriger Aktivierungsenergie verlaufen schneller. Wir wissen bereits, dass die kinetische Energie eines Teilchens unmittelbar mit der Temperatur zusammenhängt (▶ Kapitel 3.1). Daher vergrößert sich die Anzahl der reaktionsfähigen Teilchen mit steigender Temperatur. Häufig findet man, dass eine Temperaturerhöhung um 10 Grad etwa zu einer Verdopplung der Reaktionsgeschwindigkeit führt. Der quantitative Zusammenhang zwischen Geschwindigkeitskonstante k, Aktivierungsenergie E_A und Temperatur T wird durch die **Arrhenius-Gleichung** beschrieben.

$$k = A \cdot e^{-\frac{E_A}{R \cdot T}}$$

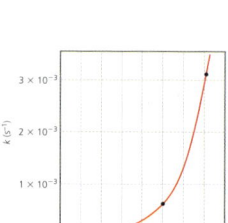

Die Geschwindigkeitskonstante k nimmt mit der Temperatur exponentiell zu.
Aus: Brown, T. L., LeMay, H. E. & Bursten, E. B. (2007)

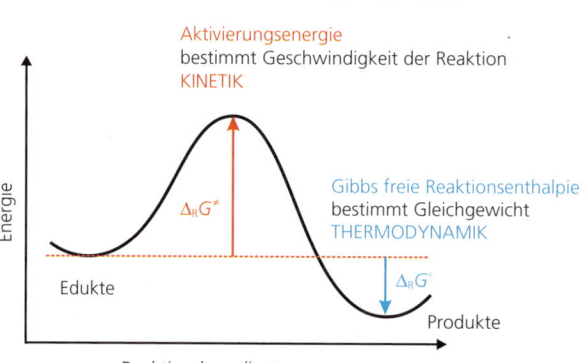

Abbildung 10.5: Aktivierungsenergie. Der Energieberg zwischen Edukten und Produkten bestimmt die Geschwindigkeit der Reaktion (Arrhenius-Gleichung). Auf die Gleichgewichtslage (= $\Delta_R G°$) hat die Aktivierungsenergie keinen Einfluss.

10.3 Die Geschwindigkeit einer chemischen Reaktion

Abbildung 10.6: Überwindung einer Energiebarriere. Um den Golfball in die Nähe des Lochs zu schlagen, muss die Golferin dem Golfball so viel kinetische Energie vermitteln, dass er den Hügel überwinden kann. Diese Situation ist analog zu einer chemischen Reaktion, in der Moleküle ausreichend kinetische Energie besitzen müssen, um den Energieberg auf dem Reaktionsweg zu überwinden.
Aus: Brown, T. L., LeMay, H. E. & Bursten, E. B. (2007)

A ist der sogenannte **präexponentielle Faktor**, er entspricht der maximalen Reaktionsgeschwindigkeit, die erreicht würde, wenn jedes Molekül genügend Energie hätte, um die Aktivierungsbarriere zu überwinden. Er berücksichtigt also, dass auch bei ausreichender Energie nicht jeder Zusammenstoß zu einer Reaktion führt. Dies liegt unter anderem daran, dass sich die Teilchen in einer bestimmten Orientierung treffen müssen, damit es zu einer Reaktion kommen kann. Beispiele sind Reaktionen, die nur an einer bestimmten funktionellen Gruppe stattfinden. Trifft der Reaktionspartner auf eine andere Stelle des Moleküls, ist der Zusammenstoß wirkungslos, auch wenn die Teilchen genug Energie haben.

Setzen wir zum Beispiel Nonylchlorid (= 1-Chlornonan) mit OH^- um, so kann eine Substitution, also ein Ersatz von Cl durch OH, nur dann stattfinden, wenn bei einem Zusammenstoß das angreifende OH^- genau das C-Atom trifft, an dem der Chlorsubstituent gebunden ist (C^1). Ein Zusammenstoß mit irgendeinem der acht anderen C-Atome im Molekül kann nicht zu einer Reaktion führen, selbst bei ausreichender Energie.

Verwendet man Gibbs freie Energie G als Energiegröße, bezeichnet man die Aktivierungsenergie als $\Delta_R G^{\neq}$.

10.3.5 Katalyse

Wir haben bisher zwei Möglichkeiten kennengelernt, um die Geschwindigkeit einer langsam ablaufenden chemischen Reaktion zu erhöhen: Erhöhung der Konzentrationen der Reaktionspartner (außer bei Reaktionen 0. Ordnung) oder (meistens auch) Erhöhung der Temperatur. Technisch oder im Labor werden beide Möglichkeiten auch genutzt. Wenn eine Reaktion bei Raumtemperatur zu langsam abläuft, wird das Reaktionsgemisch erhitzt. Aber wie schafft es die Natur, langsame chemische Reaktionen wie zum Beispiel Stoffwechselvorgänge, die im Körper bei einer Temperatur von 37 °C ablaufen müssen, zu beschleunigen? Auch die

Konzentrationen der Reaktanden sind im Körper nicht beliebig variierbar, sondern in der Regel davon abhängig, wie schnell bestimmte Stoffe zu- oder abgeführt werden (Fließgleichgewichte, ▶ Kapitel 5.11).

Es gibt noch eine weitere Möglichkeit, eine Reaktion zu beschleunigen: durch eine **Senkung der Aktivierungsenergie E_A** durch Zugabe eines **Katalysators**. Ein Katalysator greift in das Reaktionsgeschehen ein, eröffnet einen neuen Reaktionsweg mit einer niedrigeren Aktivierungsenergie, wird aber selber bei der Reaktion nicht verbraucht. Er liegt daher nach der Reaktion wieder unverändert vor. Ein Katalysator kann zum Beispiel aus einer langsam ablaufenden einstufigen Reaktion mit einer hohen Aktivierungsenergie eine mehrstufige Reaktion mit mehreren kleineren Aktivierungsbarrieren machen (▶ Abbildung 10.7). Im Beispiel unserer Urlaubsfahrt nach Italien könnte dies bedeuten, dass wir, anstatt die Alpen selbst mit dem Auto zu überqueren, einen Autozug (= Katalysator) durch einen Alpentunnel nehmen.

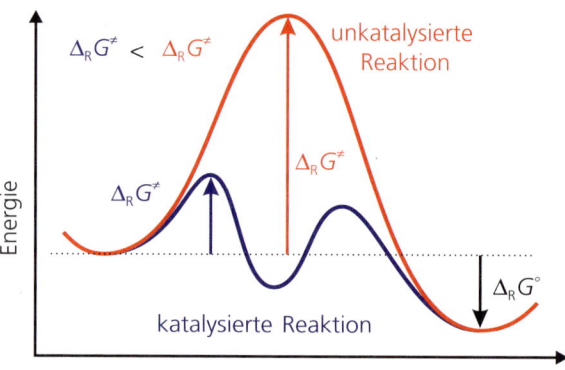

Abbildung 10.7: Energieprofil für unkatalysierte und katalysierte Reaktion. Die katalysierte Reaktion beinhaltet zwei aufeinanderfolgende Schritte, von denen jeder eine niedrigere Aktivierungsenergie als die unkatalysierte Reaktion hat. Die Energien von Edukten und Produkten (und damit die Gleichgewichtslage) werden vom Katalysator nicht verändert.

Zersetzung von H_2O_2 in O_2 und H_2O durch das Enzym Katalase
Aus: Brown, T. L., LeMay, H. E. & Bursten, E. B. (2007)

Die natürlich vorkommenden Katalysatoren, die im Körper Reaktionen beschleunigen, sind die **Enzyme**, bei denen es sich in der Regel um Proteine handelt. Auf die Besonderheiten der Enzymkatalyse werden wir später noch eingehen (▶ Kapitel 13.9).

Merken sollte man sich, dass ein Katalysator den Anfangs- und den Endzustand einer Reaktion *nicht* beeinflusst. Von daher hat er auch keinen Einfluss auf die Thermodynamik der Reaktion und damit auf die Gleichgewichtslage. Er verändert nur die Aktivierungsenergie und somit die Geschwindigkeit der Reaktion und zwar für die Hin- und Rückreaktion gleichermaßen.

Je nachdem, ob der Katalysator in der gleichen Phase wie das Reaktionsgemisch vorliegt oder in einer anderen, bezeichnet man den Vorgang als homogene oder heterogene Katalyse.

- **Homogene Katalyse:** Katalysator und Reaktanden liegen in der gleichen Phase vor.
- **Heterogene Katalyse:** Katalysator und Reaktanden liegen in verschiedenen Phasen vor. Die meisten Katalysatoren bei technischen Prozessen oder in der chemischen Industrie sind heterogene Katalysatoren (zum Beispiel der Abgaskatalysator im Auto).

Abgaskatalysator im Auto
Aus: Brown, T. L., LeMay, H. E. & Bursten, E. B. (2007)

10.4 Grundtypen organisch-chemischer Reaktionen

Bevor wir in den nachfolgenden Kapiteln die wichtigsten organisch-chemischen Reaktionen besprechen, wollen wir uns zuerst ein paar allgemeine Zusammenhänge verdeutlichen. Erfreulicherweise gibt es nur vier Grundtypen organisch-chemischer Reaktionen (▶ Tabelle 10.2). Allerdings sind viele Reaktionen eine Kombination mehrerer dieser Grundtypen.

Reaktion	Reaktionstyp	Was passiert?
A + B – C → A – B + C	Substitution	Ein Teilchen verdrängt ein anderes Teilchen aus einem Molekül (= Ersatz eines Substituenten durch einen anderen).
A + B – C → A – B – C	Addition	Aus zwei (oder mehr) Teilchen entsteht ein Teilchen.
A – B – C → A + B – C	Eliminierung	Von einem Teilchen werden ein oder mehr Teilchen abgespalten.
A → B	Umlagerung	Ein Teilchen wandelt sich in ein isomeres Teilchen um.

Tabelle 10.2: Grundtypen organisch-chemischer Reaktionen

Je nachdem, was für Teilchen an einer Reaktion beteiligt sind (▶ Tabelle 10.3), unterteilen sich diese Reaktionen zusätzlich in verschiedene Untertypen. Bei organisch-chemischen Reaktionen treten am häufigsten die folgenden drei Arten von Teilchen auf:

- **Nucleophile** = kernliebende Teilchen, die selber eine erhöhte Elektronendichte aufweisen und daher bereitwillig mit Teilchen reagieren, die ein Elektronendefizit haben (= Elektrophile).
- **Elektrophile** = elektronenliebende Teilchen, die selber ein Elektronendefizit aufweisen und daher bereitwillig mit Teilchen reagieren, die eine erhöhte Elektronendichte haben (= Nucleophile).
- **Radikale** = Teilchen mit ungepaarten Elektronen. Sie reagieren mit anderen Radikalen, aber auch mit geschlossenschaligen Teilchen, also Teilchen, die keine ungepaarten Elektronen besitzen. Im Gegensatz zu Nucleophilen und Elektrophilen reagieren sie dabei nicht nur mit polaren, sondern auch mit unpolaren Teilchen.

nucleophil = kernliebend

elektrophil = elektronenliebend

10 Grundtypen organisch-chemischer Reaktionen

Teilchen	Abkürzung	Eigenschaft	Beispiele
Nucleophil	Nu oder Nu$^-$	Teilchen mit erhöhter Elektronendichte, besitzt freies Elektronenpaar (= Lewis-Base), negativ geladen oder neutral	OH$^-$, H$_2$O, ROH, NH$_3$, RNH$_2$, RSH, RS$^-$, Halogenidanionen X$^-$, CN$^-$, Carbanionen R$^-$
Elektrophil	E oder E$^+$	Teilchen mit erniedrigter Elektronendichte, weist eine Elektronenlücke auf (= Lewis-Säure) oder besitzt eine positive Partialladung, neutral oder positiv geladen	H$^+$, NO$^+$, SO$_3$, Halogene X$_2$, NO$_2^+$, Alkylhalogenide R-X, Carbokationen R$^+$, Carbonylgruppen RR'C=O
Radikal	R•	Teilchen mit ungepaarten Elektronen, meistens neutral, seltener negativ oder positiv geladen	Alkylradikale R•, Sauerstoff O$_2$, NO, Halogenatome X•

Tabelle 10.3: Teilchen, die bei organisch-chemischen Reaktionen häufig auftreten

Bei einer Substitutionsreaktion kann das angreifende Teilchen ein Nucleophil, ein Elektrophil oder ein Radikal sein. Man erhält unterschiedliche Reaktionen, die für bestimmte Verbindungsklassen charakteristisch sind. So findet eine nucleophile Substitution bevorzugt an Alkylhalogeniden statt (▶ Kapitel 10.5), eine elektrophile Substitution an aromatischen Kohlenwasserstoffen (▶ Kapitel 10.8) und eine radikalische Substitution an Alkanen (▶ Kapitel 10.9).

> **MERKE**
>
> Bei polaren Reaktionen reagieren:
>
> Nucleophil + Elektrophil
>
> Nu$^-$ + E$^+$
>
> Anion + Kation
>
> δ^- + δ^+
>
> Lewis-Base + Lewis-Säure

Die überwiegende Mehrzahl organisch-chemischer Reaktionen sind **polare Reaktionen**, also Reaktionen, an denen Nucleophile und Elektrophile beteiligt sind. Was man sich für diese organischen Reaktionen merken muss: **Nucleophil reagiert mit Elektrophil**. Dabei kommt es zur Ausbildung einer koordinativen Bindung (▶ Kapitel 2.5), das Nucleophil überträgt ein Elektronenpaar auf das Elektrophil.

Verschiebung von Elektronen

$$\text{Nu}^- + \text{E}^+ \longrightarrow \text{Nu}-\text{E}$$

Nucleophil Elektrophil   koordinative Bindung

Das Wichtigste für das Verständnis organisch-chemischer Reaktionen ist, dass man erkennt, wo in den reagierenden Molekülen elektrophile oder nucleophile Stellen bzw. funktionelle Gruppen sind, und sich dann überlegt, wie diese miteinander reagieren können.

10.5 Die nucleophile Substitutionsreaktion

Nu$^-$ + R-X ⟶ R-Nu + X$^-$
S$_N$-Reaktion

Eine der vielseitigsten Reaktionen in der organischen Chemie ist die **nucleophile Substitutionsreaktion** (abgekürzt als **S$_N$-Reaktion**). Hierbei verdrängt ein Nucleophil Nu$^-$ einen Substituenten X (ein elektronegatives Element oder eine Atomgruppe, die stabile Anionen bilden können)

10.5 Die nucleophile Substitutionsreaktion

von einem positiv polarisierten sp³-hybridisierten C-Atom (dem Elektrophil). Das angreifende Nucleophil bezeichnet man auch als Eintrittsgruppe und den Substituenten X, der das Molekül verlässt, als Austrittsgruppe, Abgangsgruppe oder Nucleofug. Aus einem Alkylderivat R–X entsteht so ein neues Derivat R–Nu.

Die beiden häufigsten Klassen von **Elektrophilen** R–X bei S_N-Reaktionen sind:

- Alkyhalogenide R–X mit X = Cl, Br, I
- Protonierte Alkohole R – OH_2^+ oder aktivierte Alkohole (zum Beispiel Sulfonsäureester R–OS(O)₂R' ▶ Kapitel 11.9)

Gute Substrate (Substrat = andere Bezeichnung für Edukt) bei S_N-Reaktionen müssen also nicht nur über ein elektrophiles C-Atom, sondern auch über eine gute Abgangsgruppe verfügen (stabile Halogenidionen, Wasser oder schwach basische Sulfonsäureanionen). Die Natur nutzt unter anderem **Sulfoniumionen** R_3S^+ als Elektrophile (zum Beispiel im körpereigenen Methylierungsreagenz S-Adenosylmethionin, SAM). Abgangsgruppe ist diesmal ein Sulfid (Thioether), das ebenfalls eine gute Abgangsgruppe darstellt.

gute Abgangsgruppe

R–O–S(=O)(=O)–R'

Sulfonsäureester
= R-OS(O)₂R'

MERKE

Ein Alkohol R–OH kann bei S_N-Reaktionen nicht direkt als Substrat reagieren, da OH⁻ keine gute Abgangsgruppe ist.

Nu⁻ + R–S⁺(CH₃)–R' ⟶ Nu-CH₃ + R–S–R'

Je nachdem, welche Nucleophile eingesetzt werden, kann man ausgehend von leicht zugänglichen Edukten durch eine S_N-Reaktion sehr viele verschiedene funktionelle Gruppen in ein Molekül einführen (▶ Tabelle 10.4). Das macht den großen Nutzen der S_N-Reaktion aus.

R–X + Nu⁻ → R–Nu + X⁻		
Nucleophil	**Produkt**	**Verbindungsklasse**
Halogenide X'⁻	R–X'	Alkylhalogenid
OH⁻, H₂O	R–OH	Alkohol
R'–O⁻, R'–OH	R–O–R'	Ether
NH₃, R'NH₂, R'R''NH	R–NH₂, R–R'NH, R–R'R''N	Amin
R'–SH, R'–S⁻	R–S–R'	Sulfid (= Thioether)
N_3^-	R–N₃	Azid
R'CO_2^-	R'CO₂R	Ester
R'⁻ (Carbanion)	R–R'	Alkan (wichtige Reaktion zur Knüpfung von C–C-Bindungen)
CN⁻	R–CN	Nitril

Tabelle 10.4: Beispiele für nucleophile Substitutionsreaktionen

Nucleophile können sowohl Anionen wie OH⁻, RO⁻, RCO$_2^-$, X⁻ (= Halogenide) oder CN⁻ als auch neutrale Moleküle wie H$_2$O, ROH, RSH oder NH$_3$ sein. Ob ein Teilchen ein gutes Nucleophil ist, hängt von vielen verschiedenen Faktoren ab, zum Beispiel von seiner Größe und Ladung, aber auch vom Lösemittel, in dem die Reaktion durchgeführt wird. Bei physiologisch wichtigen S$_N$-Reaktionen sind hauptsächlich die in den Kohlenhydraten (▶ Kapitel 12), Aminosäuren (▶ Kapitel 13) und Nucleinsäuren (▶ Kapitel 14) vorkommenden **O-, N-** und **S-Nucleophile** von Bedeutung.

- O-Nucleophile: Wasser H$_2$O, Alkoholgruppe ROH (in den Aminosäuren Serin und Tyrosin und in Kohlenhydraten) oder Carboxylate RCO$_2^-$ (in den Aminosäuren Aspartat und Glutamat)
- N-Nucleophile: Aminogruppe RNH$_2$ (in der Aminosäure Lysin und in den Nucleinsäurebasen wie Guanin) oder Amidgruppe RCONH$_2$ (in den Aminosäuren Asparagin und Glutamin)
- S-Nucleophil: Thiolgruppe RSH (in der Aminosäure Cystein oder im Coenzym-A)

Wieso reagieren Elektrophile wie ein Alkylhalogenid so bereitwillig mit einem Nucleophil? Im Gegensatz zu einer C–H-Bindung sind C–X- oder C–O-Bindungen aufgrund der höheren Elektronegativität des Heteroatoms polarisiert (▶ Kapitel 2.6). Die Elektronendichte der Bindung ist zum Heteroatom hin verschoben. Der Kohlenstoff ist positiv polarisiert und reagiert daher bereitwillig mit einem Nucleophil, also einem Teilchen mit hoher Elektronendichte. Sehr anschaulich kann man die **Polarisierung der C–X-Bindung** beim Vergleich der elektrostatischen Oberflächenpotenziale von Methan CH$_4$ und Methylchlorid CH$_3$Cl (Chlormethan) erkennen. Methan ist ein vollkommen unpolares Molekül (einheitlich grüne Farbe), während Methylchlorid eine deutliche Polarisierung aufweist. Das Chloratom weist eine erhöhte Elektronendichte auf (rot-orange Färbung), wohingegen das C-Atom eine erniedrigte Elektronendichte aufweist, also positiv polarisiert ist (bläuliche Färbung).

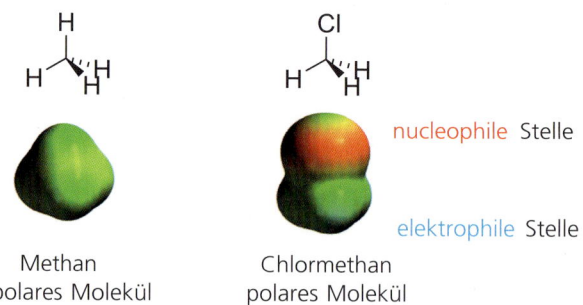

Methan
unpolares Molekül

Chlormethan
polares Molekül

nucleophile Stelle

elektrophile Stelle

Bei einer S$_N$-Reaktion wird die Bindung zwischen dem positiv polarisierten, elektrophilen C-Atom und der negativ polarisierten Austrittsgruppe X heterolytisch gebrochen und eine neue Bindung zwischen dem C-Atom und dem Nucleophil heterolytisch geknüpft. Im Verlauf der Reaktion werden sowohl zwei Elektronen vom Nucleophil zum elektrophilen C-Atom als auch die zwei Elektronen der C–X-Bindung zur Austrittsgruppe X verschoben. Eine solche **Elektronenverschiebung** symbolisiert man durch einen Pfeil (▶ Kapitel 2.7). Der Pfeil zeigt an, woher die Elektronen kommen und wohin sie verschoben werden, der Pfeil startet also immer am Nucleophil und die Pfeilspitze zeigt zum Elektrophil. Beim Aufstellen von Reaktionsmechanismen geht es darum, diese Elektronenverschiebungen zu erkennen und entsprechend zu formulieren.

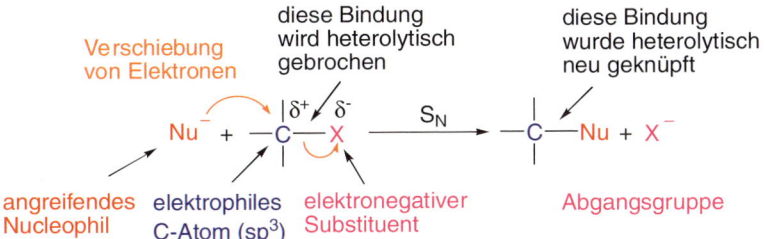

Bei S_N-Reaktionen unterscheidet man zwei verschiedene Mechanismen. Wenn Bindungsbruch und Bindungsneuknüpfung gleichzeitig erfolgen, liegt eine S_N2-Reaktion vor. Erfolgen Bindungsbruch und -knüpfung zeitlich getrennt, so liegt eine S_N1-Reaktion vor.

10.5.1 Die S_N2-Reaktion

Bei einer S_N2-Reaktion finden Bindungsbruch und Bindungsneuknüpfung gleichzeitig statt. Das Nucleophil bildet durch den Angriff mit einem seiner freien Elektronenpaare eine chemische Bindung zum C-Atom. Da der Kohlenstoff als Element der zweiten Periode aber nicht mehr als acht Valenzelektronen (entspricht vier kovalenten Bindungen) haben kann (Oktettregel, ▶ Kapitel 2.2), *muss* gleichzeitig die C–X-Bindung heterolytisch gespalten werden. Die Abgangsgruppe X verlässt das Molekül und nimmt das Elektronenpaar der C–X-Bindung mit. *Deswegen sind Teilchen, die stabile Anionen bilden, gute Abgangsgruppen* (▶ Kapitel 11.8). Ein typisches Beispiel für eine S_N2-Reaktion ist die Umsetzung von Methylchlorid mit Natronlauge, also mit OH⁻ als Nucleophil. Dabei entsteht unter Abspaltung eines Chloridions Methanol (▶ Abbildung 10.8).

$$HO^- + H_3C-Cl \xrightarrow{S_N2} H_3C-OH + Cl^-$$
Nu⁻   E

EXKURS

Methyliodid

Methyliodid und Dimethylsulfat (DMS) werden in der Synthese-Chemie vielfach als Methylierungsreagenzien (= Übertragung von CH₃-Gruppen) verwendet. Sie sind krebserregend und sehr toxisch und müssen daher mit großer Vorsicht gehandhabt werden. Busulfan (Busilvex®, Myleran®) ist ein Cytostatikum, das zum Beispiel bei CML (chronisch myeloische Leukämie) und zur Vorbereitung einer Knochenmarkstransplantation eingesetzt wird. Es ist ebenfalls sehr toxisch. Dem Wirkmechanismus dieses Arzneistoffes und der kanzerogenen Wirkung von Methyliodid und DMS liegt die gleiche chemische Reaktion zugrunde: Es sind gute Elektrophile, die leicht nucleophile Substitutionsreaktionen mit körpereigenen Nucleophilen wie den Basen der DNA (= DNA-Nu) eingehen. Dabei kommt es zu einer Methylierung (Methyliodid, DMS) oder Quervernetzung (Busulfan) der DNA. Dadurch kann die DNA bei einer Zellteilung nicht mehr korrekt von der DNA-Polymerase abgelesen werden (▶ Kapitel 12.3.5). Viele Zellen und besonders die sich schnell teilenden Krebszellen sterben dadurch ab. Andere Zellen mutieren, wobei langfristig Krebs entstehen kann.

Dimethylsulfat (DMS)

Busulfan

Die Reaktion findet in einem Schritt statt, ist also konzertiert. Da beide Reaktionspartner an diesem Schritt beteiligt sind, spricht man von einer **bimolekularen** Reaktion (= zwei Teilchen beteiligt). Daher kommt auch die Bezeichnung S_N2-Reaktion (= bimolekulare nucleophile Substitution). Die Geschwindigkeit dieser bimolekularen Reaktion ist sowohl von der Konzentration des Elektrophils (Methylchlorid) als auch des Nucleophils (OH−) abhängig. Die S_N2-Reaktion folgt somit einem Geschwindigkeitsgesetz **2. Ordnung** (▶ Kapitel 10.3.2).

$$v = k \cdot [CH_3Cl] \cdot [OH^-]$$

S_N2
bimolekulare nucleophile Substitution

MERKE

Unter der Molekularität versteht man die Zahl der Teilchen, die an einem Reaktionsschritt beteiligt sind.

Bei einer einstufigen Reaktion lässt sich die Reaktionsordnung also unmittelbar aus der Molekularität angeben (und umgekehrt).

Das Nucleophil kann aber das positiv polarisierte C-Atom nicht einfach irgendwie angreifen, sondern der Angriff muss von der Rückseite der zu spaltenden C–X-Bindung erfolgen. Verstehen lässt sich dieser **Rückseitenangriff**, wenn man sich überlegt, dass das Nucleophil beim Angriff Elektronen auf das elektrophile C-Atom überträgt. Diese Elektronen müssen, wie alle anderen Elektronen in einem Atom oder Molekül, in einem Orbital untergebracht werden. Da es sich um die Ausbildung einer koordinativen Bindung handelt, muss dafür ein leeres Orbital am angegriffenen C-Atom zur Verfügung stehen. Das energetisch günstigste unbesetzte Orbital, das das Elektronenpaar des Nucleophils aufnehmen kann, ist das antibindende σ^*-Orbital der C–X-Bindung (▶ Kapitel 2.5), das sich hauptsächlich auf der Rückseite der C–X-Bindung befindet. Aus diesem Rückseitenangriff ergibt sich der besondere **stereochemische Verlauf** der S_N2-Reaktion: Es kommt zu einem „Umklappen" der anderen drei Substituenten, die an das C-Atom gebunden sind, ähnlich wie ein Regenschirm, der vom Wind umgeklappt wird.

Umgeklappter Regenschirm
© Michael Gottschalk, ddp Deutscher Depeschendienst GmbH, Berlin

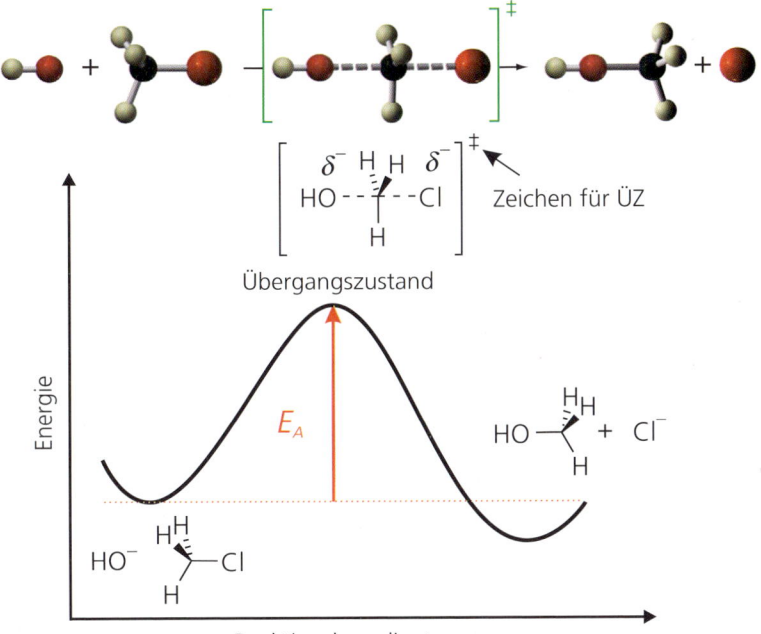

Abbildung 10.8: Energieprofil der S_N2-Reaktion. Die Reaktion findet in einem bimolekularen Schritt statt. Im Übergangszustand sind sowohl eintretendes Nucleophil als auch Austrittsgruppe partiell an das C-Atom gebunden. Im Verlauf der Reaktion kommt es zum Umklappen des Substituentenschirms.

Welche Konsequenz hat dieses Umklappen des „Substituentenschirms"? Betrachten wir ein chirales Edukt, 2-Chlorbutan, bei dem das angegriffene elektrophile C-Atom ein Stereozentrum ist, also vier verschiedene Substituenten trägt (▶ Kapitel 9.9). Reagiert das reine (S)-Enantiomer mit Hydroxidionen, dann führt der Rückseitenangriff bei der S_N2-Reaktion zu einer **Inversion der Konfiguration** des angegriffenen C-Atoms. Wir erhalten ausschließlich das Enantiomer des Produkts, das am Stereozentrum C_2 genau die umgedrehte Konfiguration *relativ zum Edukt* besitzt (**Walden-Umkehr**). Es entsteht also ausschließlich (R)-2-Butanol.

10 Grundtypen organisch-chemischer Reaktionen

Bei cyclischen Alkylhalogeniden kann der Rückseitenangriff bei der S$_N$2-Reaktion dazu führen, dass aus einem *trans*-konfigurierten Edukt ein *cis*-konfiguriertes Produkt gebildet wird (oder umgekehrt), wie zum Beispiel bei der Reaktion von *trans*-1-Brom-4-*tert*-butylcyclohexan mit Iodidionen.

AUS DER MEDIZINISCHEN PRAXIS

Methylgruppenübertragungen im Körper

Im Körper werden häufig nucleophile Stellen in Biomolekülen methyliert, um deren Eigenschaften gezielt zu verändern. So führt die Methylierung des Neurotransmitters Noradrenalin zum Neurotransmitter Adrenalin. Körpereigene DNA wird gezielt methyliert, um sie – im Gegensatz zu Fremd-DNA – vor Abbau zu schützen. Wie laufen solche Methylierungsreaktionen *in vivo* ab? Die in der Synthesechemie verwendeten elektrophilen Reagenzien wie Methyliodid oder Dimethylsulfat können von der Natur nicht genutzt werden, da sie zu unselektiv reagieren. Deswegen sind diese Verbindungen auch sehr toxisch und vor allem krebserregend. Eine selektive Methylierung erreicht die Natur durch elektrophile Cofaktoren (= Bestandteil eines Enzyms, der nicht zum Protein gehört), die im Zusammenspiel mit dem gesamten Enzym selektiv nur bestimmte Nucleophile methylieren. Ein Beispiel für einen solchen Cofaktor ist **SAM** (**S-Adenosylmethionin**), ein Sulfoniumsalz, das unter Freisetzung eines Thioethers Methylgruppen (= C1-Bausteine) auf Nucleophile überträgt.

SAM ist auch der Cofaktor der COMT (Catechol-O-Methyltransferase), die zum Beispiel die Neurotransmitter Dopamin, Adrenalin und Noradrenalin (▶ Kapitel 11.4.3) durch Methylierung an einer OH-Gruppe inaktiviert.

N^5-Methyl-Tetrahydrofolsäure

Ein weiterer wichtiger C1-Gruppenüberträger ist die N5-Methyl-Tetrahydrofolsäure (häufig abgekürzt als N5-Methyl-THF, ▶ Kapitel 14.4), ein Derivat der Folsäure, die für den Menschen essenziell ist. Die Homocystein-Methyltransferase katalysiert die Methylierung von Homocystein zu Methionin. Angreifendes Nucleophil ist die SH-Gruppe des Homocysteins. N5-Methyl-THF überträgt aber die Methylgruppe nicht direkt auf das Nucleophil, sondern zuerst intermediär auf Vitamin B_{12} (Cobalamin). Es entsteht Methyl-Cobalamin, in dem die Methylgruppe an ein Cobalt-Zentralteilchen gebunden ist (▶ Kapitel 8.9.2). Bei Folsäure-Mangel können erhöhte Homocystein-Spiegel im Blut (Homocysteinämie) resultieren, die als Risikofaktor für das Entstehen arteriosklerotischer Plaques (▶ Kapitel 9.11) gelten.

10.5.2 Die S_N1-Reaktion

Bei der zweiten Variante der nucleophilen Substitution findet zuerst der Bindungsbruch statt (▶ Abbildung 10.9). Die Abgangsgruppe X verlässt unter Mitnahme des Elektronenpaares der C–X-Bindung das Molekül. Es entsteht ein **Carbeniumion R^+ als Zwischenstufe**, also ein positiv geladenes Teilchen, in dem der Kohlenstoff nur noch sechs Valenzelektronen aufweist. Dieses Teilchen ist sehr instabil und reagiert daher sehr schnell mit einem Nucleophil unter Bildung des Produktes. Eine typische S_N1-Reaktion ist die Umsetzung von *tert*-Butylchlorid mit Wasser unter Bildung von *tert*-Butanol und HCl. Eine solche Reaktion nennt man eine **Hydrolyse** (= Spaltung einer Verbindung durch Wasser).

Hydrolyse = Spaltung durch Wasser

Diese **Reaktion** verläuft also nicht wie die S_N2-Reaktion in einem Schritt (▶ Abbildung 10.8), sondern ist **mehrstufig** (▶ Abbildung 10.9). Bei mehrstufigen Reaktionen finden mehrere Reaktionsschritte nacheinander statt, die man jeweils als **Elementarreaktionen** bezeichnet. Der gesamte Reaktionsmechanismus ist die Abfolge dieser Elementarreaktionen, von denen manche sehr schnell, andere deutlich langsamer sind. Die Geschwindigkeit der Gesamtreaktion wird immer bestimmt vom langsamsten Reaktionsschritt (= **geschwindigkeitsbestimmender Schritt**). Dies ist die Elementarreaktion, die über den Übergangszustand mit der höchsten Energie verläuft. Auch bei einer Bergüberquerung bestimmt schließlich der höchste Pass die Geschwindigkeit der gesamten Wanderung. Bei der oben betrachteten S_N1-Reaktion ist die Bildung des energetisch ungünstigen *tert*-Butylkations geschwindigkeitsbestimmend. Seine anschließende Reaktion mit dem Nucleophil und die nachfolgende Abspaltung des Protons (Säure-Base-Reaktion) sind hingegen schnelle Reaktionen. Die Geschwindigkeit der Gesamtreaktion wird also von der Geschwindigkeit des Zerfalls des *tert*-Butylchlorids bestimmt, einer **monomolekularen** Reaktion (= nur ein Teilchen beteiligt). Daher kommt auch die Bezeichnung als S_N1-Reaktion (= monomolekulare nucleophile Substitution) für die Gesamtreaktion.

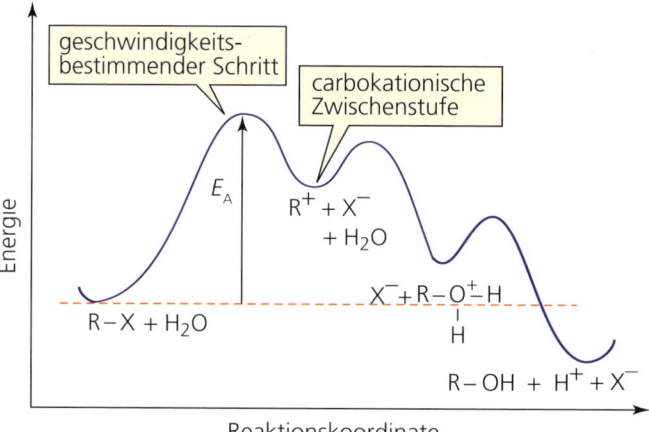

Abbildung 10.9: Energiediagramm der S_N1-Reaktion. Im Verlauf der Reaktion tritt ein Carbokation als Zwischenstufe auf. Seine Bildung ist geschwindigkeitsbestimmend (größter Energieberg). Die nachfolgenden Reaktionen sind hingegen schnell.
Nach: Bruice, P. Y. (2007)

10.5 Die nucleophile Substitutionsreaktion

> **DEFINITION**
>
> **Wichtiges zur Kinetik einer Reaktion**
>
> Die **Reaktionsgeschwindigkeit** v ist die zeitliche Veränderung der Konzentration der Reaktionspartner.
>
> Das **Geschwindigkeitsgesetz** beschreibt den experimentell bestimmten Zusammenhang zwischen der Reaktionsgeschwindigkeit und den Konzentrationen der einzelnen Reaktionsteilnehmer.
>
> Die **Reaktionsordnung** ist der Exponent bzw. die Summe der Exponenten im empirisch bestimmten Geschwindigkeitsgesetz der Gesamtreaktion (makroskopische Größe).
>
> Die **Molekularität** ist die Zahl der Teilchen, die an einem Reaktionsschritt (also einer Elementarreaktion) beteiligt sind (mikroskopische Größe). Da der Zusammenstoß von mehr als zwei Teilchen statistisch sehr unwahrscheinlich ist, sind Elementarreaktionen normalerweise monomolekular (ein Teilchen) oder bimolekular (zwei Teilchen).
>
> Nur bei **einstufigen Reaktionen** besteht ein direkter Zusammenhang zwischen Molekularität und Reaktionsordnung.
>
> Bei **mehrstufigen Reaktionen** bestimmt der langsamste Reaktionsschritt die Geschwindigkeit der Reaktion. Im Geschwindigkeitsgesetz tauchen nur die Reaktionspartner auf, die bis zum **geschwindigkeitsbestimmenden Schritt** an der Reaktion beteiligt sind. Alles, was danach passiert, hat keinen Einfluss auf die Reaktionsgeschwindigkeit.

Da nur die Teilchen, die bis zum geschwindigkeitsbestimmenden Schritt an einer Reaktion beteiligt sind, im Geschwindigkeitsgesetz auftauchen, folgt diese Reaktion einer Kinetik 1. Ordnung. Alles was nach dem langsamsten Schritt passiert, ist für das Geschwindigkeitsgesetz ohne Bedeutung, da es die Geschwindigkeit der Reaktion nicht beeinflusst.

$$v = k \cdot [tert\text{-BuCl}]$$

Kinetik 1. Ordnung

Wir können aus der Tatsache, dass die Hydrolyse von *tert*-Butylchlorid einer Kinetik 1. Ordnung folgt, nur schließen, dass das Nucleophil erst nach dem geschwindigkeitsbestimmenden Schritt in die Reaktion eingreift. Wir können keine Aussage darüber machen, wie viele Reaktionsschritte nach dem geschwindigkeitsbestimmenden Schritt noch folgen.

Betrachten wir das *tert*-Butylkation, das bei der Reaktion als Zwischenstufe entsteht, etwas genauer. Der positiv geladene Kohlenstoff ist sp^2-hybridisiert und hat damit eine trigonal-planare Bindungsumgebung (▶ Kapitel 9.3). Das p_z-Orbital ist leer, die drei sp^2-Hybridorbitale bilden die Bindungen zu den drei Methylgruppen aus. Die drei C-Atome der Methylgruppen liegen damit in der gleichen Ebene wie der positiv geladene Kohlenstoff. Daraus ergibt sich ein anderer **stereochemischer Verlauf** der S_N1-Reaktion im Vergleich zur S_N2-Reaktion. Das Nucleophil greift das planare Carbeniumion mit gleicher Wahrscheinlichkeit von oben oder von unten an. Ist das gebildete Produkt chiral, erhält man daher ein racemisches Gemisch, also die 1 : 1-Mischung der beiden Enantiomere (▶ Kapitel 9.9), selbst wenn man als Edukt von einem reinen Enantiomer ausgeht. Bei einer S_N1-Reaktion findet also **Racemisierung** statt. Als Beispiel betrachten wir die Umsetzung von optisch aktivem (*R*)-3-Chlor-3-methylhexan in Wasser.

leeres p_z-Orbital

tert-Butylkation

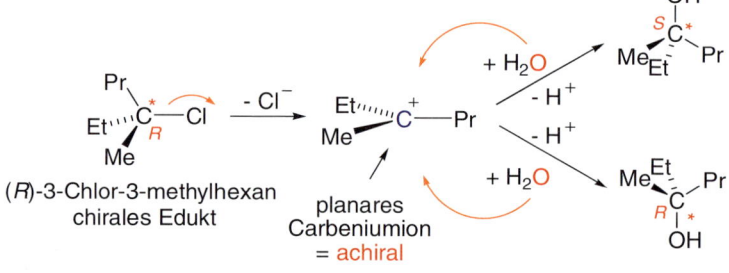

(*R*)-3-Chlor-3-methylhexan
chirales Edukt

planares Carbeniumion
= achiral

MERKE

Induktiver Effekt: Elektronenverschiebung entlang einer σ-Bindung

(+)-I-Effekt: elektronenschiebend (Alkyl)

(–)-I-Effekt: elektronenziehend (Halogene, NH_2, CN, NO_2)

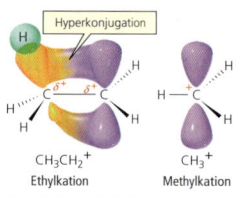

$CH_3CH_2^+$
Ethylkation

CH_3^+
Methylkation

Aus: Bruice, P. Y. (2007)

EXKURS

Stabilität von Carbeniumionen

Carbeniumionen sind umso stabiler, je mehr Alkylgruppen an das positiv geladene C-Atom gebunden sind. Alkylgruppen sind **elektronenschiebende Substituenten**. Das heißt, sie übertragen Elektronendichte auf das positiv geladene C-Atom. Dadurch wird dessen Elektronenlücke reduziert, das Kation wird stabilisiert (▶ Abbildung 10.10). Zum einen wird das bindende Elektronenpaar der C–C-Bindung zum positiv geladenen C-Atom hin verschoben (sogenannter **positiver induktiver Effekt**, (+)-I-Effekt). Genauso gibt es auch Substituenten mit elektronenziehenden Eigenschaften wie CN, NO_2 und die Halogene ((–)-I-Effekt). Die C–C-Bindungen sind also polarisiert, das sp^2-hybridisierte positiv geladene C-Atom ist elektronegativer als das sp^3-C-Atom der Methylgruppe. Zum anderen können durch eine seitliche Wechselwirkung einer C–H-Bindung mit dem leeren p-Orbital Elektronen aus den C–H-Bindungen zum positiv geladenen C-Atom hin verschoben werden. Diesen Effekt nennt man **Hyperkonjugation**. Beide Effekte führen zu einer Stabilisierung höher substituierter Carbeniumionen. Aber auch ein stabilisiertes tertiäres Kation ist immer noch hoch-reaktiv. Das tert-Butylkation hat in Wasser zum Beispiel nur eine Lebensdauer von etwa 10^{-10} s, bevor es mit Wasser zu tert-Butanol reagiert. Wenn wir von einem stabilen Kation reden, meinen wir daher nur, dass es stabiler ist als ein anderes.

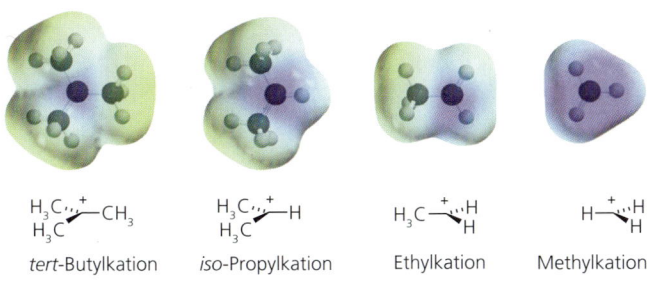

tert-Butylkation   iso-Propylkation   Ethylkation   Methylkation

tertiär > sekundär > primär > Methyl

Abbildung 10.10: Stabilisierung von Carbeniumionen durch Alkylgruppen. Je mehr Alkylgruppen an ein positiv geladenes C-Atom gebunden sind, desto stabiler ist das Kation, da die Alkylgruppen elektronenschiebende Eigenschaften haben. Die Elektronenlücke im Methylkation (starke Blaufärbung) ist daher deutlich größer als im tert-Butylkation (geringe Blaufärbung).

10.5.3 Vergleich zwischen S_N1- und S_N2-Reaktion

S_N1- und S_N2-Reaktion unterscheiden sich also in einigen wichtigen Punkten (▶ Tabelle 10.5). Kann man voraussagen, wann eine Verbindung nach einem S_N1- und wann nach einem S_N2-Mechanismus reagieren wird? Dies kann man tatsächlich. Der Rückseitenangriff bei der S_N2-Reaktion ist aus **sterischen Gründen** sehr schwierig, da sich das angreifende Nucleophil durch die drei nach hinten zeigenden Reste, die noch am elektrophilen C-Atom gebunden sind, hindurchzwängen muss. S_N2-Reaktionen finden daher nur bei Substraten statt, bei denen wenigstens einer dieser Reste ein kleines H-Atom und kein voluminöser Alkylrest ist. Sie sind daher auf Methylverbindungen (CH_3X) sowie primäre (RCH_2X) und sekundäre Substrate (R_2CHX) beschränkt. Tertiäre Substrate (R_3CX) reagieren nicht in einer S_N2-Reaktion.

	S_N1-Reaktion	S_N2-Reaktion
Reaktionsverlauf	mehrstufig	einstufig
langsamster Schritt	monomolekular	bimolekular
zeitliche Abfolge der Bindungsänderungen	erst Bindungsbruch, dann Bindungsneubildung	Bindungsbruch und Bindungsneubildung gleichzeitig
Zwischenstufe	Carbeniumion	keine
Kinetik	1. Ordnung $v = k \cdot [RX]$	2. Ordnung $v = k \cdot [RX] \cdot [Nu^-]$
Stereochemie	Racemisierung	Inversion der Konfiguration
entscheidender Faktor	Stabilität des Carbeniumions	Sterische Zugänglichkeit des angegriffenen elektrophilen C-Atoms
Substrate	tertiär und sekundär	Methyl-, primär und sekundär

Tabelle 10.5: Vergleich zwischen S_N1- und S_N2-Reaktion

10 Grundtypen organisch-chemischer Reaktionen

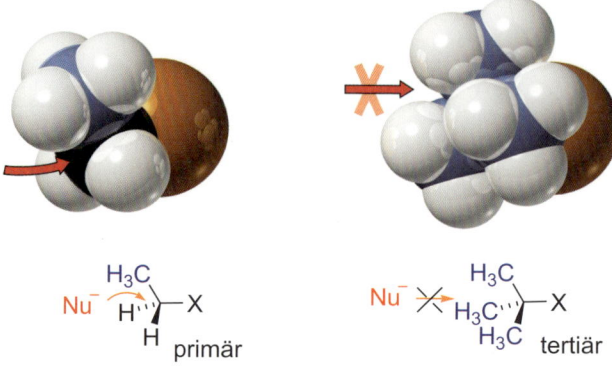

Aus: Prentice-Hall, Inc. (1995–2002)

Bei einer S_N1-Reaktion ist die **Stabilität des Carbeniumions** ausschlaggebend. Diese ist umso größer, je höher substituiert das positiv geladene C-Atom ist. Es treten daher bei chemischen Reaktionen fast ausschließlich tertiäre (R_3C^+) und sekundäre Carbeniumionen (R_2HC^+) auf. Primäre Carbeniumionen (RH_2C^+) oder ein Methylkation (CH_3^+) sind hingegen viel zu instabil, als dass sie bei einer S_N1-Reaktion entstehen könnten. S_N1-Reaktionen finden daher nur bei tertiären und sekundären Substraten statt.

EXKURS

Senfgas

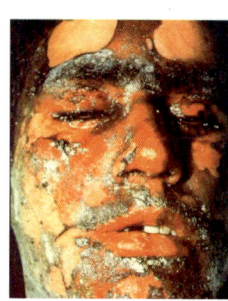

Senfgasopfer aus dem Iran-Irak-Krieg
© biologie.de/biowiki: Senfgas, Schweizer Armee, AC-Schutzzentrum Spiez, Autor: Anonymous

Im Fallbeispiel haben wir gesehen, dass Senfgas besonders schnell mit körpereigenen Nucleophilen reagiert. Wieso ist das so? Auch das Schwefelatom im Senfgas ist ein sehr gutes Nucleophil. Somit sind Nucleophil (S-Atom) und Elektrophil (C-Atom, an dem das Chlor sitzt) im *gleichen Molekül* und damit in unmittelbarer Nachbarschaft vorhanden. Es kann daher eine **intramolekulare** (= innerhalb eines Moleküls) Reaktion stattfinden. Intramolekulare Reaktionen sind meistens sehr viel schneller als **intermolekulare** (= zwischen zwei Molekülen), vor allem wenn – wie beim Senfgas – Dreiringe gebildet werden. Denn beim Angriff eines externen Nucleophils müssen sich zwei Teilchen einander annähern (bimolekulare Reaktion), was ungünstiger ist (▶ Kapitel 5.5) als eine intramolekulare Reaktion, an der nur ein Teilchen beteiligt ist (monomolekulare Reaktion). Bei der Hydrolyse des Senfgases bildet sich durch die intramolekulare Substitutionsreaktion zuerst ein positiv geladener schwefelhaltiger Dreiring (Thiiran, Episulfid). Dieser ist aufgrund seiner Ringspannung (▶ Kapitel 9.11) und seiner positiven Ladung reaktiver als die Ausgangsverbindung und reagiert daher in einer zweiten nucleophilen Substitution (S_N2) schnell mit einem externen Nucleophil, zum Beispiel Wasser. Es entstehen der Alkohol und HCl, welches Lunge, Haut und Augen verätzt. Dies sind die gleichen Produkte, die auch beim direkten Angriff von Wasser auf Senfgas entstehen. Aber durch die vorgeschaltete intramolekulare Substitution ist die Reaktion insgesamt sehr viel schneller – auch wenn sie in zwei statt in einem Schritt abläuft (sogenannter Nachbargruppeneffekt). Der aktivierte Dreiring reagiert auch mit körpereigenen Nucleophilen (zum Beispiel DNA-Basen), was zu den im Fallbeispiel beschriebenen Schäden führt.

10.5 Die nucleophile Substitutionsreaktion

AUS DER MEDIZINISCHEN PRAXIS

Arzneistoffe mit alkylierender Wirkung

Die leichte Ringöffnung von Dreiringen durch Nucleophile liegt auch der cytostatischen Wirkung einiger ausgehend von S-Lost entwickelter **Cytostatika** zugrunde (zum Beispiel Chlorambucil, Leukeran®). Diese sind ähnlich aufgebaut wie S-Lost, besitzen aber ein N- anstelle eines S-Atoms (man nennt sie daher N-Lost-Derivate). Die Cytostatika reagieren zuerst in einer intramolekularen Substitutionsreaktion zu einem positiv geladenen stickstoffhaltigen Dreiring (Aziridin), welcher dann durch ein nucleophiles N-Atom einer DNA-Base geöffnet wird. Die N-Lost-Derivate führen so, ähnlich wie Busulfan, zur Quervernetzung der DNA und hemmen dadurch das Wachstum maligner Zellen, aber leider auch gesunder Zellen, was zu den Nebenwirkungen einer Chemotherapie führt.

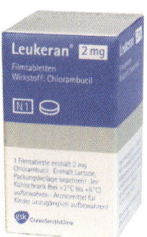

Chlorambucil
© GlaxoSmithKline GmbH & Co. KG, München

Es gibt auch Cytostatika, die direkt einen oder mehrer Aziridin-Ringe enthalten und ebenfalls zur Quervernetzung der DNA führen. Dazu gehören Mitomycin (Amétycine®) und Thiotepa (Thiotepa Lederle®).

Nicht nur bei diesen Cytostatika aus der Gruppe der sogenannten **Alkylanzien**, sondern auch bei einem Antibiotikum, dem Fosfomycin, beruht die Wirkung auf einer nucleophilen Ringöffnung. Fosfomycin enthält den sauerstoffanalogen Dreiring (Epoxid, Oxiran), der wie das Aziridin oder Thiiran aufgrund seiner Ringspannung (▶ Kapitel 9.11) leicht mit Nucleophilen reagiert. Fosfomycin ((1R,2S)-1,2-Epoxypropylphosphonsäure, Infectofos®, Monuril®) reagiert aber nicht unselektiv mit beliebigen körpereigenen Nucleophilen, sondern hemmt gezielt die Zellwand-Biosynthese von Bakterien. Es alkyliert eine Thiolgruppe im aktiven Zentrum eines daran beteiligten bakteriellen Enzyms (MurA), das Fosfomycin mit seinem natürlichen Substrat, dem Phosphoenolpyruvat (PEP, ▶ Kapitel 11.9), verwechselt. Für

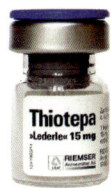

Thiotepa – Cytostatikum
© RIEMSER Arzneimittel AG, Greifswald – Insel Riems

den Menschen ist Fosfomycin im Gegensatz zu Thiotepa oder den N-Lost-Derivaten relativ untoxisch, da dieses Enzym im Menschen nicht vorkommt.

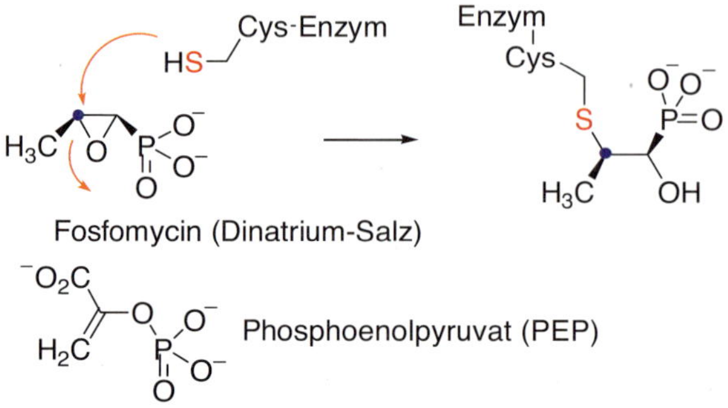

Fosfomycin (Dinatrium-Salz)

Phosphoenolpyruvat (PEP)

10.6 Die Eliminierung

Bei nucleophilen Substitutionsreaktionen entsteht in den meisten Fällen nicht ausschließlich das gewünschte Substitutionsprodukt. Je nach Reaktionsbedingungen findet man auch mehr oder weniger große Mengen an **Alkenen** als Nebenprodukte. So entstehen bei der Umsetzung von 2-Brompropan (Isopropylbromid) mit Natronlauge (also OH$^-$-Ionen) nur etwa 40 Prozent 2-Propanol (Isopropylalkohol), aber dafür etwa 60 Prozent Propen. Die Bildung von Propen ist das Ergebnis einer **Eliminierung** von HBr.

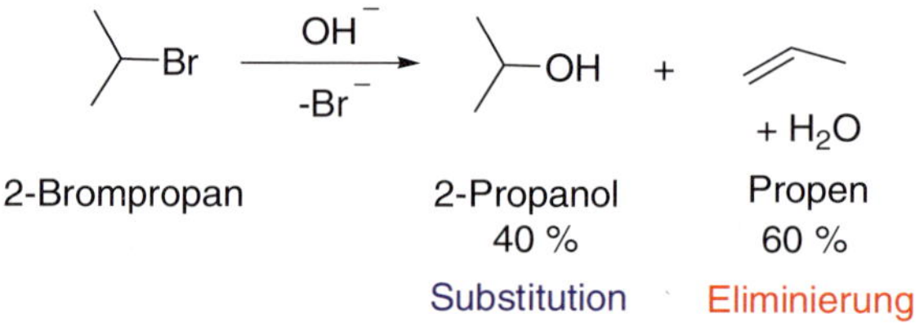

2-Brompropan → 2-Propanol (40 %) Substitution + Propen (60 %) + H$_2$O Eliminierung

Allgemein werden bei einer Eliminierung aus einem Molekül zwei Atome oder Atomgruppen X und Y abgespalten. In den allermeisten Fällen befinden sich diese beiden abzuspaltenden Gruppen an benachbarten C-Atomen im Edukt (sogenannte β-Eliminierung oder 1,2-Eliminierung). Dann führt die Eliminierung zur Ausbildung einer Doppelbindung, aus einem gesättigten Alkanderivat entsteht ein Alken.

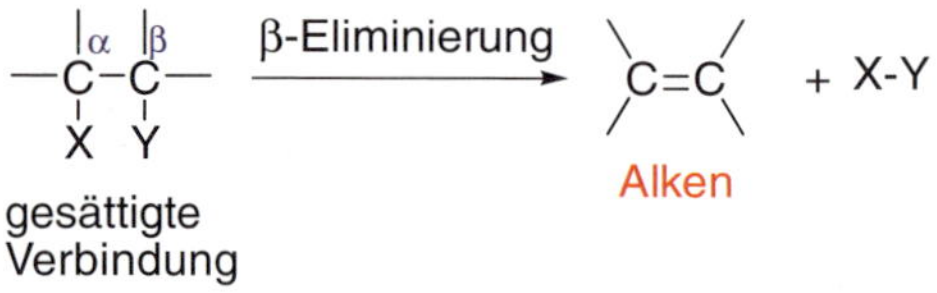

gesättigte Verbindung → β-Eliminierung → Alken + X-Y

Bei einer Eliminierung können unterschiedliche Atome oder Atomgruppen X und Y abgespalten werden. Wir wollen uns auf den häufigsten Fall beschränken: die Eliminierung von Halogenwasserstoff HX oder Wasser

H$_2$O. Substrate sind dabei genau wie bei der S$_N$-Reaktion Alkylhalogenide RX (X = Cl, Br, I) oder zum Beispiel ein protonierter Alkohol ROH$_2^+$.

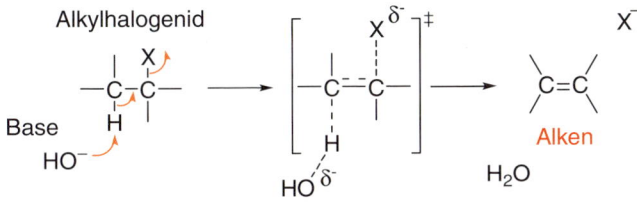

Analog wie bei der nucleophilen Substitution gibt es auch bei der Eliminierung mehrere mechanistische Alternativen, also unterschiedliche Reaktionswege, auf denen die Reaktion stattfinden kann. Diese unterscheiden sich wiederum in der zeitlichen Abfolge, in der die beiden Bindungen C–X und C–Y im Verlauf der Reaktion gebrochen werden.

10.6.1 Die E2-Eliminierung

Bei der **E2-Reaktion** werden beide Bindungen gleichzeitig gebrochen. Es handelt sich um eine konzertierte, einstufige Reaktion (▶ Abbildung 10.11). Der Elementarschritt ist bimolekular, die Reaktion folgt somit einer Kinetik 2. Ordnung.

$v = k \cdot [RX] \cdot [Base]$

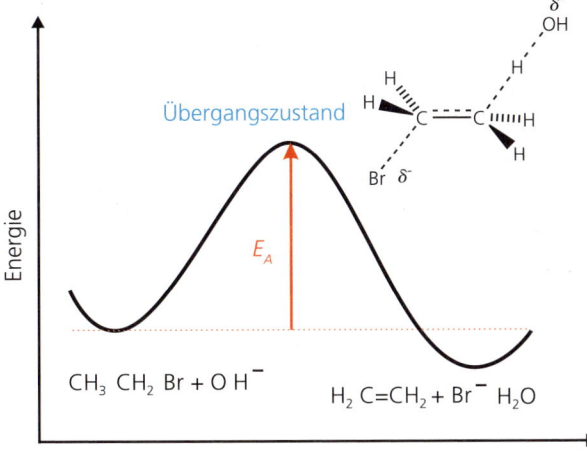

Abbildung 10.11: Energiediagramm der E2-Reaktion. Bei der Umsetzung von Ethylbromid mit Natronlauge entsteht in einem Reaktionsschritt in einer Eliminierung Ethen.

Die E2-Reaktion ähnelt daher der S_N2-Reaktion. Jedoch greift nicht ein Nucleophil das positiv polarisierte C-Atom der C–X-Bindung an, sondern eine Base spaltet ein H-Atom vom benachbarten C-Atom ab. Da jedes Nucleophil auch immer eine Base ist (und meistens auch umgekehrt), ist es auch nicht verwunderlich, dass die E2-Reaktion häufig als **Konkurrenzreaktion** zur S_N2-Reaktion auftritt.

OH⁻ reagiert als Base ⟹ Eliminierung

OH⁻ reagiert als Nucleophil ⟹ Substitution

Wenn mehrere H-Atome β-ständig zu einer Austrittsgruppe X vorhanden sind, wird häufig eines der möglichen Eliminierungsprodukte bevorzugt – manchmal sogar ausschließlich – gebildet. So können bei der Eliminierung von HBr aus 2-Brompentan insgesamt drei verschiedene Alkene als Produkte gebildet werden. Greift die Base ein H-Atom an C^1 an, entsteht 1-Penten, beim Angriff eines H-Atoms an C^3 hingegen 2-Penten, entweder als *Z*- oder als *E*-Diastereomer (in der älteren Bezeichnung *cis* oder *trans*, ▶ Kapitel 9.8). Das Hauptprodukt ist das *E*-2-Penten.

Offensichtlich werden einige Protonen einfacher eliminiert als andere, in diesem Fall die an C^3 leichter als die an C^1. Häufig findet man, dass bei Eliminierungen aus **acyclischen** Substraten das höher substituierte Alken, in unserem Beispiel 2-Penten, bevorzugt gebildet wird (**Saytzeff-Regel**). Dies hängt mit der thermodynamischen Stabilität der Alkene zusammen, die umso größer ist, je höher substituiert die Doppelbindung ist, also je mehr Alkylreste an den sp²-hybridisierten C-Atomen gebunden sind. Die Gründe sind die gleichen, die wir im Zusammenhang mit der Stabilität von Carbeniumionen besprochen haben (▶ Kapitel 10.5). Da die Doppelbindung auch im Übergangszustand schon teilweise ausgebildet ist, wird dieser auch durch die Alkylreste etwas stabilisiert. Die thermodynamische Stabilität des Produktes beeinflusst in diesem Fall also auch den Übergangszustand der Reaktion und damit die Kinetik. Die Reaktion zum stabileren Produkt (Thermodynamik) verläuft daher in diesem Fall auch schneller (Kinetik).

> ### DEFINITION
>
> **Nucleophilie und Basizität**
>
> Die **Basizität** bezeichnet die Fähigkeit eines Teilchens, ein Proton von einer Säure aufzunehmen. Es handelt sich um eine thermodynamische Größe: Je stärker eine Base, desto mehr liegt das Gleichgewicht für die Protonenübertragung auf der Produktseite (▶ Kapitel 6.3).

> Die **Nucleophilie** bezeichnet die Fähigkeit eines Teilchens, ein positiv polarisiertes Atom (in der Regel ein C-Atom) anzugreifen. Es handelt sich um eine kinetische Größe: Je besser ein Nucleophil, desto schneller verläuft die Reaktion.
>
> In beiden Fällen muss ein freies Elektronenpaar vorhanden sein (= Lewis-Base). Fast jede Base ist daher auch ein Nucleophil und umgekehrt. Aus der Stärke einer Base lässt sich aber nicht unmittelbar auf die Nucleophilie des Teilchens schließen. Basen mit großen, sterisch sehr anspruchsvollen Resten, wie Kalium-*tert*-butylat oder LDA, sind sehr starke Basen, aber schlechte Nucleophile. Sie sind für den bei einer S_N2-Reaktion notwendigen Rückseitenangriff zu groß.

Kalium-*tert*-Butylat

Lithium-diisopropylamid, LDA

Aber warum entsteht mehr *E*-2-Penten (*trans*) als *Z*-2-Penten (*cis*)? Um dies zu erklären, muss man sich genauer mit dem stereochemischen Verlauf der E2-Reaktion beschäftigen. Ähnlich, wie das Nucleophil bei der S_N2-Reaktion von der Rückseite angreifen muss, kann auch die E2- Reaktion nur aus einer ganz bestimmten räumlichen Anordnung der reagierenden Moleküle heraus erfolgen: Die beiden Austrittsgruppen H und X müssen in der gleichen Ebene liegen, da nur dann die sich bildenden p-Orbitale der benachbarten C-Atome ideal angeordnet sind, um die π-Bindung auszubilden (▶ Kapitel 9.3). Bei jeder anderen nicht planaren Anordnung entstehen p-Orbitale, die gegeneinander verdreht sind, also keine π-Bindung bilden können. Die beiden Austrittsgruppen müssen daher in einem Winkel von 180° (anti-periplanar) oder von 0° (synperiplanar) zueinander stehen. Die anti-periplanare Anordnung liegt in einer gestaffelten Konformation vor, die syn-periplanare in einer eklipstischen, die aber instabil ist. E2-Eliminierungen erfolgen daher aus einer **anti-periplanaren Anordnung**.

180° anti-periplanar —HX→ Alken

60° nicht anti-periplanar —HX→ verdreht keine π-Bindung

Schauen wir uns noch mal das 2-Brompentan an. Am höher substituierten C^3 befinden sich zwei H-Atome, die eliminiert werden können. Da um eine C–C-Einfachbindung frei gedreht werden kann (▶ Kapitel 9.3.1), können beide jeweils in eine anti-periplanare Anordnung zum Br-Atom gebracht werden. Dabei stehen sich einmal die beiden Alkylreste an C^2 und C^3 genau gegenüber. Die Eliminierung dieses Protons führt zum *E*-Alken. In der anderen Konformation befinden sich die beiden Alkylreste auf der gleichen Seite und kommen sich räumlich so nahe, dass es zu ungünstigen sterischen Wechselwirkungen zwischen ihnen kommt. Die Eliminierung des anderen Protons, die zum *Z*-Alken führt, ist daher ungünstiger. Es entsteht bevorzugt das *E*-Alken.

H-Atome, die keine anti-periplanare Anordnung zur Austrittsgruppe einnehmen können, können bei einer E2-Reaktion gar nicht eliminiert werden. Dies spielt vor allem bei Eliminierungen aus **cyclischen Verbindungen** eine wichtige Rolle. So wird bei der Reaktion von Menthylchlorid mit einer Base ausschließlich ein Proton aus der β-Position eliminiert, aber nicht aus der β'-Position, obwohl dabei das höher substituierte – und somit stabilere – Alken entstehen würde. Das β'-Proton steht cis zum Cl-Atom und damit nicht anti-periplanar. Es kann daher nicht eliminiert werden.

Man sollte sich deshalb nicht wundern, dass bei E2-Reaktionen nicht alle H-Atome in einem Molekül eliminiert werden können. Es entsteht häufig eines von mehreren konstitutions- oder stereoisomeren Produkten bevorzugt oder ausschließlich.

10.6.2 Die E1-Eliminierung

Dehydratisierung = Eliminierung von Wasser

Auch unter nichtbasischen Bedingungen finden Eliminierungen statt. So werden tertiäre Alkohole, wie zum Beispiel 2-Methyl-2-propanol (*tert*-Butanol), durch verdünnte wässrige Säuren sehr leicht zu den entsprechenden Alkenen dehydratisiert.

Da in wässriger Schwefelsäure keine starke Base vorhanden ist, kann keine E2-Eliminierung stattgefunden haben. Was ist stattdessen passiert? Im ersten Schritt protoniert die starke Säure Schwefelsäure die OH-Gruppe des Alkohols. Aus dem protonierten Alkohol R-OH$_2^+$ kann dann leicht heterolytisch Wasser (gute Abgangsgruppe) abgespalten werden, es entsteht wiederum das *tert*-Butylkation, das wir bereits bei der S_N1-Reaktion kennengelernt hatten (▶ Kapitel 10.5.2). Bis hierhin entspricht die Reaktion somit einer S_N1-Reaktion. An dieses Carbeniumion kann sich Wasser, das stärkste Nucleophil in der Lösung, anlagern. Dabei wird aber nur wieder *tert*-Butanol zurückgebildet, das heißt, die Bildung des Kations ist reversibel. Alternativ kann das Carbeniumion auch ein Proton aus der β-Position an eine Base B, zum Beispiel Wasser, abgeben, wobei Isobuten entsteht.

Geschwindigkeitsbestimmend ist, wie bei der S_N1-Reaktion, die Bildung des Carbeniumions, das in einer monomolekularen Reaktion durch den Zerfall von R-OH$_2^+$ entsteht (▶ Abbildung 10.12). Man nennt diese Eliminierung daher eine **E1-Reaktion** (= monomolekulare Eliminierung). Sie folgt einer Kinetik 1. Ordnung. Da sie die gleiche Zwischenstufe durchläuft wie die S_N1-Reaktion, sind beides Konkurrenzreaktionen, ähnlich wie E2- und S_N2-Reaktionen. Ob eine Substitution oder eine Eliminierung stattfindet, hängt unter anderem von der relativen Basenstärke bzw. Nucleophilie der vorhandenen Teilchen ab. Je stärker die Base, desto mehr Eliminierung findet man. Auch die Temperatur hat einen Einfluss, bei höherer Temperatur beobachtet man mehr Eliminierung als bei niedrigerer.

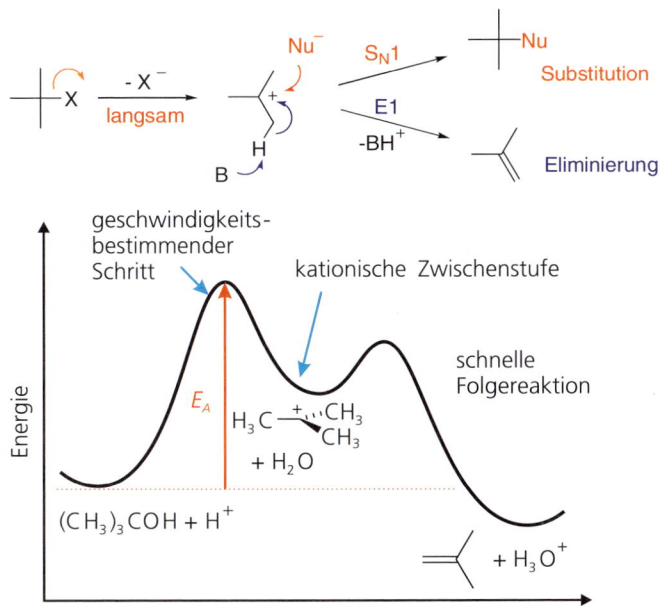

Abbildung 10.12: Energiediagramm der E1-Reaktion. Bei der Hydrolyse von *tert*-Butylchlorid entsteht Isobuten. Geschwindigkeitsbestimmend ist die Bildung des *tert*-Butylkations im ersten Reaktionsschritt.

10.6.3 Vergleich zwischen E1- und E2-Reaktion

E1-Reaktionen können nur dann stattfinden, wenn sich ein stabiles Carbeniumion bilden kann. Sie sind daher – wie die S_N1-Reaktionen – auf tertiäre und sekundäre Substrate beschränkt. Eine E2-Reaktion kann hingegen – im Gegensatz zu einer S_N2-Reaktion – bei jedem Substrat stattfinden, auch bei einem tertiären. Sie erfordert aber die Anwesenheit einer starken Base. Bei E1-Reaktionen setzt man dagegen meistens saure oder neutrale Reaktionsbedingungen und damit nur sehr schwache Basen ein (▶ Tabelle 10.6).

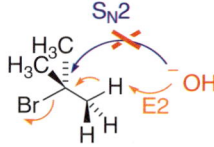

	E1-Reaktion	E2-Reaktion
Reaktionsverlauf	mehrstufig	einstufig
langsamster Schritt	monomolekular	bimolekular
Zwischenstufe	Carbeniumion	keine
zeitliche Abfolge der beiden Bindungsbrüche	nacheinander, erst C–X, dann C–H	gleichzeitig
Kinetik	1. Ordnung $v = k \cdot [RX]$	2. Ordnung $v = k \cdot [RX] \cdot [B^-]$
Reaktionsbedingungen	häufig unter sauren oder neutralen Bedingungen	starke Base notwendig
Einschränkungen	nur wenn stabiles Carbeniumion gebildet wird	anti-periplanare Anordnung von H und X notwendig
Substrate	tertiär und sekundär	Methyl-, primär, sekundär und tertiär (also alle)

Tabelle 10.6: Vergleich zwischen E1- und E2-Reaktion

■ **AUS DER MEDIZINISCHEN PRAXIS** Eliminierung *in vivo*

In der Glycolyse erfolgt der Abbau von Glucose (einem C6-Baustein) zu zwei Molekülen Pyruvat (einem C3-Baustein), dem Salz der Brenztraubensäure. Ein Schritt in diesem Abbauweg ist die Umwandlung von 2-Phosphoglycerat (2-PG) zu Phosphoenolypyruvat (PEP, ▶ Kapitel 11.9). Dabei wird aus einem Alkohol (2-PG) Wasser abgespalten und eine C=C-Doppelbindung gebildet (PEP). Es handelt sich also um eine Eliminierung. Da diese Reaktion durch ein Enzym, die Enolase, katalysiert wird, verläuft sie aber nach einem komplexeren Mechanismus als die bisher besprochenen E1- oder E2-Reaktionen.

Erhöhte Blutkonzentrationen der neuronenspezifischen Enolase (NSE), die in den Nervenzellen des Gehirns und des peripheren Nervensystems vorkommt, können auf eine Tumorerkrankung hindeuten. Die NSE-Konzentration im Blut dient daher als Tumormarker zur Diagnose und Verlaufskontrolle bei Neuroblastomen (= maligne Erkrankung des sympathischen Nervensystems).

10.7 Die Addition

Lässt man braun gefärbtes Bromwasser (Brom gelöst in Wasser) mit einem Alken reagieren, so entfärbt sich die Lösung. Analysiert man die Produkte, so stellt man fest, dass das Alken mit Brom zu einem Dibromalkan reagiert hat. Es hat also eine Addition des Broms an die π-Bindung des Alkens stattgefunden. Diese Reaktion verläuft so schnell, dass sie zum qualitativen Nachweis von Doppelbindungen verwendet werden kann. Jedes Alken entfärbt rotbraunes Bromwasser innerhalb kurzer Zeit, da die entstehenden Dibromalkane farblos sind. Diese Addition stellt die Umkehrreaktion zu der gerade diskutierten Eliminierungsreaktion dar. Allerdings werden für beide Reaktionen in der Regel unterschiedliche Reaktionsbedingungen benötigt.

Reaktion von Ethen mit Br_2
© Thomas Seilnacht, Bern, Schweiz, www.seilnacht.com

Bei einer Addition müssen die π-Bindung der C=C-Doppelbindung und die X–Y-Einfachbindung gebrochen werden. Dafür entstehen zwei neue σ-Bindungen (C–X und C–Y). Da in der Regel die π-Bindung einer C=C-Doppelbindung schwächer ist als eine C–X-Einfachbindung, wird bei einer Addition meistens Energie frei. So ist zum Beispiel die Addition von Wasserstoff H_2 an Ethen mit $\Delta_R H° = -137$ kJ/mol exotherm.

Wir wollen uns auf drei verschiedene Typen von Additionsreaktionen beschränken.

- Addition von H_2 in Gegenwart eines Katalysators (Hydrierung)
- Elektrophile Addition von Halogenwasserstoffen HX oder H_2O
- Elektrophile Addition von Halogenen X_2 (X = Cl, Br)

10.7.1 Katalytische Hydrierung

Obwohl die H_2-Addition an eine C=C-Doppelbindung ein exergoner Vorgang ist, findet die Reaktion bei Raumtemperatur nur extrem langsam statt. Man kann eine Mischung von Ethen und H_2 beliebig lange aufbewahren, ohne dass nennenswerte Mengen Ethan entstehen. Erst nach

Hydrierung = Addition von H_2

Zugabe eines Katalysators, meistens fein verteilte Edelmetallpulver wie Nickel, Platin oder Palladium, läuft die Reaktion ab. Es handelt sich um ein Beispiel für eine **heterogene Katalyse** (▶ Kapitel 10.4).

$$H_2C=CH_2 + H-H \xrightarrow{\text{Katalysator}} H_3C-CH_3$$

Der erste Schritt der Reaktion ist die Adsorption von H2 auf der Oberfläche des Metalls (▶ Kapitel 4.4). Die Metallatome auf der Oberfläche des Katalysators sind sehr reaktiv, da sie eine andere Bindungsumgebung aufweisen als die Atome im Inneren des Metalls. Sie sind nicht von allen Seiten von Bindungspartnern umgeben. Daher haben sie die Möglichkeit, zusätzlich noch andere Moleküle aus der umgebenden Gasphase oder Flüssigkeit zu binden. Die Wechselwirkung der adsorbierten Moleküle mit der Metalloberfläche kann so stark sein, dass dabei chemische Bindungen gebrochen werden. So bricht bei der Adsorption von H_2 die H–H-Bindung auf und man erhält zwei H-Atome, die an die Metalloberfläche gebunden sind. Diese sind wesentlich reaktiver als H_2-Moleküle in der Gasphase. Auf der Oberfläche sind die H-Atome frei beweglich und können hin und her wandern, bis sie auf ein adsorbiertes Alken treffen. Dann addiert sich ein H-Atom an die π-Bindung, es bildet sich ein Alkylradikal. Trifft ein zweites H-Atom auf ein adsorbiertes Alkylradikal, so entsteht ein Alkan, das nicht mehr gut auf der Metalloberfläche gebunden wird und sich daher ablöst. Die Wirkungsweise des Katalysators besteht also im Wesentlichen darin, die Aktivierungsenergie für das Brechen der H–H-Bindung zu verringern, da durch die gleichzeitige Adsorption der sich bildenden H-Atome auf der Metalloberfläche Energie frei wird. Die Aktivierungsenergie ist kleiner, die Reaktionsgeschwindigkeit ist größer. Da beide H-Atome von der Metalloberfläche auf die gleiche Seite der Doppelbindung übertragen werden, findet eine sogenannte syn-Addition statt. Als Folge wird bei der Hydrierung von 1,2-Dimethylcyclohexen ausschließlich *cis*-Dimethylcyclohexan gebildet (eine *meso*-Form, ▶ Kapitel 9.10). Das *trans*-Diastereomer entsteht nicht.

syn-Addition

10.7.2 Elektrophile Addition von HX und H₂O

Da viele Alkene aus Erdgas oder Erdöl gewonnen werden können, ist die elektrophile Addition von Halogenwasserstoffen HX oder Wasser H$_2$O eine wichtige Möglichkeit, Alkylhalogenide und Alkohole herzustellen, wertvolle Ausgangsstoffe für die chemische Synthese. So bildet sich bei der Umsetzung von Isobuten mit wässriger Salzsäure (HCl) *tert*-Butylchlorid.

Elektrophile Addition

Diese Addition verläuft aber ganz anders als die katalytische Hydrierung eines Alkens. Wir wissen bereits, dass HCl als starke Säure in Wasser in H$_3$O$^+$-Ionen und hydratisierte Cl$^-$-Ionen dissoziiert (▶ Kapitel 6). Die Reaktion muss also über die Addition dieser beiden Teilchen an die Doppelbindung erfolgen. Da die π-Bindung eines Alkens elektronenreich ist (Nucleophil), ist der erste Schritt die Addition des Elektrophils (des Protons). Es entsteht ein positiv geladenes Carbeniumion, das als Elektrophil mit dem Chloridion, einem Nucleophil, reagiert. Es bildet sich das Additionsprodukt.

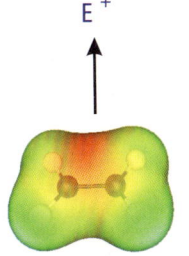

Angriff eines Elektrophils an die π-Bindung von Ethen

Achtung: Der Einfachheit halber werden wir Reaktionsmechanismen meistens mit H$^+$ formulieren, obwohl wir wissen, dass diese nicht in freier Form, sondern immer nur an eine Base (zum Beispiel Wasser) gebunden vorkommen (▶ Kapitel 6.2).

Die Bildung des Kations ist langsam, der erste Schritt ist also geschwindigkeitsbestimmend (▶ Abbildung 10.13). Die nachfolgende Reaktion des Kations mit dem Nucleophil zum Additionsprodukt verläuft schnell. Die elektrophile Addition (A$_E$) ist die Umkehrung der E1-Reaktion. Der zweite Reaktionsschritt entspricht außerdem dem abschließenden Schritt der S$_N$1-Reaktion. Nur die Bildung des Kations erfolgt anders. Alle drei Reaktionen, S$_N$1, E1 und A$_E$ sind somit mechanistisch nahe verwandt. Welcher Reaktionspfad dann tatsächlich beschritten wird, hängt von den vorherrschenden Reaktionsbedingungen ab.

10 Grundtypen organisch-chemischer Reaktionen

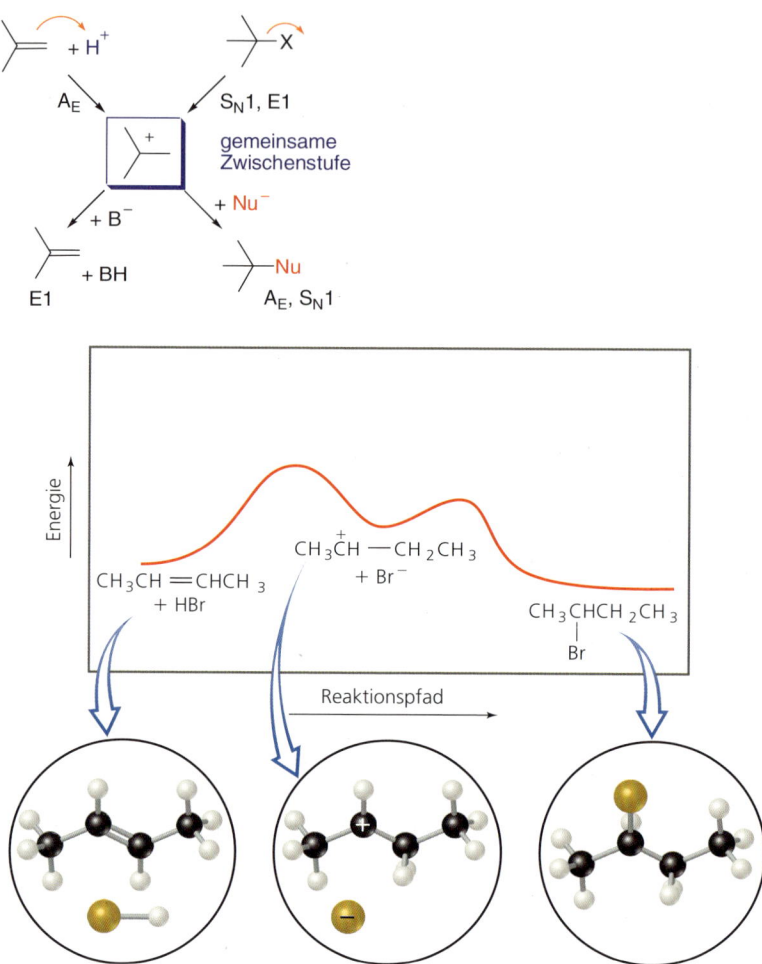

Abbildung 10.13: Energiediagramm der elektrophilen Addition. Im ersten, langsamen Schritt addiert sich ein Proton an die Doppelbindung, es entsteht eine kationische Zwischenstufe. Diese reagiert danach schnell mit einem Nucleophil und bildet das Produkt.
Aus: Brown, T. L., LeMay, H. E. & Bursten, E. B. (2007)

Bei der elektrophilen Addition erfolgt die Anlagerung des Protons an die Doppelbindung bevorzugt so, dass das stabilere der beiden Kationen entsteht. Beim Isobuten addiert sich das Proton daher an C^1 und nicht an C^2, da so ein stabileres tertiäres Kation im Vergleich zu einem weniger stabilen primären Kation entsteht. Bei einem Alken mit jeweils gleicher Anzahl an Alkylgruppen an beiden Seiten der Doppelbindung addiert sich das Proton an beide sp²-C-Atome mit gleicher Wahrscheinlichkeit.

primäres Carbokation
weniger stabil

tertiäres Carbokation
stabiler

Betrachten wir die **Addition von Wasser** an Isobuten (= Hydratisierung). Nur mit Wasser alleine findet allerdings keine Reaktion statt, da in reinem Wasser kein geeignetes Elektrophil vorliegt. Erst bei Zugabe einer kleinen Menge einer starken Säure bildet sich in einer schnellen Addition *tert*-Butanol. Das Proton der Säure reagiert wie zuvor beschrieben mit der π-Bindung, es entsteht das *tert*-Butylkation. Bei der Reaktion mit dem Nucleophil Wasser entsteht ein protonierter Alkohol ROH_2^+, von dem abschließend wieder ein Proton abgespalten wird. Das Proton wird bei der Reaktion insgesamt nicht verbraucht, die Wasseraddition ist also **säurekatalysiert**.

Wenn man nicht den genauen Mechanismus, sondern nur die Gesamtreaktion angeben will, kann man die Protonen auch mit auf den Reaktionspfeil schreiben.

DEFINITION

Ähnliche Begriffe – andere Bedeutungen

Eine **Hydrolyse** ist die Spaltung einer Verbindung durch Wasser (zum Beispiel bei einer S_N-Reaktion oder bei Carbonsäurederivaten; ▶ Kapitel 11.7).

Eine **Hydratisierung** ist die Addition von Wasser an eine Doppel- oder Dreifachbindung (erfordert eine Katalyse durch eine Säure oder ein Enzym). Die umgekehrte Reaktion ist eine **Dehydratisierung**, also die Abspaltung von Wasser bei einer Eliminierung (zum Beispiel säurekatalysiert bei einer E1-Reaktion).

Eine **Hydrierung** ist die Addition von H_2 an eine Doppel- oder Dreifachbindung (meistens heterogen katalysiert durch Edelmetalle wie Ni, Pt oder Pd). Die umgekehrte Reaktion, die Eliminierung von H_2, ist eine **Dehydrierung** (nicht zu verwechseln mit dem medizinischen Begriff Dehydrierung, der einen Flüssigkeitsverlust im Körper beschreibt).

Hydrogenolysen sind Hydrierungsreaktionen, bei denen Bindungen durch Addition von H_2 gelöst werden, entweder C–C-Bindungen oder Bindungen zwischen Kohlenstoff und einem Heteroatom:

Diese C-N-Bindung wird durch Addition von H_2 gelöst!

AUS DER MEDIZINISCHEN PRAXIS

Wasseraddition an *cis*-Aconitat und Fumarat

Die Addition von Wasser an eine Doppelbindung (Hydratisierung) findet im Körper zum Beispiel an zwei verschiedenen Stellen im Citratcyclus (Krebs-Cyclus, Tricarbonsäure-Cyclus) statt. In diesem Cyclus wird letztendlich der Essigsäure-Baustein aus Acetyl-Coenzym A (▶ Kapitel 11.8) zu zwei Molekülen CO_2 oxidiert. Citrat wird durch das Enzym Aconitase zuerst zu *cis*-Aconitat dehydratisiert (Eliminierung) und dann durch Addition von Wasser in Isocitrat umgewandelt. In einem weiteren Schritt des Cyclus wird Fumarat durch Addition von Wasser zu Malat (Salz der Äpfelsäure) umgesetzt. Diese Reaktion wird durch das Enzym Fumarase katalysiert. Diese enzymkatalysierten *in vivo*-Reaktionen sind stereoselektiv, das heißt, es entsteht immer nur eines von mehreren möglichen stereoisomeren Produkten: aus Citrat ausschließlich *cis*-Aconitat, daraus das (2*R*,3*S*)-Isocitrat und aus Fumarat nur (*S*)-Malat.

10.7.3 Elektrophile Addition von Halogenen X_2

Auch die Halogene Chlor und Brom addieren sich, wie wir am Anfang des Kapitels gesehen haben, an eine C=C-Doppelbindung. Es entstehen Dihalogenalkane.

X = Cl, Br

Auf den ersten Blick weist diese Reaktion wenig Ähnlichkeit zu den zuvor besprochenen HX-Additionen auf. Der Reaktionspartner Br_2 ist ein unpolares Molekül. Welches Teilchen ist bei dieser Reaktion das Elektrophil? Im ersten Schritt nähert sich das Brommolekül der π-Bindung, dabei schiebt die hohe Elektronendichte der π-Bindung die Elektronen der Br–Br-Bindung von sich weg (**Polarisierung**). Dies entspricht der Bildung induzierter Dipole, die wir bei der Besprechung der Van-der-Waals-Wechselwirkungen kennengelernt hatten (▶ Kapitel 3.2.3). Das Br-Atom in der Nähe der π-Bindung erhält eine partiell positive Ladung, es wird elektrophil. Das andere Br-Atom erhält eine partiell negative Ladung.

10.8 Die Addition

Das polarisierte Br$_2$ nähert sich weiter an die Doppelbindung an, bis es zu einer Heterolyse der Br–Br-Bindung kommt und ein Br$^+$ auf das Alken übertragen wird. Dabei bildet sich wiederum eine kationische Zwischenstufe, diesmal ein **cyclisches Bromoniumion**.

Polarisierung von Br$_2$ durch die π-Bindung

Bromoniumion

Das Bromoniumion sieht auf den ersten Blick etwas ungewöhnlich aus, da es eine positive Ladung an einem elektronegativen Bromatom trägt. Wieso entsteht nicht wie bei der H$^+$-Addition ein Carbeniumion mit einem positiv geladenen C-Atom? Das Bromoniumion bildet sich, weil dadurch alle Atome (auch das formal positiv geladene Br-Atom) acht Valenzelektronen zur Verfügung haben. Das ist energetisch günstiger als ein Carbeniumion mit nur sechs Valenzelektronen am Kohlenstoff.

stabiler als

Bromoniumion

Im nächsten Reaktionsschritt wird das Bromoniumion (= Elektrophil) dann von Br$^-$ (= Nucleophil), das bei der Heterolyse des Br$_2$-Moleküls entstand, angegriffen. Dabei wird eine C–Br-Bindung im Bromoniumion gespalten und gleichzeitig eine Bindung zum angreifenden Br$^-$ ausgebildet. Dieser Schritt ist eine S$_N$2-Reaktion und muss daher von der Rückseite der sich öffnenden C–Br-Bindung erfolgen. Das Ergebnis der gesamten Reaktion ist eine *anti*-Addition von zwei Br-Atomen an die C=C-Doppelbindung. Die beiden Atome wurden auf verschiedene Seiten der planaren π-Bindung übertragen.

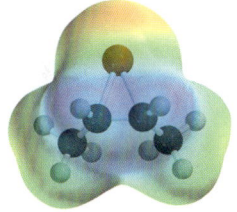

Bromoniumion

anti-Addition

Abgangsgruppe
Elektrophil
Nucleophil
anti

Man erkennt die *anti*-Stellung auch an der absoluten Konfiguration eventuell neu gebildeter Stereozentren (▶ Kapitel 9.9.4). Als Beispiel betrachten wir die Addition von Brom an Cycohexen. Es entsteht ausschließlich ein racemisches Gemisch von *trans*-1,2-Dibromcyclohexan. Das *cis*-Diastereomer, die *meso*-Form, wird nicht gebildet.

Ein racemisches Gemisch entsteht, weil der Angriff des Br⁻ auf beide C-Atome dieses Bromoniumions mit gleicher Wahrscheinlichkeit stattfindet. Dies ist ähnlich zur Racemisierung bei der S_N1-Reaktion.

10.8 Elektrophile Substitution am Aromaten

Es gibt eine weitere Klasse von organisch-chemischen Verbindungen, die aromatischen Kohlenwasserstoffe, die sich in ihrem Reaktionsverhalten von den bisher diskutierten gesättigten und ungesättigten Kohlenwasserstoffen unterscheiden. Der bekannteste Vertreter ist das **Benzen**, C_6H_6. Der im deutschsprachigen Raum ursprünglich verwendete Name von C_6H_6 war Benzol und dieser Name wird immer noch sehr häufig benützt. Dieser Name erinnert aber an einen Alkohol und spiegelt die Bindungssituation im C_6H_6 nicht wieder. Von daher soll laut IUPAC (▶ Kapitel 9.7) der Name Benzol durch die Bezeichnung Benzen ersetzt werden. In diesem Buch werden wir dieser Regel folgen. Wir möchten aber darauf hinweisen, dass man den Namen Benzol in vielen Bereichen findet. Benzen wurde 1825 erstmals von Faraday aus dem Londoner Stadtgas isoliert. Es dauerte allerdings noch Jahrzehnte, bis seine ungewöhnliche Struktur aufgeklärt wurde (1890 durch August Kekulé) und seine besonderen Eigenschaften verstanden werden konnten. Die Summenformel C_6H_6 des Benzens erinnert an ein Alkin (Ethin, der einfachste Vertreter, hat die Summenformel C_2H_2). Zeigt Benzen daher ebenfalls die typischen Additionsreaktionen der Alkene oder Alkine (▶ Kapitel 10.7)? Nein, denn während Alkene und Alkine mit Brom sehr schnell reagieren, ist eine Mischung aus Brom und Benzen (oder einem anderen aromatischen Kohlenwasserstoff) stabil, ohne dass eine Reaktion erfolgt.

10.10 Elektrophile Substitution am Aromaten

Benzen kann zwar mit Brom reagieren, dafür ist aber die Anwesenheit einer Lewis-Säure, wie zum Beispiel FeBr$_3$, als Katalysator notwendig. Dann findet jedoch keine Addition, sondern eine Substitution statt, bei der ein Wasserstoffatom am Benzen gegen ein Bromatom ausgetauscht wird. Es entstehen Brombenzen und HBr.

$$\text{C}_6\text{H}_6 + \text{Br}_2 \xrightarrow{\text{FeBr}_3\text{ (Katalysator)}} \text{C}_6\text{H}_5\text{Br} + \text{HBr} \quad \text{Substitution}$$

Die π-Bindungen im Benzen sind anscheinend wesentlich stabiler als die in einem Alken oder Alkin. Um dies zu verstehen, müssen wir uns etwas genauer mit der elektronischen Struktur des Benzens beschäftigen.

10.8.1 Bindungsverhältnisse im Benzen: delokalisierte Elektronen

Wir wissen aus Experimenten, dass die sechs C-Atome im Benzen (häufig auch Benzol genannt) alle in einer Ebene liegen und ein gleichmäßiges Sechseck bilden. Jedes C-Atom ist sp^2-hybridisiert und bildet σ-Bindungen zu den beiden im Sechsring benachbarten C-Atomen und dem nächsten H-Atom aus (▶ Abbildung 10.14). Diese Bindungen bilden das σ-Gerüst. Es verbleibt an jedem C-Atom noch ein p$_z$-Atomorbital. Diese sechs p-Orbitale stehen senkrecht zum σ-Gerüst.

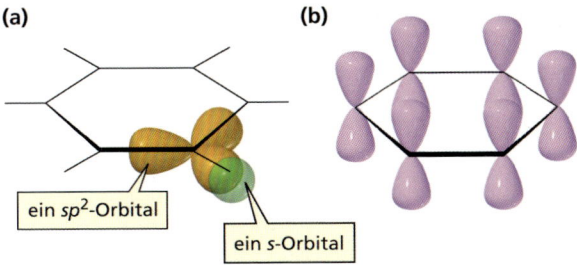

Abbildung 10.14: Schematische Darstellung der Bindungen im Benzen. Jedes C-Atom ist sp^2-hybridisiert (a). Die sp^2-Hybridorbitale bilden die σ-Bindungen zu den benachbarten C-Atomen und den H-Atomen aus. Die sechs verbleibenden p-Orbitale stehen senkrecht zum σ-Gerüst (b).
Nach: Bruice, P. Y. (2007)

Man könnte nun erwarten, dass genau wie im Ethen jeweils zwei der benachbarten p-Orbitale unter Bildung einer π-Bindung seitlich überlappen. Das würde zu einem Molekül mit drei C=C-Doppelbindungen und drei C–C-Einfachbindungen führen, so wie es auch die klassische Strukturformel des Benzens andeutet. Diese Beschreibung der Bindungen im Benzen kann aber nicht richtig sein, denn im Benzen sind alle C–C-Bindungen mit 139 pm exakt gleich lang, während die Doppel- (134 pm) und Einfachbindungen (154 pm) in Alkenen deutlich unterschiedliche Längen aufweisen.

10 Grundtypen organisch-chemischer Reaktionen

AROMAT
Benzen C_6H_6

Aus: Brown, T. L., LeMay, H. E. & Bursten, E. B. (2007)

Was ist das Besondere an Benzen? Einen ersten Hinweis erhalten wir, wenn wir uns überlegen, dass jedes C-Atom eine π-Bindung sowohl zum linken wie auch zum rechten Nachbarn ausbilden kann, da beide benachbarten C-Atome p-Orbitale besitzen. Welche der beiden möglichen Bindungen bildet sich nun? Beide! Eine seitliche Überlappung der p-Orbitale findet zu *beiden* benachbarten C-Atomen *gleichzeitig* statt. Es entsteht ein **cyclisch-delokalisiertes π-System**, in dem die sechs Elektronen gleichmäßig in einer Elektronenwolke oberhalb und unterhalb der σ-Ebene über alle sechs Atome verteilt sind. Diese **Elektronendelokalisierung** (auch **Resonanz** oder **Mesomerie** genannt) ist der wesentliche Grund für die besonderen Eigenschaften des Benzens.

Leider können wir delokalisierte Elektronensysteme mit Lewis-Formeln nicht korrekt darstellen, da in dieser Schreibweise jeder Bindungsstrich für ein bindendes Elektronenpaar steht, das genau zwei Atome miteinander verknüpft (lokalisierte Bindungen). Die Tatsache, dass die sechs π-Elektronen im Benzen aber alle sechs C-Atome gleichzeitig verbinden, drückt man daher durch die Angabe mehrerer Lewis-Formeln aus (▶ Abbildung 10.15). Sie markieren die mit Lewis-Formeln beschreibbaren Grenzen, zwischen denen die wirkliche Elektronenstruktur liegt. Man nennt diese Lewis-Formeln **Resonanzformeln** (auch mesomere Grenzformeln oder Resonanzstrukturen genannt). Kann man für ein Molekül mehrere Resonanzformeln angeben, so bedeutet dies immer, dass die wirkliche Bindungssituation irgendwo dazwischen liegt. Die verschiedenen Resonanzformeln verbindet man durch einen Pfeil mit einer Doppelspitze (**Resonanzpfeil**). Zu den verschiedenen Resonanzformeln kommt man durch das Verschieben der π-Elektronen (man spricht auch vom „Umklappen" der Elektronen). Die Lage der Atome (= Konstitution) ist dagegen in allen Resonanzformeln identisch. Atome werden also nicht verschoben. Jede Resonanzformel muss aber einer korrekten Lewis-Formel entsprechen (zum Beispiel nicht mehr als acht Valenzelektronen für Elemente der zweiten Periode, ▶ Kapitel 2.5).

458

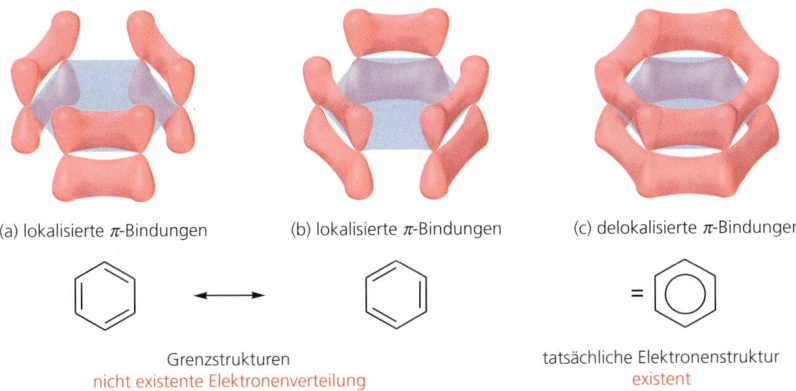

(a) lokalisierte π-Bindungen (b) lokalisierte π-Bindungen (c) delokalisierte π-Bindungen

Grenzstrukturen
nicht existente Elektronenverteilung

tatsächliche Elektronenstruktur
existent

Abbildung 10.15: Resonanzformeln des Benzens. Die delokalisierte Elektronenstruktur des Benzens kann näherungsweise durch zwei äquivalente Resonanzformeln mit lokalisierten π-Bindungen beschrieben werden. Die Resonanzformeln unterscheiden sich darin, zwischen welchen C-Atomen die formalen Doppelbindungen eingezeichnet werden.
Nach: Brown, T. L., LeMay, H. E. & Bursten, E. B. (2007)

Beim Benzen wird die tatsächliche, delokalisierte Struktur häufig durch einen Kreis im Inneren des Sechsecks dargestellt. Der Kreis soll das delokalisierte System aus sechs π-Elektronen symbolisieren.

Man darf auf keinen Fall die Resonanz oder Mesomerie mit einem thermodynamischen Gleichgewicht verwechseln. Bei diesem stehen zwei unterschiedliche Moleküle mit verschiedenen Strukturen (verschiedenen Atomverknüpfungen, Bindungslängen und Bindungswinkeln) durch chemische Reaktionen miteinander im Gleichgewicht (▶ Kapitel 5.7). Im Unterschied zu diesen real existierenden Teilchen symbolisieren Resonanzformeln nicht existierende, hypothetische Zustände, mit denen man die real existierende, tatsächliche Elektronenstruktur eines Moleküls näherungsweise beschreibt.

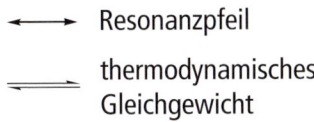

Resonanzpfeil

thermodynamisches Gleichgewicht

Vielleicht kann man sich das Konzept der Resonanz an folgendem Beispiel veranschaulichen (▶ Abbildung 10.16). Wir können ein Nashorn, ein real existierendes Tier mit einer definierten Struktur, näherungsweise als eine Mischung aus einem Einhorn und einem Drachen, beides nicht existierende Fantasiewesen, beschreiben. Das Nashorn hat Eigenschaften von beiden Wesen, ist aber weder ein Drache noch ein Einhorn und wechselt auch sein Aussehen nicht ständig zwischen einem Drachen und einem Einhorn (was einem thermodynamischen Gleichgewicht entspräche).

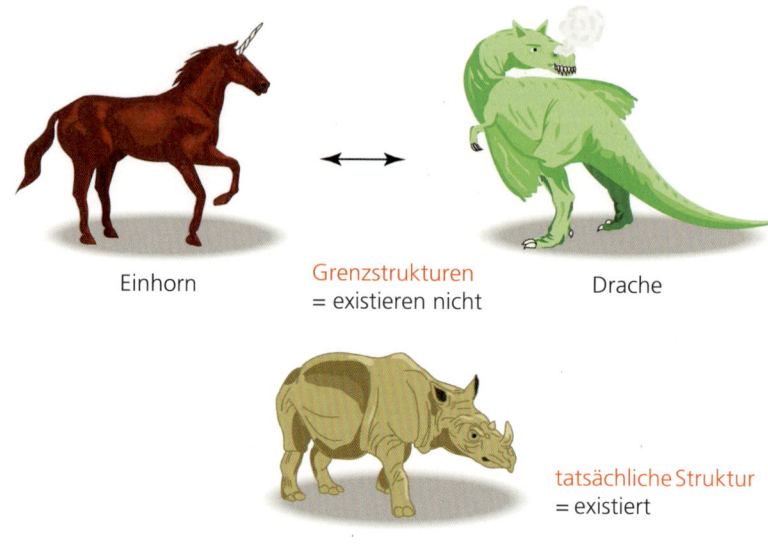

Abbildung 10.16: Resonanzformeln. Ein Nashorn kann näherungsweise beschrieben werden als eine Mischung aus einem Einhorn und einem Drachen. Im Gegensatz zu diesen beiden Fabelwesen existiert das Nashorn tatsächlich.
Nach: Bruice, P. Y. (2007)

Im Zusammenhang mit delokalisierten Elektronensystemen und Resonanz sind die folgenden Punkte wichtig:

- Resonanz tritt immer dann auf, wenn mehr als zwei sp^2- oder sp-hybridisierte Atome mit parallel angeordneten p-Orbitalen direkt benachbart sind. Durch die seitliche Überlappung von mindestens drei p-Orbitalen bilden sich delokalisierte π-Elektronensysteme.
- Die tatsächliche, delokalisierte π-Elektronenstruktur kann dann näherungsweise durch mehrere, hypothetische Resonanzformeln mit lokalisierten Bindungen wiedergegeben werden. Die reale Struktur entspricht einer Mischung der Resonanzformeln.
- Einzelne Resonanzformeln erhält man, indem man die π-Elektronen verschiebt. Die Anordnung der Atome (= Konstitution) ist immer die gleiche. Es werden beim Übergang von einer Resonanzformel zu einer anderen nur Elektronen, aber niemals Atome verschoben.
- Lassen sich unterschiedliche, nichtäquivalente Resonanzformeln aufstellen, ähnelt die tatsächliche Elektronenstruktur eher den stabileren Elektronenverteilungen.
- Die Elektronendelokalisierung hat entscheidenden Einfluss auf die chemischen und physikalischen Eigenschaften des Moleküls.
- Je größer die Anzahl sinnvoller Resonanzformeln ist, desto stabiler ist das tatsächliche Molekül, das durch die Resonanzformeln beschrieben wird.

Betrachten wir diese Punkte nochmal etwas genauer. Beim Benzen gibt es zwei völlig äquivalente Resonanzformeln. Es hat eine große Resonanzstabilisierung. Auch konjugierte Polyene (= Moleküle mit mehreren Doppelbindungen, ▶ Kapitel 9.7) wie 1,3-Pentadien oder 1,3,5-Hexatrien sind resonanzstabilisiert, haben also delokalisierte π-Systeme. Diesmal sind die zusätzlichen Resonanzformeln aber nicht äquivalent, sondern zum Beispiel auch Zwitterionen mit getrennter Ladung. Solche Resonanzformeln entsprechen relativ instabilen Elektronenverteilungen. Für die Beschreibung der tatsächlichen elektronischen Struktur spielen sie daher keine so große Rolle wie die zweite, völlig äquivalente Resonanzformel beim Benzen.

Resonanzformeln des Benzens

äquivalent

⇒ große Stabilisierung

1,3-Pentadien

1,3,5-Hexatrien

Resonanzformeln des 1,3-Pentadiens

weniger stabil   stabiler   weniger stabil

⇒ insgesamt nur geringe Stabilisierung

keine Resonanzformeln des 1,3-Pentadiens

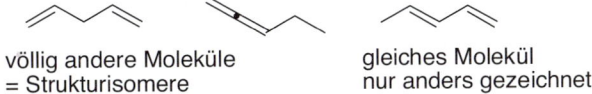

völlig andere Moleküle
= Strukturisomere

gleiches Molekül
nur anders gezeichnet

Die Resonanzstabilisierung von konjugierten Polyenen ist zwar vorhanden und zeigt sich zum Beispiel an der geringeren Rotationsbarriere im Vergleich zu einem Alken (▶ Kapitel 9.8). Die Resonanzstabilisierung ist aber deutlich kleiner als beim Benzen. Das chemische Reaktionsverhalten von konjugierten Polyenen unterscheidet sich daher nicht wesentlich von dem eines einfachen Alkens. 1,3,5-Hexatrien reagiert wie Ethen mit Brom in einer elektrophilen Addition. Aromaten reagieren hingegen wegen ihrer deutlich größeren Resonanzstabilisierung völlig anders als Alkene oder Polyene, nämlich unter Substitution anstelle einer Addition. Das liegt daran, dass bei einer Addition das aromatische System zerstört würde und die Resonanzstabilisierung verloren ginge.

10 Grundtypen organisch-chemischer Reaktionen

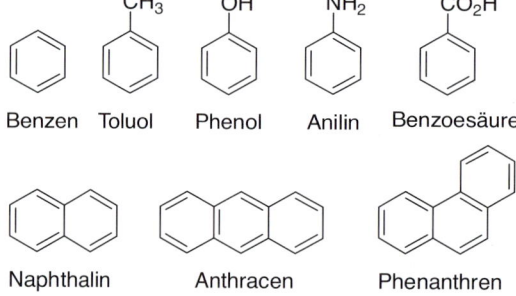

Addition	Substitution
aromatisches System würde zerstört	aromatisches System bleibt erhalten

> **MERKE**
>
> Den vom Benzen abgeleiteten Rest bezeichnet man als Phenyl- (abgekürzt Ph-).
>
> Phenyl-

Neben Benzen gibt es eine Vielzahl weiterer Aromaten. Sie können aus Fünf-, Sechs- oder Siebenringen bestehen. Außer Kohlenstoff können auch Heteroatome wie O, N oder S im Ring enthalten sein (**Heteroaromaten**, ▶ Tabelle 10.7). Viele dieser Verbindungen lassen sich aus Steinkohlenteer und Erdöl isolieren. Auch in Naturstoffen, im Körper (zum Beispiel in Aminosäuren oder den DNA-Basen) oder in Arzneistoffen finden sich häufig aromatische Molekülteile (▶ Tabelle 10.7). Einige wichtige Benzenderivate und Aromaten mit mehreren verknüpften Sechsringen sind nachfolgend abgebildet.

Benzen, Toluol, Phenol, Anilin, Benzoesäure

Naphthalin, Anthracen, Phenanthren

Name	Formel	Vorkommen des Ringsystems
Pyrrol		als Porphyrin (= Tetrapyrrol) Baustein im Häm, Chlorophyll, Vitamin B_{12} und den Gallenfarbstoffen
		Atorvastatin (Lipidsenker)
Imidazol		Histidin (Aminosäure), Histamin (Gewebshormon und Neurotransmitter)
		Azol-Antimykotika (zum Beispiel Clotrimazol), Cimetidin
Pyridin		NAD^+, Nicotinsäure, Pyridoxin (Vitamin B_6)
		Nicotin, Isoniazid (Tuberkulostatikum), Prazole (Protonenpumpenblocker wie Omeprazol), Imatinib
Pyrimidin		Baustein der Nucleinsäurebasen Cytosin, Uracil und Thymin, Thiamin (Vitamin B_1)
		Trimethoprim, Sulfadiazin, Dipyridamol, Minoxidil, Imatinib (bei CML: chronisch myeloische Leukämie, Kinase-Inhibitor), von Pyrimidin-Basen und -Nucleosiden abgeleitete Cytostatika und Virustatika (Fluorouracil, Zidovudin)

10.10 Elektrophile Substitution am Aromaten

Name	Formel	Vorkommen des Ringsystems
Indol		Tryptophan (Aminosäure), Serotonin (5-HT; Gewebshormon und Neurotransmitter)
		Lysergsäure-Alkaloide (Ergotamin), Indomethacin, Triptane (Migränemittel), Setrone (Antiemetika), Pindolol, Fluvastatin, Tadalafil, Sumatriptan (Migränemittel)
Purin		Baustein der Nucleinsäurebasen Adenin und Guanin, Harnsäure Coffein, Theophyllin, von Purin-Basen und -Nucleosiden abgeleitete Virustatika und Cytostatika (Mercaptopurin, Aciclovir, Famciclovir)
Furan		Furanocumarine (Pflanzeninhaltsstoffe)
		Ranitidin (Ulkustherapeutikum [H2-Blocker]), Prazosin, Nitrofurantoin, Cefuroxim, Mometasonfuroat
Thiophen		Ketotifen (Antiallergikum, H1-Blocker), Cefalotin, Tiagabin
Thiazol		Thiamin (Vitamin B_1), Penicillin
		Famotidin, Aztreonam, Cefotaxim (u. a. Cephalosporine), Meloxicam, Ritonavir (HIV-Protease-Inhibitor)
Tetrazol		NH-Acide; wird daher häufig als Bioisoster zu einer Carbonsäure eingesetzt, zum Beispiel bei den Sartanen (blutdrucksenkende Arzneistoffe); hat den Vorteil der geringeren Metabolisierung und besseren Bioverfügbarkeit im Vergleich zu den analogen Arzneistoffen mit Carbonsäure-Gruppe

Tabelle 10.7: Beispiele für heteroaromatische Verbindungen in biologischen Molekülen und in Arzneistoffen

EXKURS

Arzneistoffe mit zusammengesetzten Heterocyclen

Neben den in ▶ Tabelle 10.7 aufgeführten Heteroaromaten gibt es noch viele weitere einfache Ringe und anellierte (= kondensierte), das heißt, aus verschiedenen Ringen zusammengesetzte Ringsysteme, die zum Teil auch eigene Namen tragen. So finden sich im Saquinavir, einem der ersten Anti-HIV-Medikamente ein Bicyclus, zusammengesetzt aus einem Benzen- und einem Pyridinring, Chinolinring genannt, sowie ein nicht mehr aromatisches bicyclisches System, das sich von Isochinolin ableitet. Da es vollkommen durchhydriert ist, spricht man von Decahydroisochinolin. In den drei sogenannten Z-Substanzen (Zaleplon, Zolpidem, Zopiclon), die als Ersatz für die Benzodiazepine als Schlafmittel eingesetzt werden, findet man neben den bereits in ▶ Tabelle 10.7 aufgeführten Ringen Pyridin, Pyrimidin und Imidazol auch Pyrazin, Pyrazol und die hydrierten heteroaliphatischen Ringe Piperazin und Pyrrolin. Letzterer leitet sich von dem Heteroaromaten Pyrrol ab und gehört daher nach IUPAC zu den Dihydropyrrolen. Die zusammengesetzten Ringe sind dann Pyrazolopyrimidin, Imidazopyridin oder Pyrrolopyrazin. Die IUPAC-konformen Namen sind um einiges komplizierter, da sie die Art der Anellierung berücksichtigen.

10 Grundtypen organisch-chemischer Reaktionen

Saquinavir — Chinolin, Decahydroisochinolin

Isochinolin

Zaleplon — Pyrazol, Pyrimidin, Pyrazolopyrimidin

Zopiclon — Piperazin, Pyrazin, Pyrrolopyrazin, Pyridin; Von Pyrrol abgeleitet: Dihydropyrrol; Pyrrol

Zolpidem — Imidazol, Imidazopyridin

10.11 Elektrophile Substitution am Aromaten

> **EXKURS**
>
> **Frauen sind aromatisch, Männer nicht**
>
> Gemeinsames Merkmal der drei natürlichen weiblichen Sexualhormone aus der Estrogen-Reihe (Estradiol, Estriol und Estron) ist der aromatische Ring A des Steroid-Gerüstes (▶ Kapitel 9.11). Bei den männlichen Sexualhormonen (Androgene) ist der A-Ring hingegen nicht aromatisch. Biosynthetisch werden die weiblichen Sexualhormone aus den männlichen hergestellt. So wird Estradiol *in vivo* aus Testosteron synthetisiert; Estron entsteht aus Androstendion oder durch Oxidation der OH-Gruppe aus.
>
>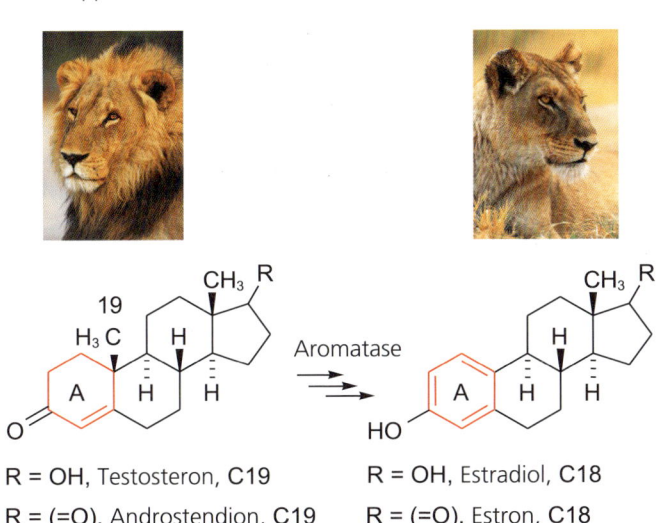
>
> R = OH, Testosteron, C19 R = OH, Estradiol, C18
> R = (=O), Androstendion, C19 R = (=O), Estron, C18
>
> *Nach: Campbell, N. A. & Reece, J. B. (2005)*
>
> Hemmstoffe (Inhibitoren) der **Aromatase** (Letrozol [Femara®], Exemestan [Aromasin®]) werden zur Behandlung hormonabhängiger Mammakarzinome eingesetzt, da Entstehung und Verlauf von Brustkrebs häufig durch Estrogene beeinflusst werden. Diese Stoffe verhindern aber nur die Bildung von Estrogen im Muskel- und Fettgewebe und nicht in den Eierstöcken. Sie sind daher als Arzneistoffe nur für Frauen nach der Menopause geeignet oder wenn die Estrogenbildung in den Eierstöcken medikamentös unterbunden wird.

10.8.2 Der Mechanismus der elektrophilen aromatischen Substitution

Trotz der Delokalisierung der π-Elektronen hat das Benzen eine hohe Elektronendichte. Benzen ist also ein Nucleophil und wird daher von Elektrophilen angegriffen. Allerdings benötigt man stärkere Elektrophile als bei einem Alken. Deswegen erfolgt auch, wie wir schon besprochen haben, keine direkte Umsetzung mit Brom, einem relativ schwachen Elektrophil.

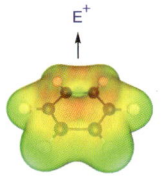

Elektrophiler Angriff auf Benzen

10 Grundtypen organisch-chemischer Reaktionen

$\begin{array}{c}\diagup \\ C \\ \parallel \\ C \\ \diagup \end{array}$ + $\overset{\delta^+\ \ \delta^-}{Br-Br}$ ⟶ $\begin{array}{c} |\\ -C-Br\\ Br-C-\\ |\end{array}$

starkes Nucleophil   schwaches Elektrophil   Addition

⌬ + $\overset{\delta^+\ \ \delta^-}{Br-Br}$ ⟶✗ keine Reaktion

schwaches Nucleophil   schwaches Elektrophil

⌬ + $\overset{\delta^+\ \ \ +\ \ \ -}{Br-Br-FeBr_3}$ ⟶ ⌬–Br + HBr + FeBr$_3$

schwaches Nucleophil   starkes Elektrophil   Substitution

Erst wenn man die Elektrophilie des Broms durch eine Lewis-Säure wie FeBr$_3$ weiter erhöht, findet eine Reaktion statt. Die Lewis-Säure besitzt eine Elektronenlücke und koordiniert an das Brom-Molekül. Dadurch verstärkt sich dessen Polarisierung und es wird reaktiv genug, um auch mit dem schwachen Nucleophil Benzen reagieren zu können.

⌬ $\xrightarrow[-\ H^+]{+\ E^+}$ ⌬–E

S$_E$Ar = Substitution durch den Angriff eines Elektrophils an einem Aromaten

Nach welchem Mechanismus verläuft diese **elektrophile aromatische Substitution (S$_E$Ar)**? Im ersten, langsamen und damit geschwindigkeitsbestimmenden Schritt greift das Elektrophil das π-System des Benzens an. Es entsteht eine kationische Zwischenstufe, die man als **σ-Komplex** (oder Wheland-Intermediat) bezeichnet. Der σ-Komplex ist ebenfalls ein resonanzstabilisiertes Teilchen. Die positive Ladung ist über die verbleibenden fünf C-Atome des Ringes delokalisiert. Diese liegen immer noch in einer Ebene und sind immer noch sp^2-hybridisiert. Nur das angegriffene C-Atom ist im σ-Komplex sp^3-hybridisiert und hat damit eine tetraedrische Bindungsumgebung. An den σ-Komplex könnte sich dann analog wie bei der S$_N$1- oder A$_E$-Reaktion ein Nucleophil addieren. Dabei würde aber – wie schon erwähnt – das aromatische System zerstört. Stattdessen übernimmt eine Base, ähnlich wie bei einer E1-Reaktion, ein Proton von dem sp^3-hybridisierten C-Atom des kationischen Intermediates. Das aromatische System wird wieder hergestellt (▶ Abbildung 10.17).

10.11 Elektrophile Substitution am Aromaten

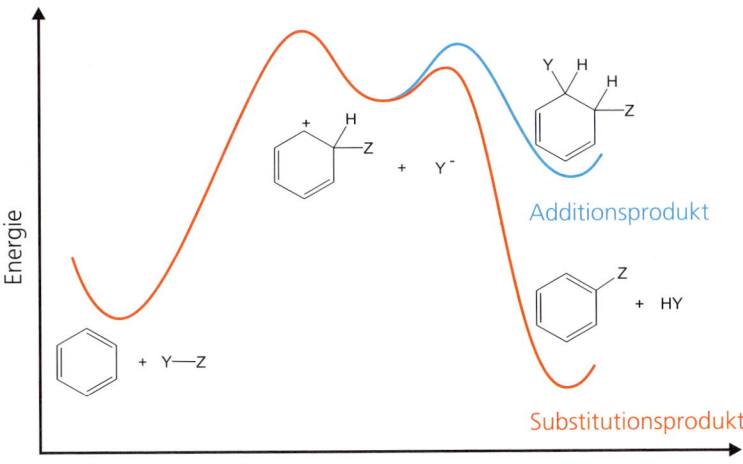

Abbildung 10.17: Substitution. Aromatische Verbindungen reagieren unter Substitution anstelle einer Addition, da dabei das stabile aromatische System erhalten bleibt.

Die elektrophile aromatische Substitution ist eine wichtige Reaktion, da man, je nachdem welches Elektrophil den Aromaten angreift, sehr unterschiedliche Produkte erhalten kann (▶ Tabelle 10.8). Teilweise erfordern die einzelnen Reaktionen sehr spezielle Reaktionsbedingungen zur Erzeugung der Elektrophile.

Reaktion	Bedingungen	Elektrophil E$^+$	Produkt
Halogenierung	X_2 + FeX_3	$X^+FeX_4^-$	Ph-X Halogenaromat
Nitrierung	HNO_3 + H_2SO_4	NO_2^+ Nitroniumion	Ph-NO_2 Nitroaromat
Sulfonierung	SO_3 + H_2SO_4	HSO_3^+	Ph-SO_3H Sulfonsäure
Friedel-Crafts-Acylierung	RCOCl + $AlCl_3$	R–C≡O$^+$ Acyliumion	Ph-COR Keton
Friedel-Crafts-Alkylierung	RCl + $AlCl_3$	R$^+$ Carbokation	Ph-R Alkylbenzen

Tabelle 10.8: In der Synthese wichtige elektrophile aromatische Substitutionen

Meistens ist das Substrat einer elektrophilen aromatischen Substitution aber nicht Benzen, sondern ein bereits substituierter Aromat. Dann bestimmt der schon vorhandene Substituent Z, an welcher relativen Position die **Zweitsubstitution** erfolgt. Der vorhandene Substituent beeinflusst auch die Geschwindigkeit, mit der die Zweitsubstitution *im Vergleich zu Benzen* erfolgt.

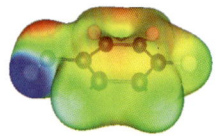

- Elektronenschiebende Substituenten wie $-OR$, $-OH$, $-NR_2$, $-NH_2$, Alkyl sind aktivierend und *ortho/para*-dirigierend.
- Die Halogene (F, Cl, Br, I) sind desaktivierend und *ortho/para*-dirigierend.
- Elektronenziehende Substituenten wie $-NO_2$, $-CN$, $-COR$, $-CO_2R$, $-CONH_2$ sind desaktivierend und meta-dirigierend.

So entsteht bei der Bromierung von Phenol ein Gemisch aus *ortho*- und *para*-Bromphenol. Außerdem ist der Aromat so stark aktiviert, dass keine Lewis-Säure benötigt wird. Nitrobenzen hingegen ist stark desaktiviert, die Reaktion verläuft sehr langsam und ergibt das *meta*-Produkt.

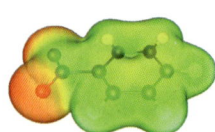

Phenol
elektronenreich

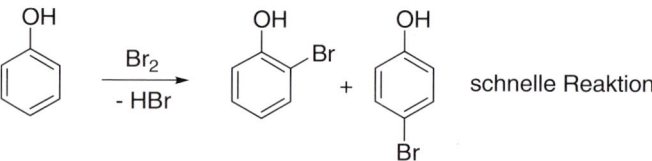

Nitrobenzen
elektronenarm

Erklären kann man die verschiedenen Reaktionsverläufe, wenn man sich anschaut, wie der vorhandene Substituent die Elektronendichte im Ring verändert (Geschwindigkeit) und die unterschiedlichen σ-Komplexe stabilisiert oder destabilisiert (Selektivität der Produktbildung), die bei einem Angriff in *ortho*-, *meta*- oder *para*-Stellung gebildet werden.

■ CHEMIE IM ALLTAG   Was hat Grillen mit Aromaten zu tun?

Bei der unvollständigen Verbrennung von organischen Stoffen kann **Benzpyren** entstehen, ein aromatisches Molekül mit fünf miteinander verknüpften Sechsringen. Es kommt daher auch im Zigarettenrauch oder in Auto- und Industrieabgasen vor. Aber auch beim Grillen über Holzkohle wird es gebildet. Im Körper wird Benzpyren enzymatisch zu einem Epoxid oxidiert. Dabei wird das aromatische System teilweise zerstört. Das Benzpyren-Epoxid kann nun wiederum sehr leicht mit körpereigenen Nucleophilen reagieren. Da aromatische Verbindungen sich sehr leicht in die DNA einlagern (auch die DNA-Basen sind aromatische Verbindungen, ▶ Kapitel 14.2), findet diese nucleophile Ringöffnung insbesondere durch die DNA-Basen statt. Dadurch wird die DNA alkyliert und in ihrer Funktion gestört. Es besteht die Gefahr der Krebsentstehung. Benzpyren ist cancerogen.

10.11 Elektrophile Substitution am Aromaten

Benzypyren →(Oxidation)→ [Epoxid-Diol] →(DNA–Nu)→ alkylierte DNA

EXKURS

Cancerogene *N*-Nitrosamine in Lebensmitteln und Arzneimitteln

Wir haben gesehen, dass Aromaten mit **Nitriersäure** nitriert werden können; das angreifende Elektrophil ist das Nitroniumion, NO_2^+, das aus Salpetersäure und Schwefelsäure entsteht. Versetzt man nun nicht Salpetersäure, sondern **salpetrige Säure** (HNO_2) bzw. eine Lösung von Nitrit (NO_2^-) mit Schwefelsäure, entsteht ganz analog das NO^+-Kation, **Nitrosoniumion** oder **Nitrosylkation** genannt:

$$HNO_3 + H^+ \longrightarrow H_2NO_3^+ \longrightarrow H_2O + NO_2^+$$

$$HNO_2 + H^+ \longrightarrow H_2NO_2^+ \longrightarrow H_2O + NO^+$$

Nucleophile Zentren, zum Beispiel Amine, können nun mit dem NO^+-Kation reagieren, sie werden nitrosiert.

Mit **primären aromatischen Aminen** entstehen zunächst ***N*-Nitrosamine**, die aber dann nach Protonierung und Wasserabspaltung mesomeriestabilisierte und damit beständige **Diazoniumionen** liefern, die vielfältige Anwendung in der organischen Synthese finden. Mit primären aliphatischen Aminen entstehen ebenfalls zunächst *N*-Nitrosamine und ganz analog Diazoniumionen. Diese sind allerdings instabil und zerfallen unter Abspaltung von Stickstoff, N_2. Das dabei entstehende Carbeniumion addiert das Nucleophil Wasser und reagiert zu einem Alkohol, oder es kann als elektrophiles Teilchen auch andere Nucleophile alkylieren.

prim. aromatisches Amin + NO^+ → Nitrosamin + H^+ → → Diazoniumion + H_2O

10 Grundtypen organisch-chemischer Reaktionen

Was passiert nun mit **sekundären Aminen**? Diese bilden tatsächlich stabile N-Nitrosamine. Warum ist das wichtig? Solche Nitrosamine, die im Übrigen auch entstehen, wenn Nitrit, zum Beispiel aus Pökelsalz (▶ Tabelle 10.7), im sauren Milieu des Magens auf Amine auf der Nahrung trifft, sind sogenannte **Präcarcinogene**, das heißt, es sind Vorstufen von cancerogenen Substanzen. Im Körper werden sie durch Oxidationsreaktionen aktiviert, es entstehen **Diazohydroxide**, welche als gute Elektrophile mit den nucleophilen Zentren der DNA-Addukte bilden können. Die Substanzen wirken also letztlich krebserzeugend und genotoxisch, das heißt: Erbgut verändernd.

Auch tertiäre Amine können durch sogenannte desalkylierende Nitrosierung zu Nitrosaminen umgesetzt werden. Gegenüber der Nitrosaminbildung aus sekundären Aminen verläuft die Reaktion jedoch wesentlich langsamer.

In Arzneimitteln wurden vor ein paar Jahren ebenfalls solche N-Nitrosamine, zum Beispiel NDMA, N,N-Dimethylnitrosamin, gefunden. Was war der Hintergrund? Für den Arzneistoff Valsartan, ein blutdrucksenkendes Mittel, ist dies gut aufgeklärt. Der Arzneistoff enthält einen Tetrazolring (▶ Kapitel 7.2), der aufgrund seiner NH-Acidität bioisoster zu einer Carbonsäure ist. Die Synthese des Tetrazolringes wurde von der Herstellerfirma dahingehend geändert, dass nun statt eines Zinnazids Natriumazid im Lösemittel Dimethylformamid (DMF) verwendet wurde, da damit höhere Ausbeuten in kürzerer Zeit erreicht werden können. Der Azid-Überschuss muss anschließend mit Natriumnitrit zerstört werden. Aus DMF entwickeln sich beim Erhitzen das sekundäre Amin Dimethylamin und Kohlenstoffmonoxid. Dimethylamin reagiert nun in der oben genannten Weise mit Nitrit zum Nitrosamin.

N,N-Dimethylformamid (DMF) → Dimethylamin + N≡O⁺ → NDMA + H⁺

> **MERKE**
>
> Isosterie und Bioisosterie
>
> **Isosterie** = zwei Moleküle oder Ionen besitzen die gleiche Anzahl von Atomen, Elektronen und die gleiche Gesamtladung, Bsp.: CO und N_2; isostere Verbindungen haben oft ähnliche physikalische Eigenschaften.
>
> **Bioisosterie** = zwei Moleküle besitzen die gleiche räumliche Ausdehnung bei vergleichbarer biologischer Wirkung.
>
> So können in Arzneistoffen bestimmte funktionelle Gruppen ausgetauscht werden, ohne dass die Wirkung verloren geht, zum Beispiel Benzen gegen Thiophen oder eine Carbonsäure gegen einen Tetrazolring.

Clozapin — Olanzapin

Telmisartan — Candesartan

10.9 Radikalreaktionen

Die zuvor besprochenen Reaktionen sind Beispiele für polare Reaktionen. Bei ihnen reagiert ein Nucleophil mit einem Elektrophil, was aber nur möglich ist, wenn entsprechende funktionelle Gruppen in den Molekülen vorhanden sind, die in den Molekülen Bindungen polarisieren. Wie reagieren aber dann Alkane, in denen solche funktionellen Gruppen fehlen? Die unpolaren C–H-Bindungen bieten Nucleophilen oder Elektrophilen keine Angriffspunkte, sodass Alkane sehr reaktionsträge sind (▶ Kapitel 9.2). Trotzdem können sie chemische Reaktionen eingehen. Ein gasförmiges Gemisch von Methan und Chlor reagiert bei Bestrahlung mit Licht zu Chlormethan CH_3Cl und HCl. Es hat also eine Substitution stattgefunden.

10 Grundtypen organisch-chemischer Reaktionen

$$CH_4 + Cl\text{-}Cl \longrightarrow CH_3Cl + H\text{-}Cl$$

h · v bedeutet Energiezufuhr durch Licht

Allerdings handelt es sich nicht um eine nucleophile Substitution, wie wir sie schon kennengelernt haben, sondern um eine **Radikalkettenreaktion**. Das angreifende Teilchen ist ein Radikal, ein Teilchen mit einem ungepaarten Elektron. Wo kommt dieses Radikal her? Sowohl Methan als auch Chlor sind keine Radikale. Deswegen reagieren die beiden Moleküle auch nicht direkt miteinander. Das erkennt man daran, dass eine Mischung aus Chlor und Methan im Dunkeln jahrelang stabil ist. Die Reaktion muss von außen gestartet werden. Wir haben bereits gelernt, dass Moleküle Energie in Form von Licht absorbieren können (▶ Kapitel 1.11). Bei ausreichender Energiezufuhr kann es zu einer Spaltung von Bindungen kommen. Da die Cl–Cl-Bindung (240 kJ/mol) deutlich schwächer ist als die C–H-Bindungen im Methan (440 kJ/mol), wird diese Bindung am einfachsten gebrochen. Die Bindungsspaltung erfolgt homolytisch.

Kettenstart: $Cl\text{-}Cl \xrightarrow{h\nu} 2\ Cl\bullet \qquad \Delta_R H° = +240\ kJ/mol$

Dabei werden Chloratome Cl• gebildet, die aufgrund ihrer nur sieben Valenzelektronen hoch-reaktiv sind. Nachdem jetzt ein Radikal vorliegt (**Kettenstart**), kommt die eigentliche Substitutionsreaktion in Gang. Aufgrund ihrer hohen Reaktivität reagieren Chloratome leicht mit Methanmolekülen. Dabei kommt es zur Abstraktion eines H-Atoms. Es entstehen Chlorwasserstoff und ein neues Radikal, ein Methylradikal. Dies ist ebenfalls hochreaktiv und reagiert mit einem Chlormolekül. Es kommt zur Abstraktion eines Cl-Atoms wobei Chlormethan und erneut ein Chloratom entstehen. Dieses reagiert wiederum mit einem Methanmolekül, wobei neben HCl ein Methylradikal entsteht, das erneut mit einem Chlormolekül reagiert, und so weiter und so fort. Da bei allen Reaktionen immer wieder ein neues Radikal entsteht, spricht man von **Kettenfortpflanzungsreaktionen**.

Kettenfortpflanzung

$CH_4 + Cl\bullet \longrightarrow \bullet CH_3 + HCl$
Methylradikal

$\bullet CH_3 + Cl\text{-}Cl \longrightarrow CH_3Cl + Cl\bullet$
Chlormethan

Trifft ein Methylradikal ein Methanmolekül, so kann ebenfalls eine H-Abstraktion stattfinden. Aus dem Methylradikal entsteht Methan, aber aus dem Methan ein neues Methylradikal.

Wir haben also die gleichen Teilchen vorliegen wie vor der Reaktion. Das Gleiche gilt, wenn ein Cl-Atom ein Chlormolekül trifft. Solche Zusammenstöße finden zwar statt, bilden aber keine neuen Produkte und brauchen daher nicht berücksichtigt zu werden.

Die Kettenreaktion kommt erst dann zum Stillstand, wenn zwei Radikale miteinander unter **Rekombination** reagieren. Dann wird aus zwei hoch-reaktiven Radikalen eine stabile geschlossenschalige Verbindung, die nicht mehr weiter reagiert (**Kettenabbruch**).

Kettenabbruch

Die Wahrscheinlichkeit, dass zwei Radikale zusammentreffen, ist aber sehr gering, da die Konzentrationen der Radikale in der Reaktionsmischung extrem klein sind. Es ist viel wahrscheinlicher, dass ein Methylradikal ein Chlormolekül trifft als ein anderes Methylradikal oder ein Chloratom. Die Kettenfortpflanzungsreaktionen finden also viele tausend Mal hintereinander statt, bevor ein Kettenabbruch erfolgt.

Eine radikalische Halogenierung kann man nicht nur mit Chlor, sondern auch mit Brom durchführen. Fluor kann man zur Synthese nicht einsetzen, da es zu reaktiv ist. Fluorierungen sind so stark exotherm, dass die Reaktionsmischung sofort explodiert. Eine Iodierung ist ebenfalls nicht durchführbar, da die Reaktion endotherm ist und insgesamt keine thermodynamische Triebkraft besitzt. Jedes andere Alkan kann ebenfalls als Edukt eingesetzt werden. Dabei erhält man allerdings häufig Produktgemische. Auch Mehrfachhalogenierungen sind möglich. So kann bei der Chlorierung von Methan auch das entstandene Chlormethan erneut von einem Chloratom angegriffen werden. Es entsteht zuerst Dichlormethan CH_2Cl_2, aus diesem dann Trichlormethan ($CHCl_3$, Chloroform) und letztendlich Tetrachlormethan (CCl_4). Daher spielt die direkte Halogenierung von Alkanen eigentlich nur bei technischen Prozessen eine Rolle. Die erhaltenen Produktgemische werden dann großtechnisch durch fraktionierende Destillation getrennt. Im Labor verwendet man statt der Halogene meistens andere Halogenierungsreagenzien (wie Sulfurylchlorid SO_2Cl_2), die wesentlich selektiver sind, sodass bevorzugt das gewünschte Produkt gebildet wird. Allgemein kann man solche **radikalischen Substitutionen** als Kreisprozesse darstellen.

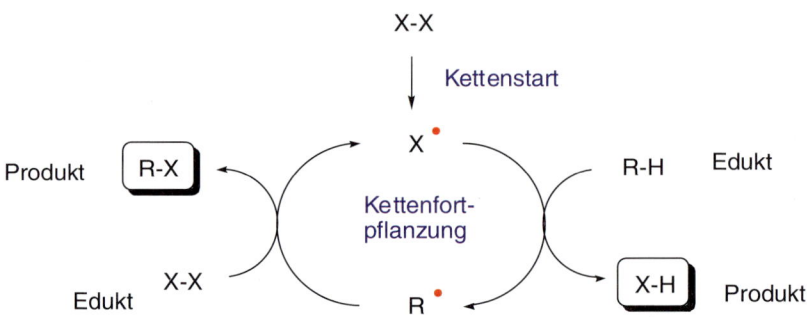

EXKURS

Was hat Chloroform mit Queen Victorias Kindern zu tun?

Chloroform $CHCl_3$ entsteht, wie wir gesehen haben, bei der radikalischen Chlorierung von Methan mit Chlor. Während es heute nur noch im Labor als Lösemittel verwendet wird, wurde es im 19. Jahrhundert als Narkotikum eingesetzt. So verhalf der schottische Arzt J. Simpson, der Chloroform 1847 erstmals verwendete, 1853 Queen Victoria zur schmerzfreien Geburt ihres neunten Kindes. Wenige Jahre später wurde in allen Operationssälen der Welt nur noch unter Narkose operiert, ein Durchbruch in der Chirurgie! Neben Chloroform wurden damals schon Lachgas (▶ Kapitel 3.6) und Diethylether (früher einfach als Äther bezeichnet) verwendet. Von diesen drei Verbindungen spielt heute nur noch das Lachgas als Narkosemittel eine Rolle. Um 1900 erkannte man, dass Chloroform lebertoxische Eigenschaften hat. Wie bei allen chlorierten aliphatischen Kohlenwasserstoffen erfolgt in der Leber eine Dehalogenierung unter Bildung von Radikalen, die zu vielfältigen Zellschädigungen führen.

FCKWs zerstören die Ozonschicht

Halogenatome sind auch ursächlich an der Zerstörung der schützenden Ozonschicht unserer Atmosphäre beteiligt. Aus dem Weltall trifft ständig energiereiche UV-Strahlung auf die Erde, die stark zellschädigende Eigenschaften aufweist. Allerdings dringt diese UV-Strahlung normalerweise nicht bis auf die Erdoberfläche vor, da sie vorher in der oberen Atmosphäre absorbiert und damit unschädlich gemacht wird. Dies erfolgt in 15 bis 20 km Höhe durch **Ozon O_3**, einer allotropen Modifikation des normalen Sauerstoffes O_2 (▶ Kapitel 3.6). Ohne diese schützende **Ozonschicht** wäre auf der Erdoberfläche wahrscheinlich kein Leben möglich.

Früher wurden halogenierte Kohlenwasserstoffe (sogenannte **FCKW**s) wegen ihrer chemischen Beständigkeit in großen Mengen als Kühlmittel in Kühlschränken, als Treibgase in Spraydosen oder als Isoliermaterialien in Hochspannungsanlagen verwendet. FCKWs werden aber in der Natur nur sehr langsam abgebaut, sodass sie im Laufe der Jahre auch in die obere Stratosphäre gelangen. Dort werden durch die enegiereiche UV-Strahlung C–Cl-Bindungen in den FCKWs homolytisch gespalten. Die gebildeten Chloratome katalysieren dann die Zersetzung von Ozon in normalen Sauerstoff O_2. Die Ozonschicht wird abgebaut, der UV-Schutzschild der Atmosphäre wird zerstört. Seit Ende der 1970er-Jahre wurde vor allem über der Südpolarregion ein dramatischer Rückgang der Ozonkonzentration in der oberen Stratosphäre beobachtet (sogenanntes **Ozonloch**). 1992 beobachtete man erstmals auch ein Ozonloch über der Nordhalbkugel. Nachdem man den Zusammenhang zwischen FCKWs und dem Ozonabbau erkannt hatte, wurde die Herstellung und Verwendung von FCKWs 1990 weltweit verboten. Es wird allerdings wahrscheinlich noch Jahrzehnte dauern, bis die letzten FCKW-Spuren aus der Atmosphäre verschwunden sind und sich die schützende Ozonschicht wieder vollständig regeneriert hat. Mittlerweile gibt es aber die ersten Hinweise, dass sich die Ozonschicht tatsächlich nachhaltig zu regenerieren beginnt. Das Ozonloch schließt sich – langsam aber stetig.

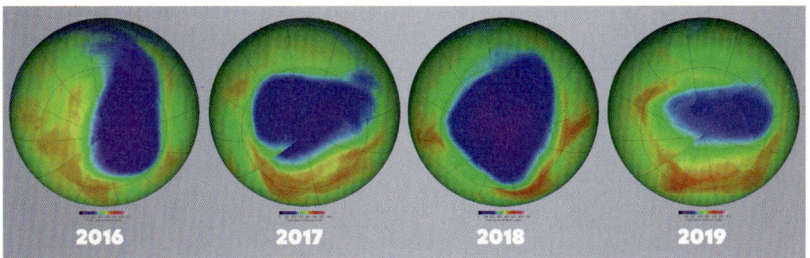

© NASA, Montage WELT

Erzeugung von Cl-Atomen durch UV-Bestrahlung von FCKWs

$$\text{F–CCl}_2\text{F} \xrightarrow{h\nu} \text{F–}\overset{\bullet}{\text{C}}\text{ClF} + \text{Cl}\bullet$$

durch Cl-Atome katalysierter Ozonabbau

$$\text{Cl}\bullet + O_3 \longrightarrow \text{ClO}\bullet + O_2$$

Unter den Bedingungen in der Stratosphäre reagieren die relativ stabilen ClO-Radikale in weiteren Reaktionen wiederum zu Chloratomen. Eine von vielen Reaktion hierfür ist

$$2\,\text{ClO}\bullet \longrightarrow (\text{ClO})_2 \xrightarrow{h\nu} \text{Cl}\bullet + \text{ClO}_2\bullet$$

BEISPIEL Ranziges Fett und Antioxidantien

Radikalreaktionen spielen auch im Alltag eine wichtige Rolle. Wir hatten bereits gelernt, dass Sauerstoff ein Diradikal ist (▶ Kapitel 2.5). Es ist zwar nicht so hoch-reaktiv wie ein Chloratom, aber immer noch ausreichend reaktiv, um organische Verbindungen anzugreifen und langsam zu oxidieren. Eine solche **Autoxidation** ist ebenfalls eine Radikalkettenreaktion. Radikalstarter sind häufig die überall in Spuren vorkommenden Schwermetallionen (wie zum Beispiel Fe^{3+}). Diese können in einer Redoxreaktion labile C–H-Bindungen spalten und dadurch den Radikalstart bewirken. Die so gebildeten Alkylradikale reagieren dann mit Luftsauerstoff und bilden Hydroperoxide.

$$\underset{}{\overset{}{>}}\!\!C\!-\!H \quad \xrightarrow[Me^{n+}]{O_2} \quad >\!\!C\!-\!O\!-\!O\!-\!H \quad \text{Hydroperoxid}$$

Ranziges Fett

Eine Autoxidation ist für das Ranzigwerden von Fett verantwortlich. Dabei entstehen unangenehm riechende und schmeckende Abbauprodukte wie Säuren, Alkohole, Aldehyde und Peroxide. Fette enthalten ungesättigte Fettsäuren mit Doppelbindungen (▶ Kapitel 11.10). Unter geeigneten Bedingungen (zum Beispiel Lichteinwirkung, Schwermetallsalze) kann durch ein Starterradikal leicht ein H-Atom von einem unmittelbar benachbarten sp^3-C-Atom abgespalten werden, da dann ein resonanzstabilisiertes Radikal entsteht. Dieses reagiert mit Luftsauerstoff, es entsteht ein Hydroperoxyradikal. Durch erneute H-Abstraktion bilden sich das Hydroperoxid und ein neues Alkylradikal, die Kette pflanzt sich fort. Die Autoxidation kann durch licht- und luftgeschützte Lagerung bei niedrigen Temperaturen und durch Zusatz von Antioxidantien (zum Beispiel Vitamin C, ▶ Kapitel 12.1) verlangsamt oder verhindert werden.

Antioxidantien

Der gleiche Mechanimus liegt der zellschädigenden Lipid-Oxidation durch Radikale im Körper zugrunde, die an der Lipid-Doppelschicht (▶ Kapitel 11.10) von Zellmembranen abläuft. Verantwortlich für diese Reaktion sind **reaktive Sauerstoffspezies ROS** (wie das OH-Radikal, Singulettsauerstoff, Alkoxyradikale RO• oder Peroxyalkylradikale ROO•, ▶ Kapitel 2.5). Zum Schutz vor diesen hoch-reaktiven Radikalen nutzt der Körper endogene und exogen zugeführte **Antioxidantien**, sogenannte Radikalfänger wie zum Beispiel Vitamin C, Tocopherol (Vitamin E) oder Ubichinon (▶ Kapitel 11.11). Diese reagieren mit den reaktiven Radikalen, wobei stabilere und damit weniger gefährliche Teilchen entstehen. **Vitamin C** (Ascorbinsäure) besitzt zwei OH-Gruppen mit labilen O–H-Bindungen. Bei der Reaktion mit einem reaktiven (und daher zellschädigenden) Radikal können diese H-Atome leicht abgespalten werden. Es bildet sich Dehydroascorbinsäure, die kein Radikal mehr ist.

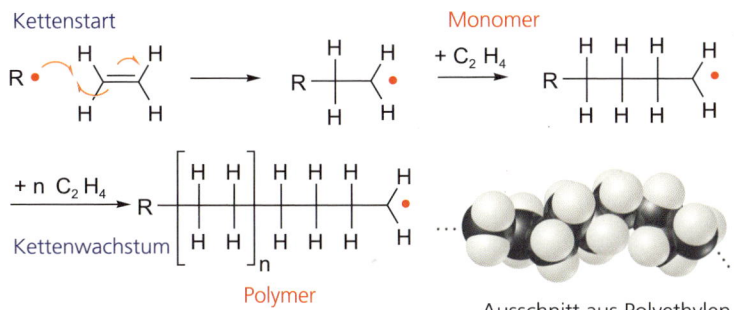

Radikale reagieren nicht nur mit Alkanen, sondern auch mit Alkenen. Es findet eine **radikalische Addition** (A_R) an die π-Bindung statt. Dabei entsteht ein Alkylradikal, das sich wiederum erneut an ein Alken addieren kann. So entstehen letztendlich Kohlenwasserstoffketten mit vielen hundert bis tausend C-Atomen, es bildet sich ein **Polymer**. Das zugrunde liegende Alken, aus dem das Polymer aufgebaut ist, nennt man das **Monomer**. Durch **radikalische Polymerisation** von Ethen C_2H_4 entsteht so Polyethylen (PE) (▶ Abbildung 10.18).

Abbildung 10.18: Bildung von Polyethylen. Die radikalische Polymerisation von Ethen (Monomer) liefert Polyethylen – einen Kohlenwasserstoff, bei dem bis zu vielen Tausend C-Atome in einer Kette miteinander verknüpft sind.

Das Startradikal R• stammt meistens aus dem thermischen Zerfall von Verbindungen wie Dibenzoylperoxid oder AIBN (Azoisobutyronitril), die schwache Bindungen enthalten und daher beim Erwärmen leicht homolytisch zerfallen. Solche Verbindungen nennt man **Radikalstarter**. Beim Zerfall von Dibenzoylperoxid erhält man letztendlich sehr instabile und daher hoch-reaktive Phenylradikale, beim AIBN hingegen ein resonanzstabilisiertes Radikal.

10 Grundtypen organisch-chemischer Reaktionen

Dibenzoylperoxid → (95 °C, $t_{1/2} = 1$ h) → 2 Benzoyloxy-Radikale (schwache Bindung) → ($-CO_2$, sehr stabil) → 2 **Phenylradikal** (sehr instabil) — **Startradikal**

AIBN → (80 °C, $t_{1/2} = 1$ h, $-N_2$) → 2 Radikale (resonanzstabilisiert) — **Startradikal**

Der Kettenabbruch kann bei einer radikalischen Polymerisation wiederum durch Radikalrekombination erfolgen. Eine zweite Möglichkeit für einen Kettenabbruch ist eine **Disproportionierung** zweier Radikale. Dabei greift ein Radikal ein H-Atom in Nachbarstellung zu einem zweiten Radikalzentrum an. Es bilden sich ein Alken und ein Alkan.

Rekombination

$$2\,R^{\bullet} \longrightarrow R-R$$

Disproportionierung

(Schema: zwei Radikale reagieren zu Alkan und Alken)

Polymere, wie Polyethylen, Teflon, Styropor oder PVC, sind wichtige moderne **Kunststoffe**, die aus unserem heutigen Alltag nicht mehr wegzudenken sind (▶ Tabelle 10.9).

Monomer	Polymer	Verwendung
Ethen (Ethylen)	Polyethylen, PE	Müllsäcke, Folien, Oberfläche von Endoprothesen, Blutplasmabehältnisse
Tetrafluorethen	Polytetrafluorethylen, PTFE, Teflon®	Medizinische Prothesen, Bratpfannenbeschichtungen, atmungsaktive Kleidung, Raumanzüge, Piercing-Schmuck

Monomer	Polymer	Verwendung
F₂C=CF₂ Propen (Propylen)	[-CH₂-CH(Ph)-]ₙ Polypropylen, PP	Im Fahrzeugbau, Fahrradhelme, Textilien, Orthopädietechnik, Behältnismaterial
[-CF₂-CF₂-]ₙ Styrol	H₂C=CHCl Polystyrol	Schaumstoff (Styropor®), Lebensmittelverpackungen, Dämmstoff
H₂C=CH-CH₃ Vinylchlorid	[-CH₂-CHCl-]ₙ Polyvinylchlorid, PVC	Kabel, Kunstleder, Verpackungsmaterial, Apparatebau

Tabelle 10.9: Kunststoffe, die durch radikalische Polymerisation hergestellt werden

■ BEISPIEL   Teflon® – ein vielfach nutzbares Polymer

Teflon ist der Handelsname für Polytetrafluorethylen (PTFE). Es wird aufgrund seiner chemischen Beständigkeit, glatten Oberfläche und guten Verträglichkeit unter anderem als Implantat zum Ersatz geschädigter Gefäßabschnitte (Gefäßprothese) oder als Material für Katheter verwendet. Seine Entdeckung beruht auf einem Zufall. Eigentlich wollte der Chemiker R. J. Plunkett 1938 bei der Firma DuPont ein neues Kältemittel, ähnlich den früher in Kühlschränken verwendeten FCKWs, entwickeln. Ein Gastank, der Tetrafluorethylen enthalten hatte, war plötzlich leer. Allerdings war das Gewicht des Tanks genauso groß wie zu dem Zeitpunkt, als er noch Gas enthielt. Plunkett ging der Sache nach und öffnete den Tank. An dessen Innenseite hatte sich eine wachsartige, weiße Substanz abgelagert, die bemerkenswerte Eigenschaften besaß: sie war chemisch stabiler als Sand, nicht zerstörbar durch Säuren, Laugen oder Hitze, aber dafür sehr glatt. Trotz dieser Eigenschaften wäre Teflon möglicherweise nur eine Kuriosität geblieben. Aber 1938 wurde bei der Entwicklung der Atombombe (Manhattan-Projekt) ein Dichtungsmaterial gesucht, das Behälter vor dem extrem korrosiven Uranhexafluorid ($^{235}UF_6$) schützt: Die Wahl fiel auf Teflon! Heute wird Teflon vielfältig eingesetzt: von medizinischen Prothesen, über Bratpfannenbeschichtungen, atmungsaktive Kleidung, Raumanzüge, Piercing-Schmuck, bis hin zu Isoliermaterialien in der Hochspannungstechnik.

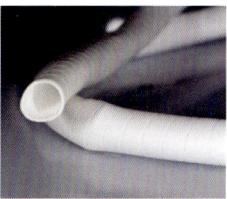

Gefäßprothese aus Teflon®
© Dr. Michael Feldmann, Feldmann & Jablovski GbR, Bremen

EXKURS

Kautschuk – ein natürliches Polymer

Kautschuk ist ein Polymer aus Isopren-Einheiten. **Isopren** ist der Trivialname für 2-Methyl-1,3-butadien. Im Polymer verbleibt eine Doppelbindung, die entweder *cis*- oder *trans*-konfiguriert sein kann. **Naturkautschuk**, der hauptsächlich aus dem Milchsaft (Latex) des Kautschukbaumes *Hevea brasiliensis* gewonnen wird, enthält fast ausschließlich *cis*-1,4-Polyisopren. Er wird heute auch synthetisch durch radikalische Polymerisation von Isopren synthetisiert (Isopren-Kautschuk). Naturkautschuk wird bereits seit Jahrhunderten vor allem in Mittel- und Südamerika produziert. Das entsprechende *trans*-Polymer bezeichnet man als **Gutta Percha**, es wird aus dem Gutta-Percha-Baum *Palaquium gutta* gewonnen. In der Zahnmedizin dient es als provisorisches Füllmaterial und zur Herstellung von Abdrücken. Unter dem Sammelbegriff Kautschuk fasst man heute allerdings auch noch andere elastische Polymere zusammen.

Zahnfüllung aus Gutta Percha
© Wikipedia: Guttapercha, drei Zähne, Autor: Thomas Wohlgemuth, Magdeburg

Isopren

Kautschuk

cis

Gutta Percha

trans

Durch Behandlung mit Schwefel (S_8) in der Hitze kann man die einzelnen ungesättigten Polymerketten quervernetzen (**vulkanisieren**). Das Material wird dadurch widerstandsfähiger und fester, es entsteht **Gummi**.

Auch viele andere Naturstoffe, wie Steroide (▶ Kapitel 9.11) oder Pflanzeninhaltsstoffe wie das Limonen (▶ Kapitel 9.9.2) oder das β-Carotin (Provitamin A, ▶ Kapitel 9.8) sind aus Isopren-Einheiten aufgebaut. Solche Verbindungen bezeichnet man allgemein als **Terpene**. Die Biosynthese erfolgt dabei aber nicht ausgehend von Isopren selber, sondern aus aktiviertem Isopren, Isopentenyl-Pyrophosphat (IPP, IP-diphosphat) und dessen Konstitutionsisomer Dimethylallyl-Pyrophosphat (DMAPP). Im ersten Schritt entsteht das Geranyldiphosphat, Baustein aller Monoterpene (2 · Isopren = Monoterpen).

Verbindungen aus drei Isopren-Einheiten bezeichnet man als Sesquiterpene (chemisch abgeleitet vom Farnesyldiphosphat). Squalen, ein Triterpen aus sechs Isopren-Einheiten, also aus 6 · 5 = 30 C-Atomen, ist Zwischenprodukt der Cholesterol-Biosynthese.

Squalen

Isopren-Einheit

AUS DER MEDIZINISCHEN PRAXIS
Radikalische Polymerisation bei Zahnfüllungen

In ▶ Kapitel 2 hatten wir bereits die Bedeutung von Kompositen für Zahnfüllungen besprochen und dabei auch die dreidimensionale Vernetzung der aus Methacrylsäureestern bestehenden organischen Matrix erwähnt. Hier wollen wir den Mechanismus der zugrunde liegenden radikalischen Polymerisation näher beleuchten. Dabei reagieren die C=C-Doppelbindungen der die organische Matrix bildenden Methacrylsäureester, wie zum Beispiel Bisphenol-A-Diglycidyl-Methacrylat (Bis-GMA) oder Urethandimethacrylat (UDMA):

Bis-GMA

UDMA

Der Start und die Kettenfortpflanzungsreaktion der Polymerisation laufen wie folgt ab:

10 Grundtypen organisch-chemischer Reaktionen

Hierbei greift das Startradikal X• die C=C-Doppelbindung an und es bildet sich ein mesomeriestabilisiertes Radikal, das mit einem weiteren Metacrylsäuremolekül unter Bildung eines verlängerten Radikals reagiert. Diese Reaktion setzt sich fort und bildet letztendlich das Polymer.

Für Zahnfüllungen verwendet man bifunktionelle Methacrylatmoleküle, um eine bessere dreidimensionale Vernetzung und damit eine höhere Festigkeit des Polymers zu erhalten. Während der Polymerisation schrumpft das Füllmaterial, weil die Moleküle vorher nur durch nicht kovalente van-der-Waals-Kräfte gebunden sind, nachher aber durch kürzere kovalente Bindungen. Dieser Schrumpfeffekt wird durch die Größe der verwendeten Monomere verringert. Die Generierung der Startradikale erfolgt in den meisten Fällen durch Bestrahlung eines Gemischs aus Campherchinon und einem tertiären Amin mit blauem Licht.

Bei Acrylaten, die zusätzlich eine Nitrilgruppe (Cyanogruppe, C≡N) enthalten, läuft die Polymerisation meist nach einem polaren Mechanismus (**anionische Polymerisation**), der keinen Radikalstarter benötigt, alleine schon bei Anwesenheit von Luftfeuchtigkeit (Nu⁻ = OH⁻) innerhalb von Sekunden ab:

Das feste Polymer verklebt Gegenstände, die mit ihm in Kontakt kommen. Cyanoacrylate sind als **Sekundenkleber** in jedem Baumarkt verfügbar und werden in der Medizin als Klebstoffe für Wunden (unter anderem zum Stoppen massiver Blutungen), als Sprühverband und bei der Therapie von Krampfadern eingesetzt.

> ### ZUSAMMENFASSUNG
>
> Im vorliegenden Kapitel haben wir Folgendes über die grundlegenden organisch-chemischen Reaktionen gelernt:
>
> - Die Geschwindigkeit von Reaktionen wird in der chemischen Kinetik behandelt. Das Geschwindigkeitsgesetz beschreibt den Zusammenhang zwischen der Reaktionsgeschwindigkeit v (= Änderung der Konzentration mit der Zeit) und den Konzentrationen der Reaktionsteilnehmer. Für eine Reaktion A + B → P gilt:
>
> $$v = k \cdot [A]^n \cdot [B]^m$$

Hierbei wird k als Geschwindigkeitskonstante bezeichnet und die Summe $(n + m)$ ist die Reaktionsordnung der Gesamtreaktion. Häufig findet man folgende Geschwindigkeitsgesetze:

0. Ordnung: $v = k$
1. Ordnung: $v = k \cdot [A]$
2. Ordnung: $v = k \cdot [A]^2$ oder $v = k \cdot [A] \cdot [B]$

- Chemische Reaktionen können einstufig (konzertiert) oder mehrstufig als Folge mehrerer Elementarreaktionen ablaufen. Die einzelnen Reaktionsschritte sind meistens monomolekular (= nur ein Teilchen beteiligt) oder bimolekular (= zwei Teilchen beteiligt). Der langsamste Reaktionsschritt bestimmt die Geschwindigkeit der Gesamtreaktion (geschwindigkeitsbestimmender Schritt).
- Der Reaktionsmechanismus beschreibt den genauen molekularen Ablauf der Umwandlung der Edukte in die Produkte, also die Abfolge der einzelnen Reaktionsschritte. Betrachtet man die Veränderung der Energie im Verlauf einer Reaktion, erhält man ein Reaktionsenergiediagramm. Ausgezeichnete Punkte in einem Reaktionsenergiediagramm sind:
  - Ausgangs- und Endzustand. Die Energiedifferenz zwischen Edukten und Produkten bestimmt die Gleichgewichtslage der Reaktion (Thermodynamik).
  - Übergangszustände = Energiemaxima im Reaktionsenergiediagramm. Die Energie, die zum Erreichen des Übergangszustandes benötigt wird, ist die Aktivierungsenergie E_A. Der Reaktionsschritt mit der höchsten Aktivierungsenergie (E_A) bestimmt die Geschwindigkeit der Gesamtreaktion (geschwindigkeitsbestimmender Schritt). Nach der Arrheniusgleichung $k = A \cdot e^{-\frac{E_A}{R \cdot T}}$ bestimmt die Aktivierungsenergie die Geschwindigkeitskonstante und damit die Reaktionsgeschwindigkeit.
  - Intermediate = kurzlebige Zwischenprodukte, die bei mehrstufigen Reaktionen entstehen und meistens schnell weiterreagieren (Carbeniumionen, Radikale oder Carbanionen). Sie entsprechen lokalen Minima im Reaktionsenergiediagramm.
- Katalysatoren beschleunigen eine Reaktion, werden dabei aber nicht verbraucht. Sie verringern die Aktivierungsenergie, ohne die Thermodynamik und damit die Gleichgewichtslage der Reaktion zu beeinflussen.
- Das Grundprinzip der meisten organisch-chemischen Reaktionen lautet: Nucleophil reagiert mit Elektrophil. Dabei überträgt das Nucleophil (= Verbindung mit hoher Elektronendichte) ein Elektronenpaar auf das Elektrophil (= niedrige Elektronendichte) unter Ausbildung einer koordinativen Bindung.
- Bei einer nucleophilen Substitutionsreaktion (S_N) an sp^3-hybridisierten Kohlenstoffatomen wird eine Abgangsgruppe X (Halogenid, Wasser, Sulfid) gegen ein Nucleophil (Halogenid, Hydroxid, Amin, Alkoholat, Cyanid) ausgetauscht.

Nu + R-X ⟶ R-Nu + X

- Die S_N2-Reaktion (bimolekulare S_N-Reaktion) läuft bevorzugt an primären und sekundären Substraten ab, sie folgt einem Geschwindigkeitsgesetz 2. Ordnung. Es handelt sich um eine einstufige Reaktion, die unter Inversion der Konfiguration am angegriffenen C-Atom abläuft (Walden-Umkehr).
- Die S_N1-Reaktion (monomolekulare S_N-Reaktion) läuft bevorzugt an sekundären und tertiären Substraten ab, sie folgt einem Geschwindigkeitsgesetz 1. Ordnung. Es handelt sich um eine mehrstufige Reaktion. Der erste Schritt, die Bildung eines Carbeniumions (Intermediat), ist geschwindigkeitsbestimmend. Erst im zweiten Schritt addiert das Nucleophil. Bei chiralen Substraten findet Racemisierung statt.

■ Bei der β-Eliminierung werden aus einem Molekül zwei Atome oder Atomgruppen abgespalten. Es entsteht eine π-Bindung. Bei der E2-Eliminierung greift eine Base ein Proton in der β-Position zur Abgangsgruppe X an. Es wird in einem Schritt HX eliminiert (bimolekulare Reaktion, Kinetik 2. Ordnung). Bei der E1-Reaktion bildet sich zuerst ein Carbeniumion, das anschließend in β-Position deprotoniert wird (zweistufig, monomolekular im ersten, geschwindigkeitsbestimmenden Schritt, Kinetik 1. Ordnung). Eliminierungen sind häufig Konkurrenzreaktionen zu nucleophilen Substitutionen.

$$\underset{\text{gesättigte Verbindung}}{\overset{\alpha\quad\beta}{-\underset{X}{C}-\underset{Y}{C}-}} \xrightarrow{\beta\text{-Eliminierung}} \underset{\text{Alken}}{\diagdown C=C\diagup} + X\text{-}Y$$

■ Die Umkehrreaktion zu einer Eliminierung ist die Additionsreaktion.
- Die Addition von H_2 an ein Alken bezeichnet man als Hydrierung der Doppelbindung. Hierzu sind Katalysatoren notwendig. Die Addition der H-Atome erfolgt *syn*, das heißt jeweils von der gleichen Seite der Doppelbindung.
- Bei der elektrophilen Addition A_E von Halogenwasserstoffen oder Wasser (säurekatalysiert) an ein Alken wird zuerst ein Proton addiert, es entsteht ein Carbeniumion. Die Addition an die π-Bindung erfolgt so, dass das stabilere Carbeniumion (meistens tertiär) gebildet wird. Im zweiten Schritt addiert sich ein Nucleophil wie Halogenid oder Wasser an das Carbeniumion.
- Die Addition von Cl_2 oder Br_2 an Alkene führt zu Dihalogenalkanen. Sie verläuft über ein cyclisches positiv geladenes Oniumion, das in einer nachfolgenden S_N2-Reaktion durch ein Halogenid zum *trans*-Produkt geöffnet wird.

- Aromatische Kohlenwasserstoffe wie Benzen sind viel stabiler als Alkene. Ursache ist der Energiegewinn, der durch die Delokalisierung der π-Elektronen zustande kommt. Delokalisierte Elektronenstrukturen lassen sich nur näherungsweise mit Lewis-Formeln beschreiben. Je größer die Zahl mesomerer Grenzstrukturen ist, die stabilen Elektronenverteilungen entsprechen, desto stabiler ist das Molekül.
- Aufgrund der hohen Stabilität des Elektronensystems reagieren Aromaten – im Gegensatz zu Alkenen oder Polyenen – mit Elektrophilen unter Substitution (S_EAr-Reaktion) und nicht unter Addition. Der Angriff des Elektrophils ergibt ein positiv geladenes Wheland-Intermediat, das durch Deprotonierung wieder zu einem aromatischen Produkt reagiert.

- An unpolaren Alkanen laufen bevorzugt Radikalkettenreaktionen ab. Sie beginnen mit der Startreaktion (Radikalbildung). Es folgen Kettenfortpflanzungsreaktionen, bei denen ein Radikal mit dem Edukt unter Bildung eines neuen Radikals reagiert. Die Reaktion wird durch Kettenabbruchreaktionen beendet, bei der zwei Radikale miteinander reagieren. Viele Polymere werden durch radikalische Polymerisation hergestellt, die auch zur Aushärtung von Zahnfüllungen verwendet wird.

Übungsaufgaben

1 Welches Produkt entsteht bei der säurekatalysierten Dehydratisierung von 2-Propanol?

2 Welches sind die Produkte der Reaktion von Ethen mit a) H_2, b) Br_2, c) $H^+ + H_2O$? Was für eine Reaktion findet jeweils statt?

3 Welches Produkt entsteht bei der katalytischen Hydrierung von Isopren?

4 Welche Aromaten sind im Imatinib enthalten, einem Kinase-Inhibitor zur Behandlung der chronisch myeloischen Leukämie?

Imatinib

5 Welches Produkt entsteht bei der Reaktion von Benzen mit Brom + $FeBr_3$? Was für eine Reaktion findet statt?

6 Wie viele Isopren-Einheiten finden Sie im Lycopin, dem roten Farbstoff der Tomate.

7 Welche Aussagen sind richtig?
a) Bei mehrstufigen Reaktionen ist immer der erste Schritt langsam.
b) Eine kurzlebige Zwischenstufe entspricht einem Maximum im Reaktionsenergiediagramm.
c) Bei einer konzertierten Reaktion lässt sich die Reaktionsordnung aus der Molekularität des Reaktionsschrittes ableiten.
d) An tertiären Kohlenstoffatomen finden keine S_N2-Reaktionen statt.
e) Je mehr Alkylgruppen an dem positiv geladenen C-Atom eines Carbeniumions gebunden sind, desto stabiler ist das Teilchen.
f) Bei einer S_N1-Reaktion findet eine schnelle Bildung eines Carbeniumions statt, das dann in einem zweiten Schritt langsam mit dem Nucleophil reagiert.
g) Voluminöse, sterische anspruchsvolle Nucleophile reagieren in S_N2-Reaktionen schlecht.
h) Eine S_N2-Reaktion findet immer unter Rückseitenangriff statt.
i) Ein Katalysator verschiebt das Gleichgewicht auf die Produktseite, die Reaktion wird daher schneller.
j) Reaktionen sind immer dann schnell, wenn sie eine hohe thermodynamische Triebkraft besitzen.

8 Welche Aussagen zum radioaktiven Zerfall sind falsch?
a) Ein radioaktiver Zerfall folgt einer Kinetik 2. Ordnung.
b) Nach drei Halbwertszeiten ist nur noch ein Achtel der ursprünglichen Menge vorhanden.
c) Alle radioaktiven Isotope zerfallen mit der gleichen Geschwindigkeit.
d) Die Zerfallsgeschwindigkeit ist die Anzahl der Zerfälle pro Zeit.

9 Welche Aussagen zum gezeigten Reaktionsenergiediagramm treffen zu?

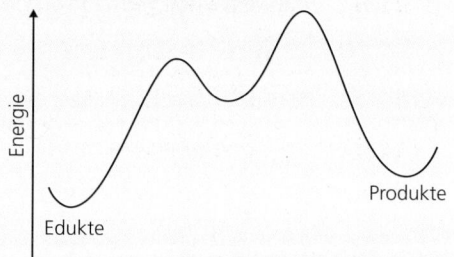

a) Es handelt sich um eine mehrstufige Reaktion.
b) Der zweite Reaktionsschritt ist geschwindigkeitsbestimmend.
c) Die Reaktion ist exotherm (bei Verwendung der Enthalpie H als Energiegröße).
d) Die Reaktion ist endergonisch (bei Verwendung der Gibbs-Energie G als Energiegröße).
e) Es tritt im Reaktionsverlauf ein kurzlebiges Intermediat auf.

> Die Lösungen zu den Übungsaufgaben finden Sie im Anhang. Die ausführlichen Lösungen zu diesem Buchkapitel finden Sie auf der Website zum Buch unter http://www.pearson.de. Sie finden dort auch ein Bonuskapitel »Mathematische Grundlagen« sowie ergänzende Tabellen.

Reaktionen von Carbonylverbindungen   11

11.1	Einteilung von Carbonylverbindungen.......	489
11.2	Struktur und Bindungsverhältnisse	491
11.3	Reaktivität von Carbonylverbindungen......	492
11.4	Reaktionen von Aldehyden und Ketonen....	497
11.5	Keto-Enol-Tautomerie........................	510
11.6	Die Aldolreaktion: Knüpfung von C–C-Bindungen................................	514
11.7	Carbonsäuren.................................	521
11.8	Carbonsäurederivate.........................	525
11.9	Ester anorganischer Säuren.................	535
11.10	Lipide und Seifen.............................	538
11.11	Oxidation und Reduktion.....................	549
11.12	Hydrochinone und Chinone..................	554

■ **FALLBEISPIEL** Stoffwechselstörung

Ein 17-jähriger Patient wird komatös ins Krankenhaus eingeliefert. Er hatte nach einer Mountainbike-Tour am Vortag über Schwäche und Benommenheit geklagt und sich mehrmals erbrochen. Am nächsten Morgen konnte er von seiner Mutter nicht mehr aufgeweckt werden. Die Mutter berichtet, dass der sportliche junge Mann seit zwei bis drei Wochen mehrmals über Schwächeanfälle und Müdigkeit geklagt hat. Er verlor in dieser Zeit rapide an Gewicht, verspürte ständig Durst und musste sehr häufig Wasser lassen. Bei der ersten Untersuchung ergibt sich, dass die Atmung unregelmäßig und tief ist, die Ausatemluft riecht fruchtig-erdig. Die Blutgasanalyse zeigt das Vorliegen einer metabolischen Ketoacidose. Ansonsten ist das Blutbild, bis auf eine deutlich erhöhte Glucose-Konzentration von 540 mg/dL (Normwert: 70–100 mg/dL), normal. Die Urin-Teststäbchen zeigen stark positive Ergebnisse für Glucose und Ketonkörper. Der Patient erhält Normalinsulin (früher Altinsulin) i.v. (intravenös) und eine Infusion von isotonischer Kochsalzlösung.

Erklärung

Der junge Mann befindet sich in einem akut lebensbedrohlichen ketoacidotischen Koma infolge eines Typ-1-Diabetes mellitus, einer Störung des Glucosestoffwechsels. Diese Stoffwechselerkrankung bricht häufig bei Kindern oder Jugendlichen erstmals aus (früher wurde der Typ-1-Diabetes daher auch juveniler Diabetes genannt). Durch eine Zerstörung der insulinproduzierenden β-Zellen der Bauchspeicheldrüse (Pankreas) entsteht ein absoluter Insulinmangel (insulinabhängiger Diabetes). Als Folge kann Glucose, der Hauptenergielieferant, nicht mehr aus dem Blut in die Zellen aufgenommen werden. Dies führt zu einer erhöhten Glucosekonzentration im Blut (Hyperglykämie) sowie dem Auftreten von Glucose im Harn (Glucosurie). Aufgrund der großen osmotischen Wirkung der Glucose werden mit der Glucose große Mengen an Wasser ausgeschieden (Polyurie), was mit einem starken Flüssigkeitsverlust (typische Anzeichen: Durstgefühl, Müdigkeit, trockene und warme Haut) verbunden ist.

Der Glucosemangel in den Zellen führt auch zu einem verstärkten Abbau von Fetten (gesteigerte Lipolyse), Folge ist eine schnelle Gewichtsabnahme. Beim Abbau der dabei entstehenden Fettsäuren bildet sich vermehrt Acetyl-Coenzym A (Acetyl-CoA), aus dem sich in der Ketogenese die Ketonkörper Aceton und Acetoacetat bilden, die ebenfalls über den Harn (Ketonurie) oder die Lunge (daher kommt der fruchtige Geruch der Ausatemluft) ausgeschieden werden. Teil dieser Reaktionssequenz ist eine Esterkondensation. Typischerweise wird – wie auch in diesem Fall – der Typ-1-Diabetes aufgrund einer Ketoacidose erkannt. Die schwerste Ausprägung der Ketoacidose ist das ketoacidotische Koma, das letztendlich durch die Übersäuerung und den Flüssigkeitsverlust verursacht wird. Die Gabe von Insulin führt zur Aufnahme der Glucose in die Zellen, sodass sich der Stoffwechsel wieder normalisiert. Zusätzlich wird die Dehydratisierung durch Infusion (isotonische Kochsalzlösung) ausgeglichen. Typ-1-Diabetes ist insulinpflichtig und kann nicht mit oralen Antidiabetika therapiert werden.

11.1 Einteilung von Carbonylverbindungen

LERNZIELE

Das Fallbeispiel zeigt, dass Ketonkörper im menschlichen Stoffwechsel und bei Krankheiten eine wichtige Rolle spielen. Um dies zu verstehen, müssen wir uns mit Carbonylverbindungen und ihren Reaktionen beschäftigen. In diesem Kapitel werden wir daher lernen,

- warum man Carbonylverbindungen entsprechend ihrer Reaktivität in Carbonsäuren und Carbonsäurederivate einerseits, sowie Aldehyde und Ketone andererseits unterteilt,
- dass Aldehyde und Ketone mit Nucleophilen unter Addition reagieren, Carbonsäurederivate hingegen unter Substitution, und dass durch vorherige Protonierung der Carbonylgruppe beide Reaktionen katalysiert werden können,
- dass Hydrate, Halbacetale, Acetale und Aminale Additionsprodukte von Aldehyden und Ketonen mit Wasser, Alkoholen und Aminen sind und dass Enamine und Imine durch Kondensationsreaktionen von Aldehyden und Ketonen mit Aminen entstehen,
- dass Carbonylverbindungen in α-Stellung durch Basen deprotoniert werden können, wobei resonanzstabilisierte Enolatanionen gebildet werden, und dass diese wichtige C-Nucleophile für die Knüpfung von C–C-Bindungen zum Beispiel in Aldolreaktionen sind,
- was eine Keto-Enol-Tautomerie ist,
- warum sich Carbonsäurederivate in ihrer Reaktivität unterscheiden und wie man Carbonsäureester synthetisiert und hydrolysiert,
- was Seifen, Tenside, Mizellen, Lipide und Fette sind,
- wie Alkohole, Aldehyde und Ketone sowie Carbonsäuren durch Oxidationen und Reduktionen ineinander überführt werden können und was Chinone und Hydrochinone sind.

11.1 Einteilung von Carbonylverbindungen

Eine der wichtigsten funktionellen Gruppen in der organischen Chemie und der Biochemie ist die **Carbonylgruppe** C=O, ein C-Atom mit einem doppelt gebundenen Sauerstoffatom (▶ Tabelle 9.5). Sie bestimmt die Eigenschaften und das chemische Reaktionsverhalten nahezu aller physiologisch wichtigen Stoffklassen, wie zum Beispiel der Kohlenhydrate (▶ Kapitel 12), der Aminosäuren, Peptide und Proteine (▶ Kapitel 13), der Nucleinsäuren (▶ Kapitel 14) oder der Fette (▶ Tabelle 11.1). Für ein Verständnis der molekularen Grundlagen von physiologischen und pathologischen Stoffwechselprozessen ist es daher unerlässlich, die Chemie der Carbonylverbindungen zu kennen.

11 Reaktionen von Carbonylverbindungen

Es ist sinnvoll, die Carbonylverbindungen entsprechend ihrer jeweiligen chemischen Reaktivität in zwei Klassen zu unterteilen, nämlich die **Carbonsäurederivate**, wie zum Beispiel Carbonsäuren, Ester oder Amide, und die **Aldehyde** und **Ketone**, die man als Carbonylverbindungen im engeren Sinne bezeichnet. Bei den Carbonsäurederivaten werden die Eigenschaften der Carbonylgruppe durch den Substituenten X so stark verändert, dass die gesamte Einheit – C=O-Gruppe und Substituent X – eine eigenständige funktionelle Gruppe (▶ Tabelle 11.1) bildet. Deswegen bezeichnet man Verbindungen mit der funktionellen Gruppe –C(=O)NH$_2$ auch als Amide und nicht etwa als „Keton-Amine", da Amide völlig andere chemische Eigenschaften besitzen als Ketone oder Amine und sich der rein formale Zusammenhang mit den Ketonen (Ersatz des Alkylrestes durch eine Aminogruppe –NH$_2$) nicht in den chemischen Eigenschaften widerspiegelt.

Stoffklasse Systematischer Name	Beispiel Trivialname/ Systematischer Name	Bedeutung
Aldehyd/Alkanal	Acetaldehyd/Ethanal	Oxidationsprodukt des Ethanols (Kapitel 9)
Keton/Alkanon	Aceton/Propanon	Lösemittel; in Nagellackentferner; entsteht *in vivo* im Rahmen der Ketogenese
Carbonsäure/Alkansäure	Essigsäure/Ethansäure	Oxidationsprodukt des Acetaldehyds; im Haushaltsessig
Carbonsäureester Alkansäurealkylester	Essigsäureethylester Ethansäureethylester	Lösemittel zum Beispiel im Klebstoff Pattex®
Thioester Thioalkansäurealkylester	Acetyl-CoA	Aktivierte Form der Essigsäure *in vivo* (Kapitel 11.8.3)
Carbonsäureamid/Alkanamid	Acetylcystein (ACC)	Schleimlösendes Hustenmittel, Antidot bei Paracetamolvergiftungen

Stoffklasse Systematischer Name	Beispiel Trivialname/ Systematischer Name	Bedeutung
Carbonsäureanhydrid Alkansäureanhydrid R–C(=O)–O–C(=O)–R'	Essigsäureanhydrid Ethansäureanhydrid H₃C–C(=O)–O–C(=O)–CH₃	Reaktives Essigsäurederivat; dient unter anderem zur Herstellung von Aspirin, Heroin und anderen Estern der Essigsäure.
Carbonsäurehalogenid Alkanoylhalogenid R–C(=O)–X X = F, Cl, Br, I	Essigsäurechlorid oder Acetylchlorid/Ethanoylchlorid H₃C–C(=O)–Cl	Reaktives Essigsäurederivat; dient unter anderem zur Herstellung von Aspirin und anderen Estern der Essigsäure.
Kohlensäurederivate X–C(=O)–X'	Harnstoff oder Kohlensäurediamid H₂N–C(=O)–NH₂	Endprodukt des Proteinabbaus im Mensch (Kapitel 14.2)

Tabelle 11.1: Verbindungsklassen von Carbonylverbindungen (R, R' = Alkyl, Aryl)

Eine dritte Klasse von Carbonylverbindungen sind die **Kohlensäurederivate**. Dies sind Verbindungen, die sich formal von der Kohlensäure HOC(=O)OH (= H_2CO_3 bzw. $CO_2 + H_2O$, ▶ Kapitel 6.3) ableiten. Von diesen spielt in der Physiologie und Medizin neben der Kohlensäure selbst auch der Harnstoff $H_2NC(=O)NH_2$, das Diamid der Kohlensäure, als Endprodukt des Proteinstoffwechsels eine wichtige Rolle (▶ Kapitel 14.2).

11.2 Struktur und Bindungsverhältnisse

Das C- und das O-Atom der Carbonylgruppe sind durch eine C=O-Doppelbindung miteinander verbunden, die sich völlig analog wie die C=C-Doppelbindung in einem Alken durch eine σ- und eine π-Bindung beschreiben lässt (▶ Kapitel 9.3). Der Kohlenstoff ist ebenso wie das O-Atom sp^2-hybridisiert (▶ Tabelle 9.2). Durch Überlappung je eines sp^2-Hybridorbitals an beiden Atomen bildet sich eine σ-Bindung (▶ Abbildung 11.1). Die beiden verbleibenden sp^2-Hybridorbitale am C-Atom bilden die Bindungen zu den beiden anderen Substituenten aus. Alle direkt am Carbonyl-C-Atom gebundenen Atome liegen daher in einer Ebene. Die Bindungswinkel betragen 120°. Die beiden verbleibenden sp^2-Hybridorbitale des Sauerstoffs enthalten die beiden freien Elektronenpaare. Am Carbonyl-C- und am O-Atom befindet sich jeweils noch ein p-Orbital, das senkrecht auf der Ebene der sp^2-Hybridorbitale steht. Durch seitliche Überlappung dieser beiden p-Orbitale bildet sich die π-Bindung.

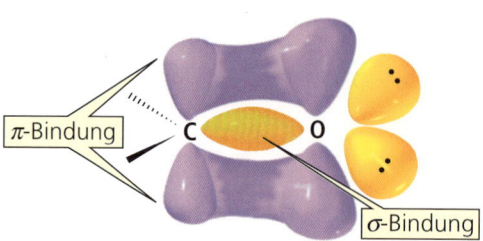

Abbildung Abbildung 11.1: Schematische Darstellung der Bindungsverhältnisse in einer Carbonylgruppe. Die σ-Bindung entsteht durch die Überlappung von zwei sp^2-Hybridorbitalen. Die π-Bindung bildet sich durch seitliche Überlappung eines p-Orbitals des Kohlenstoffatoms mit einem p-Orbital des Sauerstoffatoms. Die π-Elektronen sind zum Sauerstoff hin verschoben (symbolisiert durch das größere Orbital), die C=O-Doppelbindung ist polar.
Nach: Bruice, P. Y. (2007)

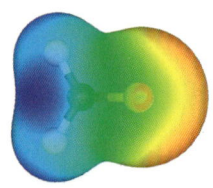
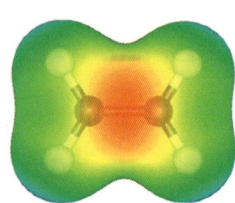

Formaldehyd H$_2$C=O enthält eine polare C=O-Doppelbindung, Ethen H$_2$C=CH$_2$ eine unpolare C=C-Doppelbindung.

In einem ganz wesentlichen Punkt unterscheidet sich die C=O-Doppelbindung von einer C=C-Doppelbindung: **Die CO-Doppelbindung ist polar**, da Kohlenstoff und Sauerstoff deutlich unterschiedliche Elektronegativitäten aufweisen (EN von C = 2,5 und von O = 3,5; ▶ Kapitel 2.6). Eine C=C-Doppelbindung ist dagegen unpolar. Diese Polarisierung ist maßgeblich für das Reaktionsverhalten der Carbonylgruppe verantwortlich. Aufgrund der größeren Elektronegativität des O-Atoms im Vergleich zum C-Atom sind insbesondere die beiden π-Elektronen zum Sauerstoff hin verschoben. Der Sauerstoff ist daher negativ (δ−) und der Kohlenstoff positiv (δ+) polarisiert. Diese Polarisierung lässt sich durch eine zweite Resonanzformel (▶ Kapitel 10.8.1) darstellen, bei der das Elektronenpaar der π-Bindung ganz zum elektronegativeren O-Atom hin verschoben wird. Diese zwitterionische Resonanzformel entspricht zwar der tatsächlichen Ladungsverteilung etwas weniger als die neutrale Grenzform, veranschaulicht aber die Polarisierung und damit das Reaktionsverhalten der Carbonylfunktion. Auch bei der Betrachtung des elektrostatischen Oberflächenpotenzials, zum Beispiel des Formaldehyds H$_2$C=O, kann man die Polarisierung der C=O-Doppelbindung klar erkennen. Das O-Atom weist eine deutliche Rotfärbung (= negative Ladungsdichte) auf, das Carbonyl-C-Atom ist deutlich blau gefärbt (= positive Ladungsdichte).

polarisierte Bindung

11.3 Reaktivität von Carbonylverbindungen

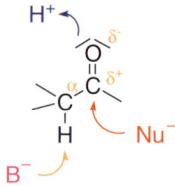

Carbonylverbindungen gehen drei typische Reaktionen ein. Welche dieser Reaktionen abläuft, hängt davon ab, was für ein Teilchen angreift:

- **Nucleophile** reagieren mit dem positiv polarisierten Kohlenstoff der Carbonylgruppe. Dabei wird gleichzeitig das Elektronenpaar der π-Bindung zum Sauerstoff hin verschoben. Die Substituenten der so gebildeten tetraedrischen Zwischenstufe bestimmen dann, welche

Folgereaktionen ablaufen und welches Produkt dadurch letztendlich gebildet wird (=> **Addition** oder **Substitution**, ▶ Kapitel 11.3.1).

- **Elektrophile** (wie zum Beispiel H$^+$) reagieren mit dem negativ polarisierten Sauerstoff der Carbonylgruppe. Die Polarisierung der C=O-Gruppe wird verstärkt, der nachfolgende Angriff eines Nucleophils auf den Carbonylkohlenstoff wird somit erleichtert (=> **Aktivierung** der Carbonylgruppe, ▶ Kapitel 11.3.2).
- Starke **Basen** spalten ein Proton vom benachbarten α-Kohlenstoff ab, es entsteht ein resonanzstabilisiertes Anion (=> **Enolatbildung**), ein wichtiges Nucleophil für C–C-Verknüpfungsreaktionen (▶ Kapitel 11.6).

Fast alle dieser Reaktionen sind reversibel.

11.3.1 Reaktionen an der Carbonylgruppe: Angriff eines Nucleophils

Im Gegensatz zu einer unpolaren C=C-Doppelbindung (wie zum Beispiel im Ethen), die nur von Elektrophilen angegriffen werden kann (▶ Kapitel 10.7.3), reagiert die polarisierte C=O-Doppelbindung sowohl mit Elektrophilen als auch mit Nucleophilen. Beim **Angriff eines Nucleophils** am Carbonyl-C-Atom wird gleichzeitig das Elektronenpaar der π-Bindung zum elektronegativen Sauerstoff hin verschoben, der die negative Ladung gut stabilisieren kann. Bei einer unpolaren C=C-Doppelbindung ist der Angriff eines Nucleophils hingegen nicht möglich, da dabei ein instabiles Carbanion (= Teilchen mit einem negativ geladenen C-Atom) entstehen würde.

Angriff eines Nucleophils

Die Bildung dieser anionischen Zwischenstufe findet bei allen Carbonylverbindungen beim Angriff eines Nucleophils statt, also sowohl bei Carbonsäurederivaten als auch bei Aldehyden und Ketonen. Nach dem Angriff des Nucleophils bildet das ursprüngliche Carbonyl-C-Atom vier Einfachbindungen aus, es ist also sp^3-hybridisiert. Man spricht daher auch von einer **tetraedrischen Zwischenstufe**. Ihre weiteren Reaktionsmöglichkeiten hängen von den Substituenten der Carbonylgruppe ab.

- Wenn an das ursprüngliche Carbonyl-C-Atom eine gute Abgangsgruppe X (Nucleofug) gebunden ist, so wird diese abgespalten. Dabei bildet sich die stabile C=O-Doppelbindung zurück. Die Gesamtreaktion ist eine **Substitution**, bei der das Nucleophil das Nucleofug ersetzt. Dies ist die vorherrschende Reaktion bei Carbonsäurederivaten.

- Ist keine Abgangsgruppe am ursprünglichen Carbonyl-C-Atom vorhanden, kann sich das tetraedrische Intermediat nur dadurch stabilisieren, dass es ein Proton aufnimmt. Die Gesamtreaktion ist eine **Addition**. Dies ist die vorherrschende Reaktion bei **Aldehyden** und **Ketonen**.

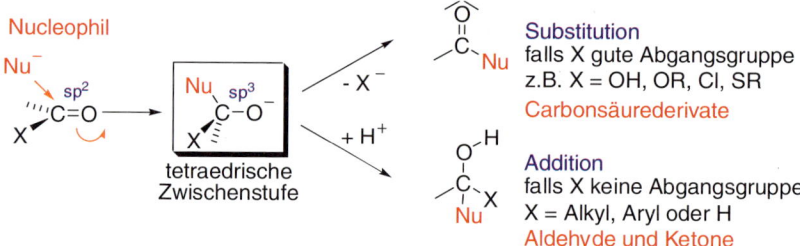

Damit wird auch die Einteilung der Carbonylverbindungen in Carbonsäurederivate einerseits und Aldehyde und Ketone andererseits verständlich (▶ Kapitel 11.1). Carbonsäurederivate besitzen am Carbonyl-C-Atom eine Abgangsgruppe, Aldehyde oder Ketone hingegen nicht. Bei ihnen müsste ein Hydridion H⁻ oder ein Carbanion R⁻ abgespalten werden, um die stabile C=O-Doppelbindung zurückzubilden. Das tetraedrische Intermediat kann sich daher nur durch eine Protonenaufnahme stabilisieren. Allerdings können sich bei den Aldehyden und Ketonen dann noch weitere Folgereaktionen ausgehend von diesem Additionsprodukt anschließen.

11.3.2 Reaktionen an der Carbonylgruppe: Angriff eines Elektrophils

Der Angriff eines Nucleophils an eine Carbonylgruppe kann in saurer Lösung durch eine vorgelagerte, schnelle **Protonierung der Carbonylgruppe** am O-Atom erleichtert werden. Durch die Protonierung wird die Polarisierung der C=O-Gruppe verstärkt (▶ Abbildung 11.2), das Carbonyl-C-Atom wird elektropositiver. Eine protonierte Carbonylverbindung ist ein stärkeres Elektrophil als die unprotonierte Carbonylverbindung und reagiert daher auch mit schwächeren Nucleophilen NuH (wie zum Beispiel H$_2$O anstelle von OH⁻). Da im weiteren Reaktionsverlauf das Proton wieder abgespalten wird, handelt es sich um eine **Säurekatalyse**.

11.3 Reaktivität von Carbonylverbindungen

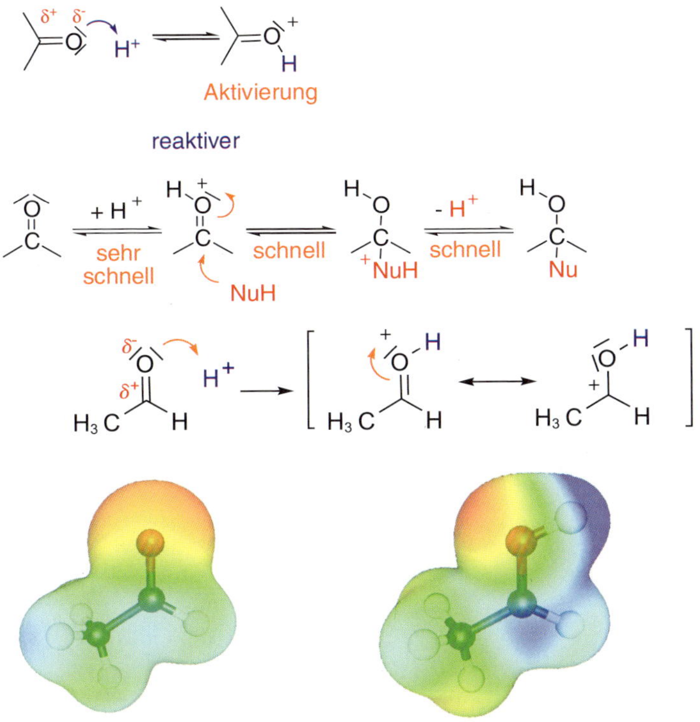

Abbildung 11.2: Aktivierung einer Carbonylgruppe durch Protonierung. Die Elektrophilie des Carbonyl-C-Atoms im Acetaldehyd wird durch die Protonierung stark erhöht, was sich an der stärkeren Blaufärbung im Oberflächenpotenzial (rechts) gegenüber unprotoniertem Acetaldehyd (links) zeigt.

11.3.3 Erhöhung der α-CH-Acidität: Angriff einer Base

Nicht nur die Atome der Carbonylgruppe, sondern auch benachbarte Atome erhalten durch die speziellen Eigenschaften der C=O-Doppelbindung andere chemische Eigenschaften. In welchem Ausmaß dies erfolgt, hängt von der relativen Entfernung zur funktionellen Gruppe ab, die man mit kleinen griechischen Buchstaben angibt. Das Kohlenstoffatom, das direkt an das Carbonyl-C-Atom gebunden ist, bezeichnet man als α-Kohlenstoffatom (im zweiten Substituenten manchmal α' genannt), das nächste als β-C-Atom und so weiter. Wasserstoff- und Heteroatome, die an eines dieser C-Atome gebunden sind, werden mit demselben griechischen Buchstaben bezeichnet wie das C-Atom selbst.

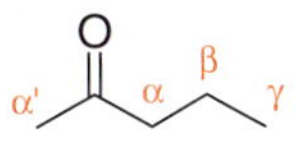

Carbonylgruppen erhöhen die **Acidität der Protonen** am benachbarten α-Kohlenstoff, die daher sehr viel leichter durch Basen deprotoniert werden können als eine CH-Gruppe in einem Alkan. Bei der Abspaltung eines Protons in α-Position zu einer Carbonylgruppe entsteht ein resonanzstabilisiertes **Enolatanion**. Nach der Abspaltung des Protons ist das α-C-Atom ebenfalls sp²-hybridisiert, sodass die negative Ladung über die benachbarte Carbonylgruppe delokalisiert werden kann (▶ Kapitel

Position relativ zur Carbonylgruppe

10.8.1). Eine solche Resonanzstabilisierung ist bei der Deprotonierung eines Alkans nicht möglich. Es entsteht ein instabiles Carbanion. C–H-Bindungen in einem Alkan sind daher praktisch nicht acide ($pK_s > 30$).

Angriff einer Base

Im Enolatanion ist die negative Ladung zum großen Teil vom α-C-Atom zum Sauerstoffatom hin verschoben, da dieser elektronegativer ist und die negative Ladung besser stabilisieren kann. Tatsächlich ähnelt die elektronische Struktur des Enolatanions eher der Resonanzformel mit C=C-Doppelbindung und negativ geladenem Sauerstoffatom. Davon leitet sich auch der Name Enolat (Alk-*en* und Alkoh-*olat*) ab.

Aufgrund der Resonanzstabilisierung des Enolatanions sind die α-Protonen einer Carbonylgruppe wie geschildert relativ sauer (der pK_s-Wert dieser Protonen im Acetaldehyd beträgt zum Beispiel etwa 17) und können daher bereits durch starke Basen wie OH⁻ (pK_s von Wasser 15,6) zumindest in solchen Mengen abgespalten werden, dass chemische Reaktionen über Enolate als reaktive Zwischenstufen ablaufen können (▶ Kapitel 11.6). Enolate spielen als sogenannte **C-Nucleophile** eine wichtige Rolle bei vielen biosynthetischen Stoffwechselprozessen wie zum Beispiel dem Aufbau von Kohlenhydraten (▶ Kapitel 13).

Acide sind bei einer Carbonylverbindung aber nur die α-Protonen. Weder das direkt an die Carbonylgruppe gebundene Proton eines Aldehyds noch Protonen an weiter entfernten C-Atomen lassen sich durch Basen abspalten, da die entstehenden Carbanionen nicht resonanzstabilisiert sind. Dies ist nur bei einer Deprotonierung der α-Position möglich.

11.4 Reaktionen von Aldehyden und Ketonen

Wir wollen uns zuerst mit den typischen Reaktionen der Aldehyde und Ketone beschäftigen. Der einfachste **Aldehyd** ist Methanal $H_2C=O$ (Trivialname: Formaldehyd). In allen anderen Aldehyden RC(=O)H sind an die Carbonylgruppe ein H-Atom und ein organischer Rest R gebunden. Eine Carbonylgruppe mit einem daran gebundenen Alkyl- oder Arylrest R bezeichnet man als **Acylrest**. Einige Acylreste haben Namen, wie zum Beispiel der **Acetylrest** ($R=CH_3$), der sich von der Essigsäure ableitet, oder der **Formylrest** (R=H), der sich von der Ameisensäure ableitet. Für die **systematische Bezeichnung** der Aldehyde geht man vom zugrunde liegenden Kohlenwasserstoff aus, wobei für die Ermittlung der Anzahl an C-Atomen die Carbonylgruppe mitgezählt wird. An den Stammnamen dieses Kohlenwasserstoffs fügt man die Endsilbe „-al" an („Alkan-al"). Analog bezeichnet man ein **Keton** RR'C=O als „Alkan-on". Falls notwendig, gibt man die Position der Carbonylgruppe entlang der Kohlenstoffkette durch die entsprechende Positionsnummer des Carbonyl-C-Atoms an. Alternativ kann man den Namen eines Ketons aus den Namen der beiden organischen Reste R und R', die an die Carbonylgruppe gebunden sind, und der Endsilbe „-keton" bilden. Für viele niedermolekulare Aldehyde und Ketone verwendet man zusätzlich noch **Trivialnamen**. So wird der einfachste Aldehyd, Methanal, auch als Formaldehyd bezeichnet, das nächsthöhere Homologe (▶ Kapitel 9.5) Ethanal als Acetaldehyd. Der Trivialname von Propanon (= Dimethylketon) ist Aceton. Da es sich um ein Keton handelt, muss das Carbonyl-C-Atom das C^2 sein. Deswegen kann die Positionsnummer (2-Propanon) weggelassen werden.

Viele Naturstoffe enthalten Aldehyd- oder Ketogruppen. Leicht flüchtige nichtaromatische Aldehyde wie Formaldehyd besitzen häufig einen stechenden Geruch, Ketone riechen dagegen eher fruchtig-süßlich. Aromatische Aldehyde finden sich vielfach als natürlich vorkommende Duftstoffe in Pflanzen. Benzaldehyd zum Beispiel riecht angenehm süßlich nach Bittermandel bzw. Marzipan (Bittermandelöl besteht zu 90 Prozent aus Benzaldehyd). Vanillin (4-Hydroxy-3-methoxy-benzaldehyd) ist der Aromastoff der Vanillepflanze.

Aldehyde und Ketone gehen die gleichen chemischen Reaktionen ein (Addition von Nucleophilen an die C=O-Bindung), unterscheiden sich

11 Reaktionen von Carbonylverbindungen

> **MERKE**
>
> Die typische Reaktion der Aldehyde und Ketone ist die Addition eines Nucleophils an das Carbonyl-C-Atom der C=O-Gruppe.
>
> Dabei sind Aldehyde reaktiver als Ketone.

aber in ihrer **relativen Reaktivität**. Der geschwindigkeitsbestimmende Schritt ist in den meisten Fällen die Addition des Nucleophils an das elektrophile C-Atom der Carbonylgruppe. Die Geschwindigkeit dieses Schritts – und damit der Gesamtreaktion – hängt von der Größe der positiven Partialladung am angegriffenen Carbonyl-C-Atom ab. Alkylgruppen sind, wie wir im Zusammenhang mit der Stabilität von Carbeniumionen bereits gelernt haben (▶ Kapitel 10.5.1), elektronenschiebende Substituenten. Sie verringern die Reaktivität des Carbonyl-C-Atoms. Ketone mit zwei elektronenschiebenden Alkylgruppen am Carbonyl-C-Atom sind daher weniger reaktiv als Aldehyde mit nur einer Alkylgruppe. Aus dem gleichen Grund ist Formaldehyd (zwei H-Atome als Substituenten) reaktiver als die anderen Aldehyde (▶ Abbildung 11.3).

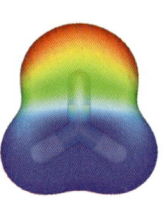 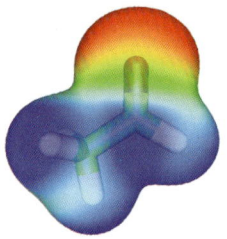 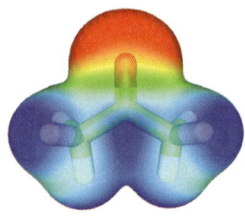

Abbildung 11.3: Elektrostatisches Oberflächenpotenzial von Formaldehyd, Acetaldehyd und Aceton. Die abnehmende Blaufärbung des Carbonyl-C-Atoms (= geringere positive Ladungsdichte) spiegelt die abnehmende Reaktivität gegenüber Nucleophilen wider.

■ **AUS DER MEDIZINISCHEN PRAXIS**   **Formalin in der Praxis**

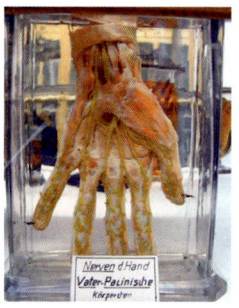

Anatomiepräparat
© *Medizinische Fakultät der Martin-Luther-Universität, Halle-Wittenberg*

Formaldehyd (Methanal) H$_2$C=O, der einfachste Aldehyd, ist ein stechend riechendes Gas. Eine wässrige Lösung wird als **Formalin** (Formol) bezeichnet. In dieser Lösung liegt Formaldehyd fast ausschließlich als Hydrat vor (▶ Kapitel 11.4.1). Formaldehyd wirkt desinfizierend, da es mit Aminogruppen in Proteinen und Nucleinsäuren unter Aminalbildung (▶ Kapitel 11.4.3) reagiert und so die Strukturen dieser Moleküle zerstört. Formalin wird daher auch in der Anatomie zur Konservierung und Fixierung anatomischer Präparate verwendet. Formalin-Dämpfe verursachen Reizungen der Augen und der Luftwege. Bei oraler Aufnahme verursacht es schwere Nekrosen in Mund, Magen und Darm. Die durch Oxidation entstehende Ameisensäure HCO$_2$H verursacht eine Acidose. Ob Formaldehyd im Menschen cancerogen wirkt, ist noch umstritten. Im Tierversuch wurde mit hohen Konzentrationen eine cancerogene Wirkung beobachtet. Bei längerem Stehenlassen kann Formaldehyd zu wasserunlöslichem Paraformaldehyd polymerisieren, aus dem es durch Erhitzen wieder freigesetzt werden kann.

11.4.1 Reaktion mit Wasser: Bildung von Hydraten

In wässriger Lösung reagieren Aldehyde und Ketone mit Wasser unter Bildung von **Hydraten**. Da in einem Hydrat zwei OH-Gruppen an das gleiche C-Atom gebunden sind, spricht man auch von einem geminalen

Diol (von lateinisch *gemini* = Zwillinge). Sie unterscheiden sich aber in der Oxidationsstufe des Carbonyl-C-Atoms (▶ Kapitel 11.11) und in ihrem Reaktionsverhalten von einfachen Alkoholen oder auch von Diolen, bei denen die beiden OH-Gruppen an unterschiedlichen C-Atomen sitzen. Wir werden daher nur den Begriff Hydrat verwenden. Die Bildung der Hydrate folgt dem allgemeinen Reaktionsverlauf der Addition von Nucleophilen (▶ Kapitel 11.3.1). Es handelt sich um eine **reversible Gleichgewichtsreaktion**, die Gleichgewichtslage hängt von der Carbonylverbindung ab. Formaldehyd $H_2C=O$ ist in Wasser fast vollständig hydratisiert. Beim Acetaldehyd liegen annähernd gleiche Konzentrationen von Carbonylverbindung und Hydrat nebeneinander vor, während Aceton $(H_3C)_2C=O$ im Gleichgewicht nur zu 0,2 Prozent als Hydrat vorliegt. Hydrate sind in den meisten Fällen aber nur in Lösung stabil und zerfallen beim Versuch, sie in reiner Form zu isolieren, wieder in die Carbonylverbindungen und Wasser.

Hydratbildung

Formaldehyd 0,1 % + H_2O ⇌ 99,9 % $K = 2{,}3 \times 10^3$

Acetaldehyd 42 % + H_2O ⇌ 58 % $K = 1{,}4$

Aceton 99,8 % + H_2O ⇌ 0,2 % $K = 2{,}0 \times 10^{-3}$

Bei neutralem pH-Wert ist die Hydratbildung eine sehr langsame Reaktion, denn Wasser ist ein schwaches Nucleophil, das mit einem schwachen Elektrophil, der Carbonylverbindung, reagieren muss. Die Reaktion lässt sich aber sowohl in saurer als auch in basischer Lösung stark beschleunigen. Es handelt sich um eine Katalyse durch H^+ oder OH^-, die Gleichgewichtslage wird also nicht verändert. In saurer Lösung liegt mit der protonierten Carbonylverbindung ein wesentlich reaktiveres Elektrophil vor, das auch mit dem schwachen Nucleophil Wasser schnell reagiert. In basischer Lösung ist das angreifende Teilchen nicht mehr Wasser, sondern das Hydroxidion OH^-, das ein deutlich besseres Nucleophil als H_2O ist. Es ist ausreichend reaktiv, um auch die unprotonierte Carbonylverbindung, ein schwaches Elektrophil, angreifen zu können.

MERKE

Säurekatalyse: Elektrophil wird elektrophiler ($C=O^+H$ statt $C=O$)

Basenkatalyse: Nucleophil wird nucleophiler (OH^- statt H_2O)

11 Reaktionen von Carbonylverbindungen

In saurer Lösung

In basischer Lösung

AUS DER MEDIZINISCHEN PRAXIS

Chloralhydrat – ein Sedativum

© G. Pohl- Boskamp GmbH & Co. KG, Hohenlockstedt

Chloralhydrat ist eines der wenigen Hydrate, das sich tatsächlich in Substanz (das heißt als stabiles Hydrat) isolieren lässt. Es ist ein weißes kristallines Pulver, das bei oraler Einnahme schlaffördernd wirkt. Als ältestes synthetisches Schlafmittel der Welt hat es auch Eingang in Film und Literatur gefunden. Wie echte James-Bond-Fans sicherlich wissen, wurde Agent 007 zweimal mit Chloralhydrat betäubt. Das erste Mal wurde es ihm in „Liebesgrüße aus Moskau", das zweite Mal in „Der Hauch des Todes" heimlich in den geschüttelten Martini gerührt. Auch andere berühmte Autoren benutzten Chloralhydrat in ihren Werken, so zum Beispiel Bram Stoker in „Dracula" und Agatha Christie in „And then they were none". Chloralhydrat wurde 1832 erstmals von Justus Liebig synthetisiert, die narkotischen und Schlaf erzeugenden Eigenschaften entdeckte Oskar Liebreich 1869. Seitdem wird es als Schlafmittel (Chloraldurat®) verwendet. Aufgrund seiner Nebenwirkungen (zum Beispiel Übelkeit, Brechreiz) und der möglichen Suchtgefahr (Chloralismus) ist Chloralhydrat verschreibungspflichtig und hat heute keine große Bedeutung mehr.

Grund für die Stabilität der Hydratform des Trichloracetaldehyds (Chloral) ist die stark elektronenziehende Wirkung der drei Chlorsubstituenten in der α-Position (–I-Effekt). Dadurch wird zusätzlich Elektronendichte vom Carbonyl-C-Atom im Chloral abgezogen, der Aldehyd wird relativ zum Hydrat destabilisiert. In kristallinem Zustand wird Chloralhydrat zusätzlich durch H-Brücken zwischen den OH-Gruppen und den Chloratomen stabilisiert. Es steht aber in Wasser mit seinem Aldehyd, dem Chloral, im Gleichgewicht. Aus diesem entsteht durch eine Alkoholdehydrogenase-katalysierte Reduktion *in vivo* Trichlorethanol, die eigentlich pharmakologisch wirksame Substanz.

11.4 Reaktionen von Aldehyden und Ketonen

Achtung: Bei der Formulierung von Reaktionsmechanismen sollte man immer darauf achten, dass im Reaktionsschema nur chemisch sinnvolle Teilchen auftauchen, die unter den Reaktionsbedingungen auch tatsächlich vorliegen. In basischer Lösung liegen zum Beispiel nur extrem geringe Konzentrationen an H$^+$-Ionen vor (genauer H$_3$O$^+$-Ionen, ▶ Kapitel 6.2). Werden bei einer Reaktion in basischer Lösung also Protonen benötigt, wie zum Beispiel bei der abschließenden Protonierung eines tetraedrischen Intermediates, so stammen diese von Wasser, wobei gleichzeitig OH$^-$-Ionen zurückbleiben.

11.4.2 Reaktion mit Alkoholen: Bildung von Halbacetalen und Acetalen

Analog reagieren Aldehyde und Ketone in basischer oder saurer Lösung auch mit Alkoholen. Es bilden sich **Halbacetale**. Bei Ketonen spricht man auch von Halbketalen, häufig wird aber der Begriff Acetal sowohl für Aldehyde als auch Ketone verwendet. Die Mechanismen entsprechen denen der Hydratbildung.

Die Bildung von Halbacetalen ist reversibel, das Gleichgewicht liegt wie bei den Hydraten meist auf der Seite der Carbonylverbindung. Eine wichtige Ausnahme hiervon sind Moleküle, die in ein und demselben Molekül eine Carbonyl- und eine Alkoholgruppe enthalten. In einer intramolekularen Reaktion bildet sich dann ein **cyclisches Halbacetal**. Diese sind oft so stabil, dass sie auch als Reinstoff praktisch nur in der Form des Halbacetals vorliegen. Dies ist zum Beispiel bei den Kohlenhydraten der Fall (▶ Kapitel 12.4).

11 Reaktionen von Carbonylverbindungen

Bildung eines cyclischen Halbacetals

In saurer Lösung (aber nicht in basischer Lösung) kann sich ein Folgeschritt anschließen, bei dem aus dem Halbacetal ein **Vollacetal** gebildet wird. Diese Reaktion ähnelt der S_N1-Reaktion (▶ Kapitel 10.5.2): Die OH-Gruppe des Halbacetals wird protoniert und damit in eine gute Abgangsgruppe (H_2O) überführt. Die Abspaltung von Wasser erfolgt relativ leicht, da das entstehende Kation ein resonanzstabilisiertes Teilchen ist. Angriff eines zweiten Alkoholmoleküls auf dieses stark elektrophile Kation führt – nach Abspaltung eines Protons – zum Vollacetal (meist wird nur von einem Acetal gesprochen).

EXKURS

Urotropin

Urotropin (Hexamethylentetramin, Methenamin) entsteht durch Einleiten von Ammoniak NH_3 in eine wässrige Lösung von Formaldehyd (HCHO). Es ist eines der wenigen stabilen Aminale. Aminale sind die zu den Acetalen stickstoffanalogen Verbindungen (▶ Kapitel 11.4.2).

$$4\ NH_3 + 6\ HCHO \xrightarrow[H^+ / H_2O]{- 6\ H_2O}$$ Aminal

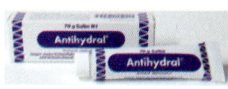

Antihydral®-Salbe
© ROBUGEN GmbH, Pharmazeutische Fabrik, Esslingen

Der Name *Urotropin* deutet an, dass es lange Zeit als Desinfektionsmittel bei Harnwegsinfektionen eingesetzt wurde. *In vivo* zerfällt Urotropin säurekatalysiert in Formaldehyd, das eigentliche desinfizierend wirkende Agens, und Ammoniak. Heute wird es als Antihidrotikum (schweißhemmender Wirkstoff) verwendet (Antihydral®-Salbe). Urotropin ist ebenfalls Hauptbestandteil des Trockenbrennstoffs Esbit® (zum Beispiel für Campingkocher) und Ausgangsstoff für die Synthese des

Sprengstoffs Hexogen (Cyclonit), der auch im Plastiksprengstoff C4 eingesetzt wird. Dabei handelt es sich um plastische, also weiche und knetbare Sprengstoffe, die sich durch ihre leichte Handhabbarkeit auszeichnen.

Diese Folgereaktion, die Bildung des Vollacetals aus dem Halbacetal, läuft nur dann ab, wenn Protonen als Katalysator zur Verfügung stehen. Diese überführen die schlechte Abgangsgruppe OH$^-$ in die gute Abgangsgruppe H$_2$O. Das nach Abspaltung von Wasser gebildete Kation ist so reaktiv, dass es erneut mit einem Alkohol reagiert. Da alle Reaktionsschritte reversibel sind, bildet sich aus einem Vollacetal in saurer Lösung in Umkehrung der oben beschriebenen Bildung auch wieder die Carbonylverbindung. In basischer Lösung sind Vollacetale dagegen stabil.

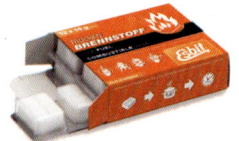

Esbit®-Trockenbrennstoff-Tabletten
© ESBIT Compagnie GmbH, Hamburg

Eine analoge Reaktion kann auch mit Aminen oder Thiolen statt mit Alkoholen erfolgen. Es entstehen Aminale bzw. Thioacetale. Auch gemischte Acetale sind möglich, wenn als Nucleophile Alkohole und Amine oder Alkohole und Thiole im Gemisch eingesetzt werden. Viele dieser Verbindungen sind aber instabil und reagieren in Folgereaktionen weiter. Aminale lassen sich zum Beispiel nur dann isolieren, wenn die Bildung von Iminen oder Enaminen nicht möglich ist (▶ Kapitel 11.4.3) und sie selbst besonders stabil sind (zum Beispiel cyclische Aminale).

> **MERKE**
>
> Bildung und Spaltung von Vollacetalen sind nur in saurer Lösung möglich. In basischer Lösung sind Vollacetale stabil.

| HO OH
\C/
Hydrat | HO OR
\C/
Halb-
acetal | HO SR
\C/
Hemi-
thioacetal | HO NR
\C/
Halb-
aminal | R, R' = Alkyl, Aryl |

| RO OR'
\C/
Voll-
acetal | RN NR'
\C/
Aminal | RS SR'
\C/
Thio-
acetal | RO SR'
\C/
O,S-
Acetal | RO NR'
\C/
O,N-
Acetal |

11.4.3 Reaktion mit Aminen: Bildung von Iminen und Enaminen

Eine weitere wichtige Reaktion der Aldehyde und Ketone ist ihre Umsetzung mit Aminen. Welches Produkt sich dabei bildet, hängt davon ab, wie viele Wasserstoffatome an das Aminstickstoffatom gebunden sind.

- Mit Ammoniak und primären Aminen RNH$_2$ entstehen **Imine**. Dies sind Verbindungen mit einer C=N-Doppelbindung, also Stickstoffanaloga der Carbonylverbindungen, die man auch Schiff'sche Basen oder Azomethine nennt.
- Mit sekundären Aminen RR'NH entstehen **Enamine**: die Stickstoffanaloga der Enole (▶ Kapitel 11.5).

11 Reaktionen von Carbonylverbindungen

Sowohl Imine als auch Enamine sind wichtige Zwischenstufen bei vielen Stoffwechselvorgängen, wie zum Beispiel bei Transaminierungsreaktionen. Auf den ersten Blick sehen Imine und Enamine sehr unterschiedlich aus, ihre Bildung folgt aber wieder dem schon besprochenen allgemeinen Reaktionsverlauf. Der Stickstoff des Amins greift nucleophil das elektrophile Carbonyl-C-Atom an. Es entsteht eine tetraedrische Zwischenstufe, ein **Carbinolamin** (**Halbaminal**). Nach Protonierung der OH-Gruppe kann aus diesem, analog zur Vollacetalbildung, Wasser abgespalten werden, es entsteht ein **Iminiumion**, ein resonanzstabilisiertes Kation. Die Reaktion erfolgt am schnellsten bei einem pH-Wert von etwa 4 bis 6, also in leicht saurer Lösung. Dieser pH-Wert ist niedrig genug, dass die säurekatalysierte Wasserabspaltung aus dem Halbaminal stattfinden kann. Wird die Lösung aber noch saurer, wird das Amin, das auch eine Base ist, protoniert. Die protonierten Ammoniumsalze sind aber keine Nucleophile mehr, da bei ihnen kein freies Elektronenpaar mehr vorhand*en* ist. Unterhalb eines pH-Werts von etwa 3 findet daher keine Reaktion mehr statt.

Im Falle eines Angriffs von Ammoniak oder einem **primären Amin** sitzt am positiv geladenen Stickstoffatom des Iminiumions noch ein H-Atom (R und/oder R' = H), das leicht als Proton abgespalten werden kann. Es bildet sich ein Imin, das Stickstoffanalogon einer Carbonylverbindung. Beim Angriff eines **sekundären Amins** befinden sich am N-Atom des Iminiumions zwei Alkyl- oder Arylreste R und R', die im Gegensatz zu einem Proton nicht abgespalten werden können. Eine Stabilisierung kann aber ähnlich wie bei einer E1-Eliminierung (Kapitel 10.6.2) dadurch erfolgen, dass ein Proton vom benachbarten α-C-Atom abgespalten wird. Es bildet sich eine C=C-Doppelbindung, ein Enamin, das Stickstoffanalogon eines Enols (▶ Kapitel 11.5). Insgesamt haben also Carbonylverbindung und Amin unter Abspaltung von Wasser miteinander reagiert (Kondensationsreaktion). Alle Reaktionsschritte sind wiederum reversibel. Werden Imine oder Enamine hydrolysiert, bilden sich Amin und Carbonylverbindung wieder zurück.

Tertiäre Amine addieren sich ebenfalls an Carbonylgruppen, das dabei entstehende tetraedrische Intermediat hat aber keine Möglichkeit, sich zu stabilisieren oder weiter zu reagieren. Es zerfällt daher nur wieder in die Edukte.

AUS DER MEDIZINISCHEN PRAXIS

Iminbildung *in vivo*: Transaminierung und Decarboxylierung

Iminbildung spielt *in vivo* eine wichtige Rolle, zum Beispiel bei der Umwandlung von Aminosäuren in biogene Amine oder α-Ketocarbonsäuren. **Biogene Amine** entstehen aus α-Aminosäuren (▶ Kapitel 13) durch Abspaltung der Carboxylgruppe (Decarboxylierung). So leiten sich zum Beispiel die wichtigen **Neurotransmitter** Dopamin, Adrenalin und Noradrenalin alle von der Aminosäure Tyrosin (▶ Tabelle 11.2) ab. Die **Decarboxylierung** wird durch Enzyme aus der Gruppe der Aminosäure-Decarboxylasen katalysiert. Cofaktor dieser Enzyme ist das **Vitamin B$_6$**. Unter dieser Bezeichnung fasst man mehrere vom Heteroaromaten Pyridin abgeleitete Verbindungen zusammen, unter anderem den Aldehyd *Pyridoxal* und das Amin *Pyridoxamin*. Beide liegen *in vivo* als Ester der Phosphorsäure (Phosphate) vor (▶ Kapitel 11.9).

11 Reaktionen von Carbonylverbindungen

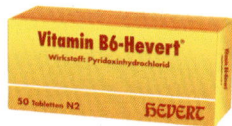

Vitamin B$_6$-Präparat
© Hevert-Arzneimittel GmbH & Co. KG, Nussbaum

Pyridoxal-Phosphat

Pyridoxamin-Phosphat

Die Aldehydgruppe im Pyridoxal bildet mit der Aminogruppe einer α-Aminosäure ein Imin, aus dem die Carboxylatgruppe als CO$_2$ abgespalten wird. Hydrolyse des decarboxylierten Imins ergibt dann ein Amin. Je nachdem, welche Aminosäure decarboxyliert wird, erhält man unterschiedliche biogene Amine (▶ Tabelle 11.2). *Hinweis:* Aminosäuren liegen bei physiologischem pH-Wert als Zwitterionen vor (▶ Kapitel 13.4). Wir verwenden hier für die bessere Übersicht aber die Neutralform.

Aminosäure	Biogenes Amin	Bedeutung
Histidin	Histamin	Botenstoff, der zum Beispiel bei allergischen Reaktionen ausgeschüttet wird
Cystein	Cysteamin	Baustein von Coenzym A
Serin	Ethanolamin	Baustein des Neurotransmitters Acetylcholin
Glutaminsäure	GABA (γ-Aminobuttersäure)	Wichtigster inhibitorischer Neurotransmitter im ZNS
Tyrosin	Tyramin ($R^1 = R^2 = R^3 = H$) Dopamin ($R^1 = OH, R^2 = R^3 = H$) Adrenalin ($R^1 = R^2 = OH, R^3 = CH_3$) Noradrenalin ($R^1 = R^2 = OH, R^3 = H$)	Dopamin, Adrenalin und Noradrenalin sind wichtige Neurotransmitter; Tyramin kommt zum Beispiel in Käse, Rotwein und Schokolade vor.

11.4 Reaktionen von Aldehyden und Ketonen

Aminosäure	Biogenes Amin	Bedeutung
Tryptophan	Tryptamin (R = H)	5-Hydroxytryptamin (Serotonin, R=OH) ist ein wichtiger Neurotransmitter; das Hormon Melatonin (Steuerung des Schlaf-Wach-Rhythmus) wird aus Serotonin gebildet.
Asparaginsäure	β-Alanin	Baustein von Coenzym A

Tabelle 11.2: Beispiele für biogene Amine in ihrer Neutralform

Solche Imine, die aus α-Aminosäuren und Pyridoxal entstehen, sind *in vivo* auch wichtige Zwischenstufen für die Synthese von **α-Ketocarbonsäuren** durch **Transaminierung** (enzymatisch katalysiert durch Aminotransferasen = Transaminasen). Dabei findet im entstandenen Imin zunächst eine Tautomerisierung (▶ Kapitel 11.5) statt. Das Proton in α-Stellung der Aminosäure wird abgespalten und an das ursprüngliche Imin-C-Atom angelagert. Dabei wird die Doppelbindung verschoben und ein neues Imin gebildet. In diesem sind Carbonyl- und Aminokomponente gegenüber dem ursprünglichen Imin genau vertauscht. Hydrolyse ergibt dann eine **α-Ketocarbonsäure** und Pyridoxamin.

So entstehen zum Beispiel Brenztraubensäure (Pyruvat) aus Alanin und α-Ketoglutarat aus Glutaminsäure (und jeweils umgekehrt).

11 Reaktionen von Carbonylverbindungen

Brenztraubensäure ⇌ Alanin

α-Ketoglutarat ⇌ Glutaminsäure

AUS DER MEDIZINISCHEN PRAXIS

Phenylketonurie (PKU)

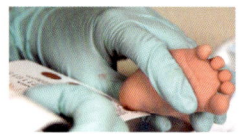

Fersenblutentnahme bei Neugeborenen, unter anderem zum Test auf PKU
© Wikipedia, Neugeborenenscreening, Fersenblutentnahme auf eine Filterpapierkarte, U.S. Air Force Photographic Archives, USA, Autor: Staff Sgt. Eric T. Sheler

Eine Transaminierung tritt auch im Zusammenhang mit der **Phenylketonurie** (**PKU**) auf, einer angeborenen Stoffwechselkrankheit. Menschen, die an PKU leiden, können die Aminosäure Phenylalanin nicht abbauen. Phenylalanin ist eine essenzielle Aminosäure, die mit der Nahrung aufgenommen werden muss und die der Körper zur Synthese von Proteinen benötigt (▶ Kapitel 13.2). Phenylalanin wird im Rahmen des Aminosäurestoffwechsels normalerweise enzymatisch durch die Phenylalanin-Hydroxylase zur Aminosäure Tyrosin hydroxyliert und ausgeschieden.

Phenylalanin →(Phenylalanin-Hydroxylase, + ½ O_2)→ Tyrosin

Bei Menschen, bei denen dieses Enzym genetisch bedingt gar nicht oder nicht genügend aktiv ist, reichert sich Phenylalanin im Blut an. Erhöhte Mengen an Phenylalanin führen aber insbesondere beim heranwachsenden Organismus zu schweren Schädigungen. Vor allem die Hirnentwicklung wird beeinträchtigt. Wird die Krankheit daher nicht sofort nach der Geburt erkannt und behandelt, resultieren schwere geistige Schäden. Daher wird bei Neugeborenen routinemäßig ein Test auf PKU durchgeführt. Eine rechtzeitig begonnene streng Phenylalanin-arme Diät kann die Ausbildung der Symptome verhindern und sollte idealerweise lebenslang durchgeführt werden. Dies ist auch der Grund, warum zum Beispiel Süßstoffe auf Basis von Aspartam (▶ Kapitel 12.2), welches Phenylalanin als Baustein enthält, mit der Aufschrift „Enthält eine Phenylalaninquelle" gekennzeichnet sein müssen. Allerdings scheinen die negativen Auswirkungen des erhöhten Phenylalaninspiegels im Blut (Hyperphenylalaninämie) nach Abschluss der Gehirnentwicklung zu verschwinden. Frauen mit PKU müssen während der Schwangerschaft ebenfalls eine strenge Diät halten, da es andernfalls zu Schädigungen des Kindes kommen kann. Die PKU, deren Ursache 1947 aufgeklärt wurde, war die erste Erbkrankheit, die man mit einem ursächlichen biochemischen Defekt in Verbindung bringen konnte. Die Phenylketonurie wird autosomal-rezessiv vererbt (= der genetische Defekt muss auf beiden homologen Chromosomen vorliegen, damit die Krankheit zum Ausbruch kommt) und tritt in Deutschland bei einer von etwa 6500 Geburten auf. Namensgebend für die Erkrankung ist das **Phenylpyruvat** (fälschlicherweise als Phenylketon bezeichnet, korrekt wäre die Bezeichnung als ein Benzylketon), das bei Menschen mit PKU mit dem Urin ausgeschieden wird (klassische Phenylketonurie, PKU). Phenylalanin wird hier durch Transaminierung zu Phenylpyruvat desaminiert. Dieser Stoffwechselweg spielt bei gesunden Menschen, bei denen die Hydroxylierung zu Tyrosin der Hauptabbauweg ist (siehe oben), keine Rolle.

Seit 2019 ist in der EU auch eine Enzymtherapie zugelassen. Eingesetzt wird das Enzym **Pegvaliase**, ein bakterielles Enzym, das Phenylalanin abbauen kann. Pegvaliase ist ein Konjugat aus der gentechnisch hergestellten, bakteriellen **Phenylalanin-Ammoniak-Lyase** und einer **Polyethylenglycolkette** (daher die Vorsilbe Peg-), die die Stabilität erhöht und die Immunogenität herabsetzt. Phenylalanin-Ammoniak-Lyase baut Phenylalanin zu Ammoniak und Zimtsäure ab.

Einige Patienten sprechen auch auf die Gabe von **Tetrahydrobiopterin** (Sapropterin) an, den Cofaktor der Phenylalaninhydroxylase.

Demethylierung *in vivo*

Bei der Metabolisierung von Arzneistoffen findet häufig eine Demethylierung von Methylaminen oder Methylethern (Methoxygruppe) statt. Arzneistoffe können so *in vivo* aktiviert oder inaktiviert werden. Zuerst wird durch eine Cytochrom-P450-abhängige Monooxygenase (CYP-450) die Methylgruppe in einer komplexen Radikalreaktion durch Sauerstoff oxygeniert. Es entsteht ein Halbaminal (Carbinolamin) bzw. ein Halbacetal, das durch Abspaltung von Formaldehyd in die demethylierten Metabolite zerfällt.

$$R-N\begin{matrix}CH_3\\R'\end{matrix} \xrightarrow[CYP-450]{O_2} R-N\begin{matrix}H-C(H)(OH)\\R'\end{matrix} \xrightarrow{-HCHO} R-N\begin{matrix}H\\R'\end{matrix}$$

Methylamin — Carbinolamin — Amin

$$R-O-CH_3 \xrightarrow[CYP-450]{O_2} R-O-C(H)(H)-OH \xrightarrow{-HCHO} R-O-H$$

Methylether — Halbacetal — Alkohol

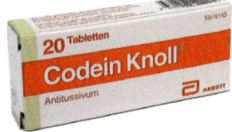

Codeinpräparat
© Abbott (Schweiz) AG, Baar, Schweiz

Ein Beispiel für eine solche Metabolisierung ist das Antitussivum (Hustenstiller) und Schmerzmittel Codein (Codicompren® sowie zusammen mit Paracetamol im Schmerzmittel Gelonida®). Codein wird *in vivo* teilweise demethyliert, dabei geht zwar die antitussive Wirkung fast vollständig verloren. Es entsteht aber Morphin, welches die analgetische Wirkung des Codeins ausmacht. Codein wird daher zum Beispiel in den USA zunehmend als Rauschdroge missbraucht. In Deutschland ist Codein verschreibungspflichtig.

Codein: antitussiv $\xrightarrow[-HCHO]{CYP-450}$ Morphin: analgetisch

Etwa 5 bis 10 Prozent der Europäer besitzen allerdings genetisch bedingt eine weniger aktive Form des für diese Reaktion wichtigen CYP-Enzyms, sodass bei diesen Menschen Codein nur langsam metabolisiert wird und daher schwächer schmerzstillend wirkt. Heutzutage versucht man verstärkt, solche genetisch bedingten Unterschiede in der Wirkung von Arzneimitteln bei der Therapie zu berücksichtigen (**Pharmakogenetik**).

11.5 Keto-Enol-Tautomerie

Betrachten wir noch einmal das Enolatanion, das durch Deprotonierung der α-Position einer Carbonylverbindung entsteht (▶ Kapitel 11.3.3). Es handelt sich um ein resonanzstabilisiertes Anion. Aufgrund der Elektronendelokalisierung verteilt sich die negative Ladung zwischen dem Sauerstoffatom der Carbonylgruppe und dem α-C-Atom. Was passiert nun, wenn das Enolatanion wieder protoniert wird? Eine Säure kann ein Proton sowohl auf das O-Atom als auch auf das C-Atom übertragen. Beide Atome sind basisch. Findet die Protonierung am α-C-Atom statt, erhält man wieder die ursprüngliche Carbonylverbindung zurück. Wird hingegen das Carbonylsauerstoffatom protoniert, erhält man ein sogenanntes **Enol**. Der Name weist auf die Doppelbindung (-en) und die OH-Gruppe (-ol) hin. Carbonylverbindung und Enol sind unterschiedliche Verbindungen, es sind Konstitutionsisomere (▶ Kapitel 9.6). Sie wandeln sich durch Protonierung und Deprotonierung über das Enolatanion leicht ineinander um und stehen damit in einem chemischen Gleichgewicht. Hierin unterscheiden sie sich von den bisher kennengelernten Konstitutionsisomeren, wie zum Beispiel dem Butan und dem 2-Methylpropan (Isobutan). Es gibt keinen energetisch günstigen Weg, auf dem Butan in Isobutan umgewandelt werden könnte, sodass sich zwischen diesen Verbindungen kein Gleichgewicht einstellen kann. Wenn zwei Konstitutionsisomere durch eine chemische Gleichgewichtsreaktion schnell ineinander überführt werden, spricht man von **Tautomerie**. In den meisten Fällen handelt es sich um Reaktionen, bei denen Protonen verschoben werden. Die beiden Isomere bezeichnet man als **Tautomere**. Den speziellen Fall der Carbonylverbindungen bezeichnet man als **Keto-Enol-Tautomerie.** Diesen Namen benutzt man auch, wenn die Carbonylverbindung ein Aldehyd ist.

Achtung: Die Tautomerie darf nicht mit der Mesomerie (▶ Kapitel 10.8.1) verwechselt werden. Bei der Tautomerie stehen zwei verschiedene Moleküle (= Isomere) in einem echten chemischen Gleichgewicht miteinander. Bei der Mesomerie handelt es sich um eine Verbindung, deren delokalisierte Elektronenstruktur näherungsweise durch zwei oder mehrere Resonanzformen beschrieben wird.

Die Einstellung des Keto-Enol-Gleichgewichts (auch als **Enolisierung** bezeichnet) wird sowohl durch Säuren als auch durch Basen beschleunigt (katalysiert). In saurer Lösung bildet sich zuerst die protonierte Carbonylverbindung, die dann in α-Position deprotoniert wird. In basischer Lösung erfolgt zuerst die Deprotonierung der α-Position; es entsteht das Enolatanion, das dann am Carbonylsauerstoffatom protoniert wird. Man beachte, dass je nach Reaktionsbedingungen – sauer oder basisch – zwei verschiedene konjugierte Säure-Base-Paare beteiligt sind: H_3O^+/H_2O in saurer Lösung und H_2O/OH^- in basischer Lösung (▶ Kapitel 6.6).

11 Reaktionen von Carbonylverbindungen

Säurekatalyse

Ketoform ⇌ protonierte Ketoform ⇌ Enolform

Basenkatalyse

Ketoform ⇌ Enolat ⇌ Enolform

Bei einfachen Carbonylverbindungen liegt das Keto-Enol-Gleichgewicht in Lösung nahezu vollständig auf der Seite der Ketoform. Aceton zum Beispiel liegt im Gleichgewicht zu mehr als 99,9 Prozent in der Ketoform und nur zu weniger als 0,1 Prozent in der Enolform vor. Beim Cyclohexanon sind im Gleichgewicht etwa 1,2 Prozent der Enolform vorhanden.

> 99,9 %   < 0,1 %   ca. 98,8 %   ca. 1,2 %

Wenn die Enolform durch Substituenten stabilisiert werden kann, dann erhöht sich ihr Anteil im Gleichgewicht. Zum Beispiel wird bei **β-Dicarbonylverbindungen**, die auch als 1,3-Dicarbonylverbindungen bezeichnet werden, die Enolform durch eine Wasserstoffbrücke zwischen der OH-Gruppe des Enols und der zweiten Carbonylgruppe stabilisiert. Außerdem ist die Enol-Doppelbindung zu der C=O-Doppelbindung konjugiert und deshalb resonanzstabilisiert (▶ Kapitel 10.8.1). So liegen beim Acetylaceton im Gleichgewicht immerhin bereits etwa 15 Prozent in der Enolform vor.

konjugiert   ist stabiler als   nicht konjugiert

H-Brücke

85 %   15 %   konjugierte Doppelbindungen

512

Der systematische Name dieser Verbindung ist 2,4-Pentadion. Der Name Acetylaceton ist ein Trivialname, der andeutet, dass es entsteht, wenn man ein Wasserstoffatom im Aceton formal durch einen Acetylrest ersetzt. Die Bezeichnung als β-Dicarbonylverbindung bzw. 1,3-Dicarbonylverbindung gibt die *relative* Position der beiden Carbonylgruppen zueinander an.

Acetylaceton
2,4-Pentadion

1,3-Dicarbonylverbindung

β-Dicarbonylverbindung

relative Position der beiden Carbonylgruppen unabhängig vom Rest des Moleküls

Als eine besonders stabilisierte Enolform kann man **Phenol** auffassen. Nur im Enol liegt ein stabilisiertes aromatisches System vor (▶ Kapitel 10.8.1), in der Ketoform nicht. Phenol existiert daher praktisch nur in der Enolform.

Ketoform
nicht aromatisch

Enolform
aromatisch

Von solchen Ausnahmen abgesehen sind die Enolformen aber normalerweise deutlich instabiler als die Ketoformen. Beim Aceton beträgt der Energieunterschied zwischen Keto- und Enolform $\Delta_R G° = +46$ kJ/mol. Die Enolform ist also eine **energiereiche Verbindung**. Die bei der Umwandlung in die Ketoform freiwerdende Energie kann genutzt werden, um eine andere, thermodynamisch ungünstige Reaktion anzutreiben (gekoppelte Gleichgewichtsreaktionen, ▶ Kapitel 5.10). Die Natur nutzt dafür zum Beispiel das **Phosphoenolpyruvat**. Die in solchen energiereichen Verbindungen gespeicherte chemische Energie muss aber zuvor bei ihrer Synthese aufgebracht werden.

AUS DER MEDIZINISCHEN PRAXIS

Phosphoenolpyruvat: Keto-Enol-Tautomerie *in vivo*

Wir haben bereits das Phosphoenolpyruvat (PEP) kennengelernt, das im Rahmen der Glycolyse durch Wasserelimininierung aus 2-Phosphoglycerat entsteht (▶ Kapitel 10.6.3). PEP ist der Phosphorsäureester des Enols der Brenztraubensäure (bzw. ihres Salzes Pyruvat) (▶ Kapitel 11.9). Die Phosphatgruppe kann auf ein Nucleophil übertragen werden (zum Beispiel auf Wasser, einen Alkohol oder auch auf eine andere Phosphatgruppe). Dabei wird der Enolester gespalten und das Enol freigesetzt. Dieses tautomerisiert sofort zum stabileren Keton, dem Pyruvat. Insgesamt wird dabei eine Energie von $\Delta_R G°' = -62$ kJ/mol frei, die als Triebkraft für thermodynamisch ungünstige Stoffwechselreaktionen genutzt werden kann.

Phosphoenolpyruvat (PEP) → Pyruvat

energiereiche Verbindung — Enolform ⇌ Ketoform + Energie

+ ROH, − ROPO$_3^{2-}$

Im letzten Schritt der Glycolyse (der Pyruvatkinase-Reaktion) ist das angreifende Nucleophil zum Beispiel ein Phosphat. Es wird Diphosphat (Pyrophosphat) gebildet. Die Reaktion ist an die Synthese von ATP aus ADP gekoppelt. ATP ist ebenfalls eine energiereiche Verbindung (diesmal ein anorganisches Säureanhydrid, ▶ Kapitel 11.9), die als universelle chemische Energiequelle des Körpers dient.

11.6 Die Aldolreaktion: Knüpfung von C–C-Bindungen

Enole und Enolate stellen wichtige **C-Nucleophile** dar, also Teilchen mit einem nucleophilen C-Atom. Bei den meisten organischen Verbindungen, die wir bisher kennengelernt hatten, war der Kohlenstoff entweder unpolar (in C–H-Bindungen) oder elektrophil (zum Beispiel in Alkylhalogeniden, Alkoholen oder Carbonylverbindungen). Der große Nutzen von C-Nucleophilen besteht darin, dass durch die Reaktion mit einem elektrophilen C-Atom eine neue **C–C-Bindung** gebildet werden kann. Bei den meisten Reaktionen, die wir bisher besprochen haben, werden nur verschiedene funktionelle Gruppen ineinander umgewandelt (zum Beispiel bei der nucleophilen Substitution oder bei der Eliminierung, ▶ Kapitel 10.4). Das Kohlenstoffgerüst selbst, insbesondere die Anzahl der C-Atome, wurde dabei nicht verändert. Bei Stoffwechselprozessen müssen aber aus kleineren Molekülen größere, komplexere Verbindungen aufgebaut werden (*Anabolismus*) oder aber umgekehrt komplexe Moleküle zu kleineren Bausteinen abgebaut werden (*Katabolismus*). Wir haben zum Beispiel schon davon gesprochen, dass Glucose (ein C6-Baustein) zur Energiegewinnung zuerst zu zwei C3-Bausteinen (Lactat) und diese dann zu CO_2 abgebaut werden (▶ Kapitel 5.4.3). Bei chemischen Reaktionen im Stoffwechsel müssen also C–C-Bindungen unter physiologischen Bedingungen gebildet oder gebrochen werden. Die Natur nutzt dafür häufig Reaktionen der Enole und Enolate (bzw. verwandter Teilchen wie Enamine) mit C-Elektrophilen (zum Beispiel Iminen oder Carbonylverbindungen). Diese Reaktionen sind häufig reversibel, sodass sie sowohl zum Knüpfen als auch zum Brechen von C–C-Bindungen verwendet werden können.

Wir wollen uns als Beispiel die **Aldolreaktion** anschauen, die auch beim Aufbau von Kohlenhydraten (▶ Kapitel 12) eine zentrale Rolle spielt. Bei einer Aldolreaktion reagieren zwei Aldehyde (oder Ketone) miteinander unter Bildung eines Aldols (**Aldoladdition**), das in einem Folgeschritt noch Wasser abspalten kann (**Aldolkondensation**), wobei eine

11.6 Die Aldolreaktion: Knüpfung von C–C-Bindungen

α,β-ungesättigte Carbonylverbindung entsteht. In neutraler Lösung ist die Geschwindigkeit dieser Reaktion extrem langsam. Ähnlich wie die meisten Reaktionen von Carbonylverbindungen kann die Aldolreaktion sowohl sauer als auch basisch katalysiert werden. Bei der basisch katalysierten Reaktion bildet sich im ersten Schritt durch Deprotonierung in α-Position ein Enolatanion. Das nucleophile α-C-Atom dieses Enolatanions addiert sich an das elektrophile Carbonyl-C-Atom eines zweiten Aldehyd-Moleküls. Eine neue C–C-Bindung bildet sich. Die dabei ebenfalls gebildete Alkoholatgruppe wird anschließend protoniert. Es ist ein Molekül entstanden, das sowohl eine Aldehydgruppe als auch eine Alkoholgruppe enthält, ein Ald-ol. Den Namen Aldol verwendet man auch, wenn zwei Ketone miteinander reagieren, auch wenn das entstehende Produkt in diesem Fall eigentlich ein „Ketol" ist.

Beim Enolatanion zeigt sich noch einmal sehr deutlich der Unterschied zwischen Basizität und Nucleophilie (▶ Kapitel 10.6.1). Im Enolatanion verteilt sich die negative Ladung über den Sauerstoff und das α-C-Atom. Reaktionen mit Säuren oder Elektrophilen können daher prinzipiell an beiden Positionen stattfinden (= ambidentes Teilchen). Die größte negative Ladungsdichte befindet sich am Sauerstoffatom, dieses wird bevorzugt zum Enol protoniert (= höhere Basizität). Elektrophile reagieren aber bevorzugt mit dem α-C-Atom, dieses hat eine höhere Nucleophilie.

11 Reaktionen von Carbonylverbindungen

> **MERKE**
>
> Kondensation = Verknüpfung von Molekülen unter Abspaltung eines kleinen Moleküls, wie zum Beispiel Wasser

Erhitzt man das Reaktionsgemisch, so spaltet das Aldol in einem Folgeschritt ein Molekül Wasser ab. Es entsteht eine α,β-ungesättigte Carbonylverbindung, im Fall von Acetaldehyd der Crotonaldehyd (2-Butenal). Die gesamte Reaktionssequenz, die Bildung des Crotonaldehyds ausgehend von zwei Molekülen Acetaldehyd, bezeichnet man als **Aldolkondensation**. Die Wasserabspaltung ist eine Eliminierung, die anders als die bisher besprochenen Eliminierungen (▶ Kapitel 10.6) über eine anionische Zwischenstufe verläuft. Durch Abspaltung eines Protons aus der α-Position zur Carbonylgruppe bildet sich wiederum ein Enolatanion, das in einem langsamen Folgeschritt OH$^-$ verliert. Es handelt sich um eine sogenannte **E1cb-Eliminierung**; also eine monomolekulare Eliminierung (= E1), die aber über die konjugierte Base (das Enolatanion, *Conjugated Base* = cb) als Zwischenstufe verläuft. Dieser Eliminierungstyp tritt nur in stark basischer Lösung bei Verbindungen auf, die – wie Carbonylverbindungen – stabile Carbanionen bilden.

Die **Aldolreaktion** kann auch **säurekatalysiert** ablaufen. Nucleophil ist dann das Enol, das sich an die protonierte Carbonylgruppe eines zweiten Aldehydmoleküls addiert. Die Wassereliminierung aus dem Aldol ist im Sauren eine E2-Eliminierung. Die OH-Gruppe wird protoniert und dadurch in die gute Abgangsgruppe Wasser umgewandelt. Daher erfolgt die Dehydratisierung des Aldols im sauren Milieu wesentlich leichter als in basischer Lösung.

Die Aldoladdition ist sowohl in saurer als auch in basischer Lösung reversibel (die Aldolkondensation aber nicht!). Aldole (β-Hydroxycarbonylverbindungen) zerfallen daher in wässriger Lösung in Gegenwart von Säure- oder Basenspuren leicht wieder in die beiden ursprünglichen Carbonylverbindungen (**Retro-Aldol-Reaktion**). Die Lage des Gleichgewichts hängt unter anderem von der Reaktivität der Carbonylverbindung und von der Größe der Reste an der Carbonylgruppe ab. Bei Aldehyden mit ihrer reaktiven Carbonylgruppe liegt das Gleichgewicht auf der Aldol-Seite. Bei Ketonen sind hingegen die Aldole meistens instabil, das Gleichgewicht liegt auf Seiten der Carbonylverbindung.

Man kann auch zwei unterschiedliche Carbonylverbindungen in einer Aldoladdition miteinander reagieren lassen. In den meisten Fällen erhält man dann aber Produktgemische, da jede Carbonylverbindung sowohl als Nucleophil als auch als Elektrophil reagieren kann. Es entstehen insgesamt vier verschiedene Aldole. Eine solche **gekreuzte Aldoladdition** liefert nur dann ein einziges Reaktionsprodukt, wenn sich die beiden Carbonylverbindungen in ihren Reaktivitäten deutlich voneinander unterscheiden. So kann man Aceton mit Benzaldehyd quantitativ in einer gekreuzten Aldolkondensation zu Dibenzalaceton umsetzen. Benzaldehyd besitzt kein α-H-Atom und kann daher kein Enol oder Enolat bilden. Das einzige Nucleophil ist daher das vom Aceton abgeleitete Enol (Säurekatalyse) oder Enolat (Basenkatalyse). Aceton ist in dieser Reaktion der sogenannte **Donor**, der dann bevorzugt mit der reaktiveren Aldehydgruppe des Benzaldehyds reagiert (**Akzeptor**) und nicht mit der Ketogruppe eines anderen Moleküls Aceton. Die Aldolkondensation kann an beiden α-Positionen des Acetons nacheinander stattfinden und ergibt dann Dibenzalaceton.

AUS DER MEDIZINISCHEN PRAXIS

Aldoladdition *in vivo*

Eine wichtige Aldoladdition im Organismus ist die Biosynthese von **Fructose-1,6-diphosphat** im Laufe der Gluconeogenese (Neubildung von Glucose unter Energieverbrauch). Die Rückreaktion, das heißt die Spaltung von Fructose-1,6-diphosphat, eine Retro-Aldol-Reaktion, läuft in der Glycolyse, dem Abbau der Glucose zur Energiegewinnung, ab. Solche Aldolreaktionen *in vivo* verlaufen allerdings über mehrere Zwischenstufen, da sie durch sogenannte Aldolasen enzymatisch katalysiert werden.

Eine der Aldolasen des Menschen, die Aldolase B, akzeptiert auch **Fructose-1-phosphat** als Substrat, sodass auch Fructose, die mit der Nahrung aufgenommen wird oder durch Hydrolyse von Saccharose (normaler Haushaltszucker, ▶ Kapitel 12) entsteht, in die Glycolyse eingeschleust werden kann. Ist die Aldolase B durch einen Gendefekt inaktiv, kann mit der Nahrung aufgenommene Fructose nicht verwertet werden. Man bezeichnet dies als **hereditäre** (angeborene) **Fructoseintoleranz** (**HFI**). Fructose-1-phosphat akkumuliert, schädigt Leber- und Nierenzellen und hemmt Enzyme der Glycolyse, sodass als Folgeerscheinung extreme Hypoglycämie auftritt. Die Erkrankung macht sich meistens nach dem Abstillen bemerkbar, wenn Säuglinge auf Zufüttern von Obst- und Gemüsebrei mit Unruhe, Schwitzen, Zittern, Erbrechen, Nahrungsverweigerung, Apathie und auch zerebralen Krampfanfällen reagieren. Manchmal bleibt die Erkrankung auch unerkannt, da Betroffene oft instinktiv alles Süße ablehnen. Bei Kindern und Erwachsenen mit HFI fällt das exzellente, meist völlig kariesfreie Gebiss auf. Die Therapie der HFI besteht darin, alle fructosehaltige Nahrung möglichst zu meiden.

EXKURS: MICHAEL-ADDITION

Bei einer α,β-ungesättigten Carbonylverbindung, dem Produkt einer Aldolkondensation, kann der Angriff eines Nucleophils nicht nur am Carbonyl-C-Atom erfolgen, sondern auch am ebenfalls elektrophilen β-C-Atom. Eine α,β-ungesättigte Carbonylverbindung ist also ein ambidentes Elektrophil. Bei der 1,2-Addition (= Angriff auf das Carbonyl-C-Atom) entsteht auf dem bekannten Weg eine tetraedrische Zwischenstufe, bei der 1,4-Addition (= Angriff auf das β-C-Atom) hingegen eine gesättigte Carbonylverbindung. Diese Reaktion nennt man eine **Michael-Addition**. Sie ist quasi die Rückreaktion des letzten Schritts der Aldolkondensation.

11.6 Die Aldolreaktion: Knüpfung von C–C-Bindungen

AUS DER MEDIZINISCHEN PRAXIS: KOVALENTE ARZNEISTOFFE

Eine Michael-Addition ist auch verantwortlich für die Wirkungsweise einer neuen Klasse von **Kinase-Hemmstoffen**. Dies sind Arzneistoffe, die phosphorylierende Enzyme inhibieren. Wirkstoffe wie Afatinib oder Osimertinib enthalten eine **Acrylamid-Einheit**, die irreversibel mit Nucleophilen im Sinne einer Michael-Addition reagiert. Diese Wirkstoffe binden an bestimmte Tyrosinkinase, die bei Tumoren wie zum Beispiel dem nicht-kleinzelligen Lungenkarzinom mutiert vorliegen. Nach der Bindung an das aktive Zentrum der Kinase addiert sich die Thiolgruppe eines naheliegenden Cysteinrestes irreversibel an die Doppelbindung der Acrylamid-Einheit. Dadurch wird analog wie bei der Acetylsalicylsäure (▶ Kapitel 11.8.3) das Zielenzym des Arzneistoffs kovalent modifiziert und aufgrund der stark negativen freien Reaktionsenthalpie irreversibel inhibiert. Vorteil der irreversiblen Blockade ist unter anderem eine längere Halbwertszeit.

Osimertinib

Auch der **Dimethylester der Fumarsäure** (▶ Kapitel 11.7.1, ▶ Tabelle 11.3), der zur Therapie der Multiplen Sklerose und der Psoriasis eingesetzt wird, reagiert über die **nucleophile Addition einer Thiolgruppe**, und zwar der von **Glutathion**. Die Redox-Eigenschaften von Zellen werden durch den Hauptmetabolit des Arzneistoffs, das **Monomethylfumarat** (MMF) beeinflusst. Letzteres entsteht auch aus einem neuen Arzneistoff, dem **Diroximelfumarat**, als aktiver Wirkstoff.

R = H Monomethylfumarat (MMF)
R = Me Dimethylfumarat (DMF)

Glutathion (GSH)

Diroximelfumarat, Prodrug von Monomethylfumarat

11 Reaktionen von Carbonylverbindungen

Allerdings bergen solche kovalent-irreversiblen Hemmstoffe immer die Gefahr, dass sie mit nucleophilen Zentren an unerwünschten Stellen (sog. *off-targets*) ebenso irreversibel reagieren und zu Nebenwirkungen führen. Eine neue Entwicklung verfolgt daher das Ziel, kovalent-reversible Hemmstoffe zu entwickeln. Die unterscheiden sich von irreversiblen Inhibitoren dadurch, dass ihre freie Reaktionsenergie so wenig exergonisch ist, dass auch die Rückreaktion stattfinden kann. Sie besitzen den Vorteil, dass durch die chemische Reaktion mit dem Zielenzym eine längere Halbwertszeit erzielt wird, allerdings blockieren sie *off-targets* nicht unendlich lange und besitzen ein geringeres Risiko für immunogene Nebenwirkungen.

Beispiele für solche kovalent-reversibel reagierenden Bausteine für Arzneistoffe sind Ketoamid- oder Nitrilgruppen. Man findet sie zum Beispiel in Antidiabetika vom Typ der Dipeptidylpeptidase-IV-Hemmstoffe (DPP-IV), in Hepatitis-C-Protease-Hemmstoffen (Boceprevir) und auch im neuen Covid-Medikament Paxlovid. Die Reaktion mit den nucleophilen Zentren in den Zielenzymen ist kovalent, aber reversibel.

Boceprevir

Saxagliptin

Nirmatrelvir (aus Paxlovid)

11.7 Carbonsäuren

11.7.1 Struktur und Bezeichnung

Die zweite große Gruppe der Carbonylverbindungen umfasst die Carbonsäuren und ihre Derivate (▶ Kapitel 11.8). Wir wollen uns zuerst mit den chemischen und physikalischen Eigenschaften der **Carbonsäuren** selbst beschäftigen, bevor wir uns anderen Carbonsäurederivaten zuwenden (▶ Kapitel 11.8). Die funktionelle Gruppe der Carbonsäuren ist die Carboxylgruppe –C(=O)OH (= –CO_2H). Der systematische Name einer Carbonsäure ergibt sich aus dem Namen des zugrunde liegenden Alkans durch Anhängen des Worts „-säure". Die Ameisensäure (Trivialname) HCO_2H ist die Methansäure, die Essigsäure (Trivialname) CH_3CO_2H die Ethansäure und so weiter. Will man die Positionen anderer Substituenten entlang der Kohlenstoffkette angeben, kann man die systematischen Positionsnummern verwenden (▶ Kapitel 9.7). Das Carboxyl-C-Atom wird dabei mitgezählt und erhält die Nummer 1 (C^1). Alternativ verwendet man wieder griechische Buchstaben, wobei man dann wieder an dem zum Carboxylkohlenstoff benachbarten C-Atom mit dem Buchstaben α beginnt. Das letzte C-Atom einer Kette bezeichnet man häufig, unabhängig von seiner tatsächlichen Positionsnummer, mit dem Buchstaben ω (omega = letzter Buchstabe im griechischen Alphabet). Gerade bei längerkettigen Fettsäuren wird diese Nomenklatur häufig verwendet (▶ Kapitel 11.10).

Die niederen Carbonsäuren sind bei Raumtemperatur flüssig und bis zu einer Kettenlänge von C4 in jedem Verhältnis mit Wasser mischbar. Mit zunehmender Kettenlänge des Alkylrests werden die Carbonsäuren immer lipophiler (unpolarer), ihre Löslichkeit in Wasser nimmt rapide ab. Sie lösen sich dafür gut in unpolaren organischen Lösemitteln wie Chloroform. Carbonsäuren ab einer Kettenlänge von C4 bezeichnet man daher auch als Fettsäuren (▶ Tabelle 11.4).

Ameisensäure und Essigsäure haben einen stechenden Geruch. Buttersäure (Butansäure, C4), Valeriansäure (Pentansäure, C5) und Capronsäure (Hexansäure, C6) riechen äußerst widerwärtig und sind zum Beispiel für den charakteristischen Gestank von ranziger Butter oder Ziegenschweiß verantwortlich, wovon sich auch ihre Namen ableiten (lateinisch *capra* = Ziege).

Besitzt eine Carbonsäure zwei oder drei Carboxylgruppen, so spricht man allgemein von Di- oder Tricarbonsäuren (▶ Tabelle 11.3). Wir hatten bereits die Oxalsäure oder die Weinsäure (beides Dicarbonsäuren, ▶ Kapitel 4.9) und die Citronensäure (eine Tricarbonsäure, ▶ Kapitel 6.2) kennengelernt.

11 Reaktionen von Carbonylverbindungen

Trivialname / Systematischer Name	Formel	Vorkommen/Bedeutung
Oxalsäure / Ethandisäure	HO₂C–CO₂H	Entsteht *in vivo* aus Ascorbinsäure (Vitamin C, Kapitel 12.3) (Gefahr der Bildung von Nierensteinen, Kapitel 4.9)
Malonsäure / Propandisäure	HO₂C–CH₂–CO₂H	Hemmstoff des Citratcyclus, aktivierte Malonsäure (Malonyl-Coenzym A) ist Baustein der Fettsäurebiosynthese
Bernsteinsäure / Butandisäure	HO₂C–(CH₂)₂–CO₂H	Metabolit im Citratcyclus, Lebensmittelzusatzstoff E363
Glutarsäure / Pentandisäure	HO₂C–(CH₂)₃–CO₂H	Baustein für Polyester (Kapitel 13)
Äpfelsäure / 2-Hydroxybutandisäure	HO₂C–CH(OH)–CH₂–CO₂H	Lebensmittelzusatzstoff E296, Metabolit im Citratcyclus
Weinsäure / 2,3-Dihydroxybutandisäure	HO₂C–CH(OH)–CH(OH)–CO₂H	Lebensmittelzusatzstoff E334
Maleinsäure / Z-Butendisäure	HO₂C–CH=CH–CO₂H (Z)	Baustein von Polymeren
Fumarsäure / E-Butendisäure	HO₂C–CH=CH–CO₂H (E)	Metabolit im Citratcyclus. Der Dimethylester wird als Medikament bei multipler Sklerose eingesetzt.
Citronensäure / 2-Hydroxypropan-1,2,3-tricarbonsäure	HO₂C–CH₂–C(OH)(CO₂H)–CH₂–CO₂H	Metabolit im Citratcyclus

Tabelle 11.3: Beispiele für Di- und Tricarbonsäuren

EXKURS

Ähnliche Namen, andere Verbindungen

Es gibt eine Reihe von Carbonsäuren, deren Anionen sehr ähnlich klingende Namen aufweisen. Man sollte aufpassen, dass man diese nicht durcheinander wirft. Malonate sind die Salze der Malonsäure, die Maleinate hingegen die Salze der Maleinsäure, einer ungesättigten Carbonsäure. Malate sind die Salze der Äpfelsäure und die Mevalonate die der Mevalonsäure, die zum Beispiel bei der Biosynthese des Cholesterols eine Rolle spielt.

$^-O_2C–CH_2–CO_2^-$ $^-O_2C–CH=CH–CO_2^-$ $^-O_2C–CH(OH)–CH_2–CO_2^-$ HO–CH₂–CH₂–C(OH)(CH₃)–CH₂–CO₂⁻

Malonat   Maleinat   Malat   Mevalonat

11.7.2 Die Säurestärke von Carbonsäuren

Carbonsäuren sind, wie der Name bereits andeutet, Säuren, die in wässriger Lösung sauer reagieren, also unter Abgabe eines Protons dissoziieren (▶ Kapitel 6). Es entsteht ein Säureanion, ein **Carboxylat**. Unsubstituierte Alkansäuren sind schwache Säuren, so beträgt zum Beispiel der pK_s-Wert von Ameisensäure 3,8 und der von Propionsäure 4,9. Carbonsäuren sind daher bei physiologischen pH-Werten praktisch vollständig deprotoniert und liegen als Carboxylate vor. Carbonsäuren sind um etwa 12 bis 14 Zehnerpotenzen saurer als die Alkohole, obwohl in beiden Fällen ein Proton von einer OH-Gruppe abgespalten wird. Allerdings bildet sich bei der Abspaltung des Protons bei einer Carbonsäure ein resonanzstabilisiertes Anion, das Carboxylatanion RCO_2^-. Dieses ist deutlich stabiler als ein nicht weiter stabilisiertes Alkoholatanion RO^-.

> **MERKE**
> Carbonsäuren liegen unter physiologischen Bedingungen als Salze (Carboxylate) vor.

Die Säurestärke einer Carbonsäure erhöht sich deutlich, wenn weitere elektronegative, also elektronenziehende Substituenten an die Carboxylgruppe gebunden sind. Dann wird wiederum sowohl die Polarisierung der O–H-Bindung in der Carbonsäure verstärkt als auch das gebildete Anion zusätzlich stabilisiert. Umgekehrt erniedrigen elektronenschiebende Gruppen die Säurestärke. Trichloressigsäure (pK_s-Wert 0,7) ist deutlich stärker sauer als Essigsäure (pK_s-Wert 4,8). Auch Milchsäure (2-Hydroxypropionsäure, pK_s-Wert 3,9) ist saurer als Propionsäure (pK_s-Wert 4,9).

Je weiter aber der elektronenziehende Substituent von der Carboxylgruppe entfernt ist, desto weniger macht sich sein Einfluss bemerkbar. 2-Chlorpropionsäure ist mit einem pK_s-Wert von 2,8 deutlich saurer als Propionsäure (pK_s-Wert 4,9), wohingegen 3-Chlorpropionsäure fast den gleichen pK_s-Wert besitzt (4,1).

CHEMIE IM ALLTAG

Carbonsäuren als Konservierungsmittel

Konservierungsmittel dienen dazu, Lebensmittel oder auch Arzneimittel vor Befall mit Mikroorganismen (Bakterien, Pilze) zu schützen. An Konservierungsmittel müssen, insbesondere wenn sie mit der Nahrung oder dem Arzneimittel in den Organismus aufgenommen werden, besondere Anforderungen gestellt werden:

- physiologische Verträglichkeit (keine toxischen oder allergischen Reaktionen)
- Geruchs- und Geschmackslosigkeit
- Kompatibilität mit Arznei- und Hilfsstoffen
- chemische Stabilität, insbesondere Hitzestabilität (damit eine Hitzesterilisation möglich ist)
- breites Wirkungsspektrum gegen Bakterien und Pilze

Neben Phenolen (zum Beispiel *p*-Hydroxybenzoesäureestern) und Alkoholen (zum Beispiel Ethanol) werden auch Carbonsäuren als Konservierungsmittel eingesetzt. Für pharmazeutische Produkte sind dies insbesondere Benzoesäure (E210) und Sorbinsäure (E200, systematischer Name 2*E*,4*E*-Hexa-2,4-diensäure). In der Lebensmittelindustrie werden zusätzlich noch Ameisensäure und Propionsäure verwendet. Der konservierende Effekt der Säuren ist pH-abhängig: Eine antimikrobielle Wirkung kommt in den gebräuchlichen Konzentrationen (meistens unter 0,5 Prozent) hauptsächlich den undissoziierten Säuren zu, sodass ihre Anwendung vorwiegend auf saure Lebensmittel und Arzneistoffzubereitungen beschränkt ist, da die Carbonsäuren nur bei pH-Werten etwa < 4 tatsächlich in nennenswerten Mengen in der undissoziierten Form vorliegen. Dies liegt daran, dass die geladenen Carboxylate die Zellwände der Mikroorganismen nicht durchdringen können (▶ Kapitel 6.4).

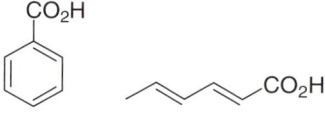

Benzoesäure   Sorbinsäure

Konservierung saurer Lebensmittel wie Gewürzgurken durch Benzoesäure
© Carl Kühne KG (GmbH & Co.), Hamburg

Die konservierende Wirkung beruht aber nicht alleine auf der Acidität der Carbonsäuren. Benzoesäure und ihre besser wasserlöslichen Salze Natriumbenzoat (E211) und Kaliumbenzoat (E212) hemmen Enzyme der Mikroorganismen, die reaktive Sauerstoffspezies abfangen (▶ Kapitel 10.9). Dadurch wird der oxidative Stress auf die Mikroorganismen erhöht, sie sterben ab. Sorbinsäure und ihre Salze (Natriumsorbat E201, Kaliumsorbat E202) hemmen unter anderem Enzyme des Kohlenhydratstoffwechsels der Mikroorganismen. Sorbinsäure ist oxidationsempfindlich und muss vor Licht geschützt aufbewahrt werden.

11.8 Carbonsäurederivate

Ersetzt man in einer Carbonsäure R–C(=O)OH die OH-Gruppe durch eine andere polare, funktionelle Gruppe X, so erhält man **Carbonsäurederivate** R–C(=O)X (▶ Tabelle 11.1), die sich in ihren chemischen und physikalischen Eigenschaften deutlich von den entsprechenden Carbonsäuren unterscheiden. Je nachdem, welche Gruppe am Acylrest R–C(=O) gebunden ist, erhält man zum Beispiel Carbonsäureester (X=OR′, ▶ Kapitel 11.8.3) oder Carbonsäureamide (X=NR$'_2$, ▶ Kapitel 13). Durch Hydrolyse mit Wasser entsteht aus diesen Verbindungen die entsprechende Carbonsäure.

Carbonsäure

Carbonsäurederivat
X = OR′, SR′, NR$'_2$
Halogen, OC(=O)R′

R, R′ = Alkyl, Aryl, H

11.8.1 Allgemeines Reaktionsschema

Das allgemeine Reaktionsverhalten von Carbonsäurederivaten haben wir schon besprochen (▶ Kapitel 11.3.1). Sie besitzen im Gegensatz zu den Aldehyden und Ketonen am Carbonyl-C-Atom eine Abgangsgruppe X, die aus der tetraedrischen Zwischenstufe abgespalten wird, wobei wieder die stabile C=O-Doppelbindung zurückgebildet wird. Der Angriff eines Nucleophils führt somit zur **Substitution**.

Diese **Acylsubstitution** kann ebenfalls wieder säurekatalysiert verlaufen. Das Nucleophil greift dann die protonierte Carbonylverbindung an. In der Regel wird die Abgangsgruppe X vor der Abspaltung protoniert und so in eine bessere Abgangsgruppe umgewandelt (außer bei X = Halogen).

11.8.2 Relative Reaktivität der Carbonsäurederivate

Alle Carbonsäurederivate reagieren mit Nucleophilen nach dem gleichen Schema, ihre Reaktivitäten unterscheiden sich aber deutlich. Säurechloride sind zum Beispiel sehr reaktiv, Carbonsäureamide hingegen sehr reaktionsträge; sie reagieren nur unter sehr drastischen Bedingungen. Die Reaktivität hängt von der Stabilität des Carbonsäurederivats und von der Stabilität der Abgangsgruppe X$^-$ ab. Man findet die folgende **Abstufung der Reaktivität:** Säurechlorid > Anhydrid > Thioester > Ester > Amid. Aus einem reaktiveren Carbonsäurederivat kann immer ein weniger reaktives Derivat durch einfache Umsetzung mit dem entsprechenden Nucleophil dargestellt werden. So lassen sich zum Beispiel aus den sehr reaktiven Säurechloriden alle anderen Carbonsäurederivate darstellen. Säurechloride sind somit sehr wertvolle Ausgangsstoffe für chemische Synthesen.

Reaktivität (abnehmend):
Säurechlorid > Anhydrid > Thioester > Ester > Amid

EXKURS

Die relative Reaktivität von Carbonsäurederivaten

Alle Carbonsäurederivate reagieren mit Nucleophilen nach dem gleichen Mechanismus in einer Substitution. Ihre Reaktivität unterscheidet sich aber deutlich. Diese hängt im Wesentlichen von zwei Faktoren ab:

- der Stabilität der Carbonylverbindung
- der Stabilität der Abgangsgruppe

Die Stabilität der Carbonylverbindung bestimmt ihre Reaktivität, da ein energiearmes Edukt langsamer reagiert als ein energiereiches. In Carbonsäurederivaten wird im Gegensatz zu den Aldehyden und Ketonen die Stabilität der Carbonylgruppe nicht nur durch **induktive Effekte** (I-Effekt = Verschiebung von Bindungselektronen innerhalb einer σ-Bindung, ▶ Kapitel 10.5), sondern im Wesentlichen durch **Mesomerieeffekte** (mesomerer oder M-Effekt = Verschiebung von Bindungselektronen innerhalb einer π-Bindung, ▶ Kapitel 10.8) verändert. Vergleichen wir hierzu die Resonanzstrukturen des Säurechlorids mit denen des Esters und des Carboxylatanions. Die wichtigsten Resonanzformeln dieser Substanzen sind:

11.8 Carbonsäurederivate

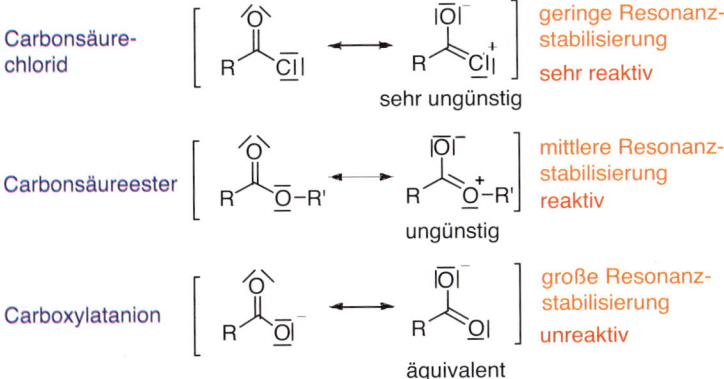

Links sind die energetisch jeweils günstigsten Resonanzstrukturen angegeben. Rechts sind die Resonanzstrukturen gezeigt, bei denen das freie Elektronenpaar des Heteroatoms auf den Carbonylsauerstoff verschoben wurde. Die Stabilität und damit die Reaktivität des Edukts hängen von der Bedeutung dieser zweiten Resonanzstruktur ab. Beim Säurechlorid ist die zwitterionische Resonanzstruktur (rechts) energetisch sehr ungünstig, da Chlor als Element der dritten Periode keine stabilen Doppelbindungen ausbildet. Diese Resonanzstruktur hat daher nur eine geringe Bedeutung, die Resonanzstabilisierung ist entsprechend klein. Säurechloride sind also energiereiche und damit reaktive Verbindungen. Beim Ester ist die zwitterionische Struktur dagegen sehr viel wahrscheinlicher, da Sauerstoff problemlos Doppelbindungen bildet. Die daraus folgende höhere Stabilisierung des Edukts erklärt die geringere Reaktivität des Esters im Vergleich zum Säurechlorid. Beim Carboxylat sind beide Resonanzformeln äquivalent. Ähnlich wie beim Benzen resultiert daher eine große Resonanzstabilisierung. Carboxylate sind sehr stabil und reagieren fast nicht mehr an der Carbonylgruppe.

Hat sich durch den Angriff eines Nucleophils auf die Carbonylgruppe eines Carbonsäurederivats R–C(=O)X eine tetraedrische Zwischenstufe gebildet, so kann diese auf zwei Wegen zerfallen. Das Nucleophil kann wieder abgespalten werden, wobei sich die Edukte zurückbilden, oder der am Carbonyl-C-Atom gebundene Rest X wird als X^- abgespalten. Es bildet sich das Produkt. Dieser Schritt läuft umso leichter ab, je stabiler das Nucleofug X^- ist. Die relative Stabilität von Cl^-, R', O^- und O^{2-} kennen wir schon aus einem anderen Zusammenhang, nämlich der Reaktivität mit Protonen des Wassers. Tatsächlich ist ein Carbonsäurederivat R–C(=O)X umso reaktiver, je schwächer X^- als Base ist bzw. je stärker die korrespondierende Säure HX ist.

Sowohl die Stabilität der Carbonylgruppe als auch der Abgangsgruppe X^- erklären also, dass Säurechloride sehr reaktiv sind, Carbonsäureester eine verringerte Reaktivität zeigen und Carboxylate gar keine Substitutionsreaktion mehr eingehen.

Um Säurechloride herzustellen, setzt man noch reaktivere anorganische Chlorierungsmittel, wie Thionylchlorid $SOCl_2$, ein. Die Nebenprodukte, HCl und SO_2, sind Gase und entweichen aus der Reaktionsmischung, sodass eine vollständige Umsetzung zum Produkt erreicht wird (Prinzip von Le Châtelier, ▶ Kapitel 5.9).

11 Reaktionen von Carbonylverbindungen

$$\text{R-C(=O)-OH} + SOCl_2 \longrightarrow \text{R-C(=O)-Cl} + HCl + SO_2$$

Carbonsäure → Säurechlorid

Säurechloride und Säureanhydride reagieren auch mit Wasser schnell (unter Bildung von Carbonsäuren). Sie spielen daher unter physiologischen Bedingungen keine Rolle. Die Natur nutzt als aktivierte Carbonsäuren vorwiegend Thioester (▶ Kapitel 11.8.3).

11.8.3 Carbonsäureester

Wir wollen auf die **Carbonsäureester** etwas genauer eingehen, da diese zum Beispiel bei Fetten (▶ Kapitel 11.10) eine wichtige Rolle spielen. Carbonsäureester lassen sich durch Umsetzung von Carbonsäurederivaten wie Säurechloriden oder -anhydriden mit Alkoholen darstellen (**Alkoholyse**). Den im Ester an das Carbonyl-C-Atom einfach gebundenen Sauerstoff, der aus dem Alkohol stammt, bezeichnet man übrigens als **Carboxylsauerstoff** im Gegensatz zum doppelt gebundenen **Carbonylsauerstoff**. Betrachten wir als Beispiel die Darstellung von Essigsäuremethylester aus Acetylchlorid (einem Säurehalogenid, systematischer Name Ethanoylchlorid) und Methanolat. Nach dem Angriff des Nucleophils kann aus der tetraedrischen Zwischenstufe entweder wieder Methanolat (Rückreaktion zum Edukt) oder aber Chlorid abgespalten werden. Die Abspaltung des wesentlich schwächer basischen Chloridanions ist deutlich einfacher als die des stark basischen Methanolats. Es bildet sich der stabile Essigsäuremethylester (systematischer Name Ethansäuremethylester, auch Methylacetat genannt). Dieser letzte Schritt ist praktisch irreversibel, das Gleichgewicht liegt damit vollständig auf der Seite des Esters.

Ester lassen sich auch aus Carbonsäuren und Alkoholen darstellen. Die Reaktion ist aber nur in Gegenwart katalytischer Mengen einer starken Säure (zum Beispiel einer Mineralsäure wie Schwefelsäure) schnell genug. Als Beispiel betrachten wir die **säurekatalysierte Veresterung** von Essigsäure mit Methanol. Der Angriff des Methanols an der protonierten Carbonsäure ergibt wie bereits besprochen die tetraedrische Zwischenstufe. In diesem Fall sind beide Gruppen, die an die tetraedrische Zwischenstufe gebunden sind, ähnlich gute Abgangsgruppen, wenn sie jeweils protoniert vorliegen. Sowohl Wasser als auch Methanol sind ähnlich stabil, ähnlich basisch und werden daher gleich gut abgespalten. Die säurekatalysierte Veresterung ist also eine reversible Reaktion, im Gegensatz zur Bildung des Esters aus der Umsetzung von Acetylchlorid mit Methanolat.

Da zudem Carbonsäure und Ester ähnlich stabil sind, liegt das Gleichgewicht ungefähr in der Mitte (die Gleichgewichtskonstante K ist ca. 4). Um bei einer Veresterung das Gleichgewicht auf die Seite des Produkts zu verschieben, kann man zum Beispiel das freiwerdende Wasser aus der Reaktionsmischung entfernen (Prinzip von Le Châtelier, ▶ Kapitel 5.9). Dies kann durch **azeotrope Destillation** erfolgen (Entfernung des Wassers durch Destillation in Form eines Wasser-Lösemittel-Gemischs). Umgekehrt kann ein Ester in wässriger Lösung bei Anwesenheit katalytischer Mengen Säure auch wieder in die Säure und den Alkohol gespalten werden (**Esterhydrolyse**). Um dabei das Gleichgewicht in Richtung der gewünschten Produkte (Säure und Alkohol) zu verschieben, setzt man Wasser im Überschuss ein.

> **MERKE**
>
> Ester können säurekatalysiert gebildet oder hydrolysiert werden. In basischer Lösung ist nur die Hydrolyse möglich.

11 Reaktionen von Carbonylverbindungen

AUS DER MEDIZINISCHEN PRAXIS

Estersynthese *in vivo*

Wir haben gelernt, dass Ester zum Beispiel ausgehend von aktivierten Säurederivaten wie Säurechloriden oder -anhydriden synthetisiert werden können. Diese Reaktionen sind *in vivo* nicht möglich, da diese aktivierten Säurederivate viel zu reaktiv sind und mit dem im Körper überall vorhandenen Wasser zu Carbonsäuren reagieren würden. Der Körper nutzt als reaktive Carbonsäurederivate stattdessen **Thioester**, um Acylreste auf Alkohole (=> Bildung von Estern) oder Amine (=> Bildung von Amiden) zu übertragen. Thioester sind reaktiver als Ester, da Schwefel wie Chlor als Element der dritten Periode keine stabilen Doppelbindungen ausbildet. Daher ist die zweite, zwitterionische Resonanzformel genau wie beim Säurechlorid ungünstiger als beim Ester; die Carbonylgruppe ist weniger stabilisiert und damit reaktiver. Überträger der Acylgruppe ist dabei in vielen Fällen das **Coenzym A**, an dessen endständige Thiolgruppe der jeweilige Acylrest gebunden ist. Diese Acyl-CoA-Derivate sind energiereiche Verbindungen, deren Hydrolysen exergonisch sind ($\Delta_R G°'$ ca. -30 kJ/mol). Die Übertragung des Acylrests auf ein anderes Nucleophil ist daher thermodynamisch günstig.

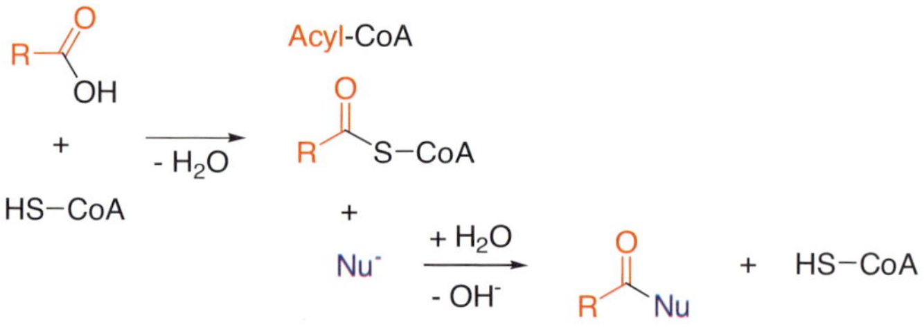

Coenzym A (CoA, CoA-SH):

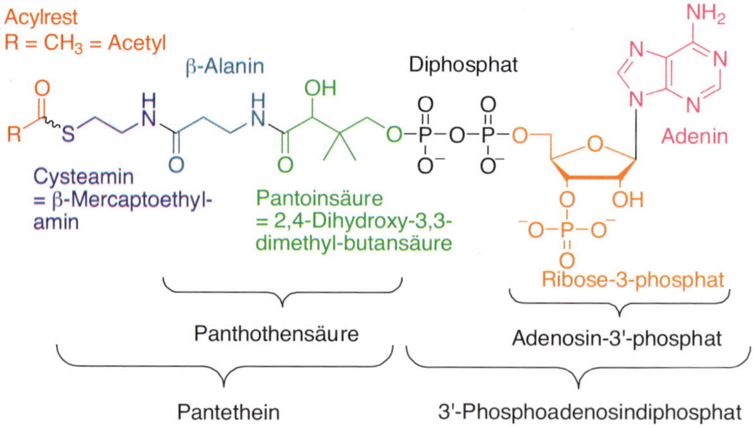

Coenzym A ist als **Acetyl-CoA** (= aktivierte Form der Essigsäure *in vivo*) zum Beispiel am Kohlenhydratstoffwechsel, als Acyl-CoA (zum Beispiel Malonyl-CoA oder Propionyl-CoA) am Fettstoffwechsel, als Citryl-CoA am Citratcyclus oder als HMG-CoA (3-Hydroxy-3-methylglutaryl-CoA) an der Biosynthese der Ketonkörper und des Cholesterols beteiligt.

Ester sind leichter flüchtig (haben also niedrigere Siedetemperaturen) als die entsprechenden Carbonsäuren, da bei ihnen die sehr polare Carboxylgruppe nicht mehr vorhanden ist. Insbesondere Ester kurzkettiger Carbonsäuren und Alkohole riechen angenehm fruchtig und werden als **Duftstoffe** eingesetzt (▶ Abbildung 11.4). So riecht zum Beispiel Buttersäureethylester nach Ananas (im Gegensatz zum sehr widerwärtigen Geruch der Buttersäure selbst). Methylsalicylat (Wintergrünöl) verleiht unter anderem der Passionsblume ihren Duft und wird in Hustenbonbons oder Kaugummis als Geschmacksstoff verwendet.

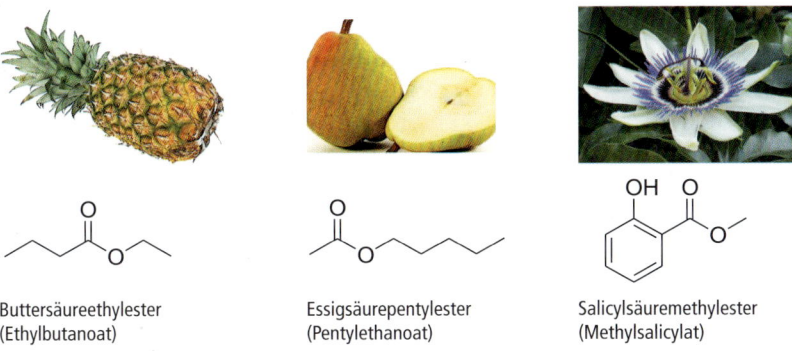

Buttersäureethylester (Ethylbutanoat)

Essigsäurepentylester (Pentylethanoat)

Salicylsäuremethylester (Methylsalicylat)

Abbildung 11.4: Ester kurzkettiger Carbonsäure riechen angenehm fruchtig und werden als Duft- und Aromastoffe verwendet.
© stockxpert – HAAP Media Ltd., Budapest, Ungarn, fotomark (Ananas), stockxpert – HAAP Media Ltd., Budapest, Ungarn, Meliha Gojak (Birne), Karin Malke, München (Passionsfrucht)

Ähnlich wie bei den cyclischen Halbacetalen kann sich ein Ester auch intramolekular bilden, wenn ein Molekül sowohl eine Carbonsäuregruppe als auch eine Alkoholgruppe enthält. Ein solcher cyclischer Ester, **Lacton** genannt, bildet sich besonders leicht, wenn ein spannungsfreier Fünf- oder Sechsring (▶ Kapitel 9.11) gebildet wird. Die Ringgröße des Lactons kennzeichnet man durch die Angabe des griechischen Buchstabens, der die Position der Alkoholgruppe relativ zur Carboxylgruppe angibt. Nicht verwechseln darf man Lactone mit cyclischen Halbacetalen, cyclischen Anhydriden oder cyclischen Ethern.

Die Esterspaltung lässt sich auch in basischer Lösung durchführen (**Verseifung**) und ist dann irreversibel und daher quantitativ. Betrachten wir als Beispiel die Verseifung von Essigsäuremethylester mit Natronlauge. OH⁻ greift die Carbonylgruppe des Esters an. Aus der gebildeten tetraedrischen Zwischenstufe wird dann Methanolat abgespalten. Da Methanolat eine sehr schlechte Abgangsgruppe ist, verläuft dieser Schritt sehr langsam, die Reaktion erfordert erhöhte Temperaturen. Im letzten Schritt wird dann aber die gebildete Carbonsäure sofort durch die starke Base Methanolat H$_3$CO⁻ deprotoniert. Es entsteht das resonanzstabilisierte Carboxylatanion, das nicht mehr reaktiv ist und nicht wieder zurückreagieren kann. Der letzte Reaktionsschritt ist also irreversibel und stellt die thermodynamische Triebkraft der Gesamtreaktion dar. Die Base ist in diesem Fall kein Katalysator, sondern wird zur Deprotonierung der Carbonsäure verbraucht. Aus dem gleichen Grund ist auch die Darstellung von Estern in basischer Lösung durch eine direkte Umsetzung von Carbonsäure und Alkohol nicht möglich. Die Base deprotoniert die Carbonsäure zum unreaktiven Carboxylat. Es läuft also nur eine Säure-Base-Reaktion ab.

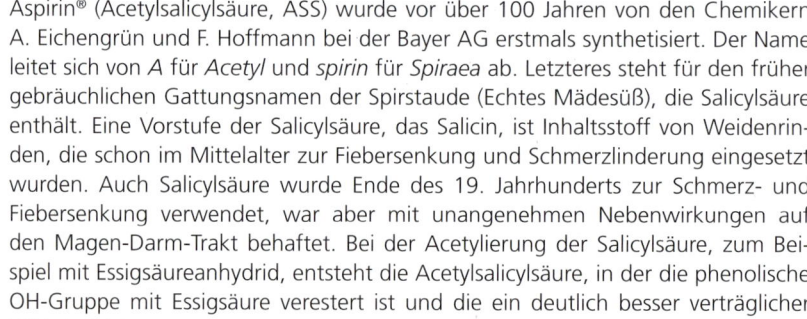

AUS DER MEDIZINISCHEN PRAXIS

Einer der bekanntesten Ester überhaupt: die Acetylsalicylsäure

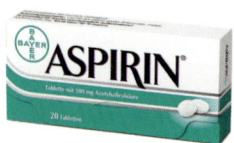

Acetylsalicylsäure
© Bayer Vital GmbH, Leverkusen

Aspirin® (Acetylsalicylsäure, ASS) wurde vor über 100 Jahren von den Chemikern A. Eichengrün und F. Hoffmann bei der Bayer AG erstmals synthetisiert. Der Name leitet sich von *A* für *Acetyl* und *spirin* für *Spiraea* ab. Letzteres steht für den früher gebräuchlichen Gattungsnamen der Spirstaude (Echtes Mädesüß), die Salicylsäure enthält. Eine Vorstufe der Salicylsäure, das Salicin, ist Inhaltsstoff von Weidenrinden, die schon im Mittelalter zur Fiebersenkung und Schmerzlinderung eingesetzt wurden. Auch Salicylsäure wurde Ende des 19. Jahrhunderts zur Schmerz- und Fiebersenkung verwendet, war aber mit unangenehmen Nebenwirkungen auf den Magen-Darm-Trakt behaftet. Bei der Acetylierung der Salicylsäure, zum Beispiel mit Essigsäureanhydrid, entsteht die Acetylsalicylsäure, in der die phenolische OH-Gruppe mit Essigsäure verestert ist und die ein deutlich besser verträglicher Wirkstoff ist.

11.8 Carbonsäurederivate

Haben Sie mal Aspirin-Tabletten nach einem Sommerurlaub aus der Packung genommen? Dann ist Ihnen vielleicht aufgefallen, dass diese nach Essig riechen. ASS ist sehr hydrolyseempfindlich und wird bei zu hoher Feuchtigkeit und Temperatur sehr schnell zu Salicylsäure und Essigsäure hydrolysiert. Auch *in vivo* entsteht aus ASS durch Hydrolyse Salicylsäure, die einen Teil der analgetischen und entzündungshemmenden Wirkung ausmacht. Allerdings wirkt ASS auch direkt als Schmerzmittel. ASS hemmt ein Enzym, die Cyclooxygenase (COX), das an der Biosynthese von Prostaglandinen (Schmerz- und Entzündungsmediatoren) beteiligt ist (▶ Kapitel 11.10). Durch **Umesterung** wird der Acetylrest auf die OH-Gruppe eines Serinrests des Enzyms übertragen, wodurch dieses irreversibel gehemmt wird.

F. Hoffmann synthetisierte zur gleichen Zeit auch aus Morphin das Diacetylderivat Heroin, das dann als Schmerz- und Hustenmittel in den Handel gebracht wurde. Im Gegensatz zu ASS, das als weltweit am meisten verkauftes Medikament überhaupt (ca. 40 000 Tonnen pro Jahr) auch heute noch im Handel ist, wurde Heroin aufgrund seines großen Abhängigkeitspotenzials sehr schnell als Arzneistoff wieder vom Markt genommen.

Ähnlich wie zwei Aldehyde oder Ketone in einer Aldolreaktion können auch zwei Carbonsäureester miteinander reagieren. Eine solche **Esterkondensation** läuft aber nur in nichtwässriger Lösung in Gegenwart starker Basen (zum Beispiel Alkoholaten) ab. In wässriger Lösung ist die Hydrolyse des Esters zur Säure deutlich schneller. Das dabei entstehende Carboxylat kann nicht mehr in einer Esterkondensation reagieren. Der Begriff Esterkondensation ist nicht gleichbedeutend mit Veresterung, auch wenn bei der Veresterung eine Kondensation (Wasserabspaltung) stattfindet. Ester sind weniger CH-acide als Aldehyde und Ketone, das Deprotonierungsgleichgewicht für die Ester-Enolatbildung liegt daher weit auf der Seite des Esters. Das Esterenolatanion reagiert dann als Nucleophil analog wie bei der Aldolreaktion mit einem zweiten Molekül des Esters. Es bildet sich eine neue C–C-Bindung. Aus der intermediär gebildeten Zwischenstufe kann dann ein Alkoholat abgespalten werden, es entsteht ein **β-Ketoester**. Diese Esterkondensation (auch **Claisen-Kondensation** genannt) spielt bei der Biosynthese von Fettsäuren und der Ketogenese eine wichtige Rolle.

EXKURS

Fettsäurebiosynthese und Ketogenese

Im Körper wird die Esterkondensation enzymatisch katalysiert und dient zum Beispiel zur Biosynthese von Fettsäuren und Ketonkörpern. Als Edukte dienen im Fall der Ketogenese Acetyl-CoA, im Fall der Fettsäurebiosynthese Acetyl- und Malonylreste, die als Thioester an ein Protein gebunden sind. Dieses Protein wird als *Acyl Carrier Protein* (*ACP*) bezeichnet und besitzt wie Coenzym A einen Cysteaminrest und kann Acylreste als aktivierte Thioester übertragen.

Die **Ketogenese** haben wir bereits im Fallbeispiel kennengelernt. Dabei reagieren zwei Moleküle Acetyl-CoA miteinander, es entsteht Acetoacetyl-CoA. Chemisch betrachtet ist diese Reaktion von zwei Essigsäurebausteinen zu einem Acetessigsäurebaustein eine Reaktion, die sehr ähnlich zur bereits besprochenen Aldolreaktion (▶ Kapitel 11.6) abläuft. Anstelle zweier Aldehyde oder Ketone reagieren zwei Moleküle einer Carboxylverbindung miteinander unter Bildung einer β-Ketosäure. Im Körper wird diese Esterkondensation durch Enzyme katalysiert und erfordert die Aktivierung der einen Komponente als Thioester. Der Thioester des einen Moleküls Acetyl-CoA aktiviert die Carbonylfunktion für den Angriff eines C-Nucleophils, in diesem Fall ein zweites Molekül Acetyl-CoA. Aus der gebildeten Acetessigsäure kann dann durch Decarboxylierung Aceton entstehen. Dies ist zum Beispiel beim *Diabetes mellitus* der Fall, wenn sich infolge der gesteigerten Lipolyse Acetyl-CoA anreichert.

Bei der **Fettsäurebiosynthese** reagiert Acetyl-ACP als Akzeptor (= Elektrophil) mit einem Molekül Malonyl-ACP als Donor (= Nucleophil). Aus dem gebildeten β-Ketoester wird CO_2 abgespalten (Decarboxylierung). Es entsteht Acetoacetyl-ACP. Damit haben ein C2-Baustein und ein C3-Baustein unter Decarboxylierung (= Verlust eines C1-Bausteins) zu einem C4-Baustein reagiert. Acetoacetyl-ACP wird dann durch Reduktion, Eliminierung von Wasser und Hydrierung der entstandenen Doppelbindung in einen gesättigten Acylrest umgewandelt. Es ist Butyryl-ACP entstanden, die aktivierte Form der Buttersäure. Der Cyclus läuft nun immer wieder ab, bis die Fettsäure die entsprechende Kettenlänge erreicht hat. Da die Fettsäure in jedem Reaktionsschritt um zwei C-Atome verlängert wird, besitzen die meisten Fettsäuren geradzahlige Kettenlängen. Die gesamte Reaktionssequenz wird von einem multifunktionellen Enzymkomplex, der Fettsäuresynthase, katalysiert.

11.9 Ester anorganischer Säuren

Nicht nur Ester der Carbonsäuren, sondern auch die Ester der anorganischen Säuren Phosphorsäure (H_3PO_4) und Schwefelsäure (H_2SO_4) spielen im Organismus wichtige Rollen. Im Gegensatz zu Carbonsäuren handelt es sich um mehrbasige **Säuren**, die nicht nur Monoester, sondern auch Diester (Phosphorsäure, Schwefelsäure) bzw. Triester (Phosphorsäure) bilden können. Beispiele für **Phosphorsäureester** sind PEP (Phosphoenolpyruvat, ▶ Kapitel 11.5), die Coenzyme NAD^+ und $NADP^+$, alle Nucleotide (zum Beispiel AMP, ADP, ATP, c-AMP), die Nucleinsäuren DNA und RNA (▶ Kapitel 14) oder die Phospholipide (▶ Kapitel 11.10). Die Monoester und Diester der Phosphorsäure liegen bei physiologischen pH-Werten als Anionen vor und werden daher auch als **Phosphate** bezeichnet. Die Monoester werden meistens als Dianionen formuliert, liegen tatsächlich aber aufgrund ihres pK_s-Werts von etwa 7 bei physiologischen pH-Werten in etwa gleichen Konzentrationen als Mono- ($ROP(OH)O_2^-$) und als Dianion ($ROPO_3^{2-}$) vor. Die Diester sind Monoanionen $(RO)_2PO_2^-$. Die Triester besitzen keine aciden H-Atome mehr und reagieren daher neutral.

11 Reaktionen von Carbonylverbindungen

pK_s ca. 7 Monoester

Diester

Triester

Phosphoenolpyruvat (PEP) — Glycerol-3-phosphat — Ausschnitt aus cyclo-AMP

Monoester — Diester

Nicht nur Phosphorsäureester spielen im Organismus eine wichtige Rolle, sondern auch **Phosphorsäureanhydride**. Bildet die Phosphorsäure mit sich selbst ein Anhydrid, entsteht Diphosphat (Pyrophosphat, abgekürzt PP_i), ein Tetraanion. Mit einer Carbonsäure bildet sich ein gemischtes Anhydrid, ein Acylphosphat. Anhydride der Phosphorsäure enthalten energiereiche P–O-Bindungen, bei deren Hydrolyse eine beträchtliche Energiemenge frei wird. So wird zum Beispiel ATP als universeller Energieüberträger genutzt. Allerdings ist der direkte Angriff von Wasser so langsam, dass Phosphate und Phosphoranhydride in wässriger Lösung relativ stabil sind. *In vivo* können diese Verbindungen aber enzymatisch katalysiert gespalten werden und die dabei freiwerdende Energie wird genutzt, um andere ungünstige Stoffwechselreaktionen zu ermöglichen (▶ Kapitel 5.10).

energiereiche Bindung — abgekürzte Schreibweise

Diphosphat (PP_i) — Acylphosphat

Schwefelsäure kommt *in vivo* in Form des Sulfats (SO_4^{2-}), als Monoester und als gemischter Anhydrid mit Phosphorsäure vor. Monoester der Schwefelsäure spielen eine wichtige Rolle bei der Metabolisierung von Arzneistoffen (sogenannter Phase-II-Metabolismus). Im letzten Schritt der Biotransformation werden Arznei- und andere Fremdstoffe in wasserlösliche Derivate überführt, die mit dem Urin ausgeschieden werden können. Hierfür nutzt der Körper neben der Glucuronidierung, also der Anbindung eines sehr polaren Zuckerbausteins (▶ Kapitel 12.3), auch die **Sulfatierung** zum Beispiel von Alkoholgruppen. Die gebildeten Monoester sind als Anionen in der Regel besser wasserlöslich als die ursprünglichen Alkohole und können daher leichter mit dem Urin ausgeschieden werden. Zur Übertragung der Sulfatgruppe wird wiederum ein Anhydrid verwendet und zwar das gemischte Schwefelsäure-Phosphorsäure-Anhydrid PAPS (= 3′-Phosphoadenosin-5′-phosphosulfat). In diesem ist die Sulfatgruppe wieder leicht abspaltbar und kann so auf Nucleophile übertragen werden, man spricht von „aktiviertem" Sulfat.

AUS DER MEDIZINISCHEN PRAXIS

Bisphosphonate – Arzneistoffe gegen Osteoporose

Wie wir schon gelernt haben, bestehen Knochen aus Hydroxylapatit (▶ Kapitel 4.9). **Bisphosphonate** wurden als Analoga des Diphosphats entwickelt, da bekannt war, dass Diphosphate *in vitro* die Auflösung von Calciumphosphatkristallen hemmen. Es wurde nach stabilen Analoga gesucht, die ähnliche Eigenschaften besaßen, aber biologisch nicht so schnell abgebaut werden können, also hydrolysestabil sind. Die Entwicklung der Substanzklasse der Bisphosphonate (zum Beispiel Alendronsäure, Tevanate®, Fosamax®) war ein Meilenstein in der Behandlung der Osteoporose, allerdings ist ihr Wirkmechanismus wesentlich komplexer als der ursprünglich angenommene Einbau in Knochen anstelle von Phosphat.

Alendronsäure

Bisphosphonat hydrolysestabil

Diphosphat hydrolysierbar

gemischtes Anhydrid

Ausschnitt aus PAPS

Monoester

Sulfatiert und phosphoryliert werden *in vivo* auch sehr häufig OH-Gruppen in Proteinen. Der Körper nutzt zum Beispiel die **Phosphorylierung von Enzymen** dazu, diese zu aktivieren oder zu deaktivieren. Phosphorylierungen werden *in vivo* durch **Kinasen** katalysiert. Die Hemmung solcher Enzyme durch Kinaseinhibitoren (zum Beispiel Imatinib, Glivec® gegen chronisch-myeloische Leukämie, CML) ist ein neues Wirkprinzip in der Krebstherapie.

11 Reaktionen von Carbonylverbindungen

Phosphonsäure

Sulfonsäure

Tabun: ein Phosphonsäureamid

Ersetzt man eine OH-Gruppe der Phosphorsäure durch einen Alkyl- oder Arylrest, so entsteht eine **Phosphonsäure**. Analog erhält man aus Schwefelsäure eine **Sulfonsäure**. Derivate der Sulfonsäure sind die Sulfonsäureamide (▶ Kapitel 13.7), die früher als Antibiotika eine wichtige Rolle gespielt haben. Derivate der Phosphonsäure finden sich in den sogenannten Bisphosphonaten, Medikamenten zur Behandlung der Osteoporose. Phosphonsäureester und Derivate haben traurige Berühmtheit als Kampfgase erlangt (Tabun, Sarin, Soman). Sie sind verwandt mit dem früher gebräuchlichen und hochtoxischen Insektizid E-605 (Parathion), einem Thiophosphorsäuretriester und mit einigen auch heute noch verwendeten Insektiziden (zum Beispiel Phosmet, Chlorpyrifos). Es handelt sich bei all diesen Derivaten um Nervengifte (Hemmstoffe der Acetylcholinesterase, ▶ Kapitel 13.9).

11.10 Lipide und Seifen

Eine wichtige Rolle in der Natur spielen Ester aus langkettigen Carbonsäuren und dem Trialkohol Glycerol (früher Glycerin genannt), die sogenannten **Triacylglycerole** (früher Triglyceride genannt). Sie bilden den wichtigsten Langzeitenergiespeicher im menschlichen Organismus und sind eine wichtige Lipidklasse (griechisch *lipos* = Fett). Die in Pflanzen, Tieren und dem Menschen vorkommenden Fette und Öle bestehen größtenteils aus einem Gemisch verschiedener Triacylglycerole (Neutralfette), bei denen Glycerol mit identischen oder auch verschiedenen, meist langkettigen gesättigten oder ungesättigten **Fettsäuren** (▶ Tabelle 11.4) verestert ist. Eine andere wichtige Lipidklasse, die wir schon kennengelernt haben, sind Cholesterol und seine Derivate (▶ Kapitel 9.11).

Glycerol

Triacylglycerol (früher Triglycerid)

Stearinsäure — gesättigte Fettsäuren
Palmitinsäure
ω–3
Linolensäure — ungesättigte Fettsäure
eine Omega-3-Fettsäure

Lipid	Formel	Anmerkung
Fettsäuren	Siehe Tabelle 11.4	
Triacylglycerole		Neutralfett

11.10 Lipide und Seifen

Lipid	Formel	Anmerkung
Phosphoglyceride	(Struktur: Glycerin mit R^1O–, OR^2– und Phosphatgruppe –O–P(=O)(OH)–OR^3)	Zum Beispiel Lecithine und Kephaline
Sphingolipide	(Struktur: langkettiges Sphingosin-Derivat mit OH, NH–C(=O)–R^1 und O–R^2)	Wichtige Bestandteile der Zellmembran
Cholesterol und seine Derivate	(Steroidstruktur mit HO-Gruppe)	Kapitel 9.11

Name (Zahl der C-Atome : Zahl der Doppelbindungen)	Struktur	Vorkommen und Bedeutung
Capronsäure (6 : 0)	$H_3C-(CH_2)_4-CO_2H$	Milchfett
Caprylsäure (8 : 0)	$H_3C-(CH_2)_6-CO_2H$	Milchfett, Kokosfett
Laurinsäure (12 : 0)	$H_3C-(CH_2)_{10}-CO_2H$	Milchfett, Pflanzenfette
Myristinsäure (14 : 0)	$H_3C-(CH_2)_{12}-CO_2H$	Milchfett, Tier- und Pflanzenfette, Fischöle
Palmitinsäure (16 : 0)	$H_3C-(CH_2)_{14}-CO_2H$	Tier- und Pflanzenfette
Stearinsäure (18 : 0)	$H_3C-(CH_2)_{16}-CO_2H$	Tier- und Pflanzenfette
Ölsäure (18 : 1), 9-Octadecensäure, Δ^9-Octadecensäure	$H_3C-(CH_2)_7-CH=CH-(CH_2)_7-CO_2H$	In allen natürlichen Fetten
Linolsäure (18 : 2), 9,12-Octadecensäure, $\Delta^{9,12}$-Octadecensäure	$H_3C-(CH_2)_4-(CH=CH-CH_2)_2-(CH2)_6-CO_2H$	ω-6-Fettsäure, Pflanzenöle, essenzielle Fettsäure

11 Reaktionen von Carbonylverbindungen

Name (Zahl der C-Atome : Zahl der Doppelbindungen)	Struktur	Vorkommen und Bedeutung
α–Linolensäure (ALA) (18 : 3), 9,12,15-Octadecatriensäure	$H_3C–CH_2–(CH=CH-CH_2)_3–(CH_2)_6–CO_2H$	ω-3-Fettsäure, fettreiche Pflanzenöle (Leinöl, Walnussöl, Sojaöl, Rapsöl), essenzielle Fettsäure
Arachidonsäure (20 : 4), 5,8,11,14-Eicosatetraensäure	$H_3C–(CH_2)_4–(CH=CH-CH_2)_4–(CH_2)_2–CO_2H$	ω-6-Fettsäure, Tierfette, aus Arachidonsäure entstehen Prostaglandine.
Eicosapentaensäure (20 : 5) (EPA), 5,8,11,14,17-Eicosapentaensäure	$H_3C–CH_2–(CH=CH-CH_2)_5–(CH_2)_2–CO_2H$	ω-3-Fettsäure, Fischöle fetter Seefische

Tabelle 11.4: Natürlich vorkommende Fettsäuren

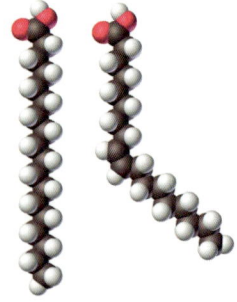

Stearinsäure (links) und Ölsäure (rechts)
Aus: Bruice, P. Y. (2007)

Die physikalischen Eigenschaften der Fettsäuren und damit auch der Fette hängen von ihrer Länge und von der Zahl der vorhandenen Doppelbindungen ab. Je mehr Doppelbindungen vorhanden sind, desto niedriger ist die Schmelztemperatur. Dies liegt daran, dass die Doppelbindungen in den Fettsäuren *cis*-konfiguriert sind, was zu einem Knick in der Alkylkette führt. Die Ketten können nicht mehr so dicht gepackt werden (▶ Abbildung 11.5), weshalb die Van-der-Waals-Wechselwirkungen zwischen den Ketten schwächer sind. Triacylglycerole mit hohem Anteil ungesättigter Fettsäuren sind daher meist flüssig (**Öle**), wohingegen solche mit hohem Anteil gesättigter Fettsäuren bei Raumtemperatur fest sind (**Fette**). Werden ungesättigte Fette durch katalytische Hydrierung (▶ Kapitel 10.7.1) der Doppelbindungen in gesättigte Fette umgewandelt, steigt die Schmelztemperatur, das Fett wird härter (= **Fetthärtung**). Dies ist eine Möglichkeit, um (streichfeste) Margarine aus Pflanzenölen herzustellen. Bei unvollständiger Hydrierung von ungesättigten pflanzlichen Fetten entstehen bei diesem Prozess allerdings durch Isomerisierung der verbliebenen Doppelbindungen auch *trans*-Fettsäuren, die den Gehalt an LDL-Cholesterol im Blut (▶ Kapitel 9.11) erhöhen und das Arterioseriskio steigern.

Daher ist Margarine, obwohl sie einen höheren Anteil an ungesättigten pflanzlichen Fetten enthält als Butter, nicht unbedingt gesünder. Man sollte auch bemerken, dass durch Änderung des Herstellungsprozesses der *trans*-Fettsäure-Anteil in Margarine von früher 20 Prozent auf meist unter 2 Prozent oder auf Null (Biomargarine) verringert wurde. Den sogenannten Omega-3-Fettsäuren (ω-3-Fettsäuren) kommt dagegen eindeutig eine schützende Funktion zu. Diese essenziellen und mehrfach ungesättigten Fettsäuren, die vor allem in Fisch vorkommen, verringern das Risiko koronarer Herzerkrankungen.

11.10 Lipide und Seifen

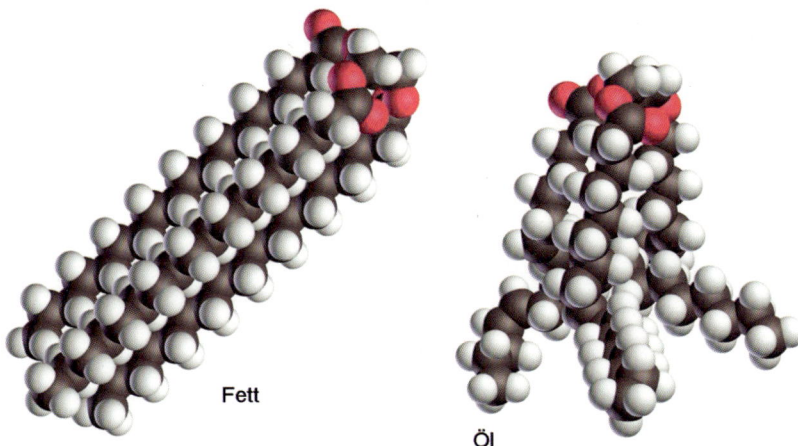

Abbildung 11.5: Fette und Öle. Die Konsistenz der Triacylglycerole hängt davon ab, ob die Fettsäuren gesättigt oder ungesättigt sind. Triacylglycerole mit hohem Anteil gesättigter Fettsäuren sind bei Raumtemperatur fest (Fett), wohingegen solche mit hohem Anteil ungesättigter Fettsäuren meist flüssig sind (Öle).
Aus: Bruice, P. Y. (2007)

Ölsäure
cis-9-Octadecensäure (18:1)

Durch Hydrolyse der Triacylglycerole mit Natron- oder Kalilauge entstehen Glycerol und die Alkalisalze der jeweiligen Fettsäuren. Diese wirken als waschaktive Substanzen und werden als **Seifen** im engeren Sinne bezeichnet. Die schon seit Jahrtausenden bekannte Herstellung von Seifen (**Seifensiederei**) hat der alkalischen Hydrolyse von Estern und anderen Carbonsäurederivaten den Trivialnamen **Verseifung** (Saponifikation) gebracht. Die Natriumsalze der Fettsäuren sind meistens fest (Kernseifen), wohingegen die Kaliumsalze häufig flüssig sind (Schmierseifen). Die Calcium- und Magnesiumsalze der Fettsäuren sind unlöslich. Sie bilden sich vor allem bei der Verwendung von hartem Wasser beim Waschen und sind mitverantwortlich für die Kalkbildung in Waschmaschinen und den Grauschleier der Wäsche.

Kernseife
© Kernseife, Savon de Marseille,
Autor: Malene Thyssen

11 Reaktionen von Carbonylverbindungen

Seifensiederei im Mittelalter
Aus: Bruice, P. Y. (2007)

Fett → Seifen (mit OH^-)

AUS DER MEDIZINISCHEN PRAXIS

Prostaglandine

Die Fettsäure Arachidonsäure (Eicosatetraensäure) spielt eine wichtige Rolle bei der Biosynthese der Prostaglandine (auch Eicosanoide genannt, zum Beispiel PGG_2, PGH_2, PGE_2). Es handelt sich um Gewebshormone, die eine wichtige Rolle bei Entzündungs- und Schmerzprozessen (Entzündungsmediatoren), bei der Entstehung von Fieber, Asthma und bei allergischen Reaktionen spielen. Ursprünglich dachte van Euler, der 1935 diese Substanzklasse zuerst entdeckte, fälschlicherweise, dass sie von der Prostata (englisch: *prostate gland*) produziert werden. Heute wissen wir, dass diese Substanzen praktisch von allen Zellen gebildet werden. Die Hemmung der Prostaglandin-Biosynthese durch Inhibierung der Cyclooxygenase (COX) ist der Hintergrund der Wirkung der sogenannten „kleinen" Schmerz- und Fiebermittel (NSAIDs, nichtsteroidale antiinflammatorische Arzneistoffe) wie ASS (▶ Kapitel 11.8.3), Diclofenac (▶ Kapitel 9.7), Ibuprofen (▶ Kapitel 9.9.4) und auch der Antirheumatika aus der Coxib-Gruppe (zum Beispiel Celecoxib). Auch die Nebenwirkungen dieser Arzneistoffe lassen sich über die Hemmung der COX erklären, zum Beispiel die Schädigung der Magenschleimhaut, das erhöhte Risiko für einen Asthmaanfall oder die mit der Langzeittherapie verbundene Schädigung der Nieren, aber auch das verminderte Risiko, an Darmkrebs zu erkranken.

Auch die Prostaglandine selbst oder davon abgeleitet Derivate werden als Arzneistoffe eingesetzt, zum Beispiel bei Durchblutungsstörungen (Iloprost, Alprostadil = PGE_1), bei erektiler Dysfunktion (Alprostadil) oder zur Geburtseinleitung bzw. Vorbereitung eines Schwangerschaftsabbruchs (Dinoproston = PGE_2, Gemeprost, Sulproston).

11.10 Lipide und Seifen

> **EXKURS**
>
> **Omega-3-Fettsäuren**
>
> Enthalten Fettsäuren in ihrer Alkylkette mehrere Doppelbindungen, so spricht man von mehrfach ungesättigten Fettsäuren (PUFAs, englisch: *polyunsaturated fatty acids*). Zu diesen zählen die Docosahexaensäure (22 : 6) (DHA), die Eicosapentaensäure (20 : 5) (EPA) und die α-Linolensäure (18 : 3) (ALA). DHA und EPA kommen besonders in Fetten und Ölen marinen Ursprungs (Makrelen, Sardinen, Wildlachs, Hering, Thunfisch) vor, die ALA in fettreichen Pflanzenölen (Leinöl, Walnussöl, Sojaöl, Rapsöl). Alle drei sind sogenannte **Omega-3-Fettsäuren**: Mit Omega ω bezeichnet man das letzte C-Atom in der Kette. Zählt man von dort aus zurück in Richtung der Carboxylgruppe, beginnt die erste Doppelbindung am (ω-3)-C-Atom, also am drittletzten C-Atom. Alle Doppelbindungen sind jeweils *cis*-konfiguriert.
>
> α-Linolensäure (18:3) (ALA)
>
> Docosahexaensäure (22:6) (DHA)   Eicosapentaensäure (20:5) (EPA)
>
> DHA und EPA bewirken im Körper die Expression (Biosynthese) einer ganzen Reihe von Proteinen, die vielfältige positive Wirkungen auf die Glucose- und Lipid-Homöostase (= Selbstregulation) des Organismus haben. So wird zum Beispiel der Triacylglycerol-Spiegel des Bluts gesenkt und die Bildung proinflammatorischer (= entzündungsfördernder) Gewebshormone reduziert. In Ländern, in denen Fische einen Hauptbestandteil der Nahrung ausmachen, nehmen die Menschen mehr DHA und EPA zu sich (> 10 g/d) als in den westlichen Industrieländern (< 2 g/d). Die Inzidenz für koronare Herzkrankheiten ist dort deutlich geringer. Die Ethylester der DHA und EPA sind unter dem Handelsnamen Omacor® als Zusatzmedikation zur Sekundärprophylaxe nach Herzinfarkt zugelassen.

Fisch, eine Quelle für Omega-3-Fettsäuren
© Ryman Cabannes, photocuisine, Corbis GmbH, Düsseldorf

Bei den Seifen handelt es sich um sogenannte **amphiphile Stoffe**, die aus einem polaren Teil (Carboxylatgruppe) und einem unpolaren Teil (Alkylrest) bestehen. Was passiert nun, wenn man ein solches Amphiphil mit Wasser mischt? Die unpolaren Alkylreste werden von den Wassermolekülen abgestoßen. Wir wissen bereits, dass es bei Mischung von Verbindungen, die lange Alkylketten besitzen, mit Wasser zu einer Phasentrennung kommt (hydrophobe Wechselwirkungen, ▶ Kapitel 3.2.4). Die negativ geladenen Carboxylatgruppen der Fettsäuresalze sind aber hydrophil und treten mit den Wassermolekülen in Wechselwirkung. Die amphiphilen Moleküle lagern sich daher zu **Mizellen** zusammen (▶ Abbildung 11.6), die typischerweise einen Durchmesser von wenigen Nanometern aufweisen. Dabei richten sich die unpolaren Alkylreste so aus, dass sie vom Wasser weg ins Innere der Mizelle ragen, die polaren Carboxylatgruppen sind nach außen, zum Wasser hin ausgerichtet.

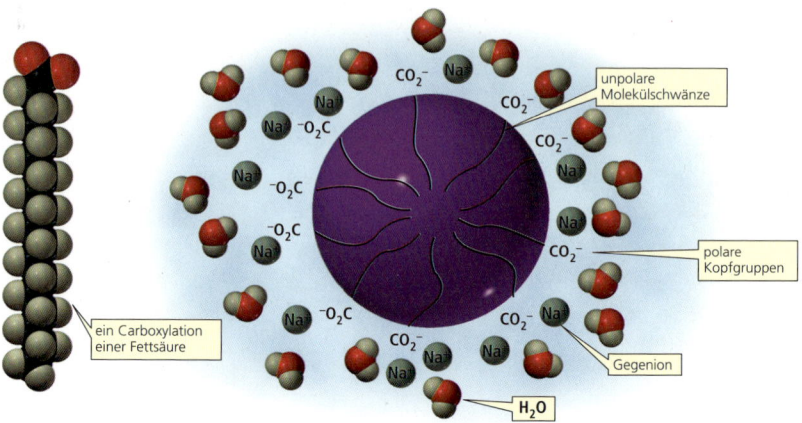

Abbildung 11.6: In wässriger Lösung bilden Seifenmoleküle Mizellen. Die polaren Kopfgruppen (Carboxylatgruppen) der Seifenmoleküle bilden die äußere Hülle der Mizelle aus und zeigen zum Wasser; die unpolaren Molekülschwänze reichen in das Innere der Mizellen hinein.
Aus: Bruice, P. Y. (2007)

Im Inneren der Mizelle befinden sich die Alkylketten. Es ist somit unpolar und hat ähnliche Eigenschaften wie Benzin (= Gemisch langkettiger Kohlenwasserstoffe). Andere unpolare Moleküle aus der Lösung lagern sich daher bevorzugt in das Innere einer Mizelle ein. So können zum Beispiel Fette oder unpolare Feststoffpartikel „gelöst" werden (emulgiert werden). Darauf beruht die Waschwirkung der Seifen.

Neben den klassischen Fettsäuresalzen benutzt man heutzutage eine Vielzahl anderer waschaktiver Substanzen, die man allgemein als **Tenside** bezeichnet. Sie haben den gleichen amphiphilen Aufbau wie die Seifen: Der unpolare Teil ist in der Regel eine lange gesättigte oder auch partiell ungesättigte Alkylkette. Die polare Kopfgruppe ist variabel. Anstelle von Carboxylaten werden zum Beispiel auch Sulfate (Alkyl-OSO_3^-) oder Sulfonate (Alkyl-SO_3^-), nichtionische Gruppen wie Alkohole oder Ether (Alkyl-OR mit R = H oder Alkyl) oder kationische Gruppen (quarternäre Ammoniumgruppen Alkyl–NR_3^+) verwendet. Man spricht dann von anionischen, nichtionischen, kationischen oder auch zwitterionischen Tensiden (zum Beispiel eine Kombination aus Carboxylatgruppen und quarternärer Ammoniumgruppe). Tenside werden nicht nur in Wasch- und Reinigungsmitteln (Detergentien), sondern auch in der Lebensmittelindustrie und pharmazeutischen Technologie zur Stabilisierung von Emulsionen und Suspensionen verwendet (▶ Kapitel 3.5).

Auch der Körper nutzt körpereigene Tenside, um zum Beispiel den Transport wasserunlöslicher Fette (Cholesterolester, Triglycerole) im Blut und in anderen Körperflüssigkeiten zu ermöglichen. Die Gallensäuren helfen zum Beispiel bei der Emulgierung von Nahrungsfetten während der Verdauung. Lecithine (allgemein Phospholipide) und Cholesterol helfen beim Transport von Fetten im Blut in Form der Lipoproteine (HDL und LDL, ▶ Kapitel 9.11).

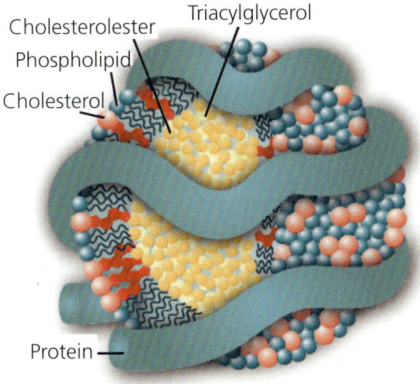

Cholesterolester
Triacylglycerol
Phospholipid
Cholesterol
Protein

LDL-Partikel
© Ryman Cabannes, photocuisine, Corbis GmbH, Düsseldorf

Amphiphile Lipide, die nicht – wie die Seifen – nur eine unpolare Alkylkette, sondern zwei enthalten, bilden in Wasser statt Mizellen bevorzugt **Doppelschichten** (▶ Abbildung 11.7). Kugelförmige Doppelschichten bezeichnet man übrigens als Liposomen. Biologische Membranen bestehen aus solchen Doppelschichten, in die zahlreiche weitere Stoffe wie zum Beispiel Proteine, Kohlenhydrate oder Cholesterol eingebettet sind. Der wichtigste Lipidbestandteil biologischer Membranen sind die **Phosphoglycerole** (auch **Phospholipide** genannt). Sie enthalten Glycerol-3-phosphat (einen anorganischen Ester, ▶ Kapitel 11.9) und sind an C1 und C2 des Glycerols mit Fettsäuren und am Phosphatrest mit unterschiedlichen Resten R verestert. Dieser Rest R leitet sich bei den in Membranen vorkommenden Phospholipiden meist von einem polaren Alkohol ab, wie zum Beispiel dem Cholin. Man erhält die Lecithine.

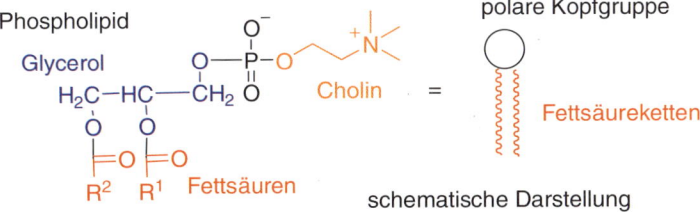

Phosphatidylserin, ein Phospholipid
Aus: Bruice, P. Y. (2007)

Eine solche Doppelschicht trennt zwei wässrige Phasen voneinander und ist nahezu undurchlässig für ionische und polare Substanzen. Der Transport von polaren Stoffen durch eine Membran kann daher nur durch Kanäle oder Transporter erfolgen (▶ Kapitel 4.9.1). Eine Phospholipid-Doppelschicht ist aber kein starres Gebilde, sondern hat eher Ähnlichkeit mit einer zweidimensionalen Flüssigkeit, das heißt, in der Doppelschichtebene sind die Lipidmoleküle sehr beweglich. Dies ist wichtig für die biologische Funktion der Membran. Die Beweglichkeit der Membran hängt von ihrer Zusammensetzung ab. Ungesättigte Fettsäuren erhöhen sie, während zum Beispiel die Einlagerung des starren Cholesterols (▶ Kapitel 9.11) sie senkt. Die Beweglichkeit der Moleküle in der Membran nimmt auch mit abnehmender Temperatur ab. Deswegen enthalten die Phospholipide mariner Lebewesen, die in kälterer Umgebung leben müssen, einen größeren Anteil an ungesättigten Fettsäuren.

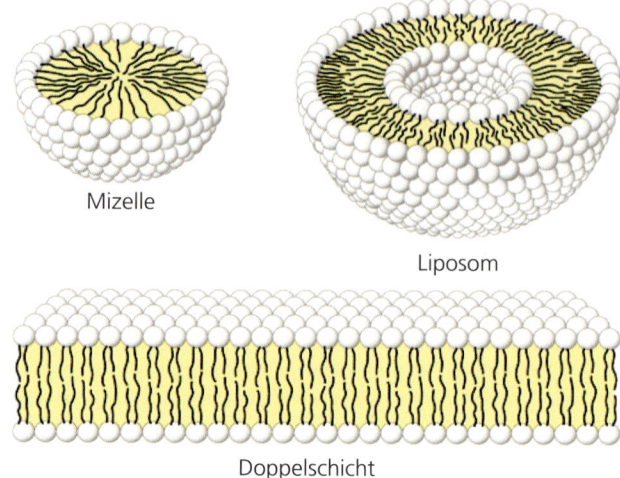

Abbildung 11.7: Amphiphile bilden in Wasser entweder Mizellen, Liposomen oder Doppelschichten.
© Lodish et al., Molecular Cell Biology, 6th edn., W.H. Freeman and Co.: New York 2008, fig. 10.6 „The bilayer structure of biomembranes", p. 413

EXKURS

Nanomedizin – Krebstherapeutika und mRNA-Impfstoffe

Die Nanotechnologie nutzt die Eigenschaften von Nanomaterialien, also Materialien, die aus Partikeln bestehen, die kleiner als 100 nm sind. In der Nanomedizin werden diese Partikel zum Beispiel eingesetzt, um die Löslichkeit eines Arzneistoffs und damit seine Bioverfügbarkeit zu verbessern oder Wirkstoffe gezielt zum Wirkort zu transportieren. Partikel dieser Größenordnung bilden aber auch die Grundlage neuer Diagnose- und bildgebender Verfahren.

Unter den vielen möglichen Einsatzgebieten der Nanotechnologie wollen wir nur auf neue Ansätze zur Krebstherapie eingehen, da hier schon einige Präparate auf dem Markt sind: liposomales Doxorubicin (Myocet®), PEG-beschichtetes liposomales Doxorubicin (Caelyx®), Mifamurtid (Mepact®) und Cytarabin (Depocyt®) mit verzögerter Freisetzung oder Abraxane®, bei dem Paclitaxel als an Albumin gebundene Nanopartikel-Formulierung vorliegt (*Nanoparticle-albumin bound*, Nab-Paclitaxel).

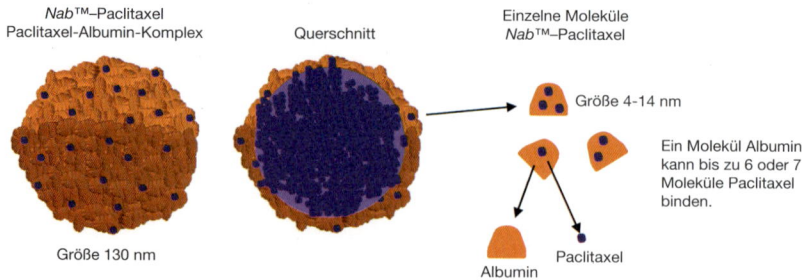

In diesen Verbindungen sind die Wirkstoffe kovalent über einen **Linker** oder – wie im Nab-Paclitaxel – nicht-kovalent mit Nanomaterialien, also Makromolekülen mit einer Größe von etwa 100 nm verknüpft. Dieser Nanomaterial-Wirkstoffverbund hat in Bezug auf die Anreicherung im Tumor einige Vorteile gegenüber den kleineren Wirkstoffmolekülen. Letztere werden in den Nierenkörperchen sehr effizient vom Blut abgetrennt und über den Harn ausgeschieden. Die Größe der Nanopartikel liegt aber oberhalb der sogenannten Nierenschwelle (5–7 nm), sodass ihre Ausscheidung deutlich verzögert wird. Zudem können die Makromoleküle aufgrund ihrer Größe nicht in die Endothelzellen eindringen, in Krebszellen dagegen schon. Für das Krebswachstum müssen Blutgefäße besonders schnell und besonders dicht ausgebildet werden (Hypervaskularisierung). Dadurch wird die für das Tumorwachstum notwendige, exzessive Zufuhr von Sauerstoff und Nährstoffen gewährleistet. Aufgrund dieses schnellen Wachstums weisen die Kapillargefäße von Tumorzellen größere Öffnungen als gesunde Endothelzellen auf, sodass Makromoleküle eindringen können. Zudem ist das lymphatische System des Tumors mangelhaft, sodass Makromoleküle aus Tumorzellen langsamer entfernt werden, als aus gesunden Zellen. Beides führt zu einer passiven Anreicherung von Nanopartikeln in Tumorgeweben. Dieser als EPR-Effekt (*Enhanced Permeability and Retention*) bezeichnete Zusammenhang wurde 1986 von Yasuhiro Matsumura und Hiroshi Maeda erstmals beschrieben. Wie gut sich Nanomaterialien anreichern können, wird nicht nur von ihrer Größe, sondern auch von ihrer Ladungsverteilung, ihrer Konformation und weiteren Parametern beeinflusst.

Mit den Nanomaterialien werden natürlich auch die Wirkstoffe in den Tumorzellen angereichert. Häufig müssen sie, um ihre Wirkung zu entfalten, im Tumor von dem Nanomaterial abgespalten werden. Hier nutzt man zum Beispiel säurelabile Linker, die im Tumor gespalten werden, da Tumorgewebe niedrigere pH-Werte aufweisen als gesundes Gewebe.

Auch die neuen mRNA-basierten Covid-19-Impfstoffe nützen die Nanomedizin aus, da die Struktur der RNA besondere Anforderungen an die Formulierung stellt. Aufgrund der anionischen Struktur kann RNA Zellmembranen nicht passieren (▶ Kapitel 6.4), um ihren Wirkort innerhalb der Zelle, die Ribosomen, zu erreichen. Außerdem ist RNA ein sehr labiles Molekül. Die Transportsysteme für die mRNA sind Lipidnanopartikel (LNP) und Liposomen. Diese Nanopartikel werden aus einem kationischen Lipid gebildet, das die anionische mRNA komplexiert, typischerweise in Kombination mit weiteren Hilfslipiden, oftmals Cholesterol und einem pegylierten (PEG: Polyethylenglycol) Lipid. Die intramuskulär (i.m.) injizierten, mit mRNA-Impfstoff beladenen Lipidnanopartikel erreichen die Zelloberfläche und binden dort an Rezeptoren. Dann werden sie über Endocytose aufgenommen. Dafür stülpt sich die Zellmembran um das Partikel und schnürt Endosomen ins Innere der Zelle ab. Die Freisetzung der Wirkstoffe erfolgt über den sogenannten *Endosomal Escape*. Eine Rolle spielt dabei, dass der saure pH-Wert in den Endosomen eine Protonierung der basischen Funktionen der Lipide und dadurch einen Zerfall der Partikel bewirkt. Eine andere Möglichkeit der Freisetzung ist die Fusion der Membranen der Lipidnanopartikel mit der Membran des Endosoms. Allerdings sind noch viele Aspekte dieser Freisetzung nicht verstanden.

11 Reaktionen von Carbonylverbindungen

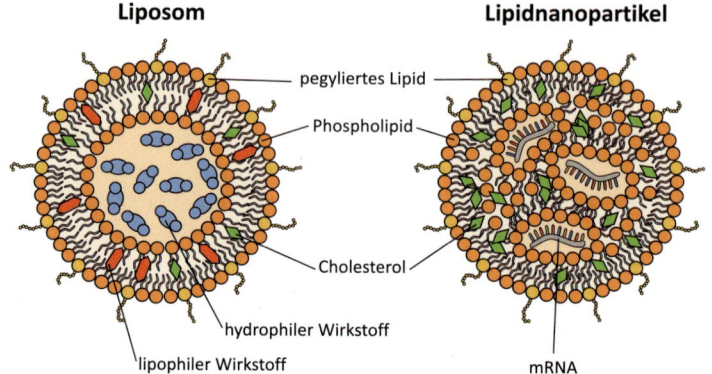

Der Impfstoff von BioNTech enthält die drei Lipide ALC-0315, ALC-0159 und DSPC, der von Moderna enthält SM-102, PEG2000-DMG und DSPC.

ALC-0315

ALC-0159

DSPC

SM-102

PEG2000-DMG

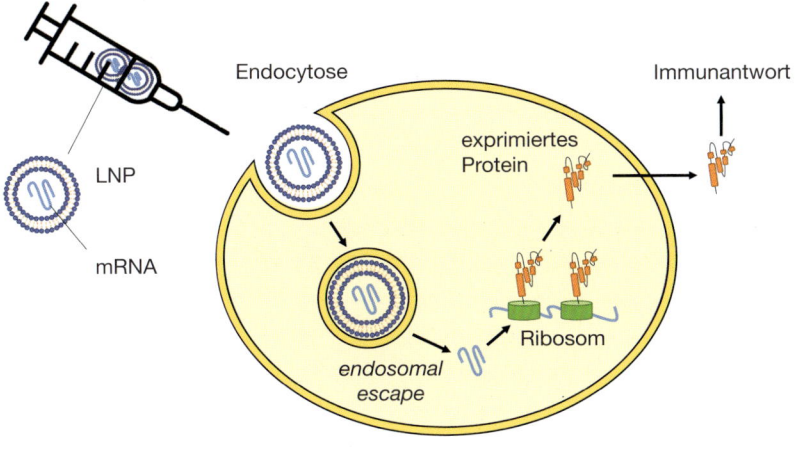

11.11 Oxidation und Reduktion

Wir haben uns bereits ausführlich mit Oxidationen und Reduktionen beschäftigt (▶ Kapitel 7). Auch organische Verbindungen können oxidiert und reduziert werden. So können Alkohole zu Aldehyden oder Ketonen oxidiert oder Carbonsäuren zu Aldehyden reduziert werden. Um zu erkennen, ob eine organisch-chemische Reaktion eine Redoxreaktion ist, kann man natürlich wieder die Oxidationszahlen ermitteln. Ändern sich diese bei der Reaktion, dann werden Elektronen übertragen, es findet eine Redoxreaktion statt. Wenn man sich auf Reaktionen beschränkt, bei denen Oxidationen und Reduktionen an einem Kohlenstoffatom erfolgen, dann kann man auch ohne Oxidationszahlen auskommen. Man betrachtet, wie sich die Anzahl der C–H-Bindungen und C–X-Bindungen (mit X = Heteroatom) verändert.

- Wird bei der Reaktion die Anzahl der C–H-Bindung erhöht oder verringert sich die Anzahl der C–X-Bindung, hat eine **Reduktion** stattgefunden.
- Wird bei der Reaktion die Anzahl der C–H-Bindung verringert oder erhöht sich die Anzahl der C–X-Bindung, hat eine **Oxidation** stattgefunden.

Betrachten wir einige Beispiele für Oxidationen und Reduktionen. Die Hydrierung eines Alkens zu einem Alkan (▶ Kapitel 10.7.1) ist eine Reduktion, ebenso wie die Umsetzung eines Aldehyds mit Lithiumaluminiumhydrid zu einem Alkohol (▶ Kapitel 11.11.1). Die Reaktion eines Aldehyds mit Dichromat zu einer Carbonsäure (▶ Kapitel 7.4) ist hingegen eine Oxidation, ebenso wie die Addition von Brom an ein Alken (▶ Kapitel 10.7.3). Bei der säurekatalysierten Addition von Wasser an ein Alken wird hingegen ein C-Atom reduziert und ein C-Atom oxidiert. Die Gesamtreaktion ist also weder eine Oxidation noch eine Reduktion.

11 Reaktionen von Carbonylverbindungen

Die Bildung eines Hydrats aus einer Carbonylverbindung ist hingegen keine Redoxreaktion.

Reduktion

$$\ce{>C=C< ->[H_2][Pd/C] -CH-CH-}$$

$$\ce{H_3C-CHO ->[LiAlH_4] H_3C-CH_2-OH}$$

Oxidation

$$\ce{>C=C< ->[Br_2] -CBr-CBr-}$$

$$\ce{H_3C-CHO ->[H_2Cr_2O_7] H_3C-COOH}$$

aber

$$\ce{>C=C< ->[H_2O][H^+] -CH-C(OH)-}$$ ein C-Atom wird oxidiert
ein C-Atom wird reduziert

$$\ce{R_2C=O + H_2O -> R_2C(OH)_2}$$ keine Redoxreaktion

Die Betrachtungsweise anhand der Anzahl der C–H- bzw. C–X-Bindungen erleichtert das Verständnis organischer Redoxreaktionen, da sie es erlaubt, schnell und einfach Verbindungen entsprechend ihres **Oxidationsgrads** zu klassifizieren. Betrachten wir zum Beispiel eine Carbonsäure, einen Ester, ein Nitril oder eine Trichlormethylgruppe. Hat der Kohlenstoff in diesen Verbindungen den gleichen Oxidationsgrad? Die Verwandtschaft zwischen einer Carbonsäure und einem Ester ist sicherlich leicht zu erkennen. Aber wie verhält es sich mit einem Nitril oder einer Trichlormethylgruppe? Zählen wir die Anzahl der C–X-Bindungen, so sehen wir, dass alle Verbindungen drei C–X-Bindungen haben (eine Doppelbindung wird doppelt gezählt, eine Dreifachbindung dreifach). Folglich hat das C-Atom in allen vier Verbindungen den gleichen Oxidationsgrad. Bei der Hydrolyse des Nitrils oder einer Trichlormethylgruppe entsteht daher ebenso wie bei einem Ester eine Carbonsäure.

$$\ce{R-COOR'} \quad \ce{R-C#N} \quad \ce{R-CCl_3}$$

Hydrolyse ↓

$$\ce{R-COOH}$$

11.11.1 Reduktion

Eine organische Verbindung wird reduziert, wenn Wasserstoff (H_2) addiert wird. Dies kann auf verschiedenen Wegen erfolgen. Es können wie bei der katalytischen Hydrierung (▶ Kapitel 10.7.1) zwei H-Atome übertragen werden. Es können aber auch zwei Protonen und zwei Elektronen oder ein Proton H^+ und ein Hydridion H^- übertragen werden. In allen drei Fällen ist das Gesamtergebnis das Gleiche. Auf welchem Weg die Reduktion erfolgt, hängt letztendlich von der Verbindung und vom Reduktionsmittel ab.

Reduktion mit H_2:
H• + H•

Reduktion mit Hydriden:
H^- + H^+

Reduktion mit Metallen:
$2\,e^-$ + $2\,H^+$

Neben C=C-Bindungen in Alkenen können auch C=O-Doppelbindungen in Aldehyden und Ketonen **katalytisch hydriert** werden, also durch die Übertragung von zwei H-Atomen reduziert werden. Allerdings braucht man dazu etwas reaktivere Katalysatoren als bei einem Alken, da eine C=O-Doppelbindung stabiler ist als eine C=C-Doppelbindung. Meistens verwendet man Raney-Nickel, eine sehr reaktive Form eines Nickelkatalysators. Als Produkte erhält man Alkohole. Aus einem Aldehyd wird ein primärer Alkohol gebildet, aus einem Keton ein sekundärer. Carbonsäuren, Ester und Amide lassen sich auf diese Weise nicht reduzieren. Ihre Carbonylgruppen sind nicht reaktiv genug.

Reduktionen, bei denen zwei Protonen und zwei Elektronen übertragen werden, finden statt, wenn man **Alkalimetalle** als Reduktionsmittel einsetzt. Diese sind starke Reduktionsmittel und übertragen ihr Außenelektron leicht auf reduzierbare funktionelle Gruppen. Es entstehen Anionen, die dann vom Lösemittel (in vielen Fällen Alkohole oder flüssiger Ammoniak) protoniert werden. So lassen sich zum Beispiel Alkine mit Natrium in flüssigem Ammoniak zu *trans*-Alkenen reduzieren oder auch Benzen (früher Benzol) zu 1,4-Cyclohexadien (Birch-Reduktion).

Sehr häufig finden Reduktionen in der organischen Chemie in der Form statt, dass ein Proton und ein Hydridion übertragen werden. Das Hydridion stammt dabei in der Regel aus sogenannten **Metallhydriden** wie Lithiumaluminiumhydrid $LiAlH_4$ oder Natriumboranat $NaBH_4$. In diesen Verbindungen ist Wasserstoff an ein elektropositiveres Metall gebunden, sodass das H-Atom negativ polarisiert ist. Er kann daher als Nucleophil zum Beispiel auf eine Carbonylgruppe übertragen werden. Es entsteht eine negativ geladene tetraedrische Zwischenstufe, die anschließend protoniert wird. So können Aldehyde und Ketone zu Alkoholen reduziert werden. Unpolare C=C-Doppelbindungen werden hingegen nicht von Metallhydriden reduziert.

Die Metallhydride sind so reaktiv, dass auch die Carbonylgruppen in weniger reaktiven Carbonsäurederivaten wie Estern oder Amiden reduziert werden können. Die Reaktion folgt dem bereits geschilderten Reaktionsverlauf: Übertragung des Nucleophils (H⁻), Abspaltung der Abgangsgruppe X⁻ unter Bildung eines Aldehyds, der dann in einem zweiten Reaktionsschritt zum Alkohol reduziert wird. So entsteht aus Essigsäuremethylester durch Reduktion mit $LiAlH_4$ letztendlich Ethanol.

AUS DER MEDIZINISCHEN PRAXIS

Reduktionen *in vivo*

Chemotrophe Organismen, das heißt Lebewesen, die ihre Energie aus chemischen Reaktionen beziehen (im Gegensatz zu phototrophen Organismen, die Licht als Energiequelle nutzen), gewinnen ihre Energie aus der Oxidation von Nahrungsstoffen wie zum Beispiel der Glucose. In aeroben Organismen dient letztendlich Sauerstoff O_2 als Elektronenakzeptor. Die Elektronen werden jedoch nicht direkt auf O_2 übertragen, sondern es werden spezielle Carrier benutzt, zum Beispiel das Coenzym Nicotinamidadenindinucleotid (NAD⁺, ▶ Kapitel 5.4, ▶ Kapitel 7.9 und ▶ Kapitel 14.3). Bei Oxidation eines Substrats nimmt der Pyridinring des NAD⁺ zwei Elektronen (2 e⁻) und ein Proton (H⁺) auf, was in Summe einem Hydridion (H⁻) entspricht. Es entsteht die reduzierte Form NADH. Ein weiteres Proton verbleibt in Lösung, sodass man die reduzierte Form auch häufig als NADH + H⁺ bezeichnet.

11.11 Oxidation und Reduktion

NADP: $R = PO_3^{2-}$

$$NAD^+ + \underbrace{H^+ + 2\,e^-}_{H^-} + H^+ \rightleftharpoons NADH + H^+$$

oxidierte Form   reduzierte Form

NADH + H$^+$ wird als **Reduktionsmittel** genutzt, um andere Verbindungen *in vivo* zu reduzieren. So kann zum Beispiel Pyruvat zu Lactat reduziert werden. Dabei wird analog zur Reduktion mit Metallhydriden im Labor ein Hydridion auf die Carbonylgruppe übertragen. Die Reaktion erfolgt aber enzymatisch katalysiert und damit stereoselektiv, es wird – je nach Organismus – nur (*R*)- oder (*S*)-Lactat gebildet.

Reduktion eines Ketons zum Alkohol

11.11.2 Oxidation

Oxidationen werden in der organischen Chemie häufig mit Oxidationsmitteln wie Dichromsäure $H_2Cr_2O_7$, Kaliumpermanganat $KMnO_4$ oder Peroxiden wie *tert*-BuO$_2$H durchgeführt. Die genauen Mechanismen solcher Oxidationsreaktionen sind häufig nicht bekannt. Wichtig ist daher nur, sich zu merken, welche Produkte bei den Oxidationen gebildet werden. Primäre Alkohole lassen sich zu Aldehyden und weiter zu Carbonsäuren oxidieren (▶ Kapitel 7.4). Da die Aldehyde leichter zu oxidieren sind als die Alkohole, ist es nicht einfach, die Oxidation auf der Stufe des Aldehyds anzuhalten. Meistens wird direkt die Carbonsäure erhalten. Aus sekundären Alkoholen entstehen Ketone, die nicht weiter oxidiert werden können. Tertiäre Alkohole lassen sich nicht oxidieren, ohne das C–C-Gerüst zu zerstören.

$$H_3C-CH_2OH \xrightarrow[-2\,e^-]{H_2Cr_2O_7} H_3C-CHO \xrightarrow[-2\,e^-]{H_2Cr_2O_7} H_3C-COOH$$

primärer Alkohol — Aldehyd — Carbonsäure

sekundärer Alkohol (Isopropanol) $\xrightarrow[-2\,e^-]{H_2Cr_2O_7}$ Keton (Aceton) $\xrightarrow{H_2Cr_2O_7}$ keine Reaktion

tertiärer Alkohol $\xrightarrow{H_2Cr_2O_7}$ keine Reaktion

Auch C=C-Doppelbindungen in Alkenen lassen sich oxidieren, zum Beispiel durch Persäuren, dabei entstehen Epoxide. Persäuren enthalten anstelle der OH-Gruppe eine O–OH-Gruppe. Sie sind wenig acide, haben aber ein elektrophiles O-Atom, das auf eine C=C-Doppelbindung übertragen werden kann.

Alken + Peressigsäure ($H_3C-C(O)-O-O-H$) → Epoxid + $H_3C-C(O)-O-H$

Im Körper erfolgen Oxidationen meistens enzymatisch katalysiert, zum Beispiel durch Cytochrom-Peroxidasen, Cytochrom-Oxidasen oder die sogenannten CYP-Enzyme (▶ Kapitel 11.4.3 und ▶ 12.6).

11.12 Hydrochinone und Chinone

Eine wichtige Klasse von Verbindungen, die im Organismus an Oxidationen und Reduktionen beteiligt sind, sind die **Hydrochinone** bzw. ihre oxidierten Formen, die **Chinone**. Hydrochinone sind aromatische Verbindungen mit zwei OH-Gruppen, die entweder *para*- oder *ortho*-ständig (▶ Kapitel 10.8) zueinander sind. Die bei der Oxidation gebildeten Chinone sind nicht mehr aromatisch.

In diesem Fall sind Oxidation und Reduktion reversibel. Chinone spielen daher bei vielen physiologischen **Elektronenübertragungsprozessen** eine wichtige Rolle. Chinone können zwei Elektronen und zwei Protonen aufnehmen und werden dabei zu Hydrochinonen reduziert. Anschließend können die beiden Elektronen wieder abgegeben werden. Das Redoxsystem Chinon/Hydrochinon dient daher als reversibler Elektronenüberträger.

Hydrochinon ⇌ Chinon + 2 H$^+$ + 2 e$^-$

Chinone reagieren als Carbonylverbindungen auch mit Nucleophilen, wie zum Beispiel Aminen. Dabei bildet sich in einer nucleophilen Addition zunächst ein Halbaminal und anschließend ein Imin (▶ Kapitel 11.4.3). Diese **Chinonimine** sind hochreaktive Teilchen, die im Organismus zu Zellschädigungen führen können. Chinonimine können auch durch Oxidation aromatischer Amide entstehen. Diese Reaktion spielt zum Beispiel bei der Metabolisierung des Analgetikums und Antipyretikums **Paracetamol** (Ben-u-ron®, im englischen Sprachraum Acetaminophen) eine wichtige Rolle und ist für die Lebertoxizität des Arzneistoffs verantwortlich. Die Substanz wird als *p*-Aminophenol in der Leber unter anderem zu einem Chinonimin oxidiert. Dies ist ein toxischer Metabolit, der zu schweren Leberschäden führen kann.

Paracetamol → (Oxidation) → Chinonimin, toxisch → (Michael-Addition mit H–S–Glutathion) → Mercaptursäure-Derivat (*N*-Acetylcystein = Mercaptursäure)

Paracetamol
© STADApharm GmbH, Bad Vilbel

Normalerweise wird das Chinonimin sehr schnell durch Michael-Addition (▶ Kapitel 11.6) mit Glutathion (▶ Kapitel 13.8) entgiftet, einem Tripeptid mit einer Thiolgruppe als Nucleophil. Dabei entsteht letztendlich ein *N*-Acetylcysteinderivat (Mercaptursäurederivat), das über die Niere ausgeschieden wird. Bei Überdosierung von Paracetamol steht allerdings nicht genug Glutathion zur Verfügung, um den toxischen Metaboliten vollständig abzufangen. Es kommt zur Reaktion mit Proteinen der Leberzelle, was letztendlich zu Zellnekrosen und im schlimmsten Fall zu Leberversagen führen kann. Glutathion ist außerdem eines der wichtigsten zellulären Antioxidantien und schützt Zellen vor oxidativem Stress (▶ Kapitel 10.9). Verarmt die Leberzelle an Glutathion, weil dieses für die Entgiftung des Chinonimins benötigt wird, wird die Leberzelle oxidativ geschädigt. Wie kann eine Vergiftung mit Paracetamol behandelt werden? Indem man den Zellen hohe Konzentrationen eines Thiols anbietet, das das Chinonimin durch Michael-Addition entgiften kann. Verwendet wird *N*-Acetylcystein (ACC). Dies ist übrigens selbst ein Arzneistoff (Fluimucil®), der zur Schleimlösung bei Bronchitis eingesetzt wird (▶ Tabelle 11.1).

AUS DER MEDIZINISCHEN PRAXIS

Oxidationsempfindlichkeit von Arzneistoffen

Die Oxidation von Hydrochinonen zu Chinonen spielt auch eine Rolle bei der Stabilität von Adrenalin- und Dopaminlösungen. Adrenalin und Dopamin (und auch Noradrenalin) sind *ortho*-Hydrochinone (Catechole, Brenzcatechine), die sehr oxidationsempfindlich sind und daher vor Licht und Luft geschützt werden müssen. Um die Oxidation, die letztendlich zu rotem Adrenochrom führt, zu verhindern, werden den Lösungen Antioxidantien wie zum Beispiel Sulfit (SO_3^{2-}) zugesetzt.

Auch die Stammverbindung der K-Vitamine, das Menadion, Vitamin K_3, ist ein Chinon. Als Hydrochinon ist **Vitamin K** an der Biosynthese der Blutgerinnungsfaktoren beteiligt. Dabei entsteht Vitamin-K-Epoxid, welches erst zum Chinon und dann zum Hydrochinon reduziert wird. Die Enzyme, die die Reduktion des Epoxids zum Chinon und weiter zum Hydrochinon katalysieren, werden durch sogenannte Vitamin-K-Antagonisten gehemmt. Diese Verbindungen, 4-Hydroxycumarine, besitzen strukturelle Ähnlichkeit mit Vitamin K. Ihre Entdeckung als Hemmstoffe der Blutgerinnung geht auf die Beobachtung zurück, dass Weidetiere an schweren inneren Blutungen starben, wenn sie verdorbenes Heu, das verschimmelten Süßklee enthielt, fraßen. Als dafür verantwortlicher Inhaltsstoff wurde 1941 Dicoumarol isoliert. Seine Derivate Warfarin (Coumadin®) und Phenprocoumon (Marcumar®) sind heute als antithrombotische Arzneistoffe im Handel.

11.12 Hydrochinone und Chinone

Hemmstoff der Blutgerinnung: Phenprocoumon

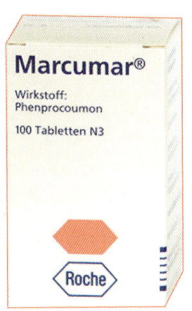

Marcumar
© Roche Pharma AG, Grenzach-Wyhlen

Vitamin K
R = H Menadion
ein Naphthochinon

Vitamin-K-hydrochinon beteiligt an der Biosynthese der Blutgerinnungsfaktoren

Vitamin-K-Epoxid

Die Ubichinone (Coenzym Q, Vitamin Q) kommen, wie der Name schon sagt, ubiquitär (= überall) vor. Die Gesamtmenge im Körper beträgt bis zu 1,5 g! Sie sind eine Gruppe von Chinonen, die im Körper an vielen Redoxreaktionen (zum Beispiel an der Atmungskette, ▶ Kapitel 5.4) beteiligt sind und antioxidative Eigenschaften besitzen. **Ubichinon** kann vom menschlichen Körper selbst produziert werden. Die Bezeichnung Vitamin ist daher nicht ganz korrekt. Auch in der Nahrung ist ausreichend Ubichinon vorhanden, sodass normalerweise keine Mangelzustände auftreten.

Ubichinon
R = 5–10 Isoprenreste

Ubihydrochinon (Ubichinol)

Neben Vitamin K und Ubichinon enthält auch Vitamin E (Tocopherol) ein chinoides System. Tocopherol, Ubichinon und Ascorbinsäure zählen zu den Radikalfängern im Körper (▶ Kapitel 10.9).

ZUSAMMENFASSUNG

Im vorliegenden Kapitel haben wir Folgendes über Carbonylverbindungen und ihre Reaktionen gelernt:

- Carbonylverbindungen reagieren aufgrund der polarisierten $C\delta^+ = O\delta^-$-Doppelbindung sowohl mit Nucleophilen (Angriff am Carbonylkohlenstoff => tetraedrische Zwischenstufe) als auch mit Elektrophilen (Angriff am Carbonylsauerstoff => Aktivierung). Eine in saurer Lösung vorgelagerte Protonierung des Carbonylsauerstoffs beschleunigt den nachfolgenden Angriff eines Nucleophils (Säurekatalyse). Die Reaktionen an der Carbonylgruppe sind in den meisten Fällen reversibel.
- Durch den Angriff des Nucleophils am Carbonyl-C-Atom werden die π-Elektronen der C=O-Bindung zum Sauerstoff hin verschoben. Es entsteht eine tetraedrische Zwischenstufe, in der das ehemalige Carbonyl-C-Atom nun sp^3-hybridisiert ist.
- Bei Carbonsäurederivaten ist eine gute Abgangsgruppe X vorhanden, die aus der tetraedrischen Zwischenstufe abgespalten wird, sodass sich die Carbonylgruppe zurückbildet. Es entsteht ein neues Carbonsäurederivat. Die Gesamtreaktion ist eine Substitution.
- Da bei Ketonen und Aldehyden keine Abgangsgruppe vorhanden ist, stabilisiert sich die tetraedrische Zwischenstufe durch Protonenübertragung. Insgesamt erfolgt eine Addition des Nucleophils an die Carbonylverbindung. Mit Wasser bilden sich Hydrate, mit Alkoholen Halbacetale, mit Aminen Halbaminale und mit Thiolen Hemithioacetale. Diese Derivate sind nur in seltenen Fällen stabil (zum Beispiel cyclische Halbacetale). In saurer Lösung kann sich eine Folgereaktion anschließen, es bilden sich Acetale, Thioacetale oder (selten) Aminale.
- Mit Aminen reagieren Aldehyde und Ketone unter Kondensation zu Iminen (primäre Amine) oder Enaminen (sekundäre Amine).
- Aldehyde und Ketone liegen im Gleichgewicht mit ihren Enolformen vor (Keto-Enol-Tautomerie). Das Gleichgewicht liegt meist auf der Seite der Carbonylverbindung. Die Einstellung des Gleichgewichts wird durch Säuren oder Basen katalysiert.
- Starke Basen können Carbonylverbindungen an der α-Position deprotonieren. Dabei entstehen resonanzstabilisierte Enolatanionen, die gute C-Nucleophile sind und mit einer weiteren Carbonylverbindung unter Addition zu einem Aldol reagieren können. Unter nachfolgender Kondensation kann daraus eine α,β-ungesättigte Carbonylverbindung gebildet werden. Diese Reaktion und die verwandte Esterkondensation sind wichtig, da bei ihnen C–C-Bindungen geknüpft werden.
- Carbonsäuren sind acide, da bei der Deprotonierung ein resonanzstabilisiertes Carboxylatanion entsteht.
- Die Reaktivität von Carbonsäurederivaten nimmt in folgender Reihenfolge ab: Säurechlorid > Anhydrid > Thioester > Carbonsäureester > Carbonsäureamid > Carboxylat (= völlig unreaktiv).

- Aus reaktiveren Carbonsäurederivaten können durch direkte Umsetzung mit dem entsprechenden Nucleophil die weniger reaktiven Derivate hergestellt werden. Die umgekehrte Reaktion ist nicht möglich bzw. erfordert eine spezielle Reaktionsführung.
- Aus Carbonsäuren und Alkoholen entstehen säurekatalysiert Carbonsäureester. Da die Reaktion reversibel ist, erfolgt auch die Esterhydrolyse unter diesen Bedingungen. Man muss daher das Gleichgewicht durch geeignete Reaktionsführung (zum Beispiel Entfernung von Wasser durch azeotrope Destillation oder Wasser im Überschuss) zur einen oder anderen Seite hin verschieben. Unter basischen Bedingungen findet nur die Esterhydrolyse (= Verseifung) statt, eine Veresterung ist im Basischen nicht möglich.
- Triacylglycerole (Neutralfette) sind Ester des dreiwertigen Alkohols Glycerol mit drei Fettsäuren (langkettige gesättigte oder ungesättigte Carbonsäuren). Sie sind eine wichtige Lipidklasse. Triacylglycerole, die hohe Anteile *cis*-konfigurierter ungesättigter Fettsäuren enthalten, sind flüssig (Öl), solche mit vielen gesättigten Fettsäuren sind fest (Fett).
- Bei der alkalischen Hydrolyse der Triacylglycerole mit NaOH oder KOH entstehen Seifen, die Alkalisalze der Fettsäuren. In Wasser bilden diese amphiphilen Moleküle Mizellen, die unpolare Teilchen einlagern können. Darauf beruht die Waschwirkung der Seifen.
- Phosphoglycerole (auch Phospholipide genannt) enthalten Glycerol-3-phosphat. Die C^1- und C^2-Position des Glycerols sind mit Fettsäuren verestert. Am Phosphat ist ein polares Molekül (zum Beispiel ein Aminoalkohol oder eine Aminosäure) gebunden. Phosphoglycerole bilden in Wasser Doppelschichten oder Liposomen aus. Sie sind der Hauptbestandteil aller biologischen Membranen.
- In der organischen Chemie können Oxidations- und Reduktionsprozesse über die Oxidationszahlen oder auch über die Anzahl der C–H-Bindungen beschrieben werden. Erhöht sich die Anzahl der C–H-Bindungen eines C-Atoms, ist es reduziert worden; verringert sie sich, ist es oxidiert worden. Aus primären Alkoholen entstehen durch Oxidation Aldehyde und weiter Carbonsäuren; aus sekundären Alkoholen hingegen Ketone, die (so einfach) nicht weiter oxidiert werden können.
- Hydrochinone sind aromatische Verbindungen mit zwei OH-Gruppen, die entweder *para*- oder *ortho*-ständig zueinander sind. Sie lassen sich leicht zu Chinonen oxidieren, die umgekehrt leicht wieder zu Hydrochinonen reduziert werden. Das Redoxpaar Hydrochinon/Chinon spielt daher bei physiologischen Elektronenübertragungsprozessen eine wichtige Rolle.

Übungsaufgaben

1 Welche der folgenden Reaktionen ist nur mit einem Aldehyd, nicht jedoch mit einem Keton möglich?
 a) Reaktion mit einem Alkohol
 b) Reaktion mit einem sekundären Amin
 c) Reduktion zum Alkohol
 d) Oxidation zur Carbonsäure
 e) Deprotonierung der α-Position
Welche Reaktionsprodukte entstehen jeweils bei der Reaktion des Aldehyds?

2 Geben Sie die Spaltung von Pyrophosphat zu zwei Phosphationen in einer stöchiometrisch korrekten Reaktionsgleichung an. Um was für eine Reaktion handelt es sich?

3 Welche chemische Reaktion ist notwendig, um Ölsäure in Stearinsäure umzuwandeln? Formulieren Sie das Reaktionsprodukt der Reaktion von Ölsäure mit Brom Br_2.

4 Formulieren Sie die stöchiometrisch korrekten Reaktionsgleichungen für die Synthese von ASS ausgehend von Salicylsäure und Acetanhydrid. Wie bezeichnet man diesen Reaktionstyp?

5 Geben Sie das Produkt für die Reaktion von Acetaldehyd mit Methylamin an. Welches Zwischenprodukt wird gebildet?

6 Sind folgende Aussagen zu Estern richtig?
 a) Die vollständige Hydrolyse von Triacylglycerolen liefert Glycerinsäure und Fettalkohole.
 b) Zur vollständigen Hydrolyse von Triacylglycerolen werden drei Äquivalente Wasser verbraucht.
 c) Die Hydrolyse ist nur in basischer Lösung möglich.
 d) Die bei einer Hydrolyse entstehende Säure führt zur Erhöhung des pH-Werts der Lösung.
 e) In saurer Lösung verläuft die Hydrolyse schneller als in neutraler Lösung.
 f) Cyclische Ester bezeichnet man als Halbacetale.
 g) Bei der alkalischen Hydrolyse von Estern liegt das Gleichgewicht auf der Seite der Produkte (Säure + Alkohol).
 h) Fette sind wasserunlöslich, weil sie nur intramolekulare Wasserstoffbrückenbindungen ausbilden können.
 i) Lecithine enthalten Phosphorsäureester.

7 Wird ein Methylether R-OCH$_3$ *in vivo* im Zuge der Metabolisierung durch eine Monooxygenase oxygeniert (Reaktion mit O_2), so entsteht:
 a) ein Ester
 b) ein Keton
 c) ein Halbacetal
 d) eine Carbonsäure.
Geben Sie die Formel des Reaktionsprodukts an!

8 Begründen Sie, warum bei Phenol keine Keto-Enol-Tautomerie auftritt, und überlegen Sie, warum im Gegensatz dazu bei 1,3,5-Trihydroxyphenol (Phloroglucin) die Triketoform stabil ist.

9 Welche Säure entsteht bei der Hydrolyse des Abführmittels Bisacodyl?

10 Morphin (▶ Kapitel 11.4.3) wird mit Acetanhydrid verestert, es entsteht Heroin (Diacetylmorphin). Zeichnen Sie dessen Strukturformel!

11 Formulieren Sie die alkalische Hydrolyse des Arzneistoffs Pethidin.

Pethidin, ein Analgetikum aus der Opioid-Gruppe

Die Lösungen zu den Übungsaufgaben finden Sie im Anhang. Die ausführlichen Lösungen zu diesem Buchkapitel finden Sie auf der Website zum Buch unter http://www.pearson.de. Sie finden dort auch ein Bonuskapitel »Mathematische Grundlagen« sowie ergänzende Tabellen.

Kohlenhydrate   12

12.1	Einteilung von Kohlenhydraten	563
12.2	Monosaccharide	565
12.3	Redoxreaktionen der Monosaccharide	573
12.4	Bildung cyclischer Halbacetale	582
12.5	Aminozucker	588
12.6	Glycosidbildung	591
12.7	Disaccharide	597
12.8	Polysaccharide	602

■ FALLBEISPIEL Galactosämie

Große Freude über das nach der Neugeborenen-Erstuntersuchung (U1) völlig gesund erscheinende Kind! Doch bereits am dritten Tag nach der Geburt will der Säugling nicht mehr richtig trinken und erbricht sich, die Haut sieht auch etwas gelblich aus. Das Ergebnis des am dritten Lebenstag routinemäßig durchgeführten Neugeborenen-Screenings liegt nach zwei Tagen vor und liefert die Verdachtsdiagnose: Galactosämie (Galaktosämie). Diese bestätigt sich nach einer molekulargenetischen Untersuchung (Gentest).

Die normale Ernährung des Säuglings durch Stillen wird sofort gestoppt und es wird eine Spezialmilch gefüttert, die weder Lactose noch Galactose enthält. Nach der Umstellung auf diese Spezialmilch bessert sich der Zustand des Säuglings innerhalb weniger Tage. Die weitere symptomatische Behandlung besteht in einer lebenslangen lactose- und galactosearmen Diät. Dies betrifft nicht nur Milch und Milchprodukte, sondern auch einige Obst- und Gemüsesorten, Getreide und sogar Tabletten.

Erklärung

Die Galactosämie ist eine angeborene, unentdeckt und unbehandelt schwer bis tödlich verlaufende Stoffwechselstörung. Gekennzeichnet ist sie durch erhöhte Konzentrationen an Galactose und Galactose-1-phosphat (Gal-1-P) im Blut. Häufigste Ursache ist ein genetisch bedingter Mangel an Galactose-1-phosphat-uridyltransferase (GALT), verursacht durch Mutationen im GALT-Gen auf Chromosom 9. Dadurch kann Gal-1-P nicht mehr in Glucose-1-phosphat (Gluc-1-P) umgewandelt werden und Schädigungen der Leber, Niere, Gehirn, der Ovarien und der Augenlinse sind die Folge. Der Erbgang ist autosomal-rezessiv, daher kommt die Erkrankung mit einer Prävalenz von 1:40 000 relativ selten vor. Noch häufiger kommt eine abgeschwächte Variante der Erkrankung vor: die Duarte-D2-Variante. 5 bis 6 Prozent der Bevölkerung sind heterocygote Träger dieses mutierten Gens. Es resultiert kein absoluter Mangel an GALT, sondern ein Enzym mit verminderter Aktivität. Diese Personen können noch ausreichend Galactose abbauen und müssen keine Diät halten. Weniger häufig vorkommende Ursachen einer Galactosämie sind Mutationen im Galactokinase-Gen und UDP-Galactose-4-epimerase-Gen.

Außer der über die Nahrung aufgenommene Menge an Galactose bzw. Galactose, die durch Hydrolyse von Lactose mithilfe des Enzyms Lactase entsteht, produziert der Körper selbst 1 g bis 3 g pro Tag Galactose (aus Glucose). Daher kann es bei klassischer Galactosämie langfristig durch die Akkumulation von Stoffwechselprodukten zu Beeinträchtigungen kommen. Bei ca. 40 Prozent der Betroffenen treten im Kindes- und Jugendalter körperliche und kognitive Entwicklungsverzögerungen auf. Mädchen leiden zusätzlich meist unter Hormonmangel und Ovarialinsuffizienz und können häufig keine Kinder bekommen.

Bevor das Neugeborenen-Screening routinemäßig auf Galactosämien testete (durch Bestimmung der Gesamtgalactose und der GALT-Aktivität), führte die Galactosämie, wenn sie nicht innerhalb der ersten Lebenswochen erkannt wurde, durch Leberschäden, Störung der Blutgerinnung, Krampfanfälle und Sepsis häufig zum Tod.

> **LERNZIELE**
>
> Das Fallbeispiel zeigt, dass Kohlenhydrate (Zucker) im Organismus ineinander umgewandelt werden können und dass bei Gendefekten der für die Umwandlungen notwendigen Enzyme schwerwiegende Erkrankungen resultieren können. Um dies zu verstehen, müssen wir uns mit dem Aufbau und den Strukturen von Kohlenhydraten beschäftigen. In diesem Kapitel werden wir daher lernen,
>
> - wie Kohlenhydrate aufgebaut sind und welche verschiedenen Bedeutungen sie in der belebten Natur für den Menschen besitzen,
> - welche chemischen Eigenschaften sie haben und welche Reaktionen sie eingehen,
> - wie Monosaccharide, die kleinsten Einheiten der Kohlenhydrate, ineinander umgewandelt werden,
> - welche Bedeutung Aminozucker im Organismus besitzen,
> - dass sich durch Verknüpfung von zwei Monosacchariden Disaccharide bilden,
> - dass bei Verknüpfung mehrerer Monosaccharide Polysaccharide, die je nach Verknüpfungsart wichtige biologische Energiespeicherformen sind (zum Beispiel Stärke) oder die Festigkeit und Form verschiedener Organismen bedingen, zum Beispiel Cellulose bei Pflanzen oder Chitin bei Gliederfüßlern.

In den abschließenden Kapiteln wollen wir uns mit den drei wichtigsten Klassen natürlich vorkommender Biomoleküle beschäftigen, den Kohlenhydraten (▶ Kapitel 12), den Aminosäuren, Peptiden und Proteinen (▶ Kapitel 13) sowie den Nucleinsäuren (▶ Kapitel 14). Wir werden uns bei der Betrachtung im Wesentlichen auf ihren Aufbau und ihre Struktur sowie einige grundlegende chemische Eigenschaften konzentrieren. Eine detaillierte Besprechung dieser Molekülklassen erfolgt dann im Fach Biochemie.

12.1 Einteilung von Kohlenhydraten

Kohlenhydrate gehören zu den mengenmäßig häufigsten Verbindungen in der belebten Natur. Insbesondere in Form des Polymers Cellulose machen sie etwa 50 Prozent der Trockenmasse der auf der Erde vorhandenen Biomasse aus. Wir haben mit der Glucose (▶ Kapitel 5.4.3) und dem Glycerinaldehyd (▶ Kapitel 9.9.5) bereits Vertreter dieser wichtigen Substanzklasse kennengelernt. **Kohlenhydrate** erfüllen eine Reihe unterschiedlicher und vielfältiger Aufgaben in Organismen, wie zum Beispiel als:

- **Energiequelle:** Kohlenhydrate wie die Glucose oder die Stärke dienen als Hauptenergielieferanten im Stoffwechsel. Kohlenhydrate werden in grünen Pflanzen durch Photosynthese gebildet, bei der letztendlich Sonnenenergie in chemische Energie umgewandelt wird. Andere Lebewesen (auch der Mensch) nutzen dann den Abbau von Kohlenhydraten als Energiequelle für ihren eigenen Stoffwechsel.

- **Strukturelle Komponente:** Kohlenhydrate wie die Cellulose sind für die Festigkeit und Form von grünen Pflanzen verantwortlich.
- **Erkennungsbausteine:** Kohlenhydrate auf der Zelloberfläche dienen als Erkennungsstellen für andere Zellen und sind somit wichtig für die Zell-Zell-Kommunikation. Aber auch Bakterien und Viren nutzen bestimmte Kohlenhydratstrukturen, um andere Zellen infizieren zu können.
- **Ausgangsstoff für Biosynthesen:** Viele Biomoleküle werden *in vivo* aus Kohlenhydraten hergestellt oder enthalten Kohlenhydrate als Bausteine. Beispiele hierfür sind Vitamin C oder auch die Nucleoside, die Bestandteile der DNA und RNA.

> **MERKE**
>
> Kohlenhydrate sind Polyhydroxyaldehyde oder -ketone sowie davon abgeleitete Verbindungen.

Kohlenhydrate leiten sich von Monosacchariden ab, die alle die allgemeine Summenformel $C_nH_{2n}O_n$ haben und deren Namen häufig auf die Endsilbe „-ose" enden. Früher dachte man aufgrund dieser Summenformel (= $C_n(H_2O)_n$), dass es sich um Kohlen(stoff)hydrate handelt, wovon sich der Name der Verbindungsklasse ableitet. Heutzutage wissen wir, dass diese Betrachtung nicht korrekt ist. Kohlenhydrate enthalten keine Wassermoleküle und es handelt sich auch nicht um Hydrate, wie wir sie bei den Aldehyden oder Ketonen kennengelernt haben (▶ Kapitel 11.4.1). Vielmehr sind Kohlenhydrate **Polyhydroxycarbonylverbindungen** oder davon abgeleitete Substanzen. Man unterscheidet entsprechend ihres chemischen Aufbaus zwischen einfachen und komplexen (zusammengesetzten) Kohlenhydraten (▶ Tabelle 12.1).

Kohlenhydrat	Anzahl Bausteine	Beispiel
Monosaccharid (Einfachzucker)	1	*D*-Glucose, *D*-Fructose
Disaccharid (Zweifachzucker)	2	Saccharose (Haushaltszucker)
Oligosaccharide (Mehrfachzucker)	3–10	Blutgruppen-Determinanten
Polysaccharide (Mehrfachzucker)	> 10	Cellulose, Stärke, Glycogen

Tabelle 12.1: Kohlenhydrate nach Anzahl der Monomere

- Einfache Kohlenhydrate (= **Monosaccharide**, von griechisch *monos* = allein, *saccharon* = Zucker, *-eides* = -förmig) sind Polyhydroxyaldehyde (= **Aldosen**) oder Polyhydroxyketone (= **Ketosen**). Natürlich vorkommende Monosaccharide enthalten in der Regel drei bis neun C-Atome.
- Komplexe Kohlenhydrate bestehen aus zwei oder mehr miteinander verknüpften Monosacchariden, wobei man je nach Anzahl **Disaccharide** (aufgebaut aus zwei Monosacchariden), **Oligosaccharide** (drei bis zehn Monosaccharide, von griechisch *oligo* = einige) und **Polysaccharide** (mehr als zehn Monosaccharide, von griechisch *poly* = viel) unterscheidet. Komplexe Kohlenhydrate können durch Hydrolyse in die entsprechenden Monosaccharide zerlegt werden.

12.2 Monosaccharide

Monosaccharide sind die einfachsten Kohlenhydrate. Sie sind entweder Polyhydroxyaldehyde (**Aldosen**, von Ald- für Aldehyd und -ose als allgemeine Namensendung der Monosaccharide) oder Polyhydroxyketone (**Ketosen**). Aufgrund der vielen OH-Gruppen sind es sehr hydrophile Moleküle, die gut in Wasser, aber nicht in lipophilen organischen Lösemitteln löslich sind. Ihre wässrigen Lösungen schmecken mehr oder weniger süß. Man klassifiziert die Monosaccharide entsprechend der Anzahl ihrer C-Atome. Monosaccharide mit drei C-Atomen heißen **Triosen**, solche mit vier C-Atomen **Tetrosen**, dann folgen die **Pentosen** (fünf C-Atome) und die **Hexose** mit sechs C-Atomen, die wichtigste Gruppe der Monosaccharide. Je nachdem, ob es sich um Aldosen oder Ketosen handelt, spricht man zum Beispiel von **Aldohexosen** oder **Ketopentosen**.

Es gibt zwei **Triosen**, Glycerinaldehyd (Aldotriose) und Dihydroxyaceton (Ketotriose). Es handelt sich bei diesen beiden Verbindungen, wie bei allen Aldosen und Ketosen mit gleicher Anzahl an C-Atomen, um Konstitutionsisomere (▶ Kapitel 9.8). Beide Verbindungen haben wir schon in Form ihrer Phosphate als wichtige Bausteine beim Aufbau von Kohlenhydraten im Stoffwechsel (der Gluconeogenese) kennengelernt (▶ Kapitel 11.6). Die Strukturen der Kohlenhydrate werden üblicherweise in der **Fischer-Projektion** angegeben (▶ Kapitel 9.9.5). Zur Erinnerung: In der Fischer-Projektion steht das höchstoxidierte C-Atom ganz oder möglichst weit oben, die horizontalen Bindungen zeigen nach vorne, zum Betrachter hin, und die vertikalen Bindungen nach hinten, vom Betrachter weg. Das C² im Glycerinaldehyd ist ein Stereozentrum (C-Atom mit vier unterschiedlichen Substituenten, ▶ Kapitel 9.9). Glycerinaldehyd ist daher chiral und existiert in zwei enantiomeren Formen, von denen in der Natur, wie bei fast allen Kohlenhydraten, nur die *D*-Form vorkommt (Fischer-Nomenklatur, ▶ Kapitel 9.9.5). Dihydroxyaceton enthält kein stereogenes Zentrum und ist nicht chiral.

„- ose" = häufige Namensendung bei Zuckern

> **MERKE**
>
> Allgemeine Summenformel der Monosaccharide: $C_nH_{2n}O_n$

Glycerinaldehyd
Aldotriose

Dihydroxyaceton
Ketotriose

> **MERKE**
>
> Aldosen und Ketosen mit der gleichen Anzahl an C-Atomen sind Konstitutionsisomere.

Glycerinaldehyd

Keilstrichformel   Fischer-Projektion

OH zeigt nach rechts ⇒ *D*

Glycerinaldehyd und Dihydroxyaceton stehen in basischer Lösung über eine Keto-Enol-Tautomerie miteinander im Gleichgewicht. Der Mechanismus ist analog zur Enolisierung von Aldehyden und Ketonen (▶ Kapitel 11.5). Durch Deprotonierung des α-Protons an C² entsteht aus dem Glycerinaldehyd ein Enolatanion. Wird die Alkoholatgruppe an C¹ zum neutralen Endiol protoniert und dieses anschließend an der anderen OH-Gruppe an C² deprotoniert, entsteht ein isomeres Enolat. Bei dessen Reprotonierung, diesmal an C¹, entsteht Dihydroxyaceton. Man bezeichnet die gegenseitige Umwandlung von Aldosen und Ketosen über das gemeinsame Endiol als **Lobry-de-Bruyn-van-Ekenstein-Umlagerung**. Auch

> **MERKE**
>
> Aldosen und Ketosen stehen über ein Endiol miteinander im Gleichgewicht.

in vivo stehen die beiden Triosen in Form ihrer 3-Phosphate über das gemeinsame Endiol miteinander im Gleichgewicht. Diese Reaktion wird durch eine **Isomerase** katalysiert (▶ Kapitel 13.9).

D-Glycerinaldehyd   Enolat   Endiol

isomeres Enolat   Dihydroxyaceton

Die unterschiedlichen Diastereomere haben jeweils eigene Trivialnamen.

Aldotetrosen besitzen zwei Stereozentren, es existieren daher $2^2 = 4$ Stereoisomere (▶ Kapitel 9.10): die beiden zueinander diastereomeren Verbindungen Erythrose und Threose, die jeweils in den beiden enantiomeren *D*- und *L*-Formen existieren.

Enantiomere   Enantiomere

L-Threose   *D*-Threose   *D*-Erythrose   *L*-Erythrose

Da eine Ketose immer ein Stereozentrum weniger aufweist als die entsprechende Aldose mit gleicher Anzahl an C-Atomen, gibt es nur zwei stereoisomere **Ketotetrosen**, die beiden Enantiomere der Erythrulose.

Enantiomere

L-Erythrulose   *D*-Erythrulose

> **MERKE**
>
> Natürlich vorkommende Kohlenhydrate sind fast immer *D*-konfiguriert.

Bei den **Pentosen** (fünf C-Atome) gibt es bereits acht stereoisomere Aldopentosen (3 Stereozentren → 2^3 Stereoisomere) und vier stereoisomere Ketopentosen (2 Stereozentren → 2^2 Stereoisomere). Da in der Natur bei fast allen Zuckern nur die *D*-Formen eine Rolle spielen (wichtige Ausnahme ist die *L*-Fucose, ▶ Kapitel 12.1.2), werden wir im Folgenden immer nur die Strukturen des jeweiligen *D*-Enantiomers eines Zuckers angeben. Man beachte, dass die entsprechende *L*-Verbindung dann an **allen** Stereozentren die genau umgedrehte Konfiguration aufweist. Es gibt insgesamt sechs *D*-Pentosen, vier zueinander diastereomere *D*-Aldopentosen und zwei dazu konstitutionsisomere *D*-Ketopentosen. Man muss bei den Namen etwas aufpassen und darf zum Beispiel die Ribose (eine Aldose) nicht mit der Ribulose (eine Ketose) verwechseln. Die Ribose ist einer der Bausteine der Ribonucleinsäure (RNA), die davon abgeleitete 2-Desoxyribose, der die OH-Gruppe an C^2 fehlt, ist entsprechend ein Baustein der Desoxyribonucleinsäure (DNA) (▶ Kapitel 12.3). Ribulose-1,5-bisphosphat spielt im Rahmen der Photosynthese bei der Fixierung von CO_2 eine wichtige Rolle.

Aldopentosen

D-Ribose   *D*-Arabinose   *D*-Lyxose   *D*-Xylose   *D*-2-Desoxyribose

Ketopentosen

D-Ribulose   *D*-Xylulose

EXKURS

Photosynthese

Alles Leben auf unserem Planeten hängt von der Sonne ab. Pflanzen und Cyanobakterien verwerten Lichtenergie in einer chemischen Reaktionsfolge, der Photosynthese, bei der CO_2 in Form von Kohlenhydraten $C_nH_{2n}O_n$ „fixiert" wird. Dabei wird Sauerstoff als „Abfallprodukt" frei.

$$6\ CO_2 + 6\ H_2O \xrightarrow[\text{Photosynthese}]{+ \text{Sonnenlicht}} C_6H_{12}O_6 + 6\ O_2$$

Ein entscheidender Schritt bei der Photosynthese ist die Reaktion von Ribulose-1,5-bisphosphat mit CO_2 (erster Schritt im Calvin-Zyklus). Dabei entsteht ein sehr instabiler C6-Baustein, der sofort in zwei Moleküle 3-Phosphoglycerat (3PG, Glyerol-3-phosphat) zerfällt. 3PG wird dann zu Glycerinaldehyd-3-phosphat reduziert, einer wichtigen Zwischenverbindung zur Synthese von Kohlenhydraten. Die CO_2-Fixierung wird durch das Enzym Ribulose-1,5-bisphosphat-carboxylase (Rubisco) katalysiert. Rubisco ist das mengenmäßig häufigste Protein der Welt und kann als Vermittler zwischen der belebten (Kohlenhydrate) und der unbelebten Welt (Kohlendioxid) angesehen werden.

12 Kohlenhydrate

$$\text{D-Ribulose-1,5-bisphosphat} \xrightarrow[-H^+]{+CO_2} \text{instabiler C6-Baustein } \beta\text{-Ketocarbonsäure} \xrightarrow[-H^+]{+H_2O} 2 \times \text{3-Phosphoglycerat}$$

Die wichtigste Gruppe der Monosaccharide sind die **Hexosen** mit der Summenformel $C_6H_{12}O_6$, von denen es acht D-Aldohexosen und vier D-Ketohexosen gibt. Hierzu gehören so wichtige Zucker wie die D-Glucose (eine Aldohexose) oder die D-Fructose (eine Ketohexose). Die **D-Glucose** ist das am häufigsten vorkommende Monosaccharid auf der Erde. Sie ist der Monomerbaustein der Polysaccharide Stärke, Cellulose und Glycogen (▶ Kapitel 12.1.7). Ihre Synthese erfolgt unter Einwirkung von Licht in grünen Pflanzen und einigen Bakterien durch **Photosynthese** ausgehend von CO_2 und Wasser. Bei dieser sehr komplexen Reaktionssequenz spielt das **Chlorophyll**, ein Magnesiumporphyrinkomplex (▶ Kapitel 8.9.2), eine wichtige Rolle. Wir verbrennen die Glucose als primären Energielieferanten im Stoffwechsel (unter Verbrauch von Sauerstoff) und nutzen die dabei freiwerdende Energie für andere energieverbrauchende Prozesse im Körper (▶ Kapitel 5.4). Bei einem Menschen mit gesundem Stoffwechsel liegt der Nüchternblutzucker, also der Glucosegehalt im Blutplasma unter 100 mg/dL (= 5,6 mmol/L). Der postprandiale Wert, also der Wert nach dem Essen, liegt bei Personen ohne Diabetes in der Regel nicht höher als 140 mg/dL (= 7,8 mmol/L). Als Richtwert für eine Unterzuckerung (Hypoglykämie) gilt 60 mg/dL (= 3,3 mmol/L). An der Konstanthaltung des Blutzuckerspiegels ist unter anderem das von der Bauchspeicheldrüse produzierte Hormon **Insulin** beteiligt, ein Peptidhormon (▶ Kapitel 13.7). Ist die Insulinproduktion gestört, wie bei der Zuckerkrankheit *Diabetes mellitus*, so kann es zu lebensbedrohlichen Komplikationen kommen (▶ Fallbeispiel Kapitel 11).

D-Glucose

EXKURS

Glucosenachweis

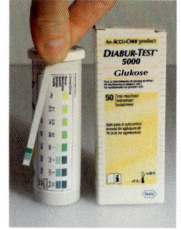

Glucose-Teststreifen
© Thomas Seilnacht, Bern, Schweiz, www.seilnacht.com

Glucose ist für den Körper so wertvoll, dass sie normalerweise – obwohl sehr gut wasserlöslich – nicht mit dem Urin ausgeschieden wird. Glucose wird zwar in den Nierenkörperchen filtriert und gelangt in den Primärharn, wird aber komplett rückresorbiert und bleibt so dem Organismus erhalten (▶ Kapitel 4.10). Überschreitet aber zum Beispiel bei *Diabetes mellitus* die Konzentration an Glucose im Blut einen Wert von ca. 160 bis 180 mg/dL (sogenannte Nierenschwelle), kann Glucose nicht mehr vollständig rückresorbiert werden und tritt im Urin auf. Die Prüfung auf Glucose im Urin wurde früher mittels organoleptischer Prüfung durchgeführt, also durch einfachen Geschmackstest. Daher kommt auch der Name der „Zuckerkrankheit" (*Diabetes mellitus* = honigsüßer Durchfluss). Heutzutage wird Glucose im Urin mithilfe von **Teststäbchen** nachgewiesen, die sich bei Anwesenheit von

Glucose aufgrund einer enzymatischen Farbreaktion verfärben. Glucose wird dabei durch das Enzym Glucose-Oxidase (GOD) an C^1 oxidiert, es entsteht Gluconsäure bzw. das davon abgeleitete δ-Gluconolacton (▶ Kapitel 12.1.2). Als Nebenprodukt wird Wasserstoffperoxid H_2O_2 gebildet, das in einer nachfolgenden Reaktion durch das Enzym Peroxidase (POD) zu Wasser reduziert wird. Gleichzeitig wird dabei ein zunächst farbloser Redoxindikator zu einem blauen Produkt oxidiert. Mit der gelben Grundfarbe des Teststreifens ergibt sich eine grüne Farbe, deren Intensität direkt von der Glucosekonzentration des Urins abhängt. Durch Vergleich mit einer Farbskala kann die Glucosekonzentration abgeschätzt werden (halbquantitative Bestimmung). Der Nachweis fällt nur bei Glucose positiv aus, Fructose reagiert nicht. Bei der Bestimmung des Blutglucose-Spiegels wertet man die Reaktion quantitativ mittels Photometrie oder Reflexionsphotometrie aus (▶ Kapitel 1.11).

Hohe Konzentrationen an Ascorbinsäure (Vitamin C) im Urin, wie sie bei entsprechend hoher Zufuhr auftreten können, führen zur Reduktion des Wasserstoffperoxids, was zu einem falsch-negativen Ergebnis führen kann. Geringere Konzentrationen Ascorbinsäure werden durch Iodat abgefangen, das sich ebenfalls auf den Teststreifen befindet. Falsch-positive Ergebnisse ergeben sich, wenn das Behältnis, in dem der Urin gesammelt wurde, mit Resten eines stark oxidierenden Reinigungsmittels benetzt ist.

> **MERKE**
>
> Umrechnungsfaktoren für Glucosegehalt im Blutplasma
>
> $\frac{mg}{dL} \cdot 0{,}0555 = \frac{mmol}{L}$
>
> $\frac{mmol}{L} \cdot 18{,}0182 = \frac{mg}{dL}$

Von den insgesamt zwölf Hexosen sind abgesehen von der Glucose nur noch drei weitere von größerer Bedeutung, die **Mannose**, die **Galactose** und die **Fructose**. Die Strukturen und Konfigurationen dieser drei Hexosen kann man ausgehend von der Struktur der Glucose ableiten. Aber wie merkt man sich die relative Anordnung der OH-Gruppen in der Fischer-Projektion der Glucose? Man muss nur an ein Martinshorn denken: *Ta-Tü-Ta-Ta*. Das heißt, man fängt oben bei C^2 rechts an (*Ta*), die nächste OH-Gruppe an C^3 sitzt dann auf der linken Seite (*Tü*) und die nachfolgenden OH-Gruppen an C^4 und C^5 wieder auf der rechten Seite (*Ta-Ta*). Wenn man nicht mehr weiß, ob man links oder rechts mit dem *Ta* anfängt: Die letzte OH-Gruppe an C^5 (*Ta*) muss bei der D-Glucose natürlich rechts stehen. Die Anordnung der OH-Gruppen bei den anderen Hexosen kann man sich dann von der D-Glucose ableiten. Die **D-Mannose** unterscheidet sich von der *D*-Glucose nur durch die Konfiguration an C^2. Dort zeigt die OH-Gruppe bei der Glucose nach rechts, bei der Mannose nach links. Da bei der Fischer-Projektion genau festgelegt ist, dass die vertikalen Bindungen nach hinten und die horizontalen Bindungen nach vorne zeigen, entspricht der Wechsel eines Substituenten von rechts nach links in der Fischer-Projektion einer Änderung der absoluten Konfiguration dieses Stereozentrums. Es handelt sich also *nicht* bloß um Rotationen um C–C-Einfachbindungen.

12 Kohlenhydrate

```
      CHO              CHO
HO ─┬─ H         H ─┬─ OH
HO ─┼─ H         HO ─┼─ H
H  ─┼─ OH        HO ─┼─ H
H  ─┼─ OH        H  ─┼─ OH
    CH₂OH            CH₂OH
  D-Mannose       D-Galactose

      CH₂OH
       =O
HO ─┬─ H
H  ─┼─ OH
H  ─┼─ OH
    CH₂OH
   D-Fructose
```

(Fischer-Projektion / Keilstrichformel / Fischer-Projektion — 180° Drehung, "ist nicht")

MERKE

Epimere sind Diastereomere, die sich nur in der Konfiguration an einem von mehreren Stereozentren unterscheiden.

Mannose und Glucose sind Diastereomere, die sich nur in der absoluten Konfiguration an einem von mehreren vorhandenen Stereozentren unterscheiden. Solche speziellen Diastereomere nennt man **Epimere**. Die Mannose ist also das C2-Epimer der Glucose (und umgekehrt). Die **D-Galactose** ist das C4-Epimer der Glucose, weist also an C⁴ die umgedrehte Konfiguration auf. Die **Fructose** ist eine Ketose und hat damit ein Stereozentrum weniger als Glucose: Die Carbonylgruppe befindet sich an C², das somit kein Stereozentrum mehr ist. Dafür ist C¹ sp³-hybridisiert, das jedoch kein Stereozentrum ist, da an diesem C-Atom zwei H-Atome gebunden sind. An den drei verbliebenen Stereozentren (C³, C⁴ und C⁵) hat die Fructose die gleiche Konfiguration wie die Glucose.

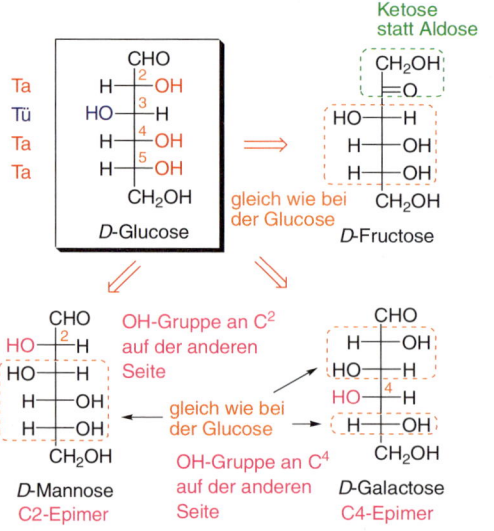

570

EXKURS

Mannose bei Harnwegsinfektionen

Bei unkomplizierten Harnwegsinfektionen oder auch zur Rezidivprophylaxe von Harnwegsinfektionen wird seit einigen Jahren *D*-Mannose eingesetzt. Verursacht werden die meisten Blasenentzündungen durch das Darmbakterium *E. coli*. Diese docken mithilfe des sog. FimH-Proteins, das sich auf den bakteriellen Pili befindet, an die Oberflächen der Schleimhautzellen des Urogenitaltraktes an, auf denen sich Mannose-Moleküle befinden. Pili sind kurze Zellfortsätze auf der Oberfläche von Bakterien. Es sind sog. Adhäsine, das heißt, sie ermöglichen dem Erreger, sich an Rezeptoren der Wirtszelle anzuheften und einzudringen. Oral eingenommene Mannose, die nach Resorption nicht verstoffwechselt wird und über den Blutkreislauf letztlich in die Blase gelangt, besetzt nun diese Bindestelle an den FimH-Proteinen und verhindert dadurch, dass die Bakterien an die Schleimhautzellen andocken und in sie eindringen können. Mannose wirkt also als eine Art FimH-Antagonist. Der Komplex aus Mannose und Bakterien wird mit dem Urin ausgeschieden. Für unkomplizierte Blasenentzündungen ist das eine gute Option, da die Gabe von Antibiotika immer mit dem Risiko der Resistenzentwicklung verbunden ist. So sind schon viele Erreger gegen die gängigen, bei Harnwegsinfektionen eingesetzten Antibiotika (Trimethoprim, Cotrimoxazol, Ciprofloxacin, Nitrofurantoin, Fosfomycin, Pivmecillinam) resistent. Der Effekt der *D*-Mannose ist allerdings kein pharmakologischer Effekt im eigentlichen Sinne; die Bakterien werden dadurch nicht geschwächt oder abgetötet und es gibt auch keine messbaren Effekte im menschlichen Körper. Der Effekt ist eher physikalischer oder physikochemischer Natur. Nach den EU-Richtlinien wäre *D*-Mannose dann ein Medizinprodukt und kein Arzneimittel. Diese Abgrenzung ist bedeutsam, da Marktzugang und Verkehrsfähigkeit bei Medizinprodukten und Arzneimitteln unterschiedlich geregelt sind.

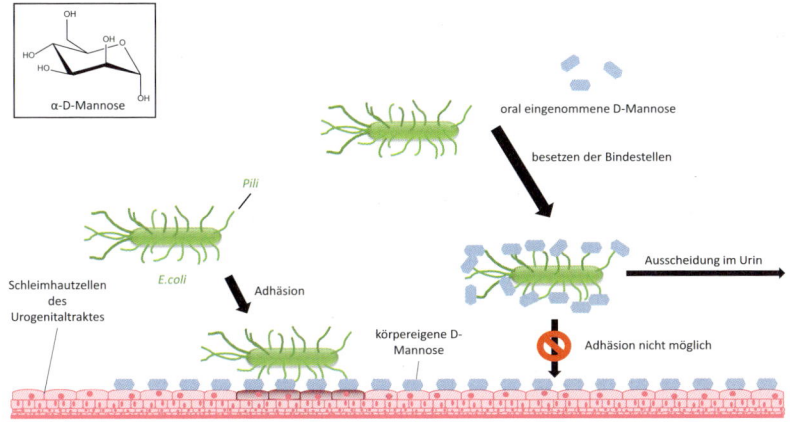

Über eine Keto-Enol-Tautomerie steht *D*-Glucose mit *D*-Mannose in basischer Lösung im Gleichgewicht. Durch Deprotonierung des α-Protons entsteht aus der Glucose ein Endiol, in dem das C^2 als Bestandteil der C=C-Doppelbindung sp^2-hybridisiert ist. Dieses C-Atom ist im Endiol natürlich kein Stereozentrum mehr. Die Reprotonierung durch Wasser kann sowohl von der oberen als auch der unteren Seite der planaren Doppelbindung erfolgen, wobei entweder *D*-Glucose oder *D*-Mannose gebildet werden. Es findet also eine basenkatalysierte **Epimerisierung** (= Umwandlung von zwei Epimeren ineinander) statt.

Wird die Alkoholatgruppe an C^1 im Enolat zum neutralen Endiol protoniert und dieses anschließend an der anderen OH-Gruppe an C^2 deprotoniert, entsteht ein isomeres Enolat. Bei dessen Reprotonierung an C^1 entsteht die *D*-Fructose. Es handelt sich um die gleiche Reaktion, die wir schon bei der Umwandlung von Glycerinaldehyd in Dihydroxyaceton besprochen hatten. Enzymatisch katalysiert ist diese Aldose-Ketose-Isomerisierung der erste Schritt bei der Glycolyse, also dem Abbau der Glucose im Stoffwechsel. Glucose-6-phosphat wird durch eine Isomerase (▶ Kapitel 12.2.8) in Fructose-6-phosphat umgewandelt.

Lobry-de-Bruyn-van-Ekenstein-Umlagerung

***D*-Fructose** kommt als einzige der vier Ketohexosen natürlich vor, insbesondere in Honig und Früchten. Daher wird Fructose auch als **Fruchtzucker** bezeichnet. Sie ist ein wichtiger Energieträger (Fructose dient zum Beispiel den Spermien als primäre Energiequelle) und wird im Gegensatz zur Glucose insulin**un**abhängig von den Zellen aufgenommen. Fructose kann daher auch von Diabetikern, bei denen die Glucoseaufnahme mangels Insulin nicht richtig funktioniert, als Energielieferant verwendet werden (Diabetikerzucker).

12.3 Redoxreaktionen der Monosaccharide

Die Monosaccharide weisen die chemischen Eigenschaften von Alkoholen und von Aldehyden bzw. Ketonen auf. So entstehen zum Beispiel bei der Reaktion der Carbonylgruppe mit Nucleophilen wie Aminen oder Alkoholen, wie schon besprochen, Imine, Halbacetale oder Acetale (▶ Kapitel 11.4). Ebenso sind **Redoxreaktionen** an der Carbonylgruppe der Kohlenhydrate möglich. Die Oxidations- und Reduktionsprodukte, die dabei erhalten werden, zählt man ebenfalls zu den Kohlenhydraten.

Bei der **Oxidation** von Monosacchariden entstehen Carbonsäuren. Man kann die Aldehydgruppe einer Aldose mit milden Oxidationsmitteln wie Brom zu einer **Aldonsäure** oxidieren. Da eine Ketogruppe unter diesen Bedingungen nicht reagiert (▶ Kapitel 11.11.2), kann man durch diese Reaktion Aldosen von Ketosen unterscheiden: Aldosen entfärben eine wässrige Bromlösung (Bromwasser), Ketosen nicht. Aus der *D*-Glucose entsteht die *D*-Gluconsäure.

D-Glucose + Br$_2$ + H$_2$O (braun-rot) → *D*-Gluconsäure + 2 Br$^-$ + 2 H$^+$ (farblos)

Andere häufig verwendete Oxidationsmittel waren bzw. sind **Tollens-Reagenz** oder **Fehling'sche Lösung**. Im Tollens-Reagenz, das aufgrund der Gefahr der Bildung explosiver Silbersalze nicht mehr verwendet werden sollte, ist Ag$^+$ (komplexgebunden als Silberdiamminkomplex [Ag(NH$_3$)$_2$]$^+$) das Oxidationsmittel (▶ Kapitel 8.1) und in der Fehling'schen Lösung Cu^{2+} (als tiefblauer Tartrat-Komplex). Bei der Oxidation des Zuckers entsteht elementares Silber, das sich als Silberspiegel abscheidet oder rotbraunes Kupfer(I)-oxid (Cu$_2$O). Beide Reaktionen dienen als Nachweis für sogenannte **reduzierende Zucker**. Auch Ketosen wie die Fructose ergeben einen positiven Test, obwohl Ketogruppen nicht weiter oxidiert werden können. Sowohl Tollens-Reagenz als auch Fehling'sche Lösung enthalten aber eine Base. Unter basischen Bedingungen werden die Ketosen durch Enolisierung in die isomeren Aldosen überführt, die dann oxidiert werden.

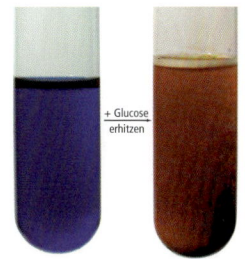

Fehling-Probe mit Glucose
© Thomas Seilnacht, Bern, Schweiz, www.seilnacht.com

Durch stärkere Oxidationsmittel wie zum Beispiel Salpetersäure HNO$_3$ kann nach der Aldehydgruppe auch die primäre OH-Gruppe an C^6 oxidiert werden. Man erhält eine **Aldarsäure**, eine Polyhydroxydicarbonsäure. Aus der Glucose entsteht so die **Glucarsäure**, die auch als **Zuckersäure** bezeichnet wird, und aus der Galactose die **Galactarsäure**, auch Schleimsäure genannt (Salze: Mucinate), eine optisch inaktive *meso*-Form (▶ Kapitel 9.10.2). Die sekundäre OH-Gruppe an den anderen C-Atomen werden hingegen unter diesen Bedingungen nicht oxidiert.

D-Glucose → D-Glucarsäure (eine Aldarsäure) / Galactarsäure (eine *meso*-Form)

Aldehydgruppe wird am leichtesten oxidiert. Reagenz: HNO_3. Primäre OH-Gruppe wird als nächste Gruppe danach oxidiert.

CHEMIE IM ALLTAG

Gluconsäure

Die bei der Oxidation der Glucose entstehende *D*-Gluconsäure ist als solche in Lösung nicht stabil, sondern reagiert durch intramolekulare Esterbildung zu einem Lacton (▶ Kapitel 11.8.3). Dabei kann entweder die OH-Gruppe an C^4 oder an C^5 reagieren, es entsteht ein γ- oder ein δ-Lacton. Stabil sind die Salze der Gluconsäure, die Gluconate, die vielfältige Anwendung finden. Calciumgluconat wird zum Beispiel bei Calciummangel (Calcium-Sandoz®) und als Antidot bei Verätzungen mit HF eingesetzt (▶ Kapitel 4.9.2). Auch als Lebensmittelzusatzstoffe finden Gluconate Verwendung, Eisen(II)gluconat (Lebensmittelzusatzstoff E579) zum Beispiel zur intensiveren Färbung von schwarzen Oliven. Das Glucono-δ-lacton (GDL, systematischer Name *D*-(+)-Glucono-1,5-lacton) wird als Säuerungsmittel, in Backpulver und als Pökel- und Umrötungsmittel für Wurstwaren eingesetzt. Es hat keine Höchstmengenbeschränkung (*quantum satis*) und ist allgemein für alle Lebensmittel zugelassen (E575). Übermäßiger Genuss von gluconsäurehaltigen Produkten kann abführend wirken.

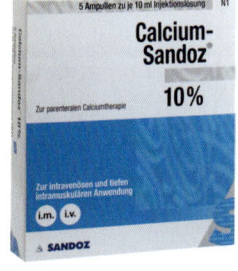

Calciumgluconat
© Sandoz Pharmaceuticals GmbH, Holzkirchen

D-Gluconsäure → Glucono-δ-lacton

CHEMIE IM ALLTAG

Bioabbaubare Polymere

Kunststoffe sind aus unserem Leben nicht mehr wegzudenken. Sie werden aufgrund ihrer vielfältigen Eigenschaften in vielen Bereichen eingesetzt. So können sie ebenso flexibel wie steif sein, transparent oder undurchsichtig, können mittels Spritzgusses in Formen gegossen werden oder als Fasern gesponnen werden. Ein großes Problem ist aber ihre Resistenz gegen Umwelteinflüsse wie Temperatur, Feuchtigkeit, UV-Strahlung oder bakterielle Zersetzung, also ihre Nicht-Abbaubarkeit in der Umwelt. Daher ist es zwischenzeitlich nicht mehr das Ziel, Kunststoffe noch stabiler zu machen, sondern im Gegenteil, ihre biologische Abbaubarkeit zu verbessern, um im Idealfall natürlich vorkommende Zersetzungsprodukte zu erhalten. Unter biologisch abbaubaren Werkstoffen (engl. *biodegradables*) versteht man solche Stoffe, die biochemischen Reaktionen zugänglich sind und sich unter Einwirkung von Mikroorganismen bzw. deren Enzymen durch Kompostierung, das heißt aerob, oder durch Vergärung, das heißt anaerob, zu Wasser, Kohlenstoffdioxid und Biomasse zersetzen. Eine geschlossene und nachhaltige Kreislaufwirtschaft ergibt sich im günstigsten Fall dadurch, dass die Biopolymere aus nachwachsenden Rohstoffen hergestellt werden können.

Bei biologisch abbaubaren Polymeren aus nachwachsenden Rohstoffen handelt es sich zum Beispiel um Pflanzenfasern wie Flachs (Leinen) oder Hanffasern oder um Polymere wie Cellulose oder Stärke und deren Ester, zum Beispiel Celluloseacetat (CA), obwohl gerade Letztere in der Natur je nach den Bedingungen über Monate, manchmal auch Jahre persistieren kann. Zu den biologisch abbaubaren Polymeren gehören auch synthetisch hergestellte Polymere aus natürlich vorkommenden Substanzen, wie zum Beispiel Polylactide (PLA), Polyhydroxybuttersäure (PHB), Polyglycolide (Polyhydroxyessigsäure) oder auch Polylactid-co-glycolide (PLGA). Polylactide bestehen aus *L*- (nach CIP (*S*)-konfiguriert) und/oder *D*- (nach CIP (*R*)-konfiguriert) Milchsäure-Bausteinen (PDLA = Poly-*D*-Milchsäure; PLLA = Poly-*L*-Milchsäure; PDLLA = Poly-*D,L*-Milchsäure), die wiederum kostengünstig über Fermentation zum Beispiel aus Malz oder Molke gewonnen werden. Der Anteil an *D*- oder *L*-Milchsäure kann über die Art der verwendeten Lactobacillen gesteuert werden. Das Verhältnis *D*- zu *L*-Milchsäure, die Kettenlänge und die eventuell verwendeten Copolymere bestimmen dann auch die allgemeinen und mechanischen Materialeigenschaften (Härte, Biegsamkeit, Sprödigkeit, Schmelzverhalten bei bestimmten Temperaturen, Empfindlichkeit gegenüber Feuchtigkeit, enzymatische/bakterielle Abbaubarkeit, Löslichkeit, Verarbeitbarkeit usw.). Polylactide, Polyglycolide und Co-Polymere daraus werden zum Beispiel als Implantate, chirurgisches Nahtmaterial oder als Schrauben zur Fixierung von Knochen eingesetzt. Sie können so gestaltet werden, dass sie sich nach einer gewissen Zeit im Körper selbst auflösen. Auch in Depotarzneimitteln werden PLA verwendet; über deren Eigenschaften kann zum Beispiel die Zeitspanne, über die der Arzneistoff abgegeben wird, gesteuert werden, man spricht von *controlled drug delivery*. Polyglycolide bestehen aus Glycolsäure. PHB wird meist in Form von Co-Polymeren mit anderen natürlich vorkommenden Hydroxysäuren verwendet. Man spricht allgemein von Polyhydroxyalkanoaten (PHA) oder Polyhydroxyfettsäuren (PHF).

12 Kohlenhydrate

Celluloseacetat
R = H oder H₃C-C(=O)
Der Acetylierungsgrad,
d.h. der Grad der Veresterung mit Essigsäure
kann variieren.

Poly-L-Milchsäure (PLLA)

Monomer: L-(S)-Milchsäure

Poly-D-Milchsäure (PDLA)

Monomer: D-(R)-Milchsäure

Poly-D,L-Milchsäure (PDLLA)

12.3 Redoxreaktionen der Monosaccharide

Polyhydroxybuttersäure (PHB)

Monomer: (R)-3-Hydroxybuttersäure

Polyhydroxyessigsäure (Polyglycolsäure, PGA)

Monomer: Glycolsäure (Hydroxyessigsäure)

Monomer: Lactid

Poly(lactid-co-glycolid) (PLGA)

Monomer: Glycolid

Auf der anderen Seite arbeitet die Wissenschaft an „plastikfressenden" Bakterien oder Enzymen. *Ideonella sakaiensis* 201-F6 ist ein solches Bakterium, das Polyethylenterephthalat (PET) abbauen kann. Es wurde erst 2016 entdeckt. 2020 gelang es dann, die entscheidenden Enzyme genetisch weiter zu verbessern und dadurch den Abbauprozess zu beschleunigen. Trotzdem braucht es mehr als 40 Tage, um 60 mg PET zu zersetzen.

© KATERYNA KON/SCIENCE PHOTO LIBRARY

CHEMIE IM ALLTAG

3D-Bioprinting

Definition: Die Verwendung von Materialübertragungverfahren zum Strukturieren und Zusammenbauen biologisch relevanter Materialien – Moleküle, Zellen, Gewebe und biologisch abbaubare Biomaterialien – mit einer vorgeschriebenen Organisation, um eine oder mehrere biologische Funktionen zu erfüllen.

Auch die **Alginsäure** ist ein natürlich vorkommendes Polymer. Es wird von Braunalgen produziert, in dessen Zellwänden es vorkommt und diesen die Struktur gibt. Alginsäure ist ein Polysaccharid aus α-L-Guluronsäure und β-D-Mannuronsäure, 1,4-glycosidisch verknüpft.

Alginsäure

Verwendung findet Alginsäure als Verdickungs- und Geliermittel in der Lebensmittel-, Kosmetik- und Pharmaindustrie. Gele auf Alginat-Basis werden auch für den **3D-Biodruck** (**Bioprinting**) verwendet. Damit versucht man zum Beispiel, künstliche Organe oder künstliches Fleisch herzustellen. In das verwendete Gel werden lebende Zellen eingeschlossen. Zurzeit können nur einfache Gewebe gedruckt werden, Muskel, Knorpel, Haut, Teile der Leber oder Niere, die zum Beispiel für Tests mit Arzneimitteln verwendet werden. Von ganzen Organen, die für Transplantationen nutzbar sind, ist man noch weit entfernt, da man ja auch die Blutgefäße nachbilden müsste, um Zufuhr und Abfuhr von Nährstoffen bzw. Abfallprodukten des Stoffwechsels zu gewährleisten. Für lebende menschliche Haut mit Blutgefäßen ist dies zumindest im Mausmodell schon gelungen. Prinzipiell funktioniert der 3D-Druck von lebendigem Gewebe ähnlich wie der klassische 3D-Druck von Werkstücken und Bauteilen. Man benötigt aber menschliche Zellen und eine Gerüststruktur. Letztere ist meist ein Hydrogel, so wie Gelatine, Agar, Kollagen, Chitosan, Hyaluronsäure oder eben Alginsäure. Hydrogele sind wasserhaltige, aber gleichzeitig wasserunlösliche Polymere. In Wasser quellen sie auf. Diese „Biotinte" wird mit den Zellen gemischt, und durch feine Nadeln wird das Gewebe Schicht für Schicht nach den Vorgaben aufgebaut, die dem CAD-Programm (*Computer Aided Design*) eingegeben wurden. Weitere Materialien für den 3D-Biodruck sind Hydroxylapatit für Knochen, Polycaprolactone oder auch die oben genannten Biopolymere PLGA oder PLLA.

12.3 Redoxreaktionen der Monosaccharide

© Wake Forest Institute for Regenerative Medicine (WFIRM) researchers use a proprietary 3D bioprinter to create a bladder scaffold. © WFIRM

Enzyme können auch selektiv die primäre OH-Gruppe oxidieren, ohne dass die Aldehydgruppe zuvor oxidiert wurde. Man erhält **Alduronsäuren**, zum Beispiel aus der Glucose die **Glucuronsäure**. Das entsprechende Anion ist das Glucuronat. In der Fischer-Projektion der Glucuronsäure behält man die ursprüngliche Anordnung der Glucose bei, obwohl diese Darstellung *nicht* den Regeln der Fischer-Projektion entspricht, da das höchstoxidierte C-Atom (die Carboxylgruppe, das ehemalige C^6 der Glucose) nun unten steht. So wird aber die Verwandtschaft der Glucuronsäure zur Glucose deutlich.

Man muss aufpassen, dass man die Namen der verschiedenen Säuren, die bei der Oxidation eines Zuckers entstehen, nicht verwechselt. Am Beispiel der Glucose sind sie nachfolgend noch einmal gegenübergestellt.

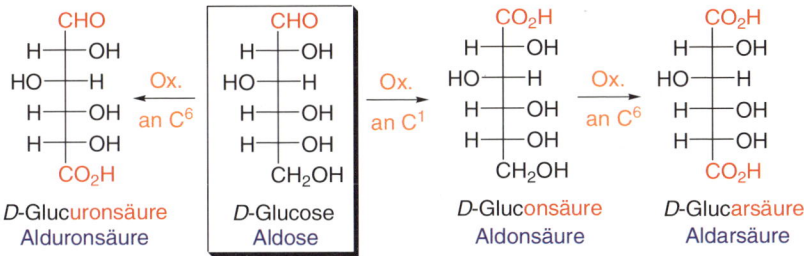

EXKURS

Vitamin C – ein Oxidationsprodukt der Glucose

Ascorbinsäure (Vitamin C) kann von Primaten (und Meerschweinchen) nicht selbst synthetisiert werden und muss daher mit der Nahrung aufgenommen werden. Die Biosynthese der Ascorbinsäure in anderen Organismen beginnt mit der Oxidation von **D-Glucose** zu D-Glucuronsäure. Diese wird dann selektiv am C^1-Atom zum Alkohol reduziert, es entsteht die L-Gulonsäure, die Aldonsäure der L-Gulose (einer anderen Aldohexose). Diese lactonisiert durch intramolekulare Esterbildung mit der OH-Gruppe an C^4. Anschließend erfolgt Oxidation der OH-Gruppe an C^2 zum Keton und Enolisierung zur Ascorbinsäure, die damit ein Zuckerderivat ist und alle sechs C-Atome der Glucose enthält. Die Stereozentren an C^4 und C^5 haben die gleiche Konfiguration wie C^2 und C^3 der D-Glucose.

Der γ-Lactonring besitzt eine **Endiol-Struktur**, die für die antioxidativen Eigenschaften der Ascorbinsäure verantwortlich ist (▶ Kapitel 10.9). Warum aber ist Ascorbinsäure eine Säure (pK_s-Wert = 4,2), obwohl das Molekül keine Carboxylgruppe enthält? Ascorbinsäure ist eine **vinyloge Säure**, das heißt, zwischen dem Carbonyl-C-Atom und der OH-Gruppe ist formal eine Vinylgruppe –CH=CH– eingeschoben. Wird Ascorbinsäure an der OH-Gruppe an C^3 deprotoniert, resultiert ein mesomeriestabilisiertes Anion (Ascorbat). Die anderen OH-Gruppen sind dagegen wesentlich weniger sauer: Der pK_s-Wert der C^2-OH-Gruppe liegt im Bereich anderer Enole (ca. 11,5), die OH-Gruppen in der Seitenkette sind normale Alkoholgruppen (pK_s-Wert ca. 16–20).

12.3 Redoxreaktionen der Monosaccharide

Bei Mangel an Vitamin C (Zufuhr < 50 mg/d) entsteht das Krankheitsbild des **Skorbuts** (Symptome unter anderem Zahnfleischbluten, Muskelschwund, Gelenkentzündungen), denn neben seiner Wirkung als Radikalfänger ist Ascorbinsäure unter anderem auch Cofaktor bei der Hydroxylierung der Aminosäure Prolin zu 4-Hydroxyprolin, ein essenzieller Baustein des Kollagens, einem wichtigen Strukturprotein von Knochen, Zähnen, Knorpel und Sehnen. Bei uns ist Vitamin-C-Mangel allerdings selten, da Ascorbinsäure von Natur aus in vielen Lebensmitteln enthalten ist oder diesen als Antioxidans zugesetzt wird. Auch eine Hypervitaminose (= zuviel Vitamin) ist kaum bekannt, da überschüssige Ascorbinsäure aufgrund der sehr guten Wasserlöslichkeit sehr schnell über die Niere wieder ausgeschieden wird. Allerdings wird Ascorbinsäure *in vivo* auch zur Oxalsäure abgebaut, was bei entsprechend veranlagten Personen zur Bildung von Calcium-Oxalat-Nierensteinen beitragen kann (▶ Kapitel 4.9).

Bei der Reduktion der Carbonylgruppe von Monosacchariden entstehen **Zuckeralkohole**, Polyalkohole mit der allgemeinen Bezeichnung **Alditole**. Aus der *D*-Glucose erhält man *D*-Glucitol, das auch *D*-Sorbitol oder **Sorbit** genannt wird. Sorbitol findet sich in Pflaumen, Birnen, Kirschen oder Beeren. Chemisch kann man die Reduktion zum Beispiel mit Natriumboranat $NaBH_4$ durchführen (▶ Kapitel 11.11.1). Im Organismus entsteht Sorbit durch Reduktion von Glucose mit NADPH durch die ubiquitär (= überall) vorkommenden Aldosereduktasen (▶ Kapitel 12.3.2). Wird Sorbitol anschließend wieder durch das Enzym Sorbitoldehydrogenase mithilfe von NAD^+ oxidiert, bildet sich Fructose. Diese gegenseitige Umwandlung von Glucose in Fructose über den Polyalkohol (**Polyolweg**) ist eine Alternative zur schon besprochenen gegenseitigen Umwandlung durch Enolisierung (Lobry-de-Bruyn-van-Ekenstein-Umlagerung).

Oxidation = Entfernung von zwei H-Atomen (= **Dehydrogenierung**)

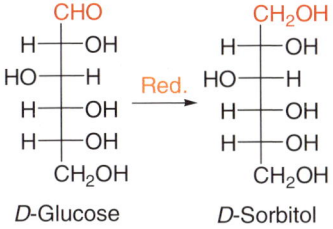

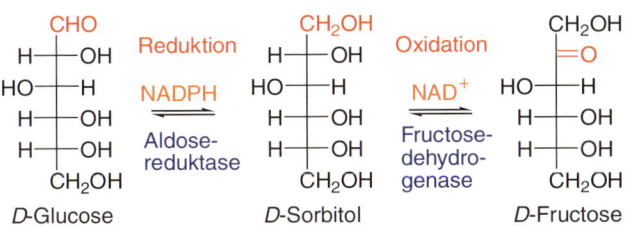

Früchte der Eberesche (*Sorbus aucuparia*) enthalten bis zu 12 Prozent Sorbitol.
© Wikipedia: Vogelbeere, Reife Vogelbeeren, Autor: Walter J. Pilsak

Bei der Reduktion einer Ketose können im Gegensatz zur Reduktion einer Aldose zwei diastereomere Zuckeralkohole gebildet werden, da das ehemalige Carbonyl-C-Atom C^2 zu einem neuen Stereozentrum wird, das

R oder S konfiguriert sein kann. So führt die Reduktion von *D*-Fructose mit NaBH₄ nicht nur zu *D*-Sorbitol, sondern auch zu *D*-Mannitol, dem C2-Epimer des Sorbitols. Bei der enzymatisch katalysierten Reduktion *in vivo* wird hingegen selektiv nur Sorbitol gebildet.

Zuckeralkohole wie Sorbitol, Mannitol (Mannit) oder Xylitol (Xylit) werden als **Zuckerersatzstoffe** verwendet. Sorbitol hat zum Beispiel etwa 60 Prozent der Süße von Rohrzucker. Viele „zuckerfreie" Süßigkeiten enthalten Xylitol (übrigens eine optisch inaktive *meso*-Verbindung) als Süßstoff, da es als kariesreduzierendes Kohlenhydrat gilt. Es kann von den Bakterien, die für die Kariesbildung verantwortlich sind (▶ Kapitel 6.3), nicht als Nahrung verwendet werden. Zuckerfrei bedeutet in dem Fall aber nicht kalorienfrei. Xylitol hat fast genau den gleichen Brennwert wie die Glucose und wird vom Körper gleich gut verarbeitet.

Bei der Reduktion eines Monosaccharids kann auch eine der Alkoholgruppen zu einer Alkylgruppe reduziert werden. Man erhält einen **Desoxyzucker**. Wir haben bereits die 2-Desoxyribose, einen zentralen Baustein der DNA, erwähnt (▶ Kapitel 12.1). Ein anderer wichtiger Desoxyzucker ist die **L-Fucose**, die *in vivo* aus Mannose gebildet wird. Bei der Fucose ist die primäre OH-Gruppe an C⁶ zu einer Methylgruppe reduziert worden. Es handelt sich um einen der wenigen Zucker, die in der Natur in der *L*-Form vorkommen. Die *L*-Fucose spielt eine wichtige Rolle bei der Zell-Zell-Erkennung (zum Beispiel bei den Blutgruppendeterminanten, ▶ Kapitel 12.1). Die **L-Rhamnose** (= 6-Desoxymannose) kommt in Pektinen (pflanzliche Polysaccharide) vor, die wichtige Ballaststoffe für den Menschen sind.

12.4 Bildung cyclischer Halbacetale

Pentosen und Hexosen liegen in Lösung nur zu einem sehr geringen Teil in der bisher gezeigten offenkettigen Form vor, da sich durch intramolekulare Reaktion der Carbonylgruppe mit einer der Alkoholgruppen die deutlich stabileren **cyclischen Halbacetale** bilden (▶ Kapitel 11.4.2). Schauen wir uns die Bildung eines solchen cyclischen Halbacetals am Beispiel der *D*-Glucose an. Dazu betrachten wir die Fischer-Projektion von der Seite und falten die Kette ringförmig. Dann drehen wir um die C⁴-C⁵-Bindung, sodass sich die OH-Gruppe an C⁵ intramolekular an die

12.4 Bildung cyclischer Halbacetale

Aldehydgruppe addieren kann. Durch diese Addition entsteht ein cyclisches Sechsring-Halbacetal.

Bei dieser Reaktion entsteht aus dem ehemaligen Carbonyl-C-Atom C^1 ein neues Stereozentrum, das R- oder S-konfiguriert sein kann. Daher gibt es zwei stereoisomere Formen dieses cyclischen Halbacetals, die man als α- und β-Form bezeichnet. Im Gleichgewicht in wässriger Lösung liegen etwa 36 Prozent der α-D-Glucose und 64 Prozent der thermodynamisch stabileren β-D-Glucose vor. Die offenkettige Form kommt nur in Spuren vor (ca. 0,02 Prozent). Die bisher verwendete offenkettige Schreibweise der Kohlenhydrate entspricht – zumindest bei den Pentosen und Hexosen – somit *nicht* der Realität.

Da der Sechsring ein Sauerstoffatom enthält, kann man die Sechsring-Halbacetale als Derivate des Pyrans auffassen. Man spricht daher auch von **Pyranosen**. Die vollständigen Namen der beiden gezeigten Halbacetale lauten daher α-D-Glucopyranose und β-D-Glucopyranose. Sie unterscheiden sich nur in der Konfiguration am neuen Stereozentrum C^1, haben aber an allen anderen Stereozentren die gleiche Konfiguration. Es handelt sich folglich nicht um Bild und Spiegelbild, sondern um Diastereomere (genauer Epimere), die verschiedene physikalische Eigenschaften haben. α-D-Glucopyranose hat einen Schmelzpunkt von 146 °C, wohingegen β-D-Glucopyranose erst bei 150 °C schmilzt. Man bezeichnet die α- und die β-Diastereomere eines Zuckers in der cyclischen Halbacetalform auch als **Anomere**. Das C^1-Atom ist das **anomere C-Atom**.

γ-Pyran

Die Bezeichnung als α- und β-Anomer hat nichts mit der Verwendung von griechischen Buchstaben zur Angabe der Position eines Substituenten oder eines Atoms relativ zu einer funktionellen Gruppe zu tun. Beispielsweise wird aus der β-D-Glucopyranose durch Oxidation das Glucono-δ-lacton. Auch aus dem α-Anomer bildet sich das gleiche δ-Lacton.

> **MERKE**
>
> Als Anomere bezeichnet man diastereomere Kohlenhydrate in der cyclischen Halbacetalform, die sich nur in der Konfiguration des anomeren C-Atoms unterscheiden.

12 Kohlenhydrate

β-D-Glucopyranose → (Ox.) Glucono-δ-lacton

↑ Stellung der OH-Gruppe am anomeren C-Atom

↑ Position der OH-Gruppe relativ zur Carboxylgruppe

Beide Anomere der *D*-Glucose sind chirale Verbindungen und somit optisch aktiv. Sie sind rechtsdrehend. Das α-Anomer weist eine spezifische Drehung (▶ Kapitel 9.9.3) von $[\alpha]_D^{25} = +112°$ auf und das β-Anomer von $[\alpha]_D^{25} = +19°$. Löst man das reine α-Anomer in Wasser auf, so erhält man anfangs eine Lösung mit einer spezifischen Drehung von $[\alpha]_D^{25} = +112°$. In dem Maße, wie sich das Gleichgewicht zwischen α- und β-Anomer einstellt, nimmt der Drehwert ab und erreicht im Gleichgewicht mit 36 Prozent α- und 64 Prozent β-Anomer einen konstanten Wert von $[\alpha]_D^{25} = +53°$. Umgekehrt steigt der Drehwert einer Lösung bis zu diesem Wert, wenn man von dem reinen β-Anomer ausgeht. Diese Veränderung des Drehwinkels bei der Einstellung des Anomerengleichgewichts bezeichnet man als **Mutarotation**.

Vorsicht: Hier wird wiederum der gleiche Buchstabe α für zwei verschiedene Angaben verwendet. Einmal kennzeichnet α die Stellung der OH-Gruppe am anomeren C-Atom der Glucopyranose, gibt also an, um welches der beiden diastereomeren Halbacetale der Glucose es sich handelt. Das andere α bezeichnet die spezifische Drehung $[\alpha]_D$, eine physikalische Stoffkonstante, die angibt, um welchen Winkel die Schwingungsebene von linear polarisiertem Licht der Natrium D-Linie gedreht wird, wenn dieses sich einen Dezimeter weit durch eine Lösung einer chiralen Substanz der Konzentration 1 g/mL ausbreitet (▶ Kapitel 9.9.3). In welcher Bedeutung die griechischen Buchstaben verwendet werden, wird jeweils nur aus dem Zusammenhang klar.

> **MERKE**
>
> Bei den *D*-Zuckern steht die anomere OH-Gruppe in der Haworth-Formel in der β-Form nach oben und in der α-Form nach unten.

Die oben gezeigte Darstellung der cyclischen Glucoseformen ist eine sogenannte **Haworth-Formel**. Bei ihr liegen alle Ringatome in einer Ebene und man schaut von schräg oben auf diesen Ring. Die Substituenten stehen dann oberhalb oder unterhalb dieser Ringebene, je nach absoluter Konfiguration des jeweiligen Stereozentrums. Der Zusammenhang mit der Fischer-Projektion ergibt sich folgendermaßen: Zeichnet man das Sauerstoffatom nach rechts hinten und das anomere C^1-Atom rechts daneben, dann liegen alle Substituenten, die bei „Fischer **l**inks" liegen, „**o**ben bei Haworth" (**Floh-Regel**). Umgekehrt zeigen die Substituenten, die in der Fischer-Projektion rechts liegen, in der Haworth-Formel nach unten.

DEFINITION

Haworth-Formeln

Anstatt die Haworth-Formeln für alle Zucker auswendig zu lernen oder jedes Mal aus den Fischer-Projektionen abzuleiten, merkt man sich am besten die Darstellung der Glucose und leitet die Formeln für die anderen Zucker dann aus ihrer Verwandtschaft zur Glucose ab. Für die *D*-Glucose erhält man die richtige Haworth-Formel folgendermaßen:

- Man zeichnet einen Pyranosering, das O-Atom liegt hinten rechts.
- Die CH$_2$OH-Gruppe an C^5 (hinten links) zeigt nach oben. Das gilt für alle Zucker der *D*-Reihe.
- Vom anomeren C-Atom ausgehend (rechts) zeigen die OH-Gruppen nach unten (C^2), oben (C^3) und unten (C^4) (Floh-Regel).
- Im stabileren β-Anomer zeigt die OH-Gruppe an C^1 nach oben, im α-Anomer nach unten.
- Will man darauf verzichten, genau anzugeben, um welches Anomer es sich handelt, legt man die OH-Gruppe an C^1 in die Ringebene und zeichnet eine gewellte Bindung ein.

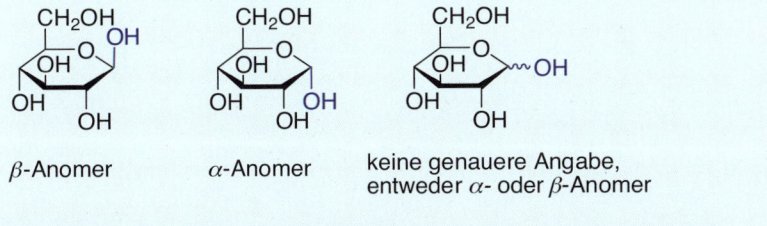

β-Anomer   α-Anomer   keine genauere Angabe, entweder α- oder β-Anomer

- *D*-Mannose ist das C^2-Epimer der Glucose, *D*-Galactose das C^4-Epimer.

D-Glucopyranose   *D*-Mannopyranose (epimer an C^2)   *D*-Galactopyranose (epimer an C^4)

In wässriger Lösung zeigen die cyclischen Formen der Glucose das gleiche chemische Reaktionsverhalten, wie wir es für eine offenkettige Aldose erwarten würden. Sie reagieren mit Tollens-Reagenz unter Oxidation oder kondensieren mit Aminen unter Bildung eines Imins. Die Reaktion erfolgt dabei mit den geringen Mengen des im Gleichgewicht vorliegenden offenkettigen Aldehyds. In dem Maße, wie der Aldehyd reagiert, verschiebt sich das Gleichgewicht der cyclischen Halbacetalbildung unter Rückbildung der verbrauchten offenkettigen Form (Le Châtelier, ▶ Kapitel 5.9.1). So können letztendlich alle Glucosemoleküle über den „Umweg" des offenkettigen Aldehyds reagieren.

Furan

Bei den Pentosen und Hexosen können bei der Bildung der cyclischen Halbacetale sowohl Fünf- als auch Sechsringe entstehen. Die *D*-Glucose bildet ausschließlich ein Sechsring-Halbacetal. Das cyclische Halbacetal der *D*-Ribose liegt hingegen sowohl in Form eines Sechsrings als auch eines Fünfrings in Lösung vor. Das Sechsring-Halbacetal bildet sich durch Reaktion der OH-Gruppe an C^5 mit der Aldehydgruppe an C^1. Bei der Bildung des Fünfring-Halbacetals addiert sich die OH-Gruppe an C^4 an die Carbonylgruppe. In der Haworth-Formel zeichnet man den Fünfring so, dass das O-Atom nach hinten zeigt, das anomere C-Atom liegt dann auf der rechten Seite. Da man solche Fünfring-Halbacetale als Derivate des Furans auffassen kann, nennt man sie auch **Furanosen**.

Auch die Ketosen bilden cyclische Halbacetale (bzw. Hemiketale). Die *D*-Fructose bildet entweder Pyranosen durch Reaktion der OH-Gruppe an C^6 mit der Carbonylgruppe an C^2 oder Furanosen durch Reaktion der OH-Gruppe an C^5 mit der Carbonylgruppe. Von beiden Formen existieren jeweils ein α- und ein β-Anomer; die Bezeichnung bezieht sich wieder auf die Stellung der neuen OH-Gruppe am anomeren C-Atom (C^2). In den Furanosen sind zwei CH_2OH-Gruppen am Fünfring gebunden. Man muss daher aufpassen, dass man die Nummerierung der C-Atome nicht verwechselt. Alle fünf Formen liegen in wässriger Lösung miteinander im Gleichgewicht vor.

Die Haworth-Formeln geben bei den Pyranosen *nicht* die exakte **dreidimensionale Konformation** der Zucker wieder, da die Sechsringe nicht planar sind, sondern ebenso wie beim Cyclohexan vorzugsweise in einer **Sesselkonformation** vorliegen (▶ Kapitel 9.11). Bei der β-D-Glucopyranose existiert eine Sesselkonformation, in der alle Substituenten in der energetisch günstigen äquatorialen Position angeordnet sind. Im α-Anomer befindet sich hingegen die OH-Gruppe am anomeren C-Atom in einer ungünstigeren axialen Position. Auch bei allen anderen Hexopyranosen steht mindestens ein Substituent axial (bei der β-D-Mannose die OH-Gruppe an C^2 und bei der β-D-Galactose die OH-Gruppe an C^4. Die β-D-Glucopyranose, bei der alle Substituenten äquatorial angeordnet sind, ist somit das energieärmste Molekül aus der Reihe der Aldohexosen, was unter anderem erklärt, warum die D-Glucose und davon abgeleitete Verbindungen die am häufigsten vorkommenden Kohlenhydrate in der Natur sind.

Merken muss man sich für die Sesselschreibweise der Pyranosen, dass der Pyranose-Sessel so gezeichnet wird, dass C^4 oben und C^1 unten steht (sogenannte $^4C_1$-**Konformation**). Klappt man bei der β-D-Glucopyranose den Sessel in die zweite Konformation um (▶ Kapitel 9.11), sodass nun C^1 oben und C^4 unten steht ($^1C_4$-**Konformation**), befinden sich alle OH-Gruppen in der axialen Position. Diese zweite Sesselkonformation der β-D-Glucopyranose ist also deutlich energiereicher. Geht man hingegen von einer $^1C_4$-Konformation aus und schreibt wiederum alle Substituenten äquatorial hin, dann handelt es sich nicht mehr um die D-Glucose, sondern um die enantiomere L-Glucose.

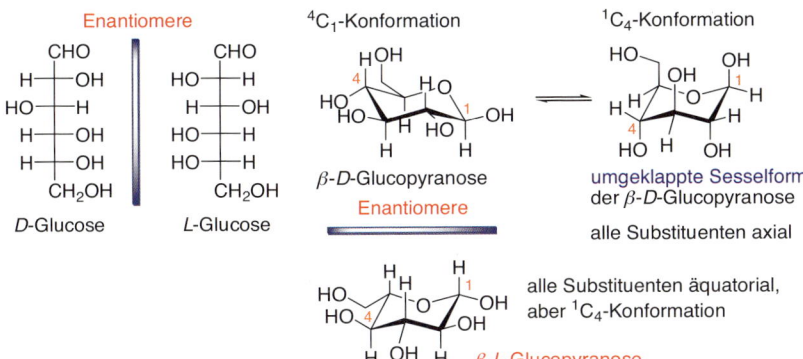

Die α-L-Form eines Zuckers ist das Spiegelbild der α-D-Form. In der Haworth-Formel der L-Zucker steht daher die anomere OH-Gruppe in der α-Form nach oben und in der β-Form nach unten.

Bei den Furanosen reicht in der Regel die Angabe der Haworth-Formel aus, da ein Fünfring im Gegensatz zu einem Sechsring keine definierte Vorzugskonformation besitzt.

12.5 Aminozucker

Neben Zuckerderivaten wie den schon erwähnten Uronsäuren, den Alditolen oder den Desoxyzuckern (▶ Kapitel 12.1.2) findet man in der Natur eine große Vielzahl weiterer Zuckerderivate. Eine wichtige Rolle spielen vor allem auch die **Aminozucker**, bei denen eine oder mehrere der OH-Gruppen gegen eine Aminogruppe -NH$_2$ ausgetauscht sind. So ist das **N-Acetylglucos-2-amin** (abgekürzt als **GlcNAc**), das am Stickstoff acetylierte Derivat des D-Glucosamins, Baustein der Hyaluronsäure (einem Polysaccharid, ▶ Kapitel 12.8), dem „Schmiermittel" der Gelenke, und ein wichtiger Bestandteil des Knorpels. GlcNAc ist auch Bestandteil der **Blutgruppendeterminanten**, Zuckerstrukturen auf der Oberfläche der Erythrocyten, die die Verträglichkeit verschiedener Blutgruppen bei Bluttransfusionen bestimmen. Zusammen mit N-Acetylmuraminsäure (NAM) ist GlcNAc Bestandteil des Mureins, des **Peptidoglycans**, aus dem **Bakterienzellwände** aufgebaut sind. Ungewöhnliche Aminozucker finden sich auch als Bausteine in verschiedenen Antibiotika (zum Beispiel Aminoglycosid-Antibiotika wie Streptomycin, Kanamycin).

β-D-Glucosamin   N-Acetyl-β-D-glucosamin   N-Acetyl-β-D-muraminsäure
                                    GlcNAc   NAM

AUS DER MEDIZINISCHEN PRAXIS

Blutgruppen

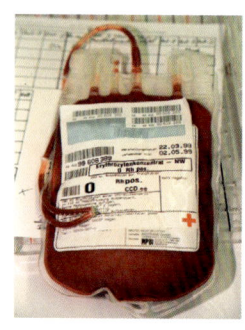

Blutkonserve
© dpa Deutsche Presse-Agentur GmbH, Hamburg

Die Blutgruppenzugehörigkeit eines Menschen richtet sich nach der Beschaffenheit der auf der Oberfläche der roten Blutzellen befindlichen **Glycoproteine**. Dies sind in die Zellmembran eingelagerte Proteine, an die Zuckerketten gebunden sind, die in den extrazellulären Raum hineinreichen. Diese Kohlenhydratstrukturen wirken als Antigene (= Strukturen, an die sich Antikörper binden) und können, wenn das Blut verschiedener Blutgruppen gemischt wird, durch Antigen-Antikörper-Reaktion zur Agglutination (Verklumpung) führen. Das auch heute noch verwendete AB0-System wurde 1901 von Karl Landsteiner aufgestellt, der dafür 1930 mit dem Nobelpreis für Medizin gewürdigt wurde. Bei allen Blutgruppen enden die Glycoproteine auf der Oberfläche der Erythrocyten mit einem N-Acetylglucosamin, an das eine Galactose und an diese eine Fucose gebunden sind (▶ Abbildung 12.1). Diese Kohlenhydratstruktur bildet die Blutgruppe 0. An der Galactose kann dann noch zusätzlich ein N-Acetylgalactosamin (Blutgruppe A) oder eine weitere Galactose gebunden sein (Blutgruppe B). Liegen beide Kohlenhydratstrukturen vor, spricht man von Blutgruppe AB.

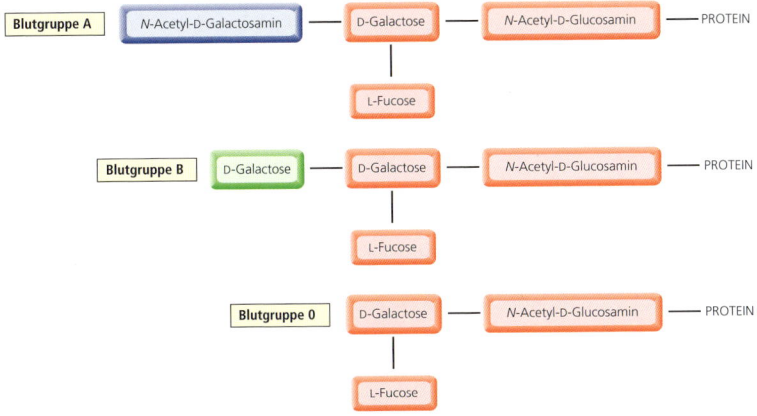

Abbildung 12.1: Die Blutgruppen eines Menschen werden von der chemischen Natur der Zuckerreste auf der Außenseite der Zellmembranen der roten Blutkörperchen bestimmt.
Aus: Bruice, P. Y. (2007)

Ein Mensch besitzt in seinem Blut immer Antikörper gegen die Kohlenhydratstrukturen (= Antigene), die er nicht selbst auf der Oberfläche der Erythrocyten trägt. Personen der Blutgruppe A haben also Antikörper gegen B und umgekehrt. Personen mit der Blutgruppe 0 haben Antikörper gegen A und B, Personen der Blutgruppe AB hingegen besitzen keine Antikörper. Die Frage nach der Verträglichkeit verschiedener Blutgruppen hängt davon ab, ob bei einer Transfusion Blutplasma oder Erythrocyten-Konzentrat übertragen wird (▶ Tabelle 12.2). Im Plasma (P) fehlen die Erythrocyten (und andere zelluläre Bestandteile), es sind also nur die Antikörper des Spenders vorhanden, die mit den Erythrocyten des Empfängers reagieren können. Im Erythrocyten-Konzentrat (EK) liegen dagegen die Antigene des Spenders (= Oberflächenproteine der Erythrocyten), nicht aber seine Antikörper vor. Die Spender-Antigene reagieren mit den im Blut des Empfängers vorhandenen Antikörpern. Daher darf ein Patient der Blutgruppe A Erythrocyten-Konzentrat der Blutgruppen 0 und A erhalten, da dann seine Antikörper (die nur gegen B gerichtet sind) kein entsprechendes Antigen im Spenderblut finden und keine Immunreaktion erfolgt. Plasma darf er hingegen nur von der Blutgruppe A und AB erhalten, da diese wiederum keine Antikörper gegen seine A-Antigene enthalten. Analog kann man die Verträglichkeit der anderen Blutgruppen erklären. Universalspender für EK ist die Blutgruppe 0, für Plasma die Blutgruppe AB; umgekehrt ist ein Universalempfänger für EK ein Patient mit Gruppe AB, ein Universalempfänger für Plasma ein Patient mit Gruppe 0.

Empfänger	Spender			
	0	A	B	AB
0	EK/P	P	P	P
A	EK	EK/P	–	P
B	EK	–	EK/P	P
AB	EK	EK	EK	EK/P

Tabelle 12.2: Verträglichkeit von Bluttransfusionen: EK = Übertragung von Erythrocyten-Konzentrat möglich, P = Übertragung von Blutplasma möglich

EXKURS

Grippe-Medikamente

Wohl jeder kennt das Vogelgrippevirus, mit wissenschaftlichem Namen Influenzavirus A H5N1. Was bedeuten H5 und N1? H steht für Hämagglutinin und N für Neuraminidase, zwei Glycoproteine auf der Oberfläche des Influenzavirus. Verschiedene Viren besitzen unterschiedliche Varianten dieser beiden Glycoproteine, die einfach durchnummeriert werden. Das Vogelgrippevirus besitzt die Variante H5 des Hämagglutinins, mit dem es an einen bestimmten Zuckerrest (Sialinsäure, 5-N-Acetylneuraminsäure) auf der Oberfläche der Wirtszelle andockt und so die Fusion von Wirtszelle und Viruspartikel einleitet. Hat sich das Virus in der Wirtszelle vermehrt, müssen die neuen Viruspartikel die Zelle wieder verlassen, um neue Zellen infizieren zu können. Die neuen Viruspartikel bleiben natürlich mit ihrem Hämagglutinin ebenfalls an der Sialinsäure auf der Oberfläche der Wirtszelle „kleben". Nun kommt die Neuraminidase (Sialidase) ins Spiel, ein Enzym, dass die Sialinsäure von der Oberfläche der Wirtszelle abspaltet und es den neu gebildeten Viruspartikeln so ermöglicht, sich von der Wirtszelle zu lösen. Tamiflu® inhibiert spezifisch die Neuraminidase und verhindert so die Ablösung neugebildeter Viruspartikel.

Die WHO führt allerdings den in Tamiflu® enthaltenen Wirkstoff Olsetamivir nicht mehr auf ihrer Liste der essenziellen Arzneimittel. Eine Auswertung von klinischen Studien im Rahmen einer Metastudie ergab, dass sowohl Olsetamivir als auch das verwandte Zanamivir nur eine geringe Wirksamkeit haben, das heißt, die Dauer der Erkrankung wird nur etwas verkürzt. 2021 wurde für kurze Zeit ein weiteres Medikament eingeführt: Baloxavirmarboxil (Xofluza®), ein Prodrug von Baloxavir, bei dessen Aktivierung neben Baloxavir Methanol, Kohlenstoffdioxid und Formaldehyd entstehen. Hier ist die **Prodrug-Gruppe** ganz interessant, sie wird als **Alkyl-oxy-carbonyl-oxy-alkyl-Gruppe** (**AOCOA**) bezeichnet. Ein ähnliches Prodrug-Prinzip findet man zum Beispiel auch bei einigen β-Lactam-Antibiotika verwirklicht (▶ Kapitel 13.7).

Influenzaviren sind RNA-Viren. Die viruseigene RNA ist eine RNA mit negativer Polarität. Dies bedeutet, dass die Leserichtung gegensinnig zur zellulären RNA ist. Die virale RNA muss also vor der Proteinbiosynthese in positiv-strängige RNA umgeschrieben werden. Damit die Ribosomen die Virus-mRNA als Vorlage für die Proteinbiosynthese erkennen, muss die mRNA mit einer sogenannten CAP-Sequenz versehen werden. Da Influenzaviren keine eigenen CAP-Strukturen besitzen, müssen sie sich die CAP-Struktur der mRNA der Wirtszelle aneignen (engl. *cap-snatching*). Hier spielt nun die viruseigene CAP-abhängige Endonuklease (CEN) eine essenzielle Rolle. Baloxavir hemmt dieses Enzym, somit die Transkription (Umschreibung) viraler RNA in mRNA und letztlich dadurch die Proteinbiosynthese und die Replikation der Influenzaviren. Zur Behandlung war eine Einmaldosis des Arzneimittels baldmöglichst innerhalb von 48 Stunden nach Einsetzen der Symptome einzunehmen. Allerdings kam das **IQWiG** (Institut für Qualität und Wirtschaftlichkeit im Gesundheitswesen) in seiner Nutzenbewertung zum Ergebnis, dass ein Zusatznutzen nicht belegt ist. Denn unter der Therapie mit dem CEN-Hemmstoff konnte die Dauer der Erkrankung im Vergleich zu Placebo auch nur wenig verkürzt werden. Der **Gemeinsame Bundesausschuss** (G-BA), das höchste Beschlussgremium der gemeinsamen Selbstverwaltung im deutschen Gesundheitswesen, hat für die Postexpositionsprophylaxe (das heißt, eine vorbeugende medizinische Maßnahme, die ergriffen wird, wenn eine Person mit einem Krankheitserreger in Kontakt kam)

Tamiflu® – ein Neuraminidase-Hemmer
© Roche Pharma AG, Grenzach-Wyhlen

einen Zusatznutzen attestiert, nicht jedoch für die Behandlung der Influenza. Der Hersteller hat das Medikament aus wirtschaftlichen Gründen dann wieder vom Markt genommen.

Am besten lässt man es aber gar nicht so weit kommen, und schützt sich durch eine Impfung!

5-*N*-Acetylneuraminsäure (NeuAc) = Sialinsäure

Olsetamivir (Tamiflu®)
Ester = Prodrug
–> Esterhydrolyse zur Säure
Säure = wirksamer Arzneistoff

Ein weiterer wichtiger Aminozucker ist die **N-Acetyl-D-Neuraminsäure** (**Sialinsäure**). Es handelt sich um einen Aminozucker mit neun C-Atomen, der in einer Aldolreaktion (▶ Kapitel 11.6) aus Phosphoenolpyruvat PEP und *N*-Acetyl-*D*-Mannose-6-phosphat gebildet wird. Die Sialinsäure ist ein wichtiger Bestandteil von Glycoproteinen (▶ Kapitel 12.1.5).

12.6 Glycosidbildung

Pyranosen und Furanosen sind cyclische Halbacetale und können daher unter sauren Bindungen mit Alkoholen zu Vollacetalen reagieren (▶ Kapitel 11.4.2), die man in diesem Fall **O-Glycoside** nennt. Die Bindung zwischen dem anomeren C-Atom und dem O-Atom der neu gebundenen Alkoholgruppe nennt man **glycosidische Bindung**. Glycoside werden benannt, indem man beim Namen des Monosaccharids das „e" durch „id" ersetzt. Aus der Glucose entsteht ein Glucosid, aus der Mannose ein Mannosid. Die Umsetzung von *D*-Glucose mit Methanol in Gegenwart katalytischer Mengen Salzsäure ergibt eine Mischung der beiden anomeren Methyl-*D*-Glucopyranoside. Die Reaktion ist reversibel, in saurer wässriger Lösung bilden sich aus dem Glycosid wieder das Monosaccharid und der Alkohol.

Nicht verwechseln:

Glyco- = bezieht sich auf Zucker im Allgemeinen

Gluco- = bezieht sich speziell auf die Glucose

12 Kohlenhydrate

β-D-Glucopyranose → (+ MeOH/H⁺, − H₂O) → Methyl-β-D-Glucopyranose + Methyl-α-D-Glucopyranose

(Halbacetal → Vollacetal, glycosidische Bindung)

Egal, von welchem der beiden reinen Anomere eines Monosaccharids man ausgeht, man erhält immer das gleiche Gemisch der beiden anomeren Glycoside. Allerdings muss der Anteil an α- und β-Anomer des Glycosids im Gleichgewicht nicht dem Anteil der Anomeren des Zuckers selbst entsprechen. Die Bildung des Anomerengemischs erklärt sich aus dem Mechanismus der Reaktion, den wir bereits bei den Aldehyden und Ketonen besprochen haben (▶ Kapitel 11.4.2). Durch Protonierung wird die anomere OH-Gruppe in eine gute Abgangsgruppe umgewandelt. Abspaltung von Wasser ergibt ein mesomeriestabilisiertes Oxocarbeniumion, an das sich der Alkohol addiert. Da das anomere C-Atom in dieser kationischen Zwischenstufe sp²-hybridisiert ist, kann der Angriff des Alkohols mit gleicher Wahrscheinlichkeit sowohl von oben als auch von unten erfolgen. Es entstehen – nach Protonenabspaltung – das β-Glycosid und das α-Glycosid.

(Mechanismus: Halbacetal → +H⁺ → protoniertes Halbacetal → −H₂O, +ROH → Oxocarbeniumion → Angriff von oben und Angriff von unten → −H⁺ → β-Glucosid und α-Glucosid)

Die Glycosidbildung, eine Vollacetalbildung, kann natürlich nur an einem Halbacetal stattfinden, also ausschließlich am anomeren C-Atom. Alle anderen OH-Grupen sind einfache Alkoholgruppen, für die diese Reaktion nicht beobachtet wird (▶ Kapitel 10.4.3).

(Strukturformel: anomere OH-Gruppe, alkoholische OH-Gruppen)

Analog kann auch ein Amin als Nucleophil das Oxocarbeniumion angreifen, es entsteht ein **N-Glycosid** (ein *O,N*-Vollacetal). Die Untereinheiten der DNA und RNA sind solche *N*-Glycoside, die sich von der β-D-Ribofuranose bzw. der β-D-2-Desoxyribofuranose ableiten (▶ Kapitel 12.3).

β-*N*-Ribofuranosid   β-*N*-2-Desoxyribofuranosid

Glycoside sind Vollacetale und in Abwesenheit von Säuren (also in neutraler und basischer Lösung) stabil, das heißt, sie zeigen nicht mehr die typischen Reaktionen eines Aldehyds oder Ketons. Sie sind daher **nichtreduzierend** und werden zum Beispiel durch Tollens-Reagenz oder Fehling'sche Lösung nicht mehr oxidiert. Glycoside spielen in der Natur eine wichtige Rolle. In den komplexeren Zuckern sind die Monosaccharide durch glycosidische Bindungen miteinander verknüpft (▶ Kapitel 12.1.6). Stammen die Alkohol- oder Aminkomponenten aus einem Protein, so entstehen **Glycoproteine** (auch **Proteoglycane** genannt, je nachdem, ob der Zucker- oder Proteinteil überwiegt). So kann durch Reaktion mit der OH-Gruppe in der Seitenkette der Aminosäure Serin ein *O*-Glycosid gebildet werden oder bei der Reaktion mit der Amidgruppe in der Seitenkette von Asparagin ein *N*-Glycosid.

O-Glycosid   *N*-Glycosid

Beim Metabolismus von Fremdstoffen werden Alkoholgruppen zu Glycosiden umgesetzt, um die Wasserlöslichkeit der Metabolite zu erhöhen, ähnlich wie bei der Sulfatierung (▶ Kapitel 11.9). Diese Glycokonjugate können dann über die Niere im Harn ausgeschieden werden. Die Glycosidbildung erfolgt dabei mit *D*-Glucuronsäure (**Glucuronidierung**), die in Form eines aktivierten Diphosphats übertragen wird.

Aktivierte Glucuronsäure (UDPGA, UDP-Glucuronat)

Nucleophil (ROH, RNH$_2$, R-CO$_2^-$)   Uridindiphosphat UDP

12 Kohlenhydrate

AUS DER MEDIZINISCHEN PRAXIS

Metabolismus oder: Der Körper betreibt Chemie mit dem Arzneistoff

Arzneistoffe werden wie auch andere Xenobiotika (= Fremdstoffe) in der Leber und zum Teil auch im Darm in zwei Phasen metabolisiert: In Phase I werden sie oxidiert (zum Beispiel durch oxidative Desalkylierung, ▶ Kapitel 11.4.3), reduziert, decarboxyliert oder hydrolysiert (▶ Kapitel 6.4). In Phase II erfolgt die sogenannte Konjugation der Metabolite oder der Arzneistoffe selbst mit körpereigenen hydrophilen Verbindungen (zum Beispiel aktivierter Schwefelsäure (▶ Kapitel 11.9), aktivierter Glucuronsäure oder Glycin). Dabei entstehen in Wasser besser lösliche Produkte, die über die Niere ausgeschieden werden können. So wird zum Beispiel Acetylsalicylsäure zuerst zu Salicylsäure hydrolysiert, die als solche oder an Glycin oder Glucuronsäure gebunden ausgeschieden wird. Für die Reaktion mit Glycin ist die vorherige Aktivierung der Salicylsäure als Thioester mit Coenzym A (▶ Kapitel 11.8) notwendig. Die Glucuronsäure wird als aktivierter Phosphorsäureester (UDP-Glucuronsäure) übertragen. Die anomere OH-Gruppe der Glucuronsäure kann sowohl mit der Säuregruppe der Salicylsäure zu einem Ester reagieren (Acylglucuronid) oder aber mit der phenolischen OH-Gruppe zu einem *O*-Glycosid, das nicht ganz korrekt als „Ether"-Glucuronid bezeichnet wird. Acylglucuronide sind relativ reaktive Verbindungen, die den Acylrest zum Beispiel auf nucleophile Seitenketten von Proteinen übertragen können. Dadurch kann in seltenen Fällen das acylierte Protein vom Körper als Antigen erkannt werden und eine allergische Reaktion auslösen.

In vielen Fällen gehen durch die Biotransformation Wirksamkeit und Wirkung verloren, das heißt, die Metaboliten sind inaktiv oder weniger aktiv. Es gibt aber auch die Möglichkeit, dass durch solche Reaktionen erst der aktive Arzneistoff entsteht (**Prodrug-Prinzip**) oder dass einer oder mehrere Metaboliten pharmakologisch aktiv sind. So ist zum Beispiel Morphin der aktive Metabolit des Codeins (▶ Kapitel 11.4). Auch die Phase-I-Metaboliten des Sedativums Diazepam sind aktiv, hier wirkt der Arzneistoff Diazepam also sowohl als **Drug** als auch als **Prodrug**. Ebenso gibt es Beispiele für toxische Metabolite, die durch die Biotransformation entstehen können: Paracetamol wird zu einem lebertoxischen Chinon (▶ Kapitel 11.12).

An den Oxidationsreaktionen der Phase I sind Enzyme des Cytochrom-P450-Komplexes beteiligt (CYP-Enzyme, ▶ Kapitel 11.4.3). Cytochrome sind farbige Proteine, die Häm als prosthetische Gruppe (also als Nicht-Proteine, die an Proteine bzw. Enzyme gebunden sind und die katalytische Funktion ermöglichen) enthalten. Sie absorbieren Licht der Wellenlänge 450 nm und erscheinen daher rötlich (P steht für Pigment). Zu den Cytochromen gehören auch die Enzyme der Zellatmung und der Photosynthese.

Arzneistoffe können durch solche CYP-Enzyme nicht nur selbst verstoffwechselt werden, sondern sie auch hemmen oder induzieren. Daraus können **Arzneimittelwechselwirkungen** (**Interaktionen**) resultieren. Werden CYP-Enzyme durch einen Arzneistoff **inhibiert**, wird damit der Metabolismus des anderen Arzneistoffs verhindert, sodass dessen Blutspiegel über eine längere Zeit höher sind als gewünscht. Es kann dann zu einer Überdosierung mit beträchtlichen Nebenwirkungen oder sogar Vergiftungen kommen. Werden dagegen CYP-Enzyme durch einen Arzneistoff **induziert**, können Abbau und Elimination eines anderen Arzneistoffs beschleunigt werden, seine Wirksamkeit wird vermindert.

Ein Beispiel: Phenprocoumon (Marcumar®) (▶ Kapitel 11.12) wird durch CYP2C9 und CYP3A4 metabolisiert und dadurch inaktiviert. Arzneistoffe, die diese CYP-Enzyme hemmen, wie bestimmte Antibiotika, Allopurinol, Ketoconazol, Thyroxin, Statine oder bestimmte Antidepressiva können die antikoagulative Wirkung verstärken, es kann zu Blutungen kommen. Induktoren der CYP-Enzyme wie bestimmte Antiepileptika, Corticosteroide oder Diuretika führen dagegen zu einem beschleunigten Abbau von Phenprocoumon, sodass dessen Wirkung abgeschwächt wird. Im schlimmsten Fall resultiert ein thrombotisches Ereignis. Umgekehrt kann die Gabe von Phenprocoumon die Wirkung von bestimmten Antidiabetika verstärken, es kann zu Hypoglycämien kommen.

Auch Lebensmittelinhaltsstoffe oder Naturstoffe können solche Interaktionen hervorrufen. Prominente Beispiele sind die Inhaltsstoffe von **Grapefruit**- oder **Bitterorangensaft**, die Furanocoumarine, die als Hemmstoffe von CYP-Enzymen bekannt sind. Sie erhöhen die Bioverfügbarkeit von Arzneistoffen wie zum Beispiel Antihypertonika, Immunsuppressiva oder Beruhigungsmitteln und können sogar zu so hohen Blutspiegeln führen, dass beträchtliche Nebenwirkungen resultieren. Bereits ein Glas Grapefruit-Saft hemmt den Metabolismus für 24 Stunden. Ebenso ist **Hyperforin**, der wirksame Inhaltsstoff des **Johanniskrauts**, das in der Selbstmedikation häufig bei leichten Depressionen verwendet wird, für sein Interaktionspotenzial bekannt. Es induziert bestimmte CYP-Enzyme und auch bestimmte Transportproteine. Schwerwiegende Interaktionen kommen hier zum Beispiel mit Kontrazeptiva, Immunsuppressiva, Cytostatika, Antibiotika oder Anti-HIV-Arzneimitteln vor. Die Wirkung der Medikamente wird abgeschwächt, mit zum Teil fatalen Folgen.

Arzneimittel sollte man nicht mit Grapefruitsaft einnehmen!
© Ivar Leidus/Wikipedia, CC BY-SA 4.0

12 Kohlenhydrate

Der antidepressiv wirkende Inhaltsstoff des Johanniskrauts (Hyperforin) kann schwerwiegende Arzneimittelinteraktionen verursachen!
© Bjoertvedt/Wikipedia, CC BY-SA 3.0

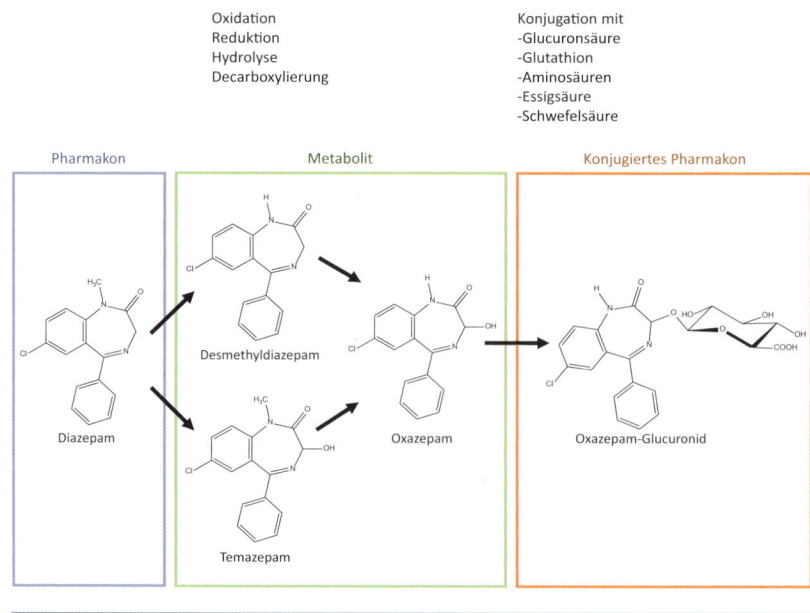

12.7 Disaccharide

Reagiert das Halbacetal eines Zuckers mit einer Alkoholgruppe aus einem zweiten Monosaccharid, so entsteht bei der Glycosidbildung ein **Disaccharid**. Den Zucker, der die OH-Gruppe zur Verfügung stellt, nennt man den **Glycosyl-Akzeptor**; den Zucker, der mit seinem Halbacetal reagiert, den **Glycosyl-Donor**. Man unterscheidet zwei verschiedene Klassen von Disacchariden, je nachdem, ob der Glycosyl-Akzeptor mit seiner anomeren OH-Gruppe oder mit einer seiner alkoholischen OH-Gruppen mit dem Glycosyl-Donor reagiert hat.

- Findet die Glycosidbildung mit einer der „normalen" Alkoholgruppen (meist mit der an C^4) statt, enthält das Disaccharid nach wie vor eine Halbacetalgruppierung und weist somit **reduzierende Eigenschaften** auf (Typ 1).
- Findet die Glycosidbildung hingegen zwischen den beiden anomeren OH-Gruppen der Zucker statt, enthält das Disaccharid zwei Vollacetaleinheiten und ist, analog wie ein Methylglycosid, **nichtreduzierend** (Typ 2).

Allgemein kennzeichnet man die Art der glycosidischen Bindung in einem Di- oder Oligosaccharid durch die Angabe der Positionsnummer der OH-Gruppe, die mit dem Halbacetal reagiert hat. Reagiert zum Beispiel im Glycosyl-Akzeptor die OH-Gruppe an C^4, so spricht man von einer 1,4'-glycosidischen Bindung, manchmal auch als (1 → 4') bezeichnet. Der Strich ' gibt dabei an, dass das C-Atom 4, von dem die OH-Gruppe stammt, zu einem anderen Zucker gehört als das C-Atom 1. Allerdings wird dieser Strich häufig auch weggelassen.

Beide Typen von Disacchariden kommen in der Natur vor (▶ Tabelle 12.3). Bei der Hydrolyse von Stärke (einem Polysaccharid, ▶ Kapitel 12.1.7) erhält man Malzzucker (**Maltose**), ein reduzierendes Dissacharid, in dem zwei α-D-Glucopyranosen α-1,4'-glycosidisch miteinander verknüpft sind. Maltose ist also die α-D-Glucopyranosyl-1,4'-D-Glucopyranose. Da diese systematischen Namen bei den komplexeren Zuckern schnell sehr unübersichtlich werden, verwendet man häufig eine abgekürzte Schreibweise, bei der für die Zucker ein Code aus jeweils drei Buchstaben verwendet wird. Glucose ist Glc, Galactose Gal, Mannose Man und Fructose Fru. Dem Kürzel voran stellt man jeweils noch die Konfiguration am anomeren C-Atom des Donors.

12 Kohlenhydrate

Die Art der glycosidischen Verknüpfung wird durch die Positionsnummern angegeben. Maltose heißt in dieser abgekürzten Schreibweise dann α-Glc-1,4′-Glc. Da die Maltose nach wie vor ein cyclisches Halbacetal enthält, existiert sie ebenso wie die Monosaccharide in zwei anomeren Formen, der α- und der β-Form. Für die Darstellung von Disacchariden wie der Maltose werden verschiedene Formelschreibweisen verwendet. Man kann die einzelnen Zuckerbausteine entweder in der Haworth- oder in der Sessel-Formel schreiben. Dabei muss man aber die Zucker häufig in einer anderen Darstellung hinzeichnen als die bisher bei den Monosacchariden üblicherweise verwendeten Schreibweisen. Bei den Haworth-Formeln würde dies zu sehr ungewohnten Darstellungen führen, daher verwendet man zum Beispiel für die glycosidischen Bindungen häufig gebogene Halbkreise oder gewinkelte Bindungen. Es ist oft besser, die räumlich korrekte Struktur (Sessel-Schreibweise) anzugeben.

12.7 Disaccharide

Name Verknüpfungstyp	Formel (bei der Hydrolyse entstehen)	Vorkommen
Maltose Malzzucker α-Glc-1,4′-Glc α-1,4	*(Struktur: reduzierend)* (2 Moleküle D-Glucose)	Baustein in Stärke und Glycogen
Isomaltose α-Glc-1,6′-Glc α-1,6	*(Struktur: reduzierend)* (2 Moleküle D-Glucose)	Entsteht beim enzymatischen Abbau von Stärke
Cellobiose β-Glc-1,4′-Glc β-1,4	*(Struktur: reduzierend)* (2 Moleküle D-Glucose)	Baustein in Cellulose
Lactose Milchzucker β-Gal-1,4′-Glc β-1,4	*(Struktur: reduzierend)* (D-Galactose + D-Glucose)	In Milch
Saccharose Sucrose α-Glc-1,2′-β-Fru α-1,2-β	*(Struktur: nichtreduzierend)* (D-Glucose + D-Fructose)	In Zuckerrüben und Zuckerrohr, Haushaltszucker

Name Verknüpfungstyp	Formel (bei der Hydrolyse entstehen)	Vorkommen
Trehalose Insektenzucker α-Glc-1,1'-α-Glc α-1,1-α	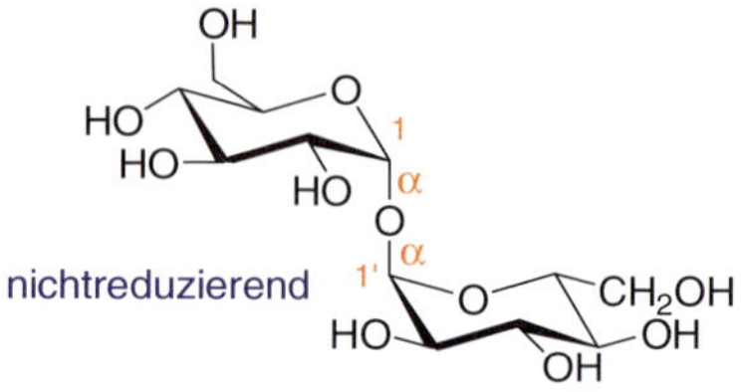 nichtreduzierend (2 Moleküle D-Glucose)	In Insekten und Mikroorganismen

Tabelle 12.3: Beispiele für Disaccharide

In der **Cellobiose**, einem Hydrolyseprodukt des Polysaccharids Cellulose (▶ Kapitel 12.8), liegen ebenfalls zwei D-Glucosemoleküle vor, die allerdings β-1,4'-glycosidisch miteinander verknüpft sind (β-Glc-1,4'-Glc). Dadurch ergeben sich eine andere räumliche Struktur und andere Eigenschaften des Zuckers. In der Sessel-Schreibweise wird der zweite Glucosering umgedreht, sodass das O-Atom im Ring nach vorne zeigt.

β-D-Glucose

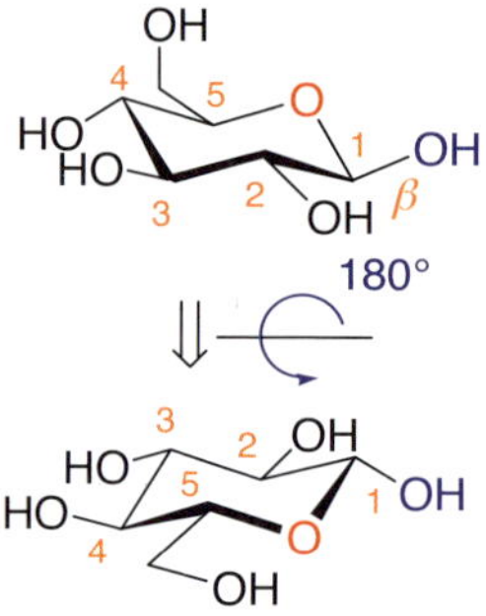

Cellobiose

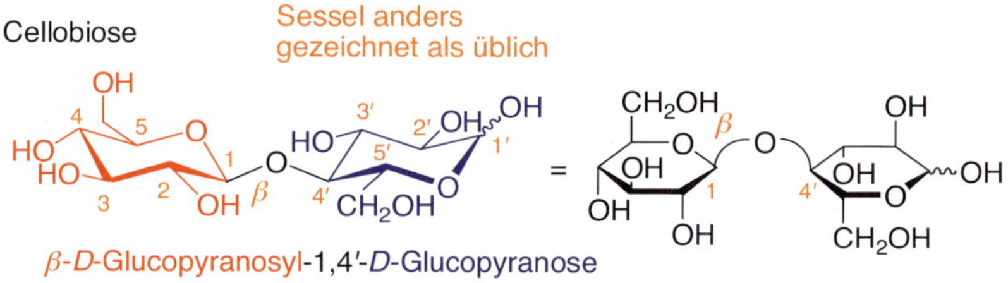

β-D-Glucopyranosyl-1,4'-D-Glucopyranose
[β-Glc-1,4'-Glc]

Im **Rohrzucker**, dem normalen Haushaltszucker (**Saccharose**, Sucrose), sind eine α-D-Glucose und eine β-D-Fructose 1,2-glycosidisch miteinander verbunden. Saccharose ist daher nichtreduzierend. Sie ist gut wasserlöslich (bei 20 °C lösen sich 2,4 g in 1 mL Wasser, bei 100 °C sogar

4,8 g). Saccharose wird in vielen Pflanzen gebildet. Als Hauptquellen für die Isolierung dienen Zuckerrüben und Zuckerrohr.

Saccharose

α-D-Glucopyranosyl-1,2'-β-D-Fructofuranosid
[α-Glc-1,2'-β-Fru]

andere Schreibweise

Tropische Zuckerrüben auf dem Weg zur Weiterverarbeitung
© Syngenta International AG, Basel, Schweiz

Das Gemisch aus D-Glucose und D-Fructose, das bei der Hydrolyse der Saccharose entsteht, bezeichnet man als **Invertzucker**. Beim Eindampfen einer wässrigen Lösung von Invertzucker bilden sich keine Kristalle aus, man erhält stattdessen eine flüssige, zähflüssige oder feste amorphe Masse (Invertzucker-Creme, alter Name Kunsthonig). Der Name Invertzucker rührt daher, dass sich bei der Hydrolyse der Saccharose das Vorzeichen der optischen Drehung umdreht. D-Saccharose besitzt eine spezifische Drehung von $[\alpha]_D = +65°$, die D-Glucose von $[\alpha]_D = +52°$ (als Gleichgewichtsmischung der beiden Anomere) und die D-Fructose von $[\alpha]_D = -92°$. Die Linksdrehung der D-Fructose überwiegt somit in der Produktmischung. Die **Rohrzuckerinversion**, die enzymatisch-katalysiert durch die Invertase stattfindet, ist eigentlich eine Abfolge von drei nacheinander ablaufenden Reaktionen.

- Hydrolyse des Disaccharids D-Saccharose in die beiden Monosaccharide α-D-Glucopyranose und β-D-Fructofuranose
- Mutarotation der α-D-Glucopyranose bis zum Erreichen des Gleichgewichts mit der β-D-Glucopyranose
- Mutarotation der β-D-Fructofuranose zu der stabileren β-D-Fructopyranose

EXKURS

Sucralfat – ein Saccharose-Derivat zur Ulcus-Therapie

Sucralfat ist ein basisches Aluminiumsalz von Saccharoseoctasulfat. Es findet Anwendung zur unterstützenden Therapie von Ulcus-Erkrankungen (Magen- oder Zwölffingerdarmgeschwüren) und bei Refluxösophagitis. Seine Wirkung entfaltet Sucralfat in saurer Umgebung, es bildet mit Proteinen Komplexe, die sich als schützende Paste auf die Schleimhaut legen (mucosaprotektiv). So wird die Schleimhaut vor aggressiven Magen- und Darminhalten wie Salzsäure, Pepsin und Gallensäuren geschützt. Sucralfat kann aber auch die Absorption verschiedener Arzneistoffe hemmen und ihre Bioverfügbarkeit reduzieren (zum Beispiel Antibiotika). Deshalb sollen andere Medikamente in einem zeitlichen Abstand von mindestens zwei Stunden verabreicht werden.

• n Al(OH)$_3$ • n' H$_2$O

n = 8 bis 10
n' = 22 bis 31

12.8 Polysaccharide

Ein reduzierendes Disaccharid wie die Maltose enthält nach wie vor eine Halbacetalgruppe, die als Glycosyl-Donor mit einer alkoholischen OH-Gruppe eines weiteren Monosaccharids (Glycosyl-Akzeptor) reagieren kann, sodass ein Trisaccharid entsteht. Dieses enthält wiederum eine Halbacetalgruppe, die ein viertes Zuckermolekül durch Glycosidbildung binden kann. So entstehen nach und nach **Polysaccharide** (Mehrfachzucker), die bis zu vielen Tausend über glycosidische Bindungen miteinander verknüpfte Monosaccharide enthalten können. Die drei wichtigsten Polysaccharide sind die Stärke, das Glycogen und die Cellulose.

12.8 Polysaccharide

Es handelt sich um sogenannte **Homoglycane**, also Polysaccharide, die nur aus einem Monosaccharid bestehen (in allen drei Fällen D-Glucose). Polysaccharide können auch aus zwei oder mehr unterschiedlichen Monosacchariden aufgebaut sein. Zu solchen **Heteroglycanen** gehören die Hyaluronsäuren und das Heparin.

Stärke besteht aus α-D-Glucosemolekülen, die ausschließlich α-glycosidisch miteinander verknüpft sind. Es handelt sich um ein in allen Pflanzen vorkommendes Energiespeichermolekül (Reservekohlenhydrat). Ein Teil der Stärke ist wasserlöslich (etwa 25 Prozent) und besteht aus linearen Polymersträngen α-1,4-verknüpfter Glucoseeinheiten (**Amylose**). Aufgrund der α-glycosidischen Verknüpfung ist jeder Zuckerbaustein gegenüber dem vorherigen abgewinkelt. Amylose hat eine helikale Struktur. In den Hohlraum im Inneren dieser Helix kann sich Iod einlagern. Dabei ändert sich die Farbe von Braun für freies Iod zu einem intensiven Dunkelblau für die Iod-Amylose-Einschlussverbindung, was auch als qualitativer Nachweis für Stärke verwendet wird (**Iod-Stärke-Reaktion**).

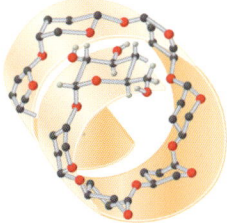

Helixstruktur der Amylose
Aus: Bruice, P. Y. (2007)

Iod-Stärke-Reaktion
© Thomas Seilnacht, Bern, Schweiz, www.seilnacht.com

Der überwiegende Teil der Stärke besteht aber nicht aus Amylose, sondern aus dem wasserunlöslichen **Amylopektin**. Dieses setzt sich wie die Amylose ebenfalls aus Ketten α-1,4-verknüpfter Glucoseeinheiten zusammen. Alle 25 bis 30 Glucoseeinheiten ist ein weiteres Molekül α-D-Glucose α-1,6-glycosidisch verknüpft. Dadurch entsteht eine Verzweigung. Amylopektin ist ein **verzweigtes Polysaccharid**, das bis zu eine Million Glucoseeinheiten pro Molekül enthalten kann. Amylopektin gehört damit zu einem der größten in der Natur vorkommenden Moleküle überhaupt. Andere Polysaccharide wie das Peptidoglycan der bakteriellen Zellwand oder das Lignin in den Zellwänden verholzter Pflanzen sind sogar noch größer.

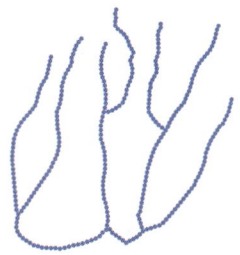

Amylopektin
Nach: Bruice, P. Y. (2007)

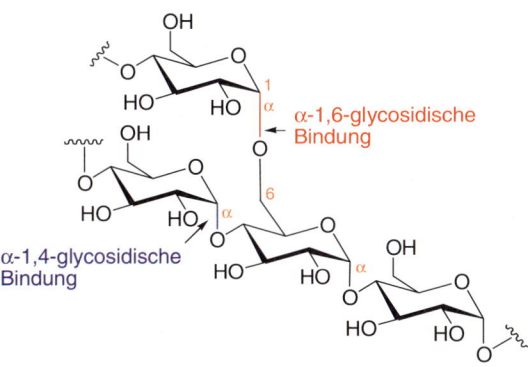

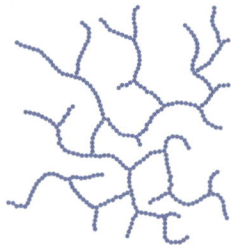

Glycogen
Nach: Bruice, P. Y. (2007)

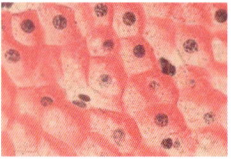

Glycogen (rot) in Leberzellen
© Andrei Gunin, MD, PhD, DrSci, Professor, Department of Obstetrics and Gynecology, Medical School Chuvash State University, Cheboksary, Russia

Menschen und Tiere verwenden nicht Stärke als Reservekohlenhydrat, sondern das sehr ähnlich aufgebaute **Glycogen**. Es dient vor allem in der Leber und in den Muskeln dazu, Glucose zu speichern und bei Bedarf wieder freizusetzen. Glycogen enthält bis zu einigen Hunderttausend Glucosemoleküle. Es hat eine Struktur wie das Amylopektin, weist aber bereits etwa alle 10 Glucoseeinheiten eine zusätzliche α-1,6-glycosidische Verknüpfung auf und ist damit deutlich stärker verzweigt als das Amylopektin. Dieser hohe Verzweigungsgrad ist wichtig, um bei Bedarf schnell Energie bereitstellen zu können. Die Freisetzung der Glucose durch enzymatische Hydrolyse erfolgt von den Kettenenden her durch Spaltung der glycosidischen Bindungen. Dabei wird α-D-Glucopyranose-1-phosphat freigesetzt, das dann in die Glycolyse eingeschleust und dort unter Energiefreisetzung oxidativ verstoffwechselt wird. Je mehr Verzweigungen vorliegen, desto mehr Kettenenden liegen bei gleicher Größe des Polysaccharids vor. Pro Zeiteinheit können damit mehr Glucosemoleküle freigesetzt werden. Pflanzen haben nicht diesen Bedarf einer schnellen Bereitstellung von Energie (Flucht- und Angriffsverhalten) und kommen daher mit dem weniger stark verzweigten Amylopektin aus.

AUS DER MEDIZINISCHEN PRAXIS:
Kohlenhydrat-Mimetika (Pseudosaccharide) und Kohlenhydrat-Derivate als Arzneistoffe

Acarbose – ein Pseudotetrasaccharid zur unterstützenden Behandlung von Diabetes

Acarbose (Glucobay®) ist ein orales Antidiabetikum, das zur Zusatzbehandlung von Typ-2-Diabetes eingesetzt wird. Es inhibiert im Dünndarm eine α-Glucosidase, die mit der Nahrung aufgenommene Polysaccharide in Glucose und andere Monosaccharide spaltet. Acarbose bindet ebenfalls an das Enzym. Da zwischen den beiden ersten Ringen aber keine Glycosidbindung vorliegt (daher der Name Pseudotetrasaccharid), kann diese Bindung durch das Enzym nicht gespalten werden. Das Enzym wird reversibel inhibiert. Der Kohlenhydratabbau wird dadurch verlangsamt, sodass weniger Glucose ins Blut aufgenommen wird. Entsprechend steigt zum Beispiel nach einer Mahlzeit der Blutzuckerspiegel nicht so stark an, Blutzuckerschwankungen werden verringert. Die nicht abgebauten Polysaccharide werden dann im Dickdarm durch Bakterien fermentiert, was zur Freisetzung unter anderem von Kohlendioxid führt. Typische Nebenwirkungen von Acarbose sind daher Blähungen, Darmgeräusche und Durchfall.

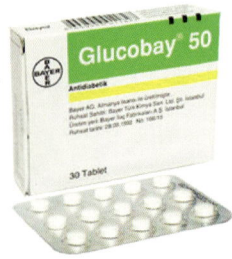

Glucobay® 50
© Bayer Vital GmbH, Leverkusen

Acarbose

Gliflozine – orale Therapie zur Behandlung von Typ-1-Diabetes – eine kleine Revolution

Gliflozine sind sog. SGLT-2-Hemmer. Sie hemmen den *Sodium Glucose Linked Transporter 2* oder auch den SGLT-1. Letztere befinden sich in der Darmwand und sind dort für etwa 10 Prozent der Rückresorption von Glucose verantwortlich. Der größte Teil der Glucose (90 Prozent) wird aber im proximalen Tubulus der Niere durch den Transporter SGLT-2 im Körper zurückgehalten. Gliflozine binden aufgrund ihrer Strukturähnlichkeit mit Glucose reversibel an den Transporter und blockieren diesen für Glucose. Je nach Gliflozin besteht eine Selektivität für SGLT-2 (Dapagliflozin, Empagliflozin) oder es handelt sich um einen dualen SGLT-1/2-Inhibitor (Sotagliflozin). Durch die Hemmung der Rückresorption wird Glucose vermehrt ausgeschieden, es kommt zu einer Gewichtsreduktion, der Blutzuckerspiegel und der HbA1c-Wert sinken. **Und zwar unabhängig von Insulin!** Daher können diese Hemmstoffe, die zunächst nur bei Typ-2-Diabetes zugelassen waren, auch als orale Zusatzmedikation bei Typ-1-Diabetikern eingesetzt werden, so zum Beispiel Sotagliflozin. Die Arzneistoffe können aber auch einige Nebenwirkungen haben (zum Beispiel Gefahr einer Hypoglycämie oder diabetischen Ketoacidose) und ein Hinweis für die Patienten ist wichtig: Es kommt durch die Hemmung der Rückresorption natürlich zu einer **Glucosurie** und damit steigt die Gefahr für Genital- und Harnwegsinfektionen.

Die Arzneistoffe enthalten Glucose, die „C-glycosidisch" (das heißt, das C_1-Atom der Glucose ist nicht wie in *O*-Glycosiden an ein Sauerstoff-Atom, sondern an ein C-Atom gebunden) mit einem aromatischen Rest verknüpft ist.

Dapagliflozin

Sotagliflozin

HbA1c ist übrigens der Wert für eine bestimmte Fraktion des **glycierten Hämoglobins** (Hb), das durch chemische Reaktion von Aminosäuren des Hb mit Zuckern entsteht. Das Ausmaß der Reaktion hängt von der Glucosekonzentration im Blut ab. HbA1c wird auch als sog. „**Blutzuckergedächtnis**" bezeichnet. Das A steht dabei für „adult" und die 1 bedeutet, dass ein Zuckerrest kovalent über eine N-glycosidische Bindung an Hb gebunden ist. Handelt es sich bei dem Zucker um Glucose und ist diese mit dem N-terminalen Valin der β-Kette des Hämoglobins verknüpft, spricht man von HbA1c. Mit einem Anteil von 80 Prozent ist es die Hauptfraktion der glycierten Hämoglobine (**Glycohämoglobine**). Während der Blutglucosespiegel eine Momentaufnahme ist, beschreibt der HbA1c (gemessen in Prozent oder mmol/mol Hb), wie hoch der Blutzucker in den letzten 8 bis 12

Wochen war. Er sollte bei einem gut eingestellten Diabetiker zwischen 6,5 Prozent (= 48 mmol/mol Hb) und 8,5 Prozent (69 mmol/mol Hb) liegen.

$$HbA_{1c}\,[\%] = HbA_{1c}\,[mmol/mol\,Hb] \cdot 0{,}0915 + 2{,}15$$

$$HbA_{1c}\,[mmol/mol\,Hb] = (HbA_{1c}\,[\%] - 2{,}15) \cdot 10{,}929$$

Cellulosefibrillen einer pflanzlichen Zellwand
Aus: Bruice, P. Y. (2007)

Als struktureller Baustein in allen höheren Pflanzen findet sich die **Cellulose**, ein lineares Polymer, das ausschließlich aus β-1,4-glycosidisch verknüpften β-D-Glucoseeinheiten aufgebaut ist. Baumwolle ist nahezu reine Cellulose. Holz besteht etwa zur Hälfte aus Cellulose. Cellulose ist wesentlich beständiger als die Reservekohlenhydrate Stärke und Glycogen und kann von Menschen nicht verstoffwechselt und damit nicht als Energiequelle genutzt werden. Wiederkäuende Pflanzenfresser wie beispielsweise Kühe haben in ihren Mägen symbiotisch lebende Bakterien, die die Cellulose zu Glucose abbauen, die dann beim Wiederkäuen von den Tieren als Energiequelle genutzt werden kann.

Garnelenschalen: eine wichtige Chitinquelle
© Alaska Fisheries Science Center of the United States, National Oceanic and Atmospheric Administration, United States Department of Commerce, USA

Das analoge Polysaccharid mit N-Acetyl-D-glucosamin anstelle von D-Glucose ist das **Chitin**. Es ist Hauptbestandteil der Zellwand von Pilzen und des Exoskeletts von Arthropoden (Gliederfüßlern), also zum Beispiel der Schalen von Muscheln und Krebstieren. Durch teilweise Deacetylierung (durch Esterhydrolyse mittels Kalilauge oder durch das Enzym Chitin-Deacylase) erhält man **Chitosan**. Es besitzt fettbindende, absorbierende und blutstillende Eigenschaften und wird daher in Medizinprodukten und Wundauflagen verwendet. Ebenso wird es als Zusatz zu Zahnpasta oder Papier eingesetzt oder in der Getränkeindustrie als Fällungsmittel zur Entfernung von Trübungen.

AUS DER MEDIZINISCHEN PRAXIS

Heteroglycane

Im Unterschied zu den Homoglycanen bestehen Heteroglycane aus unterschiedlichen Monosacchariden. Sie kommen als reine Polysaccharide vor wie die Glycosaminglycane oder gebunden an Proteine (Proteoglycane), Peptide (Peptidoglycane) oder Lipide (Glycolipide).

Glycosaminglycane sind unverzweigte Heteroglycane, die unter anderem Aminozucker enthalten. Zu ihnen gehören zum Beispiel Heparin, das ein wichtiger Hemmstoff der Blutgerinnung ist, und die Hyaluronsäure, wichtiger Bestandteil des Bindegewebes, des Glaskörpers des Auges, der Gelenkflüssigkeit und der Bandscheiben. **Hyaluronsäure** besteht aus sich wiederholenden Disaccharideinheiten aus D-Glucuronsäure und N-Acetyl-D-glucosamin, die β-1,3-glycosidisch verknüpft sind. Eine Kette besteht aus bis zu 50 000 dieser Disaccharideinheiten, die miteinander β-1,4-glycosidisch verbunden sind. Wegen der zahlreichen Säuregruppen der Glucuronsäurebausteine ist Hyaluronsäure unter physiologischen Bedingungen ein Polyanion und besitzt ein gutes Quellvermögen. Die Lösungen sind viskoelastisch und dienen als Gelenkschmiere bzw. „Stoßdämpfer" der Gelenke.

Hyaluronsäure

Im **Heparin** wechselt sich eine Uronsäure (D-Glucuronsäure oder L-Iduronsäure) mit D-Glucosamin (manchmal auch D-Galactosamin) ab. Die Verknüpfung kann α- oder β-1,4-glycosidisch sein. Die Zucker sind zusätzlich am Stickstoff und an der C^6-OH-Gruppe des Glucosamins (Galactosamins) sowie an der C^2-OH-Gruppe der Uronsäuren sulfatiert. Die Zusammensetzung und der Sulfatierungsgrad können variieren. Einige der Glucosaminbausteine können anstatt sulfatiert auch N-acetyliert sein. Natürlich vorkommendes Heparin ist somit ein Gemisch verschiedener Glycosaminglycane. Es sind ebenfalls Polyanionen, die drei verschiedene saure Funktionen enthalten: die Carboxylatgruppen der Uronsäuren, die Monoamide der Schwefelsäure und die Schwefelsäurehalbester. Heparine sind Gerinnungshemmer. Sie binden an Antithrombin III, den endogenen Inhibitor der Gerinnungsfaktoren, und beschleunigen dadurch die Inaktivierung der Gerinnungsfaktoren. Das vollsynthetische Pentasaccharid Fondaparinux (Arixtra®) enthält die aktive Heparin-Partialstruktur. Es besitzt die höchste Affinität zu Antithrombin und hemmt selektiv den Gerinnungsfaktor Xa.

Fondaparinux

Zu den **Proteoglycanen** gehören Heteroglycane aus sich wiederholenden Disaccharideinheiten, die an ein Protein gebunden sind. Sie sind wichtige Bestandteile der extrazellulären Matrix. Die Dissacharideinheiten bestehen wiederum aus sich abwechselnden sulfatierten Aminozuckern und Uronsäuren. **Chondroitinsulfat** enthält *D*-Galactosamin- und *L*-Iduronsäure-Bausteine (bzw. *D*-Glucuronsäure) und kommt im Knorpelgewebe vor. **Peptidoglycane** sind am Aufbau der bakteriellen Zellwand beteiligt. Sie bestehen aus einem unverzweigten Glycosaminglycan mit einem sich wiederholenden Disaccharid aus *N*-Acetyl-*D*-Glucosamin und *N*-Acetyl-Muraminsäure. An die Muraminsäure sind Peptide aus vier bis fünf Aminosäuren gebunden, über die die Polysaccharidketten quervernetzt werden (▶ Kapitel 12.8), was die mechanische Stabilität der Bakterienzellwand erhöht.

Gefälschtes Heparin

2008 verursachte gefälschtes Heparin aus China den Tod von mehr als 80 Menschen und verursachte hunderte schwerwiegende Erkrankungen durch schwere allergische Reaktionen. Heparin wurde mit **übersulfatiertem Chondroitinsulfat** (**OSCS,** *over sulfated chondroitin sulfate*) gestreckt, das nur mit speziellen Analysemethoden entdeckt werden konnte und dem man erst nach intensiver Detektivarbeit unter anderem mit der NMR-Spektroskopie auf die Spur kam.

Während Chondroitinsulfat ein im Körper häufig vorkommender natürlicher Bestandteil von zum Beispiel Knorpeln und Knochen ist, kommt OSCS hingegen nicht in der Natur vor, sondern wird partialsynthetisch durch Sulfatierung von Chondroitinsulfat hergestellt. Von Bedeutung ist, dass Chondroitinsulfat etwa 200-mal preiswerter als Heparin ist. Die Kontamination von Heparin mit OSCS gilt als einer der größten Arzneimittelskandale der letzten Jahre. Denn es war eine Arzneimittelfälschung in hochkrimineller Absicht. Die neu entwickelte Analytik mittels NMR-Spektroskopie hat dann auch Eingang in die im Europäischen Arzneibuch vorgeschriebene Analytik gefunden.

12.8 Polysaccharide

α-D-Glucosamin
α-D-GlcN2,6S

α-L-Iduronsäure
α-L-Ido2S

Heparin

β-D-Galactosamin
β-D-GalpNAc

β-D-Glucoronsäure
β-D-GlcpA

übersulfatiertes Chondroitinsulfat (OSCS)

EXKURS

Lipopolysaccharide

Lipopolysaccharide (LPS) sind Verbindungen aus **Kohlenhydrat- und Lipideinheiten**. Besondere medizinische Relevanz besitzen sie als Bausteine der äußeren Membran von **gramnegativen Bakterien**. Sie dienen der serologischen Charakterisierung der Bakterien. Für das Immunsystem sind die LPS Antigene. Zerfallen die Bakterien, werden Teile davon frei und wirken als sogenannte **Endotoxine** toxisch.

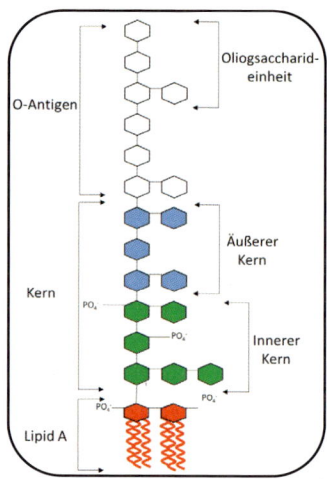
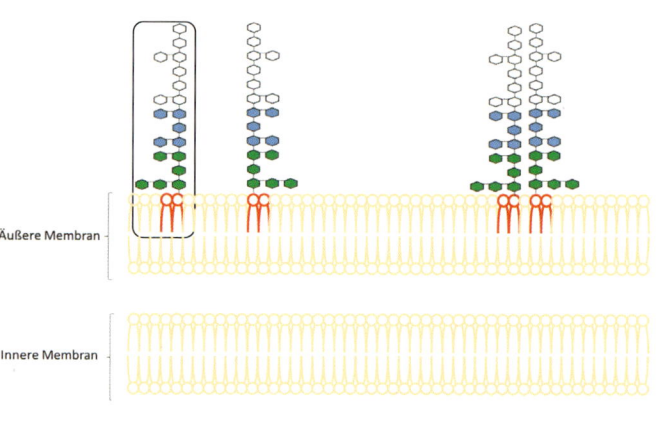

ZUSAMMENFASSUNG

Im vorliegenden Kapitel haben wir Folgendes über die Verbindungsklasse der Kohlenhydrate, ihre chemischen Reaktionen und Eigenschaften gelernt:

- Kohlenhydrate (Saccharide) sind Polyhydroxycarbonylverbindungen oder deren Derivate. Sie unterteilen sich in Aldosen (besitzen eine Aldehydgruppe) und Ketosen (besitzen eine Ketogruppe). Aldosen und Ketosen (mit gleicher Anzahl an C-Atomen) sind Konstitutionsisomere.
- Die wichtigsten Monosaccharide bezeichnet man nach Anzahl der C-Atome als Triosen (3), Tetrosen (4), Pentosen (5) und Hexosen (6). Bei n Kohlenstoffatomen besitzen Aldosen $(n-2)$-Stereozentren ($\rightarrow (n-2)^2$ Stereoisomere), Ketosen besitzen nur $(n-3)$-Stereozentren ($\rightarrow (n-3)^2$ Stereoisomere). Die meisten natürlich vorkommenden Zucker sind D-Formen (Fischer-Projektion). Diastereomere, deren Konfiguration sich nur an einem Kohlenstoffzentrum unterscheidet, nennt man Epimere.
- Das wichtigste Monosaccharid ist D-Glucose. Die Abfolge der OH-Gruppen der Stereozentren in der Fischer-Projektion ist rechts, links, rechts, rechts (Ta-Tü-Ta-Ta). Zwei weitere wichtige

Hexosen sind Epimere der *D*-Glucose: die *D*-Mannose (epimer an C^2) und die *D*-Galactose (epimer an C^4). *D*-Fructose, die wichtigste Ketohexose, besitzt an den Stereozentren C^3, C^4 und C^5 die gleichen absoluten Konfigurationen wie die *D*-Glucose.

- Monosaccharide weisen die chemischen Eigenschaften von Alkoholen und Carbonylverbindungen auf. Die Carbonylgruppe kann reduziert (→ Zuckeralkohole) oder bei den Aldosen oxidiert werden (→ Aldonsäuren). Die reduzierenden Eigenschaften der Carbonylverbindungen werden zum Zuckernachweis (Fehling'sche Lösung, Tollens-Reagenz) genutzt.
- Bei der Reduktion einer Alkoholgruppe eines Zuckers entstehen Desoxyzucker.
- In wässriger Lösung liegen Pentosen und Hexosen in Form cyclischer Halbacetale als Fünfring (Furanosen) oder Sechsring (Pyranosen) vor. Bei der Ringbildung entsteht aus der Carbonylgruppe ein neues Stereozentrum (anomeres C-Atom). Die beiden Diastereomere nennt man α- und β-Anomere. Die Haworth-Formel ist eine vereinfachte Darstellung der cyclischen Halbacetale.
- Bei der Reaktion der Halbacetale cyclischer Zucker mit einem Nucleophil entstehen Glycoside (Alkohol → Vollacetal, *O*-Glycosid; Amin → *O,N*-Acetal, *N*-Glycosid). Erfolgt die Glycosidbildung mit einer OH-Gruppe eines weiteren Monosaccharids, so entstehen Disaccharide. Reagieren hierbei die beiden anomeren Zentren der Zucker, so entsteht ein nichtreduzierendes Disaccharid (zum Beispiel die Saccharose), ansonsten entsteht ein reduzierendes Disaccharid (zum Beispiel Maltose).
- In Polysacchariden sind viele gleiche (Homoglycane) oder verschiedene (Heteroglycane) Monosaccharidbausteine durch glycosidische Bindungen verknüpft. Die wichtigsten Homoglycane sind die aus α-*D*-Glucosemolekülen bestehenden Verbindungen Stärke, Amylose oder Amylopektin und die aus β-*D*-Glucosemolekülen bestehende Cellulose.

Übungsaufgaben

1 Welche Aussagen zu Sorbitol sind korrekt?
a) Es handelt sich um einen Zuckeralkohol.
b) Es entsteht aus Glucose durch Oxidation.
c) Es entsteht aus Glucose durch Reduktion.
d) Es entsteht aus Glucose durch Addition von Wasser.
e) Es besitzt fünf Stereozentren.
f) Es ist zu Mannitol diastereomer/epimer/enantiomer/anomer.
g) Es wird im Organismus aus Glucose synthetisiert.
h) Es kann ein cyclisches Halbacetal bilden.
i) Es ist ein hydrophiles Molekül.

2 Welche Aussagen zu folgenden beiden Monosacchariden sind korrekt?

a) Es handelt sich um α- und β-D-Mannose.
b) Es sind cyclische Vollacetale.
c) Sie sind zueinander konstitutionsisomer.
d) Es handelt sich um Pyranosen/Furanosen/Ribosen.
e) Sie sind zueinander epimer/enantiomer/diastereomer.

3 Welche Aussagen zur Ascorbinsäure sind korrekt?
a) Ascorbinsäure und Dehydroascorbinsäure sind Tautomere.
b) Ascorbinsäure ist ein Pyranose-/Furanose-Derivat.
c) Ascorbinsäure wird zu Dehydroascorbinsäure reduziert.
d) Ascorbinsäure wird an der primären OH-Gruppe deprotoniert (pK_s ca. 4,2).
e) Ascorbinsäure entsteht in Pflanzen aus D-Glucose.
f) Es handelt sich nach Fischer um die L-Form.
g) Es gibt insgesamt vier Stereoisomere.

4 Welche Aussagen zur Lactose/Maltose sind korrekt?
a) Lactose/Maltose enthält α-D-Galactose.
b) Es sind Monosaccharide und Furanosen/Pyranosen.
c) Es sind 1,2-/1,4-/1,6-verknüpfte Disaccharide.
d) Lactose enthält Glucose/Mannose/Galactose/Fructose.
e) Lactose/Maltose ist ein reduzierender Zucker.
f) Maltose entsteht bei der Hydrolyse von Amylose.
g) Maltose/Lactose enthält eine halbacetalische Funktion.
h) Lactose/Maltose ist Bestandteil der Stärke.

5 Glucose-6-Phosphat und Fructose-6-Phosphat sind:
Diastereomere/Enantiomere/Konstitutionsisomere/Tautomere/Epimere/Enantiomere

6 Was führt zur Änderung der spezifischen Drehung nach Herstellung einer wässrigen Lösung von α-D-Glucose (Mutarotation)?
a) Glucose wird zu Gluconsäure oxidiert.
b) Glucose wird zu Glucuronsäure oxidiert.
c) Die Änderung ergibt sich aus dem ausschließlichen Vorliegen der offenkettigen Form.
d) Glucose wird zu Gycerinaldehyd und Dihydroxyaceton hydrolysiert.
e) Es stellt sich ein Gleichgewicht zwischen der α- und β-D-Glucose ein.
f) Es stellt sich ein Gleichgewicht zwischen den beiden Sesselkonformationen $^1C_4$ und $^4C_1$ ein.
g) Es stellt sich ein Gleichgewicht zwischen der Furanose- und Pyranose-Form ein.

7 Die Determinanten der Blutgruppenantigene A und B sind:
Peptide/Oligosaccharide/Phosphopeptide/Cholesterolester

Die Lösungen zu den Übungsaufgaben finden Sie im Anhang. Die ausführlichen Lösungen zu diesem Buchkapitel finden Sie auf der Website zum Buch unter http://www.pearson.de. Sie finden dort auch ein Bonuskapitel »Mathematische Grundlagen« sowie ergänzende Tabellen.

Aminosäuren, Peptide und Proteine

13

13.1	Aminosäuren, Peptide und Proteine	615
13.2	Aufbau und Klassifizierung von Aminosäuren	616
13.3	Konfiguration der Aminosäuren	619
13.4	Säure-Base-Eigenschaften der Aminosäuren	620
13.5	Der isoelektrische Punkt IEP	624
13.6	Chemische Reaktionen mit Aminosäuren: Schutzgruppen	628
13.7	Peptide	629
13.8	Proteine	643
13.9	Enzyme	656

■ **FALLBEISPIEL** Hämophilie

1915, so erzählt man sich, wollte der Zar Nikolaus II. seinen damals elfjährigen Sohn Alexej mit zu einer Besichtigung an die Kriegsfront nehmen. Bei der Abfahrt des Zuges, als der Zug anruckte, schlug der Junge mit dem Gesicht an die Scheibe. Sofort strömte Blut aus der Nase und eine ganze Schar Ärzte versuchte vergeblich, die Blutung zu stillen. Dies gelang dann Rasputin, der schon bei früheren Verletzungen des Zarewitschs dessen Blutungen durch Gebete und gutes Zureden zum Stillstand gebracht hatte und nicht zuletzt deswegen eine große Machtposition am Zarenhof innehatte. Das Leben Alexejs, der 1918 zusammen mit der restlichen Zarenfamilie erschossen wurde, war ein Leben lang geprägt von vielen Verletzungen und inneren Blutungen, verbunden mit vielen Schmerzen.

Erklärung

Wir wissen nicht, warum die Gebete des „Wunderheilers" Rasputin heilsam waren. Was aber heute und auch damals schon klar war: Alexej litt an der Bluterkrankheit, genauer an Hämophilie B, einer Erbkrankheit, die bis auf seine Urgroßmutter, die britische Königin Victoria, zurückzuführen ist. Hämophilie B ist ein X-chromosomal-rezessiv vererbter Mangel an Faktor IX (Christmas-Faktor, antihämophiles Globulin B), einem der Faktoren der Blutgerinnungskaskade. Faktor IX ist, wie einige andere Faktoren der Kaskade auch, eine Protease (also ein eiweißspaltendes Enzym), die selbst durch den Faktor XIa durch Hydrolyse der Proform aktiviert wird (zu IXa) und dann als aktive Protease den Faktor X zu Xa aktiviert. In Deutschland gibt es schätzungsweise 6000 Hämophilie-Patienten. Darunter fallen neben der Hämophilie B auch die häufiger vorkommende Hämophilie A (Fehlen des Faktors VIII, der in aktivierter Form VIIIa ebenfalls Faktor X aktiviert) und andere sehr selten vorkommende Blutgerinnungsstörungen. Die Prävalenz beträgt ca. 1 : 5000 (männliche Neugeborene) bei Hämophilie A. Sie ist bei der Hämophilie B fünf- bis sechsmal geringer (1 : 25 000 bis 1 : 30 000).

Man versuchte früher, mit allen möglichen mehr oder weniger sinnvollen Maßnahmen den Patienten das Leben zu erleichtern, Hypnose (wie die von Rasputin), um die Patienten ruhigzustellen, Eiskühlungen, Sauerstoffinhalation. Eine Verbesserung brachten in den 1930er-Jahren Bluttransfusionen, die bis Mitte des vorigen Jahrhunderts das einzige Mittel waren, um die Patienten vor dem Verbluten zu retten. In den späten 1960er-Jahren kamen dann die ersten aus menschlichem Blutplasma hergestellten Gerinnungsfaktoren auf den Markt. Einen Rückschlag gab es in den 1980er-Jahren, als sich viele Hämophilie-Patienten über Plasmapräparate mit HIV und anderen Viren (zum Beispiel Hepatitis-Viren) infizierten. Alleine in Deutschland waren ca. 43 Prozent der Hämophilie-Patienten betroffen. Hämophilie A und B (und ebenso andere erblich bedingte Störungen der Blutgerinnung) werden seit Anfang/Mitte der 1990er-Jahre mit rekombinanten, also mittels gentechnisch veränderter Mikroorganismen hergestellten Faktoren behandelt. Hinzugekommen sind rekombinante Proteine mit verlängerter Halbwertszeit, sog. FVIII-EHL- und FIX-EHL-Konzentrate, EHL = *extended half life*).

Derzeit sind für Hämophilie B mehrere Präparate zugelassen, zum Beispiel Eftrenonagoc alfa (Alprolix®), Albutrepenonacog alfa (Idelvion®) und Nonacog beta pegol (Refixia®). Die verlängerte Halbwertzeit solcher Präparate resultiert aus einer Pegylierung (das heißt, an die Proteine sind Polyethylenglycol-Ketten angeknüpft) oder einer Fusion mit Albumin oder einem Teil eines Immunglobulins. Einige Patienten entwickeln sogenannte Hemmkörper (auch Inhibitoren genannt, eine komplexe multifaktorielle Immunreaktion) gegen diese Faktoren, sodass diese nicht mehr wirken. Bei Hämophilie A kommt dann ein bispezifischer monoklonaler Antikörper (Emicizumab) zum Einsatz, der an Faktor IXa und X bindet, dadurch Faktor X zu Xa aktiviert und damit die Funktion des fehlenden Faktors VIII nachahmt, also ein Faktor-VIII-Mimetikum. Für Hämophilie A und B befinden sich auch Gentherapien in klinischen Studien, zum Beispiel Valoctogen roxaparvovec (Roctivan™) bei Hämophilie A und Etranacogene dezaparvovec bei Hämophilie B.

LERNZIELE

Das Fallbeispiel zeigt, dass Proteine nicht nur zentral sind für eine Vielzahl unterschiedlicher physiologischer Prozesse und dass ihre Fehlfunktionen schwerwiegende Erkrankungen zur Folge haben können, sondern dass sie auch als Arzneistoffe eingesetzt werden. Heutzutage werden Proteine wie die genannten Blutgerinnungsfaktoren und die monoklonalen Antikörper, die man zu den sog. Biologika zählt und die zwischenzeitlich einen immer größeren Raum in der Therapie von Erkrankungen einnehmen, meist gentechnisch hergestellt. Um den Aufbau und das Verhalten von Proteinen zu verstehen, müssen wir daher lernen,

- welche Aminosäuren für den menschlichen Organismus wichtig sind,
- wie Aminosäuren chemisch reagieren und wie man ihre Säure-Base-Eigenschaften zu ihrer Analyse und Trennung verwenden kann,
- wie man aus Aminosäuren durch Kondensationsreaktionen mit Kupplungsreagenzien Peptide und Proteine synthetisieren kann und welche Schutzgruppen man bei der Synthese verwendet,
- wie Stabilität und Starrheit der bei der Kondensation entstehenden Peptidbindung die Eigenschaften der Peptide und Proteine maßgeblich beeinflussen,
- welche Wechselwirkungen den dreidimensionalen Aufbau von Peptiden und Proteinen bestimmen,
- wie Proteine als Enzyme chemische Reaktionen im Organismus katalysieren.

13.1 Aminosäuren, Peptide und Proteine

Die zweite große Gruppe von Biomolekülen, die wir besprechen wollen, sind die **Peptide** und die **Proteine**. Es handelt sich um lineare Oligomere bzw. Polymere, die aus einzelnen **Aminosäuren** aufgebaut sind, die über **Amidbindungen** (auch **Peptidbindung** genannt) miteinander verknüpft sind. Der chemische Aufbau der Peptide und Proteine ist einfacher als bei den Kohlenhydraten.

13.2 Aufbau und Klassifizierung von Aminosäuren

Wenn man allgemein von Aminosäuren spricht, meint man meistens die am Aufbau der Proteine beteiligten **proteinogenen** (= proteinbildenden) **α-Aminosäuren**. Diese besitzen alle den gleichen Aufbau: Am α-C-Atom sind neben einer Carboxylat- und einer Ammoniumgruppe noch ein H-Atom und ein variabler **organischer Rest R** gebunden, den man auch als **Seitenkette** bezeichnet. Die einzelnen Aminosäuren unterscheiden sich also nur in dieser Seitenkette R. Alle Aminosäuren außer Prolin weisen eine primäre Aminogruppe auf, Prolin besitzt hingegen eine sekundäre Aminogruppe. Es gibt insgesamt 20 proteinogene Standardaminosäuren, die mit Trivialnamen bezeichnet werden (▶ Tabelle 13.1). Für jede Aminosäure existiert zudem eine Abkürzung, die entweder aus einem einzigen Großbuchstaben oder aus einem Dreibuchstabencode besteht. Für eine nicht näher spezifizierte Aminosäure schreibt man Xaa (oder X). Je nach Art der Seitenkette R haben die verschiedenen Aminosäuren sehr unterschiedliche chemische Eigenschaften. Man unterscheidet dabei:

- Aminosäuren mit **unpolaren Seitenketten**, also mit entweder aliphatischen (Glycin, Alanin, Leucin, Valin, Isoleucin, Methionin, Prolin) oder aromatischen Resten (Phenylalanin, Tryptophan, Tyrosin, Histidin).
- Aminosäuren mit **polaren, ungeladenen Seitenketten**, also mit OH-Gruppe (Serin, Threonin), SH-Gruppe (Cystein) oder Carboxamidgruppe (Asparagin, Glutamin)
- Aminosäuren mit **polaren**, unter physiologischen Bedingungen **geladenen Seitenketten**, also mit sauren (Asparaginsäure, Glutaminsäure) oder mit basischen Resten (Lysin, Arginin)

Aminosäure Abkürzung	Formel	pK_{s1} α-CO$_2$H	pK_{s2} α-NH$_3^+$	pK_s Seitenkette	IEP
Alanin Ala, A	H$_3$C–CH(NH$_3^+$)–C(=O)–O$^-$	2,3	9,9	–	6,1

13.2 Aufbau und Klassifizierung von Aminosäuren

Aminosäure Abkürzung	Formel	pK_{s1} α-CO_2H	pK_{s2} α-NH_3^+	pK_s Seitenkette	IEP
Arginin Arg, R	$H_2N^+=C(NH_2)-NH-CH_2-CH_2-CH_2-CH(NH_3^+)-C(=O)-O^-$	2,0	9,0	12,5	10,8
Asparagin Asn, N	$H_2N-C(=O)-CH_2-CH(NH_3^+)-C(=O)-O^-$	2,0	8,8	–	5,4
Asparaginsäure (Aspartat) Asp, D	$^-O_2C-CH_2-CH(NH_3^+)-C(=O)-O^-$	2,1	9,8	3,9	3,0
Cystein Cys, C	$HS-CH_2-CH(NH_3^+)-C(=O)-O^-$	1,7	10,8	8,3	5,0
Glutamin Gln, Q	$H_2N-C(=O)-CH_2-CH_2-CH(NH_3^+)-C(=O)-O^-$	2,2	9,1	–	5,7
Glutaminsäure (Glutamat) Glu, E	$^-O_2C-CH_2-CH_2-CH(NH_3^+)-C(=O)-O^-$	2,1	9,5	4,1	3,1
Glycin Gly, G	$H-CH(NH_3^+)-C(=O)-O^-$	2,4	9,8	–	6,1
Histidin His, H	Imidazol-$CH_2-CH(NH_3^+)-C(=O)-O^-$	1,8	9,2	6,1	7,6
Isoleucin Ile; I	$H_3C-CH_2-CH(CH_3)-CH(NH_3^+)-C(=O)-O^-$	2,3	9,8	–	6,0
Leucin Leu, L	$H_3C-CH(CH_3)-CH_2-CH(NH_3^+)-C(=O)-O^-$	2,3	9,8	–	6,0
Lysin Lys, K	$H_3N^+-CH_2-CH_2-CH_2-CH_2-CH(NH_3^+)-C(=O)-O^-$	2,2	9,0	10,5	9,7

13 Aminosäuren, Peptide und Proteine

Amino-säure Abkürzung	Formel	pK_{s1} α-CO_2H	pK_{s2} α-NH_3^+	pK_s Seiten-kette	IEP
Methionin Met, M	$H_3C\text{-}S\text{-}CH_2\text{-}CH_2\text{-}CH(NH_3^+)\text{-}C(=O)\text{-}O^-$	2,3	9,2	–	5,7
Phenylalanin Phe, F	$C_6H_5\text{-}CH_2\text{-}CH(NH_3^+)\text{-}C(=O)\text{-}O^-$	2,6	9,2	–	5,9
Prolin Pro, P	(Pyrrolidin-Ring mit NH_2^+ und COO^-)	2,0	10,6	–	6,3
Serin Ser, S	$HO\text{-}CH_2\text{-}CH(NH_3^+)\text{-}C(=O)\text{-}O^-$	2,2	9,2	–	5,7
Threonin Thr, T	$H_3C\text{-}CH(OH)\text{-}CH(NH_3^+)\text{-}C(=O)\text{-}O^-$	2,2	9,1	–	5,7
Tryptophan Trp, W	Indol-$CH_2\text{-}CH(NH_3^+)\text{-}C(=O)\text{-}O^-$	2,4	9,4	–	5,9
Tyrosin Tyr, Y	$HO\text{-}C_6H_4\text{-}CH_2\text{-}CH(NH_3^+)\text{-}C(=O)\text{-}O^-$	2,2	9,1	10,1	5,6
Valin Val, V	$H_3C\text{-}CH(CH_3)\text{-}CH(NH_3^+)\text{-}C(=O)\text{-}O^-$	2,3	9,7	–	6,0

Tabelle 13.1: Die 20 proteinogenen Standardaminosäuren, ihre pK_s-Werte und die isoelektrischen Punkte (nach Handbook of Chemistry and Physics, 54th edition).

$HSe\text{-}CH_2\text{-}CH(NH_3^+)\text{-}C(=O)\text{-}O^-$

Selenocystein

1980 wurde eine weitere proteinogene Aminosäure gefunden, das **Seleno-cystein** (Sec, U). Dieses unterscheidet sich aber von den anderen 20 **Standardaminosäuren**, da es nicht direkt genetisch codiert ist (▶ Kapitel 14.7), sondern erst während der Proteinbiosynthese aus Serin gebildet wird.

Der Mensch kann von den 20 proteinogenen Standardaminosäuren nur zehn selbst herstellen, die anderen zehn sind essenziell, das heißt, sie müssen mit der Nahrung in ausreichenden Mengen aufgenommen werden. Sie werden aus dem Abbau der Proteine in der Nahrung durch Hydrolyse freigesetzt und können dann vom Menschen als Bausteine für seine eigenen Proteinsynthesen verwendet werden. Ein Mangel an diesen essenziellen Aminosäuren kann zu schweren gesundheitlichen

Komplikationen führen. So muss zum Beispiel Phenylalanin mit der Nahrung zugeführt werden, da der Mensch nicht in der Lage ist, aromatische Benzenringe (früher Benzolringe) zu synthetisieren. Tyrosin (das entsprechende Phenolderivat des Phenylalanins) kann dann im Körper aus Phenylalanin durch Oxidation mit einem Cytochrom-P450-Enzym hergestellt werden und wird daher als nichtessenzielle Aminosäure angesehen, obwohl seine Synthese von der ausreichenden Zufuhr von Phenylalanin abhängt. Die anderen nichtessenziellen Aminosäuren können hingegen ausgehend von Ketonkörpern wie Phosphoglycerat oder Oxalacetat hergestellt werden. Arginin ist nur bei Heranwachsenden essenziell, beim Erwachsenen dagegen nicht mehr. Dies liegt daran, dass der Mensch Arginin durchaus selbst herstellen kann, aber nur in relativ geringen Mengen. Während der Wachstumsphase, wenn größere Mengen Proteine synthetisiert werden müssen, übersteigt der Bedarf an Arginin daher die Mengen, die vom Körper selbst hergestellt werden können.

> **MERKE**
>
> Die essenziellen Aminosäuren sind:
>
> Ariginin (Arg), Histidin (His), Isoleucin (Ile), Leucin (Leu), Lysin (Lys), Methionin (Met), Phenylalanin (Phe), Threonin (Thr), Tryptophan (Trp) und Valin (Val).

Abgesehen von den 21 proteinogenen Aminosäuren gibt es in der Natur noch eine Vielzahl anderer Aminosäuren wie zum Beispiel nichtproteinogene α-Aminosäuren oder β- und γ-Aminosäuren, bei denen die Aminogruppe an einem weiter entfernten C-Atom entlang der Kette sitzt. Sie sind zwar nicht Bestandteile von Proteinen, üben aber häufig wichtige Stoffwechselfunktionen aus. Wir hatten als Beispiele (▶ Tabelle 11.2) bereits die γ-Aminobuttersäure (GABA) kennengelernt, einen wichtigen Neurotransmitter im Gehirn, oder das β-Alanin, Baustein des Coenzyms A. Beide werden aber aus proteinogenen Aminosäuren durch Decarboxylierung hergestellt, GABA aus Glutaminsäure und β-Alanin aus Asparaginsäure (▶ Kapitel 11.4.3). Auch das *L*-DOPA, das als Medikament bei der Parkinson-Erkrankung eingesetzt (▶ Kapitel 9.9.4) und *in vivo* in den Neurotransmitter Dopamin umgewandelt wird, ist eine solche nichtproteinogene Aminosäure.

γ-Aminobuttersäure

β-Alanin

13.3 Konfiguration der Aminosäuren

Bei allen α-Aminosäuren außer beim Glycin (Gly) sind an das α-C-Atom vier verschiedene Substituenten gebunden: die Carboxylatgruppe, die Ammoniumgruppe, der Rest R und ein H-Atom. Diese Aminosäuren sind daher chiral (▶ Kapitel 9.9). Beim Glycin ist der Rest R ebenfalls ein H-Atom (R = H), sodass insgesamt zwei H-Atome an das α-C-Atom gebunden sind (-CH$_2$-), das damit kein Stereozentrum mehr ist. Glycin ist nicht chiral. In der Natur kommen als Bestandteile von Proteinen nur die *L*-Aminosäuren (in der Fischer-Nomenklatur) vor. Bei einigen

L-Aminosäure

In Proteinen kommen nur *L*-Aminosäuren vor.

Bakterien und Pilzen findet man auch *D*-Aminosäuren zum Beispiel als Bestandteil des Peptidoglycans der Bakterienzellwände oder als Stoffwechselprodukte, die zum Teil auch als Antibiotika Anwendung finden (zum Beispiel Gramicidin, das topisch als Salbe oder in Augentropfen [Polyspectran®] eingesetzt wird). *D*-Aminosäuren werden übrigens im Einbuchstabencode durch kleine Buchstaben angegeben. Die absolute Konfiguration des Stereozentrums ist bei allen *L*-Aminosäuren *S*, außer bei Cystein, das wegen der höheren Priorität des Schwefels in der Seitenkette gegenüber der Carboxylatgruppe *R* konfiguriert sind.

> **MERKE**
>
> *L*-Amino*Säure* = *S*-konfiguriert (Ausnahme Cystein)
>
> *D*-Zucke*R* = *R*-konfiguriert (am untersten Stereozentrum in der Fischer-Projektion)

Die Aminosäure Threonin ist die einzige, die auch in der Seitenkette noch ein weiteres Stereozentrum enthält. Vom Threonin gibt es somit insgesamt vier Stereoisomere, von denen in Proteinen nur das (2*S*,3*R*)-Stereoisomer vorkommt.

(2*S*,3*R*)-Threonin

Die *L*- und *D*-Enantiomere der Aminosäuren lassen sich teilweise geschmacklich unterscheiden, wobei die *D*-Form in den meisten Fällen für den Menschen süßer oder weniger bitter schmeckt als die jeweilige *L*-Form. Manchen Speisen, wie zum Beispiel Joghurt oder Schellfisch, werden zur Geschmacksverbesserung *D*-Aminosäuren zugesetzt. Auch zur Altersbestimmung biologischer Proben (beispielsweise in der Gerichtsmedizin, Forensik) werden die *D*-Aminosäuren genutzt. Einige Aminosäuren racemisieren mit merklicher Geschwindigkeit, das heißt, in Lösung wandeln sich die natürlichen *L*-Formen langsam in die *D*-Form um. So nimmt zum Beispiel mit zunehmendem Alter der Anteil an *D*-Aspartat im Linsenprotein des Auges konstant zu. Aus dem Gehalt an *D*-Aspartat kann man daher Rückschlüsse auf das Alter einer Person ziehen. Auch alte Gemälde lassen sich auf diese Art und Weise relativ genau datieren – sofern die Farben Proteine enthalten.

13.4 Säure-Base-Eigenschaften der Aminosäuren

Jede Aminosäure enthält im gleichen Molekül sowohl eine Säuregruppe als auch eine basische Aminogruppe. Sie sind also **Ampholyte** (▶ Kapitel 6.2). Bezieht man sich jeweils auf die konjugierten Säuren, also die Carboxylgruppe $-CO_2H$ und das Ammoniumion $-NH_3^+$, können die

Säure-Base-Eigenschaften von Aminosäuren durch die Angabe von zwei pK_s-Werten charakterisiert werden: Der pK_{s1}-Wert gibt die Säurestärke der Carboxylgruppe $-CO_2H$ an und der pK_{s2}-Wert die Säurestärke des Ammoniumions $-NH_3^+$. Die Carboxylatgruppen der verschiedenen Aminosäuren weisen pK_{s1}-Werte im Bereich von etwa 2, die Ammoniumgruppen pK_{s2}-Werte von etwa 9 auf (▶ Tabelle 13.1). Enthält die Seitenkette ebenfalls noch saure oder basische Gruppen (wie zum Beispiel Histidin oder Glutaminsäure), kommt noch ein dritter pK_s-Wert für die (konjugierte) Säure in der Seitenkette hinzu. Die Nummerierung der pK_s-Werte richtet sich dann nach abfallender Säurestärke.

Je nach den pK_s-Werten der sauren Gruppen und dem pH-Wert der Lösung liegen Aminosäuren in unterschiedlichen protonierten und deprotonierten Formen vor. In stark basischer Lösung liegt die Carboxylatgruppe als Anion vor und auch die Aminogruppe ist nahezu vollständig deprotoniert. Die gesamte Aminosäure ist daher einfach negativ geladen. Wird der pH-Wert der Lösung kleiner, wird unterhalb eines pH-Werts von etwa 9–10 als Erstes die Aminogruppe als stärkste Base im Molekül zum Ammoniumion $-NH_3^+$ protoniert. Es entsteht ein **Zwitterion**, die Carboxylatgruppe ist negativ und die Ammoniumgruppe positiv geladen. Das Molekül als Ganzes ist – trotz dieser beiden Ladungen – neutral. Unterhalb eines pH-Werts von etwa 2, also in stark saurer Lösung, wird dann auch zunehmend das Carboxylatanion zur neutralen Carbonsäure protoniert. Die Aminosäure liegt dann als einfach positiv geladenes Kation vor.

Die Carboxylgruppen der Aminosäuren sind mit einem pK_{s1}-Wert von etwa 2 saurer als unsubstituierte Carbonsäuren wie die Propansäure oder die Essigsäure, die pK_s-Werte von fast 5 haben (▶ Kapitel 11.7.2). Die erhöhte Säurestärke der Aminosäuren ergibt sich aus der positiv geladenen Ammoniumgruppe am α-C-Atom, die das bei der Abspaltung des Protons von der Carboxylgruppe entstehende Carboxylat durch ihren elektronenziehenden Effekt (−I-Effekt) stabilisiert. Umgekehrt sind die Aminogruppen mit einem pK_{s2}-Wert von etwa 9 (= pK_b-Wert von 5) etwas weniger basisch als einfache Amine wie Ethylamin $CH_3CH_2NH_2$ (pK_b-Wert 3,5), denn die Carboxylatgruppe hat im Vergleich zu einer Alkylgruppe einen geringeren elektronenschiebenden +I-Effekt. Die positiv geladene Ammoniumgruppe wird daher weniger stark stabilisiert als in einem Alkylamin.

Eine Aminosäure liegt somit in wässriger Lösung praktisch ausschließlich als Teilchen mit Ladung vor, egal, wie der pH-Wert der Lösung ist. Unter **physiologischen Bedingungen** (bei annähernd neutralem pH-Wert)

> **MERKE**
> Aminosäuren liegen je nach pH-Wert in unterschiedlichen Formen vor:
> In saurer Lösung als Kation
> In neutraler Lösung als Zwitterion
> In basischer Lösung als Anion

liegt eine Aminosäure als **Zwitterion** vor. Die häufig verwendete neutrale Formelschreibweise gibt daher die Realität in wässriger Lösung nicht richtig wieder. Dies ist ähnlich wie bei den Kohlenhydraten, die oft in der offenkettigen Fischerprojektion angegeben werden, obwohl sie in Lösung nahezu vollständig als cyclische Halbacetale vorliegen (▶ Kapitel 12.4). Auch wenn die neutrale Form unter physiologischen Bedingungen praktisch nicht existiert, gibt sie die räumliche Gestalt (Konstitution, Konfiguration) richtig wieder. Die chemischen und physikalischen Eigenschaften versteht man allerdings damit nicht. So sind aufgrund der Ladungen alle Aminosäuren ähnlich wie Salze Feststoffe mit hohen Schmelzpunkten, die sich gut in Wasser lösen, aber schlecht bis gar nicht in unpolaren organischen Lösemitteln. Ist die Seitenkette sehr unpolar, wie bei den aromatischen Aminosäuren (Phe, Trp, Tyr), ist die Wasserlöslichkeit zwar etwas reduziert, aber auch diese Aminosäuren sind insgesamt noch hydrophil.

Einige Aminosäuren besitzen in ihren Seitenketten zusätzliche saure oder basische Gruppen, die je nach ihrem pK_s-Wert und dem pH-Wert der Lösung protoniert oder deprotoniert vorliegen können. Der Imidazolring im **Histidin** ist schwach basisch, die korrespondierende Säure, das protonierte Imidazoliumkation, hat einen pK_s-Wert von 6,1. Insgesamt kann Histidin daher in vier unterschiedlich geladenen Formen vorkommen, von denen aber nur zwei bei physiologischen pH-Werten in nennenswerten Mengen vorliegen. In der einen Form ist Histidin eine schwache Säure (Imidazoliumkation), in der anderen Form hingegen eine schwache Base (Imidazol). Histidin spielt daher als **Säure-Base-Katalysator** in Enzymen (▶ Kapitel 13.9) eine wichtige Rolle.

Imidazolium-
kation
schwache Säure   pH = 4
$pK_s = 6,1$

Imidazol
schwache Base   pH = 8
$pK_b = 7,9$

Bei den meisten anderen Aminosäuren liegen zumindest in wässriger Lösung bei physiologischen pH-Werten die sauren oder basischen Gruppen in den Seitenketten ausschließlich in den in ▶ Tabelle 13.1 aufgeführten geladenen Formen vor: Asparaginsäure und Glutaminsäure als deprotonierte Carboxylate (deswegen werden diese Aminosäuren auch als Aspartat und Glutamat bezeichnet), Lysin und Arginin als protonierte Kationen. Allerdings können im Inneren von Proteinen durchaus die pK_s-Werte anders sein als in wässriger Lösung, wenn zum Beispiel ein Carboxylatanion durch benachbarte negativ geladene Gruppen des Proteins destabilisiert wird. Dann können im Inneren von Enzymen auch Aspartat oder Glutamat als protonierte Carbonsäuren vorliegen und in dieser Form an der Katalyse beteiligt sein (zum Beispiel bei den Aspartatproteasen oder im Lysozym).

13.4 Säure-Base-Eigenschaften der Aminosäuren

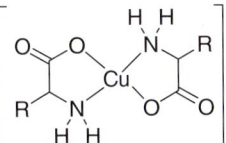

EXKURS

Chelatkomplexe von Aminosäuren

Die negativ geladenen Formen der Aminosäuren sind zweizähnige Komplexliganden, die mit Übergangsmetallen stabile Chelatkomplexe bilden (▶ Kapitel 8.7). Die beiden Donoratome sind das N-Atom der Aminogruppe und eines der beiden Carboxylatsauerstoffatome. Mit Cu^{2+} bildet sich ein tiefblau gefärbter 2 : 1-Komplex, der insgesamt neutral und daher relativ schlecht wasserlöslich ist. Solche Chelatkomplexe mit Aminosäuren sind, wie die meisten Chelatkomplexe, sehr stabil. Die typischen Reaktionen der Metallkationen bleiben daher aus. Eisen(II)glycinsulfat wird in der Medizin als Antianämikum zur Therapie von Eisenmangel eingesetzt (▶ Kapitel 8.7).

Bildung des Kupfer-Glycin-Komplexes (rechts) aus Kupfersulfat (links)
© Cornelsen Verlag GmbH, Berlin, www.chemieunterricht.de

Die **Titrationskurve** der protonierten Form einer Aminosäure wie Glycin entspricht der einer zweiprotonigen Säure (▶ Kapitel 6.8.4). Man erhält daher bei der Titration eine zweistufige Titrationskurve mit zwei Äquivalenzpunkten (▶ Abbildung 13.1). Da beide Säuregruppen nicht sehr stark sind (pK_{s1} = 2,4 und pK_{s2} = 9,8), werden zwei Pufferbereiche durchlaufen. In der Biochemie wird häufig der **Glycin-Puffer** mit einem pH-Optimum von etwa 9,8 verwendet. Die für die Pufferwirkung verantwortlichen Teilchen sind dabei das Zwitterion (als Säure) und das Anion (als Base).

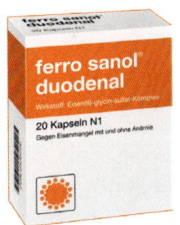

Präparat zur Behandlung von Eisenmangel
© SANOL GmbH, Monheim

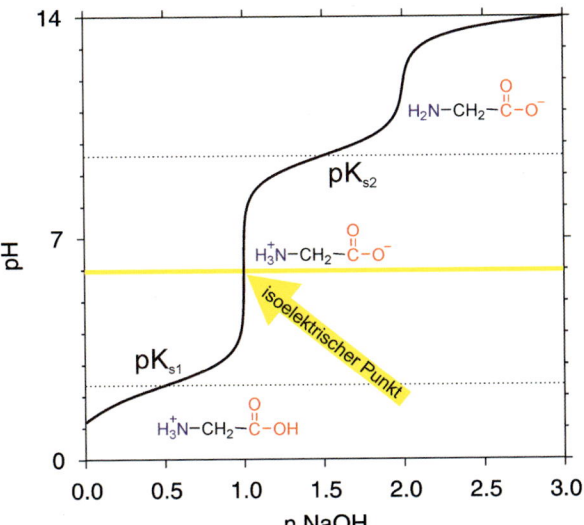

Abbildung 13.1: Titration von Glycin mit Natronlauge (ausgehend von der protonierten Form der Aminosäure). Am isoelektrischen Punkt liegt die Aminosäure als nach außen ungeladenes Zwitterion vor.

Bei Aminosäuren, die zusätzliche saure oder basische Gruppen in der Seitenkette besitzen, kommt ein weiterer Protolyseschritt hinzu. Es handelt sich bei diesen Aminosäuren also um dreiprotonige Säuren (▶ Abbildung 13.1).

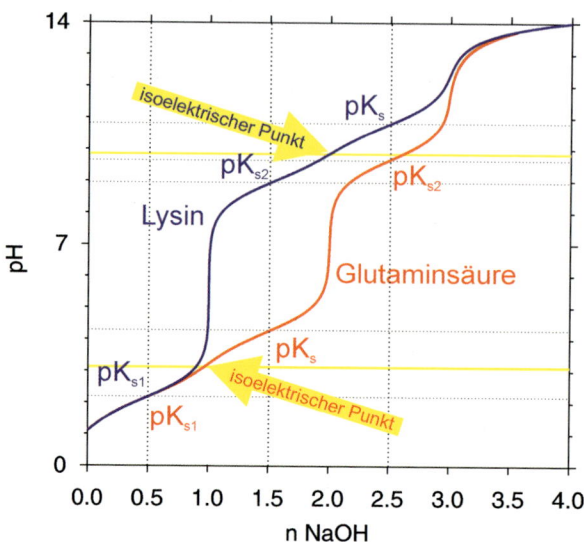

Abbildung 13.2: Titration von Lysin und Glutaminsäure mit Natronlauge (jeweils ausgehend von der protonierten Form der Aminosäure). Die isoelektrischen Punkte liegen im Sauren (Glu) bzw. im Basischen (Lys) und werden von den pK_s-Werten der beiden ähnlich ionisierenden Gruppen bestimmt.

13.5 Der isoelektrische Punkt IEP

> **MERKE**
>
> Am isoelektrischen Punkt IEP heben sich die Ladungen der ioniserbaren Gruppen gerade auf. Die Gesamtnettoladung ist null.

Wir haben gesehen, dass Aminosäuren in Abhängigkeit vom pH-Wert der Lösung in unterschiedlich geladenen Formen vorliegen: in saurer Lösung als Kation, in neutraler Lösung als Zwitterion und in basischer Lösung als Anion, allerdings so gut wie gar nicht als ungeladene, neutrale Aminosäure. Je nach den pK_s-Werten der Carboxyl- und der Ammoniumgruppe liegen bei einem bestimmten pH-Wert unterschiedliche Anteile der verschiedenen protonierten und unprotonierten Formen nebeneinander vor (Henderson-Hasselbalch-Gleichung, ▶ Kapitel 6.9). Es gibt für jede Aminosäure genau einen pH-Wert, bei dem die Aminosäure vollständig als nach außen ungeladenes Zwitterion vorliegt. Diesen Punkt nennt man den **isoelektrischen Punkt IEP** (auch pH_I oder pI genannt) der Aminosäure. Er entspricht, wie bei jedem Ampholyten, dem Mittelwert der beiden pK_s-Werte. Dies ist auch genau der pH-Wert einer wässrigen Lösung des reinen Ampholyten, also der zwitterionischen Aminosäure (▶ Kapitel 6.5.4).

$$IEP = pI = pH_I = \frac{1}{2} \cdot (pK_{s1} + pK_{s2})$$

Der isoelektrische Punkt ist für jede Aminosäure unterschiedlich, abhängig von den pK_s-Werten der vorhandenen sauren und basischen Gruppen (▶ Tabelle 13.1). Er ist somit eine **charakteristische Stoffkonstante**. Für Alanin beträgt der IEP zum Beispiel 6,1, für Phenylalanin hingegen 5,9.

13.5 Der isoelektrische Punkt IEP

$$\text{H}_3\text{C}-\underset{\underset{\text{NH}_3^+}{|}}{\text{CH}}-\overset{\overset{\text{O}}{\|}}{\text{C}}-\text{O}^- \qquad pK_{s1} = 2{,}3$$
$pK_{s1} = 9{,}9$

$$-\text{CH}_2-\underset{\underset{\text{NH}_3^+}{|}}{\text{CH}}-\overset{\overset{\text{O}}{\|}}{\text{C}}-\text{O}^- \qquad pK_{s1} = 2{,}6$$
$pK_{s1} = 9{,}2$

$$\text{IEP} = \frac{2{,}3 + 9{,}9}{2} = \frac{12{,}2}{2} = 6{,}1 \qquad \text{IEP} = \frac{2{,}6 + 9{,}2}{2} = \frac{11{,}8}{2} = 5{,}9$$

Besitzt die Aminosäure in der Seitenkette ebenfalls noch eine saure oder basische Gruppe, berechnet sich der IEP aus den pK_s-Werten der ähnlich ionisierenden Gruppen – bei sauren Aminosäuren (Glu, Asp) also aus den pK_s-Werten der beiden Säuregruppen und bei basischen Aminosäuren (Lys, Arg) aus den pK_s-Werten der beiden protonierten basischen Gruppen. Bei der Glutaminsäure liegt der IEP bei pH = 3,1, also im Sauren, bei Lysin bei pH = 9,7, also im Basischen. Daher kommen auch die Bezeichnungen dieser Aminosäuren als saure und basische Aminosäuren.

$$^-\text{O}_2\text{C}-\text{CH}_2-\text{CH}_2-\underset{\underset{\text{NH}_3^+}{|}}{\text{CH}}-\overset{\overset{\text{O}}{\|}}{\text{C}}-\text{O}^- \qquad pK_{s1} = 2{,}1$$
$pK_{s2} = 4{,}1 \qquad\qquad pK_{s3} = 9{,}5$ spielt keine Rolle

IEP = 3,1

$$\text{H}_3^+\text{N}-\text{CH}_2-\text{CH}_2-\text{CH}_2-\text{CH}_2-\underset{\underset{\text{NH}_3^+}{|}}{\text{CH}}-\overset{\overset{\text{O}}{\|}}{\text{C}}-\text{O}^-$$
$pK_{s3} = 10{,}5 \qquad\qquad pK_{s1} = 2{,}2$ spielt keine Rolle
$pK_{s2} = 9{,}0$

IEP = 9,7

Wieso spielen zum Beispiel bei der Glutaminsäure nur die beiden Carboxylgruppen eine Rolle für die Bestimmung des IEP, aber nicht die Ammoniumgruppe? Dazu betrachtet man am besten die am IEP hauptsächlich vorliegenden Zwitterionen. In saurer Lösung ist die Ammoniumgruppe in der Glutaminsäure vollständig protoniert. Bei einem pH-Wert von etwa 2,2 (= pK_{s1}) ist zwar auch schon ein Teil der Carboxylgruppe am α-C-Atom deprotoniert, aber, wie wir von der Henderson-Hasselbalch-Gleichung her wissen (▶ Kapitel 6.9), nur etwa bei der Hälfte der Moleküle. In Summe liegen also noch mehr positiv geladene als neutrale Moleküle vor, der IEP ist noch nicht erreicht. Erst wenn bei allen Molekülen die α-Carboxylgruppe deprotoniert vorliegt, wäre der Ladungsausgleich erreicht. Da aber der pK_s-Wert der zweiten Carboxylgruppe in der Seitenkette relativ dicht an dem der α-Carboxylgruppe liegt, wird bei steigendem pH-Wert auch bereits zunehmend die Carboxylgruppe in der Seitenkette deprotoniert. Der Ausgleich der positiven Ladung der Ammoniumgruppe erfolgt somit über die Dissoziation der beiden Carboxylgruppen. Nur die sind daher für die Lage des IEP entscheidend. Der IEP liegt damit zwischen den pK_s-Werten der beiden Carboxylgruppen, denn dann entspricht die Summe aus Molekülen, in denen keine, eine oder beide Carboxylgruppe deprotoniert sind, gerade im Mittel einer negativ geladenen Carboxylatgruppe in jedem Molekül, sodass die positive Ladung der Ammoniumgruppe kompensiert wird.

Zwitterionen am IEP

$$HO_2C-CH_2-CH_2-\underset{\underset{NH_3^+}{|}}{CH}-\overset{O}{\underset{}{C}}-O^- \qquad H_3\overset{+}{N}-CH_2-CH_2-CH_2-CH_2-\underset{\underset{NH_2}{|}}{CH}-\overset{O}{\underset{}{C}}-O^-$$

Glu   Lys

Die unterschiedlichen isoelektrischen Punkte der Aminosäuren nutzt man zu ihrer Trennung mittels **Elektrophorese** aus (▶ Abbildung 13.3). Dazu bringt man ein Gemisch verschiedener Aminosäuren auf einem Filterpapier oder einem Gel auf und legt dieses in eine Pufferlösung mit einem bestimmten pH-Wert. Anschließend wird eine Gleichspannung an den gegenüberliegenden Enden angelegt. Die einzelnen Aminosäuren wandern dann in Abhängigkeit von ihrem Ladungszustand in dem äußeren elektrischen Feld. Negativ geladene Aminosäuren wandern zum Pluspol, positiv geladene Aminosäuren wandern zum Minuspol und zwitterionische (= neutrale) Aminosäuren wandern gar nicht. Je weiter der IEP einer Aminosäure vom pH-Wert des verwendeten Puffers entfernt ist, desto stärker ist die Nettoladung der Aminosäure (da der Anteil geladener Teilchen im Protonierungsgleichgewicht größer ist) und desto weiter wandert sie. Aminosäuregemische lassen sich auch mit anderen chromatographischen Verfahren (▶ Kapitel 4.7) wie der HPLC, der Affinitätschromatographie oder der Ionenaustauschchromatographie trennen.

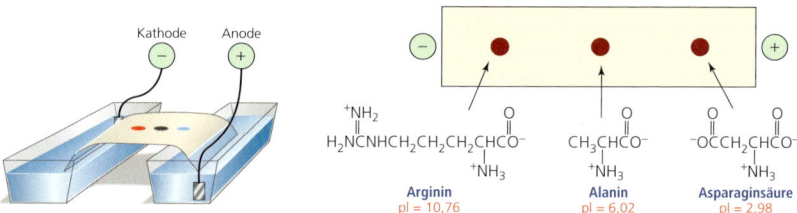

Abbildung 13.3: Trennung von Aminosäuren durch Elektrophorese. Arginin, Alanin und Asparaginsäure können bei einem pH-Wert von 6 elektrophoretisch getrennt werden.
Aus: Bruice, P. Y. (2007)

Der Nachweis der Aminosäuren, die farblos sind und daher nicht direkt detektiert werden können, kann durch Anfärben mit **Ninhydrin** erfolgen. Dazu besprüht man nach der Elektrophorese das Filterpapier mit einer Ninhydrinlösung und erwärmt anschließend kurz (zum Beispiel mit einem Fön). Die meisten Aminosäuren ergeben mit Ninhydrin ein violettes Kondensationsprodukt. Ninhydrin ist ein aromatisches Triketon, das in Wasser als stabiles Hydrat vorliegt (▶ Kapitel 11.4.1). Das Triketon reagiert in basischer Lösung mit der Aminogruppe der Aminosäure unter Bildung einer Schiff'schen Base (eines Imins, ▶ Kapitel 11.4.3). Decarboxylierung und Keto-Enol-Tautomerie ergibt ein umgelagertes Imin, dessen Hydrolyse zu einem Transaminierungsprodukt führt (▶ Kapitel

11.4.3). Erneute Iminbildung mit einem zweiten Molekül Ninhydrin ergibt nach Enolisierung das farbige Kondensationsprodukt.

Aus der Aminosäure bleibt also am Ende der Reaktion nur das Stickstoffatom übrig, alle Aminosäuren ergeben daher das gleiche Farbprodukt. Nur beim Prolin, das keine NH_2-Gruppe enthält, bleibt die Reaktion auf der Stufe eines gelben Zwischenprodukts stehen.

Mit der Ninhydrin-Reaktion können auch Fingerabdrücke sichtbar gemacht werden, da der Hautschweiß kleine Mengen freier Aminosäuren und Proteine enthält. Nach dem gleichen Prinzip werden so in der Medizin Läsionen (Schädigungen) peripherer Nerven nachgewiesen (**Ninhydrin-Schweißtest**, Moberg-Test), da dann in den meisten Fällen die für die Schweißsekretion zuständigen sympathischen Nervenfasern ebenfalls verletzt sind und somit die Schweißproduktion an diesen Stellen entsprechend verringert ist. Man drückt dazu Hand oder Fuß mehrere Minuten auf ein Blatt Papier und färbt hinterher die durch den Schweiß auf das Papier aufgebrachten Aminosäuren mit Ninhydrin an.

Fingerabdruck auf einem Scheck (sichtbar gemacht mit Ninhydrin)
© BVDA International b.v., Haarlem, Nederland, www.bvda.com/NL/prdctinf/nl_ninhy.html

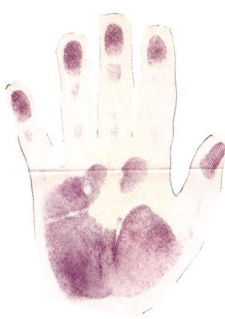

Ninhydrin-Schweißtest
© Dr. med. Mercedès Fritschi, Kreuzlingen, Schweiz

13.6 Chemische Reaktionen mit Aminosäuren: Schutzgruppen

Will man chemische Reaktionen mit den beiden funktionellen Gruppen einer Aminosäure durchführen, der Carboxylgruppe oder der Aminogruppe, muss man darauf achten, dass die beiden Gruppen sich gegenseitig nicht stören. Dies kann man im einfachsten Fall durch die Wahl des richtigen pH-Werts der Reaktionsmischung erreichen. Will man zum Beispiel aus der Carbonsäure einen Ester herstellen, kann man dies durch Umsetzung der Aminosäure mit einem Alkohol in saurer Lösung erreichen. Die Aminogruppe liegt unter diesen Bedingungen protoniert als $-NH_3^+$ vor und ist damit nicht mehr nucleophil. So kann man aus Glycin durch Reaktion mit Methanol in Gegenwart von HCl den entsprechenden Glycinmethylester (als Hydrochlorid) herstellen.

Will man Reaktionen an der Aminogruppe durchführen, muss man umgekehrt dafür sorgen, dass die Carboxylgruppe nicht reagiert. So kann man aus Glycin in basischer Lösung durch Reaktion mit Acetylchlorid das Amid, das *N*-Acetylglycin, herstellen. Unter diesen Bedingungen liegt die Aminogruppe als freies Amin vor und ist damit ein gutes Nucleophil. Die Säuregruppe ist ebenfalls deprotoniert. Da das Carboxylatanion aber völlig unreaktiv ist (▶ Kapitel 11.8.2), kann selektiv die gewünschte Reaktion an der Aminogruppe stattfinden.

Eine selektive Reaktionssteuerung über den pH-Wert funktioniert aber nur bei relativ einfachen Umsetzungen und erfordert zudem sehr stark saure oder basische Reaktionsbedingungen, die nicht mit allen Molekülen und Reaktionen kompatibel sind. Günstiger ist es daher, die funktionelle Gruppe, die nicht reagieren soll, zuvor mit einer **Schutzgruppe** zu blockieren. Es gibt Schutzgruppen für nahezu alle funktionellen Gruppen. Sie werden in einer der eigentlichen Umsetzung vorgelagerten Reaktion eingeführt und überführen die funktionelle Gruppe in ein Derivat, das unter den anschließenden Reaktionsbedingungen nicht mehr reaktiv (= inert) ist. Nach der eigentlichen Reaktion wird dann die Schutzgruppe – meistens unter sehr milden Bedingungen – wieder abgespalten. So kann man zum Beispiel auch bei neutralem pH-Wert selektiv Reaktionen an der Carboxyl- oder der Aminogruppe durchführen, wenn die jeweilige andere Gruppe entsprechend geschützt ist.

Carboxylgruppen werden meistens als **Ester** geschützt (*tert*-Butylester oder Benzylester). Diese lassen sich leicht aus den Carbonsäuren herstellen und auch wieder leicht abspalten. Insbesondere die *tert*-Butylester sind sehr wenig reaktiv, da ein nucleophiler Angriff auf die Carbonylgruppe durch die räumlich sehr anspruchsvolle *tert*-Butylgruppe sterisch erschwert wird. Diese Ester sind daher in neutraler und nicht zu stark basischer Lösung stabil, können aber in saurer Lösung wieder gespalten werden (der Benzylester durch Hydrogenolyse, also durch katalytische Hydrierung mit H_2/Pd, ▶ Kapitel 10.7.1). **Aminogruppen** werden häufig als **Carbamate** (anderer Name Urethane) geschützt, bei denen die Aminogruppe – ähnlich wie bei einem Amid (▶ Kapitel 13.7) – mit einer Carbonylgruppe in Resonanz steht und damit nicht mehr nucleophil ist. Carbamate sind je nach Rest R′ entweder in saurer oder basischer Lösung stabil und können unterschiedlich abgespalten werden. Gebräuchliche Carbamat-Schutzgruppen sind die Boc-, Cbz- oder Fmoc-Schutzgruppe.

Schutzgruppen für
$-CO_2H$: $-CO_2tBu$,
$-CO_2CH_2Ph$
$-NH_2$: $-NHC(=O)OR'$

Carbamat (Urethan)

Schützen der Carboxylgruppe

Schützen der Aminogruppe

13.7 Peptide

Verknüpft man die Säuregruppe einer Aminosäure mit der Aminogruppe einer zweiten Aminosäure, so erhält man ein **Dipeptid**, in dem die beiden Aminosäuren durch eine Amidbindung (auch Peptidbindung genannt) zusammengehalten werden. Da bei der Reaktion (formal) Wasser

13 Aminosäuren, Peptide und Proteine

> **MERKE**
>
> Ein Peptid ist ein lineares Polymer aus Aminosäuren, die über Amidbindungen miteinander verknüpft sind.

frei wird, handelt es sich um eine **Kondensationsreaktion**. Verknüpft man drei Aminosäuren miteinander, erhält man ein **Tripeptid**, bei vier Aminosäuren ein Tetrapeptid und so weiter. Bei bis zu 20 Aminosäuren spricht man von einem **Oligopeptid**, danach von einem **Polypeptid**. Ist die Molekülmasse des Polypeptids größer als 10 kDa (= 10 000 u, ▶ Kapitel 1.4), spricht man meistens von einem **Protein** (= Eiweiß). Die Grenze zwischen Proteinen und Peptiden ist allerdings willkürlich und nicht genau definiert (manchmal zieht man die Grenze auch bei einer Länge von 100 Aminosäuren). Peptide und Proteine sind wichtige Biopolymere, die vielfältige Aufgaben im Körper wahrnehmen (unter anderem als Strukturproteine oder als Katalysatoren, ▶ Kapitel 13.9).

Glycin   Alanin   Serin

Schreibweise eines Peptids vom N- zum C-Terminus

Peptidbindung

N-Terminus   C-Terminus

H-Gly-Ala-Ser-OH

> **MERKE**
>
> Primärstruktur = Aminosäuresequenz (aufgeschrieben vom N- zum C-Terminus)

Der Aufbau eines Peptids oder Proteins ist in allen Fällen, unabhängig von der Größe, immer der gleiche: ein linearer Strang von Aminosäuren, die durch Amidbindungen miteinander verknüpft sind. Man kann daher bei einem Peptid auf die Angabe der eigentlichen chemischen Struktur verzichten und gibt stattdessen nur die Abfolge der Aminosäuren an. Diese **Aminosäuresequenz** nennt man die **Primärstruktur** des Peptids. Man formuliert sie unter Verwendung der üblichen Abkürzungen der Aminosäuren (▶ Tabelle 13.1). Da die Aminosäuren über Amidbindungen zwischen dem Amin und der Carboxylgruppe verknüpft sind, besitzt die Aminosäure an dem einen Ende noch eine freie Aminogruppe (N-terminale Aminosäure, N-Terminus). Die Aminosäure am anderen Ende des Peptids weist noch eine freie Carboxylgruppe (C-terminale Aminosäure, C-Terminus) auf. Man hat sich darauf geeinigt, die Primärstruktur eines Peptids immer vom N- zum C-Terminus anzugeben. Ein Peptidstrang besitzt somit eine definierte Richtung. Die einzelnen Aminosäuren werden mit 1 am N-Terminus beginnend durchnummeriert. Ala-Phe und Phe-Ala sind also zwei verschiedene konstitutionsisomere Dipeptide. In der abgekürzten Schreibweise schreibt man die beiden Reste, die am N- und am C-Terminus gebunden sind, ebenfalls aus, wobei man allerdings häufig H– und –OH für die beiden „freien" Enden weglässt. Ist der N-Terminus mit einer Acetylgruppe (–C(=O)CH$_3$) acyliert, verwendet man die Abkürzung „Ac–". Ist der C-Terminus verestert, so gibt man den entsprechenden Alkoholrest „–OR" an, bei einem Säureamid hingegen „–NH$_2$".

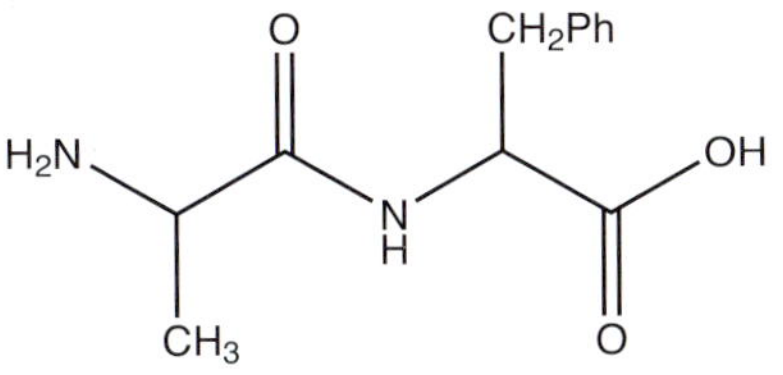

H-Ala-Phe-OH
Ala-Phe

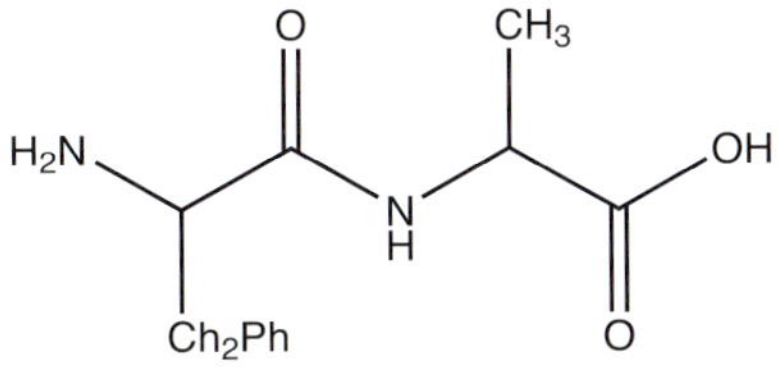

H-Phe-Ala-OH
Phe-Ala

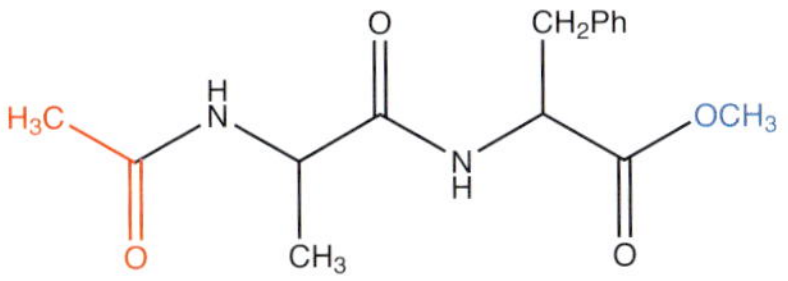

Ac-Ala-Phe-OMe

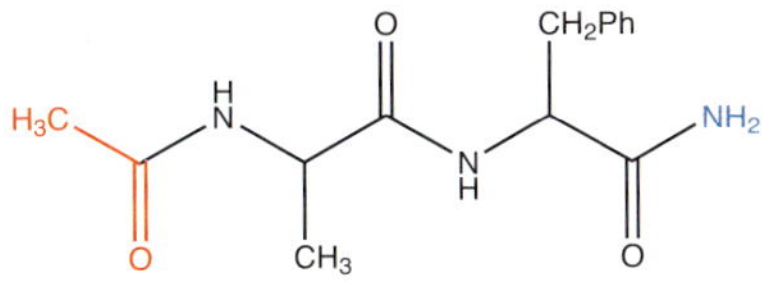

Ac-Ala-Phe-NH$_2$

Je nachdem, in welcher Reihenfolge man die Aminosäuren miteinander verknüpft, erhält man unterschiedliche konstitutionsisomere Peptide. So kann man aus zwei Aminosäuren zwei gemischte Dipeptide erhalten, aus drei Aminosäuren (zum Beispiel Ser, Phe und Met) erhält man bereits sechs gemischte Tripeptide.

| H-Ser-Phe-Met-OH | H-Phe-Ser-Met-OH | H-Met-Phe-Ser-OH |
| H-Ser-Met-Phe-OH | H-Phe-Met-Ser-OH | H-Met-Ser-Phe-OH |

Allgemein erhält man aus n verschiedenen Aminosäuren

$$n \cdot (n-1) \cdot (n-2) \cdot \ldots \cdot 1 = n!$$ (sprich: n Fakultät)

konstitutionsisomere Peptide, die jede der n verschiedenen Aminosäuren genau einmal enthalten. Woher kommen die $n!$ Möglichkeiten? Wenn jede Aminosäure nur einmal auftreten darf, kann man für die erste Position eine beliebige Aminosäure auswählen (n Möglichkeiten). Für die zweite Position hat man dann aber nur noch ($n-1$) Möglichkeiten, da eine Aminosäure für die erste Position bereits „verbraucht" wurde. Für die dritte Position stehen nur noch ($n-2$) Aminosäuren zur Auswahl und so weiter bis zur letzten Position, für die nur noch eine Aminosäure übrig bleibt. Können m Aminosäuren in einem Peptid mit n Positionen beliebig häufig vorkommen, so existieren m^n verschiedene Peptide, also sehr viel mehr, denn jetzt kann man für jede Position beliebig eine der m Aminosäuren auswählen. Diese Peptide sind aber dann nicht mehr alle isomer zueinander, da sie teilweise verschiedene Summenformeln aufweisen. Aus den beiden Aminosäuren Gly und Ser kann man vier Dipeptide erhalten: Gly-

Ser, Ser-Gly, Ser-Ser und Gly-Gly. Konstitutionsisomere sind nur Gly-Ser und Ser-Gly. Ser-Ser und Gly-Gly sind keine Isomere.

Sind saure oder basische Gruppen in einem Peptid vorhanden, entweder in Form des freien N- und C-Terminus oder durch Aminosäuren wie Glutamat oder Lysin mit entsprechenden Gruppen in der Seitenkette, dann hat auch ein Peptid einen charakteristischen isoelektrischen Punkt. Peptidgemische können daher ebenfalls durch Elektrophorese getrennt werden (zum Beispiel mit der SDS-Polyacrylamid-Gelelektrophorese, ▶ Kapitel 14.4).

CHEMIE IM ALLTAG

Süßstoffe

Süßstoffe sind synthetisch hergestellte oder natürliche Ersatzstoffe für Saccharose, die eine wesentlich höhere Süßkraft aufweisen als diese, jedoch keinen oder einen geringen Brennwert haben (nichtkalorinogene Süßungsmittel) und auch nicht von den Bakterien der Mundschleimhaut zu kariesverursachenden Säuren metabolisiert werden können. Sie werden zusammen mit den kalorinogenen Zuckeraustauschstoffen, die eine geringere Süßkraft als Saccharose und noch Brennwerte besitzen (zum Beispiel Xylit, Sorbit, Fructose, Mannit, ▶ Kapitel 12.3), in Nahrungsmitteln für Diabetiker verwendet, da sie einen geringeren Einfluss auf den Blutglucose-Spiegel ausüben. Der Süßstoff **Aspartam** (Markennamen zum Beispiel Nutra-Sweet® oder Canderel®) ist ein Dipeptid aus *L*-Asparaginsäure und dem Methylester des *L*-Phenylalanins (H-Asp-Phe-OMe). Aspartam weist eine optimale dreidimensionale Struktur auf, um an die Rezeptoren auf der Zungenspitze zu binden, die für das Geschmacksempfinden „süß" verantwortlich sind. Dabei schmeckt Aspartam etwa 200-mal süßer als Saccharose. Der analoge Ethylester passt nicht mehr in die Bindungsstelle der Rezeptoren und besitzt überhaupt keine Süßkraft mehr. Aspartam sollte allerdings von Patienten, die an Phenylketonurie (PKU) leiden, nicht verwendet werden, da es *in vivo* – wie alle Peptide – hydrolysiert wird. Dabei entsteht neben *L*-Asp und Methanol (durch Esterhydrolyse) eben auch *L*-Phe, das von Menschen mit PKU nicht verstoffwechselt werden kann (▶ Kapitel 11.4.3).

Aspartam

Einer der ältesten Süßstoffe ist **Saccharin**, das allerdings kein Peptid ist, sondern ein Imid aus einer Carbonsäure und einer Sulfonsäure. Damit ist es NH-acide (pK_s = 1,6). Meist wird es als Salz (zum Beispiel Saccharinnatrium) verwendet. Eine entfernt verwandte Struktur besitzen zwei andere Süßstoffe, das Acesulfam und das Cyclamat (= das Salz der Cyclohexylsulfaminsäure). Weitere in der EU zugelassene Süßstoffe sind Neotam (E 961), synthetisiert aus Aspartam und 3,3-Dimethylbutyraldehyd, Advantam (E 969), ebenfalls ein Aspartam-Abkömmling, das Disaccharid-Derivat Neohesperidin-Dihydrolacton (E 959), das sich auch als Inhaltsstoff von Citrusfrüchten findet, das chlorierte Disaccharid Sucralose (E 955), die Stevioglycoside (E 960), gewonnen aus der südamerikanischen Stevia-Pflanze und das Protein Thaumatin (E 957), gewonnen aus der westafrikanischen Katemfe-Frucht.

Sulfonsäureamid

$pK_s = 1{,}6$

Carbonsäureamid

Saccharin

Acesulfam

Cyclamat

EXKURS

Synthese von Peptiden

Da die Sequenz der Aminosäuren eines Peptids, die sogenannte Primärstruktur des Peptids, dessen Eigenschaften wesentlich bestimmt, muss man bei der chemischen Synthese eines Peptids sicherstellen, dass die Aminosäuren in der richtigen Reihenfolge, also an der richtigen Seite, miteinander reagieren. Man kann nicht einfach zwei Aminosäuren vermischen und miteinander reagieren lassen, da in diesem Fall nur die Protonen der Carboxylgruppen die Aminogruppen protonieren (Säure-Base-Reaktion). Man muss vielmehr die funktionellen Gruppen, die nicht reagieren sollen, schützen – man spricht auch von blockieren – und die, an denen die Reaktion ablaufen soll, aktivieren (▶ Kapitel 13.6). Bei der Synthese von Peptiden bedeutet dies, dass man bei der Aminosäure, die mit ihrer Carboxylgruppe reagieren soll, die Aminogruppe schützen muss. Anschließend wird die Carboxylgruppe aktiviert und kann dann mit der freien Aminogruppe der zweiten Aminosäure reagieren. Die Reaktion findet dann selektiv nur zwischen der aktivierten Carboxylgruppe und der nicht blockierten Aminogruppe statt.

Ein zum Schützen der Aminogruppe häufig verwendetes Reagenz ist Di-*tert*-butyldicarbonat, mit dem die Boc-Schutzgruppe eingeführt wird. Es handelt sich um eine Acylsubstitution (▶ Kapitel 11.8.1) eines Anhydrids (dem Di-*tert*-butyldicarbonat) mit einem Amin (der Aminosäure). Die Reaktion läuft nahezu quantitativ ab, da CO_2 als Gas entweicht und so das Gleichgewicht auf die Produktseite verschoben wird.

13 Aminosäuren, Peptide und Proteine

Di-*tert*-Butyldicarbonat

[Resonanz]
Elektronenpaar am N-Atom über CO-Gruppe delokalisiert
= nicht mehr nucleophil

vereinfachte Schreibweise

= *t*Bu–O–C(=O)–N(H)–C(H)(R¹)–C(=O)–OH   oder   Boc–N(H)–C(H)(R¹)–C(=O)–OH

Boc-Schutzgruppe

Die Carboxylgruppe kann durch Überführung in das Säurechlorid aktiviert werden. Allerdings ist dieses so reaktiv, dass unerwünschte Nebenreaktionen auftreten. Daher verwendet man bei Peptidsynthesen häufig Dicyclohexylcarbodiimid (DCC bzw. DCCI), andere Carbodiimide oder andere Aktivierungsreagenzien. Formal ist DCC ein **Kondensationsmittel**, denn wenn man die gesamte Reaktionssequenz betrachtet, so hat das DCC die beiden Aminosäuren unter Wasserabspaltung zu einem Dipeptid verknüpft. Die Reaktion verläuft allerdings in einer mehrstufigen Reaktionssequenz, bei der sich zuerst das Carboxylatanion an die C=N-Doppelbindung des DCC addiert. Man erhält ein aktiviertes Säurederivat mit einer sehr guten Abgangsgruppe am Carbonyl-C-Atom, ein Isoharnstoffderivat. Nucleophiler Angriff der Aminogruppe einer zweiten Aminosäure führt in einer Acylsubstitution dann zur Ausbildung der Peptidbindung und Abspaltung von Dicyclohexylharnstoff.

N-Atom nicht reaktiv

DCC

aktivierte Säuregruppe

Isoharnstoff-derivat

gute Abgangsgruppe

neue Peptidbindung

Dicyclohexylharnstoff

Das entstandene Dipeptid ist am N-Terminus weiterhin geschützt, der C-Terminus ist wiederum frei. Man kann also erneut die Säuregruppe der gerade eingeführten Aminosäure aktivieren und in einer analogen Reaktionssequenz mit einer dritten Aminosäure umsetzen. So lassen sich sukzessive längere Peptide synthetisieren. Hat man das Zielpeptid fertiggestellt, muss der N-Terminus noch entschützt werden, das heißt, die Boc-Schutzgruppe wird abgespalten. Dies geschieht durch Behandlung mit einer Säure (wie zum Beispiel Trifluoressigsäure in Dichlormethan). Dabei entstehen neben dem entschützten Peptid Isobuten und Kohlendioxid, zwei gasförmige Produkte, die der Lösung entweichen, sodass die Reaktion quantitativ abläuft. Da man bei jedem Reaktionsschritt das Produkt isolieren und reinigen muss, ist die Synthese größerer Peptide mit mehr als vier Aminosäuren aber sehr umständlich. Durch die Immobilisierung der Edukte an einem festen Träger (**Festphasensynthese**) gelang es R. B. Merrifield (Nobelpreis für Chemie 1984), die Effizienz der Peptidsynthesen enorm zu steigern. Heutzutage werden dafür auch sogenannte Peptidsynthesizer verwendet, in denen alle Reaktionsschritte computergesteuert automatisch ablaufen. Auch die Reinigung wird dadurch erheblich erleichtert, sodass die Synthese von Peptiden mit bis zu 100 Aminosäuren möglich ist. Allerdings dauern selbst solche automatisierten Synthesen mehrere Stunden bis hin zu Tagen. Die Natur ist deutlich effizienter. Schon Bakterien können Peptide mit Tausenden von Aminosäuren innerhalb von Sekunden herstellen. Deshalb werden viele Peptide, wie zum Beispiel Insulin, heute mithilfe biotechnologischer Verfahren hergestellt.

Man könnte vermuten, dass **Peptide** aufgrund der vielen Einfachbindungen sehr flexible Moleküle sind. Das Gegenteil ist der Fall. Peptide sind eher **starre Moleküle**. Diese Eigenschaft resultiert aus der Resonanzstabilisierung der Amidbindung –C(=O)NH– (Peptidbindung). Diese ist keine Einfachbindung, sondern sie besitzt ungefähr 40 Prozent Doppelbindungscharakter. Der Stickstoff ist sp²-hybridisiert und das freie Elektronenpaar ist über die benachbarte Carbonylgruppe delokalisiert (▶ Kapitel 11.8). Die Elektronendelokalisierung kann man durch eine zweite, zwitterionische Resonanzformel beschreiben, die eine C=N-Doppelbindung enthält.

Amidgruppe ist planar, keine freie Drehbarkeit, Amidbindung ist sehr stabil, Stickstoff ist nicht basisch

Wegen dieser Resonanzwechselwirkung ist die **Amidbindung planar** und es herrscht keine **freie Drehbarkeit** um die C–N-Bindung des Amids. Außerdem sind Peptidbindungen sehr stabil. Amide sind sehr reaktionsträge Carbonsäurederivate (▶ Kapitel 11.8.2), die nur unter sehr drastischen Reaktionsbedingungen von Nucleophilen angegriffen werden. Eine Peptidbindung reagiert zum Beispiel unter physiologischen Bedingungen (also annähernd neutralem pH-Wert) nicht mit Wasser. Peptide und Proteine sind folglich **hydrolysestabil**. Selbst die säure- oder basenkatalysierte Hydrolyse (analog zur Verseifung eines Esters, ▶ Kapitel

13 Aminosäuren, Peptide und Proteine

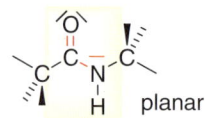
planar

11.8.3) läuft nur ab, wenn man das Reaktionsgemisch erhitzt. Einerseits ist die große Stabilität der Amidbindung ein Vorteil, da sie dafür sorgt, dass Proteine chemisch sehr stabile Moleküle sind. Andererseits müssen bei Stoffwechselvorgängen ständig Peptidbindungen hydrolysiert werden. Die Natur hat dafür sehr effiziente Katalysatoren entwickelt, die **Proteasen** (▶ Kapitel 13.9). Diese sind auch wichtige Zielstrukturen für die Entwicklung neuer Medikamente.

EXKURS

Die Entdeckung des Penicillins

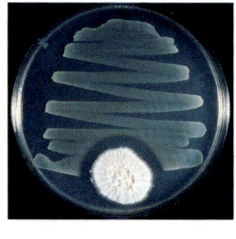

Ein Schimmelpilz (unten) tötet Bakterien in seiner Umgebung.
© Christine L. Case, Skyline College, San Bruno, CA, USA

Sir Alexander Fleming – Entdecker des Penicillins
© akg-images gmbh, Berlin

1928 entdeckte Alexander Fleming mit dem Penicillin eine neue Klasse von Antibiotika, die β-Lactam-Antibiotika. Fleming war dafür bekannt, dass in seinem Labor am St. Mary's Hospital in London etwas chaotische Zustände herrschten. Als er nach der Rückkehr aus seinem Sommerurlaub 1928 endlich damit begann, Petrischalen mit *Streptococcus*-Kulturen zu entsorgen, fiel ihm auf, dass in einer Schale Schimmelpilze gewachsen waren und dass in der Umgebung des Pilzes alle Bakterien abgestorben waren. Fleming führte daraufhin gezielt Versuche mit anderen Bakterien durch und stellte fest, dass nicht nur *Streptokokken*, sondern auch *Staphylokokken*, *Corynebakterien* (die Erreger der gefürchteten Diphterie) und *Salmonellen* durch den Schimmelpilz abgetötet wurden. Aus den Schimmelpilz-Kulturen konnte er ein Filtrat isolieren, das ebenfalls antibakteriell wirksam war und dem er den Namen **Penicillin** gab, in Anlehnung an den Namen des Schimmelpilzes *Penicillium chrysogenum*. Bis zur Isolierung der wirksamen Inhaltsstoffe und der ersten Anwendung am Menschen durch Ernst Chain und Howard Florey dauerte es allerdings bis 1941. Der erste mit Penicillin behandelte Patient, der an einer schweren Infektion mit *Staphylokokken* und *Streptokokken* erkrankt war, starb trotz anfänglicher Besserung allerdings auf tragische Weise, da nicht genügend Penicillin zur Verfügung stand, um die Behandlung erfolgreich abzuschließen, obwohl man sogar aus dem Urin des Patienten das Penicillin zurückgewann. 1945 erhielten Fleming, Chain und Florey den Nobelpreis für Medizin. Die Strukturaufklärung des Penicillins mittels Röntgenstrukturanalyse (▶ Kapitel 3.8) durch Dorothy Crawfoot-Hodgkin (der übrigens auch die Strukturaufklärung von Cholesterol, Vitamin B_{12} und Insulin gelang) wurde 1964 mit dem Nobelpreis für Chemie gewürdigt. Fleming war übrigens nicht der erste Wissenschaftler, der die Hemmung des Bakterienwachstums durch Pilze entdeckte. Die früheren Erkenntnisse wurden jedoch nicht beachtet.

AUS DER MEDIZINISCHEN PRAXIS

β-Lactam-Antibiotika – nichtplanare Amide

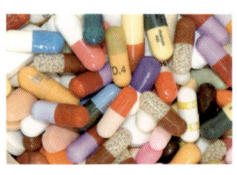

Penicillin-Antibiotika
© chromorange, dpa Picture-Alliance GmbH, Frankfurt am Main

Penicilline leiten sich von der 6-Aminopenicillansäure (6-APS) ab, die in bestimmten Schimmelpilzen aus *L*-Cystein und *D*-Valin hergestellt wird. Pharmakophor ist der β-Lactamring (= Azetidin 2-on). β-Lactam-Antibiotika hemmen die bakterielle Transpeptidase (Synonym: *penicillin binding protein*, PBP), die die Quervernetzung der linearen Peptidoglycane der Bakterienzellwand katalysiert. Penicilline besitzen aufgrund ihrer strukturellen Ähnlichkeit mit dem natürlichen Substrat der Transpeptidase (der Dipeptidsequenz *D*-Ala-*D*-Ala) eine hohe Affinität zu diesem Enzym. Bindet Penicillin an das Enzym, greift ein Serinrest des katalytischen Zentrums den

Carbonyl-Kohlenstoff des Lactamrings nucleophil an. Der Lactamring wird geöffnet, das Enzym wird irreversibel acyliert und dadurch inhibiert.

Wieso findet diese Reaktion so leicht statt, obwohl im β-Lactam ein intramolekulares Amid angegriffen wird, das doch eigentlich ein sehr reaktionsträges Carbonsäurederivat sein sollte? Zwei Gründe sind für die hohe Reaktivität des β-Lactamrings im Vergleich zu einem normalen Amid verantwortlich:

- Als Vierring weist der β-Lactamring eine Ringspannung auf, die bei Reaktionen, die zu seiner Öffnung führen, frei wird.
- β-Lactam-Antibiotika wie die Penicilline haben aufgrund der beiden verknüpften Ringe eine gewinkelte Struktur. Das freie Elektronenpaar des β-Lactam-Stickstoffs liegt dadurch nicht in der gleichen Ebene wie die Carbonylgruppe. Eine Mesomerie, die die Carbonylgruppe von Amiden normalerweise gegenüber nucleophiler Acylsubstitution stabilisiert, ist daher nicht möglich. Man kann in diesem Fall also tatsächlich fast von einem „Keton-Amin" sprechen (▶ Kapitel 11.1).

Neben den Penicillinen kennt man mittlerweile auch viele andere natürliche und davon abgeleitete partialsynthetische β-Lactam-Antibiotika: Cephalosporine, Cephamycine und Carbacepheme, Carbapeneme und Asparenomycine, Oxapename und Penamsulfone und nicht zuletzt die Monobactame.

Viele Bakterien wehren sich gegen diese Antibiotika, indem sie Enzyme produzieren, die mit den β-Lactamen unter Ringöffnung reagieren und diese dadurch inaktivieren. Man nennt diese Enzyme β-Lactamasen. Man verabreicht dann bei der Therapie entweder β-Lactamase-stabile Penicilline oder gleichzeitig sogenannte β-Lactamase-Inhibitoren (Clavulansäure, Sulbactam, Tazobactam, Avibactam, Relebactam, Vaborbactam).

Während Clavulansäure, Sulbactam und Tazobactam einen β-Lactamring enthalten, besitzen Avibactam und Relebactam kompliziertere bicyclische Heterocyclen (▶ Kapitel 6.8.3). Das Vaborbactam enthält einen cyclischen Boronsäure-Ester. Allen gemeinsam ist, dass sie mit dem Serinrest im aktiven Zentrum der β-Lactamasen kovalent reagieren und diese dadurch blockieren. Der Wirkmechanismus der β-Lactam-haltigen Inhibitoren ist also ganz analog dem der entsprechenden Antibiotika, die ja auch mit dem Serinrest der Transpeptidase reagieren. Etwas anders sieht es mit dem Boronsäure-Ester des Vaborbactams aus. Wir haben Bor bereits als Elektronenmangel-Element kennen gelernt. Es geht normalerweise nur drei Bindungen ein, und besitzt damit in Verbindungen nur sechs Außenelektronen (Elektronensextett). Um diesen Elektronenmangel auszugleichen, reagieren Borverbindungen als **Lewis-Säuren** gerne mit Nucleophilen (**Lewis-Basen**). Dies gilt für die Borsäure genauso wie für Boronsäuren. Der Boronsäure-Ester im Vaborbactam reagiert in ebendieser Weise mit dem Serinrest zu einem negativ geladenen vierbindigen Boronat.

Das Antibiotikum Sultamicillin (Unacid®) enthält sowohl das Antibiotikum Ampicillin als auch den β-Lactamase-Inhibitor Sulbactam in einem Molekül, das *in vivo* hydrolysiert wird, wobei die beiden Wirkstoffe (und Formaldehyd) entstehen.

Die häufigste Nebenwirkung der β-Lactam-Antibiotika sind Allergien, die ebenfalls durch die Reaktivität des β-Lactamrings hervorgerufen werden. Durch Reaktion mit nucleophilen Aminosäure-Seitenketten von körpereigenen Proteinen kommt es zu einer irreversiblen Acylierung der Proteine, die dann als Antigene eine Immunantwort hervorrufen können.

Durch saure Hydrolyse der Penicilline entsteht übrigens D-Penicillamin, ein Arzneistoff, den wir bereits kennengelernt haben (▶ Kapitel 8.7).

Peptidomimetika

Peptide, die mit der Nahrung aufgenommen werden, werden im Magen-Darm-Trakt enzymatisch durch Proteasen hydrolysiert (▶ Kapitel 13.9). Peptidische Arzneistoffe sind daher oral unwirksam und müssen parenteral (unter Umgehung des GI-Trakts) appliziert werden. Deshalb muss zum Beispiel auch das Peptidhormon Insulin *subcutan* (= Injektion unter die Haut) verabreicht werden. Viele Arzneistoffe, die als Hemmstofe für Enzyme wirken (Enzyminhibitoren), leiten sich von den natürlichen Substraten der Enzyme ab. Deren Strukturen werden dann so verändert, dass die Substanzen nach wie vor an das Enzym binden, von diesem aber nicht mehr umgesetzt werden können und das Enzym so blockieren. Viele Protease-Inhibitoren sind somit auch Peptide und daher nicht oral bioverfügbar. Der nächste Schritt in der Arzneistoffentwicklung ist dann meist die Modifizierung dieses peptidischen Inhibitors zu einem sogenannten peptidomimetischen Inhibitor, der von den Proteasen des GI-Trakts nicht mehr als Substrat erkannt wird und damit bei oraler Aufnahme nicht vor der Resorption schon hydrolysiert wird. Häufige Tricks bei der Entwicklung von **Peptidomimetika** sind der Einbau von D-Aminosäuren (humane Proteasen akzeptieren nur Peptide, die aus L-Aminosäuren bestehen) oder von nichtproteinogenen Aminosäuren oder die Veränderung der Peptidbindung (sogenannte Rückgratisomere).

Häufig sieht man den aus diesen Veränderungen resultierenden Arzneistoffen ihre Peptidstruktur dann kaum noch an. Beispiele für solche peptidomimetischen oder ursprünglich von Peptiden abgeleiteten Inhibitoren von Proteasen sind die ACE-Inhibitoren zur Blutdrucksenkung (zum Beispiel Captopril, Enalapril(at), ▶ Kapitel 6.4), die HIV-1-Protease-Inhibitoren zur Behandlung der HIV-Infektion (zum Beispiel Saquinavir, Indinavir, Nelvinavir), die bereits erwähnten Hemmstoffe der Hepatitis-C-Virus-Protease, Thrombin-Inhibitoren zur Hemmung der Blutgerinnung (zum Beispiel das Prodrug Dabigatranetexilat) oder Renin-Inhibitoren zur Blutdrucksenkung (Kirene, zum Beispiel Aliskiren). Erst kürzlich zugelassen wurde der Inhibitor Nirmatrelvir, der eine Protease des SARS-CoV-2-Virus hemmt. Dieser wird im Arzneimittel Paxlovid® mit dem HIV-Protease-Inhibitor Ritonavir kombiniert, der ebenfalls ein peptidomimetischer Arzneistoff ist. Warum? Nicht, weil Ritonavir als Protease-Hemmstoff ebenfalls die SARS-CoV-2-Protease inhibiert (das macht der Arzneistoff nämlich nicht, denn die beiden Proteasen stammen aus verschiedenen Klassen und besitzen unterschiedliche Katalysemechanismen: die HIV-Protease ist eine Metallo-Protease, die SARS-CoV-2-Protease ist eine Cystein-Protease), sondern weil Ritonavir als Hemmstoff von CYP3A4 den Metabolismus von Nirmatrelvir inhibiert und dadurch eine sogenannte **Booster-Wirkung** entfaltet.

Da das freie Elektronenpaar des Stickstoffatoms über die benachbarte Carbonylgruppe delokalisiert ist, sind **Amide** auch im Gegensatz zu Aminen **nicht mehr basisch**. Die basischen Eigenschaften der –NH$_2$-Gruppe (pK_b-Wert etwa 5 in Aminosäuren, ▶ Kapitel 13.4) gehen also durch die Bildung der Amidbindung vollständig verloren, da bei einer Protonierung am Stickstoff keine Resonanzstabilisierung mehr möglich ist. Wird durch sehr starke Säuren eine Protonierung erzwungen, so findet diese am Sauerstoffatom und nicht am Stickstoffatom statt. Umgekehrt kann der Amid-Stickstoff aber durch starke Basen deprotoniert werden, Amide sind also NH-acide (pK_s ca. 25). Die NH-Acidität kann durch zusätzliche elektronenziehende Gruppen oder auch in Sulfonamiden so weit gesteigert werden, dass die Verbindungen ähnlich sauer sind wie Carbonsäuren und unter physiologischen Bedingungen als Anionen vorliegen. Wir haben dies bei den Süßstoffen Cyclamat oder Saccharin bereits gesehen. Auch manche Arzneistoffe enthalten stark saure Amid-NH-Gruppen (Beispiele: Sulfonamide, Sulfonylharnstoffe, Barbitursäurederivate und Thiazide).

AUS DER MEDIZINISCHEN PRAXIS

NH-acide Arzneistoffe

Nicht nur Carbonsäuren und Alkohole sind acide Verbindungen, auch viele stickstoffhaltige Amid-Derivate gehören dazu, zum Beispiel Sulfonamide, Sulfonylharnstoffe, Barbitursäure-Derivate oder Thiazide. Aufgrund der Resonanzwechselwirkung mit der benachbarten C=O- oder S=O-Doppelbindung werden die Protonen am Amidstickstoff deutlich sauer und können durch eine Base relativ leicht abgespalten werden. Sulfonylharnstoffe haben zum Beispiel pK_s-Werte von ca. 5,3 und sind damit fast so sauer wie Essigsäure. Unter physiologischen Bedingungen liegen sie daher als Anionen vor, was für ihre pharmakologische Wirkung wichtig ist.

Für das über viele Jahre in vielen Kombinationspräparaten zur Blutdrucksenkung verwendete **Hydrochlorothiazid** wurde 2018 vom **BfArM** (Bundesinstitut für Arzneimittel und Medizinprodukte) ein sogenannter **Rote-Hand-Brief** herausgegeben. Denn Daten aus Langzeitstudien deuteten darauf hin, dass wahrscheinlich aufgrund der photosensibilisierenden Wirkung das Risiko für weißen Hautkrebs erhöht wird. Der „Rote-Hand-Brief" empfiehlt Ärzten, Patienten, denen sie die Substanz verschrieben haben, auf dieses Risiko aufmerksam zu machen.

HCT wird seitdem meist durch das sehr ähnlich wirkende Chlortalidon ersetzt, das interessante funktionelle Gruppen besitzt: ein cyclisches Amid (= Lactam), ein Halbaminal und ein Sulfonamid.

Rote-Hand-Briefe informieren die Fachkreise über neu erkannte, bedeutende Arzneimittelrisiken und Maßnahmen zu deren Minderung.
© Bundesverband der Pharmazeutischen Industrie e. V.

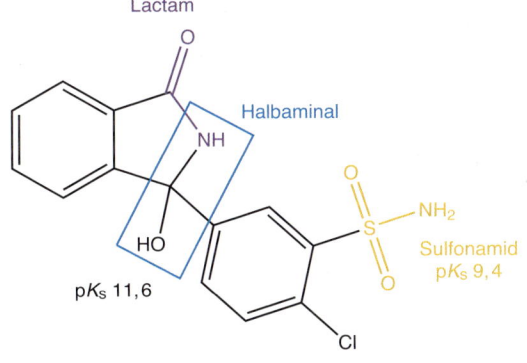

CHEMIE IM ALLTAG

Künstliche Polymere

Peptide sind lineare Molekülketten, die durch Kondensation von Carbonsäuren mit Aminen unter Wasserabspaltung entstehen. Es gibt auch **künstliche Polymere**, bei denen Monomere durch Kondensationsreaktionen verknüpft sind: die Polyester und Polyamide, die als vielseitig einsetzbare Kunststoffe Anwendung finden und aus unserer heutigen Zeit nicht mehr wegzudenken sind. Bekannte Beispiele sind die Textilfasern Trevira® und Diolen® (Polyester) oder Nylon® und Perlon® (Polyamide). Eigenschaften und Einsatzmöglichkeiten der Polyester und Polyamide hängen von den Monomeren ab, aus denen sie durch Polykondensation hergestellt wurden.

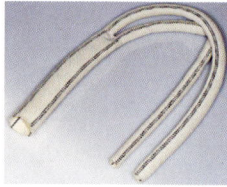

Gefäßprothese aus Dacron®
© Dr. Michael Feldmann, Feldmann & Jablovski GbR, Bremen

Polyester werden durch **Polykondensation** von Hydroxysäuren oder von Dicarbonsäuren mit Dialkoholen hergestellt. So entsteht aus der Umsetzung von Terephthalsäure mit Ethylenglycol das **Polyethylenterephthalat** (PET), das für PET-Getränkeflaschen und andere Lebensmittelverpackungen oder für chirurgisches Nahtmaterial, orthopädische Prothesen oder Gefäßprothesen (Dacron®) verwendet wird. CDs bestehen aus einem speziellen Polyester, der sich von der Kohlensäure ableitet (Polycarbonat, Macrolon®).

Polyethylenterephthalat (PET)

Terephthalsäure (Disäure)   Ethylenglykol (Diol)

Polyamide entstehen durch Polykondensation, entweder von Aminosäuren (AS-Typ, AS = Aminosäure) oder von Diaminen mit Disäuren (AA-SS-Typ, AA = Diamin, SS = Disäure). Aus der Kurzbezeichnung der Polyamide (PA) kann man deren Struktur erschließen: Perlon wird als PA6 bezeichnet, das bedeutet, dass es aus *einem* Monomer mit 6 Kohlenstoffatomen aufgebaut ist (6-Aminohexansäure), es gehört zum AS-Typ. Perlon kann durch eine sogenannte Ringöffnungspolymerisation von ε-Caprolactam, dem Lactam der 6-Aminohexansäure, synthetisiert werden. Nylon6,6 ist PA6,6, das heißt, es wird durch Polykondensation aus einem Diamin mit 6 Kohlenstoffatomen (1,6-Hexandiamin) und einer Dicarbonsäure mit 6 Kohlenstoffatomen (Hexandisäure, Adipinsäure) hergestellt. Es ist damit ein AA-SS-Typ-Polyamid. Perlon und Nylon6,6 unterscheiden sich kaum in ihren Eigenschaften, es sind Konkurrenzprodukte verschiedener Firmen.

Nylon 6,6 – Adipinsäure – 1,6-Diaminohexan

6-Aminohexansäure

ε-Caprolactam

PA 6 = Perlon

13.8 Proteine

Die Planarität der Amidgruppe und die eingeschränkte Drehbarkeit um die Peptidbindung beeinflussen in ganz entscheidender Weise, wie sich eine längere Molekülkette aus Aminosäuren falten kann, welche dreidimensionale Struktur (= Konformation) also ein Protein einnimmt. Von der korrekten Faltung hängt dann wiederum die Funktion des Proteins ab. Man unterscheidet bei Proteinen bis zu vier verschiedene Ebenen der Strukturbildung:

- **Primärstruktur** = Abfolge der Aminosäuren im linearen Strang, Aminosäuresequenz
- **Sekundärstruktur** = strukturell definierte, stabile Konformationen von Teilen des Peptidgerüsts, die bei der Faltung der linearen Molekülkette entstehen
- **Tertiärstruktur** = dreidimensionale Struktur des gesamten Proteins, ergibt sich aus der relativen Anordnung der einzelnen Sekundärstrukturelemente zueinander
- **Quartärstruktur** = Zusammenlagerungen von mehreren Proteinuntereinheiten zu einem größeren Protein

Die Primärstruktur jedes Proteins ist in der DNA genetisch codiert (▶ Kapitel 14.7). Allerdings werden sehr häufig einzelne Aminosäuren in einem Protein nachträglich noch chemisch modifiziert und damit in ihren Eigenschaften verändert. Solche **posttranslationalen Modifikationen** können zum Beispiel Methylierungen (▶ Kapitel 10.5.1), Phosphorylierungen oder Sulfatierungen (▶ Kapitel 11.9) oder Glycosylierungen sein (▶ Kapitel 12.6).

13 Aminosäuren, Peptide und Proteine

> ### EXKURS
>
> #### Die Sequenzbestimmung von Proteinen
>
> Die Aminosäuresequenz eines Peptids (Proteins) bestimmt letztendlich dessen Faltung und damit auch seine Funktion. Aber wie kann man von einem Peptid die Aminosäuresequenz bestimmen? Für die Ermittlung der **Aminosäurezusammensetzung** führt man eine Totalhydrolyse (24 h, 6 M HCl, 110 °C) durch, wobei das Peptid in die einzelnen Aminosäuren gespalten wird. Diese können dann mittels Chromatographie getrennt (▶ Kapitel 13.5) und nach Anfärbung mit Ninhydrin mit Photometrie (▶ Kapitel 1.11) auch quantitativ bestimmt werden. So erhält man zum Beispiel für ein Heptapeptid der Sequenz Ala-Gly-Asp-Arg-Gly-Gly-Ala die Zusammensetzung: 2 • Ala, 3 • Gly, 1 • Asp und 1 • Arg.
>
> Die **N-terminale Aminosäure eines Peptids** kann man identifizieren, indem man den N-Terminus mit einer Substanz markiert, die photometrisch oder fluorimetrisch bestimmt werden kann. Nach Totalhydrolyse des Peptids ist nur die N-terminale Aminosäure markiert, alle anderen Aminosäuren liegen underivatisiert vor. Verwendet werden **Sangers Reagenz** (Fluor-2,4-dinitrobenzen) oder Dansyl- bzw. Dabsylchlorid. Die markierte N-terminale Aminosäure wird durch chromatographische Methoden (HPLC, ▶ Kapitel 4.7) von den unmarkierten Aminosäuren getrennt und identifiziert. So kann man nachweisen, dass unser Heptapeptid am N-Terminus ein Ala aufweist. Die Reihenfolge der anderen Aminosäuren lässt sich so allerdings nicht bestimmen, da das restliche Peptid bei diesen Methoden ebenfalls komplett zerstört wird.
>
> Eine **schrittweise Sequenzierung** kann man hingegen mit dem **Edmann-Abbau** durchführen, der heutzutage auch automatisiert durchgeführt wird. Auch dabei wird die N-terminale Aminosäure spezifisch markiert, diesmal mit Phenylisothiocyanat. Es kommt zur Abspaltung der N-terminalen Aminosäure als Phenylthiohydantoin-Aminosäure (PTH-Aminosäure), die sich chromatographisch oder massenspektrometrisch identifizieren lässt. Das restliche Peptid bleibt dabei aber intakt, sodass von dem nun um eine Aminosäure verkürzten Peptid erneut die N-terminale Aminosäure bestimmt werden kann. So lässt sich nach und nach die gesamte Primärstruktur identifizieren.

13.8 Proteine

[Structure: Phenylisothiocyanat + Peptide → PTH-Aminosäure + verkürztes Peptid noch intakt, Verfahren kann wiederholt werden]

Allerdings funktioniert das Verfahren bei großen Peptiden mit mehr als 50 Aminosäuren nicht mehr sehr zuverlässig, da die einzelnen Reaktionen nicht zu 100 Prozent verlaufen. Das heißt, es häufen sich im Laufe der Zeit unvollständig abgebaute Sequenzen an, die dann zu Fehlern führen. Daher zerlegt man größere Peptide und Proteine vorher durch spezifische Hydrolyse in kleinere Peptide, die man dann trennt und einzeln sequenziert. Dazu gibt es chemische und enzymatische Methoden. Bromcyan (BrCN) zum Beispiel spaltet Proteine selektiv nach einem Methionin-Rest. Häufig eingesetzt wird der sogenannte **tryptische Verdau** (*tryptic digest*). Die Protease Trypsin (▶ Kapitel 13.9) spaltet Peptide bevorzugt nach Lysin oder Arginin, jedes der entstandenen Bruchstücke (mit Ausnahme des ursprünglichen C-Terminus) hat damit einen C-Terminus, an dem entweder Lys oder Arg sitzen. Wie dann die einzelnen Bruchstücke ursprünglich miteinander verbunden waren, erfährt man, indem man mehrere Enzyme benutzt, die unterschiedliche Substratspezifitäten aufweisen, zum Beispiel Trypsin (Lys, Arg) und Chymotrypsin (aromatische, hydrophobe Aminosäuren). Aus den jeweils erhaltenen Bruchstücken kann man dann die ursprüngliche Sequenz ableiten. Beispielsweise liefert der tryptische Verdau des Peptids Thr-Phe-Val-Lys-Ala-Ala-Trp-Gly-Lys die Peptide Thr-Phe-Val-Lys und Ala-Ala-Trp-Gly-Lys, wohingegen der chymotryptische Verdau Val-Lys-Ala-Ala-Trp und Gly-Lys (sowie die beiden Aminosäuren Thr und Phe) ergibt. Ein bisschen Kombinationsgabe und die Suche nach Überlappungssequenzen der Bruchstücke liefern dann das Ergebnis.

chymotryptischer Verdau

Thr-Phe-Val-Lys-Ala-Ala-Trp-Gly-Lys

tryptischer Verdau

Besitzt ein Protein Disulfidbrücken, müssen vor der Sequenzbestimmung die Disulfidbrücken durch Reaktion mit β-Mercaptoethanol oder Dithiothreitol (DTT) reduziert werden. Die erneute Disulfidbildung wird dann durch Reaktion mit Iodacetamid oder Iodacetat verhindert, es entstehen am Cystein-Schwefel carbamoylierte oder carboxymethylierte Derivate.

Die Sequenzanalyse von Proteinen erfolgt heute meist mithilfe der Massenspektrometrie (MS). Es werden hier sogenannte gekoppelte Verfahren angewandt, das heißt, die MS wird mit einer Hochleistungsflüssigkeitschromatographie (HPLC) gekoppelt (LC/MS). Die Proteine werden vorher wie beschrieben mit Enzymen verdaut und die entstandenen kleineren Peptide werden über eine HPLC getrennt, dann im Massenspektrometer nacheinander mit einer Ionisierungsmethode ionisiert, fragmentiert und die entstandenen Bruchstücke werden detektiert. Das Fragmentmuster wird dann analysiert und mithilfe von Computerprogrammen mit Datenbanken abgeglichen. Das Verfahren ist einerseits schneller als die Proteinsequenzierung, andererseits muss die gesuchte Peptidsequenz in der Datenbank vorhanden sein. Man nennt dieses Verfahren **Peptidmassenfingerprinting**.

Die räumliche Struktur des gesamten Proteins hängt dann davon ab, wie sich die lineare Proteinkette mit ihrer speziellen Abfolge von Aminosäuren faltet. Dabei spielen drei Faktoren eine wichtige Rolle:

- Die Planarität der einzelnen Amidgruppen, die die möglichen konformativen Anordnungen einer Peptidkette stark einschränkt.
- Die Ausbildung von H-Brücken zwischen Amidgruppen stabilisiert bestimmte Faltungen einzelner Bereiche des linearen Peptidstrangs.
- Die Notwendigkeit, benachbarte Seitenketten R möglichst weit voneinander zu entfernen, um sterische Wechselwirkungen zu verringern oder Abstoßungen gleichnamiger Ladungen zu verhindern.

Die Amidgruppe ist planar und in der Regel *trans*-konfiguriert, das heißt, das H-Atom am Stickstoff weist in die entgegengesetzte Richtung wie die Carbonylgruppe. Diese Anordnung ist energetisch stabiler als die alternative *cis*-Anordnung, in der sich die beiden α-C-Atome räumlich zu nahe kommen. Nur beim Prolin sind beide Anordnung in etwa gleich stabil.

Eine Peptidkette besteht also aus einer Aneinanderreihung von planaren, starren und *trans*-konfigurierten Amidbindungen, deren Ebenen gegeneinander jeweils um 109° verdreht sind. Diese Verdrehung kann entweder immer in die gleiche oder in entgegengesetzte Richtungen stattfinden. Man erhält so zwei unterschiedliche **Sekundärstrukturelemente**, die durch Wasserstoffbrücken (▶ Kapitel 3.2.2) zwischen weiter entfernten Amidgruppen entlang der gefalteten Kette stabilisiert werden.

- **α-Helix:** Die Ebenen der Amidgruppen sind alle in der gleichen Richtung gegeneinander verdreht.
- **β-Faltblatt:** Die Ebenen der Amidgruppen sind immer abwechselnd entgegengesetzt gegeneinander verdreht.

> **MERKE**
>
> Sekundärstruktur = einzelne, speziell gefaltete Bereiche im Peptid (α-Helix oder β-Faltblatt)

Die Bezeichnung als α und β ergibt sich historisch aus der Reihenfolge, in der diese Sekundärstrukturelemente entdeckt und aufgeklärt wurden: Die α-Helix wurde zuerst entdeckt und danach das β-Faltblatt.

Bei der **α-Helix** (▶ Abbildung 13.4) sind die jeweiligen planaren Ebenen der benachbarten Amidgruppen alle in gleicher Richtung gegeneinander verdreht. Daher windet sich der Peptidstrang um eine gedachte Achse herum spiralig auf. Bei *L*-Aminosäuren entsteht so eine rechtsgängige Helix. Unabhängig von der Sequenz der Peptidkette ist die räumliche Abmessung der Helix immer die gleiche. Die Ganghöhe beträgt 3,6 Aminosäuren (= 0,54 nm), das heißt, entlang der Peptidkette liegt die Aminosäure $i + 4$ in etwa oberhalb der Aminosäure an Position i. H-Brücken zwischen diesen Amidgruppen stabilisieren die Helix intramolekular. Die Helix ist im Inneren durch die Atome des **Peptidrückgrats** (definiert durch die Abfolge der α-C-Atome und der Amidgruppen) so stark ausgefüllt, dass in der Mitte kein Hohlraum verbleibt (auch wenn dies auf den Bildern anders aussieht). Die einzelnen Seitenketten R zeigen von der Helix wie Stacheln nach außen.

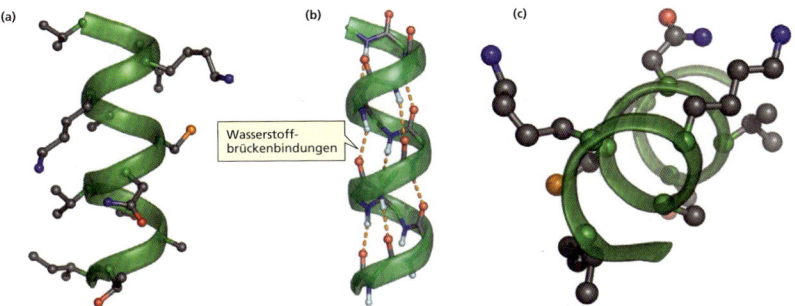

Abbildung 13.4: (a) Ein Ausschnitt aus einer Polypeptidkette mit α-Helixkonformation. (b) Die α-Helix wird durch Wasserstoffbrückenbindungen zwischen den Amidbindungen der Aminosäuren i und $i + 4$ stabilisiert. (c) Schrägeinblick in Richtung der Längsachse einer α-Helix. Die Seitenketten zeigen senkrecht von der Helixachse nach außen.
Aus: Bruice, P. Y. (2007)

Beim **β-Faltblatt** (▶ Abbildung 13.5) sind die planaren Ebenen der Amidgruppen immer entgegengesetzt gegeneinander verdreht. Man erhält eine nahezu flache, gefaltete, zickzackartige Struktur, ähnlich wie ein gefaltetes Blatt Papier. Zwischen benachbarten Strängen bilden sich H-Brücken aus. Dabei können die Peptidketten entweder parallel oder antiparallel zueinander orientiert sein. Bei einem **parallelen Faltblatt** sind die beiden Peptidketten(teile) so orientiert, dass die Richtung vom N- zum C-Terminus für beide Stränge gleich ist. Bei einem **antiparallelen Faltblatt** weisen die nebeneinanderliegenden Ketten eine entgegengesetzte Orientierung vom N- zum C-Terminus auf. Bei beiden Typen zeigen die Seitenketten R von der Ebene des Faltblatts abwechselnd nach oben und nach unten.

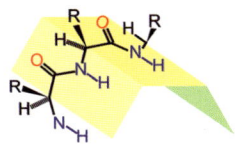

Helicale Faltung eines Tripeptids

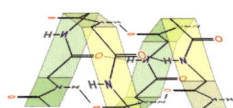

Anordnung der planaren Amidbindungen in einer α-Helix

Anordnung der planaren Amidbindungen in einem β-Faltblatt

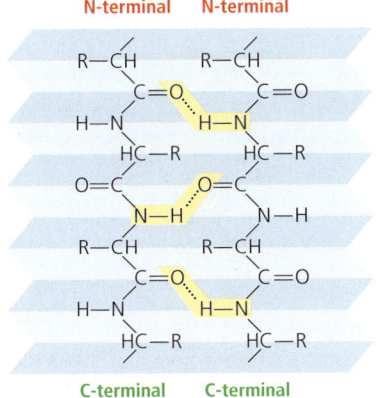
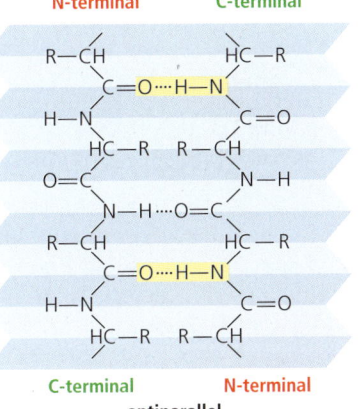

Abbildung 13.5: Parallele (links) und antiparallele (rechts) β-Faltblattanordnungen
Aus: Bruice, P. Y. (2007)

Ob ein Peptidstrang sich in einem bestimmten Bereich zu einer α-Helix oder zu einem β-Faltblatt faltet, hängt zum einen von der Aminosäuresequenz ab. Es gibt bestimmte Aminosäuren, die bevorzugt eine α-Helix bilden (zum Beispiel Glu, Ala, Leu, Phe, Trp), andere Aminosäuren sind hingegen sogenannte Helixbrecher und verhindern die Bildung einer α-Helix in ihrer Umgebung (vor allem Pro und Gly). Aminosäuren wie Val, Ile, Met favorisieren die Bildung eines β-Faltblatts, insbesondere Glu, Lys, Ser und Pro verhindern die Ausbildung eines β-Faltblatts. Ein zweiter wichtiger Aspekt ist die weitere Umgebung in der Tertiärstruktur.

Es gibt Proteine, die nahezu ausschließlich in einer dieser beiden Sekundärstrukturanordnungen vorliegen (sogenannte **fibrilläre Proteine**, Faserproteine). Das Wollprotein α-Keratin und die Faserproteine von Muskelzellen sind Proteine, die fast nur α-Helices (= Plural von Helix) aufweisen. In diesen Proteinen wurde die α-Helix auch zuerst entdeckt. Es handelt sich um lineare Fasern, die in Längsrichtung gestreckt werden können und bei einer solchen Zugbelastung sehr widerstandsfähig sind. Seidenprotein (zum Beispiel das β-Keratin von Insekten und Spinnen) besteht hingegen nahezu vollständig aus β-Faltblättern. Diese sind bereits gestreckt, sodass diese Proteine nicht weiter gestreckt oder gedehnt werden können.

In der Regel enthalten größere Proteine sowohl α-Helices als auch β-Faltblätter. Im Allgemeinen ist bei einem **globulären Protein** (= mehr oder weniger kugelförmiges Protein) nur etwa die Hälfte der Peptidkette in definierten Sekundärstrukturanordnungen gefaltet. Diese strukturell definierten Bereiche sind durch Schleifen (*U-turn*) und spiralige Strukturen miteinander verbunden (▶ Abbildung 13.6).

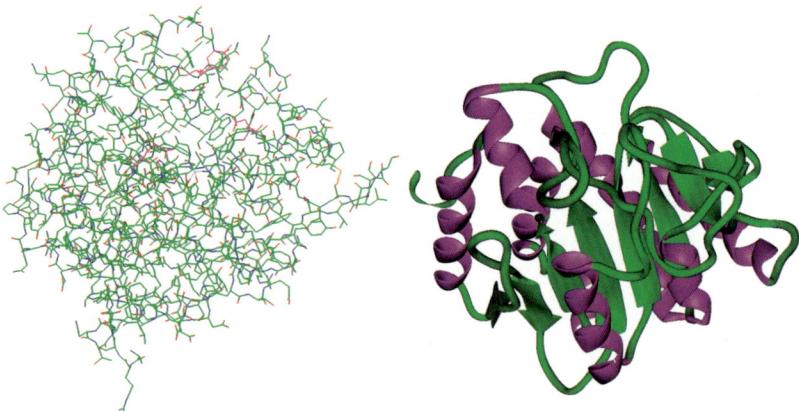

Abbildung 13.6: Struktur der Carboxypeptidase A (links). In der schematischen Darstellung (rechts) sind α-helikale Abschnitte in Lila und β-Faltblattbereiche in Grün wiedergegeben. Die Orientierung der β-Faltblattabschnitte relativ zueinander wird durch Pfeile angezeigt, die immer in N → C-Richtung weisen. Fährt man in dieser Richtung an der verwickelten Molekülkette entlang, lassen sich der Amino- und der Carboxyterminus finden.
Aus: Bruice, P. Y. (2007)

13.8 Proteine

Den übergeordneten räumlichen Aufbau des gesamten Proteins bezeichnet man als ▶ **Tertiärstruktur** (Abbildung 13.7). Die Tertiärstruktur enthält die Abfolge der Sekundärstrukturelemente (α-Helix, β-Faltblattstruktur) und ihre relative Anordnung zueinander. Die einzelnen Sekundärstrukturelemente werden durch verschiedene Wechselwirkungen mit benachbarten Teilen des Proteins in die letztendliche dreidimensionale Form des gesamten Proteins gefaltet. Dabei spielen neben Wasserstoffbrückenbindungen, die auch die Sekundärstrukturelemente stabilisieren, auch andere nichtkovalente Wechselwirkungen wie Ionenbindungen und hydrophobe Wechselwirkungen (▶ Kapitel 3.2) eine große Rolle. Bereiche mit hydrophoben Aminosäuren wie Phe, Trp, Val oder Ile werden sich bevorzugt im Inneren des Proteins, also von der polaren wässrigen Umgebung weggerichtet, anordnen. Mehr polare Aminosäuren (Ser, Thr) und vor allem geladene Aminosäuren (Lys, Glu, Asp, Arg) findet man hingegen häufig auch auf der Oberfläche eines Proteins.

> **MERKE**
> Tertiärstruktur = dreidimensionale Struktur des gesamten Proteins

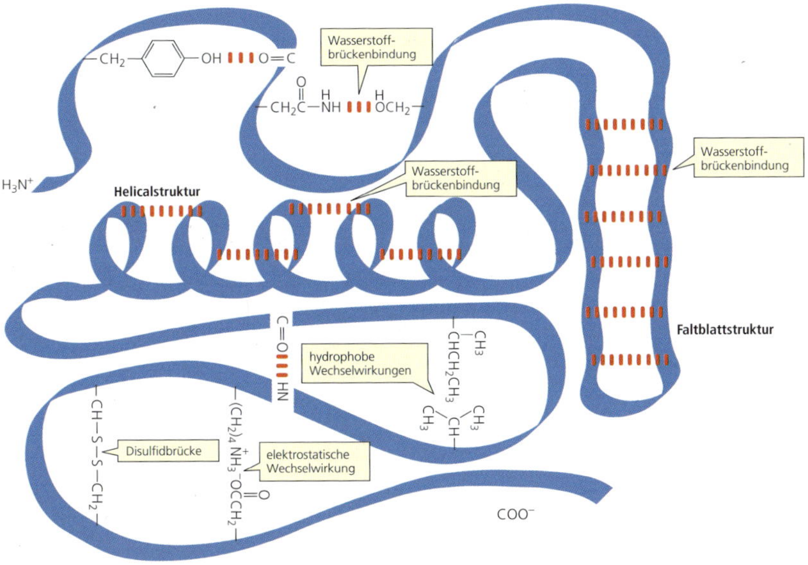

Abbildung 13.7: Stabilisierende Wechselwirkungen bei der Ausbildung der Tertiärstruktur eines Proteins
Aus: Bruice, P. Y. (2007)

Eine weitere Besonderheit, die die Tertiärstruktur eines Proteins stabilisiert, sind **Disulfidbrücken**, kovalente S–S-Bindungen, die sich zwischen zwei Cysteinresten durch Oxidation bilden können (▶ Abbildung 13.8). Diese Wechselwirkungen können zwischen Aminosäuren auftreten, die in der Primärstruktur sehr weit voneinander entfernt sind. Gerade dadurch wird die Faltung des Proteins in einer bestimmten dreidimensionalen Struktur stabilisiert. Disulfidbrücken sind zum Beispiel für die Formgebung der Haarproteine sehr wichtig. Bei einer Dauerwelle werden die Disulfidbrücken durch chemische Reduktion gebrochen, sodass die ursprüngliche Struktur der Haarproteine größtenteils verloren geht. Die Haare werden dann in eine neue Form gefaltet und durch Oxidation entstehen neue Disulfidbrücken, die die Dauerwelle fixieren. Da es sich um kovalente Bindungen handelt, wird eine Dauerwelle auch beim Waschen nicht zerstört. Auch Metall-Ligand-Wechselwirkungen können zur Strukturbildung innerhalb eines Proteins beitragen (▶ Kapitel 8.9.1).

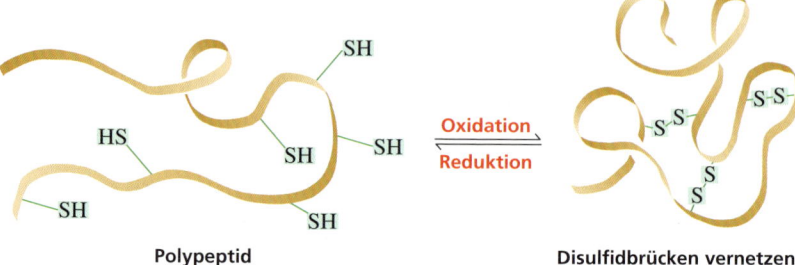

Abbildung 13.8: Durch Disulfidbrücken vernetzte Teile einer Polypeptidkette
Aus: Bruice, P. Y. (2007)

AUS DER MEDIZINISCHEN PRAXIS

Glutathion, ein redoxaktives Tripeptid

Glutathion (abgekürzt **GSH**) ist ein Tripeptid aus den Aminosäuren Glutamat, Cystein und Glycin, wobei allerdings das Glutamat über die Carboxylgruppe der Seitenkette an das Cystein gebunden ist und nicht über die α-Carboxylgruppe. Es kommt in fast allen Körperzellen vor und ist eine Art Redoxpuffer. Glutathion kann reversibel unter Bildung des entsprechenden Disulfids (**GSSG**) oxidiert werden. Seine Aufgabe ist es unter anderem, Proteine wie Hämoglobin im reduzierten Zustand zu halten, indem es eventuell sich bildende unerwünschte Disulfidbrücken im Protein wieder zu Cystein reduziert (und dabei selbst zu GSSG oxidiert wird). Glutathion ist ebenso notwendig, um den zweiwertigen Zustand des Eisens (Fe(II)) im Hämoglobin aufrechtzuerhalten, was Voraussetzung für den Sauerstofftransport ist (▶ Kapitel 7.2). Glutathion ist auch an der Entgiftung (= Reduktion) reaktiver Sauerstoffspezies (zum Beispiel H_2O_2) beteiligt. Glutathion ist aber nicht nur ein Redoxpuffer, sondern wird auch als zelleigenes Nucleophil zum Abfangen schädlicher Elektrophile eingesetzt (▶ Kapitel 11.12).

13.8 Proteine

Eine Krankheit, die indirekt mit Glutathion zu tun hat, ist der Glucose-6-phosphat-Dehydrogenase-Mangel (**Favismus**). Bei den Betroffenen ist in den Erythrocyten die Produktion von NADPH (▶ Kapitel 14.3) stark vermindert. Dieses hat in den Erythrocyten die Aufgabe, oxidiertes Glutathion GSSG wieder in GSH zu überführen und so die GSH-Konzentration und damit den Redoxstatus der Erythrocyten konstant zu halten. Rote Blutzellen mit vermindertem GSH-Gehalt sind gegenüber oxidativen Schädigungen anfälliger, es entsteht eine hämolytische Anämie. Der Mangel an Glc-6-P-Dehydrogenase hat aber auch etwas Gutes: Die Patienten sind gegen den Malaria-Erreger *Plasmodium falciparum* weniger anfällig, denn diese Parasiten benötigen GSH für optimales Wachstum. Daher ist der Anteil an Patienten mit Glc-6-P-Dehydrogenase-Mangel in der afrikanischen und der Mittelmeerbevölkerung auch relativ hoch (ca. 20 Prozent). Die Krankheit bietet (wie auch die Sichelzellenanämie, ▶ Kapitel 14.4) einen Selektionsvorteil. Favismus ist mit über 100 Millionen Betroffenen weltweit die häufigste Enzymerkrankung der Menschen. Favismus wird auch **Bohnenkrankheit** genannt, da beim Genuss von Favobohnen (Saubohnen) (und auch einigen Medikamenten, zum Beispiel Sulfonamide oder einige Malariamittel) ein hämolytischer Schub auftritt. Das heißt, die Erythrocyten werden zerstört, es kommt zu starken Bauchschmerzen, Durchfall, Erbrechen, Haut- und Schleimhautblutungen und Fieber.

Häufig lagern sich auch mehrere Proteine zu einem funktionellen Komplex zusammen. Ein bekanntes Beispiel ist Hämoglobin, das aus vier Proteinen besteht: zwei identischen α- und zwei identischen β-Globineinheiten (▶ Abbildung 13.9). Achtung, diese Bezeichnung hat nichts mit den zuvor diskutierten Sekundärstrukturelementen zu tun, sondern soll einfach nur angeben, dass es sich um zwei leicht verschiedene Proteine handelt. Die genaue Anordnung der Untereinheiten zueinander, die ebenfalls wieder durch nichtkovalente Wechselwirkungen wie H-Brücken, Ionenpaarbildung oder hydrophobe Wechselwirkungen zusammengehalten werden, bezeichnet man als **Quartärstruktur** des Proteins.

> **MERKE**
>
> Quartärstruktur = Zusammenlagerungen von mehreren Proteinuntereinheiten zu einem größeren Protein

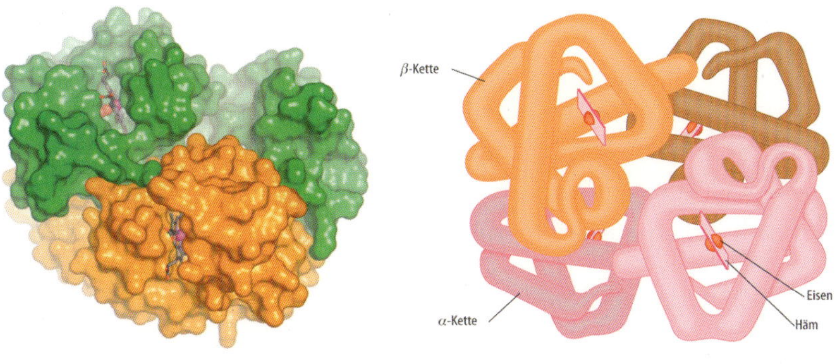

Abbildung 13.9: Zwei Darstellungen der Quartärstruktur des Hämoglobins. Jedes Hämoglobinmolekül besteht aus zwei identischen α- und zwei identischen β-Globinuntereinheiten. Zwei der Hämgruppen (eisenhaltige Porphyrine) sind links in zwei der Untereinheiten sichtbar. In der grün unterlegten Untereinheit oben links ist ein gebundenes Sauerstoffmolekül (rot) erkennbar.
Aus: Bruice, P. Y. (2007)/Campbell, N. A. & Reece, J. B. (2005)

13 Aminosäuren, Peptide und Proteine

> **MERKE**
>
> Die Aminosäuresequenz (Primästruktur) bestimmt die Faltung eines Proteins.

Die gesamten Informationen zur Faltung eines Proteins stecken letztendlich in seiner Aminosäuresequenz (▶ Abbildung 13.10). Die dreidimensionale Struktur, die das Protein nach der Faltung annimmt, entspricht der energetisch stabilsten Struktur. Allerdings können auf dem Weg dahin viele Zwischenzustände durchlaufen werden, die metastabilen Strukturen entsprechen, in denen das Protein falsch gefaltet und somit nicht funktionell ist. In den Zellen helfen daher häufig andere Proteine (sogenannte Chaperone, englisch für Anstandsdame) dabei, dass sich eine Peptidkette nach ihrer Biosynthese in die richtige native Form faltet. Einige Proteine falten sich aber auch spontan ohne fremde Hilfe in die richtige Form.

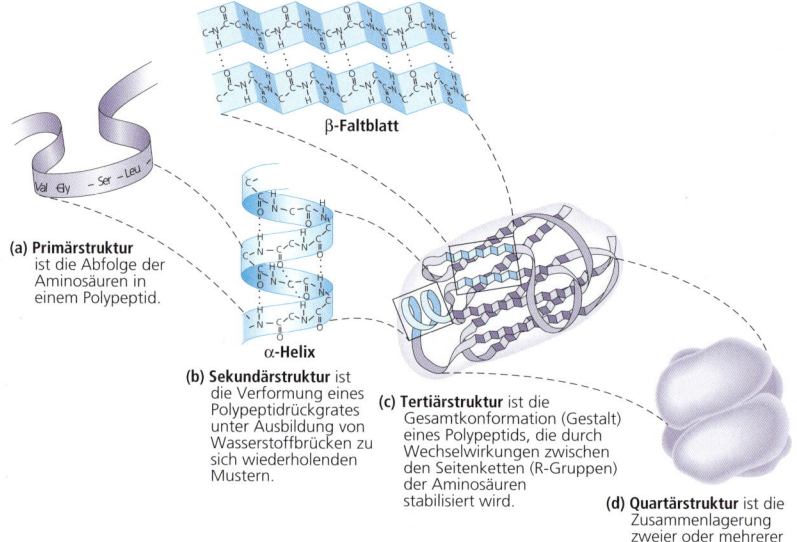

Abbildung 13.10: Die vier Ebenen der Proteinstruktur
Aus: Campbell, N. A. & Reece, J. B. (2005)

Abgesehen von den kovalenten Disulfidbrücken wird die Form eines Proteins durch nichtkovalente Wechselwirkungen bestimmt. Deren Stärke hängt aber, wie wir schon gelernt haben, von den äußeren Bedingungen ab (▶ Kapitel 3.2). Man kann die Struktur eines Proteins daher durch Erwärmen oder die Zugabe von Säuren, Basen oder Salzen verändern. Eine solche **Denaturierung** kann reversibel sein, sodass sich das Protein nach Wiederherstellung der ursprünglichen Bedingungen erneut in die korrekte Form faltet (Renaturierung). Das Protein kann aber auch irreversibel denaturieren („gerinnen"). Letzteres kennen wir vom Eierkochen. In der Mikrobiologie werden Proteine häufig durch Zusatz von Harnstoff oder Guanidiniumchlorid (▶ Tabelle 6.1) reversibel denaturiert. Auch die Disulfidbrücken lassen sich durch Zugabe eines anderen Thiols (Ethanthiol, CH_3CH_2SH) reversibel aufbrechen.

13.8 Proteine

AUS DER MEDIZINISCHEN PRAXIS

Peptidarzneistoffe

Insulin ist ein Peptidhormon, das in den β-Zellen des Pankreas gebildet wird und dafür sorgt, dass Glucose aus dem Blut in die Zellen aufgenommen werden kann (▶ Fallbeispiel Kapitel 11). Es besteht aus zwei Peptidketten (A-Kette aus 21 Aminosäuren, B-Kette aus 30 Aminosäuren), die über zwei Disulfidbrücken miteinander verbunden sind. Auch innerhalb der A-Kette sind zwei Cysteinreste über eine Disulfidbrücke miteinander verbunden. Die A-Kette ist zu zwei α-helicalen Strukturen, die B-Kette zu einer α-Helix und einer β-Faltblatt-Struktur gefaltet. Zur Therapie von *Diabetes mellitus* wird Humaninsulin verwendet, das teilweise verändert wurde, um die Wirksamkeit zu modulieren. In Lösung liegt Insulin in Abhängigkeit von der Konzentration als (aktives) Monomer oder als (inaktives) Dimer vor (> 0,6 mM). Bei neutralem pH-Wert und in Anwesenheit von Zinkionen entsteht zudem ein ebenfalls inaktives Hexamer. Diese inaktiven Aggregate bilden auch die Speicherform des Insulins in den β-Zellen. Veränderungen in der Aminosäuresequenz des C-Terminus der B-Kette beeinflussen das Aggregationsverhalten, ohne aber die biologische Aktivität des Monomeren zu verändern. Wenn die Dimerisierung verhindert bzw. die Dissoziation des Dimers in die Monomere beschleunigt wird, resultieren sehr schnell wirksame Insuline. Beispiele sind *Insulin lispro* und *Insulin aspart* (▶ Kapitel 3.8). In *Insulin lispro* ist die Aminosäure Prolin (Nummer 28 der B-Kette = B28Pro) gegen Lysin ausgetauscht, in *Insulin aspart* gegen Aspartat. Im *Insulin glulisin* ist BLys29 durch Glutaminsäure ausgetauscht und BAsp3 durch Lysin. Es hat neben dem raschen Wirkungseintritt auch nur eine kurze Wirkdauer und wird daher gezielt vor und nach Mahlzeiten subkutan injiziert. Umgekehrt führen die Verlängerung der B-Kette um zwei Argininreste und der Austausch von A21Asn gegen Gly in *Insulin glargin* zur Präzipitation (Ausfällen der hexameren Form) nach subkutaner Injektion. Aus diesem Depot wird Insulin nach und nach freigesetzt. Man erhält Insuline mit verzögertem Wirkungseintritt. Ein zweites langsam wirkendes Insulin ist *Insulin detemir*, in dem an der Seitenkette der Aminosäure Lysin an Position 29 der B-Kette zusätzlich eine Fettsäure (▶ Kapitel 11.10), die Myristinsäure mit 14 C-Atomen, gebunden ist. Weiterhin fehlt die Aminosäure Threonin an Position 30. Durch die Fettsäure bindet *Insulin detemir* besonders gut an das Protein Albumin. Aus diesem Depot heraus wird es dann langsam wieder freigesetzt. Es reicht daher eine Verabreichung ein- bis zweimal pro Tag. Ein Derivat mit noch längerer Wirkdauer ist *Insulin degludec*, das nur noch einmal pro Tag subkutan injiziert werden muss (ein sogenanntes ultra-langwirksames Basalinsulin). Ebenso wie bei *Insulin detemir* fehlt im *Insulin degludec* die Aminosäure Threonin an Position 30 der B-Kette. An die Seitenkette von Lysin B29 wurde allerdings diesmal über eine Glutaminsäure eine Fettsäure mit 16 C-Atomen angebunden.

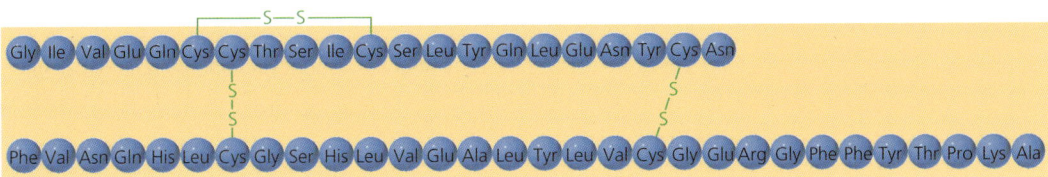

Insulin
Aus: Bruice, P. Y. (2007)

In einem neuen Ansatz zur Behandlung des nicht insulinpflichtigen *Diabetes mellitus* Typ 2 wird ein Peptid, das ursprünglich aus einer Echsenart (der Gila-Krustenechse) isoliert wurde, *parenteral* appliziert: **Exenatid** (Exendin-4, Byetta®). Es handelt sich um ein 29 Aminosäuren langes Peptid, das *in vivo* die Wirkung des sogenannten *Glucagon-like Peptide* (GLP-1) nachahmt. GLP-1 wird im Körper ausgeschüttet, wenn der Glucosespiegel im Blut steigt, und stimuliert die Freisetzung von Insulin aus der Bauchspeicheldrüse. Es kann selbst nicht als Arzneistoff verwendet werden, da es zu schnell hydrolysiert wird. Exenatid wird subkutan appliziert deutlich langsamer abgebaut (HWZ 2 bis 4 Stunden im Vergleich zu 90 Sekunden für GLP-1) und bewirkt ebenfalls eine erhöhte Insulinfreisetzung aus der Bauchspeicheldrüse.

Der Speichel der Gila-Krustenechse enthält das Peptid Exenatid (Exendin-4), das, rekombinant hergestellt, als Antidiabetikum eingesetzt wird.
© MonsterDoc/Wikipedia, CC BY-SA 4.0

Neben dem natürlich vorkommenden Exenatid gibt es zwischenzeitlich weitere GLP-1-Analoga, die man unter dem Namen **Glutide** zusammenfasst. Sie werden auch als Inkretin-Mimetika bezeichnet. Ein Beispiel ist **Liraglutid**, das sich von GLP-1 nur in zwei Aminosäuren unterscheidet und zur Verlängerung der Halbwertszeit über einen zusätzlichen Glutamatrest mit einer C16-Fettsäure verknüpft ist. Ursprünglich für die Therapie des Typ-2-Diabetes entwickelt werden diese GLP-1-Agonisten neuerdings auch als „Game Changer" in der Therapie von Adipositas eingesetzt. Durch ein verstärktes Sättigungsgefühl und eine verlangsamte Magenentleerung führen sie zu Gewichtsverlust.

Mit **Ziconotid** (ω-Conpeptid MVIIA, Prialt®) kam das Gift der Kegelschnecke *Conus magus* als **Analgetikum** mit neuem Wirkprinzip auf den Markt. Es ist ein cyclisches Peptid aus 25 Aminosäuren und wirkt analgetisch, indem es bestimmte Ca-Kanäle in den schmerzleitenden Nervenzellen blockiert. Es wird bei starken chronischen Schmerzen als Dauerinfusion über einen intrathekalen Katheder (in den Liquorraum) appliziert.

Ein anderes cyclisches Peptid, das **Ciclosporin** (Sandimmun®) aus dem Bodenpilz *Tolypocladium inflatum*, besteht aus 11 Aminosäuren und wird als **Immunsuppressivum** zur Verhinderung von Transplantatabstoßungen eingesetzt. Im Gegensatz zu den anderen oben aufgeführten Peptiden kann es oral appliziert werden, denn es ist hydrolysestabil. Ciclosporin wird von den Proteasen des Verdauungstrakts nicht abgebaut, da es sieben N-methylierte *L*-Aminosäuren, eine *D*-Aminosäure und eine sehr ungewöhnliche nichtproteinogene Aminosäure mit neun C-Atomen besitzt.

Octreotid ist ein über eine Disulfidbrücke cyclisiertes Octapeptid aus der Gruppe der **Somatostatin**-Analoga. Er wird zur Behandlung der Akromegalie und bei neuroendokrinen Tumoren eingesetzt. Seine Halbwertszeit ist länger als die des natürlichen Hormons Somatostatin (100 min vs. 2–3 min). Somatostatin selbst wird von der Bauchspeicheldrüse gebildet. Es ist ein im Hypothalamus wirksames Hormon, das die Bildung des Hypophysen-Hormons **Somatotropin** hemmt. Daher wird es auch als *Somatotropin (Release) Inhibiting Hormone* (SIH, SRIH) bezeichnet oder, weil es sich bei Somatotropin um ein Wachstumshormon handelt, auch als *Growth Hormone Inhibiting Hormone* (GHIH).

13.8 Proteine

An den Strukturen der beiden Peptide kann man sich sehr gut verdeutlichen, wie Peptide aufgebaut sind und welche absoluten Konfigurationen die L- bzw. D-konfigurierten Aminosäuren aufweisen.

Nochmal zur Erinnerung: Alle proteinogenen Aminosäuren sind nach Fischer L-konfiguriert, so auch die im Somatostatin. Nach CIP weisen sie alle die (S)-Konfiguration auf, mit zwei Ausnahmen: Glycin ist achiral und L-Cystein ist (R)-konfiguriert.

Im Octreotid liegen zwei Besonderheiten vor: es gibt zwei D- und damit (R)-konfigurierte Aminosäuren (D-Phe und D-Trp) und einen Aminoalkohol, der sich von Threonin ableitet: Threoninol, Thr-ol. In diesem ist die Carbonsäurefunktion zu einem Alkohol reduziert. Dadurch ändern sich am chiralen α-C-Atom die Prioritäten nach CIP und dieses ist, obwohl nach Fischer weiterhin L-, nun nach CIP (R)-konfiguriert.

Somatostatin (alle 14 Aminosäure L-konfiguriert)
Ala-Gly-Cys-Lys-Asn-Phe-Phe-Trp-Lys-Thr-Phe-Thr-Phe-Thr-Ser-Cys

> **MERKE**
>
> Gliptine, Glinide, Glutide, Gliflozine: alles Namen für bestimmte Antidiabetika-Gruppen!

Octreotid (Octapeptid)
D-Phe-L-Cys-L-Phe-D-Trp-L-Lys-L-Thr-L-Cys-L-Thr-ol

Octreotid kennen wir bereits von Edotreotid, einem Konjugat aus Octreotid und einem Chelator, der mit Radiometallkationen Komplexe bilden kann.

13.9 Enzyme

Proteine übernehmen in Lebewesen eine Vielzahl wichtiger Aufgaben. Neben der Strukturbildung (Haare, Wolle, Seide, Muskelfasern) katalysieren sie vor allem als **Enzyme** nahezu alle chemischen Reaktionen, die in Zellen bei ca. 37 °C und annähernd neutralem pH-Wert ablaufen müssen. Ohne Katalyse (▶ Kapitel 10.3.5) wären die Geschwindigkeiten der meisten chemischen Reaktionen *in vivo* viel zu langsam. Wie alle Katalysatoren greifen Enzyme in das Reaktionsgeschehen ein und eröffnen neue – meist mehrstufige – Reaktionswege, deren Aktivierungsenergie geringer ist als die der unkatalysierten Reaktion. Nach der Reaktion liegen sie wieder unverändert vor. Wie alle Katalysatoren beschleunigen sie sowohl die Hin- als auch die Rückreaktion gleichermaßen, ohne die Gleichgewichtslage der Reaktion zu verändern.

13.9 Enzyme

Die überwiegende Mehrzahl aller Enzyme *in vivo* sind Proteine (einige sehr wenige sind Ribonucleinsäuren). Viele Enzyme nutzen kleine Moleküle wie ATP, NADH oder Hämgruppen als **Cofaktoren** (Coenzyme), das Protein selbst bezeichnet man dann als **Apoenzym**, die Gesamtheit aus Enzym und Coenzym als **Holoenzym**. Ist das Coenzym kovalent an das Apoenzym gebunden, spricht man von prosthetischer Gruppe. Viele Vitamine sind Coenzymvorstufen. Im Gegensatz zu den Enzymen können Coenzyme bei den Reaktionen verbraucht werden, zum Beispiel wird ATP zu ADP + Pi (Pi = Phosphat) oder AMP + PPi (PPi = Diphosphat, Pyrophosphat) umgewandelt (▶ Kapitel 11.9). Enzyme können im Cytoplasma oder im Extrazellulärraum gelöst vorliegen (homogene Katalyse) oder in Membranen eingelagert sein (heterogene Katalyse). Nach einer international einheitlichen Klassifizierung (Enzyme Nomenclature, EC-System der IUB International Union of Biochemistry) teilt man Enzyme anhand der von ihnen katalysierten Reaktionen in sechs Klassen ein (▶ Tabelle 13.2), die dann entsprechend der Substrate, die von den Enzymen umgesetzt werden, weiter unterteilt werden können. Eine Protease (auch Protein-ase genannt) spaltet Proteine, eine Ure-ase hydrolysiert Harnstoff und eine Ester-ase hydrolysiert Ester. Alle drei gehören also zur Klasse der Hydrolasen. Neben diesen systematischen Namen (Substrat + Endung „-ase") werden für einige Enzyme auch historische Bezeichnungen verwendet. So sind die Verdauungsenzyme Chymoptrypsin, Trypsin oder Pepsin alle Proteasen.

Für die Entdeckung der Ribozyme (▶ Kapitel 14.7) katalytisch wirkende Ribonucleinsäuren) wurden S. Altman und T. R. Cech 1989 mit dem Nobelpreis für Chemie ausgezeichnet.

Enzymklasse Katalysierte Reaktion	Cofaktor	Beispiel
Oxidoreduktasen Redox-Reaktionen	NAD⁺ oder NADP⁺	Alkoholdehydrogenase (ADH) (Fallbeispiel Kapitel 9) CH₃CHO + NADH + H⁺ ⇌ CH₃CH₂OH + NAD⁺
Transferasen Übertragung funktioneller Gruppen	Pyridoxalphosphat (PLP)	Transaminasen (Kapitel 11.4.3) Aminosäure 1 + α-Ketocarbonsäure 2 ⇌ α-Ketocarbonsäure 1 + Aminosäure 2
Hydrolasen Hydrolysen	Keine	Acetylcholinesterase Acetylcholin + H₂O ⇌ Cholin + Essigsäure

> **MERKE**
> „-ase" Endung von Enzymen

Enzymklasse Katalysierte Reaktion	Cofaktor	Beispiel
Lyasen (veraltet **Synthasen**) Anlagerung oder Abspaltungen von Gruppen an Doppelbindungen	Entweder keine Coenzyme oder zum Beispiel Thiamin (Vitamin B_1)	Fumarat-Hydratase (Fumarase, Kapitel 10.7.2), Aldolase (Kapitel 11.6) Fumarat ⇌ (S)-Malat (+ H_2O / – H_2O)
Isomerasen Isomerisierungen (auch durch Gruppenübertragungen innerhalb eines Moleküls)	Keine oder zum Beispiel Cobalamin	Retinal-Isomerase (Kapitel 9.8) all-*trans*-Retinal ⇌ (Licht) 11-*cis*-Retinal
Ligasen (veraltet **Synthetasen**) Bildung von C–C-, C–N-, C–S- und C–O-Bindungen unter ATP-Verbrauch	ATP, NAD	Acyl-Coenzym-A-Ligase (Kapitel 11.8.3) Fettsäure + Coenzym A + ATP ⇌ Acyl-CoA + AMP + PP_i

Tabelle 13.2: Einteilung von Enzymen entsprechend der von ihnen katalysierten Reaktionen

Für die katalytische Wirksamkeit eines Enzyms ist das sogenannte **aktive Zentrum** verantwortlich. Man versteht darunter den Bereich des Enzyms, an dem die chemische Reaktion abläuft. Das aktive Zentrum besteht aus gefalteten Teilen der Peptidkette, die in der Primärstruktur häufig zwar sehr weit voneinander entfernt sind, sich im korrekt gefalteten Enzym aufgrund dessen Tertiärstruktur jedoch nahe beieinander befinden. Auch der für die Reaktion eventuell benötigte Cofaktor zählt zum aktiven Zentrum. Bei der Bindung des Substrats an das aktive Zentrum des Enzyms bildet sich ein **Enzym-Substrat-Komplex**. Einige Enzyme wie die Alkoholdehydrogenase können ein ganzes Spektrum von homologen Substraten binden (▶ Fallbeispiel Kapitel 9) und/oder eine Vielzahl ähnlicher Reaktionen katalysieren. Andere akzeptieren nur ein einziges Substrat, weisen also eine hohe **Substratspezifität** auf, die sich daraus ergibt, dass die räumliche und elektronische Struktur des aktiven Zentrums des Enzyms und des Substrats komplementär zueinander sein müssen, ähnlich wie ein Schlüssel zu einem Schloss (Schlüssel-Schloss-Prinzip). Häufig verändern sich bei der Substratbindung aber sowohl die Konformation des Enzyms als auch des Substrats, man spricht vom **induced-fit**. Da alle Aminosäuren (bis auf Glycin) chiral sind und in humanen Proteinen ausschließlich die *L*-konfigurierten Aminosäuren vorliegen, sind Enzyme als Ganzes chiral. Enzymatisch katalysierte Reaktionen verlaufen daher meist streng stereospezifisch (▶ Kapitel 10.7.2).

Betrachten wir als Beispiel für die prinzipielle Wirkweise von Enzymen die enzymatische Spaltung von Estern und Amiden etwas genauer. Wir haben bereits gelernt, dass Ester und Amide säurekatalysiert bzw. basenvermittelt hydrolysiert werden können, wofür allerdings stark saure oder alkalische Bedingungen und vor allem bei Amiden auch erhöhte Temperaturen benötigt werden (▶ Kapitel 11.8.3) Unter physiologischen Bedingungen sind diese Reaktionen sehr langsam. Die Natur nutzt zur Katalyse die Esterasen und Amidasen. Zu diesen Enzymen gehören zum Beispiel die Lipasen, die Triacylglycerole (▶ Kapitel 11.10) in Glycerol und Fettsäuren spalten, aber auch die **Acetylcholinesterase** (AChE), die den Neurotransmitter Acetylcholin zu Cholin und Essigsäure hydrolysiert und dadurch inaktiviert. Beide Enzyme nutzen dabei eine sogenannte **katalytische Triade** aus drei im aktiven Zentrum nebeneinander liegenden Aminosäuren (Ser, His, Asp). Auch die im Pankreas produzierten Verdauungsenzyme Chymotrypsin und Trypsin hydrolysieren nach dem gleichen Prinzip mit der Nahrung aufgenommene Proteine. Betrachten wie die Katalyse der Amidbindungsspaltung durch Chymotrypsin etwas genauer (▶ Abbildung 13.11). Die Reaktion verläuft über die gleichen Zwischenstufen wie die Acylsubstitution an einem Carbonsäurederivat (▶ Kapitel 11.8.1). Die OH-Gruppe des Serinrests im aktiven Zentrum (Ser195) greift nucleophil den Carbonylkohlenstoff der Amidbindung an. Dabei übernimmt *während des Angriffs* das benachbarte Histidin (His 57) als Base das Proton des Serins (Basenkatalyse), wodurch dessen Nucleophilie erhöht wird. Die Deprotonierung wird durch das ebenfalls zur katalytischen Triade gehörende Aspartat (Asp102) erleichtert, das das sich bildende positiv geladene Histidiniumion stabilisiert. Die gebildete tetraedrische Zwischenstufe wird durch die sogenannte Oxyanionen-Tasche stabilisiert. Das sind zwei Amid-NH-Gruppen des Peptidrückgrats (Ser195, Gly193), die das negativ geladene Sauerstoffatom durch H-Brücken stabilisieren. Diese Stabilisierung macht sich auch bereits im Übergangszustand bemerkbar und senkt so die Aktivierungsenergie der Reaktion, da der Angriff des Nucleophils geschwindigkeitsbestimmend ist. Abspaltung des Amins, unterstützt durch die Protonierung der Abgangsgruppe durch das Histidiniumion, ergibt ein acyliertes Enzym. Die analoge Reaktionssequenz mit Wasser als Nucleophil führt dann zur Freisetzung der Carbonsäure und zur Regenerierung des Katalysators. Der nächste Katalysezyklus kann beginnen.

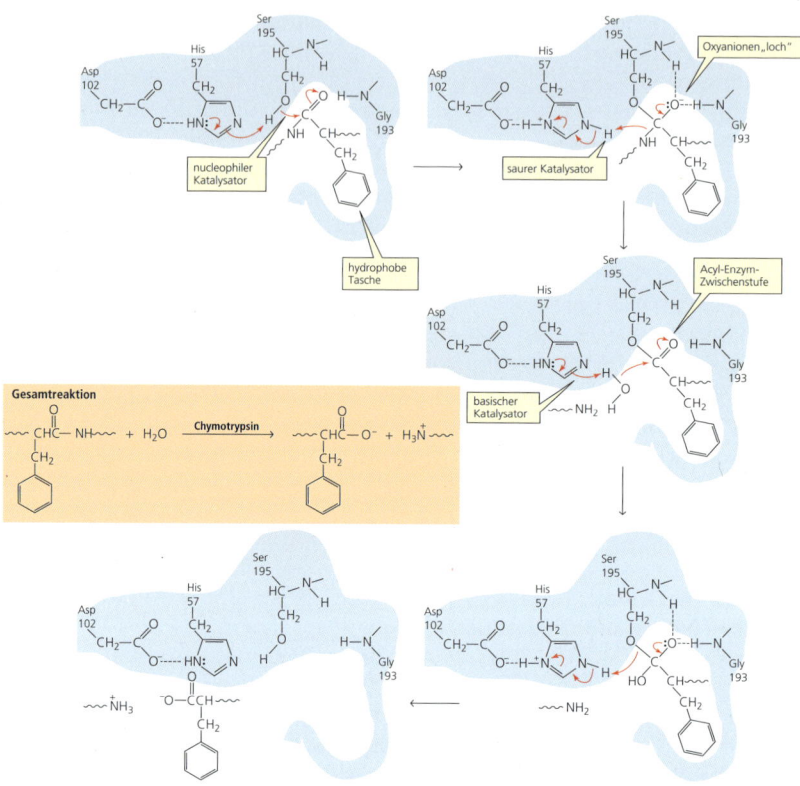

Abbildung 13.11: Katalytischer Mechanismus der durch Chymotrypsin vermittelten Hydrolyse einer Peptidbindung
Aus: Bruice, P. Y. (2007)

Auch die bakterielle Transpeptidase, das Zielenzym der β-Lactam-Antibiotika (▶ Kapitel 13.7), nutzt den gleichen Katalysemechanismus, nur dass das angreifende Nucleophil nicht Wasser, sondern die Aminogruppe einer Aminosäure ist.

AUS DER MEDIZINISCHEN PRAXIS

Hemmstoffe der Acetylcholinesterase

Name	Einige Nowytschok-Kampfstoffe	
	R^1	R^2
A-230	$-CH_3$	$-CH_3$
A-232	$-OCH_3$	$-CH_3$
A-234	$-OC_2H_5$	$-CH_3$
A-242	$-CH_3$	$-N(C_2H_5)_2$
A-262	$-OCH_3$	$-N(C_2H_5)_2$

13.9 Enzyme

(Thio)phosphorsäure- oder -phosphonsäureester
Die Abgangsgruppen sind rot hervorgehoben.

Nervengifte der Nowytschok-Gruppe (russisch: Neuling) gelangten im Zusammenhang mit Vergiftungen russischer Oppositioneller in die Medien. Diese Stoffe sind wie die Kampfgase Sarin, Tabun und Soman chemisch betrachtet Phosphon- oder Phosphorsäureester, man bezeichnet die Substanzgruppe daher auch als sog. **Organophosphate**. Die Wirkung dieser Substanzen beruht darauf, dass sie einen wichtigen AUS-Schalter von Nervenzellen blockieren. Zur Signalübertragung wird im Zentralnervensystem, an neuromuskulären Synapsen sowie im vegetativen Nervensystem **Acetylcholin** (**ACh**) als Neurotransmitter durch Exocytose in den synaptischen Spalt zwischen den Neuronen ausgeschüttet. ACh bindet an Rezeptoren der benachbarten Nervenzelle, die dann Ionenkanäle öffnet und somit das Nervensignal überträgt. Dieser Erregungszustand wird wieder abgestellt, indem Acetylcholin durch eines der am schnellsten wirksamen Enzyme, die **Acetylcholinesterase** (**AChE**), in Cholin und Acetat hydrolysiert wird (▶ Tabelle 13.2).

Acetylcholin → Cholin + Essigsäure

Inhibitoren der AChE: Rivastigmin, Physostigmin, E605, Tabun, Nowytschoks

Wenn diese Reaktion durch Blockade des reaktiven Zentrums der AChE gehemmt wird, bleiben Nervensignale dauerhaft bestehen. Hierauf begründet sich die extrem toxische Wirkung von (Thio-)Phosphor- und -phosphonsäureestern wie Sarin, Tabun, Soman, VX, dem Insektizid **E 605** und den zusammenfassend als Nowytschok bezeichneten Giften. Die Wirkung dieser Verbindungen beruht darauf, dass sie mit der Hydroxygruppe des Serins im katalytischen Zentrum der AChE einen Ester bilden, das Enzym wird phosphoryliert oder phosphonyliert. Anschließend wird ein Alkohol aus dem Phosphor- oder Phosphonsäureester eliminiert, man spricht von **Alterung des Enzyms.** Es liegt nun eine acide Gruppe vor, eine Phosphor- oder Phosphonsäure, die unter physiologischen Bedingungen deprotoniert und damit negativ geladen ist und daher nicht mehr durch Nucleophile angegriffen werden kann. Das Enzym kann nun nicht mehr regeneriert oder durch Antidota wie Pralidoxim oder Obidoxim reaktiviert werden. Je nach Kampfstoff dauert diese Alterungsreaktion nur ein paar Minuten bis hin zu ein paar Stunden. Die Aufnahme der Organophosphate durch Haut, Mund oder Atmung führt von Sehstörungen, vermehrten Speichel- und Tränenfluss und Kopfschmerzen über starke Krämpfe (Magen-Darm-Trakt, Skelettmuskulatur) bis zum Tod innerhalb von Minuten durch Atemlähmung. Als Antidot wird auch Atropin eingesetzt, das als Anticholinergikum die Acetylcholin-Rezeptoren blockiert. Die oben erwähnten AChE-Inhibitoren sind chemisch sehr ähnlich. Sie wurden als Nervengifte oder Kampfstoffe entwickelt. Die **Struktur-Wirkungs-Beziehungen** (SAR, *Structure Activity Relationship*), das heißt der Zusammenhang zwischen der chemischen Struktur und der Wirkung auf das Nervensystem, werden durch die sog. **Schrader-Formel** verdeutlicht. Diese geht zurück auf Gerhard Schrader, der in den 1930er- und 1940er-Jahren unter anderem Sarin, Tabun und Soman entwickelte.

Schrader-Formel

$$R^2 - \underset{\underset{X}{|}}{\overset{\overset{R^1}{|}}{P}} = O(S)$$

X = Halogenid oder Pseudohalogenid (z.B. CN)
Gute Abgangsgruppe X$^-$!
R^1, R^2 = Alkyl-, Alkoxy- oder *N,N*-Dialkyl-Gruppen

Alle diese Giftstoffe enthalten ein Halogenid oder Pseudohalogenid (meist Cyanid). Diese werden als gute Abgangsgruppen sehr leicht abgespalten und liegen je nach pK_s-Wert der Säure mehr oder weniger dissoziiert vor. HCN als korrespondierende Säure zur Abgangsgruppe Cyanid besitzt einen pK_s-Wert von 9,4; bei physiologischem pH-Wert liegt also das Gleichgewicht zwischen HCN und Cyanid auf der Seite der freien Säure HCN (Blausäure). HF ist die korrespondierende Säure (Flusssäure) zur Abgangsgruppe Fluorid, welche einen pK_s-Wert von 3,2 besitzt, und damit bei pH 7,4 hauptsächlich als Fluorid vorliegt. In VX ist die Abgangsgruppe ein Thiolat und in E 605 ein Nitrophenolat.

Von den Nowytschoks gibt es eine Vielzahl unterschiedlicher Varianten, die dadurch nur schwer zu identifizieren sind. Der nach aktuellem Wissensstand giftigste Phosphonsäureester ist VX, von dem schon 0,4 mg einen Menschen töten können. Man kann es zudem durch Mischung relativ ungiftiger Ausgangssubstanzen herstellen, was auch bei Nowytschoks möglich ist.

13.9 Enzyme

Schwächer und reversibel wirksame AChE-Hemmer werden als Arzneistoffe eingesetzt: Zum Beispiel **Rivastigmin** und **Donepezil** zur symptomatischen Behandlung der **Alzheimer-Demenz** (bei der es insbesondere zu einem Absterben cholinerger Neuronen kommt), **Pyridostigmin** und **Neostigmin** bei der schweren Muskelschwäche *Myasthenia gravis* oder **Physostigmin** (aus der **Kalabarbohne**) als Antidot bei Vergiftungen mit Atropin. Pyridostigmin wurde auch zur Prophylaxe gegen Vergiftungen mit den oben genannten chemischen Kampfstoffen eingesetzt. Es erscheint zunächst paradox, einer Hemmung eines Enzyms durch dessen Hemmung vorzubeugen. Die **Carbamoylierung** des Enzyms, die bei den **Carbamat-Hemmstoffen** (Rivastigmin, Pyridostigmin, Physostigmin) abläuft, ist aber zu jeder Zeit reversibel, da das carbamoylierte Enzym zu einem Amin, Kohlendioxid und dem regenerierten Enzym hydrolysiert werden kann. Es erfolgt hier keine Alterung. Das carbamoylierte Enzym ist aber vor der Phosphorylierung geschützt.

Die in Westafrika heimische Kalabarbohne, aus der das Physostigmin stammt, wird übrigens auch **Gottesurteilsbohne** genannt. Sie wurde mutmaßlichen Verbrechern verabreicht. Starb der Beschuldigte, galt er als schuldig.

AUS DER MEDIZINISCHEN PRAXIS

^{13}C-Harnstoff zur Diagnostik einer *Helicobacter-pylori*-Infektion

In ▶ Kapitel 6.7 haben wir schon angesprochen, dass eine häufige Ursache für das Auftreten von Magengeschwüren eine Infektion mit dem Bakterium *Helicobacter pylori* ist. Eine Methode, eine solche Infektion nachzuweisen, ist der sogenannte **^{13}C-Harnstoff-Atemtest**. Man nimmt ^{13}C-markierten Harnstoff oral zu sich, nach einer halben Stunde atmet man in einen Plastikbeutel, der Gehalt an ^{13}C-markiertem CO_2 in der Ausatemluft wird gemessen. Eine Differenz von > 5 Promille im Vergleich zu einem vor der Gabe des ^{13}C-Harnstoffs gemessenen Wert (Leerwert) zeigt eine Infektion an.

Das Bakterium verfügt – im Gegensatz zum Menschen – über ein Enzym, eine Urease, die Harnstoff, das Diamid der Kohlensäure (▶ Kapitel 11.1), zu Kohlendioxid und Ammoniak hydrolysieren kann. Der gebildete Ammoniak neutralisiert die Magensäure in der Umgebung des Bakteriums, wodurch es sich ein neutrales Mikromilieu schafft. CO_2 wird als Hydrogencarbonat resorbiert, über die Lunge abgeatmet (▶ Kapitel 6.9) und kann in der Ausatemluft quantitativ (mittels Massenspektrometrie oder IR-Spektroskopie) bestimmt werden.

$$\text{^{13}C-markiert } H_2N-\underset{O}{\overset{\|}{C}}-NH_2 \xrightarrow{\text{Urease} \atop + H_2O} {}^{13}CO_2 + 2\,NH_3$$

Auch den freigesetzten Ammoniak kann man für die Diagnostik ausnutzen: Beim HUT (**Helicobacter-Urease-Test**) wird eine Gewebeprobe des Magens in ein Testmedium gegeben, das eine Nährlösung für das Bakterium und einen Säure-Base-Indikator (▶ Kapitel 6.6) enthält. Durch die Urease gebildeter Ammoniak führt zum Farbumschlag des Indikators.

Als Amid ist Harnstoff relativ hydrolysebeständig. Durch die katalytische Aktivität der Urease wird die Hydrolyse um den Faktor 10^{14} beschleunigt. Ureasen kommen in Bakterien, Pilzen, höheren Pflanzen und einigen niederen Tieren vor.

EXKURS

Enzymkinetik

Die **Enzymkinetik** beschäftigt sich mit der Geschwindigkeit v von enzymatisch katalysierten Reaktionen, also der Zunahme von Produkt P mit der Zeit bzw. der Abnahme an Substrat S mit der Zeit.

$$v = -\frac{d[S]}{dt} = \frac{d[P]}{dt}$$

Die Geschwindigkeit v hängt, neben der Temperatur und dem pH-Wert, von den Konzentrationen des Enzyms [E] und des Substrats [S] ab (▶ Kapitel 10.3.3). Das allgemein verwendete Konzept zur Beschreibung der Kinetik einfacher Enzymreaktionen (**Michaelis-Menten-Kinetik**) geht davon aus, dass Enzym E und Substrat S einen Enzym-Substrat-Komplex ES bilden, der entweder in die Edukte zurückreagiert oder unter Rückbildung von E das Produkt P ergibt.

$$E + S \underset{k_{-1}}{\overset{k_1}{\rightleftarrows}} ES \xrightarrow{k_{cat}} E + P$$

Bei Enzymreaktionen ist es sinnvoll, davon auszugehen, dass die Enzymkonzentration wesentlich kleiner ist als die Substratkonzentration, sodass die Änderung der Konzentration des ES-Komplexes nach einer kurzen Einstellphase vernachlässigbar ist. Gleichzeitig muss die Änderung von [ES] mit der Zeit aber auch den Geschwindigkeitsgesetzen für die Bildungsreaktion $E + S \xrightarrow{k_1} ES$ und den Zerfallsreaktionen $ES \xrightarrow{k_{-1}} E + P$ und $ES \xrightarrow{k_{cat}} E + P$ entsprechen. Damit gilt:

$$\frac{d[ES]}{dt} \approx 0 = k_1[E][S] - k_{-1}[ES] - k_{cat}[ES]$$

$$\Leftrightarrow [ES] = \frac{k_1}{k_{-1} + k_{cat}}[E][S] = \frac{1}{K_m}[E][S] \quad \text{mit } K_m = \frac{k_{-1} + k_{cat}}{k_1} = \frac{[E][S]}{[ES]}$$

Daraus ergibt sich eine Relation zwischen den Konzentrationen des Enzym-Substrat-Komplexes, des reinen Enzyms und des Substrats, in der die **Michaelis-Konstante** K_m vorkommt. Es ist die Substratkonzentration, bei der genau die Hälfte des Enzyms als ES-Komplex vorliegt. Sie ist ein Maß für die Affinität des Substrats zum Enzym. Da das Enzym als Katalysator durch die Reaktion nicht verbraucht wird, muss die Enzymkonzentration vor Zugabe des Substrats $[E]_0$ zu jedem Zeitpunkt gleich der Summe der Konzentrationen des Enzyms und des ES-Komplexes sein.

$$[E]_0 = [E] + [ES]$$

Mit den letzten beiden Gleichungen ergibt sich für die ES-Konzentration.

$$[ES] = \frac{[E]_0 \cdot [S]}{[S] + K_m}$$

Dementsprechend ist die Gesamtreaktionsgeschwindigkeit:

$$v = k_{cat}[ES] = \frac{k_{cat} \cdot [E]_0}{[S] + K_m} \cdot [S] = \frac{v_{max}}{[S] + K_m} \cdot [S]$$

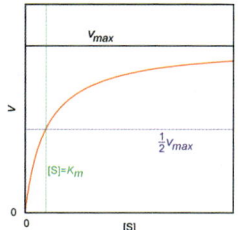

Michaelis-Menten-Kinetik

Die **Geschwindigkeitskonstante** k_{cat}, auch Wechselzahl, katalytische Konstante oder *Turnover Number* genannt, gibt die Anzahl der Reaktionszyklen an, die das aktive Zentrum eines Enzyms pro Zeiteinheit katalysieren kann. Ein hoher k_{cat}-Wert ist gleichbedeutend mit einem schnellen Enzym. Die **maximale Geschwindigkeit** $v_{max} = k_{cat} \cdot [E]_0$ wird erreicht, wenn die Substratkonzentration deutlich größer ist als K_m. In diesem Fall liegt das Enzym praktisch vollständig als ES-Komplex vor, sodass die Reaktionsgeschwindigkeit von der Substratkonzentration unabhängig wird. Dies führt zu einer Reaktionskinetik pseudo-nullter Ordnung, wie wir sie für den Alkoholabbau im Blut kennengelernt haben (▶ Kapitel 10.3.3).

Der Quotient k_{cat}/K_m wird als die **katalytische Effizienz** ε eines Enzyms bezeichnet. Bei Enzymen mit k_{cat}/K_m-Werten im Bereich von 10^8 M$^{-1} \cdot$ s^{-1}, wie zum Beispiel bei der Acetylcholinesterase ($K_m = 9{,}5 \cdot 10^{-5}$M; $k_{cat} = 1{,}4 \cdot 10^4$ s^{-1}; $k_{cat}/K_m = 1{,}5 \cdot 10^8$ M$^{-1} \cdot$ s^{-1}), führt praktisch jeder Zusammenstoß mit einem Substratmolekül zu einer Umsetzung. Die Reaktionsgeschwindigkeit wird dann nur noch von der Wahrscheinlichkeit des Zusammentreffens zwischen Enzym und Substrat durch die Diffusion bestimmt (**diffusionskontrollierte Reaktion**).

Ganz häufig wird an Stelle des Michaelis-Menten-Diagramms das **Lineweaver-Burk-Diagramm** genutzt, um v_{max} und K_m zu bestimmen. Hierzu trägt man statt der Geschwindigkeit v gegen die Substratkonzentration [S] die reziproken Werte auf: $1/v$ gegen $1/[S]$. Man erhält dann eine Gerade, das heißt, es handelt sich um ein **Linearisierungsverfahren**.

Die **Lineweaver-Burk-Gleichung** erhält man, wenn man die Michaelis-Menten-Gleichung doppelt reziprok formuliert:

$$\frac{1}{v} = \frac{K_m + [S]}{v_{max}[S]} = \frac{K_m}{v_{max}} \cdot \frac{1}{[S]} + \frac{1}{v_{max}}$$

Wir haben es dann mit einer Geradengleichung zu tun:

$y = mx + n$ mit
$y = 1/v$
$x = 1/[S]$
$m = K_m/v_{max}$ (die Steigung der Geraden)
$n = 1/v_{max}$ (der y-Achsenabschnitt)

Die Gerade schneidet die Abszisse (x-Achse) bei $-1/K_m$.

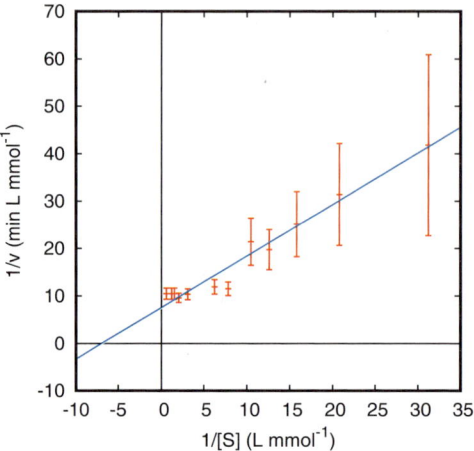

Dies bedeutet, dass die wichtigen Parameter K_m und v_{max} sehr einfach aus dem Diagramm bestimmt werden können. Der Vorteil im Vergleich zu anderen Linearisierungsverfahren (zum Beispiel Eadie-Hofstee: Hier wird v gegen $v/[S]$ aufgetragen; Scatchard: Hier wird $v/[S]$ gegen v aufgetragen, das heißt, die Achsen der Eadie-Hofstee-Auftragung werden vertauscht; Hanes-Woolf: Aufgetragen wird $[S]/v$ gegen [S]) ist, dass die beiden Variablen v und [S] getrennt voneinander aufgetragen werden. Der große Nachteil der Lineweaver-Burk-Darstellung ist allerdings, dass es zu einer ungleichen Verteilung der Daten kommt. Die reziproke Darstellung bewirkt eine Stauchung der Daten in Richtung des Achsenkreuzes. Das heißt, die Fehler bei den hohen Substratkonzentrationen (niedrige 1/[S]-Werte) fallen weniger ins Gewicht als die Fehler bei den niedrigen Substratkonzentrationen (hohe 1/[S]-Werte). Und gerade Letztere sind bei den experimentellen Messungen stärker fehlerbehaftet als die Messungen bei hohen Substratkonzentrationen. Hinsichtlich der Fehler ist das Hanes-Woolf-Diagramm am günstigsten einzuschätzen, da die Messpunkte gleichmäßig gespreizt werden und das Ergebnis durch einzelne Ausreißer weniger verfälscht wird. Aber auch hier werden abhängige (v) und unabhängige ([S]) Variablen vermischt.

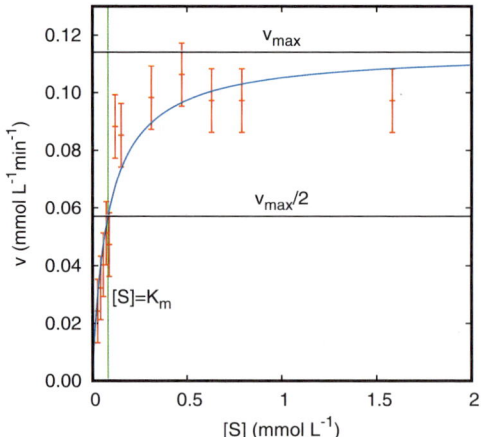

Heutzutage benutzt man allerdings meist Programme, die mittels **nichtlinearer Regression** die experimentellen Daten auswerten, und ist nicht mehr auf das Lineweaver-Burk-Diagramm angewiesen. Die Auftragung ist aber sehr anschaulich, wenn es darum geht, verschiedene Typen von Enzymhemmung zu unterscheiden (kompetitiv, nicht-kompetitiv und unkompetitiv). Hierzu wird sie noch vielfach genutzt.

> **EXKURS**
>
> Was sind Biologicals, Biosimilars und Bioidenticals? Ximab, Zumab, Momab und Umab: monoklonale Antikörper als Arzneimittel
>
> **Biologika** (**Biologicals**) sind **biotechnologisch hergestellte Arzneimittel**, deren Wirkstoffe biologisch oder biologischen Ursprungs sind oder die mit biologischem Ursprungsmaterial hergestellt wurden. Sie werden aus lebenden Organismen, meist Mikroorganismen wie Bakterien (*E. coli*), Bäckerhefe (*Saccharomyces cerevisiae*) oder Säugetier-Zellkulturen gewonnen. Beispiele sind die verschiedenen **Insuline** (Peptidarzneistoffe, ▶ Kapitel 13.7), **Gerinnungsfaktoren** (▶ Fallbeispiel Kapitel 13), **Enzyme**, **Impfstoffe** oder **Blutprodukte** und die große Gruppe der **monoklonalen Antikörper**. Es handelt sich dabei um komplexe Proteine oder Glycoproteine. Aufgrund ihres großen Molekulargewichts von ca. 150 kDa können sie nicht durch klassische chemische Synthesen hergestellt werden. Diese Makromoleküle werden daher von den sogenannten *Small Molecules* unterschieden. Man unterscheidet **Original-Biologika** (auch Innovator-Produkte genannt), **Biosimilars** und **Bioidenticals**. Biosimilars sind biotechnologisch hergestellte Nachfolgeprodukte von nicht mehr patentgeschützten Biologicals. Damit sind sie etwa vergleichbar mit den sogenannten **Generika** (Nachahmerpräparate) der *Small Molecules*. Das wiederum sind Arzneimittel, die nach Ablauf des Patentschutzes für ein Originalarzneimittel auf den Markt kommen und die den gleichen Wirkstoff in der gleichen Menge und einer vergleichbaren Darreichungsform enthalten. Sie müssen das Kriterium der **Bioäquivalenz** erfüllen, das heißt, der Wirkstoff muss im Vergleich zum Erstanbieterprodukt innerhalb bestimmter Grenzen freigesetzt und resorbiert werden. Die Bioverfügbarkeit muss zwischen 80 und 125 Prozent bezogen auf das Erstanbieterprodukt betragen.
>
> Aber anders als bei den klassischen Generika, bei denen der Wirkstoff absolut identisch ist mit dem Original, gibt es bei Biosimilars durch unterschiedliche Prozesse bei der Herstellung, zum Beispiel durch Verwendung anderer Bakterienstämme, Unterschiede zum Beispiel im Glycosylierungsmuster oder -grad des Proteins. Die Produzenten der Arzneimittel sind eben lebende Zellsysteme, und die sind nicht immer gleich; man spricht von **Mikroheterogenität**. Diese Unterschiede in den Proteinen können sich auf die Pharmakokinetik und damit auf die Bioverfügbarkeit auswirken. Bioidenticals dagegen werden unter gleichen Bedingungen wie das Orginal-Biologikum gewonnen und sind daher auch mit dem ursprünglichen Biologikum identisch. Letztlich haben diese Unterschiede zwischen Biologicals und Biosimilars Konsequenzen für die Zulassung und die Austauschbarkeit der Präparate.
>
> Therapeutische Antikörper, welche neben den oben genannten Proteinen ebenfalls zu den Biologika gehören, haben typische Endungen in ihrem Namen (**-ximab**, **-zumab**, **-momab** oder **-umab**). In allen Begriffen steckt die Abkürzung „**mab**" = *monoclonal antibody*, also monoklonaler Antikörper.

Der erste monoklonale Antikörper wurde Ende der 1980er-Jahre zugelassen, seitdem haben mehr als 120 monoklonale Antikörper Eingang in die Therapie gefunden. Es ist tatsächlich der am schnellsten wachsende Bereich in der pharmazeutischen Industrie, der auch einige Therapien revolutioniert hat. Um zu verstehen, was monoklonale Antikörper sind, muss man zuerst wissen, was überhaupt ein **Antikörper** (**Immunglobulin**) ist. Dies sind Proteine, die vom Immunsystem gebildet werden, um Krankheitserreger zu neutralisieren. Produziert werden sie von einer bestimmten Sorte weißer Blutkörperchen (B-Lymphozyten) bei Kontakt mit einem **Antigen**, zum Beispiel einem **Oberflächenprotein eines Bakteriums oder Virus**. Diese B-Lymphozyten reichern sich in der Milz an. Der von ihnen produzierte Antikörper bindet das Antigen des Krankheitserregers und neutralisiert es.

Antikörper haben einen ganz bestimmten Aufbau: Sie sehen aus wie ein Y mit mehreren Ketten. Die gemeinsame Grundstruktur besteht aus jeweils zwei schweren und zwei leichten Peptidketten, verbunden über Disulfidbrücken. Sowohl die schweren (H für *heavy*), als auch die leichten (L für *light*) Ketten besitzen konstante (c) und variable (v) Regionen. Die variablen Bereiche beinhalten den Bindungsbereich, **Paratop** genannt, der an einen bestimmten Bereich des Antigens, **Epitop** genannt, bindet. Das **Epitop** wird also vom **Paratop** erkannt. Die konstanten Regionen bestimmen die Zugehörigkeit zu einer bestimmten Klasse von Immunglobulinen (IgM, IgG, IgD, IgA, IgE), die in verschiedenen Bereichen des Körpers vorkommen. IgG und IgM findet man zum Beispiel im Blut. Von den unterschiedlichen Antikörpertypen wird nur das **IgG** (**Gammaglobuline**) als Arzneistoff genutzt.

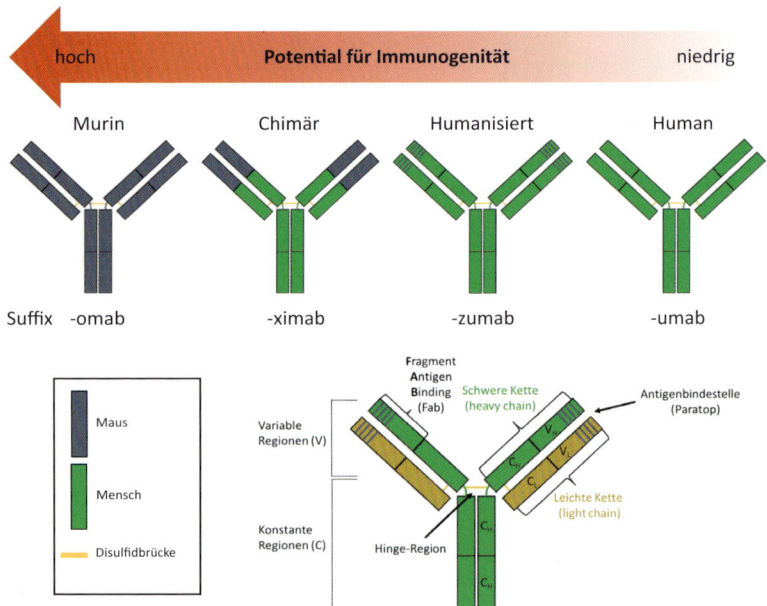

Die Anwendung von Antikörpern als Antiseren oder Passivimpfstoffe ist lange bekannt. Beispiele sind Tetanus-Immunglobulin oder Schlangengift-Immunsera. Monoklonale Antikörper werden jedoch, anders als die komplexen Mischungen der Antiseren, nicht aus Vollblut gewonnen, sondern als reine Proteine molekularbiologisch hergestellt.

Wird der Organismus mit einem Antigen konfrontiert, produzieren die Immunzellen also Antikörper, aber jede Immunzelle produziert einen etwas unterschiedlichen Antikörper, es sind **polyklonale Antikörper**. Sie reagieren zwar auf ein spezifisches Antigen, identifizieren aber jeweils andere Epitope dieses Antigens, weil sie von unterschiedlichen Immunzellen gebildet werden. Monoklonale Antikörper werden hingegen von identischen Immunzellen gebildet, die alle Klone derselben Mutterzelle sind und an das exakt gleiche Epitop binden.

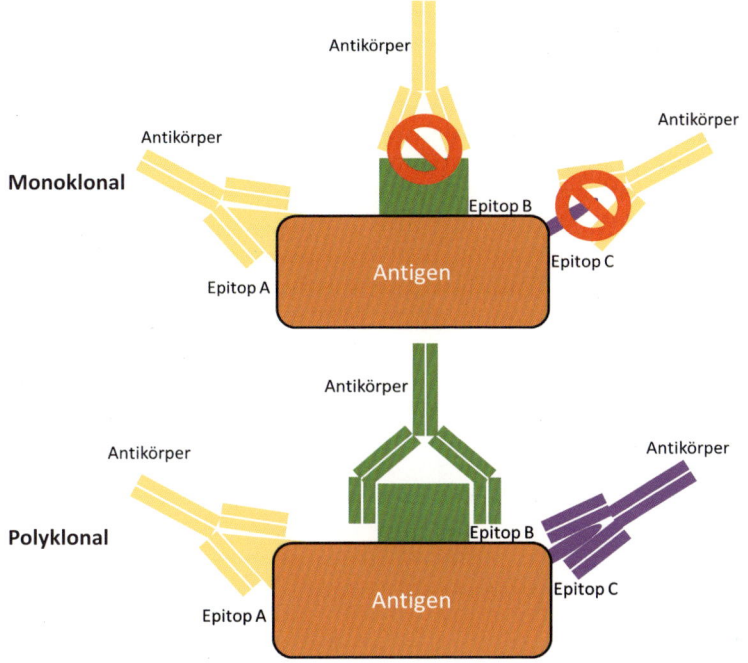

Die ersten Antikörper waren murine Antikörper (Maus-Antikörper), die aber den Nachteil hatten, dass sie als fremde Moleküle oft eine Immunantwort und Allergien auslösten. Solche Mausantikörper wurden nach der klassischen **Hybridomtechnik** hergestellt. Dabei werden antikörperproduzierende B-Zellen aus einer mit einem Antigen immunisierten Maus gewonnen. Da B-Lymphozyten aber nur begrenzt überlebensfähig sind, fusioniert man sie mit Plasmazellen aus einem Myelom. Diese Fusionsprodukte nennt man **Hybridomzellen**, die unbegrenzt wachsen und sich teilen können. Jede dieser Hybridomzellen bildet ihren eigenen **monoklonalen Antikörper**. In geeigneten Screening-Verfahren wird die jeweils beste Hybridomzelle mit dem besten monoklonalen Antikörper ausgewählt, kloniert und dann für die industrielle Produktion eines Antikörper-Präparates verwendet. Der isolierte Klon, der nur noch eine einzige Sorte Antikörper produziert, daher der Name **monoklonaler Antikörper**, wird dann für die Arzneistoffproduktion genutzt. Für dieses Prinzip wurde 1984 der Nobelpreis für Medizin oder Physiologie an Milstein, Köhler und Jerne vergeben. Durch die rasante Entwicklung bei den Herstellungstechniken konnten dann chimäre, humanisierte oder schließlich humane Antikörper entwickelt werden, die weniger immunogen sind und eine längere Halbwertszeit haben. Und genau diese Herkunft kann man am Namen der MABs ablesen: **Momab**s sind murine, **Ximab**s chimäre (murine und humane Komponenten, ca. 60–75 % human), **Zumab**s humanisierte (85–90 % human) und **Umab**s 100% humane Antikörper. So besteht bei einem Ximab der konstante Teil des IgG aus humanen Peptidsequenzen und der variable Teil des antigenbindenden Fragmentes (Fab genannt) aus Mausprotein. Bei einem Zumab ist nur noch die Antigenbindestelle murinen Ursprungs. Chimäre oder humanisierte Antikörper können entweder durch nachträgliche Humanisierung hergestellt werden oder durch Verwendung transgener, also gentechnisch veränderter Mäuse. Umabs, also vollhumane monoklonale Antikörper werden rekombinant hergestellt, das heißt mithilfe gentechnisch veränderter Mikroorganismen. Man nutzt hier auch das sogenannte **Phagen-Display**, eine biotechnologische Methode, bei der aus großen, rekombinanten Bibliotheken Peptide (also die Antigene) auf der Oberfläche von Bakteriophagen präsentiert werden, um anschließend geeignete Bindepartner (also die Antikörper) für einen bestimmten Liganden zu isolieren und zu identifizieren. Auch hierfür gab es einen Nobelpreis, 2018 für Chemie an Smith und Winter.

Monoklonale Antikörper werden mit den verschiedensten Indikationen eingesetzt: rheumatoide Arthritis und andere Autoimmunerkrankungen, Krebserkrankungen, Hauterkrankungen, Asthma, aber auch Infektionserkrankungen. Auch die Indikationsgebiete finden sich im Namen wieder: zum Beispiel **l(i)** für den Wirkungsbereich Immunsystem, **t(u)** für Antikörper gegen Tumorerkrankungen, **v(i)** für Antikörper gegen Viruserkrankungen, wobei sich hier die Nomenklatur im Laufe der Jahre auch geändert hat.

Tras-tu-zumab ist demnach ein Antikörper, der bei Brust- und Magenkrebs verwendet wird, es ist ein Zumab, also ein humanisierter monoklonaler Antikörper. Ada-lim-umab oder nach neuer Nomenklatur sollte es eigentlich Ada-l-umab heißen, ist ein Umab, also ein humaner Antikörper, der im Immunsystem wirkt. Er wird gegen Asthma, Psoriasis oder arthritische Erkrankungen eingesetzt. Seit Ende 2021 ist Regdan-vi-mab (Regkirona®) im Handel, ein humaner Antikörper gegen das SARS-CoV2-Spike-Protein. Das „u" von umab wird in solchen Fällen aufgrund der Unaussprechbarkeit des Namens dann auch mal weggelassen. Die Anfangssilben solcher Antikörper sind individuell verschieden und folgen keinen allgemeingültigen Regeln.

Gegen welche Strukturen im Körper richten sich nun monoklonale Antikörper, die bei Tumorerkrankungen oder Autoimmunerkrankungen eingesetzt werden? Es gibt hier sehr viele Möglichkeiten: zum Beispiel gegen bestimmte Antigene auf B-Zellen, gegen bestimmte Rezeptoren auf Tumorzellen, gegen Interleukin-Rezeptoren, gegen den Tumornekrosefaktor-α (TNF-α) oder gegen Interleukine selbst, zusammengefasst also gegen Oberflächenproteine auf Zellen oder gegen lösliche Cytokine, also Signalstoffe des Immunsystems. Die Oberflächenantigene auf den Zellen bezeichnet man übrigens als CDs = *cluster of differentiation*. Auch hier gibt es eine komplizierte Nomenklatur der über 300 verschiedenen CDs.

Eine gegen bestimmte Oberflächenproteine (genannt CTLA-4, PD-1, PD-L1) von Tumorzellen gerichtete Klasse von Antikörpern (zum Beispiel Pipilimumab, Nivolumab, Atezolizumab) werden als sog. **Checkpoint-Inhibitoren** (Immun-Checkpoint-Inhibitoren, ICI) bezeichnet. Die genannten Oberflächenproteine wirken als Checkpoints und verhindern, dass körpereigene Zellen durch das eigene Immunsystem angegriffen werden. Sie maskieren aber dadurch auch den Tumor vor den körpereigenen Immunzellen. Die Antikörper neutralisieren diese Oberflächenproteine und bewirken so eine Immunreaktion des Körpers gegen den Tumor, sie wirken also immunstimulierend.

Der Körper kann in Ausnahmefällen monoklonale Antikörper auch selbst bilden, zum Beispiel im Rahmen einer **monoklonalen Gammopathie**, bei der eine bösartige Plasmazellpopulation einen einzigen pathologischen Antikörper produziert, ein sog. **Paraprotein**.

> ### ZUSAMMENFASSUNG
>
> Im vorliegenden Kapitel haben wir Folgendes über Peptide und Proteine und die ihnen zugrundliegenden Aminosäuren gelernt:
>
> - Die Bausteine der Peptide und Proteine sind die α-Aminosäuren. In Proteinen kommen neben der einfachsten (nichtchiralen) Aminosäure Glycin (Gly) 20 weitere proteinogene L-Aminosäuren vor. Man unterscheidet Aminosäuren mit unpolaren (Ala, Val, Leu, Ile, Met, Pro), aromatischen (Phe, Tyr, Trp), polaren ungeladenen (Ser, Cys, Thr, Asn, Gln, Sec), basischen (Lys, Arg, His) und sauren Seitenketten (Asp, Glu).
> - Aminosäuren sind Ampholyte. Da sie in wässriger Lösung immer geladen vorliegen, kann man sie mittels Elektrophorese trennen und nachweisen. Am isoelektrischen Punkt (pI = ½ · (pK_{s1} + pK_{s2}), für Aminosäuren mit ungeladenen Seitenketten) ist die Nettoladung gleich null (keine Wanderung im elektrischen Feld). Ein Nachweis ist die Farbreaktion mit Ninhydrin.
> - In Peptiden und Proteinen sind Aminosäuren durch die vergleichsweise starren Amidbindungen (Peptidbindungen) verknüpft. Die Reihenfolge der Aminosäuren nennt man Primärstruktur. Aufgrund der Resonanzstabilisierung der Amidbindung sind Peptide relativ hydrolysestabil und bilden ganz bestimmte Sekundärstrukturen aus: α-Helices sowieso parallele und antiparallele β-Faltblattstrukturen. Die dreidimensionale Gesamtstruktur eines Proteins bezeichnet man als Tertiärstruktur. Lagern sich mehrere Proteinuntereinheiten zusammen, spricht man von Quartärstruktur.
> - Enzyme (meist Proteine) sind Katalysatoren, die die chemischen Reaktionen im Organismus beschleunigen.

Übungsaufgaben

1. Welche Aussage trifft auf Histidin und Histamin zu?
   a) Die Umwandlung von Histidin in Histamin ist eine Decarboxylierung/Dehydratisierung.
   b) sowohl Histidin als auch Histamin sind chiral.
   c) Histidin und Histamin sind jeweils primäre Amine.
   d) Beide enthalten einen Purin-/Pyrimidin-/Imidazol-/Thiazolring.

2. Besitzt die Aminosäure Glycin
   a) einen isoelektrischen Punkt?
   b) ein Stereozentrum?

3. Zeichnen Sie die Aminosäure L-DOPA in der Fischer-Projektion und überprüfen Sie, ob die folgenden Aussagen korrekt sind:
   a) L-DOPA entsteht aus der Aminosäure Trp.
   b) L-DOPA besitzt 0/1/2 Stereozentren.
   c) L-DOPA ist eine basische Aminosäure.
   d) Durch Decarboxylierung von L-DOPA bildet sich Dopamin.
   e) L-DOPA besitzt keinen isoelektrischen Punkt.
   f) L-DOPA kann nicht als Zwitterion vorliegen.
   g) L-DOPA ist eine proteinogene Aminosäure.

4. a) Wird Phe *in vivo* durch Hydroxylierung von Tyr synthetisiert?
   b) Ist Phe eine essenzielle Aminosäure?
   c) Entsteht durch Hydroxylierung von Phe *in vivo* die Aminosäure Tyr?
   d) Ist Phe Baustein der Süßstoffe Saccharin, Aspartam oder Cyclamat?
   e) Wie viele Stereozentren besitzt Aspartam?
   f) Was liefert die Totalhydrolyse von Aspartam?
   g) Bilden sich Disulfidbrücken durch oxidative Dimerisierung von Cys, Met oder Ser?

5. α- und β-Alanin sind:
   a) Enantiomere
   b) Diastereomere
   c) Konstitutionsisomere
   d) proteinogene Aminosäuren
   e) Anomere

6. Wie ist der IEP für neutrale Aminosäuren definiert?

7. Heparin ist ein Lipoprotein/Glycosaminglycan/Tetrasaccharid/über Schwefelsäureester verknüpftes Polysaccharid/phosphoryliertes Kohlenhydrat.

8. Glutaminsäure ist Baustein von ATP/FAD/NAD/Coenzym A/Folsäure.

9. Glutathion
   a) ist ein Tripeptid.
   b) enthält Cystein.
   c) ist eine essenzielle Aminosäure.
   d) kann zu einem Disulfid reduziert werden.
   e) enthält Glutamin.

10. Bei der Hydrolyse von Harnstoff entstehen:
    a) Kohlenmonoxid
    b) Glycin
    c) Harnsäure
    d) Ammoniak
    e) Kohlendioxid
    f) Aminoethanol

11. Zeichnen Sie die Formel von *N*-Methyl-*D*-Aspartat (NMDA) in der Fischer-Projektion bei einem pH-Wert < 2. Welches ist die absolute Konfiguration des Stereozentrums?

12. Zeichnen Sie die Formel des Tetrapeptids Phe-Ala-Asp-Lys (ohne Stereochemie) bei pH < 2.

Die Lösungen zu den Übungsaufgaben finden Sie im Anhang. Die ausführlichen Lösungen zu diesem Buchkapitel finden Sie auf der Website zum Buch unter http://www.pearson.de. Sie finden dort auch ein Bonuskapitel »Mathematische Grundlagen« sowie ergänzende Tabellen.

Nucleinsäuren 14

14.1	**Arten von Nucleinsäuren**	675
14.2	**Aufbau der Nucleinsäuren**	675
14.3	**Nucleotide**	680
14.4	**Strukturen der Nucleinsäuren**	683
14.5	**Chemische Stabilität der Nucleinsäuren**	691
14.6	**Die Replikation der DNA**	692
14.7	**Proteinbiosynthese**	697

14 Nucleinsäuren

■ FALLBEISPIEL Leukämie

Ein acht Monate alter Junge wird in ein Krankenhaus eingewiesen, weil er seit einiger Zeit an Appetitverlust, allgemeiner Schwäche und häufiger auftretendem Fieber leidet. Außerdem ertastete die Mutter einen vergrößerten Lymphknoten in der Leiste und entdeckte punktförmige rötlich-braune Flecken auf der Haut. Bei der Untersuchung des Kindes, das auffallend blass ist und schwach wirkt, werden eine Vergrößerung der Leber und der Milz festgestellt. Zur genaueren Diagnostik wird ein Blutbild angefertigt, das unter anderem eine massiv erhöhte Zahl an Leukocyten (Leukocytose) zeigt. Die Ergebnisse einer Knochenmarkpunktion und des Differenzialblutausstrichs bestätigen den Verdacht auf eine akute myeloische Leukämie (AML). Es wird eine Chemotherapie mit den Cytostatika Cytarabin und Thioguanin begonnen.

Erklärung

Leukämien sind bösartige Erkrankungen des blutbildenden Systems und mit etwa 35 Prozent die häufigsten Krebserkrankungen im Kindes- und Jugendalter. Die Akute myeloische Leukämie (AML) ist nach der Akuten lymphoblastischen Leukämie (ALL) die zweithäufigste Leukämie bei Kindern und Jugendlichen. Die AML nimmt einen raschen Verlauf und führt unbehandelt nach wenigen Wochen oder Monaten zum Tod. Zur Chemotherapie der Leukämie und auch anderer Krebsarten werden unter anderem sogenannte Antimetabolite wie zum Beispiel Cytarabin oder Thioguanin eingesetzt. Diese sind in ihren chemischen Strukturen den DNA-Basen oder den entsprechenden Nucleosiden ähnlich und werden an deren Stelle in Nucleinsäuren eingebaut, wobei funktionsuntüchtige DNA und/oder RNA entsteht. So wird die Zellteilung gehemmt. Ihre Wirkung ist aber weitgehend unspezifisch, das heißt, alle sich schnell teilenden Zellen (zum Beispiel auch Darmepithelzellen, Mundschleimhautzellen, Haarwurzelzellen und Zellen des blutbildenden Systems) sind betroffen, was die vielen Nebenwirkungen hervorruft. Die Heilungschancen sind dank der Therapiefortschritte in den letzten 25 Jahren auf ca. 60 Prozent (Fünf-Jahres-Überlebensrate) angestiegen. Trotzdem hat die AML unter den bösartigen Erkrankungen im Kindesalter derzeit immer noch eine eher ungünstige Prognose.

LERNZIELE

Das Fallbeispiel zeigt, dass Derivate der DNA- und RNA-Basen wichtige Rollen als Arzneistoffe spielen. Um dies zu verstehen, müssen wir uns mit dem Aufbau der Nucleinsäuren beschäftigen. In diesem Kapitel werden wir daher lernen,

- welche Basen und Zucker in Nucleinsäuren vorkommen,
- was Nucleoside und Nucleotide sind,
- welche physiologischen Funktionen Nucleotide haben,
- wie Nucleinsäuren aufgebaut sind und wie stabil sie sind,
- welche Strukturen Nucleinsäuren ausbilden können,
- welche verschiedenen Nucleinsäuren für den Menschen wichtig sind,
- welche Bedeutung Nucleinsäuren für den Organismus haben,
- wie die Replikation der DNA und die Proteinbiosynthese ablaufen.

14.1 Arten von Nucleinsäuren

Die dritte große Klasse von Biopolymeren, neben den Polysacchariden und den Peptiden und Proteinen, sind die Nucleinsäuren. Sie haben eine ganz spezielle Aufgabe im Organismus, es sind **informationstragende Moleküle**. Man unterscheidet zwei verschiedene Arten von Nucleinsäuren:

- **Desoxyribonucleinsäure (DNA):** Sie enthält die gesamte Erbinformation eines Lebewesens. Die Gesamtheit der DNA wird als **Genom** bezeichnet. Einzelne Abschnitte der DNA enthalten (man spricht von „codieren") Informationen zur Biosynthese von Proteinen oder **RNA**-Molekülen. Diese Teile der DNA nennt man **Gene**.
- **Ribonucleinsäuren (RNA):** Sie übermitteln die in der DNA gespeicherte Information und helfen bei der Synthese der Proteine.

Der Informationsfluss in allen Lebewesen verläuft von der DNA über die RNA zu den Proteinen (**zentrales Dogma der Molekularbiologie**). Die Umschreibung der Erbinformation von der DNA in die RNA bezeichnet man als **Transkription**. Die Übersetzung der in der RNA gespeicherten Information in die Aminosäuresequenz eines Proteins heißt **Translation**.

Bei einer Zellteilung muss die in der DNA gespeicherte Erbinformation verdoppelt werden (**Replikation**), damit beide Tochterzellen wieder ein komplettes Genom erhalten. Dies gilt für alle Lebewesen. Lediglich bei einigen Viren (wie zum Beispiel dem HI-Virus) liegt die Erbinformation in Form von RNA vor und muss dann bei der Infektion einer Wirtszelle erst in DNA umgeschrieben werden (**Reverse-Transkription**). Viren werden allerdings nicht zu den Lebewesen gezählt, da sie keinen eigenen Stoffwechsel betreiben können, sondern zur Vermehrung auf die biochemische Maschinerie einer Wirtszelle angewiesen sind.

Die DNA wurde bereits 1869 entdeckt (eine Säure, die im Zellkern vorkommt, daher auch der Name). Allerdings konnte erst 1944 eindeutig bewiesen werden, dass sie Träger der Erbinformation ist. Ihre Struktur wurde dann, basierend auf experimentellen Daten von Rosalind Franklin, in einer bahnbrechenden Arbeit 1953 von Watson und Crick aufgeklärt (Nobelpreis für Medizin 1962).

14.2 Aufbau der Nucleinsäuren

Beide Arten von Nucleinsäuren, die DNA und die RNA, sind analog aufgebaut.

- Sie bestehen aus einem linearen Polymer von **Zuckerbausteinen**, die über **Phosphordiesterbindungen** zwischen der OH-Gruppe an C^3 des einen und der OH-Gruppe an C^5 des anderen Zuckers miteinander verknüpft sind.
- An jedem Zuckerbaustein ist zudem am anomeren C-Atom β-N-glycosidisch ein aromatischer Heterocyclus (**Base** genannt) gebunden, der sich entweder vom Pyrimidin oder vom Purin ableitet.

14 Nucleinsäuren

Die beiden Nucleinsäuren unterscheiden sich lediglich in dem Zuckerbaustein und in einer der Basen. In der DNA ist die 2-Desoxy-*D*-ribose der Zucker und in der RNA die *D*-Ribose. Die Nummerierung der C-Atome in den Zuckern erfolgt mit einem Strich ' als Zusatz, um sie von den C-Atomen der Nucleinsäurebasen zu unterscheiden. Der Phosphordiester bildet sich also zwischen der 3'-OH-Gruppe des einen Zuckers und der 5'-OH-Gruppe des anderen. Ein Nucleinsäurestrang besitzt demnach ebenso wie ein Peptidstrang eine Richtung. An einem Ende verbleibt eine freie 3'-OH-Gruppe und am anderen Ende eine in der Regel phosphorylierte 5'-OH-Gruppe. Nach Konvention wird eine Nucleinsäure von links nach rechts vom 5'-Ende zum 3'-Ende aufgeschrieben, die Richtung, in der auch die Biosynthese der Nucleinsäuren erfolgt.

MERKE
RNA: A, G, C, U
DNA: A, G, C, T

In beiden Nucleinsäuren gibt es jeweils vier heterocyclische Basen, die β-*N*-glycosidisch an die Zucker gebunden sind. Zwei leiten sich jeweils vom **Purin** und zwei vom **Pyrimidin** ab. In der RNA finden sich die Purinbasen **Adenin** (A) und **Guanin** (G) und die Pyrimidinbasen **Cytosin** (C) und **Uracil** (U). Uracil ist in der DNA durch **Thymin** (T, 5-Methyluracil) ersetzt. Die Bindung der Basen an den Zucker erfolgt bei den Purinen über N-9 und bei den Pyrimidinen über N-1.

Glycosidbildung erfolgt über N-9 bzw. N-1

Adenin A — Guanin G: sowohl in DNA als auch in RNA
Cytosin C
Uracil U: nur in RNA
Thymin T: nur in DNA

14.2 Aufbau der Nucleinsäuren

Bei allen Basen außer Adenin gibt es zudem neben dem gezeigten **Lactam** (= intramolekulares Amid) jeweils noch ein (instabileres) Tautomer, das **Lactim** (das Enol des Lactams). Abgesehen vom Cytosin können Guanin, Uracil oder Thymin auch in den Nucleinsäuren in der tautomeren Lactim-Form vorliegen (im Nucleosid Cytidin ist kein NH mehr vorhanden, da über das N1 die Anbindung an den Zucker erfolgt). Für die korrekte Basenpaarung in der DNA (▶ Kapitel 14.4) muss allerdings jeweils die Lactam-Form vorliegen. Watson und Crick gingen übrigens anfangs fälschlicherweise davon aus, dass die Nucleinbasen in der Lactim-Form vorliegen, konnten damit aber kein vernünftiges Strukturmodell für die DNA aufstellen. Erst nachdem sie ihren Irrtum bemerkten und die Lactam-Formen betrachteten, hatten sie Erfolg.

Lactam
intramolekulares Amid

Lactim
entsprechende Enolform

Aus dem Zucker und der Base erhält man ein **Nucleosid**, bei der RNA ein Ribonucleosid, bei der DNA entsprechend ein 2′-Desoxyribonucleosid. Wird dieses an der 5′- oder 3′-OH-Gruppe phosphoryliert, spricht man von einem **Nucleotid** (Ribonucleotid bzw. 2′-Desoxyribonucleotid). Die Nucleotide sind Ester der Phosphorsäure (▶ Kapitel 11.9). So wird aus Adenin durch Glycosidbildung mit der D-Ribose das Adenosin und daraus durch Phosphorylierung an der 5′-OH-Gruppe das Adenosin-5′-monophosphat (AMP). Durch Polykondensation entsteht dann aus den Nucleotiden die Nucleinsäure, die somit ein **Polynucleotid** ist.

Zucker + Base
→ Nucleosid

Nucleosid + Phosphat
→ Nucleotid

Die Namen der Nucleinbasen und der Nucleoside sind nicht einheitlich gewählt. Zwar werden aus den Basen Adenin bzw. Guanin die Nucleoside Adenosin bzw. Guanosin, aber aus der Base Cytosin wird das Nucleosid Cytidin; aus Thymin wird Thymidin und aus Uracil wird Uridin. Man kann also aus der Endung nicht auf die Substanzklasse schließen. Da bleibt einem nur das Auswendiglernen.

14 Nucleinsäuren

Ribonucleoside (Bausteine der RNA)

Adenosin   Guanosin   Cytidin   Uridin

2'-Desoxyribonucleoside (Bausteine der DNA)

2'-Desoxyadenosin   2'-Desoxyguanosin   2'-Desoxycytidin   2'-Desoxythymidin

---

EXKURS

Was kann die Schildkröte, was der Mensch nicht kann?

Überschüssiger **Ammoniak**, der zum Beispiel beim Abbau von Aminosäuren entsteht und sehr toxisch ist, kann von Lebewesen auf drei verschiedene Arten eliminiert (also aus dem Körper ausgeschieden) werden. Meeresbewohner geben den gut wasserlöslichen Ammoniak direkt über die Kiemen oder die ganze Körperoberfläche in das umgebende Wasser ab (*ammonotelische* Lebewesen). Der Mensch und andere Primaten überführen Ammoniak stattdessen im **Harnstoffzyklus** in Harnstoff, der dann über die Nieren zusammen mit dem Urin ausgeschieden wird (*ureotelische* Lebewesen). Vögel, Insekten und terrestrische Reptilien wandeln Ammoniak dagegen in **Harnsäure** um (*uricotelische* Lebewesen). Harnsäure ist schlecht wasserlöslich und kann von diesen Tieren in fester Form im Kot ausgeschieden werden. Dabei wird kein kostbares Wasser verbraucht, wohingegen die Ausscheidung von Harnstoff über die Niere mit einem großen Verlust an Flüssigkeit verbunden ist. Auch der Mensch produziert Harnsäure, aber nicht als Abbauprodukt der Aminosäuren, sondern als Abbauprodukt der Purinbasen. Manche terrestrische Reptilien, wie zum Beispiel die Schildkröte, können im Gegensatz zum Menschen Harnsäure auch weiter bis zum Harnstoff abbauen. Die Schildkröte kann daher ihren Stoffwechsel wahlweise je nach Wasserangebot umstellen. Ist ausreichend Wasser vorhanden, wird die Harnsäure zu Harnstoff umgewandelt, der mit dem Urin ausgeschieden wird. Bei Wasserknappheit wird dann auf Harnsäureausscheidung umgestellt, die kein Wasser verbraucht.

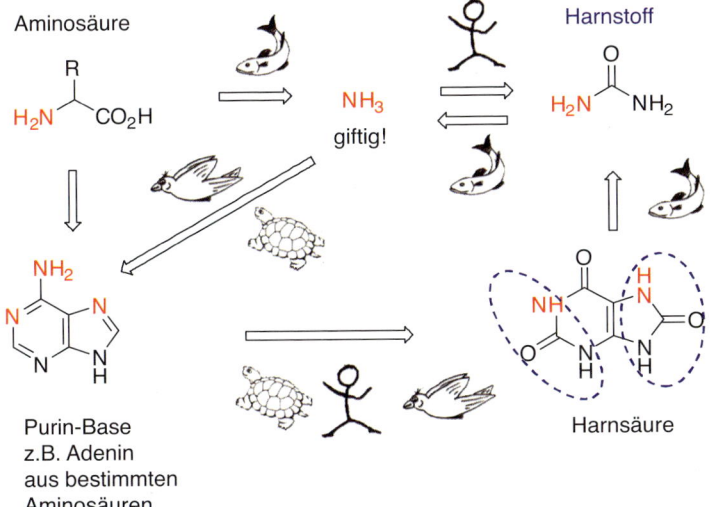

Wieso heißt die Harnsäure eigentlich Harnsäure, obwohl sie keine Carboxylgruppe enthält? Harnsäure kommt in zwei tautomeren Formen vor: im kristallinen Zustand als Lactam und in Lösung als Lactim. Die OH-Gruppe an C^8 ist sauer (pK_s ca. 5,4). Das Salz der Harnsäure wird als Urat bezeichnet.

Störungen im Harnstoff- und Harnsäurestoffwechsel

Angeborene Defekte in den Enzymen des Harnstoffzyklus führen zu einem Anstieg des Ammoniakspiegels im Blut (Hyperammonämie). Unbehandelt führen sie meist schon kurz nach der Geburt zu schweren, oft letalen Hirnschädigungen (Symptome: Apathie, Krämpfe, Erbrechen, Hirnödem, Koma). Zur Therapie vermeidet man zum einen eine übermäßige Stickstoffbelastung durch extrem proteinarme Diät (die essenziellen Aminosäuren müssen aber extra zugeführt werden). Zum anderen fördert man die Eliminierung von Ammoniak durch Gabe von Natriumbenzoat oder Natriumphenylbutyrat (Ammonaps®, Buphenyl®), mit denen Stickstoff in Form von Hippursäure oder Phenylacetylglutamin mit dem Urin ausgeschieden wird.

Phenylacetylglutamin leitet sich von der Phenylessigsäure ab, die *in vivo* aus Phenylbutyrat gebildet wird, übrigens eines der ersten in Europa zugelassenen „**Orphan Drugs**". Dies sind Arzneistoffe zur Behandlung seltener Krankheiten, für die in Europa seit dem Jahr 2000 vereinfachte Zulassungsverfahren und exklusive Vermarktungsrechte bis zu zehn Jahren gelten. So soll sichergestellt werden, dass auch Arzneistoffe für seltene Krankheiten entwickelt werden, bei denen die zu erwartenden geringen Umsätze den hohen Forschungs- und Finanzierungsaufwand sonst nicht decken würden.

Beim sogenannten **Tumorlysesyndrom**, das während einer Chemotherapie insbesondere bei Leukämien und Lymphomen auftreten kann, kommt es durch das Absterben der Tumorzellen zur massiven Erhöhung der Harnsäurekonzentration im Blut (sekundäre Hyperurikämie, ▶ Kapitel 4.9). Um dem entgegenzuwirken, setzt man das Hefeenzym Rasburicase (Uratoxidase, Fasturtec®) ein, das den Abbau der Harnsäure zum besser wasserlöslichen Allantoin katalysiert. Allantoin ist auch das erste Produkt des Abbaus von Harnsäure zu Harnstoff und Ammoniak, ein Stoffwechselweg, der im Menschen, wie wir oben gelernt haben, nicht möglich ist. Auch der Arzneistoff Rasburicase hat den Orphan-Drug-Status erhalten.

14.3 Nucleotide

Die Phosphorylierung der Nucleoside kann sowohl an der 5'- als auch an der 3'-OH-Gruppe erfolgen. Außerdem haben wir bereits gelernt, dass die Phosphorsäure leicht **Anhydride** bildet (▶ Kapitel 11.9). Neben den Nucleosidmonophosphaten findet man daher auch die entsprechenden -diphosphate und -triphosphate. Die Benennung erfolgt durch das Anhängen der Endung -monophosphat, -diphosphat oder -triphosphat an den Namen des Nucleosids. Für die 5'-Nucleotide, die nicht nur Bausteine der Nucleinsäure sind, sondern auch selbst wichtige Aufgaben in den Zellen übernehmen, werden meistens Abkürzungen verwendet: Der Buchstabe der Base + die Anzahl der Phosphatgruppen (M, D, T) + P (für Phosphat). Für die Desoxyribonucleotide wird ein kleines „d" vorangestellt. Adenosin-5'-triphosphat ist also ATP und 2'-Desoxycytidinmonophosphat dCMP.

14.3 Nucleotide

Beispiele für Nucleotide

dCMP

2'-Desoxythymidin-3'-monophosphat

GDP

ATP

Nucleotide übernehmen in Zellen sehr vielfältige Aufgaben. Sie sind zum Beispiel

- Energieüberträger,
- Cofaktoren für Phosphorylierungsreaktionen,
- Botenstoffe (Second Messenger),
- Cofaktoren für Redoxreaktionen.

Wir haben bereits mehrfach ATP als den universellen **Energieüberträgerin** den Zellen kennengelernt (▶ Kapitel 5.10, ▶ Kapitel 11.9). Die Anhydridbindung im Triphosphat ist energiereich, bei ihrer Hydrolyse wird Energie frei, die bei vielen biologischen Umsetzungen genutzt wird, um thermodynamisch ungünstige (endergone) Reaktionen zu ermöglichen. ATP ist auch Cofaktor für die enzymatische **Phosphorylierung** anderer Moleküle. Gerade bei Stoffwechselprozessen sind viele Stoffe in Form ihrer Phosphate beteiligt. Wir haben dies bei den Kohlenhydraten mehrfach erwähnt (▶ Kapitel 12.1). Auch andere Triphosphate wie GTP werden für Phosphorylierungen verwendet. Durch die Phosphorylierung von Proteinen (meistens an der OH-Gruppe eines Tyrosins oder Serins) kann die Aktivität von Enzymen oder Rezeptoren reguliert werden. Cyclisches AMP (cAMP, ▶ Kapitel 11.9) ist ein wichtiger **Botenstoff** in den Zellen. Vielfach bewirkt ein äußerer Reiz die Ausschüttung eines Hormons (wie zum Beispiel Adrenalin), das in den Zielzellen die Synthese von cAMP aus ATP durch das Enzym Adenylatcyclase (auch Adenylylcyclase genannt) bewirkt. Das cAMP selbst reguliert dann die Aktivitäten anderer Enzyme oder Rezeptoren in der Zelle. Daher kommt auch die Bezeichnung als Second Messenger (sekundärer Botenstoff), da der ursprüngliche primäre Botenstoff das Hormon ist. Dinucleotide wie NAD^+, $NADP^+$, FMN oder FAD sind **Cofaktoren für Redoxreaktionen** in den Zellen (▶ Kapitel 11.11). NAD^+ ist ein Dinucleotid, also ein Diphosphat (= Anhydrid) aus AMP und Nicotinamidmononucleotid. Im $NADP^+$ ist zusätzlich noch die 2′-OH-Gruppe phosphoryliert. FMN (Flavinmononucleotid) und FAD leiten sich vom Riboflavin (Vitamin B_2) ab. In ihm ist ebenfalls ein Zucker mit einem aromatischen Heterocyclus, dem Flavin, verknüpft. Allerdings handelt es sich bei dem Zucker um die reduzierte Form der *D*-Ribose, um den Zuckeralkohol Ribit (▶ Kapitel 12.3). Das Riboflavin ist somit auch kein Glycosid. FAD ist ein Anhydrid aus FMN und AMP.

NAD
Nicotinsäureamid-Adenin-Dinucleotid

FAD
Flavin-Adenin-Dinucleotid

Alle vier Cofaktoren können durch reversible Aufnahme von zwei Elektronen und zwei Protonen in eine reduzierte Form übergehen (NADH, NADPH, $FADH_2$, $FMNH_2$). Diese reversiblen Redoxsysteme werden für die Oxidation und Reduktion anderer Stoffe in den Zellen genutzt. Bei Flavoproteinen (Proteine mit FMN oder FAD als Cofaktor) kann die Reduktion auch radikalisch ablaufen (Übertragung von 2 H-Atomen).

14.4 Strukturen der Nucleinsäuren

Die beiden Nucleinsäuren RNA und DNA haben also einen analogen chemischen Aufbau. Sie bestehen aus langen Strängen von Nucleosiden, die über Phosphordiesterbindungen zwischen der 3'-OH- des einen und der 5'-OH-Gruppe des nächsten Nucleosids verknüpft sind. Sie unterscheiden sich lediglich im Zuckerbaustein. Die fehlende OH-Gruppe an C2' in der DNA hat große Auswirkungen auf die chemische Stabilität (▶ Kapitel 14.5) und auf die dreidimensionale Struktur.

- **DNA** liegt als **Doppelhelix** vor, in der zwei DNA-Einzelstränge antiparallel zueinander angeordnet sind. DNA ist chemisch sehr stabil und hydrolysiert in wässriger Lösung nur extrem langsam.
- **RNA** liegt meistens als **Einzelstrang** vor, der sich – ähnlich wie ein Protein – in eine komplexe dreidimensionale Struktur faltet. RNA ist instabil und hydrolysiert in wässriger Lösung schnell.

Nuclein-säure	Lese-richtung	Beispiel-Code	Bezeichnung
DNA	3' → 5'	AGC	abgelesener Strang, codogener Strang, Matrizenstrang, Antisense Strang
DNA	5' → 3'	TCG	komplementärer Strang, codierender Strang, Nichtmatrizenstrang, Sense-Strang
mRNA	5' → 3'	UCG	mRNA-Codon, komplementär zum Antisense-Strang der DNA, gleiche Sequenz wie codierender Strang der DNA, aber U statt T
tRNA	3' → 5'	AGC (in 5' → 3' abgelesen: CGA; Basensequenzen werden immer in 5' → 3' Richtung angegeben)	tRNA-Anticodon mit Serin, gleiche Sequenz wie codogener Strang der DNA, aber U statt T

Tabelle 14.1: Nucleinsäuren und deren Leserichtungen und Bezeichnungen am Beispiel eines genetischen Codes für die Aminosäure Serin

Unter physiologischen Bedingungen liegt die **Desoxyribonucleinsäure (DNA)** in der sogenannten B-Form vor (**B-DNA**). Dabei winden sich zwei Stränge umeinander und bilden eine rechtsgängige **Doppelhelix**. Die Nucleinbasen zeigen nach innen, das Zucker-Phosphat-Rückgrat zeigt nach außen. Wasserstoffbrückenbindungen zwischen den sich gegenüberliegenden Basen tragen wesentlich zur Stabilität der DNA-Doppelhelix bei. Dabei sind nur bestimmte Basenpaare möglich: Es kommt immer nur zur Wechselwirkung einer Purinbase (A,G) mit einer Pyrimidinbase (T,C bzw. U,C). Außerdem kann sich Adenin nur mit Thymin paaren (**A-T-Basenpaar**) und Guanin nur mit Cytosin (**G-C-Basenpaar**). In der RNA paart sich analog Adenin mit Uracil (**A-U-Basenpaar**). Warum bilden sich keine anderen Paare? Zum einen ist die Dicke des doppelsträngigen DNA-Moleküls konstant, folglich muss ein Basenpaar immer

MERKE
DNA-Basenpaare
A mit T
G mit C
RNA-Basenpaare
A mit U
G mit C

14 Nucleinsäuren

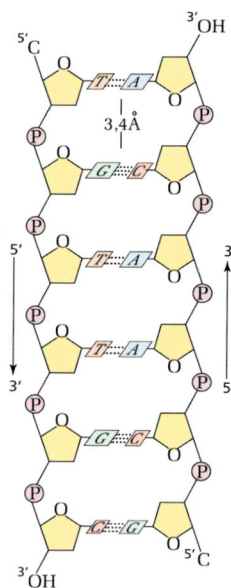

Komplementäre Basenpaarung in einem DNA-Molekül

Aus: Bruice, P. Y. (2007)

aus einer Purin- und einer Pyrimidinbase bestehen. Ein Purin-Purin-Paar (A mit G) oder Pyrimidin-Pyrimid-Paar (C mit T) wäre entweder zu groß oder zu klein. Dass Adenin nur mit Thymin, nicht aber mit Cytosin ein Basenpaar bilden kann, liegt an der Anzahl der möglichen Wasserstoffbrückenbindungen zwischen den beiden Basen, deren relative Orientierung zueinander durch das Zucker-Phosphat-Rückgrat bestimmt wird. Ob sich ein Basenpaar bilden kann, hängt von der relativen Abfolge der H-Brücken-Donoren (NH) und H-Brücken-Akzeptoren (O, N) in den beiden Basen ab. Eine H-Brücke kann sich nur bilden, wenn ein Donor einem Akzeptor gegenübersteht (▶ Kapitel 3.2). Stehen sich zwei Donoren oder zwei Akzeptoren gegenüber, stoßen sich die beiden Basen ab. Betrachten wir unter diesem Gesichtspunkt die möglichen Basenpaarungen, so sehen wir, dass zwischen Adenin und Thymin zwei H-Brücken ausgebildet werden, zwischen Guanin und Cytosin sogar drei. Bei anderen Basenpaarungen ist maximal die Ausbildung einer H-Brücke möglich, außerdem treten abstoßende Wechselwirkungen auf. Die stabilsten Anordnungen sind also das A-T- und das G-C-Paar (▶ Abbildung 14.1). Man bezeichnet dieses Paarungsmuster nach ihren Entdeckern auch als die **Watson-Crick-Paarung.** Die spezifische Basenabfolge in dem einen Strang erfordert also eine genau komplementäre Basenanordnung im zweiten Strang, damit sich eine Doppelhelix bilden kann. Man nennt daher den zweiten Strang auch den **Komplementärstrang.** Diese spezifische Basenpaarung und die sich daraus ergebende Komplementarität der beiden DNA-Stränge in einer Doppelhelix bilden die Grundlage der in der DNA gespeicherten Erbinformation! Ist die relative Orientierung der Basen zueinander nicht durch das Zucker-Phosphat-Rückgrat eines Doppelstrangs in genau dieser Weise vorgegeben, dann sind auch andere Paarungsmuster möglich. In RNA, die meistens als gefalteter Einzelstrang vorliegt, beobachtet man daher zum Beispiel auch eine sogenannte reverse Watson-Crick- oder Hoogsteen-Paarung.

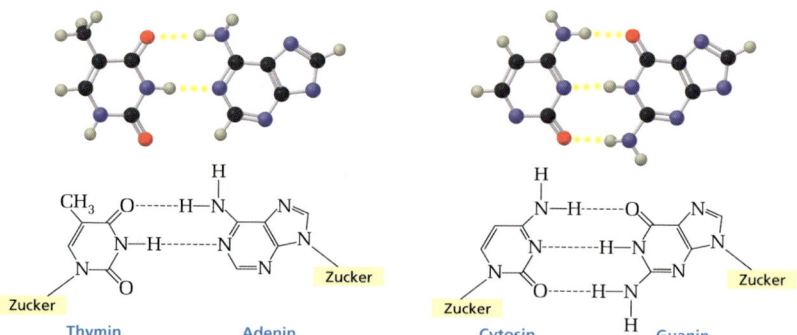

Abbildung 14.1: Basenpaarung in der DNA: Adenin und Thymin bilden zwei H-Brücken aus; Cytosin und Guanin bilden drei H-Brücken aus.
Aus: Bruice, P. Y. (2007)

14.4 Strukturen der Nucleinsäuren

> **EXKURS**
>
> **Ungewöhnliche Basen und Basenpaarungen**
>
> Der Code der DNA besteht aus den vier Basen Adenin (A), Cytosin (C), Guanin (G) und Thymin (T), wobei Letztere in der RNA als Uracil (U) auftritt. Es resultieren die Nucleoside (Desoxy-)Adenosin, (Desoxy-)Cytidin, (Desoxy-)Guanosin, Desoxythymidin und Uridin. Im DNA-Doppelstrang finden sich die A-T- und die G-C-Paare, die üblicherweise im Watson-Crick-H-Brückenmuster vorliegen. Diese Anordnungen werden als **kanonisch** bezeichnet.

blau: Watson-Crick-Basenpaarung
rot: Hoogsteen-Basenpaarung

Es werden aber auch **nichtkanonische Paarungen** und H-Brückenmuster gefunden. So fand bereits 1959 K. Hoogsteen, dass A-T-Einheiten häufig ebenfalls eine sogenannte Hoogsteen-Anordnung annehmen. **Hoogsteen-Basenpaarungen** wurden auch in sogenannten **G-Quadruplexen** in DNA und RNA beobachtet, die bei Sequenzen auftreten, die viel Guanin enthalten. Außer den Hoogsteen-Paarungen findet man noch etliche weitere nicht-kanonische Basenpaarungen.

Basenpaarungen, die von den Paarungen A-T und G-C abweichen, spielen in der **Wobble-Hypothese** eine Rolle, die 1966 von Francis Crick formuliert wurde. Wie bereits beschrieben, codieren jeweils drei Basen für eine Aminosäure. Bei vier unterschiedlichen Basen existieren also $4^3 = 64$ unterschiedliche Basentripletts. Es gibt aber nur 20 Aminosäuren, die durch Tripletts codiert werden müssen.

[Anmerkung: **Selenocystein**, die 21. Aminosäure, entsteht durch eine Modifikation der Aminosäure Serin vor der Translation. In einer mit Serin beladenen tRNA mit dem Anticodon UCA (5' => 3') wird Serin enzymatisch in Selenocystein umgewandelt, es entsteht Ser-tRNA^{Sec}. Bei der Translation nimmt die mRNA, an die dieses Anticodon bindet (Codon UGA, normalerweise ein Stopcodon) nun eine Haarnadelstruktur an, wodurch das Stopcodon UGA als solches nicht mehr erkannt wird und stattdessen die mit Selenocystein beladene tRNA gebunden wird. Diesen Vorgang bezeichnet man als Recodierung.]

Drei Basentripletts der mRNA werden als Stopcodons genutzt (UAA, UAG und UGA). Es verbleiben also 61 Tripletts, die tatsächlich auch für Aminosäuren codieren. Warum gibt es so viele Basentripletts? Tatsächlich nutzt die Natur verschiedene Basentripletts zur Codierung der gleichen Aminosäure. So codieren die mRNA-Tripletts CCU, CCC, CCA und CCG für Prolin und CGU, CGC, CGA, CGG, AGA, AGG für Arginin. Auffallend ist, dass sich bei diesen Tripletts meist nur die dritte Position verändert, während die beiden ersten Positionen fix sind. Es gibt zwar für alle 61 mRNA-Codons die entsprechenden auslesenden tRNA-Anticodons. In den verschiedenen Organismen werden aber nicht alle genutzt, sondern nur bis zu maximal 41, beim Menschen sogar nur 31, in den menschlichen Mitochondrien nur 22. Zur Erklärung schlug Francis Crick 1966 vor, dass die Basenpaarung zwischen dem Codon-Triplett der mRNA und dem Anticodon-Triplett der tRNA nur bei der ersten und zweiten Base der mRNA durch normale Watson-Crick-Basenpaarungen erfolgt. Die Bindung der dritten Base ist schwächer und kann auch zu Nicht-Watson-Crick-Paarungen führen. Ein und dasselbe tRNA-Anticodon kann dadurch mehrere mRNA-Codons auslesen. Es gibt beim Menschen dementsprechend sechs mRNA-Codons für Serin, aber nur vier tRNA-Anticodons. So binden die beiden serincodierenden Basenpaarungen 5'-UCC-3' und 5'-UCU-3' an das gleiche tRNA-Anticodon 3'-AGG-5'. Während für die beiden ersten Positionen die üblichen Watson-Crick-Paarungen U-A und C-G auftreten, wird in der letzten Position einmal die Watson-Crick-Paarung C-G gebildet und einmal die nichtkanonische Paarung U-G. Damit diese Paarungen möglich sind, müssen die Basen in der dritten Position im Ribosom während der Translation unterschiedliche Bindungsmodi einnehmen, was von Crick in seiner Hypothese als „wobbeln" (= wackeln) bezeichnet wurde. Diese Paarungen werden deshalb als **„Wobble-Paarungen"** und die dritte Position innerhalb eines Codons (3'-Codon-Base, im tRNA-Anticodon ist dies die erste Position) auch als **Wobble-Position**, die entsprechende Base als **Wobble-Base** bezeichnet.

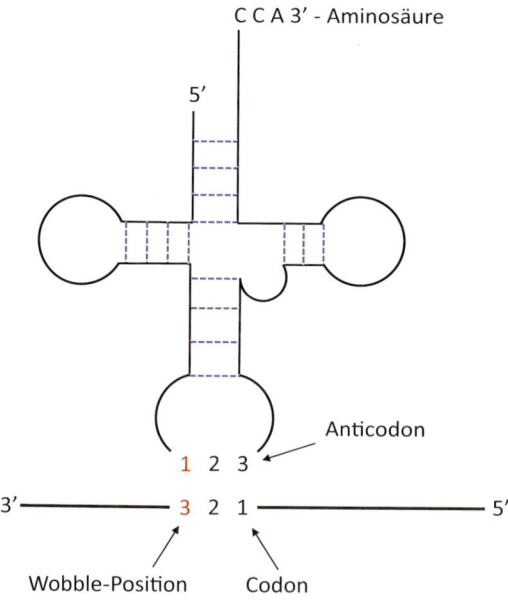

14.4 Strukturen der Nucleinsäuren

Die häufigsten Wobble-Basenpaarungen sind G-U sowie I-U, I-A und I-C, wobei I für das Wobble-Nucleosid Inosin steht, das die Wobble-Base Hypoxanthin beinhaltet, die in tRNA, aber nicht in DNA auftritt. Die Bedeutung dieser Wobble-Paarungen liegt wahrscheinlich darin, dass sich die tRNA nach der Translation schneller von der mRNA lösen kann. Zudem beeinflussen sie die Sekundärstruktur der tRNA und sind für eine korrekte Translation und die Korrektur von Ablesefehlern wichtig.

Es gibt noch viele weitere Modifikationen der RNA-Basen, die notwendig sind, damit die RNA ihre vielfältigen Aufgaben erfüllen kann. Das Fehlen solcher Modifikationen kann auch Krankheiten bedingen, wie zum Beispiel das MELAS-Syndrom (Mitochondrial Encephalomyopathy, Lactic Acidosis, Stroke-like Episodes), eine selten auftretende Erbkrankheit. Hier liegt eine Mutation im tRNA-Leu-Gen (MT-TL1-Gen) für die mitochondriale Leucin-tRNA vor. Diese Mutation führt dazu, dass in der Wobble-Position der tRNA-Leu das Wobble-Nucleosid 5-Taurinomethyluridin (taum(5)U, τm⁵U) nicht mehr korrekt post-transkriptional aus Uridin gebildet werden kann. Die modifizierte Wobble-Base ist aber essenziell für die korrekte Codon-Anticodon-Basenpaarung im Ribosom, damit für die korrekte Decodierung des Basentripletts und damit letztlich für die korrekte Translation in Proteine. Betroffen sind Proteine, die bei der Elektronentransport-Kette in den Mitochondrien bei der Zellatmung eine Rolle spielen.

Die Symptome des MELAS-Syndroms beginnen im Alter zwischen 2 und 15 Jahren und bestehen aus Krampfanfällen, wiederkehrende Kopfschmerzen, Appetitlosigkeit und wiederkehrendem Erbrechen. Es können auch schlaganfallartige Anfälle mit vorübergehender Muskelschwäche auf einer Körperseite (Hemiparese) auftreten, die zu Bewusstseinsstörungen, Seh- und Hörverlust, Verlust der motorischen Fähigkeiten und geistiger Behinderung führen können.

Wie viele andere Modifikationen wird auch das von Guanosin abgeleitete tRNA-Wobble-Nucleosid Queuosin (Q) mit Krebserkrankungen in Verbindung gebracht. Queuosin, dem die Base Queuin zu Grunde liegt, sitzt in der Wobble-Position in den tRNAs für His, Asp, Asn und Tyr. Es kann im Gegensatz zu Guanosin, das bei der Basenpaarung an C bindet, nicht mehr zwischen C und U unterscheiden. Ein Mangel an der post-transkriptionalen Modifikation von Guanin zu Queuin korreliert mit der Zellproliferation und Malignizität bestimmter Tumore.

Die gesamte DNA-Doppelhelix ist ein **Polyanion**, da die Phosphatdiester unter physiologischen Bedingungen als Monoanionen vorliegen (▶ Kapitel 11.9). Diese negativen Ladungen werden durch Solvatisierung und durch in der Lösung vorhandene Kationen stabilisiert. Je nach äußeren Bedingungen (zum Beispiel Salzkonzentration in der Lösung) kann die DNA unter nicht physiologischen Bedingungen nicht nur in der B-Form (▶ Abbildung 14.2), sondern auch in einer A-Form (eine etwas kompaktere rechtsgängige Helix) oder einer linksgängigen Z-Form vorliegen.

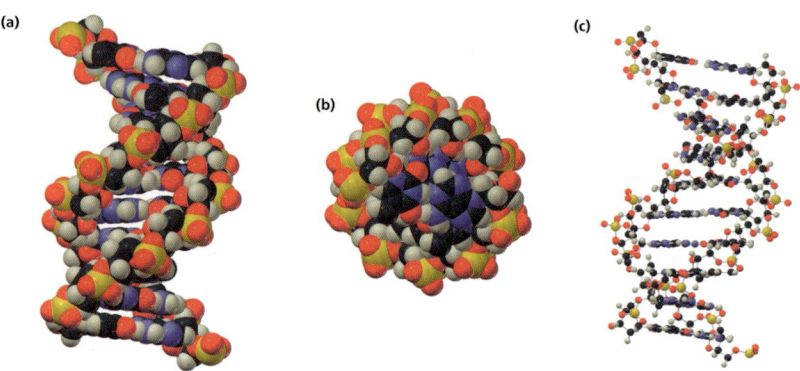

Abbildung 14.2: (a) Die DNA-Doppelhelix (B-Form). (b) Aufsicht auf eine DNA-Doppelhelix entlang der Längsachse. (c) Die Basen sind planare Moleküle und auf der Innenseite parallel angeordnet.
Aus: Bruice, P. Y. (2007)

AUS DER MEDIZINISCHEN PRAXIS

Sichelzellenanämie

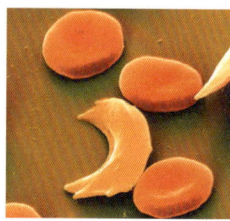

Normale und sichelförmige Erythrocyten
Aus: Brown, T. L., LeMay, H. E. & Bursten, E. B. (2007)

Wie gravierend bereits der Austausch einer DNA-Base sein kann, sieht man an der Sichelzellenanämie. Es handelt sich um eine Erbkrankheit, die dadurch entsteht, dass in dem Gen, das für β-Globin codiert (eine Proteinunterheit des Hämoglobins, ▶ Kapitel 14.7), ein GAG-Codon in ein GTG-Codon mutiert ist. Im Protein wird daher an dieser Stelle in der Aminosäuresequenz nicht Glutamat, sondern Valin eingebaut. Dadurch verändert sich die Struktur des Proteins so gravierend, dass es zu einem Verklumpen des Hämoglobins in den roten Blutkörperchen kommt, wodurch die Zellgestalt in charakteristischer Weise verändert wird. Die verformten Erythrocyten haben schlechtere Fließeigenschaften, die Durchblutung und damit der Sauerstofftransport im Gewebe verschlechtern sich. Die Mangeldurchblutung führt auf Dauer zu Organschäden. Allerdings verleiht die Sichelzellenanämie den Betroffenen eine gewisse Resistenz gegen Malaria, was der Grund sein dürfte, wieso die Sichelzellenanämie in einigen Gegenden Afrikas weit verbreitet ist.

Die DNA-Doppelhelix (in der B-Form) ähnelt einer verdrehten Wendeltreppe. Die Basenpaare sind wie Treppenstufen nahezu rechtwinklig zum Zuckerphosphatrückgrat angeordnet. Hydrophobe und aromatische Wechselwirkungen (▶ Kapitel 3.2) zwischen den übereinanderliegenden Basenpaaren stabilisieren den Doppelstrang zusätzlich zu den H-Brücken innerhalb der Basenpaare. Entlang der Doppelhelix finden sich in regelmäßigen Abständen abwechselnd eine **große** und eine **kleine Furche**. Diese Einkerbungen spielen eine wichtige Rolle bei der Wechselwirkung der DNA mit Proteinen (bei der Transkription und der Replikation). Da die Seiten der DNA-Basen in Richtung dieser Furchen zeigen, können **Transkriptionsfaktoren** (= Proteine, die die Transkription der DNA steuern) entlang der Furchen die Sequenz der Basen in einer DNA-Doppelhelix ablesen, ohne dass die Helix aufgebrochen werden muss. Die Transkriptionsfaktoren können so von außen erkennen, wo sich entlang eines DNA-Fadens ein bestimmtes Gen befindet, also ein DNA-Abschnitt, der für ein Protein codiert.

Die **Ribonucleinsäure (RNA)** kommt in verschiedenen Arten vor, die aber meistens aus Einzelsträngen bestehen. Die **RNA** ist in der Regel sehr viel kürzer als die DNA. Bei komplexen Organismen kann die DNA mehrere Millionen Basenpaare enthalten, die RNA hingegen umfasst selten mehr als einige Zehntausend Basen. Die RNA-Einzelstränge sind alle mehr oder weniger stark in eine kompakte dreidimensionale Struktur gefaltet. So faltet sich die Transfer-Ribonucleinsäure **(tRNA)**, die aus 70 bis 90 Nucleotiden besteht, in eine charakteristische **Kleeblattform** aus drei Schleifen. Wir werden auf die verschiedenen Arten der RNA im Zusammenhang mit der Transkription und Translation noch einmal kurz zu sprechen kommen (▶ Kapitel 14.7).

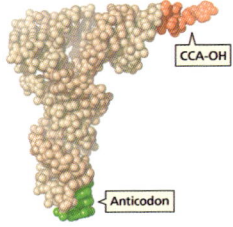

Struktur der tRNA
Aus: Bruice, P. Y. (2007)

> **EXKURS**
>
> **Warum enthält DNA kein Uracil?**
> In der DNA findet sich anstelle von Uracil die Pyrimidinbase Thymin, obwohl Thymin erst unter Energieverbrauch aus Uracil hergestellt werden muss (Methylgruppenübertragung durch N5-Methylen-THF, ▶ Kapitel 10.5). Wieso wird nicht direkt Uracil verwendet wie in der RNA? Das Problem hängt mit der chemischen Stabilität der Nucleobase Cytosin zusammen. Diese kann durch Tautomerisierung in die Iminform übergehen, die dann zu Uracil hydrolysieren kann. Es hat also eine **Desaminierung** stattgefunden.
>
> Cytosin ⇌ (Tautomerisierung) Imin → (Hydrolyse, $+ H_2O$, $- NH_3$) Uracil
>
> Uracil paart aber im Gegensatz zu Cytosin nicht mehr mit Guanin, sondern mit Adenin. Dadurch wird bei der nächsten Replikation oder der Transkription die genetische Information verändert, es entsteht eine **Mutation**. Anstatt G würde A in den Komplementärstrang eingebaut. Die Zelle verfügt über einen Reparaturmechanismus: Wird eine DNA mit einem Uracil entdeckt, wird dieses herausgeschnitten und wieder durch das korrekte Cytosin ersetzt. Dies funktioniert aber nur dann, wenn von Natur aus kein Uracil in der DNA enthalten ist. Die Reparaturenzyme könnten ansonsten Uracil, das durch Desaminierung aus Cytosin entstanden ist, nicht von dem normalen Uracil unterscheiden. Daher verwendet die Natur in der DNA kein

Uracil, sondern Thymin. Jedes Uracil, das sich in der DNA findet, muss daher das Ergebnis einer Basenmutation sein und kann entsprechend repariert werden. Bei der RNA, die Uracil enthält, tritt dieses Problem nicht auf, da die RNA nur sehr kurzlebig ist und nach der Transkription sehr schnell wieder hydrolytisch abgebaut wird, bevor eine Umwandlung von Cytosin zu Uracil stattgefunden haben kann. Die DNA muss hingegen ein Leben lang stabil bleiben.

Denaturierung von DNA

Die beiden DNA-Doppelstränge können durch Erhitzen, Zugabe von Salzen oder Alkalilaugen voneinander getrennt werden. Wie bei den Proteinen nennt man diesen Verlust der Sekundärstruktur Denaturierung. Der Doppelstrang zerfällt dabei in zwei Einzelstränge. Bei der **thermischen Denaturierung** kommt es zu einem kooperativen Aufbrechen des Doppelstrangs. Oberhalb einer bestimmten Temperatur lösen sich die Bindungen zwischen den beiden Einzelsträngen (die H-Brücken innerhalb der Basenpaare und die Stapelwechselwirkungen der übereinanderliegenden Basen) alle mehr oder weniger gleichzeitig auf. Dieses „Schmelzen" lässt sich sehr gut mit der UV-Spektroskopie (▶ Kapitel 1.11) verfolgen. Man erhält eine Schmelzkurve, aus der sich die Schmelztemperatur T_m ablesen lässt, die Temperatur, bei der die Hälfte der Doppelstränge in Einzelstränge zerfallen ist. Die Schmelztemperatur hängt von der Basensequenz der DNA ab, da G-C-Paare stabiler sind als A-T-Paare (drei H-Brücken vs. zwei H-Brücken). Je größer daher der GC-Gehalt einer DNA ist, desto höher ist ihre Schmelztemperatur. Auf Basis dieser Erkenntnis klassifiziert man in der Mikrobiologie unterschiedliche Organismen nach dem GC-Gehalt ihres Genoms.

Trennung von Nucleinsäuren oder Proteinen durch Gelelektrophorese

Die Gelelektrophorese ist eine Methode, mit der Proteine oder Nucleinsäuren getrennt werden können. Das Prinzip haben wir schon bei den Aminosäuren besprochen: Geladene Teilchen wandern in einem angelegten elektrischen Feld zum entgegengesetzten Ladungspol (▶ Kapitel 13.5). Nucleinsäuren sind Polyanionen und wandern daher zur positiv geladenen Anode. Zur elektrophoretischen Trennung verwendet man meistens Agarosegele oder Polyacrylamidgele. Die Trennung erfolgt dann entsprechend der Größe der DNA: Je größer die DNA, desto langsamer wandert sie. Dies liegt an der Beschaffenheit der Gele. Ein Gel besteht aus einem dreidimensionalen Netzwerk von Makromolekülen mit Hohlräumen, in denen Wasser eingelagert ist. Kleine Teilchen wandern relativ leicht durch die Hohlräume des Gels, während große Teilchen eher zurückgehalten werden und dadurch insgesamt langsamer wandern. Nach der Trennung kann die DNA zum Beispiel durch UV-Licht sichtbar gemacht werden. Eine Mischung von DNA bekannter Molmassen wird als Marker verwendet. Die Größe wird dabei in kb für Kilobasen angegeben (also in der Anzahl der vorhandenen Basen).

Agarose ist ein Polysaccharid aus roten Meeresalgen, in dem *D*-Galactopyranose β-1,4- glycosidisch mit 3,6-Anhydro-*L*-galactopyranose verknüpft ist. Beim Erhitzen in Wasser löst es sich und bildet beim Abkühlen ein Gel. Ebenfalls häufig verwendet wird ein künstlich hergestelltes **Polyacrylamidgel**. Dieses ist ein Copolymer aus Acrylamid und *N,N*-Methylenbisacrylamid, das durch radikalische Polymerisation hergestellt wird (▶ Kapitel 10.9). Das Bisacrylamid dient der Quervernetzung der Polyacrylamid-Ketten, sodass ein Gel mit der Konsistenz von Wackelpudding entsteht.

Zur Analytik von Proteinen wird häufig eine spezielle Polyacrylamid-Gelelektrophorese (PAGE) verwendet, die **SDS-PAGE**. Dabei wird dem Gel Sodiumdodecylsulfat (Natriumdodecylsulfat, SDS), ein anionisches Tensid (▶ Kapitel 11.10), zugesetzt. Vor der Trennung werden dabei die Proteine durch das Tensid denaturiert, das heißt, ihre Sekundär- und Tertiärstruktur wird zerstört. Zudem bindet das negativ geladene SDS an die Proteine und überdeckt deren Eigenladungen, sodass die Proteine alle eine ähnliche konstante negative Ladungsverteilung aufweisen. Die elektrophoretische Trennung erfolgt dann – unabhängig von der Zusammensetzung des Proteins und seinem IEP – fast ausschließlich entsprechend der Größe der Proteine. Kleine Proteine wandern schneller als große Proteine. Eine Mischung von Proteinen bekannter Molmasse wird als Marker (sogenannte Protein-Leiter) verwendet. Die Proteine werden anschließend angefärbt und so sichtbar gemacht.

14.5 Chemische Stabilität der Nucleinsäuren

Die DNA ist ein chemisch sehr beständiges Molekül und wird in Lösung – wie alle Phosphordiester (▶ Kapitel 11.9) – nur sehr langsam hydrolysiert. So erschweren die negativen Ladungen der nach außen gerichteten Phosphordiestergruppen den Angriff von Nucleophilen wie OH⁻ oder Wasser auf die DNA. Die Nucleophile sind selbst elektronenreich und werden daher vom Zucker-Phosphat-Rückgrat elektrostatisch abgestoßen. Die RNA zerfällt im Gegensatz zur DNA vor allem in basischer Lösung sehr schnell, obwohl auch die RNA wie die DNA ein Polyanion ist. Der entscheidende Unterschied ist die 2′-OH-Gruppe der Ribose in der RNA, die in der DNA fehlt. Diese OH-Gruppe kann intramolekular als

Nucleophil die Phosphordiesterbindung angreifen und spalten. Dabei entsteht im ersten Reaktionsschritt ein cyclischer 2′,3′-Phosphordiester, der dann in einem nachfolgenden Schritt durch Wasser oder OH⁻-Ionen wieder geöffnet wird. Solche Reaktionen mit intramolekularen Nucleophilen sind häufig sehr viel schneller als die analogen Reaktionen mit einem externen Nucleophil. Diesen Nachbargruppeneffekt hatten wir schon am Beispiel der Hydrolyse von Senfgas diskutiert (▶ Fallbeispiel Kapitel 10). Nach dem gleichen grundlegenden Mechanismus arbeiten auch Enzyme wie die Ribonuclease, die die RNA-Spaltung *in vivo* katalysieren.

Die unterschiedliche chemische Stabilität der beiden Nucleinsäuren ist für ihre unterschiedlichen Funktionen wichtig. Die DNA ist der Speicherort der gesamten genetischen Informationen eines Lebewesens und muss daher über die gesamte Lebenszeit hinweg intakt bleiben. Würde die DNA in Lösung relativ leicht hydrolysieren, käme es zu einem Verlust der genetischen Information mit katastrophalen Folgen für das Überleben des Organismus. Die RNA wird hingegen nur bei Bedarf hergestellt und muss, wenn sie ihre Funktion erfüllt hat, auch schnell wieder abgebaut werden.

14.6 Die Replikation der DNA

Das **Genom** ist die Gesamtheit aller genetischen Informationen eines Lebewesens, die in der Basenabfolge der DNA enthalten sind. Das menschliche Genom umfasst etwa 3 Milliarden Basen. Ein entsprechender DNA-Doppelstrang hätte eine Länge von ca. 1,8 m. Wie passt diese Information in einen Zellkern mit einem Durchmesser von nur 5 bis 10 µm? Zum einen liegt die Erbinformation in Form mehrerer DNA-Stücke und nicht nur als ein einziger Doppelstrang vor. Die einzelnen DNA-Polyanionen sind zusätzlich im Zellkern um positiv geladene Proteine gewickelt (**Histone**). Diese kompakte Form der DNA bezeichnet man als **Chromatin**. Beim Menschen ordnet sich das Chromatin dann noch in 23 einzelne **Chromosomen**.

Zur Verdoppelung der DNA bei einer Zellteilung muss die DNA im kompakten Chromatin entpackt und der Doppelstrang in zwei Einzelstränge getrennt werden. Dann kann jeder der Einzelstränge als Vorlage für die Synthese eines komplementären neuen DNA-Strangs dienen. Für die DNA-Biosynthese werden die Desoxyribonucleotidtriphosphate (dNTP, ▶ Kapitel 12.3.2) verwendet (das N steht allgemein für eine der vier DNA-Basen). Diese übertragen als aktivierte Bausteine unter Abspaltung von Diphosphat das Nucleotid auf die freie 3'-OH-Gruppe des nächsten dNTP. Die DNA-Biosynthese erfolgt somit vom 5'- zum 3'-Ende. Alle Reaktionsschritte werden durch das Enzym **DNA-Polymerase** katalysiert, das an dem vorliegenden Einzelstrang entlangwandert, an jeder Position die vorhandene Base abliest und dann im neu zu synthetisierenden Strang genau die komplementäre Base einbaut. Die DNA-Replikation durch die Polymerase ist ein extrem zuverlässiger Vorgang. Die Fehlerrate beim Einbau der Komplementärbase beträgt nur $1 : 10^9$! Diese extrem niedrige Fehlerrate ist überlebenswichtig, da jede falsch eingebaute Base zu einer veränderten genetischen Information, einer Mutation, führt, die in der Regel bei der Transkription ein nicht funktionsfähiges Protein ergibt (▶ Kapitel 12.3.6).

Chemischer Schlüsselschritt bei der DNA-Replikation

AUS DER MEDIZINISCHEN PRAXIS

Gyrase- und Topoisomerasehemmstoffe

Bakterien sind Prokaryonten, enthalten also keinen Zellkern. Bei ihnen liegt die DNA meistens in Form eines ringförmigen **Plasmids** im Cytoplasma vor. Dieses ist zu sogenannten superhelicalen Strukturen aufgedreht, wodurch die Größe des Plasmids so weit reduziert wird, dass es in die Bakterienzelle hineinpasst. Andererseits muss die DNA bei der Replikation und Transkription wieder zugänglich sein. Bakterien müssen daher in der Lage sein, den Spiralisierungsgrad der DNA zu steuern, was enzymatisch durch Topoisomerasen erfolgt. Eine spezielle Topoisomerase, die **Gyrase**, ist Angriffspunkt der Antibiotika aus der Gruppe der **Fluorchinolone** (zum Beispiel Ciprofloxacin, ▶ Kapitel 8.7). Diese Gyrase-Hemmer unterbinden das Aufwickeln der Bakterien-DNA (Überspiralisierung) und verhindern so die Replikation. Neuere Fluorchinolone hemmen nicht nur die Gyrase (eine Topoisomerase II), sondern auch die Topoisomerase IV. Daher ist die Bezeichnung Gyrasehemmer zwischenzeitlich eher unüblich und man spricht von Fluorchinolonen. Die Substanzklasse ist seit 2019 in der Anwendung eingeschränkt worden, einige Präparate wurden vom Markt genommen, sodass in Deutschland neben Ciprofloxacin nur noch Norfloxacin, Ofloxacin, Levofloxacin und Moxifloxacin zugelassen sind. Gründe sind schwere und langanhaltende Nebenwirkungen im Bereich Muskeln, Gewebe und Nervensystem. Die FDA hat diese Nebenwirkungen unter dem Begriff *Fluoroquinolone-associated Disability* zusammengefasst. Fluorchinolone sollten daher nur bei sehr schwerwiegenden Infektionen eingesetzt werden.

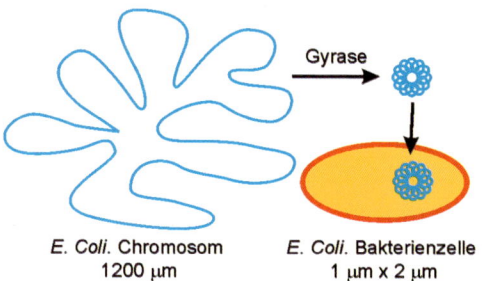

Wirkung der Gyrase

Menschen besitzen ebenfalls Topoisomerasen. Allerdings sind diese anders aufgebaut als die bakteriellen Enzyme. Hemmstoffe humaner Topoisomerasen werden zur Krebstherapie eingesetzt, zum Beispiel Camptothecin, Topotecan, Irinotecan, Etoposid und Tenoposid. Die letzteren beiden sind Glycoside (Zucker-Derivate) des Podophyllotoxins, eines Inhaltsstoffs aus der Wurzel des Amerikanischen Maiapfels (*Podophyllum peltatum*), das zur äußerlichen Behandlung von Feigwarzen eingesetzt wird. Auch die anderen als Krebstherapeutika eingesetzten Topoisomerasehemmer stammen aus der Natur: Camptothecin aus dem Chinesischen Glücksbaum (*Camptotheca acuminata*). Topotecan und Irinotecan sind halbsynthetische Derivate dieses Alkaloids.

Antimetabolite als Wirkstoffe

Unter **Antimetaboliten** versteht man cytostatisch oder antiviral wirksame Arzneistoffe, die den natürlich vorkommenden DNA- und RNA-Basen oder den entsprechenden Nucleosiden strukturell ähneln, aber einen falschen Zucker- und/oder Basenbaustein enthalten. Im Fallbeispiel werden Cytarabin und Thioguanin als Cytostatika eingesetzt. **Cytarabin** (Alexan®, Udicil®) unterscheidet sich vom natürlichen Nucleosid Cytidin dadurch, dass die Ribose durch die epimere Arabinose ersetzt ist. Damit liegt an C2' des Zuckers die falsche Konfiguration vor, was eine 2'-Desoxy-Struktur vortäuscht. Cytarabintriphosphat, das *in vivo* durch Phosphorylierung von Cytarabin entsteht, wird daher anstelle von dCTP in die DNA eingebaut. Die andere Konfiguration an C2' des Zuckers reicht schon aus, dass Cytarabin von der DNA-Polymerase nicht mehr weiterprozessiert werden kann. Das heißt, der Einbau des nächsten Nucleotids findet nicht mehr statt. Es kommt zum Kettenabbruch.

Thioguanin ist das Schwefelanalogon der DNA/RNA-Base Guanin. *In vivo* erfolgt Bioaktivierung zum Thioguaninribonucleotid Thio-GMP und -desoxyribonucleotid Thio-dGMP. Beide hemmen die Purinbiosynthese, sodass nicht mehr genügend AMP und GMP zur Verfügung stehen, um die hohe Replikationsrate von Tumorzellen aufrechtzuerhalten. Zusätzlich wird Thioguanin auch als falscher Baustein in die DNA und die RNA eingebaut, aber danach bei der Replikation durch die Polymerase nicht mehr korrekt abgelesen, sodass mit einer Fehlerrate von 30 Prozent falsche Nucleotide in den Komplementärstrang eingebaut werden. Dadurch entstehen nicht funktionstüchtige, mutierte Nucleinsäuren, die nicht mehr korrekt für Proteine codieren.

Auch die als **Virustatika** eingesetzten Antimetabolite werden durch humane und/oder virale Kinasen (▶ Kapitel 11.9) zu den eigentlichen Wirkformen, den Triphosphaten, phosphoryliert und als solche in die Virus-DNA oder -RNA eingebaut. Außerdem hemmen sie Enzyme der viralen Replikation. Dazu gehören auch die bei HIV-Infektionen eingesetzten nucleosidischen Reverse-Transkriptase-Inhibitoren (zum Beispiel Zidovudin, AZT, Azidothymidin). Die HI-Viren sind sogenannte Retroviren, bei denen die Erbinformation als RNA vorliegt und mithilfe der Reversen Transkriptase in der Wirtszelle zuerst in DNA umgeschrieben werden muss (▶ Kapitel 14.2). AZT bindet an die Reverse Transkriptase, besitzt aber keine 3'-OH-Gruppe, sodass die DNA-Synthese an dieser Stelle abbricht.

EXKURS

Der genetische Fingerabdruck

Das Genom eines Menschen ist einzigartig, das heißt, jeder Mensch besitzt eine eigene, unverwechselbare DNA. Man kann also über eine Analyse der DNA, also über die Bestimmung der Basenabfolge, Personen identifizieren. Dieser **genetische Fingerabdruck** spielt in der Forensik bei der Verbrechensaufklärung, aber auch bei der Klärung von Vaterschaftsfragen eine wichtige Rolle. Natürlich wird bei der Erstellung des genetischen Fingerabdrucks nicht das gesamte Genom untersucht. In der Regel werden acht bis fünfzehn kleinere, nicht codierende Abschnitte der DNA analysiert, bei denen besonders hohe individuelle Unterschiede auftreten (sogenannte VNTR- oder STR-Sequenzen). Zur Bestimmung der Basenabfolge werden diese Bereiche der DNA, die man aus einer Speichelprobe oder aus den Haaren isoliert hat, zunächst mithilfe der **Polymerase-Kettenreaktion (PCR)** vervielfältigt. Diese Technik wurde 1983 von K. Mullis (erneut) erfunden und schon 1993 mit dem Nobelpreis für Chemie gewürdigt. Man erwärmt dazu die DNA-Probe für eine kurze Zeit auf 95 °C. Dadurch wird die DNA denaturiert, der Doppelstrang zerfällt in zwei Einzelstränge. Die beiden Einzelstränge werden dann bei etwa 70 °C durch Zugabe einer speziellen, bei dieser Temperatur stabilen Polymerase (Taq-Polymerase) aus einem hitzeliebenden (thermophilen) Bakterium und den nötigen Nucleotidbausteinen verdoppelt. Danach wird wieder auf 95 °C erhitzt, sodass die gerade

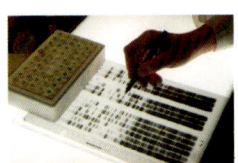

Auswertung eines genetischen Fingerabdrucks
© dpa Deutsche Presse-Agentur GmbH, Hamburg

neu synthetisierten Doppelstränge wieder dissoziieren und anschließend erneut verdoppelt werden können. Nach dem ersten Zyklus liegen demnach ausgehend von nur einem DNA-Molekül bereits zwei, nach dem zweiten vier, nach dem dritten acht DNA-Moleküle vor. Jeder Zyklus dauert nur wenige Minuten. Die Vervielfältigung der DNA gehorcht einem exponentiellen Wachstum. Durch mehrfache Wiederholung des Zyklus lassen sich so innerhalb kurzer Zeit selbst winzigste Mengen DNA vervielfältigen. Die Auswertung der einzelnen DNA-Abschnitte erfolgt mit der Gelelektrophorese. Man erhält ein für jede Person individuelles Bandenprofil, einen genetischen Fingerabdruck.

EXKURS

Das *Human Genome Project*

Das Human Genome Project (HGP) wurde 1990 als internationales Projekt mit dem Ziel gegründet, die komplette Basensequenz eines Menschen zu sequenzieren. Zudem sollten die hierzu notwendigen Technologien entwickelt und verbessert werden. Ebenfalls sollten die im Laufe des Projekts auftretenden ethischen, juristischen und sozialen Fragen behandelt werden. Diese Ziele wurden bereits zwischen 1984 und 1988 diskutiert und wurden dann in Fünfjahresplänen vom US National Institute of Health (NIH) und dem Department of Energy genauer spezifiziert. Deutschland trat dem Projekt erst 1995 bei. Im Jahre 1998 erhielt das öffentlich geförderte HGP privatwirtschaftliche Konkurrenz durch die Firma Celera, die von Craig Venter mit dem Ziel gegründet worden war, das humane Genom im Alleingang zu entschlüsseln. Häufig wird diese Konkurrenz als Wettrennen beschrieben, was so nicht ganz stimmt, da die Firma Celera vollen Zugriff auf die Ergebnisse des HGP hatte, selbst aber keine Daten preisgab. Im Februar 2001 veröffentlichten beide Seiten gleichzeitig ihre Ergebnisse, was nicht bedeutete, dass das Genom nun vollständig bekannt war, denn etwa 15 Prozent konnten mithilfe der damaligen Techniken gar nicht aufgeschlüsselt werden. Seitdem wurden immer wieder Lücken geschlossen und Fehler korrigiert, wie an der Grafik gut zu erkennen ist.

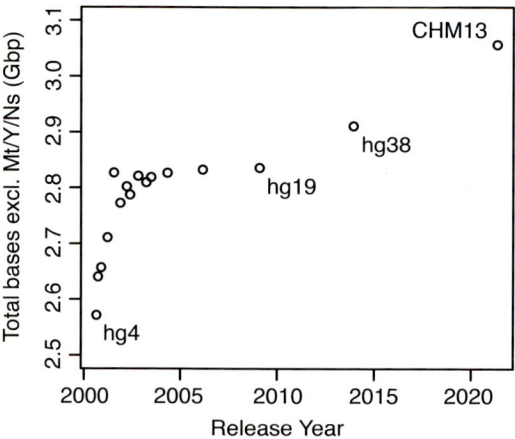

© Adam Phillippy/CC-BY

Ob das HGP ein voller Erfolg war oder nicht, hängt sehr vom Blickwinkel ab. So schreibt die Max-Planck-Gesellschaft in einem im April 2020 veröffentlichten Artikel, dass sich eine gewisse Ernüchterung breitmachte, da man zwar die „Buchstabenabfolge" des Genoms kannte, zum Verständnis aber die Kenntnis der Funktion der über 20 000 Gene fehlte. In einem Interview mit dem „Spektrum der Wissenschaften" wertet Prof. Lehrach, Direktor am MPI für Molekulare Genetik, das Projekt dagegen als vollen Erfolg. So wären die Methodiken zur Genomsequenzierung um mehr als einen Faktor 10^6 besser als zu Beginn des Projektes, was es ermöglichte, nicht nur die Genome einiger weniger Personen zu untersuchen, sondern, wie zum Beispiel im Rahmen des 1000-Genom-Projekts, die Erbgutdaten von etwa 2500 Menschen zu liefern und so eine repräsentativere Basis zu erhalten. Hieran konnte man zum Beispiel belegen, dass sich die Genome verschiedener Menschen um weniger als 0,1 Prozent unterscheiden. Es ergab sich weiterhin, dass die genetischen Unterschiede innerhalb einer Population größer sind als die Unterschiede zwischen Populationen, was den Rasse-Begriff bei Menschen ad absurdum führt.

Das HPG zeigt zudem, dass das menschliche Genom zum größten Teil aus „Müll" besteht, der sich aus Überresten von Viren, funktionslos gewordenen Genen etc. zusammensetzt und zum Beispiel bei der DNA-Analyse genutzt wird. Als Erfolg des HGP kann man auch werten, dass die Kenntnis der genetischen Grundlage bei vielen Krankheiten zu verbesserten Therapien führte. Beispiele sind die Alzheimer-Demenz oder Diabetes. Zudem werden bei Säuglingen mittlerweile standardmäßig Gentests durchgeführt, um auf Gendefekten beruhenden Krankheiten zu erkennen und vor ihrem Ausbruch zu therapieren.

Auch in der ethischen und juristischen Diskussion ist man weitergekommen. So entschied der Supreme Court 2013, dass natürlich vorkommende humane Gene keine Erfindung darstellen und daher auch nicht patentiert werden können. Verändert man diese Gene zum Beispiel mithilfe der CRISPR/Cas9-Methodik, so sind Patente natürlich möglich. Das Urteil erlaubt also weiter Genmanipulationen. Ob diese dann ein Segen oder ein Fluch sind, hängt wiederum stark vom Blickwinkel und der Anwendung ab.

14.7 Proteinbiosynthese

Nur ein kleiner Teil der gesamten DNA enthält tatsächlich genetische Information, das heißt, codiert für ein Protein. Man schätzt, dass das Genom des Menschen trotz seiner enormen Größe von 3 Milliarden Basen nur aus etwa 30 000 bis 40 000 Genen besteht. Der überwiegende Großteil der DNA besteht also aus nicht codierenden Bereichen (sogenannte Introns). Die codierenden DNA-Abschnitte, die Exons, enthalten dann die Aufbauanleitung für die Synthese der Proteine. Diese Information verbirgt sich im **genetischen Code**. Eine Abfolge aus drei DNA-Basen (ein **Codon**) steht jeweils für eine Aminosäure. Die Basensequenz eines Gens lässt sich also unmittelbar in die Aminosäuresequenz eines Proteins übersetzen (**Translation**). Aus vier DNA-Basen lassen sich insgesamt $4^3 = 64$ verschiedene Codons bilden, 61 davon codieren tatsächlich für Aminosäuren. Das heißt, für die meisten der 20 Standardaminosäuren existieren mehrere Codons. Die Aminosäure Phenylalanin wird zum Beispiel durch UUU und UUC codiert, während insgesamt sechs Codons

MERKE

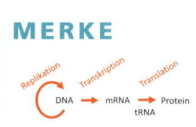

für Serin stehen: UCU, UCC, UCA, UCG, AGU und AGC. Die drei nicht durch Aminosäuren belegten Codons sind sogenannte Stoppcodons, die angeben, dass der Proteinstrang an dieser Stelle zu Ende ist. Eine Besonderheit findet sich bei der Aminosäure Selenocystein (▶ Kapitel 13.2 und ▶ Kapitel 14.4) Diese ist nicht direkt codiert, sondern wird über ein Stoppcodon eingebaut, das bei der Translation umprogrammiert wird.

EXKURS

Antisense-Arzneistoffe, RNA-Interferenz

Soll *in vivo* ein bestimmter DNA-Abschnitt (= Gen) in ein Protein übersetzt werden, wird der DNA-Doppelstrang zuerst lokal entwunden. Von den beiden DNA-Einzelsträngen enthält nur einer die Bauanleitung für das Protein, der sogenannte Sense-Strang (auch Nichtmatrizenstrang, nicht-codogener Strang oder Plus-Strang genannt) (▶ Kapitel 14.4). Damit die mRNA, die am Ribosom in die Aminosäureabfolge des Proteins übersetzt wird, die gleiche Basensequenz aufweist wie der Sense-Strang, muss die mRNA aber vom anderen DNA-Strang, dem Matrizenstrang (auch Antisense-Strang oder codogener Strang genannt) ausgehend synthetisiert werden. Derzeit werden intensiv sogenannte **Antisense-Arzneistoffe** erforscht. Sie bestehen zum Beispiel aus kurzen Desoxyribonucleotid-Sequenzen, die komplementär sind zu Sequenzabschnitten der mRNA und daher an diese binden. Dadurch werden zum Beispiel RNasen (Ribonucleotidasen, RNA-spaltende Enzyme) induziert, die die gebundene mRNA abbauen. Der weitere Verlauf der Translation wird unterbrochen, das Protein wird nicht synthetisiert. Anwendung finden solche Arzneistoffe bei Viruserkrankungen, Krebs oder entzündlichen Erkrankungen. Auch der menschliche Körper produziert übrigens Antisense-RNA zur Regulation der Proteinbiosynthese auf Genebene.

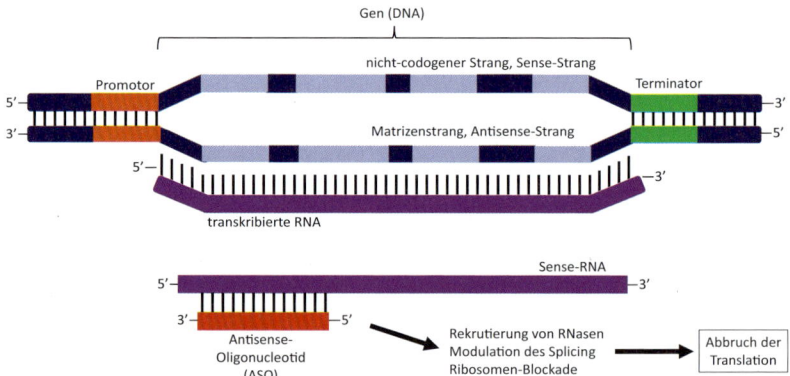

Das erste Antisense-Oligonucleotid (ASO), das auf den Markt kam, war 1999 Fomivirsen (Vitravene®), ein Arzneistoff zur Bekämpfung des Cytomegalie-Virus (CMV) – ein Herpes-Virus, der insbesondere bei immunsupprimierten Patienten (zum Beispiel bei HIV-Infektion) zur Schädigung der Retina und letztendlich zur Erblindung führen kann. Fomivirsen ist ein Desoxyoligonucleotid mit einer Länge von 21 Basen. Zusätzlich enthält es Phosphorothioat (Thiophosphat, Phosphothioat) anstelle von Phosphat, um seine chemische Stabilität weiter zu erhöhen. Zwischenzeitlich wurde Fomivirsen aus kommerziellen Gründen wieder vom europäischen Markt genommen.

14.7 Proteinbiosynthese

Ein weiteres Antisense-Oligonucleotid ist **Inotersen**, das zur Behandlung der hereditären ATTR-Amyloidose (ATTRm) eingesetzt wird. Bei dieser Erkrankung kommt es zu Ablagerungen von mutiertem (amyloidogenem) Transthyretrin (TTR) im Nervensystem, verschiedenen Organen, Augen und Sehnen. Inotersen bindet selektiv an die mRNA, die normalerweise in das Protein Transthyretrin translatiert wird, und blockiert nach dem oben genannten Mechanismus die Translation, und zwar sowohl die des Wildtyp-Proteins als auch die des mutierten Proteins. Fomivirsen ist, wie oben beschrieben, eine einzelsträngige Antisense-DNA. Inotersen dagegen ist ein modifiziertes RNA/DNA-Hybrid-Molekül, das 2'-O-(2-Methoxyethyl)ribonucleotide (2'-MOE), das heißt modifizierte RNA-Sequenzen, und 2'-Desoxyribonucleotide, also DNA-Sequenzen enthält. Alle Pyrimidin-Basen sind in der 5-Position methyliert und die Nucleotide sind über Phosphorthioester verknüpft. Andere ASOs bestehen wiederum nur aus modifizierten RNA-Sequenzen.

Ein interessanter Aspekt betrifft die Stereochemie: In diesen Phosphorothioat-Oligonucleotiden sind die Phosphoratome Chiralitätszentren. Deren Konfiguration ist im Gegensatz zu den Konfigurationen der Zuckereinheiten nicht definiert. Das bedeutet, dass Inotersen ein Gemisch aus vielen Diastereomeren ist; genauer: es gibt 2^n Diastereomere, mit $n = 19$ sind es also 524 288 Diastereomere!

Ausschnitt aus Inotersen

5'-TCTTGGTTACATGAAAT^{Me}C^{Me}C^{Me}C-3'
5'-^{Me}U^{Me}C^{Me}U^{Me}U̲G̲G̲T̲T̲A̲^{Me}C̲A̲T̲G̲A̲A̲A̲^{Me}U̲^{Me}C̲^{Me}C̲-3'
Alle Cytosine sind an Position 5 methyliert.
Bei allen unterstrichene Basen ist R = 2'-MOE.
Da es sich dann formal um Derivate der RNA handelt, wird statt T (Thymin) auch 5-Methyluracil (^{Me}U) geschrieben.

Weitere Antisense-Oligonucleotide wurden ebenfalls bereits in der EU und/oder den USA zugelassen: Mipomersen (2013, homozygote familiäre Hypercholesterolämie), Volanesorsen (2019, familiäres Chylomikronämie-Syndrom), Eteplirsen (2016, <u>D</u>uchenne-<u>M</u>uskel<u>d</u>ystrophie, DMD), Nusinersen (2017, <u>s</u>pinale <u>M</u>uskel<u>a</u>trophie, SMA), Golodirsen und Vitolarsen (beide 2020, Duchenne-Muskeldystrophie). Die letztgenannten vier ASOs sind sog. **Splicing-Modulatoren**. Aufgrund von Mutationen kommt es bei diesen Erbkrankheiten zum sog. **Exon-Skipping**, das heißt zum Überspringen eines Exons während des Spleißprozesses der prä-mRNA. Dieser Exon-Verlust wird durch die Modulatoren korrigiert und die Menge an intaktem Protein wird erhöht.

Bei der oben genannten ATTRm wird auch ein weiteres RNA-Molekül zur Therapie eingesetzt: **Patisiran**. Hier handelt es sich um sogenannte **siRNA** (*small interfering RNA*, die Endung -siran in solchen Arzneistoffen steht für siRNA). Im Gegensatz zu RNA-ASOs ist therapeutisch eingesetzte siRNA doppelsträngig. Diese Arzneistoffe machen sich einen physiologischen Mechanismus der Geninaktivierung (**Gen-Silencing**) zu Nutze: die **RNA-Interferenz** (RNAi, RNA-Silencing). Was versteht man darunter? Kurze RNA-Stücke, genannt siRNA, führen im Organismus dazu, dass komplementäre mRNA selektiv abgebaut wird und nicht mehr für die Translation zur Verfügung steht. Zellen schützen sich mithilfe dieses Mechanismus unter anderem auch vor fremder, zum Beispiel viraler RNA. Wie funktioniert nun das RNAi bei Patisiran? Nachdem die doppelsträngige siRNA (ds siRNA) ins Zellinnere gelangt ist, bindet sie an den **RNA-induced Silencing Complex (RISC)** und bildet mit diesem einen Protein-RNA-Komplex. Die doppelsträngige siRNA-Helix wird entwunden, einer der beiden Stränge der RNA (der sogenannte *Passenger*-Strang) wird entfernt, der Komplex beinhaltet dann RISC und einzelsträngige siRNA (ss siRNA), den sog. *Guide*-Strang (Leitstrang).

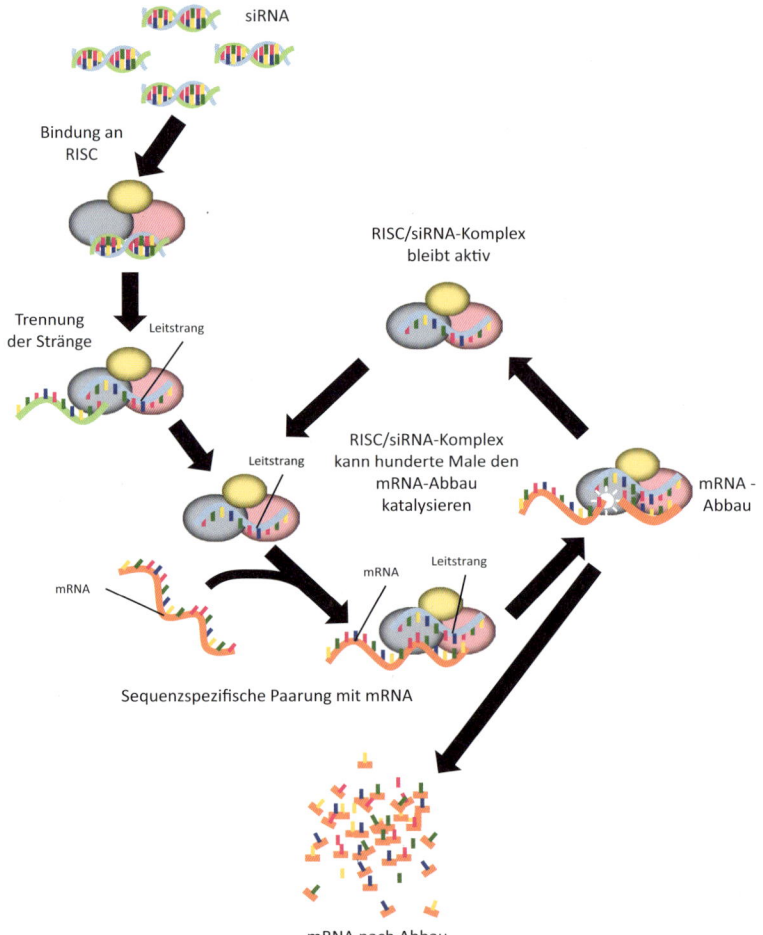

14.7 Proteinbiosynthese

Wird dieser Komplex nun von mRNA erkannt, die komplementär zu dem im Komplex gebundenen *Guide*-Strang ist, kommt es zu einem RISC-vermittelten Abbau der mRNA und die Translation des Zielproteins Transthyretrin wird verhindert. Die siRNA wird im Gegensatz zu ASOs nicht in stöchiometrischen Mengen (ein ASO-Molekül pro mRNA-Molekül) benötigt, sondern nur in katalytischen, da sie im Verbund mit RISC immer wieder den Abbau der Target-mRNA vermitteln kann.

Neben Patisiran (2018) wurden kürzlich als RNAi-Therapeutika Givosiran (2019, zur Behandlung der akuten hepatischen Porphyrie), Inclisiran (2020, Hypercholesterolämie und Dyslipidämien) und Lumasiran (2020, primäre Hyperoxalurie Typ 1) auf den Markt gebracht. Zahlreiche weitere Antisense-Arzneistoffe und RNAi-Therapeutika befinden sich derzeit in klinischer Entwicklung.

2006, bereits acht Jahre, nachdem die Publikation zur RNA-Interferenz erschien, ging übrigens der Nobelpreis für Medizin an die beiden Entdecker, Craig Mello und Andrew Fire.

Für die Behandlung der oben genannten Form der spinalen Muskelatrophie (SMA) gibt es auch einen anderen Therapieansatz. Hier ist seit 2020 ein erster, auch oral bioverfügbarer Arzneistoff auf dem Markt. Risdiplam ist ein sogenannter *Small-Molecule RNA Splicing Modifier*, der an die prä-mRNA des SMN2-Proteins bindet, das Spleißen derselben korrigiert und damit die Bildung von stabilem, funktionellem SMN-Protein erhöht. Damit steht neben der Gentherapie und dem Antisense-Oligonucleotid (ASO) Nusinersen, ebenfalls ein Splicing-Modulator, noch eine weitere Therapieoption zur Verfügung.

Risdiplam ist insofern ein völlig neuer Arzneistoff, da es an eine mRNA bindet. Zwar gibt es mit den Aminoglycosid-Antibiotika (zum Beispiel Streptomycin, Kanamycin) oder dem Antibiotikum Linezolid bereits Arzneistoffe, die an rRNA in den Ribosomen von Bakterien binden und dadurch die Proteinbiosynthese hemmen, dass aber ein *Small-Molecule*-Arzneistoff, also ein Arzneistoff mit niedrigem Molekulargewicht (< 900 g/mol), an humane mRNA bindet, ist neu. Die meisten *Small-Molecule*-Arzneistoffe binden an Proteine. Hier gibt es aber etliche, die als *undruggable* gelten, zum Beispiel weil ihnen ausgeprägte Bindestellen für Arzneistoffe fehlen. Hier bietet die Adressierung der entsprechenden mRNA, also der Vorstufen des Proteins, eventuell neue Ansätze, um Krankheiten, die mit der fehlerhaften Funktion dieser Proteine zusammenhängen, zu therapieren.

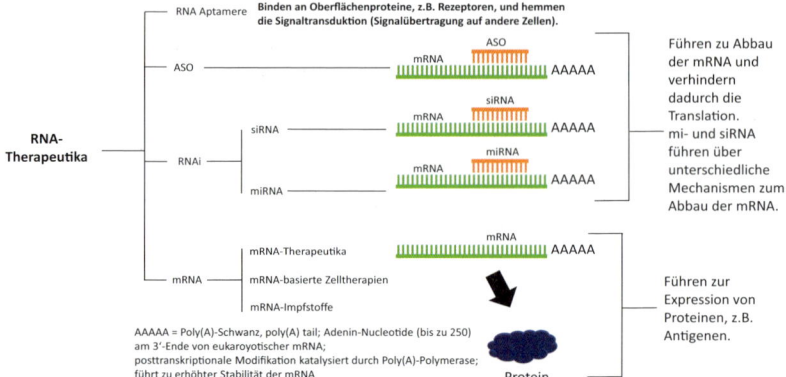

DNA-Arzneistoffe und Gentherapie

Auch DNA-basierte Arzneistoffe befinden sich in der klinischen Entwicklung, so zum Beispiel Tilsotolimod oder BC 007. In beiden Fällen handelt es sich um einzelsträngige, zum Teil modifizierte DNA. Tilsotolimod ist ein Agonist an einem Rezeptor an der Oberfläche bestimmter Immunzellen und soll die Immunantwort gegen Tumore stimulieren. BC 007 bindet an Autoimmun-Antikörper, die gegen verschiedene adrenerge Rezeptoren gerichtet sind, und neutralisiert diese. Es soll bei Patienten mit autoimmunbedingter Herzinsuffizienz Anwendung finden. Auch gegen Long-Covid wird der Arzneistoff getestet.

Zum Schluss dieses Exkurses wollen wir noch ganz kurz auf die **Gentherapie** im engeren Sinn eingehen. Letztlich beruhen natürlich sowohl ASOs als auch siRNA auf einem Eingriff in die Transkription (besser, das Transkriptom) und als Folge davon die Translation. Über RNA- oder DNA-Moleküle wird hier die Expression eines Proteins reguliert. Es sind daher epigenetische Ansätze. Es werden dabei aber keine codierenden Gene eingeschleust oder ins Erbgut eingebaut, das Erbgut wird also nicht verändert. Unter Gentherapie im eigentlichen Sinne versteht man das Einbringen oder Reparieren von Nucleinsäuren in Zellen, um einen genetischen Defekt gezielt zu behandeln. Man unterscheidet **Genersatztherapie** und **Geneditierung**. Bei der Genersatztherapie wird eine funktionelle Kopie des defekten Gens in die Zelle eingebracht. Man benutzt dafür virale Vektoren, meist adenoassoziierte Viren (AAV) oder Lentiviren. Es werden dann sowohl das kranke als auch das gesunde Gen abgelesen.

Man unterscheidet ***In-vivo-*** und ***Ex-vivo*-Gentherapie**. Bei der *In-vivo*-Therapie werden meist auf modifizierten AAV basierende Vektoren eingesetzt, um eine funktionsfähige Kopie der fehlenden oder defekten Erbinformation in die Zellen einzuschleusen. Bei *Ex-vivo*-Therapien werden die Zellen entnommen und extrakorporal mit dem Virusvektor genetisch verändert und dann dem Patienten wieder zugeführt. Hier verwendet man meist Lentiviren als Vektoren. Sie werden im Gegensatz zu den AAV-Vektoren in das Genom integriert und an Tochterzellen weitergegeben. AAV-Vektoren werden nicht integriert und damit bei der Zellteilung auch nicht weitergegeben. Sie eignen sich daher insbesondere für Gentransfer in sog. post-mitotisches Gewebe (Dauergewebe, post-mitotisch = nach der Zellteilung, Mitose), wie Retina, Muskeln, Leber.

Bei der Geneditierung nutzt man die **Genschere**. Diese kann das defekte Gen entfernen und ein gesundes Gen einfügen. Der Defekt wird dadurch dauerhaft repariert, was bei der Genersatztherapie nicht gesichert ist. Hier ist allerdings noch keine Therapie zugelassen.

Das erste Gentherapeutikum war das zur Behandlung bestimmter Tumore eingesetzte Gendicine, das allerdings nur in China zugelassen wurde. Mit diesem Arzneistoff wurde die funktionale Version eines Gens in Körperzellen eingebracht, das für ein Tumorsuppressor-Protein (p53) codiert. In der EU war seit 2012 Alipogene tiparvovec (Glybera) bei Patienten mit familiärer Lipoprotein-Lipase-Defizienz zugelassen, einer sehr seltenen Erbkrankheit. Da aber erst nach drei Jahren eine Patientin gefunden wurde, die diese sehr teure Therapie in Anspruch nahm, wurde das Medikament 2017 wieder vom Markt genommen.

Talimogene laherparepvec (T-Vec, Imlygic) zur Behandlung von Melanomen, Voretigene neparvovec-rzyl (Luxturna) bei einer bestimmten Form erblicher retinaler Dystrophie, Onasemnogene abeparvovec-xioi (Zolgensma) bei einer erblichen spinalen Muskelatrophie sind weitere Beispiele für zugelassene Gentherapien.

Relativ neu ist Yescarta (Axicabtagene ciloleucel), bestehend aus genetisch modifizierten weißen Blutzellen (Leukocyten), zur Behandlung von B-Zell-Lymphomen, einer Form von Blutkrebs. Das Gentherapeutikum wird unter Verwendung der eigenen weißen Blutkörperchen des Patienten hergestellt, genauer: aus den T-Zellen, die aus dem Blut des Patienten extrahiert und im Labor (*ex vivo*) genetisch modifiziert werden. Die Zellen werden mit dem Gen für einen künstlichen Rezeptor ausgestattet, **CAR** (**chimärer Antigenrezeptor**) genannt. CAR erkennt einen Krebsmarker (CD19), bindet an diesen und hilft den Immunzellen, die Lymphome zu bekämpfen. Bindet eine den CAR tragende T-Zelle an eine CD19-exprimierende Tumorzelle, wird eine Signalkaskade aktiviert, die letztlich zum Absterben der Tumorzellen führt. Dem Immunsystem wird sozusagen beigebracht, den Tumor zu bekämpfen. Yescarta wird als Infusion in eine Vene verabreicht. Vor der Therapie sollte der Patient eine Chemotherapie erhalten, um seine Leukocyten abzutöten.

In allen genannten Fällen handelt es sich um Genersatztherapien mit viralen Vektoren. Weitere Gentherapeutika, die man übrigens zu den ATMPs zählt (Arzneimittel für neuartige Therapien, Advanced Therapy Medicinal Product), ebenso wie Listen mit zugelassenen Antikörpern, Impfstoffen, Blutprodukten usw., findet man auf der Homepage des **Paul-Ehrlich-Instituts** (**PEI**), dem Bundesinstitut für Impfstoffe und biomedizinische Arzneimittel.

Die oft unaussprechlichen Freinamen (INN, internationale markenfreie Namen, *International Nonproprietary Name*) dieser Gentherapeutika basieren auf von der WHO vorgegebenen Regeln (▶ Kapitel 9.7). Dies sei nur an zwei Beispielen kurz erläutert:

lipo in „A lipo gene ti parvo vec" bedeutet, dass das Gen für die humane Lipoprotein-Lipase eingeschleust wird, *gene*, dass es sich um ein Gentherapeutikum handelt, *vec* bedeutet, dass es eine vektorbasierte Therapie mit einem nicht selbstreplizierenden Vektor ist, *parvo* bedeutet, dass es sich dabei um adenoassoziierte Viren handelt; *A* und *ti* sind Phantasieelemente. Im Namen „Ona semno gene abe parvo vec-xioi" sind *Ona* und *abe* Phantasieelemente, *semno* bedeutet, dass es sich um das Gen SMN (das für das Protein *Survival of Motor Neuron*, SMN codiert) handelt, welches eingeschleust wird, und schließlich ist *xioi* der Vier-Buchstaben-Code des amerikanischen Systems für Freinamen (*United States Adopted Names*).

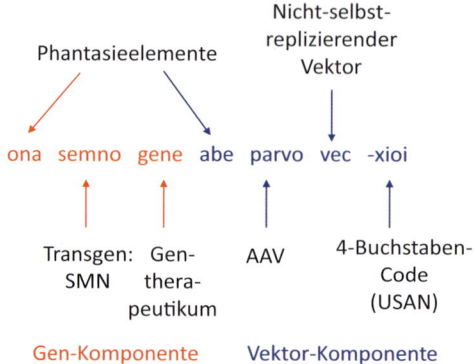

Achtung: Die Impfung mit mRNA- oder DNA-Impfstoffen verändert nicht das Genom! Diese Impfstoffe werden daher nicht zu den Gentherapeutika gezählt.

Ein wesentlicher Aspekt der Therapie mit Nucleinsäuren ist deren **gezielte Einbringung in Zellen und zielgerichtete Freisetzung am Wirkort** (**Drug Delivery**, **Drug Targeting**). Membranen sind dabei die wichtigsten Barrieren und ein weiteres Problem ist der Abbau der Arzneistoffe im Körper. Die DNA muss dabei zwei Membranen passieren, die des Cytoplasmas und des Kerns, RNA hingegen nur die des Cytoplasmas. Hier spielt neben den adenoassoziierten viralen Vektoren (AAV) zunehmend die Nanotechnologie eine große Rolle, zum Beispiel in Form von **Lipidnanopartikeln** (LNP), die beispielsweise auch bei den mRNA-Impfstoffen eingesetzt werden (▶ Kapitel 11.10).

Zum Schluss noch ein paar Worte zur **Gentherapie mittels Geneditierung**. Hier gibt es erste klinische Studien, zum Beispiel mit EDIT-101, bei der mittels CRISPR/Cas9 ein defektes Gen repariert wird. Bei der *Amaurosis congenita Leber* (LCA), einer erblich bedingten Netzhautdystrophie, besteht eine Punktmutation in einem bestimmten Gen (CEP290). Der AAV-Vektor beinhaltet hier unter anderem die DNA für zwei Guide RNA-Moleküle und die DNA für das Cas9-Enzym. Das Gen wird durch die Genschere repariert. Im Gegensatz dazu wird mit der Gentherapie Luxturna (s.o.), die bereits für die Behandlung dieser Erkrankung zugelassen ist, eine korrekte Kopie des Gens in das Auge eingebracht.

Alle genannten Therapien sind sogenannte **somatische Gentherapien**, das heißt, es werden Gene in Zellen geborener Menschen verändert, um deren Krankheiten zu lindern oder zu heilen. Davon zu unterscheiden ist die **Keimbahn-Gentherapie**, bei der das Erbgut in Ei- oder Samenzellen verändert wird. In Deutschland und den meisten anderen Ländern ist diese Therapie, bei der die Erbgutveränderung auch an die Nachfolgegeneration weitervererbt werden würde, verboten. In China gibt es bereits Kinder, deren Erbgut durch den Biophysiker He Jiankui einer Keimbahn-Editierung unterzogen wurde. Bei den 2018 geborenen Zwillingen wurde ein Gen deaktiviert, das beim Eindringen von HI-Viren eine wichtige Rolle spielt (CCR5-Gen). Diese Mutation kommt natürlicherweise bei rund 10 Prozent der Europäer vor und macht ihre Träger weniger anfällig gegenüber HIV. Ist dieses Gen stillgelegt, fehlt den Zellen ein Protein, über das das HI-Virus in die Wirtszellen eindringen kann. Man sprach von einem „Super-GAU für die Wissenschaft", da nicht nur wissenschaftliche und ethische Regeln und Standards missachtet wurden, sondern (auch in China) gegen das Gesetz verstoßen wurde. Eine internationale Expertenkommission aus Wissenschaftlern von drei Wissenschaftsakademien hält in ihrem Bericht von 2020 fest, dass derzeit auf die Geneditierung bei Embryonen zu verzichten sei, da die dafür eingesetzten Verfahren wie die Genschere CRISPR/Cas noch zu wenig präzise und damit nicht sicher genug für eine klinische Anwendung seien. So kann es beim Umschreiben der Gene zu unerwünschten Veränderungen am Erbgut kommen, deren Auswirkungen noch weitgehend unbekannt seien. Auch der Deutsche Ethikrat veröffentlichte eine Stellungnahme. Aufgrund der derzeitigen Risiken seien solche Verfahren unzulässig, ethisch aber nicht grundsätzlich ausgeschlossen.

Die Translation erfolgt allerdings nicht unmittelbar ausgehend von der DNA. Diese verlässt den Zellkern nicht. Das heißt, ein Gen, dessen Protein hergestellt werden soll, wird abgelesen und die Basenabfolge der DNA wird in einen komplementären Strang Boten-RNA (Messenger RNA, **mRNA**) umgeschrieben (**Transkription**). Die mRNA wandert dann aus dem Zellkern in das Cytoplasma, wo die Proteinbiosynthese stattfindet (▶ Abbildung 14.3). Die mRNA dient dem **Ribosom** (einem Komplex aus mehreren Proteinen und sogenannter ribosomaler RNA, **rRNA**, einem zweiten Typ von RNA) als Matrize für die Übersetzung der Basencodons in die richtige Aminosäureabfolge. Hieran ist der dritte Typ von RNA beteiligt, den wir in Zellen finden, die Transfer-RNA (**tRNA**). Diese ist eine sehr kleine (70–90 Nucleotide), in einer besonderen Kleeblattform gefaltete RNA, deren Aufgabe es ist, die einzelnen Aminosäuren während der Proteinbiosynthese zum Ribosom zu transportieren. Es gibt also für jede Aminosäure eine spezifische tRNA, die ein sogenanntes **Anticodon** besitzt, das komplementär zum Codon der mRNA ist. Dadurch wird sichergestellt, dass die richtige Aminosäure an die wachsende Peptidkette angeknüpft wird.

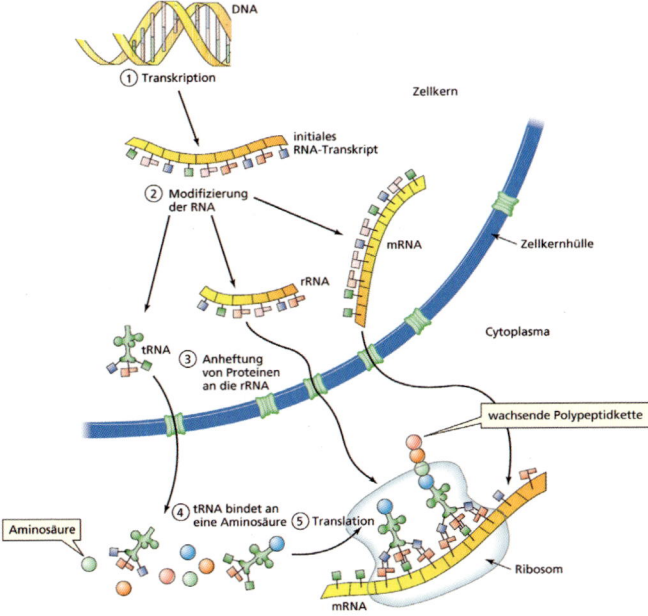

Abbildung 14.3: Schematische Darstellung der Proteinbiosynthese
Aus: Bruice, P. Y. (2007)

> **EXKURS**
>
> ### Die Genschere CRISPR/Cas9
>
> Das sogenannte **CRISPR/Cas9**-Verfahren, auch häufig **Genschere** genannt, hat die Möglichkeiten der Genomeditierung, also die Möglichkeiten, das Genom gezielt zu verändern, revolutioniert. Mit der Genschere werden gezielt DNA-Doppelstrangbrüche an definierten Stellen einer DNA-Sequenz herbeigeführt. Es können dann Gene entfernt, eingefügt oder ausgeschaltet werden. Und das funktioniert mit einzelnen Basen, ganzen Genabschnitten oder auch an mehreren Stellen zugleich.
>
> An seine Entwicklerinnen, Jennifer Doudna und Emmanuelle Charpentier, wurde bereits im Jahr 2020, also nur acht Jahre nach ihrer bahnbrechenden Publikation in *Science* im Jahre 2012, in der über erste Versuche zur Anwendung des Systems zur Geneditierung berichtet wurde, der Nobelpreis für Chemie vergeben. Die Ursprünge für diese revolutionäre Entdeckung waren aber – wie häufig – sehr grundlegende Fragen. So fand man, dass Bakterien-DNA sogenannte CRISPR-Bereiche (Cluster of Regularly Interspaced Short Palindromic Repeats) enthält. Palindrome sind kleine Segmente der DNA (20–40 Nucleotide), in denen die vier Basen dieselbe Reihenfolge wie im zweiten komplementären DNA-Strang besitzen – dort allerdings in entgegengesetzter Richtung gelesen. Aus solchen DNA-Abschnitten kann kein Protein erzeugt werden. Die Palindromsequenzen in der DNA, auch einfach nur *Repeats* genannt, sind durch sogenannte Spacer-DNA-Abschnitte getrennt, die ebenfalls nicht in Proteine umgesetzt werden.
>
>
>
> Jennifer Doudna
> © Duncan Hull/The Royal Society/Wikipedia, CC BY-SA 4.0
>
> Emmanuelle Charpentier
> © Bianca Fioretti, Hallbauer & Fioretti/Wikipedia, CC BY-SA 4.0
>
> Die CRISPR-Gen-Bereiche werden in entsprechende RNA transkribiert, die CRISPR-RNA (crRNA). Den CRISPR-Gen-Bereichen benachbart liegen sogenannte *CRISP associated* (cas) Gene, die für bestimmte Proteine codieren (Cas-Proteine): Helicasen, das heißt, Proteine, die die DNA entfalten, und Nucleasen, das heißt, Proteine, die RNA oder DNA schneiden, sowie Proteine, die bestimmte Bereiche einer RNA erkennen und binden. Insgesamt kennt man bisher 13 verschiedene Cas-Proteine.
>
> Nach der Zusammensetzung der CRISPR-Cas-Systeme unterscheidet man derzeit 2 Klassen, 6 Typen, 33 Subtypen und einige Varianten. Klasse-1-Systeme besitzen einen aus vielen Molekülen bestehenden Proteinkomplex, während die zweite Klas-

se, zu der **CRIPSR/Cas9** gehört und das zum Beispiel in *Streptococcus-pyogenes*-Bakterien (Erreger des Scharlach) vorkommt, nur ein Protein, das Cas9, beinhaltet.

Wir konzentrieren uns hier auf dieses System, da es sich um dasjenige handelt, das als Werkzeug in der Biochemie, Molekularbiologie und zukünftig auch der Gentherapie durch Geneditierung am häufigsten eingesetzt wird. Das Cas9-Protein besteht aus verschiedenen Domänen: der HNH-Nuclease-Domäne, die den Zielstrang (*Target Strang*) der DNA schneidet, der RuvC-Nuclease-Domäne, die den gegenüberliegenden Non-Target-Strang der DNA schneidet, und der PI-Domäne (PAM Interacting Domäne), die mit einer bestimmten Sequenz der DNA, der PAM-Sequenz, interagiert. PAM steht für *Protospacer Adjacent Motif*, eine kurze DNA-Sequenz (2–6 Nucleotide), die aber nicht in Bakterien vorkommt.

Neben den CRIPSR-Gen- und cas-Gen-Bereichen liegen im CRISPR/Cas9-System Gene, die in ein weiteres RNA-Molekül transkribiert werden, genannt tracrRNA (*trans*-activating crRNA). Diese führt das translatierte Cas9-Protein zusammen mit der transkribierten crRNA zu bestimmten Bereichen einer DNA-Sequenz – und zwar genau zu solchen, die der Spacer-Region der crRNA komplementär sind. Es bildet sich ein sogenannter Effektor-Komplex. Die Ziel-DNA interagiert mit zwei verschiedenen Bereichen dieses Komplexes: zum einen mit einem Teil der Spacer-Region der crRNA (der Guide-Spacer-Sequenz von 18 bis 24 Nucleotiden), zum anderen mit der PI-Domäne von Cas9. Nun wird an einer Stelle, die vor der PAM-Sequenz liegt, durch die genannten Nuclease-Domänen ein Doppelstrangbruch durchgeführt, das heißt, die DNA wird komplett auseinandergeschnitten. Daher der Begriff der „Genschere". Wenn ein **Cas9-crRNA-tracrRNA-Komplex** an einen DNA-Abschnitt ohne PAM-Sequenz bindet, wird die Nuclease-Aktivität nicht eingeschaltet.

Nach dem erfolgten doppelten Strangbruch laufen dann zelleigene Reparaturmechanismen ab. Entweder wird der Doppelstrang (mit Fehlern) wieder zusammengeführt, sodass das Gen nicht mehr korrekt abgelesen werden kann. Es können auch einzelne DNA-Bausteine ausgetauscht werden und es ist möglich, eine vorliegende Sequenz in den DNA-Strang einzubauen. Somit eröffnet das CRISPR/Cas9-System die Möglichkeit, DNA gezielt auf einem Niveau zu modifizieren, das einer normalen Mutation entspricht. Da die Spacer-DNA sehr variabel sein kann, kann eine vorliegende DNA an jeder spezifischen Stelle mutiert werden.

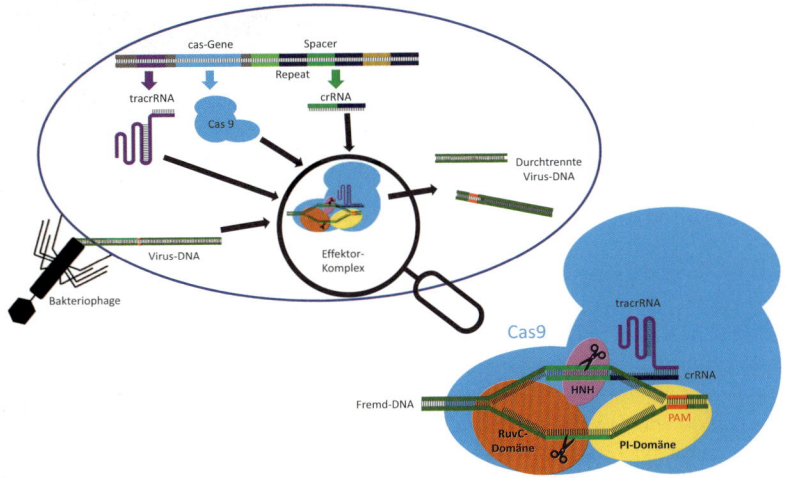

Klasse 2 Effektor-Komplex

Die Spacer-DNA stammt nun, und das machte es spannend, nicht aus dem Bakterium, sondern aus **Bakteriophagen**. Dies sind Viren, die Bakterien befallen. Sie docken an der Zelloberfläche an und injizieren ihre DNA-Sequenz in das Bakterium. Ein kurzer Abschnitt der Phagen-DNA (nämlich die Spacer-Sequenz) wird zwischen die CRISPR-Sequenzen der Bakterien-DNA eingebaut. Dies bedeutet, dass alle Bereiche zwischen den CRISPR-Sequenzen aus Phagen stammen, die die Zelle irgendwann einmal infizierten. Es handelt sich also um eine Art **Infektionsgedächtnis der Bakterienzelle**.

Nachdem man die Spacer-DNA als Teile der DNA von Bakteriophagen identifiziert hatte, keimte der Verdacht auf, dass die CRISPR-Bereiche eine Art Immunabwehrsystem der Bakterien gegen die Phagen darstellen könnten. Und tatsächlich ist dies der Fall. Mithilfe der CRISPR-Cas-Bereiche kann sich das Bakterium gegen alle Phagen wehren, die es bereits einmal befallen haben. Interessant ist, dass diese Information an die Nachkommen der Bakterien weitergegeben werden kann! Dies bedeutet, dass das Bakterium eine erworbene Fähigkeit vererbt. Damit wäre dies ein Beispiel für die **Lamarck'sche Theorie der Evolution**, die im Gegensatz zur **Darwin'schen Evolutionstheorie** steht.

Warum wurde jetzt gerade das CRISPR/Cas9-System so bekannt? Es eignet sich deswegen besonders für biochemische Anwendungen, weil es mit der crRNA und der tracrRNA nur zwei RNA-Moleküle und nur das eine Cas9-Protein benötigt, um in fremder DNA einen gezielten Doppelstrangbruch zu generieren. Dies hat die Gruppe um Jennifer Doudna und Emmanuelle Charpentier erkannt. Die beiden RNA-Moleküle lassen sich auch zu einer einzigen artifiziellen, sogenannten Single-guide RNA (sgRNA) oder Chimeric Single-guide RNA (cgRNA) fusionieren, was die Handhabung noch weiter vereinfacht.

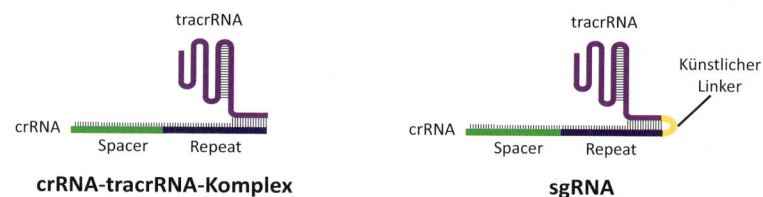

crRNA-tracrRNA-Komplex   **sgRNA**

Die Entdeckung und die Erforschung dieser neuartigen biochemischen Methoden sind für sich spannend. So wurden die CRISPR-Cas-Systeme im Jahr 1987 das erste Mal beschrieben, die genaueren Zusammenhänge wurden aber erst Anfang des 21. Jahrhunderts aufgeklärt und seit 2008 war klar, dass das System spezifisch an DNA bindet. Die Arbeitsgruppe um Emmanuelle Charpentier und Jennifer Doudna konnten dann 2012 zeigen, dass das CRISPR-Cas-System genutzt werden kann, um in einem Bakterium gezielt DNA-Abschnitte zu entfernen. Den Nachweis, dass die CRISPR-Methode für alle Zellen funktioniert, gelang Feng Zhang vom MIT im gleichen Jahr. Da beide Gruppen hierfür sofort Patente beantragten (Charpentier/Doudna im Mai und Zhang im Dezember 2012), entstand ein Patentstreit, der letztendlich von Zhang gewonnen wurde. Seine Seite hatte argumentiert, dass die Patente von Charpentier und Doudna nur für Bakterien gelten und dass die Übertragung von Prokaryoten (Zellen ohne Zellkern) auf Eukaryoten (Zellen mit Zellkern) nicht offensichtlich wäre. Die Gegenseite konnte sich mit ihrem Argument, dass dieser Schritt keine erfinderische Tätigkeit sei, vor dem United States Patent and Trademark Office (USPTO) nicht durchsetzen.

Die Methode ist einfach, preiswert und effizient durchzuführen. Sie wird in der biochemischen Forschung vielfach angewandt, um gezielte Mutationen in Gene (und damit Proteine) einzufügen. „In diesem genetischen Werkzeug steckt eine enorme Kraft, die uns alle betrifft. Sie hat nicht nur die Grundlagenforschung revolutioniert, sie führte auch zu innovativen Pflanzen und wird zu bahnbrechenden neuen medizinischen Behandlungen führen", stellte Claes Gustafsson, Vorsitzender des Nobelausschusses für Chemie, fest. Die Frage, ob die Methode unter die Gentechnik fällt, war und ist umstritten. Der Europäische Gerichtshof (EuGH) entschied 2018, dass mit der CRISPR-Cas-Methode bearbeitete Pflanzen als gentechnisch veränderte Organismen (GVO) anzusehen sind. Diese Entscheidung wurde von Naturschützern gelobt. Pflanzenforscher und andere Naturwissenschaftler kritisierten dies jedoch: Solche Genveränderungen sind zum Beispiel auch bei klassischen Züchtungsverfahren zu finden, die sehr langwierig sind und durch unselektive Bestrahlung oder Behandlung mit genverändernden Chemikalien die Raten für zufällige Mutationen beschleunigen, oder auch bei natürlichen Mutationen.

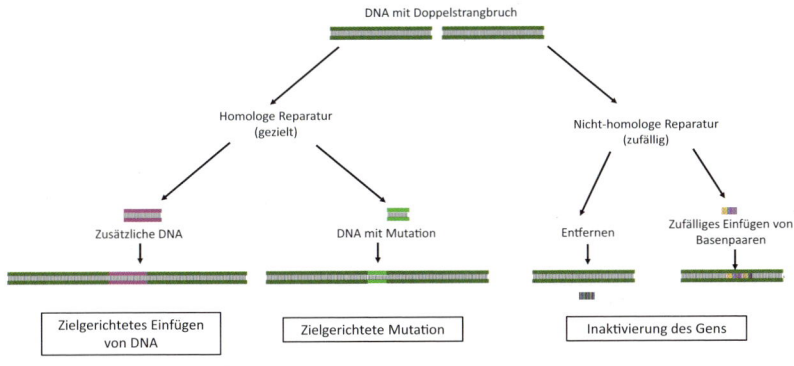

EXKURS

RNA und kein Ende

Neben den aus dem zentralen Dogma der Molekularbiologie und der Proteinbiosynthese bekannten mRNA, tRNA und rRNA gibt es noch viele weitere RNA-Moleküle. Bereits kennengelernt haben wir die Antisense-Oligonucleotide (antisense RNA, asRNA, aRNA), siRNA und damit zusammenhängend die RNAi und den RISC. Ein paar weitere, insbesondere **nicht-kodierende (non-coding, ncRNA) RNA-Moleküle**, das heißt solche, die nicht wie mRNA in Proteine übersetzt werden, wollen wir an dieser Stelle aufführen und kurz erklären. ncRNAs, darunter fallen natürlich auch rRNA und tRNA, machen beim Menschen übrigens den allergrößten Teil, nämlich 98 Prozent der RNA aus.

miRNA (microRNA) sind in etwa 22 Nucleotide große einzelsträngige RNA-Moleküle, die spezifische Nucleotidsequenzen an der mRNA erkennen, an diese binden und dadurch die Translation blockieren. Dabei binden sie an die 3'-untranslatierten Bereiche (3'-UTR) der Ziel-mRNA. Sie spielen wie die siRNA eine wichtige Rolle bei

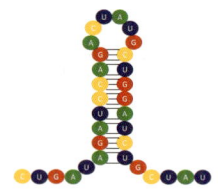

Haarnadelschleifen-RNA

der Genregulation auf post-transkriptionaler Ebene, und können wie siRNA RNA-Interferenz bewirken. Ist die miRNA perfekt komplementär zur mRNA, erfolgt ein Abbau der Ziel-mRNA, ist sie nur zum Teil komplementär, wird die Translation gehemmt. Was ist nun der Unterschied zwischen siRNA und miRNA? Der Unterschied liegt in der Herkunft: miRNA wird in der Zelle auf eigenen pri-miRNA-Genen (primary miRNA) codiert. Diese wiederum können bis zu 1000 Nucleotide lang sein. Sie bildet eine sogenannte Haarnadelschleife (*hairpin*). Dabei lagern sich zueinander-passende Basenpaare aneinander und die nicht-komplementären Bereiche bilden kleine Schleifen (*loops*). Nach Spaltung der pri-miRNA entsteht pre-miRNA, aus der wiederum die miRNA abgespalten wird. siRNA dagegen entsteht im Körper durch Spaltung von längeren doppelsträngigen RNA-Molekülen (dsRNA).

Antagomire (aus Antagonist und miRNA gebildetes Portmanteau [= Kofferwort]) und **Blockmire** sind neue synthetische RNA-Oligonucleotide, die therapeutisch genutzt werden sollen, um zelleigene miRNA stillzulegen. Antagomire binden an die komplementäre miRNA, Blockmire dagegen bewirken eine sterische Blockade der miRNA-Bindestelle am mRNA-Strang. Beide führen also zu einer Blockade der Bindung von miRNA an mRNA.

piRNA (**piwi-interacting RNA**) sind mit 26 bis 31 Basen etwas länger als si- und miRNA. Sie binden an PIWI-Proteine (*P-element induced wimpy testis*). Dies wiederum sind Proteine, die mit piRNA interagieren. Auch piRNAs sind an der Genregulation, insbesondere bei der Spermatogenese, beteiligt. Man findet sie hauptsächlich in Geschlechtszellen. Zu den PIWI-Proteinen gehört zum Beispiel die Familie der Argonautenproteine, die die wichtigsten Bestandteile des oben genannten RISC sind.

shRNA (**short** oder **small hairpin RNA**) sind künstliche RNA-Moleküle, die Haarnadelschleifen bilden und ebenfalls für die RNAi genutzt werden. Sie sollen Eingang in die Gentherapie finden. FANG™ ist zum Beispiel eine solche shRNA. Es handelt sich hier um eine bifunktionelle shRNA (bi-shRNA), die gegen die immunsuppressiven TGF (Transforming Growth Factor) b1 und b2 gerichtet ist und bei der Tumortherapie als Impfung eingesetzt werden soll. Längere shRNA-Moleküle werden in der Zelle, in der sie exprimiert werden, zu kurzen ds-siRNAs prozessiert, dann auch durch RISC gebunden und wirken dann wie normale siRNA.

snRNA (**small nuclear RNA**) sind 100 bis 300 Nucleotide große RNA-Fragmente, die im Zellkern mit Proteinen Komplexe bilden und als snRNPs (*small nuclear ribonucleoprotein particles, snurps*) bei der Prozessierung der **hnRNA** (**heterogenous nuclear RNA**, heterogene Kern-RNA) eine Rolle spielen. Es handelt sich um katalytisch aktive RNA, die Bestandteil des **Spleißosoms** (*spliceosom*) ist, eines großen RNA-Protein-Komplexes im Zellkern (bestehend aus fünf verschiedenen snRNAs und über 50 Proteinen), der bei der Genexpression mitwirkt. Das Spleißosom katalysiert das Spleißen (*splicing*): hier werden die **Introns** (= nichtkodierende Bereiche) aus der prä-mRNA entfernt und die **Exons** (kodierende Bereiche) miteinander verknüpft.

snoRNA (**small nucleolar RNA**) sind RNAs, die bei Modifikationen von Nucleotiden in rRNA und snRNA sowie möglicherweise in tRNA und mRNA eine Rolle spielen.

lncRNA (**long non-coding RNA**) sind RNA-Moleküle, die nicht wie mRNA in eine Proteinsequenz translatiert werden und eine Länge von mehr als 200 Nucleotiden aufweisen. Man grenzt sie aufgrund ihrer Länge von den kürzeren RNA-Molekülen wie mi-, si- und piRNA ab. Eine solche lncRNA ist **TERC** (**telomerase RNA component**): sie ist Bestandteil der Telomerase der Eukaryoten, die die Enden der

Chromosomen, die Telomere, intakt hält, um sie vor DNA-Schäden zu schützen. Sie spielt bei der Zellalterung und der Krebsentstehung eine zentrale Rolle

LNA (**locked nucleic acid**, **bridged nucleic acid**, **BNA**): In diesen RNA-Molekülen sind die Ribosereste modifiziert: Zwischen dem 2'-Sauerstoffatom und dem 4'-Kohlenstoffatom besteht eine Bindung. Die Ribose wird in einer bestimmten Konformation fixiert und ist damit unflexibler. LNA gehen deutlich stärkere Basenpaarungen ein als DNA oder RNA.

Riboswitches (**Riboschalter**) sind Bereiche in untranslatierten Regionen der mRNA, die niedermolekulare Moleküle als Liganden binden können, welche dadurch die Genexpression regulieren können. Sie kommen insbesondere in Prokaryoten vor. Sie werden auch als Zielstrukturen für neue Antibiotika erforscht.

Ribozyme sind katalytisch aktive RNA-Moleküle (Kofferwort aus RNA und Enzym) (▶ Kapitel 13.9). Sie sind beispielsweise in der Lage, mRNA nach deren Ausschleusung aus dem Zellkern noch vor der Translation durch Katalyse der Hydrolyse der Phosphodiesterbindungen zu zerschneiden. Damit verhindern sie die Translation von mRNA in Proteine. Ribozyme können aber auch andere chemische Reaktionen katalysieren. Bis zu ihrer Entdeckung, für die der Nobelpreis 1989 an T. R. Cech und S. Altman verliehen wurde, ging man davon aus, dass in Zellen nur Proteine biochemische Reaktionen katalysieren können. Zu den katalytisch aktiven RNA-Molekülen gehören auch die snRNAs in Spleißosomen. Außerdem wird das katalytische Zentrum im Ribosom durch eine RNA-Komponente gebildet, das heißt, die Verknüpfung der Aminosäuren zu Peptiden verläuft RNA-katalysiert („The Ribosome is a Ribozyme", *Science* 2000, T. R. Cech). Ein bekanntes Ribozym ist das nach seiner Tertiärstruktur benannte Hammerhead-Ribozym. Es kommt unter anderem in pflanzenpathogenen RNA-Viren vor. Es katalysiert die Spaltung und Ligation des eigenen Phosphodiesterrückgrats. Ribozyme werden als Laborwerkzeuge genutzt, um Gene bzw. die durch Transkription daraus entstandene mRNA gezielt auszuschalten. Man versucht dieses Prinzip auch zur Therapie auszunutzen: Durch ein passendes Ribozym soll ein für eine Krankheit verantwortliches Gen (bzw. die entsprechende mRNA) hydrolysiert und dadurch ausgeschaltet werden. Interessanterweise sind Ribozyme evolutionär älter als Proteine: Bevor die Natur Proteine als Katalysatoren entwickelte, existierte bereits das Prinzip katalytischer RNA in der sog. **RNA-Welt**.

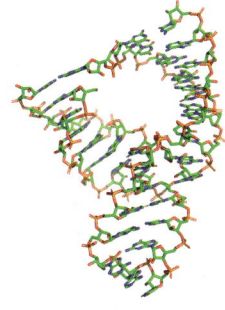

Hammerhead-Ribozym

Aptamere sind RNA- (oder DNA-) Moleküle, die ähnlich wie Antikörper an die Oberfläche von anderen Biomolekülen, zum Beispiel Proteinen, binden können. Sie werden durch einen In-vitro-Selektionsprozess gewonnen (SELEX, *systematic evolution of ligands by exponential enrichment*). Ein RNA-basiertes Aptamer, das an einen Wachstumsfaktor (VEGF165) bindet, wird bereits zur Behandlung der feuchten, altersabhängigen Makuladegeneration (AMD) eingesetzt (Macugen, Pegaptanid-Natrium).

SNA (**sperical nucleic acid**) sind Nanostrukturen aus dicht gepackten und hoch geordneten linearen Nucleinsäuren. Sie bestehen aus einem Nanopartikel und einem Nucleinsäure-Mantel (*shell*). SNAs können sowohl RNA als auch DNA enthalten.

circRNA (**circular RNA**) sind kovalent zu geschlossenen, ringförmigen Molekülen verbunden und haben dadurch kein 5'- oder 3'-Ende. Sie sind dadurch sehr resistent gegenüber Abbau, da hier keine Exonucleasen angreifen können. Es gibt verschiedene Beispiele von circRNA, unter anderem Viroide, aber auch eukaryotische circRNA. Letztere entstehen durch eine spezielle Form des Spleißens (*back-splicing*), bei dem ein Exon, das *downstream* liegt, mit einem Exon, das *upstream* liegt, verbunden wird. **Downstream und upstream** bezeichnen Positionen von Nucleotidsequenzen, die eine codierende Region umgeben: *upstream* ist bei RNA in Richtung 5′-Ende und *downstream* in Richtung 3′-Ende, jeweils ausgehend von der codierenden Region; bei DNA wird bei dem codierenden Strang die Richtung nach 5′ als *upstream* bezeichnet und die Richtung nach 3′ als *downstream*; beim Templat-Strang verhält es sich umgekehrt. Eukaryotische circRNAs können Proteine codieren oder auch zum Beispiel als Schwämme für miRNAs dienen. Bei vielen circRNAs ist die Funktion aber unklar.

EXKURS

Epigenetik und Epitranskriptom: Der Mensch ist mehr als seine Gene

Seit der Entschlüsselung des humanen Genoms wissen wir, dass unser Erbgut etwa 25 000 bis 30 000 Gene enthält. Nicht alle Gene werden aber in einer Zelle auch abgelesen und zur Proteinbiosynthese genutzt (man nennt solche Gene „aktiv"). Bestimmte Gene werden nur in einzelnen Phasen der Zellentwicklung benötigt, andere in bestimmten Zelltypen gar nicht. Nur so erklärt sich, dass aus ein- und dergleichen Eizelle letztendlich ein hochkomplexer Organismus mit vielen Hunderten von verschiedenen spezialisierten Zelltypen entstehen kann. Denn der genetische Bauplan, die Erbinformation in Form der DNA, ist in allen Zellen identisch. Die Steuerungsmechanismen, die bestimmen, wann welche Gene in einer Zelle aktiv sind und wann nicht, fasst man unter dem Begriff **Epigenetik** zusammen. Es handelt sich hierbei um chemische Veränderungen, die nicht die Sequenz des Erbgutes selbst betreffen, sondern vielmehr, wie kompakt die DNA in den Chromosomen verpackt ist und wie leicht damit die DNA für die Proteinbiosynthese abgelesen werden. Gesteuert wird dies zum Beispiel über eine enzymatische Methylierung der DNA-Basen. Je stärker ein DNA-Abschnitt methyliert ist, desto schlechter kann er abgelesen werden. Epigenetische Mechanismen können auch von externen Faktoren beeinflusst werden (Stress, Nahrungsbestandteile, Umweltgifte etc.) und sind teilweise auch vererbbar. Umgekehrt eröffnen sich durch ein besseres Verständnis der Epigentik in Zukunft auch neue Behandlungsmöglichkeiten von Krankheiten in Form einer individualisierten Medizin.

Eine ähnliche Regulierung, wie es sie auf der DNA-Ebene, also auf der Ebene der Gene gibt, existiert auch auf der Ebene der RNA, also auf der Ebene der Transkription. So kann zum Beispiel Stress auch zu Methylierungen der mRNA führen. Dieses Gebiet der Forschung über modifizierte RNA bezeichnet man als **Epitranskriptomik**. Man kennt bisher über 170 verschiedene RNA-Modifikationen, viel mehr als bei der DNA (ca. 50). Chemisch gesehen handelt es sich um Methylierungen, Hydroxylierungen, Acetylierungen, Deaminierungen, Isomerisierungen, Selenierungen, Reduktionen, Cyclisierungen oder Konjugationen mit Aminosäuren, Zuckern oder Cofaktoren (NAD, FAD, Coenzym A). Gut untersucht sind zum Beispiel die Modifikation N^6-Methyladenosin (m^6A), 8-Oxo-7,8-dihydroguanosin (8-oxo-G), Pseudouridin (ψ) oder 5-Methylcytidin (m^5C), die nicht nur in mRNA, sondern auch bzw. vor allem in nichtcodierender RNA wie tRNA oder rRNA vorkommen. RNA-Modifikationen können die Stabilität der RNA beeinflussen, spielen bei vielen physiologischen Prozessen eine Rolle und werden auch mit etlichen Krankheiten in Verbindung gebracht.

m⁶A   8-oxo-G

Pseudouridin   m⁵C

EXKURS

Die Omiks-Welt: Proteomik, Transkriptomik, Metabolomik, Genomik, Lipidomik, Glycomik

Das Suffix **-omik** (engl. *-omic*) bezeichnet ein Gebiet der Biologie, das sich mit der **Analyse von Gesamtheiten** beschäftigt. Die Proteomik ist demnach die Erforschung des Proteoms, der Gesamtheit aller in einem Organismus oder einer Zelle zu einem bestimmten Zeitpunkt vorliegenden Proteine. Die Transkriptomik erforscht das Transkriptom, das heißt die Gesamtheit aller zu einem bestimmten Zeitpunkt in einer Zelle transkribierten Gene, also alle RNA-Moleküle. Die Lipidomik bezieht sich dementsprechend auf die Gesamtheit aller Lipide, die Glycomik auf die der Polysaccharide, die Metabolomik auf die der Metabolite (Stoffwechselprodukte) und die Genomik auf die Gesamtheit aller Gene, das Genom (= Erbgut).

ZUSAMMENFASSUNG

Im vorliegenden Kapitel haben wir Folgendes über Nucleinsäuren, ihre Bestandteile und Funktion gelernt:

- Nucleinsäuren sind die Träger der Erbinformation. Es sind Polynucleotide. Ein Nucleotid besteht aus einem an der 3'- oder 5'-OH-Gruppe phosphorylierten Nucleosid (Zucker + Nucleinbase). Als Zucker tritt entweder *D*-Ribose (RNA) oder 2'-Desoxy-*D*-Ribose (DNA) auf. Als Nucleinbasen treten Purin- (Adenin, Guanin) oder Pyrimidin-Basen (Cytosin, Uracil [RNA] oder Thymin [DNA]) auf.
- Nucleotide spielen nicht nur als Bausteine der DNA und der RNA, sondern auch bei vielen anderen Stoffwechselprozessen eine wichtige Rolle
- In der DNA bilden die Basen Adenin und Thymin zwei, die Basen Guanin und Cytosin drei H-Brücken aus (Watson-Crick-Paarung). Dadurch entsteht eine Doppelhelix. RNA liegt meistens als gefalteter Einzelstrang vor. Die im Vergleich zur RNA deutlich höhere Stabilität der DNA resultiert aus der fehlenden OH-Gruppe, die in der RNA die intramolekulare Spaltung der Phosphodiesterbindung induzieren kann.
- Die DNA wird bei der Zellteilung durch Enzyme repliziert (verdoppelt).
- Bei der Proteinbiosynthese werden je drei aufeinanderfolgende DNA-Basen (Codon) in einer Aminosäure des erzeugten Proteins übersetzt.
- Diese Translation erfolgt mithilfe verschiedener Ribonucleinsäuren (RNAs, unter anderem mRNA, rRNA und tRNA), die aus DNA im Rahmen der Transkription gebildet werden.

Übungsaufgaben

1 Der Arzneistoff Coffein (siehe Formel) enthält folgende Strukturelemente:

a) Purin-/Pyridin-/Indolring
b) Lactam/Lactim
c) Ein Stereozentrum
d) Imid

2 Das Endprodukt des Purinabbaus beim Mensch ist:
Harnstoff/Imidazol/Harnsäure/Allantoin/Adenin

3 Harnsäure ist
a) eine Carbonsäure.
b) Endprodukt des Abbaus der Pyrimidinbasen im Menschen.
c) chiral
d) die konjugierte Säure zur Base Harnstoff.

4 In einer doppelsträngigen DNA betrage der Anteil an dAMP 20 Prozent. Wie hoch ist der Anteil an dCMP?

5 Welches ist/sind keine Nucleinsäure-Base(n)?
Inosin/Adenin/Guanosin/Uracil/Cytidin

6 Wie lautet die komplementäre DNA-Sequenz zu folgender Sequenz?
5'-GTTACCAAGGT-3'

7 Um welche Nucleinsäurebase handelt es sich? Kommt sie in der DNA/RNA vor?

8 Welche Aussagen sind korrekt?
a) Basenpaarungen sind nur zwischen Desoxyribonucleotid-Strängen möglich.
b) Für eine korrekte Basenpaarung müssen Thymin und Guanin in der Lactam-Form vorliegen.
c) Bei der Basenpaarung werden H-Brücken zwischen zwei gegenüberliegenden Pyrimidinbasen ausgebildet.

9 Welche Aussagen zu folgendem Molekül sind korrekt?

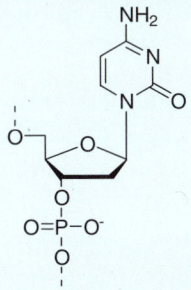

a) Es handelt sich um einen Ausschnitt aus der DNA/RNA.
b) Es handelt sich um ein Nucleosid/Nucleotid.
c) Die Base ist Thymin.
d) Es handelt sich um einen dCMP-Baustein.
e) Es handelt sich um ein Purinderivat.

10 Was sind Ribozyme?

11 Was bewirkt der Zusatz von SDS bei der Gelelektrophorese von Proteinen?
a) Reduktion von Disulfidbrücken
b) Es bilden sich 1 : 1-Komplexe mit den Proteinen.
c) Die Primärstruktur wird zerstört.
d) SDS dient als Puffersubstanz.
e) Die Denaturierung wird verhindert.

> Die Lösungen zu den Übungsaufgaben finden Sie im Anhang. Die ausführlichen Lösungen zu diesem Buchkapitel finden Sie auf der Website zum Buch unter http://www.pearson.de. Sie finden dort auch ein Bonuskapitel »Mathematische Grundlagen« sowie ergänzende Tabellen.

Lösungen zu den Übungsaufgaben

Lösungen Kapitel 1

1. Ordnungszahl
2. Valenzelektronen: 5, 6, 1, 7; Elektronen insgesamt: 7, 16, 19, 17
3. $1s^2 2s^2 2p^6 3s^1$, $1s^2 2s^2 2p^6$, $1s^2 2s^2 2p^2$, $1s^2 2s^2 2p^3$
4. Massenzahl, geringfügig
5. 1, 17, 15, 92; 1, 17, 15, 92; 1, 18, 17, 143
6. $1s^1$, $[Ne]3s^2 3p^5$, $[Ne]3s^2 3p^3$, $[Rn]5f^3 6d^1 7s^2$
7. 93,75 %
8. 4; Hauptquantenzahl: Energieniveau; Nebenquantenzahl: Entartungsgrad; magnetische Quantenzahl: Raumrichtung; Spinquantenzahl: quantenmechanische Eigenschaft
9. ^{14}N
10. a) falsch, b) falsch, c) richtig
11. a) Chlor, b) 17, c) 18, d) 17
12. Elektronen fallen von energetisch höheren in niedrigere Orbitale, wobei sie Licht emittieren.
13. 0,19 mol/L
14. Sievert
15. 10 h
16. 8 mmol · L^{-1}
17. 1,6 %

Lösungen Kapitel 2

1. kovalent, ionisch, kovalent, kovalent, kovalent, kovalent, ionisch
2. P^{3-}, S^{2-}, Br^-, Sr^{2+}, K^+, Ca^{2+}, Cs^+
3. (▶ Kapitel 2.7) und Companion Website
4. a), b) und c) F, N, B, Li, K
5. CaF_2; $NaCl$; H_2SO_4; HSO_4^-; Na_2CO_3; Na_2HPO_4 oder NaH_2PO_4; NO_3^- oder NO_2^-; HNO_3; H_2SO_4; HCl; $NaCl$; $AgNO_3$; NaH_2PO_4; $FeCl_2$
6. Freie Elektronenpaare benötigen mehr Platz als Bindungen; kein freies Elektronenpaar im BH_3.
7. HCl

Lösungen Kapitel 3

1. Van-der-Waals < Dipol-Dipol < Wasserstoffbrückenbindungen < ionische Wechselwirkung
2. a) $M(H_2O) = 18$ g/mol, $M(H_2S) = 34$ g/mol
   b) Wasser wegen der Wasserstoffbrückenbindungen

3. Wassermoleküle werden durch Wasserstoffbrückenbindungen stärker zusammengehalten als Hexanmoleküle durch Van-der-Waals-Wechselwirkungen.
4. Ja
5. Siedetemperatur ist durch Druckerniedrigung vermindert.
6. Gasteilchen sind punktförmig, haben keine Wechselwirkungen untereinander und stoßen elastisch miteinander und mit der Wand; Stoffmenge, Temperatur und Volumen.
7. Beim Verdampfen wird Wärmeenergie verbraucht => Abkühlung
8. fest-gasförmig Übergang, CO_2
9. heterogen, heterogen, homogen, heterogen, heterogen; alle sind Gemische.
10. 13 L
11. $p(N_2)$ = 1,05 bar, $p(O_2)$ = 0,3 bar, $p(Ar)$ = 0,15 bar; p_{ges}(ohne O_2) = 1,2 bar
12. 2 g

Lösungen Kapitel 4

1. Da sich sonst bei dem erhöhten Druck viel Stickstoff im Blut löst, der narkotisch wirkt und beim Auftauchen nur langsam abgeatmet werden kann.
2. 20 %, 4 %
3. 7 mg
4. KCl-Zugabe => keine Reaktion, KI-Zugabe => AgI fällt aus
5. $[O_2]$ = 0,24 mmol/L ist halb so groß wie $[N_2]$ = 0,48 mmol/L
6. Na_2S
7. 8 bar
8. 18 g
9. ja, ja
10. 2,5 bar = 250 000 Pa
11. nein, nein, ja, nein, nein
12. Druckerniedrigung
13. 0,068 mol/L

Lösungen Kapitel 5

1. nein, ja, ja, ja, ja
2. a) keine, b) sie erhöhen sich
3. a) nein, b) ja, c) nein, d) nein, e) nein, f) nein, g) ja, h) nein, i) nein
4. 86 g
5. J, kWh, cal
6. offen: Energie- und Stoffaustausch (Mensch), geschlossen: nur Energieaustausch (Dampfdrucktopf), abgeschlossen: kein Austausch (Isolierkanne)
7. $2\ SO_2 + O_2 \rightarrow 2\ SO_3$; K = 3,43 bar^{-1}; das Gleichgewicht verschiebt sich nach links
8. nein, ja, ja, ja, nein

Lösungen Kapitel 6

1. amphoter, Säure, 3 × Base, weder Säure noch Base, Säure, weder Säure noch Base
2. 2; 3,6; 11
3. 5,5
4. a) 1 mmol/L, $4 \cdot 10^{-8}$ mol/L
   b) 0,013 mol/L
   c) $1,6 \cdot 10^{-5}$ mol/L
5. 11
6. a) nach rechts, b) nach rechts
7. Na_2HPO_4 und NaH_2PO_4
8. basisch, basisch, sauer, sauer, basisch, basisch, sauer, basisch, basisch, basisch, sauer
9. 99 mL; 999 mL; 9999 mL; geht nicht
10. $SO_3 + H_2O \rightarrow H_2SO_4 \rightarrow SO_4^{2-} + 2\,H^+$
11. 10^{-4} mol/L; 10^{-5} mol/L; 10^{-6} mol/L
12. 4, 5 bzw. 6

Lösungen Kapitel 7

1. $\overset{+1\,+5\,-2}{HNO_3}$ $\overset{+1\,+6\,-2}{H_2SO_4}$ $\overset{+1\,-1}{HCL}$ $\overset{-3}{N^{3-}}$
   $\overset{-2\,+1}{N_2H_4}$ $\overset{+4\,-2}{NO_2}$ $\overset{+2\,-2}{NO}$ $\overset{+1\,-2}{N_2O}$
   $\overset{+1\,+5\,-2}{H_3PO_4}$ $\overset{+2\,-2}{CO}$ $\overset{+1\,-1}{H_2O_2}$ $\overset{+4\,-2}{SO_3^{2-}}$
   $\overset{+1\,+4\,-2}{H_2SO_3}$ $\overset{+5\,-1}{PCL_5}$ $\overset{+1\,-1}{ICL}$ $\overset{+2\,-1}{OF_2}$

2. Bei jeder Redoxreaktion ist die Substanz, die reduziert wird, das Oxidationsmittel und die Substanz, die oxidiert wird das Reduktionsmittel.
   a) Cl_2 wird reduziert, K wird oxidiert
   b) keine Redoxreaktion
   c) Cu^{2+} wird reduziert, I^- wird oxidiert
   d) keine Redoxreaktion
   e) $TiCl_4$ wird reduziert, Ca wird oxidiert
   f) Cl_2 wird reduziert und oxidiert
   g) keine Redoxreaktion
   h) Cl_2 wird reduziert, H_2 oxidiert
   i) keine Redoxreaktion

3. Die Reaktionsgleichungen lauten
   a) $2\,KI + Cl_2 \rightarrow 2\,KCl + I_2$
   b) $Zn + 2\,AgNO_3 \rightarrow Zn(NO_3)_2 + 2\,Ag$
   c) $ClO_3^- + 3\,SO_3^{2-} \rightarrow Cl^- + 3\,SO_4^{2-}$
   d) $6\,Fe^{2+} + Cr_2O_7^{2+} + 14\,H^+ \rightarrow 6\,Fe^{3+} + 2\,Cr^{3+} + 7\,H_2O$
   e) $2\,MnO_4^- + 5\,H_2S + 6\,H^+ \rightarrow 2\,Mn^{2+} + 5\,S + 8\,H_2O$
   f) $8\,KMnO_4 + 3\,NH_3 \rightarrow 8\,MnO_4 + 3\,KNO_3 + 5\,KOH + 2\,H_2O$
   g) $K_2Cr_2O_7 + 6\,HI + 8\,H^+ \rightarrow 2\,Cr^{3+} + 3\,I_2 + 2\,K^+ + 7\,H_2O$

4. Ist nicht günstig, da Zinn ein positiveres Standardelektrodenpotenzial hat als Eisen, wird aber trotzdem gemacht (Weißblech).

5. Es gilt die Nernstsche Gleichung $\Delta E = \frac{0{,}059\text{V}}{z}\lg\frac{c_{hoch}}{c_{niedrig}}$. Dabei kommt es bei gleichem z nur auf das Konzentrationsverhältnis an.
6. Reagiert nach der Reaktionsgleichung: $2\,Na + 2\,H_2O \rightarrow H_2 + 2\,NaOH$, reagiert nicht, reagiert nicht
7. 0,68 V
8. Die EMK-Werte sind a) –0,56 V, b) 0,43 V, c) 1,80 V. Die Reaktionen laufen nur bei positiven EMK-Werten ab.
9. D
10. nur a)
11. Kathode (Reduktion): $2\,H^+ + 2\,e^- \rightarrow H_2$
    Anode (Oxidation): $2\,Cl^- \rightarrow 2\,e^- + Cl_2$
12. Säure-Base Reaktion

Lösungen Kapitel 8

1. 6,3; 4,2; 6,3; 6,3; 6,2
2. 2; 1; 1; 2; 1; 1; 3
3. $[Zn(CN)_4]^{2-}$
4. Bei NH_3 Zugabe nichts, bei CN^- Zugabe wird $[Ni(CN)_4]^{2-}$ gebildet.
5. Wirkt bei Blei und (weniger gut) bei Cadmium, nicht aber bei Barium.
6. a) und h)
7. zu streichen ist a) nichts, b) Eisen(II)/Eisen(III), c) Eisen(III), d) Co(II),Cu(II), Mn(II), Zn(II)

Lösungen Kapitel 9

1. tert. Amin, Ester, Alkohol, Ether; ja
2.

Konstitutionsisomere

Enantiomere

3. a) Butanderivate, b) Konstitutionsisomere; die letzten beiden sind außerdem Stereoisomere, Konfigurationsisomere und Enantiomere

4

[Diagramm: Vier Stereoisomere eines Ephedrin-artigen Moleküls mit Beziehungen: oben und unten jeweils Diastereomere (waagerecht), links und rechts jeweils Enantiomere (senkrecht), über Kreuz Diastereomere. Konfigurationen oben links: R,S; oben rechts: R,R; unten links: S,R; unten rechts: S,S.]

5 b), f)

6 zwei Stereozentren; vier Stereoisomere; C^2: S, C^3: S; trans

7 b), c); nein

8 −4,4°

9 trans-1,4-Dimethylcyclohexan:

[Sessel-Konformationen: links diäquatorial – energetisch günstiger; rechts diaxial – energetisch ungünstiger]

10 cis-1,4-Dimethylcyclohexan:

[Sessel-Konformationen: beide äquivalent – energetisch äquivalent]

10 Keton, Doppelbindung, Alkohol, Dreifachbindung; trans (trans)

11 b), c); Diazepim ist achiral.

12 Morphin: zweimal Alkohol, Ether, tert-Amin, Doppelbindung, Heroin: zweimal Ester, Ether, tert-Amin, Doppelbindung; in beiden Verbindungen sind fünf Stereozentren enthalten

Lösungen Kapitel 10

1. Propen.
2. a) Ethan (Hydrierung), b) 1,2-Dibromethan (Bromierung), c) Ethanol (Hydratisierung).
3. 2-Methylbutan.
4. Pyrimidin, Pyridin, Benzen.
5. Brombenzen; elektrophile Substitution.
6. acht.
7. c), d), e), g), h)
8. a), c)
9. a), b), d), e)

Lösungen Kapitel 11

1. Nur für das Aldehyd möglich ist d)
   a) Halbacetal, Vollacetal = Acetal,
   b) Halbaminal, Enamin,
   c) primärer Alkohol,
   d) Carbonsäure,
   e) Enolatanion.
2. $^{-2}O_3P-O-PO_3^{2-} + 2\ OH^- \rightarrow 2\ PO_4^{3-} + H_2O$; Hydrolyse.
3. Hydrierung; $CH_3-(CH_2)_7-(CHBr)_2-(CH_2)_7-CO_2H$
4. (▶ Kapitel 11.8.3); Veresterung.
5. $CH_3-CHO + H_2N-CH_3 \rightarrow CH_3-CHOH-NH-CH_3 \rightarrow CH_3-CH= N-CH_3 + H_2O$
6. korrekt sind: b), e), g), i)
7. c); $R-O-CH_2OH$
8. Die dreifache Stabilisierungsenergie der Ketoform für das Phloroglucin liefert 3 · 67,2 kJ/mol = 201,6 kJ/mol, dies übertrifft die Aromatisierungsenergie von 151,2 kJ/mol. Beim Phenol wird nur 1 Keton gebildet.
9. Essigsäure.
10. In beiden -OH-Gruppen wird der Wasserstoff durch eine Acetylgruppe CH_3-CO- ersetzt (▶ Kapitel 9, Übungsaufgabe 12).
11. $R-CO_2-CH_2-CH_3 + OH^- \rightarrow R-CO_2^- + HO-CH_2-CH_3$

Lösungen Kapitel 12

1. a), c), f) diastereomer, epimer, g), i)
2. d) Pyranosen, e) epimer, diastereomer.
3. b) Furanose, e), f), g)
4. c) 1,4-verknüpft, d) Glucose und Galactose, e), f), g), h) ist korrekt für Maltose.
5. Konstitutionsisomere und Tautomere
6. e)
7. Oligosaccharide

Lösungen Kapitel 13

1 a) Decarboxylierung, d) Imidazol
2 a) ja, b) nein
3

$$\begin{array}{c} CO_2H \\ {}^+H_3N - \overset{|}{C} - H \\ | \\ CH_2 \\ | \\ \text{(3,4-Dihydroxyphenyl)} \end{array}$$

L-DOPA

a) falsch, es entsteht aus Tyr, b) 1, c) falsch, d) richtig, e) falsch,
f) falsch, g) falsch

4 a) nein, b) ja, c) ja, d) Phe ist Baustein von Aspartam, e) 2,
f) Asp, Phe und Methanol, g) Cys
5 c)
6 EIP = 1/2 (pK_{S1}+pK_{S2})
7 Glycosaminglycan
8 Folsäure
9 a, b) richtig, c–e) falsch
10 d) und e)
11

$$\begin{array}{c} CO_2H \\ H_2N^{\oplus} - \overset{|}{C} - H, \text{ die Konfiguration ist } S. \\ | \quad | \\ CH_3 \; CH_2 \\ | \\ CO_2H \end{array}$$

12

Peptid: ^+H_3N-CH(CH$_2$Ph)-CO-NH-CH(CH$_3$)-CO-NH-CH(CH$_2$COOH)-CO-NH-CH(CH$_2$CH$_2$CH$_2$CH$_2$NH$_3^+$)-CO-OH

Lösungen Kapitel 14

1. a) Purin, b) Lactam, c) nein, d) ja
2. Harnsäure
3. Keine Antwort ist richtig.
4. 30 %
5. Inosin, Guanosin und Cytidin
6. 5'-ACCTTGGTAAC-3'
7. Cytosin; ja/ja
8. b)
9. a) DNA, b) Nucleotid, d)
10. katalytisch wirkende Ribonucleinsäuren
11. Alle Antworten sind falsch.

Weiterführende Literatur

1. Brown, T. L., LeMay, H. E. & Bursten, E. B. (2007). *Chemie*. Die zentrale Wissenschaft. 10. Aufl. Pearson Studium: München.
2. Bruice, P. Y. (2007). *Organische Chemie*. 5. Aufl. Pearson Studium: München.
3. Engel, T. & Reid, P. (2006). *Physikalische Chemie*. Pearson Studium: München.
4. Housecroft, C. E. & Sharpe, A. G. (2006). *Anorganische Chemie*. 2. Aufl. Pearson Studium: München.
5. Lodish et al. (2008). *Molecular Cell Biology*, 6/E, W. H. Freeman and Co.: New York.
6. *Roche Lexikon Medizin* (2003). 5. Aufl., Urban & Fischer: München.

Stichwortverzeichnis

Symbole

1,2-Eliminierung 442
1,3-diaxial 403
2pz-Orbital 359
3D-Biodruck 578
3D-Bioprinting 578
5-Aminolävulinsäure (5-ALA) 54
13C-Harnstoff-Atemtest 663
18-Elektronen-Regel 62
α-Aminosäure
   proteinogene 616
α-Helix 646
α-Ketocarbonsäure 507
β-Dicarbonylverbindung 512
β-Eliminierung 442
β-Faltblatt 646
β-Ketoester 534
β-Lactam-Antibiotikum 636
δ-Gluconolacton 569
π-Bindung 359, 360
π-System
   cyclisch-delokalisiertes 458
σ-Bindung 357
σ-Komplex 466

A

Abgangsgruppe
   gute 429, 502
   schlechte 502
absolute Konfiguration 390
absolute Temperaturskala 110
Absorption 131
Absorptionskoeffizient
   molarer 50
Absorptionsspektrum 48
Abstufung der Reaktivität von Carbonsäurederivaten 526
Acarbose 604
Acetal 501
Acetylcholin 661
Acetylcholinesterase 659
Acetyl-CoA 530
Acetylrest 497
Acetylsalicylsäure 532
AChE 659
achiral 384
Acidose 257
Acrylamid-Einheit 519
acyclisches Substrat 444
Acylrest 497
Acylsubstitution 525
Addition
   elektrophile 449, 451
   radikalische 477
Adenin 676
Adenosintriphosphat (ATP) 680
Adsorption 131
Adsorptionsisotherm 130
Adsorptionsvermögen 129
aerobe Verbrennung 187
Affinität 327
Affinitätschromatographie 142
A-Form 688
Agarose 690
Aggregatzustand 421
   fest 93
   flüssig 93
   gasförmig 93
Aktionspotenzial 302
aktiver Transport 157
aktives Zentrum 658
Aktivierung 493
Aktivierungsenergie E_A 424
   Senkung der 426
Aktivität
   optische 388
Akzeptor 517
Alcotest 281
Aldarsäure 573
Aldehyd 490, 494
Alditol 581
Aldohexose 565
Aldoladdition 514
   gekreuzte 517
Aldolase 517
Aldolkondensation 514
Aldolreaktion 514
   säurekatalysiert 516
Aldonsäure 573

Aldose 564
Aldotetrose 566
Alduronsäure 579
Alginsäure 578
Alkalimetall 40
Alkaloid 398
Alkalose 257
Alkan 366
Alken 359, 442
Alkin 361
Alkohol 368
Alkoholyse 528
Alkylanzien 441
Alkyl-oxy-carbonyl-oxy-alkyl-Gruppe 590
Alkylrest 368
Allantoin 680
Allotrop 114
Alzheimer-Demenz 663
Amalgam 71
ambident 515
Amidbindung 615
   planar 635
Amide 640
Amin
   primär aromatisches 469
   primäres 504
   sekundäres 504
   tertiäres 505
Aminal 502
Aminogruppe 629
Aminosäure 221
   D 620
   L 619
   α 619
   β 619
   γ 619
Aminosäuresequenz 630
Aminosäurezusammensetzung 644
Aminozucker 588
Ammoniak 678
Ammoniumcyanat 351
Ammoniumgruppe 616
amorpher Festkörper 118
amphiphiler Stoff 543
Ampholyt 221, 620
Amylopektin 603
Amylose 603
Anabolismus 514
anaerober Vorgang 187
Analgetikum 654

Analysator 388
Anhydrid 680
Anion 63, 428
   Name 68
anionische Polymerisation 482
Annihilation 27
Anode 285
Anomer 583
anomeres C-Atom 583
Anordnung
   anti-periplanare 445
Anorganische Chemie 351
Antacidum 242
Antagomir 710
Antedrug 235
Antibiotikum 334
Anticodon 705
Antidiabetikum 604
Antidot 152
Antiepileptikum 303
Antigen 668
Antikörper
   monoklonaler 667
   polyklonaler 669
Antimetabolit 694
Antioxidantien 476
antiparalleles Faltblatt 647
anti-periplanare Anordnung 445
Antisense-Arzneistoffe 698
Antiteilchen 27
AO (Atomorbital) 72
AOK-Regel 285
Apoenzym 657
Aptamer 711
Äquivalentdosis 25
Äquivalenzpunkt 245
Ariginin 619
Arixtra 607
Aromatase 465
Arrhenius-Gleichung 424
Arsenik 42
Arzneimittelwechselwirkung 595
Ascorbinsäure 476, 580
Aspartam 632
Aspirin 532
A-T-Basenpaar 683
Atemalkoholgehalt 288
Atom 21
Atombindung 72
   dative 82

koordinative 82
kovalente 72
polare 79
Atomhülle 22, 34
Atomkern
   isobarer 26
Atommasse
   relative 23
Atomorbital (AO) 72
   1s 74
A-U-Basenpaar 683
Aufklären eines Reaktions-
   mechanismus 419
Außenelektron 37
Autoprotolyse 229
Autoxidation 475
Avogadro, Satz 111
Avogadro-Zahl 23
azeotrope Destillation 529

B

Bakterien 693
Bakterienzellwand 588
Bakteriophage 708
Bakterium
   gramnegatives 610
Bandenspektrum 50
Barotrauma 128
Base 217
   einprotonige 224
   mehrprotonige 222
Basenabweichung 257
Basendefizit 256
Basenkatalyse 499
Basenkonstante 224
Basenstärke 226
Basizität 444
Batterie 285
BDE (Bindungsdissoziationsenergie) 73
B-DNA 683
Bedingung
   physiologische 621
Benzen 456
Benzoesäure 524
Benzpyren 468
B-Form 683
Bildungskonstante 326
bimolekulare Reaktion 432
binäre Salze 65
Bindigkeit 355

Bindung
   glycosidische 591, 604
   polarisiert 492
   π 359, 360
   σ 357
Bindungsabstand 73
Bindungsdissoziationsenergie (BDE) 73, 174, 353
Bindungslänge 74, 356
Bindungsverhältnis 355
Bindungswinkel 356
Bioakkumulation 138
Bioäquivalenz 667
Biodruck 578
biogenes Amin 505
Bioidentical 667
Bioisosterie 471
Biological 667
Biologikum 667
biologisch abbaubare Werkstoffe 575
biologisches Grundelement 44
Biolumineszenz 176
Biomineralisation 153
Biopolymer 575
Bioprinting 578
Biosimilar 667
Bioverfügbarkeit 148
Birch-Reduktion 552
Bisphosphonate 537
Blockmir 710
Blutgasanalyse 241
Blut/Gas-Verteilungskoeffizienten 129
Blutgerinnung 332
Blutgerinnungsfaktor 556
Blutgruppe 588
Blutgruppendeterminante 588
Blut-Hirn-Schranke 132
Blutprodukt 667
Blutzuckergedächtnis 605
BNA 711
Boc-Schutzgruppe 629
Bodensatz 146
Bohnenkrankheit 651
Booster-Wirkung 639
Born-Oppenheimer-Näherung 73
Borsäure 249
Boten-RNA 705
Botenstoff 681
Boyle-Mariotte, Gesetz 109
Brennwert 180

bridged nucleic acid 711
Bromoniumion
    cyclisches 455
Brønstedt, Definition 217

C

C=C-Doppelbindung 359
C≡C-Dreifachbindung 361
Caisson-Krankheit 124
Calciumapatit 41
Cap-abhängige Endonuklease 590
CAR 703
Carbamat 629
Carbamat-Hemmstoff 663
Carbamoylierung 663
Carbanionen 418
Carben 355
Carbeniumion 435
Carbinolamin 504
Carbokationen 418
Carbonsäure 521
Carbonsäurederivat 490
Carbonsäureester 528
Carbonylgruppe 489, 494
Carbonylsauerstoff 528
Carbonylverbindung 492
Carboxylat 523
Carboxylatgruppe 616
Carboxylgruppe 521, 629
Carboxylsauerstoff 528
Cas9 707
Cas9-crRNA-tracrRNA-Komplex 707
C-Atom
    anomeres 583
Cbz-Schutzgruppe 629
C–C-Bindung 514
C–C-Einfachbindung 357
Cellobiose 600
Cellulose 606
CEN-Hemmstoff 590
CH-Acidität 387
Chalcogen 41
Chaperon 652
charakteristische Stoffkonstante 624
Charge-Transfer-Bande 338
Checkpoint-Inhibitor 670
C–H-Einfachbindung 356
Chelateffekt 333
Chelatkomplex 330

chemische Bindung 61
chemische Kinetik 415
chemische Reaktion 64
chemisches Element 21
chemisches Gleichgewicht 198
chemische Verbindung 21
Chemolumineszenz 175
Chemotherapie 324
chimärer Antigenrezeptor 703
Chinon 554
Chinonimin 555
chiral 381
chirales Hilfsreagenz 398
chirales Molekül 381
Chiralitätszentrum 384
chirurgischer Stahl 72
Chitin 606
Chitosan 606
Chloralhydrat 500
Chlorknallgasreaktion 266
Chlorophyll 568
Cholesterin 406
Cholesterol 406
Chondroitinsulfat 608
    übersulfatiertes 608
Chromatin 692
Chromatogramm 143
Chromatographie 140
Chromosom 692
Ciclosporin 654
CIP-Nomenklatur 390
circRNA 711
circular RNA 711
cis 379
Cisplatin 324
Citronensäure 521
Claisen-Kondensation 534
C-Nucleophil 496
Codon 697
Coenzym 657
    A 530
    Q 557
Cofaktor 657
    für Redoxreaktion 681
Contergan 387
Corticoid 407
Coulomb-Wechselwirkung 148
CRISPR/Cas9 697
CRISPR-RNA 706
crRNA 706

C–X-Bindung
  Polarisierung der 430
Cyanoacrylate 482
Cyanose 330
cyclisch-delokalisiertes π-System 458
cyclisches Bromoniumion 455
cyclisches Halbacetal 501
cyclische Verbindung 446
Cycloalkan 400
cyclo-AMP 536
Cyclooxygenase 533
Cytarabin 694
Cytosin 676
Cytostatikum 441

D

Dampfsterilisation 105
Daniell-Element 283
Decalin 405
Decarboxylierung 505
Dehydratisierung 446, 453
Dehydrierung 453
Dehydrogenierung 581
Dekompression 128
Dekompressionssyndrom 124
Denaturierung
  thermische 690
Dentalkeramik 71
Depolarisation 302
Depot-Effekt 120
Derivat 367
Desaminierung 689
Desinfektionsmittel 273
Desorption 131
Desoxygenierung 582
Desoxyribonucleinsäure (DNA) 675
Desoxyzucker 582
Destillation
  azeotrope 529
  fraktionierende 145
Detektor 51
Detergentien 544
Deuterium 24
D-Fructose 572
D-Galactose 570
D-Gluconsäure 574
D-Glucose 568, 580
D-Glucuronsäure 580
diabetisches Koma 258

Diagnostikum 32
Dialyse 157
Diamant 114
Diastereomer 395, 409
Diazohydroxid 470
Diazoniumionen 469
Dicarbonsäure 521
Diclofenac 378
diffusionskontrollierte Reaktion 665
Dihydrogenphosphat-Hydrogenphosphat-
  Puffer 252
Dipeptid 629
Dipolmoment
  permanent 96
Diradikal 78, 475
Diroximelfumarat 519
Disaccharid 564
Disproportionierung 273
Dissoziation 148
Dissoziationsgrad 238
Distickstoffmonoxid 92
Distomer 386
Distribution 133
Disulfidbrücke 649
Diuretika 158
D-Linie 49
D/L-Nomenklatur 394
D-Mannose 569
D-Milchsäure 575
DNA 675
DNA-Impfstoff 704
DNA-Polymerase 693
Donepezil 663
Donnan-Gleichgewicht 162
Donor 517
Donoratom 317
Doppelbindung 77
  C=C 359
  konjugierte 380
Doppelhelix 683
Doppelschichten 545
downstream 712
Drehbarkeit um Bindung
  freie 357
Drehung
  spezifische 389
Drehwinkel 389
dreidimensionale Konformation 587
Dreifachbindung 77
  C≡C 361

Stichwortverzeichnis

Druck
    hydrostatischer 159
    osmotischer 159
Drug 594
Drug Delivery 704
Drug Targeting 704
Duftstoff 531
Dünndarm 234

E

E1cb-Eliminierung 516
E1-Reaktion 447
E2-Eliminierung 446
E2-Reaktion 443
E 605 662
E-Auto 286
Edelgas 43
Edelgaskonfiguration 62
Edelgasregel (Oktettregel) 61
Edmann-Abbau 644
Edukt 169
Effekt
    induktiver 526
    mesomerer 526
Effizienz
    katalytische 665
Eicosanoide 542
Eigendissoziation von Wasser (Autoprotolyse) 230
Einfachbindung
    C–C 357
    C-H 356
einstufige Reaktion 437
einzähniger Ligand 330
Einzelstrang 683
Eisen 44
Eiweißstoffwechsel 352
ekliptische Konformation 358
elektrochemische Spannungsreihe 293
elektrochemische Zelle 283
Elektrode 285
Elektroenzephalographie (EEG) 302
Elektrokardiogramm (EKG) 264, 302
Elektrolyse 303
elektromagnetische Strahlung 26
elektromotorische Kraft 289
Elektron 21
Elektronegativität 80
Elektronenaffinität 64

Elektronendelokalisierung 458
Elektronengas 69
Elektronenhülle 21
    Schalenstruktur 34
Elektronenkonfiguration 36
Elektronenmangelverbindung 353
Elektronenpaar
    bindendes 72
    freies 75
elektronenschiebender Substituent 438
Elektronenübertragungsprozess 555
Elektronenverschiebung 431
Elektronenwolke 22
Elektroneutralität 150
Elektrophil 427, 429
elektrophile Addition 449
elektrophile aromatische Substitution 466
Elektrophorese 626
elektrostatische Wechselwirkungen 67
Elementarreaktion 436
Elementarteilchen 21
Elementarzelle 118
Elementsymbol 22
Elementumwandlung 26
Eliminierung 442
Eloxal-Verfahren 297
Emission 47
Emissionsspektrum 48
Emulsion 106
Enamin 503
Enantiomer 388, 408
    linksdrehend 389
    rechtsdrehend 389
Enantiomerie 382
endergonisch 418
endergonischer Prozess 192
Endiol 565
Endiol-Struktur 580
Endocytose 547
Endonuklease
    cap-abhängige 590
endotherm 418
endotherme Auflösung 168
endotherme Reaktion 179
Endotoxin 610
Energie
    Erscheinungsformen 174
    freie 417
    kinetische 174
    potenzielle 174

Energieberg 417
Energieerhaltungssatz 191
Energieprofil 417
energiereiche Verbindung 513
Energieüberträger 681
Enol 511
Enolatanion 495
Enolatbildung 493
Enolisierung 511
Enthalpie 191, 417
Entropie 189
entropischer Effekt 100
Enzym 426, 656
Enzymkinetik 664
Enzym-Substrat-Komplex 658
Epigenetik 712
Epilepsie 303
Epimer 570
Epimerisierung 572
Epitop 668
Epitranskriptomik 712
EPO 115
EPR-Effekt 547
Erdalkalimetall 40
Erythropoetin 115
essenzielle Aminosäure 619
Essigsäure/Acetat-Puffer 251
Ester 629
Esterhydrolyse 529
Esterkondensation 533
Ethylendiamin 331
Ethylendiamintetraacetat 332
eudismischer
    Index 386
eudismisches Verhältnis 386
Eutomer 386
Exenatid 654
exergonisch 418
exergonischer Prozess 192
Exkretion 133
Exon 710
Exon-Skipping 699
exotherm 418
exotherme Auflösung 168
exotherme Reaktion 179
Extraktion 134
Ex-vivo-Gentherapie 702
E/Z 379

F

FAD 681
Fahrenheit 110
Faktor
    präexponentieller 425
Faltblatt
    antiparalleles 647
    paralleles 647
    β 646
Faraday-Konstante 296
Farbindikator 240
Favismus 651
FCKW 474
Fehling'sche Lösung 573
Fernordnung 117
fest 95
Festphasensynthese 635
Fett 540
Fetthärtung 540
Fettsäure
    essenzielle 540
Fettsäurebiosynthese 534, 535
fibrilläres Protein 648
FimH-Antagonist 571
Fischer-Projektion 365
Flammenfärbung 49
Fließgleichgewicht 209
Floh-Regel 584
Fluorchinolon 693
Fluoreszenz 143
fluoreszenzgesteuerte Tumorresektion 54
flüssig 94
flüssige Luft 106
Flüssigkeitschromatographie 141
FMN 681
Fmoc-Schutzgruppe 629
Fondaparinux 607
Formaldehyd 498
Formalin 498
Formalladung 82
Formylrest 497
freie Drehbarkeit 357, 635
freie Energie 417
Freiname 378
Frequenz 45
Fruchtzucker 572
Fructose 569, 570
Fructose-1,6-diphosphat 517
Fructose-1-phosphat 518

Fructoseintoleranz
 hereditäre 518
Fucose 582
Fulleren 114
Fumarsäure 519
funktionelle Gruppe 366
Furanose 586
Furche
 große 689
 kleine 689

G

GABA 619
Galactarsäure 574
Galactosämie 562
Galactose 569
Gallensäure 407
galvanische Zelle 283
Gammaglobulin 668
Gandolinium 39
Gas
 Löslichkeit 127
Gaschromatographie 141
gasförmig 94
Gasmischung 111
Gasphase 48
Gay-Lussac, Gesetz 109
G-C-Basenpaar 683
Gefriertrocknung 146
Gehaltsbestimmung 50
gekoppelte Gleichgewichtsreaktion 209
gekreuzte Aldoladdition 517
Gelbsucht 53
Gelelektrophorese 690
Gemisch
 racemisches 382
Gen 675
Geneditierung 702
Generika-Name 378
Generikum 667
Generstatztherapie 702
genetischer Code 697
genetischer Fingerabdruck 695
Genom 692
Genschere 703, 706
Gen-Silencing 700
Gentherapie 698
 Keimbahn- 704
Gentherapie mittels Geneditierung 704
geometrische Isomerie 379

geometrisches Isomer 323
Gerinnungsfaktor 667
Gesamtpufferbasen 254
gesättigte Lösung 146
gesättigter Kohlenwasserstoff 366
geschlossenschalige Verbindung 77
Geschwindigkeitsgesetz
 1. Ordnung 422
geschwindigkeitsbestimmender
 Schritt 436
Geschwindigkeitsgesetz 422, 437
 2. Ordnung 432
Geschwindigkeitskonstante 422
gespannter Dampf 105
gestaffelte Konformation 358
Gibbs-Energie 199, 417
Gibbs-Helmholtz-Gleichung 191
Gibbs-Standardreaktionsenergie 192
Gicht 147
Gitterenergie 64
Gitterspiegel 51
Gleiches löst Gleiches 117
Gleichgewicht
 chemisches 125
 dynamisches 125
Gleichgewichtsberechnung 252
Gleichgewichtskonstante 127
Gleichgewichtsreaktion 196
 reversible 499
gleichioniger Zusatz 154
Gliflozine 605
globuläres Protein 648
Glucarsäure 574
Glucobay 604
Gluconeogenese 517, 565
Gluconsäure 574
Glucosamin 588
Glucosenachweis 568
Glucosid 591
Glucosurie 605
Glucuronidierung 593
Glucuronsäure 579
Glutathion 519, 650
Glutid 654
Glyceroltrinitrat 78
glyciertes Hämoglobin 605
Glycin-Puffer 623
Glycogen 604
Glycohämoglobin 605
Glycolyse 186

Glycoprotein 593
Glycosaminglycan 607
glycosidische Bindung 591
Glycosyl-Akzeptor 597
Glycosyl-Donor 597
Goldgussfüllung 71
Gottesurteilsbohne 663
G-Quadruplex 685
gramnegatives Bakterium 610
Gravimetrie 155
Grenzflächenspannung 116
große Furche 689
Größenausschlusschromatographie 142
Grundumsatz 180
Gruppe
    funktionelle 365
Guanin 676
Gummi 480
Gutta Percha 480
Gyrase 693

H

H5N1 590
Haber-Bosch-Verfahren 198
Halbacetal 501
    cyclisches 501, 582
Halbaminal 504
Halbmetall 39
Halbreaktion 282
Halbwertszeit 27
    biologische 27
    effektive 27
    physikalische 27
Halbzelle 283
Halbzellenpotenzial 293
Halogen 43
Halogenwasserstoff 81, 442
Hämatokrit 116
Hämodialyse 159
Hämoglobin 44
    glyciertes 605
Hämophilie 614
Harnsäure 678
Harnstein 153
Harnstoff 351
Harnstoffzyklus 678
Harnwegsinfektion 571
H-Atom
    äquatoriales 402
    axiales 402

Hauptgruppe 38
Hauptquantenzahl 34
Haworth-Formel 584
HbA1c 605
HDL 407
Heisenberg'schen Unschärferelation 74
Helicobacter-Urease-Test 664
Helium 43
Heliumkerne 25
Hemithioacetal 503
Henderson-Hasselbalch-Gleichung 252
Henry-Dalton'sches Gesetz 127
Henry-Konstante 127
Heparin 607
hereditäre Fructoseintoleranz 518
Herzglycosid (Herzglykosid) 407
Hess, Satz 183
Heteroaromat 462
Heteroatom 354
heterogene Katalyse 427, 450
heterogener Stoff 106
heterogene Stoffgemische 107
heterogene Suspension 108
Heterogenes Verteilungsgleichgewicht 125
heterogenous nuclear RNA 710
Heteroglycan 603
Heterolyse 217
Hexose 565, 568
High Density Lipoprotein 407
High-spin-Komplex 325
Hilfsreagenz
    chirales 398
Hinreaktion 196
Histidin 619, 622
Histon 692
hnRNA 710
Holoenzym 657
homogene Katalyse 427
homogener Stoff 106
homogenes chemisches Gleichgewicht 196
Homoglycan 603
homologe Reihe 366
Homolyse 217
Hoogsteen-Basenpaarung 685
Hormon 44
HPLC 142
Human Genome Project 696
Hund'sche Regel 35
Hyaluronsäure 607
Hybridisierung 76

Hybridisierungstypen 362
Hybridomtechnik 669
Hybridomzelle 669
Hybridorbital 355
    sp 361
    sp^2 359
    sp^3 355
Hydrat 498
Hydratisierung 148, 453
Hydratisierungsenthalpie 187
Hydrierung 453
    katalytische 449
Hydrochinon 554
Hydrochlorothiazid 641
Hydrogel 578
Hydrogenolysen 453
Hydrolyse 453
hydrolysestabil 635
hydrophil 117
hydrophob 117
Hydroxidion 221
Hydroxylapatit 153, 578
Hyperforin 595
Hyperglykämie 258
Hyperkonjugation 438
Hyperurikämie 147
Hyperventilation 258
Hypoxie 42

I

Ibuprofen 378
ideales Gasgesetz 109
I-Effekt 526
IEP 624
Imin 503
Iminiumion 504
Immunglobulin 668
Immunoassay 142
Immunsuppressivum 654
Impfstoff 667
Implantat 72
Index
    eudismischer 386
induced-fit 659
induktiver Effekt 526
induziert 595
induzierter Dipol 99
informationstragendes
    Molekül 675
Infrarot (IR) 45

Infusion 161
Inhalationsnarkotikum 128
inhibiert 595
Injektionsnarkotikum 128
IN-Name 378
innere Energie 175
innere Uhr 52
Inotersen 699
Insulin 119
Interaktion 595
Intermediate 418
intermolekulare Kraft 94
intermolekulare Reaktion 440
intramolekulare Reaktion 440
Intron 710
Inversion der Konfiguration 393, 433
In-vivo-Gentherapie 702
Iod 45
Iod-Stärke-Reaktion 603
Ion 217
Ionenbindung 63
Ionenkristall 64
Ionenkristalle, Aufbau 67
Ionenprodukt 229
ionisierende Strahlung 25
Ionisierungsenergie 64
irreversibler Prozess 189
IR-Strahlung 55
iso 367
isobarer Atomkern 26
isoelektrischer Punkt 624
Isoleucin 619
Isomerase 566
Isomere 371
Isomerie 371
    geometrische 379
    Spiegelbild 382
Isopren 480
Isosterie 471
Isotop 24
IUPAC 374

K

Kalabarbohne 663
Kalorimetrie 180
kalorisches Äquivalent 180
Kältespray 105
Kariesprophylaxe 228
Katabolismus 514
Katalase 426

Katalysator 421, 426
Katalyse 425
　　heterogene 427, 450
　　homogene 427
katalytische Effizienz 665
katalytische Hydrierung 449, 551
katalytische Triade 659
Kathode 285
Kation 63
　　Name 68
Keilstrichformel 365, 382
Keimbahn-Gentherapie 704
Kelvin 110
Keramik-Inlay 71
Kernladungszahl 22
Kernspintomographie (MRT) 39
Ketoacidose 488
Keto-Enol-Tautomerie 511
Ketogenese 534
Keton 490, 497
Ketopentose 565
Ketose 564
Ketotetrose 566
Kettenabbruch 473
Kettenfortpflanzungsreaktion 473
Kinase 537
Kinase-Hemmstoff 519
Kinetik 354
　　1. Ordnung 28
　　chemische 415
kinetische Bewegungsenergie 94
kinetische Stabilität 337
kinetisch gehemmte Reaktion 195
Kleeblattform 689
kleine Furche 689
Knallgasreaktion 170
Knochen 153
Knotenebene 74
Kohlenhydrat 563
　　Ausgangsstoff für Biosynthesen 564
　　Energiequelle 563
　　Erkennungsbausteine 564
Kohlenmonoxid 329
Kohlensäurederivat 491
Kohlensäurepuffer 254
Kohlenstoff 351
Kohlenstoffdioxid 329
Kohlenstoffgruppe 41
Kohlenstoffverbindungen 351

Kohlenwasserstoff
　　gesättigter 366, 371
Kollimatorspiegel 51
Komplementärfarbe 49
Komplementärstrang 684
Komplexbildung
　　Eigenschaftsänderung 338
Kompositfüllung 71
Komproportionierung 273
Kondensation 516
Kondensationsmittel 634
Kondensationsreaktion 505
Konfiguration 379
　　absolute 390
　　Inversion der 433
Konfigurationsisomer 408
Konformation 343
　　$^1C_4$ 587
　　$^4C_1$ 587
　　dreidimensionale 587
　　ekliptische 358
　　gestaffelte 358
Konformer 358, 408
Konglomerat 399
Königswasser 295
konjugierte Doppelbindung 380
konjugiertes Säure-Base-Paar 219
Konkurrenzreaktion 444
Konnektivität 371, 380
Konservierungsmittel 524
Konstitution 371, 380
Konstitutionsisomer 408
Konstitutionsisomerie 371
Konzentration 421
Konzentrationsgradient 156
Konzentrationskette 300
Konzentrationszelle 300
Koordinationsverbindung 315
Koordinationszahl 317
koordinativen Bindung 317
korrespondierendes Redoxpaar 271
Korrosion 296
Kristall 117
kritischer Punkt 102
Kropf 45
kryochirurgisches Verfahren 92
künstliches Polymer 642
Kunststoff 478
Kunststofffüllung 71
Kussmaul-Atmung 258

L

Lachgas 92
Lactam 677
Lactim 677
Lacton 531
Ladevorgang 286
LADMET 133
Lambert-Beer'sche Gesetz 50
Langmuir'sche Adsorptionsisotherme 130
Lauge 217
LDL 407
L-DOPA 619
Le Châtelier, Prinzip 204
Legierung 70
Leichtmetall 39
Leucin 619
Leukämie 674
Lewis-Base 82, 428
Lewis-Formel 76
Lewis-Säure 82, 428
L-Fucose 582
L-Gulonsäure 580
L-Gulose 580
Liberation 133
Licht
    linear polarisiertes 388
    monochromatisches 51
    polychromatisches 51
    sichtbares 45
Lichtquelle 51
Lichttherapie 53
Ligand 315
    Giftigkeit 328
Ligandenaustauschreaktion 326
Linearisierungsverfahren 665
linear polarisiertes Licht 388
Lineweaver-Burk-Diagramm 665
Lineweaver-Burk-Gleichung 665
Linienspektrum 48
Linker 547
linksdrehendes Enantiomer 389
Linse 51
Lipidnanopartikel 547, 704
lipophil 117
lipopob 117
Lipopolysaccharid 610
Lipoprotein 407
Liposom 547
Liraglutid 654
L-Milchsäure 575

LNA 711
lncRNA 710
Lobry-de-Bruyn-van-Ekenstein-Umlagerung 565
locked nucleic acid 711
Lokalanästhesie 105
Lokalelement 298
long non-coding RNA 710
Loschmidt-Zahl 23
Löslichkeitsprodukt 150
Lösung
    echte 107
    hypertone 160
    hypotone 160
    isotonische 160
    kolloidale 107
Lösungsenthalpie 187
Lösungswärme 168
Low Density Lipoprotein 407
Low-spin-Komplex 325
L-Rhamnose 582
Lyophilisation 146
Lysin 619
Lysozym 623

M

Magnetquantenzahl 34
Magnetresonanzspektroskopie 47
Magnetresonanztomographie (MRT) 47
    Kontrastmittel 335
makroskopische Interpretation 172
Malat 522
Maleinat 522
Malonat 522
Maltose 597
Mannit 582
Mannose 569
Manometer 111
Marcumar 595
markenfreier Name 378
Markenname 378
Marsh'sche Probe 280
Massenwirkungsgesetz (MWG) 197
Materieaustausch 209
maximale Geschwindigkeit 665
Mechanismus der Reaktion 416
M-Effekt 526
mehrstufige Reaktion 437
mehrzähniger Ligand 330
Melanin 53

Stichwortverzeichnis

MELAS-Syndrom 687
Melatonin 52
Mengenelement 44
meso-Form 396
mesomerer Effekt 526
Mesomerie 458, 511
Mesomerieeffekt 526
Messenger RNA 705
meta 468
metabolische Alkalose 259
metabolische Störung 257
Metabolisierung 133
Metabolismus 594
Metall
    Eigenschaften 70
Metalle 39
Metallhydrid 552
metallische Bindung 62
Metallkomplex 315
Metallsalz 250
metastabil 422
metastabiles Isotop 27
metastabiles Technetium-99 31
Methacrylsäure 481
Met-Hämoglobin 270
Methionin 619
Mevalonat 522
Michael-Addition 518
Michaelis-Konstante 665
Michaelis-Menten-Kinetik 664
microRNA 709
Mikroheterogenität 667
Milchsäure 389
miRNA 709
Mizelle 543
Moberg-Test 627
Modifikation
    posttranslationale 643
Mol 23
molarer Formelumsatz 171
molare Verdampfungsenthalpie 184
Molekül 61
    chirales 381
    informationstragendes 675
    starres 635
Molekularbiologie 675
molekulare Interpretation 171
Molekularität 432
Molekülorbital
    antibindendes 74

Molekülorbital (MO) 72
Molekülstruktur 86
Molenbruch 111
Momab 670
MO (Molekülorbital) 72
monoclonal antibody 667
monoklonale Gammopathie 671
monoklonalen Gammopathie 671
monoklonaler Antikörper 667
Monomer 477
Monomethylfumarat 519
monomolekulare Eliminierung 447
monomolekulare Reaktion 436
Monosaccharid 564
MO-Theorie 72
mRNA 705
mRNA-Impfstoff 704
Muraminsäure 588
Mutarotation 584
Mutation 689
MWG (Massenwirkungsgesetz) 197
Myoglobin 344
Myokardinfarkt 264

N

N-Acetylcystein 556
N-Acetylglucos-2-amin 588
N-Acteyl-D-Neuraminsäure 591
NADH 553
NADPH 651
Nanomedizin 546
Nanopartikel 547
Nanotechnologie 546
Narkose 128, 474
Naturkautschuk 480
ncRNA 709
Nebengruppe 38
Nebenquantenzahl 34
Neostigmin 663
Nernst'sche Gleichung 298
Nernst'sches Verteilungsgesetz 132
Neugeborenen-Ikterus 53
Neuraminidase 590
Neurotransmitter 505
Neutralisationsreaktion 241
Neutralisationswärme 242
Neutron 21
Newman-Projektion 358
N-Glycosid 593
NH-acid 640

Stichwortverzeichnis

nicht-kodierende RNA 709
nichtlineare Regression 667
Nichtmetall 39
nichtplanare Struktur 401
nichtreduzierend 593
Nierenstein 153
Nierenversagen 158
Ninhydrin 626
Ninhydrin-Schweißtest 627
Nitriersäure 469
Nitroglycerin 78
nitrosativer Stress 78
Nitrosoniumion 469
Nitrospray 78
Nitrosylkation 469
N-Nitrosamine 469
N-Nucleophil 430
Nomenklatur
    Metallkomplexe 319
non-coding 709
Normalpotenzial 290
Normal-Wasserstoffelektrode 290
Nowytschok 661
NSAID 392
N-terminale Aminosäure eines Peptids 644
Nucleinsäure 675
Nucleon 21
Nucleophil 427, 430
    Angriff 493, 494
nucleophile Substitutionsreaktion 428
Nucleophilie 445
Nucleosid 677
Nucleotid 677

O

Oberflächenpotenzial 79
Oberflächenspannung 116
Octreotid 654
offenes Puffersystem 254
offenes System 209
Off-Target 133
off-targets 520
O-Glycosid 591
OH-Gruppe 368
Oktettaufweitung 62
Oktettregel 62
Öl 540
Olefin 359
Öl/Gas-Verteilungskoeffizient 129
Oligopeptid 630

Oligosaccharid 564
Omega-3-Fettsäure 543
O-Nucleophil 430
Opferanode 297
optische Aktivität 388
orale Bioverfügbarkeit 136
Orbital 34
    1s 35
    2p 36
    $2p_z$ 359
    2s 35
    entartet 36
Ordnungsgrad 189
Organische Chemie 351
Organophosphate 661
Original-Biologikum 667
Orphan-Arzneimittel 41
Orphan Drugs 680
ortho 468
Osmolarität 160
Osmose 159
Oxidaniumion 220
Oxidation 265, 549
Oxidationsgrad 550
Oxidationsmittel 271
Oxidationsstufe 319
Oxidationszahl 267
    Änderung 269
    Regeln 268
Oxyhämoglobin 52
Ozon 474
Ozonloch 475
Ozonschicht 474

P

Paclitaxel 369
Papierchromatographie 141
para 468
Paracetamol 555
paralleles Faltblatt 647
Paraprotein 671
Parathion 538
Paratop 668
Partialdruck 111
Partialladung 79
passive Diffusion 156
Passivierung 297
Pasteur
    Louis 399

Stichwortverzeichnis

Patisiran 700
Pauli-Prinzip 34
Pegvaliase 509
Penicillin 636
Pentose 565
Peptid 615
Peptidbindung 615
Peptidmassenfingerprinting 646
Peptidoglycan 588
Peptidomimetika 639
Peptidrückgrat 646
Periodensystem der Elemente 38
Peritonealdialyse 159
Persäure 554
Phagen-Display 670
Pharmakodynamik 133
Pharmakogenetik 510
Pharmakokinetik 133
Pharmakophor 334
pharmazeutische Technologie 147
Phasendiagramm 102
Phasenübergang 101
Phasenumwandlung 101
Phenol 513
Phenprocoumon 595
Phenylalanin 619
Phenylalanin-Ammoniak-Lyase 509
Phenylpyruvat 509
pH-Indikatoren 241
pH-Meter 240
Phonon 35
pH-Optimum 623
Phosphate 535
Phosphatpuffer 252
Phosphoenolpyruvat 513
Phosphoenolypyruvat 448
Phosphoglycerole 545
Phospholipide 545
Phosphonsäure 538
Phosphordiesterbindung 675
Phosphorsäure 226
Phosphorsäureanhydrid 536
Phosphorsäureester 535
Phosphorylierung 681
Phosphorylierung von Enzymen 537
photodynamische Therapie (PDT) 53
Photon 35
Photosynthese 567, 568
pH-Sprung 243
pH-Teststreifen 241

pH-Wert-Berechnung
  Base 238
  Säure-Basen-Mischung 239
  schwache Säure 237
  starke Säure 236
physiologische Bedingung 621
Physostigmin 663
piRNA 710
piwi-interacting RNA 710
PIWI-Protein 710
Plasma 93
Plasmaexpander 161
Plasmid 693
polare, geladene Seitenkette einer
  Aminosäure 616
polare Reaktion 428
polarer Stoff 117
polare, ungeladene Seitenkette einer
  Aminosäure 616
Polarimeter 388
Polarisator 388
Polarisierbarkeit 99
polarisierte Bindung 492
Polarisierung 454
Polyacrylamidgel 690
Polyanion 688
Polycaprolacton 578
Polyen 461
Polyester 642
Polyethylen 353
Polyethylenglycolkette 509
Polyethylenterephthalat 642
Polyglycolid 575
Polyhydroxyaldehyd 565
Polyhydroxyalkanoat 575
Polyhydroxybuttersäure 575
Polyhydroxycarbonylverbindung 564
Polyhydroxyessigsäure 575
Polyhydroxyfettsäure 575
Polyhydroxyketon 565
polyklonaler Antikörper 669
Polykondensation 642
Polylactid 575
Polylactid-co-glycolid 575
Polymer 477
  künstliches 642
Polymerase-Kettenreaktion (PCR) 695
Polymerisation
  anionische 482
  radikalische 477

Stichwortverzeichnis

Polymorphie 119
Polynucleotid 677
Polyolweg 581
Polypeptid 630
Polysaccharid 564
    verzweigtes 603
Polytetrafluorethylen 479
positiver induktiver Effekt 438
Positron 26
Positronen-Emissions-Tomographie (PET) 27, 31
Positronen-Strahlung 27
posttranslationale Modifikation 643
Präcarcinogen 470
präexponentieller Faktor 425
Präfix 376
primär aromatisches Amin 469
primäres Amin 504
Primärstruktur 643
Prinzip des kleinsten Zwangs (Le Châtelier) 204
Prisma 51
Probenküvette 51
Prodrug 235
Prodrug-Gruppe 590
Prodrug-Prinzip 594
Produkt
    Eigenschaften 169
Prostaglandine 542
Protease 636
Protein 615, 643
    fibrilläres 648
    globuläres 648
proteinogene α-Aminosäure 616
Proteoglycan 593
Prothese 72
Protium 24
Protolyse 219
Proton 21
    Acidität 495
Protonentherapie 29
Protonenübertragung 219
Protonierung der Carbonylgruppe 494
Protoporphyrin IX (PPIX) 54
PTFE 479
Pufferbase 255
Pufferbereich 247
Pufferlösung 251
Pulsoxymetrie 52
Purin 676

Pyranose 583
Pyridostigmin 663
Pyrimidin 676

Q

Quantenmechanik 34
quantenmechanisches Atommodell 34
Quantenzahl 34
Quartärstruktur 643
Quarz 118

R

Racemat 382
Racematspaltung 398
racemisches Gemisch 382
racemisieren 387
Racemisierung 438
Radikal 217
Radikale 77, 418
Radikalfänger 79
radikalische Addition 477
radikalische Polymerisation 477
radikalische Substitution 474
Radikalkettenreaktion 472
Radikalstarter 477
radioaktive Strahlung 25
Radioaktivität 25
Radioiodtherapie 20
Radiopharmaka 20
Radiotoxizität 25
Ramanspektroskopie 370
Reaktand 169
Reaktion
    0. Ordnung 424
    1. Ordnung 422
    2. Ordnung 424
    Ausgangszustand 416
    bimolekular 432
    diffusionskontrolliert 665
    einstufig 416, 437
    endergonisch 418
    endotherm 418
    Endzustand 416
    Energieänderung 416
    exergonisch 418
    exotherm 418
    intermolekular 440
    intramolekular 440
    konzertiert 416

Stichwortverzeichnis

    Mechanismus 416
    mehrstufig 418, 436
    monomolekular 436
    organisch-chemische 427
    polar 428
    pseudo-erster Ordnung 424
    pseudo-nullter Ordnung 424
Reaktionsenergiediagramm 417
Reaktionsenthalpie 179
Reaktionsgeschwindigkeit 420, 437
Reaktionsgleichung 170
Reaktionskinetik 195
Reaktionskoordinate 417
Reaktionsmechanismus 416
Reaktionsordnung 423, 437
Reaktionsprofil 417
Reaktionsquotient 199
Reaktionswärme 175
Reaktivität
    Abstufung 526
    relative 498
reales Gas 190
rechtsdrehendes Enantiomer 389
Recodierung 685
redoxamphoterer Stoff 280
Redoxgleichung 275
Redoxpotenzial
    pH-Abhängigkeit 305
Redoxreaktion 266
Redoxvermögen 293
Reduktion 265, 549
Reduktionsäquivalente 186
Reduktionsmittel 271, 553
reduzierender 573
Referenzhalbzelle 290
Referenzküvette 51
Reflexionsphotometrie 52
Regression
    nichtlineare 667
Reihe
    homologe 366
Reinstoff 106
Rekombination 473
relative Reaktivität 498
Replikation 675
Reservekohlenhydrat 603
Resonanz 458
Resonanzformel 84
Resonanzpfeil 458
resonanzstabilisiert 461

Resorption 131
respiratorische Alkalose 258
respiratorischer Quotient 181
respiratorische Störung 257
Retardierung 120
Retentionszeit 143
Retinal 381
Retro-Aldol-Reaktion 516
Reverse-Transkription 675
reversible Gleichgewichtsreaktion 222
reversibler Prozess 189
Rhamnose 582
Riboflavin 682
Ribonucleinsäuren (RNA) 675, 689
Riboschalter 711
Ribosom 705
ribosomale RNA 705
Riboswitch 711
Ribozym 657, 711
Ringinversion 402
Ringspannung 401
Rivastigmin 663
RNA 675, 689
RNA-induced Silencing Complex (RISC) 700
RNA-Interferenz 698
RNA-Viren 590
Rohrzucker 600
Rohrzuckerinversion 601
Röntgenkontrastmittel 151
Röntgenspektroskopie 47
Röntgenstrahlung 45
Röntgenstrukturanalyse 118
ROS 476
Rotationsbarriere 357
rotierender Spiegel 51
RP-HPLC 142
rRNA 705
R/S-Nomenklatur 387
Rubisco 567
Rückreaktion 196
Rückseitenangriff 432
Ruhepotenzial 301
Rule of Five 136
Rumpfelektron 37

S

Saccharin 632
Saccharose 600
S-Adenosylmethionin 434

Stichwortverzeichnis

Sägebock-Darstellung 358
Salvarsan 324
Salz 148
    Ausfällen 155
    Eigenschaften 67
    Name 69
Salzbrücke 284
Salzkristall 64
Sangers Reagenz 644
Sättigungskonzentration 146
Sauerstoffradikale 79
Säure 217
    einprotonige 224
    mehrbasig 535
    mehrprotonige 222
    vinyloge 580
Säure-Base-Haushalt 216
Säure-Base-Katalysator 622
Säure-Base-Reaktion 217
Säure-Base-Status 233
Säure-Base-Titration 243
Säuregruppe 629
Säurekatalyse 494
säurekatalysiert 453, 516
säurekatalysierte Veresterung 529
Säurekonstante 223
Säurenstärke 226
saurer Geschmack 218
Säurestärke 523
Saytzeff-Regel 444
Scheidewasser 295
Schiff'sche Base 380
Schilddrüsenhormone 43, 274
Schlaf-wach-Rhythmus 52
Schlüssel-Schloss-Prinzip 659
Schmelzflusselektrolyse 303
Schmelzkurve 102
Schmelzpunkt 101
Schmelztemperatur 101
Schrader-Formel 662
schrittweise Sequenzierung 644
Schutzgruppe 628
Schwefelsäure 536
schweres Wasser 24
Schwermetall 40
    Vergiftung 334
Schwingungsebene von linear polarisiertem Licht 584
Schwitzen 105
SDS-PAGE 691

Second Messenger 681
Seifen 541
Seifensiederei 541
Seitenkette 616
sek 368
sekundärer Botenstoff 681
sekundäres Amin 504
Sekundärstruktur 643
Sekundärstrukturelement 646
Sekundenkleber 482
Selenocystein 618, 685
Seltenerdmetall 39
semipermeable Membran 156
Senfgas 440
Senfgas 692
Senkung der Aktivierungsenergie 426
Sequenzierung
    schrittweise 644
Sesselkonformation 402
SGLT-2-Hemmer 605
shRNA 710
Sialinsäure 591
Sichelzellenanämie 688
Siedekurve 102
Siedepunkt 101
Siedetemperatur 101
SI-Einheit 109
Singulettsauerstoff 476
siRNA 700
Skorbut 581
small hairpin RNA 710
Small Molecule 667
small nuclear RNA 710
small nucleolar RNA 710
S_N1-Reaktion 435
S_N2-Reaktion 431
SNA 711
snoRNA 710
SN-Reaktion 428
snRNA 710
S-Nucleophil 430
Soft Drug 235
somatische Gentherapie 704
Somatostatin 654
Somatotropin 654
Sorbinsäure 524
Sorbit 632
sp^2-Hybridorbital 359
sp^3-Hybridorbitale 355
Spacer-DNA 706

Spektralphotometer 51
Spektroskopie 45
   qualitativ 50
   quantitativ 50
sperical nucleic acid 711
spezifische Drehung 389
sp-Hybridorbital 361
Spin 35
spinale Muskelatrophie 701
Spinquantenzahl 35
Spiroergometer 181
Spirometrie 112
Spleißosom 710
Splicing-Modulatoren 699
Spurenelement 44
Stabilität des Carbeniumions 440
Standardaminosäure 618
Standardbedingung 111
   biologische 194
   BTPS 113
   EMK 289
   STP 111
   STPD 111
Standardbildungsenthalpie 183
Standard-Halbzellenpotenzial 290
Standardreaktionsenthalpie 182
Standard-Wasserstoffelektrode 290
Stärke 603
starres Molekül 635
Steady state 210
stehende Elektronenwelle 34
Stephan-Kurve 228
Steran 406
stereochemischer Verlauf 433
stereogenes Zentrum 384
Stereoisomer 408
Stereoisomerie 379
Stereozentrum 383
Sterilisation 105
sterisch 439
Steroid 406
Stickstoffgruppe 41
Stickstoff-Phosphor-Gruppe 41
Stöchiometrie 170
stöchiometrische Berechnung 252
stöchiometrische Faktoren 151
stöchiometrisches Rechnen 172
Stoffe
   Umwandlung 169

Stoffgemisch
   Trennung 125
Stoffisolierung 134
Stoffmenge 23
Stofftransport 125
Stofftrennung 134
Strahlentherapie 29
Strahlung 45
   elektromagnetische 175
Strichschreibweise
   organische Moleküle 364
Struktur
   nichtplanare 401
strukturelle Komponente 564
Strukturisomerie 371
Strukturtyp 85
Struktur-Wirkungs-Beziehungen 662
Struma 45
Sublimation 146
Substituent
   elektronenschiebender 438
Substitution
   elektrophile aromatische 466
   nucleophile 428
   radikalische 474
Substitutionsreaktion
   nucleophile 428
Substrat
   acyclisches 444
Substratspezifität 658
Sucralfat 601
Sucrose 600
Suffix 376
Sulfatierung 537
Sulfoniumion 429
Sulfonsäure 538
Sulfonsäureamid 538
Süßstoff 632
syn-Addition 450
System 178
systematische Bezeichnung 497
systematische Nomenklatur 374
Szintigraphie 31

T

Tageslichtlampe 52
Target 133
tatsächliche Triebkraft 199
Taucherkrankheit 128

Stichwortverzeichnis

Tautomer 511
Tautomerie 511
Technetium-99
   metastabiles 31
Teflon 479
telomerase RNA component 710
Temperatur 421
temporärer elektrischer Dipol 99
Tensid 544
TERC 710
Terpen 480
tert 368
tertiäres Amin 505
Tertiärstruktur 643
Teststäbchen 568
Tetraederwinkel 402
tetraedrische Zwischenstufe 494
Tetrahydrobiopterin 509
Tetrose 565
Theranostikum 32
Therapeutikum 32
thermische Bewegung 94
Thermodynamik 174, 415
   erster Hauptsatz 175
   zweiter Hauptsatz 189
thermodynamischer Kreisprozess 183
Thermotherapie 55
Thioacetal 503
Thioester 530
Thioether 429
Thioguanin 694
Thiol 503
Threonin 619
Thymin 676
Thyroxin 44
Titrationskurve 243, 623
Tollens-Reagenz 573
Topoisomerase 693
Totzeit 144
Toxizität 133
trans 379
Transaminierung 507
Transfer-RNA 705
Transkription 675
Transkriptionsfaktor 689
Translation 675, 705
Transpeptidase 660
Traubensäure 398
Trennleistung 144
Triacylglycerole 538

Tricarbonsäure 521
Triglyceride
   Triacylglycerole 538
Triose 565
Tripelpunkt 102
Tripeptid 630
Triplett-Sauerstoff 78
Tritium 24
Trivialname 374
tRNA 705
Trockeneis 104
tryptischer Verdau 645
Tryptophan 619
Tumorlysesyndrom 680
Typ-1-Diabetes 605
Typ-2-Diabetes 604

U

Übergangszustand 417, 419
übersättigte Lösungen 146
Überspannung 305
übersulfatiertes Chondroitinsulfat 608
Ubichinon 557
Umab 670
Umesterung 533
Umgebung 178
Umkristallisieren 146
Umsatz-Zeit-Kurve 420
Umschlagsbereich Farbindikator 240
ungesättigte Verbindung 360
Universalindikatorpapier 241
unpolarer Stoff 117
unpolare Seitenkette einer Aminosäure 616
upstream 712
Uracil 676, 689
Urat 679
Urotropin 502
UV-Strahlen 53
UV-Vis-Spektroskopie 47

V

Valenz 355
Valenzelektron 37, 61
Valenzelektronenkonfiguration 40
Valin 619
Van-der-Waals-Wechselwirkung 99
van't Hoff'sches Gesetz 159
Verätzungen 219

Verbindung
    cyclische 446
    energiereiche 513
    stabile 355
    ungesättigte 360
Verbrennungskalorimetrie 179
Verdampfungswärme 104
Verdau
    tryptischer 645
Verdunstungskälte 104
Veresterung
    säurekatalysierte 529
Vergiftung
    Cyanid 329
    Kohlendioxid 329
    Kohlenmonoxid 314
    Schwefelwasserstoff 329
Verhältnis
    eudismisches 386
Verlauf
    stereochemischer 433
Verseifung 532, 541
Verteilungsgleichgewicht 129
Verteilungskoeffizient
    n-Octanol/Wasser 132
verzweigtes Polysaccharid 603
Virustatika 695
Viskosität 115
Vitamin
    A 380, 480
    B_2 682
    B_6 505
    C 476, 580
    E 557
    K 556
    Q 557
Vollacetal 502
VSEPR-Modell 85
vulkanisieren 480

W

Walden-Umkehr 433
Wärmetönung 179
Wasser
    Anomalie 103
    Dichte-Anomalie 98
    nivellierender Effekt 226
Wasserstoffauto 286
Wasserstoffbrückenbindung 97
Wasserstoffperoxid 279, 353

Watson-Crick-Paarung 684
Wechselwirkung
    1,3-diaxiale 403
    Dipol-Dipol 95
    elektrostatische 95
    hydrophobe 100
    Ion-Dipol 95
    Ionen-Dipol 148
    Ion-Ion 95
    nichtkovalente 94
Weinsäure 396
Wellenfunktion 36
Wellenlänge 45
Welle-Teilchen-Dualismus 34, 35
Wertigkeit 355
Wheland-Intermediat 466
Wobble-Base 686
Wobble-Hypothese 685
Wobble-Paarung 686
Wobble-Position 686

X

Xenon-Narkose 115
Ximab 670
Xylit 582

Z

Zahnfüllung 71
Zellmembran 301
zentrales Dogma der Molekularbiologie 675
Zentralteilchen 315
Zerfallskonstante 326
Zersetzungsspannung 305
Z-Form 688
Zickzack-Konformation 374
Ziconotid 654
Zielmolekül 133
Zink-Finger-Protein 343
Zucker
    reduzierender 573
Zuckeralkohol 581
Zuckerbaustein 675
Zuckerersatzstoff 582
Zuckersäure 574
Zumab 670
Zweitsubstitution 468
zwischenmolekulare Kraft 94
Zwischenstufen 418
Zwitterion 621